2018 中国油气开发技术大会论文集（下册）

中国石油学会 编

中国石化出版社
HTTP://WWW.SINOPEC-PRESS.COM

图书在版编目(CIP)数据

2018 中国油气开发技术大会论文集 / 中国石油学会编. —北京：中国石化出版社，2019. 1

ISBN 978-7-5114-5204-7

Ⅰ. ①2… Ⅱ. ①中… Ⅲ. ①油气田开发-学术会议-文集 Ⅳ. ①TE3-53

中国版本图书馆 CIP 数据核字(2019)第 007610 号

中国石化出版社出版发行

地址:北京市朝阳区吉市口路 9 号

邮编:100020 电话:(010)59964500

发行部电话:(010)59964526

http://www. sinopec-press. com

E-mail:press@ sinopec. com

北京艾普海德印刷有限公司印刷

全国各地新华书店经销

*

880×1230 毫米 16 开本 78 印张 4 彩页 2283 千字

2019 年 1 月第 1 版 2019 年 1 月第 1 次印刷

定价:360. 00 元(上、下册)

目　录

下　册

提高油气藏采收率技术

油气藏开采工程技术

砂岩油田特高含水期提高采收率技术的研究与应用
——以大庆长垣油田为例

王凤兰

（大庆油田勘探开发研究院）

摘　要　大庆长垣油田是大庆油田开发的主体和产量的主体，2006 年综合含水超过 90%，进入到特高含水开发阶段。这一阶段油田开发的特点、开发规律与中高含水期有着较大的差别。针对特高含水期油田开发面临的矛盾和问题，立足地质研究、室内实验和矿场试验，创新发展了特高含水期井震结合储层精细描述、剩余油定量识别、水驱精细挖潜、聚驱提质提效等重大关键技术，在对这些技术及其应用效果进行总结、分析的基础上，提出了长垣油田特高含水期进一步提高采收率的攻关方向。

关键词　砂岩油田；提高采收率；特高含水期；大庆油田

大庆长垣油田的含油储层是一套大型河流三角洲沉积体系，发育了上部的黑帝庙油层，中部的萨尔图、葡萄花和高台子油层，下部的扶杨油层。纵向上发育 100 多个小层，油层单层厚度从 0.2 米到十几米，层间渗透率级差高达几十到一百多倍。平面上河道砂、薄层砂、表外层分布非常复杂，相变十分剧烈。油层多、非均质非常严重，层间、平面及层内矛盾非常突出。

大庆长垣油田 1960 年投入开发，油田开发过程中，始终围绕准确认识储层的面貌，精确描述和识别剩余油分布，最大限度提高采收率为目标，以揭示并解决油田开发中的层间、平面、层内三大矛盾为核心，通过油田开发实践，不断加深储层非均质性和渗流规律的认识，探索形成了以分层开采、加密调整、稳油控水和聚合物驱油为主要内容的陆相多层非均质砂岩油田开发理论和技术系列，为油田长期高产稳产提供了技术支撑。进入特高含水开发阶段，面临的矛盾和问题更加尖锐复杂，开发的难度也越来越大。按照开发规律，依靠已有技术，油田将进入产量递减阶段。为支撑大庆油田 4000 万吨持续稳产，确保大庆油田高效开发，从 2006 年开始大庆油田开展了以水驱精细挖潜和聚驱提质提效为主要内容的特高含水油田提高采收率新技术的攻关与实践。

1　特高含水油田开发面临的主要问题

根据特高含水期油田开发的特点和规律，找准油田开发面临的主要矛盾和问题，有针对性地采取有效的开发措施，才能达到控含水、控递减，提高油田采收率的目的[1~2]。长垣油田特高含水期开发主要面临以下问题。

1.1　精细描述方面

1.1.1　储层描述

大庆油田对储层认识的深化主要依靠井点钻井取芯和测井资料，依据对地质规律的宏观认识和数学方法对井间储层的分布进行预测。进入特高含水期，通过水平井水平段连续取芯，中区西部密井网资料的详细解剖结果表明，即使在井网密度高达每平方公里 280 口的情况下，井间砂体的变化率仍在 40%左右，尤其是非主体薄层砂以及厚油层内部夹层的变化更大，说明我们对储层的认识在井间还存在很多不确定性，还有进一步深化认识的空间。对大规模沉积的复合河道砂体内单一河道的识别、井间砂体发育规模、接触关系以及厚油层层内非均质性的描述，是特高含水期地质认识亟待解决的难题。

1.1.2　剩余油描述

进入特高含水期，平面上各区块间、井网间、井组间的含水差异逐渐缩小，纵向上层层动用，层层含水，不同水洗级别的油层交互分布，剩余油呈现“整体高度零散，局部相对富集”分

【作者简介】王凤兰（1965—），女，1988 年参加工作，中共党员，教授级高级工程师。历任采油厂副总地质师、研究院总工程师、油田公司开发部主任，现任油田勘探开发研究院院长。一直从事油田开发规划、科研、试验和管理工作。

布的特点[3-10]。油田开发规划、方案设计和生产过程中对剩余油描述提出了不同的需求，宏观上要定量给出剩余潜力分布的部位和数量，微观上要给出剩余油的赋存状态、赋存部位和赋存量，已有的技术在精度和效率上难以满足需求，必须发展能够刻画更小尺度的宏观及微观剩余油描述技术，提高剩余油识别的精度和效率，满足不同的开发需求。

1.2 水驱开发调整

进入特高含水期，长垣油田储采平衡系数只有0.6，储采严重失衡；各类油层开采的差异不断缩小，结构调整的余地变小；以区块为单元的注采系统调整潜力空间也逐渐变小；经过多次加密调整，水聚驱多套井网并存，地面井网密度高（平均100口/km^2左右，中区西部达280口/km^2），剩余油高度分散，水聚驱井网、层系井网间优化调整难度大；各类储层渗流差异增大，低效无效循环严重，平面、层间、层内矛盾更加突出；液油比急剧上升，成本不断增加，控含水、控递减难度进一步加大[3-11]。

1.3 聚合物驱油

“十一五”末以来，随着大庆油田聚合物驱规模的不断扩大，开采对象由一类油层转向二类油层，井段长、层数多、连通性差、非均质性严重，导致注入参数匹配难、受效不均衡；由于环保要求，污水不能外排，为解决污水过盈问题，采用污水稀释聚合物区块的比例近五年平均达到80%以上，聚合物用量比清水稀释增加近60%，聚驱成本显著增加；由于开发对象的变化，配套工艺技术也出现了不适应性，导致聚驱技术经济指标下滑，亟需发展适合二类油层的聚驱提质提效技术。

2 特高含水油田提高采收率技术

大庆长垣油田特高含水期开发存在的主要矛盾和问题，是国内外陆上砂岩油田开发共同面临并亟待解决的共性难题。大庆油田以国家提高采收率示范工程、集团公司重点攻关专项为依托，立足地质研究、室内实验和矿场试验，取得了关键技术的突破，并在实践应用中取得了好效果。

2.1 精细描述技术

2.1.1 井震结合油藏描述技术

2008年，大庆油田在长垣的喇萨杏油田实施高密度三维地震，通过井震结合，以研究井间构造、储层为主，重构地下认识体系。

（1）井震结合精细构造描述技术。创新了井断点引导的断层精细刻画、单元精准建模技术。利用地震发现的井点揭露不完全的断层信息，通过井震结合，弥补了依靠井点资料对断层及断层组合认识的不足，断点组合率由80%提高到95%以上；精细识别了井间3-10m的低级序小断层，喇萨杏油田葡I组顶部断层由445条增加到765条，增加了71.9%；建立了6万口井控制的918km^2油层组级构造模型，首次实现了喇萨杏油田整体构造三维数字化表征，进一步深化了构造特征再认识，为地质模型建立提供了精准的构造格局；通过对断层以及断层破碎带封堵能力的研究，转变了以往断层边部调整“躲断层”的思想，向“找断层-靠断层-穿断层”转变，布井安全距离由距断层200m逐步缩小到20m，指导长垣油田在断层遍布部署高效井431口，增加可采储量378.6万吨，阶段累计产油217.9万吨。

（2）发展了以沉积模式为指导的井震结合精细储层描述技术。基于波阻特征分析、地震沉积学、地质统计学反演，突破了1/4波长地震理论分辨率的极限，实现了陆相河流三角洲沉积体系认识的进一步深化，精细识别了大型复合河道中复杂废弃河道及单一河道边界；定量描述了井间窄河道砂体的分布特征，2m以上河道砂体描述精度由75%提高到85%以上；完成了喇萨杏油田17个沉积单元7万口井约束的整体沉积微相精细刻画，首次发现了喇萨杏油田西部河流体系，提出了湖岸线控坨状砂及前缘相连续窄长河道砂理论，指导了窄河道“井网控制不住型”、微相变化“注采不完善型”及废弃河道“局部遮挡型”等成因类型剩余油精细调整挖潜。

（3）厚油层内部精细表征技术。建立了曲流河点坝顶部“叠瓦状”、辫状河“多层薄片状”剩余油分布模式，实现了厚油层内部夹层分布的精细刻画，指导了曲流河和分流河道砂体顶部水平井部署、辫状河厚油层内部细分注采控水挖潜等开发方案编制，实现了特高含水期“向层内要油、在层内控水”的目标，共布水平井20口，措施调整355井次，累计增油43.99万吨，增加可采储量89.8万吨。

2.1.2 剩余油精准描述技术

为满足油田开发规划编制、精细挖潜和三次采油等对剩余油描述的不同需求，开展了多种手段的宏观和微观剩余油描述技术研究，形成了大规模油藏数值模拟、剩余油快速评价和微观剩余油描述技术。

（1）大规模油藏模拟技术

针对高含水后期高度零散分布剩余油定量预测的难题，基于垂向细分沉积单元、平面细分沉积微相的地质模型，解决了油藏模拟进程间的数据存取与通讯、雅可比矩阵的并行计算、大型稀疏非对称线性系统的并行求解等一系列技术关键，实现了微机机群并行模拟计算。建成了大庆长垣油田相渗曲线分类数据库，使数值模拟更加符合实际，形成了相控渗流特征描述技术。建立了考虑启动压差、水嘴直径的嘴损特性的数学模型，实现了分层注水工艺模拟，提高了分层压力及剩余油分布描述的精度，形成了分层注水模拟技术。研发了适合多学科油藏研究的 RSVisu 高性能可视化系统。这些技术在大庆油田全面推广应用，实现长垣全覆盖和外围覆盖 75%的目标，支持了水驱调整方案编制、措施优选优化。为进一步提升模拟精度和效率，采用两步预处理方法重新构建了高效求解器，研发了新版分布式并行黑油模拟器 PBRS6.0，实现了千万节点以上规模的油藏数值模拟，可满足面向开发区的水驱整体模拟和小区块非粗化精细模拟的新需求。

（2）剩余油快速评价技术

为实现剩余油潜力的快速评价，满足特高含水期精细挖潜的生产需求，在精细油藏描述的基础上，通过注采关系的精细分析，综合利用渗流理论、专家经验、生产动态数据、监测资料，发展形成了基于非均质储层两相渗流阻力的小层剩余油快速评价技术和软件。实现了多油层多井网条件下区块、井网、单层、单井等 4 个不同层次的剩余油及潜力的定量评价，与吸水剖面对比符合率达到 80%左右，整体效率提高近 10 倍。应用该技术全面评价了喇萨杏油田 116 个区块各类油层、各沉积单元的动用状况及潜力分布，指导了喇萨杏油田的水驱精细挖潜。

（3）微观剩余油描述技术

微观剩余油研究手段由 80 年代的荧光分析和 90 年代的平板玻璃刻蚀发展到冷冻薄片激光共聚焦。微观剩余油类型由以往的簇状、柱状、孤岛状、膜状、盲状 5 种微观残余油分布的定性认识，进一步发展为定量描述束缚态、半束缚态和自由态三种形态和孔隙表面薄膜状、颗粒吸附状、角隅状、簇状、粒内状等 10 种类型的微观剩余油，实现了微观剩余油研究从定性到定量的跨越，为三次采油和难采储量有效开发提供了理论基础。

2.2 水驱开发调整技术

2.2.1 开发规律认识

应用长垣油田 37 个开发区块分类井网矿场动态数据测算结果表明，特高含水阶段采出程度 8%-10%，可采储量采出程度 16%-26%，说明特高含水期仍是水驱油田的重要开发阶段；根据室内岩心实验结果，由于长期水冲刷，储层物性和渗流特征均发生改变，油水两相渗流规律相应发生变化，高渗透部位水相渗透率急剧上升，两相渗流阻力明显下降，微观非均质更加严重，促进了“大孔道”、优势渗流通道的形成，形成注入水的低效无效循环场；统计分析长垣油田 869 条油水相对渗透率曲线数据，结果表明，80%以上都出现了下弯，尤其是高渗透油层，由于后期水相渗透率增长幅度大，下弯的比例 90%以上，油水两项比值与含水饱和度的关系不再呈直线关系，常规的水驱曲线法研究含水上升规律很难应用，为此，研究发展了符合特高含水期渗流规律的生长曲线法，实际应用表明，适用范围更广，预测精度更高；特高含水后期水油比急剧增长、成本增长与产量需求、效益之间的矛盾日益突出。长垣油田含水从 95%上升到 98%，相应水油比从 19 上升到 49，操作成本从 14.99 $/bbl 上升到 36.93 $/bbl，成本的刚性增长给油田提高采收率、效益开发带来很大挑战。

2.2.2 层系井网优化调整技术

针对多层非均质砂岩油田多套井网共存的特点，建立了层系井网适应性评价方法及指标评价体系，对全油田 26 个水驱开发区块 145 套井网适应性评价结果表明，26 个区块中有 24 个区块存在层系跨度大、层间矛盾突出、薄差层注采井距大、多向水驱控制程度低等问题，层系井网适应性较差，说明还有进一步优化调整的潜力和空间[12]；通过层间及井间干扰机理的研究，确定了层系井网优化调整的技术经济界限；依据潜力分布及主要矛盾，制定了层系井网优化调整与“井网加密、套损治理、三次采油”相结合的原则；建立了“细划层系、井网加密、井网互补、井网拆分”四种调整模式；2013 年以来，在长垣油田选取了五个具有代表性的区块进行现场试验，平均提高采收率 2 个百分点以上，其中杏三区东部试验区提高采收率达到 5.5 个百分点，目前该技术已在长垣油田全面推广应用。

2.2.3 细分注水优化调整技术

油田进入特高含水阶段以后，影响开发效果的主控因素由单一物性控制的静态非均质性发展为物性与流体饱和度共同作用的动态非均质性，仅考虑静态非均质性的注水调整方法已不能满足油田精准开发的需求。基于特高含水后期油水渗流规律和剩余油分布规律认识，创新形成以低效无效循环识别、层段组合优化和层段水量优化为核心的细分注水优化调整技术。建立了非均质储层油水两相渗流阻力和容量阻力模型，确定小层优势渗流方向，明确不同油价条件下的极限含水率界限，实现单井、单层、不同方向三个层次低效无效循环的快速定量识别；其次建立了以渗流阻力变异系数最小为目标的层段细分优化方法，确定了层段细分新标准，实现了由静态参数到动态非均质性为依据的层段优化的转变，进一步拓展了注水井细分潜力空间。综合考虑注采关系、地层压力和注水效益等因素，建立了以“层间动用均衡、层间压力均衡、提高注水效率”为目标的层段水量优化方法，实现了区块-井组-单井-层段四个层次注水量优化。研究成果在试验区得到应用，在综合含水率 97%的情况下，取得了增油控水的好效果。

地质认识和开发机理的不断深化，油藏工程技术的不断进步，促进了配套工艺技术的发展与进步，薄差油层细分注水、厚油层层内细分注水以及高效测调配套工艺技术实现了跨越式进步，满足了精细挖潜的需要。

应用水驱开发调整技术，长垣油田水驱示范区在综合含水 93%、不钻新井情况下，连续五年产量不降、含水不升，增加可采储量 272 万吨，推广区已增加可采储量 1100 万吨。水驱开发调整技术在大庆油田全面推广应用，长垣水驱在年均向三次采油转移 5000 万吨地质储量情况下，自然递减率由“十一五”的 8%控制到“十二五”的 7%以下，产油量少递减 240 万吨，油田开发水平持续提升。

2.3 聚合物驱油技术

2.3.1 注入参数优化设计技术

储层微观孔隙结构研究表明，渗透率相同的储层，微观孔隙结构不同，聚合物注入能力存在差异。分子量相同条件下，浓度、矿化度不同，注入能力也存在差异。沿用一类油层仅考虑分子量单一因素的注入参数设计方法，导致部分区块匹配程度低、注入困难、甚至堵塞油层。为提高聚合物与油层匹配率，基于高分子物理分子尺寸表征方法，创建了聚合物分子量、浓度和矿化度与可注入渗透率下限函数关系的多因素匹配关系，建立了注入参数优化设计数学模型。解决了由于中渗透油层渗透率非正态分布、聚驱注入参数设计仅考虑分子量单一因素导致匹配率低的问题，在聚驱工业化区块应用，注入参数匹配率由 65%提高到 93.5%，措施工作量减少 1/3。

2.3.2 聚合物驱交替注入技术

对于非均质性较强的油层，我们希望在注聚初期聚合物溶液主要进入高渗层，随着高渗层渗流阻力的增加，聚合物溶液开始进入低渗层，吸液剖面得到改善，扩大波及体积，但随着聚合物溶液的不断进入，低渗层表现出比高渗层更大的阻力上升速度，吸液比例逐渐下降，出现剖面返转。剖面返转导致注聚后期聚合物溶液在高渗层无效循环，聚合物用量大[13-14]。基于不同分子量、不同浓度聚合物多段塞交替注入岩心渗流实验，研究了交替注入方式抑制剖面返转技术，而且在聚驱全过程实施交替注入效果好于注聚中后期实施，高分子量、高浓度段塞和低分子量、低浓度段塞交替 5 个周期效果最好。依据上述成果，开展了四个多段塞交替注入试验，结果表明，交替注入提高了注采能力，吸液剖面得到改善，累计增油 3.81 万吨，降低聚合物用量 25.3%。交替注入、周期注聚、分质注入等个性化注入方式已成为聚驱开发方案设计、跟踪调整的常态技术，大幅提高了聚驱效率。

2.3.3 跟踪调整技术

随着聚合物驱开采对象转入二类油层，由于非均质性增强，注采井距变小，导致注采剖面不均衡、区块和井组间见效差异大，基于对聚合物驱不同阶段渗流机理、聚驱开发矛盾的研究，发展了聚驱快速精准跟踪调控技术。含水下降阶段，高低渗透层前缘推进差异大，以分层注入、交替注入、深度调剖等措施为主。含水低值期，高渗透层油墙形成至采出端，油相渗透率增加，渗流阻力增大，以注采参数调整，采油井高渗透层压裂，注入井增注等措施为主。含水回升阶段，高渗透层油墙已采出，低渗透层渗流阻力增大，以注采参数调整，注采井中低渗透层压裂，分层注入，封堵高渗透层，分期停注聚等措施为主[15]。后续水驱阶段注入液突破，高低渗透层渗流阻力降低，平面纵向矛盾加剧，以调整井组注水量，特高含水井关井，周期注水等措施为主。在聚驱工业化区块应用，多提高采收率 2.1 个百分点，降低聚合物用量 12.6%。

2.3.4　聚合物驱数值模拟技术

基于改进的粘弹性驱油机理数学模型，建立了分注、不同分子量混注和交替注入驱油机理数学模型，实现了并行计算和前后处理数据流程一体化，研发了新版商业化数模软件，并行效率超过 50%。解决了以往软件压力拟合精度低、功能单一、计算速度慢等问题，已在大庆油田推广应用，目前已应用于 39 个区块方案设计及跟踪调整，应用后方案符合率由 80%提高到 90%以上。

根据地质和开发的需求，创新发展了动态分组分压注入工艺，形成了以控制聚合物溶液粘损为核心的聚合物驱控粘损工艺技术，解决了地面系统粘损大的问题，粘损降低 24.4%，累积节约聚合物干粉 44639t。发明了以低磨阻泵和扶正器为核心的组合式杆管防偏磨工艺技术；应用 50000 多井次，设备运转时间由 260 天延长至 600 天。

应用上述技术，在北一区断西东块、南中东一区开展了两个聚合物驱提质提效示范区。2010 年 7 月注聚，截止目前，北一区断西东块注聚阶段采出程度 18.4%，提高采收率 13.5%。南中东一区阶段采出程度 17.02%，阶段提高采收率 14.34 个百分点。二类油层 28 个工业化区块，提高采收率由“十一五”末的 10.1 个百分点提高到 14.5 个百分点，多提高采收率 4.4 个百分点，吨聚增油由 37 吨提高到 55 吨。

3　下步攻关方向

大庆长垣油田特高含水期提高采收率的实践表明，虽然各套井网、各类油层全部动用，由于储层严重的非均质性，各类油层间仍然存在动用程度上的差异，开发过程中，掌握开发特点和开发规律，通过技术创新，精细寻找、识别和利用差异，提高对储层的控制程度，提高动用程度，进一步扩大注水波及体积，仍然可以达到不断提高采收率的目的。面对特高含水期开发出现的更加复杂的新问题，油田生产提出的更高要求，进一步提高采收率的思想是：以储层认识的深化为基础，不断挑战技术极限，持续创新发展特高含水期开发理论与技术，立足水驱，发展聚驱，完善复合驱，探索聚驱后、三类油层进一步提高采收率新方法，重点开展以下三个方面的研究工作：

3.1　精细描述技术

以井间、厚油层内部和微观孔隙结构研究为重点，加快地质认识和剩余油描述从精细向精准发展，做到微尺度、数字化、精准化，实现长垣油田精细油藏描述的第四次革命。以地震岩石物理分析为基础、以地质统计学理论和地震沉积学理论为指导、以精准描述为目标，重点开展基于地震属性的深度学习储层参数预测技术，研究井间砂体连通质量，搞清砂体注采连通关系，定量确定剩余油分布有利区；开发集成 GPU 并行加速技术，形成上亿节点的精准油藏数值模拟方法，提高单层井间的剩余油预测精度；借助大数据、人工智能等技术手段，实现剩余油富集区域、富集规模更显尺度的的精准定量预测；开展厚油层砂体内部建筑结构及流动单元研究，攻关 0.2m 以下夹层微地质界面解释技术、层内小尺度三维建模技术，实现微地质界面的井间预测及厚油层内剩余油定量表征；研发高精度数字岩心实验分析技术，量化微观剩余油赋存部位、赋存状态、赋存量，明确微观剩余油动用条件，指导三次采油方法及驱油剂的筛选。

3.2　水驱精准开发技术

针对特高含水后期低效无效循环日益严重、注水效率日益降低的实际，以渗流阻力评价为基础，建立低效无效循环识别方法、注水层段组合及层段水量优化方法，减缓层间层内矛盾，提高注水效率；发展完善智能分注工艺技术，使水驱开发向自动化、智能化方向迈进；层系井网优化调整要立足大庆油田开发决策的需求，整体布局，统筹规划。以水聚两驱层系井网优化为重点，攻关特高含水后期主力油层聚驱后转变液流方向的井网调整方式，研究三类油层不同潜力区块层系井网调整方式，针对不同类型潜力区块，确定层系井网优化调整、“二三结合”及化学驱开发方式，落实调整潜力，建立各类区块两驱层系井网演变模式。

3.3　化学驱提高采收率技术

3.3.1　聚合物驱油技术

针对二类油层聚合物驱工业化应用中出现的问题，以新型高效聚合物研制为重点，加快新型聚合物中试放大及工业化生产，研究新型聚合物注入参数与油层匹配关系，优化设计注入参数；建立抗盐聚合物评价方法与标准，形成系列化技术规范，制定驱油用聚合物技术规范国际标准；推进新型聚合物现场试验研究，尽快明确技术经济效果，实现工业化推广应用。

3.3.2 聚合物驱后提高采收率技术

针对聚合物驱后油层剩余饱和度低、剩余油高度分散，优势渗流通道发育，低效无效循环严重的问题，必须坚持“堵、调、驱”相结合的技术路线，重点研发自适应调堵驱、中相微乳液驱新型提高采收率方法。主要是优势渗流通道一体化识别、调堵剂研制，优势渗流通道治理技术；攻关液流转向自适应复合驱技术。加快现场应用及跟踪评价步伐，力争实现提高采收率 10% 以上。

3.3.3 三类油层提高采收率技术

三类油层厚度薄、层数多、微观孔隙结构复杂、平面相变剧烈，纵向接触关系复杂，具有低孔低渗、黏土含量高、排驱压力高的特点，急需探索适合三类油层的大幅度提高采收率方法。重点是建立油层分类标准，细化不同类型三类油层储量潜力；在水驱渗流规律认识基础上，进一步研究化学驱渗流规律，明确油水渗流能力及提高采收率潜力；研究适合三类油层的化学驱层系组合、井网调整方式及开采模式；加快研制适用于三类油层的新型聚合物、新型碱及新型表活剂，实现三类油层提高采收率 10%以上。

3.3.4 复合驱提高采收率技术

针对目前复合驱工业化应用过程中出现的问题和技术需求，按照高效、绿色发展的要求，进一步深化表面活性剂分子结构与性能关系研究，建立以相态为核心的复合体系性能综合研究方法，研发新型低伤害复合体系；量化复合驱开发合理指标界限，优化注采参数和注入方式，建立基于全过程压力控制的综合调整技术、注采制度以及分阶段调整措施预判方法建立三元复合驱油藏开发工作平台，发挥智能化专家辅助决策作用；进一步完善复合驱配套工艺技术，延长检泵周期，不断提高生产时率，优化采出液处理工艺，降低处理成本，提高达标率。

参 考 文 献

[1] 吴晓蕙，王凤兰，付百舟．喇萨杏油田剩余储量分析及挖潜方向[J]．大庆石油地质与开发，2005，24(3)：29-31.

[2] 计秉玉，李彦兴．喇萨杏油田高含水期提高采收率的主要技术对策[J]．大庆石油地质与开发，2004，23(5)：47-53.

[3] 林承焰，孙廷彬．基于单砂体的特高含水期剩余油精细表征[J]．石油学报，2013，34(6)：1131-1136.

[4] 封从军，鲍志东等．扶余油田基于单因素解析多因素耦合的剩余油预测[J]．石油学报，2012，33(3)：465-471.

[5] 陈程，宋新民等．曲流河点砂坝储层水流优势通道及其对剩余油分布的控制[J]．石油学报，2012，33(2)：257-263.

[6] 李志鹏，林承焰等．河控三角洲水下分流河道砂体内部建筑结构模式[J]．石油学报，2012，33(1)：101-105.

[7] 林承焰，余成林等．老油田剩余油分布——水下分流河道岔道口剩余油富集[J]．石油学报，2011，32(5)：829-835.

[8] 刘钰铭，侯加根等．辫状河厚砂层内部夹层表征——以大庆喇嘛甸油田为例[J]．石油学报，2011，32(5)：836-841.

[9] 韩大匡．准确预测剩余油相对富集区提高油田注水采收率研究[J]．石油学报，2007，28 (2)：73-78.

[10] 林博．河流相建筑结构随机建模与剩余油分布研究[J]．石油学报，2007，28 (4)：81-85.

[11] 刘建民，徐守余．河流相储层沉积模式及对剩余油分布的控制[J]．石油学报，2003，24(1)：58-62.

[12] 张英志．萨北开发区特高含水期层系井网演化趋势研究[J]．大庆石油地质与开发，2006，(S1)：4-7.

[13] 曹瑞波，韩培慧，侯维虹．聚合物驱剖面返转规律及返转机理[J]．石油学报，2009，30(2)：267-270.

[14] 曹瑞波．聚合物驱剖面返转现象形成机理实验研究[J]．油气地质与采收率，2009，16(4)：71-73.

[15] 张晓芹，关文婷，李霞等．大庆油田聚合物驱矿场合理停住聚时机及实施方法[J]．油气地质与采收率，2015，22(1)：88-91.

中国碳酸盐岩缝洞型油藏提高采收率研究进展

戴彩丽[1]　方吉超[1]　焦保雷[2]　何　龙[2]　何晓庆[2]

(1. 中国石油大学(华东)石油工程学院；
2. 中国石化西北油田分公司石油工程技术研究院)

摘　要　围绕我国碳酸盐岩缝洞型油藏提高采收率难题，阐述缝洞型油藏储集体描述、物理模拟、剩余油分布及提高采收率方法四方面研究进展，探讨并展望未来缝洞型油藏提高采收率技术的关键与发展方向。缝洞储集体精细描述是提高采收率技术的研究基础，也是实现相似性物理模拟的依据；缝洞型油藏剩余油主要分布在构造高部位和连通屏蔽区，目前提高采收率的方法主要为注气顶替高部位原油，措施较为单一；未来中国碳酸盐岩缝洞型油藏提高采收率研究的发展在于储集体勘探与三维模拟相结合的精细地质描述和实现缝洞型油藏均衡驱替两个方面，等密度流体和流道调整技术是两个潜力研究方向。

关键词　缝洞型油藏；提高采收率方法；储集体描述；物理模拟；剩余油分布；流道调整

碳酸盐岩油藏约占世界石油储量的52%、全球油气总产量的60%，油藏物性较好，以裂缝型油藏为主，油田产量高，是世界重要的石油增储上产领域之一[1,2]。中国西部碳酸盐岩油藏储量丰富，约占探明储量的2/3，但油藏条件极为苛刻，具有世界唯一性，大型溶洞-裂缝错综复杂发育，水驱采收率极低[3,4]。以中国典型碳酸盐岩缝洞型油藏塔河油田奥陶系缝洞油藏为例[5,6]，其水驱采收率仅为14.9%，剩余油丰富，亟待提高缝洞型油藏原油采收率。碳酸盐岩缝洞型油藏储集体异于砂岩油藏，多为溶洞-裂缝复杂组合体，尺度复杂多变，以溶洞和大型裂缝为主，溶洞规模较大且连通形式多样，空间展布复杂，非均质性极强[7,8]。另外中国碳酸盐岩缝洞型油藏埋藏较深，地层条件极为苛刻，如塔河缝洞型油藏埋藏超深(井深大于5000m)，超高温高压(温度高于125 ℃，压力大于60 MPa)，给缝洞型油藏提高采收率带来巨大的困难。笔者围绕中国缝洞型油藏提高采收率技术相关难题，结合油田实际，阐述缝洞型油藏储集体描述、物理模拟手段、剩余油分布及提高采收率方法4方面在缝洞型油藏提高采收率技术中的研究进展，探讨未来中国缝洞型油藏提高采收率技术研究的关键和发展方向。

1　缝洞型油藏储集体描述

缝洞型油藏储集体精细描述是实现提高采收率研究的关键。缝洞型油藏储集体异于常规砂岩油藏，由不同尺度的溶洞和裂缝组合而成，它的缝洞尺寸级别从几微米/几十微米到几米/几十米不同，尺寸跨度巨大，难以精确描述各部分的形态。另外缝洞型油藏没有层的概念，缝洞连通错综复杂，无法借鉴砂岩油藏分层描述方法，给缝洞型油藏储集体的精确描述带来困难。目前地震反演和钻井勘探是描述缝洞型油藏储集体形态的主要方法，已实现对超过5m尺寸洞穴的识别[9~12]，对于0.5~5m的洞穴也可通过对数据的精细化处理进行识别，对于更小尺寸的缝洞极难识别[13,14]，而小型缝洞的发育远远多于大型洞穴[15,16]，且往往存在多层、网状缝洞系统[17]，无法精确刻画储集体的内部结构、连通性及连通关系[18,19]直接影响缝洞型油藏储层勘探与开发。

为实现对缝洞型油藏储集体的精确描述，国内地质专家和油藏工程专家做了大量的工作，从地质构造和油藏工程两方面对储集体发育规律及缝洞分布特征进行详细描述，划分了多种储集体类型，指导缝洞型油藏开发。

1.1　以洞、缝、孔为基础的构造关系

碳酸盐岩缝洞型油藏储集体区别于砂岩油藏

【基金项目】十三五国家油气重大专项(2016ZX05014005-008)；国家杰出青年科学基金项目(51425406)；长江学者奖励计划(T2014152)；中国石油大学研究生创新基金项目(YCX2017025)

【作者简介】戴彩丽(1971—)，女，教授，长江学者特聘教授，国家杰出青年科学基金获得者，2006年获中国石油大学(华东)博士学位。1993年于中国石油大学(华东)任教至今，一直从事油气田提高采收率研究。E-mail：daicl@upc.edu.cn

最主要特征在于没有可循环重复的特征单元向三维方向复制扩展，而是以洞、缝、孔为基本单元构成的不规则组合体，这也造成了缝洞型油藏局部构造的唯一性，无法通过室内小范围岩心实验向地层大范围构造变化进行推测，给地质认识和室内实验带来了巨大困难。从地质学角度，缝洞型油藏储集体最基本的构成是洞、缝、孔，溶洞按尺寸可分为小洞和大洞，尺寸从毫米级至米级分布广泛；裂缝尺寸介于几微米至几十微米，主要包括压溶缝、收缩缝及构造缝等；孔尺寸介于几微米至几百微米，主要包括基质溶孔、晶间孔、粒内孔、砾间孔及砾内孔等[20,21]。在成藏过程中，洞、缝、孔是缝洞型油藏主要的油气储集空间[22]。裂缝即是油气储集空间也是连通孔洞的主要沟通通道[23~25]，以高角度垂向发育为主，形成了大量复杂裂缝和断裂系统，连通性较好。碳酸盐岩基质基本不存在储渗能力，对油藏流体流动具有渗流屏障作用，也是油气理想的圈闭保护屏障[26]。储集空间存在相对的位置关系，难以形成连续规则的储集体，一般按相对位置关系可分为 6 类，分别为广义基质、孤立裂缝网络、孤立溶洞、裂缝网络系统、裂缝-溶洞系统和溶洞系统[27]。多种复杂的缝洞储集体类型组合形成了碳酸盐岩缝洞型油藏。在油藏尺度上，特别是在岩溶作用比较完整的缝洞型油藏一般可以按一定规律进行分区。许多专家学者对塔河油田岩溶型碳酸盐岩缝洞结构进行了精细研究，认为径流带地下河系统是重要油气聚集场所，提出了表层岩溶带、渗流岩溶带和径流岩溶带[28~30]，如图 1 所示。表层岩溶带以沉积物或角砾岩充填地表河和落水洞发育为主，砾间孔隙和裂缝为主要储空间。渗流岩溶带高角度裂缝和充填驻水洞大量发育，也是沟通表层岩溶带和径流岩溶带重要通道。径流岩溶带发育大型溶洞和缝洞组合体，储集空间大，高产井一般与缝洞型油藏径流岩溶带直接相通(图 1)。

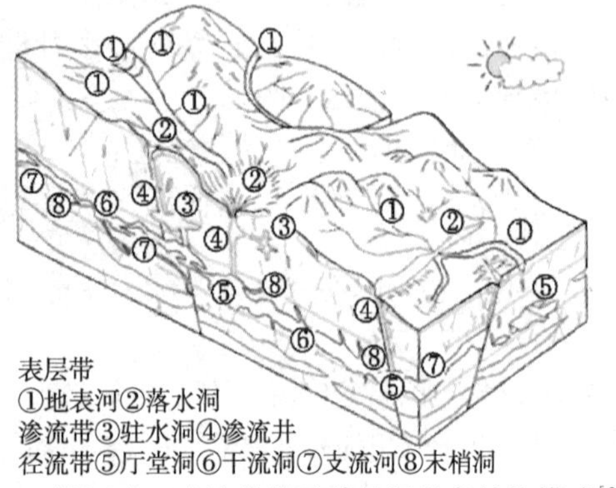

图 1 塔河油田岩溶分带及其缝洞发育结构模式[28]

1.2 缝洞型油藏储集体的储运特征

以洞、缝、孔为基础的地质构造使得缝洞型油藏的储集体形态与油藏流体流动不同于砂岩油藏多孔介质储运特征。油藏成藏的不连续性和运移空间尺度效应是碳酸盐岩缝洞型油藏最主要特征，原油主要富集在大型溶洞及与之相连的裂缝带，基质具有极强的屏蔽作用，而作为连通通道的裂缝尺寸远大于多孔介质孔隙尺寸。这造成了缝洞型油藏储运特征的复杂性，同时存在管流特征和渗流特征，大型缝洞体内流态为典型的管流，微小孔缝内流态则表现出渗流特征。以塔河典型油藏奥陶系缝洞型油藏为例，从储集体的发育特征角度，李阳等[19]认为地下河系统和岩溶洞穴系统原油储量最为丰富，贡献了塔河油田 95%以上的产能。不同尺寸的裂缝沟通溶洞储存空间，形成了复杂缝洞网络，使得流体流动即存在多孔渗流也存在宏观尺寸流动特点。康志江等[31~33]研究发现缝洞型油藏中发育大量的微裂缝和微小孔洞，其综合尺度按油层物理和油藏工程理论属于渗流范围，但是实际生产中也存在一定的宏观水动力学特点，如漩涡、回流、虹吸等现象。王殿生等[34]将复杂的缝洞储运关系概括为两种最基本的类型，分别为裂缝-孔隙型(裂缝型)和裂缝-溶洞型(缝洞型)。结合生产实践发现，缝洞型油藏的开采特征有着明显的区域化，不同区域内的温压系统有所不同，同一区域的温压系统一致，表明缝洞型油藏不同区域的连通性较差，而同一区域的连通性较好。陈志海等[35]从油藏成藏及油藏连通性角度提出了“缝洞单元”的基本概念，并阐述了缝洞单元的划分方法及原则，每个缝洞单元内具有统一的压力系统及相似的流体性质，是一个相对独立的油气开采基本单位。结合储集体类型与含油气状态，康志江等[36]将缝洞型油藏划分 5 种类型，分别为溶洞为主的低饱和缝洞型油藏、缝洞为主的低饱和缝洞油藏、缝孔为主的低饱和缝洞型油藏、具气顶的过饱和缝洞型油藏和稠油缝洞型油藏。

基于地质构造与油藏工程研究，缝洞型油藏的储集体描述从最基本的洞、缝、孔构成到多种复杂缝洞组合体，再到油藏尺度的储层岩溶带划分，多角度多层次对缝洞型油藏的基本特征进行综述，指出了缝洞型油藏以大型溶洞和裂缝为主要储集空间，裂缝作为主要的连通通道，存在复杂流体运移行为，包括微观渗透和宏观水动力学特点。结合缝洞型油藏连通性提出了“缝洞单元”概念，这为后期缝洞型油藏研究提供了基础。但缝洞型油藏储体描述多以定性描述为主，精细化程度较差，这给室内提高采收率模拟实验带来巨大困难，难以揭示缝洞油藏条件下的措施作用机制。

2 提高缝洞型油藏采收率物理模拟方法

室内物理模拟技术是油藏开采特征描述的重要方法之一，也是最为重要的提高采收率研究手段之一。提高缝洞型油藏采收率方法研究的物理模拟技术旨在再现缝洞型油藏地下开采特征，明确剩余油分布，指导提高采收率研究方向，揭示措施方法的作用机制。随着缝洞型油藏地质认识及多相流体流动规律研究的不断深入，缝洞型油藏储集体从地质构造和油藏工程多角度多层次进行了深度刻画，然而室内物理模拟仅能根据研究需要从某一方面简单描述缝洞型油藏的流体流动规律，始终无法利用室内小岩心充分模拟缝洞型油藏的储运特征。缝洞型油藏室内物理模拟技术经历了从简单的二维特征模拟到复杂三维模拟、从单井缝洞模拟到缝洞单元模拟的发展[37-38]，模拟手段与数据处理方法也从简单的图像识别、直观观察分析剩余油分布状态，到目前实验分析与流体力学模拟相结合的方法进行尝试，实现了从模拟形状相似、流体流动状态相似及地层条件相似等多重吻合模拟，使得室内物理模拟与地层实际相似程度越来越高。

为了得到缝洞型油藏某平面的开采特征，许多学者早期根据地质条件建立了能在一定程度上反映储层平面的简单二维模型，旨在为作者的观点进行验证，多以理想可视化模型为主，难以扩大到油藏尺度进行指导性应用。李江龙和王雷等[39-40]采用有机玻璃板二维光刻模型进行了模拟实验，观测二维平面水流通道形成及剩余油分布情况，但模型模拟维度较少，溶洞与裂缝尺寸比例制定与实际储层差别较大，模型壁面与实际碳酸盐岩地层相似性较差。为了改善理想模型的模拟效果，碳酸盐岩壁面特征及缝洞结构被引入室内物理模拟[41-45]，利用碳酸盐岩石块钻孔或切割等形式制作裂缝型或缝洞型拟三维岩心，结合岩心夹持器中的不同摆放形态，模拟真实地层的岩石壁面条件和缝洞型油藏结构，研究了缝洞结构对水驱特征曲线的影响和缝洞型油藏的堵水效果，实验结果规律性较好。缝洞型油藏储集体空间的强非均质性造成其在三维各个方向的差异性均较大，现有的二维模型或拟三维模型无法与地层实际相对应，一般用于验证缝洞型油藏某些流动规律及其他相关研究成果。

在二维模型的基础上，增加缝洞型油藏的模拟维度，使模拟效果更加接近实际油藏，三维缝洞型油藏室内物理模拟技术研究也经过了一系列的发展过程。从简单的三维有机玻璃模型到现在相似度极高的碳酸盐岩刻蚀模型，不但能够模拟缝洞型油藏的局部连通结构，也能够实现缝洞单元整个井组开发模拟，模拟技术科学性日益提高，模拟效果对现场的指导性越来越强。有机玻璃可视化三维模型首先被引入模拟三维缝洞型油藏，这种模型较为简单，一般为一个或几个溶洞通过一定宽度的透明长方体缝相连，形成缝洞型油藏简单模型，模拟缝洞型油藏典型缝洞结构的开发规律。张东等[46]利用三维双洞可视化物理模型研究了洞-缝-洞介质中水驱油注采规律研究，发现毛细管力能够阻碍水流入裂缝，但模型概念化程度较高，是一个拟三维模型，模型仅在两个维度上进行了模拟，也未考虑碳酸盐岩壁面与有机玻璃壁面差异，模拟手段相对简单。为了得到有效的三维模拟方法，吕爱民等[47]将规则的缝洞体向三维方向复制延伸，形成了多层三维网络缝洞模型，但没有充分考虑裂缝形态及缝洞尺寸差异，模拟效果与现场实际差异性较大。侯吉瑞等[48-49]从另一个角度出发，以实际井组地质解释模型为基础等比例缩小，制作了三维缝洞单元物理模型，并且考虑了不同层位的填充率，其模型流动方面尽量满足雷诺数相等，模拟效果较好(图2)，然而此模型过分依赖缝洞型油藏地质解释，对于分辨较差的地方模糊处理，仅能在生产动态上尽量模拟实际生产状况，难以揭示局部提高采收率措施机制。另外3D地质模型重现技术也被引入缝洞型油藏物理模拟，利用已有的缝洞型油藏地质解释模型进行轮廓重构，导入3D打印设备，进行地层缝洞轮廓构筑，此方法与侯吉瑞等[50-51]研究方法类似，过分依赖对缝洞型油藏的地质解释，而目前地质解释方法难以分辨小于0.5 m的缝洞结构，这给3D重现地质模型带来了难以克服的困难。

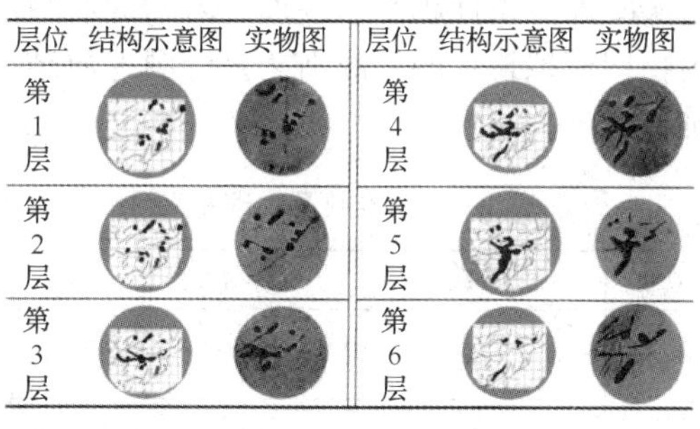

图2 油藏原型各层缝洞结构示意图与实物图[48-49]

缝洞型油藏室内物理模拟研究不但需要外形

相似，更多地要求动力和流体运动相似，才能充分模拟油藏尺度下局部流体流动特征，指导缝洞型油藏提高采收率实验研究，揭示提高采收率方法作用机制。王敬和刘中春等[50-51]根据油藏特点及缝洞中流体流动规律，引入相似理论及特征参数，从形状、动力及流体运动三方面相似设计了以溶洞为基础的缝洞系统(表1)，特征参数一般包括配位数(即储集体所连通的裂缝条数)与填充程度(溶蚀孔洞的充满程度)，模拟主体以单一溶洞为基础，进行局部流动和剩余油分布的研究。这种方法其实是为了达到精确模拟地下缝洞储集体的一种妥协，将大致相似的缝洞结构与流体流动形态进一步匹配，达到相似性模拟，是一种较为理想的模拟方法。相似理论方法主要包括形状相似、流动相似、动力相似及特征参数相似。油藏尺度的形状相似较为容易实现，借助油藏地质解释数据复刻地层整体形貌，但尺度小于0.5m的区域仍是未来需要重点攻关区域。运动相似方面是室内模拟的重点和难点，碳酸盐岩缝洞型油藏实际储层空间特征尺寸不均一，缝洞发育复杂，内部充填程度及充填物不同，导致在实际注采比和注水速度条件下局部雷诺数差异较大，缝洞结构中内部流动复杂多样，微观渗流和宏观管流并存，给物理模拟与实际流动相似性带来巨大的困难[52-53]。动力相似方面，主要通过控制生产压差、局部缝洞结构及模型材质进行相似性模拟，可实现手段相对较多。特征参数相似方面，配位数及填充程度表征缝洞型油藏的局部特点。配位数是指与溶洞连接的裂缝条数，主要表征缝洞连通的复杂程度。充填程度则是溶洞内部状态的表征，塔河缝洞型油藏的充填程度一般自上而下逐渐增加，这与其自上而下岩溶作用增强具有一致性[54-55]。目前物理模拟方法已能够满足从二维到三维物理模拟提高采收率实验的需要，并且逐步有规律地进行了模型填充，模拟条件与实际油藏条件越来越接近，未来缝洞型油藏室内物理模拟技术的关键仍然是缝洞地质结构的精确描述。

表1　相似准数及物理意义

相似性	相似准数	物理意义
几何相似	$\pi_1 = \dfrac{L_1}{L_2}$	模型尺寸与油藏控制尺寸之比
	$\pi_2 = \dfrac{D_1}{D_2}$	孔隙直径与油藏控制直径之比
	$\pi_3 = \dfrac{L}{D}$	裂缝与孔洞特征尺寸之比
运动相似	$\pi_4 = \dfrac{v_w t}{\phi S_w L}$	注入流体体积与油藏孔隙体积比相同
	$\pi_5 = \dfrac{I}{P}$	注采比
	$\pi_6 = \dfrac{\mu_0}{\rho_0 v_0 L}$	雷诺数
动力相似	$\pi_7 = \dfrac{\Delta P}{\rho_0 g L}$	生产压力梯度与油重度之比
	$\pi_8 = \dfrac{v^2}{gL}$	黏性力和惯性力之比
特征参数相似	ξ	配位数
	η	填充程度

注：L_1为模型特征尺寸，m；L_2为油藏特征尺寸，m；D_1为孔隙直径，m；D_2为油藏控制直径，m；L为特征尺寸，m；D为孔洞特征尺寸，m；v_w为水相流速，m/d；t为时间，d；L为长度，m；ϕ为孔隙度；S_w为水相饱和度；I为注入体积，m³/d；P为产量，m³/d；v_0为油相流速，m/s；ρ_0为密度，kg/m³；μ_0为黏度，m·s；ΔP为压差，Pa；ρ_0为油相密度，kg/m³；g为比例系数，9.8N/kg；σ为界面张力，mN/m；ξ为配位数；η为充填程度。

3　缝洞型油藏剩余油分布

水窜规律及剩余油分布一直都是碳酸盐岩缝洞型油藏提高采收率研究的重点之一[56-58]。以洞、缝、孔为基本构成的缝洞结构直接导致了缝洞型油藏油水赋存复杂，油水界面分布受连通性和重力双重影响，油藏内部并不是简单的上层油下层水，这造成缝洞型油藏无法像砂岩油藏一样分层系开发。另外这种复杂的油水分布和连通性导致了注入水易沿优势流道突破，见水后波及体积难以增加，水驱采出效果差。以中国典型碳酸盐岩缝洞型油藏——塔河油田缝洞型油藏开采现状(图3)以例，自2005年碳酸盐岩缝洞型油藏注水开发开始，水驱可采储量和水驱单元逐年增加，截止2015年底，塔河油田缝洞型油藏水驱可采储量为4011×10⁴ t，而水驱采收率基本保持稳定，且仅为14.9%。碳酸盐岩缝洞型油藏累积注水单元为88个，单向受效单元69个，水窜导致注水效果变差和失效的单元30个，单向受效

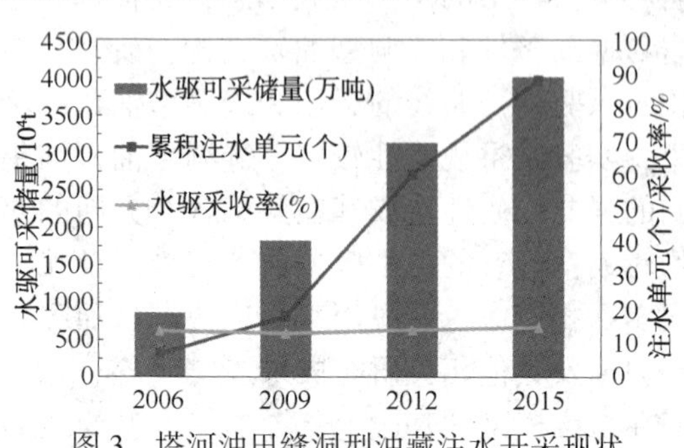

图3　塔河油田缝洞型油藏注水开采现状

和水窜成为主要开发矛盾，大量的剩余油存在地下储层，摸清剩余油精确分布已是进一步提高缝洞型油藏采收率的前提。

溶洞是缝洞型油藏基本构成之一，以溶洞为基础的缝洞储层也是高产井主要分布区，当注入水或底水驱替时，原油较易从溶洞顶部流入采出井，开采速度和原油黏度是影响剩余分布的主要因素。刘中春等[51]利用单一圆筒状容器模拟溶洞，证实了底水驱时流动通道尺度差、油水黏度比及开采速度增大导致水锥高度增加，而水锥高度越高采出程度越低，表明实际钻遇溶洞的油井中，当含水率达 90%时，油水界面已接近井底。实际钻遇过程中溶洞钻遇率较高，且大部分溶洞有一定的填充物，这也是影响剩余油分布的主要因素之一。王敬等[50,59]利用可视化金属腔体模拟溶洞，在金属模型侧面有规律的打通孔模拟裂缝，得到不同组合形式的碳酸盐岩缝洞模型，研究发现重力分异是决定缝洞型油藏采收率的主要因素，油水置换是溶洞中剩余油开采的主要机制，这导致溶洞出口的最低点决定以溶洞为基础的缝洞局部无水采收率，而最高点控制水驱最终采收率，两点间的裂缝连通形式决定了含水上升规律。在单一溶洞的基础上向三维方向扩展，形成了三维复杂缝洞结构，结合碳酸盐岩的壁面特征，王敬等[60]将碳酸盐岩柱状岩心进行切割钻孔，制作了具有一定规律的缝洞组合体。通过研究发现水驱后缝洞型油藏剩余油主要分为阁楼油、封存油、油膜、角隅油、盲洞油等，其剩余油储量取决于缝洞型油藏最上部连接点位置高低，这与前期研究一致[50]。重力分异对缝洞型油藏影响远大于砂岩油藏，这直接导致了缝洞型油藏局部高部位存在大量的阁楼油。复杂的缝洞连通关系造成了注入水绕流产生封存油和盲洞油，缝洞连通程度越低，封存油和盲洞油越多。另外，由于岩石表面的润湿性和原油黏度影响，岩石表面的油膜也是剩余油的重要组成部分，油湿表面油膜量较大，水湿表面油膜量小。阁楼油、封存油和盲洞油是缝洞型油藏主要的剩余油分布形式。在缝洞单元层面，侯吉瑞等[48-49]基于实际缝洞单元多井注采模式，设计加工了缝洞单元物理模型，研究了缝洞单元内油井含水率变化，发现油井含水率上升类型分为缓慢上升型、阶梯式上升型和暴性水淹型 3 种类型，井网注水能够在一定程度上抑制底水上升，减少点状出水，控制底水锥进。现阶段剩余油开采存在两个主要矛盾：一是重力分异产生的阁楼油与驱替介质的高密度矛盾；二是平面上优势水流通道的形成与流道调整技术的缺乏矛盾，次要矛盾是水驱过程中油藏岩石表面剩余油与注入水无效循环之间的矛盾。如何解决现阶段主要矛盾是实现碳酸盐岩缝洞型油藏大幅提高采收率的基础。

4 缝洞型油藏提高采收率方法

针对碳酸盐岩缝洞型油藏重力分异产生的阁楼油与驱替介质的高密度矛盾，注气和泡沫提高采收率是目前常用的方法[61-62]。注气法主要依靠注入地层中的气体与原油混合，利用重力分异作用，置换高部位剩余油，形成人工气顶、补充地层能量、扩大波及体积，从而提高缝洞型油藏采收率。该技术于 2012 年在塔河油田奥陶系碳酸盐岩缝洞型油藏中开始试验，累计试验 123 口井，累计产油 16.13×10^4 t，解决了缝洞型油藏高部位“阁楼油”开采难题，创造了巨大经济效益[63]。另外根据选用注入气体的不同性质，有针对性的对原油降黏或酸蚀地层，达到油藏高效开采的目的。王建海等[64]利用氮气+二氧化碳吞吐的方法对 TH12263 井进行了提高采收率先导性试验，初期日产油量由 10t 上升到 18.6 t，掺稀比从 3.4：1 下降到 1.9：1，证明注气提高碳酸盐岩缝洞型油藏采收率技术的可行性。注气虽然能够有效解决“阁楼油”难题，但也存在强烈的重力分异效果，造成明显的气窜优势流道。借用砂岩油藏的水动力学方法，采用水气交替注入减弱气窜影响。苑登御等[65-66]利用岩心刻蚀方法，建立了缝洞型油藏复杂地质结构模型，模拟缝洞型油藏水驱开发后，注氮气和水气交替注入两种措施提高采收率效果研究，发现水气交替注入比注氮气采收率增值高 1%~2%。水气交替注入在一定程度上能够扩大气体在缝洞型油藏中的作用范围，但作用效果较砂岩油藏弱。为了进一步解决缝洞型油藏相对较高部位剩余油问题，注泡沫提高采收率显示出一定的优势。由于不同的气液比可形成不同表观密度的泡沫，从而有针对性地提高油层中上部采收率。李海波等[67]利用二维可视化物理模型模拟碳酸盐岩缝洞型油藏底水驱开发和注氮气泡沫启动剩余油研究，证实了泡沫体系能够在重力分异的作用下持续顶替较高部位原油，提高油藏原油采出程度。王建海等[68]进一步利用可视化缝洞模型模拟油藏开发和增产措施效果，优化出碳酸盐岩缝洞型油藏提高采收率的最佳方法为泡沫驱，其次为水气交替注入，最后为气驱，实验结果与苑登御等[65,66]研究相似。泡沫流体的密度可控性使得其室内提高油藏采收率效果比单独水驱和单独气驱好，但其工艺措施复杂且泡沫体系本身的稳定性较差，造成注泡沫未在矿场进行大规模推广，仍处于前期矿场试验阶段。

针对平面上优势水流通道的形成与流道调整技术的缺乏矛盾，缝洞型油藏流道调整技术被列为国家科技重大专项立项子课题之一，旨在控制水(气)驱优势流道，解决注入水(气)沿优势流道无效循环问题，扩大水(气)驱波及体积。前期的流道调整试验主要借用砂岩油藏堵水调剖的思路，许多专家学者[69~71]有针对地进行室内实验和矿场试验，证实了流道调整的有效性。鉴于中国西部缝洞型油藏高温高盐的苛刻地层条件和大尺度缝洞地质环境，传统冻胶类调流剂难以应用，而颗粒类调流剂的物化性质相对稳定，具有一定的优势。戴彩丽课题组联合中石化西北油田分工司研制了粒径可控、密度可调、油水选择性较好的调流剂颗粒体系已初步进行了矿场试验，初期试验6个注采井组进行流道调整，4个注采井组取得了良好效果，措施成功率达67%，为后续完善流道调整技术坚定了信心。

5 认识与展望

中国碳酸盐岩缝洞型油藏地质构造十分复杂，油藏条件苛刻，油藏高效开发国内外可借鉴技术较少，提高采收率研究依然处于初级阶段。结合碳酸盐岩缝洞型油藏开发现状及提高采收率相关技术研究进展形成了以下4方面认识。

(1) 缝洞型油藏储集体的精细描述与储运特征分析依然是提高采收率研究的核心基础，着重攻关尺度小于0.5 m的缝洞精细结构描述，明确不同尺度下缝洞型油藏的储运特征，是实现缝洞型油藏提高采收率的关键。

(2) 现有的缝洞型油藏物理模拟方法相对较为完善，模型的设计加工技术成熟，但缺乏与之相匹配的理论方法。目前缝洞型油藏物理模拟方法的理论依据和所得结论多以相似性描述为主，理论通用性较差，无法达到指导矿场开采的目的。

(3) 碳酸盐岩缝洞型油藏非均质性极强，剩余油主要分布在构造上部及连通屏蔽区域。缝洞型油藏高效开发主要存在两个系统矛盾：一是重力分异产生的阁楼油与驱替介质的高密度矛盾；二是平面上优势水流通道的形成与流道整技术的缺乏矛盾。

(4) 目前缝洞型油藏提高采收率方法相对较少，纵向上利用气体密度优势驱替高部位剩余油，矿场推广效果较好；平面上利用流道调整技术进行了扩大波及试验，效果较好，具有广阔的推广价值。

随着碳酸盐岩缝洞型油藏勘探开发技术的进步，预计未来继续在储集体类型、物理模拟和剩余油精细描述方向加大投入。由于缝洞型油藏的非均质性极强，地震技术难以对局部结构进行精细推测和描述，多井联合测井和井底成像技术将得到推广，对地下缝洞发育形态进行精确测绘，然后借助3D打印技术进行油藏构造再现，最后通过室内物理模拟技术优化最佳提高剩余油采收率方法。注气主要解决了"阁楼油"难题，但在水平方向提高采收率存在一定的不足，气体与原油的密度差较地层注入水与原油密度差更大，气体流度较水流度大，这将导致注气平面优势通道发育比注水优势通道发育更严重，且气体的携带能力极差，后续气窜优势通道的调整技术更为苛刻。流道调整配合注水是未来缝洞型油藏提高采收率技术的发展方向。

流道调整配合等密度流体驱替技术将是未来缝洞型油藏提高采收率研究的潜力所在。流道调整技术解决了因流度差异造成的平面窜流通道发育难题，使驱替介质能够在平面上均匀推进。等密度流体克服了因重力分异导致的底部水窜通道和顶部气窜通道发育难题，解决了缝洞型油藏纵向波及问题，能够充分启用中部油层。结合等密度流体和流道调整技术优势，研发等密度流体与调流剂是实现大幅度提高缝洞型油藏采收率的关键。而中国西部碳酸盐岩缝洞型油藏大多地层条件苛刻，温度高于125 ℃，矿化度大于20×10^4 mg/L，严重制约等密度流体和调流剂研发。等密度流体将以水基稀泡沫、水基低密度复合流体为潜力研究方向。调流剂将以密度可调、粒径可控、选择性好、能够实现聚结膨胀的复合有机颗粒为潜力研究方向。

参 考 文 献

[1] 江怀友，宋新民，王元基，等．世界海相碳酸盐岩油气勘探开发现状与展望[J]．海洋石油，2008，28(4)：6-13.

[2] SUN Qian，ZHANG Na，Mohamed Fadlelmula，et al. Structural regeneration of fracture - vug network in naturally fractured vuggy reservoirs[J]. Journal of Petroleum Science and Engineering，2018，165：28-41.

[3] 撒利明，姚逢昌，狄帮让，等．缝洞型储层地震响应特征与识别方法[J]，岩性油气藏，2011，23(1)：23-28.

[4] 李阳．塔河油田岩酸盐岩缝洞型油藏开发理论及方法[J]．石油学报，2013，34(1)：115-121.

[5] 康玉柱．中国古生代碳酸盐岩古岩溶储集特征与油

气分布[J]. 天然气工业，2008，28(6)：1-12.

[6] 漆立新，云露．塔河油田奥陶系碳酸盐岩岩溶发育特征与主控因素[J]. 石油与天然气地质，2010，31(1)：1-12.

[7] XIAO Yang, ZHANG Ziwei, JIANG Tongwen, et al. Dynamic and static combination method for fracture-vug unit division of fractured-vuggy reservoirs[J]. Arab J Sci Eng, 2018(43): 2633-2640.

[8] QU Ming, HOU Jirui, QI Pengpeng, et al. Experimental study of fluid behaviors from water and nitrogen floods on a 3-D visual fractured-vuggy model [J]. Journal of Petroleum Science and Engineering, 2018, 166: 871-879.

[9] ZENG Hongliu, Robert Loucks, Janson Xavier, et al. Three-dimensional seismic geomorophology and analysis of the Ordovician paleokarst drainage system in the central Tabei Uplift, northern Tarim Basin western China [J]. AAPG Bulletin, 2011, 95(12): 2061-2083.

[10] 王超，张强勇，刘中春，等．缝洞型油藏裂缝宽度变化预测模型及其应用[J]. 中国石油大学学报(自然科学版)，2016，40(1)：86-91.

[11] 鲁新便，赵敏，胡向阳，等．碳酸盐岩缝洞型油藏三维建模方法技术研究：以塔河奥陶系缝洞型油藏为例[J]. 石油实验地质，2012，34(2)：193-198.

[12] WANG Daigang, LI Yong, HU Yongle, et al. Integrated dynamic evaluation of depletion-drive performance in naturally fractured - vuggy carbonate reservoirs using DPSO-FCM clustering [J]. Fuel, 2016, 181: 996-1010.

[13] 赵军，肖承文，虞兵，等．轮古地区碳酸盐岩洞穴型储层充填和度的测井评价[J]. 石油学报，2011，32(4)：605-610.

[14] 李阳．塔河油田奥陶系碳酸盐岩溶洞型储集体识别及定量表征[J]. 中国石油大学学报(自然科学版)，2012，36(1)：1-7.

[15] SHEN Feng, QI Lixin, HAN Gehua. Characterization and preservation of karst networks in the carbonate reservoir modeling[C]//SPE annual technical conference and exhibition, California, US, 2007, SPE-110072-MS.

[16] 何治亮，彭守涛，张涛．塔里木盆地塔河地区奥陶系储层形成的控制因素和复合-联合成因机制[J]. 石油与天然气地质，2010，31(6)：743-752.

[17] Joseph W. Dixon. The role of small caves as bat hibernacula in lowa[J]. Journal of Cave and Karst Studies, 2011, 73(1): 21-27.

[18] 刘中春．塔河油田缝洞型碳酸盐岩油藏提高采收率技术途径[J]. 油气地质与采收率，2012，19(6)：66-69.

[19] 李阳，范智慧．塔河奥陶系碳酸盐岩油藏缝洞发育模式与分布规律[J]. 石油学报，2011，32(1)：101-106.

[20] 窦之林，等．塔河油田碳酸盐岩缝洞型油藏开发技术[M]. 北京：石油工业出版社，2012.

[21] 郭平，袁恒璐，李新化，等．碳酸盐岩缝洞型油藏气驱机制微观可视化模型试验[J]. 中国石油大学学报(自然科学版)，2012，36(1)：89-93.

[22] N. Bona, F. Radaelli, A. Ortenzi, A. Depoli, et al. Integrated core analysis for fractured reservoirs: quantification of the storage and flow capacity of matrix, vugs, and fractures [J]. SPE Reservoir Evaluation & Engineering, 2003, 6(4): 226-233.

[23] 陈志海，黄广涛，刘常红，等．烃类流体分布与缝洞储层流动单元的划分[J]. 石油学报，2007，28(1)：92-97.

[24] 荣元帅，赵金洲，鲁新便，等．碳酸盐岩缝洞型油藏剩余油分布模式及挖潜对策[J]. 石油学报，2014，35(6)：1138-1146.

[25] ZHANG Kang, WANG Darui, Bryan G Huff. Reservoir characterization of the Odovician oil and gas pools in the Tahe Oilfield, Tarim Basin, Northwest China [J]. Petroleum Exploration and Development, 2004, 31(1): 123-126.

[26] 杨辉廷，江同文，颜其彬，等．缝洞型碳酸盐岩储层三维地质建模方法初探[J]. 大庆石油地质与开发，2004，23(4)：11-16.

[27] 卢占国．缝洞型介质流体流动规律研究[D]. 青岛：中国石油大学(华东)，2010.

[28] 金强，田飞．塔河油田岩溶型碳酸盐岩缝洞结构研究[J]. 中国石油大学学报(自然科学版)，2013，37(5)：15-21.

[29] 姚军，胡蓉蓉，王晨晨，等．缝洞型价质结构对非混相气驱油采收率的影响[J]. 中国石油大学学报(自然科学版)，2015，39(2)：80-85.

[30] 鲁新便，蔡忠贤．缝洞型碳酸盐岩油藏古溶洞系统与油气开发：以塔河碳酸盐岩溶洞型油藏为例[J]. 石油与天然气地质，2010，31(1)：22-27.

[31] 李宗宇．塔河奥陶系缝洞型碳酸盐岩油藏开发对策探讨[J]. 石油与天然的气地质，2007，28(6)：856-862.

[32] ZHANG Na, YAO Jun, XUE Shifeng, et al. Multiscale mixed finite element, discrete fracture-vut model for fluid flow in fractured vuggy porous media[J]. International Journal of Heat and Mass Transfer, 2016, 96: 396-405.

[33] R. Camacho-Velazquez, M. Vasquez-Cruz, R. Castrejon-Aivar, et al. Pressure-transient and decline-cure behavior in naturally fractured vuggy carbonate reservoirs [J]. SPE Reservoir Evaluation & Engineering, 2005, 8(2): 95-112.

[34] 王殿生．缝洞型介质流动机制实验与数值研究[D]. 青岛：中国石油大学(华东)，2009.

[35] 陈志海，马旭杰，黄广涛．缝洞型碳酸盐岩油藏缝洞单元划分方法研究[J]. 石油与天然气地质，2007，28(6)：847-855.

[36] 康志江，李江龙，张冬丽，等．塔河缝洞型碳酸盐岩油藏渗流特征[J]. 石油与天然气地质，2005，26(5)：634-640.

[37] 荣元帅，李新华，刘学利，等．塔河油田碳酸盐岩缝洞型油藏多井缝洞单元注水开发模式[J]. 油气地质与采收率，2013，20(2)：58-61.

[38] 李俊键，姜汉桥，徐晖，等．碳酸盐岩油藏单井缝洞型储集体开采规律试验[J]. 中国石油大学学报(自然科学版)，2009，33(2)：85-89.

[39] 李江龙，陈志海，高树生．缝洞型碳酸盐岩油藏水驱油微观实验模拟研究[J]．石油实验地质，2009，31(6)：637-642.

[40] 王雷，窦之林，林涛，等．缝洞型油藏注水驱油可视化物理模拟研究[J]．西南石油大学学报(自然科学版)，2011，33(2)：121-124.

[41] 隋宏光，王殿生，刘金玉，等．缝洞型介质对水驱油采收率影响的物理模型实验研究[J]．西安石油大学学报(自然科学版)，2011，26(6)：52-56.

[42] 龙秋莲，朱怀江，谢红星，等．缝洞型碳酸盐岩油藏堵水技术室内研究[J]．石油勘探与开发，2009，36(1)：108-112.

[43] 李爱芬，张东，姚军，等．缝洞单元注水开发物理模拟[J]．中国石油大学学报(自然科学版)，2012，36(2)：130-135.

[44] LI Wenfang, CHEN Jiang, TAN Xiqun, et al. Long-core experimental study of different displacement modes on fractured - vuggy carbonate reservoirs [J]. Geosystem Engineering, 2008, 21(2): 61-72.

[45] WANG Zhouhua, WANG Zidun, ZENG Fanhua, et al. The material balance equation for fractured vuggy gas reservoirs with bottom water-drive combining stress and gravity effects [J]. Journal of Natural Gas Science and Engineering, 2017, 44: 96-108.

[46] 张东，李爱芬，姚军，等．洞-缝-缝介质中水驱油注采规律研究[J]．石油钻探技术，2012，40(4)：86-91.

[47] 吕爱民，李刚柱，谢昊君，等．缝洞单元注水驱油可视化物理模拟研究[J]．科学技术与工程，2015，15(4)：50-54.

[48] 侯吉瑞，李海波，姜瑜，等．多井缝洞单元水驱见水模式宏观三维物理模拟[J]．石油勘探与开发，2014，41(6)：717-722.

[49] HOU Jirui, ZHENG Zeyu, SONG Zhaojie, et al. Three-dimensional physical simulation and optimization of water injection of a multi-well fractured-vuggy unit [J]. Pet Sci, 2016, 13: 259-271.

[50] 王敬，刘慧卿，宁正福，等．缝洞型油藏溶洞-裂缝组合体内水驱油模型及实验[J]．石油勘探与开发，2014，41(1)：67-63.

[51] 刘中春，李江龙，吕成远，等．缝洞型油藏储集空间类型对洞井含水率影响的实验研究[J]．石油学报，2009，30(2)：271-274.

[52] A. Moctezuma-Berthier, O. Vizika, J. F. Thovert, et a1. One-and twophase permeabilities of vugular porous media[J]. Transport in Porous Media, 2004, 56(3): 225-244.

[53] KAVEH Dehghani, JAIRAM Kamath. High temperature blow-down experiments in a vuggy carbonate core[R]. SPE56542, 1999.

[54] 王太，李会雄，李雷，等．缝洞型油藏溶洞内底水锥进现象的可视化研究[J]．工程热物理学报，2012，33(6)：989-992.

[55] 刘之的，苗福全，候庆宇，等．塔河油田五区奥陶系碳酸盐岩溶地层测井响应特征[J]．地球物理学进展，2013，28(3)：1483-1489.

[56] 郑松青，李阳，张宏方．碳酸盐岩缝洞型油藏网络模型[J]．中国石油大学学报(自然科学版)，2010，34(3)：72-75.

[57] 杜金虎，周新源，李启明，等．塔里木盆地碳酸盐岩大油气区特征与主控因素[J]．石油勘探与开发，2011，38(6)：652-661.

[58] 林昌荣，王尚旭，张勇．应用地震数据体结构特征法预测油层分布规律[J]．中国石油大学学报(自然科学版)，2008，32(2)：39-43.

[59] 王璐，杨胜来，彭先，等．缝洞型碳酸盐岩气藏多类型储层内水的赋存特征可视化实验[J]．石油学报，2018(6)：686-696.

[60] 王敬，刘慧卿，徐杰，等．缝洞型油藏剩余油形成机制与分布规律[J]．石油勘探与开发，2012，39(5)：585-590.

[61] KAVEH Dehghani, JAIRAM Kamath. High temperature blow - down experiments in a vuggy carbonate core [J]. SPE Journal, 2001, 6(3): 283-287.

[62] HOU Jirui, LUO Min, ZHU Daoyi. Foam-EOR method in fractured-vuggy carbonate reservoirs: mechanism analysis and injection parameter study[J]. Journal of Petroleum Science and Engineering, 2018, 164: 546-558.

[63] 惠健，刘学利，汪洋，等．塔河油田缝洞型油藏单井注氮气采油机制及实践[J]．新疆石油地质，2015，36(1)：75-77.

[64] 王建海，李娣，曾文广，等．塔河缝洞型油藏氮气+二氧化碳吞吐先导试验[J]．大庆石油地质与开发，2015，34(6)：110-113.

[65] 苑登御，侯吉瑞，宋兆杰，等．塔河油田缝洞型碳酸盐岩油藏注水方式优选及注气提高采收率实验[J]．东北石油大学学报，2015，39(6)：102-110.

[66] 苑登御，侯吉瑞，王志兴，等．塔河油田缝洞型碳酸盐岩油藏注氮气及注泡沫提高采收率研究[J]．地质与勘探，2016，52(4)：791-797.

[67] 李海波，侯吉瑞，李巍，等．碳酸盐岩缝洞型油藏氮气泡沫驱提高采收率机制可视化研究[J]．油气地质与采收率，2014，21(4)：93-96.

[68] 王建海，焦保雷，曾文广，等．塔河缝洞型油藏水驱后期开发方式研究[J]．特种油气藏，2015，22(5)：125-128.

[69] 朱怀江，王平美，刘强，等．一种适用于高温高盐油藏的柔性堵剂[J]．石油勘探与开发，2007，34(2)：230-233.

[70] ZHAO Guang, DAI Caili, ZHANG Yanhui, et al. Enhanced foam stability by adding comb polymer gel for in-depth profile control in high temperature reservoirs. Colloids Surfaces A, 2015, 482, 115-124.

[71] 朱怀江，程杰成，隋新光，等．柔性转向剂性能及作用机制研究[J]．石油学报，2008，29(1)：79-83.

大庆油田一类油层聚驱后聚表剂“调驱堵压”提高采收率技术研究

王洪卫

（大庆油田有限责任公司）

摘 要 大庆油田主力油层聚驱后，仍有约50%储量残留地下，是油田产量接替的重要潜力。通过萨中开发区聚驱后油藏特性研究，针对性的提出了聚驱后聚表剂驱提高采收率方法，通过数值模拟、物理模拟和现场试验动态分析，确定了聚表剂调剖、驱洗、堵水和压裂的技术政策界限，明确了侧积夹层遮挡型剩余油的可压性和施工参数，最终形成了一套聚表剂“调驱堵压”结合配套调整技术，研究结果表明：聚表剂具备空间网状结构，具备抗剪切、抗盐能力和吸附滞留能力，动态增黏作用强，同时自带活性可改变岩石润湿性。调堵型聚表剂流度控制作用显著，驱洗型聚表剂活性强，两种聚表剂在不同阶段发挥不同作用。在聚驱后开发原则上，尽早实施机械分层达到缓解层间矛盾的目的。考虑最佳开发效果和薄差层的启动压力，确定打开薄差油层并转注驱洗型聚表剂的时机，并确定了最佳段塞组合方式。由于驱洗型聚表剂注入过程中存乳化封堵模式，需要适时压裂引效。根据有限元软件 Abaqus 模拟压裂过程得到的施工参数图版，形成了侧积夹层压裂过程中适时提高排量进而提升造缝压力以穿透侧积夹层以及薄差层中的乳化油富集带压裂的综合挖潜技术。最终形成了：调—前置段塞对厚油层内部采用调驱型药剂，大幅度增黏控制流度，实现动态智能调剖；驱—适时打开薄差油层，转注驱洗型药剂，达到洗油目的；堵—通过强乳化作用，进一步大幅度增黏，堵塞油井端渗流通道；压—深穿透压开厚油层顶部侧积夹层遮挡型剩余油的技术组合。在先导试验和工业试验中实现了聚驱后再提高采收率10个百分点以上的效果。

关键词

1 前言

萨中开发区十一五以来开展的多个现场试验，目前聚驱后油藏提高采收率单一流度控制方法和单一提高洗油效率方法以及两种方法简单结合应用，不能够解决目前聚驱后面临的问题，没有取得预期的开发效果，提高采收率幅度仅为3%左右。通过多年的室内及现场试验的探索，大庆油田提出了适合于聚驱后进一步提高采收率新方法：井网加密或抽稀，调整驱替方向；驱油剂具有动态调剖、强乳化洗油的特性；同时在驱替后期采取深穿透压裂工艺措施将侧积夹层遮挡剩余油及油层中高黏度乳化油进行有效释放。因此创新性提出并形成了聚驱后油层聚表剂“调驱堵压”结合配套调整技术。

2 大庆油田北一区断东一类油层聚驱后特征

大庆油田北一区断东一类油层聚驱后储层为典型的河流-三角洲沉积体系，试验区目的层以河道沉积为主，且切叠现象较为严重，同时发现各单元均有不同程度的废弃河道及点坝砂体发育。数值模拟结果表明，萨中开发区聚驱后流线更为集中，且高渗透层后续水驱吸水比例较水驱阶段增加，剖面反转。通过渗透率变化对比结果表明，平均渗透率增加 14.78%。因此说明渗透率具有随驱替时间变化的特性。剩余油潜力主要有以下类型：注采关系不完善型、韵律性及夹层控制型、废弃河道遮挡型和薄差油层型，其中主要以韵律性及夹层控制型和薄差层型为主，韵律性及夹层控制类型占低未水淹厚度比例 43.7%，薄差油层类型占 34.9%，以上两种类型低未水淹厚度比例达到 78.6%。

3 聚驱后“调驱堵压”配套调整技术的提出

通过以上分析结果表明，目前聚驱后存在以下需要攻关的问题：(1)分流线剩余油相对富集，需要流线转变和更大驱替压力梯度；(2)对油层

【作者简介】王洪卫(1975—)，男，博士研究生，毕业于东北石油大学石油与天然气工程专业，现任大庆油田有限责任公司开发部副主任，主要从事油气田开发工作。

适用性特别好的化学驱体系，单一药剂实现多功能(即调、驱、堵功能)的化学驱油剂；(3)韵律及侧积夹层遮挡型剩余油分布多，需要打破及进一步有效挖潜方式。

“调驱堵压”的“调”首先是井网调整，针对萨中开发区两种井网进行调整，通过加密和抽稀的方式改变流线，达到调整驱替和渗流方向的目的。“调”其次是调整剖面，是通过前置段塞对厚油层内部采用Ⅰ型调驱型聚表剂，大幅度增黏控制流度，且遇高水洗岩石吸附，实现动态智能调剖，达到剖面调整目的；“驱”是适时打开薄差油层，转注Ⅱ型驱洗型聚表剂，提速降浓进一步扩大波及体积，达到洗油目的；“堵”是通过Ⅱ型聚表剂的强乳化作用，进一步大幅度增黏，堵塞油井端渗流通道，达到堵水目的；“压”是指大规模、深穿透压开厚油层顶部侧积夹层遮挡型剩余油及薄差层乳化型剩余油，释放产能，达到引效目的。通过室内物理模拟实验、数值模拟和现场动态参数测试等综合手段确定调、驱、堵、压的各阶段的方案及时机(图1)。

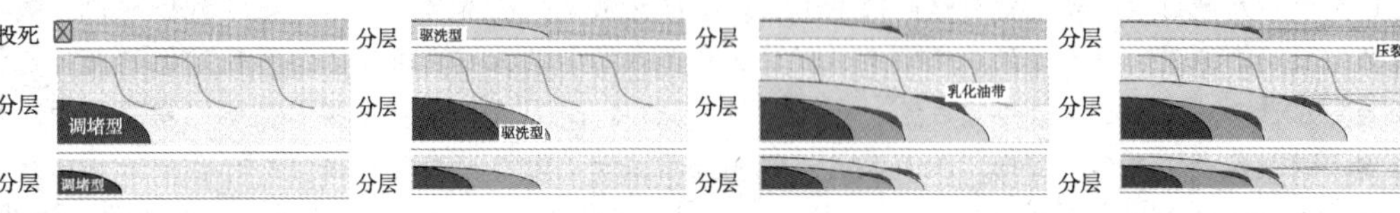

图1　“调驱堵压”调整方式

4　聚驱后井网调整研究

4.1　井网转换的必要性研究

聚合物驱油的机理为对水驱后的油层进行进一步的流度控制，通过进一步扩大波及体积达到驱替剩余油的目的。聚合物具有粘弹性能够通过弹性进一步提高驱油效率，因此在聚驱过程中黏度和注入压力为聚驱提高采收率的关键因素。在现场工业化推广聚合物驱的过程中，注入压力均达到上覆岩压以下0.5MPa水平，尽可能的增加波及体积。那么在聚合物驱后，地下的剩余油如果采出则需要更大的驱替压力梯度来保障剩余油启动，在这样的前提下，进一步减小井距是达到最佳效果的必要条件。同时由于聚驱后剩余油平面分布的特点，主要集中在注采关系不完善的部位，因此通过井网转换能够进一步挖潜此部分剩余油。

4.2　聚驱后开发井网加密模式研究

目前，萨中开发区聚合物区块14个，11个采用250m井距，3个采用125m井距，以250m井距为主。通过对试验区井网进行分析结果表明，目前的一类油层井网部署方式可以采用原聚驱125m或250m井网，利用二类油层175m或125m井网，或在125m、175m和250m的基础上进行拆分的井网组合方式。因此设计井网部署为250m、175m、150m、125m和106m井距五种开发方式。通过试验区数值模拟预测二次高浓聚驱不同井距提高采收率程度，试验结果如图2所示，随着井距从250m缩小至175m、150m、106m，采收率分别为3.6%，6%，6.1%和6.2%，可以看出井距缩小到175m后，采收率提高幅度不大，因此表明175m井距较合适(图2，图3)。

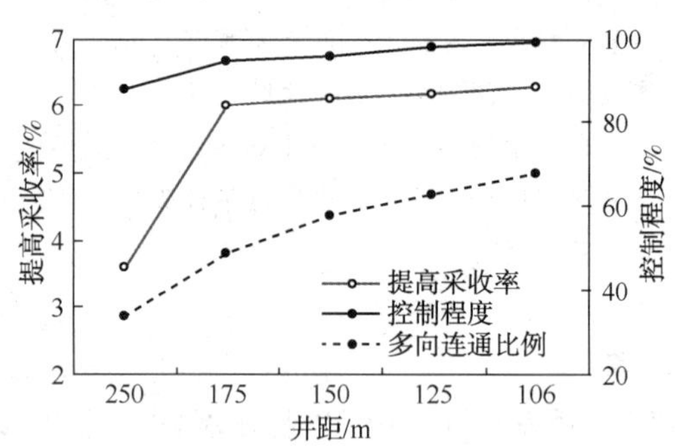

图2　二次注聚不同井距下提高采收率曲线及控制程度关系

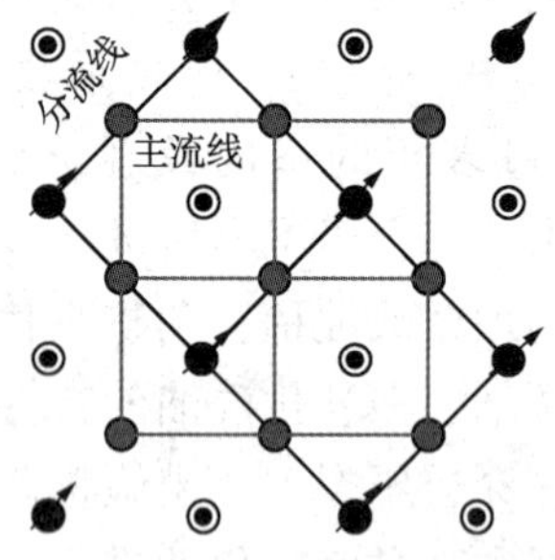

图3　聚驱后井网转换示意图(250m转175m)

进一步分析试验区葡Ⅰ组不同注采井距与砂体的匹配关系，对五种井距的井网有效厚度大于1m砂体控制程度进行了分析，注采井距由250m缩小到106m后，砂体控制程度多向连通有效厚度比例分别提高了14.5%、26.6%、34.6%，砂体控制程度提高。

因此，从数值模拟计算结果及控制程度统计结果表明，针对萨中开发区一类油层聚驱后进一步提高采收率试验过程中，采用175m井距在开发效果和经济上考虑较为合理。

4.3 聚驱后井网转换效果分析

大庆油田利用原一类油层聚合物驱井网井距先后开展不同井距和井网条件下的进一步提高采收率现场试验，现场试验结果表明，直接利用原井网提高采收率幅度小，最高仅为2.4%。通过加密井网，在相同注入药剂及方式对比中，以聚表剂为例，井网加密较井网不变提高采收率近8%，表明了井网加密的重要性(表1)。

表1 提高采收率现场试验结果

井网方式	试验区名称	井距	试验规模	注入化学剂	段塞/PV	采收率提高值/%
原井网	北一断西聚表剂	250m	6注12采	聚表剂	0.474	1.65
	北西块聚表剂	212m	20注28采	聚表剂	0.41	未见效
	西区二元	250m	6注12采	二元驱	0.42	2.4
	北二西东块微生物调驱	250m	6注11采	微生物	/	未见效
	北二西蒸汽驱	250m	4注9采	蒸汽驱	0.563	未见效
	北东块泡沫驱	250m	6注12采	二元泡沫	0.572	2.4
加密	断东中216聚表剂	150m	6注12采	聚表剂	0.746	9.9
		106m	12注14采		0.92	9.1
	北二东西块井网重构高浓度	175m	9注16采	高浓聚合物	0.7	6.0
	北东块小井距高浓度	106m	16注25采	高浓聚合物	0.67	6.8
	南三东井网加密三元	125m	16注25采	缔合强碱三元	0.51	5.3
	北二西弱碱三元	125m	35注44采	弱碱三元	0.39	5.3

在目前的试验区，在布井方式上，通过将井网从250m调整为175m后，河道砂体控制程度经过井网加密后明显提高，有效厚度控制程度比例达到92.4%，其中以河道砂沉积为主的葡122单元和葡13单元控制程度达到100%。在井网加密试验区的空白水驱开采过程中，共空白水驱10个月，累计产油22469t，阶段采出程度1.01%，采油速度达到1.212%/a，表明了井网转换加密的重要性。

5 聚驱后聚表剂剖面调整方法确定

5.1 剖面调整的必要性分析

根据萨中开发区储层物性差异，选取典型相渗曲线进行分析，如图4所示，以确定不同渗透率、不同饱和度条件下的流度控制所需的黏度。

聚驱后由于饱和度和相渗发生变化，因此在进行流度控制的过程中，不同层位的不同部位将需要进行不同黏度的流度控制。聚驱后的含水饱和度条件下，高渗层采用1000mPa·s能够实现流度控制作用，中渗层100mPa·s即可实现流度控制，薄差油层由于含水饱和度低，使用100mPa·s完全可实现流度控制。通过以上分析结果表明，利用相同黏度体系调整不同层位的可能性是不存在的。

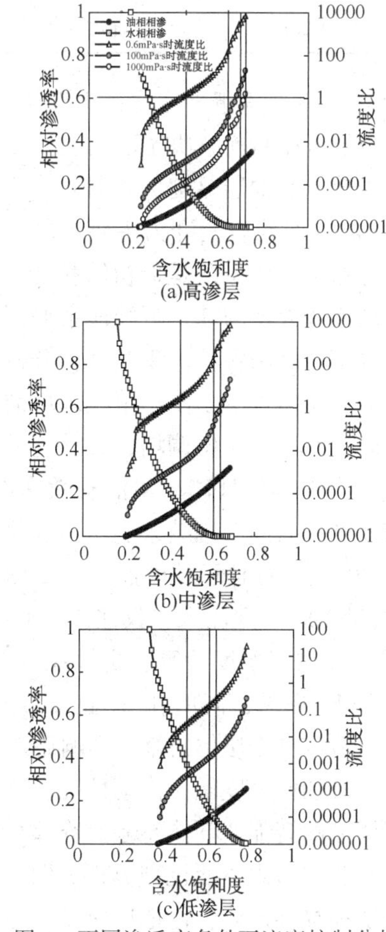

图4 不同渗透率条件下流度控制分析

5.2　层间非均质剖面调整做法研究

鉴于以上聚驱后岩芯分析实验结果，目前聚驱后存在渗透率级差进一步增加，优势通道形成，层间差异大等问题，很难采用单一化学剂和方法进行流度控制。一旦优势通道形成，对于厚油层底部与油层顶部来说，在层内形成了层内强非均质性。因此在聚驱后的流度控制面临着更大的层间和层内矛盾。与聚驱过程相比，目前更需要进行分层开采。

以断东聚表剂试验区为例，通过进一步统计单井不同层位的渗透率和含水饱和度，同时在相渗曲线中进行计算结果如表 2 所示，PI1 和 PI4 驱替相黏度需求为 0.6～10mPa·s，PI2 和 PI3 黏度需求是 100～500mPa·s，因此在开发过程中需要机械分层，针对不同油层进行不同驱替相黏度控制。如果不分层，渗透率级差高达 8.84，PI2 油层与其他油层差异大，采出程度高，而分层后缩小了渗透率级差，分别为 1.9、1.13、2.65，流度控制能力和效果得到提升。

表 2　萨中断东聚表剂试验区分层需求及级差结果

层位	渗透率 μm^2	新井解释含水饱和度 %	驱替相黏度需求 mPa·s	渗透率级差	机械分层后 渗透率级差
PI1	0.200	48.1	0.6	8.84	1.00
PI2a	0.486	50.1	40		1.90
PI2b	0.743 0.925	50.9 68.0	100 500		
PI3	0.828 0.937	51.0 67.0	100 500		1.13
PI4	0.106 0.281	48.7 52.2	0.6 10		2.65

5.3　层内非均质剖面调整方案优化设计

通过分层开采目前解决了层间上流度控制的问题，由于聚驱后油层厚度大，因此对于 PI2 和 PI3 单元，层内非均质上升为主要矛盾。目前解决层内优势通道整体思路是低初始黏度，凝胶时间可控，高成胶黏度的基于凝胶体系调剖和适用于聚驱后调堵的缓膨颗粒。现场试验分析结果表明，在目前施工条件下，使用单一调堵剂在油层破裂压力以下对单一层位调堵，容易造成注入端完全封堵，造成“堵门口”，不能有效深部调堵。常规凝胶黏度随时间变化结果表明，即使低初黏凝胶，在 30 天左右时间黏度能达到 2000mPa·s，按注入量 100m^3/d 注入，仅注入 3000m^3，按 175m 井距 5m 油层厚度计算，折算注入 0.2PV，造成“堵门口”现象，同时由于注入工艺限制，笼统注入，造成整个层位封堵，影响后期注入。

采用具有初始黏度低，流动性强，能够选择性堵水不堵油的智能调剖体系是研究目标。从聚表剂室内实验和微观驱油机理分析表明，Ⅰ型聚表剂是剪切稀释性流体，在地层流动状态下表现出黏度高低的动态变化特征，由于这种动态增黏作用，在大孔道中易形成聚集体，调剖作用增强，形成了动态智能调剖效果。

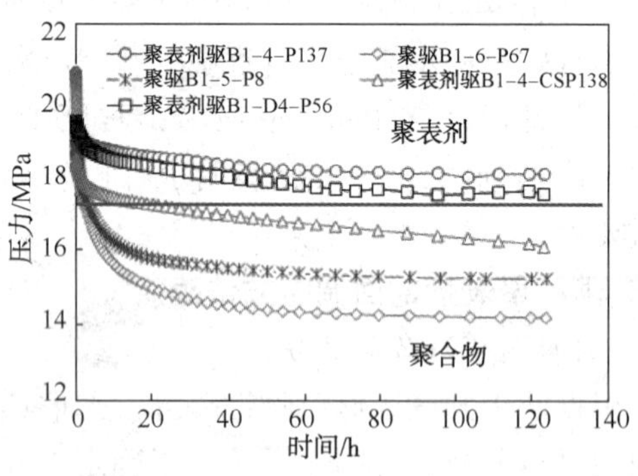

图 5　测静压曲线

聚表剂是动态聚集体，为剪切稀释性流体，在地层流动状态下表现出黏度高低的动态变化特征，由于这种动态增黏作用，在大孔道中易形成聚集体，调剖作用增强。

3.4　剖面调整效果

通过分层开采及聚表剂进行高黏度层内调剖后，试验区的动用状况发生明显变化，动用程度在层数，有效厚度和相对吸水量上发生变化，层数增加，剖面动用更加均匀。

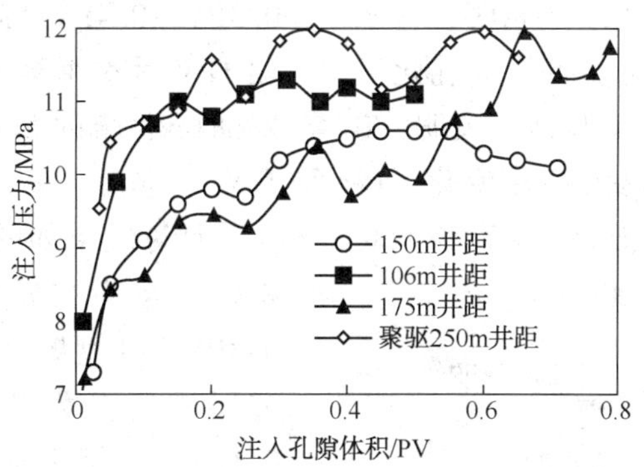

图6 注入孔隙体积与注入压力关系图

表3 调剖后动用状况分析结果

渗透率分级	0.05PV			0.1PV			0.3PV		
	层数/%	有效厚度/%	相对吸水量/%	层数/%	有效厚度/%	相对吸水量/%	层数/%	有效厚度/%	相对吸水量/%
<100	22.2	26.3	1.9	36.8	33.3	16.3	45.5	45.5	12.4
100~300	66.7	75.6	10.6	85.4	83.3	9.1	85.4	100	19.6
300~500	75	79.2	4.3	100	100	8.9	100	100	25.8
>500	92.3	95.3	83.2	100	100	65.7	100	100	42.2
合计	64.1	69.1	100.0	80.6	79.2	100.0	82.7	86.4	100.0

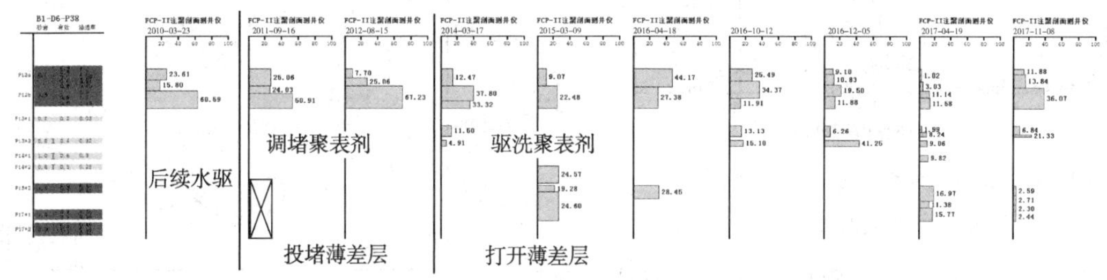

图7 单井连续剖面测试结果

单井剖面结果也表明，通过先期投堵薄差油层，进行调堵，避免了薄差油层的污染，后期通过打开薄差油层增加了薄差油层的动用程度。

6 聚表剂“调+驱”段塞及调整时机优化

6.1 聚表剂“调+驱”段塞优化设计

首先通过物理模拟实验对聚表剂调驱的段塞转换时机和段塞大小进行优化设计。实验方案采用水驱至含水98%+中等分子量聚合物驱(0.6PV，浓度为1000mg/L)+后续水驱+化学驱段塞+后续水驱至含水98%。

化学驱两种聚表剂注入段塞分别为方案1：0.1PV调驱型聚表剂(浓度为2000mg/L)+0.9PV驱洗型聚表剂(浓度为1000mg/L)；方案2：0.3PV调驱型聚表剂(浓度为2000mg/L)+0.7PV驱洗型聚表剂(浓度为1000mg/L)；方案3：0.5PV调驱型聚表剂(浓度为2000mg/L)+0.5PV驱洗型聚表剂(浓度为1000mg/L)，对上述段塞进行优选。

表4 四层非均质岩芯实验结果

方案编号	水驱采收率/%	聚驱采收率/%	聚表剂采收率/%	总采收率/%
方案1	34.91	17.37	13.94	66.22
方案2	34.61	17.17	19.01	70.79
方案3	34.30	17.00	15.53	66.83

方案2是在聚驱后先注0.3PV浓度为2000mg/L调驱型聚表剂进行调剖，图8结果表明，注入前置调堵段塞后压力快速上升，压力升幅近1.5MPa，起到了封堵作用。第二阶段注入0.7PV浓度为1000mg/L驱洗型聚表剂溶液作为主段塞，前期压力升幅减缓，之后随着乳化产生进一步升高，由图8可见主段塞注入结束时，压

力已经超过 3MPa，含水率变化结果表明，含水率具有二次下降的特点，因此说明具有乳化发生。分流率曲线如图 9 所示，实验结果表明，II 型聚表剂驱替过程中，分流率发生一定变化，说明是流度控制在本阶段又发生效果，进而说明具有乳化现象。方案聚用量为 1300mg/L·PV。

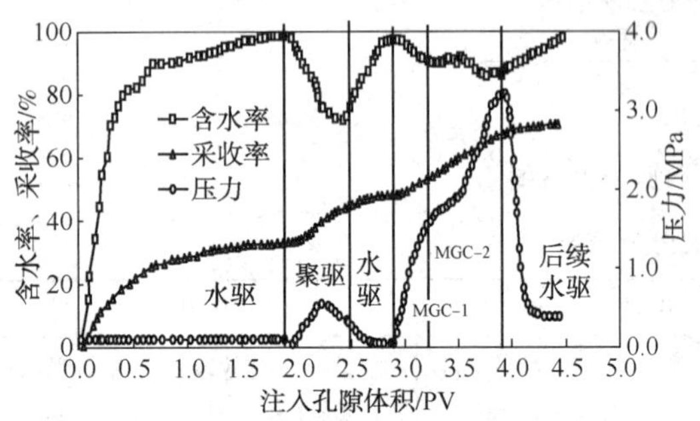

图 8　聚表剂驱实验方案 2 注入 PV 数与含水率、采收率、压力关系图

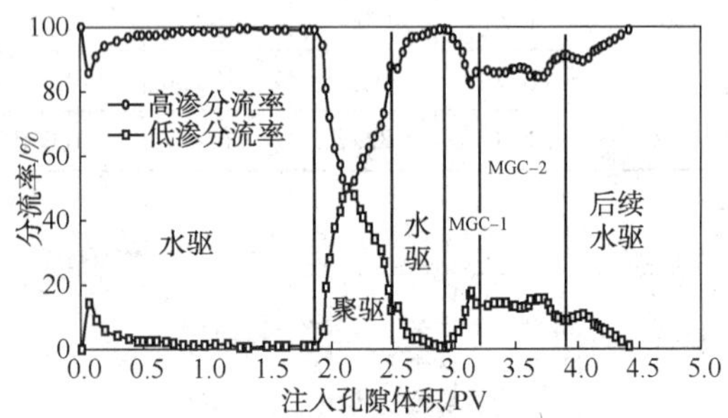

图 9　聚表剂驱实验方案 2 注入 PV 数与分流率、压力关系图

从图 9 中可以看出，聚驱后剩余油分布结果为采出端高于注入端，低渗层高于中低渗透层。通过实验结果表明，用 0.1PV 封堵段塞，封堵效果不佳，图 a 注入端白色面积小，从而低渗层启动效果不好；而用 0.5PV 封堵段塞，封堵效果好，图 c 表明高渗端动用好，低渗端未启动，说明是低渗层有堵死注不进的现象。因此确定了 0.3PV 调驱型（浓度为 2000mg/L）+0.7PV 驱洗型聚表剂（浓度为 1000mg/L）的最佳组合方式，从图 b 中结果表明，堵而不死，低渗端动用。

6.2　聚表剂"调+驱"调整时机优化

进一步通过理想模型的数值模拟进一步确定调驱的最佳转换时机，模拟的初始化条件为非平衡启动，以注入 PV 数为分类标注，模型的注采比为区块平均注采比 0.96，前置段塞 I 型聚表剂浓度为 2000mg/L，主段塞 II 型聚表剂浓度为 1000mg/L，为了研究薄差层的打开时机对开发效果的影响，分别前置段塞注入 0.1PV、0.2PV、0.3PV、0.4PV，此后将薄差层打开，在聚表剂驱 1PV 后水驱至含水 98%，对比不同打开时机对油藏生产的影响，研究其对采收率的影响程度。

计算结果如图 10 和图 11 所示，结果表明，最佳方案为在储层物性发育较好的油藏注入 0.3PV 的 I 型聚表剂后转注 II 型聚表剂，打开薄差层进行开发，其次分别是 0.4PV、0.2PV、0.1PV、笼统注入。结合表 11 中的不同阶段不同层位的剩余油分布场图，五种方案对比表明先利用 I 型聚表剂调堵高渗层，再打开薄差层注入 I 型聚表剂开发的方案均优于笼统注入开发。任何时机开发薄差层，对于主力油层的开发的影响不大，而薄差层的开发是最终采收率的关键，过早的打开薄差层无法有效的调节层间矛盾，但是打开时机太晚，在总注入 PV 一定的条件下，减少聚表剂在薄差层的注入量，减缓了薄差层的洗油效率。

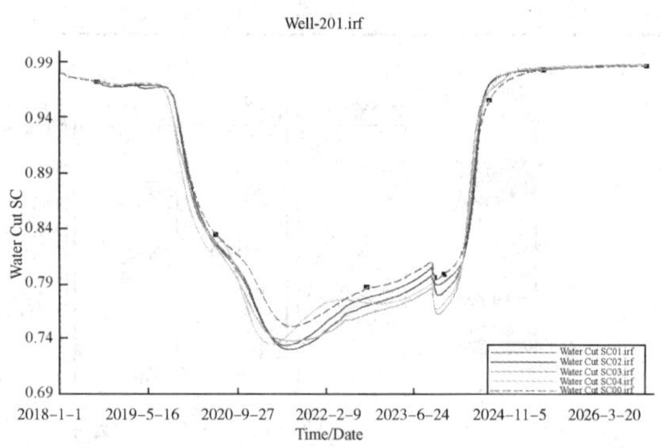

图 10　不同打开时机下的含水率曲线

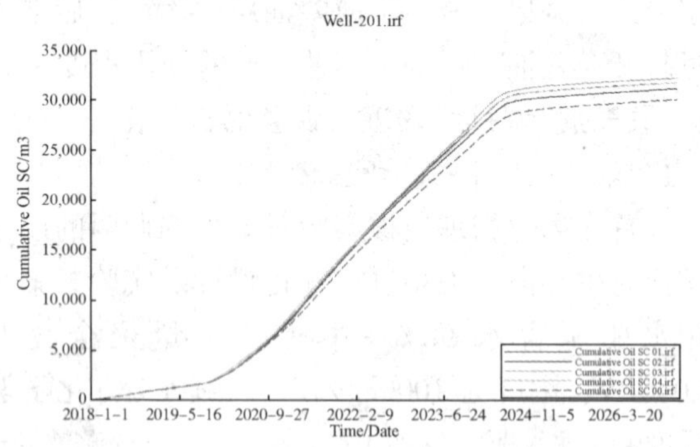

图 11　不同打开时机下的产油曲线

6.3　满足薄差油层启动的驱洗时机

针对试验区化学驱阶段存在薄差油层的启动压力的问题，通过对化学驱过程中不同层位的启动压力的测试，得到不同层位启动压力的结果。通过实测萨中开发区一类油层不同渗透率条件下

的启动压力，结果如图12所示，对于薄差油层(渗透率小于0.5μm²)的启动压力约为10MPa左右。因此在注入压力达到10MPa以上时即可进行薄差层的打开。通过分析三个聚表剂试验区的阶段试验效果表明，如图13所示，试验区1在0.28PV时压力达到10MPa左右。试验区2在0.08PV时压力达到10MPa左右。试验区3在0.33PV时压力达到10MPa左右。分析结果表明，试验区2由于压力空间预留小，造成了压力快速上升到启动压力，不利于前期的厚油层调堵。因此，在目前萨中开发区井网条件下，在合理的压力空间预留的前提下，注入0.28～0.33PV时压力达到薄差油层启动压力。在薄差层打开时机上可设计为0.28PV～0.33PV。

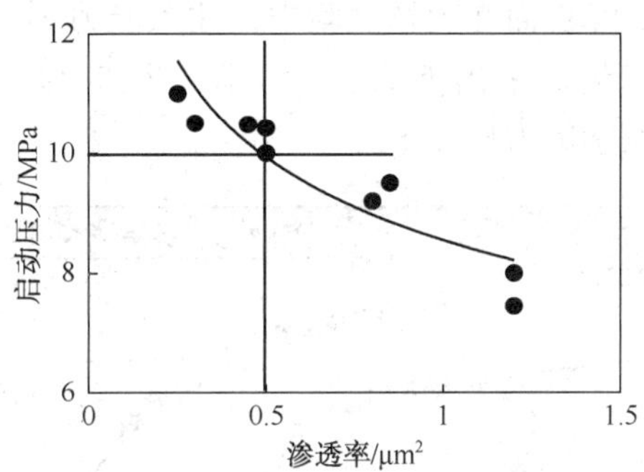

图12 启动压力测试结果

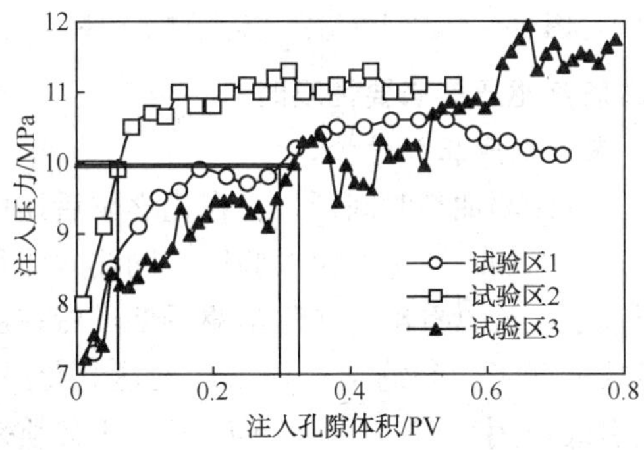

图13 注入压力确定打开薄差层时机

6.4 聚表剂驱洗效果

通过注入井采取分注措施，注入压力保持稳定。该阶段150m井距试验注入浓度1016mg/L，井口注入黏度84.5mPa·s，注入孔隙体积0.73PV，此阶段单井注入量115m³，注入压力保持在11MPa，分层后薄差油层动用比例由52.2%上升到77.2%；106m井距试验注入浓度1021mg/L，井口注入黏度85.8mPa·s，注入孔隙体积0.72PV，此阶段单井注入量50m³，吸水指数0.79m³/(d·MPa·m)，分层后薄差油层动用比例由45.5%上升到71.5%。含水率开始下降，下降幅度达到4%。

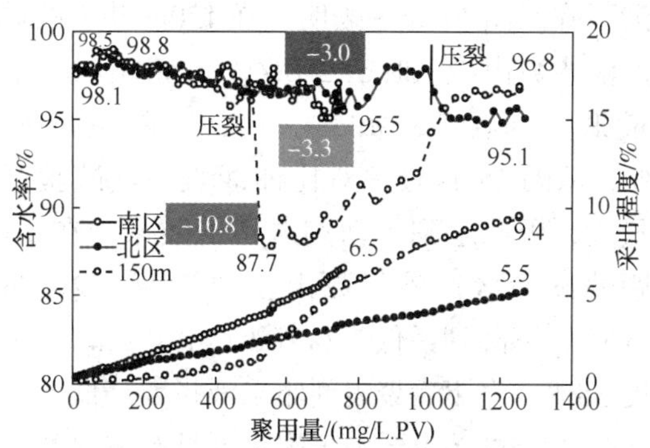

图14 聚用量与含水、采出程度之间的关系

7 聚表剂驱乳化封堵模式的提出

7.1 聚表剂乳化封堵模式现象

在现场试验过程中，试验区在前置段塞注入调堵能力较强的I型聚表剂，注入浓度在2000mg/L左右，注入压力平稳定上升，如图15所示。试验区106m井距的试验井注入压力由6.9MPa上升到10.2MPa，试验区150m井距的试验井注入压力由8.1MPa上升到11.1MPa。注入压力上升3.0MPa且保留3MPa的注入压力空间，注入顺利。从图16结果表明，视吸水指数不降，106m试验区视吸水数指数由注聚初期的0.81m³/(MPa·d·m)，保持在0.81m³/(MPa·d·m)，150m试验区视吸水数指数由注聚初期的1.41m³/(MPa·d·m)上升到1.74m³/(MPa·d·m)。

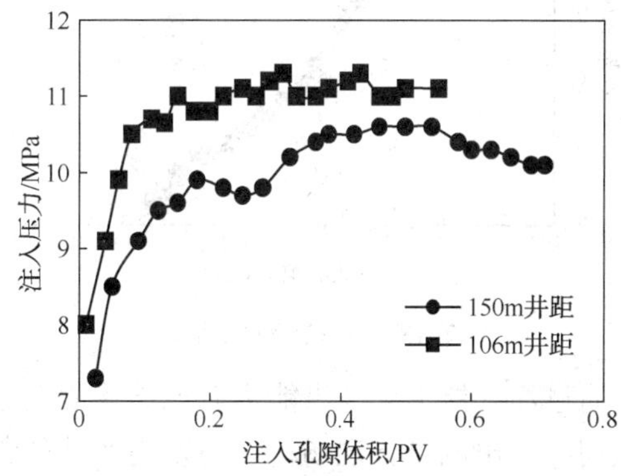

图15 试验区注入压力变化曲线

图16 视吸水指数对比曲线

现场随着注入时间延长，在采出端采液指数逐渐下降。图 17 结果表明，在 150m 井距的试验区产液指数由最高时期 2.0t/(d·MPa·m)下降到最低 0.8t/(d·MPa·m)，下降幅度达到 60%，从图 18 存聚率对比曲线表明，试验区吸附量大，因此起到了动态调堵的效果。在 106m 井距的试验区产液指数由投产初期 2.2t/(d·MPa·m)下降到最低 1.0t/(d·MPa·m)，下降幅度 55%。聚驱后聚表剂驱采液指数降低，平均降幅达 57.5%，主要由于聚表剂具有较强的吸附滞留能力产生。因此形成了注入能力变化不大而产液能力变化极大的情况。

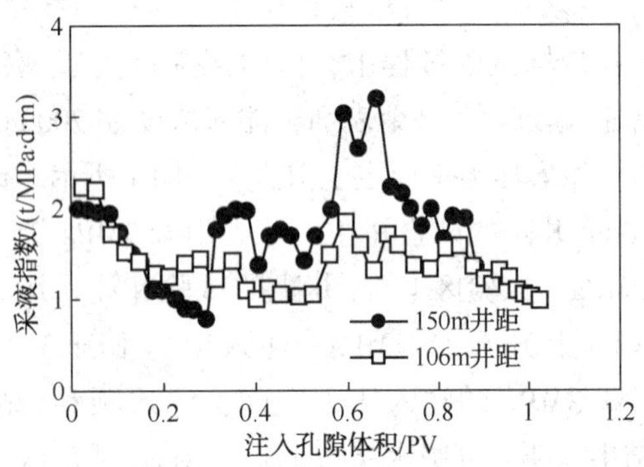

图 17　采液指数对比曲线

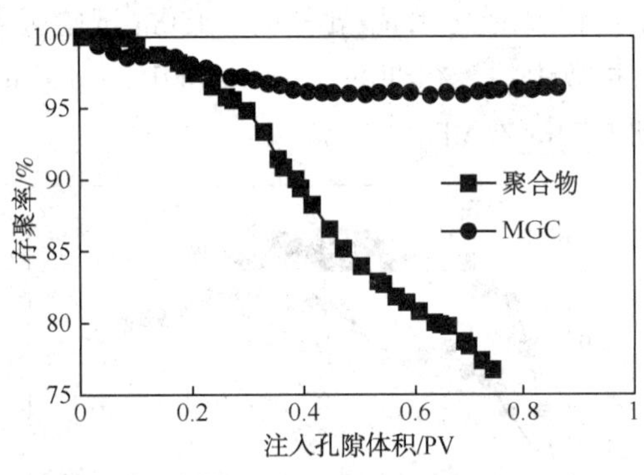

图 18　存聚率对比曲线

通过注入能力和采出能力对比结果表明，注入顺利，采出困难，现场动态与室内实验的判断结果高度吻合，因此采出端前缘具有乳化带，形成了乳化封堵模式，必须进行适时的压裂引效，释放产能。

油层中部驱替压力梯度减小，乳液聚集滞留形成乳化油富集区，阻力增加液流转向，重复形成多组乳化富集区。动态反映是注入能力不会发生太大变化而采出能力大幅下降，同时含水降幅低。

7.2　聚表剂乳化封堵模式提出

通过以上现场实验现象，高渗层注入过程能够吸附到不含油的带负电的砂岩表面上，同时驱洗的过程中对残余油实现乳化增溶携带的效果，在油水井中部由于驱替压力梯度减小和乳化高黏作用，一部分乳化液开始聚集滞留形成第一个乳化油富集区。进一步注入药剂过程，重复以上机理，一层封堵后驱赶一层，在前端侧方形成乳化油墙，逐渐形成乳化带后开始转向，如此往复，最终形成乳化带。其动态反映结果就是在岩芯实验恒速驱替过程中，注入压力快速上升，含水率小幅下降；而在现场试验中，注入能力不会发生太大变化而采出能力大大下降，同时含水降幅低，地层压力快速上升。

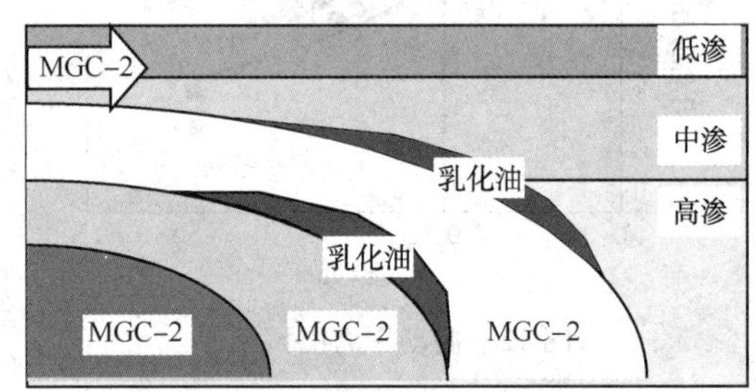

图 19　聚表剂驱替、乳化封堵示意图

8　聚表剂驱压裂必要性及时机

8.1　聚表剂驱压裂时机

随着注驱油剂时间延长，在化学驱后期堵塞半径逐渐增加。通过对比试验区不同注入体积时压裂效果，可以看出，在化学驱后期虽然在加大砂量的情况下，裂缝半长仍不能到达乳化段塞，压裂引效作用变差。因此 MGC 驱后期必须采取大砂量，大排量、高泵压、大规模、工厂化的压裂模式从而达到有效释放侧积夹层遮挡剩余油，以及裂缝开启到乳化前缘达到提高乳化液导流能力的目的。在压裂时机的统计中，0.3～0.6PV 时压裂具有比较好的效果，此时正处于调堵完全驱洗引效阶段。

表 5　不同时期压裂措施对比统计

压裂时机	井数/口	平均穿透比	压裂前平均单井			压裂后平均单井		
			日产液/t	日产油/t	含水/%	日产液/t	日产油/t	含水/%
0.1～0.3PV	5	0.19	37.9	3.5	90.9	71.2	9.7	86.3
0.3～0.6PV	12	0.19～0.23	36.1	2	94.4	75.6	6.9	90.8
0.6～0.9PV	2	0.19	44.5	2.8	93.7	41.4	1.9	95.5

8.2　聚表剂驱压裂设计

由于萨中试验区地质条件、注入方式和药剂性能需要适时压裂引效。

通过精细地质建模确定了试验区的沉积模式和井间连通关系，部分区域受到废弃河道遮挡严重。同时由于注入方式的原因，薄差油层型-含油饱和度高且聚用量少。最后由于药剂性能的特点乳化型-乳化封堵模式形成，难采出。因此需要压裂引效。

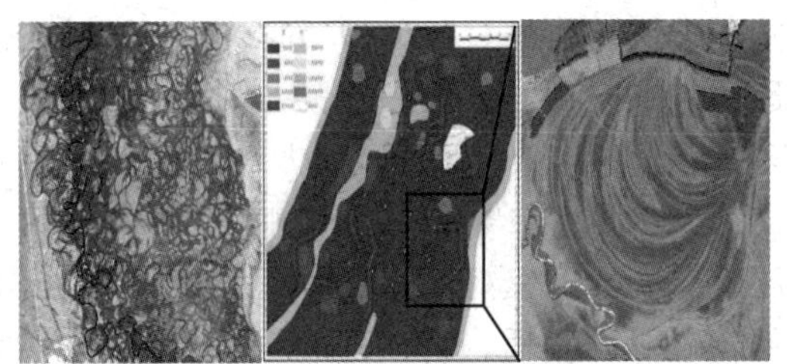

图 20　沉积相图

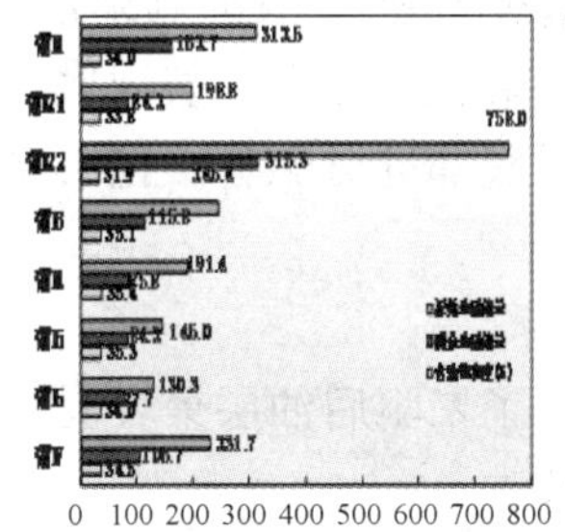

图 21　萨中聚驱后单元储量(研究院)

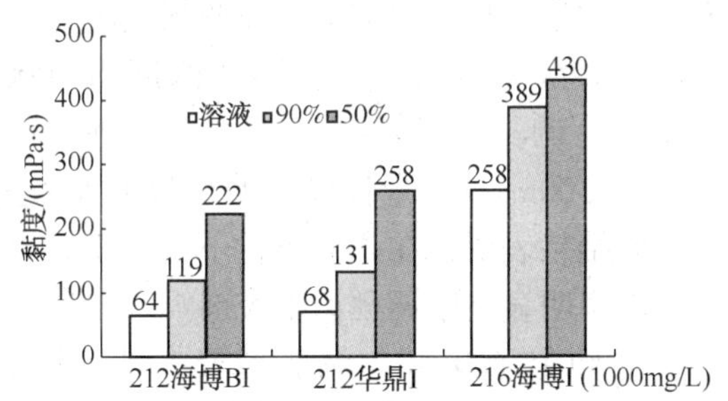

图 22　不同类型聚表剂乳状液黏度对比

从压裂的规模：穿透比 0.35～0.45，针对三类剩余油个性化设计。根据剩余油的分布结果：剩余油富集于 1/3 井距，压裂规模需 60m 以上，但是小于 90m 以下。废弃河道遮挡型、乳化段塞型和薄差层型剩余油共存，压裂需要个性化设计。压裂优化：管柱精准定位，变黏度、变排量确保开启，楔形加砂支撑。纵向上：优化压裂工艺方式，提高压裂措施的针对性。前置液用量优化方法。多级楔形加砂控制方法。

8.3　聚表剂驱压裂效果

针对采液能力大幅度下降，适时对采液能力下降 50%以上井采取深穿透压裂措施，并根据油层发育及隔层情况采取不同的压裂方式，进一步提高乳化前缘导流能力，恢复了产液能力并促进见效。如试验区 150m 井距试验区 1 口中心采出井在注入 0.3PV 时，采液指数下降到 0.8t/(d·m·MPa)，下降幅度达到 60%，但含水下降幅度仅 2.8 个百分点，依据油层发育状况，参照碳氧能谱测试结果，全井分三段分别采用多裂缝、普通压裂工艺，产液指数恢复到 2.0t/(d·m·MPa)，含水率由 96%下降到 87.7%下降 8.3 个百分点，如图 23，同时井口采出样明显乳化。

175m 中心井预测最终提高采收率 8.0%，压裂可贡献 2.5%。

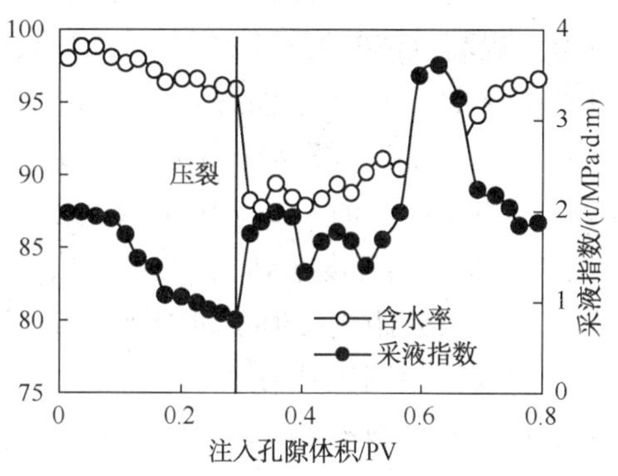

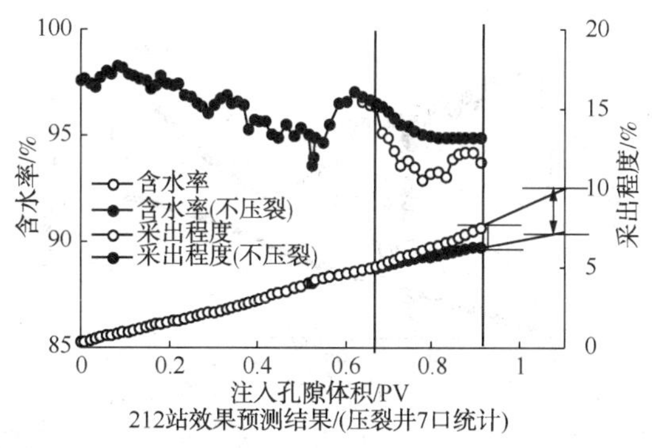

图 23　试验区中心井含水、采液指数曲线

9　聚表剂调驱堵压综合挖潜效果

化学驱结束时 150m 试验区中心井累积产油 1.3549×10^4t，阶段采出程度为 11.02%，总采出程度达到 64.22%；106m 试验区中心井累积产油 1.2756×10^4t，阶段采出程度 10.81%，总采出程度达到 64.01%。根据数值模拟研究结果，注采井距从 250m 加密到 150m 和 106m，分别提高采收率 2.08%和 2.74%，扣除井网加密提高采收率值，150m 和 106m 试验区“调驱堵压”提高采收

率为 8.94%和 8.06%。

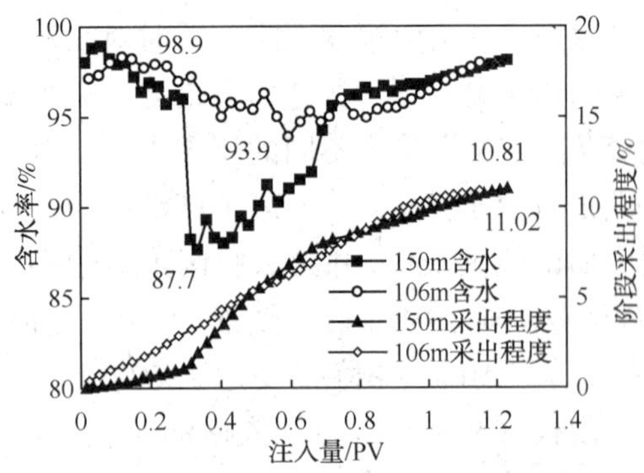

图 24　注入量与含水率、阶段采出程度的关系图

试验区注入 0.2PV 后产液量逐渐下降，但含水降幅较小，表现出前期调剖堵水作用明显，打开薄差层改注驱油剂，含水逐渐下降，薄差油层剩余油得到动用，注入 0.6PV 后采出端陆续采取深穿透压裂措施，有效沟通地层内已形成的乳化段塞，提高流体的流动能力，同时释放侧积夹层遮挡剩余油，促使采油井快速且大幅度见效。中心井含水最高下降 4 个百分点，预计试验结束时中心井累计产油 9.04×10^4t，阶段采出程度 10.55%，总采出程度达到 63.75%。数值模拟研究结果，注采井距由 250m 加密到 175m 提高采收率 1.31%，预测工业化试验区"调驱堵压"最终提高采收率 9.24%。

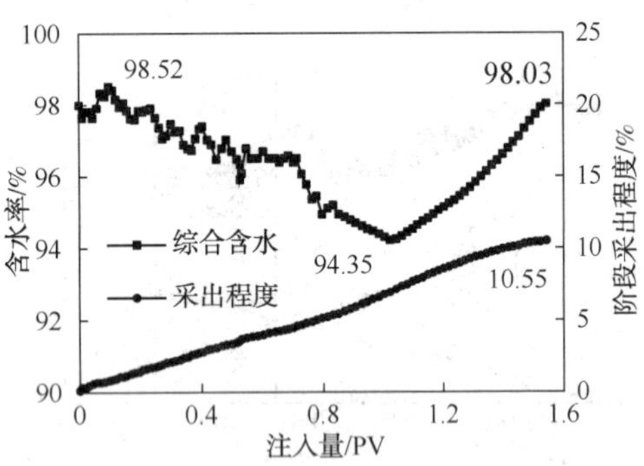

图 25　工业化试验区注入体积与含水、采出程度关系曲线

10　讨论

大庆油田萨中开发区，曲流河砂体聚合物驱后的提高采收率过程中的压裂改造技术是进一步促进提高采收率方法见效和阶段增油的关键技术。由于沉积环境和条件的特殊性，沉积过程中多为厚层正韵律和复合韵律的沉积特征，同时油层顶部部分存在废弃河道的遮挡，废弃河道边部具有侧积夹层，因此在压裂的过程中需要充分考虑地质特征和剩余油存在遮挡并富集于远离注采井主流线的两翼部位的情况[5]。由于近油井地带具有较油层内部更大的驱动压差（存在压降漏斗），因此近油井地带剩余油的存在的可能性较小。针对聚驱后的曲流河砂体，由于在开发历史中的水驱、聚驱过程中已经多次进行压裂引效，因此聚驱后进一步提高采收率过程中的小规模压裂很难起到好的效果[17-18]，需要进一步增加压裂的规模。通过压裂裂缝压穿侧积夹层和废弃河道的遮挡[19-20]，通过将压裂部位改变为地层上下向裂缝中的渗流，减小侧积夹层的遮挡作用。通过本文的分析和压裂现场试验，参考萨中开发区侧积夹层的密度，4.8~9.5m/条，在设计合理穿透比的同时还需要进一步考虑穿透的距离，压穿多个侧积体[21-23]以释放油层顶部遮挡的剩余油，达到水平井开采油层顶部剩余油的效果。鉴于压穿侧积体的良好效果，如果在曲流河沉积体系的化学驱开发适当时机进行大规模压裂，加大砂量形成有效且长期的支持裂缝，就能够形成底部高渗流通道建立一定驱替压差后向油层上部裂缝渗流，驱替侧积夹层内部剩余油的流动模式。同理，在水井端也可加大压裂规模，通过油层顶部裂缝向油层底部进行驱替，挖潜侧积夹层内部剩余油。

11　结论

（1）提出了聚驱后油层聚表剂"调驱堵压"结合配套调整技术。

（2）在剖面调整过程中，层间矛盾最佳解决方式是尽早实施机械分层，厚层内矛盾解决的最佳方式是通过Ⅰ型聚表剂的增黏调剖作用发挥。

（3）驱洗型聚表剂最佳驱油浓度为 1000~1200mg/L，调驱型聚表剂-1 最佳驱油注入浓度为 1200~1500mg/L，最优段塞大小为 1PV 左右。恒压实验结果表明，在相同条件下，驱洗型聚表剂驱油效率明显高于调驱型聚表剂。

（4）确定了 0.3PV 调驱型聚表剂（浓度为 2000mg/L）+ 0.7PV 驱洗型聚表剂（浓度为 1000mg/L）的最佳段塞组合方式和 0.3PV 打开薄差油层的转注时机。

（5）通过电极岩芯的聚表剂室内动态封堵实验，确定了层内乳化液分布部位并提出了驱洗伴生形成的乳化封堵模式，结合现场动态参数证实了这一结果所产生的压裂措施必要性，最终确定采出井液量降幅达到 50%以上为压裂最佳时机。

参 考 文 献

[1] 王茂盛. 聚驱后泡沫与 AS 体系交替注入提高采收率

研究[D]. 大庆石油学院，2006.

[2] 于海明．聚驱后段塞凝胶驱+表活剂驱可行性研究[D]. 大庆石油学院，2009

[3] Yang H, Kang W, Yin X, et al. A Low Elastic-Microsphere/Surfactant/Polymer Combined Displacing Method after Polymer Flooding[C]// Spe Kingdom of Saudi Arabia Technical Symposium and Exhibition. 2017.

[4] 刘永喜．大庆油田薄差层压裂工艺技术研究[D]. 大庆石油大学，2006.

[5] 王安培，刘雪梅，孙雪霞，汤志清，褚万泉，蔡树行．中原油田深层低渗油藏薄差层压裂工艺技术[J]. 钻采工艺，2012，35(05)：70-71

[6] 齐士龙．海拉尔油田薄差储层细分多层压裂技术[J]. 大庆石油地质与开发，2015，34(05)：81-86.

[7] 韩培锋．低渗透油藏水力压裂研究[D]. 武汉工业学院，2011.

[8] Settari. A New General Model of Fluid Loss in Hydraulic Fracturing[J]. Society of Petroleum Engineers Journal, 1985, 25(4): 491-501.

[9] Barree R D, Mukherjee H. Determination of Pressure Dependent Leakoff and Its Effect on Fracture Geometry [C]// SPE Annual Technical Conference and Exhibition. Society of Petroleum Engineers, 1996: 85-94.

[10] 张广清，陈勉，赵艳波．新井定向射孔转向压裂裂缝起裂与延伸机理研究[J]. 石油学报，2008(01)：116-119.

高含水油藏 CO_2 驱机理及产出气回注可行性

田　巍　邓瑞健　李中超　许　寻　周　迅　郭立强

（中国石化中原油田分公司）

摘　要　以中原油田高含水油藏为例，采用室内试验作为主要手段，深入研究高含水油藏 CO_2 驱机理，并结合产出气组分进一步验证了产出气回注的可行性。研究表明：高含水油藏 CO_2 驱的机理主要有三个：第一，注入的 CO_2 穿透水膜作用于原油，首先溶解于原油中，引起原油体积膨胀、黏度降低，使原油突破水膜形成可动油；第二，CO_2 与原油多次混相接触，通过蒸发萃取作用，提高了驱油效率，同时将水驱剩余的油膜、盲端剩余油等转化为可动油；第三，CO_2 溶蚀作用改变了储层的孔隙结构，从而使可动用微观界限在水驱的基础上降低一个数量级，增加可动用储量 30%以上。同时进一步研究了 CO_2 驱混相效果影响因素，并结合产出气的组分，研究认为目前情况下产出气回注是完全可行的。研究成果现场应用已取得明显成效，达到大幅度提高采收率目的，本研究成果丰富发展了我国油气田开发技术体系，为我国东部其他相关油藏的深度开发提供了一条新的途径。

关键词　高含水；CO_2 驱；提高采收率；剩余油；回注可行性

1　引言

目前，国内多数油田都已进入中高含水期，水驱开发效益越来越差。三次采油技术中的聚合物驱、化学驱等由于受当前国际油价的影响导致应用成本增加而不宜规模化实施，气驱技术中的 CO_2 驱技术成为了三次采油技术中最可行的方法之一[1-6]，CO_2 由于具有良好的注入性、驱油效率高、容易取得、价格便宜等优点，而被国内外多个油田作为进一步提高采收率的重要技术之一[3-5]。CO_2 驱技术的研究已经历了 60 多年，从最初的室内试验到逐渐应用于矿场，技术研究逐渐趋于成熟，评价技术也日趋完善[2-7]。中原油田经过四十多年的勘探开发，已经进入总体递减阶段，面临着资源投入不足、开采难度不断加大的矛盾，目前整体含水在 80%以上，其中含水高于 90%的区块储量达到 2.55 亿吨。同时，受井深、高温、高压、高盐影响，工艺技术不能完全满足油田开发的需要，油藏开采难度加大，单位原油生产成本增加，如何寻找适合高温高盐油藏的三次采油技术大幅度提高原油采收率成为中原油田十分迫切的任务。2007 年开展 CO_2 驱先导试验，经过多个油藏的先导实验，主要针对六种不同的油藏开展了系统研究，取得了丰硕的研究成果[8-12]，尤其是高含水注水废弃油藏通过实施 CO_2 驱，使废弃油藏起死回生，达到了水中捞油的目的，进一步提高采收率达到 10 个百分点。截至目前在室内试验、工艺技术及现场应用等方面都取得了可喜的成绩，应用规模正在进一步扩大，应用井组达到三十多个，中原油田高含水油藏实施 CO_2 开发的成功案例将为国内其他油田实施 CO_2 驱开发起到示范引领作用，并具有重要的借鉴指导意义。

2　储层特征及 CO_2 作用孔隙界限研究

2.1　储层特征

目标油藏位于濮城长轴背斜构造的东北翼，为岩性-构造油藏，油层埋深 -2280 ~ -2437m，孔隙度 28.1%，渗透率 690mD，石油地质储量 1135×10^4 t。油藏平均地层原油黏度为 1.82mPa·s，地层原油密度为 0.75g/cm^3，体积系数 1.257，地层温度 82.5℃，原始气油比为 85m^3/t，原始含油饱和度 0.80，残余油饱和度 0.329。地层水矿化度 24×10^4 mg/l，氯离子含量 16×10^4mg/l，水型为 $CaCl_2$，地层水黏度 0.5mPa·s。

【基金资助】河南省博士后经费资助(2018 年)(This project Supported by Henan Postdoctoral Foundation)

【作者简介】田巍(1981—)，男，助理研究员，2015 年毕业于北京科技大学，获工学博士学位，现为中原油田博士后科研工作站与北京科技大学博士后流动站联合培养在站博士后，主要研究方向为油气田开发、提高采收率技术、CO_2 利用与封存等。E-mail：tw811227@163.com

岩石主要矿物种类和矿物成分见表1，其中云母与伊利石为同一族矿物，绿泥石与高岭石较难区分，故为两者共同的含量。因此，通过对原岩XRD物相分析与半定量分析可得，砂岩中黏土含量共约占8%；主要成分为石英，占全岩的51%，其次为长石组分（斜长石和微斜长石），其余为方解石和方沸石。

表1 目标油藏矿物成分分析

样品名称	砂岩粉末
石英	51%
斜长石	15%
微斜长石	9%
方解石	8%
云母	6%
绿泥石	2%
方沸石	9%

2.2 二氧化碳作用孔隙界限

实验完全模拟实际地层条件，CO_2 驱实现混相驱。为了便于数据分析，故将 T_2 谱数据转化为喉道半径数据，如图1所示。从图1中可知，饱和油之后的曲线面积为区域a+区域b+区域c+区域d，即为总含油，亦即饱和油后喉道半径分布曲线（以下简称曲线1）与横坐标轴所围区域的面积，水驱后的喉道剩余油分布曲线（以下简称曲线2）与曲线1在0.1μm之前几乎重合，在0.1μm之后两条曲线分开，曲线重合表示该对应孔道中的流体没有变化，即没有被动用，曲线2与横坐标轴所围面积为水驱后的剩余油分布状况，而区域a为曲线1所围面积与曲线2所围面积的重叠部分，即为水驱被动用的部分，可见，水驱动用了0.1μm以上的孔隙中的原油，而0.1μm以下的孔隙中的原油却没有发生变化，气驱后的喉道剩余油分布曲线（以下简称曲线3）与曲线1、曲线2在0.01μm以下几乎都是重合的，而在0.01μm以上曲线3与上述两曲线分开，亦即 CO_2 驱动用了0.01μm以上的所有孔隙中的剩余油，曲线3与横坐标轴所谓曲线所围面积为气驱后的残余油状况，若直接采用 CO_2 混相驱开发，则可动用的0.01μm以上所有孔隙中的原油，可动用区域为a+b+c，因此，CO_2 驱和水驱相比，进一步动用了0.01~0.1μm之间的孔道中的原油，区域b和c即为在水驱基础上提高采收率的产量，区域d为气驱开发后的剩余油分布状况，可见 CO_2 驱开发可以在水驱的基础上进一步提高采收率。

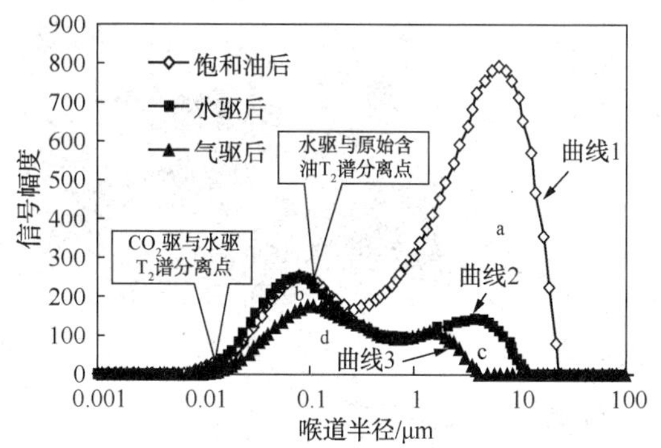

图1 不同驱替介质下的剩余油分布图

3 高含水油藏 CO_2 驱提高采收率机理

3.1 溶解引起流体性质变化

通过开展油水中的 CO_2 溶解分配计算，得到 CO_2 大多溶解于油中，在油水中的溶解分配比例97.1%，CO_2 主要溶解在油中，但在水中的扩散速度更快，正是扩散的快才导致迅速通过水膜到达油中。溶解 CO_2 后，原始油样的黏度大幅度降低，在目前地层压力下，原油黏度降低47.76%；原始油样的体积膨胀系数大幅度提高。目前地层压力条件下，膨胀系数增大30%，体积膨胀系数为1.30。随着注入 CO_2 量的增大，脱气原油的密度逐步增大。原油脱气时，溶解 CO_2 量越大，其抽提出轻质组分的能力越强。在目前地层压力下，脱气原油的密度为0.8610g/cm^3（表2）。

表2 溶解 CO_2 前后原油的性质变化

原始油样	目前压力/MPa	黏度/mPa·s	膨胀系数	脱气原油密度/g/cm^3	溶解气油比mL/mL
溶解 CO_2 前	20.2	2.316	1.00	0.8505	64.28
溶解 CO_2 后	20.2	1.210	1.30	0.8610	230
变化幅度%	—	-47.76	30	1.23	—

3.2 穿透水膜机理分析

图2为高含水条件下CO_2与原油作用过程。在水驱过程中，水在驱替作用下进入盲端形成具有一定厚度的水膜，将剩余油封闭在盲端底部。水驱后开展气驱过程中，通过微观模型可以观察到，CO_2会透过水膜进入剩余油中，使得剩余油体积膨胀，同时将水膜顶出盲端并逐渐被CO_2剥离，CO_2抽提出剩余油的轻质组分无法透过水膜进入CO_2中，因此在这个过程中CO_2的溶解作用远远大于抽提作用。随着CO_2的不断注入，剩余油体积膨胀最终突破了水膜与CO_2直接接触，二者发生明显的溶解抽提作用，轻质组分逐渐被抽提出来，剩余油颜色逐渐变深，组分逐渐变重。在抽提过程中，抽提出的轻质组分遇到盲端顶部水膜时会不断的发生凝析–抽提现象，最终将盲端水驱剩余油全部被驱出，与前一个过程相比，这个过程中的抽提作用明显增强。通过理论分析计算得到CO_2可迅速穿透水膜，扩散于原油中。一般穿透水膜的时间约为17min～7h（水膜厚度100～500μm）。

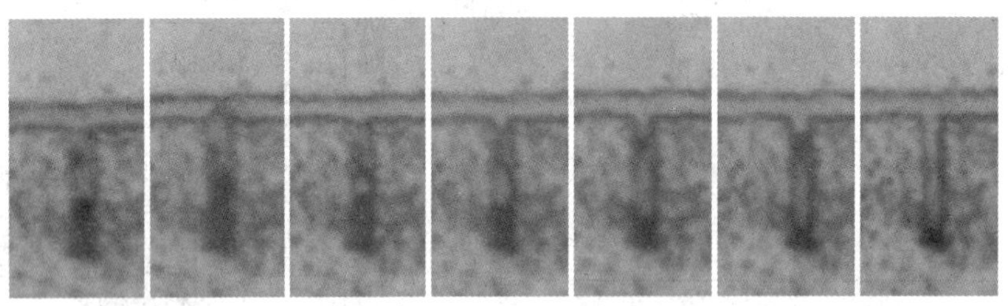

图2 高含水条件下CO_2与原油在盲端模型中的作用过程

3.3 微观驱替效率研究

图3为不同注入压力下，水驱过程的剩余油分布及水驱后CO_2驱过程的剩余油分布。由图可知，在水驱过程中，水会沿着主流通道突破，随着水的不断注入，剩余油主要分布在模型壁面和变径处，并呈孤岛状分布。水驱后开展的气驱过程中，CO_2驱替模型中的油水，由于水的阻力远小于油的阻力，CO_2先将水沿着主流通道驱替出来，从而使得CO_2与剩余油直接接触，随着CO_2的不断注入，CO_2与剩余油接触发生溶解抽提作用，少部分剩余油呈延展性分布在模型壁面，与此同时CO_2与这部分剩余油发生溶解抽提作用，将最后的剩余油不断的剥离出来。注入压力越高，溶解抽提作用的效果越好，剩余油越少，当压力大于混相压力时，变径剩余油基本被驱出，驱油效果较好。

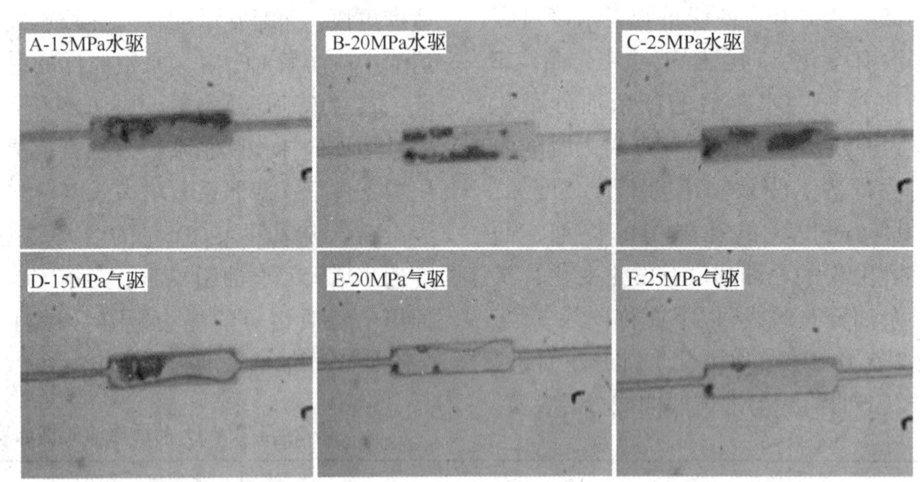

图3 不同压力下水驱及CO_2与原油在变径模型中的作用过程

3.4 多次混相接触提高了洗油效率

为了研究原油与CO_2的作用过程，开展了CO_2与地层原油间界面张力测试，目标储层原油与CO_2最小混相压力为18.9MPa，实验温度为82.5℃，测定不同压力下原始油样与CO_2间界面张力，其中压力在原始油样饱和压力以上，结果如下所示，从图中可以看到，随着体系压力的增大，CO_2与原油间的界面逐渐变得不稳定。当压力大于17MPa时，CO_2与原油间的相互抽提作用变得明显。当压力超过21MPa时，两者间的界面变得模糊，说明此时油气两相间达到混相状态，混相后界面消失，界面张力为0，两相间可以以任意比互溶，同时由于 CO_2 的抽提作用，提高了洗油效率(图4)。

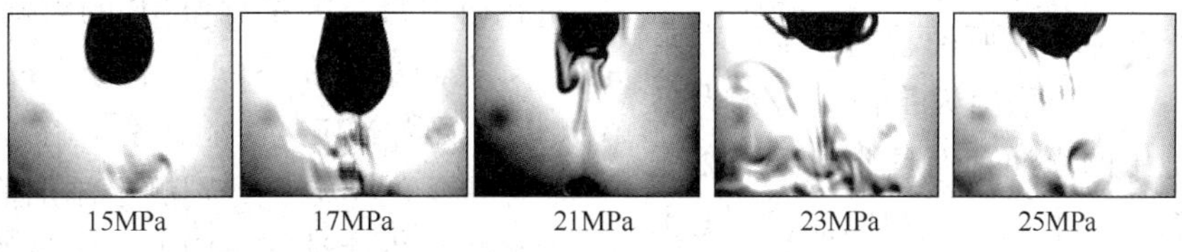

图4 不同压力下 CO_2 与原油的界面变化

3.5 改变储层孔隙结构

图5为岩心在不同时间段的渗透率变化结果，整个渗透率变化曲线变化趋势呈现出先略微降低而后逐渐升高，即出现渗透率的数值先降低而后变大的过程，初期渗透率保持率为原始值，即为1，而后100h时降低到0.7，即渗透率只有初期渗透率的70%，而后在约280h时的渗透率保持率为0.6，即渗透率只有初期渗透率的60%，在600h时渗透率保持率为1.6，即渗透率比初期增加了60%，为初始渗透率的1.6倍。可见，岩心在碳酸水作用下，岩石成分发生了变化，反映在宏观上就是渗透率的变化，这可能是伴随着新物质的生成和岩石原物质成分的溶解以及其他物理化学作用等综合作用的结果。

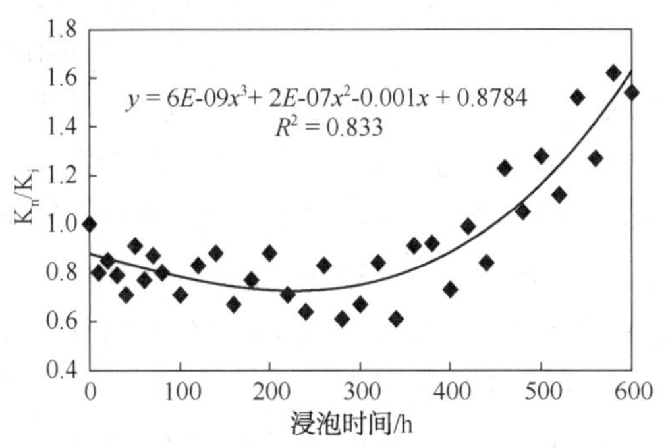

图5 岩心不同时段的渗透率变化

通过检测 CO_2 溶蚀前后孔隙度变化，可知实验后的孔隙度为32.875%，比反应前的岩心孔隙度28.276%增加了4.599%。溶蚀实验后束缚水的量基本未变，而较小孔隙的数量有所减少，较大孔隙的数量明显增加，CO_2 溶液对岩心具有溶蚀作用，可以使岩心的孔隙半径增加，从而使孔隙度增加。可见，溶蚀作用确实引起了储层结构的变化，增加了大孔道半径的分布，进一步增加岩石的储集空间。

分析认为，碳酸水与岩石作用的过程就是岩石被溶蚀与新物质生成的过程，两者此消彼长，直到溶蚀与新物质生成达到动态平衡。注入的气体首先溶解在地层水中，形成碳酸水，与岩石接触发生溶蚀作用，酸敏物质在溶蚀作用下脱落，导致岩石矿物失稳脱落，溶蚀作用产生的酸敏颗粒物质、脱落矿物、无机颗粒等在流动运移过程中堵塞部分孔道，增加了后续流体渗流的阻力，表现为渗透率下降。但随着碳酸水与岩石接触时间的延长，孔道边壁岩石矿物进一步溶蚀，脱落颗粒在溶蚀和冲刷作用下，粒径变得越来越小，只能堵塞更细级别的孔道，部分溶蚀初期发生堵塞的孔道得以解堵，渗透性变好，渗透率有所提高，这就有利于后续气体的流动。因此，对于已经注水的储层，连续气驱并不利于提高采收率，可以采取注气后适当延长关井时间(或焖井)，注入井间歇注气或周期注气，增加近井附近碳酸水与岩石的反应时间，使充分溶解气体的碳酸水与储层充分作用，对于后续注气开发是有利的。

3.6 动用更低级别孔隙中的剩余油

表3进一步根据图2按照面积比例计算了水驱和 CO_2 可动流体分布状况，可知，水驱后，可动油饱和度有较大幅度降低，降低36.83%，不可动油饱和度基本未动用，不可动流体百分比仅降低6.28%；实施 CO_2 驱后，可动油饱和度大幅度降低，可动流体百分比降低46.38%，而不可动油饱和度也有一定程度的降低，不可动流体百分比降低39.49%；显然，水驱基本未动用不可动流体饱和度，而 CO_2 驱大幅度降低了可动流体和不可动流体百分比，不可动流体降低的部分正是 CO_2 的作用将该部分流体转化为可动流体，可动流体增加了39.49%。表明在水驱后实施 CO_2 驱起到了较好的驱油效果。

表3 水驱和气驱后流体分布数据

状态	可动流体百分比/%	不可动流体百分比/%
原始饱和油状态	100	100
水驱状态	63.17	93.72
CO_2 驱状态	16.79	54.23

综合核磁共振结果和剩余油分布特征分析，表明实施水驱能够采出大量的大、中孔隙中的原油，微小孔隙和小孔隙中的原油动用较少；在水驱后进行CO_2驱，不但能采出大量被注入水大量冲刷的大、中孔隙中的原油，而且能采出水驱无法波及到的小孔隙和微小孔隙中的原油，即CO_2驱不但能提高水驱波及区域的驱油效率，而且能扩大微观波及效率，动用水驱无法动用的区域。本研究进一步明确了CO_2驱可动用岩石的微观界限，采用CO_2驱将原来不可动储量转化为可动储量，提高了原油地质采收率。

4　CO_2驱产出气回注可行性研究

4.1　组分对混相效果影响

混相效果涉及注入气体与原油的多次接触过程，影响它的因素很多，为了便于实现和讨论，首先重点考察了不同原油组分下的最小混相压力，依此来判断组分对混相效果的影响程度，定量化研究每一因素对 MMP 的影响大小。

表 4 原油在不同烃组分下的最小混相压力（以下简称 MMP）实验，实验在原始流体中分别添加单一的组分，分别测定添加前后最小混相压力变化，进而计算出增加一定量的该组分对混相压力的影响，研究表明原油中间烃组分降低 MMP，而轻质气体和重烃组分会提高 MMP。C_2，C_3，C_{4-8}这三个拟组分会降低 MMP 的值，降低幅度分别为 1.5%，8.4%，9.4%，相比C_2，C_{3-8}降低 MMP 的效果更为明显。同时，C_1，C_{16}，N_2均会增加 MMP 值，分别为 14.0%，11.0%，26%。这项研究成果，对于有目的的注气开采具有一定的借鉴作用。

表 4　原油中不同烃组分变化（增加 10%）对应的最小混相压力变化

烃组分	C_1	C_2	C_3	C_4	C_5	C_6	$C_7 \sim C_9$	$C_{10} \sim C_{15}$	C_{16}	N_2
变化幅度/%	14.34	-4.9	-7.9	-9.04	-9.24	-15.99	-6.24	-2.64	10.74	25.94

在注CO_2驱油的实际矿场生产过程中，产出气回注是一种常见的生产手段，可以大量节省成本。产出气中最主要的成分则是甲烷。这里我们借助建立好的模型以及相应参数，定量化研究甲烷浓度对 MMP 的影响大小，结果如表 5 所示。可以看到，甲烷的出现会迅速增加最小混相压力，使得注入气体与原油难以实现混相，当甲烷浓度高达 80%时，所对应的最小混相压力值比纯CO_2注入时对应 MMP 值的一倍还多。从计算的结果来看，虽然产出气回注会增加CO_2的利用效率，节省成本，但同时也导致了过高的 MMP，从而极大降低了驱油效率。这两种效应有相反的影响，这也是我们在实际生产中应该注意的问题。

同时考虑到注入气体在实际生产过程也可能混有其它性质的气体，因此考虑各种可能出现的气体（$C_1 \sim C_3$，N_2），并对其影响 MMP 的大小进行分析。为了便于比较，考虑在CO_2中混有同等浓度（10%）的其他杂质气体。10%的C_1和N_2分别会使 MMP 增幅为 15%和 28%，而 10%的C_2和C_3分别会使 MMP 减小到 1%和 7%。可见，N_2比C_1对 MMP 的影响要明显大很多，而C_3比C_2会略大一些。在研究的这些杂质气体里面，它们对 MMP 减小的幅度要比增加的幅度小很多。

表 5　注入气体中组分对最小混相压力的影响

组　分	100%CO_2	0%C_1	10%C_1	40%C_1	60%C_1	80%C_1	10%C_2	10%C_3	10%N_2
影响幅度	0	0	+14.7	+64.82	+104.3	+119.7	-1.16	-7.56	+27.75
说明	—	—	提高	提高	提高	提高	降低	降低	降低

4.2　注入气中CO_2含量对驱油效果影响

本部分重点考察了注入气体中不同CO_2含量下的驱油效果，依此来判断不同含CO_2下产出气回注的驱油效果，实验结果如图 6 所示。

回注气中 19.86% CO_2含量下，当注入孔隙体积 0.5PV 以前，随着注入气体体积倍数增加，驱油效率增呈现线型增加，注入 0.5PV 后，随着注入天然气体积倍数增加，驱油效率增加变缓，注入 2.5PV，驱油效率 79.86%；回注气中 44.32% CO_2含量下，当注入孔隙体积 0.65PV 以前，随着注入气体体积倍数增加，驱油效率增呈现线型增加，注入 0.65PV 后，随着注入天然气

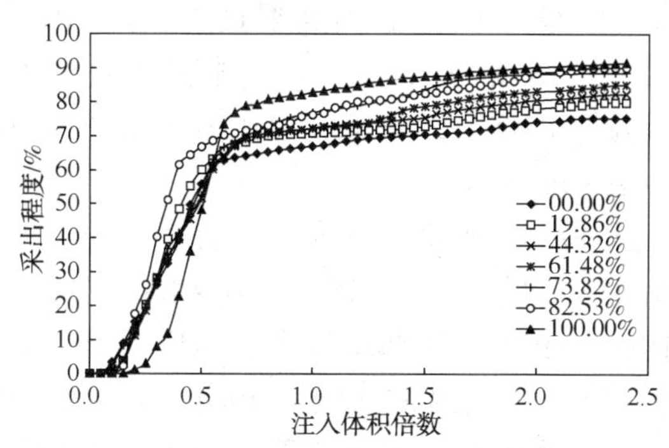

图6　不同组分 CO_2气驱油效率对比

体积倍数增加，驱油效率增加变缓，注入2.5PV，驱油效率82.37%。回注气中 CO_2含量61.48%时，当注入孔隙体积0.65PV以前，随着注入气体体积倍数增加，驱油效率增呈现线型增加，注入0.65PV后，随着注入天然气体积倍数增加，驱油效率增加变缓，注入2.5PV，驱油效率85.06%。回注气中 CO_2含量73.82%时，当注入孔隙体积0.65PV以前，随着注入气体体积倍数增加，驱油效率增呈现线型增加，注入0.65PV后，随着注入天然气体积倍数增加，驱油效率增加变缓，注入2.5PV，驱油效率88.59%。回注气中 CO_2含量82.53%时，当注入孔隙体积0.45PV以前，随着注入气体体积倍数增加，驱油效率增呈现线型增加，注入0.45PV后，随着注入天然气体积倍数增加，驱油效率增加变缓，注入2.5PV，驱油效率90.1%。回注气中 CO_2含量100%时，当注入孔隙体积0.65PV以前，随着注入气体体积倍数增加，驱油效率增呈现线型增加，注入0.65PV后，随着注入天然气体积倍数增加，驱油效率增加变缓，注入2.5PV，驱油效率91.53%。

实验注入压力均在 CO_2最小混相压力之上，注纯 CO_2的驱油效率最高，达到91.53%，是 CO_2与原油的混相驱油效果，而纯天然气驱的最终驱油效率最低为75.28%，远低于混相驱的驱油效果，说明纯天然气驱在此实验压力下为非混相驱，主要原因是天然气的主要组分为甲烷，中外学者均认为甲烷相对二氧化碳是难以与地层原油混相的，其与地层原油的最小混相压力要高于二氧化碳与地层原油的最小混相压力，所以纯天然气驱的驱油效果较低。而注 CO_2不同阶段产出气驱油效率介于注纯 CO_2和注天然气之间，图中，回注气中 CO_2含量为19.86%、44.32%、61.48%、73.82%、82.53%下的采收率分别达到了79.86%、82.37%、85.06%、88.59%、90.10%，基本达到了混相驱油效果。

表6　注入气中不同 CO_2含量下的采收率

CO_2含量	0	19.86	44.32	61.48	73.82	82.85	100
采收率	75.28	79.86	82.37	85.06	88.59	90.10	91.53

不同阶段产出气的驱油效率介于纯二氧化碳混相驱和纯天然气驱之间，且与二氧化碳含量成正相关性，即二氧化碳含量越高，其驱油效率就越高，且当产出气中二氧化碳含量达到82.53%时，最终驱油效率达到了90.10%，与纯二氧化碳混相驱的驱油效率仅相差1.43%，而且随着二氧化碳含量的进一步增加，驱油效率增幅已非常有限，说明当油井产出气中二氧化碳的含量约为82.53%时，基本达到了混相驱油的效果，当产出气中二氧化碳含量达到73.82%时，最终驱油效率达到了88.59%，与混相驱油效果很接近，实验表明，当油井产出气中二氧化碳的含量约为70%以上，近似达到了混相驱油的效果。

4.3　产出气组分分析及回注可行性分析

图7～图8为现场某口井产出气组分，从2017年11月27日-2018年1月22日取样进行跟踪监测，将 O_2、N_2去掉，按时间先后产出气组分进行归一按产出气各组分变化趋势图。

该区块是 CO_2混相驱油，分析不同阶段产出气的监测分析实验结果和产出气组分变化趋势图可知，随着 CO_2驱油藏时间的增加，产出气 CO_2组分增加，但产出气中甲烷组分量是降低，C_2-C_6及其以上烃组分在总烃中的相对含量增加。不同阶段产出气的 CO_2与 C_2及其以上烃组分相对含量存在密切的正相关性，随着产出气中二氧化碳含量的增加，其 C_2及其以上轻烃组分相对含量也逐渐增加，但产出气中甲烷组分与 CO_2组分量负相关，虽然产出气中混入了甲烷，会对混相带来不利影响，但 C_2及其以上轻烃组分仍可与地层原油实现一次接触混相，比二氧化碳更容易与地层原油混相，有利于降低 CO_2混相压力，因此，当 C_2及其以上轻烃组分增加到一定程度后，会抵消因二氧化碳不纯导致的对驱油效果的负面影响，从而达到与纯二氧化碳混相驱同样效果。

由于二氧化碳对地层原油中的轻烃组分具有强烈的抽提作用，当地层中的混相油带或溶解大量二氧化碳的地层原油由生产井采出时，由于压力急剧下降，会有大量的二氧化碳析出，二氧化碳在析出过程中会抽提出大量的轻烃组分，该轻烃组分和析出的二氧化碳就组成了伴生气。压力下降越快，溶解的二氧化碳越多，其析出时抽提的轻烃组分就越多，此时的产出气更易与地层原油混相，驱油效率也就越高，这也是当产出气中二氧化碳含量为60%以上，其驱油效果与混相驱效果相当的内在影响机制。二氧化碳驱油藏产出气无需提纯而直接回注是可行的，这为二氧化碳驱中后期大量产出气的处理提供了新的、可行的解决方法。

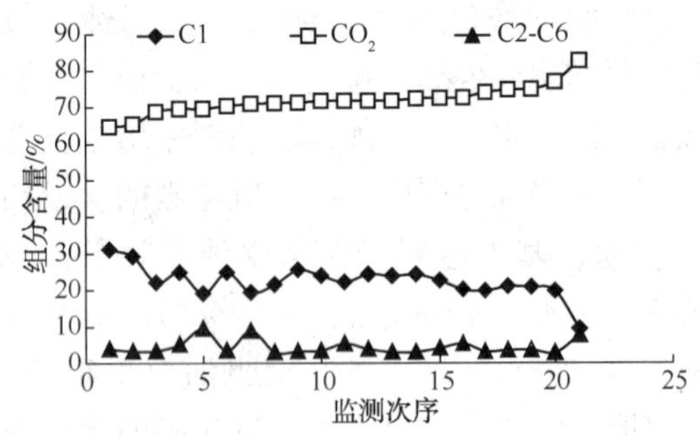

图 7　产出气组分变化趋势

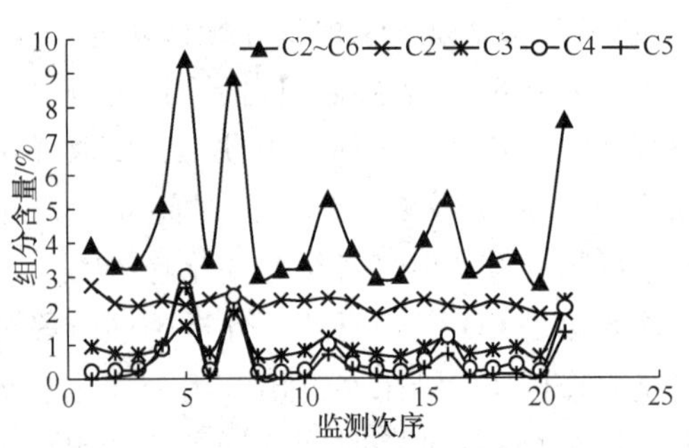

图 8　产出气 C_2+组分含量变化趋势

该区块的原油密度 0.7399g/ml，接近汽油的密度，气、油主要成分为 $C_4 \sim C_{12}$ 脂肪烃和环烃类，对 CO_2 与原油降低混相压力有利，较容易实现 CO_2 混相驱，产出气 CO_2 含量大于 70%以上的驱油效率与纯 CO_2 驱油效率相差不大，就可以不必提纯，可直接压缩回注，不会对矿场驱油效果产生明显影响。针对该油藏上述特点，CO_2 驱产出气回注是完全可行的，在大于混相压力条件下，产出气直接回注，实现 CO_2 混相驱，提高采收率，实现 CO_2 捕集-埋存-应用一体化。

5　现场应用

濮城油田沙一下位于濮城长轴背斜构造的东北翼，为一岩性—构造油藏，油层埋深-2280~-2437m，渗透率 690mD，共有五个含油小层，其主力小层是沙一下 12 和沙一下 13，两个小层均为全区分布，其地质储量为 1048×10^4t，占全油藏的 92.3%。平均地层原油黏度为 1.82mPa·s，地层原油密度为 0.75g/cm^3，体积系数 1.257，地层温度 82.5℃，原始气油比为 85m^3/t，原始含油饱和度 0.80。

该油藏于 1980 年 4 月投入开发，同年 5 月开始注水。投入开发以来，一直保持着较高的采油速度。1983 年底初步方案实施完成后，采油速度连续 3 年达到 3%以上。1984 年以后，在完善井网、强化提液的调整下，采油速度不断提高，1986 年采油速度最高达到 7.86%。1998 年综合含水 98.1%，采出程度 49.2%，进入水驱废弃阶段。

2007 年年中开始注 CO_2 气体，2007 年 12 月，综合含水 98.2%，采出程度为 50.98%，已接近油藏的标定采收率 51.3%。注气半年后开始见效，目前已累计增油量超过 3 万吨，提高采收率幅度 10 个百分点以上，该项目的成功实施，为高含水油藏进一步提高采收率提供了一条新途径。

6　结论

（1）目标储层黏土含量约占 8%；主要成分为石英，占 51%，其次为长石，占 24%，其余为方解石和方沸石等，注 CO_2 开发会引起长石、方解石等的溶蚀作用；

（2）二氧化碳注入油藏后首先透过水膜溶解于原油中，引起原油性质变化，从而将该部分油转化为可动油而被采出，并通过与原油多次混相接触，发挥抽提作用，将油膜和盲端中的剩余原油转化为可动部分，提高了洗油效率；

（3）二氧化碳的溶蚀作用，引起储层物性的变化，改善了储层条件，使其对微观孔隙的作用界限比水驱降低一个数量级，将水驱作用不到的低一个级别的微观孔隙中的剩余油转化为可动油，增加可动储量 30%以上；

（4）原油中间烃组分降低 MMP，而轻质气体和重烃组分会提高 MMP，注入气体中 CH_4 和 N_2 含量越低越有利于混相，而回注气中 CO_2 的含量越高越有利于混相，其含量在 70%以上时基本可以达到混相的效果，目前情况下，产出气直接回注是完全可行的。

参考文献

[1] 李士伦，张正卿，冉新权，等．注气提高石油采收率技术[M]．成都：四川科学技术出版社，2001.

[2] 李士伦，孙雷，郭平，等．再论我国发展注气提高采收率技术[J]．天然气工业，2006，3(5)：50-56.

[3] S S K Sim，A T Ttutata，A K Singhal，et al. Enhanced gas recovery factors affecting gas-gas displacement efficiency[J]. Journal of Canadian Petroleum Technology，2009，48(8)49-55.

[4] 郭文德，蔡罡，张怀文．委内瑞拉 Furrial 油田注混相气项目的监控技术[J]．国外油田工程，2003，2(4)：32-37.

[5] CHRISTENSEN J R. Compositional simulation of water-alternating-gas processes[R]. SPE 62999，2000.

[6] LARSEN J A and SKAUGE A. Simulation of the immiscible WAG process using cycle-dependent three-phase relative permeability[R]. SPE 56475，1999.

[7] 汤勇，张超，杜志敏，等．CO_2 驱提高气藏采收率及埋存实验[J]．油气藏评价与开发，2015，5(5)：34-40.

[8] 田巍，朱维耀，朱华银，等．回压应力敏感性评价测试方法研究[J]．天然气地球科学，2015，26(2)：377-383.

[9] 聂法健，田巍，国殿斌，等．深层高压低渗储层应力敏感性研究[J]．断块油气田，2016，23(6)：788-792.

[10] 王瑞飞，段雨安，吕新华，等．深层高压低渗砂岩油藏应力敏感性实验[J]．地质科技情报，2014，33(1)：90-94.

[11] 王进安，袁广均，张军，等．长岩心注二氧化碳驱油物理模拟实验研究[J]．特种油气藏，2001，(2)：75-78.

[12] 曾贤辉，彭鹏商，王进安，等．文 72 块沙三中油藏烃气驱室内实验[J]．新疆石油地质，2003，(2)：161-163.

CO_2驱提高老油田采收率新进展——以中原油田为例

杨昌华[1]　邓瑞健[2]　李中超[2]　聂法健[2]　牛宝伦[3]

（1. 西安石油大学石油工程学院；2. 中原油田分公司勘探开发科学研究院；
3. 中原油田分公司石油工程技术研究院）

摘　要　CO_2因其容易混相，不受温度矿化度影响，提高采收率幅度大越来越受到各个油田的重视。中原油田由于高温高盐影响，限制了普通三次采油技术的发展，但优良的油品和周边丰富的气源为其开展CO_2驱油提高采收率提供了可能，经过十几年的研究、完善与积累，在机理方面除了CO_2驱油普通机理以外，深化认识到其二氧化碳快速穿透水膜溶于油滴、油膜的特性，从而奠定了高含水油藏提高采收的理论基础；通过高温高压核磁手段得到了CO_2进入的孔喉半径比水小一个数量级；CO_2的相态和密度随压力和温度不断变化，在深层高渗油藏可以避免CO_2超覆现象；集成多种实验手段得到最小混相压力是动态变化的；创新了相控剩余油微差异模拟技术，以适应CO_2驱的需要；物模数模相结合开展了注入参数优化；定量化研究明确了原油各组分对MMP的影响；形成了适应于普通碳钢井筒注采的需要系统配套技术，尤其在地面注入、流度控制、防腐、产出气水的处理方面研究取得的突破，为现场应用的推广提供了保障，其研究成果较好的服务了现场实验，目前已注入32井组，累注液态二氧化碳55万吨，目前每年注10万吨左右，对应井组已累计增油4.5万吨，该技术目前已成为中原油田尤其是低渗油藏提高采收率的主导技术。

关键词　CO_2驱油机理；流度控制；腐蚀防护；配套工艺；CO_2驱；中原油田

1　引言

CO_2在油田驱替中应用越来越多，其具有混相压力低、来源广泛，并可以体现“绿色开发”理念，是目前三次采油技术最有发展前景的方法之一[1-3]。国外各类油藏通过CO_2驱已取得良好效果[4]，尤其在低渗、特低渗油藏，目前已开展的CO_2项目深度最深达到3700 m左右，驱替机理及配套技术研究也取得较大进展[7-10]。

中原油田属于高温高盐油藏，普通化学驱不能满足油田三次采油的需要，但中原油田油藏压力高，中间烃含量高，易于CO_2混相。经评价中原油田适合CO_2驱储量4.9亿吨，目前地层压力下可混相储量2.7亿吨。而且周边于CO_2产能42万吨，潜在产量近400万吨，因此开展CO_2驱具有得天独厚的条件。中原油田从2006年开展CO_2驱室内研究，2008年进入现场，目前已经实施32井组，累注5万吨，本文主要阐述中原油田在CO_2驱机理深化认识、参数优选、工艺配套[11-14]等方面十年的研究与现场试验所取得的成果。

2　取得的进展及成果

2.1　发现了二氧化碳快速穿透水膜溶于油滴、油膜的特性

研发了两相多孔介质内二氧化碳溶解扩散的测量装置，建立了建立了二氧化碳-离散原油微观接触模型。

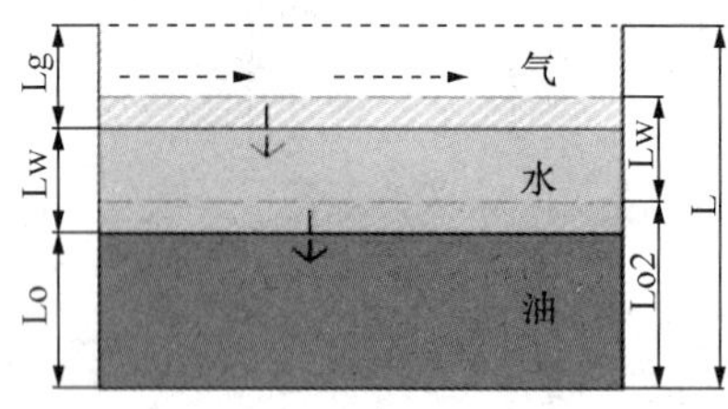

图1　微观接触模型示意图

溶于水中的二氧化碳扩散快，可以迅速穿透水膜，起到驱油作用，其在油中扩散系数为$0.366\times10^{-8}m^2/s$，在水中$5.232\times10^{-8}m^2/s$相差一个数量级；二氧化碳穿透水膜的时间约为17分

【作者简介】杨昌华（1972年—），男，1995年本科毕业于西安石油大学，2014年博士毕业于中国石油大学（华东），目前在西安石油大学从事教学和研究工作，教授。研究方向为油气田提高采收率，主要进行气驱（包括N_2、空气驱、CO_2驱）、表活剂驱、聚合物驱；堵水、封窜堵漏、调剖调驱，降压增注方面的研究及应用。E-mail：ych569@126.com

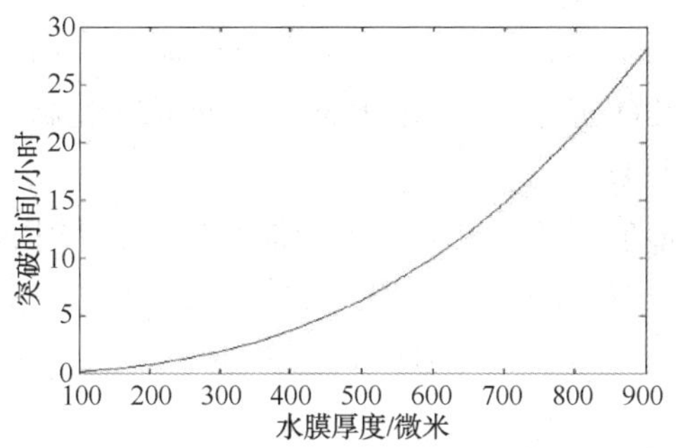

图 2　水膜厚度与突破随时间变化关系图

钟~7 小时，水膜对二氧化碳并不能形成水锁或屏蔽，高含水条件下仍起到驱油作用。

2.2　CO_2进入的孔喉半径比水小一个数量级

取目标油藏 P2-396 井沙一下油层的 25 块取芯岩心，岩心长度 4~6cm，直径 2. 5 cm，平均孔隙度为 23. 48%，平均渗透率为 197 $\times 10^{-3}$ μm^2。原油为脱水原油，油藏原油黏度为 1. 82 mPa·s，密度为 0. 75 g/cm^3。通过高温高压在线核磁共振仪研究得出：

核磁共振实验表明，水能进入 0. 1μm 以上的孔隙，CO_2可以进入 0. 01μm 以上的孔隙，使原来水驱不到的微小孔隙能够驱动，增加驱油体积 7%~12%。

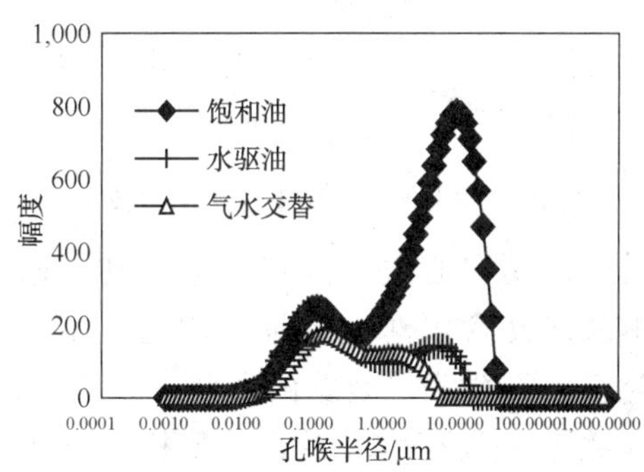

图 3　不同驱替方式核磁共振结果图

2.3　油藏埋深 3000 米左右可以避免 CO_2超覆现象

CO_2的相态和密度随压力和温度在不断变化，在油藏条件中原低渗油藏 3000~3700m，地层原油密度 0. 532~0. 766g/cm^3，对应二氧化碳密度 0. 614~0. 799g/cm^3，密度差别不大，纵向驱替均匀，应用微观可视化实验也证明了这点，见图 4。

由图 4 可知，浅层（低压）：二氧化碳密度 0. 4g/cm^3左右，容易产生超覆现象；深层（高压）：二氧化碳密度可达 0. 7~0. 8g/cm^3，不容易发生超覆现象。

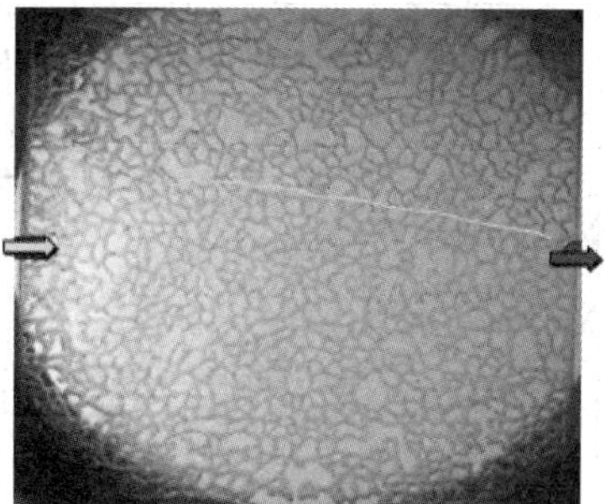

气态CO_2驱:密度$CO_2$0.2g/cm^3、油 0.8g/cm^3·气驱面积:34%

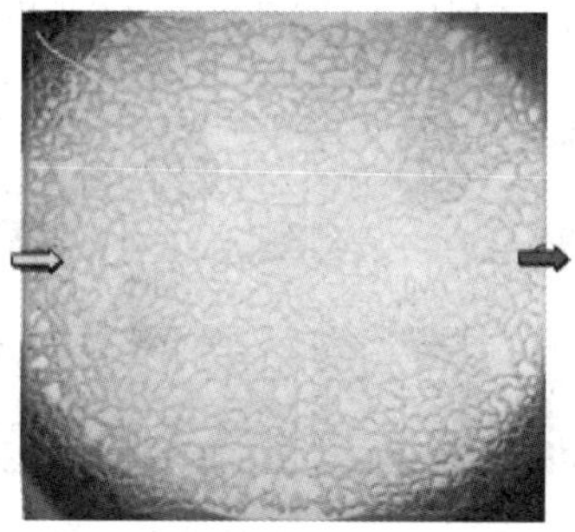

超临界CO_2驱:密度$CO_2$0.7g/cm^3、油 0.65g/cm^3·气驱面积:76%

图 4　不同相态 CO_2 驱替不同密度原油可视化实验结果

2.4　最小混相压力动态变化特征

集成悬滴法实验装置、长细管试验装置和高温高压下 CO_2驱过程中润湿接触角的定量连续测量实验技术多种手段，改进最小混相压力评价方法，提出动态最小混相压力概念，高于混相压力后，压力对混相效果仍有较大影响。

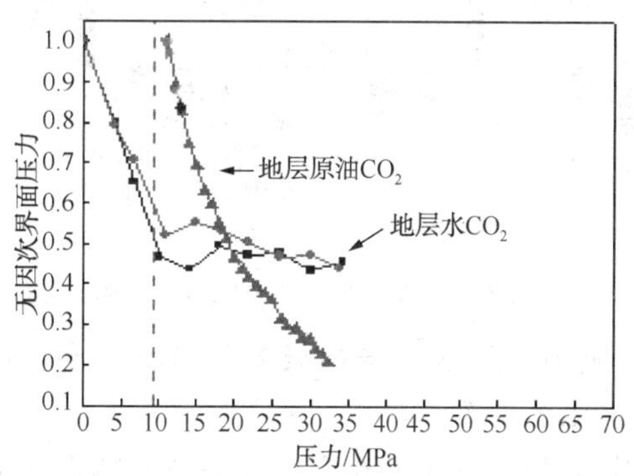

图 5　不同压力下 CO_2与原油和地层水的界面张力

图 5 CO_2注入后，油气界面张力大幅度降低；原油/CO_2体系界面张力值能够降到 1mN/m 以下；图 6 压力升高，接触角变小，矿化度升高，接触角变小，提高注入压力，使岩石润湿性亲水；图 7 当压力大于 17MPa 时（试验区原油混相压力 18. 4MPa），二氧化碳与原油间的相互抽提作用变得明显，当压力超过 21MPa 时，两者间的界面变得模糊；总体都是动态变化的。

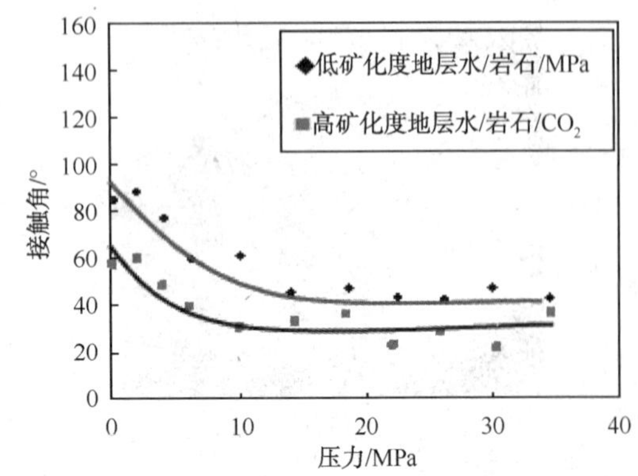

图 6　不同压力下矿化度对润湿性影响

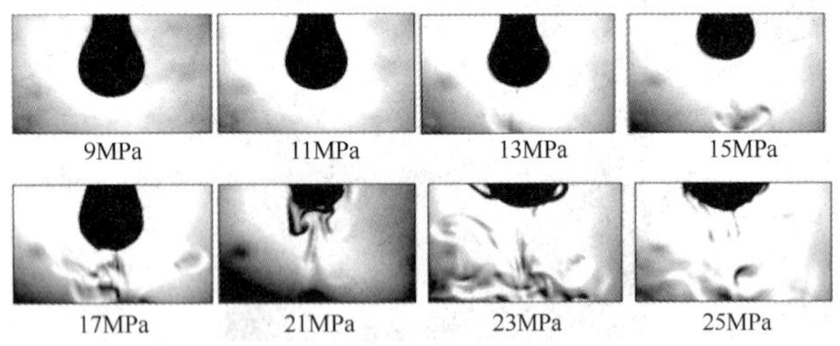

图 7　压力对混相程度的影响

2.5　定量化研究明确了原油各组分对 MMP 的影响

原油各组分含量对 MMP 的影响定量研究表明，原油中间烃组分降低 MMP，而轻质气体和重烃组分会提高 MMP。

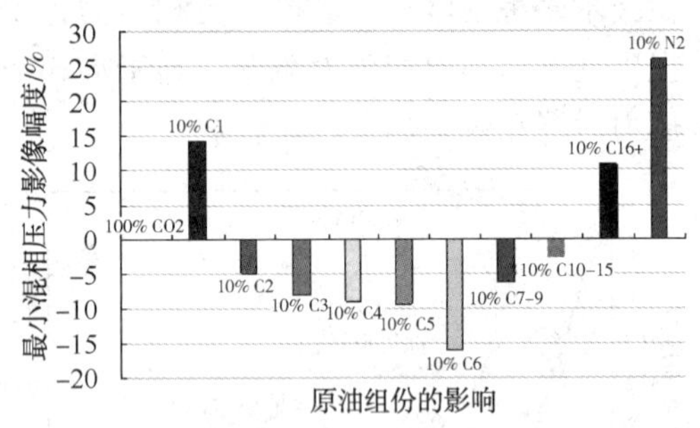

图 8　原油单组份对 MMP 的影响

2.6　创新了相控剩余油微差异模拟技术，以适应 CO_2驱的需要

针对特高含水油藏剩余油分散的特点，采用分韵律段相控建模，描述 0.2m 薄夹层分布，将小层细分到韵律段，刻画局部微构造、2m 以上微构造形态。不同沉积相、不同开发阶段使用不同的相渗曲线进行相控数值模拟，并结合吸水剖面及高精度碳氧比，精细化注入产出量，提高了数值模拟的准确性。

由于 CO_2对石油中的轻烃类组分有抽提作用，与一般黑油和组分模型相比组分变化大，根据组分含量对 MMP 的影响定量研究，中间烃对混相具有较大影响，因此对其进行精细化拟组分划分，不仅有利于在组分模拟中精确刻画注 CO_2原油轻烃组分变化，也可以提高相态拟合精度。

形成了适宜气驱的精细油藏描述、人工压裂 NWM 模型模拟、非结构化网格构建技术，提高了地质模型气驱适应性。

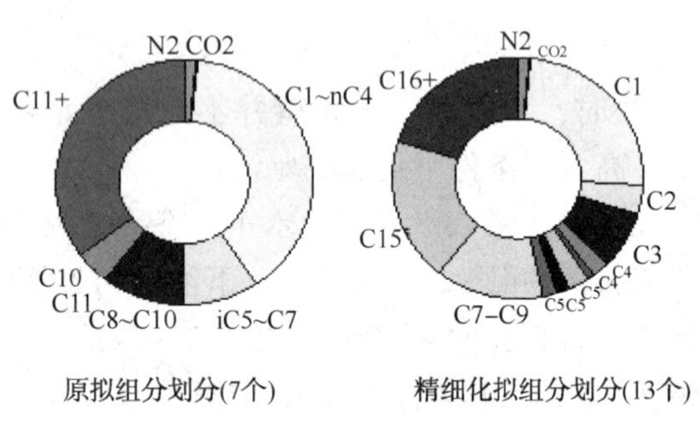

图 9　组份细分示意图

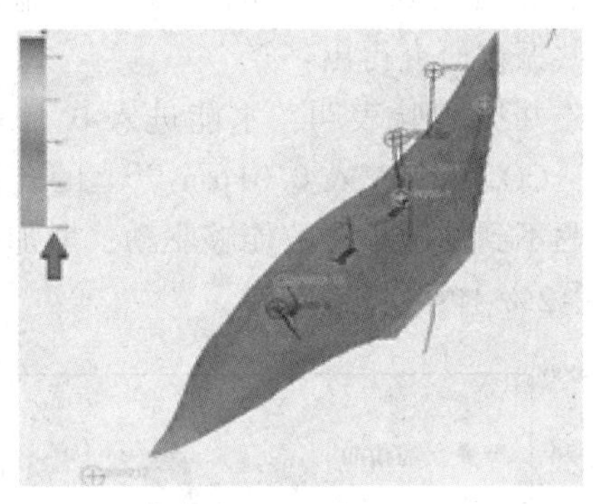

图 10　人工压裂 NWM 模型模拟技术

通过密闭取心井、高精度碳氧比、监测资料、单采油井含水对比验证，建立人工压裂模型，与监测资料获得裂缝的形状、方位、长度、高度等数据参数高度一致，数值模拟结果误差 5%以内，高含水剩余油符合率由 75%提高到 88%。

2.7　物模数模相结合开展了注入参数优化

二氧化碳与原油是多次接触混相的，物模采用 28 块天然岩心拼接成的 2m 长岩心驱替模型，完整地模拟混相驱替过程，岩心直径 2.5cm、长度：197.4cm，实验条件：地层温度、压力，地层油、水。数模结合二氧化碳驱效果主要影响因素(渗透率韵律性、渗透率级差、地层压力、地层倾角、注采高低部位)进行参数优化。

选用濮城沙一下实际模型开展注入方式优化，数模物模结果显示，相同注气量下，气水交替驱增油量大于持续注气驱。

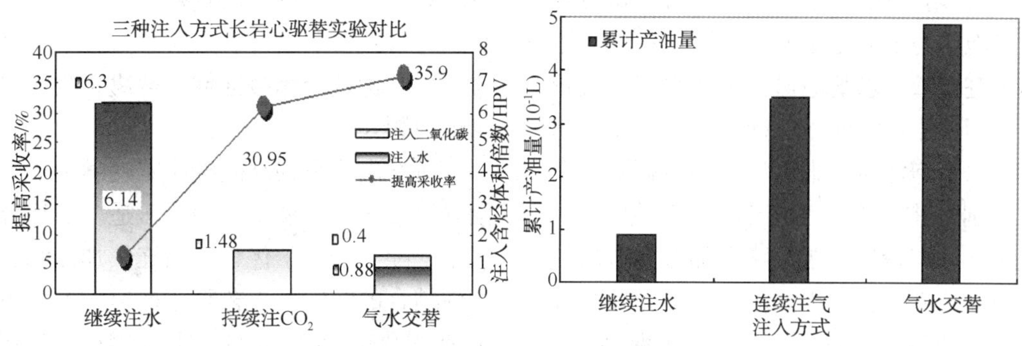

图 11　注入方式优化

（A. 长岩心物模；B. 数值模拟）

2.8　配套工艺能满足中原普通碳钢井筒注采的需要

2.8.1　研制了国内首套二氧化碳活塞泵自吸提压智能化橇装注入装备

创新了气液分离机构，解决了液态二氧化碳注入过程中气化问题；应用自流阀吸入技术，替代了常规喂液泵注入工艺，降低注入能耗；应用陶瓷金属复合材质，延长了注入泵使用寿命；依据注入过程中温度压力变化，设计了变频自启系统，实现了液态二氧化碳的自动化注入；设计关键环节多参数远程传输技术，实现实时监测、自动报警、远程控制等功能，单套投资节约 35%，年节电 4.7 万度、泵效提高 11%。

2.8.2　研发了二氧化碳分层注入管柱

优化橡胶配比，提高了井下高温、高含水、二氧化碳环境中橡胶密封性能，达到气密封级别，耐温-25~120℃，耐压差 35MPa，干湿二氧化碳环境下性能保持率完好；设计出了适用于井深小于 3000m 的偏心分层注入管柱和适用于井深大于 3000m 同心分层注入管柱；管柱适用 5½″套管，35MPa，井深小于 4000m，管柱外径 Φ114mm、内通径 Φ46mm，满足吸气剖面测试要求。

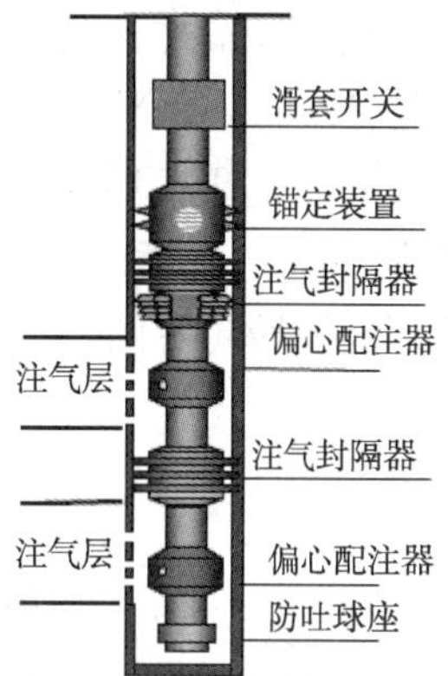

偏心分层注入管柱

同心分层注入管柱

图 12　分层注入管柱

2.8.3　研发了 CO_2 分层测试技术，实现了井下流量调配符合率 100%

创新设计了二氧化碳注入井口防护装置、防喷管，耐压达到 35MPa。研制了高精度温度、压力井下测量仪器，温度测量范围为-30~150℃，误差为±0.1℃；压力测量范围为 0~80MPa，误差为±0.01MPa，实现井筒、井底内温度压力剖面测试，为计算井下二氧化碳密度提供依据。形成了系统的井下超临界二氧化碳质量流量解释模型，实现了小层吸气剖面的准确解释。研发了氧活化与涡轮流量计相结合的测试仪器，形成了井下二氧化碳分层测试技术。

2.8.4　系统的二氧化碳流度控制技术研究

系统开展了研发了二氧化碳流度控制技术研究，其中水气交替：通过贾敏效应形成弱封堵，适用于中高渗油藏；研发了一种耐温耐盐的二氧化碳泡沫体系，体系耐温 100℃，耐盐 20×10^4 ppm，耐钙镁 5000ppm，油藏温度压力下半衰期大于 52 小时，阻力因子大于 18，适用于高渗透层，优化了泡沫与二氧化碳配比、段塞尺寸、注入周期等关键参数。水基泡沫：泡沫堆积形成较强封堵，适用于中高渗油藏；针对低渗层注水困难，常规的水基泡沫体系难以注入的难题研发了气溶性泡沫剂，将泡沫体系溶解于二氧化碳中，伴随二氧化碳共同注入，在油藏内部遇水形成封堵。体系由两亲（亲油亲水）泡沫剂、增溶剂等组成，在二氧化碳中溶解量达 1%，耐温 80℃，矿化度 20×10^4 mg/L，钙镁离子浓度 5000mg/L，优化了助溶剂配比、气溶性泡沫剂溶解量、泡沫段塞等参数，实现了低渗层内二氧化碳的流度控制；对于大孔道或高渗条带油藏，研发出耐温抗盐交联共聚物与延缓膨胀颗粒凝胶复合深部调剖体系，适用于长期注水开发形成的大孔道，实现了既能进入地层深部，体系强度高，封堵能力强，又具有深部液流转向目的。

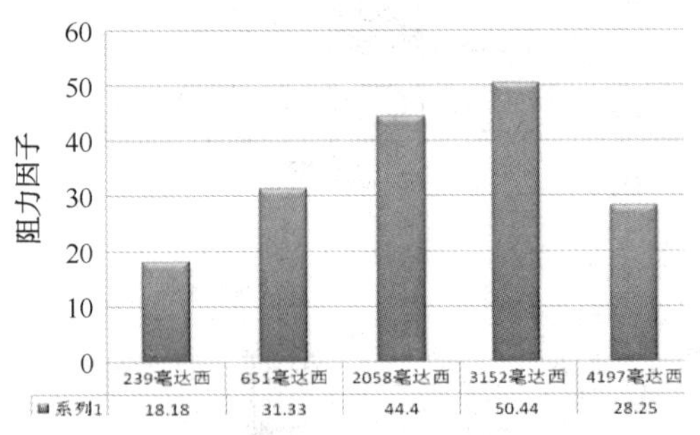

图 13　不同类型油藏内泡沫的封堵能力

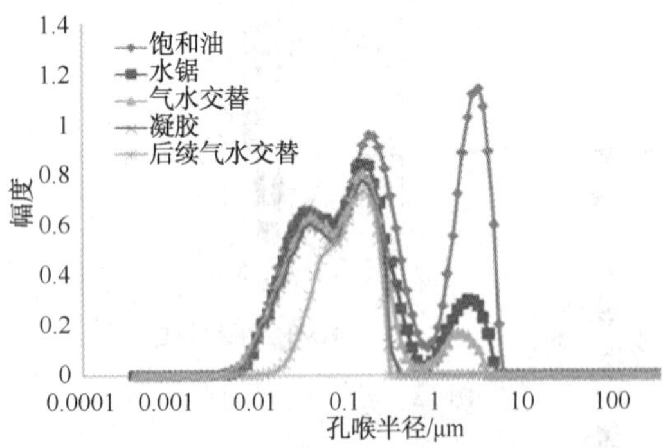

图 14　凝胶可实现大孔道封堵

2.8.5　普通碳钢井筒五要素二氧化碳腐蚀防护技术

（1）优选液体缓蚀剂，解决泵吸入口以上的腐蚀问题

研发出了系列高效液体咪唑啉类抗二氧化碳油井缓蚀剂，开展了不同分压适应的缓释剂类型研究，配套开展了优化点滴连续加注和脉冲周期加注结合的缓蚀剂工艺技术研究，实现不同产液量油井的有效防腐，使普通碳钢材质的缓蚀速率控制在 0.076mm/a，解决了普通碳钢井筒泵口以上管柱防腐问题，

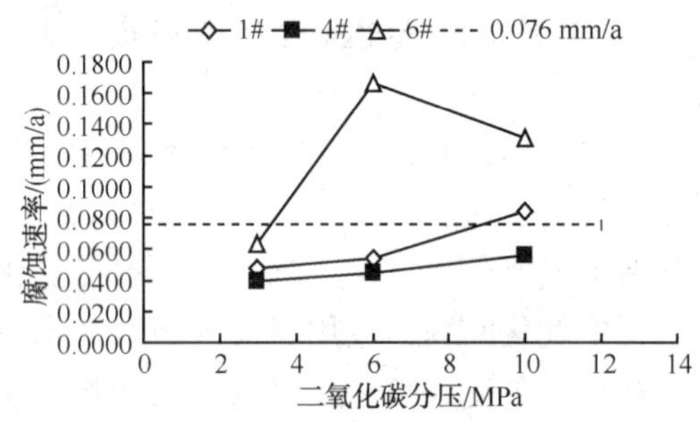

图 15　不同分压下不同缓蚀剂性能

（2）创新研制了高电流效率的五合金（铝锌铟锡镁）牺牲阳极新材料

通过改变其成份，以铝为主，添加锌、铟、锡、镁，提高电化学性能和耐温性能，并改善其溶解效果；适用于油田高温、高压、高矿化度水、高含二氧化碳的特殊腐蚀工况，电流效率比普通牺牲阳极提高 50%；应用于结构复杂的抽油泵防腐，解决了普通碳钢井筒抽油泵的腐蚀问题。

（3）研究出的固型可控释放缓蚀剂，解决泵吸入口以下的腐蚀问题

研发了多孔藻类缓蚀剂固型技术，通过针滴/凝固浴成型工艺，实现了高效液体缓蚀剂的固型；设计两种材质组合的封装技术，利用其因组成量的不同而封装打开的时间不同，达到对固型缓蚀剂封装、可控释放的目的，解决了液体缓蚀剂难以到达抽油泵口以下的腐蚀问题。

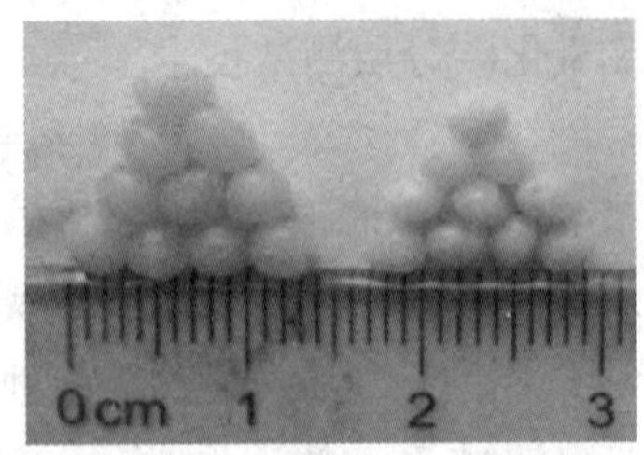

（一级封装实现液体缓蚀剂固型）

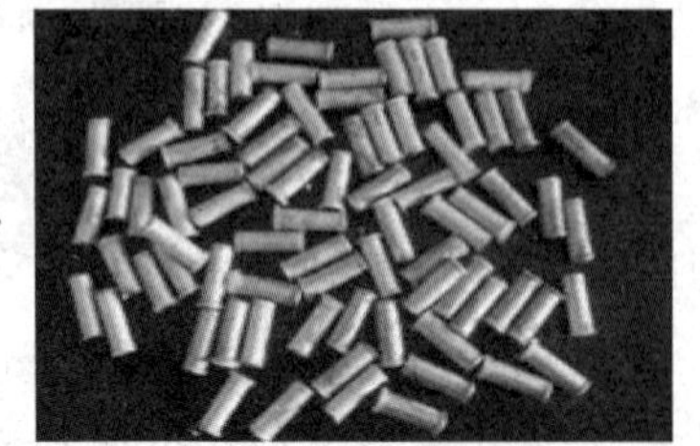

（二级封装实现可控释放）

图 16　可控释放的固型缓蚀剂

在以上3种技术基础上，结合井筒预膜、产出流体预处理技术，实现了特高含水油藏普通碳钢老井网二氧化碳驱全程防腐，腐蚀速率0.053毫米/年，远低于行业标准值。

2.8.6 高效便捷的二氧化碳回收回注技术

研发的撬装直接注入设备，不提纯，直接增压回注混合气，成本低，占地小，易搬迁。设计出现场便捷的注入流程，可实现产出气在产出井口(场)、集输站、联合站的直接注入。

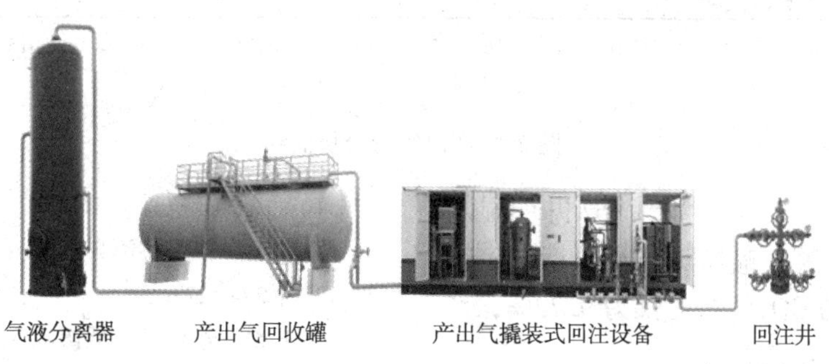

图17 产出气回注流程

2.8.7 产出酸性水处理技术

利用碱法处理技术将产出水从酸性调到中性附近，本研究将pH值由5.5调节到7~8，选用混凝前投加方式。采用气浮工艺脱除产出水中CO_2，将气浮设备操作压力降低到一定数值，并结合通入的气浮气体，使溶解于水中的CO_2分压降低，扩散到气浮气体中，拖带产出水中的油及悬浮物，在脱除CO_2的同时，实现产出水中固-液、液-液分离。

3 现场应用情况

3.1 总体实施情况

不同类型油藏已实施井组32个，覆盖地质储量2227万吨，累注55万吨(目前每年注10万吨左右)，见效井组初期平均单井日产油7.4吨，目前累计增油4.5万吨；

3.2 取得的认识

(1) 特高含水油藏CO_2驱仍有较大的提高采收率空间

室内实验表明CO_2驱油效率高于水驱，水驱末期注入CO_2仍可大幅提高采收率。现场试验濮1-1井组采出程度由53.9%提高到62.7%，达到了提高采收率10个百分点的目标，效果见图17。

(2) 注水困难油藏、注气不难，注过水的低渗油井也可以实现有效注

卫42块注水压力高达40MPa，油井转注气压力下降为16MPa，注水井转注气压力下降为30MPa，实现了注水困难油藏有效注入。

(3) 大孔道、井距、沉积微相等对CO_2驱效果影响较大

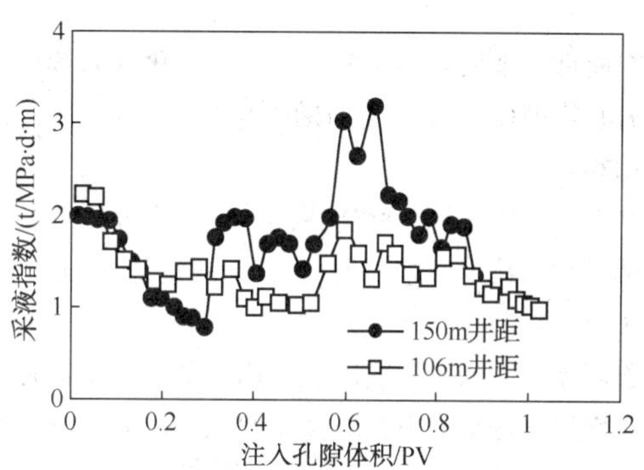

图18 濮城沙一下1-1井组生产曲线

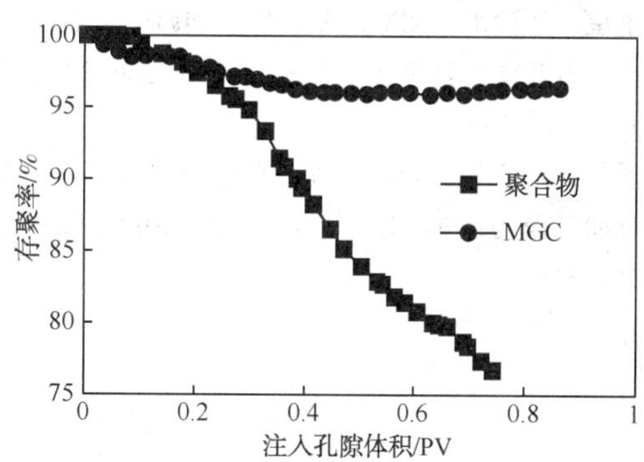

图19 二氧化碳与水注入能力对比

小井距(280m)，物性好，见效快，见效即见气；大井距(400m)，物性相对差，见效慢，见效期长，见效2个半月见气。

(4) 濮城沙一下CO_2驱实现了混相

现场监测表明，见效油井产出气烃类组分中C2-C6含量上升，说明二氧化碳驱替到了水驱驱不到的剩余油。

(5) 高含水油藏CO_2驱见效期见气不一定是气窜

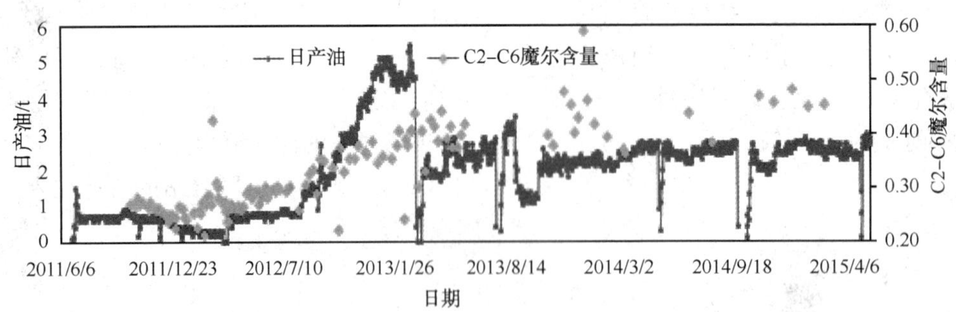

图20 产出组份分析曲线

濮1-1井组注气4个月后濮1-67井明显见效，油、气、CO_2含量大幅增加，见效期CO_2产出量与油、水溶解的CO_2量之比仅为9.72%，产出的是溶解气而不是游离气。

参考文献

[1] 李向良，李振泉，郭平，等．二氧化碳后续驱的长岩心物理模拟[J]．石油勘探与开发，2004，31(5)：102-104.

[2] 李士伦，周守信，杜建芬，等．国内外注气提高石油采收率技术回顾与展望[J]．油气地质与采收率，2002，9(2)：1- 5.

[3] 谷丽冰，李治平，欧谨．利用二氧化碳提高原油采收率研究进展．中国矿业，2007，16(10)：66-69.

[4] 秦积舜，张可，陈兴隆．高含水后CO_2驱油机理的探讨[J]．石油学报，2010，31(5) ：797-800.

[5] 章星，杨胜来，文博，等．低渗油藏CO_2混相驱启动压力梯度实验研究[J]．石油实验地质，2013，35(5) ：583-586.

[6] 汤勇，杜志敏，孙磊，等．CO_2在地层水中溶解对驱油过程的影响[J]．石油学报，2011，32(2) ：311-314.

[7] 鞠斌山，秦积舜，李治平，等．二氧化碳—原油体系最小混相压力预测模型[J]．石油学报，2012，33(2) ：274-277.

[8] 刘玉章，陈兴隆．低渗油藏CO_2驱油混相条件的探讨[J]．石油勘探与开发，2010，37(4) ：466-470.

[9] 黄磊，沈平平，贾英，等．CO2注入过程中沥青质沉淀预测[J]．石油勘探与开发，2010，37(3) ：349-353.

[10] 李东霞，苏玉亮，高海涛，等．CO_2非混相驱油过程中流体参数修正及影响因素[J]．中国石油大学学报：自然科学版，2010，34(5) ：104-108.

[11] 李中超，杜利，王进安，等．水驱废弃油藏注二氧化碳驱室内试验研究[J]．石油天然气学报，2012，34(4) ：131-136.

[12] 国殿斌，房倩，聂法健．水驱废弃油藏CO2驱提高采收率技术研究[J]．断块油气田，2012，19(2) ：187-190.

[13] 杨昌华，王庆，董俊艳等．高温高盐油藏CO_2驱泡沫封窜体系研究与应用[J]．断块油气田，2012，34 (5) ：95-101.

[14] 不同CO_2驱开发方式微纳米级别孔喉适用范围[J]．科学技术与工程，2017，17(20) ：23-26.

稠油重力泄水辅助蒸汽驱渗流实验及数值模拟研究*

王春生[1] 蔡明钰[1] 王晓虎[2] 孙启冀[1]

(1. 东北石油大学石油工程学院；2. 海洋石油工程股份有限公司液化天然气工程技术中心)

摘 要 重力泄水辅助蒸汽驱开发特深巨厚砂岩稠油油藏缺少渗流特征直观描述，阶段转驱及开发后期转换注汽方式均缺乏预测理论。基于辽河油田洼59区块实际开发井组结构，建立实验物理模型及数值模拟方法表征油藏驱泄渗流特征及动用形态，揭示重力与压力的复合作用泄水机理。研究结果表明：稠油重力泄水辅助蒸汽驱开发过程中，为提高蒸汽腔的扩展利用，可适当增加采注比以降低地层压力，提高油藏动用程度；开发后期不易采用强注汽开发模式，应根据蒸汽腔扩展情况进行油汽比幅度调整；完善了重力泄水辅助蒸汽驱渗流理论，为超稠油高效开发提供理论支持。

关键词 稠油；重力泄水辅助蒸汽驱；驱泄规律；渗流特征；数值模拟

重力泄水辅助蒸汽驱是一种新型开发模式，主要应用于稠油油藏，与传统的蒸汽驱油有明显的区别，采用直井与水平井组合的开发模式，分别为注汽、泄水水平井，上叠置注汽与下叠置辅助排液水平井，与周围直井形成立体开发模式。蒸汽加热稠油油藏，使得冷凝水通过双水平井产生的生产压差及重力的作用，进入下水平井排液。该方法充分利用蒸汽腔，提高注采比及蒸汽干度，提高开采效率。

辽河油田洼59块重力泄水辅助蒸汽驱[1~3]试验取得显著开发效果，大排量连续汽驱后，目前部分井组进行了注汽方式转换，采取间歇汽驱。先导试验区所取得实践成果为其它区块转驱积攒了宝贵经验。然而重力泄水辅助蒸汽驱驱泄机理有待于进一步完善，渗流特征缺少直观表征，没有形成针对性的渗流数学模型及渗流理论。有关重力泄水辅助蒸汽驱渗流数学模型及渗流特征方面的研究仍处于初步阶段，多数理论研究仅局限于数值模拟和物理模拟方面。生产实践中，开发至中后期继续连续汽驱势必汽窜严重，油汽比降低，明确蒸汽腔形状及油藏动用形态特征，可为后续降低排量连续汽驱或者间歇汽驱研究奠定理论基础。目前有关重力泄水辅助蒸汽驱油藏动用形态的研究，以及继后的降低排量连续汽驱或间隙汽驱周期规律的相关研究甚少。

基于辽河油田洼59生产实践及前人数值研究的基础[4~12]，建立了稠油重力泄水辅助蒸汽驱数值模型。直观展示了重力泄水辅助蒸汽驱蒸汽腔形状及油藏动用形态的变化规律，描述了注采参数、井组结构参数、油藏底水、油藏渗透率等对渗流特征的影响规律，探讨了不同情况下的开发效果，为辽河油田巨厚块状砂岩稠油油藏的转驱以及现有试验区的后续高效开发提供理论指导。

1 重力泄水辅助蒸汽驱实验

1.1 实验装置

三维物理模拟实验是将油田采油现场在实验中再现的一种手段，它是将原型的几何条件、物理条件、边界条件，按照一定的比例转化至三维物理实验模型上，根据转化的模型通过实验得到的结果可以按照相同比例转回至油田现象，所以在实验过程中要依据相似理论[4]。

试验选取洼59块洼60-H25试验井组单元为基础模块，按照相似理论对实际模块缩小400倍，依据现场的实际情况给出缩小后的具体数值。油藏实际模型参数与室内模型参数如表1所示。

【基金项目】国家科技重大专项“稠油蒸汽辅助重力泄油技术试验及配套技术研究”(2008ZX05012-002)

【作者简介】王春生(1977—)，男，2007年毕业于东北石油大学，获得博士学位，目前在东北石油大学工作，担任副教授，长期从事稠油油藏渗流理论研究及热流固耦合管输工艺计算。E-mail：wcsfcj@163.com

表 1　实际井组单元参数与相似模型参数

序号	项　目	油田原型	室内模型
1	水平井与直井水平井距/m	50	0.125
2	油层厚度/m	69	0.38
3	渗透率/($10^{-3}\mu m^2$)	1462.6	1500
4	孔隙度/%	24.54	28
5	原油密度(20℃)/(g/cm^3)	1.0048	1.0048
6	原始油层温度(转驱)/℃	110	90
7	原始地层压力/MPa	13.69	
8	原油黏度(50℃)/mPa·s	271044	320000
9	蒸汽注入速率	57.18~100	2mL/min
10	生产时间	4a	112h

为最大程度上贴合实际生产环境，通过不断地探索与改进最终设计出最佳的实验系统。实验系统分为：①岩心模型、②蒸汽发生器、③温度压力监测系统、④回压系统、⑤油藏底水系统。

其中三维岩心模型是通过将不同目数的石英砂、高铝水泥、水按照一定的比例混合，采用固定的加料量添加入三维岩心模型装置内，然后采用固定的液压压力进行压实及恒压，三维实验岩心模型由直井(采出井)、水平井(注汽井及采出井)、20 个温度监测点、4 个压力监测点、8 个饱和油孔组成，岩心模型的主体和盖板均为不锈钢材质焊接而成，模型的内表面进行粗糙化处理，避免实验过程中流体沿表面发生窜流；温度压力采集系统由温度压力检测器和电脑组成，能够通过温度、压力传感器实时记录实验过程中的数据。主要的实验装置图如图 1 所示。

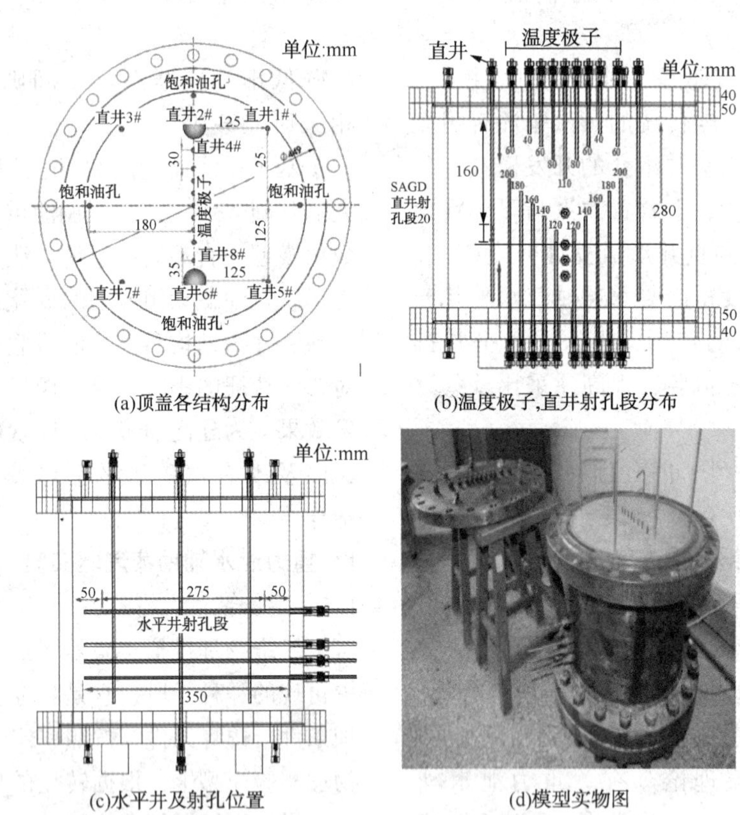

图 1　实验装置图

蒸汽发生系统由温控箱、平流泵、电加热管组成，如图 2 所示，可根据实验的需要改变注入蒸汽的温度以及注气量。

1.2　实验材料

实验用油为辽河油田公司冷家油田分公司洼 59 区块采集的原油样，经室内流变仪测定，绘制粘温数据如图 3 所示。试验用水为模拟研究区块地层水，按照洼 59 断块区 S3 地层水的矿化度配制而成，地层水具体参数如表 2 所示。

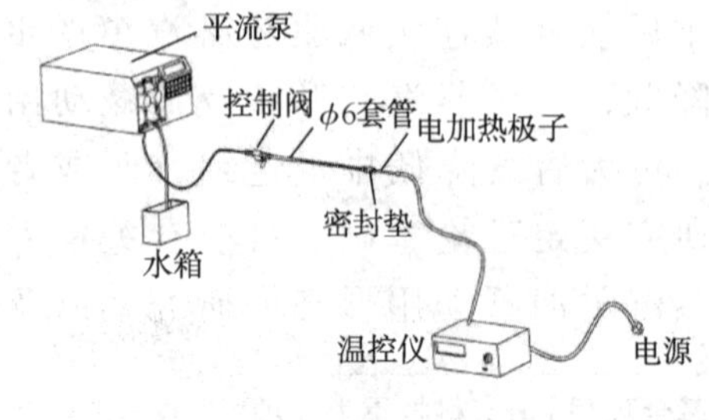

图 2　蒸汽发生器

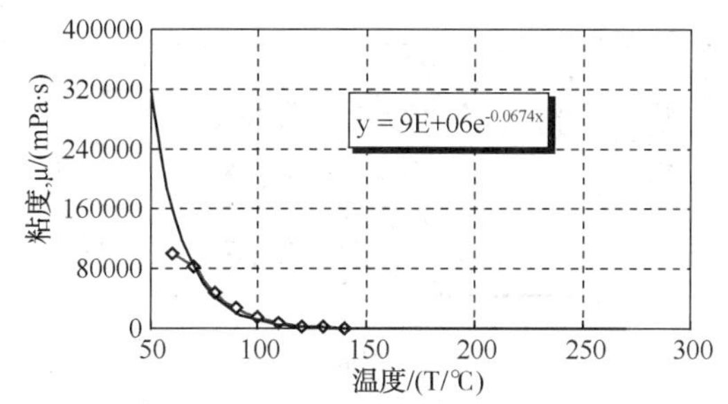

图 3 洼 59 稠油油样粘温关系曲线

表 2 洼 59 断块区 S3 地层水性质统计表

层位		S_3
阳离子含量/(mg/L)	Na^++K^+	1102.9
	Ca^{2+}	61.5
	Mg^{2+}	30.8
阴离子含量/(mg/L)	Cl^-	854
	SO_4^{2-}	84.9
	CO_3^{2-}	77.5
矿化度/(mg/L)		3463.5
水型		$NaHCO_3$
备注		8 口井

1.3 实验流程及方案

如图 4 所示，流程着重设计了三维模型存在底水情况。重力泄水辅助蒸汽驱过程中，上水平井通过蒸汽发生器注入蒸汽，下水平井起到排水的作用，而所排的水包括蒸汽的冷凝水和油藏的底水或蒸汽吞吐后的冷凝水，两口竖直生产井井口连有由压力容器和回压阀组成的回压装置以模拟原始地层中的压力，并在模型上下底板连接压力传感器监测模型中的压力，模型的顶部和底部均连有 10 个温度传感器以更好地检测蒸汽腔形成的过程，同时模型底部连接平流泵来模拟底水情况，运用蒸汽发生装置来控制蒸汽的发生温度及蒸汽的发生量，P、T 采集系统实时采集实验

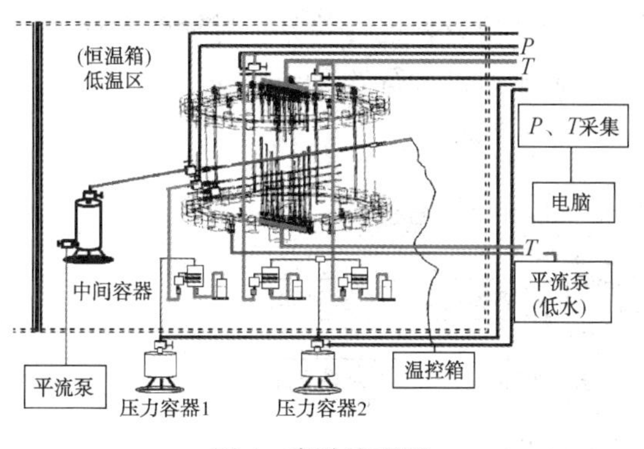

图 4 实验流程图

所需要的数据。实验岩心模型置于恒温箱 90℃环境下进行前期预热，整体提高了直井与水平井井底温度以满足注采井间热连通条件。

2 实验结果与分析

实验绘制了实验井组单元、水平生产井、竖直生产井的瞬时产液、产油、含水率及采出程度、瞬时油汽比随时间的变化规律。

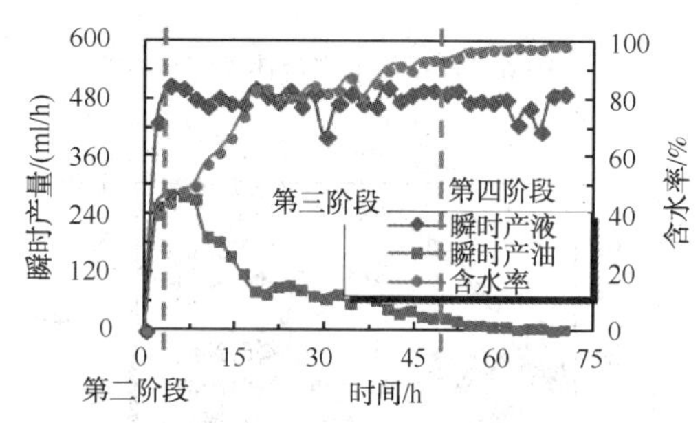

图 5 井组单元实验生产规律

根据实验产能特征，将整个重力泄水辅助蒸汽驱生产过程划分为四个阶段：

第一阶段：热连通阶段。

第二阶段：重力泄水辅助蒸汽腔形成阶段。在注采压差的作用下，水平井蒸汽腔朝向两侧竖直井方向的横向扩展速度较快，纵向上蒸汽腔下窄上宽，下水平井对蒸汽腔的拖拽作用明显，减轻了蒸汽腔的超覆作用，有助于蒸汽腔的均匀扩展。起始期间蒸汽腔的高度较小，重力泄水作用较弱，以蒸汽驱替作用为主。随着蒸汽腔高度持续增长，重力泄水作用不断增强，受热原油和冷凝水在重力和驱动力双重作用下于水平井及竖直井产出，并逐步实现由蒸汽驱替向重力泄水辅助蒸汽驱的过渡。随着蒸汽的注入，产油量、产液量逐渐上升，含水率上升。

第三阶段：重力泄水与蒸汽驱替复合阶段。这一时期最为明显的特征是实验井组单元产液平稳，产油经历了稳产及产量逐渐降低的过程，含水率持续增加。瞬时油汽比逐渐降低至 0.1，阶段采出程度稳定增加。

第四阶段：衰竭开采阶段。该阶段降低了水平井的产液量，重力泄水作用逐渐减弱，蒸汽腔距竖直井越来越近，下水平井中产油越来越少，含水率相对稳定，直井产液中的含水率上升较快，最后蒸汽大面积突破到直井，重力泄水辅助蒸汽驱生产结束。

由图 6 和图 7 可见两竖直生产井生产规律不

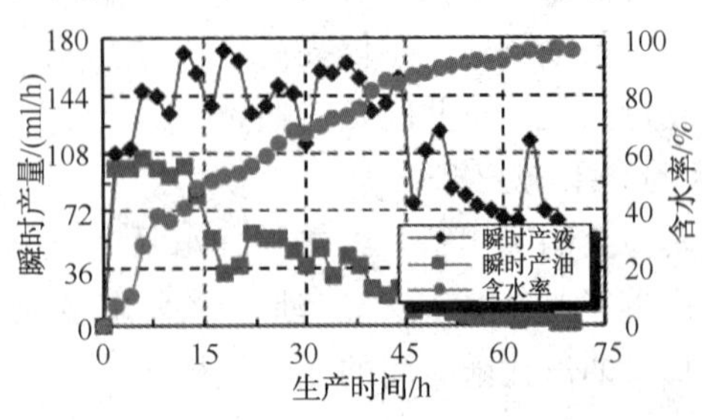

图 6　直井 1 生产规律曲线

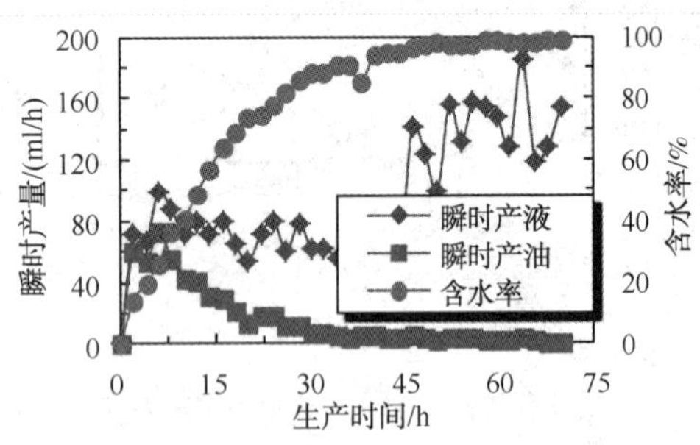

图 7　竖直井 2 生产规律曲线

尽相同。由于岩心模型的非均质性，实验初期，生产井 1 的产油高峰值较生产井 2 大，达到高峰值所用的时间均为 7 小时左右，差别在于竖直井 1 高峰稳产时间较竖直井 2 长，含水率的增加幅度及规律相似；实验中期，竖直井 2 较竖直井 1 递减快，且竖直井 2 的产油一直维持低产量；实验后期竖直井 1 的产液递减幅度较大，竖直井 2 产液的增加幅度较大，两竖直井的含水率持续接近 100%。

水平生产井生产规律如图 8 所示，由图可见实验 4 小时时产液产油均达到高峰，之后产液相对稳定，产油持续递减，产油经历了明显的三个递减阶段，初期递减快，中期平缓递减，末期递减较快。含水率的变化规律大致经历了四个过程，实验初期含水增加幅度较大，之后含水率增加幅度逐渐降低，后期含水率居高不下稳定在 98~99%。

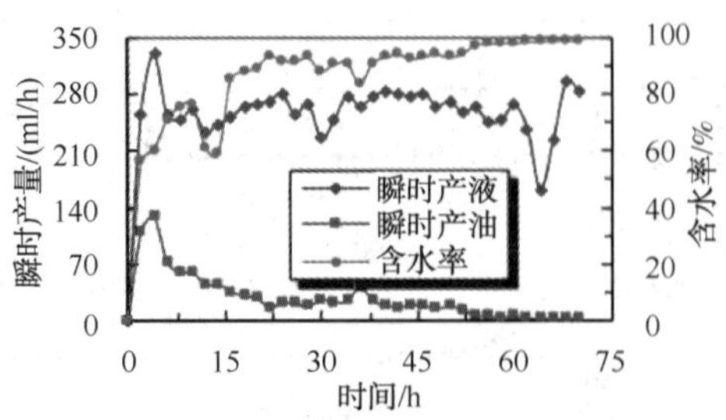

图 8　水平井生产规律曲线

竖直井与水平井瞬时产油及含水率对比曲线如图 9 所示，实验时间 48 小时之前水平井含水率远高于竖直井含水率，且水平井含水率初期递增速度快，后期趋于平稳，竖直井含水均匀递增，该段时间占整个实验时间的 70%。

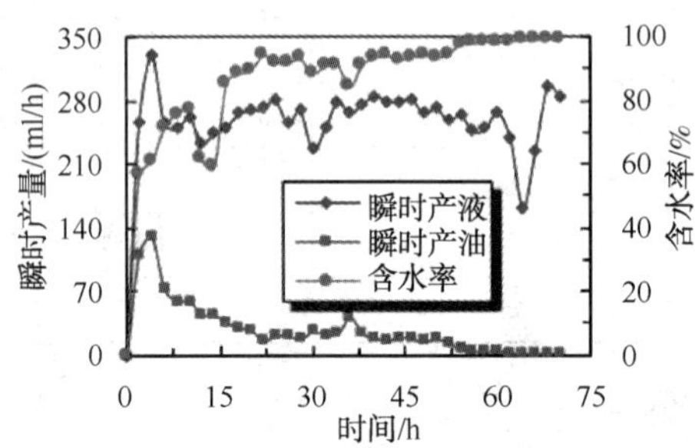

图 9　直井与水平井含水率及瞬时产油对比曲线

通过实验，发现竖直井产油高于水平井产油，且竖直井高峰稳产油时间较水平井时间长。实验时间 48 小时后，水平井与竖直井的含水率相近且均匀递增至 100%，水平井与竖直井的瞬时产油接近且均匀递减。

3　重力泄水辅助蒸汽驱数值模拟

3.1　渗流数学模型

油藏开发过程中油藏多孔介质变化过程的数学模型是一个描述油藏多孔介质温度、压力、渗流速度耦合过程的耦合偏微分方程组。

通过对数学模型中油组分方程、水组分方程、能量守恒方程进行差分、对辅助方程、边界条件、初始条件进行处理。

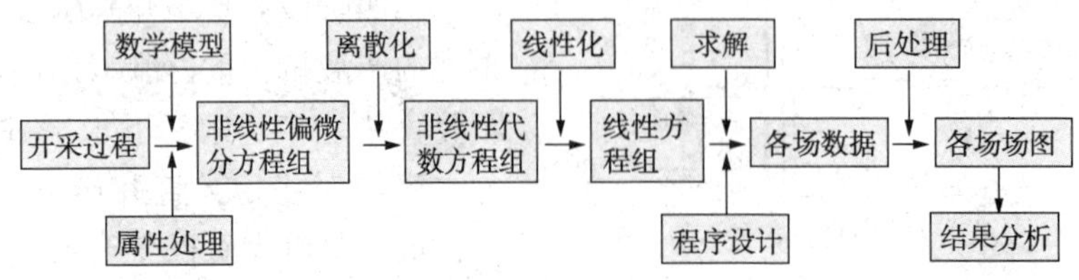

图 10　渗流数学模型建立具体思路

油组分：

$$\sum_{m\in\psi_n}(T^{n+1}_{o_{n,m}})\Delta_m p^{n+1}+\sum_{m\in\psi_z}(T^{n+1}_{o_{n,m}})(\bar{\gamma}_o)^n_{n,m}\Delta_m Z=C_{op_n}\Delta_t p_n+C_{ow_n}\Delta_t S_{w_n}+C_{og_n}\Delta_t S_{g_n}+C_{oT_n}\Delta_t T_n-q^{n+1}_{o_n} \tag{1}$$

水组分：

$$\sum_{m\in\psi_n}(T^{n+1}_{w_{n,m}})\Delta_m p^{n+1}+\sum_{m\in\psi_n}(T^{n+1}_{g_{n,m}})\Delta_m p^{n+1}+\sum_{m\in\psi_z}(T^{n+1}_{w_{n,m}})(\bar{\gamma}_w)^n_{n,m}\Delta_m Z+\sum_{m\in\psi_z}(T^{n+1}_{g_{n,m}})(\bar{\gamma}_g)^n_{n,m}\Delta_m Z=C_{wp_n}\Delta_t p_n+C_{ww_n}\Delta_t S_{w_n}+C_{wg_n}\Delta_t S_{g_n}+C_{wT_n}\Delta_t T_n-q^{n+1}_{w_n}-q^{n+1}_{g_n} \tag{2}$$

能量方程：

$$\sum_{m\in\psi_n}[(D_R)^{n+1}_{n,m}]\Delta_m T^{n+1}+\sum_{m\in\psi_n}\sum_{l=o,w,g}(E_l)^{n+1}_{n,m}\Delta_m P^{n+1}+\sum_{m\in\psi_z}\sum_{l=o,w,g}(E_{lz})^{n+1}_{n,m}(\bar{\gamma}_l)^n_{n,m}\Delta_m Z=C_{Ep_n}\Delta_t p_n+C_{Ew_n}\Delta_t S_{w_n}+C_{Eg_n}\Delta_t S_{g_n}+C_{ET_n}\Delta_t T_n-q^{n+1}_{well_n}-q^{n+1}_{loss_n} \tag{3}$$

式中　D_R——油藏导热有关系数；具体表达式如下：

$$D_R=\begin{cases}\dfrac{\lambda_R A_x}{\Delta x}(x\text{ 方向})\\[2ex]\dfrac{\lambda_R A_z}{\Delta z}(z\text{ 方向})\end{cases}$$

$$\psi_x=\{n-1,\ n+1\};$$

$$\psi_z=\{n-n_x,\ n+n_x\};$$

$$\psi_n=\psi_x\cup\psi_z=\{n-n_x,\ n-1,\ n+1,\ n+n_x\}$$

3.2　计算模型

油藏尺寸：70×490m；竖直井井距：100m；水平井井距：20m；网格尺寸：5×10m；网格数：6860 个。计算模型如图 11 所示。

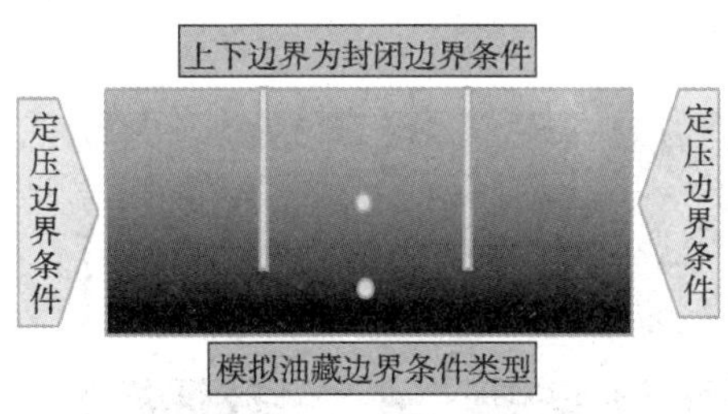

图 11　计算模型

平均有效孔隙度 24.5%，平均渗透率 1462.6 $\times10^{-3}\mu m^2$，纵横渗透率比 K_V/K_H 是 0.615，20℃原油密度 1.0048g/cm^3，50℃地面脱气原油黏度 271044mPa·s，转驱前地层压力 4.1MPa，转驱前地层温度 110℃，含油饱和度与含水饱和度都是 50%，如图 12 所示。

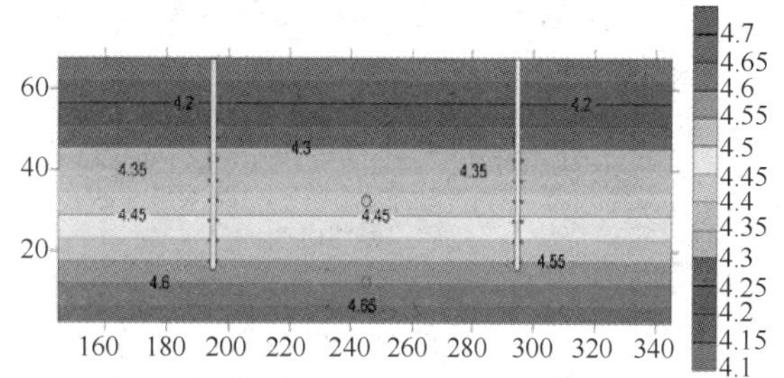

图 12　初始压力分布

4　油藏渗流特征及影响因素分析

以采注比 1.2、蒸汽干度 0.6 为研究基础，数值分析采注比、注入蒸汽干度、注采参数调整、直井水平井产液比、纵横渗透率、底水高度等因素对重力泄水辅助蒸汽驱油泄水效果及藏动用形态的影响规律。

4.1　采注比对油藏渗流特征及开发效果的影响

分别计算采注比为 1.05、1.1、1.2、1.3 时的含汽、含水饱和度、累积油汽比、瞬时油气比。

由图 13 可以看出不同采注比情况下的蒸汽腔形状基本相同，从蒸汽腔的局部形状及含汽饱

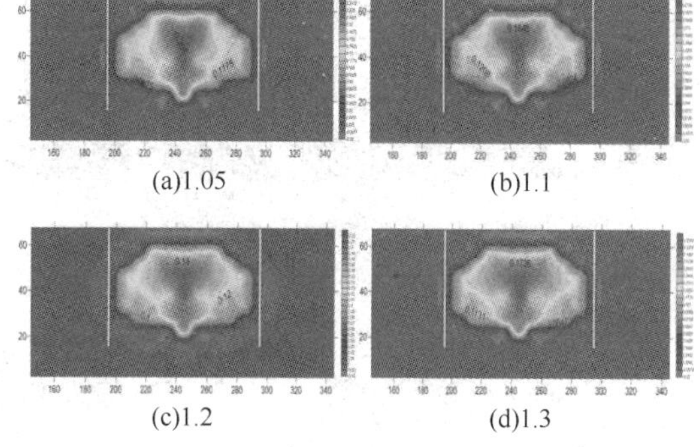

图 13　采注比对含汽饱和度场的影响规律

和度数值大小上看，随采注比的增大蒸汽腔扩展更充分。由图 14 中含水饱和度数值分布可见，采注比越大，下置水平井周围地层含水饱和度越高，油藏其他区域含水饱和度越低，下水平井泄水效果越明显。

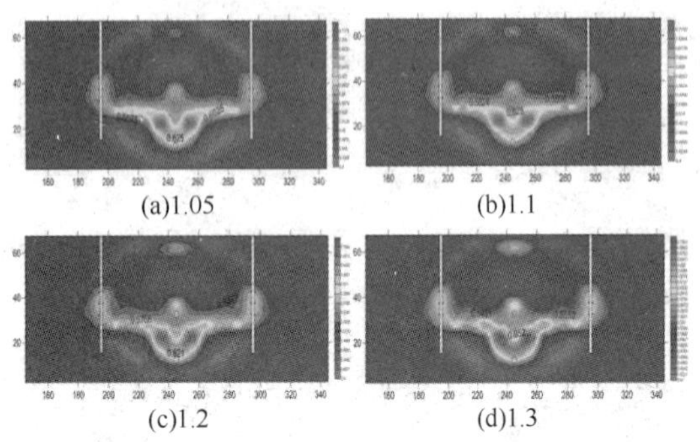

图 14　采注比对含水饱和度场的影响规律

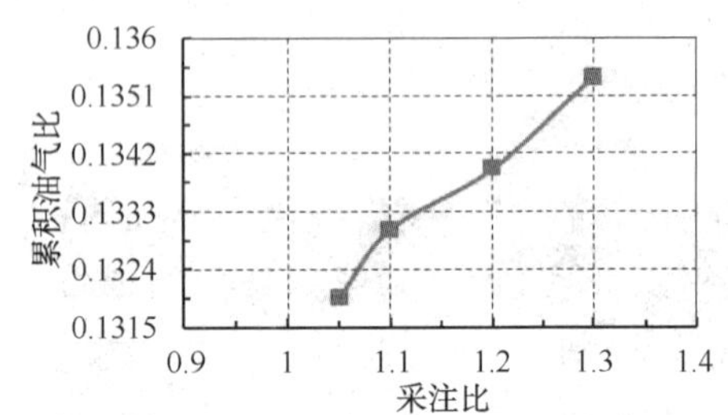

图 15　累积油汽比与采注比关系曲线

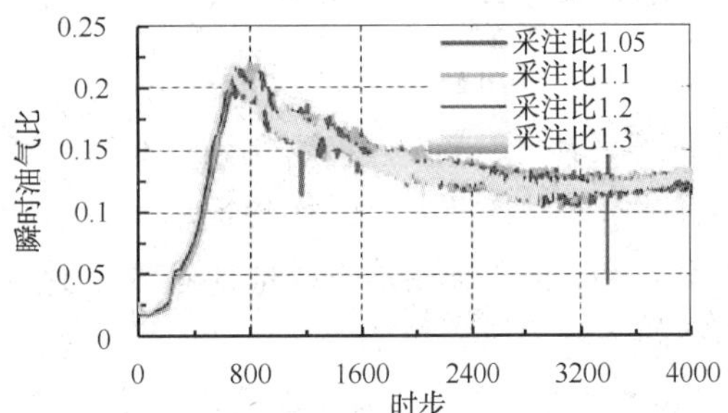

图 16　瞬时油汽比与采注比关系曲线

随着采注比的增加，累积油汽比逐渐增加；当采注比在 1.05～1.1 之间时，累积油汽比增速最快；当采注比大于 1.1 时，累积油汽比增速变缓。无论采注比高低，在注汽初期瞬时油汽比会迅速上升，随后瞬时油汽比达到最高点，由于蒸汽前缘油墙的到达，瞬时油汽比高峰期会持续一段时间，然后开始下降。在蒸汽腔形成阶段，瞬油汽比随采注比的增加而增加，在驱替复合阶段，瞬时油汽比随采注比的变化不大，且随采注比增加而略有降低趋势。因此，在开发中后期不应一味追求高采注比。

4.2　蒸汽干度对油藏渗流特征及开发效果的影响

计算蒸汽干度为 0.4、0.5、0.6 时的温度场、含汽饱和度场、含油饱和度场、累积油汽比、瞬时油气比、井组含水率，如图 17～图 20 所示。

由上述场图对比可得：蒸汽干度越高，温度场、蒸汽腔扩展越充分，蒸汽腔内平均温度越高，蒸汽腔内含油饱和度越低，油藏动用程度越大，采出程度越高。

由图 17～图 20 可见，累积油汽比随蒸汽干度的增加而增加，当蒸汽干度大于 0.5 时，累积油汽比增速变缓；蒸汽干度越大，瞬时油汽比最高峰值越大，且各时期的瞬时值均大于低蒸汽干度的；蒸汽干度与大，井组含水率越低。蒸汽释放的潜热远大于同温度下热水的显热，因此同等注汽量下，蒸汽干度越大油藏获得的热量越多，在定产液情况下，生产井组含水率越低，产出的油越多。

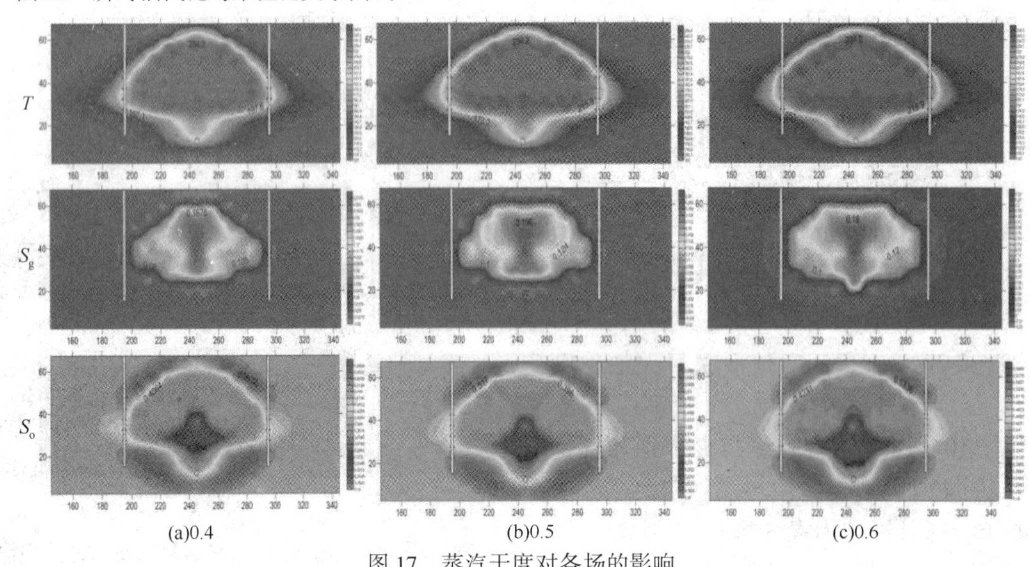

图 17　蒸汽干度对各场的影响

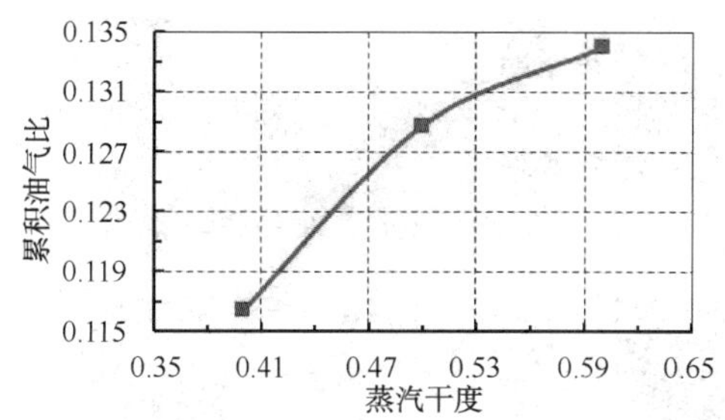

图 18　累积油汽比与蒸汽干度关系曲线

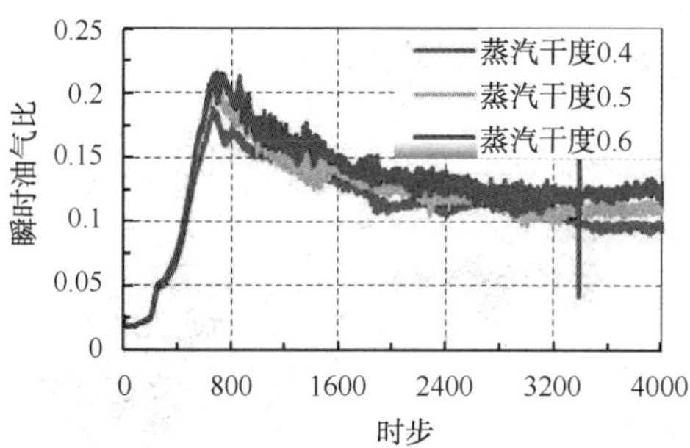

图 19　瞬时油汽比与蒸汽干度关系曲线

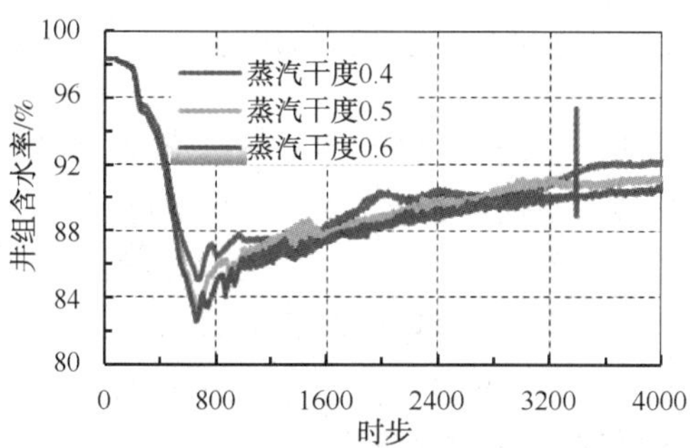

图 20　井组含水率与蒸汽干度关系曲线

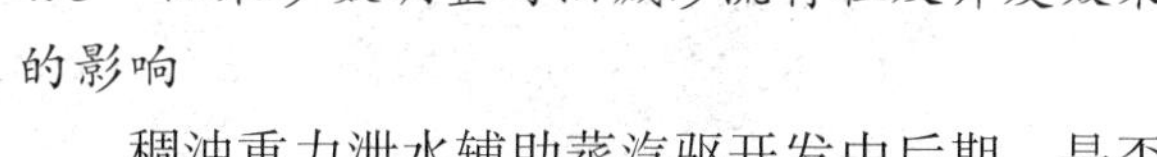

4.3　注采参数调整对油藏渗流特征及开发效果的影响

稠油重力泄水辅助蒸汽驱开发中后期，是否可以通过增加注汽量来提高采出程度仍不明确，缺少理论研究。另外，下水平井的产液，在整个开发过程中如何调整，有待于进一步研究。

（1）开发中后期注汽量调整对油藏渗流特征及开发效果的影响

通过对比恒速注汽和开发中后期增加注汽，研究开发中后期注汽调整对蒸汽腔及瞬时油气比的影响规律。

由图 21～图 22 可见，开采中后期增大注汽量，蒸汽腔纵向、横向扩展程度有所降低，瞬时油汽比整体低于恒速注汽，累积油汽比下降，所以在开采后期不建议增大注汽量。

（2）下置水平生产井产液调整对开发效果的影响

对比计算下置水平生产井产液不变、步步降低、步步升高三种方案，研究下置水平生产井产液调整对含水饱和度场、蒸汽腔、累积油汽比、瞬时油汽比的影响规律。

如图 23，下置水平生产井产液步步降低情况，油藏含水饱和度最高，油藏泄水能力降低，蒸汽腔纵向发育最不完善，尤其向下发育；下置水平生产井产液步步升高情况，油藏含水饱和度最低，蒸汽腔纵向发育最完善，尤其向下发育；但是生产后期，蒸汽迅速突破至下置水平井，造成热利用率降低，油藏温度迅速下降。

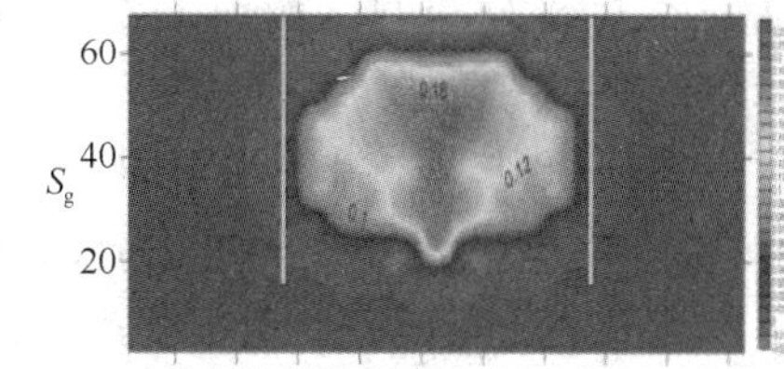

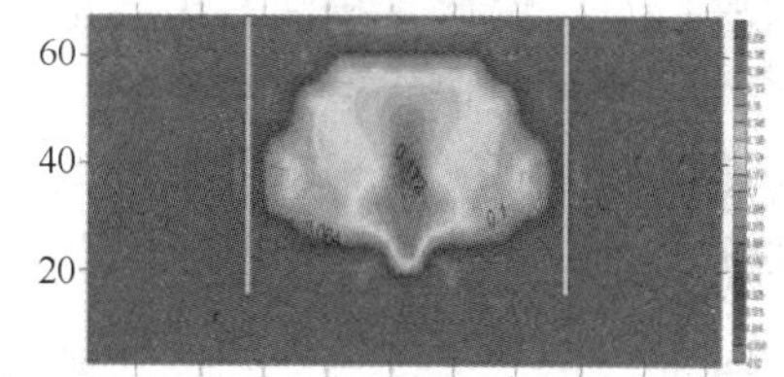

图 21　注汽调整对蒸汽腔形态的影响

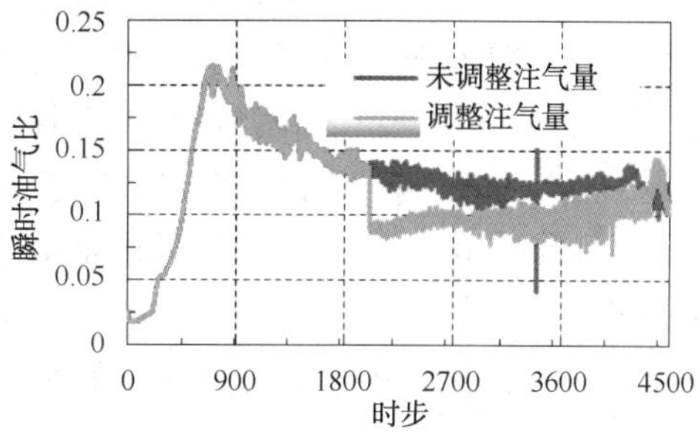

图 22　注汽量调整对瞬时油气比的影响

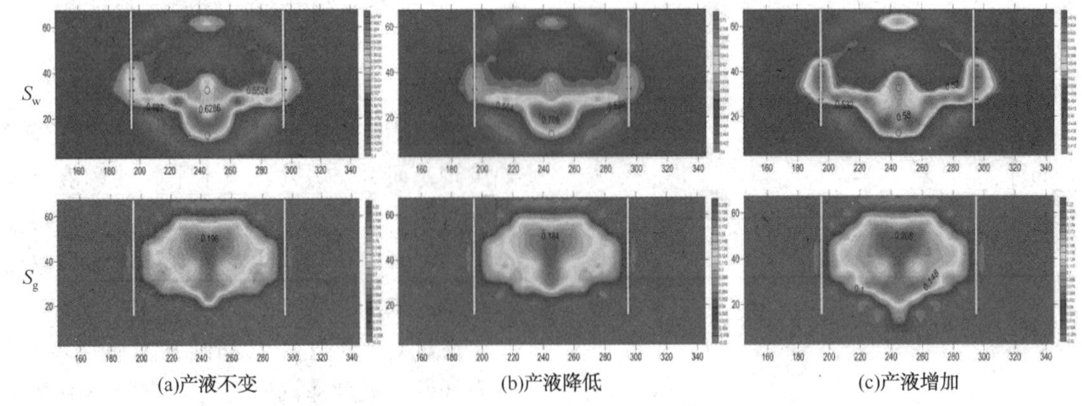

图 23　下置水平生产井产液调整对含水饱和度场及蒸汽腔的影响

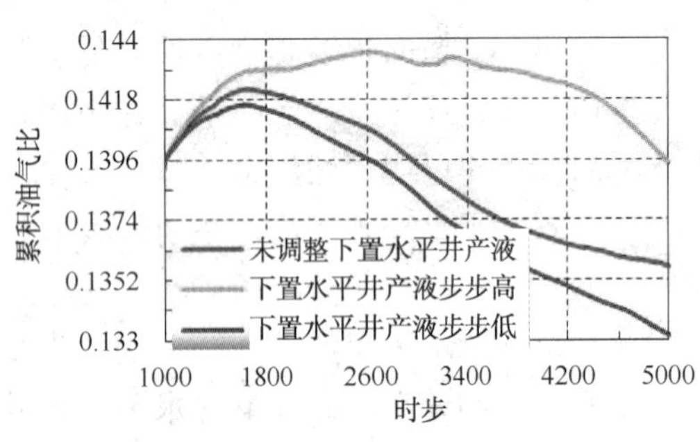

图 24　下置水平生产井产液调整与累积油汽比关系曲线

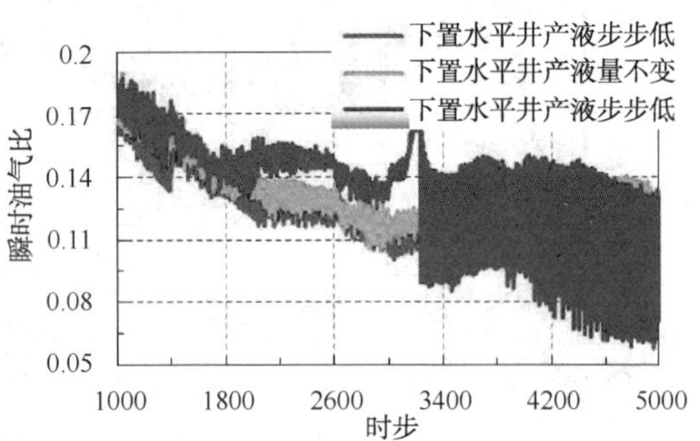

图 25　下水平井产液调整与瞬时油汽比关系曲线

由图 24～图 25 可见，下置水平生产井产液步步升高情况，累积油汽比最高，累积油汽比上升至最大值后稳定时间长，之后下降缓慢。逐渐增加下置水平井产液量可以增大油藏的泄水能力，提高蒸汽腔的温度，增大蒸汽腔的波及范围，提高热利用率；随着下置水平生产井产液量的增加，大量蒸汽向下移动，造成下置水平井见汽时间早，热利用率降低，因此累积油汽比会迅速下降，瞬时油汽比会剧烈震荡。下置水平井步步降低情况，累积油汽比最低。由于下置水平生产井产液量逐渐降低，油藏中大量的冷凝水不能经下置水平井排出，蒸汽的热量用于加热油藏含水，并由生产直井产出，降低了热利用率。因此，开发过程中，可跟踪累积油汽比的变化幅度进行下置水平生产井产液量步步升高调整。

4.4　直井水平井产液比对油藏渗流特征及开发效果的影响

计算条件：采注比 1.2、纵横渗透率比 K_V/K_H0.615、注汽量 0.1kg/s、蒸汽干度 0.6、水平井井距 20m。进行不同直井水平井产液比情况下的重力泄水辅助蒸汽驱数值计算对比。

由图 26 可见，直井水平井产液比越大，温度场及蒸汽腔横向扩展速度越快，直井见汽时间越早，其比值在 3∶1 至 4∶1 之间，蒸汽腔扩展均匀；由下置水平生产井周围含水饱和度值可见，比值在 4∶1 时，泄水效果更为理想；由含油饱和度场可见，比值在 3∶1 时油藏动用程度更大。因此，建议其比值在 3∶1 至 4∶1 之间。

由图 27 可见，瞬时油汽比的转向点出现在蒸汽腔形成阶段(计算中的 500 时步左右)，转向点之前直井水平井产液比越低，瞬时油汽比越高；转向点之后直井水平井产液比越大，瞬时油汽比越高，不同直井水平井产液比时的瞬时油汽比达到的最高值及时间基本相同。

由图 28 可见，累积油汽比的转向点出现在驱替复合阶段(计算中的 1500 时步左右)，转向点之前直井水平井产液比越低，累积油汽比越高；转向点之后直井水平井产液比越大，累积油汽比越高，随着重力泄水辅助蒸汽驱的进行，累积油气比相差相对平稳。

因此，在开发初期应采用低直井水平井产液比，开发中后期采用高直井水平井产液比。

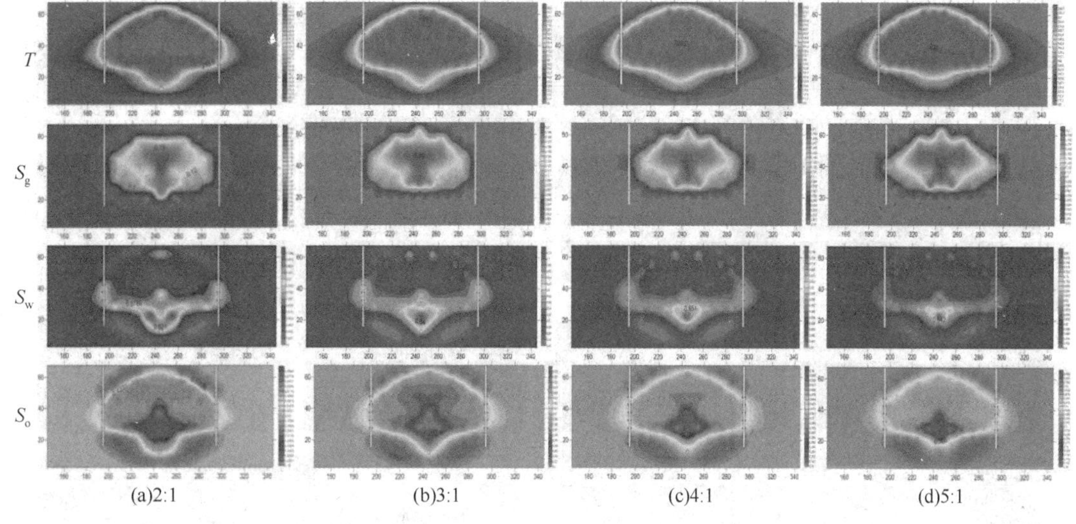

图 26　直井水平井产液比对温度、含汽、含水、含油饱和度场的影响

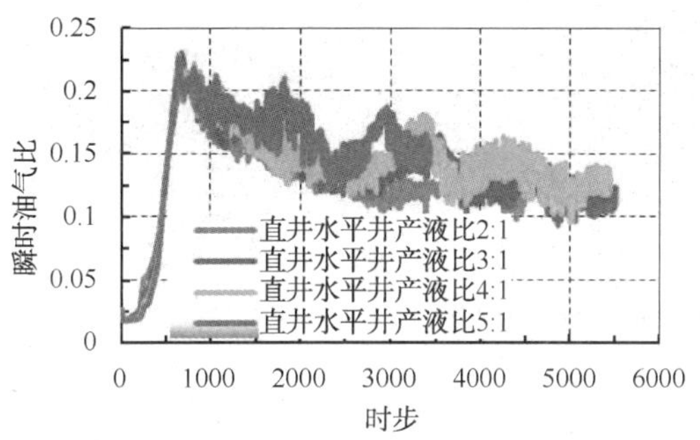

图 27　直井水平井产液比与瞬时油汽比关系曲线

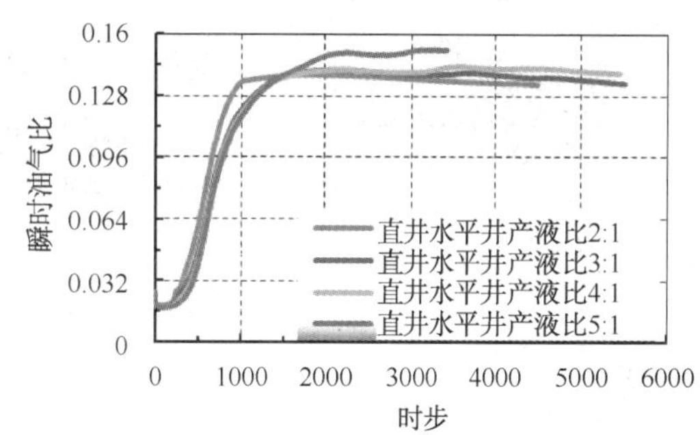

图 28　直井水平井产液比与累积油汽比关系曲线

4.5　纵横渗透率比对油藏渗流特征及开发效果的影响

对比计算 K_V/K_H 为 0.3、0.4、0.5、0.615 四种情况，研究纵横渗透率比对压力、温度、含水、含汽、含油饱和度场、累积油汽比、瞬时油汽比、下置水平生产井含水率的影响规律，如图 29~图 31。

随纵横渗透率比增加，油藏憋压程度减弱，油藏整体压力降低；纵横渗透率比小于 0.5 时蒸汽腔上部含水饱和度大，泄水效果差，纵横渗透率比对重力泄水辅助蒸汽驱泄水效果的影响显著。随着纵横渗透率比 K_V/K_H 的增加，温度场、蒸汽腔扩展更充分，蒸汽超覆现象加剧，直井见汽时间延迟，油藏动用区域增大，采出程度增加。

由图 30~图 32 可知，随纵横渗透率比增加，累积油汽比增加，尤其是纵横渗透率比大于 0.4 后累积油汽比线性增加；下置水平生产井的含水率越大，泄水效果越好。热连通阶段，纵横渗透率比越大瞬时油汽比愈大，蒸汽腔形成阶段，纵横渗透率比越大瞬时油汽比反而越小，瞬时油汽比达到最大值后，纵横渗透比越大，油藏泄水作用越明显，蒸汽腔纵向发育越充分，瞬时油汽比越大且下降越缓慢。因此，在稠油重力泄水辅助蒸汽驱进行油藏筛选是，油藏的纵横渗透率比应大于 0.4。

5　结论

（1）针对双水平井与直井组合的重力泄水辅助蒸汽驱稠油开发技术，建立了渗流数学模型，填充了超稠油重力驱渗流领域研究的空白，直观展示了重力与压力复合作用开发过程中的渗流特征及油藏动用形态，为超稠油的转驱及重力驱后期转换注汽方式提供理论指导。

（2）稠油重力泄水辅助蒸汽驱开发过程中，增加采注比可以降低地层压力，减轻地层憋压程度，有利于温度场、蒸汽腔的扩展及油藏水下泄至下水平生产井，油藏动用范围增加；开发中后期，不宜一味最求高采注比；注入高干度的蒸汽有助于温度场、蒸汽腔的扩展，蒸汽超覆更显著，油藏动用区域增大，采取程度更高，井底注

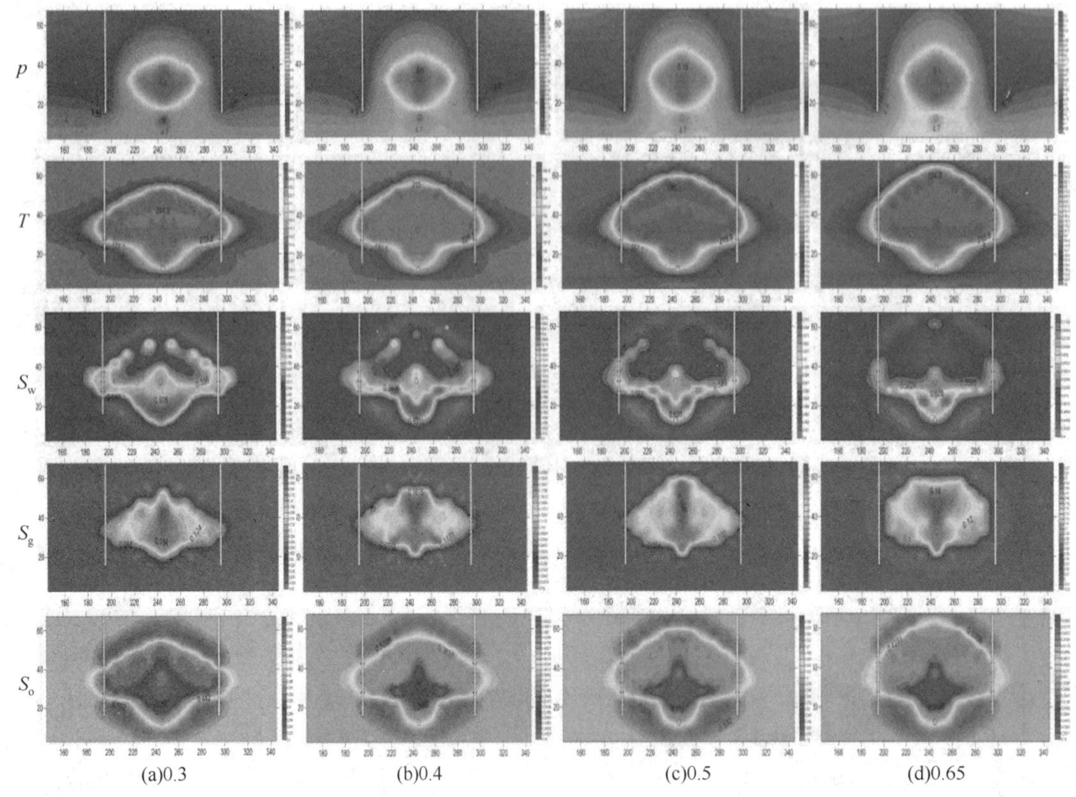

(a)0.3 (b)0.4 (c)0.5 (d)0.65

图 29 纵横渗透率比对压力、温度、含水、含汽、含油饱和度场的影响

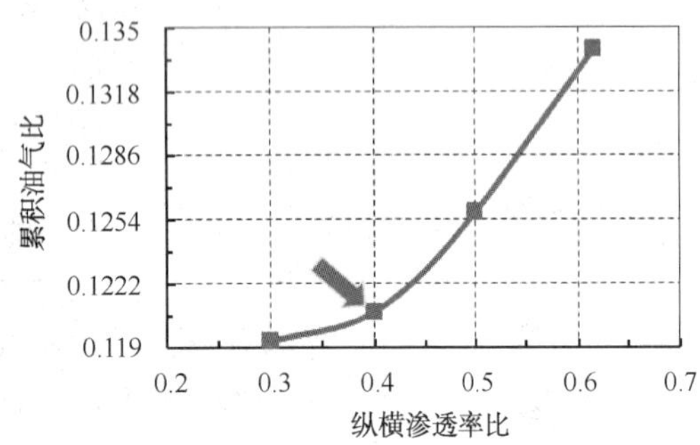

图 30 累积油汽比与纵横渗透率比关系曲线

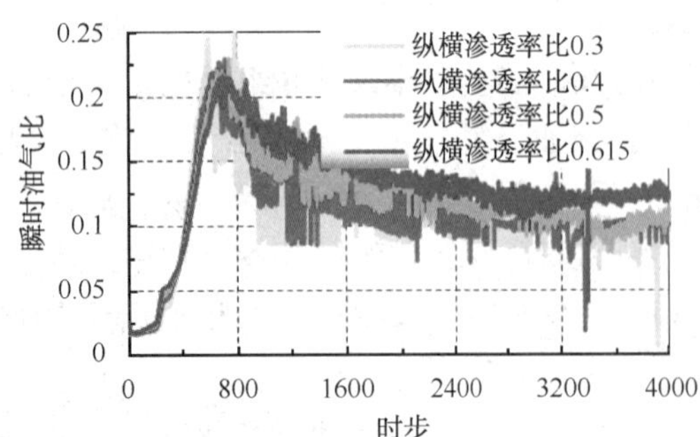

图 31 瞬时油汽比与纵横渗透率比关系曲线

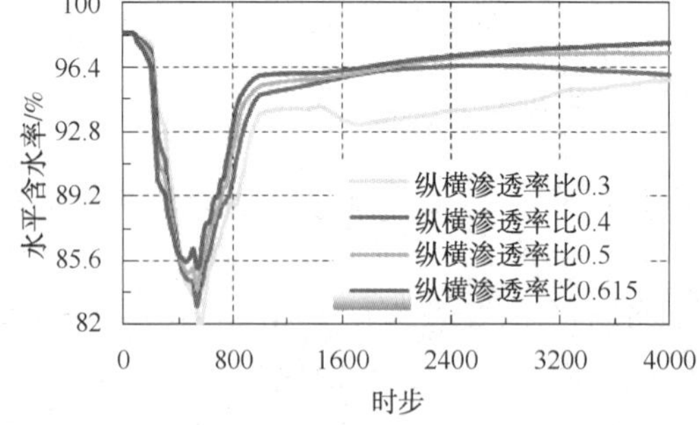

图 32 水平井含水率与纵横渗透率比关系

入蒸汽干度大于 0.5 开发效果更显著；

（3）开发中后期强注汽开发效果提升不明显，蒸汽腔纵向、横向扩展程度变差，瞬时油汽比和累积油汽比均有所降低。同时，开发中前期应采用步步提升下置水平生产井产液量，后期可根据蒸汽腔扩展情况及累积油汽比变化幅度进行下调。开发初期，蒸汽腔形成之前采用低直井水平井产液比，蒸汽腔形成之后采用高直井水平井产液比，考虑对下水平井泄水效果的影响，该比值不宜过大应在 3∶1 至 4∶1 之间。

（4）在进行稠油重力泄水辅助蒸汽驱油藏筛选过程中，油藏纵横渗透率比应大于 0.4。纵横渗透率比低于 0.4 时，地层憋压严重，温度场与蒸汽腔纵向发育不完善，油藏上部含水高，直井见水、见汽时间早，整个油藏动用区域小，采出程度低；同时，油藏底水对开发效果影响严重，当底水高度没于下置水平生产井以上是，开发效果明显变差，油藏温度场、蒸汽腔扩展程度低，油藏动用范围小。

参 考 文 献

[1] 任芳祥. 油藏立体开发探讨[J]. 石油勘探与开发, 2012, 39(3): 320-325.

[2] 任芳祥, 周鹰, 孙洪安, 等. 深层巨厚稠油油藏立体井网蒸汽驱机理初探[J]. 特种油气藏, 2011, 18(6): 61-65.

[3] 任芳祥, 孙洪军, 户昶昊. 辽河油田稠油开发技术与实践[J]. 特种油气藏, 2012, 19(1): 1-8.

[4] Akin S. Mathematical modeling of steam-assisted gravity drainage [J]. Computers & Geosciences, 2006, 32(2): 240-246.

[5] Ayache S V, Lamoureux-Var V, Michel P, et al. Reservoir Simulation of Hydrogen Sulfide Production During a Steam-Assisted-Gravity-Drainage Process by Use of a New Sulfur-Based Compositional Kinetic Model [J]. SPE Journal, 2017.

[6] Cheng L, Gu H, Huang S. A comprehensive mathematical model for estimating oil drainage rate in SAGD process considering wellbore/formation coupling effect [J]. Heat & Mass Transfer, 2016, 53(5): 1-19.

[7] Hadavand M, Deutsch C V. A Practical Methodology for Integration of 4D Seismic in Steam-Assisted-Gravity-Drainage Reservoir Characterization [J]. SPE Reservoir Evaluation & Engineering, 2016, 20(2).

[8] Liu P, Zheng H, Wu G. Experimental Study and Application of Steam Flooding for Horizontal Well in Ultra-heavy Oil Reservoirs [J]. Journal of Energy Resources Technology Transactions of the Asme, 2017, 139(1).

[9] Nguyen T B N, Dang T Q C, Bae W, et al. Effects of Reservoir Heterogeneities, Thief Zone, and Fracture Systems on the Fast-SAGD Process [J]. Energy Sources Part A Recovery Utilization & Environmental Effects, 2014, 36(15): 1710-1725.

[10] Liu H, Cheng L, Xiong H, et al. Effects of Solvent Properties and Injection Strategies on Solvent-Enhanced Steam Flooding for Thin Heavy Oil Reservoirs with Semi-Analytical Approach[J]. Oil & Gas Science & Technology, 2017, 72(4): 20.

[11] Saberhosseini S E, Keshavarzi R, Ahangari K. A fully coupled numerical modeling to investigate the role of rock thermo-mechanical properties on reservoir uplifting in steam assisted gravity drainage [J]. Arabian Journal of Geosciences, 2017, 10(6): 152.

[12] Venkatramani A V, Okuno R. Compositional Mechanisms in Steam - Assisted Gravity Drainage andExpanding-Solvent Steam-Assisted Gravity Drainage-with Considerationof Water Solubility in Oil [J]. Spe Reservoir Evaluation & Engineering, 2016.

渤海油田聚堵井解堵新技术研究与应用

兰夕堂　刘长龙　符扬洋　张　璐　张丽平　高　尚

（中海石油（中国）有限公司天津分公司渤海石油研究院）

摘　要　海上油田化学驱目前已形成三大油田、七个注聚平台的规模，随着化学驱持续开展，化学驱过程中形成的复杂堵塞物对油井堵塞日趋严重。通过分析堵塞物主要是由颗粒及聚合物相互包覆、交联聚合物相互缠绕、颗粒包覆微晶态等形成。基于堵塞物形成机理及伤害情况创新研发一套适用聚堵井的解堵新工艺，即小段塞多级交替注入的液气交注解堵技术、自转向酸及增压解堵新工艺，该套新工艺在渤海油田现场试验成果显著，具有现场推广应用价值。

关键词　注聚受益井；堵塞物；深部解堵；液气交替注入；增压解堵；转向酸化

渤海主力油田属于普通稠油油田，稠油油田开发容易在近井地带形成有机质伤害，导致储层产能无法得到有效释放。随着聚驱开发的稳步实施，不仅注聚井出现堵塞严重、注聚困难等问题，其受效井的堵塞问题也逐步暴露，见聚后表现出明显的产液下降及动液面降低，堵塞物复杂堵塞严重，有效解除储层伤害恢复油井产量是迫切需要解决的生产难题[1-2]。针对日益复杂的堵塞物，不断增加的污染半径及严重的产出剖面非均质性等问题，常规解堵作业效果差，有效期短产量递减快，作业后出现增液不增油等问题[3-4]。常规氧化解堵工艺不能满足生产需求，存在以下原因：①聚合物经储层高温高压环境中长时间滞留、运移与储层颗粒、原油组分相互包覆形成稳定性较强的复杂堵塞物，常规解堵液接触面积有限溶解不充分[5]；②随注聚的进行聚堵伤害不断累积，堵塞范围逐渐加大，超出常规1~2m 的解堵范围，解堵作业不彻底效果差；③储层存在非均质性并受注聚的影响，聚堵分布不均，导致部分油田层间、层内矛盾更加突出，解堵液不能按需分配解堵效果差。

针对渤海稠油油田注聚区受益井堵塞严重常规解堵措施难以奏效的问题，通过微观宏观综合分析了产出端堵塞物的特点，结合储层伤害范围及非均质性，研制了两套高效解堵液体系及一套砂岩自转向酸体系，创新提出了三套解堵工艺：3m 范围内的堵塞，提出了多轮次液气交替注入的处理工艺；3m 范围内非均质较强砂岩储层，形成了自转向酸酸化解堵新模式；对堵塞范围超过 3m 的井，提出了深穿透增压解堵工艺可形成裂缝式的高速通道。形成的渤海稠油油田化学驱产出端解堵工艺在渤海油田现场试验成果显著。

1　聚驱受效井堵塞物特点

注聚作业后，部分聚驱受效井产出端见聚严重，产液量大幅度降低，修井作业时发现部分井泵吸入口或筛管附近存在大量黑褐色黏稠状堵塞物。大量收集三个注聚区块产出端堵塞物并开展分析，通过宏观手段分析认为：堵塞物中主要包括聚合物、油、沥青质、胶质、腐蚀产物以及结垢物等，各堵塞物含量差异性较大。并通过环境电镜扫描、能谱、红外光谱、高分辨质谱等微观手段多角度分析了复杂堵塞物的形态，从微观结构强化对了对堵塞物的认识，电镜扫描原始复杂聚合堵塞物形态如图 1 所示。

分析认为聚合堵塞物并不是聚合物、有机质、储层颗粒等物质简单的混合接触，而相互包裹缠绕形成了不同形貌结构的堵塞物，主要分为三类：①颗粒与聚合物相互缠绕、交联形成复杂的包覆结构；②明显的聚合物形态聚集，团块状、交联聚合物相互缠绕；③颗粒以包覆微晶态存在，紧密接触，形状不规则。对复杂聚合堵塞物采用常规解堵体系难以奏效，解堵液作用于堵塞物表面，生产后残余堵塞物重新迅速聚集堵塞渗流通道，因此表现出解堵有效期短产液量迅速

【作者简介】兰夕堂（1987—），男，硕士研究生，2014 年硕士毕业于西南石油大学，中海石油（中国）有限公司天津分公司渤海石油研究院工程师，现从事于油气田增产措施相关研究工作。E-mail：lanxt@ cnooc. com. cn

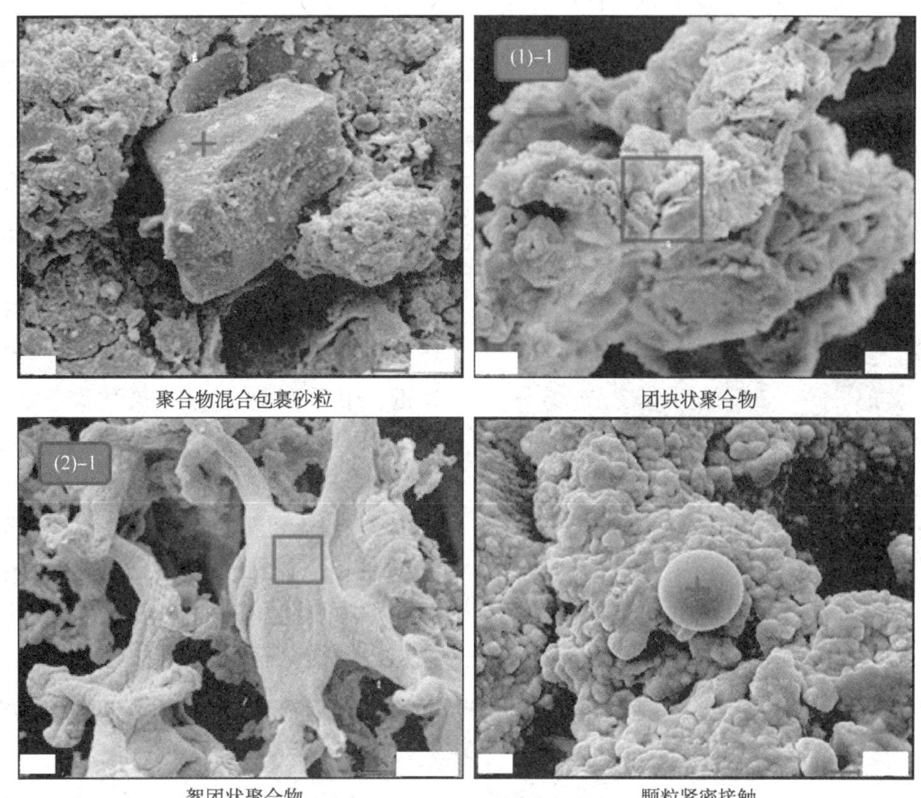

图1　环境电镜扫描下堵塞物形态

下降的特征，必须探索研制高效解堵体系及适用性强的解堵工艺。

2　新型解堵体系的研究

复杂堵塞物显然选用单一解堵液难以有效解除，以堵塞物的组成成分及微观结构为基础，研制配套的新型解堵体系。砂岩储层酸液体系较为成熟，本研究主要针对聚合物堵塞的氧化解堵体系。

2.1　氧化解堵体系的研究

2.1.1　分散氧化解堵体系

对颗粒与聚合物相互缠绕、交联包覆的复杂堵塞物提出逐级剥离逐级解除的思路，先溶解堵塞物表面包覆的原油及重质组分，后续充分分散聚集的堵塞物扩大液体的接触面积，使药剂性能充分发挥，并注入高效氧化剂解除聚合物伤害，最后注入酸液溶解储层颗粒及无机垢，实现对堵塞物的逐级剥离解除深部污染。筛选出解堵剂D作为有机溶剂，其为卤代醇与醇的环化反应合成的醚类杂环有机化合物，比常用有机溶剂对胶团中原油的溶解效果好。筛选出甲酸对胶团的分散性最好，使聚合物胶团变软分散均匀地溶解于溶液中，甲酸为一种有机酸与大多数极性有机溶剂混溶。堵塞物表面的有机溶剂薄膜具有隔离作用，使酸液难以发挥作用分散胶团，而甲酸能够与吸附在堵塞物表面的有机溶剂互溶降低表面作用，两者相互作用协同增效，有利于甲酸侵入堵塞物中发挥高效分散性。最终筛选形成的解堵液I为10%甲酸+4%解堵剂D，能够有效溶解有机质且充分分散聚合物胶团，如图2所示。

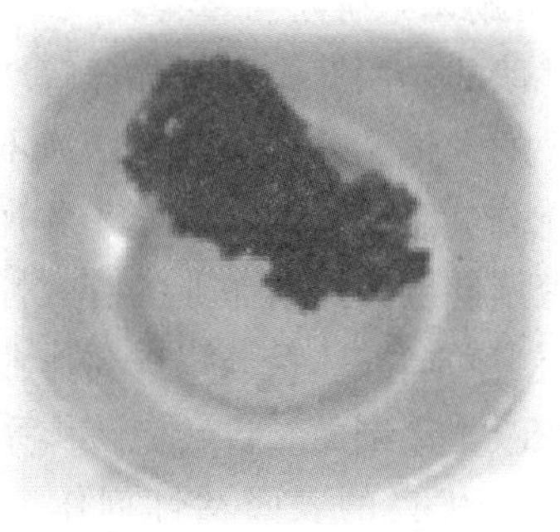

反应前

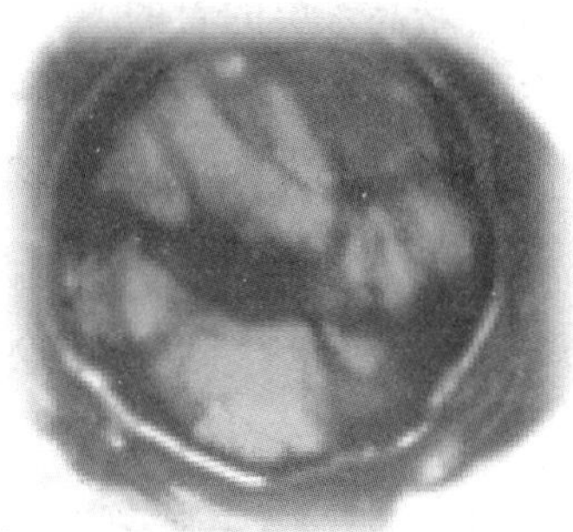

反应后

图2　10%甲酸+4%解堵剂D对胶团的分散溶解实验

聚驱受效井复杂堵塞物中最重要的特征在于存在聚合物伤害，前期优选的甲酸+解堵剂 D 充分溶解有机质分散含聚堵塞物胶团，使氧化剂更大面积接触堵塞聚合物，实现对堵塞物中聚合物充分降解，考虑安全及高效性能优选了复配的过硫化物为强氧化剂，1%强氧化剂+10%甲酸+4%解堵剂 D 对聚合物胶团的降解能力如图 3 所示。

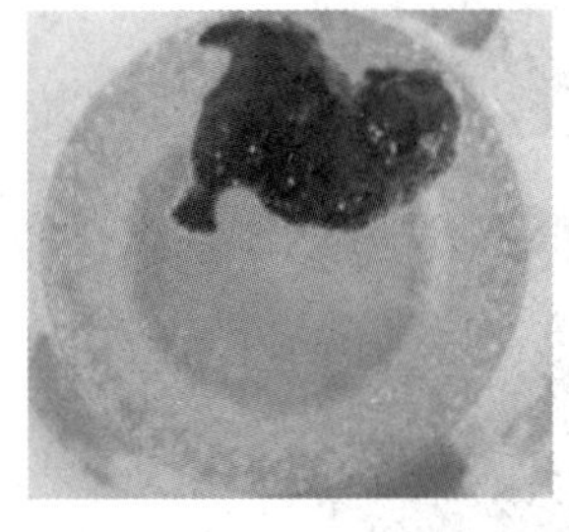
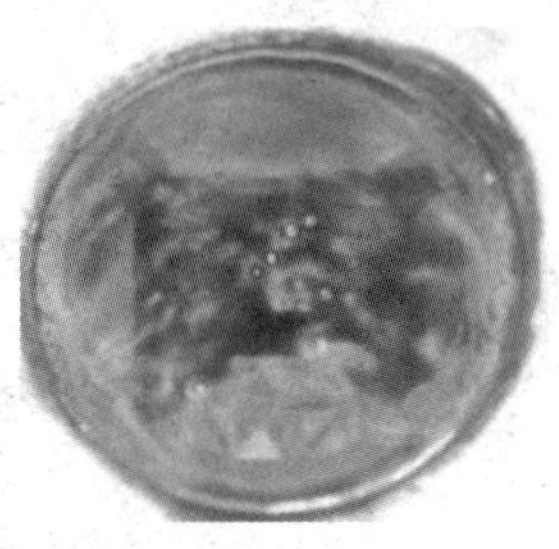

图 3 1%强氧化剂+10%甲酸+4%解堵剂 D 对胶团的降解效果

2.1.2 强氧化解堵体系

对团块状、交联聚合物相互缠绕的老化堵塞物，以氧化解堵为主。在储层中的聚合物分子在铁离子等作用下相互交联，尤其对长时间注聚作业后形成的老化聚合物堵塞，其堵塞程度及强度远高于注入的聚合物，因此必须研制具有较强氧化性的解堵液体系。最终形成一种高效破胶的氧化解聚剂——DPG 复合解聚剂，其降解机理是以体系中产生的羟基自由基同时破坏 C-C 键与 C-N 键，最后矿物化为二氧化碳、水等小分子物质。DPG 复合解聚剂相对其他氧化剂具有较强的氧化性，对现场垢样溶解 48h 后，返出垢样在 DPG 复合解聚剂(共 200mL)中全部溶解，但堵塞物在 ClO_2、2%过硫酸铵、5%过硫酸铵、安全解聚剂中无明显减小，DPG 复合解聚剂体系对现场返出垢样具有明显的降解效果。

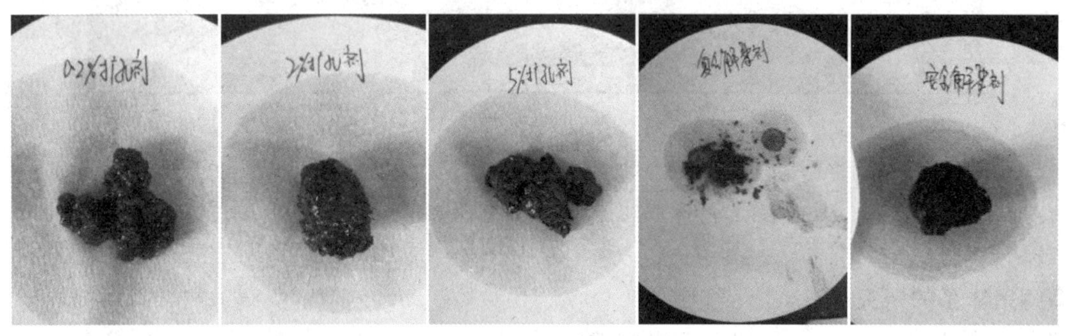

图 4 现场返出垢样在解聚剂中放置 48h 状态

2.2 自转向酸体系研究

对长井段非均质性储层大部分解堵体系会沿渗流阻力小的通道流动，导致解堵液不能按需分配解堵不充分甚至造成产液剖面矛盾加剧，因此对于此类聚堵储层为提高作业的有效性研制了一套砂岩储层自转向酸体系，以提高作业的有效高效性，有效改善产剖面。自转向酸体系的关键是研发一种性能优良的表面活性剂作为酸液稠化剂，使酸液在一定酸浓度范围内具有良好增稠变粘性能，达到暂堵高渗层的目的[6-8]。考虑这一体系特性，合理设计分子结构，合成 ZX-1 甜菜碱类两性表面活性剂，其分子通式如下：

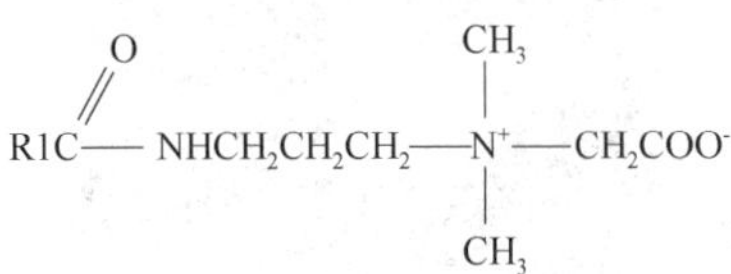

图 5 ZX-1 甜菜碱类两性表面活性剂分子通式

季铵基团中含强碱性 N 原子，羧酸根具有亲 H^+ 的能力，鲜酸条件下，H^+ 电离程度高，表面活性剂分子呈分散状态，溶液黏度较低有利于注入。随着酸岩反应，酸浓度降低，羧酸根亲和 H^+ 引起表面活性剂分子聚集形成胶束，从而形成蠕虫状胶束缠绕结构，使黏度增大而形成粘弹性体系。当酸液浓度再降低时，胶束结构遭到破坏，此时黏度很低有利于返排。

3 注聚受效井解堵工艺研究

3.1 液气交替注入深部解堵工艺

3.1.1 多轮次处理

颗粒与聚合物相互缠绕、交联包覆的复杂堵塞物结构稳定难以处理，已经研制了有机分散及氧化解堵体系，为提高作业效果需进一步优化工艺。选用现场取出堵塞物开展实验并配置优选的体系对现场垢样浸泡不同时间，结果如图 6。

对比分析可知：65℃条件下，解堵液体系与堵塞物浸泡不同时间，第一轮次作用后分散剂能有效将原始垢样延展，垢样体积明显增大且时间

(a)原始照片

4h　8h　12h　24h

(b)第一轮次处理后

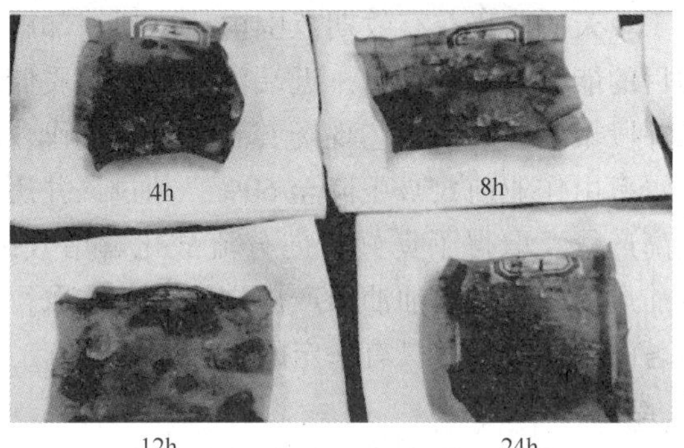

(c)2次降解后垢样

图6　现场垢样经优选体系降解后照片

越长效果越好。对分散后的垢样过滤，再次在65℃条件下溶蚀处理，结果如图6b所示，第二次分散溶解后垢样体积明显变小，降解后残液澄清，黏度与自来水接近，其中反应24h的样品降解最彻底。因此单一轮次的分散破胶无法有效溶解老化交联垢样，往往只处于初期溶胀阶段，多轮次的处理溶解得更彻底，工艺作业中考虑采用多轮次处理，提高溶解效果。

3.1.2　气液交替注入

常规酸化解堵在2m内，而稠油油田产出液见聚井堵塞范围深，常规酸化模式根本无法有效解除远端的堵塞物伤害[9,10]，因此必须寻求深部有效解堵新工艺。

对3m左右的解堵半径需要大量解堵液，成本大幅度增加且受限于海上狭小的作业空间。针对此难题，调研表明酸化解堵过程中注入气体不仅能提高解堵效果同时能有效扩大波及范围。气体具有良好膨胀性，标准条件下1m^3液氮在12MPa、60℃条件下体积大约6.5m^3，能有效扩大酸液波及半径。且气体优先占据高渗孔道，使其内压增高起到暂堵作用，尤其采用气体大排量伴注的方式，引导处理液转向流向需要处理低渗带，达到调整剖面均匀解堵的目的。当注入主要以深部推进可选用气液交注的注入方式，处理液注入时为达到更高的分流效果，可选择气液伴注的注入方式。

3.2　非均质储层长井段聚堵井解堵工艺

对非均质储层长井段聚堵井注入解堵液不能按需分配，堵塞严重的层位不能有效解除需要进一步考虑有效分流，因此研制出了砂岩储层自转向酸体系。

3.2.1　"自转向酸与解聚剂多轮次交替注入+无机酸"工艺研究

对聚合物伤害严重井，采取"多轮次交替注入解聚剂与自转向酸+无机酸"的解堵思路，多轮次注入实现横向均匀暂堵分流，解聚体系充分解除地层聚合物堵塞，分散降解后遗留无机堵塞通过无机酸作用彻底解除，此工艺对主要聚合物污染岩心解除模拟见图7。图中可知自转向酸进入后，高低渗层渗透率级差减小，解聚剂注入后低渗层得到进一步改善，经过两轮次交替注入，高渗层流量从3.87mL/min增加到4.9mL/min，低渗层流量从1.38mL/min增加到4.55mL/min，注入酸液后渗透率均得到改善，最终渗透率极差大幅减小。

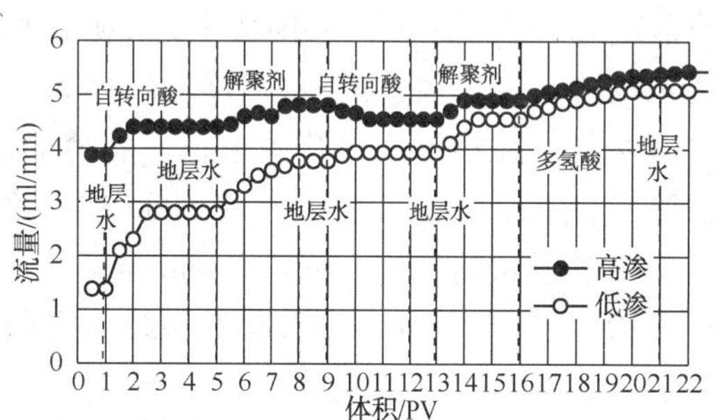

图7　"自转向酸与解聚剂多轮次交替注入+无机酸"工艺模拟实验

3.2.2　"解聚剂+自转向酸与无机酸多轮次交替注入"工艺研究

对无机伤害相对严重的井，无机伤害逐步加深孔隙堵塞的主要成分，加上聚合物在地层形成吸附包裹作用，采取"解聚剂+自转向酸与无机酸多轮次交替注入"的解堵方法，解聚体系破坏聚合物"包裹层"后，多轮次交替注入自转向酸与无机酸液，实现横向上高效布酸，纵向上深部作用于无机堵塞物。此工艺对主要无机污染岩心模拟见图8。解聚剂进入地层后，高低渗层渗透率均逐渐增大，经过两轮次交替注入自转向酸与多氢酸后，最终高渗层流量从4.93mL/min增加到5.65mL/min，低渗层流量从1.55mL/min增加到5.91mL/min，高效布酸效果及酸化解堵效果良好。

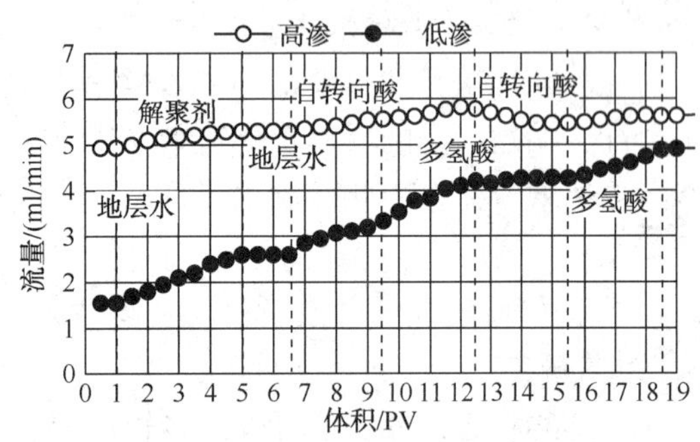

图8 “解聚剂+自转向酸与无机酸多轮次交替注入”工艺模拟实验

3.3 增压解堵深部解堵工艺

以井A为例，基于井史及试井解释分析，该井堵塞范围在15m左右，采用常规解堵工艺难以突破堵塞范围，为实现对注聚受益井的深部解堵，必须优化解堵工艺进一步扩大解堵半径。为此提出增压深穿透、破胶扩孔解除近井到远井地带堵塞的工艺思路，对聚堵井堵塞超过3米以上的井，结合筛管+砾石充填的完井方式，研究形成了增压解堵工艺。用压裂液造缝穿透堵塞区，形成裂缝式的高速通道，大排量冲刷孔隙，扩大泄流及改造半径；通过高效破胶/酸液体系降解溶蚀堵塞物，疏通、刻蚀孔隙通道、裂缝通道，改善储层渗流能力。应用M Frac-Suite软件模拟井A此工艺波及的范围，在3m³/min排量下泵注60m³压裂液能形成24.7m的人工裂缝，突破污染带达到深部解堵的目的。

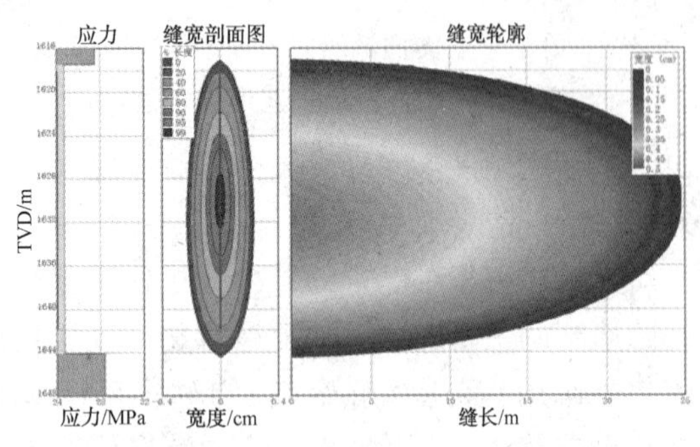

图9 形成裂缝形态模拟结果

4 现场应用效果

渤海稠油油田注聚受益井产出端堵塞严重影响了油井产量，储层产能不能得到有效的释放，对聚堵井的有效治理成为迫切需要解决的生产难题，以现场复杂堵塞物为物质基础，配套形成了高效解堵液体系，并形成了液气交替注入解堵工艺、非均质储层长井段聚堵井解堵工艺及增压解堵深部解堵工艺，并成功开展现场试验效果显著。目前液气交替注入解堵工艺现场实施4井次，增油超过$2.2\times10^4m^3$，部分井有效期达到18个月仍在有效期范围内，此工艺有效解除产出液见聚井复合堵塞物，扩大解堵半径有效调整产液剖面，启动中低渗层，措施效果显著。增压解堵工艺现场实施1井次，目前增油1000m³，有效期130天目前仍在有效期范围内，达到深部解堵的目的能够有效解除远、近端污染。非均质储层长井段聚堵井解堵工艺现场实施1口井，作业后含水率由作业前65%下降至60%，超过该井历史最高产量，取得了良好转向分流酸化解堵效果。目前形成的渤海稠油油田产出端解堵工艺取得了显著的作业效果，具有一定的推广应用价值。

5 结论

（1）渤海油田注聚受效井堵塞物复杂且堵塞范围大，微观结构上主要包括三类：颗粒与聚合物相互缠绕、交联形成复杂包覆结构；团块状、交联聚合物的聚集形态；颗粒包覆微晶形态。

（2）考虑堵塞物的复杂微观结构，对颗粒与聚合物交联包覆的堵塞物形成了分散、破胶体系，实现对堵塞物的分散剥离逐级降解；对以聚合物为主的交联老化聚合物形成了高效氧化解堵体系；对非均质砂岩储层长井段聚堵井，研制了自转向酸体系实现解堵液在储层的按需分配。

（3）堵塞范围3m左右的复杂聚堵井形成了多轮次处理液气交替注入解堵工艺；堵塞范围3m左右，非均质砂岩储层长井段聚堵井形成了自转向酸解堵工艺；深部聚堵井形成了增压解堵工艺，解堵范围在10m以上。

（4）针对渤海稠油油田注聚受效井堵塞问题，形成的解堵工艺取得了显著的效果，具有一定的现场推广应用价值。

参考文献

[1] 郑俊德，张英志，任华，刘野．注聚合物井堵塞机理分析及解堵剂研究[J]．石油勘探与开发，2004，

31 (06)：108-111.

[2] 刘鹏，唐洪明，何保生，李玉光，王珊，赵峰，张旭阳．含聚污水回注对储层损害机理研究[J]. 石油与天然气化工，2011，40 (03)：280-284.

[3] 李平．ZSJJ-3 型聚合物解堵新技术实验研究[J]. 石油与天然气化工，2014，43(6)：670-674.

[4] 边继平．聚驱注入井深部长效解堵技术研究[D]. 大庆：东北石油大学，2014.

[5] 李俊键，姜汉桥，陆祥安，赵玉云，常元昊，王依诚．油藏条件下聚合物溶液老化数学模型新探[J]. 石油钻采工艺，2016，38(4)：499-504.

[6] 何春明，郭建春，．VES 自转向酸变黏机理实验研究[J]. 油田化学，2011，(4).

[7] 沈建新，周福建，张福祥等．一种新型高温就地自转向酸在塔里木盆地碳酸盐岩油气藏酸化酸压中的应用[J]. 天然气工业，2012，(5)32：28-30.

[8] Liu P, Xue H, Zhao L Q, et al. Analysis and simulation of rheological behavior and diverting mechanism of In Situ Self - Diverting acid [J]. Journal of Petroleum Science and Engineering, 2015, 132：39-52.

[9] 周万富．砂岩油田酸化技术研究[D]. 廊坊：中国科学院研究生院(渗流流体力学研究所)，2006.

[10] 张毅博．齐家北油田注水井深部酸化技术研究[D]. 大庆：东北石油大学，2013.

大庆油田聚合物驱全过程一体化分注及高效测调技术

周万富[1]　李海成[1]　胡俊卿[2]　徐德奎[1]　宋兴良[1]　高光磊[1]　李清忠[1]　王　玲[1]　吴阚[1]

(1. 大庆油田有限责任公司采油工程研究院；2. 大庆油田有限责任公司第一采油厂)

摘　要　大庆油田是中国最大的陆上油田，它属于非均质砂岩油田，纵向上层数多、层间差异大。聚合物驱在大庆油田开发中发挥重要作用，连续十一年产油达到一千万吨以上。若不进行分注，会出现聚合物溶液沿着高渗透层突进，导致无效低效循环严重，中低渗透层动用程度降低，影响聚驱整体开发效果。因此，必须进行分层注入，需研发新型的分层注入工艺管柱。

创新设计了全过程一体化分层注入管柱，节流元件采用流线型环形降压槽结构，聚合物溶液通过时，分子链发生扩张收缩，形成有效节流压差，流量 $70m^3/d$ 时，最大节流压差可达 2.5MPa，可以有效控制进入高渗透层的注入量，提高其油层动用程度；流线型环形降压槽结构设计使聚合物溶液降解得到有效控制，黏度损失率由 12.3%降至 8%，保证了注入聚丙烯酰胺干粉的经济效益最大化，有效提升了聚合物溶液的驱油效果。研发了配套的电动直读高效测调技术，分注测试由“人工试凑”的纯机械时代迈向“缆控直读”机电一体化时代。该技术在大庆油田应用 6464 口井，一次投捞成功率由 75%提升至 96.4%，3-5 层段井测试时间由 5.2 天缩至 2.5 天，注入剖面得到明显改善，有效动用厚度比例由 62.8%提高至 74.7%，油层动用比例由 52.1%提高至 68.7%，提高原油采收率 2 个百分点，可实现 5 层以上分注，是一种特别适用于老油田进入高含水开发阶段后，进一步提高原油采收率的有效技术。

关键词　聚合物驱；分层注入；全过程一体化分注管柱；高效测调；油层动用程度

三次采油技术已成为大庆油田稳产的重要手段，对于大庆油田非均质多油层砂岩油田，地层渗透率差异较大，大庆油田实践表明[1,2]：聚合物驱与水驱相比可多提高原油采收率 20 个百分点以上。目前，大庆油田聚合物驱采油井产油量接近大庆油田总产量的 1/3。随着聚合物驱开发的不断深入，渗透率差异大、层间矛盾大的二、三类油层已成为主要开发对象。但聚合物驱驱替介质在注入过程中，为了缓解层间矛盾，需通过分注工艺改善和解决这一矛盾。由于聚合物溶液受剪切易发生机械降解，常规水驱配水器对聚合物的降解严重，黏度损失程度大，所以常规水驱的配注器无法直接应用于聚合物驱井进行分注。并且在水驱转聚合物驱、聚合物驱转后续水驱需更换不同的分注管柱，导致投入的生产成本增大。

为解决上述问题，研究了聚合物驱全过程一体化分层注入及配套的电动直读高效测调技术，设计了低粘损高节流压力调节器、宽分子量调节范围低节流分质调节器以及全过程一体化偏心配注器，实现分层注入量和相对分子质量的双重调节。配套的电动直读高效测调技术，分注测试由“人工试凑”的纯机械时代迈向“缆控直读”机电一体化时代。分层注入工艺与水驱工艺完全兼容，管柱可同时满足空白水驱、聚合物驱及后续水驱全过程分注需要，降低投资和生产成本。聚合物驱全过程一体化分层注入技术大幅提高工艺适应性，节约投资成本，具备实现规模应用的条件，为大庆油田原油持续稳产发挥重要作用。

1　低黏损高节流压力调节器研究

1.1　流线型环形降压槽结构节流元件

聚合物溶液过流通道由节流元件外表面多级等距流线单元和偏心配注器偏孔内壁组成。当聚合物溶液流经过流通道内的节流单元，由于过流面积的变化导致溶液流速发生改变。因聚合物溶液的剪切降解率与溶液流动稳定性有关[3,4]，聚合物溶液流场易发生改变，聚合物分子链也易发生形变，故聚合物溶液的剪切降解率越快。为降低聚合物的剪切降解率，设计提出流线型环形降压槽结构节流元件，利用流体数值模拟软件得到

【作者简介】李海成(1979—)，男，黑龙江省双城市，大庆油田有限责任公司采油工程研究院，高级工程师，主要从事三次采油采油工艺方面的研究工作，E-mail：lihaicheng@ petrochina. com. cn

该节流元件的速度矢量图，并与老式半圆形节流元件速度矢量图进行对比分析。

分析计算结果表明：流线型降压单元压力分布较半圆型降压单元均匀，流场趋向稳定，绕流现象明显低于后者，不宜发生湍流；半圆型降压单元因受绕流的影响，回流现象较为严重。因此优选流线型多级降压单元节流元件。节流元件设计成分体组合结构（图1），可串联使用，降低投资成本和加工难度。

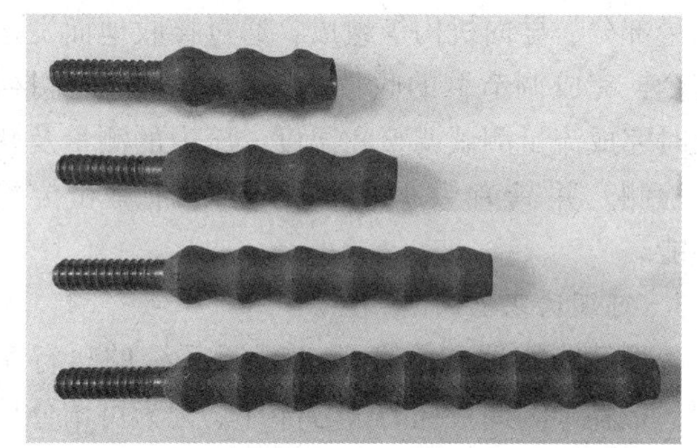

图1　分体组合式压力调节元件实物图

1.2　低黏损高节流压力调节器

压力调节堵塞器（图2）与全过程一体化偏心配注器配套组成压力调节器。通过投捞更换不同槽数的流线型环型降压槽结构节流元件来控制注入层段的注入压力，达到控制注入层段注入量的目的[5,6]。

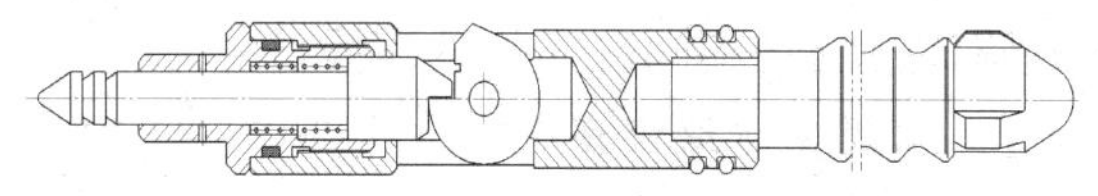

图2　压力调节堵塞器

达到的性能指标：

压力调节器在 $70m^3/d$ 流量范围内，最大节流压差可达到 2.7MPa，对聚合物溶液黏损率小于9.2%（图3，图4）。

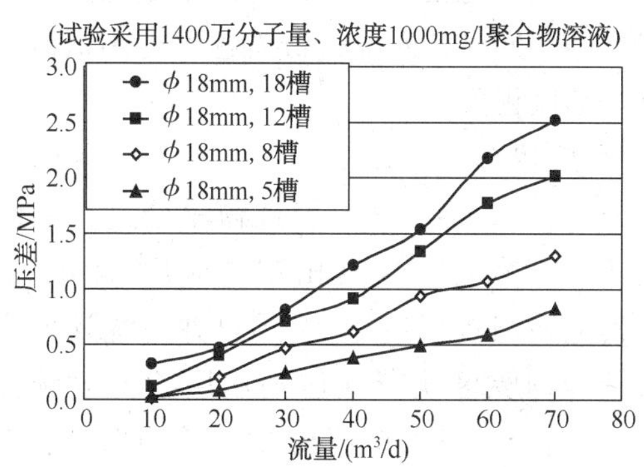

图3　压力调节器流量-节流压差曲线

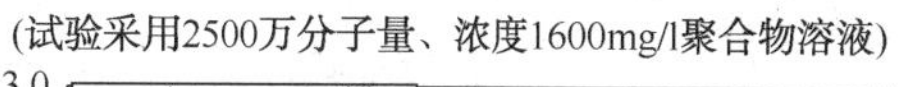

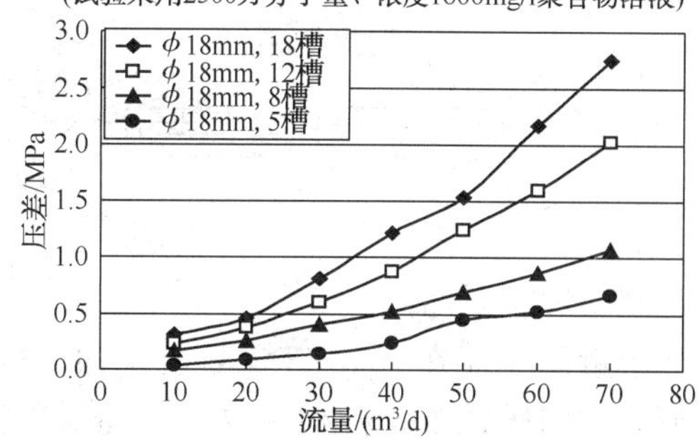

图4　压力调节器流量-节流压差曲线

2　宽分子量调节范围低节流分质调节器研究

2.1　聚合物分子量调节机理

聚合物水溶液流变特性属于非牛顿流体，同时具有黏性和弹性的性质。从微观角度来看，聚合物分子是以颗粒、枝状结构及网状结构分布在水溶液中，分子链属于柔性链结构。当受到外力作用时，聚合物分子构象会发生改变，例如蜷曲的高分子链受到一定拉伸力作用时，高分子链会被拉伸；当失去外力作用时，它又能恢复蜷曲状态。但当作用力超过临界值时（如聚合物溶液速度发生突变），高分子链会发生断裂，导致反转恢复不可逆，从而实现机械降解，导致分子链分解、断裂，使聚合物分子形态和尺寸发生变化，从而造成聚合物分子量的降低[7]（图5）。

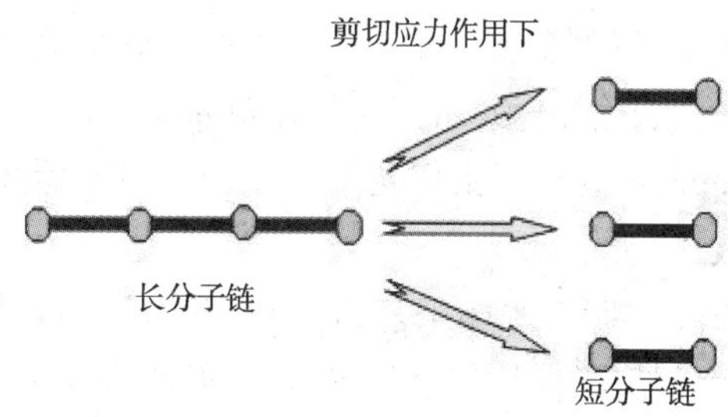

图5　聚合物分子量剪切示意图

2.2　分子量调节元件

根据上述机械降解原理，设计了"双曲线+梯形口"型喷嘴形式的分子量调节元件，通过改变喷嘴直径可控制聚合物的降解强度，调节聚合物分子量（喷嘴由陶瓷材料制成，直径 φ2.0～6.0mm，以0.2mm为间隔递增）。

2.3　分子量调节堵塞器

分子量调节堵塞器与全过程一体化偏心配注器配套组成分子量调节器（图6）。通过投捞更换喷嘴直径来控制分子量降解率，达到调节聚合物分子量的目的。

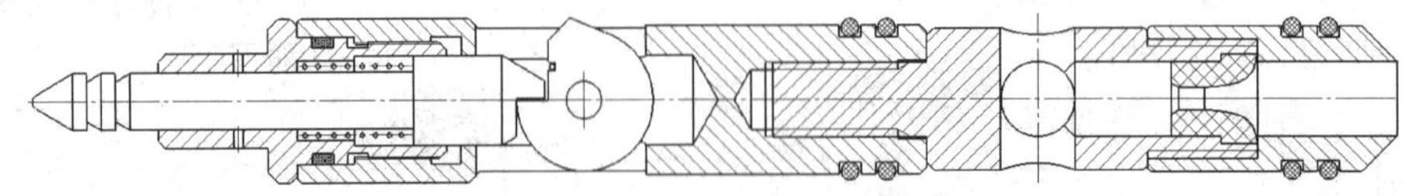

图 6　分子量调节堵塞器

达到的性能指标：

分子量调节器在 50m³/d 流量范围内，分子量调节范围可达到 20～50%（图 7）。

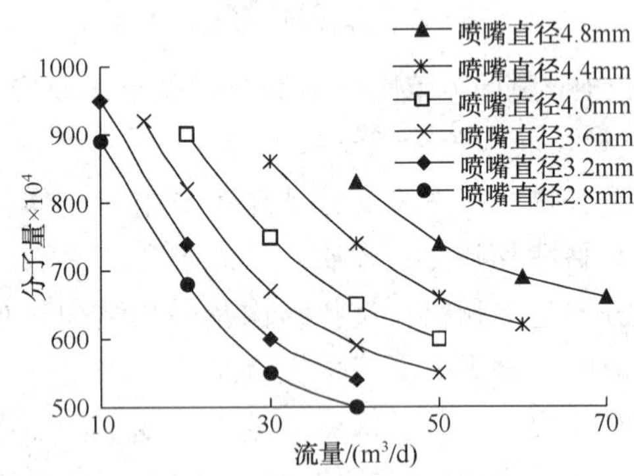

图 7　分子量调节器流量-分子量曲线

3　全过程一体化偏心配注器设计

创新设计了中导向偏心注聚器（图 8）（国家专利号：ZL201020673891.4）。在常规偏心配水器的结构基础上，将导向体上移至偏心工作筒中部，即扶正体下部。该设计从结构上既保留下导向结构投捞成功率高的优点，又具有上导向结构投捞工具短的特点。偏心配注器工作筒最大外径 114mm，长度 1640mm，内通径 46mm，偏孔为直径 20 mm 的通孔，由偏孔下部进液，可减缓聚合物溶液堵塞。

该配注器与水驱工艺完全兼容，可直接使用水驱配水堵塞器及分层测调工艺实现分层注水，并与近年发展的边测边调工艺兼容。

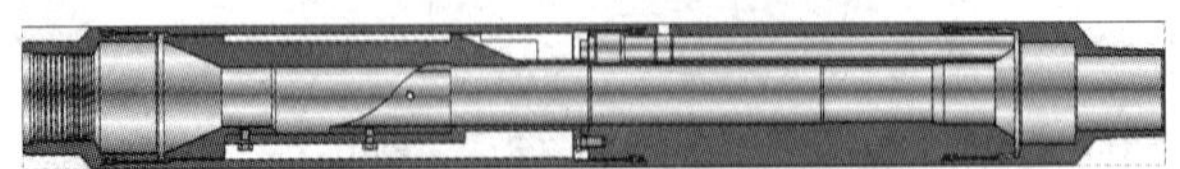

图 8　偏心配注器结构示意图

4　配套的电动直读高效测调技术研究

4.1　工艺原理

首先，在聚合物驱分注井下入全过程一体化分注管柱，根据方案的要求在相应层段下入聚驱可调分压堵塞器或可调分质堵塞器，然后采用钢管电缆携带直读测调仪下入到目的层与井下可调分压堵塞器或可调分压堵塞器对接，通过调整堵塞器的槽数或喷嘴来控制单层的流量、分子量，直到满足配注方案的要求，可实现了连续可调、定量控制及实时监测，提高了分层测试的效率（如图 10 所示）。

4.2　直读电动测调仪

直读电动测调仪主要由机械臂、控制部分、测量部分、导向机构等组成，通过接收地面发送指令，完成调节臂的收放、与可调堵塞器对接，同时完成流量测试调整和温度、压力的测量及状态检测。并具有数据信号的调制解调和传输功能。

4.3　可调堵塞器

可调堵塞器是直读电动测调系统的执行机构，是整个测调系统的核心部件，分为可调分压堵塞器与可调分质堵塞器两种。

4.3.1　可调分压堵塞器

借鉴聚合物驱全过程一体化分注工艺压力调节元件设计思路，利用非牛顿流体力学理论和流场模拟软件，对压力调节元件结构参数进行优化，通过调节可调式节流元件的有效节流长度，控制单层注入压力，即实现单层注入量控制，实现了一级分注工具从低压力损失到高压力损失的无极调节，满足不同注入量的需要。

4.3.2　可调分质堵塞器

现有分质技术采用单一水嘴调节分子量，在低配注量（20～50m³/d）时调节范围<30%，且配注方案更改时需投捞水嘴，操作繁琐，效率低。新型可调分质堵塞器通过调节喷嘴个数来控制聚合物溶液的剪切程度，达到高剪切、低压损，实现了分子量的连续可调，使注入聚合物分子量与油层渗透率的最佳匹配，最大程度提高低渗透油层有效动用程度。

5　现场应用

截止 2017 年年底，聚合物驱全过程一体化分层注入技术在大庆油田现场应用 6464 口井，国内其他油田现场应用 50 多口井。统计大庆油田某聚合物驱区块分注后动用层数比笼统井高 9.8 个百分点，动用厚度高 10.3 个百分点；全井密封率 100.0%，一次投捞成功率 95.6%，2～3 层段流量调配有效用时 1.5～2 天左右。应用该分注技术后，注聚井的吸液厚度有明显提高，差油层动用状况有明显改善。

5.1　分注效果

某区块2#注入井，在空白水驱期间笼统注水，5个层只有2个层吸水，有效厚度动用比例只有39.2%；分层注聚后，吸水层数由原来的2个增加到4个，有效厚度动用程度提高到78.5%，动用比例提高39.3个百分点(图9)。

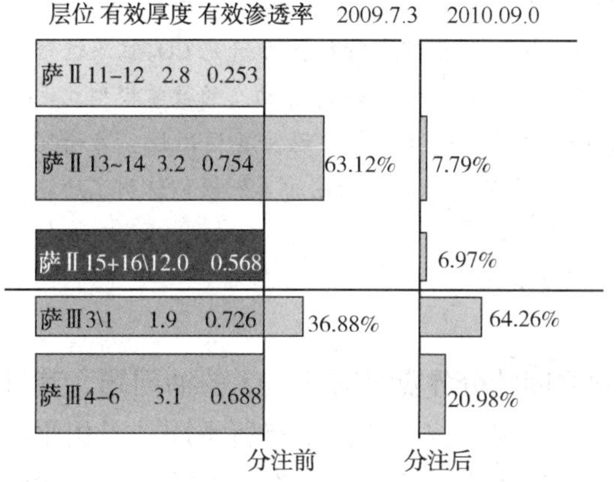

图9　2#井分注前后吸水剖面对比图

5.2　工艺适应性及技术特点

适应于单层注入量较低的二、三类油层全过程一体化分注工艺技术适应性强，分注管柱满足空白水驱注入、聚合物分质分压注入及后续水驱分注的需要，适合于大庆油田二、三类油层聚合物多层分注。

5.3　试验效果

某区块在含水下降期对具备分层条件的井采取全过程分注工艺进行分层注聚，分注井动用层数较笼统井高9.8个百分点，厚度动用提高10.3个百分点(图10)。某注入井采用全过程分注管柱后，吸水层数增加到5个，有效厚度动用程度提高到97.1%，动用比例提高40.2%。

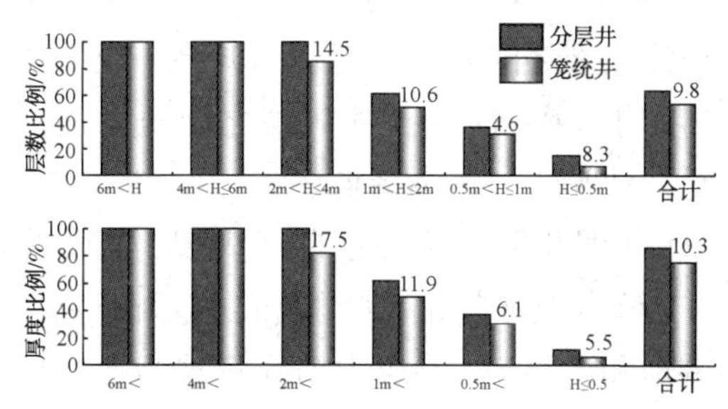

图10　笼统井与分层井剖面对比

6　结论

(1) 优化设计了低粘损高节流压力调节元件，在同等条件下，粘损率由水驱分注工艺的30%下降到10%以内；

(2) 研制了宽分子量调节范围调节元件，分子量调节分为达到20%~50%，满足了同井不同层对不同分子量的需求；

(3) 实现了分层注入量和分层分子量的双重控制；

(4) 分注管柱与水驱工艺完全兼容，管柱可同时满足空白水驱、聚合物驱及后续水驱全过程分注需要，降低投资和施工成本；

(5) 分注测试由“人工试凑”的纯机械时代迈向“缆控直读”机电一体化时代。3-5层段井测试时间由5.2天缩至2.5天；

(6) 现场试验6464口井表明：应用全过程一体化分注工艺后，二三类油层的动用状况得到明显改善，原油采收率提高2个百分点以上。

参 考 文 献

[1] 李海成. 大庆油田聚合物驱分注工艺现状[J]. 石油与天然气地质，2012，33(2)：296-301.

[2] 高光磊，杨慧，李海成，等. 聚合物驱分注工艺现状[J]. 采油工程，2012，1(2)：1-4.

[3] 裴晓含，段宏，崔海清，等. 聚合物驱偏心分质注入技术[J]. 大庆石油地质与开发，2006，25(5)：68-69，73.

[4] 李建云. 聚合物驱多层分质分压注入技术研究与应用[J]. 内蒙古石油化工，2010，(1)：130-132.

[5] 陈晓红，段宏. 聚合物单管多层分注技术原理及应用[J]. 大庆石油地质与开发，2004，23(4)：53-54.

[6] 杨子强，王研，梁福民. 聚合物驱2-3层分注技术[J]. 大庆石油地质与开发，2001，(3)：28-29.

[7] 程杰成，王德民，吴军政. 驱油用聚合物的分子量优选[J]. 石油学报，2000，21(1)：102-106.

油藏注 CO_2 驱油前缘确定方法研究

袁江如[1]　雷征东[1]　房平亮[2]

(1. 中国石油勘探开发研究院；2. 中国地质大学(北京))

摘　要　驱油前缘一直是油藏工程师最关注的问题之一。CO_2驱油过程中油层内部压力、浓度及流体组分等参数不断发生变化，了解压力分布、油气混相情况和驱油前缘位置对于后续有针对性地开展生产工作具有重要意义。引入“压力前缘、浓度前缘和混相前缘”的定义，描述了各前缘特征，为研究 CO_2驱油过程中油层内部众多参数指标的动态变化提供了清晰的描述方法。现有的用于预测 CO_2驱替动态的数学模型均无法便捷直观地描述驱替前缘特征，通过详细介绍 Buckley_ leveret 理论、对流扩散理论及其适用性，为研究提供了理论基础。建立了预测 CO_2驱油前缘的解析方法和数值模拟方法，并通过构建的算例模拟证明了所建方法的可行性，为 CO_2驱油前缘预测提供了可行的研究手段。

关键词　CO_2驱；驱替前缘；B-L 理论；解析模型；数值模拟方法

CO_2驱油技术是目前世界公认的有效的 EOR 技术，该技术可大幅度提高原油采收率[1]。CO_2混相驱与非混相驱主要通过降低相间界面张力、膨胀原油和降低残余油饱和度等多种原理提高原油采收率，尽管两者的驱油效率存在差异，但驱替前缘一直是油藏工程师最关注的问题。目前相关研究主要集中于驱替机理、驱替效率及注采参数优化等方面[2,3]，对 CO_2驱油过程中产生的压力、浓度和饱和度前缘的划分和推进特征问题尚未有系统的研究。

现有的用于预测 CO_2驱替动态的改进黑油模型、组分模型和传输-扩散模型等数学模型[4]主要采用有限差分与流线模拟等方法进行数值求解，各模型结构复杂，相关解无法清晰直观地描述驱替前缘的运移特征。为此有必要明确 CO_2驱各前缘的定义及特征，提出适合研究 CO_2驱各前缘特征的数学模型。本文分析了不同的驱油前缘预测方法的优缺点，建立了适合预测 CO_2驱油前缘的解析方法和数值模拟方法，并通过油田实例计算证明了所建方法的可行性，为 CO_2驱油前缘预测提供了可行的研究手段。

1　CO_2驱前缘定义及特征

1.1　前缘定义

通常驱油前缘可以定义为过渡区与待驱替区界面之间的分界点。对于 CO_2驱油问题，其过渡区内流体组分按驱替类型有所不同，混相驱的过渡区内流体为单相，即溶有 CO_2的油相；非混相驱的过渡区内流体为两相，即 CO_2相和溶有部分 CO_2的油相。待驱替区为前缘和产油端之间的存在束缚水饱和度的含油区，若仅考虑油气两相，则其内流体为未被驱替的油相。

在 CO_2驱油过程中，随着注入气体向生产井的不断推进，过渡区域内压力、CO_2浓度及流体组分等参数不断发生变化，了解油层内部的压力分布、油气混相情况和驱油前缘位置对于后续有针对性地开展生产工作具有重要意义。通过引入“压力前缘、浓度前缘和混相前缘”的定义，为研究 CO_2驱替过程中油层内部复杂的各参数指标的动态变化提供了适宜的方法。

1.2　前缘特征

CO_2混相驱中浓度前缘表现为 CO_2浓度为 0，该点至注气端之间 CO_2浓度逐渐升高，至采油端 CO_2浓度均为 0，前缘至注气端之间压力逐渐升高，至采油端压力逐渐降低。

CO_2非混相驱中饱和度前缘表现为 CO_2饱和度为 0，该点至注气端 CO_2饱和度逐渐升高，至采油端饱和度均为 0。压力前缘表现为原始地层

【基金项目】国家 863 计划课题《致密砂岩油气藏数值模拟技术与软件》(课题号：2013AA064902)赞助。

【作者简介】袁江如(1961—)，男，1983 年 7 月上海交通大学应用物理系应用物理专业本科毕业，学士学位，2002 年 7 月中国石油勘探开发研究院研究生部地球探测及信息技术专业研究生毕业，中国石油勘探开发研究院高级工程师，主要从事页岩气、致密油气藏、超低渗透油气藏开发技术和数值模拟技术研究。E-mail：yjr@ petrochina. com. cn

压力，前缘至注气端压力逐渐升高，至采油端压力逐渐降低。

在注 CO_2 开采原油的过程中，当注入井井底压力高于最小混相压力时，注入气与原油体系达到混相，流体的渗流阻力最低，采收率大幅度地提高。但是这要求地层压力必须高于最小混相压力，实际上在生产过程中很难保证整个单井控制范围内的注入压力都高于最小混相压力，这势必在地层中形成混相和非混相两个区域[5]。因此混相前缘可以定义为油层内部混相区域与非混相区域的分界点，表现为最小混相压力最小，该点至注气端为混相区域，至采油端为非混相区域。

2 驱油前缘的确定方法

Sandrea, R. 等(1987)认为要判定任何混相驱或非混相驱油藏工程动态，需要考虑驱替效率、水平波及系数和垂向波及系数三个因素，这三个因素主要取决于驱替流体与被驱替流体的流度比。而用于测定这三个系数的方法取决于以下两种基础理论之一：(1)驱替和被驱替流体在注入前缘之后同时流动；(2)各相分流，油在注入前缘之前流动，注入气在后流动。就驱替效率而言，该驱替理论为 Buckley-Leverett 理论[6]。

2.1 基于 Buckley-Leverett 驱替理论的前缘确定方法

2.1.1 基本理论及方法

Leverett 等(1941)最先建立了用于计算线性系统中给定点的驱替相流量占总流量分数的非混相驱替分流量方程(1 式)。Buckley 和 Leverett(1942)指出任何给定饱和度的流体其通过一个线性孔隙介质时的速度都与分相流的导数成正比(2 式)，分析该前缘推进公式表明，任何饱和度值的线性推进都可确定为时间的函数，因此饱和度的分布曲线可以表示为由一系列斜率值确定的一系列点所规定的一条连续曲线[7]。Welge(1952)使用做切线的方法确定了前缘含水饱和度，并给出了两相区平均含水饱和度的公式。如果在忽略二氧化碳的溶解作用，将含水饱和度换成含气饱和度，可以近似地表征气驱油前缘。(图 1)

B-L 方程(1941)预测了水驱油和气驱油的驱替动态，没有考虑两种过程中明显发生的粘性指进现象，该方法得到的参数形式简单，便于用作图法计算。例如驱替相饱和度是位移的函数，原油采收率和水油比是注入孔隙体积的函数，尽管其建立在明确的假设基础上，但其预测结果与实际观察相符合。

$$f_{disp}=\left[1+\frac{k_{oil}}{k_{disp}}\frac{\mu_{disp}}{\mu_{oil}}\right]-1 \tag{1}$$

$$\left(\frac{\partial x}{\partial t}\right)_{S_{disp}}=\frac{q_t}{\phi A}\left(\frac{\partial f_{S_{disp}}}{\partial S_{disp}}\right) \tag{2}$$

式(1)为忽略毛管力和重力作用下的形式；f_{disp} 为驱替相分流系数；k_{oil}、k_{disp} 为油相与驱替相渗透率，$10^{-3}\mu m^2$；μ_{oil}、μ_{disp} 为原油和驱替相的黏度，mPa·s；x 为等饱和度面移动距离，m；t 为时间，d；q_t 为总体积流量，m^3/d；ϕ 为孔隙度；A 为横截面积，m^2；S_{disp} 为驱替相饱和度。

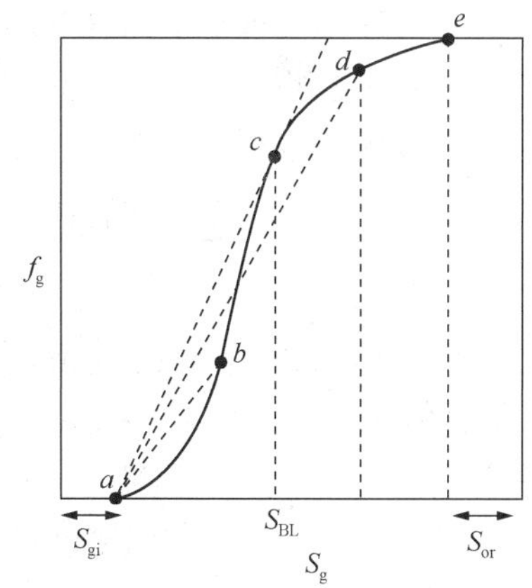

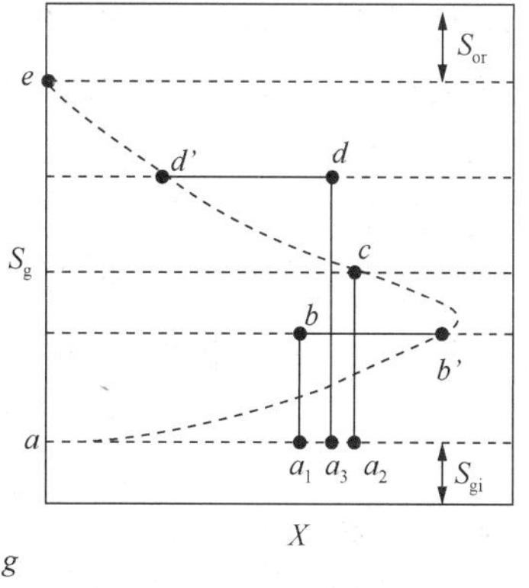

图 1 前缘含气饱和度计算示意图

2.1.2 适用性分析

B-L 理论实质是在没有引入液体界面概念的情况下，驱替和被驱替流体在一维空间同时和平行流动的表述。该理论忽略重力和毛管压力，假定相之间没有物质传递，体系的绝大部分没有压力波动。Robert G. Hawthorne(1960)指出 B-L 方法适用于高流速下黏滞力较重力占优的情况，不适用于出现窜流的二维体系，且只要存在一定的重力影响，流动形式不全是 B-L 提出的平行于层面的方式[8]。将该理论应用到气驱油时，由于不利的黏度比，分流量曲线上部会出现明显的突出，表明突破以后可以开采的原油较少。该理论未注意界面的地层而仅考虑了沿着流线的流量，仅在薄地层中有效。

2.2 基于溶解的对流-扩散-吸附机理的驱油前缘确定方法

2.2.1 基本理论及数学模型

分子扩散和对流扩散是质量传递的两种方式，是受组分变化控制的油藏过程中基本的流体混合机理，其控制混相驱替的特征和原油采收率[9]。Darcy定律描述了流体在多孔介质中的宏观流动方式，但并未给出与流动有关的分散情况。通常认为Fick定律(分子的运移速度与浓度梯度成正比)足以表示孔隙介质中流动的各混相流体的混合情况。将该定律与连续性方程结合便可得到对流扩散方程，在已知速度分布的基础上，通过求解对流扩散方程，可以确定浓度分布，进而为求传质速率奠定基础。

CO_2在混相驱油过程中的传质规律，可以用对流—扩散—吸附方程来描述CO_2的传输规律[10]，对于一维情况。

$$\frac{\partial C_{CO_2}}{\partial t} = -v\frac{\partial C_{CO_2}}{\partial x} + D\frac{\partial^2 C_{CO_2}}{\partial x^2} - \beta C_{CO_2} \quad (3)$$

初始条件为

$$x \geqslant 0,\ C_{CO_2} = 0 \quad (t = 0) \quad (4)$$

边界条件为

$$x = 0,\ C_{CO_2} = C_{CO_2} = 0 \quad (t > 0) \quad (5)$$

式(7)-(9)组成了CO_2在混相驱油过程中的浓度传输的数学模型，其中C_{CO_2}为油相中CO_2摩尔浓度；v为对流速度 m/s；D为扩散系数，m^2/s；β为吸附系数

2.2.2 解的特征

对于上述模型，用拉氏变换求得的解析解[10]为：

$$C_{CO_2}(x,\ t) = \frac{C_{CO_2\ 0}}{2}e^{\frac{vx}{2D}} \cdot e^{-\vartheta x} \cdot \left[erfc\frac{x - \sqrt{v^2 + 4\beta D} \cdot t}{2\sqrt{Dt}} + erfc\frac{x + \sqrt{v^2 + 4\beta D} \cdot t}{2\sqrt{Dt}}\right] \quad (6)$$

根据公式(1)我们可以求解任意时刻油相中CO_2的摩尔浓度，图2给出了在忽略吸附作用情况下，注CO_2初期，中期(驱油前缘到L/2)和CO_2突破时刻的浓度分布情况。根据浓度的分布特征，可以直观的确定驱油前缘的位置。

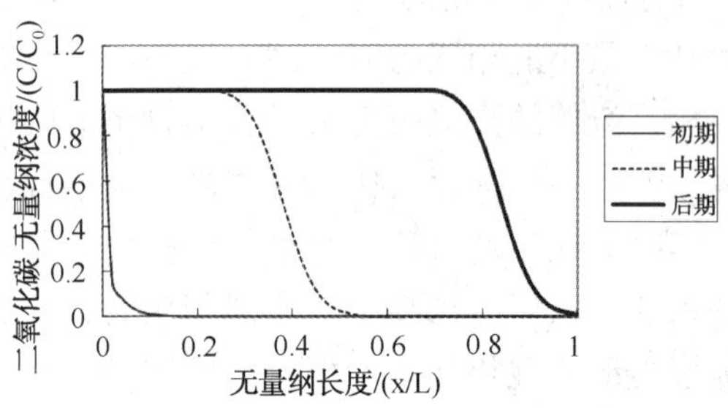

图2 不同时期CO_2浓度分布

2.3 基于多组分渗流的数值模拟方法确定驱油前缘方法

前面的方法无法预测三维油藏内部CO_2驱油前缘的推进情况，也无法精确的描述组分的变化情况，因此需要采用油藏数值模拟的手段研究驱油前缘。

2.3.1 数学模型

根据质量守恒定律，多相渗流守恒的数学表达式[11]为

$$\frac{\partial A^k}{\partial t} = F^k + q^k \quad (7)$$

式中 k——组分标示上角标，$k = 1, 2, 3, \cdots, N_c$，N_c为组分数；

A^k——某单元体内的组分的k质量项；

F^k——质量交换项；

q^k——某单元体内的源汇项。

程序中实现了下面各项的编程，并对计算结果进行了检验：

其中质量项

$$A^k = \phi\sum_{\beta}(\rho_\beta S_\beta X_\beta^k) + R_\beta^k + R_p^k$$

$$(k = 1,\ 2,\ 3,\ \cdots,\ N_c) \quad (8)$$

式中 相标志β：= g(气相)，= w(水相)，= o f (油相)；

ϕ——孔隙度：

ρ_β——β相的密度；

S_β——β相的饱和度；

X_β^k——组分k在相中的摩尔含量；

R_s^k——组分k在岩石孔隙表面的吸附量；

R_p^k——重组分k在岩石孔隙表面沉积项。

吸附项可以表示为

$R_s^k = (1-\phi)\rho_s\rho_\beta X_\beta^k K_d^k (k=1, 2, 3, \cdots, N_c)$

质量交换项：

$$F^k = -\sum_\beta \nabla \cdot (\rho_\beta X_\beta^k v_\beta) + \sum_\beta \nabla(\rho_\beta X_\beta^k))$$

$$(k=1, 2, 3, \cdots, N_c) \quad (13)$$

式中渗流速度为

$$v_\beta = -\frac{kk_{r\beta}}{\mu_\beta}$$

$$(\nabla p_\beta - \rho_\beta g \nabla z) \quad (9)$$

扩散系数为：

$$D_\beta^k = \alpha_T^\beta |v_\beta| \delta_{ij} + (\alpha_L^\beta - \alpha_T^\beta)\frac{v_\beta v_\beta}{|v_\beta|} + \phi S_\beta \tau d_\beta^k \delta_{ij}$$

$$(k=1, 2, 3, \cdots, N_c) \quad (10)$$

α_T^β and α_L^β 分别为横向和纵向扩散系数；

τ 为迂曲度；

d_β^k 为分子扩散系数。

δ_{ij}为 Kronecker delta 函数（$\delta_{ij}=1$ for i = j, and $\delta_{ij}=0$ for $i\neq j$），

2.3.2 模型求解

对于上述模型求解，差分离散，运用全隐式的牛顿迭代方法求解[11]。

$$\{A_{k, n+1}^i - A_i^{k, n}\} = \frac{V_i}{\Delta t} = \sum^{j\in\eta_i} \text{flow}_{ij}^{k, n+1} + Q_i^{k, n+1}$$

$$(k=1, 2, 3, \cdots, N_c, N_c+1)$$

$$\text{and } (i=1, 2, 3, \cdots, N) \quad (11)$$

将方程(16)写成余量的形式为

$$R_i^{k, n+1} = \{A_i^{k, n+1} - A_i^{k, n}\}\frac{V_i}{\Delta t} - \sum^{j\in\eta_i} \text{flow}_{ij}^{k, n+1} + Q_i^{k, n+1} = 0$$

$$k=1, 2, 3, \cdots, N_c+1;$$

$$i=1, 2, 3, \cdots, N) \quad (12)$$

公式(3.1)定义了$(N_c)\times N$个非线性方程，每个节点有(N_c)个变量，需要用牛顿迭代方法求解(N_c)个方程。

牛顿迭代思路如下：

$$\sum^m \frac{\partial R_{k, n+1}^i (X_m, P)}{\partial x_m}(\delta x_{m, p+1}) = -R_i^{k, p+1}(x_{m, p}) \quad (13)$$

式中 x_m 主变量$(m=1, 2, 3, \cdots, N_c+1)$；每次迭代后主变量更新为：

$$x_{m, p+1} = x_{m, p} + \delta x_{m, p+1} \quad (14)$$

2.3.3 算例

某油田主要含油层系埋深2010～2150m，油层的平均孔隙度20.0%，渗透率平均值为160mDc。地面原油密度0.8551g/cm³，地层原油密度0.7433g/cm³；地面原油黏度10.2mPa.s，地下黏度2.23mPa.s，凝固点34.6℃，为低黏度高凝固点原油。油层压力系数平均在1.05左右，目前平均含油饱和度为0.45。以此油藏物性参数构建概念地质模型，用以研究驱油前缘的分布特点。模拟的参数表1。

表1 算例主要模拟参数

参 数	取 值
节点数	441
X方向网格尺寸/m	20.00
Y方向网格尺寸/m	20.00
Z方向网格尺寸/m	10.00
油藏温度/℃	89.000
油藏初始平均压力/MPa	20.179
原油组分数	5
平均含油饱和度	0.45
平均含水饱和度	0.55
平均含气饱和度	0.00
平均孔隙度	0.20
平均渗透率，$10^{-3}\mu m^2$	160.00
CO_2 注气速度/(kg/s)	5E-2

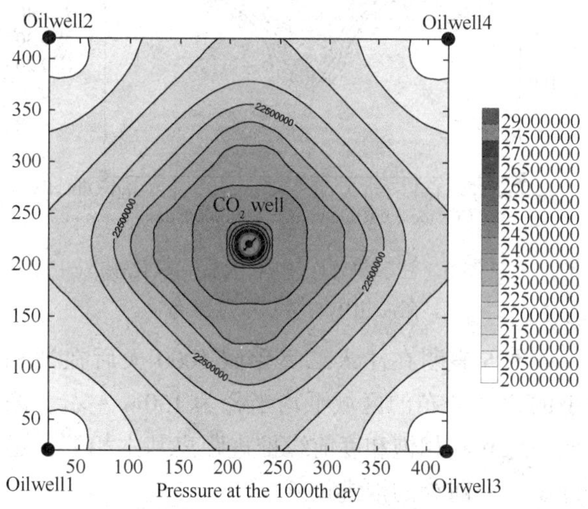

图3 注二氧化碳1000天后压力分布(压力单位：Pa)

图3表明二氧化碳驱油压力整体都高于原始地层压力，由于四口角井以定20MPa的井底流压采油，同时模型是均质的，所以压力呈对称分布，该特征符合压力理论上的对称性规律，从对称性角度验证了数值模拟结果的可靠性。

图4表明在注入二氧化碳1000天后，以注气井为中心出现了两个区域，最外的区域(气相饱和度低于0.001的区域)为二氧化碳未波及区，该区为油水两相流。气相饱和度大于0.001的区域为油、气、水三相共存区。

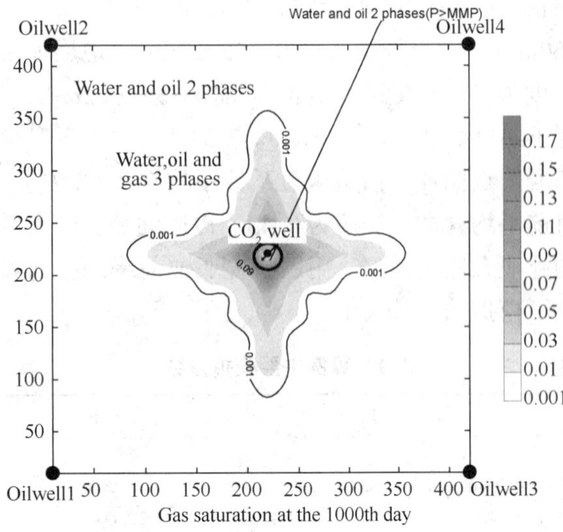

图 4　注二氧化碳 1000 天后气相饱和度分布

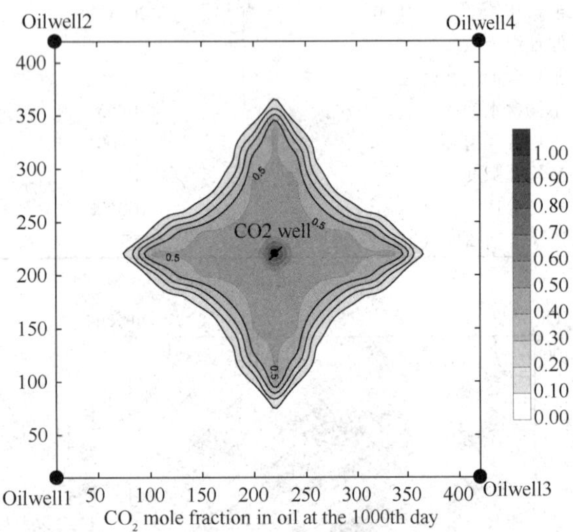

图 5　注二氧化碳 1000 天后二氧化碳在油相中的摩尔浓度分布

图 5 表明在注入二氧化碳 1000 天后在油相中的含量分布的区域平均半径为 150m 左右，浓度前缘和气相饱和度前缘推进距离基本相等，远低于压力前缘的推进距离。

3　结论与认识

（1）基于 Buckley-Leverett 驱替理论的前缘确定方法可以根据气相饱和度的分布特征确定二氧化碳非混相驱油前缘的推进位置，其优点是方便快捷，其局限性在于没有考虑二氧化碳的溶解作用和油藏非均质对驱油前缘推进的影响。

（2）基于溶解的对流-扩散-吸附机理的驱油前缘确定方法，可以根据二氧化碳在油相中的浓度分布特征快捷的确定浓度前缘。其优点是考虑了二氧化碳的溶解和吸附等作用对驱油前缘的影响，既适用于非混相也适用于混相驱油，其不足在于该方法难以适用两维以上的非均质油藏。

（3）基于多组分渗流的数值模拟方法确定驱油前缘方法，可以确定压力前缘、饱和度前缘、浓度前缘和混相前缘，其优点是适用性广，模型中考虑了混相性、多维性和非均质性，但是该方法需要的参数多、计算复杂。

（4）数值模拟的结果表明：在非混相驱油过程中，气相饱和度前缘和二氧化碳浓度前缘推进速度基本相等，而压力前缘推进速度远高于饱和度和浓度前缘。

参　考　文　献

[1] 沈平平，江怀友。温室气体提高采收率的资源化利用及地下埋存[J]，世界石油工业，2009，11(2)：22-27.

[2] BinshanJu，TailiangFan，ZaixingJiang. Modeling asphaltene precipitation and flow behavior in the processes of CO_2 flood for enhanced oil recovery. J. pet. Sci. Eng. 109(2013)，144-154.

[3] 王杰，谭保国，吕广忠．一种通过数值模拟手段划分 CO_2 驱替相带的新方法[J]．科技导报，2013，31(9)：46-49.

[4] 高海涛．低渗透油藏 CO_2 驱油渗流规律宏观描述研究[D]．中国石油大学(华东)，2009.

[5] 徐阁元．考虑扩散的 CO_2 驱多相多组分分区渗流模型[J]．油气田地面工程，2011，30(2)：24-25.

[6] Sandrea，R. 油藏注气开采动力学[M]北京：石油工业出版社，1987.

[7] 小斯托卡 E. 混相驱开发油田[M]．北京：石油工业出版社，1989.

[8] ROBERT G. HAWTHORNE，Two-Phase Flow in Two-DimensionalSystems - Effects of Rate，Viscosity andDensity on Fluid Displacement in Porous Media；SPEG，pp. 81-87，February 1960.

[9] SHRIVASTAVA V. K.，NGHIEM L. X. andT. OKAZAWA，Modelling Physical Dispersion in Miscible Displacement；Journal of Canadian Petroleum Technology，pp. 34-43，May 2005.

[10] 鞠斌山．变油藏物性渗流力学[M]．北京，石油工业出版社．

[11] Ju，Binshan Wu Yu-Shu and Qin Jishun，Computer Modeling of the Displacement Behavior of Carbon Dioxide in Undersaturated Oil Reservoirs，Oil & Gas Science & Technology，2015，70(6)：951-965.

海上油田二元复合驱后进一步提高采收率技术探索

韩玉贵　赵　鹏　苑玉静　张晓冉　宋　鑫　肖丽华

（中海石油（中国）有限公司天津分公司 渤海石油研究院）

摘　要　渤海油田于2010年开始现场应用二元复合驱技术，截止目前二元复合驱项目已经进入实施末期，油藏动态非均质性加剧，平面和纵向矛盾突出，产出液含水上升快、开发效果出现逐年变差趋势。为进一步提高海上油田二元复合驱后油藏采收率，针对二元复合驱后油藏特点，基于二元复合驱后存在的开发矛盾，结合室内物理模拟实验，考察了“高浓度聚合物驱”、“高浓聚合物与二元组合驱”及“非均相组合驱”三种提高采收率技术方案，并对三种技术提高采收率效果进行了系统的实验对比。结果表明，三种技术策略均出现不同程度的含水下降、高渗层分流率减小、中低渗层分流率增加现象，进一步提高采收率效果明显，为二元复合驱后进一步提高采收率技术方法体系筛选和二次高效开发策略的制定奠定基础。

关键词　海上油田；二元复合驱；高浓聚合物驱；提高采收率

渤海油田二元复合驱技术矿场实施始于2010年，随着化学驱项目的实施，渤海某化学驱油田已经进入二元驱开发末期，开发矛盾逐渐凸显[1]，二元复合驱后剩余油分布更加零散，垂向剩余油分布存在弱、强水洗交互分布情况，低效循环情况加剧，层间矛盾更加突出，全区注入压力与生产动态参数差异较大，二元驱开发效果表现出逐年变差的趋势[2]。

二元复合驱后地层中仍有大量聚合物残留，油田剩余油分布更加复杂、储层非均质性更加严重、产出液含水上升快[3-5]，导致油田的含水会在短暂平稳后迅速上升且聚合物没有得到有效利用。二元复合驱项目结束后油田平均采出程度仅为30%左右，根据海上油田储层特点的特殊性，进一步提高采收率潜力巨大[6-8]。目前海上油田尚未形成一套完整的二次高效开发配套技术[9]。因此，本文设计不同组合的驱油体系，分别对“高浓聚驱”、“高浓聚合物与二元体系组合驱”和“非均相组合驱”三种提高采收率技术方案进行实验对比分析，为二元复合驱后油藏进一步提高采收率技术政策制定提供支持，为海上油田形成一套完整的二次高效开发配套技术奠定基础。

1　实验部分

1.1　实验装置及仪器

物理模拟实验装置及仪器包括：恒温箱、漏斗、铁架台、天平、布氏黏度计、恒温水浴、真空泵、平流泵、活塞容器、压力检测器、六通阀、压力表、阀门、管线等。

1.2　实验材料

实验材料包括：驱油用部分水解高分子量聚丙烯酰胺（P）、驱油用表面活性剂（S）、粘弹性颗粒驱油剂（PPG）、油样、污水样品、蒸馏水、人造岩心等。

1.3　实验方法

岩心采用ϕ3.8cm×30cm、ϕ2.5cm×30cm的三层非均质人造岩心，岩心渗透率分别为500/1000/3000×10^{-3}μm^2。配制的模拟油样在温度57℃下条件下黏度为16.9mPa·s，按表1的物质组成配制模拟地层水。将人造岩心连接到抽真空系统进行抽真空饱和水，通过饱和进岩心的水的质量计算岩心的孔隙体积。通过模拟油驱出的水的体积，计算岩心的饱和油量和含油饱和度。配制驱替方案所需聚合物溶液或表面活性剂溶液。将存放聚合物溶液（1200mg/L）容器、二元复合驱溶液（1200mg/LP+0.2%S）容器、高浓度聚合物溶液容器分别进行编号，开始物理模拟驱替实验并记录数据。

【作者简介】韩玉贵（1978—），男，毕业于山东大学、高级工程师 中海石油（中国）有限公司天津分公司渤海石油研究院，主要从事化学驱提高采收率技术研究及应用。E-mail：hanyg4@ cnooc. com. cn

表 1　模拟地层水物质组成

物质组成	含量/(mg/L)
$CaCl_2$	22.26
$MgCl_2 \cdot 6H_2O$	41.11
Na_2CO_3	79.50
$NaHCO_3$	1277.21
Na_2SO_4	113.80
NaCl	1221.10
KCl	2.93

2　实验方案及结果讨论

2.1　二元驱后开展高浓度聚合物驱

模拟现场二元复合驱段塞，然后开展二元复合驱后高浓度聚合物驱实验，考察进一步提高采收率效果，具体的实验流程为：水驱至含水 75%+0.3PV 聚合物驱(1200mg/L)+0.3PV 二元复合驱(1200mg/LP+0.2%S)+然后水驱 0.5PV+高浓度聚合物段塞+后续水驱至含水 98%。实验采用正交实验设计，聚合物浓度、注入速度、段塞尺寸设计参数见表 2。

表 2　高浓度聚合物驱正交设计

因素 / 水平数	聚合物浓度/(mg/L)	注入速度/(PV/a)	段塞尺寸/PV
1	2000	0.03	0.30
2	2500	0.04	0.35
3	3000	0.05	0.40

高浓度聚合物驱正交实验结果见表 3，结果表明，二元复合驱后采用高浓度聚合物驱能够进一步提高采收率，高浓度聚合物驱效果影响因素从大到小依次为：段塞尺寸>聚合物浓度>注入速度，最优组合为聚合物段塞尺寸 0.4PV+注入浓度 2500mg/L+注入速度 0.04PV/a，提高采收率 13.55%。

表 3　高浓度聚合物驱正交实验统计表

列号 / 实验号	因素水平			提高采收率/%
	聚合物浓度 A/(mg/L)	注入速度 B/(PV/a)	段塞尺寸 C/PV	
1	2000	0.03	0.30	8.66
2	2000	0.04	0.35	8.84
3	2000	0.05	0.40	10.33
4	2500	0.03	0.35	9.21
5	2500	0.04	0.40	13.55
6	2500	0.05	0.30	9.43
7	3000	0.03	0.40	12.27
8	3000	0.04	0.30	9.66
9	3000	0.05	0.35	10.21

室内物理模拟驱替实验结果见图 1、图 2，随聚合物段塞尺寸增加，高浓度聚合物溶液体现出较好的吸液剖面调整能力和液流转向作用，促使高渗层分流率减小，中低渗透层吸液能力增大，化学驱波及范围扩大，采出程度增加，最终采收率提高。

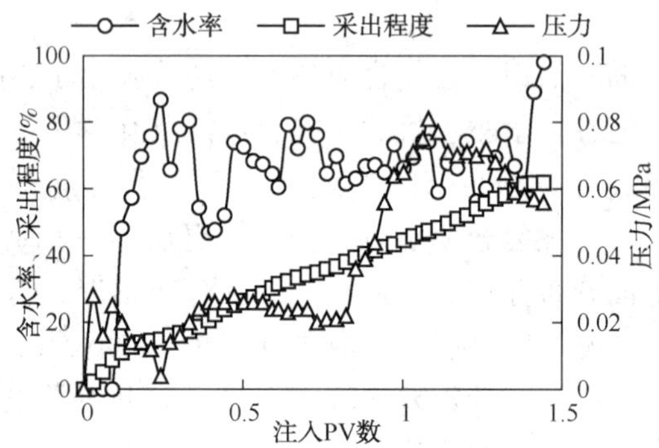

图 1　采出程度、含水率及压力变化

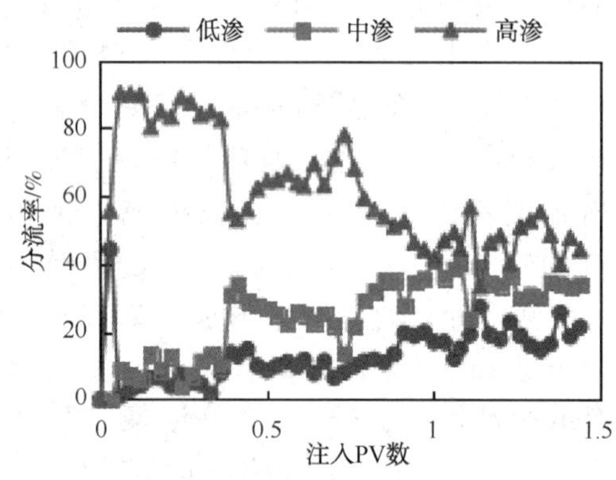

图 2　分流率变化

2.2　高浓聚合物-二元驱体系组合驱

模拟现场二元复合驱段塞，然后开展(高浓聚合物体系+二元体系)组合驱实验采用正交实验设计，正交实验参数设计见表 4。具体实验流程为：水驱至含水 75%+0.3PV 聚合物驱(1200mg/L)+0.3PV 二元复合驱(1200mg/LP+0.2%S)+水驱 0.5PV+(高浓聚合物体系+二元体系)+后续水驱至含水 98%。

表 4　正交实验设计表

方案	体系浓度/%	注入速度/(PV/a)	段塞尺寸/PV
方案 1	0.20	0.03	0.30
方案 2	0.20	0.04	0.35
方案 3	0.20	0.05	0.40
方案 4	0.25	0.03	0.35
方案 5	0.25	0.04	0.40
方案 6	0.25	0.05	0.30
方案 7	0.30	0.03	0.40
方案 8	0.30	0.04	0.30
方案 9	0.30	0.05	0.35

正交实验设计结果见表 5，实验结果表明，采用高浓度聚合物+二元复合体系组合驱也能够有效提高采收率，注入效果影响因素从大到小依次为：注入量>注入浓度>注入速度，最优组合为注入量 0.35PV+注入浓度 0.25%+注入速度 0.3PV/a，提高采收率 10.93%。但与高浓聚合物驱体系相比，采用“高浓度聚合物+二元复合体系”驱替过程中注入压力相对较低，从而导致中低渗透层启动程度较低，最终采收率较低。

表 5　正交实验统计表

实验号	体系浓度/%	注入速度/(PV/a)	段塞大小/PV	提高采收率/%
1	0.20	0.03	0.3	4.56
2	0.20	0.04	0.35	3.98
3	0.20	0.05	0.4	9.68
4	0.25	0.03	0.35	10.93
5	0.25	0.04	0.4	6.96
6	0.25	0.05	0.3	8.42
7	0.30	0.03	0.4	9.42
8	0.30	0.04	0.3	7.95
9	0.30	0.05	0.35	0.99

物理模拟驱替实验结果见图 3、图 4，由结果发现，注入高浓聚合物-二元驱体系后含水出现二次下降，高渗层分流率减小，中低渗分流率增加，随聚合物段塞尺寸增加，注入压力升高，含水率降幅增大，采收率增加。但随着注入 PV 数继续增加，当驱替倍数达到 1.2PV 时，剖面发生明显反转，含水快速上升，压力下降，高渗层分流率迅速增加，中低渗层分流率迅速下降。

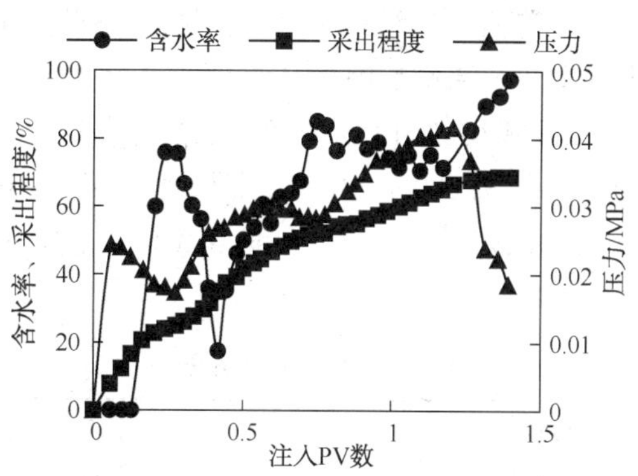

图 3　采出程度、含水率及压力变化

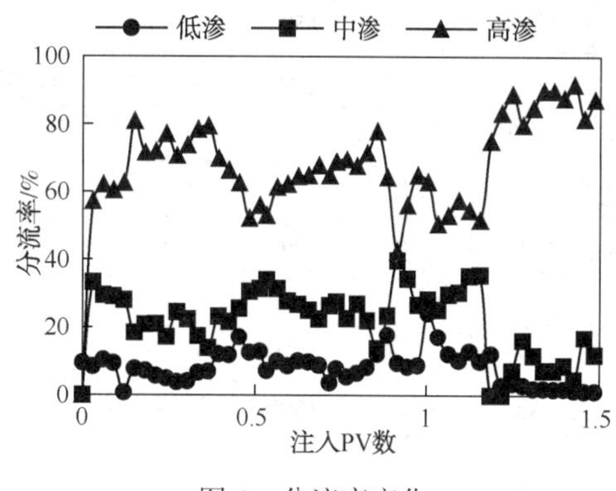

图 4　分流率变化

2.3　二元复合驱后开展非均相组合驱

非均相体系主要由聚合物、表面活性剂、及粘弹性颗粒(PPG)等驱油剂组成，其中 PPG 在水中溶胀不溶解，聚合物、表面活性剂、PPG 三者在水溶组成非均相体系，具有较强的调剖驱油双重作用。

实验方法，模拟现场二元复合驱段塞，然后开展非均相体系组合驱实验，实验采用正交实验设计，正交实验参数设计见表 6。具体实验流程为：水驱至含水 75%+0.3PV 聚合物驱(1200mg/L)+0.3PV 二元复合驱(1200mg/LP+0.2%S)+水驱 0.5PV+非均相体系+后续水驱至含水 98%。

表 6　四因素三水平正交表

参数 方案	PPG 浓度/mgL^{-1}	表活剂浓度/%	聚合物浓度/mgL^{-1}	段塞尺寸/PV
方案 1	1000	0.20	1000	0.30
方案 2	1000	0.25	1500	0.35
方案 3	1000	0.30	2000	0.40
方案 4	1500	0.20	1500	0.40
方案 5	1500	0.25	2000	0.30
方案 6	1500	0.30	1000	0.35
方案 7	2000	0.20	2000	0.35
方案 8	2000	0.25	1000	0.40
方案 9	2000	0.30	1500	0.30

正交实验设计结果见表 7，结果表明，非均相体系驱油效果影响因素从大到小依次为：聚合物浓度>段塞尺寸>PPG 浓度>表活剂浓度，最优组合为聚合物 2000mg/L+段塞尺寸 0.4PV+PPG 浓度 1000mg/L+表活剂浓度 0.3%，提高采收率 16.05%。

表 7　正交实验统计表

参数 方案	PPG 浓度/mgL^{-1}	表活剂浓度/%	聚合物浓度/mgL^{-1}	段塞尺寸/PV	低渗透层提高采收率%
方案 1	1000	0.20	1000	0.30	11.23
方案 2	1000	0.25	1500	0.35	13.23
方案 3	1000	0.30	2000	0.40	16.05
方案 4	1500	0.20	1500	0.40	14.52
方案 5	1500	0.25	2000	0.30	13.57
方案 6	1500	0.30	1000	0.35	12.37
方案 7	2000	0.20	2000	0.35	14.22
方案 8	2000	0.25	1000	0.40	10.90
方案 9	2000	0.30	1500	0.30	11.57

物理模拟驱替实验结果见图 5、图 6，由实验结果可知，注入非均相体系后含水均出现二次下降，方案 3 提高采收率幅度最大，高渗层分流率减小，中低渗分流率增加，波及体积大，采收率最好，这是因为非均相复合驱油体系通过发挥 PPG 与聚合物在增加体系黏弹性方面的加合作用，进一步扩大波及体积，发挥表面活性剂具有大幅度降低油水界面张力的作用，提高洗油效率。

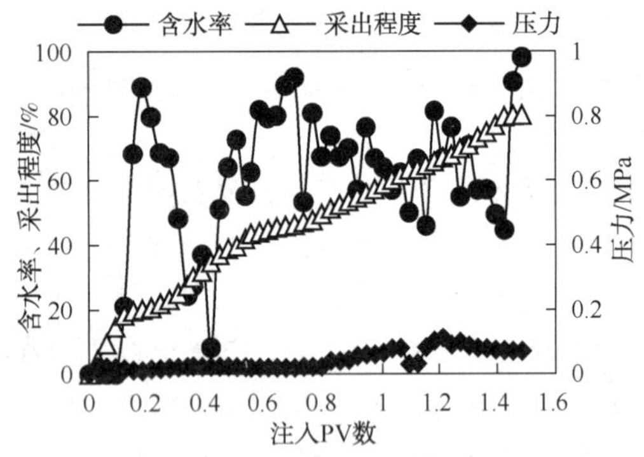

图 5　压力、含水率及采出程度随注入 PV 数变化曲线

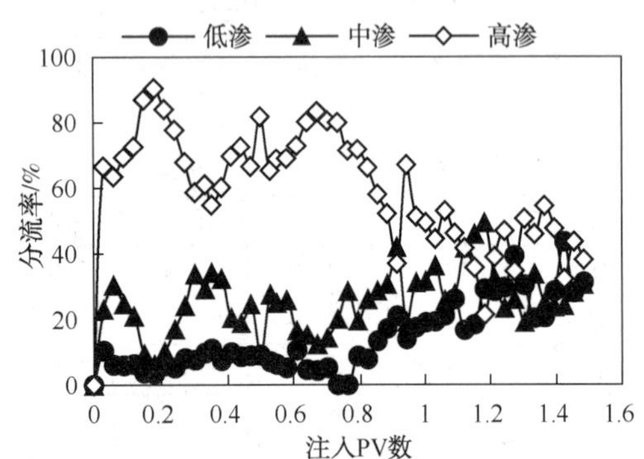

图 6　分流率随注入 PV 数变化曲线

3　结　论

针对二元复合驱后油藏特点，对海上油田二元复合驱后进一步提高采收率技术进行了探索，基于二元复合驱后存在的开发矛盾，结合室内物理模拟实验，考察了“高浓度聚合物驱”、“高浓聚合物与二元组合驱”及“非均相组合驱”三种驱油体系方案，室内物理实验表明三种驱油体系均能使液流转向，降低高渗层的分流率，提高中低渗层的分流率，扩大波及体积，分别提高采收率为 13.55%、10.93% 和 16.05%，“非均相体系”组合驱油实验提高采收率效果最好，为二元复合驱后进一步提高采收率技术方法体系筛选和二次高效开发策略的制定奠定基础。

参　考　文　献

[1] 王京博，史锋刚，黄波，田津杰，张军辉．锦州 9-3 油田二元复合体系研究[J]．特种油气藏，2011，18(01)：98-100+140-141.

[2] 卢芳，高振会，贾永刚，杨东方．锦州 9-3 油田海域环境现状及其评价[J]．海洋学报(中文版)，2010，32(01)：161-169.

[3] 蒋文超，张健，宋考平，唐恩高，黄斌，李强．渤海绥中 36-1 油田二元复合驱相对渗透率研究[J]．油田化学，2016，33(02)：311-315.

[4] 谢坤，李强，苑盛旺，卢祥国．疏水缔合聚合物与渤海储层非均质性适应性研究[J]．油田化学，2015，32(01)：102-107.

[5] 刘玉章，熊春明，罗健辉，李宜坤，王平美，刘强，张颖，朱怀江．高含水油田深部液流转向技术研究[J]．油田化学，2006(03)：248-251.

[6] 刘卫东，罗莉涛，廖广志，左罗，魏云云，姜伟．聚合物-表面活性剂二元驱提高采收率机理实验[J]．石油勘探与开发，2017，44(04)：600-607.

[7] 王雨，陈权生，林莉莉，赵文强．二元驱后应用活性聚合物进一步提高原油采收率[J]．油田化学，2014，31(03)：414-418.

[8] 刘义刚，卢琼，王江红，王成胜，吴文祥．锦州 9-3 油田二元复合驱提高采收率研究[J]．油气地质与采收率，2009，16(04)：68-73.

[9] 张宁，阚亮，张润芳，吴晓燕，田津杰，王成胜．海上稠油油田非均相在线调驱提高采收率技术—以渤海 B 油田 E 井组为例[J]．石油钻采工艺，2016，38(03)：387-391.

东河油田东河1CⅢ油藏注气提高采收率技术研究

潘昭才　孟祥娟　陈德飞　刘　举　周代余　曹献平

（中国石油塔里木油田分公司）

摘　要　碎屑岩油田常规以注水开发为主，常因储层非均质性严重且原油黏度较高导致含水上升较快，致使水驱采收率较低，并且因注水开发成本较高，在低油价的国际环境中经济效益矛盾突出。为此，探索经济型的开发方式，实现碎屑岩油田提高采收率显得尤为重要。塔里木盆地东河油田东河1CⅢ油藏油井井况较为复杂，普遍具有井深（>5000m），高温（>140℃）、高盐（>20×10^4mg/l）等特点，该区前期主要采取注水驱油，在2001年和2006年两次调整，完善了注采井网，地层压力得到较好的保持，但随注水量的增加，油藏整体存水率呈下降趋势，水驱指数较低，并且耗水指数超过2.0，表明注入水无效循环程度增加，导致大量剩余油无法采出，水驱状况变差。为进一步提高东河1CⅢ油藏的采收率，系统的分析和论证了碎屑岩油藏注天然气开采特征并开展室内实验研究及理论研究，指出该区注气提高采收率的主要机理是混相驱，混相后相界面消失、毛管压力减小、原油黏度降低；并且储层中较长一段时间内均不会发生注入气气窜，注气可以维持该区储层压力并提高驱油效率，预测期末采出程度达53.4%。在实施注气提高采收率过程中，完善了东河油田1CⅢ油藏注气配套工艺技术，形成了注气管柱设计方法、超深高温油气井永久式光纤监测新工艺等一系列配套工艺。现场试验表明，该区地层压力明显上升，含水率下降，自然递减变缓，开发形势逐渐变好，累积增油达23.2万吨，东河油田注气提高采收率的成功实施为塔里木油田碎屑岩老油田的开发指明了方向。

关键词　注水；注气；提高采收率；混相驱；碎屑岩油藏；配套工艺

塔里木碎屑岩主力油藏整体进入“双高”开发阶段，面临含水上升加快、产量递减大、后备资源不足等挑战，稳产上产难度大，并且因油藏埋藏深、温度高、矿化度高、井网稀等不利因素影响，导致提高采收率面临极大挑战。注水驱可以降低油藏部分残余油量，但注水开发过程中油井见水快、含水率上升快，易发生水窜及暴性水淹[1-5]；注气驱作为油田提高采收率的一种重要方法，气体的注入能力远强于水，且对储层的损害较小，可解决注水困难难题，注入的气体不仅可维持油藏压力，还可以提高驱油效率[6-10]。

东河油田东河1CⅢ油藏已进入开发中后期，经研究因1砂层储层低渗、注水效果差，剩余油局部富集；2及以下砂层组水驱采出程度高，剩余油高度分散，导致开发效果较差，急需转变开发方式，提高油藏采收率，实现东河1CⅢ油藏高效开发。通过提高采收率技术前期评价研究，注气提高油藏采收率已在国内外广泛应用，不受油藏高温、高盐等油藏苛刻条件的限制，加上塔里木油田天然气资源丰富，注气驱是高温高盐油藏提高采收率的现实技术方向。为此，以东河1CⅢ油藏为研究对象，系统的分析和论证了碎屑岩油藏注天然气开采特征研等，探索注气提高采收率机理，大力开展现场试验，研究表明注气可提高东河1CⅢ油藏采收率，在试验过程中逐步探索出适合东河油田1CⅢ油藏注气配套工艺技术，形成了注气管柱设计方法、超深高温油气井永久式光纤监测新工艺等一系列配套工艺。

1　油田概况

东河塘油田位于塔北隆起中段东河塘断裂背斜构造带上，注气重大开发试验区为东河塘油田东河1CⅢ油藏，该油藏含油面积2.98km²，地质储量604万吨；油藏原始地层压力62.38MPa，压力系数1.12，原始地层温度140℃，温度梯度2.4℃/100m。东河1CⅢ油藏纵向上划分为10个

【作者简介】潘昭才，出生于1972年2月，男，高级工程师，大学本科毕业，1996年毕业于西南石油大学采油工程专业，现就职于中国石油塔里木油田油气工程研究院，主要从事采油气工艺研究及相关管理工作。E-mail：Panzc-tlm@petrochina.com.cn

砂层组，17 个小层，0-6 砂层组为主要含油层段，并且东河 1CⅢ油藏中东河砂岩厚度大，油层段无稳定的泥岩隔岩，自下而上依次为水层、稠油带、稀油层，各流体界面基本统一，油藏类型为静态特征表现为块状底水油藏。东河 1CⅢ油藏自 1990 年试采到 2013 年已经开采了 23 年，根据油藏产量及其变化规律，其开发调整分为五个阶段(图 1)。

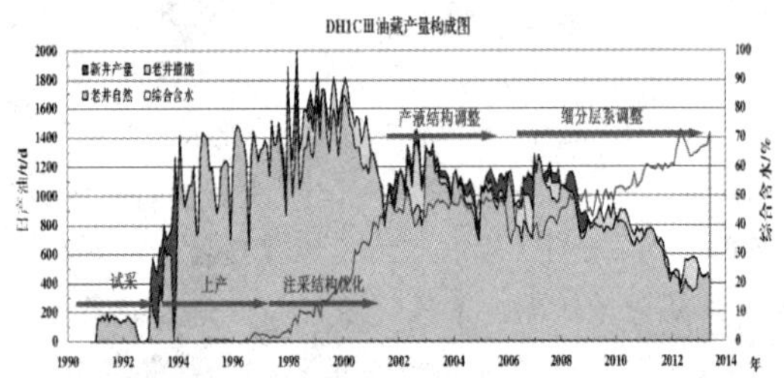

图 1　东河 1CⅢ油藏开发调整阶段示意图

截止 2013 年 6 月，东河 1CⅢ油藏日产油 405t，综合含水率 71.79%，核实累积产油 830×10^4t，核实累积产水 465×10^4t，核实地质储量采油速度 0.63%，核实地质储量采出程度 34.65%。油田日注水量 $1220m^3$，累积注水 $1643\times10^4m^3$，地层压力降低 16MPa。

2　油藏地质特征及水驱开采特征

2.1　水驱开采特征

2.1.1　注入水利用状况

东河 1CⅢ油藏存水率在年注采比小于 1.0 理论存水率典型线区域内波动，存水率下降趋势较为明显，在对应注采比 0.6~0.8 理论存水率区域内波动，表明水驱效果变差。2006 年实施开发调整以后，存水率下降趋势减弱，表明短期内开发效果有所变好；2009 年后实际存水率沿着 ER=43%的曲线下降，开发效果变差(图 2)。东河 1CⅢ油藏注气前水驱指数已降至 0.7，对应注采比 0.8，全油藏水驱效果日益变差；注气前耗水指数超过 2.0，表明注入水无效循环程度增加(图 3)。

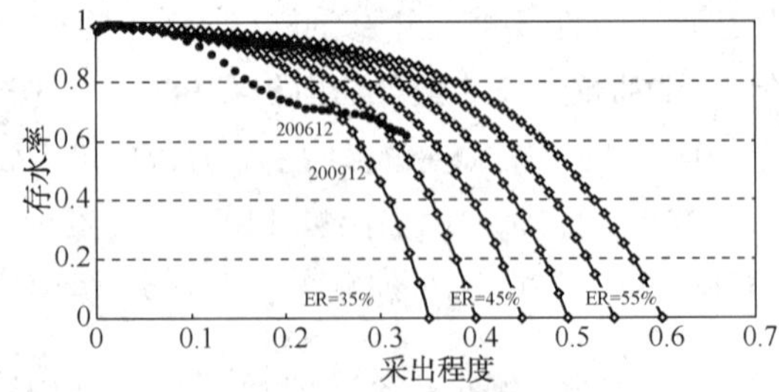

图 2　东河 1CⅢ油藏采出程度与存水率关系曲线

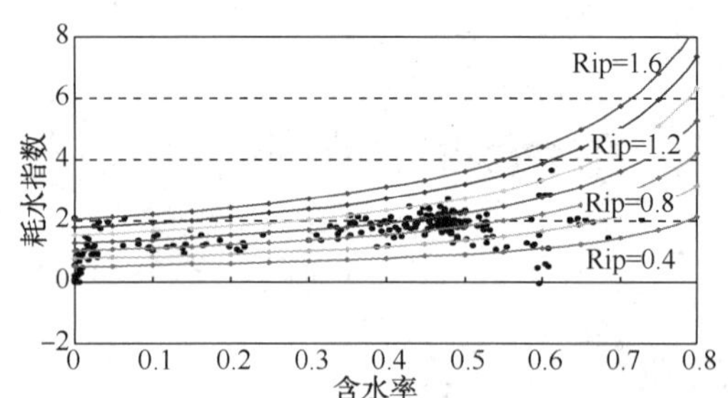

图 3　东河 1CⅢ油藏含水率与耗水率关系曲线

2.1.2　驱动方式及驱动能量评价

东河 1CⅢ油藏开发初期以弹性驱动为主，随注采井网日趋完善，虽然人工注水驱动能量上升，弹性驱动能量相对下降，但受注采层位不对应影响，注水效果不好，地层能量下降明显。2001 年和 2006 年两次调整强化了注采层位对应关系，完善了注采井网，人工注水驱动能量持续上升，相比前一阶段，地层压力得到了较好的保持，注气前油藏平均地层压力 46MPa 左右。2006 年细分开发层系调整到至注气前，弹性驱动指数基本不变，但注水驱动能力有所下降，表明东河 1CⅢ油藏目前水驱状况变差(图 4)。

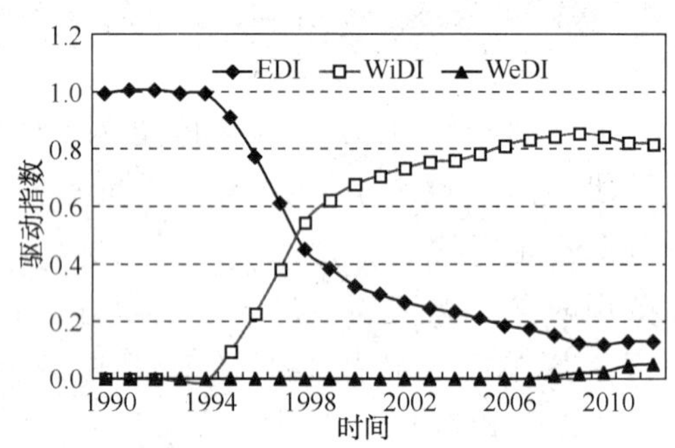

图 4　东河 1CⅢ油藏驱动能量分析图

2.2　剩余油分布

2.2.1　平面剩余油分布

剩余油的分布与储层特征及开发方式等因素关系十分密切，决定了注气实施方案优化调整的实施方式。

0 砂层组的剩余油局部富集，主要分布在构造中部，存在一个较大的断层，能量难以得到有效补充，动用程度低，剩余储量较高(图 5)。1^1小层在构造中部剥蚀，剩余油主要集中在两侧，除注水井附近，剩余油饱和度均较高，受储层物性和井网影响，整体上动用程度较低，水淹程度低，剩余油富集(图 6)；1^2小层水淹程度很低，除注水井附近，剩余油饱和度均较高。1^3小层剩余油主要分布在构造中部偏北区域，从剩余油饱和度分布上看，除注水井附近，剩余油饱和度均较高。其中构造边部已经形成注采井组连通关系的区域水淹程度较高，剩余油相对富集。

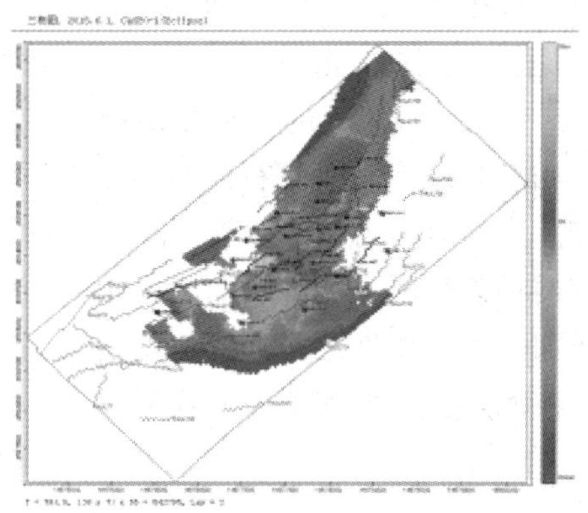

图 5　0 砂层组剩余油饱和度分布图

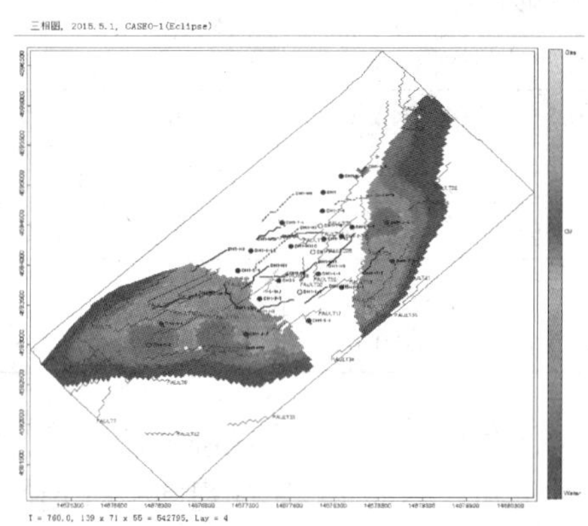

图 6　1^1小层剩余油饱和度分布图

2^1小层局部区域水淹程度较高，但剩余油相对较富集的区域含油饱和度达也较高，剩余油分布相对比较分散；2^2小层剩余油分散，剩余丰度较低；3^1小层和 2^2小层相比水淹程度更高，剩余油分部更为零散，整体剩余油丰度较低；4 砂层组含油饱和度大部分介于 42%~51%之间，有少数零星点大于 51%。5^1小层水淹严重，剩余油饱和度大都低于 50%；5^2小层和 5^3小层储情况比较类似，在靠近构造中部的小范围内水淹程度较低。

2.2.2　纵向剩余油分布

纵向剩余油分布主要受层间夹层和底部稠油段影响。油藏顶部和 2 至 5 砂层组原始油储量丰度较高，经过多年的注水开发后，2 至 5 砂层组的开发效果相对较好，注水对 1 砂层组的开发效果却非常差，动用程度很低。注气前 1 砂层组的采出程度较低，剩余油储量非常丰富，具有很大的潜力。纵向上各砂层组原始储量及目前剩余储量比较见图 7。

图 7 可得纵向上各砂层组采出程度差异大，

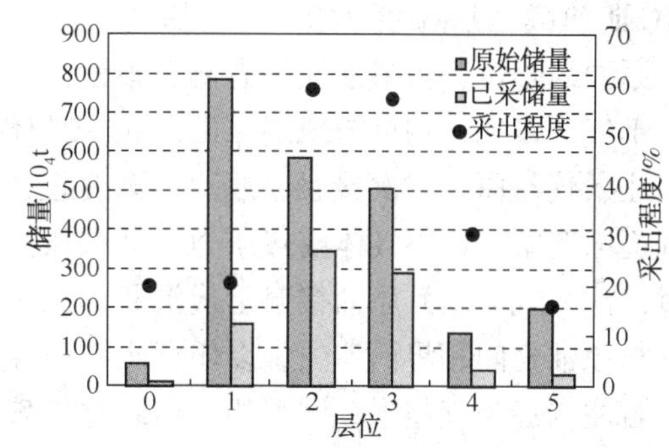

图 7　各砂层组原始储量及目前剩余储量对比表

2 砂层组采出程度最高，已经达到 59.05%，其次为 3 砂层组，达到了 57.07%，4 砂层组达到了 30.42%，其余各砂层组都在 20%以下。

根据水驱开发情况和剩余油分布情况，东河 1CⅢ油藏水驱状况已经很差，并且油藏具有较大的剩余地质储量，表明在东河 1CⅢ油藏注气提高采收率具有较好的油藏条件。

3　注气驱机理及注采参数优化

3.1　注气驱机理

3.1.1　混相机理分析

注气驱时油藏温度、压力决定了三元相图中两相区的大小，进而决定了原油组分在极限系线的左侧还是右侧，原油在极限系线左侧为凝析混相，在极限系线右侧为蒸发混相(图 8)[11,12]。东

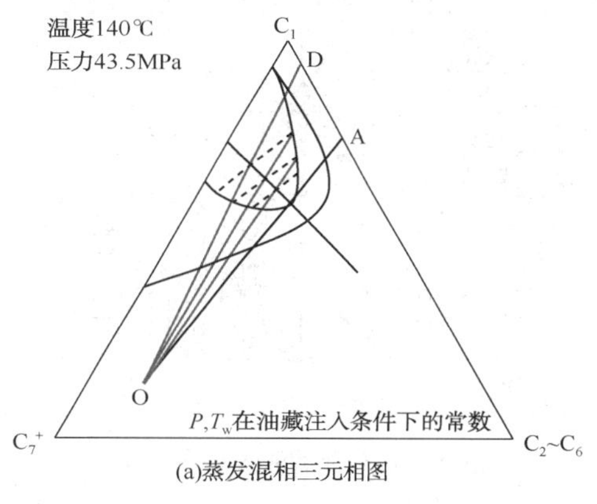

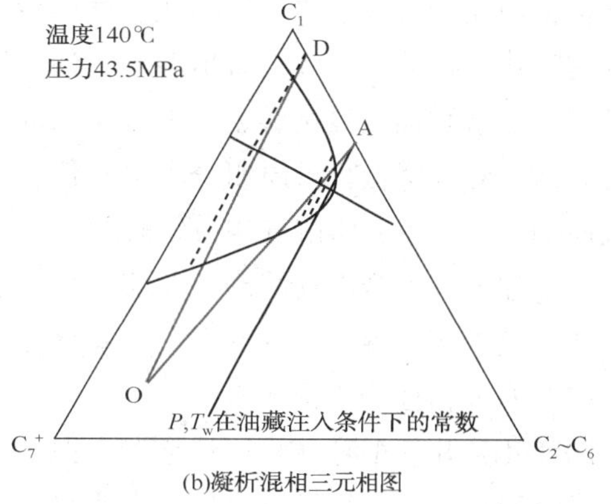

图 8　注气混相驱三元相图

河 1CⅢ油藏地层温度 140℃、地层压力 43MPa 时，原油组分位于极限系线的右侧，不论注入氮气、干气、富气，均可与地层原油混相。具体机理是注入气与原油多次接触，原油逐渐变轻、注入气逐渐变富。最终气体露点压力与地层压力一致时，注入气与新鲜原油接触形成混相。此时注入气与原油之间相界面消失，以任意比例互溶。

若注入烃类气越干，则混相带后缘地层残留原油中间组分降低，此时地层中残留原油组分组成不再稳定，胶质、沥青质沉淀产生固溶物沉积等现象，会对储层造成污染，因此要尽量保证注入气组分较富。

3.1.2 混相特征分析

注气提高采收率的主要机理是混相后相界面消失、毛管压力减小、原油黏度降低(表 1)。常温下长岩心气驱油测试出口压力为 0.1MPa、25MPa、35MPa 时氮气的气油相渗曲线，随压力升高，相渗曲线等渗点向右偏移，油相相对渗透率增加。当出口压力为 35MPa 注入 CO_2时，相渗曲线的两相共渗区变宽，气油两相相对渗透率均大幅增加，且油相渗透率降低速度趋缓，有效改善了流体流动性，增加了驱油效率(图 9)。

表 1 注干气膨胀实验结果

注入溶剂量/mol	饱和压力/MPa	气油比/(m^3/m^3)	体积系数	饱和油密度/(g/cm^3)	脱气原油密度/(g/cm^3)	脱气原油分子量	注入剂体积比	溶解气油比/(m^3/t)
0.00	6.55	15.10	1.09	0.76	0.85	243.30	0.00	17.73
0.21	14.40	50.20	1.19	0.73	0.86	251.40	0.17	58.56
0.39	23.87	95.34	1.30	0.70	0.86	254.30	0.32	110.96
0.53	33.57	153.69	1.47	0.67	0.86	255.80	0.43	178.67
0.65	44.04	242.91	1.71	0.63	0.86	250.00	0.53	283.71

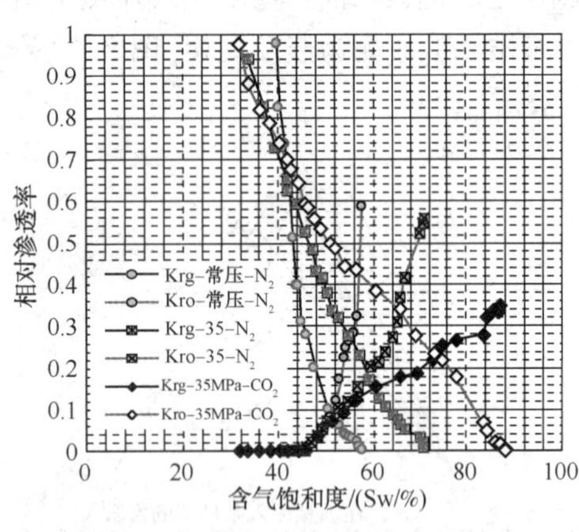

图 9 混相前后油气相渗曲线

根据前期受效较早的三口油井注气前后采油指数的变化进行分析，可以看出混相后油藏流体流动能力显著增加。混相后表现出地层原油饱和压力升高，黏度降低，重质组分含量降低；地面脱气原油组分变重、溶解气组分变轻等特征。因此，加强注入气、产出物的动态监测，可以及时评价注气是否实现混相驱替。

(1) 原油物性变化特征

DH1-HX 井是东河 1CⅢ油藏受效最早的油井，原油组分变重、溶解气组分变轻，表明目前阶段注入气已经在地层中与原油混相，该井在注气见效后，原油有黏度降低、密度降低的趋势，胶质、沥青质含量和含蜡量均以不同程度波动下降。

(2) 天然气组分变化特征

DH1-HX 井气油比上升后，产出气 C_1、C_2 组分含量增加，C_3及以上组分含量降低、产出气密度降低趋势。随氮气试注、撬装设备注天然气的转换，氮气含量明显降低，产出气组分变轻。

(3) 注入气和产出气组分变化

对比注入气组分与 DH1-HX 井产出气组分，产出气轻质组分含量增加；中间烃含量不变，逐渐与注入气组分含量趋于一致；重组分含量降低。

注氮气试注以及撬装压缩机注入烃类气均使地下原油与注入气进行了一定程度组分交换。因氮气的抽提作用，随气体注入比例的增加，地层压力大于饱和压力时地层原油性质变好，其轻质组分含量增加；当原油在地面脱气后，注入氮气引起脱气原油密度增加的程度明显高于注入烃类气。当注入不同组分烃类气体时，烃类气体越富，则脱气后对原油轻质组分的抽提作用就越小，脱气后原油密度增加的程度就越小；烃类气体越干，则脱气后对原油轻质组分的抽提作用就越大，脱气后原油密度增加的程度就越大。

3.2 注采参数优化

3.2.1 生产井配产

东河 1CⅢ油藏中的老井因受效较早 3 口油井影响，产液指数增加 1～5 倍，其中四口未受效的油井较原方案设计产液指数降低 0.3～0.5 倍，其他井产液指数变化不大；参考目前产液指数，对生产井进行配液，为防止气窜，受效较早的 3 口井按照目前产液指数、生产压差配液；为保证机采井合理工况，1 砂层组生产井均按目前产液指数、生产压差配液；其他井适当增加生产压差配液，提高老井产液规模。

根据目前注气情况预测新钻水平井产液能力平均 2.45t/d.MPa，按照平均生产压差 16MPa 计算，新钻水平井平均日产液约 40t/d。

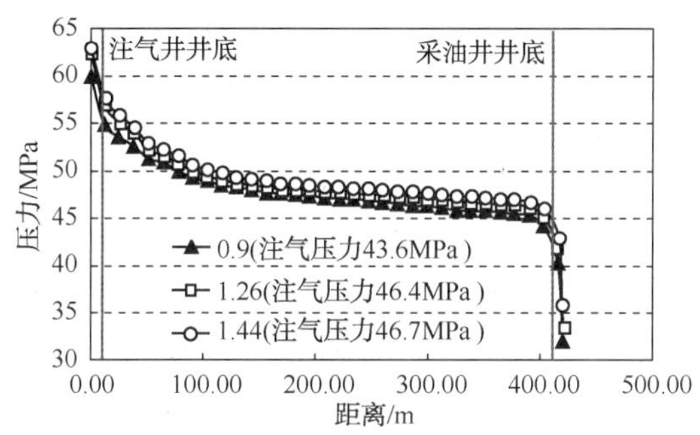

图 10 注采过程不同注采比下压力剖面

3.2.2 合理注采比

根据 MDT 测试结果，1^2 小层地层压力在 40MPa，1^3小层地层压力 45MPa，2^1 及以下小层地层压力大于 48MPa。根据数值模拟研究不同注采比下东河 1CⅢ油藏地层压力恢复速度(图 11)，方案设计注采比 1^2 及以上小层初期在 1.2～1.4 左右，1^3及以下小层注采比初期在 1.1～1.2 左右，后期降至 1.0 以下。

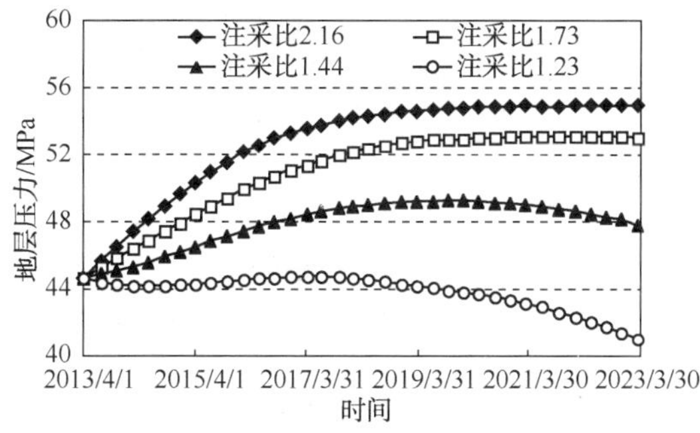

图 11 不同注采比下地层压力恢复情况

3.2.3 合理采油速度

调研国内外油田注气驱前后的采油速度，中海油涠洲 12-1 油田顶部注伴生气驱(非混相)，注气后采油速度 1%，吐哈油田葡北水气交替驱(混相)，注气后平均采油速度可达到 6.38%。根据数值模拟结果(图 12)，采油速度<5%时，注气气油界面基本保持稳定。DH1CⅢ油藏顶部注气驱，剩余油饱和度较高(40%～75%)，混相驱气窜后中低气油比期产油能力不会降低，因此确定注气试验稳产期采油速度为 1%左右(图 12)。

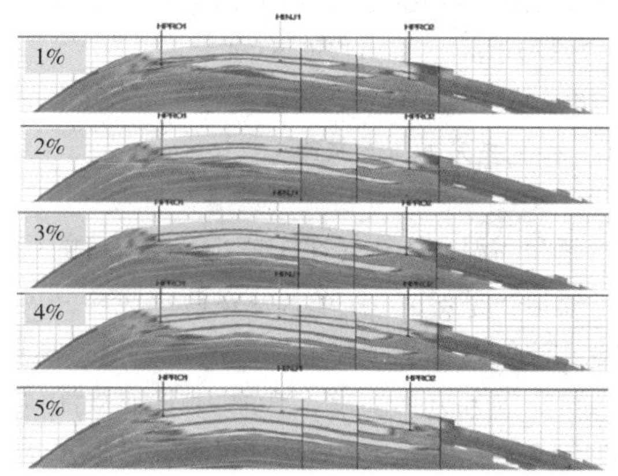

图 12 不同采油速度下注气重力稳定效果数值模拟

3.2.4 注气规模

根据物质平衡方程(式)可估算油藏日注气量[13]：

$$Q_g \cdot B_g + Q_w \cdot B_w = \begin{bmatrix} Q_o \cdot B_o + (Q_l - Q_o) \cdot \\ B_w + R_p \cdot Q_o \cdot B'_g \end{bmatrix} \cdot IPR \tag{1}$$

式中 Q_g——日注气量，m^3；

Q_w——日注水量，m^3；

Q_o——日产油量，m^3；

B_o——原油体积系数；

B_w——地层水的体积系数；

B_g——注入气体积系数；

B'_g——产出气的体积系数；

Q_l——日产液量，m^3；

R_p——气油比；

IPR——注采比；

结合 Hawkins 油田对标认识，按单井配产、注采比、采油速度估算，0－1^2 小层注采比按 1.2～1.4 估算，日注气量需达到 $20\times10^4m^3$；1^3－2 及以下小层注采按比 1.0 左右估算，日注气量需达到 $40\times10^4m^3$左右，总日注气量接近 $60\times10^4m^3/d$。根据室内实验结果，必须保证注入天然气占目前地下烃类孔隙体积 0.5 倍以上，才能显著提高油藏驱油效率。按照试验区烃总孔隙体积

$930\times10^4m^3$、注气量 $60\times10^4m^3/d$、注入气地层体积系数 0.00371 计算，保证注入气存气量地下体积占气顶区烃总孔隙体积 1.0PV 以上，需要注气 5~8 年。

试验方案注气期 8 年，评价期 20 年，平均日注气 $56.7\times10^4m^3$，建成 23 万吨产能规模稳产 4 年。稳产期内年产油量为 22.0×10^4t，峰值产量 23.20×10^4t，评价期末累产油 1213.4×10^4t，累产水 1226.8×10^4t，累产气 $13.5\times10^8m^3$，累注气 $17.3\times10^8m^3$，采出程度 53.4%。

4　超深井注气配套工艺研究

4.1　注气井完井工艺技术

4.1.1　CH_4驱注入管柱设计及配套工具

超深高温高压注气管柱是 CH_4进入目的层的唯一通道，是保证 CH_4驱提高采收率成功开展的关键，注气管柱必须能够同时满足高温、高压、永久可靠等各方面要求。东河 1CⅢ油藏注气井较少(4 口)，注气开发后期注气井需考虑不动管柱转采气，管柱服役的腐蚀环境将变得相对苛刻。为满足前期高压大排量注气及自喷生产的需求，设计了注气-自喷生产一体化管柱(图 13)。该管柱采用气密封较好的 BGT2 扣油管与具有气密封性的永久式 MHR 封隔器，以有效防止注入的高压气体发生渗漏，管柱及封隔器的材质均为 S13Cr 材质，能够有效防止注入气体与产出气体对管柱的腐蚀。注气-自喷一体化管柱满足在长时间高压大排量注气后直接转自喷生产的工况，有效降低作业次数，降低油田开发成本。

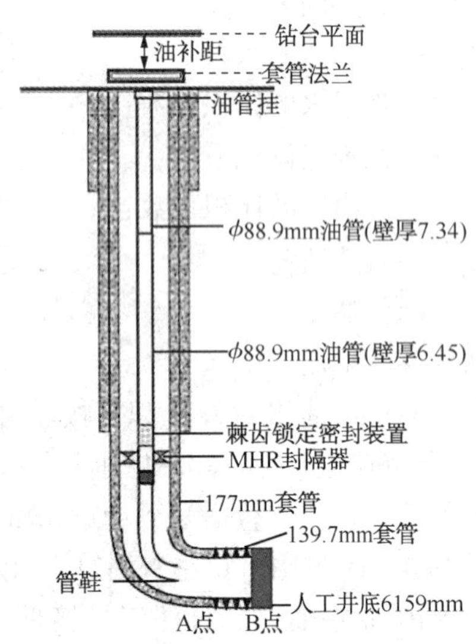

图 13　井身结构及完井管柱结构示意图

东河 1CⅢ油藏 4 口注气井均为老井转注气井，套管存在不同程度的腐蚀，为充分保护套管，在注气管柱上配置了永久式 MHR 封隔器，在保证气密封性的同时能够承受较大的工作压差，具体规格参数见表 2。MHR 封隔器主要包括坐封机构，锁紧机构及密封机构等。

表 2　MHR 封隔器参数表

名称	MHR 封隔器
外径/mm	152.4
内径/mm	73.58
耐压/psi	10000
耐温/℃	4.44~162.78
抗拉/psi	110000
坐封压力/psi	3500
扣型	VAMTOP
材质	S13Cr

4.1.2　管柱受力分析

注气过程中各种效应所产生的力可用三轴应力进行表示，该应力是相对于单轴应力的广义三维应力，以 Hencky-Mises 的应变能量理论为基础，各种工况下若三轴应力超过了油管的屈服强度将发生屈服失效，三轴应力通常也被称为冯米塞斯力，表达式为[14,15]，

$$Y_P \geqslant \sigma_{VME} = \frac{1}{\sqrt{2}}[(\sigma_z-\sigma_\theta)^2+(\sigma_\theta-\sigma_r)^2+(\sigma_r-\sigma_z)^2]^{1/2} \quad (2)$$

式中　Y_P——最小屈服强度，MPa；

σ_{VME}——三轴应力，MPa；

σ_z——轴向应力，MPa；

σ_θ——切应力(周向应力)，MPa；

σ_r——径向应力，MPa。

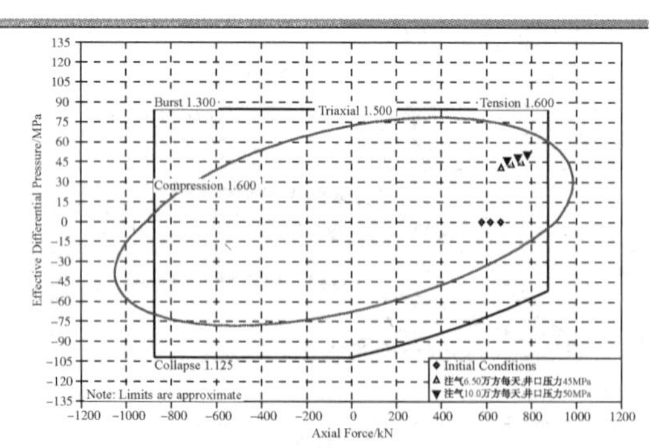

图 14　油管载荷控制图

油管强度校核时根据式 1 的计算值绘制出三轴应力椭圆，若载荷在设计区域内则说明管柱设计满足要求。研究过程中利用 WELLCAT 软件对

管柱进行强度校核，根据三轴应力校核结果(图15)可看出在各种工况下管柱所受到的载荷均在设计区域内，表明该管柱的配置结构是安全可靠的。封隔器信封控制图(图 16)，所有工况均在封隔器信封以内，表明封隔器在各种工况下均能稳定工作。

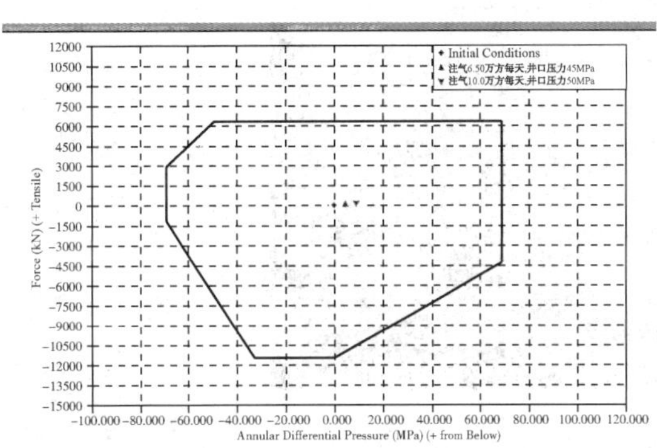

图 15　封隔器信封控制图

4.2　永久式光纤监测技术

现阶段油气井在实施动态监测时基本采用单一温度测量或者单一压力测量。在东河油田注气开发重大试验过程中为保证数据录全录准，设计将温度监测光纤与压力监测电缆同时预制在耐高温高压的连续钢管内部，实现监测井的全井筒温度与井底压力实时监测。

超深高温油气井永久式光电复合缆监测系统主要包括井下光电缆、井下压力计、封隔器、地面系统四大部分及相应的配件(图 16)，该技术创新性的实现温度监测光纤与压力监测电缆一体化封装、捆绑在油管柱下入，实现全井筒温度及部分井段压力的实时动态监测。

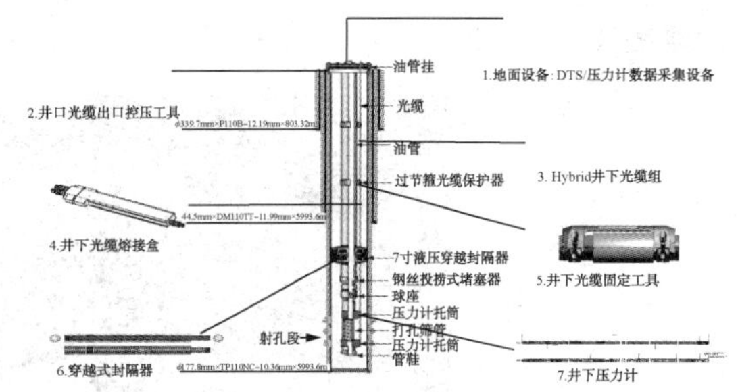

图 16　油井温压监测系统的主要组成部分

5　现场试验

截止 2018 年 9 月底，东河油田东河 1CⅢ油藏共实施 4 口注气井，注气管柱均采用研制的注气-自喷一体化管柱，目前日注气 40　$10^4m^3/d$，满足目前配注需求，并且管柱未发生泄漏，表明注气管柱达到了设计要求，管柱的稳定性已经得到现场验证。

DH1-6-9 井是塔里木油田注气开发重大试验第一口实施光电复合缆监测的生产井，采用气举管柱捆绑测温光纤和测压电缆的方式，实现井筒温度分布与井底压力的实时监测，为验证新研究监测技术的可靠性，在光电复合缆监测的同时也采用钢丝+存储式电子压力计工艺进行静压、静温梯度测试，井下永久式压力计录取的数据(表 3)与梯度测试录取的数据仅存在微小误差，但利用梯度计算温度及压力值时，可能因不同位置的压力及温度梯度差异会带来一定误差，导致部分数据可靠性较差。

表 3　永久压力计与梯度测试结果

序号	项目	类别	压力/MPa			温度/℃		
			监测值	梯度折算对应深度值	差值	监测值	梯度折算对应深度值	差值
1	静梯（5650m）	上压力计	49.22	49.10	0.12	139.67	139.13	0.54
		下压力计	49.76	49.59	0.17	140.65	139.96	0.69
2	静梯（5740m）	上压力计	42.98	43.00	0.02	140.84	140.77	0.07
		下压力计	43.53	43.54	0.01	141.07	141.08	0.01

根据永久式光纤监测获得的井筒温度剖面数据，经过正反双向的建模过程进行解释，即可实现定量解释产液剖面。图 17 是永久式光纤监测系统在生产 5d 以后监测到的气体产出信号，明显强于前 5d 的气体产出信号。

永久式光电复合缆温度压力监测系统可实现井筒温度分布及井底压力的实时精准监测，降低了作业风险，减少了对油气井正常生产的影响，并且分布式温度解释结果可反演油井的产气剖面，可有效指导注气开发动态调整，具有极大的工程意义。

截止 2018 年 9 月底，EOR 累积增油 23.2 万吨，地层压力上升(46.5↗51.42MPa)，含水率下降，自然递减变缓，开发形势逐渐变好(5 口井实现自喷)，东河油田已成为塔里木油田老区第一个不依靠新井、实现稳产的碎屑岩老油田。

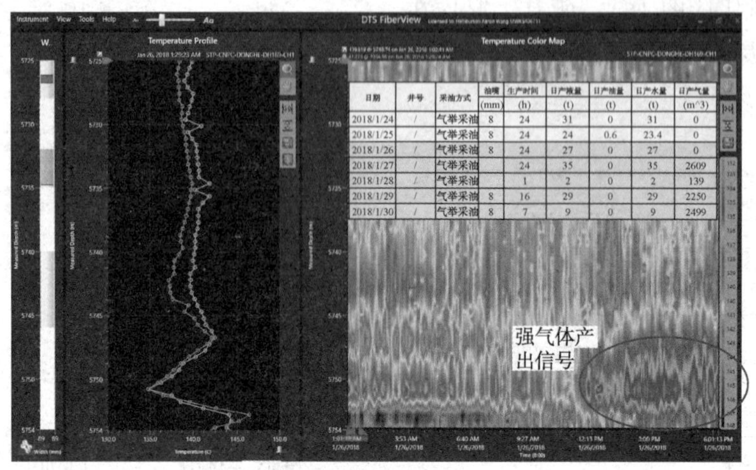

日期	井号	采油方式	油嘴 (mm)	生产时间 (h)	日产液量 (t)	日产油量 (t)	日产水量 (t)	日产气量 (m^3)
2018/1/24	/	气举采油	8	24	31	0	31	0
2018/1/25	/	气举采油	8	24	24	0.6	23.4	0
2018/1/26	/	气举采油	8	24	27	0	27	0
2018/1/27	/	气举采油		24	35	0	35	2609
2018/1/28	/	气举采油		1	2	0	2	139
2018/1/29	/	气举采油	8	16	29	0	29	2250
2018/1/30	/	气举采油	8	7	9	0	9	2499

图 17　吸气剖面监测结果

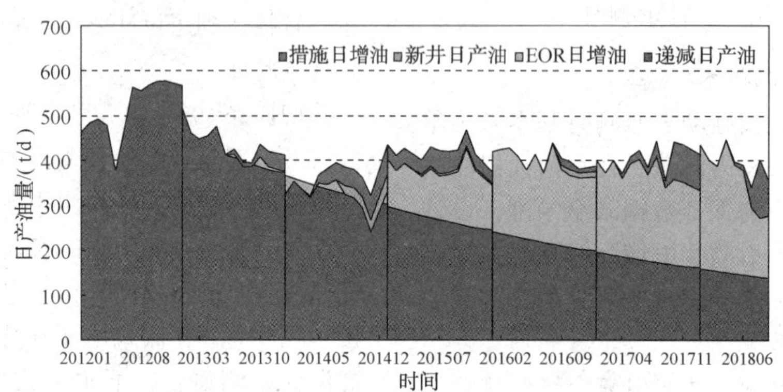

图 18　东河 1CⅢ油藏注气方案实施增油曲线

6　结论及认识

(1) 东河 1CⅢ油藏注水开发过程中注入水无效循环程度增加，并且在弹性驱动指数基本不变的情况下注水驱动能力有所下降，表明水驱状况变差；东河 1CⅢ油藏剩余油地质储量丰富，注气开发的潜力较大。

(2) 根据东河 1CⅢ油藏纵向剩余油分布及平面剩余油分布情况，表明油藏具有较大的剩余地质储量，在东河 1CⅢ油藏注气提高采收率具有较好的油藏条件。

(3) 注气提高采收率的主要机理是混相后相界面消失、毛管压力减小、原油黏度降低，有效改善了流体流动性，增加了驱油效率；按设计的注气量、配产量进行注气和生产，在评价期末累产油 1213.4×10^4t，采出程度可达 53.4%。

(4) 注气管柱达到了设计要求，性能已经得到现场验证，光电复合缆监测新技术实现了油井温度及压力在时间及空间的动态监测，并且井筒温度分布解释结果可反演油井的产气剖面，可有效指导注气开发动态调整。

参　考　文　献

[1] Seyyedsar, S. Mehdi, S. Amir Farzaneh, and Mehran Sohrabi. “Enhanced heavy oil recovery by intermittent CO_2 injection.” SPE Annual Technical Conference and Exhibition. Society of Petroleum Engineers, 2015.

[2] Kumar, A., et al. “Gas Injection as an Enhanced Recovery Technique for Gas Condensates. A comparison of three Injection Gases.” Abu Dhabi International Petroleum Exhibition and Conference. Society of Petroleum Engineers, 2015.

[3] Darabi, Hamed, A. Abouie, and K. Sepehrnoori. “Improved Oil Recovery in Asphaltic Reservoirs During Gas Injection.” SPE Western Regional Meeting 2016.

[4] 李士伦，郭平，戴磊，等. 发展注气提高采收率技术[J]. 西南石油大学学报(自然科学版)，2000，22(3)：41-45.

[5] 文玉莲，杜志敏，郭肖，等．裂缝性油藏注气提高采收率技术进展[J]．西南石油大学学报(自然科学版)，2005，27(6)：48-52.

[6] Langlo，Stig Andre Winter. Enhanced Oil Recovery by CO_2 and CO_2 -foam Injection in Fractured Limestone Rocks. MS thesis. The University of Bergen，2013.

[7] 杜玉洪，孟庆春，王皆明．任 11 裂缝性底水油藏注气提高采收率研究[J]．石油学报，2005，26(2)：80-84.

[8] 陈华强，张婷婷，潘跃强．塔河油田缝洞型油藏深井注气提高采收率配套工艺[J]．中外能源，2014，19(6).

[9] Rommerskirchen，Renke，et al. "Reducing the Miscibility Pressure in Gas Injection Oil Recovery Processes." Abu Dhabi International Petroleum Exhibition & Conference. Society of Petroleum Engineers，2016.

[10] Wanat，Ed，et al. "Quantification of Oil Recovery Mechanisms during Gas Injection EOR Coreflood Experiments." SPE Abu Dhabi International Petroleum Exhibition & Conference. Society of Petroleum Engineers，2017.

[11] 王冬梅，尹玉川，魏三林．吐哈油田注气提高采收率采油工艺技术研究[J]．吐哈油气，2003(4)：314-318.

[12] 张乔良，王彦利，劳业春，等．涠洲 A 油田注气提高采收率技术与实践[J]．中国石油和化工标准与质量，2014(1)：161-161.

[13] Janssen，Martijn TG，Fardin Azimi，and Pacelli LJ Zitha. "Immiscible Nitrogen Flooding in Bentheimer Sandstones：Comparing Gas Injection Schemes for Enhanced Oil Recovery." SPE Improved Oil Recovery Conference. Society of Petroleum Engineers，2018.

[14] 耿海涛，肖国华，宋显民，等．同心测调一体分注技术研究与应用[J]．断块油气田，2013，20(3)：406-408.

[15] Terry B，Mark B. Design and qualification of a remotely-operated，downhole flow control system for high-rate water injection in deepwater [J]//SPE Asia Pacific Oil and Gas Conference and Exhibition. Society of Petroleum Engineers，2004.

高含水期可动凝胶深部调驱含水率动态预测模型

任红梅[1,2] 王宁[1] 曾庆桥[1] 柴雪峰[1] 王玉婷[1] 黄伟[1]

（1. 中国石油华北油田勘探开发研究院 2. 华东理工大学化工与分子学院）

摘 要 可动凝胶深部调驱技术广泛应用于各中高含水砂岩油藏，实现深部调驱阶段含水率的定量预测，对现场调驱方案的设计具有一定指导意义。目前主要通过油藏工程方法和数值方法预测效果，由于计算时间长，过程均较为复杂。通过油田动态生产数据，依据相渗通式推导了水驱含水率预测模型，解释了含水率预测模型中各参数的物理内涵，并建立深部调驱含水率预测模型。采用体积加权法迭代动态计算凝胶表观黏度和残余阻力系数，表征凝胶调驱过程中的增油降水效果，对影响含水率变化形态的模型参数开展敏感性分析。研究表明，油藏非均质性与注入体积倍数影响含水率漏斗下降幅度与分布宽度，体系黏度与阻力系数对含水率下降幅度影响最为显著。选取蒙古林试验区进行测试，预测含水率绝对误差小于 2%，精度符合工程要求，证明方法具有可行性。

关键词 可动凝胶；含水率预测；前缘推进方程；加权迭代；相渗曲线

可动凝胶深部调驱是聚驱后提高采收率的一项有效措施，已在国内外中、高渗砂岩油藏广泛开展。其将可流动凝胶溶液注入地层深部，在改善油水流度比的基础上，对平面及纵向非均质层进行有效封堵，通过增加驱替相的渗流阻力，实现液流转向[1]。目前可动凝胶深部调驱效果预测方法主要有考虑多种影响因素的神经网络方法[2-4]、动态预测方法[5]和数值模拟方法，通常预测过程较复杂，迭代参数较多。目前针对水驱含水率及产量预测模型研究已较为成熟，形成了广义翁氏、Weibull、Rayleigh、广义单峰等周期型模型，以及 HCZ、Logistic 等增长型模型，陈元千等[6-7]针对油田开发调整和三次采油等措施建立了多峰预测模型，具有实用性。而对于可动凝胶调驱含水率预测模型仍缺少相关研究，本文结合凝胶调驱机理，通过相渗曲线规律、前缘推进方程和物质平衡原理对水驱动态指标进行计算，运用体积加权迭代法计算注入凝胶期间的地下表观黏度和残余阻力系数，建立调驱含水率预测模型，用以预测凝胶调驱阶段的增油降水变化规律。

1 相渗通式推导水驱含水率预测模型

在油藏动态开发过程中，储层类型的不同、波及体积的变化等因素均会引起油层平均油水相对渗透率曲线形态改变，水驱油藏的油水相对渗透率可由经验公式表示为指数形式[8]：

$$k_{rw} = k_{rw}(S_{or})\, S_{wD}^{\,n_w} \tag{1}$$

$$k_{ro} = k_{ro}(S_{wi})\,(1 - S_{wD})^{n_o} \tag{2}$$

$$S_{wD} = \frac{S_w - S_{wc}}{1 - S_{wc} - S_{or}},\quad 1 - S_{wD} = \frac{1 - S_w - S_{or}}{1 - S_{wc} - S_{or}} \tag{3}$$

毛伟等将经验公式简化为 k_{ro}、k_{rw} 通式[9]：

令 $a_o = -\dfrac{k_{ro}(S_{wi})^{\frac{1}{n_o}}}{1 - S_{wc} - S_{or}}$，$b_o = \dfrac{k_{ro}(S_{wi})^{\frac{1}{n_o}}(1 - S_{or})}{1 - S_{wc} - S_{or}}$，$a_w = \dfrac{k_{rw}(S_{or})^{\frac{1}{n_w}}}{1 - S_{wc} - S_{or}}$，$b_w = -\dfrac{k_{rw}(S_{or})^{\frac{1}{n_w}} S_{wc}}{1 - S_{wc} - S_{or}}$

将式(1)、(2)变换为：

$$k_{ro} = (a_o S_w + b_o)\, n_o,\quad k_{rw} = (a_w S_w + b_w)\, n_w \tag{4}$$

文献[10]根据物质平衡原理和前缘推进方程，推导了新型含水率模型，并反映了油藏出口端含水饱和度与时间的关系：

【基金项目】中国石油天然气股份公司重大科技专项“华北油田勘探开发关键技术研究与应用(2017E-15)部分成果。

【作者简介】任红梅(1967—)，女，1989 年毕业于西南石油大学采油专业，华东理工大学在读博士，高级工程师，现主要从事提高采收率及开发实验研究工作。E-mail：yjy_ wangning@ petrochina. com. cn

$$\left[\frac{1}{k_{ro}(S_{w出})}-\frac{\mu_w}{\mu_o}\frac{1}{k_{rw}(S_{w出})}\right]d\,S_{w出}=\frac{\alpha}{V_p}dt \quad (5)$$

其中 $\alpha=\dfrac{2\pi Kh\Delta P}{\mu_o\left[\ln\left(\frac{r_e}{r_w}\right)+s\right]}$，令 $S_{w出}=S_w$，将(4)式代入(5)式得：

$$\left[\begin{array}{l}\frac{1}{k_{ro}(S_{wc})}\left(\frac{1-S_{wc}-S_{or}}{1-S_w-S_{or}}\right)n_o-\\ \frac{\mu_w}{\mu_o k_{rw}(S_{or})}\left(\frac{1-S_{wc}-S_{or}}{S_w-S_{wc}}\right)n_w\end{array}\right]d\,S_w=\frac{\alpha}{V_p}dt \quad (6)$$

(6) 式两边积分后变为：

$$\frac{1}{k_{ro}(S_{wc})}\frac{1}{n_o-1}\left(\frac{1-S_{wc}-S_{or}}{1-S_w-S_{or}}\right)1-n_o+\frac{\mu_w}{\mu_o k_{rw}(S_{or})}\frac{1}{1-n_w}\left(\frac{1-S_{wc}-S_{or}}{S_w-S_{wc}}\right)1-n_w=\frac{\alpha}{V_p}t \quad (7)$$

当 $n_o>n_w$ 时，对于高含水期油藏 $S_{wc}\ll S_w<1-S_{or}$，$(1-S_w-S_{or})1-n_o\gg(S_w-S_{wc})1-n_w$，略去(7)左式第二项，在积分区间[S_{wc}，S_w]上简化为：

$$\frac{1}{k_{ro}(S_{wc})}\frac{1}{n_o-1}(1-S_{wc}-S_{or})n_o\left[(1-S_w-S_{or})1-n_o-(1-S_{wc}-S_{or})1-n_o\right]=\frac{\alpha}{V_p}t \quad (8)$$

可知束缚水饱和度时油相渗透率为 1，故 $k_{ro}(S_{wc})=1$，整理(8)式得：

$$S_w=1-S_{or}-\left[\begin{array}{c}(1-S_{wc}-S_{or})1-n_o+\\ \frac{(n_o-1)\alpha}{(1-S_{wc}-S_{or})n_o V_p}t\end{array}\right]\frac{1}{1-n_o} \quad (9)$$

(9) 式说明油相指数对含水饱和度影响较大，代入分流方程 $f_w=\dfrac{1}{1+\frac{\mu_w}{\mu_o}ae-b\,S_w}$ 得到文献(10)中的新型水驱油藏含水率预测模型[10]：

$$f_w=\frac{1}{1+A\,e\,D[(1-S_{wc}-S_{or})+Bt]\,C} \quad (10)$$

$A=\dfrac{\mu_w}{\mu_o}ae-b(1-S_{or})$，$B=\dfrac{2\pi Kh\Delta P(n_o-1)}{E_V V_\phi \mu_o\left[\ln\left(\frac{r_e}{r_w}\right)+s\right]}$，$C=\dfrac{1}{1-n_o}$，$D=b(1-S_{wc}-S_{or})\dfrac{n_o}{n_o-1}$，考虑井网密度和非均质性条件时的波及系数表示为：$E_V=e-\dfrac{1.125}{n}\left(\dfrac{K_e}{\mu_o}\right)-0.148(1-V2_k)$

式(10)形式类似广义 Usher 含水率模型 $f_w=\dfrac{0.98}{(1+a\,b\,t^c)\,d}$ 在 $d=1$ 时的情况，在未知油藏相渗数据时，3 系数可通过生产数据历史拟合得到，在油藏开发过程中，当波及体积、驱替液黏度、生产压差、油水相渗发生变化时，含水率均会偏离原水驱含水率预测曲线。

2 凝胶调驱含水率预测模型建立

研究证明，可动凝胶体系对水相相对渗透率降低程度影响大，而对油相相对渗透率影响不大[11-13]，实验条件下测得可动凝胶体系溶液、油相相对渗透率可分别为：

$$k_{rp}=\frac{k_{rw}0}{1+a_{k1}X+a_{k2}X2}\left(\frac{S_w-S_{wc}}{1-S_{wc}-S_{or}}\right)^u \quad (11)$$

$$k_{ro}=\frac{k_{ro}0}{1+a_{k1}X}\left(\frac{S_w-S_{or}}{1-S_{wc}-S_{or}}\right)^v \quad (12)$$

可动凝胶注入地下交联后，产生的残余阻力引起了原水驱油水相对渗透率曲线形态的变化，通常表现为水相渗透率减小，注入体系的吸附和滞留引起了孔隙介质局部渗透率的降低，且大小与可动凝胶浓度有关[14]。

地下凝胶溶液的平均表观残余阻力系数无法准确测量，结合油水相对渗透率曲线特征，可将残余阻力系数解释为使得原水相渗透率降低而引起的水相相对渗透率变化，与含水饱和度相关，用相渗通式表达出如下关系：

$$F_r=\frac{K_{rwi}}{K_{rwa}}=\left(\frac{S_w-S_{wc}}{1-S_{wc}-S_{or}}\right)^{-\Delta n_w}=\frac{Q_{w前}}{Q_{w后}}\frac{\Delta P_{后}}{\Delta P_{前}} \quad (13)$$

$$R_f=\frac{K_{rw}}{K_{rp}}\frac{\mu_w}{\mu_p} \quad (14)$$

得：

$$F_r=\frac{K_{rw}}{K_{rp}}=(1+a_{k1}X+a_{k2}X^2)\left(\frac{S_w-S_{wc}}{1-S_{wc}-S_{or}}\right)^{n_w-u} \quad (15)$$

将式(13)、式(15)代入分流方程，得到理论预测的凝胶调驱含水率与水驱含水率的关系：

$$\frac{1}{f_{w调驱}}-1=\left(\frac{1}{f_{w水驱}}-1\right)(1+a_{k1}X+a_{k2}X^2)\frac{\mu_p}{\mu_w}\left(\frac{S_w-S_{wc}}{1-S_{wc}-S_{or}}\right)^{n_w-u} \quad (16)$$

且有

$$f_w=\frac{1}{1+\frac{\mu_p}{\mu_o}aF_r e^{b\left[S_{wc}-\frac{(1-S_{wc})}{E_V}R\right]}} \quad (17)$$

式(16)可反映了凝胶调驱的聚交比、表观黏度和残余阻力系数对含水率的影响，根据加权体积法迭代计算出不同时间步的表观黏度 μ_p、残余阻力系数 F_{rr} 和渗透率变异系数 V_k，求解步骤如下[15]：

① 根据油藏相渗曲线及经验公式，计算 a、b、n_w、n_o、k_{ro}^0、k_{rw}^0 等系数，回归拟合(10)式水驱含水率预测模型的相关参数；

② 根据初始含水饱和度 S_{wi} 和采出程度 $R(i)$，计算生产至第 i 时间步的平均含水饱和度：

$$\overline{S_w(i)}=S_{wi}+R(i)(1-S_{wi}) \quad (18)$$

③ 注入 ΔV 调驱剂后，凝胶改善了波及范围内的油水流度比，未波及区域 $\overline{S_w(i-1)}$ 仍按照水驱时油水流度比计算，在已知注入前的加权黏度 $\overline{S_w(0)}\mu_w(0)$ 的情况下，通过当前时间步的注入体系黏度 $\mu_{wg}(i)$ 和注入孔隙体积倍数 $\Delta V(i)$ 计算下一步驱替液表观黏度：

$$\mu_w(i)=\frac{[\overline{S_w(i-1)}\mu_w(0)+\mu_{wg}(i)\Delta V]}{[\overline{S_w(i-1)}+\Delta V]} \quad (19)$$

② 已知注入前的平均残余阻力因子 $\overline{S_w(0)}F_r(0)$ 的情况下，通过当前时间步的注入体系浓度、最大残余阻力系数 $F_{rmax}(i)$，计算下一步加权残余阻力系数：

$$F_{rr}(i)=\frac{[\overline{S_w(i-1)}F_r(0)+F_{rrmax}(i)\Delta V]}{[\overline{S_w(i-1)}+\Delta V]} \quad (20)$$

式(19)和(20)中 $\overline{S_w(0)}$、$\mu_w(0)$、$F_r(0)$ 分别表示调驱开始前的水驱含水饱和度、地下水黏度和残余阻力系数。

⑤ 重新计算校正后的动态等效渗透率：

$$K'=K_{min}+(K-K_{min})/F_r \quad (21)$$

其中，K_{min} 为渗透率最小值，K' 为校正后的等效渗透率，K 为各层渗透率，重新计算渗透率变异系数 V_k。

⑥ 根据当前时间步的油藏平均饱和度和注入孔隙倍数，按照式(19)、式(20)和式(21)将迭代计算的表观黏度、残余阻力系数和变异系数代入式(10)，调驱阶段系数 A、B 发生变化，可得到多因素影响的凝胶调驱含水率预测模型。

3 模型敏感性分析

建立概念模型，研究非均质性、注入体积倍数、注入速度、体系黏度和阻力系数因素对含水率的影响。以 200m 井距反七点井网为例，已知模型相渗 $S_{wc}=0.35$，$S_{or}=0.32$，$n_w=3.61$，$n_o=1.404$，见，$k_{rw}(S_{or})=0.56$，见图 1、图 2，$k_{ro}(S_{wc})=1$，井网密度 n=67.37 口/km^2，日注量 60m^3/d，单井日产液 10m^3/d，设定地质储量 27.63 万吨，孔隙体积 4.8×10^{5}m^3，地下凝胶黏度 300mpa.s，最大阻力因子 $F_{rmax}=5$，原油密度 0.89，地层油黏度 15mPa·s 地层水黏度 0.5mPa·s，油层有效厚度 3m，平均渗透率 100μm^2，平均孔隙度 20%(图 1)。

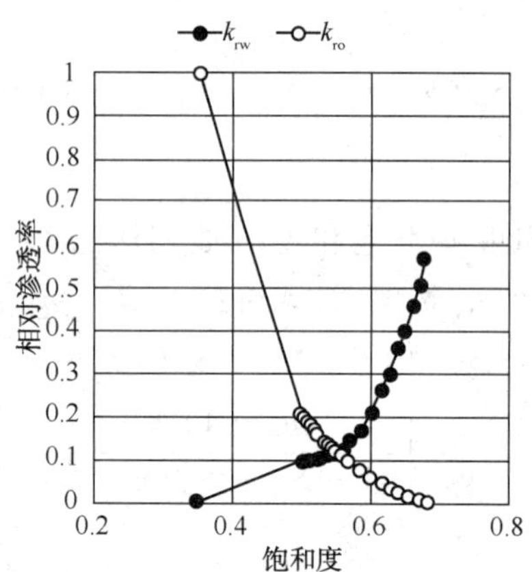

图 1 模型油水相对渗透率曲线

3.1 非均质性对含水率变化的影响

假设注入凝胶段塞的孔隙体积倍数为 0.05，平均渗透率为 100μm^2，观察渗透率变异系数为 0、0.2、0.4、0.6、0.8 共 5 个水平，代入(18)式可计算出不同渗透率变异系数对含水率模型的影响，见图 4。对比结果表明：相同平均渗透率，不同渗透率变异系数时，调驱阶段的含水率变化不同，非均质性越强，含水率下降最低点越小，漏斗宽度越窄。

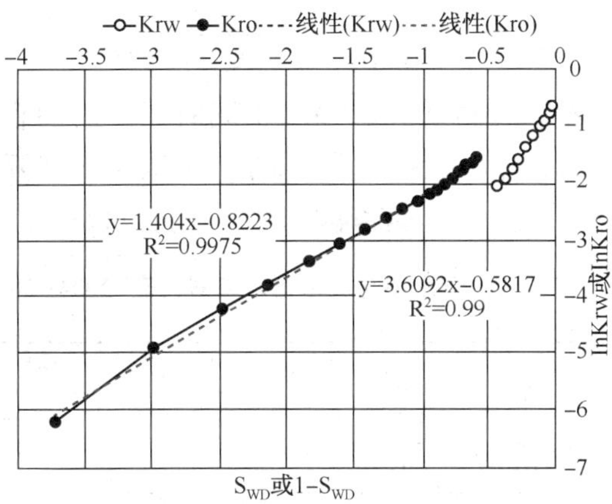

图2　模型油相及水相指数回归曲线

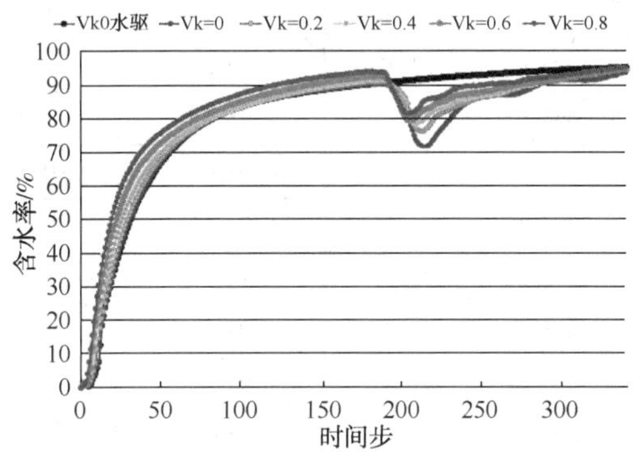

图3　不同渗透率变异系数预测含水率对比曲线

3.2　注入倍数对含水率变化的影响

假设注入体系等效黏度为300mPa·s，最大残余阻力系数为5，变异系数为0.6，迭代计算注入孔隙倍数分别为0.1、0.15、0.2、0.25、0.3、0.35、0.4PV时含水率变化关系，见图5。结果表明：在注入体系浓度和注入速度确定的情况下，影响含水率降低程度及漏斗宽度的主要因素是注入量[16]，随着凝胶注入量的增加，含水率最低值不断降低，注入量至0.05PV后，含水率下降至最低值，以漏斗宽度变化为主。

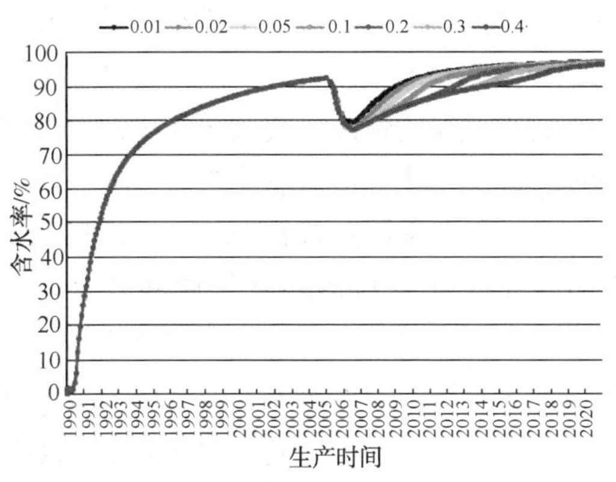

图4　不同注入孔隙倍数预测的含水率对比曲线

3.3　注入速度对含水率变化的影响

假设注入体系等效黏度为300mPa·s，最大残余阻力系数为5，变异系数为0.6，迭代计算注入速度分别为0.02、0.04、0.06、0.08PV/a时含水率变化关系，见图5，结果表明：注入凝胶量相同时，含水率下降幅度相同，注入速度越快，初期含水率下降越陡，漏斗宽度不变。

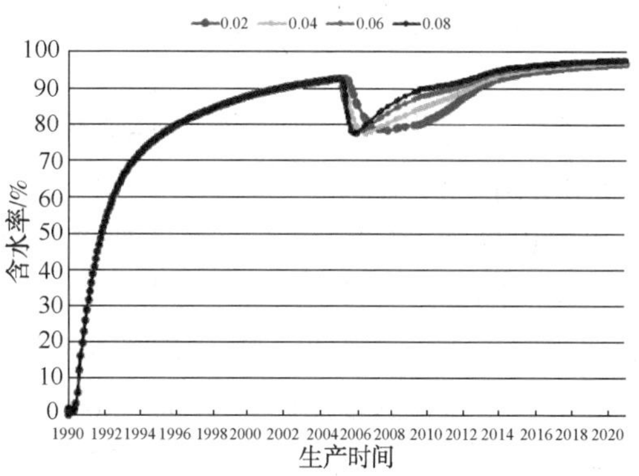

图5　不同注入速度预测的含水率对比曲线

3.4　体系黏度对含水率变化的影响

假设注入体系孔隙体积为0.2PV，最大残余阻力系数为5，变异系数为0.6，注入体系地下等效黏度分别为50mPa·s、100mPa·s、200mPa·s、300mPa·s、400mPa·s、500mPa·s时含水率变化关系，见图6，结果表明：相同注入量，不同注入聚合物黏度注入时，随着注入黏度增大含水率下降幅度增大，漏斗宽度不变。

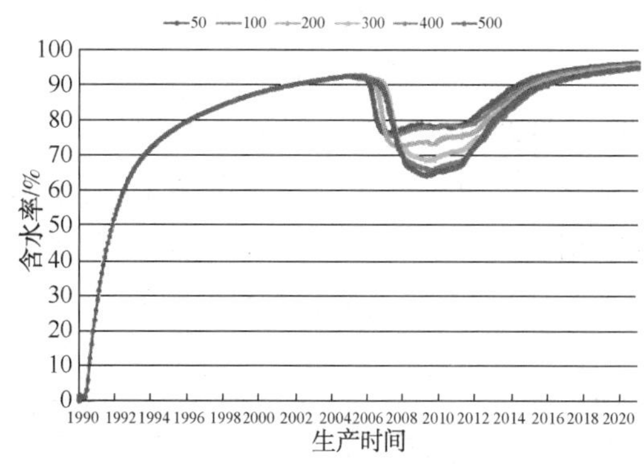

图6　不同聚合物黏度预测含水率对比曲线

3.5　阻力系数对含水率变化的影响

假设注入体系孔隙体积为0.2PV，注入体系等效黏度为100mPa·s，变异系数为0.6，观察最大残余阻力系数分别为5、10、20、50时含水率变化关系，模型预测结果表明：阻力系数对含水率下降幅度影响较大，漏斗宽度不变，见图7。

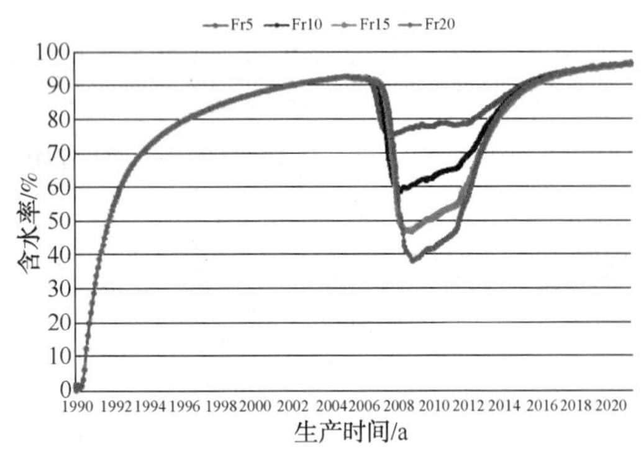

图 7　不同阻力系数预测含水率对比曲线

4　应用实例

以二连盆地蒙古林砂岩油藏西部试验区为例，依据实际生产资料定义如下参数：目的井区控制地质储量 $N_p = 489.8 \times 10^4$t，井网密度 16.06 口/km^2，地层水及地下原油黏度：$\mu_w = 0.5$mPa · s，$\mu_o = 123$mPa · s，凝胶体系地下黏度 300mPa · s，地面原油密度 $\gamma_o = 0.88$，Swc = 0.4，Sor = 0.18，$n_w = 4.212$，$n_o = 1.21$，见图 8。

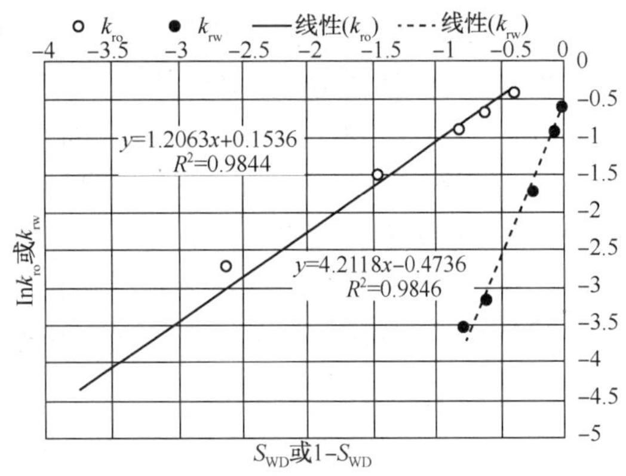

图 8　试验区油相相渗及水相相渗指数回归曲线

试验区于 2005 年 8 月至 2008 年 01 月实施可动凝胶调驱。水驱和调驱阶段产油量和含水率情况，见图 9。计算的水驱含水率模型为：

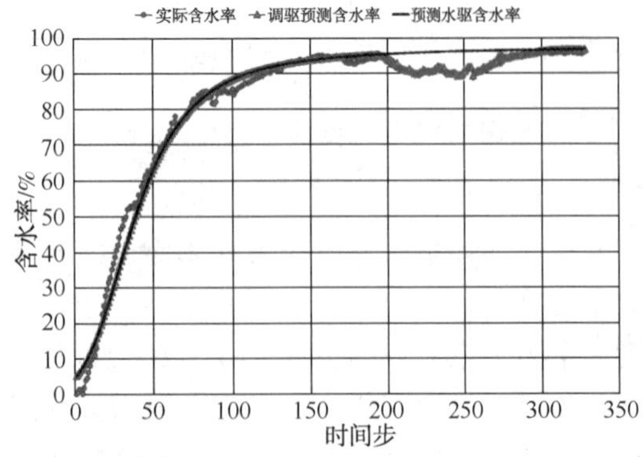

图 9　模型预测含水率与试验区实际含水率对比曲线

$$f_w = \frac{1}{1 + 0.0273\, e^{3.91(0.9+0.003t)^{-5}}} \quad (22)$$

依据(22)式计算预测不同时间步时的含水率，见表 1。最大误差为 2%，可以用于实际油藏分别预测水驱和深部调驱阶段的含水率。

表 1　模型预测含水率与实际含水率对比表(2004~2008)

序号	时间	实际含水率/%	新型含水率预测模型	
			预测含水率/%	误差/%
1	2004.02	93.01	95.02	-2.01
2	2004.05	93.11	95.12	-2.00
3	2004.08	93.53	95.21	-1.68
4	2004.11	94.28	95.29	-1.01
5	2005.02	94.33	95.37	-1.04
6	2005.05	94.24	95.45	-1.21
7	2005.08	94.92	95.26	-0.33
8	2005.11	94.16	94.67	-0.51
9	2006.02	92.93	94.03	-1.10
10	2006.05	92.09	93.21	-1.12
11	2006.08	91.57	92.05	-0.47
12	2006.11	91.18	91.20	-0.02
13	2007.02	90.90	90.90	0.00
14	2007.05	90.49	90.56	-0.07
15	2007.08	90.05	89.88	0.18
16	2007.11	90.23	90.73	-0.50
17	2008.02	90.45	90.70	-0.25
平均				-0.77

5　结论

(1) 利用相对渗透率经验通式推导了含水率预测模型，揭示了二者的内涵关系，油藏长期开发过程中，油层平均相对渗透率曲线、驱替液黏度、波及系数、生产压差等指标的变化均能改变水驱预测含水率的曲线形态，模型适用于相渗曲线满足相渗通式形式，且 $k_{ro}/k_{rw} - S_w$ 在半对数坐标系中为直线段的情况，模型未考虑改变油藏工作制度、井距变化等对调驱效果的影响。

(2) 结合可动凝胶调驱机理，采用体积加权迭代计算地下驱替液的表观黏度和残余阻力系数，建立了可动凝胶调驱含水率预测模型，讨论了注入体系黏度、注入速度、残余阻力系数等因素对含水率的影响，油藏非均质性影响含水率下降宽度、含水率最低点和漏斗分布宽度；注入体积倍数影响含水率下降漏斗分布宽度和含水率最低点出现的时间；注入黏度和阻力系数主要影响含水率下降幅度。

符号解释：

k_{rw}，k_{ro}——水相和油相相对渗透率；

$k_{ro}(S_{wi})$——束缚水时油相渗透率；

$k_{rw}(S_{or})$——残余油时水相渗透率；

n_w，n_o——相渗指数，取决于油藏孔隙特征的常数；

S_{wc}，S_{or}——束缚水和残余油饱和度；

$S_{w出}$——出口端含水饱和度；

K——渗透率，μm²；

K_e——油相有效渗透率，μm²，

ΔP——注采压差，MPa；

μ_o，μ_w——油水地下黏度，mPa·s；

r_e，r_w——泄油半径与井筒半径，m；

s——表皮系数；

V_p——井控范围波及体积，m³；

V_ϕ——井控范围孔隙体积，m³；

h——储层有效厚度，m；

t——生产时间；

k_{rp}——凝胶溶液相对渗透率；

u、v——凝胶驱相渗方程指数；

a_{k1}、a_{k2}——可动凝胶相渗方程参数；

X——可动凝胶体系交联剂与聚合物浓度比；

F_r——残余阻力系数；

R_f——阻力系数；

$-\Delta n_w$——水相相渗指数变化量；

K_{rwi}——凝胶调驱前水相相对渗透率；

K_{rwa}——凝胶调驱后水相相对渗透率；

$\Delta n_w > 0$，$Q_{w前}$，$Q_{w后}$——凝胶调驱前后水流量，m³/s；

$\overline{S_w}$——油藏平均含水饱和度。

基于井间连通性的调堵动态预测新方法

赵 辉[1] 刘 伟[1] 李国浩[1] 许凌飞[1] 曹 琳[1] 邓学锋[2]

(1. 长江大学；2. 中国石化华北油气分公司)

摘 要 基于连通性思想建立了一种新的调剖堵水动态预测新方法。利用日常生产动态和物质平衡法建立了可模拟油水动态的井间连通性模型，可获取各井间连通传导率、连通体积、注水劈分和注水效率等参数，定量识别井间优势连通关系；以此为基础，结合堵剂封堵能力评价结果，沿连通单元进行流动处理建立了可快速模拟预测调剖堵水动态的新方法。应用表明，该方法相比传统数模计算简单可靠，可以和窜流优势通道识别无缝对接，实现调堵井优选、动态预测和用量优化的整体决策，指导现场调堵方案的设计和应用。

关键词 井间连通性；数值模拟；调剖堵水；动态预测

当前，水驱开发仍是我国大部分油田的主体开发方式，经过长时间开发地下渗流体系发生较大变化，注采矛盾日益突出，水驱无效水循环严重，多级优势流场并存且难以识别，稳油控水难度不断增大[1-3]。为改善注采矛盾，调剖堵水技术已成为油田注水开发中一类重要的工艺改造措施，但目前调剖堵水数值模拟技术还不够成熟，对调剖堵水动态的精确模拟预测比较困难，加之对地层连通规律和优势流道认识不清，现场调剖堵水措施整体成功率低、见效差、失效快[4-7]。针对调剖堵水的油藏模拟预测一直是油田开发研究的难点，其主要问题在于：调堵剂类型多样，渗流机理复杂，难以精细描述；解法不够稳定，求解困难，计算量大，无法快速计算；同时，没有融合井间连通优势流道信息，很难精确的模拟和方案优化。难以实现大规模应用[4-7]。

井间连通性研究是实施调剖堵水的重要基础，常用的井间连通性识别方法如示踪剂、试井、井间微地震等实施复杂、解释周期长且影响生产，使用范围有限[8-10]。另外，利用注采数据研究井间动态连通性已成为一类重要方法，包括多元回归模型[11-12]、电容模型[13-15]和系统分析模型[16]。但这些模型存在模型过于理想、反演参数无明确地质意义、无法考虑关停井及油井转注等问题。

针对上述存在的问题，本文建立了一种可定量表征地层连通关系的井间连通性模型[17]，可以实现油水动态、注水劈分系数和注水效率的快速求解，且不依赖于复杂地质建模。以建立的井间连通性模型为基础，考虑调剖堵水作用机理，建立了油藏调堵动态模拟预测新方法。

1 井间连通性模型建立

对水驱油藏的注采系统进行分层简化表征，将其简化为一系列井间连通单元体，如图 1 所示。每一个连通单元由传导率($T_{i,j}$)和连通体积($V_{p,i,j}$)这两个特征参数表征，前者表征单元渗流能力，后者反映井间控制范围和体积。

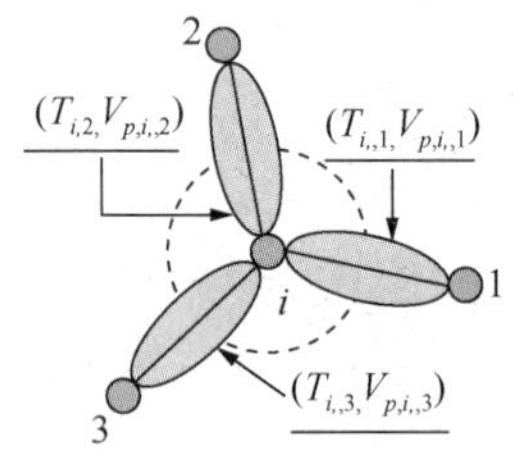

图 1 连通单元示意

对于 i 井，忽略毛管力及重力变化，建立物质平衡方程，有：

$$\sum_{j=1}^{n} T_{i,j}(p_j(t) - p_i(t)) + q_i(t) = \frac{dp_i(t)}{dt}C_t V_{p,i} \tag{1}$$

式中：n 为油水井数；T_{ij}为 i 井与 j 井之间的

【作者简介】赵辉，1984 年 3 月生，男，山东乐陵人，教授、博士生导师，2011 年博士毕业于中国石油大学(华东)油气田开发专业。目前在长江大学石油工程学院任教，主要从事油气田开发、油藏工程及优化控制工程方面的研究。E-mail：zhaohui-712@163.com；zhaohui@yangtzeu.edu.cn

平均传导率，$m^3/(d \cdot MPa)$；p_i 和 p_j 分别为 i 井与 j 井泄油区内的平均压力，MPa；q_i 为 i 井的流量速度，产出为负，注入为正，m^3/d；t 为生产时间，d；C_t 为综合压缩系数，MPa^{-1}；$V_{p,i}$ 为 i 井的泄油控制体积，m^3。

对(1)式进行隐式差分，设时间步长为 Δt，得到以下差分方程：

$$p_i^{t+1} - p_i^t = \frac{\Delta t}{C_t V_{p,\ i}}\left(\sum_{j=1}^{n} T_{i,\ j} p_j^{t+1} - \sum_{j=1}^{n} T_{i,\ j} p_i^{t+1} + q_i^t\right) \tag{2}$$

令 $E_i = \frac{\Delta t}{C_t V_{p,i}^t}$，$G_i = \frac{\Delta t}{C_t V_{p,\ i}^t}\sum_{j=1}^{n} T_{i,\ j}$，$M_i = \frac{\Delta t}{C_t V_{p,i}} q_i^t$，得到方程组：

$$\begin{pmatrix} G_1+1 & -E_1T_{1,2} & \cdots & -E_1T_{1,n} \\ -E_2T_{2,1} & G_2+1 & \cdots & -E_2T_{2,n} \\ \vdots & \vdots & \ddots & \vdots \\ -E_nT_{n,1} & -E_nT_{n,2} & \cdots & G_n+1 \end{pmatrix}\begin{pmatrix} p_1^{t+1} \\ p_2^{t+1} \\ \vdots \\ p_n^{t+1} \end{pmatrix} = \begin{pmatrix} p_1^t \\ p_2^t \\ \vdots \\ p_n^t \end{pmatrix} + \begin{pmatrix} M_1 \\ M_2 \\ \vdots \\ M_{n_w} \end{pmatrix} \tag{3}$$

根据上述方程组，可求得每个井点泄油区的平均压力值。设连通单元连接 i 与 j 两井，且 j 井压力大于 i 井，得到 i 与 j 井间连通单元的流量的计算公式为：

$$q_{i,j}^{t+1} = T_{i,j}(p_j^{t+1} - p_i^{t+1}) \tag{4}$$

根据上式，可计算出每个时刻模型连通单元内的流量分布，接下来就以连通单元为对象进行饱和度追踪计算。在饱和度追踪计算时，将每个连通单元内的饱和度追踪处理为一维渗流问题，根据贝克莱-列维特前缘推进理论，设 i 井与 j 井间的连通单元内，液流方向从 j 流向 i，得到下列偏微分方程：

$$\frac{\partial S_{w,i,j}}{\partial t} + \frac{q_{i,j}^{t+1} V_{p,i,j}}{L_{i,j}} \cdot \frac{\partial f_w(S_{w,i,j})}{\partial x} = 0 \tag{5}$$

式中：$S_{w,i,j}$ 为连通单元内从 j 追踪到 i 的含水饱和度，$f_w(S_{w,i,j})$ 表示连通单元内从 j 追踪到 i 的含水率值，$L_{i,j}$ 表示连通单元的长度。对于上述方程，经过理论推导，并考虑实际油藏中存在油井转注、关井等重大调整措施，采用下述公式进行计算，具体推导可详见文献[18]：

$$f_w'(S_{w,i,j}) = \min\left(f_w'(S_{w,j}) + \frac{1}{C_{v,i,j}},\ f_w'(S_{w,i})\right) \tag{6}$$

式中：f_w 为含水率；$S_{w,i}$ 和 $S_{w,j}$ 为 i 井和 j 井点处含水饱和度；$C_{v,i,j}$ 为从第 j 井流向第 i 井的无因次累积流量。根据上式得到了每一个连通单元含水率导数值，就可以通过插值计算出每一个连通单元的含水率值。求得的各个方向的含水率 $f_w(S_{w,i,j})$，就能计算第 i 井的综合含水率 $f_w(S_{w,i})$，其具体计算公式为：

$$f_w(S_{w,\ i}) = \frac{\sum_{j=1}^{n} q_{i,\ j}^{t+1} f_w(S_{w,\ i,\ j})}{\sum_{j=1}^{n} q_{i,\ j}^{t+1}} \tag{7}$$

获得单井含水率后，可以进一步计算其他生产指标，如日产油量、日产水、累产油等，进而实现了对水驱油藏动态的快速预测。

模型中各井间连通参数的初值可根据井点的物性和连井剖面信息如平均渗透率和有效厚度等进行计算。同时，为了使模型计算的结果与实际动态吻合，需要对传导率、连通体积等参数进行快速调整、修正。通过引入计算机辅助历史拟合方法，可以实现对连通性模型的快速反演，对于该问题，历史拟合过程采用SPSA算法[19]进行求解，详细过程参见文献[19]，其主要的迭代公式为：

$$m^{l+1} = m^l - \gamma \nabla F(m^l), \quad m = [\cdots,\ T_{ij},\ V_{p\ ij}\cdots] \tag{8}$$

式中：γ 为迭代步长；∇F 为随机扰动近似梯度；m 为连通模型参数向量；l 为迭代步数。

2 调堵动态指标预测方法

调堵动态预测的基本思想是：基于历史拟合后模的连通性模型，根据井间流量分布与各井的含水率信息，计算注采井间的劈分系数及注水井的注水效率，从而优选注水效率较低的注水井作为调剖井进行调剖；根据调剖井在当前时刻其周边连通单元的劈分情况，即可得知该井注入堵剂后在各个连通单元所在方向上堵剂的分配比例；结合室内试验进行测试模型(如不同注入堵剂量下，渗流能力的下降关系)，建立堵剂注入量与连通单元的特征参数如传导率之间的关系，计算注入堵剂后的传导率值，带入物质平衡方程计算，即可实现调堵后的生产动态预测，其具体流程如下：

①注水劈分系数及注水效率计算

设 j 为注水井，i 为与其相连的生产井，采用以下公式计算劈分系数与注水效率：

$$A_j = \frac{q_{i,j}}{\sum_{i=1}^{n} q_{i,j}} \tag{9}$$

$$W_{e,j} = \frac{\sum_{i=1}^{n} q_{i,j}(1 - f_{w,i,j})}{\sum_{i=1}^{n} q_{i,j}} \tag{10}$$

式中：A_j、$W_{e,j}$分别表示j井的劈分系数与注水效率；n 为与j井相连的连通单元数目。根据定义，劈分系数表示其注入量到与其连通的生产井之间的液量分配比例，注水效率则表示单位注水量能从周边生产井产出的单位产油量；劈分系数与注水效率均为无因次量，取值范围为0到1。

②调剖井优选方法

根据上述公式计算得到当前时刻所有注水井的注水效率，将区块内所有的注水井的注水效率进行综合评价、排序，优先选择低效井进行调剖作业。如图2所示，首先根据该注水井与区块平均注水效率之间的关系，将注水井分为高效井(红色上三角)、低效井(蓝色下三角)，并根据注水量的大小，优先选择低效井中注水效率较低且注水量较大的井进行调堵。

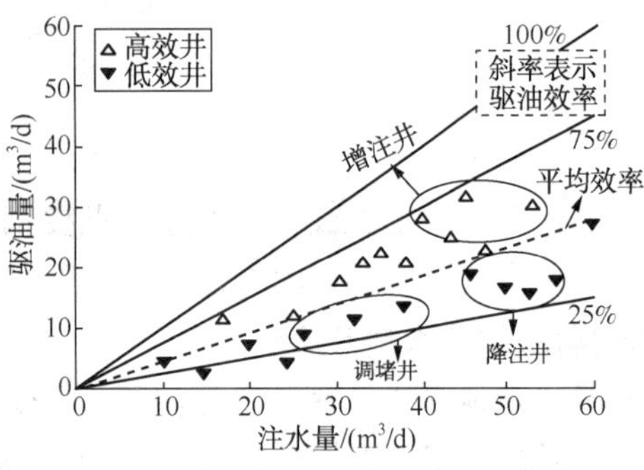

图2　调剖井优选示意

③注入堵剂后连通参数计算

根据步骤①中计算获得的劈分系数计算得到调堵井周围各连通单元堵剂的进入量；依据室内封堵能力实验(或矿场试验)确定调堵剂对地层参数(渗透率)的影响关系，并依据调堵剂对渗透率的影响建立不同调堵用量与连通参数(传导率)的关系模型，如图3所示。根据堵剂进入量与连通单元的体积关系，确定某连通单元内进入堵剂的无因次注入倍数 $\delta_{i,j}$，根据曲线关系进行插值，确定连通单元的渗流能力变化倍数，将传导率修正为 $T'_{i,j}$。以图中曲线为例，设堵剂注入量达到0.1PV，其对应的传导率值下降为原始值的30%，即修改后的传达率 $T'_{i,j}=0.3T_{i,j}$。

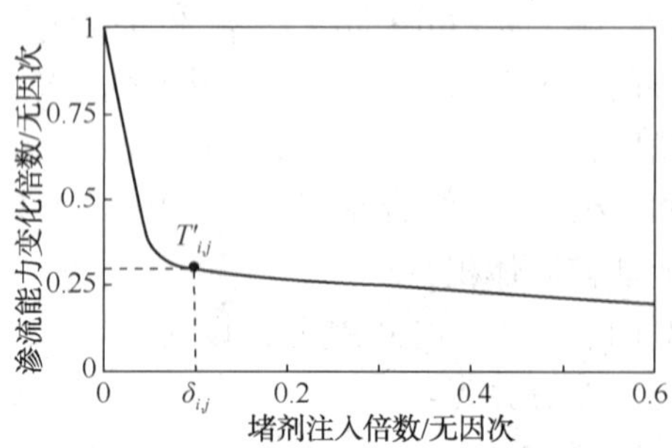

图3　堵剂注入与渗流能力关系曲线

④注入堵剂后的动态预测

根据图3中的关系曲线修正各连通单元的传导率值后，将物质平衡方程更新为：

$$p_i^{t+1} - p_i^t = \frac{\Delta t}{C_t V_{p,i}}\left(\sum_{j=1}^{n} T'_{i,j} p_j^{t+1} - \sum_{j=1}^{n} T'_{i,j} p_i^{t+1} + q_i^t\right) \tag{11}$$

在进行调堵模拟后，可以采用定压模式进行生产，令

$$q_i^t = J_i(p_i^t - p_{wf,i}^t) \tag{12}$$

式中：$p_{wf,i}$表示 i 井井底流压；J_i 表示生产指数，其具体计算公式可参考文献[20]。将公式(12)带入公式(11)，即可进行定压生产求解。

以某注水井为例简要介绍调堵预测过程。如图4所示，I1为注水井，与4口生产井相连，图中每一个连通单元上分别标注有传导率和连通体积(单位：万方)；图5为当前时刻由I1井向4口生产井的劈分系数。以I1井为调堵井，设注入堵剂量为350方，则其向P1、P2、P3、P4井的4个连通单元上的堵剂进入量分别为17.5、122.5、157.5、52.5方，如图6所示。根据各个连通单元进入堵剂量与连通体积的比值，即可确定出4个连通单元上的无因次注入倍数约为0.0088、0.082、0.21、0.0044；根据图3所示的关系曲线，得到每个连通单元上的渗流能力变化倍数约为0.089、0.247、0.402、0.378；最终得到的注入堵剂后传导率值，如图7所示。

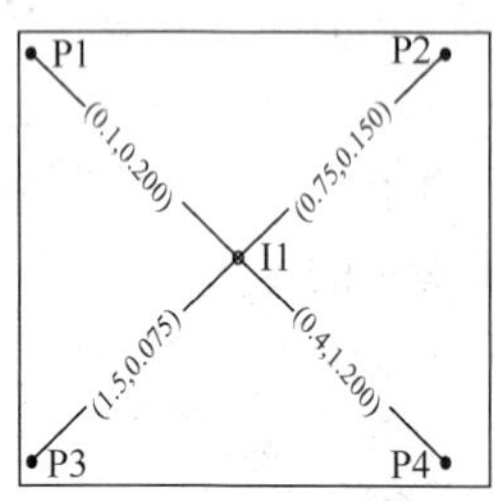

图4　调堵前传导率及连通体积

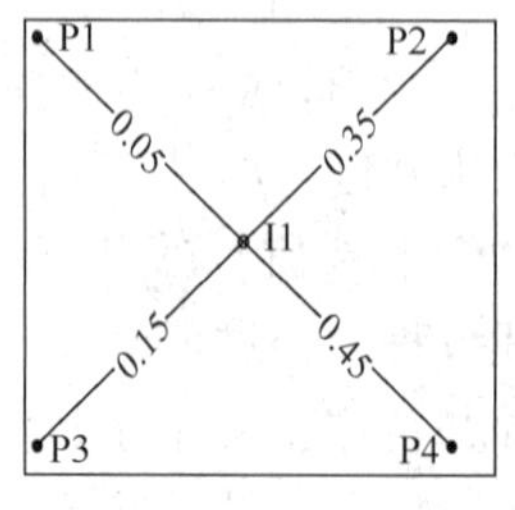

图5　当前时刻劈分

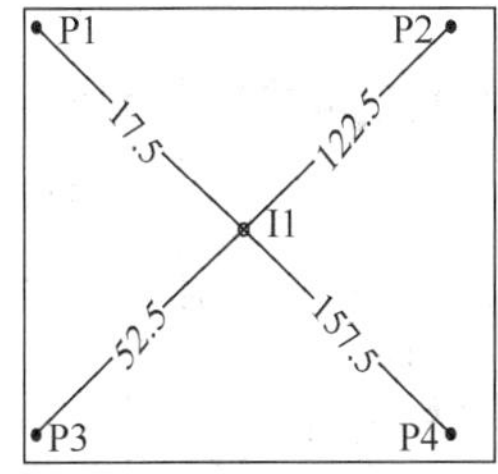

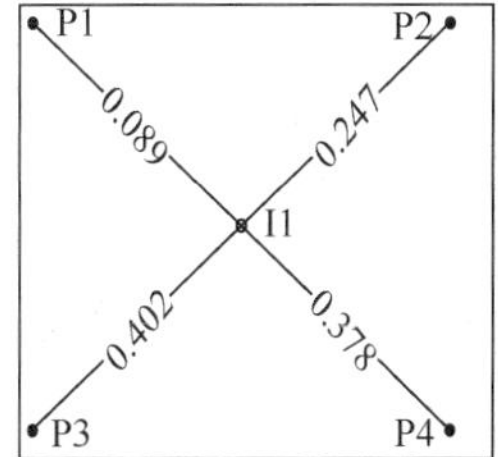

图 6　堵剂注入分配量(方)　图 7　注堵剂后传导率值

由此例可看出，对于传导率较大、水窜严重的连通单元，通过实施调剖，其传导率的变化值也就越大，从而实现了各连通单元的均衡调剖。上述方法克服了传统数模在引入调堵用后繁琐的计算流程，在识别油藏高渗通道的基础上，直接沿水窜方向进行调堵模拟预测，实现了优先调堵井、模拟调堵动态的无缝对接，形成了一套现场适用的快速模拟预测方法。

3　实例应用

3.1　非均质概念算例

使用商业数值模拟器建立一个二维非均质油藏模型，采用五注四采井网，油藏网格划分为 25×25×1，X、Y 和 Z 方向的网格尺寸为 25m、15m 和 15m。模型真实渗透率场如图 8 所示，分布有高渗区和低渗区，平均孔隙度为 0.2，初始含油饱和度 0.8，油藏初始压力为 25MPa，以模拟生产 1800 天的生产数据进行历史拟合。

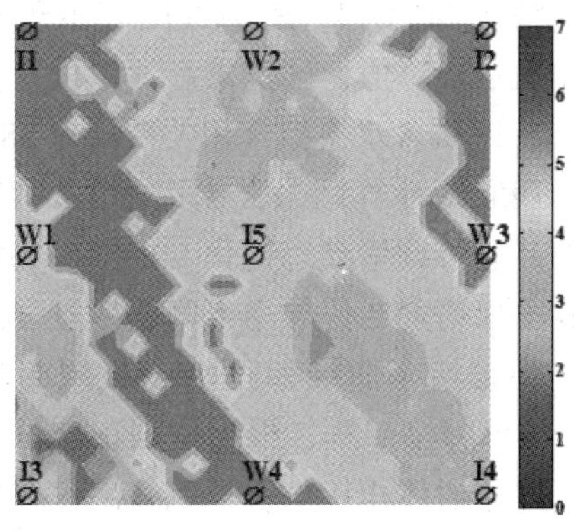

图 8　概念模型渗透率场

历史拟合单井拟合如图 9 所示，图中红色线表示传统数值模拟计算结果，黑色线表示使用本文方法的计算结果，本方法与数值模拟方法有很好的一致性，图 10 为模型计算劈分系数与模型真实流场对应情况，可以看出劈分计算结果与流场对应性良好，验证该模型的准确性。历史拟合反演的连通特征参数如图 11(a)，图中数据直观的显示了井与井之间的传导率，红色线表示优势传导方向，蓝色线传导能力一般，灰色线最差，模型拟合良好，可用于后期调堵动态预测。

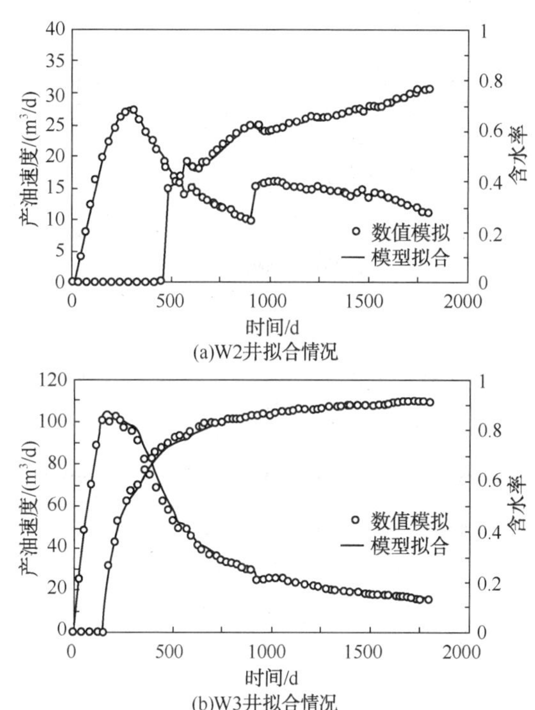

图 9 部分单井拟合情况

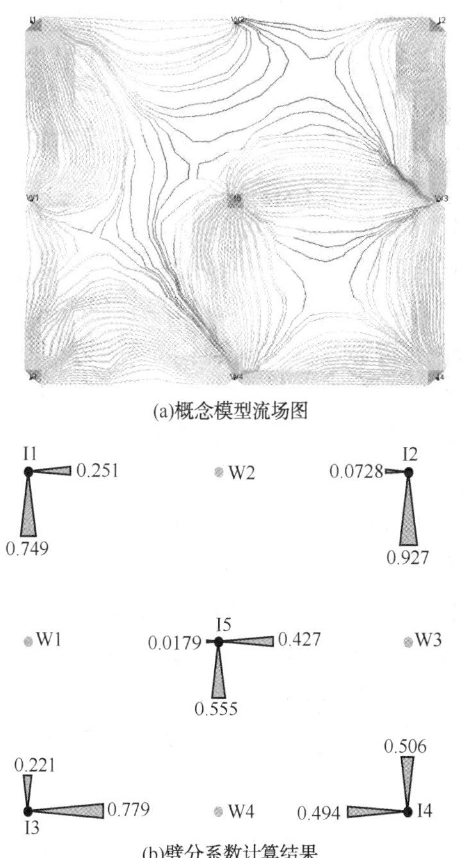

图 10　模型流场与劈分计算对应情况

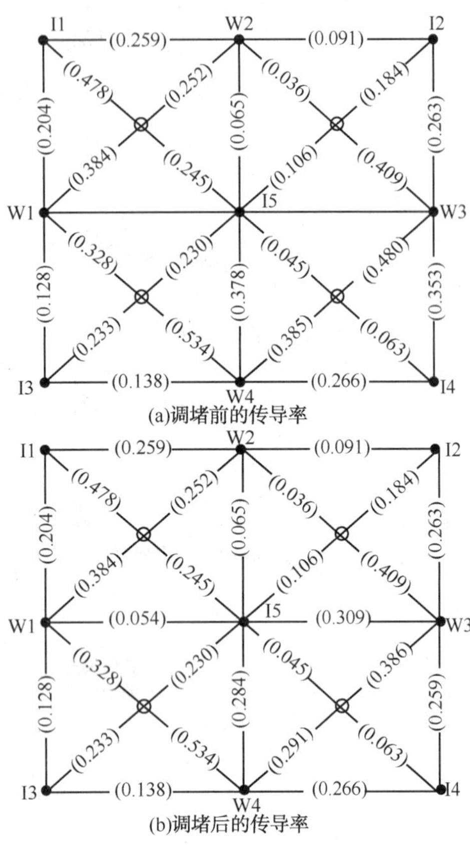

图 11 调堵前后传导率变化情况

注水井中 I4 的注水效率最低，选择 I4 井进行调堵，预测周边生产井的动态。使用如图 3 的封堵率曲线，对渗透率最多可下降至原来的20%，图 11(b)为加入堵剂后的传导率场图，原先红色线传导率数值有一定的下降，反映注入的堵剂优先对优势通道进行封堵，于 1800 天开始注入堵剂，预测堵剂注入后 300 天的动态指标变化，堵剂初始用量为 500m^3，结果如图 12 所示。

由于 I4 向 W3 方向的传导率大，堵剂优进入该方向，从图 12(a)可以看出，在注入堵剂约 100 天内，W3 井含水率下降，产油速度上升，之后含水率缓慢回升，产油速度下降。为确定 W3 最优的堵剂用量，需计算不同堵剂用量的单井增油效果，得出最优值，图 12(b)为 W3 不同堵剂用量分别为 500m^3、1000m^3、1500m^3 和 2000m^3 时单井增油情况，可以看出，当堵剂用量为 1000m^3 时，单井增油最多，之后随着堵剂量的增加增油量下降，堵剂最优值为 1000m^3。

3.2 实际算例

将本文提出的调堵动态预测方法应用于某实际低渗透油田，该油田于 2011 年开始生产，共

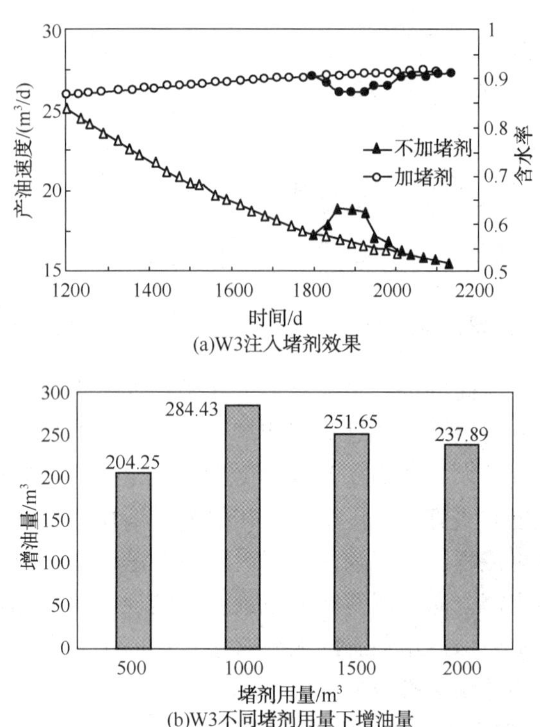

图 12 W3 井动态预测结果

250 口井，其中 80 口注水井，平均渗透率为 20mD，平均孔隙度为 0.108，油藏初始压力为 20MPa，区块连通性反演结果如图 13，图中传导率中灰色线表示传导率小于 0.05m^3/(d·MPa)，蓝色线表示传导率在 0.05~0.5m^3/(d·MPa)之间，红色线表示传导率大于 0.5m^3/(d·MPa)。区块拟合情况如图 14，图中红圈表示现场实际值，蓝线表示计算值，区块累产油拟合相关系数为 94.1%，区块含水率拟合相关系数为 88.3%。

基于连通性计算结果，优选了 13 口注水效率较低的井进行调堵动态优化。根据矿场实验及室内实验得出堵剂对传导率下降的散点，通过多元回归得到封堵率曲线如图 15，极限封堵率为 75%，使用该封堵曲线，根据堵剂正交试验设计及各注水井连通体积比例，计算各注水井的堵剂用量，注堵剂井的堵剂用量如图 16，平均堵剂用量为 578m^3。于 1500 天开始注堵剂，预测 2 年内的产油速度和含水变化，预测结果如图 17，全区产油速度平均提高 12m^3/d，含水率平均降低 1.2%。A5524 井为现场实施过调堵措施的生产井，其日增油水平为 3.8m^3/d，使用本文方法预测该井的日增油水平为 3.33m^3/d，实际效果与预测效果相比误差不超过 15%，验证了该方法的正确性。

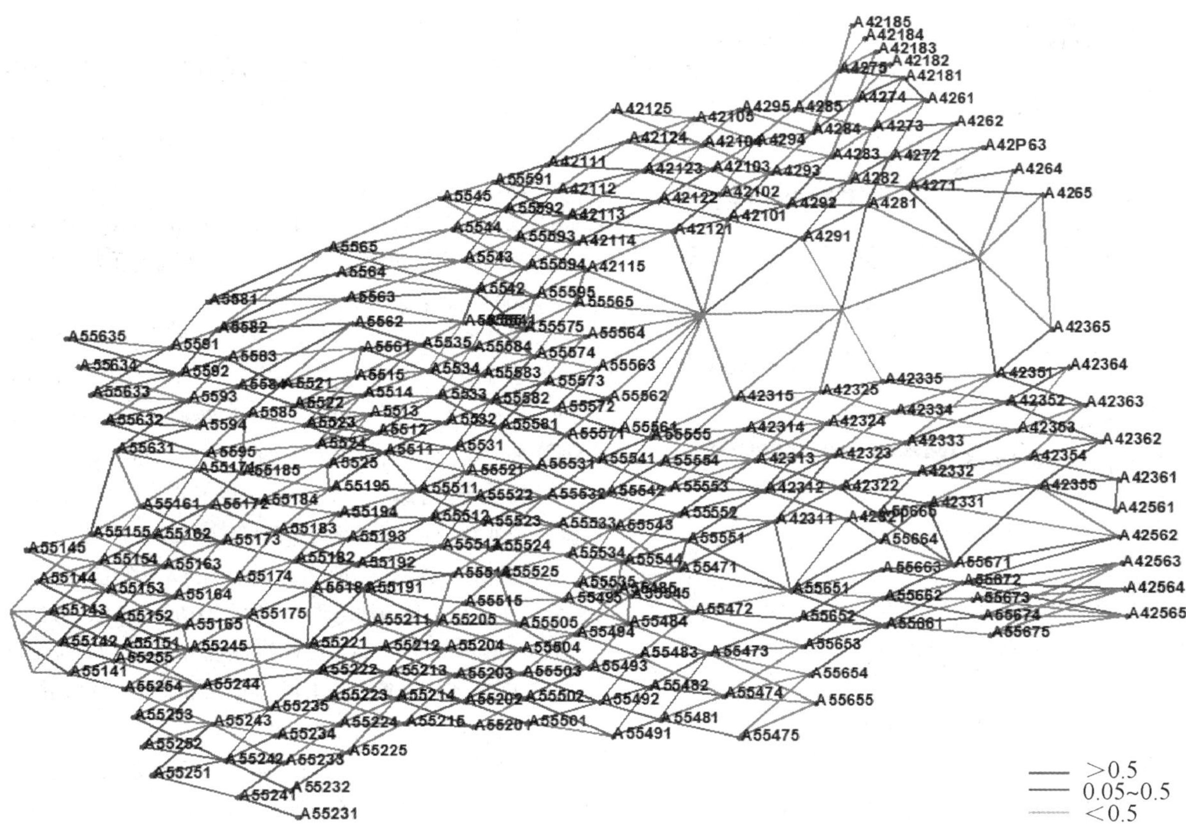

图 13　某实际油田传导率反演结果

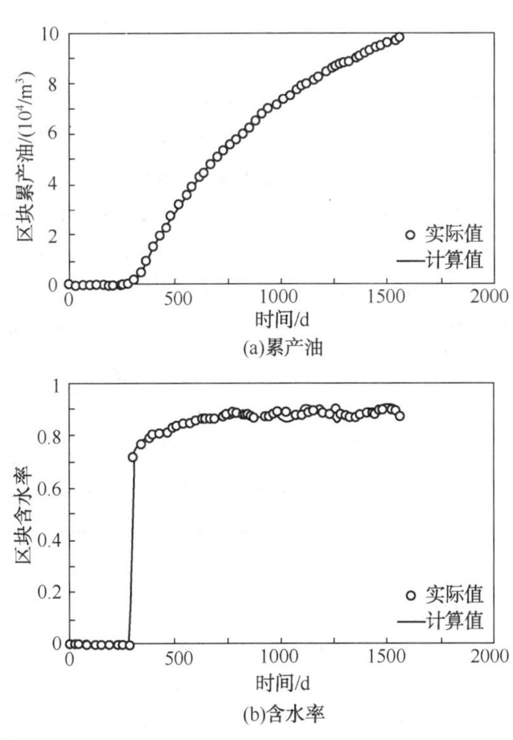

图 14　某实际油田区块拟合情况

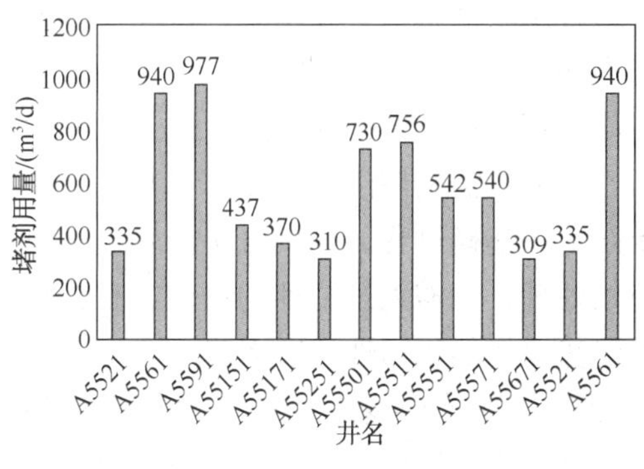

图 15　室内试验曲线

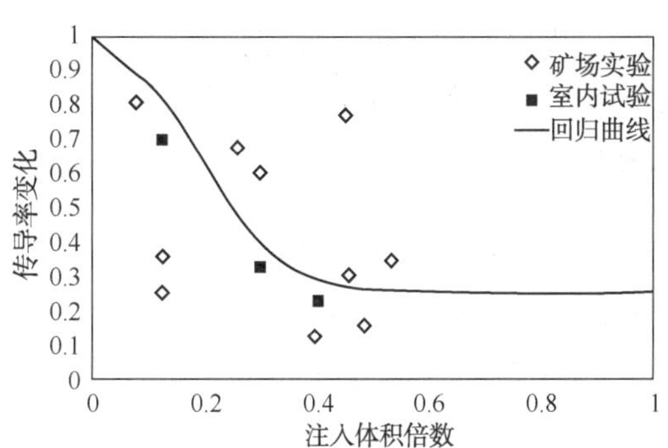

图 16　各注水井堵剂用量

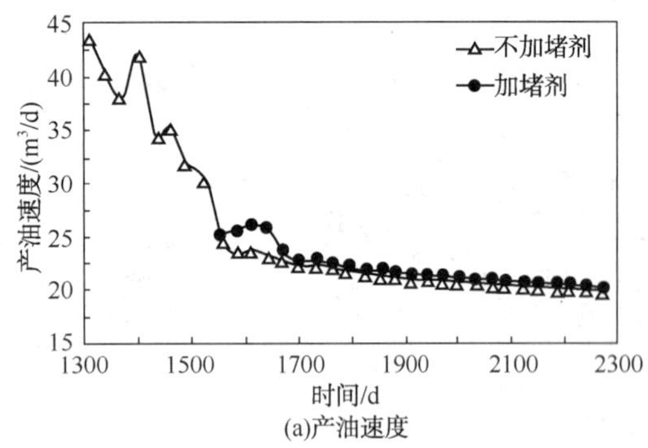

(a)产油速度

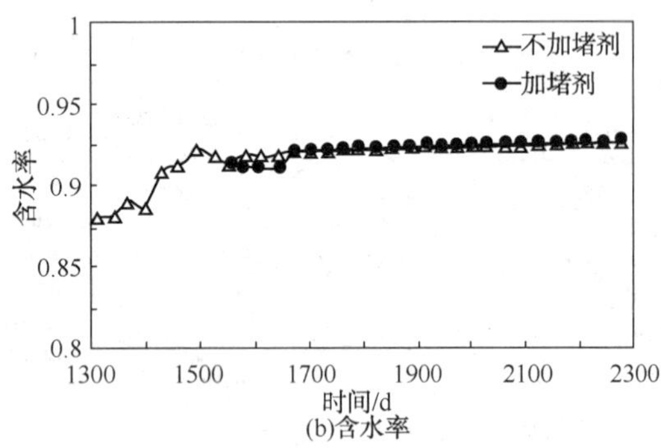

(b)含水率

图17 某实际油田堵剂优化区块指标

4 结论

(1)基于井间连通性思想，本文建立了一种可进行快速模拟油水动态的井间连通性模型，通过反演连通特征参数，可对井间动态连通性进行定量表征。在此基础上，考虑调剖堵水作用机理，结合调堵剂室内实验结果，建立了油藏调堵动态预测新方法。

(2)相比于传统数值模拟方法，本文建立的连通性模型只需利用注采数据即可自动建模，不需复杂地质建模过程，模型直接沿着连通方向进行流动处理，不需太过精细的渗流方程，可以和油藏优势流场的连通性识别无缝对接。

(3)概念算例结果表明，本文模型反演得到的连通性结果与数值模拟软件一致，验证了连通性模型的可靠性；实际算例应用中，计算了各调堵井的最优堵剂注入量，模拟预测了产油量和含水率的变化，取得了降水增油效果，可较好的指导实际现场应用。

参 考 文 献

[1] 姜彬，邱凌，刘向东，等．固相沉积模型在高凝油藏注水开发中的应用[J]．石油学报，2015，36(01)：101-105.

[2] 陈元千，周翠．线性递减类型的建立、对比与应用[J]．石油学报，2015，36(08)：983-987.

[3] 魏明强，段永刚，方全堂，等．基于物质平衡修正的页岩气藏压裂水平井产量递减分析方法[J]．石油学报，2016，37(04)：508-515.

[4] 廉培庆．有机交联体系提高石油采收率的数值模拟[D]．中国石油大学，2008.

[5] 袁士义．聚合物地下交联调剖数学模型[J]．石油学报，1991(01)：49-59.

[6] 张戈，冯其红，同登科，等．可动凝胶深部调驱的数学模型及快速求解方法[J]．油气地质与采收率，2008(04)：55-58+114-115.

[7] 冯其红，袁士义，韩冬，等．可动凝胶深部调驱动态预测方法研究[J]．石油学报，2006(04)：76-80.

[8] 杨虹，王德山，黄敏，等．示踪剂技术在营八断块的应用[J]．油田化学，2002(04)：343-346.

[9] 廖红伟，王琛，左代荣．应用不稳定试井判断井间连通性[J]．石油勘探与开发，2002(04)：87-89.

[10] 杜娟，杨树敏．井间微地震监测技术现场应用效果分析[J]．大庆石油地质与开发，2007(04)：120-122.

[11] Albertoni A., Lake L. W. Inferring Interwell Connectivity Only From Well - Rate Fluctuations in Waterfloods [J]. SPE, 83381, 2003.

[12] 张明安．油藏井间动态连通性反演方法研究[J]．油气地质与采收率，2011，18(03)：70-73+116.

[13] Yousef A. A., Gentil P., et a1. A Capacitance Model To Infer Interwell Connectivity From Production and Injection Rate Fluctuations [J]. SPEREE, 2006, 630-646.

[14] Kaviani, Danial, Jerry L., et a1. Estimation of Interwell Connectivity in the Case of Fluctuating Bottomhole Pressures[C]. SPE117856MS, 2008.

[15] Sayarpour, Morteza. Development and Application of Capacitance - resistive Models to Water/CO2 flood [D]. The U. of Texas at Austin, 2008.

[16] 赵辉，李阳，高达，等．基于系统分析方法的油藏井间动态连通性研究[J]．石油学报，2010，31(04)：633-636.

[17] 赵辉，康志江，张允，孙海涛，李颖．表征井间地层参数及油水动态的连通性计算方法[J]．石油学报，2014，35(05)：922-927.

[18] Zhao H, Li Y, Cui S, et al. History matching and production optimization of water flooding based on a data - driven interwell numerical simulation model [J]. Journal of Natural Gas Science & Engineering, 2016, 31: 48-66.

[19] Spall, J. C. Multivariate stochastic approximation using a simulataneous perturbation gradient approximation [J]. IEEE Transactions Automat. Control., 1992, 37(3): 332-341.

[20] 周生田，张琪，黄炳家，曲占庆．变生产指数下水平井生产动态分析[J]．石油学报，2002(03)：77-80+2.

黏弹性颗粒驱油剂的制备与性能研究

姜祖明　郭兰磊　祝仰文　王红艳　曹绪龙

（中国石油化工股份有限公司胜利油田分公司勘探开发研究院）

摘　要　聚合物驱后油藏非均质严重、剩余油分散，已有聚合物提高采收率效果差。对此，创新设计了部分交联部分支化的分子结构，采用自由基聚合，建立多官能引发体系，通过“动力学调控”，制备了结构可控的黏弹性颗粒驱油剂(B-PPG)。B-PPG 具有优异的黏弹性、耐温抗盐性、长期热稳定性，可变形运移至油藏深部，实现高效驱替。以其为主剂的非均相复合驱技术已应用于胜利油田聚驱后油藏，提高采收率 8 个百分点以上，实现聚驱后油藏高效开发。

关键词　黏弹性颗粒驱油剂；部分交联；聚驱后油藏；耐温抗盐；非均相复合驱

我国东部大部分主力油田已进入开采的中后期，经过长期的注水开发，目前我国大部分油田已面临高含水、非均质性严重等现状[1-5]，依靠常规方法仍有近一半原油滞留地下无法采出。普遍应用的部分水解聚丙烯酰胺(HPAM)在油藏环境中老化严重，在非均质油藏中难以起到预期作用[6-7]；而能够有效调节渗透率的交联聚合物凝胶由于变形性差，在孔隙中的运移能力较弱，同时黏度较低，难以有效扩大波及体积，不能作为驱油剂使用[8-9]。研究指出，对于强非均质性油藏，扩大波及体积比提高洗油效率更为有效[10-11]。

针对以上现状，研发了一种全新的黏弹性颗粒驱油剂(Branched Preformed Particle Gel, B-PPG)，B-PPG 同时具有部分交联结构和部分支化分子结构，如图 1 所示，性能上兼具部分水解聚丙烯酰胺和交联聚合物凝胶双重优点：它既具有线性聚合物溶液的增黏能力和在地层中的运移能力，同时又具有交联聚合物凝胶优异的耐温抗盐能力、耐老化能力和调节地层渗透率的能力。B-PPG 优异的性能使其有望在高含水、非均质严重的油藏得到广泛应用。

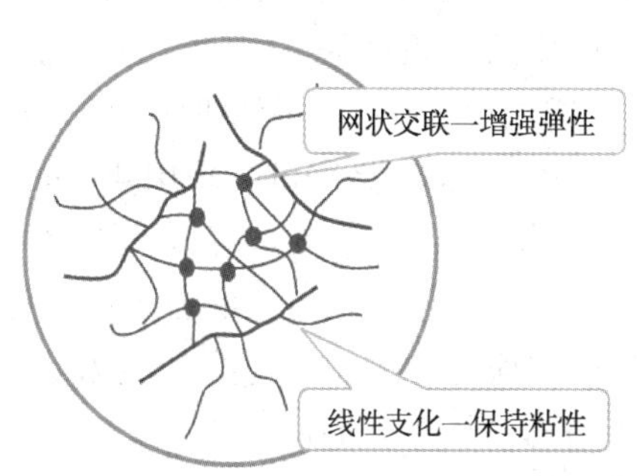

图 1　B-PPG 分子结构示意图

1　实验部分

1.1　实验材料

丙烯酰胺，N，N-亚甲基双丙烯酰胺，过硫酸钾，亚硫酸氢钠，甲基丙烯酸二甲氨基乙酯，无水乙醇，氯化钠、氯化钙、六水合氯化镁、硫酸钠(均为分析纯 AR，国药集团化学试剂有限公司生产)。部分水解聚丙烯酰胺(HPAM)样品分子量约为 2200 万，水解度为 25%。本文所用盐水为根据胜利油田不同油藏矿化度及盐离子浓度配制的模拟水，配方如表 1 所示。

表 1　不同矿化度盐水配方组成

mineralization	H_2O	NaCl	$CaCl_2$	$MgCl_2 \cdot 6H_2O$	Na_2SO_4
6666mg/L	1000mL	6. 191g	0. 2414g	0. 3514g	0. 0696g
30000mg/L	1000mL	27. 3067g	1. 11g	3. 833g	0
50000mg/L	1000mL	42. 758g	2. 825g	8. 917g	0

【作者简介】姜祖明，男，1985 年 7 月生，2013 年 6 月毕业于四川大学，获得材料学博士学位，高级工程师，主要从事化学驱提高采收率方面的研究。E-mail:：zumingjiang@ hotmail. com

1.2　B-PPG 制备

称取一定质量的丙烯酰胺溶于蒸馏水后加入三颈瓶中，并置于 8～20℃ 的水浴中；通氮除氧 30 分钟后，将氧化剂、还原剂溶液和多官能单体溶液分别加入聚合体系并混合均匀。待反应开始停止通氮气，进行绝热聚合，每隔 5 分钟记录一次体系温度，至温度达到最大值后将三颈瓶放入 90℃ 水浴锅中保温 6h，之后将凝胶取出，剪碎、经烘干、粉碎、筛分后即可得到不同粒径的 B-PPG 粉末状产品。

1.3　测试与表征

1.3.1　流变测试

采用 TA AR 2000ex 旋转流变仪测定样品的黏弹性，具体方法如下：稳态剪切测试：采用 40mm 平板模式，板间隙为 1000μm，剪切速率从 $0.01s^{-1}$ 增加至 $100\ s^{-1}$，测试时间 10min，测试温度为 25℃；动态振荡测试：采用 40mm 平板模式，板间隙为 1000μm，测试温度为 25℃。频率扫描实验时，频率从 0.01Hz 增加至 10Hz，振动应力 0.1Pa；应力扫描实验时振动应力从 0.01Pa 增加到 100Pa，频率为 1Hz。

1.3.2　热稳定测试

采用矿化度为 30000mg/L 的盐水，配制质量浓度为 0.5% 的 B-PPG 悬浮液。将配置好的 B-PPG 悬浮液倒入玻璃瓶中，盖好橡胶塞，插入三通管，抽真空、通氮气除氧 1h，用胶带密封玻璃瓶，放入 85℃ 老化箱中，按照时间依次取出玻璃瓶，测其黏弹性。

1.3.3　扫描电子显微镜测试

将制备的直径 4mm 长 20mm 的圆柱，放于去离子水中溶胀平衡 48h，取出后将溶胀的凝胶在 -20℃ 的冰箱中冷冻 12h，完全冻结后在冷冻干燥机中冷冻干燥 48h，冷阱温度为 -50℃，干燥机内真空度为 65Pa。取出干燥的凝胶后用液氮将其迅速冷却后用两只镊子将其夹断，在夹断的凝胶断面上镀金后，放于型号为 Hitachi model JSM-7500F 的扫描电镜上观察凝胶内部断面形态。

1.3.4　物理模拟实验

岩心渗流装置由高精密低速压力泵、储液罐、压力表和填砂管组成。整个渗流实验在数字控温箱中进行，流体注入速度为 0.5mL/min，实验温度为 70℃。实验所用的多孔介质为自制填砂管，长为 30cm，内径为 2.5cm，根据不同的渗透率要求填入不同比例不同目数的石英砂。如不特殊说明，本章所用填砂管的渗透率为 $(1500\pm15)\times10^{-3}um^2$，孔隙体积(pore volume)为 $50\pm0.5\ cm^3$。

实验首先向填砂管中注入矿化度为 19334mg/L 的盐水，每隔一定时间记录进口压力；当压力平衡后，改注 2000mg/L 的 B-PPG 悬浮液，定时记录压力，待压力平衡后进行后续水驱至平衡。

1.3.5　微观可视驱替实验

实验首先将微观模型抽真空，饱和油；然后以 0.05mL/min 的速度向模型中缓慢水驱油至模型不出油为止，同时观察、记录剩余油分布状态；然后以 0.1mL/h 的速度缓慢注入聚丙烯酰胺溶液，B-PPG 悬浮液，观察残余油启动状况，并录取驱替过程中的动态图像，对每个阶段的起始状态进行整体图像和微观孔喉的拍照记录，通过分析图像，研究剩余油分布状态和规律。

实验工作压力为常压～50MPa，实验温度为 25℃，采用的玻璃刻蚀模型规格为 45×45mm。

2　结果与讨论

2.1　合成影响因素

B-PPG 的制备采用水溶液自由基聚合，通过多官能单体与过硫酸钾-亚硫酸氢钠氧化还原体系复合使用，形成多官能引发体系，生成自由基，形成支化结构并通过进一步的双基耦合终止形成部分交联。由于自由基聚合反应产生自加速效应，B-PPG 的合成反应是典型的由动力学控制的反应。通过系统的正交实验研究，发现任一动力学因素的改变均能对 B-PPG 聚合过程以及产品性能产生影响。

以引发温度为例，图 2 所示为不同引发温度下 B-PPG 聚合反应温升曲线，可以看出，随着引发温度的升高，反应速率加快，且聚合反应的最高温度也增大。表 2 为产品性能测试结果，可以看出，随着引发温度增加，产品黏度存在极大值，而 G' 和凝胶含量减小。这是因为在高温条件下，自由基分解速率快，初始反应速率增加，导致自加速效应出现较早且反应剧烈，自由基双基偶合终止形成交联的几率降低，因此模量和凝胶含量较低。同时，温度升高也会导致副反应加剧，链转移严重，因此 B-PPG 支链的线性分子量下降，黏度降低。

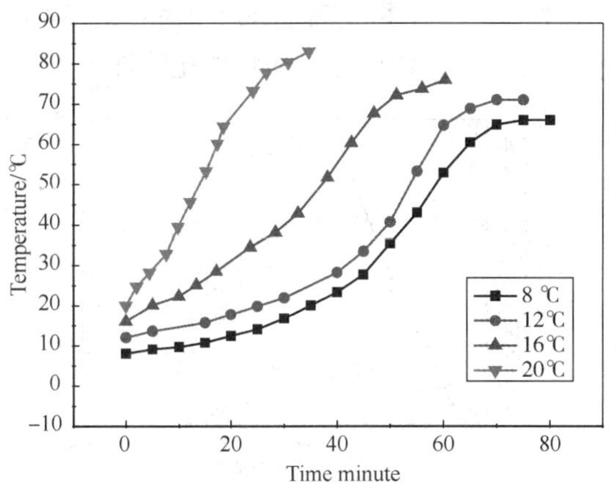

图 2 引发温度对 B-PPG 合成过程中升温曲线的影响

表 2 引发温度对 B-PPG 性能影响

Initiation Temperture/℃	G'/ Pa	Viscosity/MPa · s	Gelcontent/%
8	5.32	79.2	47
12	4.57	120.3	39
16	1.25	115.2	30
20	0.67	95.0	26

dynamic oscillation: 200μm-gap, 1Hz, 0.1Pa; steady shear: 1000μm-gap, 7.34 1/s

实验结果发现，通过增加引发温度、引发剂浓度、多官能单体浓度、减少缓聚剂浓度等均可以在一定程度上加快 B-PPG 聚合反应的自加速效应，提高产品黏度，降低弹性，由此有效控制 B-PPG 产品结构，制备黏弹性可控的系列化 B-PPG 产品。

2.2 环境扫描电镜结果

由于凝胶内部网络结构不均匀而对凝胶机械性能产生重要影响的特点已经被电子显微镜，拉曼光谱，扩散法以及激光光散射所证实，因此，通过观察凝胶内部网络结构，可以对凝胶机械性能进而对凝胶反应机理进行探索。环境扫描电子显微镜工作原理是用极狭窄的电子束去扫描样品，通过电子束与样品的相互作用产生各种效应，即是利用二次电子信号成像来观察样品的表面形态的电子显微镜，其可直接利用样品表面材料的物质性能进行微观成像。

将制备的直径 4mm 长 20mm 的圆柱状凝胶处理后进行扫描电镜观察。如图 3 为传统弱凝胶与 B-PPG 凝胶内部断面的扫描电镜图。

如图 3 所示为传统弱凝胶与 B-PPG 凝胶的内部断面结构，两凝胶结构皆为高孔隙度结构。

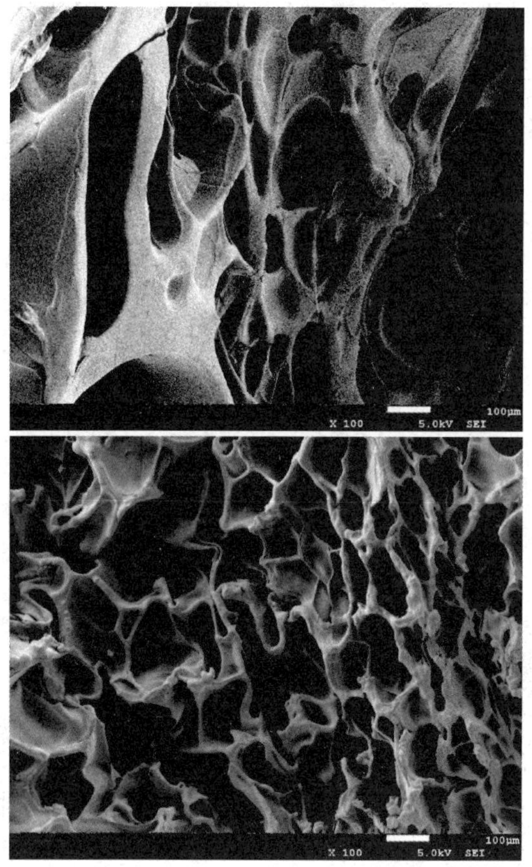

图 3 传统弱凝胶(左)与 B-PPG(右)凝胶内部断面的扫描电镜图

比较起来，传统弱凝胶内部断面显示出了不规则的孔洞结构，导致其在受力时易在不规则孔洞处形成更多的应力集中点；而 B-PPG 凝胶则显示出了更为均一的孔隙结构，表明其在受力时力学薄弱点较少，因而具有更优越的力学性能。在拉伸过程中，传统弱凝胶受力时在不规则孔洞的处形成了应力集中，断裂也就首先发生在应力集中造成的力学薄弱点处，导致凝胶过早的断裂；而 B-PPG 凝胶由于凝胶内部网络结构均一，在受力过程中整个凝胶均匀受力，没有力学薄弱点，因而具有更好的拉伸性能。

2.3 流变性能

采用交联凝胶含量分别为 72.36%、66.70%、57.10%、46.06%的四种 B-PPG 样品 A9、A8、A5、A2 和 HPAM(记为 A0)，进行稳态剪切和动态振荡测试。

从图 4 可以看出，随着剪切速率增加，悬浮液黏度降低，剪切变稀现象明显，表现出典型的非牛顿流体特性；且随着交联度的增加，B-PPG 黏度呈下降趋势，这是因为随着 B-PPG 交联度增加，线性支化链数目及链长相应减少，分子间缠结作用减弱，流体力学体积变小，因此黏度降低。

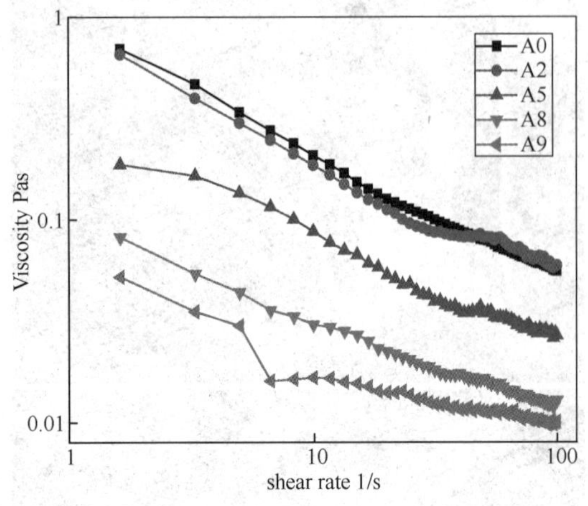

图4 不同交联度的B-PPG悬浮液的黏切曲线

对图4中黏切曲线进行幂律方程拟合 $\eta=k\cdot\dot{\gamma}^{n-1}$，其中 k 为稠度系数，单位 $N\cdot s^n/m^2$；n 为流体特性指标，无因次，表示与牛顿流体偏离的程度。聚合物的稠度系数 k 值代表聚合物在该溶液中的增稠能力，n 值表示聚合物溶液的假塑性大小，n 值也反映了聚合物黏度对剪切速率的敏感度，n 值越小，黏度对剪切速率越敏感，拟合结果列于表3。

表3 不同交联度B-PPG悬浮液黏切曲线按幂律方程拟合结果

Sample	k	n
A_0	0.950	0.356
A_2	0.846	0.371
A_5	0.268	0.487
A_8	0.097	0.531
A_9	0.055	0.585

从表3可以看出，随着交联度的增加，k 值减小，n 逐渐增大，这是因为B-PPG交联度增大，导致线性支化链减少，分子链之间相互缠结作用减弱，因此黏度低且增稠能力变弱；同时B-PPG高交联度导致交联网络致密且结构稳定，剪切变稀现象减弱，因此剪切对高交联度的B-PPG影响较小。

2.4 长期热稳定性

将热稳定老化三个月过程中黏度的变化作图，如图5所示，可以看到B-PPG在老化期间呈现黏度先增加后降低的现象。老化30天后，B-PPG的黏度达到峰值，然后缓慢降低；老化90天时，B-PPG黏度高达174.21mPas，远大于其初始黏度，表现出优异的耐老化特性。

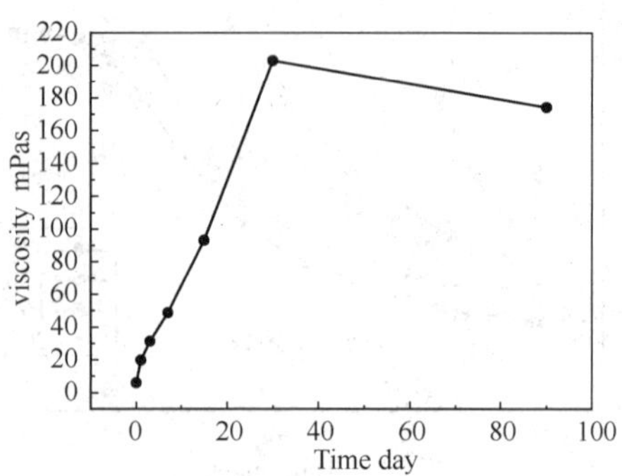

图5 热稳定实验中B-PPG悬浮液黏度变化

根据以上实验结果，结合B-PPG分子特点，提出了B-PPG的耐老化机制，其断链过程如图6所示。老化初期，部分交联点之间链段的断裂产生线性支化链，且最外层支化链首先从交联网络释放，可溶性组分增多，由于缺少交联网络的束缚，分子链能够较为自由的伸展，流体力学体积明显增大，导致表观黏度显著增加。经过长时间的老化后，交联网络逐渐解体，表现出类似HPAM的断链方式，黏度逐渐降低。换言之，由于B-PPG独特的部分交联结构，大大延缓了断链的进程，是B-PPG耐老化的根本原因。

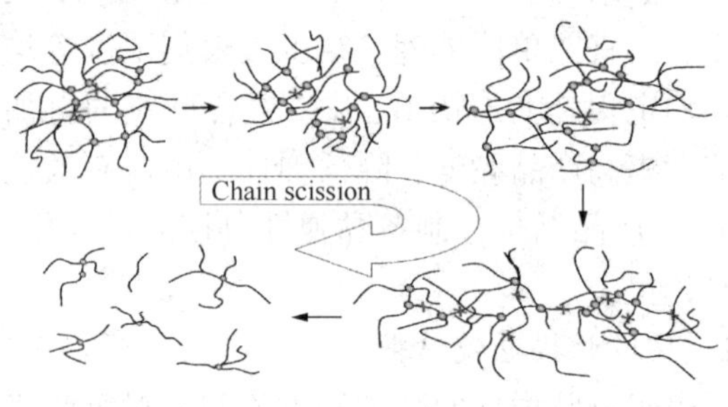

图6 B-PPG断链过程示意图

2.5 注入性能

图7所示为B-PPG悬浮液在多孔介质中运移时的压力传递曲线。当B-PPG驱开始后，入口压力随之急剧增加，表明悬浮颗粒迅速对孔隙产生封堵效果，渗透率有所降低，产生流动阻力，导致压力明显增加，该现象说明B-PPG悬浮液具有封堵多孔介质的能力。经过注入超过0.6PV的B-PPG悬浮液，1/3处测压点压力才开始上升，此时入口压力增长到0.19MPa；当1/3处压力增长到0.21MPa时，2/3处测压点压力开始增长。这说明B-PPG悬浮液在多孔介质中流动存在临界压力，亦可称为启动压力，其数值随流动方向延长而增加。当压力达到最大之后，

压力曲线出现波动现象，随后逐渐达到平衡状态，此时，入口压力高达 0.35MPa，表明 B-PPG 不但具有优异的封堵效果，当压力达到一定数值后具有优异的注入特性。

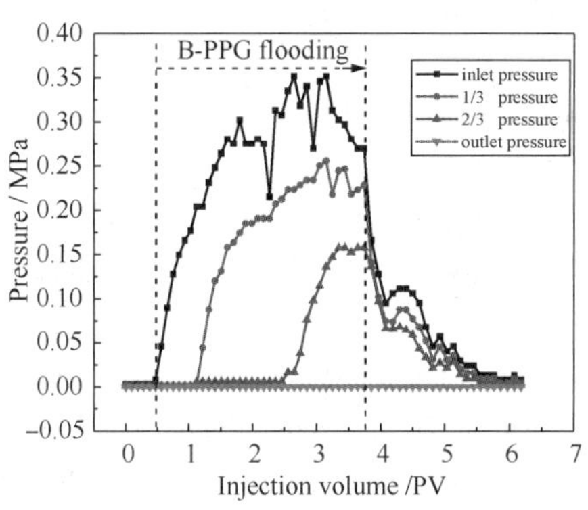

图 7　岩心渗流实验中不同测压点压力

2.6　微观驱油实验

图 8 为采用微观驱替物理模拟系统研究聚合物驱后和 B-PPG 驱后的残余油分布图。可以看到，HPAM 驱后玻璃刻蚀模型中仍存在较多的聚集状残余油，表明 HPAM 溶液无法波及刻蚀模型中的部分区域，比较图中圈中部分可以发现，模型中的聚集状残余油在 B-PPG 驱后基本被驱替干净，只有极少的零星油滴存在模型中。这一结果说明与 HPAM 溶液相比，B-PPG 具有更强的提高波及体积的能力。由此提出了 B-PPG 的微观驱油机理：B-PPG 悬浮液能够实时、动态地调整非均质孔隙，改善波及状况，对大孔喉通道具有明显的封堵作用，导致后续驱替液转向小孔喉，对小孔喉通道的驱替效果明显，残余油重新分布，使得之前波及不到的区域得到充分驱替，达到整体提高波及体积，从而提高采收率的目的。

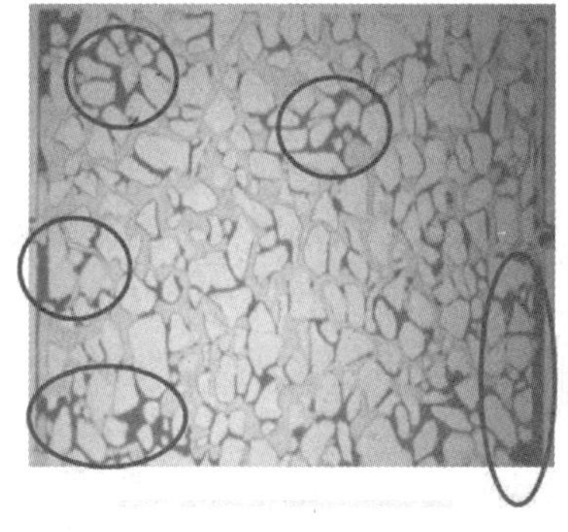
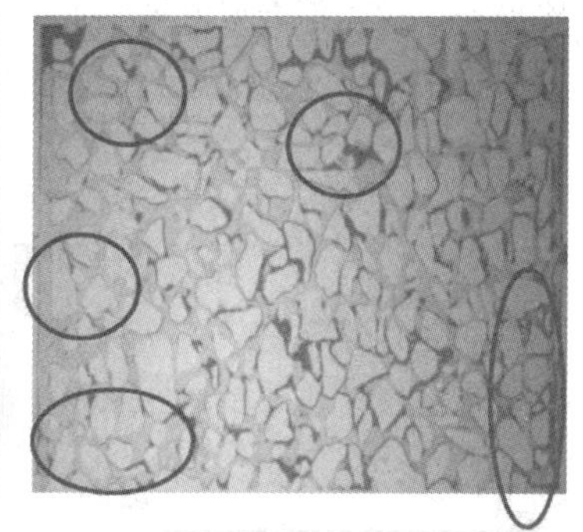

图 8　微观可视驱替效果(左边为 HPAM 驱后剩余油分布，右边为 B-PPG 驱后剩余油分布)

目前以黏弹性颗粒驱油剂为主剂的非均相复合驱技术已应用于胜利油田聚驱后油藏，提高采收率 8 个百分点以上，实现聚驱后油藏高效开发。

3　结论

(1)采用水溶液自由基聚合，建立多官能引发体系，通过增加引发温度、引发剂浓度、多官能单体浓度、减少缓聚剂浓度等均可有效控制 B-PPG 产品结构，从而制备黏弹性可控的系列化 B-PPG 产品。

(2)通过环境扫描电镜显示 B-PPG 凝胶孔隙结构均一，在受力时力学薄弱点较少，具有更优越的力学性能。

(3)随 B-PPG 交联度增大，线性支化链减少，分子链之间相互缠结作用减弱，因此黏度低且增稠能力变弱；同时 B-PPG 高交联度导致交联网络致密且结构稳定，剪切变稀现象减弱，因此剪切对高交联度的 B-PPG 影响较小。

(4)老化初期，部分交联点之间链段的断裂产生线性支化链，分子链能够自由的伸展，流体力学体积明显增大，导致表观黏度显著增加。经过长时间的老化后，交联网络逐渐解体，黏度逐渐降低。即 B-PPG 独特的部分交联结构，大大延缓了断链的进程，是 B-PPG 耐老化的根本原因。

(5)物理模拟实验表明，B-PPG 具有优异的注入性能，能够实时、动态地调整非均质孔隙，改善波及状况，对大孔喉通道具有明显的封堵作用，导致后续驱替液转向小孔喉，对小孔喉通道的驱替效果明显，残余油重新分布，使得之前波及不到的区域得到充分驱替，达到整体提高波及体积，从而提高采收率的目的。

参 考 文 献

[1] Yu H, Wang Y, Ji W, et al. Study of a Profile Control Agent Applied in an Offshore Oilfield [J]. Petrol SciTechnol, 2011, 29(12): 1285-1297.

[2] He Y, Xiong S, Yang Z, et al. The Research on Cross-linking Polymer Gel as In-depthProfile Control A-gent [J]. Petrol Sci Technol, 2009, 27 (12): 1300-1311.

[3] 景艳，吕鑫. 延缓交联水基凝胶的制备、性能及溶液微观结构[J]. 石油学报(石油加工), 2009, 25(1): 124-127.

[4] 王洪关，何顺利，冯爱丽，等. 插层聚合物凝胶深部液流转向剂的研制与性能评价[J]. 石油学报, 2014, 35(1): 107-113.

[5] 曹毅，张立娟，岳湘安，等. 非均质油藏微球乳液调驱物理模拟实验研究[J]. 西安石油大学学报(自然科学版), 2011, 26(2): 48-55.

[6] 李美蓉，曲彩霞，刘坤，等. 疏水缔合聚丙烯酰胺的结构表征及其缔合作用[J]. 石油学报(石油加工), 2013, 29(3): 513-518.

[7] 姜祖明，苏智青，黄光速，等. 预交联共聚物驱油剂高温高盐环境下长期耐老化机理研究[J]. 油田化学, 2010, 27(2): 166-170.

[8] 李明远，郑晓宇，林梅钦，等. 交联聚合物溶液深部调驱先导试验[J]. 石油学报, 2002, 23(6): 72-76.

[9] 王家禄，沈平平，李振泉，等. 交联聚合物封堵平面非均质油藏物理模拟[J]. 石油学报, 2002, 23(3): 60-64.

[10] Wang Jing, Liu Huiqing, Wang Zenglin, Experimental investigation on the filtering flow lawof pre - gelled particle in porous media, Transp Porous Med, 94(1), 69(2012).

[11] Yao Chuanjin, Lei Guanglun, Li Lei, Selectivity of pore - scale elastic microspheres as a novel profile control and oil displacement agent, Energy Fuel, 26(8), 5092(2012).

强碱三元复合驱化学防垢技术新进展

王 鑫 刘向斌 王庆国 管公帅 王俐超 王 锐 康 燕 刘纪琼

(大庆油田有限责任公司采油工程研究院)

摘 要 为解决三元复合驱油过程中，杆、管等举升设备结垢，导致机采井频繁卡泵、检泵周期缩短、生产成本大幅上升的问题，建立了结垢沉积模型及量化预测方法，并对527口三元复合驱油井结垢情况进行预测，符合率可达到90%以上；同时发明了新型高效硅酸盐垢防垢剂、中性清垢剂，大幅提高了三元复合驱结垢井的清防垢措施效果，现场通过物理化学防垢相结合，使机采井平均检泵周期由不足100天延长到400天以上，单井年减少检泵作业3~5次，为三元复合驱工业化应用提供了技术保证。

关键词 三元复合驱；机采井；结垢预测；化学防垢；化学清垢

近年来大庆油田开展了强碱三元复合驱的工业化推广应用，可提高采收率近20个百分点，为高含水后期油田的持续开发提供了技术保证。但三元复合驱体系中的强碱溶蚀储层中的岩石矿物，产生大量的成垢离子，在杆、管等举升设备表面沉积成垢，导致机采井频繁卡泵，检泵周期不足100天、生产成本大幅上升[1-6]。如何准确判断油井结垢，针对性地采取防治措施，对避免或减少结垢对生产造成的危害具有重要意义[7]。因此，室内分析了三元复合驱油井的结垢规律，建立了结垢沉积模型及量化预测方法，发明了三元复合驱油井化学清防垢剂，并开展了现场应用，措施后机采井结垢得到有效控制，平均检泵周期明显延长。

1 结垢沉积模型及量化预测方法的建立

三元复合驱油井垢质以钙硅混合垢为主，由于碳酸盐成垢与硅酸盐成垢机理不同，同时二者的沉积过程会相互影响和促进，因此对二者的沉积过程及机理分别进行了研究。

1.1 $CaCO_3$ 饱和指数方程的建立

大庆地区油田水质呈弱碱性的特点，地下水和采出液中存在大量 HCO_3^-，当强碱三元复合驱加入后，地层水质呈碱性，pH值大于8，大量的 HCO_3^- 直接转化为 CO_3^{2-}，当 Ca^{2-} 浓度超过饱和值时，$CaCO_3$ 开始沉积。从沉积学机理得知，$CaCO_3$ 的溶解度受温度影响较大，并随着压力增加而减小。当pH值较低时，$CaCO_3$ 在水中的溶解度较大，沉淀较少；pH值升高，$CaCO_3$ 就会产生较多沉淀。采用电导法测定碱性条件下 $CaCO_3$ 在不同条件下的电导率，通过电导率计算 $CaCO_3$ 在不同温度、压力及离子强度下的溶解度，最终得到溶度积的变化规律(见图1)，通过上述实验结果及理论依据，建立了碳酸盐沉积计算模型，见公式(1)，根据 I_s 的大小决定 $CaCO_3$ 的沉积程度。

$$I_s=\log([Ca^{2+}][HCO_3^-])+pH-11.46-2.52\times10^{-2}T+4.86\times10^{-5}T^2+8.58\times10^{-3}P+1.81I^{1/2}-0.56I \tag{1}$$

式中 I_s——饱和指数；

T——温度,℃；

P——压力，MPa；

I——溶液总离子强度，mol/L。

当 $I_s=0$ 时，溶液处于固液平衡状态，无沉积趋势；$I_s>0$ 时，溶液处于饱和状态，有沉积趋势；$I_s<0$ 时，溶液处于欠饱和状态，非沉积条件。

1.2 低聚硅沉积方程的建立

强碱三元复合驱硅沉淀主要包括单体硅酸盐分子或离子、低聚分子或离子继续聚合而形成的高聚物沉淀。这些复杂的状态，由于温度、压力等条件的改变，导致各种形态的硅进行转化而形

【作者简介】王鑫，女，1966年11月生，东北石油大学，硕士学位，现工作于大庆油田有限责任公司采油工程研究院，高级工程师，企业二级技术专家，从事采油工程相关技术研究。E-mail：wangxin-dq@petrochina.com.cn

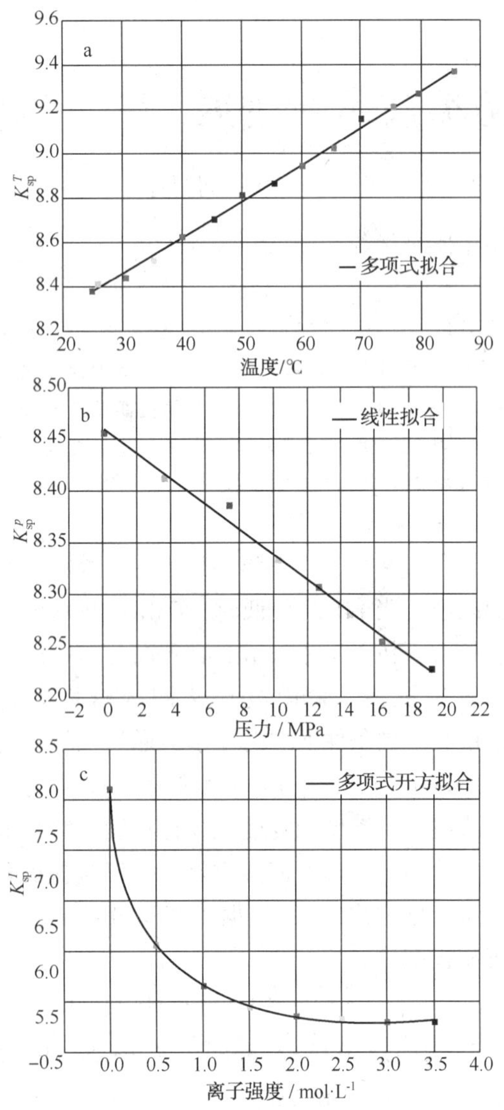

图 1　不同温度(左)、压力(中)、离子强度(右)的 $CaCO_3$ 溶度积常数的拟合曲线

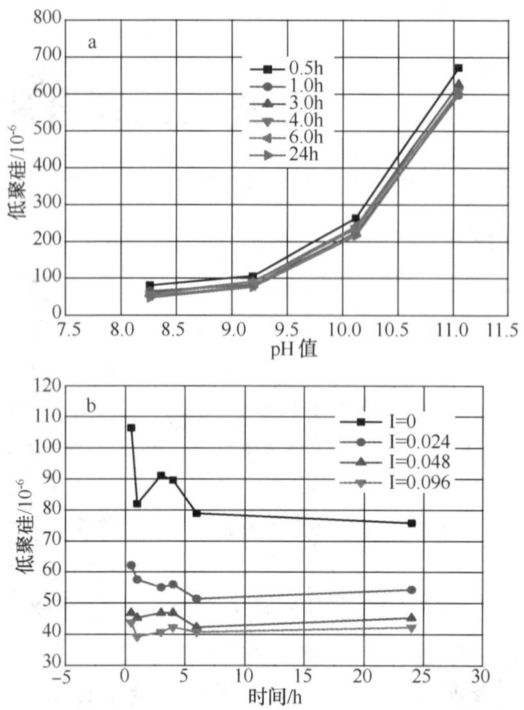

图 2　25℃时，低聚硅的含量随 pH(左)、钙离子强度(右)的变化规律

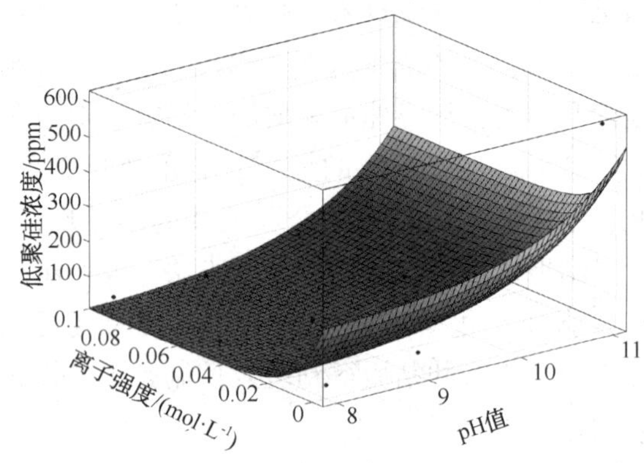

图 3　25℃时，低聚硅沉积预测模型

成的高聚硅酸盐沉积或者进一步脱水以无定型二氧化硅沉淀析出，室内开展了 pH、温度、离子强度等因素对低聚硅沉积影响实验，得出了硅的含量随 pH、钙离子浓度的变化规律(图 2)。

利用 MATLAB 软件，将多个二维数据以 exponential 函数关系拟合，得到 25℃条件下，低聚硅沉积的三维预测曲面(图 3)。可溶性硅含量在三维曲面内为最大饱和浓度，在曲面之上时，证明溶液中可溶性硅含量超过饱和低聚硅开始沉积；在曲面之下时，表明不发生硅沉积。

通过 MATLAB 的曲面拟合模型，进一步计算得到 25℃时低聚硅浓度与 pH 值和钙离子强度的函数关系，结合现场实际情况，采出液中的实时数据是在常温条件下测得的，因此，根据模型推导 25℃时采出液中理论饱和可溶性硅浓度与 pH 值和钙离子强度的函数关系(公式 2)，当采出液中可溶性硅含量的测量值比公式计算的结果大时，低聚硅发生沉积。

$$f(pH,\ I)=1.0\times10-5+1.74\times10^{-3}e^{1.086pH}+144.80e^{-92.02I} \tag{2}$$

式中：$f(pH,\ I)$是溶液中可溶性硅理论饱和浓度。

1.3　钙硅混合垢沉积结垢预测修正及应用

结合 $CaCO_3$ 沉积饱和指数方程和低聚硅沉积三维预测模型，针对大庆油田三元复合驱杏 5、6 区 106 口机采井的实时采出液数据，对混合垢沉积结垢预测修正，得到三元复合驱机采井 $CaCO_3$ 结垢饱和指数和低聚硅结垢区间。现场应用时将温度、压力、采出液 pH 值、成垢离子浓度及总离子强度分别代入上述公式中，即可计算出饱和指数值，通过与理论上的饱和指数值进行对比，即可确定油井的结垢情况(见图 4)。

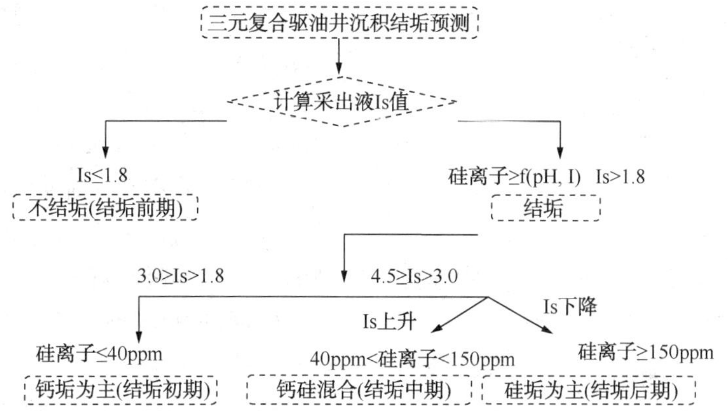

图 4 大庆油田三元复合驱油井结垢预测模型

2 硅酸盐垢防垢剂的研究

原有的防垢剂防垢机理为有机络合分散机制，对硅垢的防垢率为 40.2%，在矿场试验阶段通过加大防垢剂浓度，基本满足了现场需要，但随着三元复合驱技术工业化推广应用，导致现场防垢成本高，因此研发了高效硅垢防垢剂。

2.1 防垢剂的制备

硅酸盐垢防垢剂主要由丙烯酸(AA)与对甲基烯丙基氧基苯磺酸(MBS)共聚形成的高分子(CAABS)和另一种小分子 2-膦酸丁烷-1，2，4-三羧酸(PBTC)按一定比例混合而成。

2.2 CAABS 的表征

图 5 是合成 CAABS 的红外光谱，波数 3523cm^{-1}处吸收峰为聚丙烯酸共聚单元中羧基所含羟基的红外吸收峰，波数 1713cm^{-1}处为羧基中碳氧双键即羰基的红外吸收峰；波数 1478cm^{-1}和 1379cm^{-1}处的吸收峰则为取代基 CH_3 的吸收峰；波数 1021cm^{-1}处的吸收峰为芳烃碳原子与取代基之间醚键的吸收峰；波数 1243cm^{-1}处则为聚合物分子主链中三级碳原子与相邻碳原子之间的伸缩振动的红外吸收峰。

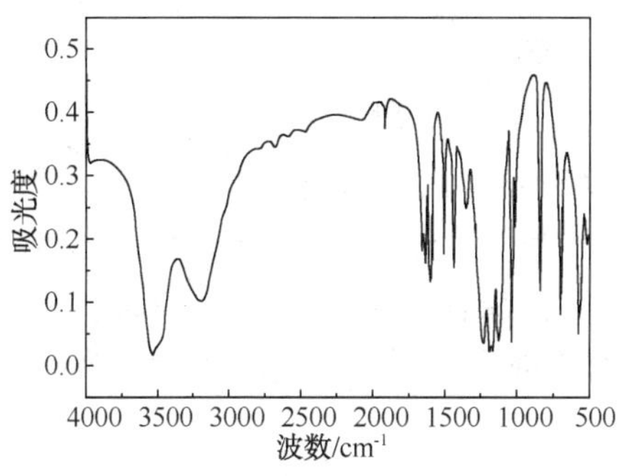

图 5 CAABS 的红外光谱

利用 GPC 表征 CAABS 的分子量，在 18min 处得到样品峰，分子量为 $M_n = 8\times10^3$，需要说明的是，在 CAABS 合成过程中可以通过聚合温度控制聚合度得到不同大小分子量的 CAABS，聚合度低分子量小对三元液中阳离子(如 Ca^{2+}等)吸附程度强，聚合度高分子量高则空间位阻大，二者均达不到阻止硅垢形成的理想效果，采用分子量 8000 的 CAABS 效果最佳。

2.3 CAABS 的防垢效果

图 6 是不同浓度的 CAABS 静态阻 SiO_2 垢的实验结果。CAABS 的加入增加了溶液中可溶性硅含量；CAABS 浓度越大，溶液中可溶性硅含量越高，说明其阻硅垢效果越好。发明的硅垢防垢剂对于硅垢的阻垢机理主要是组分中 CAABS 链上羧基官能团能够通过氢键相互作用与原硅酸分子或其二聚体发生键接。由于 CAABS 链的空间位阻作用，这些被链接的原硅酸分子或其二聚体就很难和其他原硅酸分子或低聚体通过聚合反应形成聚合度较大的硅酸胶团并最终脱水形成不溶性 SiO_2。即 CAABS 的加入阻碍了硅酸的聚合，从而表现出了阻止或延缓硅垢形成的能力。

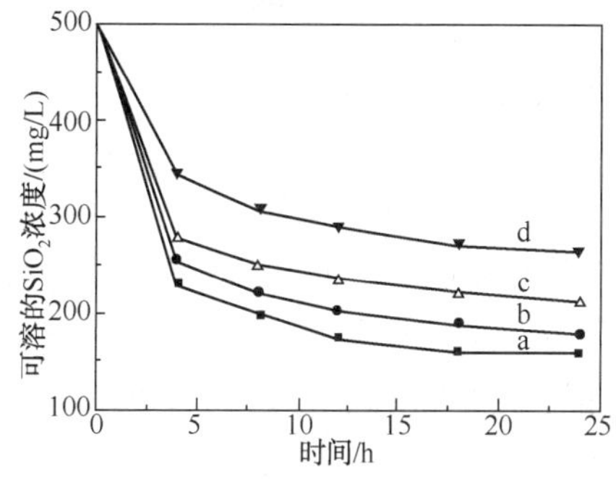

图 6 不同浓度的 CAABS 防硅垢效果

(CAABS 的浓度 a：0，b：50，c：100，d：200mg/L)

3 中性清垢剂的研究

以往的油井井筒清垢采用的是酸性清垢剂，药剂中的氢离子会与螺杆泵转子镀铬涂层发生快速反应，造成螺杆泵转子镀铬涂层脱落，定子、转子之间空隙加大，导致清垢后泵效下降，泵漏失作业。因此，研发了适用于螺杆泵井的清垢剂。

3.1 中性清垢剂的制备

向料烧杯中加入一定量的自来水，在中速搅拌下分别加入机磷酸酯、分散剂、pH 值调节剂得到中性清垢剂溶液，其组成为：25%机磷酸酯+5%分散剂+2%pH 值调节剂。

3.2 中性清垢剂的清垢机理

室内用中性清垢剂对碳酸钙晶体进行了浸泡，并对其浸泡前后的状态分别进行了 SEM 扫描(见图 7)及 X-射线衍射(见图 8)分析，从图 7 可以看出，未经浸泡的晶体结构紧凑，堆积致密，而浸泡后表现为长方形的条状体，彼此之间空隙较大，堆积错落无序，成为松散的粉末状固体；从图 8 可以看出，浸泡前样品的谱图与标准方解石晶体的谱图基本一致，浸泡后样品的 XRD 谱图的吸收峰有了明显的变化，经与标准矿物的谱图进行比对，表明其新出现的吸收峰与文石晶型的碳酸钙的吸收峰相近。因此，该中性清垢剂清垢机理是过诱导垢质中的碳酸盐结晶发生晶型转变，使其由堆积致密的方解石晶型转变为结构疏松的文石晶型，由坚硬致密的垢块变为分散、疏松的粉末，然后从井下设备表面脱落，达到清垢的目的。

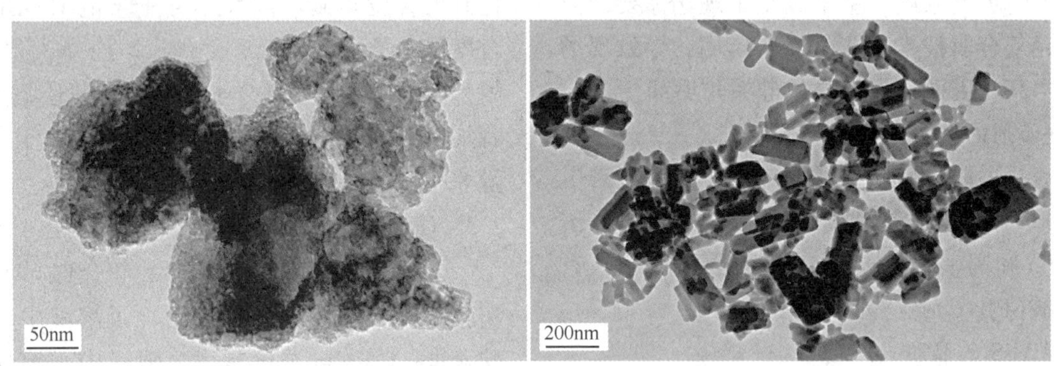

图 7 碳酸钙晶体浸泡前(左侧)、浸泡后(右侧)SEM 图像

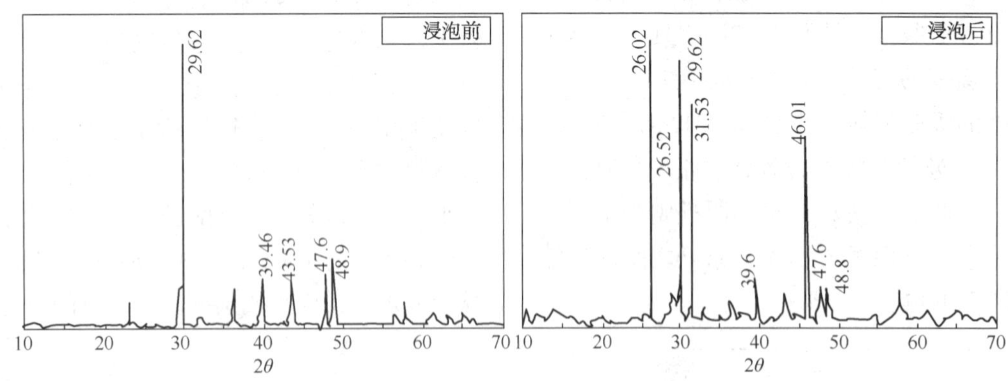

图 8 碳酸钙晶体浸泡前(左侧)、浸泡后(右侧)XRD 谱图

3.3 中性清垢剂的清垢效果

中性清垢剂浸泡三元复合驱现场垢样实验结果见图 9，从图中可以看出，井下采出设备上取的垢样初始状态为致密的硬块，利用中性清垢剂浸泡 2h 后，垢样表层疏松、部分脱落；浸泡 4h 后，硬块整体坍塌，表面脱落下更多的垢质；浸泡 6h 后，硬块被完全软化，垢样全部处于分散状态，分散体积至原来的 5 倍以上；浸泡 8h 后，垢样分散倍数继续增加；浸泡 24h 后，垢样分散体积为未浸泡时的 10 倍以上，变为疏松的粉末。

图 9　中性清垢剂浸泡垢样实验(初始状态、浸泡 2h、浸泡 4h、浸泡 6h、浸泡 8h、浸泡 24h)

4　现场应用效果

针对大庆油田强碱三元复合驱结垢油井，现场应用结垢预测模型、硅酸盐垢防垢剂、中性清垢剂等进行了治理，通过物理与化学结合、清防结合、技术与管理结合，使处于结垢期的 4 个强碱区块机采井平均检泵周期达到 403 天，见到了较好的清防垢效果。

5　结论

(1)结合 $CaCO_3$ 沉积和低聚硅沉积预测方程，建立了大庆油田三元复合驱钙硅混合垢各阶段结垢的量化预测方法，现场应用 527 口井，平均预测符合率达 90.1%。

(2)由 CAABS、PBTC 等组成的高效硅酸盐垢防垢剂，可有效组织各种类型硅酸盐的聚合与沉积，室内评价其防垢率可达 80%以上。

(3)由机磷酸酯、分散剂、pH 值调节剂等组成的中性清垢剂，能够在不腐蚀螺杆泵转子镀铬涂层的情况下使泵及油管等部位的垢松软脱落，达到清垢的目的。

(4)通过结垢沉积预测模型确定油井的结垢类型，现场应用研发的高效硅垢防垢剂及中性清垢剂，使机采井检泵周期由不足 100 天延长至 400 天以上。

参 考 文 献

[1] 王玉普，程杰成．三元复合驱过程中的结垢特点和机采方式适应性[J]．大庆石油学院学报，2003，27(2)：20-22.

[2] 程杰成，王庆国，王俊，等．强碱三元复合驱钙、硅垢沉积模型及结垢预测[J]．石油学报，2016，37(5)：653-659.

[3] Cheng Jiecheng, Zhou Wanfu, Zhang Yusheng etc.. Scaling Principle and Scaling Prediction in ASP Flooding Producers in Daqing Oilfield [C]. SPE - 144826-MS, 2011.

[4] 马景义，胡胜杰，姚洪田．强碱三元复合驱采出井垢形貌及组分分析[G]．大庆油田有限责任公司采油工程研究院．采油工程 2013 年第 2 辑．北京：石油工业出版社，2013：29-31.

[5] 周振东．强碱三元复合驱垢质成分变化及防垢剂配方调整[G]．大庆油田有限责任公司采油工程研究院．采油工程 2012 年第 4 辑．北京：石油工业出版社，2012：12-17.

[6] 周万富，张士诚，王庆国，等．强碱三元复合驱长岩心模拟实验中成垢离子变化规律[J]．大庆石油学院学报，2010，34(2)：77-80.

[7] 徐国民，蒋玉梅．强碱三元复合驱化学防垢技术研究[J]．油气田地面工程，2008，27(10)：23-24.

缝洞型油藏注氮气驱油提高采收率机理及应用

谭　涛[1]　郭　臣[1]　解　慧[1]　丁保东[2]

（1. 中国石油化工股份有限公司西北油田分公司勘探开发研究院；
2. 中国石油化工股份有限公司西北油田分公司石油工程技术研究院）

摘　要　塔河油田碳酸盐岩缝洞型油藏是典型的古生界海相油田，具有复杂的地质特征和成藏模式，其复杂性主要体现在储层发育形态具有多样性、储层的平面分布和纵向岩溶作用的强非均质性，没有统一的油水分布规律。为了解决塔河碳酸盐岩缝洞型油藏注水开发效果变差、井间剩余油难以动用的开发矛盾，从塔河缝洞型油藏注氮气提高采收率技术出发，以缝洞型油藏气驱机理研究为基础，开展缝洞型油藏物理模拟研究，明确注氮气驱油非混相驱机理和气驱的油藏适应性，开展塔河碳酸盐岩缝洞型超深油藏的注氮气配套工艺技术研究。保证了注氮气提高采收率技术在缝洞型油藏的顺利实施，推动了塔河油田的注氮气矿场应用效果和推广应用规模。

关键词　缝洞型油藏；氮气；非混相；驱替；配套工艺

与国内外其它地区碳酸盐岩油藏类型不同，塔河奥陶系碳酸盐岩油藏非均质性极强，递减率大、采收率低。经过多年的研究经验积累和攻关研究，中石化西北油田分公司已形成了针对单井单元的注水替油和多井单元的注水开发技术，有效地减缓了油藏递减，提高了采收率。但随着注水开发的深入，注水效果存在变差或失效的开发矛盾，为此从 2012 年开展了单井注气提高采收率试验，注气效果显著，初步形成了缝洞型油藏单井注气选井原则，明确了单井注气机理，优化了注气时机、注气量、注气周期、焖井时间、开井制度等注采参数，初步建立了单井注气技术政策，取得了初步成果。在单井注气三次采油取得突破的基础上对塔河油田多井开发缝洞单元开展注氮气驱油提高采收率技术的适应性、气驱机理、注气配套工艺等研究，以多井缝洞单元注气驱提高采收率技术的适应性和气驱机理研究成果为理论支撑，大规模氮气驱工艺配套技术为保障措施，扩大并提高注氮气提高采收率技术在碳酸盐岩缝洞型油藏的推广规模和应用效果。

1　缝洞型油藏注氮气驱机理研究

塔河碳酸盐岩缝洞型油藏的油质主要以中质油为主，本次研究以塔河中质油为实验研究对象开展注气驱油机理研究。首先对中质油区块进行 PVT 测试和地层流体配制，开展井流物组成测试、单次脱气测试、等组成膨胀测试、黏度测试，为后期细管实验和物理模拟研究提供可代表储层流体特性的参数(表 1)。

表 1　T40X 井原油流体样品配制数据

项目	配制结果
饱和压力/MPa	25.94
地层油黏度/(mPa·s)	13.6
地层油体积系数	1.1786
气油比/(m^3/ m^3)	68
地层油密度/(g/cm^3)	0.8615
脱气油密度/(g/cm^3)	0.9228

1.1　注氮气非混相驱机理研究

细管实验是目前世界上公认的确定注入气能否与原油混相的标准方法，同时也是确定给定注入气的最小混相压力(MMP)和给定注入压力最佳注入气混相组成的主要实验手段。其中最小混相压力是研究注气驱油效率的重要参数之一，当地层压力高于最小混相压力时，注入气体和原油之间经过多次接触达到混相，驱替前缘的界面张力趋近于零，束缚油滴的毛管力消失，驱油效率接近 100%。为了明确 T40X 井地层原油注 N2 是

【作者简介】谭涛，男，1981 年 7 月 14 日，2004 年毕业于西南石油大学，取得工学学士学位，2012 年取得石油与天然气工程硕士学位，先就职于中国石油化工股份有限公司西北油田分公司勘探开发研究院，主要从事油气藏提高采收率技术研究，E-mail：tantao.xbsj@sinopec.com

否能达到驱混相，进行了细管驱替测试。

通过不同注入压力驱替时注入孔隙体积比与驱油效率和产出气油比的关系可以看出，在注气压力从30MPa提高到实际油藏压力60MPa、注入孔隙体积比从0PV提高至1.20PV后，细管实验驱油效率也从30MPa压力条件下的31.4%提高至60MPa压力条件下55.0%（表2），随着注入压力的增加，地层原油的采出程度不断增加，低压下N2在0.2PV时开始突破，突破较早，注入压力增加N2突破时间可推迟，注入压力60MPa时可在0.7PV突破（图2）。在注入压力为60MPa时注入1.2PV时N2的驱油效率为55%，表现出非混相驱的特性（图1），该研究成果表明，氮气在塔河中质油的油藏压力条件下无法实现与原油的混相。

表2　不同注入压力下的驱替动态数据

序号	30MPa			40 MPa			50MPa			60MPa		
	注入倍数/PV	驱油效率/%	气油比/(m^3/t)	注入倍数/PV	驱油效率/%	气油比/(m^3/t)	注入倍数/PV	驱油效率/%	气油比/(m^3/t)	注入倍数/PV	驱油效率/%	气油比/(m^3/t)
0	0.00	0.00	0.00	0.00	0.00	0.00	0.00	0.00	0.00	0.00	0.00	0.00
1	0.10	9.97	66.15	0.10	8.00	66.15	0.10	6.60	66.15	0.10	7.69	66.15
2	0.20	17.34	66.15	0.20	14.30	66.15	0.20	15.40	66.15	0.20	17.79	66.15
3	0.30	24.20	755.78	0.30	23.40	66.15	0.30	24.80	66.15	0.30	25.37	66.15
4	0.40	25.60	2293.10	0.40	32.80	66.15	0.40	32.80	66.15	0.40	35.80	66.15
5	0.50	26.40	4705.48	0.50	35.45	1247.50	0.50	38.80	66.15	0.51	43.80	66.15
6	0.60	27.20	6310.17	0.60	36.67	4446.82	0.60	40.78	1448.05	0.60	47.60	66.15
7	0.70	27.80	8920.00	0.70	37.11	8380.65	0.70	41.88	5281.10	0.70	50.40	66.18
8	0.80	28.30	10800.00	0.80	37.39	10430.59	0.80	42.70	8920.00	0.80	52.00	1169.47
9	0.90	29.20	12150.00	0.90	37.65	11124.05	0.90	43.50	10270.00	0.90	52.60	4316.62
10	1.00	29.40	11690.00	1.00	37.89	11513.21	1.01	44.30	10870.00	1.00	53.40	7742.60
11	1.10	30.60	12480.00	1.10	38.12	11891.11	1.10	45.10	11720.00	1.10	54.00	9668.02
12	1.20	31.40	12750.00	1.20	38.36	12352.66	1.20	46.20	12000.00	1.20	55.00	10581.99

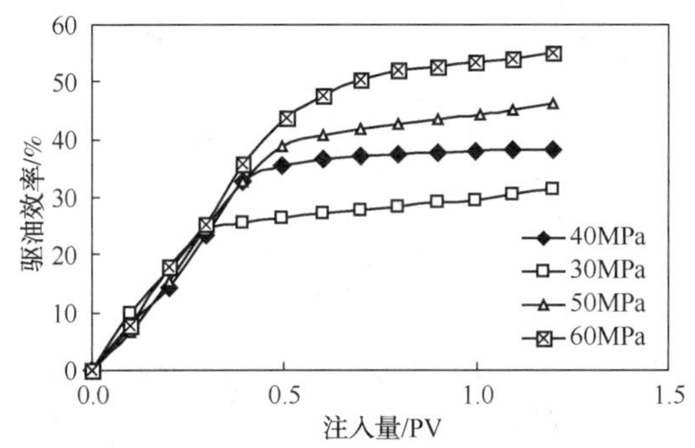

图1　注入压力、注入孔隙体积比与驱油效率的关系

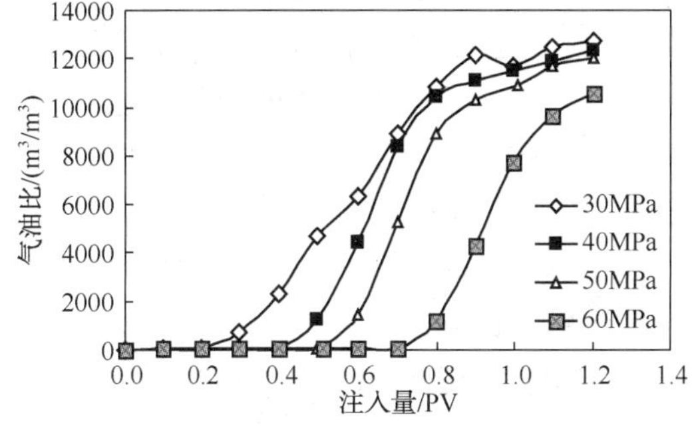

图2　注入压力、注入孔隙体积比与气油比的关系

1.2　注氮气膨胀增能机理研究

为了研究注氮气提高采收率作用机理，开展了注入氮气与地层原油作用机理的各项实验，进一步明确了氮气进入缝洞型油藏的主要机理是进入储集空间后的膨胀增能，其次有一定的较弱溶解性和一定的抽提作用。

分别应用配制好的T401井地层流体样品，进行了地层原油流体样品膨胀实验。将适量配制好的地层流体样品转入PVT仪中，在模拟真实地层126.2℃温度环境下稳定2小时，将适量增压后的氮气注入PVT仪地层原油样品中，充分搅拌2小时使样品成均质单相状态，然后缓慢降压测其泡点，并进行测试，测试原油溶解气量及流体的密度、黏度等。测试完后，在油样中再继续加入注入气，加压使样品成均质单相状态，再降压测其新的泡点，进行脱气测试，得到塔河中质油注氮气后的各项参数。

1.2.1　注氮气对饱和原油性质的影响

T40X井在注入N2后，原油饱和压力处于上升趋势，原油泡点逐渐上升，且上升幅度较大，当注入氮气达到 20mol%时，原油的泡点压力上升至 56.87 MPa，明确了 N2 在原油中的增溶能力有限。该结果可以明确：注 N2 饱和压力不断上升，但尚未达到临界点状态，T401 井地层原油注 N2 的一次接触混相压力高于 59.57MPa（图 3），在地层压力下难以达到混相。

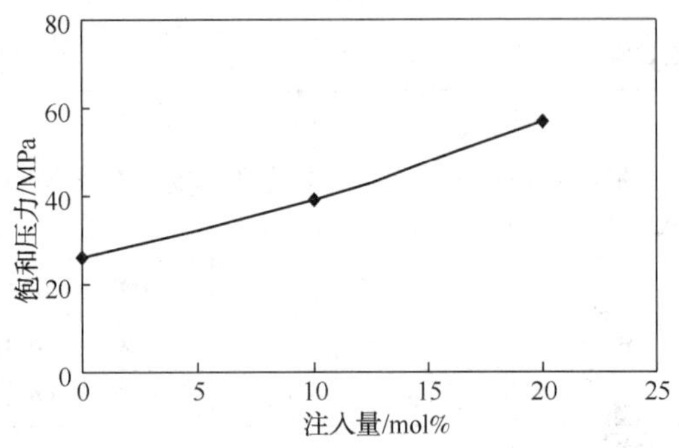

图 3　注入 N2 对 T401 井原油饱和压力的影响

1.2.2　注氮气对溶解气油比的影响

通过原油达到饱和压力条件下进行氮气的注入量与原油黏度关系研究可以看出，随着注入氮气量的不断增加，溶解的气油比也逐渐增大，在注入体系达到 20mol%时，气油比接近 107.81 m^3/m^3（图 4），该研究成果表明氮气在塔河中质油中具有有一定的溶解性，但溶解性能一般。

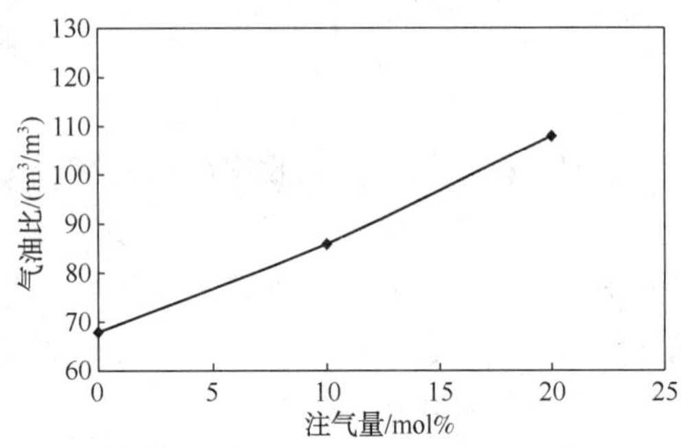

图 4　累计注氮气量与气油比的关系

1.2.3　注氮气对地层原油密度的影响

塔河中质油不断的接触氮气后，密度有一定的变化，随着注入气量的增加，地层条件下原油的密度有轻微幅度的增加，从 0.8287g/cm^3 上升至 0.8394g/cm^3（图 5），使饱和原油密度升高的主要原因是在饱和原油不断接触氮气的过程中，氮气对原油轻组分有一定的抽提作用。从拟三元相图可以看出，地层原油注 N2 后总体上趋于轻质化，相图向轻质油转化，临界点压力增加，这是由于研究样本中的轻质组分被氮气抽提，整体表现为向轻质油转化的过程（图 6）。

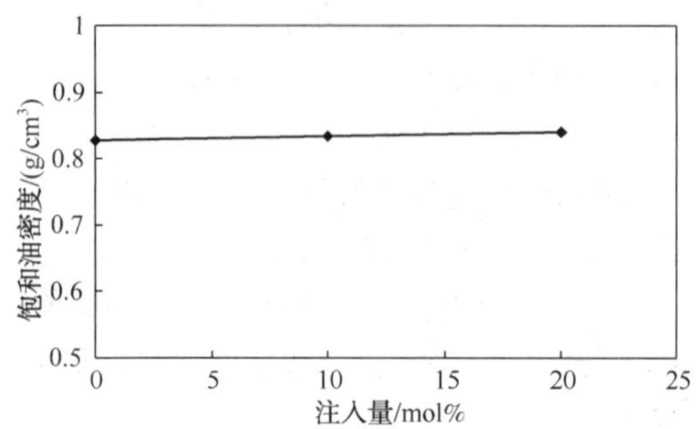

图 5　累计注氮气量与气油比的关系

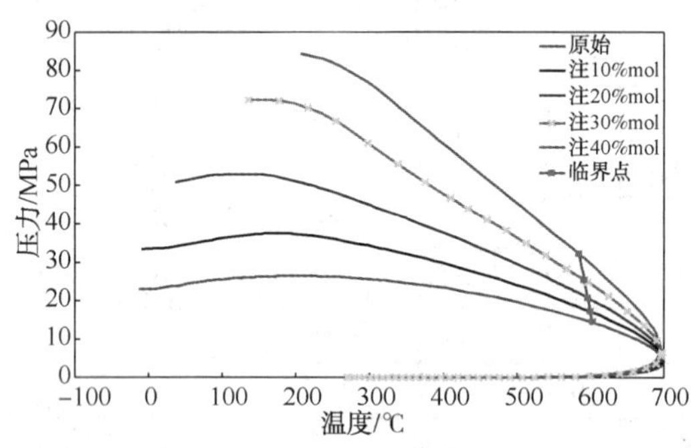

图 6　塔河中质油注氮气 P-T 相图

1.2.4　注氮气对地层原油黏度的影响

从注入不同比例 N2 的地层原油黏度对比图可以看出，随着注入气比例增高的增加，地层原油黏度趋于降低，从 8.41mPa·s 下降至 5.96mPa·s。（图 6）。

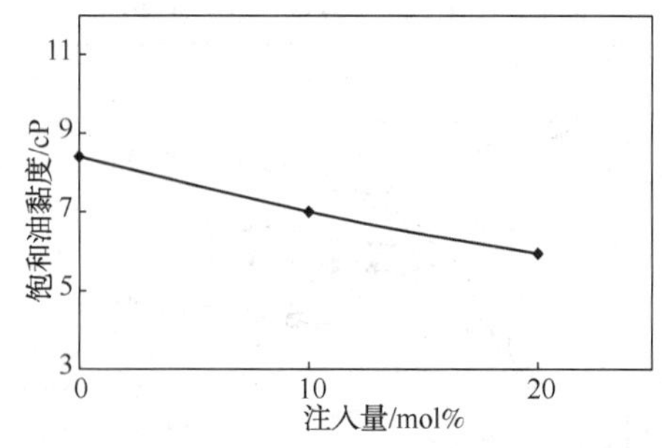

图 7　饱和压力下氮气的注入量与原油黏度关系

1.2.5　缝洞型油藏注氮气弹性膨胀研究

通过不同压力条件下注氮气过程中等组分膨胀相对体积变化曲线可以看出，随着 N_2 注入量的增加，降压过程地层油和 N_2 两相体积膨胀能力增加（图 8），相对体积增加明显，表明 N_2 在塔河缝洞型中质油油藏中的主要作用机理是增加地层弹性膨胀能量。

1.3　注氮气重力驱油和压水锥机理研究

为了进一步明确注入氮气在缝洞型油藏中的驱替和运移埋存规律，利用实际多井单元缝洞刻画成果刻蚀多井缝洞单元可视化物理模型（图 9、图 10），在可视化物理模型内开展水驱开发、气

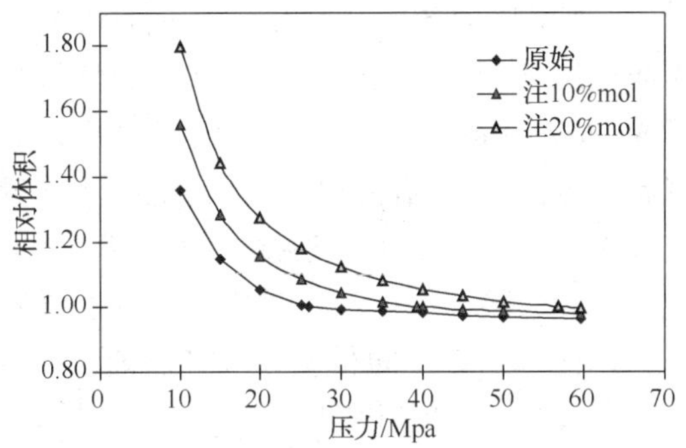

图 8　注氮气过程等组分膨胀相对体积变化曲线

驱开发过程，进一步明确了注入氮气能够在井间水驱盲端的相对高部位储集体埋存，利用气油密度差形成纵向重力置换和横向驱替作用机理动用水驱开发过程中难以波及的剩余油。

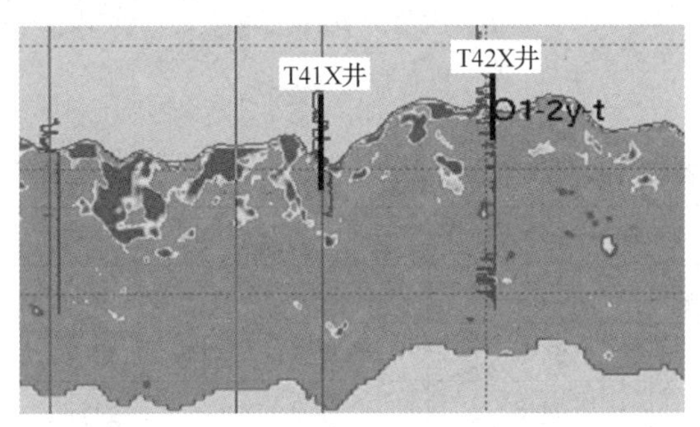

图 9　塔河某多井缝洞单元 T41X-T42X 井组静态剖面

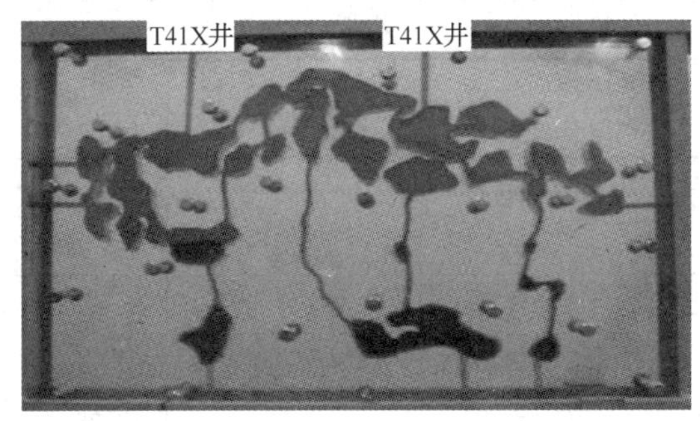

图 10　T41X-T42X 井组刻蚀可视化物理模型

1.3.1　水驱后剩余油分布规律研究

塔河碳酸盐岩缝洞型油藏注水覆盖程度高，但随着注水开发的不断深入，单井注水、单元水驱的整体效果不断变差，研究井间水驱后剩余油分布规律是奠定气驱效果的重要研究方向。利用井组实际物理模型模拟水驱开发过程，待水驱失效后可以明确井间水驱后的剩余油分布规律。

利用物理模型建立井组的原始油水分布模型（图 11），在此基础上进行水驱模拟开发，模拟过程是对原油油水分布模型进行底部水驱开发，从水驱后的油水分布规律模型可以看出（图 12），经过底部模拟水驱失效后，油井井周已形成“水淹”，井间仍有大量“剩余油”难以被水驱动用。

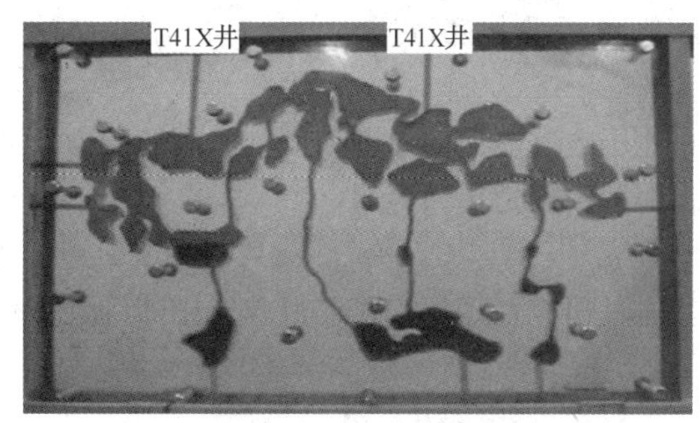

图 11　T41X-T42X 井组原油油水分布模型

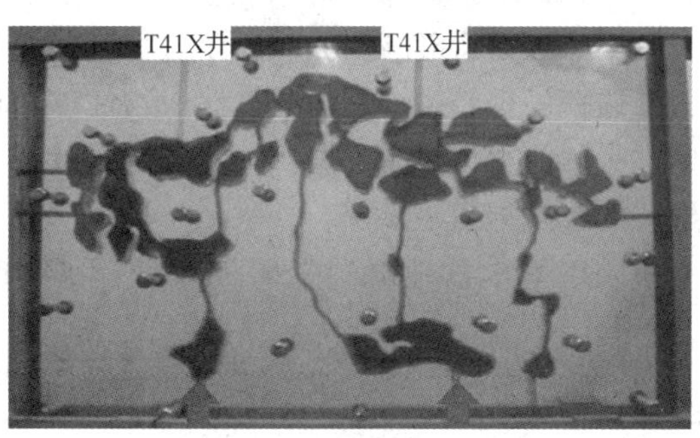

图 12　T41X-T42X 井组水驱失效后油水分布规律

1.3.2　气驱动用剩余油规律研究

利用水驱失效后的油水分布物理模型进行模拟气驱开发，更直观的认识到注氮气驱的主要作用机理是高部位重力置换和压水锥两种作用。从气驱后的油气水三相分布可以看出（图 13），注入氮气主要埋存在 T41X、T42X 井周高部位和井间大规模的溶洞型储集体内，气驱能够有效动用前期模拟水驱过程中井间、井周水淹后难以动用的剩余油。对比图 10 和图 11，T42X 井水驱后井周油、水界面和气驱后的油、气、水界面，T42X 井的水锥部位被注入氮气所顶替，水锥问题在一定程度上得到了解决。

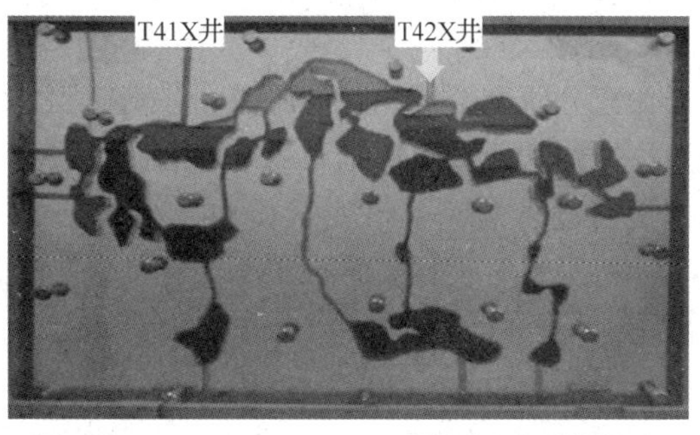

图 13　T41X-T42X 井组气驱后油水分布规律

2　缝洞型油藏注氮气驱配套工艺技术研究

2.1　超深缝洞型油藏注氮气驱压力预测技术

缝洞型油藏储层物性一般均比较好，油井在 15~20MPa 注水压力下日注水量可达到 $500m^3/d$

以上。注入压力系统设计方法为，根据开发配注指标预测所需井底流压，再计算所需井口注气压力。

地层吸气能力的计算和预测采用经验方程进行，由井筒压力传递得知：

$$p_{泵压}=p_{地层}+p_{启动}+p_{摩阻}+p_{压差}-p_{液柱压力} \quad (1)$$

通过研究及现场实践，目前采用的经验方程如下：

$$q_{sc}=c(p_{wf}^2-p^2) \quad (2)$$

$$\lg q_{sc}=\lg c+n\lg(p_{wf}^2-p_{启动压力}^2) \quad (3)$$

对于碳酸盐岩缝洞型油藏，储层裂缝孔洞发育，渗透率确定较难，无法通过储层物性参数确定地层吸气能力，目前根据试注气的结果计算求取地层的吸气指数等参数。

中国塔里木盆地碳酸盐岩油藏埋深5400～6500m，地层压力50～65MPa，前期试注试验结果表明地层吸气能力很强，地层注气吸气指数达到了5～20×10^{4}m^3/d·MPa。可根据这些井的试注资料预测注气井的注气压力，为地面注气设备的选择提供可靠的依据。根据C-6井和C-7井的现场试验经验，可采用注气启动压差法预测注气压力。注气启动压差借鉴现场经验值2～3MPa进行取值设计，同时注气压力随气量的增加再附加3～5MPa的注气生产压差，以求取不同注气量和注气压力下的吸气指数。计算公式如下，计算结果见表3。

注气井压力计算如下：

$$p_{wf}=\sqrt{p_{tf}^2 e2\alpha-\beta(e2\alpha-1)} \quad (式2-4)$$

$$p_{井口}=p_{wf}-p_{气柱}+p_{摩阻} \quad (式2-5)$$

表3　塔里木盆地示范区缝洞型碳酸盐岩油藏注气压力预测

油藏深度/m	地层压力/MPa	井底注气压力/MPa	φ89mm油管不同注气量下井口注气压力/MPa			
			5×10^{4}m^3/d	10×10^{4}m^3/d	15×10^{4}m^3/d	20×10^{4}m^3/d
5400-5600	50	55	40.16	40.25	40.4	40.5
	55	60	44.7	44.8	44.9	45
	60	65	49.2	49.3	49.5	49.7
	65	70	53.8	53.9	54	54.1

根据表3预测结果，当地层压力为50MPa时，需要地面注气压力40MPa；当地层压力为55MPa时，需要地面注气压力44.7MPa；当地层压力为60MPa时，需要地面注气压力50MPa；当地层压力为65MPa时，需要地面注气压力54MPa，目前的压缩机等级为52～54MPa，纯注氮气难以满足地层压力65MPa以上的油藏注气要求。

在充分研究了地层启动压差、井筒摩阻、井筒气柱压力和地层吸气能力的基础上，可设计注入排量，进行预测井口注气压力，结果见表4。从实际情况来看，预测值与实际注气结果吻合度较高。

表4　注气压力计算和实际注气施工结果对比表

序号	井号	设计排量/(m^3/h)	预测注气压力/MPa	实际注气压力/MPa
1	C-6	12(液氮)	45	43
2	C-7	4200	23.1	25.4

续表

序号	井号	设计排量/(m^3/h)	预测注气压力/MPa	实际注气压力/MPa
3	C-8	20(液氮)	44	46
4	C-9	4200	27.5	28.1
5	C-10	4200	21	19
6	C-11	4200	22	20

2.2　超深缝洞型油藏注气-采油一体化工艺技术

在注气压力预测的基础上，考虑到采气井口注气后需更换机抽井口才能生产，研发设计了KQ78(65)-70注气-机抽采油生产一体化井口，该井口通过改变井口结构，即采用一个主阀控制，可满足压力控制和紧急情况下的关井要求；同时可将井口高度降低至1.4m，以满足注气后机抽生产的要求，建立注气采油一体化井口结构（图14），该注气-机采一体化井口满足了油井注气后直接转抽生产的需要，避免了多轮次注气频繁更换井口，单轮次注气施工缩短占井周期 3 天以上，降低了注气成本，提高了油井利用率。

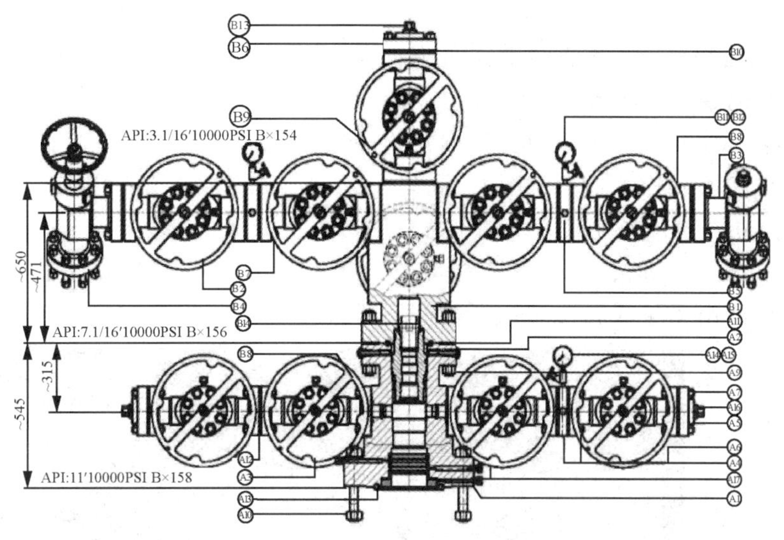

图 14 注气采油一体化井口结构图

2.3 超深缝洞型油藏注氮气驱一体化管柱工艺技术

塔里木盆地缝洞型油藏埋藏深（大于 5000m）、油藏温度高（120℃）、压力高（大于 55MPa），同时需要兼顾注气和机械采油，给高压注氮气管柱设计带来巨大挑战，超深井高压注气油管应满足以下条件：油管本体和接箍应具有较高抗内压性能；油管接头应具有可靠持久的密封性；油管丝扣应具有较强的抗拉性能；油管材质应具有优的抗伸缩性（避免疲劳破坏）和抗腐蚀性。依次为研究方向设计并试验了适用于塔河缝洞型油藏的不同类型油井的注氮气驱一体化管柱（图 15、图 16、图 17）。

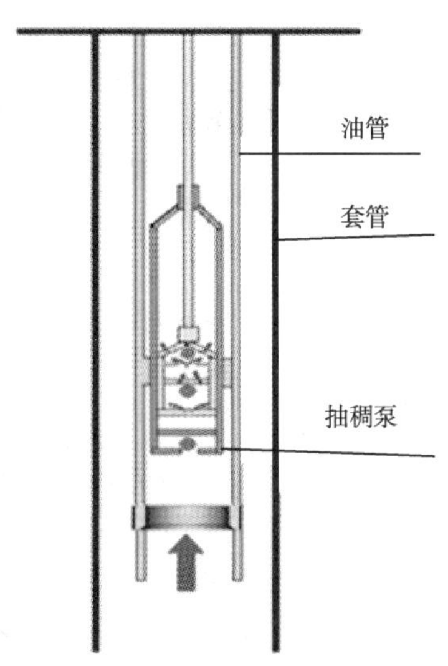

图 15 7 寸回接井原井（机抽管柱/光管柱）管柱

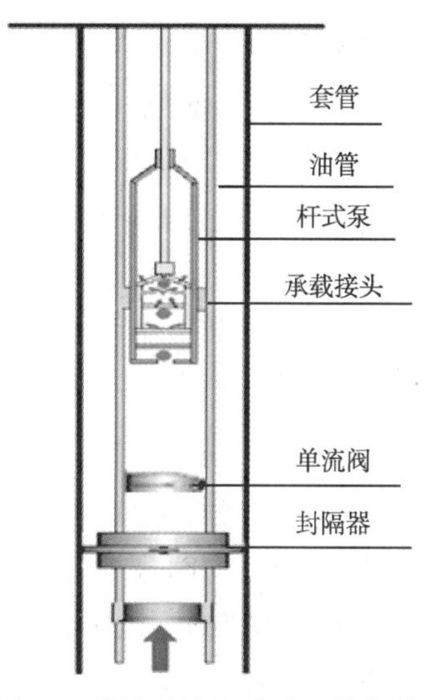

图 16 稀油井注气采油一体化管柱

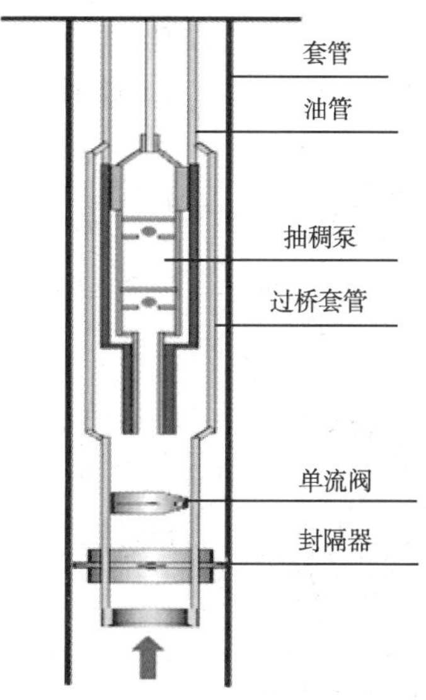

图 17 稠油井注气采油一体化管柱

2.4 超深缝洞型油藏注氮气驱管柱防腐工艺技术

碳酸盐岩缝洞型油藏注 N_2 增油效果显著，但受制氮设备及工艺的制约，注入氮气含有 1%左右的氧。缝洞型油藏井下往往具有超深、高温、高氧的工况特征和低 pH 值、高矿化度、高氯离子、高含 Ca^{2+}、Mg^{2+} 的介质特点，基础环境非常苛刻；缝洞型油藏注 N_2 时，抽油泵柱塞要提出泵筒，开井生产前由于生成腐蚀结垢产物，挂抽成功率较低；缝洞型油藏埋藏深，注 N_2 需要气水混注，强腐蚀性 O_2 与油田回注水协同作用，进一步加剧了井下管柱的腐蚀速率；缝洞型油藏注 N_2 后闷井，O_2 与井底 CO_2、H_2S 等强腐蚀性介质共存，管柱腐蚀机理更加复杂；井下管、杆、泵等金属材料腐蚀问题突出(见图 18)，尤其是位于封隔器下部的套管难以有效保护。腐蚀已成为制约注 N_2 技术推广应用亟待解决的问题。

图 18 注气井现场腐蚀

(1)腐蚀影响因素

在注氮气过程中，腐蚀产物主要成分为 Fe_2O_3 和 Fe_3O_4，说明导致腐蚀的主要因素为氧，另外，H_2S、CO_2 等井下酸性气体会不同程度加剧腐蚀程度，也是加剧腐蚀的重要影响因素。

(2)酸性气体腐蚀

在实际生产中，由于区块 H_2S、CO_2 含量存在差异，腐蚀主控因素各有不同，有以 H_2S 为主的，也有 CO_2 为主的、同时还有以 H_2S-CO_2 共同作用为主的。有研究表明，CO_2/H_2S 共存体系中气体浓度对腐蚀影响为：

(Ⅰ)当 $P_{CO_2}/P_{H_2S}>500$ 时，主要为 CO_2 腐蚀；

(Ⅱ)当 $20<P_{CO_2}/P_{H_2S}<500$ 时，为两者共同作用；

(Ⅲ)当 $P_{CO_2}/P_{H_2S}<20$ 时，主要为 H_2S 腐蚀。

(3)主要防腐措施

在注 N_2 驱过程中，氧为注气井的主要腐蚀因素。可根据碳酸盐岩缝洞型油藏注气工艺特点，将注气井划分为单井注气井和单元注气井，根据两类不同的注气工艺和腐蚀风险，分别制定了针对性防腐措施。

①源头控氧技术

注气所需氮气目前获取的方法主要有深冷分离法制氮、PSA 变压吸附制氮和膜分离制氮三种。根据表 5 三种制氮工艺的对比分析，PSA 变压吸附制氮工艺投资小、制氮纯度高，因而较其他两种制氮工艺具有显著的技术优势。目前，塔里木盆地示范区主要采取 PSA 变压吸附制氮工艺。

表 5 三种制氮工艺技术

项目	深冷分离制氮	PSA 变压吸附制氮	膜分离制氮
空气分离原理	相同压力下，液氧沸点大于液氮	相同压力下，氮气比氧气更易被吸附	相同压力下，氧气渗透率高于氮气
制氮特点	低温、连续、氮气压力稳定	常温、制氮过程的吸附-均压-解吸-吸附过程压力波动	常温，压缩空气在膜组件中连续通过，无循环切换，氮气压力稳定
氮气纯度	99%~99.99%	≤99%	≤95%~97.5%
相对投资	1.2~1.5	1	≥1.5
现场施工	占地面积大，施工难度大	体积小，启动快，操作简便	体积小，启动快，操作简便

②单井注气抗氧缓蚀剂技术

缓蚀剂是目前石油开采过程中广泛应用的防腐手段，特别是在单井注气工艺中具有经济、灵活、高效的技术优势。在高温、高氧的苛刻注气工况下，普通缓蚀剂产品防腐效果较差，无法满足现场需求，针对高温(120℃)、高压(60MPa)、高氧(1%)的苛刻环境自主研发了XS-1抗氧缓蚀剂产品。

(4)单元注气耐高温非金属内衬技术

碳酸盐岩缝洞型油藏往往具有超深(>6000m)、高温(120℃)、高压(60MPa)的工况特征和低pH值(5.5)、高矿化度(24×10^4mg/L)、高氯离子(13×10^4mg/L)、高H_2S(平均1685mg/m^3，最高13×10^4mg/m^3)、高CO_2(平均2.6%，最高11.9%)的介质特点，基础环境非常苛刻。缝洞型油藏单元注气，井下管柱在苛刻工况下长期服役，可在金属油管内表面使用非金属内衬，使金属油管与腐蚀介质隔离开，以阻碍金属油管内壁发生腐蚀反应。油管外壁和套管内壁通过“封隔器+环空保护液”进行保护。

3　缝洞型油藏注氮气驱提高采收率应用情况

自2012年单井注气三次采油先导试验在现场取得较好的矿场应用效果，多井缝洞单元注氮气驱覆盖规模逐渐扩大，截止2018年11月累计注氮气575口，累计实施注氮气井次1298井次，平均单井实施2.25轮次，累计注气量达10.8×10^8m^3，新增可采储量420×10^4t，提高采收率3.13个百分点，累计增油225×10^4t。

4　结论

(1)塔河碳酸盐岩缝洞型注氮气驱油是非混相驱；

(2)缝洞型油藏注氮气驱油的主要作用机理是利用密度差在油井的井周、井间高部位溶洞储集体内形成的重力驱；

(3)注氮气技术能够形成气顶，降低油水界面，有压水锥的作用；

(4)氮气的纯度直接影响油井井壁、管柱的腐蚀程度，含氧量低于99.0%后腐蚀加剧。

表面活性剂乳化性能在特低渗透油藏提高采收率的应用研究

范　伟[1,2]　熊维亮[1,2]　李文宏[1,2]　刘　蕾[1,2]

（1. 中国石油长庆油田分公司勘探开发研究院 2. 低渗透油气田勘探开发国家工程实验室）

摘　要　如何有效提高特低渗透油藏采收率，一直是困扰低渗透油藏高效开发的难题。本文以长庆三叠系长 6 特低渗透油藏为研究对象，开展与油藏特征相适应的提高采收率用驱油体系研究。通过对不同驱油体系的界面活性、乳化性、黏度以及驱油效率评价，明确了针对特低渗透油藏而言，与油藏条件相适应的乳化性能是表面活性剂筛选的首要指标，其次是界面活性，只有两者兼顾，才能大幅度提高驱油效率。筛选出了高界面活性强乳化低黏型 CQ-Ⅰ驱油体系，岩心驱替结果显示，CQ-Ⅰ可在水驱基础上提高驱油效率 28.9%以上。根据室内研究成果，在长庆 W 油田 A 区开展 4 井组现场试验，截止 2017 年 12 月，试验井组累计增油 5889.9t，阶段投入产出比 1：2.25，取得了较好的应用效果。

关键词　特低渗透油藏；提高采收率；驱油剂；乳化作用；驱油效率

长庆油田低渗透储量占 80%以上，绝大多数是渗透率在 $1.0\times10^{-3}\mu m^2$ 左右的特低渗透储层。由于储层渗透率低、非均质性强、裂缝较发育，导致油井含水上升速度快，产量递减大，水驱标定采收率低，急需开展提高采收率技术研究和攻关。

与中高渗透油藏不同，特低渗透油藏由于特殊的油藏地质特征，现有提高采收率技术理论和方法适应性较差。首先，由于特低渗透油藏岩性致密，孔吼细小，地层水矿化度普遍较高，常规的聚合物难以有效注入，即使注入后也会由于剪切损耗大或在储层基质中几乎表现出与水一样的渗流特征[1]，因此，通过加入聚合物来改善流度比提高采收率的方式适应性有限；其次，特低渗透油藏普遍裂缝发育，裂缝既是注入水的窜流通道，同时也是油流通道，要求驱油体系对裂缝或高渗通道只能是适当封堵，堵而不死，保证原油和注入体系的渗流能力；最后，特低渗透油藏渗流机理和油水运动规律与中高渗油藏相比有较大差异，毛管力影响大，存在启动压力梯度[2]，表现出非达西渗流特征，导致不同渗透率层段显示出较大启动压力差别，水驱波及效率低，波及处微观非均质残余油占残余油总量比例较大，整体水驱效率低。基于上述原因，对特低渗透油藏驱油体系性能提出了新的要求。

本文以长庆 W 油田 A 区三叠系长 6 特低渗储层为研究对象，开展不同类型驱油体系性能研究，明确与油藏相匹配的驱油体系性能要求，优选出最佳驱油体系配方，开展现场试验，探索特低渗透油藏提高采收率新途径。

1　试验区概况

长庆 W 油田 A 区位于陕北斜坡的中东部，主力油层长 6_1 为三角洲前缘相沉积，沉积微相以水下分流河道和河口坝为主。长 6_1^{1-2}、长 6_1^{1-3} 为主要含油层系，油藏温度 44℃，油层连通情况较好，分布稳定，平均油层厚度 19.1m，平均孔隙度 13.7%，平均渗透率 2.29mD，平均渗透率极差 3.1，最大 42.0，突进系数 1.36，变异系数 0.29，属于中等非均质储层。经过近 30 年的开发，目前该区已进入中高含水开发阶段，综合含水 72.0%，采出程度 24.9%，产量递减大，

【基金项目】国家科技重大专项“大型油气田及煤层气开发”鄂尔多斯盆地大型低渗透岩性地层油气藏开发示范工程（编号：2016ZX05050）；中国石油天然气股份有限公司重大科技专项“长庆油田 5000 万吨持续高效稳产关键技术研究与应用”（项目编号：2016E-05）

【作者简介】范伟，男，1983 年 8 月生，2010 年毕业于西南石油大学油气田开发工程专业，硕士研究生，现就职于长庆油田勘探开发研究院，工程师，从事提高采收率研究工作。E-mail：fanw1_ cq@ petrochina. com. cn

水驱提高采收率难度大。

从剩余油分布状况来看，该区平面上剩余油主要分布于裂缝侧向，而油井排井间的剩余油富集程度较高。纵向上存在渗透率较高层段，从而造成物性较差层段水驱动用差，剩余油富集。长 6_1^{1-2-3}、长 6_1^{1-2-4} 层渗透率较高，平均渗透率达到 5mD 以上，水洗程度也高；而渗透率仅 1mD 左右的长 6_1^{1-2-1} 和长 6_1^{1-3} 层水洗较弱或未水洗。针对该区储层特征及剩余油分布状况，明确了提高采收率方向是以扩大波及体积为主，兼顾洗油效率。

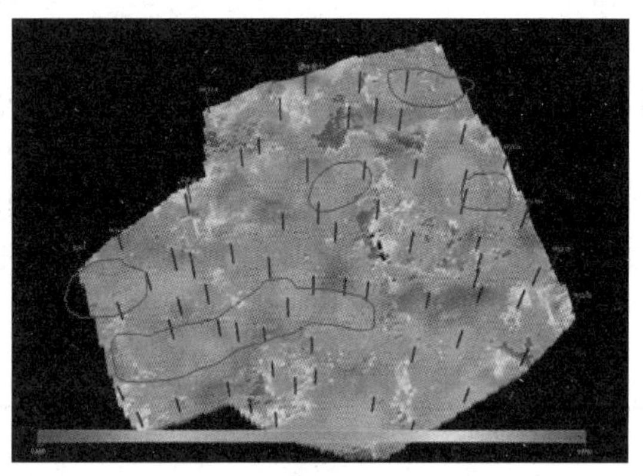

图 1　W 油田 A 区平面剩余油分布图

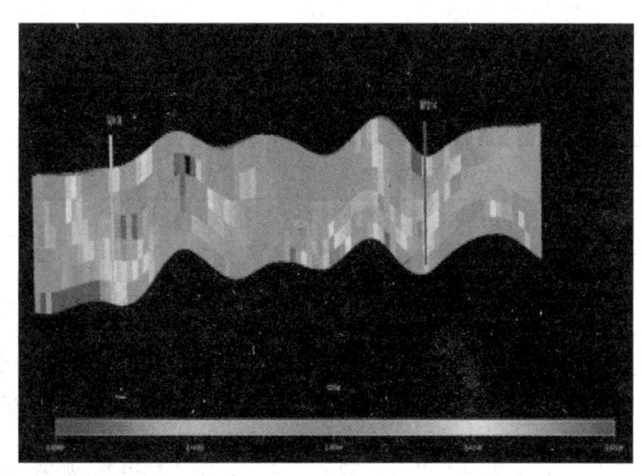

图 2　W 油田 A 区某井剩余油分布剖面图

2　室内实验

2.1　实验药品与仪器

2.1.1　主要实验药品及材料

椰子油酸二乙醇酰胺(6501)，82%；十六烷基羟丙基磺基甜菜碱(THSB)，35%；十二烷基醇聚氧乙烯醚硫酸钠(AES)，72%；阴离子型部分水解聚丙烯酰胺(HPAM)，分子量 800 万；CQ-Ⅰ型复配体系，32.5%，由 AES、THSB 及助剂复配而成，实验室自制；W 油田 A 区注入水，矿化度 4.9g/L；A 区地层水，矿化度 74.59g/L；A 区原油，黏度 1.97mPa · s(44℃)；A 区三叠系天然岩心，渗透率约 1~5mD。

2.1.2　主要实验仪器

集热式恒温磁力搅拌器，DF-101S 型；真空干燥箱，DEF-250 型；流变仪，MARS Ⅲ型；乳化仪，CQ-RH 型；旋转滴界面张力仪，SVT20N 型；岩心驱替系统，自主研发。

2.2　实验设计

首先明确不同驱油体系的基本性能，包括界面活性、乳化性、黏度等，然后根据基本特性对驱油体系进行分类，开展驱油实验，以最终驱油效率作为体系配方优选依据。

界面张力、乳化性能的测定方法参照中国石油天然气集团公司企业标准 Q/SY 1583—2013《二元复合驱用表面活性剂技术规范》，驱替实验评价方法参考中高石油天然气行业标准 SY/T 6424—2014《复合驱油体系性能测试方法》，其中关于乳化和驱替实验方法特别说明如下：

(1)乳化性能评价

乳化性能用分水率 S_w 表示，即取一定体积通过乳化仪制备的不同驱油体系和原油的乳状液，置于目标地层温度下一定时间(1h、2h、3h)，分出水的体积占乳状液中总含水量的百分比。分水率越低，表明体系的乳化性越好。相反，乳化性越差。

(2)驱替实验评价

驱替实验选用试验区天然岩心，采用并联和单管岩心驱替两种评价方式，考察不同体系的注入性及驱油效率。此处需要特别说明的是，单管岩心驱替实验岩心渗透率取试验区储层平均渗透率 2.29mD 左右；并联岩心驱替实验采用的是双管并联，高渗部分根据试验区剩余油分布状况选取水洗程度较高，渗透率为 5mD 左右的 6_1^{1-2-3} 层天然岩心，低渗部分选取水驱动用差，剩余油比较富集，渗透率在 1mD 左右的 6_1^{1-3} 层天然岩心。实验用天然岩均经过洗油。

2.3　实验结果分析

2.3.1　基本性能评价

(1)界面活性评价

通常而言，能否达到超低界面张力是特低渗透储层驱油用表面活性剂筛选的重要指标。根据毛管数理论，当油水界面张力达到 10^{-3}mN/m 及以下的超低界面张力水平，能大幅度增加毛管数，降低残余油饱和度[3]。此外，较低的界面张力，能大幅度减小毛细管力、原油黏附功和内聚力，减小启动压力梯度，达到提高采收率的目的[4-5]。

从图 3 不同表面活性剂对于 W 油田 A 区油水界面张力测试结果可以看出，在有效浓度为 0.2%时，THSB 及 CQ-Ⅰ能使油水界面张力达到 10^{-3}mN/m 及以下的超低界面张力水平，6501 次之；AES 界面活性最低，仅维持在 10^{-1}mN/m 数量级；聚合物 HPAM 无界面活性。单从界面活性的角度出发，THSB 和 CQ-Ⅰ更适合作为试验区提高采收率用驱油剂。

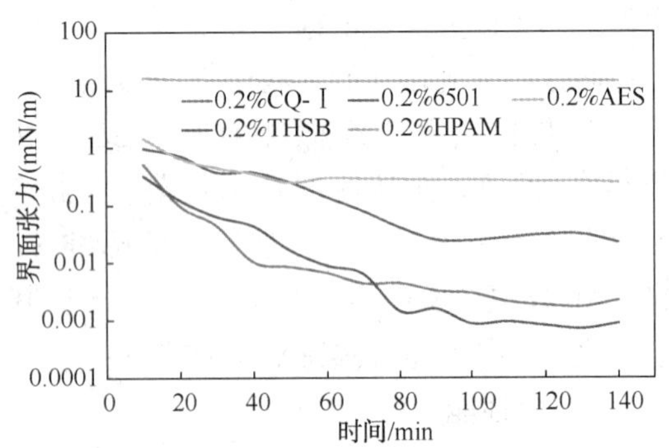

图 3 不同驱油体系油水界面张力测试

(2)乳化性能评价

一般认为，驱油体系能否达到超低界面张力，是筛选驱油剂的主要考察指标[6]。然而，近年来新的研究认为，驱油体系适当的乳化，对于提高采收率也有着同样重要的影响。驱油剂的乳化作用，一方面能将原油从岩石表面分散、剥离形成油滴，且形成的乳状液具有增溶作用，能大幅度提高洗油效率；另一方面，原油乳化后形成乳状液能一定程度上增加体系黏度，改善流度比，较大的乳化液滴能对大孔道实现封堵，从而改善储层非均质性，提高波及效率[7-8]。

从表 1 不同驱油体系乳化性能评价结果可以看出，AES 溶液乳化性能最好，3 小时后脱出水基本稳定，分水率为 42.3%；CQ-Ⅰ溶液次之，3 小时分水率为 48.5%；6501 和 THSB 乳化性最差，3 小时后基本完全破乳脱水；聚合物 HPAM 无乳化性。

表 1 不同驱油体系乳化性能评价

驱油体系	分水率 S_w/%		
	1h	2h	3h
0.2%THSB 溶液	73.6	96.1	98.5
0.2%6501 溶液	74.1	97.6	98.7
0.2%AES 溶液	38.5	41.2	42.3
0.2%CQ-Ⅰ溶液	44.7	47.3	48.5
0.2%HPAM 溶液	100	100	100

(3)黏度测试

增加驱替液的黏度，能降低驱替液和原油的的流度比，从而扩大波及体积，达到提高采收率的目的。

从表 2 不同体系黏度测试结果可以看出，HPAM 溶液黏度最大，0.2%浓度时黏度高达 18.452mPa·s，而其他表面活性剂体系如 THSB、AES、6501 及 CQ-Ⅰ虽然具有一定的增黏作用，但黏度较低。单一从体系增黏作用以改善流度比来看，HPAM 具有较大优势。

表 2 不同驱油体系黏度测定

驱油体系	黏度/(mP·s)
注入水	0.786
0.2%THSB 溶液	0.879
0.2%6501 溶液	0.868
0.2%AES 溶液	1.131
0.2%CQ-Ⅰ溶液	1.012
0.2%HPAM 溶液	18.452

2.3.2 驱油体系分类

为便于实验结果分析，按界面张力、乳化性能及黏度等基本性能评价结果，把上述驱油体系分为五大类，如表 3 所示。然后开展驱油实验，考察不同类别驱油体系提高特低渗透油藏驱油效率的能力。

表 3 按驱油体系基本性能进行分类

体系	界面张力/(mN/m)	1h 分水率/%	黏度/(mPa·s)	分类
THSB	0.0008	73.6	0.879	高界面活性弱乳化低黏型
AES	0.2453	38.5	1.131	低界面活性强乳化低黏型
CQ-Ⅰ	0.0017	44.7	1.012	高界面活性强乳化低黏型

续表

体系	界面张力/(mN/m)	1h 分水率/%	黏度/(mPa·s)	分类
6501	0.0229	74.1	0.868	中界面活性弱乳化低黏型
HPAM	14.2678	100	18.452	无界面活性无乳化高黏型

2.3.3　岩心驱替实验

(1)单管岩心驱替实验

选取试验区天然岩心，渗透率取试验区平均渗透率(2.29mD 左右)，利用单管岩心流动实验，考察不同驱油体系的注入性及驱油效率。

图 4 为 HPAM 驱替实验的压力曲线，可以看出，分子量为 800 万的 HPAM，在 2.12mD 的试验区天然岩心中注入压力一直持续上升，最高注入压力突破 21.2MPa，未达到稳定，且在岩心注入端形成了聚合物滤饼(图 5)。说明聚合物 HPAM 在试验区岩心中注入困难，进一步验证了聚合物驱不适用于特低渗透油藏。

图 6 为不同表面活性剂体系岩心驱替实验结果。可以看出，不同的表面活性剂体系在特低渗透油藏岩心中均具有较好的注入性。其中中界面活性弱乳化低黏型的 6501(图 6a)和高界面活性弱乳化低黏型的 THSB(图 6d)驱油效果一般，提高驱油效率值仅 3.64%和 5.67%，含水下降不明显，但注入压力有显著降低，说明低乳化的表面活性剂体系提高特低渗透油藏驱油效率作用有限，但有一定的降低注入压力作用。

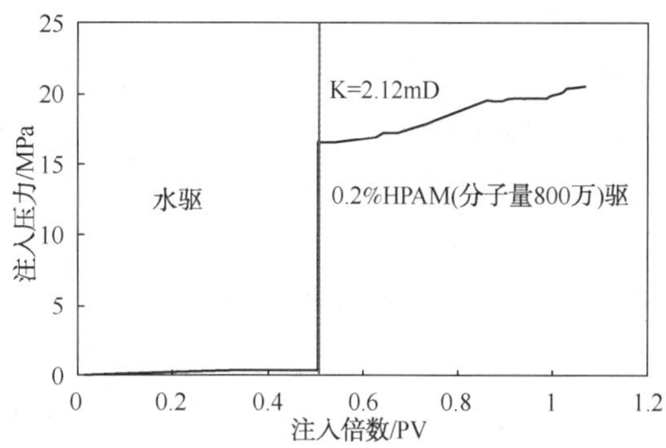

图 4　0.2%的 HPAM 注入压力曲线

图 5　800 万的 HPAM 在岩心注入端形成了滤 S 饼

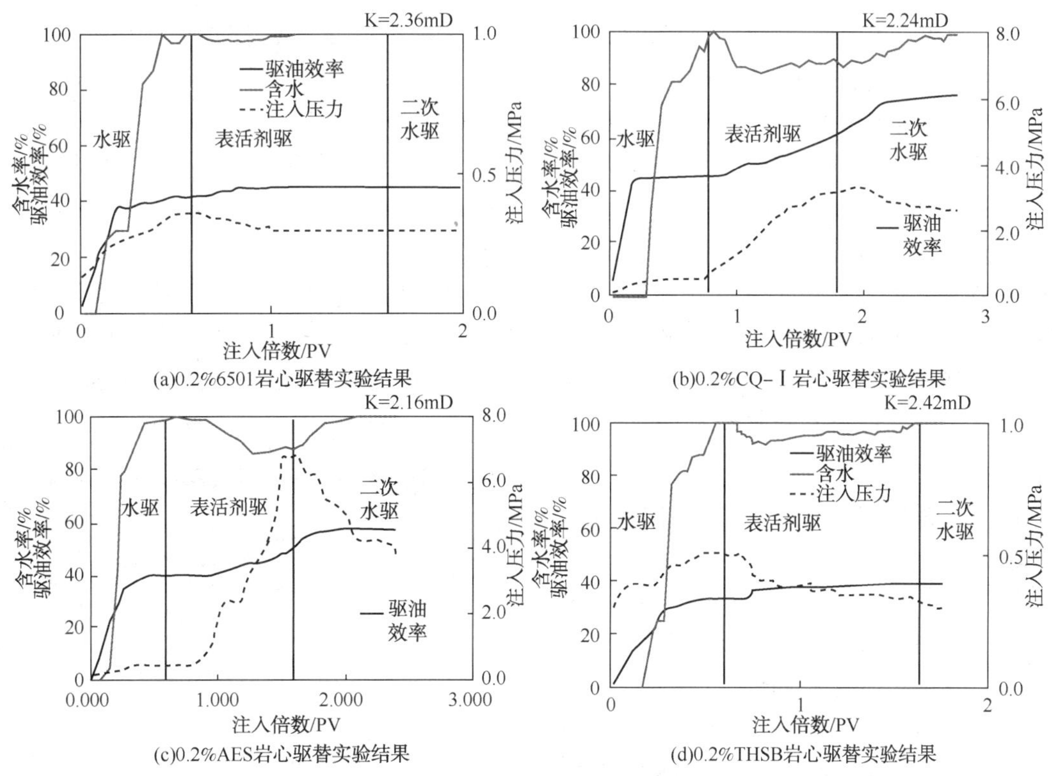

图 6　不同类型驱油体系岩心驱替实验结果

另一方面，强乳化低界面活性的 AES(图 6c)提高驱油效率值是弱乳化高界面活性的 THSB(图 6d)的 3 倍左右，说明对于特低渗透油藏而言，表面活性剂的乳化作用对于驱油效率的贡献高于界面活性。

高界面活性强乳化低黏型的 CQ-Ⅰ(图 6b)和低界面活性强乳化低黏型的 AES(图 6c)驱油效果最好，提高驱油效率值分别为 31.1% 和 17.28。驱替过程中都出现了显著的压力提升，含水变化上出现了明显的漏斗型。这是由于强乳化型驱油体系在岩心中与原油发生了乳化，形成的乳状液一方面由于乳化携带作用提高了洗油效率，另一方面形成的乳液具有增溶作用和扩大微观波及能力，从而大幅度提高驱油效率[9-11]。从提高驱油效率值上看，高界面活性强乳化低黏型的 CQ-Ⅰ提高驱油效率值比低界面活性强乳化低黏型的 AES 高出接近 2 倍，说明对于特低渗透油藏而言，在筛选驱油体系过程中，注重乳化作用的同时，要兼顾界面活性。

(2)并联岩心驱替实验

为进一步考察不同驱油体系对于试验区油藏的适应性，模拟试验区储层非均质特征及剩余油分布规律，开展并联岩心驱替实验，实验结果如表 4 所示。

表 4　不同类型驱油体系并联岩心驱替实验结果

组别	渗透率, mD		孔隙度,%	含油饱和度	注入速度, ml/min	驱油效率,%				
						水驱	化学驱	二次水驱	单项提高	整体提高
AES 驱	高渗	5.13	14.3	59.3	0.5	41.3	51.3	52.1	10.8	20.5
	低渗	1.25	13.2	51.6		2.6	35.1	37.5	34.9	
THSB 驱	高渗	5.08	14.4	58.4	0.5	38.5	44.5	44.9	6.4	6.2
	低渗	1.16	13.5	50.3		3.2	8.2	9.1	5.9	
6501 驱	高渗	5.31	14.6	54.8	0.5	39.1	43.3	43.9	4.8	4.0
	低渗	1.07	13.2	52.1		2.3	4.6	5.2	2.9	
CQ-Ⅰ驱	高渗	5.24	15.1	56.7	0.5	37.2	55.4	57.3	20.1	28.9
	低渗	1.32	13.4	51.9		3.1	42.3	44.5	41.4	

实验结果表明，中界面活性弱乳化低黏型的 6501 和高界面活性弱乳化低黏型的 THSB 对于非均质岩心提高驱油效率作用有限。而高界面活性强乳化低黏型的 CQ-Ⅰ和低界面活性强乳化低黏型的 AES 驱油效果较好，在提高高渗段驱油效率的同时，能显著启动低渗透层段剩余油，大幅度提高驱油效率。进一步说了强乳化作用的表面活性剂具有较好的改善储层非均质作用，能够显著提高特低渗透油藏波及体积，提高采收率。其中，高界面活性强乳化低黏型的 CQ-Ⅰ提高驱油效率值最高，为 28.9%，既能扩大波及体积，还能大幅度提高洗油效率，选定为试验区用驱油剂

3　现场试验

针对长庆 W 油田 A 区水驱开发存在的问题，2015 年 9 月，在该区中东部选取 4 井组开展新型表面活性剂驱现场试验。试验区井网为 250×250 的正方形反九点井网，驱油体系选择为浓度 0.3%的 CQ-Ⅰ表面活性剂，设计总注入量为 0.25PV，表面活性剂用量 550t，累计注入时间 23 个月。

注入 4 个月后，试验井组开始见效(图 7)，呈日产油量显著上升、含水大幅度下降的见效特征。产量由试验前的 20.67t/d 增加到 29.7t/d，含水由试验前的 66.24%下降到 51.05%。截止 2017 年 12 月，累增油 5889.9t，阶段投入产出比 1∶2.25，取得了较好的应用效果。

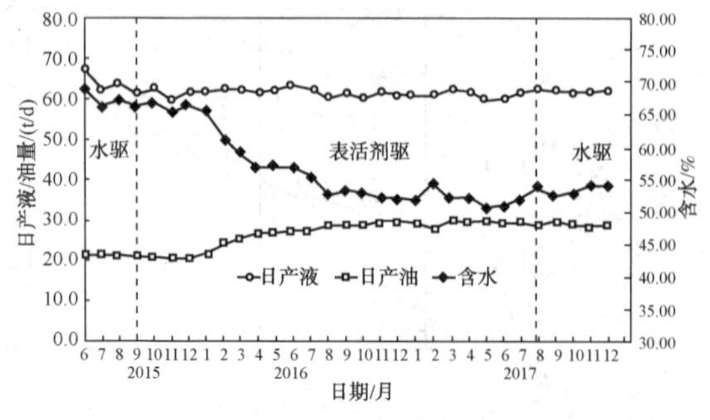

图 7　W 油田 A 区表面活性驱试验区生产曲线

4 结论与认识

(1)对于特低渗透基质岩心，聚合物存在注不进，或难以有效注入的问题。因此，在特低渗透油藏中，利用聚合物增黏实现流度控制进而提高采收率的技术还需进一步研究。

(2)岩心驱替实验表明，针对特低渗透油藏，表面活性剂的乳化作用对驱油效率的贡献大于界面活性。在驱油剂的筛选过程中，与油藏条件相适应的乳化性能是表面活性剂筛选的首要指标，其次是界面活性，只有两者兼顾，才能大幅度提高驱油效率。

(3)现场试验表明，高界面活性强乳化性能的表面活性剂体系，能大幅度提高长庆 W 油田 A 区特低渗透油藏采收率，具有较好的推广应用前景。

参 考 文 献

[1] Mendes, E.; Oda, R.; Narayan, J.; Manohar C.; A small-Aangle neutron scattering study of a shear-induced vesicle to micelle transition in surfactant mixtures. J. Phys. Chem. B 1998, 102, 338-343.

[2] 束青林，郭迎春，孙志刚等．特低渗透油藏渗流机理研究及应用[J]．油气地质与采收率，2016，23(5)：58-64.

[3] 郭东红，李森，袁建国等．表面活性剂驱的驱油机理与应用[J]．精细石油化工进展，2002，3(7)：36-41

[4] Raghavan, S. R.; Kaler, E. W. Highly viscoelastic wormlike micellar solutions formed by cationic surfactants with long unsaturated tails. Langmuir 2001, 17, 300-306

[5] 赵琳，王增林，吴雄均等．表面活性剂对特低渗岩心启动压力梯度的影响[J]．大庆石油地质与开发，2016，35(1)：109-113

[6] 刘春天，李星．驱替体系的主要性质对驱油效率的影响[J]．油气地质与采收率，2012，19 (1)：66-68.

[7] 刘鹏，王业飞，张国萍等．表面活性剂驱乳化作用对提高采收率的影响[J]．油气地质与采收率，2014，21(1)：99-104

[8] 刘奕，张予涵，廖广志等．宋考平等．三元复合驱乳化作用对提高采收率影响研究[J]．日用化学品科学，2000，23(1)：124-128

[9] 王东方，崔晓朵，尹海峰等．筛选驱油用表面活性剂方法初探[J]．油气地质与采收率，2011，18(4)：57-60.

[10] 刘春天，李星．驱替体系的主要性质对驱油效率的影响[J]．油气地质与采收率，2012，19 (1)：66-68.

[11] 梁玉纪，海心科，李玉明．低渗透油田表面活性剂降压增注技术及应用[J]．石油天然气学报，2010，32 (4)：353-355.

"双特高"期水驱砂岩油藏二元驱提高采收率技术研究与实践

肖传敏　武　毅　于　涛　张艳娟　张艳芳　侯力嘉　王奎斌

（中国石油辽河油田公司）

摘　要　二元驱作为今后化学驱发展的主要方向，为研究高效二元驱油配方、认识驱油效果与作用机理，开展了静态评价与动态物模实验。结果表明，研制的二元配方体系具有高黏弹性、高界面活性、高驱油性的"三高"特点，受陆相沉积储层非均质影响，不同渗透率油层二元驱提高采收率驱油机理不同，进一步量化了波及与驱油对提高采收率的贡献比例。现场试验开发效果显著，试验区高峰日产油是转驱前6倍，综合含水下降15%，提高采收率19%，作为"双特高"期水驱砂岩油藏后期开发重要接替技术，应用前景广阔。

关键词　双特高期；二元驱；配方；物理模拟；现场试验

聚合物/表面活性剂二元复合驱（简称二元驱）是一种可以充分发挥表面活性剂和聚合物的协同作用来提高原油采收率的强化采油方法，较三元复合驱、聚合物驱具有提高采收率幅度大、储层伤害小、配制注入工艺简单等特点而受到国内外石油工作者广泛关注和重点研究，展现出良好的应用前景[1-6]。

辽河油田 J 区块储量规模较大，经过 40 多年注水开发，已进入特高含水（96.7%）、特高采出程度（46.3%）"双特高"开发阶段，剩余油高度分散，主要以厘米级及更低级别存在，水驱开发已达经济极限，濒临废弃，急需转换开发方式进一步提高采收率。针对 J 区块地质特点、开发阶段和流体性质，开展了二元驱室内静态与动态物模提高采收率实验研究，优化了二元驱油体系，并在 J 区块实施了现场试验，效果显著，对"双特高"期水驱砂岩油藏后期提高采收率方式转换具有重要指导意义。

1　室内实验

1.1　实验条件

实验用水：模拟 J 区块现场注入水，总矿化度 2749mg/L，钙镁离子浓度 10 mg/L。

实验用油：J 区块脱水原油和煤油配制的模拟油，55℃下黏度为 16mPa · s。

实验用药剂：聚合物分子量 2500 万，固含量 98.5%；阴 - 非离子表活剂，有效物含量 50%。

实验温度：55℃。

1.2　岩心模型

（1）二维纵向非均质人造岩心，几何尺寸为 30cm * 4.5cm * 4.5cm，由等厚三层不同渗透率砂岩交结压制而成，上中下 3 个层渗透率分别为 $2500\times10^{-3}\mu m^2$、$1000\times10^{-3}\mu m^2$、$4000\times10^{-3}\mu m^2$。

（2）三维纵向非均质人造浇铸岩心，几何尺寸为 30cm * 30cm * 4.5cm，由等厚三层不同渗透率砂岩交结压制而成，上中下 3 个层渗透率分别为 $2500\times10^{-3}\mu m^2$、$1000\times10^{-3}\mu m^2$、$4000\times10^{-3}\mu m^2$。对角 1 注 1 采，模拟五点法井网四分之一单元，在不同井距部位布置 6 个压力监测点，对角布置 17 对微电极（图 1、图 2）。

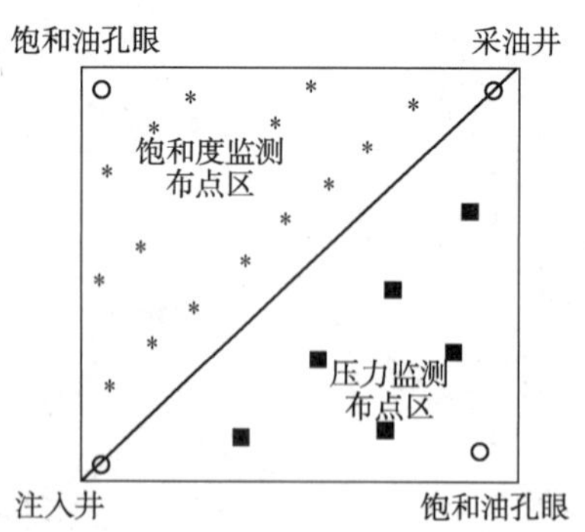

图 1　饱和度与压力监测分布图

【作者简介】肖传敏，男，1978 年 6 月，2004 年毕业于长江大学，获得油气田开发工程硕士学位，现就职于辽河油田公司勘探开发研究院，副所长，高工，主要从事油田开发与提高采收率研究工作。E-mail：xiaochm18@ petrochina. com. cn。

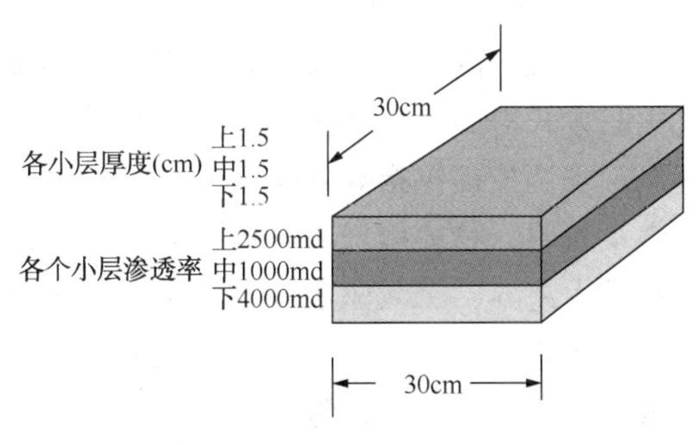

图 2　三维物模形状与结构参数

1.3　实验程序

物理模拟实验程序为饱和模拟注入水，饱和油，模拟注入水驱油至含水 98%，注入无碱二元配方(0.16%聚合物+0.2%表活剂)，模拟水后续水驱至含水 98%[7-9]，定时记录、计算过程中压力、电阻率、含水率、采收率等。

2　实验分析

2.1　二元配方性能

2.1.1　黏弹性

开展了二元驱与聚驱、三元驱用配方黏弹性评价对比实验(见图 3)，结果表明，二元配方黏弹性与聚合物接近，明显优于三元配方，分析认为二元配方中仅加入聚合物和表活剂，无任何碱剂添加，具有良好的配伍性，保持了聚合物较高的黏弹性特点，可发挥大幅度提高波及作用。

2.1.2　界面活性

表活剂在较低浓度(0.03%)条件下，二元配方可达到超低界面张力，显示出较强的界面活性，且达到超低界面活性的浓度范围较宽(见图 4)，可充分发挥提高洗油作用，保障了现场使用效果。

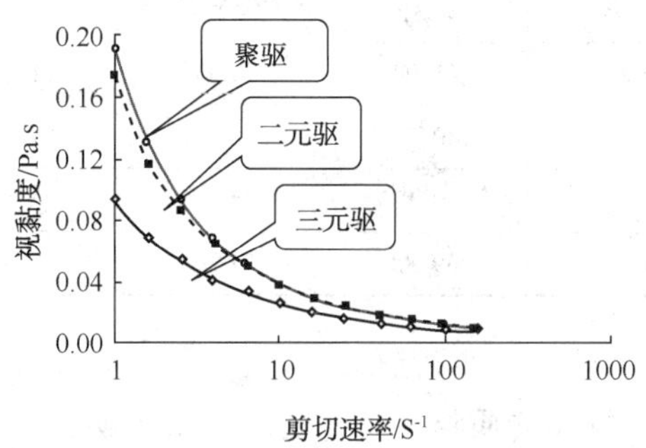

图 3　不同驱替方式流变特征

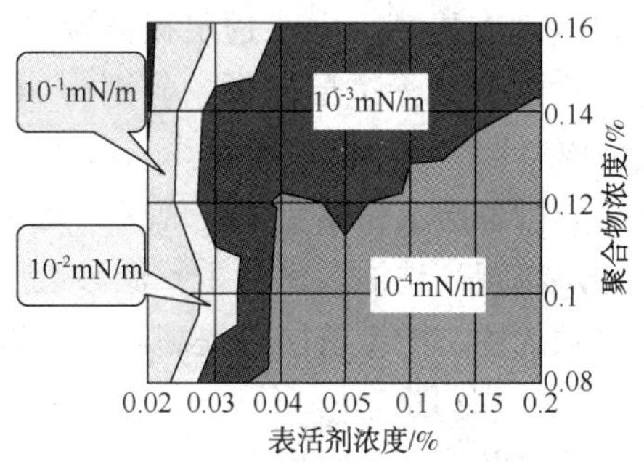

图 4　二元配方界面活性图

2.1.3　驱油效率

开展了二元驱与聚驱、三元驱非均质物模驱油效果对比实验(见表 1)，提高驱油效率幅度从高到低依次是二元驱、三元驱、聚驱，在相同聚合物浓度条件下，二元驱配方黏度与聚合物接近，界面张力与三元配方一致，致使驱油效率提高值最高(25.5%)。

表 1　不同驱替方式驱油效果对比表

驱替方式	配方组成	体系黏度/(mPa·s)	界面张力/(mN/m)	提高驱油效率%(非均质模型)	
				人造	天然
聚驱	C_p=1600mg/L，0.57PV	146.7	—	18.5	16.0
二元驱	C_p=1600mg/L，C_s=0.2%，0.57PV	142.1	5.3×10^{-3}	26.8	25.5
三元驱	C_p=1600mg/L，C_s=0.2%，C_A=0.4%，0.57PV	71.4	2.4×10^{-3}	24.7	24.3

2.2　二维岩心驱油效果

无碱二元驱可以大幅度提高中高渗油层采收率，物模实验表明，较水驱提高 11.02%～31.91%，表现出较好的驱油性能(表 2)。实验发现，配方注入量对驱油效果影响较大。注入量越大，溶液前缘则容易进入到岩心深部，岩心中因吸附和滞留的化学剂也越多，二元配方的高黏弹性、高洗油效率发挥得也就越充分[10-13]。从采收率增幅还可看出，随着注入量增多，采收率提高值增加，进一步分析增加幅度、考虑经济效益，注入量为 0.57PV 时增油效果最好。

表2 二元驱注入量对采收率影响实验结果

注入量/PV	采收率/%		
	转驱前	转驱后	提高值
0.19	41.04	52.06	11.02
0.38	40.36	58.98	18.62
0.57	40.12	66.93	26.81
0.76	39.88	71.79	31.91

2.3 三维岩心驱油效果

三维非均质物模驱替实验结果表明，水驱结束时，高渗透层的采出程度为65.3%，中渗透层40.5%，低渗透层18.2%。注入二元体系后，各层采出程度都有提高，中渗透层提高幅度最大，低渗透层次之，高渗透层较低，分别为36.9%、21.4%、17.4%，整体较水驱提高采收率25.4%（表3）。分析各层饱和度变化发现，二元驱过程中高渗透层以提高洗油效率为主，低渗透层以提高波及系数为主，中渗透层以提高波及系数和洗油效率共同作用（图5）[3,14-18]。通过分析驱替后饱和度变化，认为二元驱提高采收率是在提高高渗层洗油效率基础上，以中、低渗透高饱和度潜力层为主。

表3 三维非均质物模各层不同阶段采出程度对比表

驱替阶段	采出程度/%			
	低渗透层	中渗透层	高渗透层	整体
水驱	18.2	40.5	65.3	47.9
二元驱	17.9	29.8	14.6	20.8
后续水驱	3.5	7.1	2.8	4.6
最终	39.6	77.4	82.7	73.3

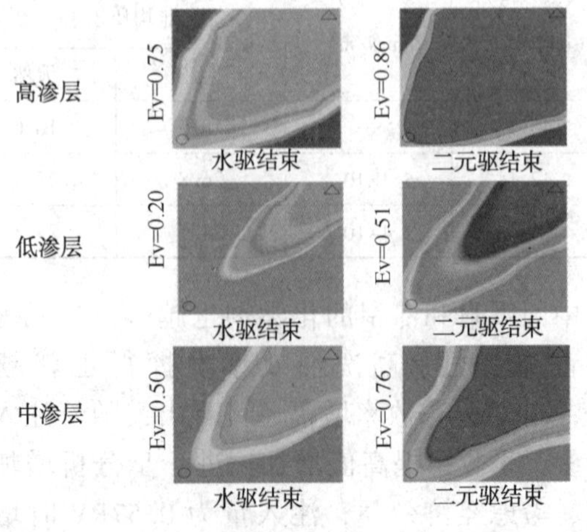

图5 二元驱前后含油饱和度变化

2.4 波及与洗油贡献率分析

量化波及、洗油对采收率贡献率，可明确不同化学驱方式提高采收率主控作用机理，对方案设计、现场调控提供指导依据，提高试验效果。

表4表明，物模用岩心不同，采出程度提高值存在很大差异，二元驱波及与洗油贡献率明显不同，主要原因是岩心胶结程度、孔隙结构、化学剂吸附量不同等影响，致使配方与原油接触程度不同，波及能力与洗油能力发挥作用也不同。

表4 不同岩心驱油贡献率对比

	天然油砂填充管式岩心(2685mD)	取芯井柱状岩心(2410mD)
聚驱提高采收率(波及),%	13.7	9.5
二元驱提高采收率(波及+洗油),%	20.3	15.3
波及贡献率,%	67.5	62.1
洗油贡献率,%	32.5	37.9

根据以上试验结果分析，二元复合驱波及贡献率为62.1%～67.5%，洗油贡献率为32.5%～37.9%，扩大波及系数贡献率相对较大。因此，在配方组合设计上首先提高其波及系数，然后提高驱油效率。即先设计高黏聚合物前置液，然后注入高效二元复合配方降低油水界面张力，最后注入低黏聚合物溶液保护二元复合段塞，延长复合驱作用时间。

3 现场试验

二元驱工业化试验于2011年4月开始注入化学剂，开发效果得到了明显的改善，区块出现了明显的增油降水的开发效果（见图6），出现了产量大幅提升，含水大幅下降。日产油从转驱前的61t/d上升到最高353t/d，最大增幅为292t/d，为转驱前产量的6倍，含水由96.7%下降到最低81.7%，最大降幅为15%；采油速度最高达到3.7%，截止2017年12月底，试验区阶段累油59.7万吨，阶段提高采出程度16.5%，最终提高采收率19%。

通过现场取心井分析和见效井采出液分析，证实了二元驱发挥了较好的驱洗效果。在试验区注入0.45PV时，进行了密闭取心（6-A145井），开展了室内驱油效率、饱和度及剩余油族组成分析，分析发现：（1）与试验前密闭取心井锦检2对比，整体剩余油饱和度下降8.9%，主吸层剩

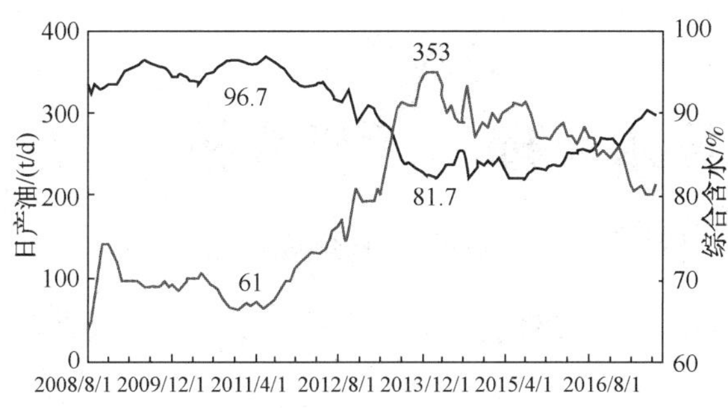

图 6 J 区块二元驱生产曲线

余油饱和度下降 5.2%～14.1%；(2)主力驱洗层段胶沥含量下降至 0.95%，非主吸层段胶沥含量在 8%左右。从见效井采出水中氯离子含量先上升，表明配方体系发挥扩大波及体积的作用；采出井原油黏度、密度先下降后上升，胶沥先上升后下降，原油族组分中胶沥含量下降表明配方体系发挥驱洗作用。

4 结论

(1)优化了 J 区块二元驱配方体系，具有高黏弹性、高界面活性、高驱油性的“三高”特点，可大幅度提高采收率。主体配方注入段塞尺寸对采收率影响较大，0.57PV 时采收率增幅最大。

(2)受储层非均质影响，不同渗透率油层对二元驱采出程度贡献率不同，中渗透层对采出程度的贡献最大，低渗透层次之，高渗透层最小。

(3)探索量化了二元驱过程波及与驱油贡献率，考虑 J 区块特高渗透性、非均质性、吸附条件，二元驱波及贡献率为 62.1%～67.5%，洗油贡献率为 32.5%～37.9%，扩大波及系数贡献率相对较大，该机理认识可有效指导配方设计与现场调整，效果明显。

(4)现场试验增油降水效果明显，阶段提高采出程度 16.5%，最终提高采收率 19%，可作为“双特高”期水驱砂岩油藏后期提高采收率方式转换的重要接替技术。

参考文献

[1] 王德民．大庆油田“三元”“二元”“一元”驱油研究[J]．大庆石油地质与开发，2003，22(3)：1-9.

[2] 陈文林，卢祥国，等．二元复合驱注入参数优化实验研究[J]．特种油气藏，2010，17(5)：97-99.

[3] 季岩峰，曹绪龙，郭兰磊，等．聚合物疏水单体与表面活性剂对二元二元体系聚集体的作用[J]．油气地质与采收率，2016，23(4)：95-101.

[4] 肖传敏，张艳芳．二元复合驱波及系数和驱油效率对提高采收率影响[J]．大庆石油地质与开发，2015，34(1)：98-101.

[5] 朱友益，张翼，牛佳玲，等．无碱表面活性剂-聚合物复合驱技术研究进展[J]．石油勘探与开发，2012，39(3)：346-351.

[6] 郭兰磊．孤东油田有机碱与原油相互作用界面张力变化规律[J]．油气地质与采收率，2013，20(4)：62-64.

[7] Zhu Youyi，Liu Yuzhang，Han Dong，et al. Study on alkyl polypropoxy sulfate surfactants for SP/SSP flooding [R]. Beijing：IEA-EOR Committee，2008.

[8] 王刚，王德民，夏惠芬，等．聚合物驱后用甜菜碱型表面活性剂提高采收率机理研究[J]．石油学报，2007，28(4)：86-90.

[9] 刘泉海，罗福全，等．边底水油藏化学驱提高采收率实验研究[J]．特种油气藏，2017，24(6)：143-147.

[10] 别梦君，卢祥国，等．二元复合驱增油效果及采出液性质实验研究[J]．特种油气藏，2010，17(6)：96-99.

[11] 刘海波．聚合物/表面活性剂二元复合驱室内实验研究[D]．大庆：大庆石油学院，2007.

[12] 李强，卢祥国，王荣健，等．大庆萨北油田二类油层高浓度聚合物驱油效果及机理分析[J]．大庆石油地质与开发，2009，28(6)：272-276.

[13] 付京，宋考平，等．高分子质量聚合物溶液与二类油层匹配性研究[J]．特种油气藏，2017，24(6)：143-147.

[14] 俞启泰，赵明，林志芳．水驱砂岩油田采收率和波及系数研究(一)[J]．石油勘探与开发，1989，5(2)：48-52.

[15] 俞启泰，赵明，林志芳．水驱砂岩油田采收率和波及系数研究(二)[J]．石油勘探与开发，1989，5(2)：46-53.

[16] 王任一，李正科，张斌成，等．利用图像处理技术计算岩心剖面的水驱波及系数[J]．油气地质与采收率，2006，13(3)：77-78.

[17] 玉波，杨清彦，李斌会．聚合物采收率和波及系数的研究与认识[J]．石油学报，2006，27(1)：64-68.

[18] 杨清彦，李斌会，李宜强，等．聚合物驱波及系数和采收率的计算方法研究[J]．大庆石油地质与开发，2007，26(1)：109-112.

低渗致密储层多尺度调驱技术机理与效果分析

任晓娟[1]　张建国[2]　李晓骁[1]　王　宁[1]　罗向荣[1]　夏海英[2]　马焕焕[1]

（1. 西安石油大学石油工程学院；2. 延长油田股份有限公司）

摘　要　低渗致密储层渗流空间一般具有多尺度的特点，这是导致这类储层水驱开发中水易窜进、常规调剖堵水效果不理想的主要因素。本文以鄂尔多斯盆地东部三叠系长 6 段某储层为例，首先将该储层的渗流空间分成了三级，即裂缝、中大孔和微小孔三类渗流空间，裂缝是主要渗流通道，中大孔是次要渗流通道，微小孔是主要储集空间；然后通过室内实验，分别对Ⅰ、Ⅱ级渗流空间进行了调堵效果评价，对微小孔进行了提高渗吸、驱油效率评价，从而降低三级渗流空间的流度差，提高微小孔的出油效率。结果表明：不同渗流空间水的流动级差极大，最大相差达 10^5；通过调整，三级渗流空间流度可调整到最大相差 10^2，并极大的提高了微小孔的出油效率；通过调整水驱采收率平均提高了 26.9%；初步的矿场试验表明，该方法增油降水效果明显，有效期长，经济效益可观。

关键词　低渗储层；优势大孔道；渗流空间；流度级差；矿场实验

引　言

大量的研究表明，低渗致密储层注水极易出现水窜、水淹，常规的调剖堵水作业效果常常欠佳[1-10]。这主要是这类储层复杂的孔隙结构所致，这类储层常伴有物性差、天然能量不足、孔喉结构复杂、非均质性强和天然裂缝发育的特点[11-21]。天然裂缝存在具有双重作用，一方面增加了油层的渗流能力，弥补了储层渗透率低的不足；另一方面，造成注入水易沿裂缝方向突进，部分井过早见水甚至水淹，导致水驱波及效率变差。同时这类储层往往需要压裂改造，产生的人工裂缝、天然微裂缝和复杂孔喉交织在一起，使得储层非均质性更强，同时水难以进入低渗致密储层微小孔，微小孔中剩余油难以动用。本文研究区主力油层为鄂尔多斯盆地东部三叠系长 6 储层，储层基质渗透率在 $(0.02 \sim 6.20) \times 10^{-3}\ \mu m^2$，平均 $0.62 \times 10^{-3}\ \mu m^2$，主要分布在 $(0.10 \sim 0.55) \times 10^{-3}\ \mu m^2$，占全部样品数的 75.8%；孔隙度最小为 0.8%，最大 15.1%，平均 8.32%，主要分布于 7%～11%，占总样品数的 60.9%；储层岩性主要为细粒长石砂岩。该油藏所有的油井都进行了压裂投产，后期转注水，水窜严重，开采程度低，常规调驱效果差，有效期短。针对这类储层，本文设计了多尺度调驱的方法，实现这类储层提高采收率的目的。

1　技术思想及渗流空间的分级

1.1　技术思想

该技术思想的核心是即要提高波及效率，也需要提高驱油效率，从而达到提高低渗致密储层采收率的目的。具体如下：

（1）将油层复杂的渗流空间进行分类分级；

（2）借用高渗储层多级变流度增油降水的技术思路[22-23]，即通过调整不同层级渗流空间的流度到一个合理的数量级范围，减小流度级差，实现平面和纵向上均匀驱替，提高波及效率；

（3）针对注入水难以进入的储层微纳孔隙，通过渗吸、降低界面张力，提高其驱油效率和微观波及效率。

1.2　渗流空间的分级

渗流空间的分级是该技术的关键。本文通过铸体薄片、扫描电镜、高压压汞实验和压裂施工资料分析等，对研究区储层岩石孔隙结构、人工和天然大裂缝进行了分析认识，然后测定了这些渗流空间水相渗透率及流度范围[24-25]。根据水

【作者简介】任晓娟，西安石油大学石油工程学院教授，1984 年本科毕业于西南石油大学油田化学专业，1987 年研究生毕业于西南石油大学油气田开发工程专业，2006 年在西北大学获地质矿产普查专业博士学位，2010 年在加拿大 ALBERTA 大学访学一年；长期从事低渗储层渗流物理模拟研究、储层保护及提高原油采收率技术等方面科研和教学工作，完成 40 余项科研成果，发表论文 40 余篇，发明专利 1 项，实用新型专利 2 项，合作编写专著 1 部，教材 1 部。E-mail：xjren@ xsyu. edu. cn

的流度范围，将研究区储层渗流空间划分为了三级，即裂缝(Ⅰ类)、中大孔(Ⅱ类)、微小孔(Ⅲ类)，对应的渗流空间尺寸和性质见表1。第一级是裂缝，包括人工裂缝和天然大裂缝(见图1(1))；第二级主要是以粒间孔、微裂缝为主的大孔道；第三级是以长石溶蚀微孔、绿泥石溶蚀微孔等微纳孔(见图1(2)~(5))。

从表1可以看出，Ⅰ类、Ⅱ类和Ⅲ类渗流空间水的流度级差在$10^1 \sim 10^5$。因此，在三类渗流空间中，Ⅰ类渗流空间是注入水主要的高渗窜流通道；Ⅱ类渗流空间是次要渗流通道；Ⅲ类渗流空间是剩余油主要的储集空间，也是注入水难以波及的区域。

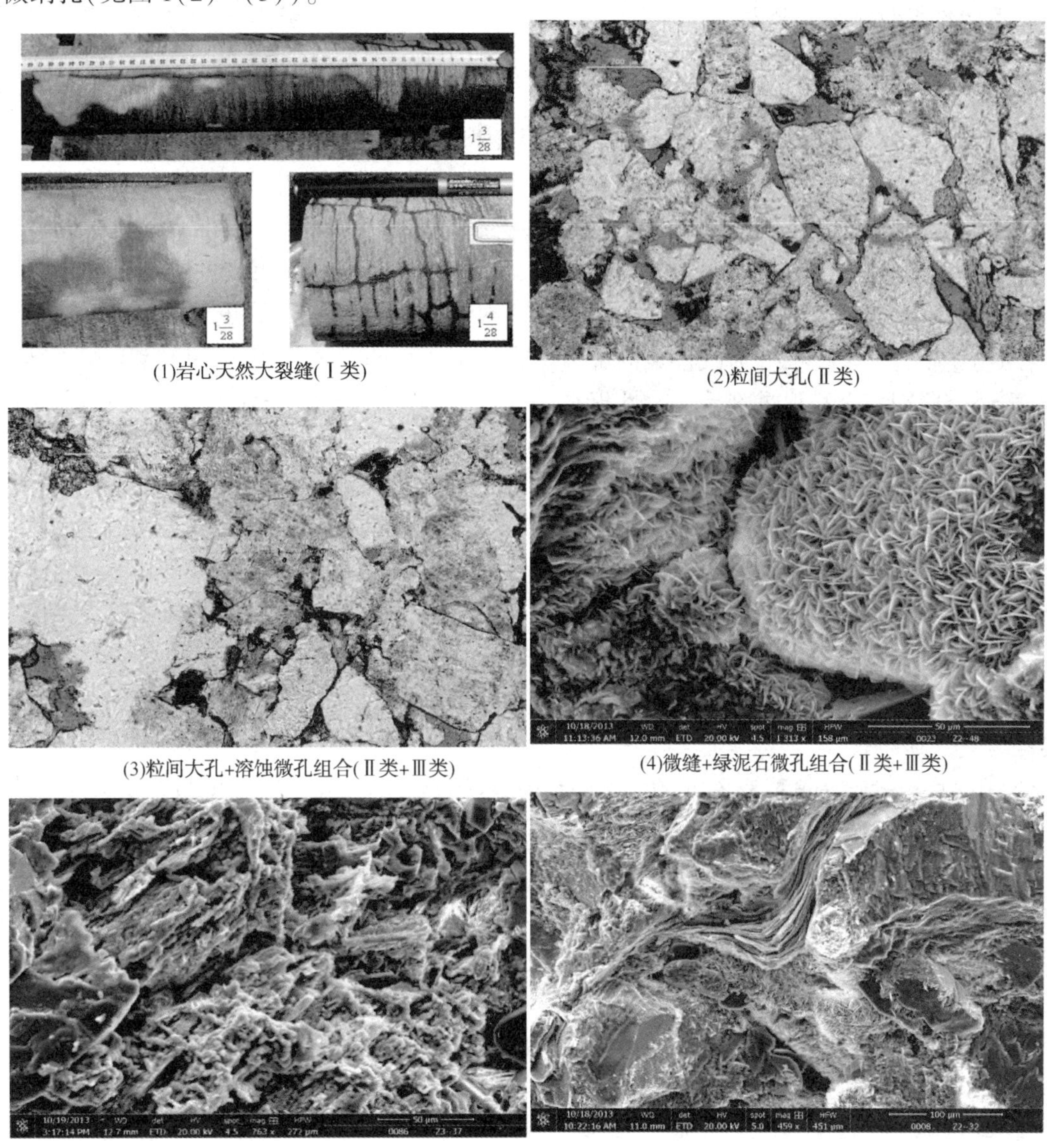

(1)岩心天然大裂缝(Ⅰ类)　(2)粒间大孔(Ⅱ类)　(3)粒间大孔+溶蚀微孔组合(Ⅱ类+Ⅲ类)　(4)微缝+绿泥石微孔组合(Ⅱ类+Ⅲ类)　(5)长石溶蚀微孔(Ⅲ类)　(6)云母微孔+绿泥石微孔组合(Ⅲ类)

图1　研究区不同分级渗流空间典型特征

表1　研究区储层渗流空间分级特征

参数		物性参数		毛管压力特征参数					水相流度范围
		渗透率/($10^{-3}\mu m^2$)	孔隙度/%	排驱压力/MPa	中值压力/MPa	分选系数/μm	中值半径/μm	孔喉均值/宽度(μm)	流度($\times10^{-3}$ μm^2/mPa·s)
Ⅰ类	人工裂缝	/	/	/	/	/	/	$(3.28\sim4.04)\times10^3$	$(3.19\sim3.91)\times10^2$
	天然大裂缝	/	/	/	/	/	/	29.0~51.1	$(1.92\sim12.8)\times10^{-1}$
Ⅱ类		1~10	11~13	0.08~0.21	0.39~2.11	0.79~1.76	0.36~1.90	0.51~1.82	$(0.669\sim7.86)\times10^{-1}$
Ⅲ类		0.1~1	3~11	0.21~3.37	2.11~16.9	0.04~0.79	0.04~0.36	0.07~0.51	$(0.48\sim13.6)\times10^{-3}$

2　实验材料与条件

2.1　实验用水

实验用水为模拟地层水，$CaCl_2$ 型，密度为 1.03 g/cm^3，黏度为 1.18 mPa·s，矿化度为 47470 mg/L；实验用煤油模拟地层原油，实验条件下密度为 0.798 g/cm^3，黏度为 1.63 mPa·s；

2.2　实验用调堵剂和驱油剂配方

2.2.1　针对Ⅰ类渗流空间的调堵剂

针对研究区储层这类渗流空间，本文主要选择了预交联凝胶颗粒，粒径范围 0.9~3.0 mm，密度 1.1g/cm^3，在本文地层水中膨胀倍数是 3.45。

2.2.2　针对Ⅱ类渗流空间的调堵剂

本文采用弱凝胶体系，调堵研究区Ⅱ类渗流空间，所用弱凝胶配方主要成分为改性聚丙烯酰胺、低聚酚醛交联剂、交联促进剂等，改性聚合物分子量约为 800 万，成胶时间 5 h。

2.2.3　针对Ⅲ类渗流空间的驱油剂

为了提高研究区储层Ⅲ类渗流空间驱油效率，本文所采用的驱油剂主要成分为表面活性剂，由椰子油脂肪酸二乙醇酰胺、α-烯基磺酸钠等成分复配制成，该配方油水界面张力 0.06 N/m，密度 0.996 g/cm^3，黏度 0.995 mPa·s。

2.3　实验用支撑剂和岩心

本文采用的支撑剂为陶粒和石英砂，均为 20~40 目；人造裂缝用储层岩心，其基质渗透率小于 $0.1\times10^{-3}\mu m^2$。中大孔类岩心气测渗透率为 $(1.53\sim2.08)\times10^{-3}\mu m^2$，孔隙度 8.6%~13.7%；微小孔类岩心气测渗透率为 $(0.06\sim0.97)\times10^{-3}\mu m^2$，孔隙度 8.3%~12.7%。

2.4　主要实验设备及温度

实验主要仪器有智能凝胶分析仪[26]、HX-2 恒温箱、ISCO-100DX 恒压恒速泵等驱替装置、Amott 渗吸瓶，API 导流室等。实验温度 40℃。

3　调驱实验效果评价

3.1　不同渗流空间调驱效果

3.1.1　裂缝(Ⅰ类渗流空间)调堵效果

由于预凝胶聚丙烯酰胺类凝胶颗粒具有较好的强度和韧性，膨胀后具有柔软性，可驱性强，可运移至地层深部堵塞大孔道和微裂缝，因此本文选择这类堵剂调堵这类渗流空间。对人工裂缝调堵方法依据 SY/T 6302—2009《压裂支撑剂充填层短期导流能力评价推荐方法》，在导流室的陶粒和石英砂两类支撑剂中混入 5%聚丙烯酰胺类凝胶颗粒进行实验(图 2(1)(2))，其中陶粒的导流能力由 146.38μm^2 * cm 下降到 21.51μm^2 * cm，导流能力下降了 85.3%；石英砂导流能力由 38.4μm^2 * cm 下降到了 9.13μm^2 * cm，导流能力下降了 76.2%，说明聚丙烯酰胺类凝胶颗粒膨胀后将部分渗流通道堵塞，增大了渗流阻力，并同时保证了人工裂缝的部分渗流能力，对人工裂缝渗流通道起到了很好的调堵效果。

对天然裂缝主要采用人工造缝无充填和支撑剂充填岩心(图 2(1)(2))评价聚丙烯酰胺类凝胶颗粒对天然裂缝的封堵与调驱机理，实验结果见表 2。实验结果可知，当裂缝没有充填支撑剂时，平均封堵率为 92.3%；当裂缝岩心中充填支撑剂时，石英砂类封堵率平均为 32.3%，陶粒类封堵率平均为 38.6%，充填支撑剂的岩心的水相渗流能力得到一定控制，同时满足了裂缝的流动能力。因此，聚丙烯酰胺类凝胶颗粒对于Ⅰ类渗流空间具有很好的调驱效果。

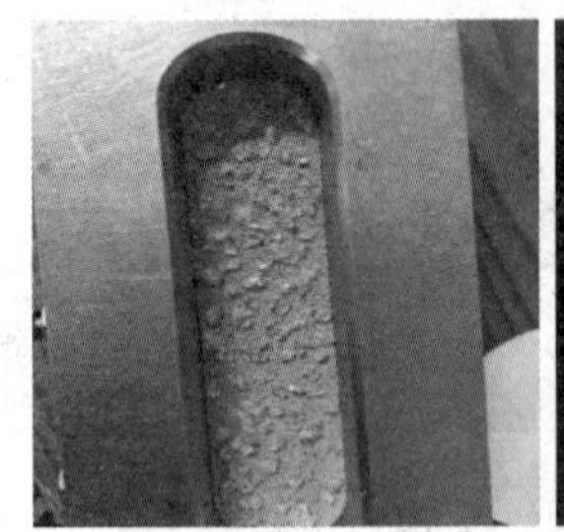
(1)导流室中的陶粒和凝胶颗粒

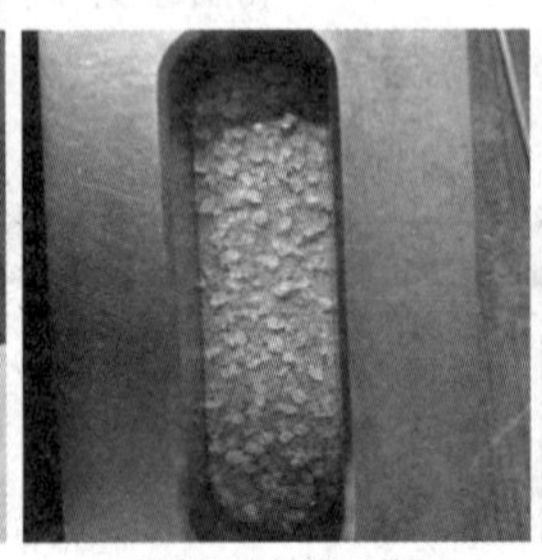
(2)导流室中的石英砂和凝胶颗粒

(3)岩心裂缝中的陶粒和凝胶颗粒

(4)岩心裂缝中的石英砂和凝胶颗粒

图 2　裂缝模型凝胶颗粒铺置

表 2　裂缝岩心调堵效果评价

岩心编号	填充支撑剂	调整前水相渗透率/$10^{-3}\mu m^2$	调整后水相渗透率/$10^{-3}\mu m^2$	封堵率/%
2-1	石英砂	6.86×10^2	4.51×10^2	34.3
2-7		5.16×10^2	3.60×10^2	30.2
2-9(2)	陶粒	7.58×10^2	4.63×10^2	38.9
2-12		9.17×10^2	5.67×10^2	38.2
Z2-9(1)	无	1.080	0.0573	94.7
Z2-2		0.705	0.0125	98.2
Z2-22		0.192	0.0394	79.5
Z3-1		0.271	0.00927	96.6

3.1.2　中大孔(Ⅱ渗流空间)类岩心调堵效果

弱凝胶具有成胶时间可控，强度可调的特点。其成胶前黏度很低，具有良好的进入性，成胶后渗流阻力大可对地层渗流空间尺度较小的储层发挥作用，调整其流度。再者该堵剂在砂岩地层具有很强的吸附能力，地层耐冲刷性强。中大孔注入弱凝胶前后所测实验结果表明(见表3)，注入不同浓度的弱凝胶并成胶之后，岩心渗透率和流度均发生了下降，3 块岩心平均封堵率为 82.2%。且随着弱凝胶浓度的增大，弱凝胶黏度封堵率不断提高，当注入 0.50%时，封堵率最高达到 91.44%。成胶黏度为 25000～60000mPa·s。

表 3　Ⅱ类中大孔岩心调堵效果评价

岩心号	封堵前渗透率/$\times10^{-3}\mu m^2$	弱凝胶浓度/%	弱凝胶黏度/mPa·s	注入弱凝胶体积(PV)	封堵率/%
Z3-75	0.786	0.20%	25000	0.1	77.2
Z3-71	0.171	0.25%	37000	0.1	78.0
Z3-74	0.938	0.50%	60000	0.1	91.4

3.1.3　微小孔(Ⅲ类渗流空间)岩心渗驱效果

选择研究区 8 块Ⅲ类渗流空间储层岩心进行水驱+表活剂驱和表活剂渗吸+水驱两种方式驱油实验，实验结果表明(见表3)，表面活性剂渗吸+水驱方式对驱油效率有明显的效果。水驱+表面活性剂驱方式的驱油效率平均为 16.5%；先表面活性剂渗吸+水驱方式的最终驱油效率平均为 21.6%，驱油效率提高了 5.1%；基础参数大致相同的 Z2-14 和 Z3-55，渗吸后水驱的 Z3-55 比 Z2-14 的驱油效率提高了 15.0%。同时，自发渗吸后水相渗透率提高了 3～10 倍，极大的有利于水进入微纳孔驱油。

表 4　Ⅲ类岩心渗吸效果评价

岩心编号	气测渗透率/$10^{-3}\mu m^2$	孔隙度/%	方式	最终渗透率/$10^{-3}\mu m^2$	最终驱油效率/%
Z2-14	0.194	10.6	水驱+表面活性剂驱	0.0095	12.3
Z2-16	0.346	8.3		0.0347	19.2
Z2-28	0.373	10.2		0.0162	15.4
Z2-43	0.701	10.1		0.0350	19.1
平均					16.5
Z2-30	0.0634	9.6	渗吸+水驱	0.0045	16.9
Z3-56	0.297	9.2		0.0886	16.7
Z3-80	0.971	12.3		0.0193	25.5
Z3-55	0.199	8.5		0.0541	27.3
平均					21.6

3.2　室内岩心模拟多尺度调驱效果评价

本文以岩心组合方式进行了多尺度调驱模拟现场实验效果(图 3)。首先水驱，然后分别对Ⅰ类岩心进行凝胶颗粒调堵，对Ⅱ类岩心进行弱凝胶调堵，对Ⅲ类岩心注入表面活性剂配方体系，放置一定时间，然后再水驱。实验表明(见表5)，调驱前由于三类储渗空间的流动级差很大，裂缝岩心中的油首先被驱替并形成主要的优势大孔道，使得中大孔和微小孔岩心出油量基本为 0，组合岩心水驱采收率平均为 31.8%；调驱后组合岩心水驱采收率平均为 58.7%，平均提高了 26.9%；调整后各类岩心水相流度基本控制在(10^{-2}～10^{-1})×$10^{-3}\mu m^2$/(mPa·s)；实验表明这种方法可以实现较好地控制水相流度，增加波及体积，提高驱油效率，最终提高采收率的目的。

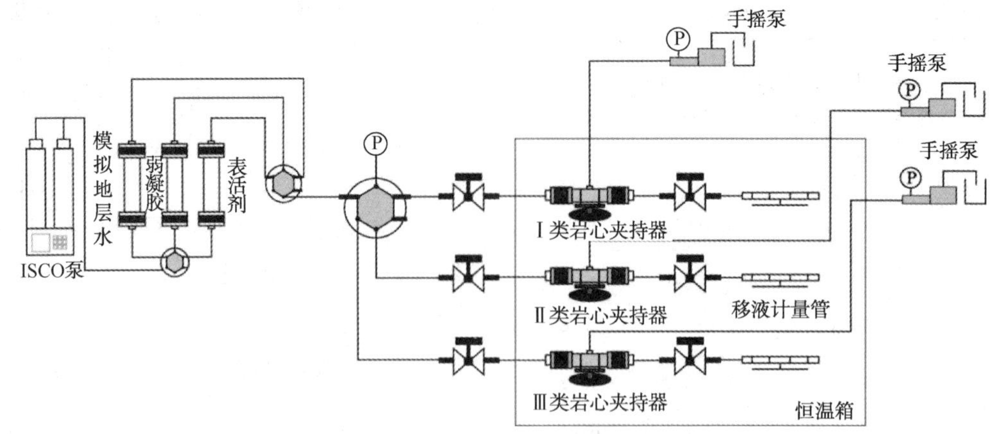

图3　岩心组合实验流程

表5　岩心组合方式多尺度调驱模拟实验效果

组合实验	岩心号	渗流空间类型	调驱前水驱采收率/%	调整前水相流度/$10^{-3}\mu m^2/(mPa\cdot s)$	最终采收率/%	调整后水相流度/$10^{-3}\mu m^2/(mPa\cdot s)$
1	Z2-1	裂缝(Ⅰ类)	38.2	1.010	67.1	0.0455
	Z3-82	中大孔(Ⅱ类)		0.330		0.0198
	Z3-61	微小孔(Ⅲ类)		0.126		0.0186
2	Z2-9(3)	裂缝(Ⅰ类)	17.9	0.526	43.4	0.0085
	Z3-70	中大孔(Ⅱ类)		0.352		0.0435
	Z2-27	微小孔(Ⅲ类)		0.179		0.0153
3	Z3-90	裂缝(Ⅰ类)	54.8	1.150	77.2	0.0813
	Z3-76	中大孔(Ⅱ类)		0.152		0.0470
	Z3-94	微小孔(Ⅲ类)		0.015		0.0106
4	Z2-12-2	裂缝(Ⅰ类)	16.4	1.230	47.0	0.0845
	Z3-85	中大孔(Ⅱ类)		0.288		0.0117
	Z3-58	微小孔(Ⅲ类)		0.014		0.0095
平均	/	/	31.8	/	58.7	/

4　现场应用及效果评价

研究区ZC6338-6井组有1口注水井，对应6口采油井，油井均受注水影响，平均含水86%，部分油井含水高达90%。2017年12月实施了多尺度调驱技术，实施过程是：首先注入凝胶颗粒调堵裂缝(Ⅰ类)优势通道+少量的弱凝胶体系，然后注入弱凝胶体系调堵中大孔类(Ⅱ类)次级优势通道，最后注入表面活性剂体系提高注入水进入微小孔类(Ⅲ类)的能力，实现油水互换。具体工作液用量、配方及工作时间见表6。

表6　施工注入数据

工作液	配方	用量/m^3	工作时间/h
清水	/	10	2
Ⅰ类工作液	2%凝胶颗粒	25	5
	0.3%改性聚合物+0.4%交联剂+0.2%促进增强剂	1	0.2
Ⅱ类工作液	0.3%改性聚合物+0.4%交联剂+0.2%促进增强剂	611	160
Ⅲ类工作液	表面活性剂配方体系	150	40
清水	/	10	2

矿场试验表明(见表7)，措施后5个月平均含水从作业前的86.3%下降到65.3%，含水率平均下降21.0%，最大降幅达34.0%；措施井组平均产油量从作业前0.36 t/d增加至1.22 t/d，整体增油效果显著；施工11个月后平均含水率74.2%，井组产油量0.97 t/d，可以看出11个月后效果依然明显。

表7 施工前后产量和含水率对比

井号	施工前		施工后1个月		施工后3个月		施工后5个月		施工后11个月	
	含水率/%	日产油/t	含水率/%	日产油/t	含水率/%	日产油/t	含水率/%	日产油/t	含水率/%	日产油/t
ZC6338-1	87	0.041	68	0.14	67	0.18	66	0.19	79	0.11
ZC6338-3	92	0.039	66	0.24	66	0.29	68	0.26	76	0.14
ZC6338-4	87	0.066	71	0.15	70	0.20	67	0.23	77	0.12
ZC6338-5	82	0.084	71	0.19	69	0.24	65	0.26	75	0.15
ZC6338-7	84	0.073	65	0.16	64	0.21	64	0.23	79	0.15
ZC6338-8	86	0.060	52	0.29	51	0.42	52	0.41	59	0.30
井组	86.3	0.363	65.5	1.17	64.5	1.54	63.6	1.58	74.2	0.97

5 结论

(1)研究区储层渗流空间可以划分为裂缝、中大孔和微小孔3级渗流空间，不同渗流空间的流度差异大，级差最大可达10^5，这是低渗致密储层注水效果差的主要原因。

(2)针对性的调堵裂缝和中大孔，能取得较好的注入水流度控制效果，表面活性剂配方体系能增加微小孔的注入能力，驱油效率增加明显。

(3)室内和现场试验表明，多尺度调驱技术具有较好的提高采收率和增加产油量的效果，具有较好的技术发展前景。

参考文献

[1] 熊春明，唐孝芬．国内外堵水调剖技术最新进展及发展趋势[J]．石油勘探与开发，2007，34(1)：83-88.

XIONG Chunming，TANG Xiaofen. Technologies of water shut - off and profile control：An overview[J]. Petroleum Exploration and Development，2007，34(1)：83-88.

[2] 南北杰，张志强，杨涛，等．靖安油田注水井复合深部调剖体系性能研究[J]．天然气地球科学，2011，22(1)：190-194.

NAN Beijie，ZHANG Zhiqiang，YANG Tao，et al. The performance study of the injection wells composite profile control system in Jing'an Oilfield[J]. Natural Gas Geoscience，2011，22(1)：190-194.

[3] 王伟，杨辉，黄春霞，等．特低渗非均质油藏水窜后提高波及效率研究[J]．西南石油大学学报(自然科学版)，2016，38(3)：107-110.

WANG Wei，YANG Hui，HUANG Chunxia，et al. Researches on improving sweep efficiency after water breakthrough in ultra - low permeability heterogeneous reservoir[J]. Journal of Southwest Petroleum University (Science & Technology Edition)，2016，38(3)：107-110.

[4] 李辛．中高含水油藏聚驱后进一步提高采收率技术研究[J]．应用化工，2017，46(11)：2111-2115.

LI Xin. Study on enhancing oil recovery technology of medium high water cut reservoir after polymer flooding[J]. Applied Chemical Industry，2017，46(11)：2111-2115.

[5] 于龙，李亚军，宫厚健，等．支化凝胶颗粒封堵性能与调剖能力评价[J]．油气地质与采收率，2015，22(5)：107-112.

YU Long，LI Yajun，GONG Houjian，et al. Evaluation on the plugging performance and profile control ability of the branched-preformed particle gel[J]. Petroleum Geology and Recovery Efficiency，2015，22(5)：107-112.

[6] 张红华，孙迎胜，耿超，等．冻胶分散体三相泡沫配方研究与评价[J]．石油地质与工程，2017，31(6)：105-107.

ZHANG Honghua，SUN Yingsheng，GENG Chao，et al. Study and evaluation of three phase foam formula for gelatin dispersions[J]. Petroleum Geology and Engineering，2017，31(6)：105-107.

[7] 张宏强，张永强，张晓斌，等．鄂尔多斯盆地长 6 油层组储层水驱窜流影响因素实验研究[J]. 长江大学学报(自科版)，2016，13(29)：43-48.
ZHANG Hongqiang，ZHANG Yongqiang，ZHANG Xiaobin，et al. Experimental study on influencing factors of fluid channeling of waterflooding in Chang 6 reservoir of Ordos Basin[J]. Journal of Yangtze University (Natural Science Edition)，2016，13(29)：43-48.

[8] 王姗姗，武滨，康晓东，等．不同渗透率级差下化学驱油体系优选[J]. 中国海上油气，2017，29(4)：104-108.
WANG Shanshan，WU Bin，KANG Xiaodong，et al. Optimization of flooding system under different permeability ratios[J]. China Offshore Oil and Gas，2017，29(4)：104-108.

[9] 李明军，马勇新，杨志兴．纵向渗透率级差对水驱油特征的影响实验研究[J]. 钻采工艺，2014，37(5)：47-49.
LI Mingjun，MA Yongxin，YANG Zhixing. Influence of longitudinal permeability differential on waterflood characteristics[J]. Dring&Production Technology，2014，37(5)：47-49.

[10] 安伟煜．特高含水期多层非均质油藏层间干扰因素分析[J]. 东北石油大学学报，2012，36(5)：76-82
AN Weiyu. Property analysis of multi emulsifications of alkali ASP system and Daqing oil samples[J]. Journal of Northeast Petroleum University，2012，36(5)：76-82.

[11] 朱维耀，孙玉凯，王世虎，等．特低渗透油藏有效开发渗流理论和方法[M]. 北京：石油工业出版社，2010：3-17.
ZHU Weiyao，SUN Yukai，WANG Shihu，et al. The theory and method for the effective development of low permeability reservoirs [M]. Beijing：Petroleum Industry Press，2010：3-17.

[12] 姚泾利，邓秀芹，赵彦德，等．鄂尔多斯盆地延长组致密油特征[J]. 石油勘探与开发，2013，40(2)：150-156.
YAO Jingli，DENG Xiuqin，ZHAO Yande，et al. Characteristics of tight oil in Yanchang Formation，Ordos Basin[J]. Petroleum Exploration and Development，2013，40(2)：150-156.

[13] SERIGHT R S，LIANG J. A survey of field applications of gel treatments for water shutoff[C]. SPE 26991，1994：1-12.

[14] WU Xingcai，XIONG Chunming，HAN Dakuang，et al. A new IOR method for mature waterflooding reservoirs："sweep control technology"[C]. SPE 171485，2014：1-10.

[15] 郑军卫，庾凌，孙德强．低渗透油气资源勘探开发主要影响因素与特色技术[J]. 天然气地球科学，2009，20(5)：651-656.
ZHENG Junwei，YU Ling，SUN Deqiang. Main affecting factors and special technologies for exploration and exploitation of low - permeability oil and gas resources[J]. Natural Gas Geoscience，2009，20(5)：651-656.

[16] 鞠玮，侯贵廷，冯胜斌，等．鄂尔多斯盆地庆城—合水地区延长组长 6_3 储层构造裂缝定量预测[J]. 地学前缘，2014，21(6)：210-320.
JU Wei，HOU Guiting，FENG Shengbin，et al. Quantitative prediction of theYanchang Formation Chang6_3 reservoir tectonic fracture in the Qingcheng-Heshui area，Ordos Basin[J]. Earth Science Frontiers，2014，21(6)：310-320.

[17] LIAirong，WU Fuli，ZHAO Liang，et al. The influential factors and charactristics of Triassic Yanchang Formation reservior in the Zichang delta，Ordos Basin，China[J]. Acta Geologica Sinica(English Edition)，2015，89(S1)：194-194.

[18] 杨正明，骆雨田，何英，等．致密砂岩油藏流体赋存特征及有效动用研究[J]. 西南石油大学学报(自然科学版)2015，37(3)：85-92.
YANG Zhengming，LUO Yutian，HE Ying，et al. Study on the characteristics of fluid flow and effective utilization of tight sandstone reservoir[J]. Journal of Southwest Petroleum University (Science&Technology Edition)，2015，37(3)：85-92.

[19] 杨华，刘显阳，张才利，等．鄂尔多斯盆地三叠系延长组低渗透岩性油藏主控因素及其分布规律[J]. 岩性油气藏，2007，19(3)：1-6.
YANG Hua，LIU Xianyang，ZHANG Caili，et al. The main controlling factors and distribution of low permeability lithologic reservoirs of Triassic Yanchang Formation in Ordos Basin[J]. Lithologic Reservoirs，2007，19(3)：1-6.

[20] 王建，梁文川，龚鑑铭，等．坪北油田延长组储层岩石物理相分类研究[J]. 地质科技情报，2018，37(1)：53-60.
WANG Jian，LIANG Wenchuan，GONG Jianming，et al. Petrophysical facies classification of the reservoir in Yanchang Formation of Pingbei Oilfield[J]. Geological Science and Technology Information，2018，37(1)：53-60.

[21] 高兴军，宋子齐，程仲平，等．影响砂岩油藏水驱

开发效果的综合评价方法[J]. 石油勘探与开发, 2003, 30(2): 68-69.

GAO Xingjun, SONG Ziqi, CHENG Zhongping, et al. Geologic factors influencing the water-drive development of sandstone reservoirs and their comprehensive evaluation using Grey System Theory[J]. Petroleum Exploration and Development, 2003, 30(2): 68-69.

[22] 宋考平, 任刚, 夏慧芬, 等. 变黏度驱提高采收率方法[J]. 大庆石油学院学报, 2010, 34(5): 71-74.

SONG Kaoping, REN Gang, XIA Huifen, et al. Varoable viscosity enhanced oil recovery methods [J]. Journal of Daqing Petroleum Institute, 2010, 34 (5): 71-74.

[23] 黄斌. 变渗流阻力体系驱油提高采收率实验研究[D]. 大庆: 东北石油大学, 2013.

HUANG Bin. Laboratory Study on Enhanced Oil Recovery Process by Oil Displacement System with Adjust Flowing Resistant [D]. Daqing: Northeast Petroleum University, 2013.

[24] 国家发展和改革委员会. SY/T 5345—2007 岩石中两相流体相对渗透率测定法[S]. 北京: 石油工业出版社, 2008.

National Development and Reform Commission of the PRC. SY / T5345—2007 Test method for two phase relative permeability in rock [S]. Beijing Petroleum Industry Press, 2008.

[25] 王鸿勋, 张士诚. 水力压裂设计数值计算方法[M]. 北京: 石油工业出版社, 1998: 247-250.

WANG Hongxun, ZHANG Shicheng. Numerical calculation method for hydraulic fracturing design [M]. Beijing: Petroleum Industry Press, 1998: 247-250.

[26] 任晓娟, 高欣炜, 罗向荣, 等. 一种用于评价凝胶性能的装置及评价方法: 中国, ZL201611189905.3 [P]. 2017-11-14.

CO_2 驱沥青质沉积量影响因素分析实验研究

王　琛　李天太　高　辉　赵金省　黄　兴

（西安石油大学石油工程学院）

摘　要　CO_2 驱过程中发生的储层伤害效应主要是由沥青质沉积引起的，为了明确影响沥青质沉积量的主要因素，进行 CO_2 驱室内实验，通过改变实验条件及原油组分，对比了 CO_2 驱替前后实验油样的沥青质含量差，评价不同因素对沥青质沉积量的影响程度。实验结果显示，原始油样沥青质含量越高，沉积量单调增加，沉积率基本不变；温度在 70℃-80℃时，沥青质沉积量最小；沉积量随注入压力增加而增大，随注入速度的增加而缓慢减小；CO_2 注入量增加，沥青质沉积量上升。

关键词　实验条件；原油组分；沥青质沉积量；影响因素；CO_2 驱

引言

注气开发时，相对于其他气体而言，CO_2 的主要优点是在可大量溶解于原油，原油黏度在 CO_2 溶解后可大幅降低，表面张力也较溶解之前更小，还能使原油的体积膨胀。高压下 CO_2 的密度高，有利于减缓驱替过程中的指进现象，这些特性都有利于提高驱油效率，改善开发效果[1-7]。但是，在 CO_2 驱过程中，极易产生沥青质沉积，低渗储层由于孔喉半径较小，沉积的沥青质颗粒在运移过程中容易堵塞细小孔喉，降低储层有效渗透率，会对低渗储层产生不可逆转的伤害作用。

沥青质定义为石油中不溶于一正构烷烃而溶于苯的组分。石油组分分析研究中常见的是正戊烷沥青质和正庚烷沥青质[8,9]。研究认为，沥青质分子从原油中析出以后，自我凝结组合成更大的胶束，在进一步聚合沉积在孔喉壁面，形成大组分的絮凝物。CO_2 驱发生沥青质沉积时，沥青质一般会先从原油中析出，析出的这些沥青质分子会絮凝在一起，进一步沉淀在孔喉壁面，最终凝固于孔隙喉道中[10,11]。Behbahani 等人通过实验证明，在二氧化碳驱油过程中，注入压力对沥青质沉淀量有显着影响；随着压力的增加，会产生更多的沥青质沉积[12]。Wang 等(2011)人通过实验证明，在 CO_2 非混相驱中，沥青质沉积量随着压力的升高增加明显，在注入压力高于 MMP，随着压力继续增加，其沥青质沉积量依旧随着压力的增加继续保持增加态势，但是其增加速度较 MMP 之前有所降低[13]。Cao 等(2013)在室内实验结果中发现，在非混相驱和混相驱的阶段，沥青质沉积量随着注入压力的增加而稳定上升，而岩心渗透率则持续下降[14]。

1　原油组分对沉积量的影响

针对原油组分对沥青质沉积量的影响评价，实验选用三种不同沥青质含量的原油样品，在相同物性的人造岩心中进行 CO_2-原油相互作用对比实验，进一步观察原油组分是否会对沥青质沉积量有影响。

对比实验除选取姬塬油田长 8 油藏原油样品外，另增加安塞油田沥青质含量为 0.71wt%和 1.68wt%的两种原油样品进行对比实验，详细参数见表 1。实验岩心为人造岩心，具体参数见表 2。实验温度为 80℃，注入压力设定为 15MPa。

通过实验数据分析得知，三种沥青质含量不同的原油样品，其在实验结束时产生的沥青质沉积量是不同的。如图 1 所示，随着原始沥青质含量的升高，沥青质的沉积量呈现单调增加。但是，我们发现，不同沥青质含量的原油样品其沥青质沉积率是基本保持不变的，如图 2 所示，从图中可以观察到，沥青质沉积率随着原油沥青质含量的增加无明显变化。沥青质含量为 0.71wt%的原油样品在驱替实验结束后测定其沉积率为 32.39%；而沥青质含量最大的原油样品其实验

【作者简介】王琛，男，1987 年 9 月出生，2018 年 6 月毕业于中国石油大学(北京)，获得工学博士学位，目前就职于西安石油大学石油工程学院，讲师，长期从事非常规油气藏开发地质和 CO_2 驱提高采收率理论与技术方面的研究工作。E-mail：cwangxsyu@163.com

后期沥青质沉积率为 31.54%，二者非常接近。分析认为，虽然实验油样的初始沥青质含量不同，但是在实验过后其相对沉积率基本一致，均为31%左右。不同油样的沥青质沉积机理及反应程度基本相同，在沥青质含量差别较小的情况下，其沉积率无明显差异。

表 1　实验油样物性参数

油样编号	来源	层位	80℃时的原油黏度，(mPa·s)	原油密度，($g \cdot cm^{-3}$)	沥青质含量，%
1	安塞油田	长 6	2.2	0.841	0.71
2	姬塬油田	长 6	1.9	0.762	1.15
3	安塞油田	长 6	2.1	0.855	1.68

表 2　岩心样品参数及实验条件

岩心编号	油样编号	长度，mm	直径，mm	孔隙度，%	渗透率，mD	注入压力，MPa	驱替压差，MPa
A1	1	10.05	25.0	2.68	0.22	15	2
A2	2	10.01	25.1	2.85	0.22	15	2
A3	3	10.08	25.0	2.73	0.22	15	2

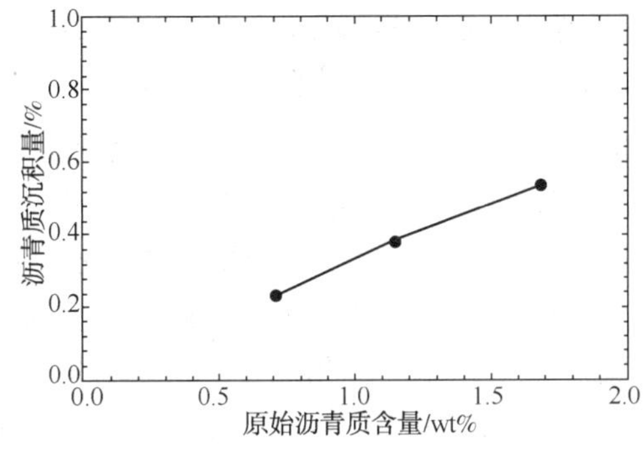

图 1　沥青质沉积量与原始沥青质含量关系曲线

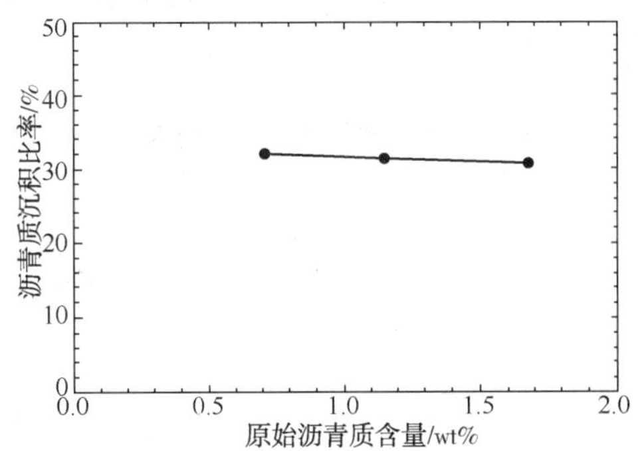

图 2　沥青质沉积比率与原始沥青质含量关系曲线

因此，我们推断，沥青质含量越高的原油样品，其在 CO_2 驱替过程中产生的沥青质沉积量越大，造成的微纳米级孔喉堵塞伤害及岩心渗透率伤害就越严重。

2　实验温度对沉积量的影响

为了明确实验温度对 CO_2 驱沥青质沉积量的影响，选择 4 块人造岩心进行不同温度下的沥青质沉积量对比实验，具体信息见表 3。在实验压力 23.2MPa，注入速度 0.5mL/min 恒定情况下，设定 50℃、60℃、70℃、80℃、90℃五组驱替实验进行对比。实验油样的沥青质含量为 1.15wt%，人造岩心渗透率为 0.22~0.24mD，孔隙度为 4.4%~4.8%。

表 3　岩心样品参数及实验条件

岩心编号	长度/mm	直径/mm	孔隙度/%	渗透率/mD	注入压力/MPa	反应温度/℃
A4	10.01	25.1	3.68	0.22	23.2	50
A5	10.04	25.1	3.27	0.21	23.2	60
A6	10.02	25.0	2.92	0.22	23.2	70
A7	10.00	25.1	3.05	0.23	23.2	80
A8	10.02	25.1	3.38	0.21	23.2	90

实验结果如图 3 所示，沥青质沉积量随温度的升高先减小再增大。在 50℃时沥青质沉积量最大，可达到 35.28%；随着实验温度的升高，沥青质沉积量逐渐减小，在 70~80℃时沉积量最小；当温度升高至 90℃，沥青质沉积量再次增加，与 60℃时的沉积量接近。综合分析认为，在实验温度上升的过程中原油–沥青质体系存在两种相反的作用，首先，在升温过程中，体系分子能量增加，分子运动加剧，分子间碰撞几率增加，有利于沥青质大分子在原油中的溶解；其次，沥青质胶团间的相互作用会在温度升高的情况下变弱，致使一部分沥青质大分子发生从表面发生解吸，进入原油体系中进一步发生沉积，絮凝的现象。本次实验，在 50℃~80℃时，随着温度的升高，原油内部分子动能大，在溶解效应和解吸效应共同作用的情况下，溶解效应为主导作用，因此沥青质

沉积量在该阶段逐步降低。但是，随着温度升高至 90℃，解吸效应逐步增强，其作用程度已超过溶解效应，进而导致沥青质沉积量出现增加。

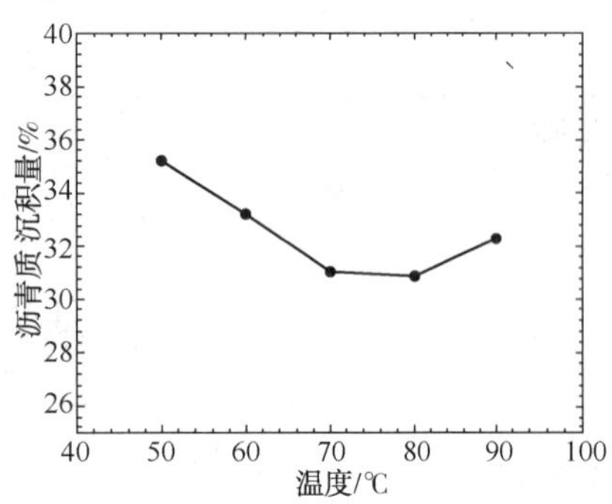

图 3　沥青质沉积量与实验温度关系曲线

实验油样在 70℃～80℃时，两种作用程度接近，出现沥青质在该阶段沉积量最小，有利于提高 CO_2 驱油效率，提高原油采收率。

3　注入压力对沉积量的影响

前人研究发现，注入压力对 CO_2 驱沥青质沉积量有非常明显的影响。在实验温度高于临界温度 31.26℃，注入压力高于临界压力 7.2MPa 状态下，CO_2 进入超临界状态，其性质会发生变化，黏度接近于气体，扩散系数增大，在原油中具有很强的溶解能力。同时，在注入压力达到最小混相压力时，CO_2－原油体系实现混相。这两种状态均会对沥青质沉积量产生重要的影响。

在实验温度 80℃，注入速度 0.5mL/min 恒定的情况下，改变 CO_2 注入压力，观察其对沥青质沉积量的影响。实验结果如图 4 所示，沥青质沉积量随 CO_2 注入压力增加整体呈现上升的趋势，混相驱阶段的沥青质沉积率高于非混相驱；同时，观察发现在沥青质沉积量曲线上升的过程中呈现出两段明显的陡坡状。第一段是在 7.2MPa 附近，即 CO_2 达到超临界状态，此时 CO_2 大量溶解于原油中，导致沥青质沉积量出现一个快速增长阶段。在注入压力为 4.6MPa 时，沥青质沉积量仅有 12.56%，当注入压力达到 8.5MPa 时，沉积量已增加至 17.33%。在驱替压力为 15MPa 时，沥青质沉积率在 22%左右，在压力到达在最小混相压力 21.6 MPa 附近，此时 CO_2 与原油实现混相，溶解量为最大值，沥青质沉积率达到 30.91%。在非混相驱时，原油和 CO_2 存在气液界面，接触不充分，导致沥青质沉积率小；而在实现混相以后，气液界面消失，原油和 CO_2 大面积充分接触，外加注入压力升高，使沥青质沉积率增加明显。

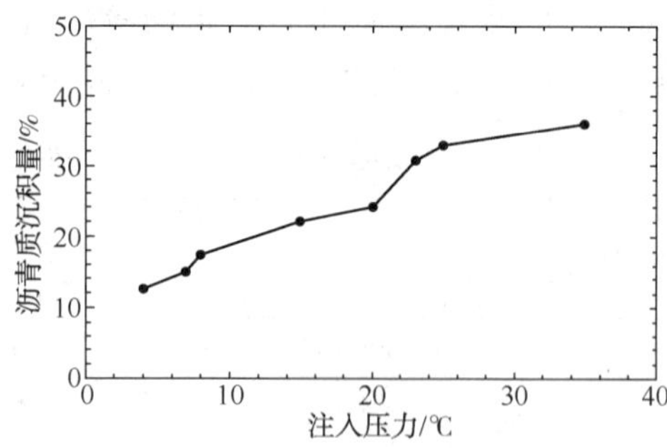

图 4　沥青质沉积量与注入压力关系曲线

在现场实际生产中，油藏压力对 CO_2－原油－微纳米孔喉相互作用的影响不可忽视，其决定了 CO_2 驱的注入压力，而注入压力又决定了 CO_2 驱是否可以达到混相驱。在混相驱阶段和非混相驱阶段的沥青质沉积量时不同的，其对微纳米孔喉系统造成的影响也存在差异。

4　注入速度对沉积量的影响

通常，注入速度会影响 CO_2 在原油中的溶解度，在注入速度较低时，CO_2 与原油体系的溶解充分，此时沥青质沉积量将会增大；在注入速度较高时，一方面会使 CO_2 在原油中的溶解度降低，另外较高的注入速度也会影响沥青质沉积过程的持续性，使沥青质的沉积量相应减小。

实验温度 80℃，在 0.1mL/min、0.2mL/min、0.3mL/min、0.4mL/min、0.5mL/min 五种注入速度，实验过程将驱替压力稳定在 23MPa 左右进行对比实验，岩心信息见表 4。

表 4　岩心样品参数及实验条件

岩心编号	长度/mm	直径/mm	孔隙度/%	渗透率/mD	注入压力/MPa	注入速度/(mL/min)
A9	10.00	25.0	3.52	0.21	23	0.1
A10	10.01	25.0	4.01	0.22	23	0.2
A11	10.00	25.1	2.99	0.22	23	0.3
A12	10.02	25.1	3.43	0.24	23	0.4
A13	10.01	25.2	3.87	0.22	23	0.5

实验结果如图 5 所示，整体来看，沥青质沉积量随 CO_2 注入速度的增加而缓慢减小，在注入速度为 0.2mL/min 的情况下，沥青质沉积量最大 33.52%，在注入速度下降的过程中，沥青质沉积量逐渐降低。CO_2 注入速度为 0.5mL/min，对应的沥青质沉积量最小 30.91%。因此，在现场实际生产中，选择合理的 CO_2 注入速度有利于降低沥青质沉积量，提高 CO_2 驱油效率。

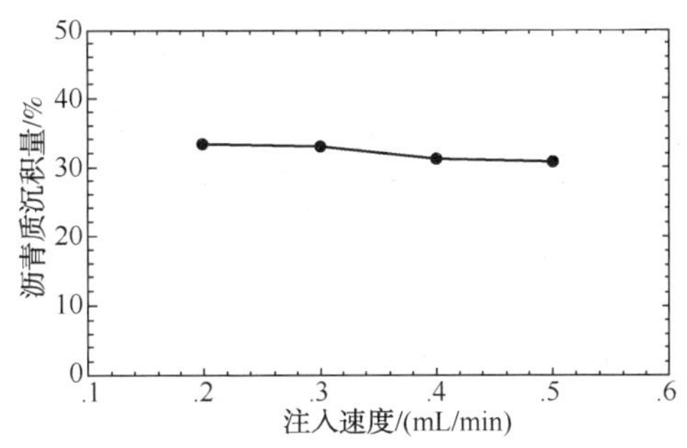

图 5 沥青质沉积量与注入速度关系曲线

5 注入量对沉积量的影响

注入量参数的评价是原油组分对比实验基础上，监测了三种油样在不同 CO_2 注入量下的沥青质沉积情况，从图 8 中可以看出，沥青质的沉积量与 CO_2 的注入量呈正相关，随着 CO_2 注入量的增加，沥青质沉积明显上升。这主要是由于岩心 CO_2 含量增加，更多的 CO_2 溶于原油样品中，使沥青质沉积量也出现明显上升。

图 6 中的折线斜率可代表沥青质的沉积速率，可以看出沥青质速率随着 CO_2 注入 PV 数的增加而降低，3 组实验的沉积曲线形态相近。在 CO_2 注入量为 0~1 PV 时，是整个驱替过程中沥青质沉积速率最快的阶段(曲线形态较陡)，3 组实验表现出了同样的特征；在 CO_2 注入量为 1~3 PV 时，沉积速率稍有下降，整体慢于 1 PV 之前；在 CO_2 注入量为 3 PV 后，沥青质沉积量曲线形态整体趋于平缓，沉积速率明显降低。

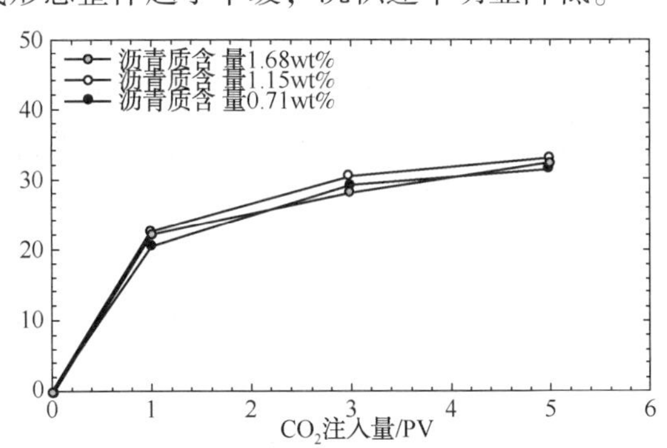

图 6 沥青质沉积比率与注入量关系曲线

6 结论及认识

(1)随着实验油样沥青质含量的升高，沥青质的沉积量呈现单调增加，而不同沥青质含量的原油样品其沥青质沉积率基本不变；

(2)沥青质沉积量随温度的升高先减小再增大，在 70℃-80℃时沥青质沉积量最小。

(3)沥青质沉积量随 CO_2 注入压力增加整体呈现上升的趋势，混相驱阶段的沥青质沉积率高于非混相驱；

(4)沥青质沉积量随 CO_2 注入速度的增加而缓慢减小；

(5)随着 CO_2 注入量的增加，沥青质沉积明显上升；沥青质速率随着 CO_2 注入 PV 数的增加而降低。

参 考 文 献

[1] 郝永卯，薄启炜，陈月明，等 . CO_2 驱油实验研究[J. 石油勘探与开发，2005，32(2)：110-112.

[2] 朱志宏，周惠忠 . 吉林新立油田 CO_2 非混相驱模拟研究[J]. 清华大学学报(自然科学版) 1996，36(11)：58-64.

[3] 谈士海，张文正 . 非混相 CO_2 驱油在油田增产中的应用[J]. 石油钻探技术，2001，29(2)：58-60.

[4] 赵明国，李金珠，王忠滨 . 特低渗透油藏 CO_2 非混相驱油机理研究[J]. 科学技术与工程，2011，11(7)：1438-1440.

[5] Zeya L，Yongan G. Soaking effect on miscible CO_2 flooding in a tight sandstone formation [J] . Fuel，2014，134：659-668.

[6] 谢尚贤，韩培慧 . 大庆油田萨南东部过渡带注 CO_2 驱油先导性矿场实验研究[J]. 油气采收率技术，1997，4(3)：13-19.

[7] 刘学伟，梅士盛，杨正明 . CO_2 非混相驱微观实验研究[J]. 特种油气藏，2006，13(3)：91-92.

[8] 崔璐 . 沥青质分子聚集及解聚的初步探究[D]. 青岛：中国石油大学(华东)，2015：15-29.

[9] 卢贵武，李英峰，宋辉，等 . 石油沥青质聚沉的微观机理[J]. 石油勘探与开发，2008(01)：67-72.

[10] 阮哲，王祺来 . 沥青质沉积机理研究综述[J]. 当代化工，2016，45(01)：125-128.

[11] 李美霞 . 沥青质沉积问题文献综述[J]. 特种油气藏，1996(03)：59-62.

[12] BEHBAHANI T J. Investigation on asphaltene deposition mechanisms during CO_2 flooding processes in porous media：a novel experimental study and a modified model based on multilayer theory for asphaltene adsorption [J] . Energy Fuels，2012，26(8)：5080-5091.

[13] WANG X Q，GU Y A. Oil recovery and permeability reduction of a tight sandstone reservoir in immiscible and miscible CO_2 flooding processes. Ind. Eng. Chem. Res，2011，50 (4)：2388-2399.

[14] MENG C，YONGAN G. Oil recovery mechanisms and asphaltene precipitation phenomenon in immiscible and miscible CO_2 flooding processes [J] . Fuel，2013，109：157-166

化学驱后综合调整增效技术作用机理研究

肖丽华　宋　鑫　张晓冉　苑玉静　赵　鹏　韩玉贵

(中海石油(中国)有限公司天津分公司)

摘　要　渤海A油田具有储层厚度大、平均渗透率高、非均质性严重、岩石胶结强度低和单井注采强度高等特点，采取早期聚合物凝胶调驱技术进行开发，聚合物滞留作用和冲刷作用造成的层间和层内矛盾十分突出。本文开展了聚驱后调驱剂筛选和性能评价以及调剖、解堵和调驱剂与水交替注入等综合治理方式的开发效果测试。结果表明，在聚合物凝胶用量相同条件下，与整体段塞注入方式相比较，采取“凝胶与水交替注入”方式可以减缓“吸液剖面反转”速度，扩大中低渗透层波及系数。当将调剖或解堵措施与“凝胶与水交替注入”方式联合使用时，中低渗透层动用程度进一步提升，增油降水效果十分明显。

关键词　渤海油田；早期注聚；综合治理；物理模拟；机理分析

1　试验区概述

A油田位于渤海辽东湾海域，位于辽东湾地区辽西低凸起中段，西侧紧邻辽西凹陷，是渤海最有利油气富集区之一，具有良好油气富集成藏地质条件。油田主体区主要发育三角洲前缘和前三角洲亚相，三角洲前缘亚相可细分为水下分流河道、河口坝和分流河道间三个微相。储层具有高孔、高渗和低胶结强度物性特征，孔隙度在27%~35%之间，渗透率在$10\times10^{-3}\mu m^2\sim5500\times10^{-3}\mu m^2$之间。地下原油密度0.872~0.882g/cm^3，黏度13.9 mPa·s~19.4mPa·s。油田2005年1月投产，2005年9月开始注水，2006年3月在A1井开展单井注聚合物凝胶(简称注聚)试验，2007年开始6口井注聚，2012年扩大8口井注聚。化学驱矿场试验中取得了良好技术经济效果。经过11年注聚开发，目前注入井“吸液剖面反转”十分严重，吸水厚度逐渐变小，油井含水上升速度加快，亟待采取综合治理措施。依据油田开发实际需求，本文以油藏工程、高分子材料和物理化学等为理论指导，以化学分析、仪器检测和物理模拟等为技术手段，以A油田油藏地质、流体性质和开发现状等为研究对象，开展了聚驱后进一步提高采收率所需调驱剂筛选和性能评价，在此基础上评价了调驱剂整体段塞注入、“调驱剂与水交替注入”、“调剖+调驱剂与水交替注入”和“解堵+调剖+调驱剂与水交替注入”等综合治理措施增油降水效果，这为矿场技术决策提供了实验依据。

2　实验条件

2.1　实验材料

聚合物包括疏水缔合聚合物，“高分”聚合物(相对分子质量1900×10^4，固含量88%)。交联剂为Cr^{3+}，有效含量2.5%。解堵剂为次氯酸钠溶液。

实验用水离子组成见表1。采用水源水配制母液，混合水稀释至目标浓度(混合水为水源水：污水=1：1)。

表1　水质分析表

水型	K^++Na^+	$Ca_2{}^+$	$Mg_2{}^+$	$CO_3{}^{2-}$	HCO_3^-	$SO_4{}^{2-}$	Cl^-	总矿化度
水源水	2549.84	684	166	0	162	0.11	5340	8901.95
污水	1908.4	111	37.3	0	696	0.39	3100	5853.09

【作者简介】肖丽华(1975-)，女，高级工程师，1999年毕业于东北石油大学石油工程专业本科学位，目前就职于中海石油(中国)有限公司天津分公司渤海石油研究院，现任职化学驱技术资深工程师，从事化学驱提高采收率技术及配套采油工艺研究工作，E-mail：xiaolh3@cnooc.com.cn

实验用油为模拟油，由A油田脱气原油与煤油混合而成，65℃条件下黏度为17mPa·s。

实验岩心为石英砂环氧树脂胶结人造岩心[5,6]，几何尺寸：宽×高×长=4.5×9.0×30cm，各小层厚度3cm，高中低层渗透率 $K_g=6000\times10^{-3}\mu m^2$、$2000\times10^{-3}\mu m^2$ 和 $300\times10^{-3}\mu m^2$。岩心和端盖结构见图1。

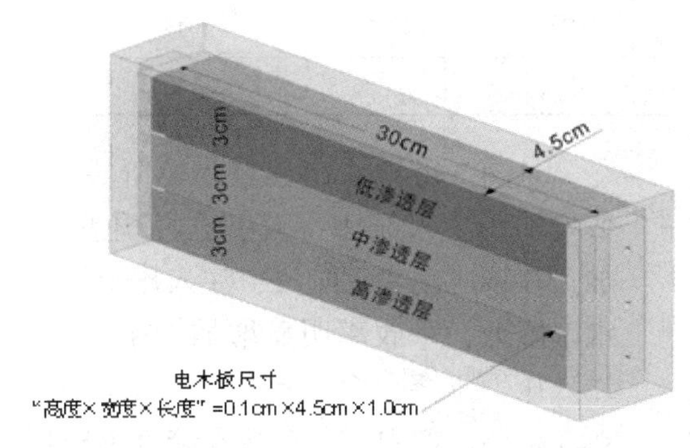

（1）岩心结构示意图

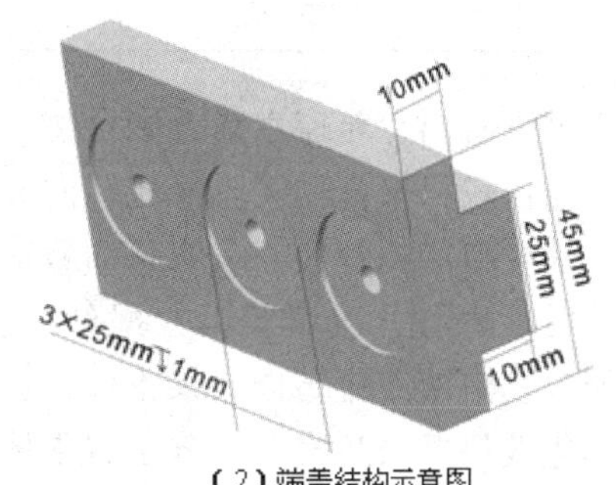

（2）端盖结构示意图

图1 岩心和端盖结构示意

如图1所示，在层内非均质岩心注入和采出端附近各个渗透层间布置电木板（长×宽×厚=1cm×4.5cm×1mm），并通过端盖将各个小层实现分隔。岩心可以实现"分注分采"或"同注分采"等注入方式，但岩心内部各个小层间流体仍然可以自由交流，保留了层内非均质岩心渗流特点。

2.2 仪器设备和步骤

（1）仪器设备

采用DV-Ⅱ型布氏黏度仪测试调驱剂黏度，转子为"0"号，转速为6r/min。

采用驱替实验装置评价调驱剂驱油效果（采收率），装置包括平流泵、压力传感器、岩心夹持器、手摇泵和中间容器等部件。除平流泵和手摇泵外，其它部分置于65℃保温箱内。

（2）实验步骤

①室温下岩心抽空饱和地层水，计算孔隙体积和孔隙度；

②岩心饱和模拟油，计算含油饱和度；

③采取"同注分采"方式，水驱到设计含水率，计算水驱采收率；

④采取"分注分采"方式首先向低渗透层注入解堵剂，然后向高渗透层注入封堵剂，最后采取"同注分采"方式注入调驱剂，后续水驱到含水95%，计算采收率。

上述实验过程注入速度为0.6mL/min，压力记录间隔30min，实验温度65℃。

2.3 方案设计

（1）调驱剂类型对增油降水效果的影响

方案1-1～方案1-3：水驱到含水率95%+0.4PV调驱剂（①疏水缔合聚合物溶液，$C_P=1750$mg/L；②聚合物凝胶，"高分"聚合物，$C_P=1200$mg/L，聚：Cr^{3+}=180：1；③高浓度聚合物溶液，"高分"聚合物，$C_P=2400$mg/L）+后续水驱到含水95%；

（2）聚驱后进一步提高采收率方法增油降水效果

方案2-1：聚驱（水驱到含水率95%+0.4PV聚合物凝胶（整体段塞，"高分"聚合物，$C_P=1200$mg/L，聚：Cr^{3+}=180：1，下同）+后续水驱到含水95%）+0.4PV聚合物凝胶（整体段塞）+后续水驱到含水95%；

方案2-2：聚驱+0.4PV聚合物凝胶（凝胶与水交替注入，①第一轮次：0.1PV聚合物凝胶+0.01PV水+②第二轮次：0.1PV聚合物凝胶+0.01PV水+③第三轮次：0.1PV聚合物凝胶+0.01PV水+④第四轮次：0.1PV聚合物凝胶+0.01PV水。下同）+后续水驱到含水95%；

方案2-3：聚驱+高渗透层封堵（0.075PV封堵剂，丙烯酰胺-淀粉[7]，下同）+0.4PV聚合物凝胶（凝胶与水交替注入）+后续水驱到含水95%；

方案2-4：聚驱+低渗透层解堵（次氯酸钠，0.01PV）+高渗透层封堵（0.075PV封堵剂，丙烯酰胺-淀粉）+0.4PV聚合物凝胶（凝胶与水交替注入）+后续水驱到含水95%。

3 结果分析

3.1 调驱剂类型对增油降水效果的影响

（1）采收率

调驱剂类型对增油降水效果即采收率影响实验结果见表2。

表 2　采收率实验数据

方案编号 \ 参数	调驱剂类型	工作黏度（mPa·s）	含油饱和度（%）	采收率（%）		
				水驱	最终	增幅
1-1	疏水缔合聚合物溶液	279.8	70.00	27.8	30.8	3.0
1-2	聚合物凝胶	5.2	71.67	27.1	45.3	18.2
1-3	“高浓”聚合物溶液	18.8	68.75	26.8	42.1	15.3

从表 2 可以看出，与疏水缔合聚合物和高浓聚合物溶液相比较，聚合物凝胶液流转向和增油效果较好，采收率增幅较大，表明其油藏适应性较强[8-10]。后续岩心分流率实验数据分析表明，疏水缔合聚合物溶液液流转向效果不佳，这与它水溶性即熟化效果差以及聚合物分子聚集体油藏适应性差存在密切联系[11-14]。

(2) 注入压力、含水率和采收率动态特征

实验过程中岩心注入压力、含水率和采收率与 PV 数关系见图 2。

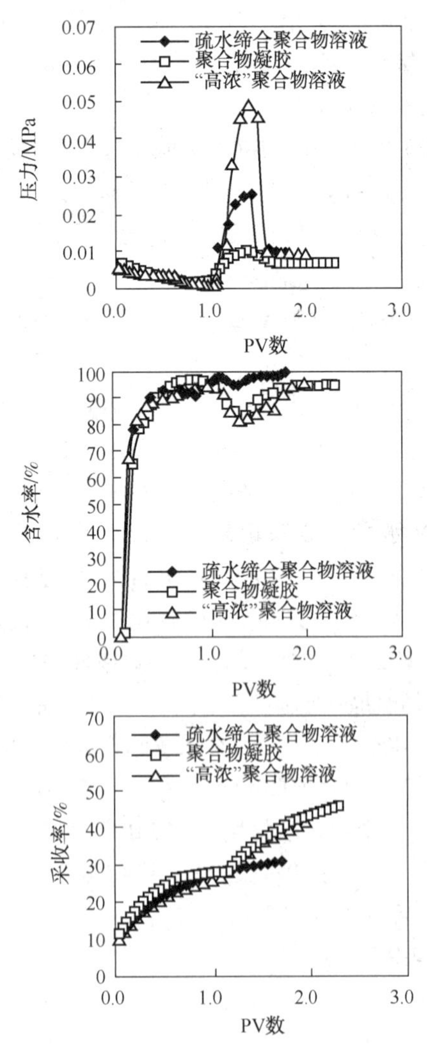

图 2　注入压力、含水率和采收率与 PV 数关系

从图 2 可以看出，在水驱阶段，随注入 PV 数增加，注入压力下降，含水升高，采收率增加。在调驱剂注入阶段，注入压力明显升高，含水率降低，采收率明显增加。在后续水驱阶段，注入压力下降，含水率回升，采收率增幅减缓。在 3 种调驱剂中，尽管疏水缔合聚合物溶液注入压力远高于“高浓”聚合物溶液和聚合物凝胶，但其含水率降幅和采收率增幅却较小。分析表明，疏水缔合聚合物溶液中聚合物分子聚集体具有“片-网”网络结构，尽管该溶液发生变形时内摩擦力较大即视黏度较高，但由于聚合物分子聚集体与岩心孔隙匹配关系较差，甚至造成岩心端面堵塞，中低渗透层波及程度较低，因而采收率增幅较小。

(3) 分流率动态特征

实验过程中岩心各个小层分流率与 PV 数关系见图 3。

从图 3 可以看出，在水驱阶段，高渗透层分流率逐渐增加，中低渗透层逐渐减小。在调驱剂注入阶段，高渗透层分流率减小，中低渗透层增加。在后续水驱阶段，高渗透层分流率逐渐回升，中低渗透层逐渐增加。与高浓度聚合物溶液和聚合物凝胶相比较，疏水缔合聚合物溶液注入阶段高渗透层分流率降幅很小，中低渗透层增幅也很小。由此可见，疏水缔合聚合物溶液中聚合物分子聚集体与岩心孔隙匹配关系差是其分流率变化幅度较小和采收率增幅较小的根本原因。

3.2　化学驱后进一步提高采收率方法增油降水效果

(1) 采收率

聚驱后提高采收率方法与配套措施组合对增油降水效果影响实验结果见表 3。

从表 3 可以看出，在聚合物凝胶用量相同条件下，与采取“单一整体段塞注入方式”相比较，“凝胶与水交替注入方式”增油降水效果较好。与单纯“凝胶与水交替注入方式”相比较，“调剖+凝胶与水交替注入方式”组合增油降水效果较

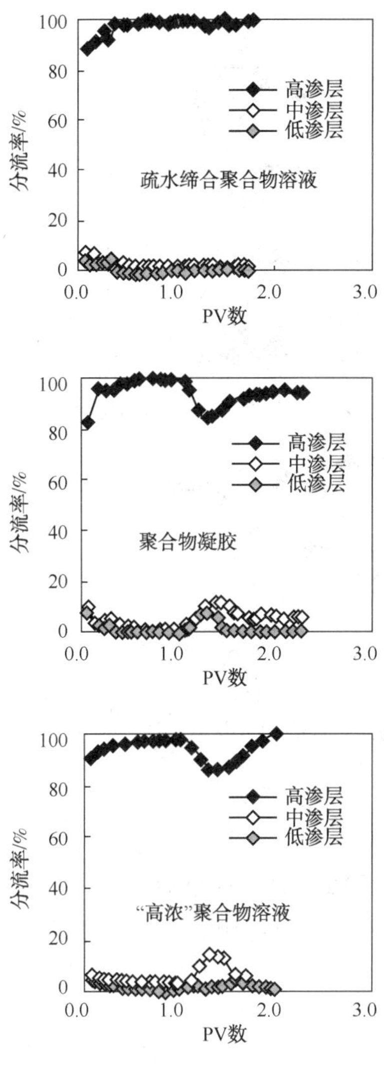

图 3　小层分流率与 PV 数关系

好。与“调剖+凝胶与水交替注入方式”组合相比较，“解堵+调剖+凝胶与水交替注入方式”组合增油降水效果较好。实践表明，聚驱后储层非均质性进一步加剧，必须采取“低渗透层解堵、高渗透层封堵和凝胶与水交替注入”等综合治理措施才能取得较好增油降水效果。

表 3　采收率实验数据

参数 实验方案	措施类型	含油饱和度/%	采收率(%)		
			聚驱后	后续措施后	增幅
2-1	凝胶整体段塞	71.67	45.3	65.1	19.8
2-2	凝胶与水交替注入	70.59	45.9	67.7	21.8
2-3	调剖+凝胶与水交替	71.20	44.6	73.4	28.8
2-4	解堵+调剖+凝胶与水交替	70.00	46.1	76.6	30.5

(2)注入压力、含水率和采收率动态特征

实验过程中岩心注入压力、含水率和采收率与 PV 数关系见图 4。

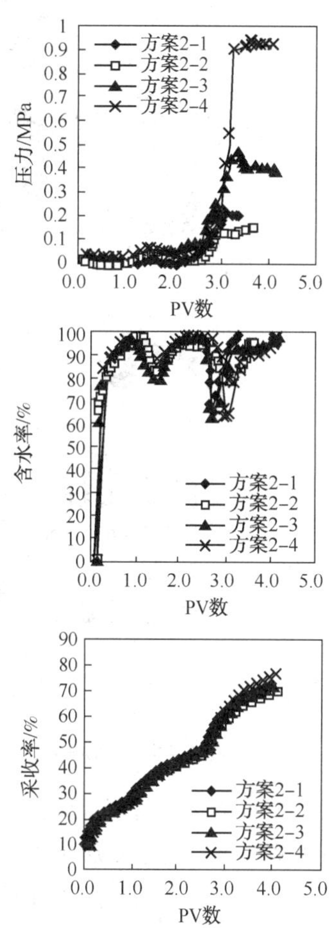

图 4　注入压力与 PV 数关系

从图 4 可以看出，在早期各注入阶段，随水注入 PV 数增加，注入压力下降，含水升高，采收率增加。随调驱剂注入 PV 数增加，注入压力明显升高，含水率降低，采收率明显增加。随后续水注入 PV 数增加，注入压力下降，含水升高，采收率增幅减缓。在聚驱后各个进一步提高采收率措施中，与凝胶整体段塞和凝胶与水交替注入方式相比较，“调剖+凝胶与水交替注入”和“解堵+调剖+凝胶与水交替注入”组合方式注入压力较高，中低渗透层吸液压差增幅较大，波及程度较高，采收率增幅较大。与凝胶整体段塞相比较，尽管凝胶与水交替注入注入压力较低，但由于水减缓了中低渗透层启动压力升高幅度(速度)，进而减缓了“剖面反转”速度，最终采收率增幅较大。

(3)分流率动态特征

实验过程中岩心各个小层分流率与 PV 数关系见图 5。

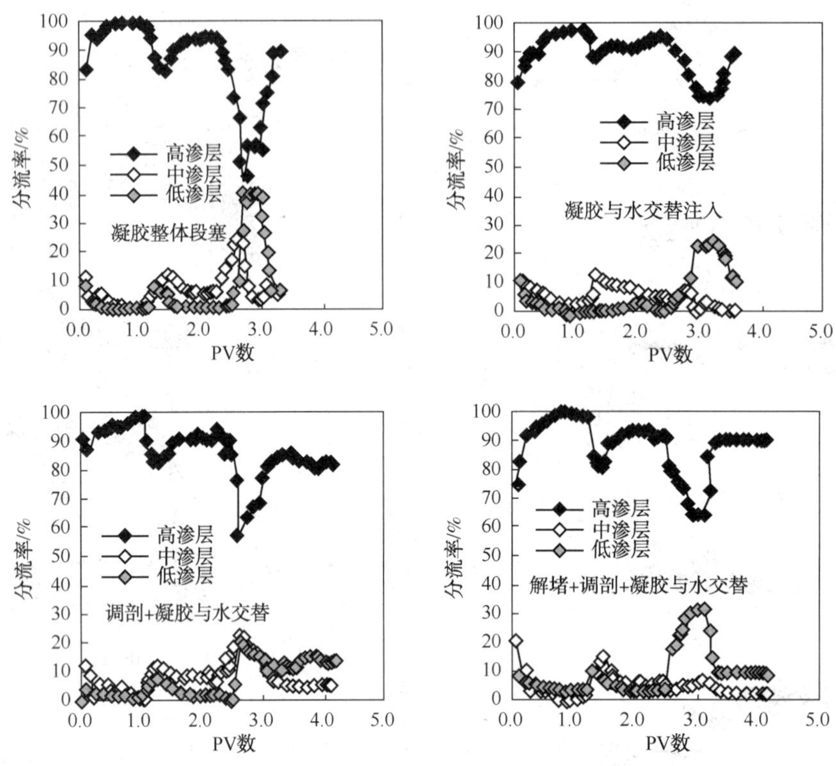

图 5　分流率与 PV 数关系

从图 5 可以看出，聚驱之后进一步提高采收率方法与配套措施对分流率变化规律存在影响。与聚合物凝胶整体段塞注入方式相比较，尽管“聚合物凝胶与水交替注入”组合方式注入压力较低和分流率变化幅度较小，但由于注入水进入中低渗透层发挥了延缓“剖面反转”速度作用，中低渗透层扩大波及体积效果较好，因而最终采收率增幅较大。当采取调剖或解堵措施后，“聚合物凝胶与水交替注入”组合方式的增油降水效果获得进一步提高，这得益于中低渗透层动用程度大幅度提升即“吸液剖面反转”进程大幅度延缓。

4　结论

（1）与“高浓”聚合物溶液和聚合物凝胶相比较，尽管疏水缔合聚合物溶液视黏度和注入压力较高，但由于疏水缔合聚合物溶液中聚合物分子聚集体具有“片-网”网络结构，与岩心孔隙尺寸匹配关系较差，导致中低渗透层波及程度较低，分流率变化幅度较小，增油降水效果较差。

（2）在聚合物凝胶用量相同条件下，与整体段塞相比较，采取“凝胶与水交替注入”方式可以减缓“吸液剖面反转”速度，扩大中低渗透层波及系数。

（3）当调剖或解堵措施与“凝胶与水交替注入”组合方式联合使用时，中低渗透层动用程度大幅度提升即“吸液剖面反转”进程大幅度延缓，采收率增幅较大。

参　考　文　献

[1] 朱怀江，罗健辉，杨静波，等．疏水缔合聚合物驱油能力的三种重要影响因素[J]．石油学报，2005，26(3)：52-55.
ZHU Huaijiang，LUO Jianhui，YANG Jingbo，ect. Three key factors influencing oil-displacement capacity in hydrophobically associating polymer flooding [J]. ACTA PETROLEI SINICA，2005，26(3)：52-55.

[2] 唐孝芬，刘玉章，向问陶，等．渤海 sz36-1 油藏深部调剖剂研究与应用[J]．石油勘探与开发，2005，32(6)：109-112.
TANG Xiaofen，LIU Yuzhang，XIANG Wentao，ect. Study and application of deep profile controlling agent in the SZ36-1 Oilfield，Bohai Bay Basin [J]. PETROLEUM EXPLORATION AND DEVELOPMENT，2005，32(6)：109-112.

[3] 张洪，李彪，王锦林．渤海 JZ9-3 油田二元复合驱效果分析[J]．中国洗涤用品工业，2014，(5)：43-45.

ZHANG Hong, LI Biao, WANG Jinlin. Effect analysis of two element composite flooding in Bohai JZ9 - 3 Oilfield[J]. China washing products industry, 2014, (5): 43-45.

[4] X. G. LU, W. Wang, R. J. Wang. The Performance Characteristics of Cr^{3+} Polymer Gel and Its Application Analysis in Bohai Oilfield. SPE130382

[5] 卢祥国，高振环，闫文华，等．人造岩心渗透率影响因素试验研究[J]. 大庆石油地质与开发，1994，13(4)：53-55.

LU Xiangguo, GAO Zhenhuan, YAN Wenhua, ect. Experimental study on Influencing Factors of permeability of artificial core[J]. Petroleum Geology & Oilfield Development in Daqing, 1994, 13(4): 53-55.

[6] 卢祥国，宋合龙，王景盛，等．石英砂环氧树脂胶结非均质模型制作方法：中国，ZL200510063665.8[P]. 2005-09.

LU Xiangguo, SONG Helong, WANG Jingsheng, ect. Method for making heterogeneous model of quartz sand epoxy resin cementation: China, ZL200510063665.8[P]. 2005-09.

[7] 曹功泽，侯吉瑞，岳湘安，等．改性淀粉-丙烯酰胺接枝共聚调堵剂的动态成胶性能[J]. 油气地质与采收率，2008，15(5)：72-74.

CAO Gongze, HONG Jirui, YUE Xiangan, ect. Dynamic gelling property of modified graft acrylamide copolymer plugging agent as profile control/ water shutoff flooding [J]. Petroleum Geology and Recovery Efficiency, 2008, 15(5): 72-74.

[8] 卢祥国，胡勇，宋吉水，等．Al^{3+}交联聚合物分子结构及其识别方法[J]. 石油学报，2005，23(04)：73-76.

LU Xiangguo, HU Yong, SONG Jishui, ectMolecular construction of Al^{3+} cross-linked polyacrylamidegel and its identification method[J]. ACTA PETROLEI SINICA, 2005, 23(04): 73-76.

[9] 卢祥国，王伟．Al^{3+}交联聚合物分子构型及其影响因素[J]. 物理化学学报，2006，15(05)：631-634.

LU Xiangguo, WANG Wei. The Molecular Configuration and Its Influential Factors of Al^{3+} Cross-linked Polyacrylamide Gel[J]. Acta Phys. -Chim. Sin, 2006, 15(05): 631-634.

[10] 卢祥国，王晓燕，李强，等．高温高矿化度条件下驱油剂中聚合物分子结构形态及其在中低渗油层中的渗流特性[J]. 化学学报，2010(12)：1229-1234.

Lu Xiangguo, Wang Xiaoyan, Li Qiang, ect. The Polymer Molecular Configuration in the Oil Displacement Agent with High Temperature and Salinity and Its Seepage Property in the Medium-Low Permeability Layer [J]. ACTA CHIMICA SINICA, 2010 (12): 1229-1234.

[11] 李美蓉，黄漫，曲彩霞，等．疏水缔合型和非疏水缔合型驱油聚合物的结构与溶液特征[J]. 中国石油大学学报(自然科学版)，2013，37(3)：167-171.

LI Meirong, HUANG Man, QU Caixia, ect. Structure and solution properties for HPAM and AHPAM used in oil displacement polymer [J]. Journal of China University of Petroleum (Natural Science Edition), 2013, 37(3): 167-171.

[12] 赖南君，叶仲斌，周扬帆，等．新型疏水缔合聚合物溶液性质及提高采收率研究[J]. 油气地质与采收率，2005，12(2)：63-65.

LAI Nanjun, YE Zhongbin, ZHOU Yangfan, ect. Study on the properties and EOR of novel hydrophobically associating polymer solutions [J]. Petroleum Geology and Recovery Efficiency, 2005, 12 (2): 63-65.

[13] 王用良，郭拥军，冯茹森，等．环糊精包合作用对疏水缔合聚合物流变调节与应用[J]. 高分子通报，2012，(3)，14-20.

WANG Yongliang, GUO Yongjun, FENG Rusen, ect. Research and Application of the Effect of Inclusion Complexation of Cyclodextrin on Rheology Modulation of Hydrophobically Associative Polymer[J]. Polymer Bulletin, 2012, (3), 14-20.

[14] 舒政，汤思斯，叶仲斌，等．分子间缔合作用对缔合聚合物溶液阻力系数与残余阻力系数的影响[J]. 油气地质与采收率，2011，18(6)，63-66.

SHU Zheng, TANG Sisi, YEZhongbin, ect. Influence of intermolecular association on resistance coefficient and residual resistance coefficient of associating polymer solution [J]. Petroleum Geology and Recovery Efficiency, Petroleum Geology and Recovery Efficiency, 2011, 18(6), 63-66.

改性水二氧化碳交替注入改善开发效果研究

赵国忠[1]　刘　勇[1]　魏建光[2]　张　江[1]　孙文静[1]　吴永鑫[1]

（1. 大庆油田有限责任公司勘探开发研究院；2. 东北石油大学）

摘　要　为了研究改性水二氧化碳交替注入改善二氧化碳驱开发效果的可行性，优选出了 PH 值为 5 时具有超低界面张力的表面活性剂配方体系，通过岩心驱替实验，研究了微观驱油机理，基于实际区块地质模型预测了开发效果。研究显示，改性水二氧化碳交替注入与二氧化碳水交替注入相比有利于大孔隙内原油的采出，预测采收率可提高 3.65 个百分点，改性水二氧化碳交替注入技术具有一定的前景。

关键词　改性水；二氧化碳；交替注入；驱替实验；数值模拟

随着我国经济的快速持续发展，对石油产品的需求量越来越大。在我国各大油田进入开发中后期、能源紧缺的情况下，加快低渗透油气资源的勘探开发具有重要的现实作用和战略意义[1-3]，对低渗透油田的开发受到了高度关注。二氧化碳驱油技术是低渗透油田提高采收率的重要技术，但我国大多数油田地层原油混相压力高，难以实现混相驱，二氧化碳非混相驱提高采收率幅度有限，二氧化碳水交替注入后仍有大量原油滞留地下，如何改善二氧化碳非混相驱驱油效果，提高非混相驱采收率是一个急需解决的问题。本文优选出了酸性条件下（pH = 5）具有超低界面张力的改性水配方体系，采用填砂管开展了改性水二氧化碳交替驱油实验，核磁共振研究了改性水二氧化碳交替驱油机理，以实际区块地质模型为例数值模拟研究了改性水二氧化碳交替驱技术改善低渗透油藏的开发效果。本研究为改性水二氧化碳交替注入驱油技术在油田现场推广和规模化应用提供了理论依据及技术支持。

1　改性水配方体系优化

1.1　单一表面活性剂性能评价优选

筛选了 8 种常用表面活性剂：CY 活性剂、脂肽活性剂、戴维斯活性剂、氟碳型活性剂、羧酸盐活性剂、重烷基苯磺酸盐活性剂、石油磺酸盐活性剂和甜菜碱活性剂[4-11]。运用界面张力仪测定了不同浓度的表面活性剂在酸性条件下（pH = 5）与原油的界面张力及稳定性。实验温度 95℃。依据界面张力值达到 $10^{-3} \sim 10^{-2}$mN/m 为表面活性剂评价指标，优选出 4 种表面活性剂：甜菜碱、戴维斯、重烷基苯磺酸盐和石油磺酸盐。优选出的表面活性剂界面张力随时间变化结果参见图 1～图 4。

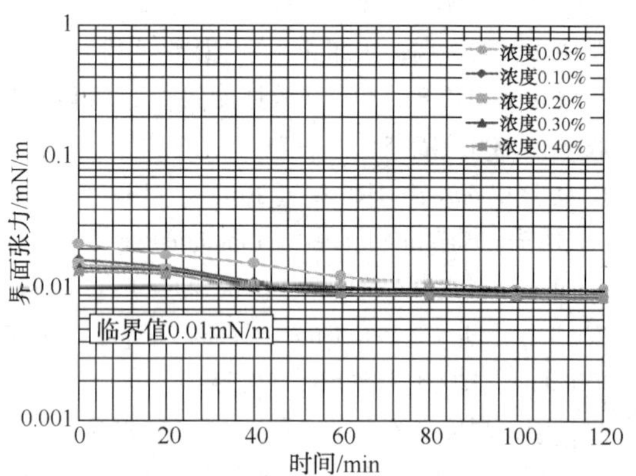

图 1　甜菜碱活性剂界面张力稳定性

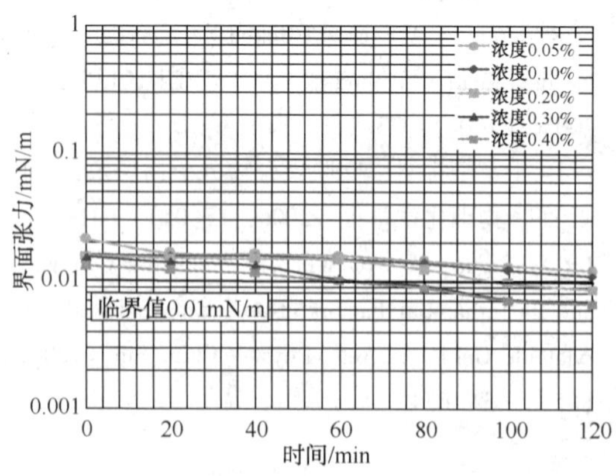

图 2　戴维斯活性剂界面张力稳定性

【作者简介】赵国忠，男，1964 年 8 月，大庆油田勘探开发研究院副总工程师，教授级高级工程师，主要从事油藏数值模拟及气驱提高采收率技术研究。E-mail：zhaoguozh@ petrochina. com. cn

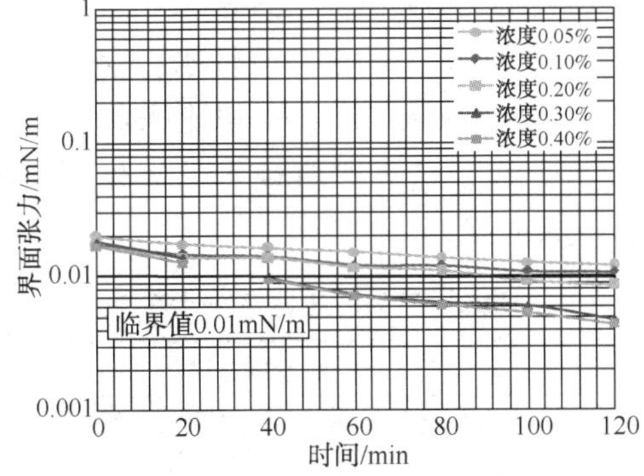

图 3　重烷基苯磺酸盐活性剂界面张力稳定性

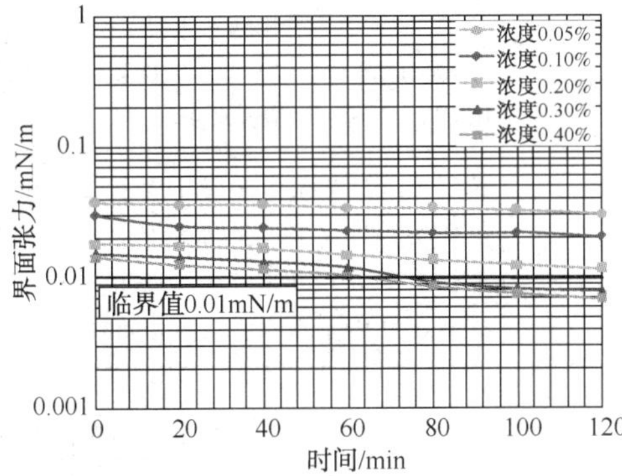

图 4　石油磺酸盐活性剂界面张力稳定性

1.2　复合配方体系设计及性能评价优选

基于优选出的 4 种表面活性剂甜菜碱、戴维斯、重烷基苯磺酸盐和石油磺酸盐按照不同比例两两复配设计了 30 种复合型表面活性剂，具体复配信息如表 1 所示。

表 1　复合型表面活性剂配方设计表

序号	配方	序号	配方
1	甜菜碱 30%+戴维斯 70%	16	戴维斯 30%+重烷基苯磺酸盐 70%
2	甜菜碱 40%+戴维斯 60%	17	戴维斯 40%+重烷基苯磺酸盐 60%
3	甜菜碱 50%+戴维斯 50%	18	戴维斯 50%+重烷基苯磺酸盐 50%
4	甜菜碱 60%+戴维斯 40%	19	戴维斯 60%+重烷基苯磺酸盐 40%
5	甜菜碱 70%+戴维斯 30%	20	戴维斯 70%+重烷基苯磺酸盐 30%
6	甜菜碱 30%+重烷基苯磺酸盐 70%	21	戴维斯 30%+石油磺酸盐 70%
7	甜菜碱 40%+重烷基苯磺酸盐 60%	22	戴维斯 40%+石油磺酸盐 60%
8	甜菜碱 50%+重烷基苯磺酸盐 50%	23	戴维斯 50%+石油磺酸盐 50%

续表

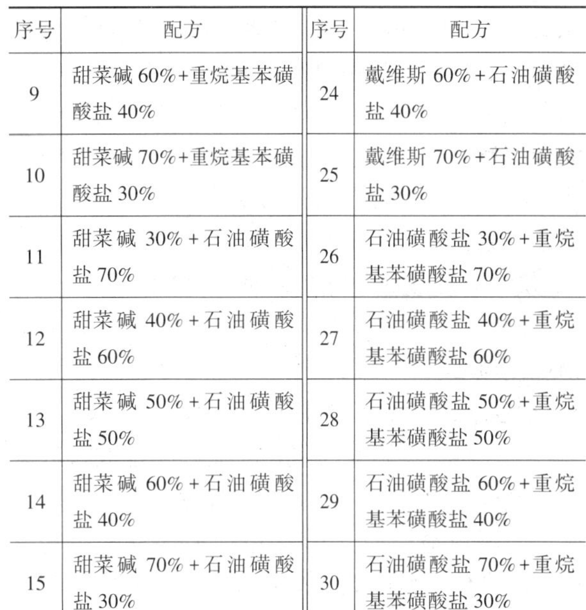

序号	配方	序号	配方
9	甜菜碱 60%+重烷基苯磺酸盐 40%	24	戴维斯 60%+石油磺酸盐 40%
10	甜菜碱 70%+重烷基苯磺酸盐 30%	25	戴维斯 70%+石油磺酸盐 30%
11	甜菜碱 30%+石油磺酸盐 70%	26	石油磺酸盐 30%+重烷基苯磺酸盐 70%
12	甜菜碱 40%+石油磺酸盐 60%	27	石油磺酸盐 40%+重烷基苯磺酸盐 60%
13	甜菜碱 50%+石油磺酸盐 50%	28	石油磺酸盐 50%+重烷基苯磺酸盐 50%
14	甜菜碱 60%+石油磺酸盐 40%	29	石油磺酸盐 60%+重烷基苯磺酸盐 40%
15	甜菜碱 70%+石油磺酸盐 30%	30	石油磺酸盐 70%+重烷基苯磺酸盐 30%

按照表 1 的配方设计，分别测定了质量浓度为 0.1%和 0.3%的复配体系表面活性剂界面张力。结果显示，在酸性条件下甜菜碱 30%+重烷基苯磺酸盐 70%复配体系界面张力性能较优。图 5 和图 6 分别给出了 0.1%和 0.3%质量浓度复配体系的界面张力测试结果。

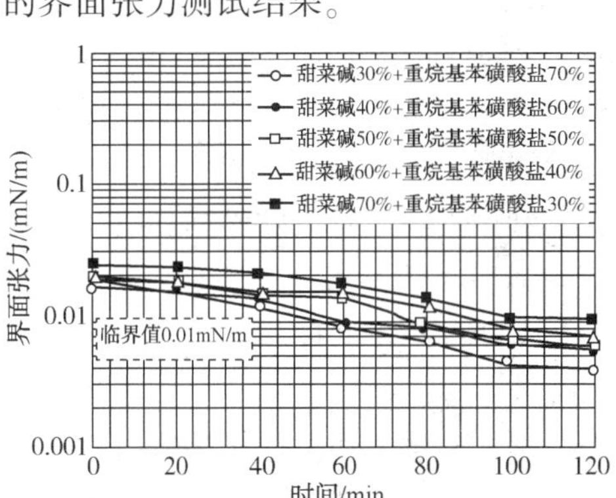

图 5　质量浓度 0.1%甜菜碱+重烷基苯磺酸盐复配活性剂界面张力

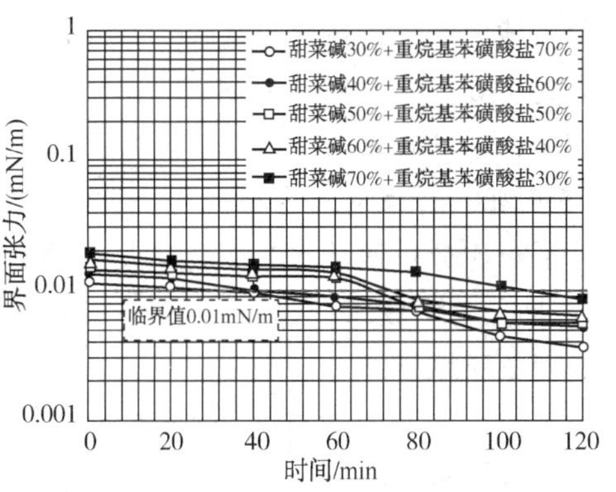

图 6　质量浓度 0.3%甜菜碱+重烷基苯磺酸盐复配活性剂界面张力

由图 5 和图 6 可知，甜菜碱+重烷基苯磺酸盐复配体系的界面张力随着时间的增加逐渐降低最终趋于平缓，并维持在 10^{-3} 至 10^{-2} mN/m 数量级左右。在同一浓度条件下，复配体系内随着甜菜碱含量的减少及重烷基苯磺酸盐含量的增加，复合型表面活性剂界面张力值降低。综合考虑配方体系原材料成本，优选配方体系为甜菜碱 30%+重烷基苯磺酸盐 70%的表面活性剂组合作为改性水配方，进一步开展改性水二氧化碳交替驱油物理模拟实验。

2　改性水二氧化碳交替驱油物理模拟实验

为了评价改性水二氧化碳交替驱油改善低渗透油藏开发效果，复配了大庆外围油田某二氧化碳试验区块地层原油，采用 PVT 仪测定了复配原油的高压物性参数，按照区块离子浓度配制了地层水备用。设计了不同驱替方案下的 1 米填砂管驱油实验，对比了不同驱替方案的采收率差异，明确了改性水二氧化碳交替注入改善开发效果。

2.1　实验步骤

（1）将不同目数砂子按一定比例混合后，装入填砂管，并压实，两端装入防砂网，拧紧端帽；

（2）测定填砂管的气相渗透率，保证渗透率达到实验要求；

（3）利用真空泵对填砂管抽真空，饱和地层水，记录饱和水量；

（4）用地层水驱替填砂管，测定水相渗透率。

（5）饱和地层原油，在区块地层温度压力条件下利用复配原油驱替水相至不再出水，保持在原始地层压力和温度，放置 24h，使原油老化；

（6）在区块地层温度条件下，按照不同驱油方案采用地层压力恒压进行驱替，调节回压，使流速恒定为 0.1mL/min；

（7）记录油气水产量数据。

2.2　不同驱油方案对比分析

为了对比分析改性水二氧化碳交替驱油改善低渗透油藏开发效果，设计了 5 种不同驱油方案，如表 2 所示。

图 7 代表不同驱替方案下采收率随注入 PV 数变化关系。从图 7 可知，水驱最终采收率为 38.32%，改性水驱最终采收率为 43.73%，二氧化碳驱最终采收率为 46.52%，水二氧化碳交替驱最终采收率为 49.02%，改性水二氧化碳交替驱最终采收率为 53.64%。改性水二氧化碳交替驱油与水二氧化碳交替注入相比采收率提高了 4.62 个百分点，这表明改性水二氧化碳交替注入可以改善开发效果。

表 2　不同驱油方案统计表

名称	实验过程
水驱	水驱至含水 98%
改性水驱	改性水驱 0.6PV+后续水驱至含水 98%
二氧化碳驱	二氧化碳驱 0.6PV+后续水驱至含水 98%
水二氧化碳交替驱	水驱 0.1PV+二氧化碳驱 0.1PV+水驱 0.1PV+二氧化碳驱 0.1PV+水驱 0.1PV+二氧化碳驱 0.1PV+后续水驱至含水 98%
改性水二氧化碳交替驱	浓度 0.3%改性水驱 0.1PV+二氧化碳驱 0.1PV+浓度 0.3%改性水驱 0.1PV+二氧化碳驱 0.1PV+浓度 0.3%改性水驱 0.1PV+二氧化碳驱 0.1PV+后续水驱至含水 98%

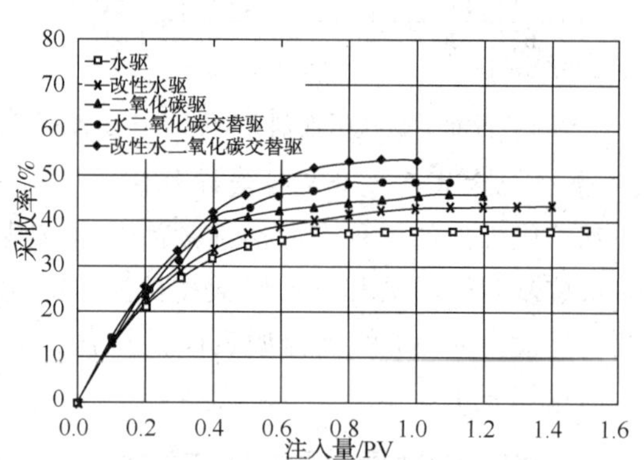

图 7　不同驱替方案采收率对比图

3　改性水二氧化碳交替驱油机理核磁共振研究

为了进一步探究改性水二氧化碳交替微观驱油机理，开展了贝雷岩心不同驱替方案（改性水驱、二氧化碳驱、改性水二氧化碳交替驱）驱替后核磁共振测试，结果如图 8 和图 9 所示。

分析图 8 和图 9 可知，二氧化碳能够较大程度提高微小孔隙动用比例，改性水有利于提高大孔隙微观驱油效率，改性水二氧化碳交替注入能够同时提高微小孔隙和大孔隙和动用比例，从而改善驱油效果。

4　改性水二氧化碳交替驱油数值模拟

基于该试验区块精细地质模型开展了数值模拟研究，预测了水二氧化碳交替驱油开发效果和改性水二氧化碳交替驱油开发效果。

首先对目前全区的累计产油量、累计产液量、累计产水量、日产油量、日产水量、日产液

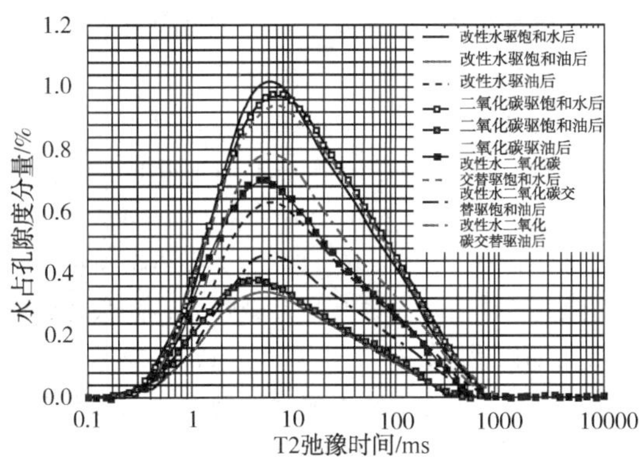

图 8 改性水驱，二氧化碳驱，改性水二氧化碳交替驱核磁共振测试结果

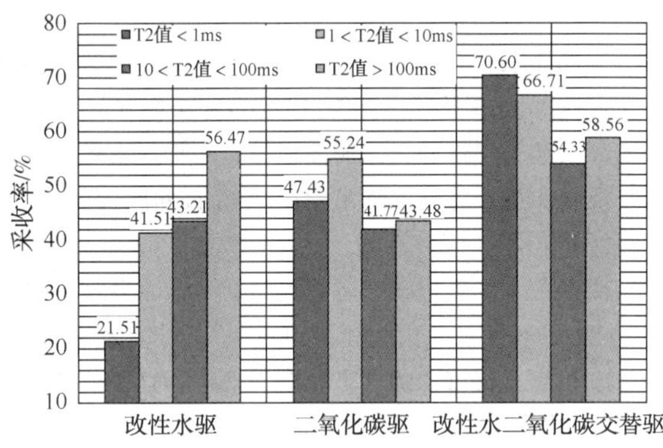

图 9 改性水驱、二氧化碳驱、改性水二氧化碳交替驱采收率对比图

量、压力、含水率等指标进行了历史拟合。拟合结果如图 10 和图 11 所示。

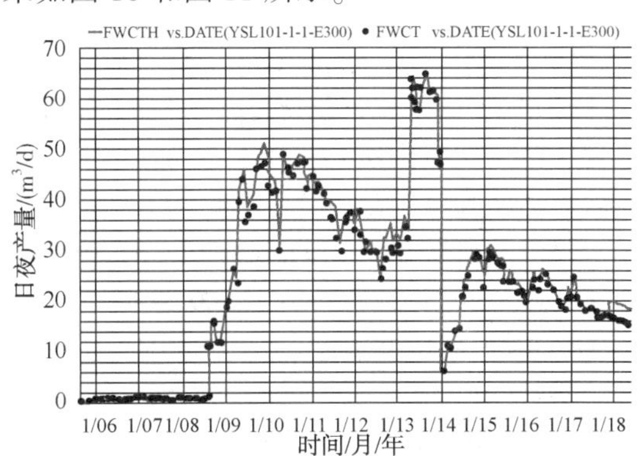

图 10 试验区日产液量拟合曲线

基于试验区地质模型和历史拟合结果，开展了水二氧化碳交替驱和改性水二氧化碳交替注入改善开发效果数值模拟计算。选取了 ECLIPSE 的 E300 模型作为模拟器。如表 3 所示，选用 WCONINJH 关键字描述油气混相状态，界面张力通过内置公式自动计算，也可以手工形成输入，通过界面张力计算油气相渗、临界饱和度及毛管压力等参数。混相相渗曲线通过 MISCNUM 分区制定，从而精确模拟混相流动。选用 WCONINJH +WELLSTRW 关键字定义水相和表面活性剂[21-22]。

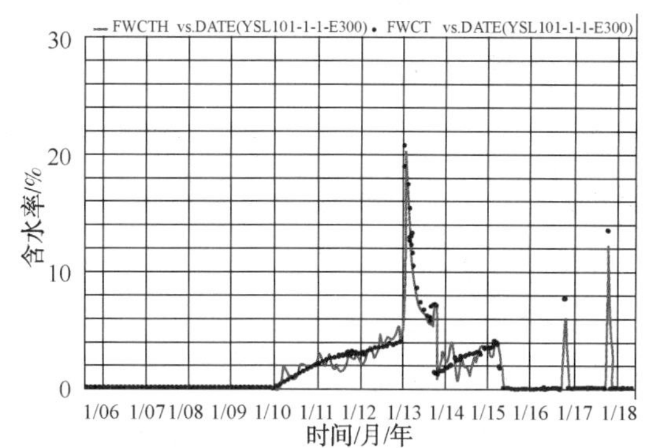

图 11 试验区含水率拟合曲线

表 3 数值模拟软件关键字及机理统计表

软件	模型	注入介质	索引关键字	机理
ECLIPSE	组分模型（E300）	二氧化碳	WCONINJH	ECLIPSE 组分模型通过油气界面张力描述油气混相状态，界面张力通过内置公式自动计算，也可以手工输入形成，通过界面张力计算油气相渗、临界饱和度及毛管压力等参数，混相相渗曲线通过 MISCNUM 分区制定，从而精确模拟混相流动
		改性水+二氧化碳	WCONINJH + WELLSTRW	ECLIPSE 组分模拟自带表活剂驱模型，首先通过关键字 COMPW 定义水相，同时模拟过程中加入考虑表活剂吸附的系列反应，包括 STOREAC、STOPROD 等关键字，并用 SURFNUM 关键字分区，在 SCH 文件中用关键字 SURF 给出表活剂浓度，同时在相应时间点加入二氧化碳的用量，即可实现交替注入

为了对比水二氧化碳交替注入与改性水二氧化碳交替注入改善开发效果，自 2007 年 11 月开始模拟水二氧化碳交替注入 0.6PV 至 2023 年 12 月，总的注入时间为 16 年左右。然后模拟自 2007 年 11 月改性水二氧化碳交替注入 0.6PV 至 2023 年 12 月，并统计两者的累计产油及最终采出程度。图 12 为两种不同驱替方式采出程度对比曲线。

实际区块数值模拟结果表明：截止 2023 年 12 月水二氧化碳交替驱累计产油为 18.3 万吨，改性水二氧化碳交替驱累计产油为 22.9 万吨，改性水二氧化碳交替驱比水二氧化碳交替驱增油

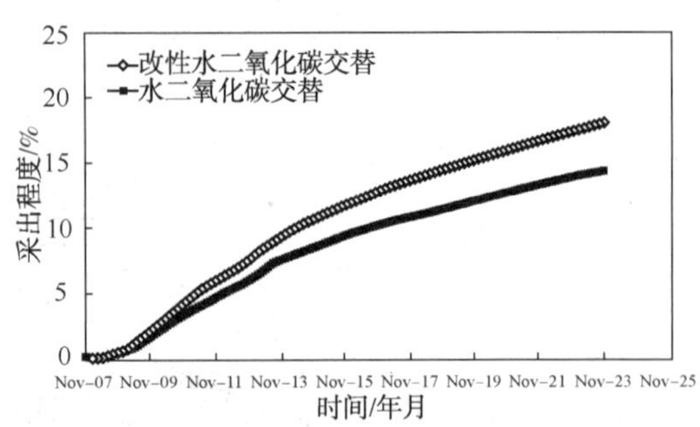

图 12　不同驱替方式采出程度对比曲线图

4.6 万吨。水二氧化碳交替驱采出程度为 14.52%，改性水二氧化碳交替驱采出程度为 18.17%，改性水二氧化碳交替驱比水二氧化碳交替驱采出程度提高 3.65 个百分点。

5　结论与建议

（1）优选出了酸性条件下（pH=5）改性水与地层原油界面张力能够达到超低界面张力的表面活性剂甜菜碱，戴维斯，重烷基苯磺酸盐和石油磺酸盐。设计并优选出了适合二氧化碳改性水交替驱油技术的改性水配方体系甜菜碱 30%+重烷基苯磺酸盐 70%。

（2）物理模拟实验表明，改性水二氧化碳交替驱油与水二氧化碳交替注入相比采收率提高了 4.62 个百分点，可以改善开发效果。

（3）二氧化碳能够较大程度提高微小孔隙动用比例，改性水有利于提高大孔隙微观驱油效率，改性水二氧化碳交替注入能够同时提高微小孔隙和大孔隙和动用比例，改善驱油效果。

（4）数值模拟结果显示，改性水二氧化碳交替驱比水二氧化碳交替驱采出程度提高 3.65 个百分点。改性水二氧化碳交替注入技术具有一定的前景。

参考文献

[1] 袁旭军，叶晓端，鲍为．低渗透油田开发的难点和主要对策[J]．钻采工艺，2006，29(4)：31-32.

[2] 王建波，高云丛，宗畅，等．特低渗油藏 CO_2 非混相驱水气交替注入见效特征[J]．大庆石油地质与开发，2016，35(2)：116-120.

[3] 窦宏恩，杨旸．低渗透油藏流体渗流再认识[J]．石油勘探与开发．2012，39(5)：633-64.

[4] 李绍宏．LG—961 系列改性水处理药剂配方的研究[J]．石油化工腐蚀与防护，1999(2)：38-41.

[5] 蘑海龙．聚合物-表面活性剂复合驱注采调控技术研究[J]．特种油气藏，2017，24(3)：123-128.

[6] 杨振宇，周浩，姜江，等．大庆油田复合驱用表面活性剂的性能及发展方向[J]．精细化工，2005，22(s1)：22-23.

[7] Hongdu Huang，W. H. Donnellan III，J. H. Jones. Ultralow oil-water IFTs using neutralized oxidized hydrocarbons as surfactants. Journal of the American Oil Chemists' Society. June 1990，Volume 67，Issue 6，pp 406-414.

[8] 祝仰文．驱油聚合物对甜菜碱降低界面张力的影响[J]．油田化学，2017，34(1)：155-158.

[9] 李永飞，高鹏．氟碳表面活性剂的合成及性能测定[J]．精细石油化工进展，2017(6)：17-18.

[10] 王桂芳．羧酸盐型双子表面活性剂的合成及其驱油性能研究[D]．吉林：吉林大学，1998.

[11] 黄宏度，何涛，吴一慧，等．复配表面活性剂/碱驱油体系中石油羧酸盐与重烷基苯磺酸盐的吸附研究[J]．油田化学，2004，21(4)：361-363.

[12] 高云丛，赵密福，王建波，等．特低渗油藏 CO_2 非混相驱生产特征与气窜规律[J]．石油勘探与开发，2014，41(1)：79-85.

[13] 沈平平．二氧化碳地质埋存与提高石油采收率技术[M]．石油工业出版社，2009.

[14] 秦积舜，张可，陈兴隆．高含水后 CO_2 驱油机理的探讨[J]．石油学报．2010，31 (5)：797-800.

[15] 王高峰，郑雄杰，张玉，等．适合二氧化碳驱的低渗透油藏筛选方法[J]．石油勘探与开发．2015，42 (3)：358-363.

[16] 李景梅．注 CO_2 开发油藏气窜特征及影响因素研究[J]．石油天然气学报，2012，34(3)：153-156.

[17] 李保振，李相方，Kamy Sepehrnoori，等．低渗油藏 CO_2 驱中注采方式优化设计[J]．西南石油大学学报(自然科学版)．2010，32(2)：101-107.

[18] 严巡，王长权，张公社．二氧化碳气水交替驱注入参数优化研究[J]．中国锰业，2017(5)：97-99.

[19] Longyu Han，Yongan Gu. Miscible CO_2 Water-Alternating-Gas (CO_2-WAG) Injection in a Tight Oil Formation. SPE Annual Technical Conference and Exhibition，28-30 September，Houston，Texas，USA. SPE-175108.

[20] 范虎．特高含水油藏 CO_2 气水交替驱注入参数优化方法[J]．石油地质与工程，2015，29(3)：135-138.

[21] D. Domitrovic，S. Sunjerga，J. Jelic - Balta. Numerical Simulation of Tertiary CO_2 Injection at Ivanic Oil Field，Croatia. SPE/DOE Symposium on Improved Oil Recovery，17-21 April，Tulsa，Oklahoma，2004. SPE-89361.

[22] Sumeer Kalra，Wei Tian，Xingru Wu A numerical simulation study of CO_2 injection for enhancing hydrocarbon recovery and sequestration in liquid - rich shales. Petroleum Science，February 2018，Volume 15，Issue 1，pp 103-115.

低渗透油藏二元复合驱渗流规律研究

于洪敏　王友启　许关利　刘　平　聂　俊　张　莉

（中国石化石油勘探开发研究院）

摘　要　为了描述低渗透油藏化学复合驱过程中启动压力梯度及非线性渗流规律，开展了二元复合驱渗流曲线特征实验，量化表征了其渗流曲线及启动压力梯度特征，获得了多元回归量化关系，建立了低渗透油藏二元复合驱的渗流方程，并应用到数值模拟中。研究表明，随着储层渗透率降低、体系黏度增大或界面张力升高，二元复合驱的渗流阻力增加、渗流曲线都右移，且渗流规律用非线性表征模型吻合较好；非线性渗流占据了储层渗流主导地位，更符合复合体系的渗流特性。

关键词　低渗透；二元；渗流曲线；启动压力梯度；非线性渗流；实验；表征；数值模拟

低渗透储层的孔隙变尺度和微尺度效应使得其中流体流动更加复杂化，主要表现为非线性渗流特征和存在启动压力梯度，而实施二元复合驱后启动压力梯度影响更为突出[1-2]。目前国内低渗透非达西渗流启动压力梯度的测定方法分为稳态方法和非稳态测定两种方法[3]。而水驱启动压力梯度的测定方法已相对成熟，常规的方法主要包括压差-流量和毛细管平衡法[4]，但对于低渗透油藏二元复合驱启动压力梯度的测试很少见文献报道。本文借鉴水驱启动压力梯度测定与表征方法[5]，利用"压差-流量法"与"毛细管平衡法"相结合，在残余油饱和度下开展了不同渗透率、不同二元体系下的低渗透储层二元复合驱渗流实验，并建立非线性渗流综合模型，量化描述低渗透油藏二元复合驱的渗流规律。

1　低渗透岩心二元复合驱渗流实验

1.1　实验流程与步骤

为了研究不同储层条件下二元复合驱的非达西渗流规律，选取贝雷岩心作为研究对象，按照空气渗透率大小将其分成了3个级别，即30～40 mD、40～50 mD、50～100 mD三个级别（表1）。

表1　低渗透岩心二元复合驱渗流实验岩心基本参数

编号	长度/cm	直径/cm	孔隙度/%	渗透率/mD
1	9.98	2.52	16.51	32.0
2	9.99	2.53	17.11	49.2
3	10.02	2.53	18.20	98.5

同时复配5种二元复合体系，配制黏度为1.6、2.9和5.0 mPa·s，界面张力为3.8×10^{-1}、5.7×10^{-2}、1.4×10^{-3} mN/m，对每块岩心进行了渗流曲线的测定，由此确定对应的启动压力梯度。实验净围压2 MPa，实验模拟矿场条件，模拟油黏度为2.2 mPa·s，模拟地层水矿化度为10000 mg/L。建立低渗透岩心二元复合驱渗流实验流程（图1），开展了低渗透油藏水驱和二元复合驱启动压力梯度的实验研究。

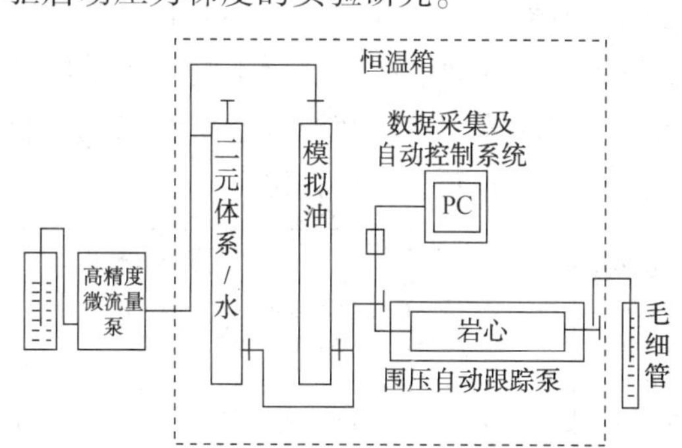

图1　低渗透岩心二元复合驱渗流实验流程图

本文采用"压差-流量法"和"毛细管平衡法"相结合的实验方法[4]，能够准确完整地测定二元复合驱整个非线性渗流段。"压差-流量法"是在岩心两端建立一定压差，待整个系统稳定后测定该压差下的流量，依次测定不同压力下的渗流速度，绘制渗流速度-压力梯度实验曲线，即渗流曲线（图2中实线def段）。"毛细管平衡法"可直接测定出流体的最小（真实）启动压力梯度G_{min}

【作者简介】于洪敏（1981-），男，2009年毕业于中国石油大学（华东）油气田开发工程专业，获得博士学位，现就职于中国石化石油勘探开发研究院，高级工程师，主要从事油藏工程和提高采收率方面的研究。E-mail：yhm0825@hotmail.com

(图 2 中非达西渗流段的 a 点)。由此，可以获得完整的渗流曲线 adf 段。

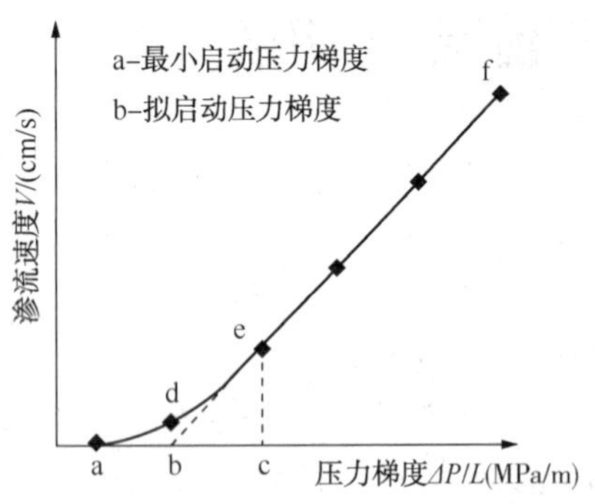

图 2　低渗透油藏非达西渗流特征

实验具体步骤如下：①将岩心烘干，气测岩心渗透率，抽真空，饱和模拟水；②饱和模拟油并老化 24h 以上，水驱至不出油为止，认为此时达到残余油状态；③注入水或二元复合体系，利用毛细管平衡法测定最小启动压力梯度；④利用压差-流量法测量不同稳定注入速度下对应的岩心驱替压差，绘制渗流速度与压力梯度间的渗流曲线；⑤更换不同渗透率岩心或注入其它二元复合体系，重复以上步骤。

1.2　渗流实验结果

从体系黏度、界面张力和储层渗透率影响三个方面，考察了渗透率为 32~100 mD 二元复合驱的渗流曲线规律。相同储层不同体系黏度和界面张力、相同体系不同储层渗透率的二元复合驱渗流曲线特征如图 3，图 4 所示。

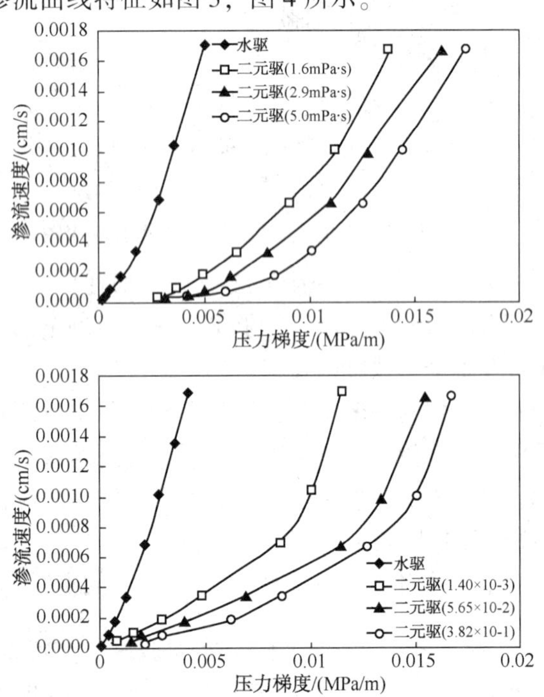

图 3　不同体系特性对二元复合驱渗流曲线的影响

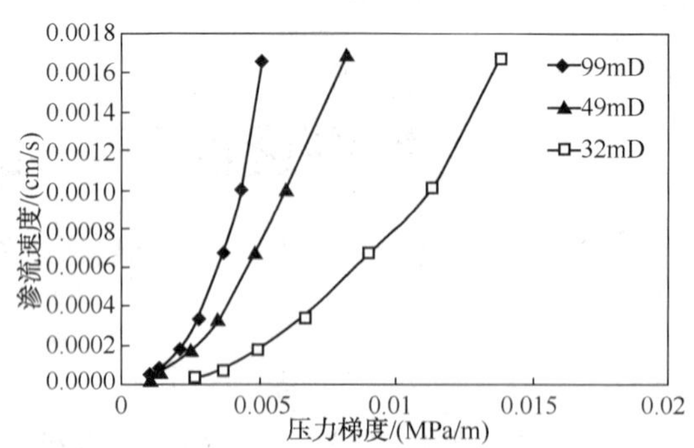

图 4　不同储层二元复合驱渗流曲线

(5.7×10^{-2}mN/m+1.6mPa·s)

研究表明，低渗透储层二元复合驱具有类似的渗流特征：①不同储层二元复合驱渗流曲线并非直线，说明其渗流为非达西渗流，且相同渗流速度下，二元复合驱的压力梯度要大于水驱，且即使储层渗透率达到 100mD，相对于水驱而言，二元复合体系也仍存在较大的启动压力梯度。②渗流曲线随储层渗透率、流体性质变化而变化。即岩心渗透率越低、二元复合黏度越高或界面张力越大，渗流曲线越偏向横坐标，则相同渗流速度下二元复合驱的压力梯度变大；反之，渗流曲线越偏向纵坐标。说明渗透率越低、二元复合体系黏度越高或界面张力越大，渗流速度越低、驱替压力梯度越大，这与低渗岩心水驱渗流规律一致。③岩心渗透率越低、二元复合体系黏度越高或界面张力越大，渗流曲线非线性段延伸越长，曲线曲率越大。④对水驱而言，储层渗透率降低，相同渗流速度下压力梯度变大，这与其他学者的研究结果一致[6]。

2　二元复合驱启动压力梯度表征

为了将实验获得的二元复合驱渗流规律引入到数值模拟中，基于低渗透油藏储层特征和渗流规律认识[3]，修正达西方程中的压力梯度项，提出了低渗透油藏化学驱的非线性渗流综合模型，用于量化处理水驱和化学驱的渗流曲线，反映低渗透油藏中渗流的启动压力梯度问题。即：

$$v=\frac{K}{\mu}\frac{\Delta P}{L}\cdot N \tag{1}$$

式中　N——修正系数，表征为非线性和拟启动压力梯度形式；

$\Delta P/L$——压力梯度。

研究表明，不论采用拟启动压力梯度表征方法线性拟合渗流曲线，还是采用非线性表征方法非线性拟合渗流曲线，它们的吻合程度都较好

(相关系数 0.90~1.0)，可用于二元复合驱渗流曲线特征表征中。

2.1　二元复合驱拟启动压力梯度表征

通过线性拟合，获得了不同条件下水驱和二元复合驱的拟启动压力梯度，在此基础上，分析了体系黏度、界面张力、储层渗透率与拟启动压力梯度的关系。如图 6 所示。

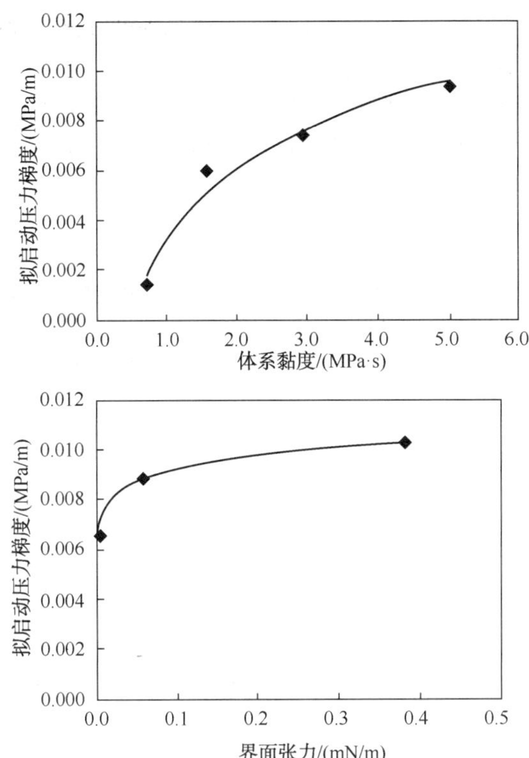

图 5　不同体系二元复合驱渗流曲线表征

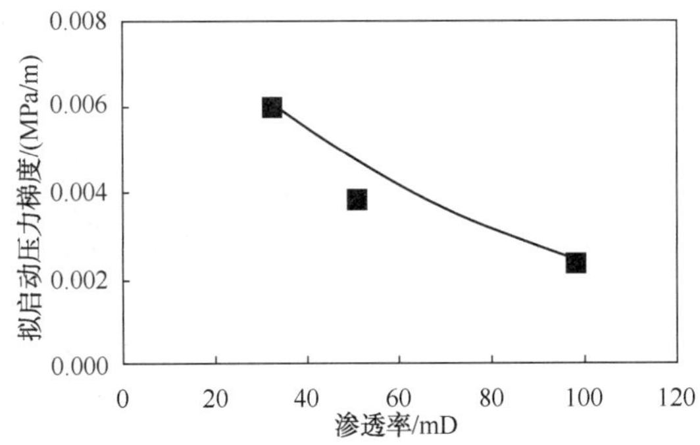

图 6　不同储层二元复合驱渗流曲线表征

(5.7×10^{-2}mN/m+1.6mPa·s)

研究表明，随着体系黏度增大、界面张力升高或储层渗透率降低，二元复合驱的拟启动压力梯度都增大，与实验认识一致。据此回归建立基于拟启动压力梯度表征的二元复合驱渗流方程：

$$v=\frac{k}{\mu}\frac{\Delta P}{L}\left(1-\frac{G_{sp}(K_a,\ \mu_{SP},\ \sigma_{ow})}{\Delta P/L}\right) \tag{2}$$

式中，系数由实验结果线性拟合获得。

2.2　二元复合驱非线性方法表征

通过非线性拟合，获得了不同条件下水驱和二元复合驱的非线性渗流系数，在此基础上，分析了体系黏度、界面张力、储层渗透率及流度与非线性渗流系数的关系。表征结果类似，在此不再赘述。

研究表明，随着体系黏度降低、界面张力升高或储层渗透率降低，二元复合驱的非线性渗流系数都增大，即启动压力梯度增大。据此回归建立基于非线性表征的二元复合驱渗流方程：

$$v=\frac{k}{\mu}\frac{\Delta P}{L}\left[1-\frac{\alpha(K_a,\ \mu_{SP},\ \sigma_{ow})}{\Delta P\ /\ L-\beta(K_a,\ \mu_{SP},\ \sigma_{ow})}\right] \tag{3}$$

3　注采井间压力分布特征分析

基于室内实验认识和渗流规律表征，进行了达西模型、拟启动压力梯度模型和非线性模型对比模拟研究，分析了注采井间的压力分布特征，如图所示。

结果表明，考虑启动压力梯度时，注入压力更高、注采压差更大；拟启动压力模型压力变化最大；非线性模型基于达西模型和拟启动压力梯度模型之间，非线性渗流占据了地层渗流的主导地位，更符合低渗储层复合体系的渗流特性。

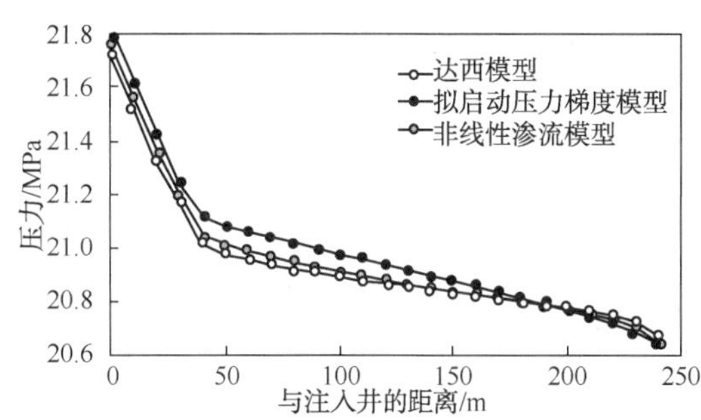

图 7　不同模型注采井间压力分布特征模拟结果对比

4　结论

(1)低渗透油藏二元复合驱启动压力梯度明显存在，结合压差-流量法和毛细管平衡法，开展了低渗透油藏二元复合驱的启动压力梯度和渗流规律研究。

(2)实验研究表明，在相同渗流速度下，随着储层渗透率降低、体系黏度增大或界面张力升高，二元复合驱的渗流阻力增加、压力梯度增大，渗流曲线都右移。

(3)量化表征表明，二元体系渗流规律用非线性表征模型吻合较好，且随着储层渗透率降低、体系黏度增大或界面张力升高，二元复合驱的启动压力梯度都增大。

(4)模拟研究表明，采用非线性模型时，模拟的注采井间压力变化特征介于传统达西模型与拟启动压力梯度模型结果之间，非线性渗流占据了地层渗流的主导地位，更符合低渗储层复合体系的渗流特性。

参 考 文 献

[1] 邓玉珍，刘慧卿．低渗透岩心中油水两相渗流启动压力梯度试验[J]．石油钻采工艺，2006，28(3)：37-40.

[2] 丛苏男，杨烨，高岩，等．大港油田聚_ 表二元复合驱渗流机理研究[J]．科学技术与工程，2013，34(13)：10292-10294.

[3] 孙焕泉，杨勇．低渗透砂岩油藏开发技术：以胜利油田为例[M]．北京：石油工业出版社，2008：20-26.

[4] 吕成远，王 建，孙志刚．低渗透砂岩油藏渗流启动压力梯度实验研究．石油勘探与开发，2002，29(2)：86-89.

[5] 姜瑞忠，杨仁锋．低渗透油藏非线性渗流理论与数值模拟技术[M]．北京：石油工业出版社，2010：26-42.

[6] 彭春洋，欧阳云丽，柯文丽，等．低渗透油藏渗流启动压力梯度研究[J]．油气地球物理，2012，10(1)：64-66.

低张力微乳体系提高采收率技术研究

施 文 马香丽

(中国石化中原油田分公司)

摘 要 针对中原油田文25东非均质以及高温高盐的油藏特点和开发中存在的难题，制备出一种低张力微乳体系，耐温95℃、抗盐18×10^4mg/L、抗$Ca^{2++}Mg^{2+}$ 5000mg/L；与文25混合原油油水界面张力达到10^{-3}mN/m级别，具有封堵、突破、深入、再封堵的逐级调剖的特性。该技术可解决常规化学驱如单注表面活性剂不具备流度控制的不足，单注聚合物微球不具备降低油水界面张力能力的不足等问题，实现“既调又驱”的双重效果。室内模拟实验表明，采收率可提高14%~16%。矿场实验表明，该体系能够大幅度提高文25油藏原油采收率，可进一步在同类油藏进行推广应用。

关键词 流度控制；低张力；高温高盐

1 前言

中原油田文25东块地理位置位于河南省濮阳县文留镇境内，区域构造位于东濮凹陷中央隆起带文留构造北部，处于文东大断层的下降盘，含油面积2.6km^2，地质储量748×10^4t，可采储量342.41×10^4t，标定采收率45.76%，文25东构造主块水淹严重，层内矛盾加剧，水驱效果差；采出程度高，剩余油分布零散，剩余潜力主要在一类层中的层内剩余油。一类层剩余可采储量23×10^4t，二类层剩余可采储量1.14×10^4t，三类层剩余可采储量0.27×10^4t。一类层仍有较大剩余油潜力，但由于水淹严重，非均质性强常规水驱很难驱替出剩余油，由于地层温度高，地层水矿化度和钙、镁离子高，限制了聚合物驱等三次采油方式的开展，急需新的有效途径来提高驱油效率。

2 低张力微乳体系及基本性能评价

2.1 低张力微乳体系技术

以文25东块为代表的中原油田多数油藏已进入高含水开发后期，继续采用常规水驱提高采收率难度较大。由于地层温度高，地层水矿化度和钙、镁离子高，限制了聚合物驱等三次采油方式的开展。国内外研究表明表面活性剂驱增油效果显著，现场和物理模拟实验研究表明，水驱后实施表面活性剂注入存在窜流问题，导致表面活性剂沿水驱形成的优势通道窜流，注入的表面活性剂形成无效循环，波及体积大大降低，最终将降低表面活性剂驱提高采收率幅度。

针对单注表面活性剂存在窜流的问题，各油田现场应用中也都根据各自油田特点开展各种表面活性剂复合驱试验来达到控制流度和提高采收率的目的。因此，如何进行流度控制也是中原油田开展表面活性剂驱需要解决的关键技术问题，项目组通过技术攻关，合成了一种低张力反相微乳驱油体系，该体系能同时兼备：①流度控制(调堵)和②降低油水界面张力的两种性能，可以弥补单注表面活性剂不具备流度控制的不足，单注聚合物微球不具备降低油水界面张力能力的不足，实现“既调又驱”的双重效果。

2.2 性能评价

(1)粒径分布(图1，表1)

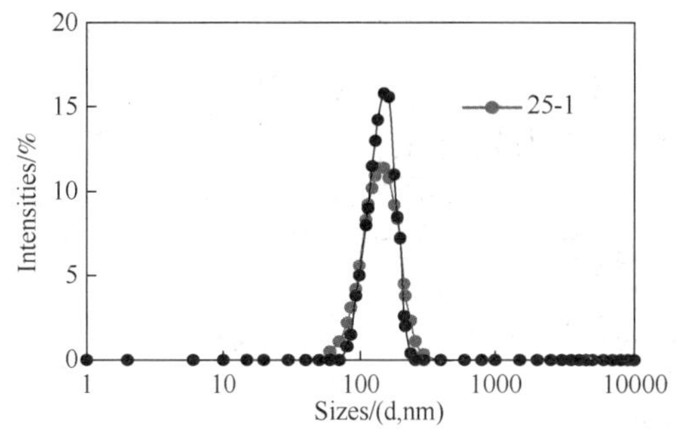

图1 低张力反相微乳液粒径分布

【作者简介】施文，男，1984年09月出生，2008年毕业于长江大学，本科学位，现于中原油田石油工程技术研究院工作，工程师，主要从事提高采收率技术研究。E-mail：359808709@qq.com

表 1　膨胀后粒径变化

初始粒径 nm	膨胀 1 天		膨胀 3 天	
	粒径 nm	倍数	粒径 nm	倍数
68	714	10.5	911	13.4
82	1378	16.8	1255	15.3

小结：低张力反相微乳液驱油剂相态稳定、粒径在 50~400nm。可以膨胀原始粒

径 10 倍以上，达 μm 级别，可封堵≤3.7um 孔喉半径。

(2)界面张力(图 2)

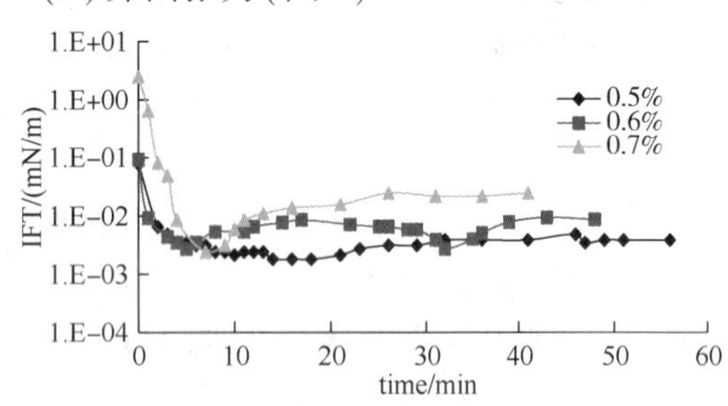

图 2　低张力反相微乳液与文 25 东混合原油界面张力

低张力聚合物微球乳液驱油剂与文 25 东混合原油形成的油水界面张力可以达到 10^{-3}mN/m，较低的界面张力更容易剥离岩石上的原油，有利于提高驱油效率。

小结：一体型低张力反相微乳液初始粒径为 50-400nm，膨胀后可以封堵微米级别孔吼；与目标区块原油界面张力达 10^{-3}mN/m 级别，可以更好的提高驱油效率；产品均一、稳定。因此低张力反相微乳驱油体系同时兼备：封堵地层孔吼及较强的降低原油界面张力的能力。

(3)封堵性能(图 3，图 4)

实验方法：用渗透率 280mD 的人造岩心对老化了一定时间的聚合物微乳体系进行了注入实验，从阻力系数及残余阻力系数初步评价其调剖能力。

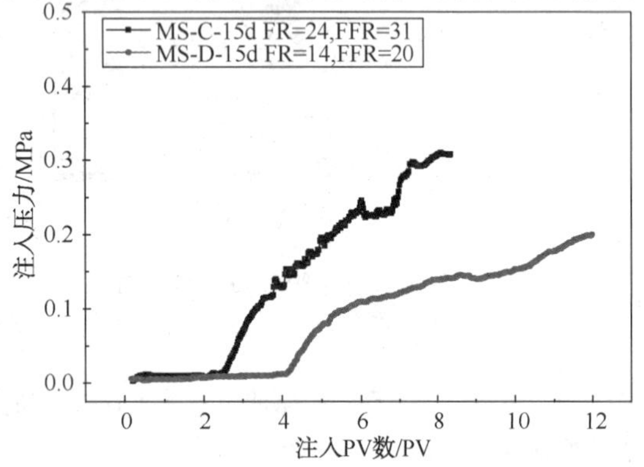

图 3　聚合物微球岩心渗流实验(280mD，老化 15d)

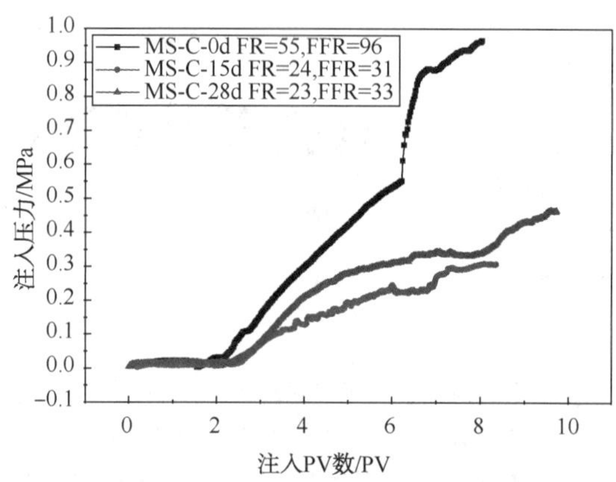

图 4　聚合物微球岩心渗流实验

(280mD，体系 C 不同老化时间对比)

结果可见，水驱后注入经老化 15 天后聚合物微球使注入压力升高，而且体系 C 的调剖能力好于体系 D。

上述实验表明，产品耐温：95℃，抗盐：18 $\times 10^4$mg/L，$Ca^{2+}+Mg^{2+}$ 5000mg/L。

3　微观机理认识及参数优化

3.1　驱油机理认识

运用二维非均质平板模型模拟文 25 东油藏进行低张力反相微乳体系驱油机理认识通过实验对低张力聚合物微球乳液驱油体系进行机理认识。

(1)模型制作(图 5)

平板规格：$31.5\times31.5\times1.1cm^3$，孔隙体积 $379cm^3$，饱和油量 279mL(油与干砂混合成油砂)，原始含油饱和度 73.61%，低渗区渗透率：207 ($\times 10^{-3}\mu m^2$)，高渗区渗透率：452 ($\times 10^{-3}\mu m^2$)。

图 5　二维非均质平板模型

(2)注入参数设计(图 6，图 7)

注入量：0.5PV

(微球乳液/表活剂=1∶1交替)

注入速度：2mL/min

模拟原油：原油/煤油1∶2

(3)实验结果分析

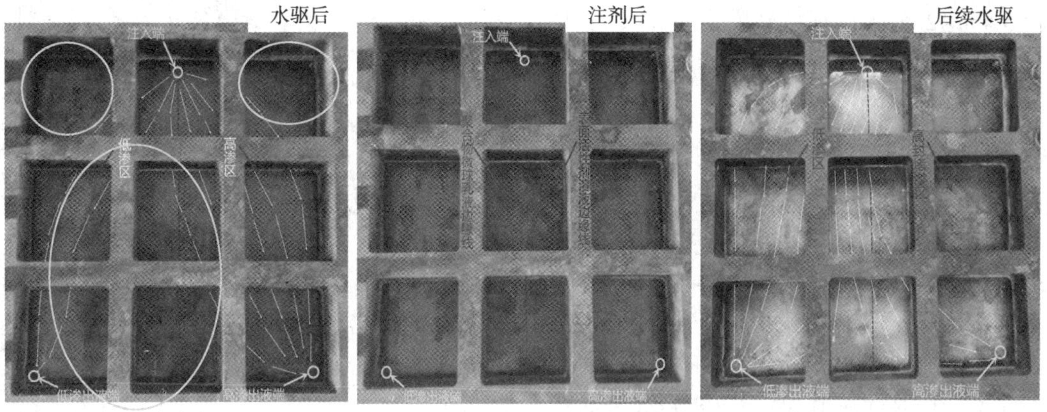

图6　二维非均质平板驱替过程照相

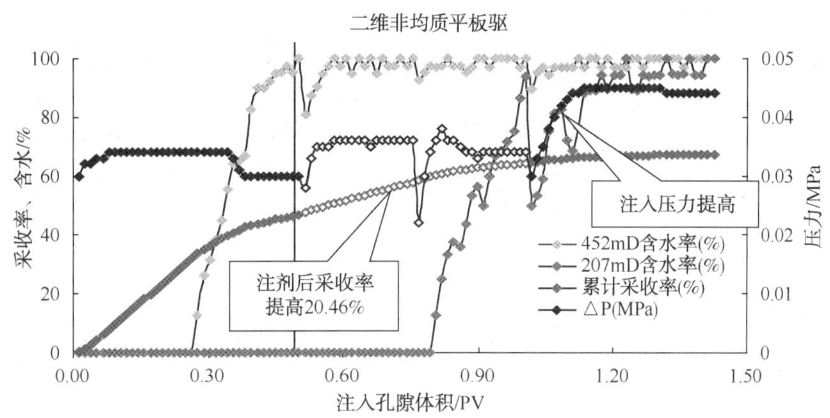

图7　二维非均质平板驱替实验结果

实验分析：

水驱后：低渗区成片剩余油。

注驱油剂后：驱油剂优先进入水驱形成的优势通道，遇水膨胀的微球对优势通道有效封堵，同时限制了表活剂的流度。后续水驱：注入水主要进入低渗区，低渗区成片剩余油被驱替出来。

3.2　注入方式优选

采用50cm×2.5cm长管填砂模型填制渗透率为292.9~314.51($\times10^{-3}\mu m^2$)渗透率相近4种填砂管，在温度95℃、以文25东注入水水驱至含水96%时开始注0.5PV驱油剂，对比单注反相微乳液、单注表活剂、低张力反相微乳液、反相微乳液与低张力表活剂交替的注入性和驱油效率，研究均质条件各组成部分渗流规律和对驱油效率的贡献程度。

结果显示：单注0.3%表活剂提高采收率为8.59%；单注0.5%微乳液提高采收率11.51%，压力上升；二者1∶1交替注提高采收率为16.11%，而二者复合注(复合浓度高于单注)提高采收率仅10.73%，因此交替注入经济更合算，效果更好(表2)。

表2　均质条件提高采收率对比实验结果

驱油剂类型	渗透率 $\times10^{-3}\mu m^2$	含油饱和度/%	水驱采收率/%	最终采收率/%	采收率增值/%	注入压力提高(倍)
单注0.3%表活剂(W25D-4#)	314.54	73.7	54.29	62.86	8.59	—
单注0.5%微球乳液	272.65	73.6	56.79	68.3	11.51	1.57
0.5%微球乳液/0.3%表活剂1∶1交替注	283.09	74.0	56.68	72.59	16.11	1.11
低张力微球乳液体系(0.4%微球乳液+0.2%表活剂)	292.9	75.3	58.0	68.73	10.73	1.38

3.3 注入参数优化

（1）最佳注入量确定

采用 50cm×2.5cm 长管填砂模型在 85℃、固定注剂时机、注剂方式和注入速度，对比不同注入量对驱油效率的影响。

实验条件：

注入速度 0.5mL/min；

油：模拟原油；

水：注入水；

低张力微球乳液注入量：0.3PV、0.5PV、0.7PV、1.0PV；

注入方式：0.5%微球/0.3%表活剂 1：1 交替；

实验温度：85℃；

水驱至含水 96%开始注驱油剂。

①0.3PV（图 8）

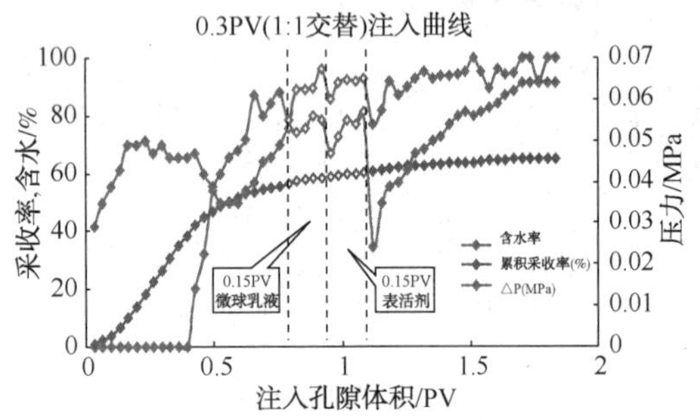

图 8　注 0.3PV（1：1 交替）驱油曲线

②0.5PV（图 9）

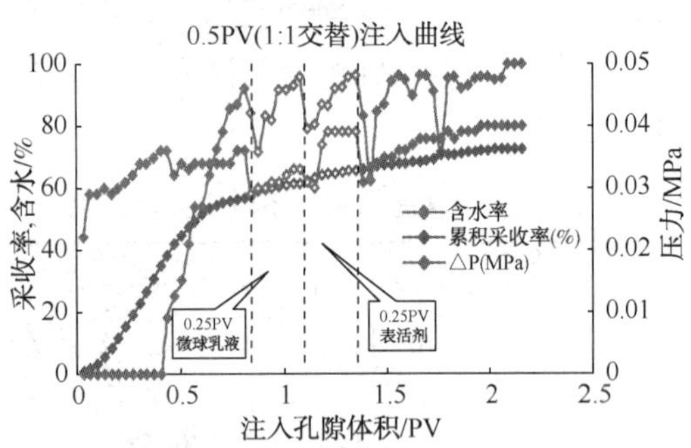

图 9　注 0.5PV（1：1 交替）驱油曲线

③0.7PV（图 10）

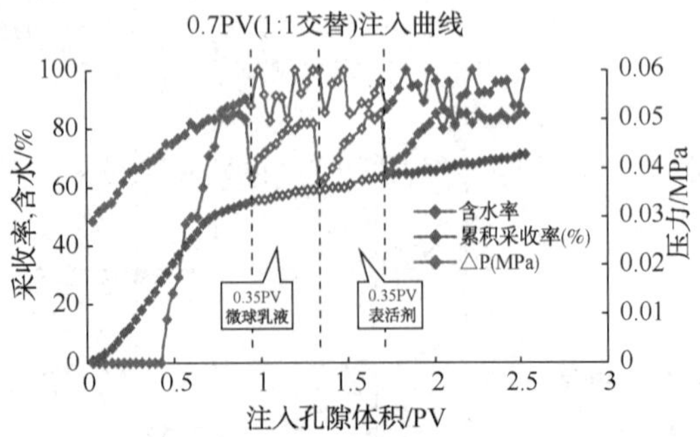

图 10　注 0.7PV（1：1 交替）驱油曲线

④1.0PV（图 11）

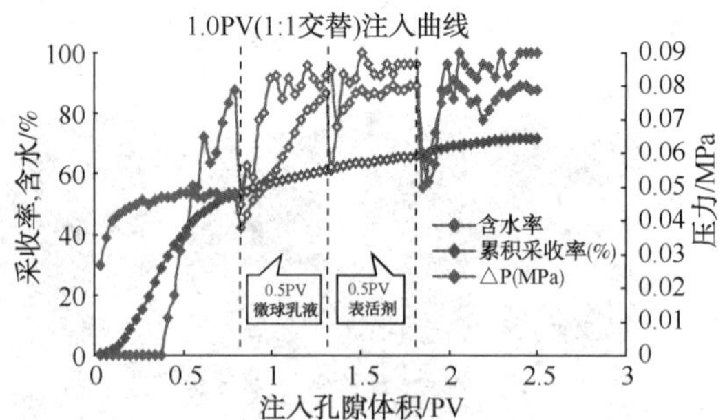

图 11　注 1.0PV（1：1 交替）驱油曲线

结果：从 0.3PV 到 1.0PV，驱油剂用量的增大，采收率显著提高压力提高倍数缓慢增加；从 0.5PV 到 1PV，采收率提高值也增加，但增幅很小（表 3，图 12）。

表 3　不同注入量的驱油效果对比

注入量（PV）	渗透率/$\times10^{-3}\mu m^2$	含油饱和度/%	水驱采收率/%	最终采收率/%	采收率增值/%
0.3	314.5	75	55.6	65.26	9.66
0.5	283.09	74.0	56.68	72.59	16.11
0.7	274	73.7	54.3	70.74	16.44
1.0	303.3	74	52.78	71.48	18.7

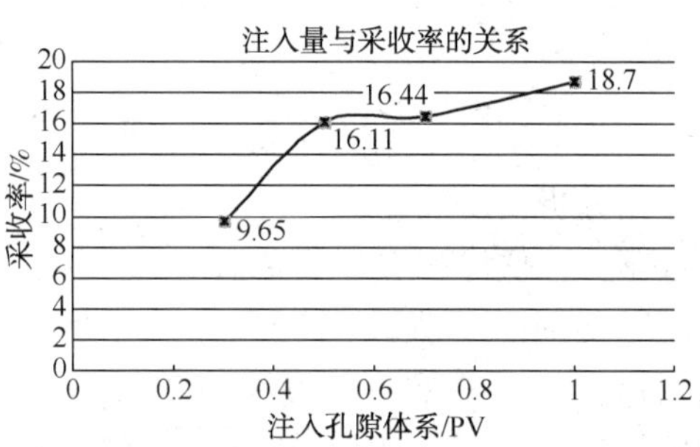

图 12　注入量与采收率的关系

综合考虑经济效益和驱油效果，结合油田现场实践经验，确定低张力微球驱油体系的最佳注入量为 0.5PV。

（2）最佳注入速度确定

采用 50cm×2.5cm 长管填砂模型在 85℃、固定注剂时机、注剂方式和注剂量，对比不同注入速度对驱油效率的影响。

实验条件：

注入速度：0.3mL/min、0.5mL/min、1.0mL/min、2.0mL/min；

油：模拟原油；

水：注入水；

低张力微球乳液注入量：0.5PV；

注入方式：0.5%微球/0.3%表活剂 1：1 交替；

实验温度：85℃；

水驱至含水96%开始注驱油剂。

①0.3mL/min(图13)

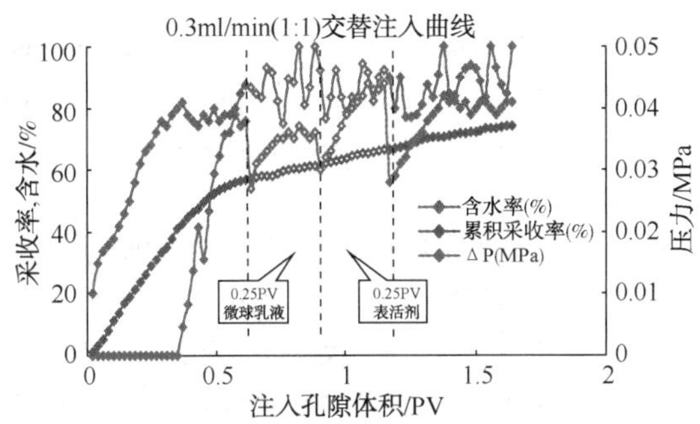

图13　0.3mL/min驱油曲线

②0.5mL/min(图14)

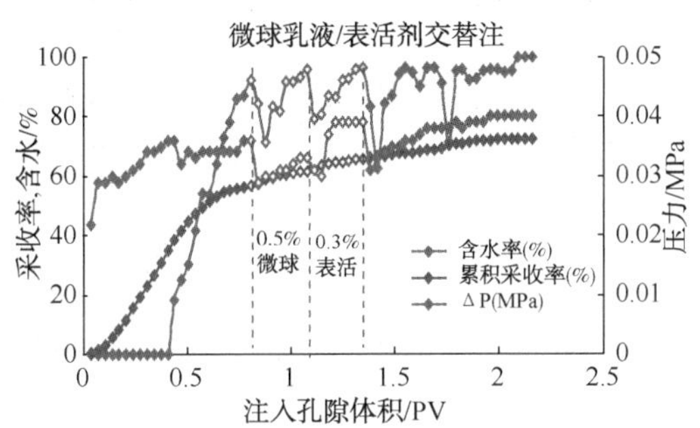

图14　0.5mL/min驱油曲线

③1.0mL/min(图15)

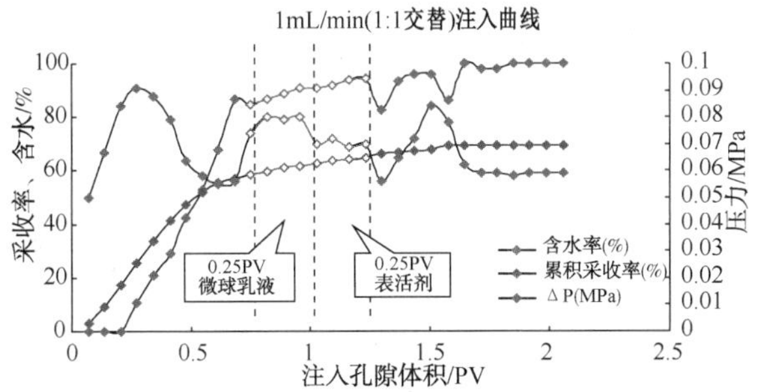

图15　1.0mL/min驱油曲线

④2.0mL/min(图16)

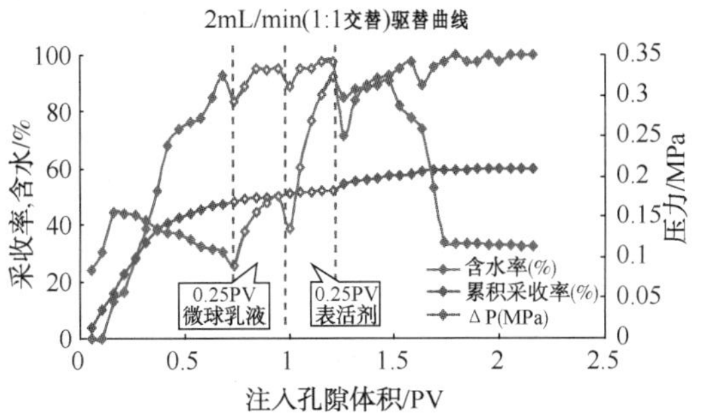

图16　2.0 mL/min驱油曲线

结果：随注入速度增加，提高采收率幅度下降，现场应尽量低速注入(表4)。

表4　不同注入速度的驱油效果对比

注入速度(mL/min)	渗透率/$\times10^{-3}\mu m^2$	含油饱和度/%	水驱采收率/%	最终采收率/%	采收率增值/%
0.3	273.95	73.2	56.74	74.16	17.42
0.5	283.09	74.0	56.68	72.59	16.11
1.0	273.96	69.9	57	69.61	12.61
2.0	292.9	72.3	47.2	60	12.8

(3)最佳注入浓度确定

采用50cm×2.5 cm长管填砂模型在85℃、固定注剂时机、注剂方式和注剂量，对比不同注入速度对驱油效率的影响。(图17~图20)

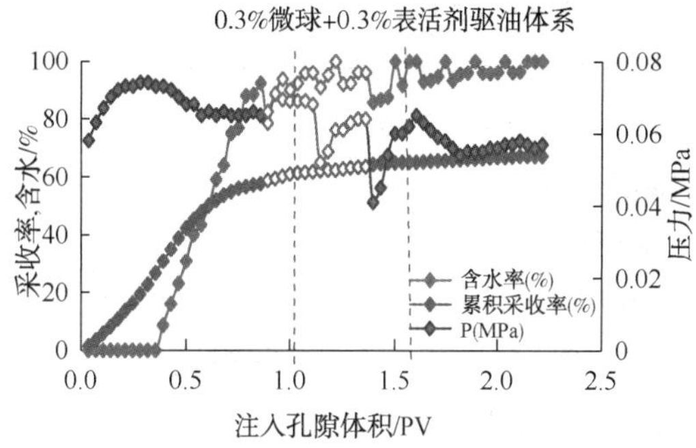

图17　0.3%微球与0.3%表活剂交替注驱油曲线

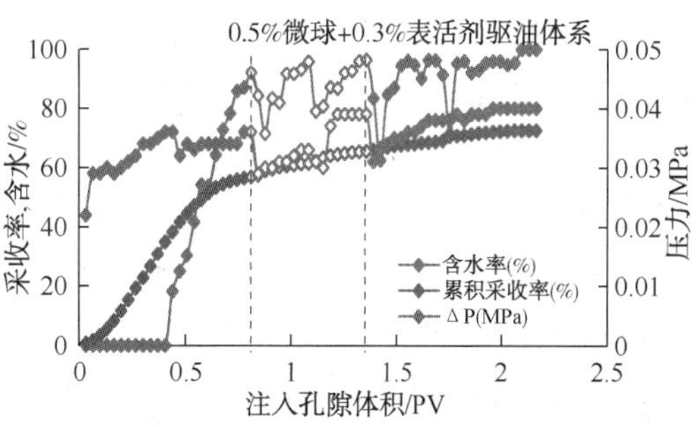

图18　0.5%微球与0.3%表活剂交替注驱油曲线

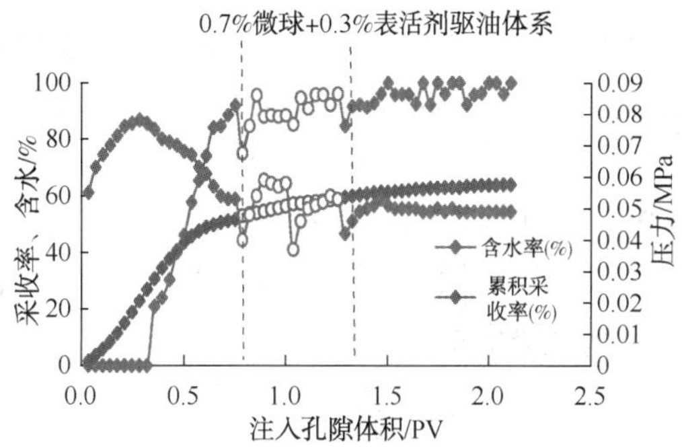

图19　0.7%微球与0.3%表活剂交替注驱油曲线

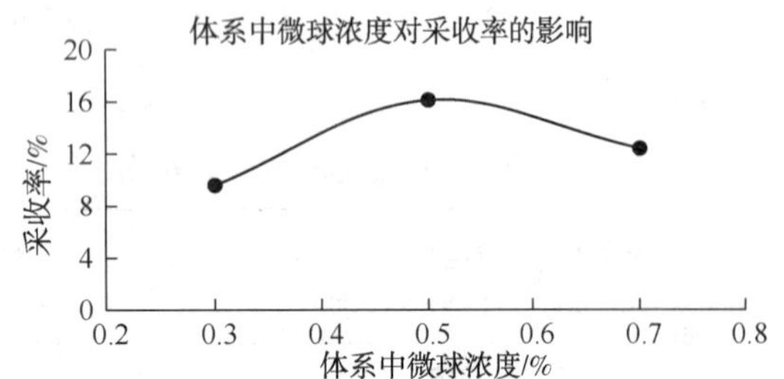

图 20　不同微球浓度对提高采收率的影响

实验条件：

注入速度：0.5mL/min；

油：模拟原油；

水：注入水；

低张力微球乳液注入量：0.5 PV；

注入方式：0.3% 或 0.5% 或 0.7% 微球/0.3%表活剂 1：1 交替；

实验温度：85℃；

水驱至含水 96%开始注驱油剂。

结果：0.5%微球浓度与 0.3%表活剂形成的驱油体系提高采收率幅度最大。

4　现场应用

2014 年 7 月 22 日-2015 年 2 月 12 日在文 25 东块 65-18、65-77、65-67 井组应用 3 个井组，累计注入微乳体系 13829m^3，干剂 88.680t，平均注水压力从调前 15.5MPa 上升到 19.5MPa。

对应油井 8 口，见效 8 口，累增油 1582.4t，累计降水 15793 m^3，可采储量增加 6600t，自然递减降低 6.82 个百分点，采收率提高 1.71 个百分点。

5　结论与认识

（1）低张力反相微乳液驱油剂相态稳定、粒径在 50～400nm，低张力聚合物微球乳液驱油剂与文 25 东混合原油形成的油水界面张力可以达到 10^{-3}mN/m。产品耐温 95℃，抗盐 18×10^4mg/L，抗 $Ca^{2+}+Mg^{2+}$ 5000mg/L。

（2）优选出最佳注入参数，低张力微球与表活剂交替注入经济更合算（提高采收率更高 16.11%），最佳注入量为 0.5PV，最佳注入浓度：0.5%微球+0.3%表活剂，形成了适合文 25 东的低张力反相微乳驱油技术，为中原油田同类油藏提供重要借鉴。

参 考 文 献

[1] 韩东，表面活性剂驱油原理及应用[M]. 北京：石油工业出版社，2001：194-199

[2]李雅华，李明远，林梅钦，等．交联聚合物微球分散体系的流变性[J]．油气地质与采收率，2008，15(3)：93-95.

[3]王代流，肖建洪．交联聚合物微球深部调驱技术及其应用[J]．油气地质与采收率，2008，15(2)：86-88.

[4] Smith J E. Quantitive evaluation of polyacrylamide crosslinked gelsfor use in enhanced oil recovery [C]. Anaheim：the InternationalACS Symposium，1986：9-12.

[5]张增丽，雷光伦，刘兆年，等．聚合物微球调驱研究[J]. 新疆石油地质，2007，28(6)：749-751.

[6]王涛，肖建洪，孙焕泉，等．聚合物微球的粒径影响因素及封堵特性[J]. 油气地质与采收率，2006，13(4)：80-82.

[7]雷光伦，李文忠，贾晓飞，等．孔吼尺度弹性微球调驱影响因素[J]. 油气地质与采收率，2012，19(2)：41-43.

[8]周国华，曹绪龙，王其伟，等．交替式注入泡沫复合驱实验研究[J]. 西南石油大学学报，2007，29(3)，94-96.

高温高压低渗油藏调驱规模应用技术研究

吴 静 李 鑫 刘长云 刘慧敏 伍德旺 王 猛 苏 俊 袁伟红

（中国石化中原油田分公司）

摘 要 文南油田属于典型的高温、高压、低渗非均质油藏。针对常规调驱在高温高压低渗的不适应性，研究应用了纳米树脂凝胶调驱工艺技术，耐温性达120℃，抗盐达 20×10^4mg/l，解决了凝胶颗粒不易进入低渗油层、调驱有效期较短的问题。优化表活剂和预交联段塞设计，在封堵高渗层的同时，提高了洗油效率。利用废渣做原料的含油污泥，改性为调驱体系，解决了大孔道低压力注水井调驱和含油污泥的排放难题。通过规模化实施调驱应用后，注水井吸水剖面明显改善，主力吸水层得到有效控制，新层得以启动，取得了良好的增油效果，为该类油藏的有效开发提供了一条途径。

关键词 高温高压低渗；调驱；纳米树脂凝胶；表活剂；含油污泥

1 概况

文南油田油藏埋藏深度2210～3800m之间，主力油层压力系数1.2～1.8，地层温度100～140℃，地层原始孔隙度16.1%～20%，渗透率 $15\times10^{-3}\sim150\times10^{-3}\mu m^2$，地层水矿化度 $22\times10^4\sim34\times10^4$mg/l，属于典型的高温、高压、低渗油藏。近年来开展了一些地下交联聚合物和地面预交联颗粒进行注水井深度深部调驱的研究和现场试验，取得了一定的降水、增油效果。但由于油藏条件的复杂性，致使调驱难以形成规模化，特殊高温（100℃以上）、高压（35MPa以上）区块油藏地层条件，常规的预交联体系难以满足规模化应用。分析其主要原因大致有以下几个方面：

①油田到了高含水后期开发，水驱面临的困难越来越多。传统的调剖技术作用范围小，针对高温高压高盐地层条件下的多轮次调驱缺少研究，缺乏技术支持。调驱剂体系单一，复合调驱技术没有广泛应用，不能满足油藏要求。

②位于主河道内的高渗层的调驱剂驻留困难，表现为注入压力上升缓慢，封堵性能差，增油效果差，调驱后注入水会很快绕过封堵区，继续沿着高渗流孔道窜进。

③调驱剂抗温抗盐性能有待进一步提高，表现为调驱过程中对应油井见效，施工结束后产量下降明显。转入正常注水短期内失效，产量恢复到调驱前。

2 纳米树脂凝胶调驱技术

为提高调驱剂抗温抗盐性能，提高深部调剖的处理半径，解决高渗层大孔道井调驱效果差，波及面积小，见效时间短的问题，研究了纳米树脂凝胶调驱技术。纳米树脂凝胶是一种活性、可溶性树脂材料，具有良好的机械稳定性、耐冲刷性、抗温性和耐盐性，通过多段塞注入实现深部逐级封堵，迫使液流转向，扩大波及面积，提高采收率，适用于非均质较强的中高渗砂岩油层及裂缝油层。

2.1 纳米凝胶体系的研究

①加入交联剂增加纳米树脂的强度及抗剪切性能。随着交联剂的增加，纳米树脂调驱剂的吸水速率、吸盐率、pH响应性和吸水膨胀性均呈现降低趋势，凝胶强度、耐温性和抗剪切性却呈现增大的趋势。当化学交联剂用量为0.2%～0.4%时，平衡吸水率达83～125g/g，当化学交联剂用量为0.6%时，聚合物纳米微球调驱剂的凝胶强度高达13.56Pa.s，耐温性达120℃。

②加入衣康酸和丙烯酰胺，增加吸水率、耐盐性。随着衣康酸和丙烯酰胺质量比的增加，纳米树脂调驱剂的吸水速率、吸盐率和pH响应性均呈现先增加后减小的趋势。当衣康酸和丙烯酰胺质量比为15：85时聚合物纳米微球调驱剂吸水率最大，pH响应性最明显；当衣康酸和丙烯酰胺质量比为20：80时，聚合物纳米微球调驱

【作者简介】吴静（1970-），女，高级工程师，华东石油大学学士，现任中石化中原油田分公司采油四厂工艺研究所副所长，长期从事油田化学、井况防治的研究工作。E-mail：2412428105@ qq. com

剂吸盐率最大。

③加入锂皂石增加纳米树脂在地层的成胶速度及耐温性能。随着锂皂石含量的增加，纳米树脂调驱剂的吸水速率、吸盐率、pH 响应性和吸水膨胀性均呈现降低趋势。凝胶强度、耐温性和抗剪切性却呈现增大的趋势。当锂皂石含量为1%，聚合物纳米微球调驱剂的凝胶强度高达9.1Pa.s，耐温性达 120℃。

④采用反相微乳液聚合合成了具有有机和无机双网络结构的高强度高耐温聚合物纳米树脂凝胶调驱剂，反相微乳液具有分散相（水相）比较均匀，大小在 5～200nm 之间；液滴小，呈透明或半透明状；具有很低的界面张力，能发生自动乳化；处于热力学稳定状态，离心沉降不分层；在一定范围内，可与水或有机溶剂互溶。

2.2　纳米凝胶体系的性能评价

2.2.1　耐温抗盐稳定性实验

用 3%的调驱剂分别与清水和文南油田注入水混合形成凝胶，（油田水矿化度在 9×10^4mg/L），经过 12 天的观察，清水混合后成絮状，流动性好。而与油田高矿化度水混合后成胶迅速，凝胶性能稳定强度基本不变，适合文南油藏的特性。

表 1　配制溶液胶结情况表

项目	清水	$V_{注入水}:V_{清水}=1:3$	$V_{注入水}:V_{清水}=1:2$	$V_{注入水}:V_{清水}=1:1$	$V_{注入水}:V_{清水}=2:1$	$V_{注入水}:V_{清水}=3:1$	注入水
矿化度（10^4mg/l）	0.1	2.33	3.07	4.55	6.03	6.78	9
胶结情况	胶结差呈絮状，流动性好	胶结较差，仍然具有流动性	流动性差，胶结后上部存在分层现象	整体胶结较好，但上部仍有存在未完全胶结的情况	胶结较好	胶结好	胶结好，不存在未胶结情况，强度好

通过室内实验，纳米树脂凝胶颗粒在矿化度 4.5×10^4mg/l 以上的环境中，呈现较好的胶结性（见上表 1），具有很好的封堵效果，改变液流方向。

2.2.2　耐冲刷性实验

选取初始渗透率为 8799mD 和 11048mD 的两个岩心柱，分别注入 4 个调驱剂段塞，注入总量为 1PV，直到最后一个段塞水驱稳定后，逐级提高注入速度，长时间注水冲刷。

通过实验观察调驱剂耐冲刷情况（见图 1），结构表面纳米树脂调驱剂与多孔介质骨架表面形成的吸附堵塞有良好的耐冲刷性。

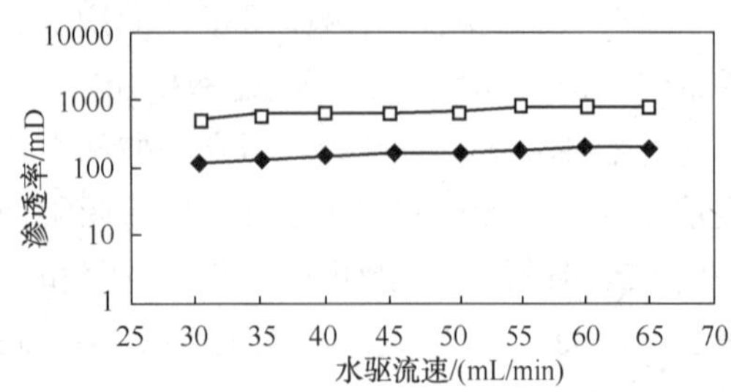

图 1　耐冲刷曲线图

2.2.3　调驱物模评价实验

采用柱长为 2 米的岩心，用 60～80 目和 100～120 目石英砂压实填充，实验温度 130℃，浓度 2%，调驱剂用量 0.35PV，分布 6 个压力监测点，对调驱剂的封堵性能和耐冲刷性能进行物理模拟实验，跟踪调驱剂对岩心不同部位的封堵情况。

实验步骤如下：

①岩心用清水饱和，测试岩心孔隙度。

②用油田注入水饱和，测试初始渗透率 Kwo。

③注入纳米调驱剂溶液侯凝 24h 后观察。

④用油田注入水进行驱替，测试调后渗透率。

⑤计算封堵率、残余阻力系数。

通过室内试验，调驱剂在油田水中形成的凝胶对地层的封堵是有效的，而且形成封堵是逐步完成的。

通过对岩心不同部位的残余阻力系数、封堵率数据对比，纳米树脂凝胶调驱剂能使岩心柱从注入端到末端整体得到均匀处理；在实验中还发现，通过优化段塞大小、数量及段塞间隔离，可以使末端的封堵情况好于入口端，能够满足油藏深部调剖的需要（见表2、表3）。

表2　纳米树脂凝胶调驱剂封堵性能

实验编号	岩心渗透率/mD		残余阻力系数	封堵率（%）
	调前 K_0	调后 K_1		
1	7130	165	43	97
2	1195	425	2.8	64
3	10185	277	36.7	97
4	45208	978	45.8	97.8

温度130℃，调驱剂2%+文南油田水，3个段塞（0.2PV），总量0.6PV，岩心为不同粒度的石英砂充填压实。

表3　封堵率情况表

项目	第一段	第二段	第三段	第四段	第五段	第六段
残余阻力系数	3.3	2.8	2.9	3.3	4.0	5.4
封堵率（%）	69.5	64.0	65.5	69.5	75.0	81.5

2.3　纳米凝胶体系段塞设计

在注入过程中，第一段塞采用清水（或水源井内的水）与调驱剂在搅拌池中混合，因流动性好，黏度小、注入方便，且在井筒内不堵塞施工管柱。

第二段塞采用地层产出水将泵入的调驱剂推向地层深部，然后关井反应，使调驱剂与地层水充分混合，形成冻胶体系，附着在岩石表面，堵塞孔道及裂缝。

反复进行3~4个段塞，使纳米树脂凝胶体系在地层深部有效驻留，迫使后续注入水转向，进入低渗层进而扩大水驱波及面积，挖掘剩余油潜力。

2.4　现场应用

现场应用4口井，共注入纳米凝胶体系15040m^3，凝胶88.4t，注水压力单井上升14MPa，对应油井产量见效明显，累计增油1416t。

3　二元复合调驱技术

针对以往凝胶颗粒调驱剂耐温耐盐性差，后期注水驱替效果不理想，洗油效果不理想等情况。对目前在用的凝胶颗粒调驱剂进行改进，同时加入高效表面活性剂形成复合体系，增加波及面积提高洗油效率。

3.1　引入无机硅类刚性抗温材料

无机硅类抗温材料与常规预交联颗粒的坂土类刚性材料相比，具有更好的耐温抗盐能力，同时克服了坂土类刚性材料由于吸水膨胀而导致分子结构强度降低的不足，另外无机硅类抗温材料具有球状的结构，增大了比表面积，可以与有机单体之间通过化学键力及分子间作用力形成较强的结构（见图2），提高体系的强度和耐温抗盐能力，从而保证耐温抗盐凝胶颗粒调剖剂满足高温高矿化度油藏深部调剖的目的。

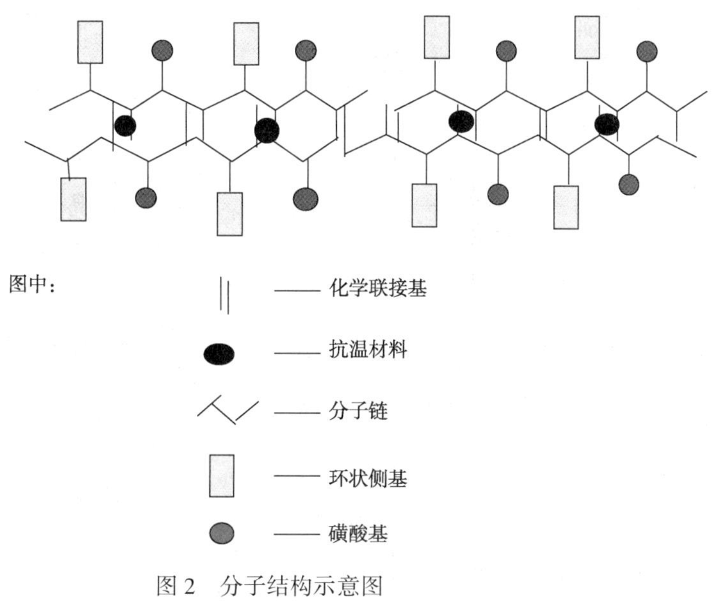

图2　分子结构示意图

3.2 高效表面活性剂的研究

高效表面活性剂是由水、油、表面活性剂和助表面活性剂等自发形成，粒径为1~100nm的热力学稳定、各项同性、透明或半透明的均相分散体系。

3.2.1 表面活性剂的优选

选取26种表面活性剂测定洗油效果，试验结果(见表6)。由表可知，G44的洗油效率最高。

表4 26种表面活性剂洗油效果

序号	体系代号	表面活性剂	有效含量/%	来源	洗油率/%
1	G826	SLPS	32.7	胜利油田中胜环保	21.4
2	G810	KPS	35.2	克拉玛依炼油厂	22.5
3	G38	WPS	44.5	安庆石化	19.1
4	G64	PSD-2	41.3	大庆	11.3
5	G66	OP-6	98.7	山东滨化	15.7
6	G224	OP-8	99.1	山东滨化	13.4
7	G226	OP-10	99.3	山东滨化	7.5
8	G57	9TAS-2-0	85.5	自制	18.6
9	G312	9KAS-3-0	87.6	自制	13.2
10	G322	9AS-0-4	96.3	自制	18.7
11	G22	9AS-0-6	91.2	自制	27.0
12	G30	9AS-2-4	93.7	自制	25.1
13	G40	9AS-4-4	92.4	自制	24.5
14	G50	9AS-6-4	90.1	自制	25.2
15	G22	9AS-8-4	91.7	自制	28.5
16	G471	9AS-3-0	97.5	自制	25.2
17	G472	9AS-5-0	96.9	自制	27.3
18	G36	9AS-7-0	93.4	自制	30.2
19	G366	12AS-0-4	95.4	自制	20.8
20	G368	13AS-0-4	96.8	自制	23.2
21	G34	16AS-5-0	97.1	自制	36.4
22	G44	18AS-7-0	96.8	自制	41.7
23	G71	PEO-10	100	上海	17.9
24	G74	PEO-14	100	秦皇岛	16.8
25	G85	PEO-18	100	秦皇岛	16.5
26	G812	SDS	100	济南	25.6

3.2.2 助表面活性剂的优选

助表面活性剂可以显著提高表面活性剂对原油的洗油能力，项目研究了不同助表面活性剂的作用，试验结果(见表5)。试验结果表明，异丙醇和丁醇的助溶效果较好。

表5 助表面活性剂的优选

序号	助表面活性剂	助表面活性剂使用浓度/%	G44浓度/%	洗油率增加百分比/%
1	乙醇	6.0	6.0	2.2
2	异丙醇	6.0	6.0	5.8
3	乙二醇	6.0	6.0	1.8
4	丁醇	6.0	6.0	8.1
5	乙二醇丁醚	6.0	6.0	5.4
6	尿素	6.0	6.0	3.2

在使用浓度6%不变情况下，将二者按不同比例复配结果(见表6)。从表6可以看出异丙醇和丁醇按体积比1∶1复配效果最好。

表6 助表面活性剂的复配研究

序号	异丙醇和丁醇比例	G44浓度/%	洗油率增加百分比/%
1	1：0	6.0	4.8
2	4：1	6.0	7.2
3	3：2	6.0	8.1
4	1：1	6.0	10.8
5	2：3	6.0	6.75
6	1：4	6.0	7.65
7	0：1	6.0	6.75

3.2.3 高效表面活性剂的洗油实验

①用微观驱油装置观察表面活性剂体系(G44体系)优化配方后的洗油过程(见图3)，从图A至图F可清晰看出孔隙中的独立油滴由大到小，直至逐步消失的过程。该过程表明了表面活性剂体系可通过洗油作用降低残余油饱和度，从而有效减小残余油对驱替水的阻力作用。

②表面活性剂驱油剂可以改变储集岩润湿状态，使储集层岩石具有亲水性。降低界面张力，减少原油在储层孔隙中的流动阻力。使原油从岩石颗粒表面释放，从微孔隙中析出(见图4)，实现驱油的目的。

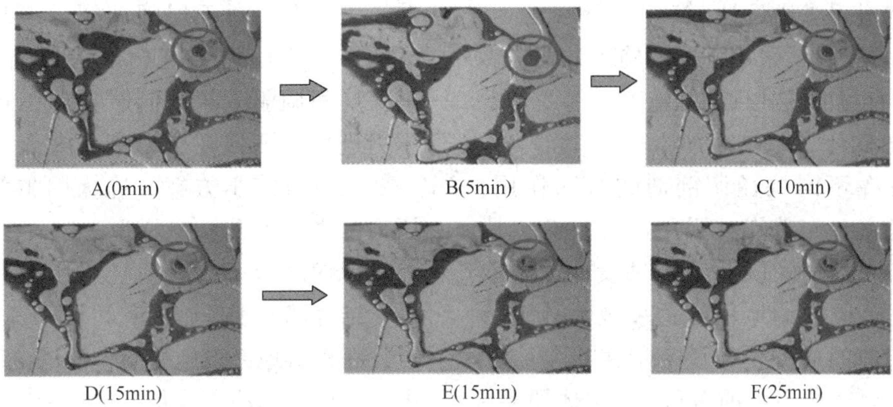

图 3 表面活性剂洗油实验

图 4 油砂在不同溶液浸泡 12 小时的形态

（左：地层水，右：0.5%表面活性剂溶液）

高效表面活性剂的洗油实验表明：表面活性剂可以通过改善孔道润湿性、降低油水界面张力，从而达到驱动剩余油提高采收率的目的。

①孔道润湿性的改善，有利于将油膜从孔道表面剥离，增加洗油效率；

②低的界面张力有利于将剥离的油膜分散成较小的油滴，避免堵塞孔道，增加原油流动性。

3.3 高温凝胶颗粒与高效表面活性剂的复配方式

针对调驱剂在地层作用单一、驱油效果差的情况，采用高温凝胶颗粒和表活剂复合调驱技术，凝胶颗粒注入地层后，采用表面活性剂复合驱能在一定程度上进一步提高采收率；提高采收率的原因除了高温凝胶颗粒和表面活性剂复合驱本身的扩大波及体积和提高驱油效率的作用外，还具有良好的协同作用，即凝胶发挥深部液流改向作用，使得后续注入的表面活性及后续水能够有效地进入低渗透地层，表面活性剂溶液与原油有更多的接触机会，降低油水界面张力，残余油变成可动油。

对于层内调剖井采用表面活性剂溶液携带凝胶颗粒同时注入，改善层内矛盾的同时增加洗油效率。对于层间矛盾突出的调驱井，采用先注入凝胶颗粒调驱剂封堵高渗层，待二三类油层启动后再注入表面活性剂溶液驱替剩余油。充分发挥表面活性剂复合驱提高采收率的作用，有效解决了多轮次调驱效果递减的难题。

通过对凝胶颗粒的改进，增加了颗粒的强度和耐温耐盐性，同时与表面活性剂驱配合，发挥聚合物驱和化学剂驱良好的协同配合性能，在扩大波及面积的同时，增加驱油效率，增加油井产量，延长措施有效期。

4 含油污泥深部调驱调剖技术

含油污泥是原油脱水处理过程中伴生的工业垃圾，其主要成分是水、泥质、胶质、沥青质和蜡质，与地层有很好的配伍性。其主要调剖原理为：在含油污泥中加入适量添加剂，将其调配成黏稠的水包油型乳状液，乳状液注入地层并且达到一定深度后，受到地层水稀释作用，乳状液分解，其中泥质吸附胶质、沥青质和蜡质，并通过它们的黏联聚集成较大粒径的“团状结构”沉降在大孔道中，滞留在大孔道中，增加了渗流阻力，迫使注入水改变渗流方向，从而达到提高注水波及体积，改善注水开发效果的目的。同时消耗了联合站产出的污泥，节约了污泥的处理成本。

含油污泥深部调剖剂适用于纵向上渗透率差异大、有高吸水层段、启动压力低的注水井。该类调剖剂具有良好的抗盐、抗高温、抗剪切性能。为防止污泥快速沉降堆积在近井地带，造成注入压力上升过快注入困难等现象的发生，采用污泥+悬浮剂注入的方式，增大处理半径。现场注入过程浓度控制在 5%~15%之间。

5 现场施工工艺及参数设计：

针对不同施工井，采用不同的施工方案，做到一井一策，有目的的进行调驱施工。

5.1 施工工艺设计

为充分发挥不同粒径调剖剂的协同作用，结合油藏大孔道分布特点，采用深部复合式段塞调剖工艺。调剖剂的段塞及用量设计主要取决于井组控制范围内的地层渗透率及大孔道分布情况和调剖剂的放置位置。一般采用复合式调剖段塞的主题结构为：前置段塞-主体段塞-后置段塞。

前置段塞：采用小粒径抗温耐盐凝胶颗粒，试注了解地层的吸水能力，目的是保证段塞能起到保护主体段塞的作用，确保主体段塞有效漂移，而不过早突破。

主体段塞：采用中粒径抗温耐盐凝胶颗粒，目的是让调剖剂在油藏多孔介质中连续运移、分配，不断增大作用半径。

后置段塞：采用大粒径抗温耐盐凝胶颗粒。该段塞主要用于近井地带大孔道的有效封堵，一是在调剖过程中对前面的段塞进行保护，二是在后续注水过程中利用其较强的封堵能力，进一步启动差层。

顶替段塞：注入水，该段塞用于将调剖剂全部顶入地层内3m以外，以确保措施井在后续注水过程中具有一定的注水能力。

5.2 施工参数设计

5.2.1 施工管柱设计

针对分层卡封调剖和光油管笼统调剖在施工管柱不同的情况下，合理设计管脚放置位置。

对于卡封井不能进行洗井的情况，将管脚放置在油层顶界，即使出现调剖剂颗粒沉降、堆积的情况，保证井下管柱的安全，杜绝卡管柱的情况发生。

对于笼统调剖井，将管脚放置在油层底界，如果出现压力升高，注入困难，调剖剂堆积的情况，可以进行反洗井作业，保证油套管柱畅通安全。

5.2.2 施工压力设计

为了有效避免调驱剂对低渗层的污染，前期充分与地质结合，掌握水井历年的吸水剖面情况及层间压力启动情况，对于层内调驱井，将调驱剂注入压力限制在高渗层与低渗层的启动压力之间；对于层间调驱，须启动二三类油藏的井，将压力提高至低渗层启动压力之上，确保层间调驱效果。同时在施工过程中对注入压力进行监测，在压力变化大或施工压力异常时及时调整施工方案，确保调驱剂注入过程中压力的平稳上升。

5.3 地面配套设施

结合调驱现场施工时间长，施工压力高的特点，在进行地面设施配套、注入流程改造的过程中，要求两套注入设备能进行无缝转换。即在正常施工中由调驱泵进行注入，若调驱泵出现故障或正常维修保养时，由高压注水站内的注水泵进行注入，以保证井下施工管柱的安全。

6 现场应用效果评价

2013年以来在文33块沙二下、文95块沙三中，文79块，文85块，文99块、文266块、文123块、文184等区块共实施调驱99口井，调驱层数822层，调驱厚度1710m，共注入调驱剂45.13万方，注入干料2272.52吨，平均单井用量4558方，平均注入压力上升9.8MPa。对应油井200口，见效油井92口，累计增油1.9万吨，平均单井井组增油192.5吨，创经济效益2927万元，投入产出比：1：2.05。

典型井例：

文79-26井位于文79-79块东濮凹陷中央隆起带文留构造南部，隶属于文79断块区，含油面积1.63km^2，石油地质储量191×10^{4}t，主要含油层段为下第三系沙河街组沙二下亚段，油藏埋深2900-3300m。该井组水驱存在的主要问题：①厚层的非均质性差异大，大大降低了水驱油效率；②层间的非均质性差异大，导致二类层无法启动。本次调驱层为$S_{2下1-3}$，井段2987.0-3072.0m，共计16.4m/5n

通过对该井吸水剖面(见上表7)的分析，认为主吸层为$S_{2下1-2}$，相对吸水达到100%，其他层则不吸水。该井存在水流优势通道，用普通凝胶颗粒进行调驱效果差，2012年1~6月对该井进行过一次调驱，累计注入凝胶颗粒调驱剂7300方，干料29吨。施工后注水压力由32MPa下降至21MPa，对应油井W79-P1、W79-P2未见到调驱效果，分析认为该井高渗透层未得到有效封堵，优势通道仍然存在。

表 7　W79-26 吸水剖面　　测试日期：2013. 9. 28

油压：20Mpa			套压：8MPa		注水量：71. 5m³/d		施工条件：正注	
序号	层位	解释层号	射孔层段	射孔厚度	吸水层段	吸水厚度	相对吸水	绝对吸水
1	$S_{2下}^{1}$	4	2987. 0-2989. 8	2. 8	2987. 0-2989. 8	2. 8	18	12. 9
2	$S_{2下}^{2}$	8	3025. 6-3031. 8	6. 2	3025. 4-3030. 4	6. 2	82	58. 6
3	$S_{2下}^{3}$	11	3058. 2-3061. 2	3	/	/	/	/
4	$S_{2下}^{3}$	12	3063. 2-3065. 6	2. 4	/	/	/	/
5	$S_{2下}^{3}$	13	3070. 0-3072. 0	2	/	9	100	71. 5

2014 年 4 月对该井进行二次调驱，针对上次调驱存在的问题，本次调驱采用凝胶颗粒+纳米凝胶复合调驱技术，利用纳米凝胶强度大，成胶迅速、耐冲刷的特点，在后置段塞注入高浓度纳米溶液进行封口，确保封堵的高渗层不被突破。累计注入凝胶颗粒 10. 6t，施工后期注入纳米凝胶树脂颗粒调驱剂 11. 5t。纳米溶液注入过程分三个阶段，每个阶段注入溶液 100m³，浓度 1. 5%~4. 5%逐渐上升，再由注入水顶入地层，关井 10 天进行反应后再注入下个段塞。2014 年 11 月施工完毕，合计注入混合溶液 3760m³，注入压力由 14MPa 上升至 28MPa(见下图 5)。转入正常注水后压力仍然稳定在 27MPa，与第一次调驱对比，少用凝胶颗粒 18. 4t，对应油井文 79—P2 井 5 月份见到调驱效果，累计增油 430. 5t(见下图 6)。

图 5　W79-26 井调驱注入压裂曲线

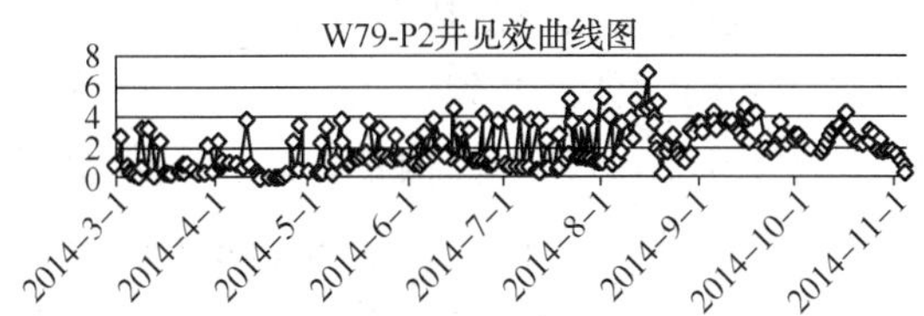

图 6　W79-P2 井见效后产量曲线

7　结论与认识

①对于单井组调驱，对应关系明显，有过注水见效历史，且有一定剩余油的单井井组采用二元复合调驱技术；

②对于高渗层大孔道区块整体调驱井组，应用纳米树脂凝胶颗粒调驱技术，通过调驱剂在地层运移在深部成胶后，堵塞大孔道，扩大水驱波及面积，改善吸水剖面；

③对于启动压力较低，注入量大的单井组调驱井，应用污泥调驱技术，在污泥中加入悬浮剂将污泥携带至地层深部，在相对静止状态下，利用污泥在地层深部沉降堵塞高渗层，启动低渗层，提高采收率；

④通过调驱规模化应用后，水井吸水剖面有明显改善，注入压力上升，主力吸水层得到有效控制，新层得以启动，有效解决了多轮次调驱有效期短，高渗层大孔道油藏调驱剂驻留困难，调驱效果差的问题。

参考文献

[1] 付欣，刘月亮，李光辉，葛际江，俞力，朱伟民，张贵才．中低渗油藏调驱用纳米聚合物微球的稳定性能评价[J]．油田化学，2013(02)

[2] 孙琳，田园媛，蒲万芬，辛军，吴雅丽．高温低渗油藏表面活性剂驱影响因素研究[J]．油田化学，2013(02)

[3] 王倩．低渗油藏表面活性剂驱降压增注及提高采收率实验研究[D]．中国石油大学，2010

[4] 赵国玺编著．表面活性剂物理化学[M]．北京大学出版社，1991

[5] 包玲．深部调驱机理和调驱体系适应性研究[J]．精细石油化工进展，2016(04)

[6] 田鑫，任芳祥，韩树柏，汪小平，张立娟，李小佳，刘霞．可动微凝胶调驱体系室内评价[J]．断块油气田，2011(01)

[7] 钟大康，朱筱敏，吴胜和，靳松，贾达吉，赵艳．注水开发油藏高含水期大孔道发育特征及控制因素——以胡状集油田胡 12 断块油藏为例[J]．石油勘探与开发，2007(02)

[8] 卢祥国，王树霞，王荣健，王洪关，张松．深部液流转向剂与油藏适应性研究——以大庆喇嘛甸油田为例[J]．石油勘探与开发，2011(05)

海上油田智能测调新工艺的研究与应用

陈 征 张 乐 蓝 飞 张志熊 宋 鑫

（中海石油（中国）有限公司天津分公司）

摘 要 智能测调技术作为渤海油田第三代分注工艺具有测调效率高，测调费用低等优点，其测调不占用平台作业窗口，测调无需钢丝、电缆作业配合，可进一步提升渤海油田注水井调配率、层段调配合格率。截至2018年10月，渤海油田智能测调工艺累计推广应用34口井，减少占用平台时间300余天，实施井实现零费用测调，累计节省调配费用800余万元，调配率提高至100%。渤海油田现场应用表明，该技术能够满足海上油田精细化注水需求，可为渤海油田3000万吨持续稳产提供有力技术支持。

关键词 海上油田；智能测调；现场应用；精细化注水；3000万吨持续稳产

1 引言

2017年渤海油田提出3000万吨持续稳产十年的奋斗目标，如何实现渤海油田进一步精细化注水成为摆在渤海人面前的难题。目前渤海油田有90%以上的注水井采用分层注水方式开发，经过十几年的持续攻关，已经形成了以空心集成、同心分注、边测边调、多管分注等为主的分注技术体系。但是随着渤海油田的持续高效开发，上述常规分注技术的弊端逐渐显现。上述常规分注技术中除多管分注技术之外，其他技术均需要通过钢丝或电缆作业进行验封和流量测试调配。钢丝或电缆作业调配占用平台时间长，大斜度、水平注水井作业受限，同时随着平台作业量逐年增多，已无法为钢丝、电缆测调作业提供足够时间和空间，这导致近年来渤海油田调配率和层段合格率较低，影响了渤海油田分注开发效果[1-5]。而多管分注技术受分注层数、地面流程改造、套管注水等诸多因素限制，亦无法在渤海油田大规模应用。针对常规分注技术在应用中存在的问题，为满足渤海油田持续高效开发需求，对分层注水技术进行升级研究，形成了一套适用于海上油田注水井的智能测调工艺，其主要包括电缆永置智能分注术和无缆智能分注技术，其可在中控实现零费用远程测调，大幅提高注水井调配率、层段调配合格率，为渤海油田3000万吨持续稳产提供有力的技术支持。

2 电缆永置智能分注技术

2.1 电缆永置智能分注技术组成及原理

电缆永置智能分注技术主要由井下工艺管柱和地面测调控制系统两大部分组成[6-10]。其中井下工艺管柱主要包括智能测调工作筒、过电缆密封工具、电缆保护器、电缆连接器、1/4in钢管电缆以及其他辅助工具等；地面测调控制系统主要包括地面控制器、测调控制软件、计算机等。该技术是通过在井下预置电缆的方式将井下智能测调工作筒与地面控制器相连，井下智能测调工作筒与过电缆密封工具配合实现分层配注，无需钢丝或电缆作业，井斜、分注层段数不受限制，特别适用于海上油田大斜度井、水平井分层注水。通过调节智能测调工作筒的水嘴大小可实现单层注水量的调整并对井下流量、压力等参数进行实时监测，为水井油藏分析提供数据支持。

2.2 电缆永置智能分注技术参数

适用井斜：任意井斜；完井方式：套管完井或防砂完井；防砂密封筒内径：4.75 in；单层最大注入量：800 m^3/d；压力工作范围：0~60 MPa；温度工作范围：0~150 ℃；适用最大井深：5000 m；单一地面控制器可控井数：7口；可适应渤海油田酸化、微压裂、调剖调驱等增产措施需求；保留测试通道，满足氧活化等测试需求（图1）。

【作者简介】陈征（1989-），男，1989年出生，2015年毕业于中国石油大学（华东）油气田开发工程专业，硕士，现就职于中海石油天津分公司渤海石油研究院，注水工程师，主要从事分注分采方向研究，E-mail：chenzheng8@cnooc.com.cn

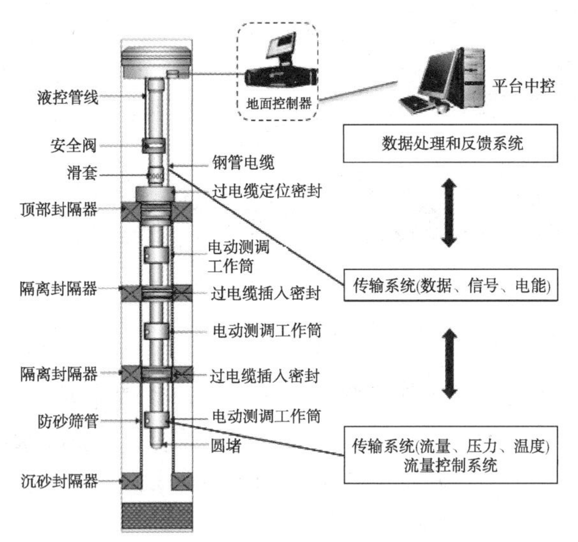

图1　电缆永置智能分注技术组成及原理示意图

2.3　电缆永置智能分注关键技术

2.3.1　电缆永置智能测调工作筒

(1)结构组成

智能测调工作筒外径116mm，长度1408mm，最大内通径44mm，最大单层排量800m^3/d，耐温150℃，耐压等级60MPa，为整个工艺的核心部分，从结构组成上主要是由上接头、流量计、一体化可调水嘴、控制电路、下接头等部分组成；从功能上主要是由流量控制系统和传感系统组成，其中流量控制系统包括控制电路、电机、可调水嘴等部分，传感系统包括流量、压力和温度传感器(图2，图3)。

(2)流量计

采用电磁流量计，无可动部件，减少故障点；电极材料选用哈C合金材料，经试验可满足渤海油田多轮次酸化要求；采用双流量传感器，可直接获取单层流量，同时实现流量计备份，提高了可靠性。通过对流量计进行重复性试验和标定试验，其精度可达到1.5%；重复性误差0.1-0.25%，满足海上油田需要。

(3)可调水嘴

一体化可调水嘴为测调工作筒的唯一可动部件，通过多次方案优化，最终采用三通结构设计，单层最大流量可达到800m^3/d，且嘴损不超过0.8MPa；电机选用进口电机及减速器，可实现水嘴连续无级调节；水嘴可自锁，断电后确保开度保持不变；采用平衡压设计，45MPa压差下顺利开启；设计有角度传感器，水嘴开度可知；水嘴选用氧化锆陶瓷，耐冲蚀、震动、冲击。

(4)压力计

水嘴前、后各安装一只高精度压力传感器，分别读取油管和油层压力，可实现在线验封，并且能够实时监测油层注入压力，保障注水安全。

2.3.2　配套工具研制

(1)过电缆密封工具

该技术配套的过电缆密封工具包括6in过电缆定位密封、4.75in过电缆插入密封，主要由上接头、密封本体、过电缆通道、密封模块、隔环、下接头和固定螺钉组成。工具集成应用成熟密封模块、swagelok密封扣，实现层间封隔并满足电缆穿越和密封，解决电缆过密封筒磕碰风险，适用于多段先期防砂完井的分注井(图4)。

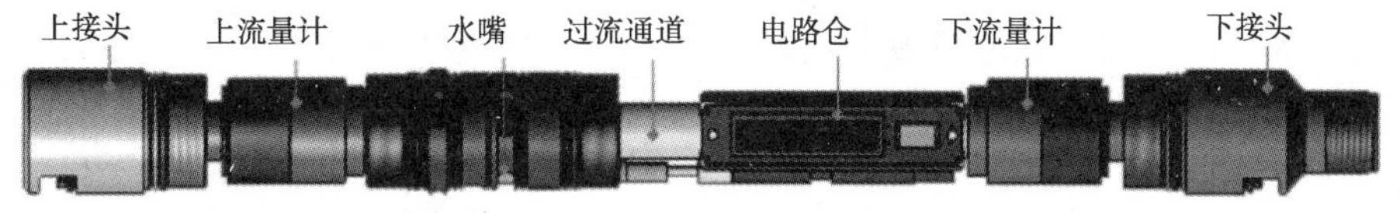

图2　智能测调工作筒结构示意图

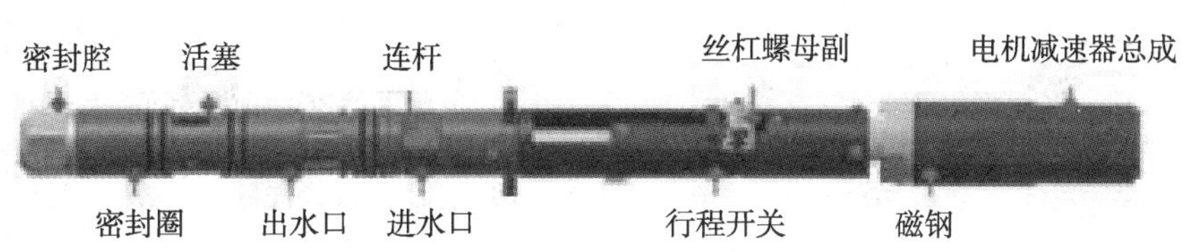

图3　一体化可调水嘴结构示意图

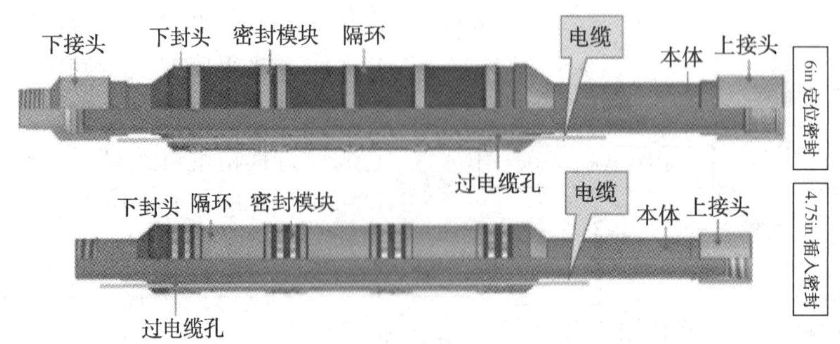

图 4　过电缆密封工具结构示意图

(2)一体式电缆保护器

电缆随管柱下入过程中在油管接箍处可能会发生磕碰导致其损坏，同时还可能与井壁摩擦导致刮伤。由于常规油管接箍保护器外径较大，无法在防砂段使用，为了保证电缆下入过程中的可靠、安全，针对防砂段的特点，设计了防砂段油管一体式电缆接箍保护器，其最大外径为 116mm，适用于防砂内通径 4. 75”先期防砂完井分注井。保护器设计有四个对称保护槽，在使用时该接箍保护器上、下分别与油管连接，电缆在保护槽内通过，并用过盈胶条固定电缆，避免电缆松散而在油管上缠绕，保证了电缆安全(图 5)。

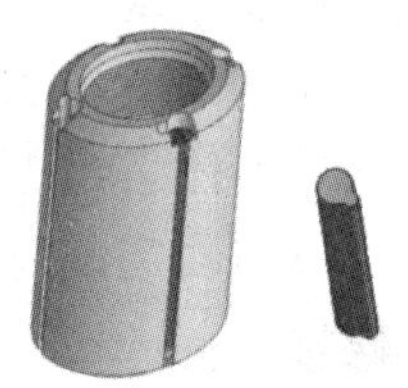

图 5　防砂段一体式电缆接箍保护器

(3)电缆连接器

电缆连接器采用二级锥面硬密封，选用 swagelok 锥面密封组件，如图 6 所示。电缆两端不锈钢外管采用二级冗余密封方式。该电缆对接接头已经在现场大量应用，可以保证现场应用的可靠性(图 6)。

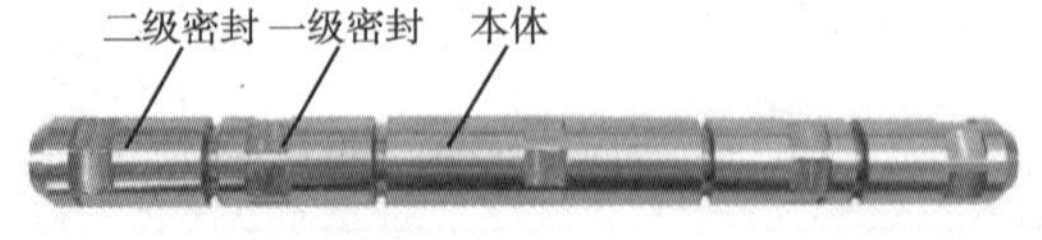

图 6　电缆连接器

2. 3. 3　电缆永置智能分注测调控制系统

(1)地面控制器研制

地面控制器由开关电源、主控板、通讯板、驱动板、显示板及附件构成，通过电缆与井下多层智能测调工作筒建立联系，对井下智能测调工作筒供电，并实现实时监测井下流量、压力、温度等参数，从而完成流量测试与调配。

(2)测调软件开发

测调软件由地面监测软件和井下控制软件组成，通过地面控制器中转，实现井下数据与地面指令的双向传输，可进行在线直读验封，完成对井下数据的自动采集和控制，实现分层注水井智能化控制(图 7)。

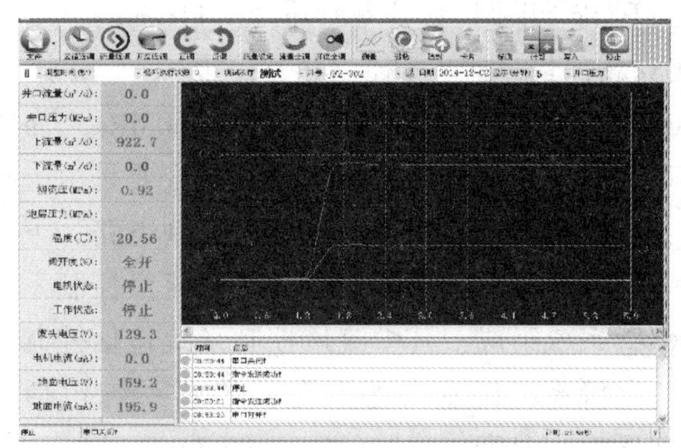

图 7　电缆永置智能分注测调控制软件界面

3　无缆智能分注技术

3. 1　无缆智能分注技术组成及原理

渤海油田无缆智能分注始于 2013 年，目前已发展至第二代无缆智能分注技术。不同于第一代无缆智能分注技术仅能从井口发送指令且井下无数据返回，第二代无缆智能分注技术可以实现中控远程控制，同时实现地面井下数据的双向传输。第二代无缆智能分注技术主要由远程智能控制系统、地面控制系统、井下控制系统组成，其通过在地面加装调制解调器实现以压力脉冲波为媒介传输信号，井下无缆智能工作筒接收信号后可根据指令实现动作水嘴、读取井底流量、压力、温度等数据，完成指令后无缆智能工作筒发送返回信号，地面调制解调器接收返回信号后进行解码并将数据传回中控，中控人员接收信息后可根据需要调节控制井下水嘴出水量，达到均衡注水的效果。整个注水系统在不需要其它配套设备和人员的情况下，实现注水井的分层测调、管理和动态监测(图8)。

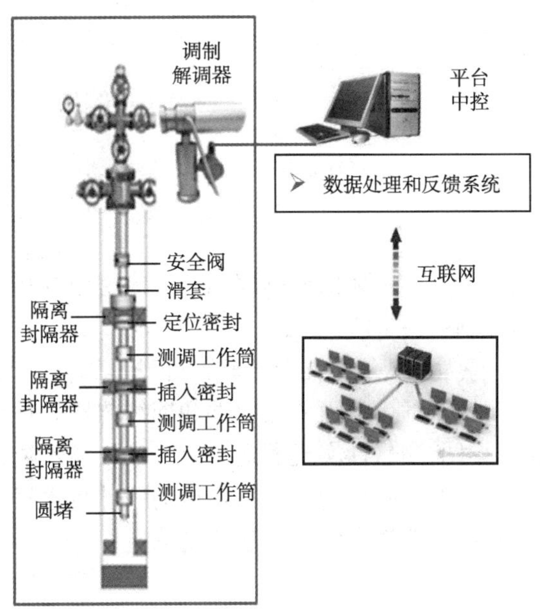

图8 无缆智能分注技术示意图

3.2 无缆智能分注技术参数

适用井斜：任意井斜；完井方式：套管完井或防砂完井；防砂密封筒内径：4.75 in；单层最大注入量：500 m^3/d；压力工作范围：0～60 MPa；温度工作范围：0～120℃；适用最大井深：4000 m；可适应渤海油田酸化、微压裂、调剖调驱等增产措施需求。

3.3 无缆智能分注技术关键技术

3.3.1 无缆智能工作筒

(1)结构组成

无缆智能分注工作筒主要由电池、压力传感器、电动机、数据存储器、检测电路等组成，如图9所示，其主要负责完成井下分层压力、流量数据采集与传送、井下分层流量控制等功能。无缆智能分注工作筒经多次优化目前形成两个系列，技术参数如表1所示。

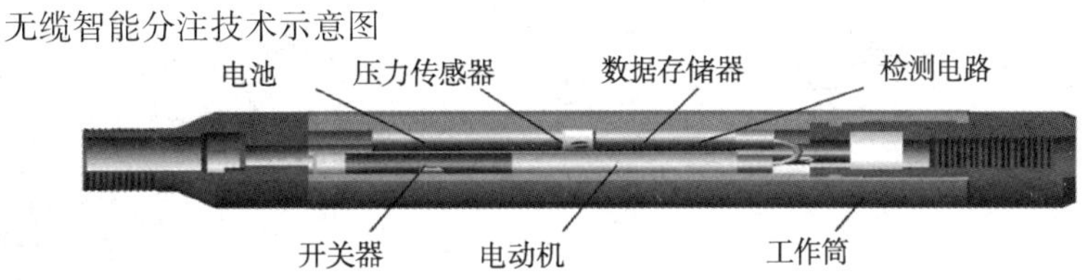

图9 无缆智能分注工作筒结构示意图

表1 无缆智能工作筒技术参数

名称型号	系列1	系列2
最大外，mm	113	113
最小内通径，mm	38	44
单层排量，m^3/d	500	300
耐温，℃	120	120
耐压，MPa	60	60
连续工作时间	≤3年	≤3年
最大水嘴开启压差，MPa	≥15	≥15

(2)电池容量

无缆智能分注与电缆永置智能分注最大的区别在于供电方式的不同，无缆智能分注采用井下电池供电，通过采用低耗能电路、间隙工作、电池休眠功能、小功率电机等综合技术降低耗能，其耗能计算具体如式(1)～式(4)所示。

微电路耗能：

5μA×24小时×365天×3年=0.1314Ah　　式(1)

电机耗能：

300mA×0.02小时/次×25次/每次调配×4次调配/年×3年=1.8Ah　　式(2)

数据传输耗能：

300mA×0.02小时/次×150次/年×3年=2.7Ah　　式(3)

自耗能：

12AH×0.001Ah/天×365天×3年=13.14Ah　　式(4)

由式(1)～式(4)计算可知，无缆智能分注工作筒按每年调配4次计算，理论上3年总耗能=0.1314+1.8+2.7+13.14=17.7714Ah，占电池总电量24AH的74%，可保证正常工作3年以上。

3.3.2 调制解调器

地面调制解调器是无缆智能分注技术的另一件核心设备，使用时其须安装在井口油嘴前的注水流程上，是连接井下注水器和电脑终端的中枢机构，其主要负责注水井井下数据的读取转码、地面命令的造波发送等功能(图10)。

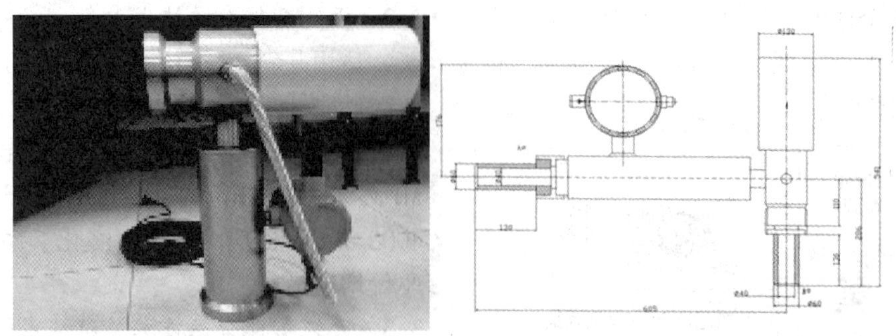

图10　调制解调器示意图

3.3.3　无缆智能分注控制系统

(1)无线编码规则设计

无缆智能分注技术采用22位二进制数据传输编码，共携带属性编码、类型编码、数据编码三类编码，包括水嘴开度、嘴前压力、嘴后压力、层号等数据，发送指令由调制解调器完成编码，由井下工作筒完成解码，返回数据时由工作筒完成编码，由地面调制解调器完成解码并传至电脑控制端(图11)。

(2)无缆智能分注测调软件开发

测调软件由地面监测软件和网络传输软件组成，通过监测软件实现发送指令、接收显示数据功能，数据接收后可通过网络传输软件将数据传送至陆地或云端，实现远程控制。

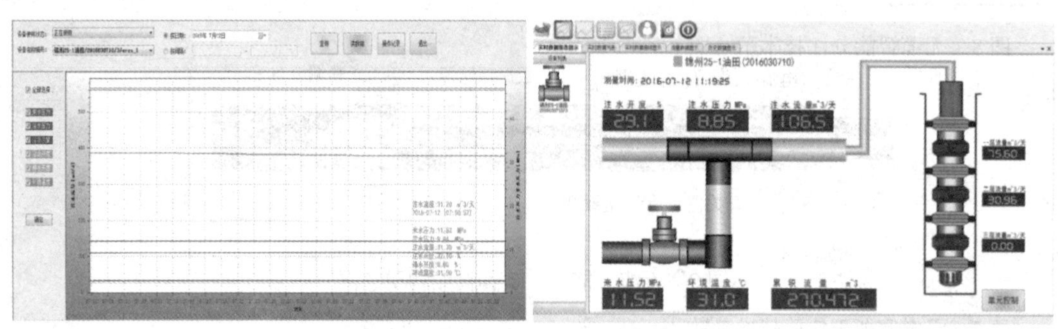

图11　无缆智能分注测调软件

4　电缆永置智能分注与无缆智能分注对比

电缆永置智能分注技术与无缆智能分注技术各有利弊，电缆永置智能分注技术以电缆为传输媒介，数据可以实现实时传输、调配效率高，但其工艺管柱相对复杂；无缆智能分注技术使用寿命受电池寿命影响，是目前限制无缆智能分注技术发展的主要瓶颈，同时无缆智能分注技术以压力脉冲波为媒介进行信号传输，数据反馈有2小时延迟，无法做到实时监测，但其具有工艺管柱简单且测调不受井斜、井深限制等优点，非常适合井斜、狗腿度较大或深度较深且有测调需求的注水井使用。因无缆智能分注技术电池寿命受限等原因，现阶段渤海油田智能分注技术推广仍以电缆永置智能分注技术为主。

5　现场应用与前景

截至2018年10月，智能分注技术在渤海油田累计应用34口井，其中电缆永置智能分注技术应用33口井，无缆智能分注技术应用1口井。电缆永置智能分注技术目前应用最大分层数6层，最大下入深度3333m，最大井斜87.62°，最大单层流量800m^3/d，最长正常运转34个月；无缆智能分注技术目前最长正常运转27个月，至今仍在正常工作。智能分注技术应用后可使注水井单井测试费用由14万元/次降至0元，单井测试时间由4天降至4小时，截至目前已为渤海油田累计减少占用平台300余天，节约调配费用800余万元。

智能分注工艺作为渤海油田第三代注水技术拥有广阔的应用前景，根据现场试验及数值模拟预测结果，若以2017年渤海油田累计调配249井次计，单年将节约调配费用3486万元，减少占用平台时间1245天，措施井调配率将提高至100%，受效井采收率提高1~2%。2018年~2020年智能分注工艺将以渤海油田3000万吨持续稳产项目为依托，继续加大现场推广力度，全面应用后，预计可将渤海油田调配率由67%提高至

100%，单井调配合格率由 51%提高至 80%，层段调配合格率由 54%提高至 85%。

6　结论

(1)智能分注工艺摆脱了钢丝或电缆测调作业，实现了井下分层数据监测、注水量在线直读验封，验封测调效率高，能够有效确保分注井调配率及层段合格率，同时可降低测调成本，满足海上油田大斜度井、水平井经济、高效注水开发需求。

(2)该工艺可对地层压力进行监测，可用于地层静压测试，同时可为微压裂、酸化等增产措施作业进行压力监测，保证了作业安全。

(3)实现了远程操控，不占用平台作业空间，可为其他措施作业提供更多的作业窗口，同时便于规模化管理，提高海上油田分注井管理效率。

(4)该工艺在满足分层注水需求的同时，能够全面的获取油藏动态数据，为油藏生产动态分析、开发方案调整提供充分的数据支持；同时其研究思路可以扩展到油井分采技术研究中，可以为海上油田稳油控水、提高采收率提供技术手段，推动数字化油田建设，为渤海油田 3000 万吨持续稳产提供有力技术支持，具有良好的应用前景。

参 考 文 献

[1] 赵敏．分层注水工艺在油田的实际应用[J]．中国石油和化工标准与质量，2014(12)：108.
Zhao Min. The practical application of zonal water injection technology in oilfield [J]. China Petroleum and Chemical Industry Standard and Quality, 2014 (12): 108.

[2] 王立．分层注水技术的发展前景[J]．石油仪器，2013(02)：57-61.
Wang Li. The development prospects of zonal water injection technology development prospects [J]. Petroleum Instrumenis, 2013(02): 57-61.

[3] 程心平，刘敏，罗昌华，等．海上油田同井注采技术开发与应用[J]．石油矿场机械，2010(10)：82-87.
Cheng Xinping, Liu Min, Luo Changhua, etal. Development and Application of Single Well Injection/Production Technique [J]. Oil Field Equipment, 2010(10): 82-87.

[4] 郭雯霖，白健华，沈琼，等．渤海油田分层注水管柱防卡及洗井工艺[J]．石油机械，2013(09)：56-58.
Guo Wenlin, Bai Jianhua, Shen Qiong, etal. Anti-sticking and Well Flushing Technology for Layered Injection String in the Bohai Sea [J]. China Petroleum Mechinery, 2013(09): 56-58.

[5] 罗昌华，程心平，刘敏，等．海上油田同心边测边调分层注水管柱研究及应用[J]．中国海上油气，2013(04)：46-48.
Luo Changhua, Cheng Xingping, Liu Min, etal. The research and application of concentric test and adjustment zonal injection string in offshore oilfield [J]. China Offshore Oil and Gas, 2013, 25(4): 46-48.

[6] 刘颖，刘友，李明平，等．斜井分层注水工艺研究与应用[J]．石油机械，2014(02)：84-87.
Liu Ying, Liu You, Li Mingping, etal. Research and Application of Separate Layer Water Injection Technology in Deviated Wells [J]. China Petroleum Mechinery, 2014(02): 84-87.

[7] 贾德利，赵常江，姚洪田，等．新型分层注水工艺高效测调技术的研究[J]．哈尔滨理工大学学报，2011(04)：90-94.
Jia Deli, Zhao Changjiang, Yao Hongtian, etal. Study on New Type of Hierarchical Injection and Efficient Testing Adjustment Techniques [J]. Journal of Harbin University of Science and Technology, 2011(04): 90-94.

[8] 徐国民，苗丰裕．注水井高效测调技术的研究与应用[J]．科学技术与工程，2011(05)：958-963.
Xu Guomin, Miao Fengyu. Study and Application the Efficient Control Technology of Injection Well [J]. Science Technology and Engineering, 2011(05): 958-963.

[9] 黄强，张立，郭鑫，等．分注井测试与调配联动技术的改进与应用[J]．内蒙古石油化工，2011(05)：87-89.
Huang Qiang, Zhang Li, Guo Xin, etal. The Improvement and Application of Zonal Injection Well Testing and Deployment Linkage Technology [J]. Inner Mongolia Petrochemical, 2011(05): 87-89.

[10] 许增魁，马涛，王铁成，等．数字油田技术发展探讨[J]．中国信息界，2012(09)：28-32.
Xu Zengkui, Ma Tao, Wang Tiecheng, etal. Digital Oilfield Technology Development [J]. Information China, 2012(09): 28-32.

奥里诺科重油溶解气驱后不同气体注气吞吐提高采出程度实验研究

李松林 李星民 苟 燕 罗建华

（中国石油勘探开发研究院）

摘 要 委内瑞拉奥里诺科重油目前采用溶解气驱冷采衰竭开发，虽然取得了相对较高的产量及较好的经济效益，但是由于地层能量有限，预计衰竭开发采出程度仅有6%~12%，仍有大量的剩余油有待采出，为此进行了溶解气驱后不同气体注气吞吐提高采出程度实验研究，实验选取了天然气（溶解气）、二氧化碳、70%天然气+30%丙烷、50%天然气+50%丙烷等四种气体，对它们分别进行了奥里诺科重油溶解和降黏 PVT 实验测试，并对 PVT 测试参数进行了拟合预测，然后分别进行了填砂管溶解气驱后注气吞吐物理模拟实验，结果显示在溶解气驱采出约16%的基础上天然气、二氧化碳、70%天然气+30%丙烷及50%天然气+50%丙烷气体吞吐分别可以提高采出程度约：7.1%，17.9%，18.5%和29.4%。实验研究为在奥里诺科重油带衰竭开采后注气吞吐提高采出程度中气体选择提供了实验依据。

关键词 注气吞吐；奥里诺科重油；溶解气驱；PVT；天然气；二氧化碳；天然气+丙烷

引言

委内瑞拉奥里诺科重油带是目前世界稠油资源最丰富的地区之一，原始地质储量高达2000×10^8t[1]，虽然重油带原油黏度较高（油层温度55℃下脱气原油黏度15000mPa·s以上），但是油藏内含有一定的溶解气（原始溶解气油比12~18m^3/m^3，地下含气原油黏度约2500~6000mPa·s）且油藏渗透率较高（5~10D），目前利用水平井冷采衰竭开发取得了较好的生产效果：水平井水平段长度一般1000m左右，初期产量高达160~320m^3/d；由于其溶解气驱生产过程中可以形成较强的“泡沫油”溶解气驱作用，预计冷采衰竭开发采出程度可达6%~12%[2]，相比较一般稠油冷采开发采出程度不到5%。尽管如此，奥里诺科重油冷采衰竭开发后油藏内仍存有大量的剩余油，必须采取进一步措施以提高奥里诺科重油带开发的采出程度。

注蒸汽热采是稠油或重油进一步提高采出程度的最主要及最有效的方法，但由于其一次性投资巨大，操作成本相对较高，成本回收期较长，因此在目前低油价背景下，在奥里诺科重油带开展注蒸汽热采开发具有一定的经济风险。稠油注气吞吐地面设备投资少，操作相对简单且见效快，主要包括有稠油天然气（溶解气）吞吐，二氧化碳吞吐，天然气+丙烷吞吐，二氧化碳+丙烷吞吐等等，其中一些方法已经在稠油油藏中试验应用取得了较好地增产效果，一些在实验室研究中显示了较好地进一步提高采出程度的潜力。如吐哈油田鲁克沁超深层稠油油藏（地下原油黏度160mPa·s）天然气吞吐试验，单井产量提高了2~5倍[3-4]；土耳其CAMURLU灰岩裂缝性稠油油田（地下原油黏度248mPa·s）[5-6]、美国HALFMOON灰岩裂缝稠油油田（地下原油黏度118mPa·s）[7]、美国LICK CREEK水驱后稠油油田（地下原油黏度160mPa·s）[8]及中国胜利油田（地下原油黏度50~150mPa·s）[9]等都曾进行CO_2吞吐试验或增产措施，很多油井取得了1~2倍的增产效果；美国AMOCO石油公司20世纪70年代曾对地下原油黏度较高（原油黏度18mPa·s）的油井进行了天然气+丙烷（其中丙烷占20%）吞吐试验[10]，其中一口井吞吐后增油1倍，有效期长达2年，其研究和现场试验验证表明增大降黏半径是提高注气吞吐开发效果的最有效方式。2010年加拿大创新研究院（ALBERTA INNOVATIES-TECHNOLOGY FUTURES）针对加拿大出砂冷采后薄层稠油油田（采出程度5%~10%，地下

【作者简介】李松林（1968-），男，博士，高级工程师，自2000年在中国石油勘探开发研究院热采所从事稠油开发的数值模拟及物理模拟等方面的研究。E-mail：lisl@ petrochina. com. cn

原油黏度 10000～50000mPa·s)，提出并实验研究了二氧化碳+丙烷吞吐进一步提高采出程度的方法[11-12]，实验结果显示采用 28%丙烷+72%二氧化碳吞吐可以在溶解气驱开发基础上(采出程度 6.8%)提高采出程度 43.6%。

为此进行了奥里诺科重油溶解气驱后注气吞吐提高采出程度实验研究，选取了天然气(溶解气)，二氧化碳、70%天然气+30%丙烷、50%天然气+50%丙烷等作为吞吐注入介质，测量研究了它们各自在奥里诺科重油中溶解的 PVT 特性并对测量参数利用 CMG 的 WINPROP 模块进行了参数拟合及预测，进行了溶解气驱后不同气体注气吞吐物理模拟实验，研究对比了它们注气吞吐提高采出程度的效果。

1　奥里诺科重油溶解不同气体 PVT 测试及参数拟合预测

实验用原油样品来自于委内瑞拉奥里诺科重油带的 M 区块，油藏温度 55℃下其脱气原油黏度约 15000mPa·s，天然气按照 M 区块的原始溶解气主要组分实验室配制而成(主要成分为 90%甲烷+10%二氧化碳)。针对以上原油样品，在 55℃时不同压力下，对原油溶解天然气，二氧化碳、70%天然气+30%丙烷(标况下体积比)和 50%天然气+50%丙烷(标况下体积比)等气体进行了 PVT 测试，然后利用 CMG 软件的 WINPROP 模块对测试数据进行了饱和压力与溶解气油比关系、饱和压力与含气原油黏度关系等参数的拟合及预测(图 1 和图 2)。

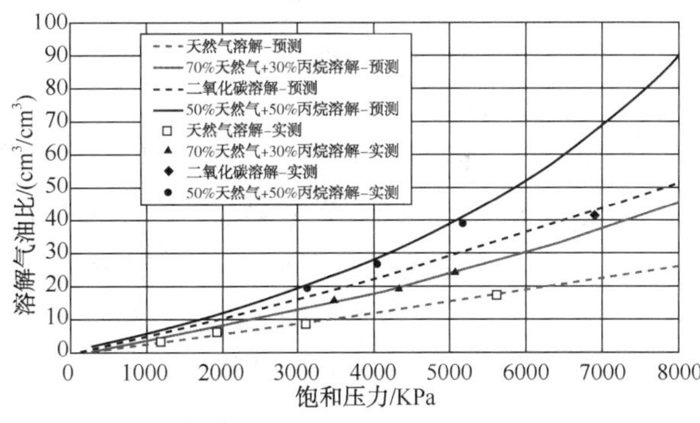

图 1　奥里诺科重油饱和不同气体后溶解气油比与饱和压力的关系

表 1 是三组压力下分别饱和四种气体的溶解气油比及相应含气原油黏度对比，结果表明：选取的四种气体中，天然气在奥里诺科重油中的溶解能力最低，相应溶解降黏效果最差，其次是 70%天然气+30%丙烷气体，二氧化碳比 70%天然气+30%丙烷气体的溶解降黏能力稍好，50%天然气+50%丙烷气体的溶解降黏能力相对最好，其在温度 55℃压力 6000kPa 条件下，在奥里诺科重油中溶解气油比可达 47.6cm³/cm³，含气原油黏度下降到 500mPa·s，相比 55℃脱气原油黏度下降约 97%。

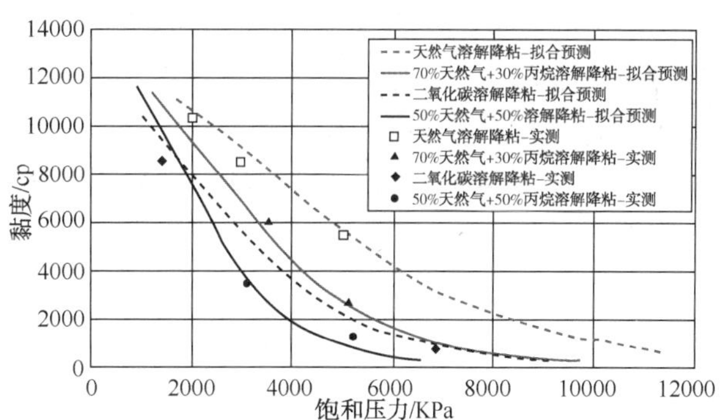

图 2　奥里诺科重油饱和不同气体后含气原油黏度与饱和压力的关系

表 1　奥里诺科重油饱和不同气体的饱和溶解气油比与降黏效果对比(温度 55℃)

	饱和压力/KPa	溶解气油比/(cm^3/cm^3)	含气原油黏度/mPa·s	降黏率
天然气	2000	5.5	10800	28%
	4000	11.7	7000	53%
	6000	18.2	4600	69%
二氧化碳	2000	9.6	8000	47%
	4000	21.9	4100	73%
	6000	36.1	1400	91%
70%天然气+30%丙烷	2000	8.1	9300	38%
	4000	18.1	4500	70%
	6000	29.8	1600	89%
50%天然气+50%丙烷	2000	11.5	7600	49%
	4000	27.1	1900	87%
	6000	47.6	500	97%

2　奥里诺科重油溶解气驱后不同气体吞吐提高采出程度实验研究

溶解气驱及注气吞吐实验主要实验设备及流程如图 3 所示，其中一维填砂管长度 600mm，内径 Φ32mm，填砂后孔隙度 41%，渗透率 10D。主要实验流程：(1)利用奥里诺科重油配制油藏条件下的含气原油(温度 55℃，原始溶解气油比 16cm³/cm³)；(2)连接实验管线，填砂管饱和蒸馏水 2PV；(3)控制出口背压阀压力在 7MPa，饱和配制好的奥里诺科含气稠油 2PV；(4)逐渐降低背压阀压力，进行溶解气驱衰竭实验，直到压力 2MPa；(5)注气吞吐实验，从采油端注入气体使管内压力到 8MPa，焖井 12~16h，然后通过背压阀逐渐降压吞吐生产，直到管内压力下降到大气压，进行下一次吞吐实验，当周期吞吐采出程度低于 1%左右时，停止下一周期吞吐，结束实验。在进行天然气+丙烷气体吞吐时，先注入丙烷，然后注入天然气。

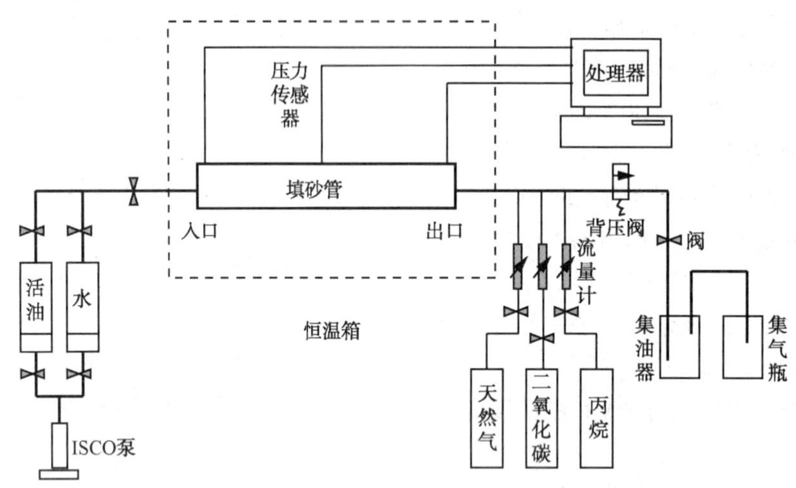

图 3　溶解气驱及注气吞吐实验设备及流程示意图

四种气体吞吐实验前都分别进行了溶解气驱实验，溶解气驱衰竭到 2MPa，采出程度均在 16%左右，然后在溶解气驱基础上进行气体吞吐实验。

吞吐焖井的压力监测表明，气体溶解能力越强，吞吐焖井后压力下降幅度越大。图 4 为天然气和二氧化碳第一周期吞吐焖井后压力下降过程对比，看到由于二氧化碳溶解能力强，其焖井 16 小时后压力下降约 1.5MPa，而天然气吞吐焖井 16 小时后压力仅下降约 0.7MPa，因此相比较更多的天然气以自由气存在于填砂管中，而二氧化碳则较多地溶解在原油中，这将显著地影响接下来吞吐开发效果。另外还可以发现在焖井初期的前 2 个小时，压力下降速度快，后续时间压力下降速度大大趋缓，表明后期通过长时间的浸泡未能进一步增加气体在原油中的溶解，主要原因是后期依靠气体分子扩散作用增加与原油接触，难以使气体充分溶解在在原油中，而在 PVT 实验时，通过 PVT 桶的搅拌后期仍可以使得较多的注入气体溶解。随着吞吐轮次的增加，注气焖井后压力下降幅度随逐步降低，表明被溶解的气体逐步减少，主要原因是填砂管内剩余油减少以及管内残存气量不断累积，使得新周期注入的气体溶解量减少，实验过程中天然气第一周期吞吐焖井后压力下降约 0.7MPa，最后一周期下降约 0.5MPa，二氧化碳和 70%天然气+30%丙烷第一周期吞吐焖井后压力下降约 1.5 MPa，最后一周期下降约 0.5MPa，50%天然气+50%丙烷第一周期吞吐焖井后压力下降幅度约 2.5 MPa，最后一周期下降约 1.0MPa。

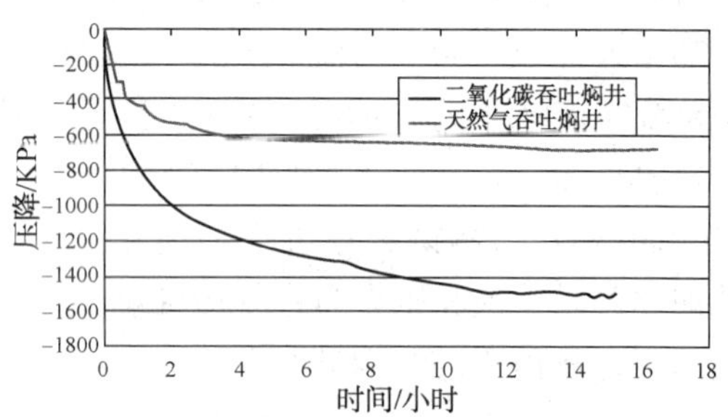

图 4　奥里诺科重油天然气吞吐、二氧化碳吞吐实验焖井过程中压力下降过程

四种气体吞吐的开发效果分别如图 5 和图 6 所示，其中天然气吞吐开发效果最差，衰竭开发后天然气吞吐只能生产 3 个周期，第 2、3 周期就开始大量产气，产油量迅速下降，结果在前期溶解气驱采出 16.1%的基础上 3 周期天然气吞吐累计增加采出程度 7.1%；二氧化碳可以吞吐 6 周期，在 15.7%溶解气驱基础上增加采出程度约 17.9%；虽然 70%天然气+30%丙烷的溶解降黏效果略低于二氧化碳，但是其吞吐 5 周期可在溶解气驱基础上累计增加采出程度约 18.5%，还略高于二氧化碳吞吐，主要原因在于是采用混合气体进行吞吐，具有相对较高的吞吐效果[13]；50%天然气+50%丙烷吞吐效果最好，可以吞吐 9

个周期，在16.3%溶解气驱基础上增加采出程度29.4%，相比单纯天然气吞吐提高采出程度22.3%，主要是加入50%丙烷后，大大增加了奥里诺科重油的溶解及降黏能力，增加了周期产量及吞吐轮次。图7是50%天然气+50%丙烷吞吐9周期后从填砂管中前半部分(A图)和后半部分(B图)取出的油砂样品对比照片，看出填砂管中前半部分油砂颜色明显变浅，油砂松散，表明大量的原油被吞吐采出，残余油饱和度20%以下，在后半部仍是深黑色的油砂，油砂湿润黏稠，仍存在大量的剩余油，剩余油饱和度仍高达75%以上。

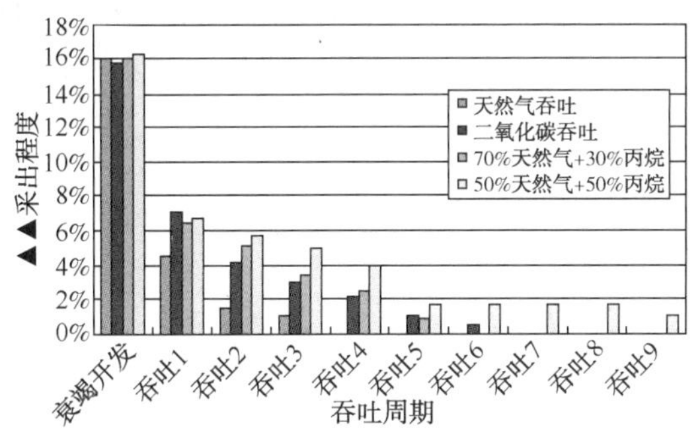

图5　奥里诺科重油溶解气驱后不同气体吞吐实验各周期生产效果对比

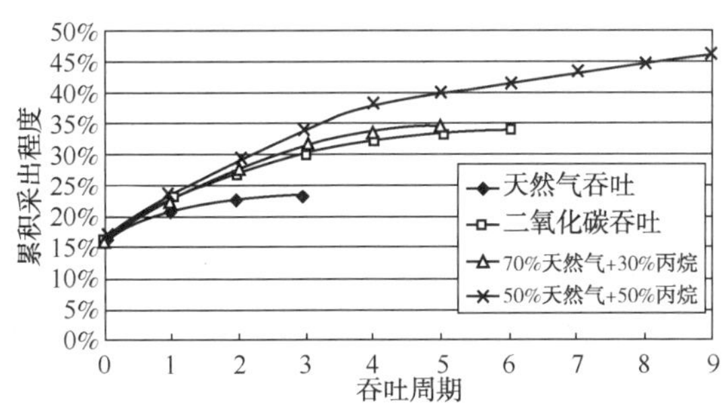

图6　奥里诺科重油溶解气驱后不同气体吞吐实验累计生产效果对比

3　结论

对天然气、二氧化碳、70%天然气+30%丙烷及50%天然气+50%丙烷等四种气体在委内瑞拉奥里诺科重油中的溶解和降黏作用进行了PVT参数测试，并对测试结果利用CMG数值模拟软件中的WINPROP模块进行了拟合及预测，在温度55℃及饱和压力6MPa下，天然气、二氧化碳、70%天然气+30%丙烷及50%天然气+50%丙烷等四种气体的饱和溶解气油比分别可以达到：18.2cm^3/cm^3，36.1cm^3/cm^3，29.8cm^3/cm^3，47.6cm^3/cm^3，相应的含气原油黏度可以由脱气原油黏度15000mPa·s分别下降到约：4600mPa·s，1400mPa·s，1600mPa·s，500mPa·s左右。

A

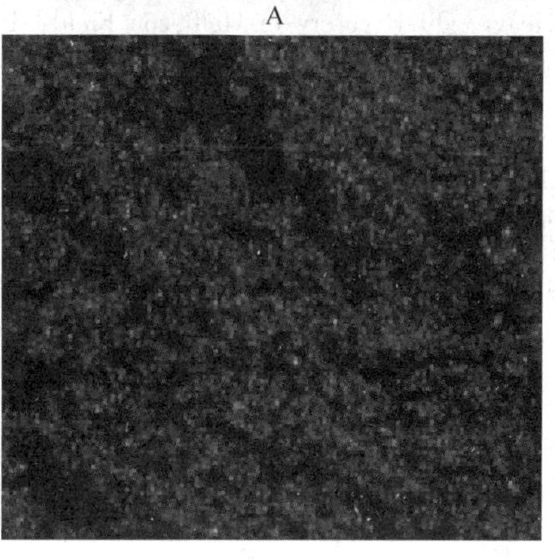

B

图7　奥里诺科重油溶解气驱后50%天然气+50%丙烷吞吐9周期后剩余油情况

利用以上四种气体进行了奥里诺科重油溶解气驱后吞吐提高采出程度实验，结果显示在溶解气驱采出约16%的基础上天然气、二氧化碳、70%天然气+30%丙烷及50%天然气+50%丙烷气体吞吐分别可以提高采出程度约：7.1%，17.9%，18.5%和29.4%。

虽然气体吞吐在一些稠油油田中试验或应用取得了一定的效果，但是这些稠油油田地下原油黏度一般在200mPa·s或以下，相比奥利诺克重油带地下含气原油黏度大于5000mPa·s，还需要下一步先导试验进行研究和验证，实验研究结果为在奥里诺科重油带进行气体吞吐先导试验研究提供了基础资料。

参考文献

[1] 穆龙新 委内瑞拉奥里诺科重油带开发现状与特点 石油勘探与开发，Vol. 37 No. 3 2010年6月；

[2] 李星民 陈和平等．超重油油藏水平井冷采加密优化研究[C] 特种油气藏 2015，22(1)：118-120

[3] 姜涛，肖林鹏，杨明强，等．超深层稠油油藏注天然气吞吐开发矿场试验[J]．大庆石油地质与开发，

2008，27(5)：101-104.

[4] 李松林，张云辉，等．超深层稠油油藏天然气吞吐试验改善效果措施研究[J]．特种油气藏，2011 年，(1)：73-75.

[5] Mohammed - Singh L，Petrotrin，Singhal A K，et al. Screening criteria for carbon cioxide huff ‘n’ puff operations[C]. SPE 100044，2006

[6] Gondiken S. Camurlu field immiscible CO_2 huff and puff pilot project[C]. SPE 15749，1987.

[7] Olenick，Steve，Schroeder，F. A. Cyclic CO_2 Injection for Heavy-Oil Recovery in Halfmoon Field：Laboratory Evaluation and Pilot Performance[C]. 24645-MS SPE Conference Paper-1992

[8] Reid，Thomas B.，Robinson，Harvey J.，Lick Creek Meakin Sand Unit Immiscible CO2 Waterflood Project [C]. SPE 9795-PA 1981

[9] 张国强，孙雷，孙良田，等．小断块油藏单井 CO_2 吞吐强化采油注气时机及周期注入量优选[J]．特种油气藏，2007，14(1)：32-37.

[10] Jack L，Shelton，Morris，et al. Cyclic injection of rich gas into producing wells to increase rates from viscous-oil reservoirs[C]. SPE 4375，1973.

[11] John ivory，Jeannine Chang，Roy Coates，Investigation of Cyclic Solvent Injection Process for Heavy Oil Recovery[C]. SPE 140662-PA 2010.

[12] Chang，Jeannine，Ivory，John，Field - Scale Simulation of Cyclic Solvent Injection (CSI)[C]. SPE 157804-PA 2013.

[13] Sara Shayegi，Jin，Zhengguo，et Improved cyclic stimulation using gas mixtures[C]. SPE 36687，1996：231-238.

高温稠油热采水连续混配聚合物压裂液体系研究

吕振虎　郑　苗　汪志臣　董景锋

（中国石油新疆油田公司）

摘　要　新疆油田玛湖地区体积压裂技术已进入规模化应用阶段，压裂用淡水资源匮乏问题突出。风城油田稠油开采中产生大量热采水，热采水的处理是油田面临的主要问题之一。稠油热采水温度高、富含表面活性剂，难以满足聚合物压裂液连续混配技术要求。分析稠油热采水配制聚合物压裂液技术难点，对丙烯酰胺进行改性，改善了高温水配液黏度低的问题；基于聚合物溶胀机理，研发了促进聚合物分散溶解的促溶剂，实现了聚合物在40℃～80℃热采水中3min溶胀率达到80%以上，90℃剪切黏度保持在80mPa·s以上；筛选消泡剂，复配形成了兼具抑泡与消泡作用的消泡剂，实现了40℃～80℃热采水发泡率≤7.5%，消泡时间≤90s。形成了高温稠油热采水连续混配聚合物压裂液技术，在新疆油田玛湖地区的成功应用，缓解了压裂用淡水资源短缺与稠油热采水处理困难的问题，为新疆油田清洁化生产提供了技术支撑。

关键词　高温；稠油热采水；聚合物压裂液；连续混配技术；增产改造

新疆油田乌-夏二叠系风城组及夏子街组储层发育一套以含云及云化的细砂岩、粉砂岩为主的特殊岩性体，初期采用有机硼延迟交联胍胶压裂液体系进行压裂作业，由于储层与常规胍胶压裂液存在配伍性差等问题，导致压后破胶不彻底，残胶堵塞储层，压后难见产。为此，开发了聚合物压裂液体系，并在乌夏断裂带风城组成功应用数十井次，获得较好效果。随着该区域的规模化开发，水平井+体积压裂技术已成为主要开发模式，“千方砂，万方液”的特征导致淡水资源消耗量巨大，以玛湖油田玛18井区水平井开发为例，平均单井压裂用水量达到1.5×10^4～$2.0\times10^4m^3$，大规模集中用水，为当地城市建设、环境保护带来潜在问题[1]。鉴于上述原因，采用油田工业废水配制压裂液，可有效缓解压裂用淡水资源短缺的问题。稠油热采水是指稠油开发过程中，热蒸汽注入到地层加热稠油后，随稠油一同采出，再经油水分离后得到的工业废水。随着新疆油田稠油热采技术的不断推广应用，日产稠油热采水3600m^3，为油田开发带来了巨大的经济和环境压力。

稠油热采水温度高、富含表面活性剂，导致配液过程中聚合物溶胀速度慢、基液黏度低、配液泡沫频发等问题难以满足连续混配聚合物压裂液技术要求。针对聚合物溶胀速度慢的问题，Yalkowsky[2]提出用内聚能密度的平方根作为溶度参数，认为两种溶度参数相近的物质可依靠负熵因素互溶；Ueberreiter等[3]开创了聚合物溶解动力学，提出溶解是相互扩散过程，聚合物在溶胀层诱导后发生溶解，并给出了稳态溶解的动力学方程，鉴于该理论，Ezzell等[4]和钟传蓉等[5]以苯乙烯衍生物为疏水单体，采用自由基胶束共聚合方法，制备了速溶疏水缔合物，但该聚合物成本较高；张润芳等[6]研究了乳液聚合物的溶解性能，但乳液聚合物对于配制低于3000mg/L的目标液体时，需要先配制成高浓度的母液，再稀释成所需浓度的目标液，增加了现场施工流程；黄志宇等[7]以硫酸铵溶液为聚合介质，采用水分散聚合法得到速溶聚合物水分散体，但该方法形成的聚合物由于单体浓度被溶剂稀释，聚合速度较慢，转化率不高，形成的干粉容易降解，上述研究针对聚合物速溶，取得了一定效果，但仍不满足连续混配施工的作业要求；针对高温聚合物溶液黏度低的问题，赵修太等[8]通过实验确定了温度对聚合物溶液黏度影响的关系，朱麟勇等[9]比较了不同温度下聚合物的氧化降解程度，孔柏岭[10]对聚丙烯酰胺的高温水解作用进行了分析，并对其选型进行了研究，武明鸣[11]通过实验研

【作者简介】吕振虎（1990-），工程师，硕士，主要从事井下控制与测量及储层改造方面的研究工作。E-mail：lvzhenhu2016@petrochina.com.cn

究了聚合物高温降黏现象，并对降黏机理进行了深入研究，上述研究揭示了高温聚合物溶液的降黏规律及机理，但并未给出相应措施；针对泡沫频发的问题，主要采用消泡剂进行有效控制，目前消泡剂种类繁多，但各自优缺点较为明显，例如聚醚型的抑泡能力强，但消泡能力较差，有机硅型消泡能力强，但抑泡能力较差[12]，无法满足现有压裂液的使用要求。

为此，开展稠油热采水连续混配聚合物压裂液技术攻关，针对稠油热采水高温、聚合物溶胀慢及泡沫频发等问题，通过聚合物改性、促溶剂研发，高温消泡剂筛选，实现了高温稠油热采水连续混配聚合物压裂液技术，形成了稠油热采水连续混配聚合物压裂液体系配方及配套工艺，并在新疆油田玛湖地区成功应用水平井 2 井次，缓解了压裂用淡水资源匮乏与稠油热采水处理困难的问题，为新疆油田清洁化生产提供了技术支撑。

1 稠油热采水连续混配聚合物压裂液难点分析

稠油热采水温度高（80℃），富含表面活性剂，主要二价离子为 Ca^{2+}、且含少量 Mg^{2+}，矿化度为 4602.55mg/L，其中 Ca^{2+} 含量为 17.85mg/L，Mg^{+} 为 7.22mg/L，悬浮固体含量 6.4mg/L。李道山等[13]研究表明多价金属离子对聚合物溶液黏度影响较大，且影响大小顺序为：$Fe^{2+}>Fe^{3+}>S^{2-}>Mg^{2+}>Ca^{2+}$，压裂液中 Ca^{2+}、Mg^{2+} 的安全浓度应分别控制在 200mg/L 与 100mg/L 以内，稠油热采水中 Ca^{2+}、Mg^{2+} 含量在安全范围之内，对聚合物压裂液性能影响较小，但稠油热采水高温且富含表面活性剂，无法满足聚合物压裂液连续混配技术要求。

1.1 高温水质配液影响基液溶胀性能及最终黏度

分析不同配液用水温度对聚合物压裂液溶胀性能、耐温耐剪切性能的影响，测试了 20℃、40℃、60℃、80℃ 水温条件下质量浓度为 0.45%、调节剂为 0.045%、交联剂为 0.42% 的聚合物压裂液溶胀特性及冻胶耐温耐剪切性能。如图 1、2 所示。

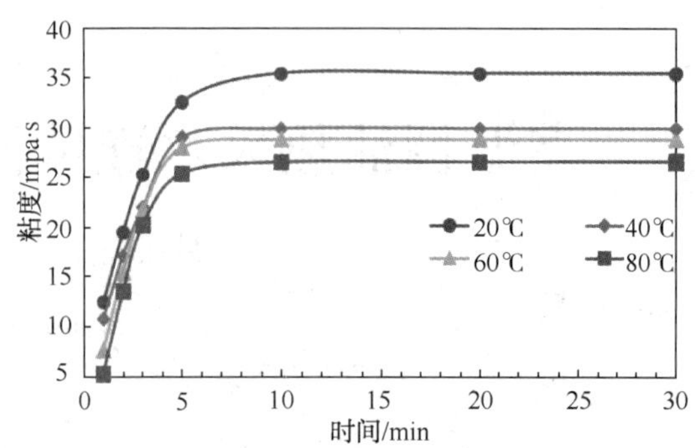

图 1　不同温度条件下基液黏浓曲线

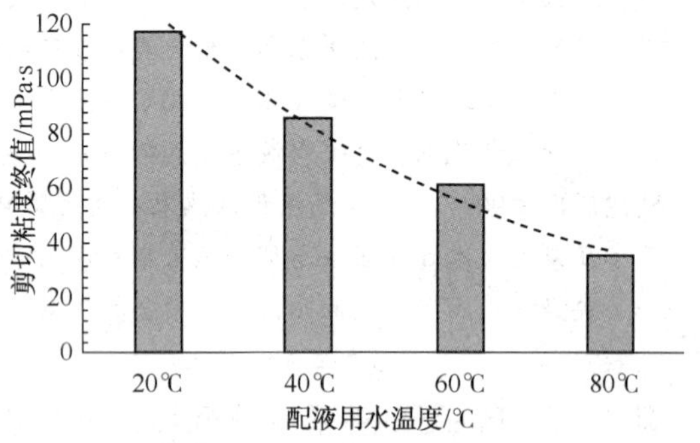

图 2　不同配液温度条件冻胶 60℃ 剪切特性

图 1 为不同水温下基液黏浓曲线，从图中可以看出，随配液用水温度增加，聚合物溶胀速率有所增加，但基液最终黏度有所降低，20℃ 稠油热采水配制的基液最终黏度为 37.5mPa·s，80℃ 时仅为 27 mPa·s，黏度下降 10.5 mPa·s，黏度损失率为 26.7%，这是由于在低温条件下，聚合物溶液内分子链之间发生缠结，导致分子链的相对运动受阻，溶液黏度增大；高温条件下，处于缠结的聚合物链在高温作用下运动加剧，分子链发生解缠结，体系内部的水分子流动阻力减小，导致黏度下降[14]。同时，从图中可以看出，随配液用水温度的增加，基液溶胀率增加，温度升高，分子热运动加剧，使水分子向聚合物扩散速率增加，但 80℃ 下 3min 内基液黏度仅为 25.9 mPa·s，仅达到最终黏度的 74%，无法满足连续混配作业要求。图 2 为不同水温条件下配制的聚合物压裂液冻胶在 60℃，170s^{-1} 下的剪切黏度终值对比图，从图中可以看出，随配液用水温度的增加，冻胶耐温耐剪切性能变差，20℃ 稠油热采水配制的冻胶在 60℃ 下的剪切黏度终值为 118 mPa·s，80℃ 时仅为 34 mPa·s，低于行业标准要求，无法满足现场施工要求，这是因为在高温条件下分子链解缠结及基液黏度的下降，导致聚合物不同分子链间交联反应变差，形成“区域性”网状分子聚集体数量变少，宏观上表面为冻胶强度和剪切性能变差[15]。

1.2 配液起泡严重

稠油热采水表面张力 44.4 mN/m，界面张力 22.93 mN/m，表面活性较高，在配液过程中由于搅拌器的快速搅拌，导致泡沫产生，且由于聚合物基液黏度大，泡沫性质稳定，长时间难以破灭。大量泡沫在配液罐及缓冲罐上部堆积，致使罐体液面判断困难，容易产生供液不足，泵送排量波动，从而增加施工风险。

室内实验测试得到不同温度稠油热采水在3000r/min下的发泡率，见表1所示：

表1 稠油热采水发泡率

温度,℃	20	40	60	80
发泡率,%	45%	58%	62%	75%

2 稠油热采水连续混配聚合物压裂液关键技术

2.1 抗高温稠化剂研究

2.1.1 抗高温聚合物稠化剂研发

针对高温配液条件下，基液黏度低的问题，在丙烯酰胺主链上分别引入疏水基团和含苯乙烯磺酸钠基团，六元环刚性基团苯乙烯磺酸钠增加了聚合物的抗温性能，同时疏水基团的引入，使分子间通过缔合力形成疏水微区（图3、图4）。由于缔合力的强度高于氢键，从而易于形成超分子聚集体和空间网络结构，使聚合物分子流体力学半径增大，在一定程度上抵消高温作用下运动加剧，导致分子链发生解缠结现象。

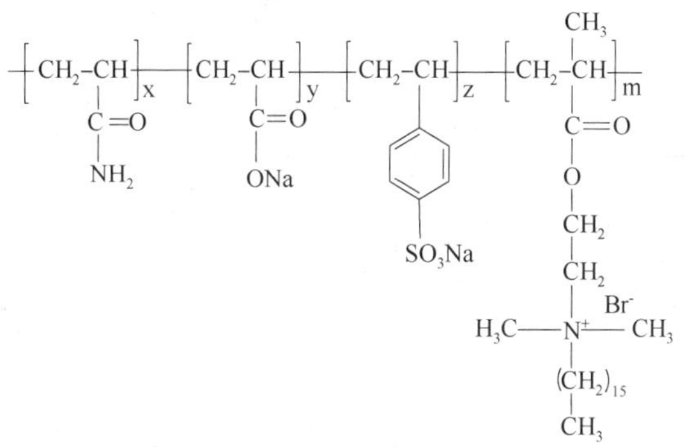

图3 抗高温聚合物分子结构

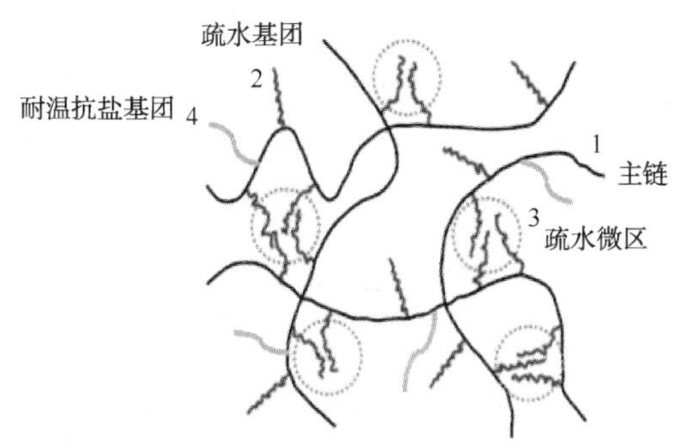

图4 抗高温聚合物溶液网络结构

2.1.2 聚合物抗温性能评价

分别采用20℃、40℃、60℃、80℃温度稠油热采水，配制质量浓度为0.45%聚合物压裂液基液，静置2h后，测试基液黏度如图5所示。

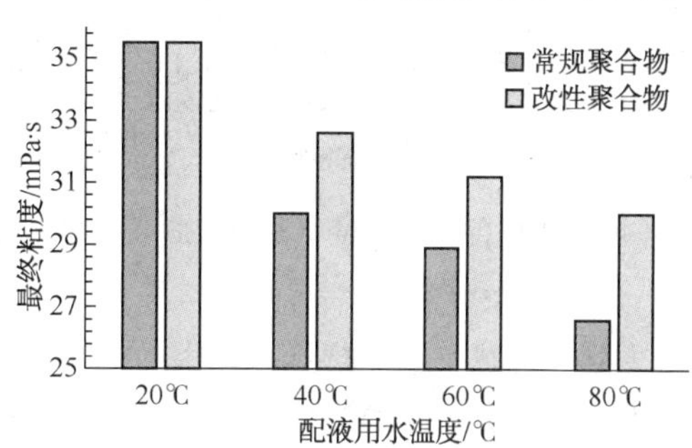

图5 不同配液用水温度下0.45%聚合物溶液黏度

对稠化剂进行改性后，利用80℃稠油热采水配制的压裂液基液黏度为30 mPa·s，比常温条件下基液黏度低5 mPa·s，黏度损失率为14.2%，高温降黏现象有所改善。

2.2 聚合物压裂液速溶方法

2.2.1 促溶剂的研发

Hildebrand理论认为[16]溶剂和溶质的溶度参数相近时，溶剂分子与溶质分子间的吸引力较大，有利于溶剂分子向溶质内部的快速扩散。目前压裂用聚合物主要由聚丙烯酰胺单体合成，其溶度参数为22.3$cal^{1/2}\cdot cm^{-3/2}$，稠油热采水的溶度参数与清水接近为23.4$cal^{1/2}\cdot cm^{-3/2}$，为提高二者间的吸引力，加速溶剂分子向聚合物内部扩散速度，可在水中加入适量的促溶剂，使形成的混合物的溶度参数与聚丙烯酰胺单体相近。混合物溶度参数可参照式(1)计算得到：

$$\delta_{mix} = \sum_{i=1}^{n} \varphi_i \delta_i \tag{1}$$

式中：δ_{mix}——混合物溶度参数，$cal^{1/2}\cdot cm^{-3/2}$；

φ_i——混合物中各组分质量浓度,%；

δ_i——混合物中各组分溶度参数，$cal^{1/2}\cdot cm^{-3/2}$。

根据聚合物溶解原理，研发了促溶剂，由可加性摩尔函数估算促溶剂溶度参数为12.8 $cal^{1/2}\cdot cm^{-3/2}$，计算不同促溶剂加量下混合物溶度参数如图6所示：

从图中可以看出在促溶剂加量为6.5%时，混合物溶度参数为22.6 $cal^{1/2}\cdot cm^{-3/2}$，与聚丙烯酰胺单体接近，有利于聚合物的快速溶胀，现场实际加量可通过室内实验确定。

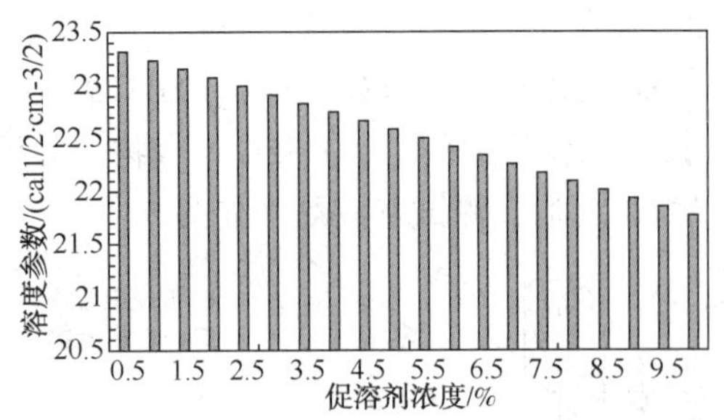

图 6　不同促溶剂加量下混合物溶度参数

2.2.2　促溶剂浓度优化

考虑到稠油热采水在拉运过程中的降温，采用60℃稠油热采水，配制 0.45%聚合物压裂液基液，评价促溶剂加量对聚合物溶胀特性的影响。

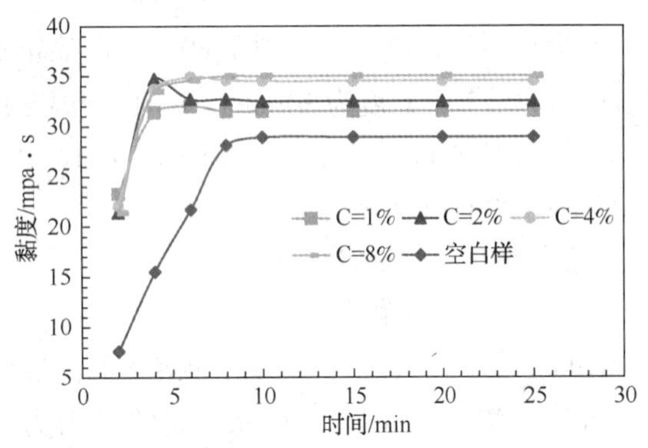

图 7　不同促溶剂加量下聚合物溶胀特性曲线

从图中可以看出，随着促溶剂加量的增加，聚合物溶胀速度明显加快，促溶剂加量在 2%时3min 内溶液黏度达到 32.7 mPa·s，且最终黏度与空白样相比高出近 5 mPa·s，表明促溶剂在短时间内即具有增溶作用，同时也具有增黏效果。从应用效果与成本考虑，最终确定现场添加比例为 1%~2%。

2.3　消泡技术研究

2.3.1　高温消泡剂的筛选

为解决稠油热采水配液过程中泡沫堆积的问题，针对常用的 10 种消泡剂，从消泡与抑泡两个方面对其评价，具体方法为：量取 400mL 稠油热采水（60℃）置于混调器中，控制搅拌速率3000r/min，加入 1%促溶剂、0.05%的消泡剂，加入 0.45%的聚合物稠化剂，搅拌 3min 后迅速倒入 1000mL 量筒中，读取起泡体积及泡沫完全消失时间。对比结果见表 2 所示。

从评价结果可以看出，部分消泡剂具有良好的消泡性能，可在 2min 内完全消泡，但抑泡效果较差，起泡体积大于 500mL；部分消泡剂具有良好的抑泡性能，可控制起泡体积小于 450mL，但消泡时间长达 15min。现场连续混配工艺则要求消泡剂兼具良好的抑泡及消泡性能，抑泡效果差会导致配液过程起泡量大，泡沫在配液罐中堆积，消泡效果差则会导致泡沫破灭缓慢，影响施工作业。

表 2　不同种类消泡剂消泡、抑泡效果评价

编号	消泡剂	起泡体积/mL	发泡率/%	消泡时间/min
1	空白	580	45	90
2	JN-1	570	42.5	2.5
3	DF-830	560	40	1.8
4	DF-873	550	37.5	1.5
5	B-279	540	35	1.7
6	B-278	550	37.5	1.3
7	XZ-8205	420	5	20
8	XZ-9513	450	12.5	25
9	KN-1	440	10	40
10	XP-1	420	5	20
11	D047	410	2.5	15

为使消泡剂兼具消泡与抑泡作用，将消泡效果最佳的 B-278 及抑泡效果最佳的 D047 复配使用，以综合利用其抑泡、消泡性能，实验结果见表 3 所示。

表 3　消泡剂复配评价表

复配比例	B-278：D047		
	1：2	1：1	2：1
起泡体积(mL)	420	440	480
发泡率(%)	5	10	20
消泡时间(min)	1.5	1.3	1.3

将 B-278：D047 以 1：2 复配后，可控制起泡体积为 420mL，发泡率仅为 5%，且消泡时间可控制在 1.5 min 以内。

2.3.2　消泡性能评价

将 0.05%复配消泡剂用于不同温度稠油热采水配液，消泡效果见表 4 所示。

表 4　复配消泡剂消泡效果评价

温度/℃	40	50	60	70	80
起泡体积/mL	420	420	430	430	430
发泡率/%	5	5	7.5	7.5	7.5
消泡时间/min	1.5	1.3	1.2	1	0.8

结果显示，随着配液水温度升高，起泡体积略有升高，但消泡时间明显变短。这是由于温度升高使聚合物基液表观黏度降低，产生泡沫克服的黏滞阻力降低，因而起泡体积增加；另一方面，泡沫液膜黏度降低强度变差，同时温度升高分子间热运动加剧，液膜排液速率增加，从而加速了液膜破灭，缩短了消泡时间。针对 40~80℃热采水，复配消泡剂可控制发泡率小于 7.5%，消泡时间小于 90s，表现出良好的高温抑泡及消泡效果。

3 稠油热采水连续混配聚合物压裂液性能研究

根据稠油热采水特点，确定出适用于稠油热采水配制的聚合物冻胶压裂液体系，按质量百分比组成为：0.25%~0.5%人工聚合物+0~0.5%防膨剂+0~0.5%破乳剂+0~0.3%助排剂+0.036%~0.06%调节剂+0.35%~0.6%交联剂+0.05%消泡剂+1%~2%促溶剂+0.08%~0.5%破胶剂，该体系配方克服了热采水高温水质(60℃~80℃)导致聚合物易降解，基液黏度低的问题，消除了稠油热采水中表面活性剂的影响，满足了稠油热采水连续混配聚合物压裂液技术要求。

3.1 交联时间

配制浓度为 10%的调节剂，采用 60℃稠油热采水配制聚合物压裂液，具体配方为 0.45%稠化剂+0.2%防膨剂+0.1%破乳剂+0.3%助排剂+0.42%交联剂+2%促溶剂+0.05%消泡剂，测试调节剂加入比例为 100：1、100：0.8 及 100：0.6 条件下交联时间，以满足现场对不同交联时间的灵活控制与调配，评价结果见表 5 所示。

表 5 稠油热采水压裂液体系冻胶交联时间统计表

序号	冻胶配方	交联比	调节剂比例	交联时间
1	热采水+0.45%稠化剂+0.2%防膨剂+0.1%破乳剂+0.3%助排剂	100：1	100：0.6	120
2			100：0.8	45
3			100：1	33

在交联比确定的条件下，随调节剂比例的增加，交联时间缩短，调节剂比例 100：1 时，交联时间 33s，现场可通过调节调节剂注入比例，控制交联时间，保证施工安全。

3.2 流变学研究

3.2.1 不同配液用水温度下冻胶耐温耐剪切性能

采用 20℃、40℃、60℃、80℃温度条件下的稠油热采水，利用前述配方配制聚合物冻胶压裂液，并在 60℃、170s^{-1}条件下测试冻胶耐温耐剪切性能。

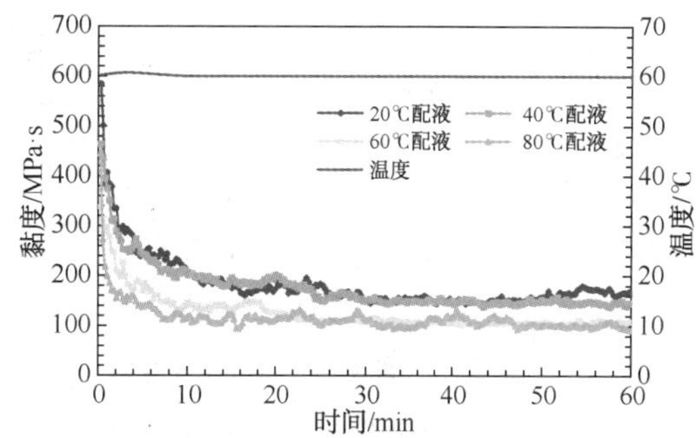

图 8 不同配液用水温度下冻胶耐温耐剪切性能

从不同配液用水温度条件下冻胶耐温耐剪切性能可以看出，随温度升高耐温耐剪切性能下降，80℃水配制的冻胶压裂液，耐温耐剪切黏度终值为 95.4 mPa·s，能够满足现场施工要求。

3.2.2 不同温度下冻胶耐温耐剪切性能(60℃水配液)

考虑到稠油热采水经出水口拉运至井场过程中的冷却降温，采用 60℃稠油热采水配制冻胶液，并测试 60℃、90℃条件下冻胶耐温耐剪切性能。

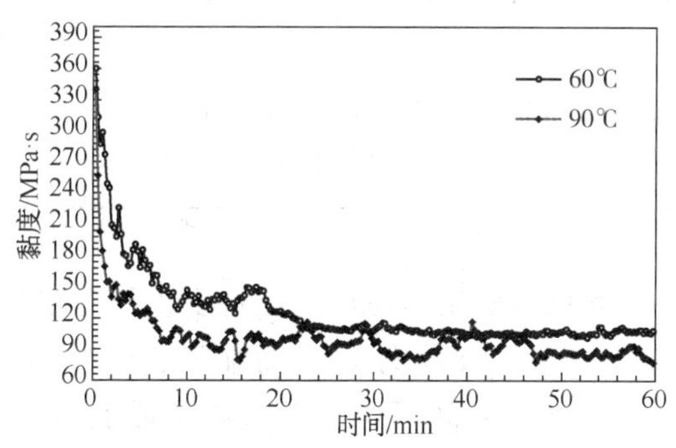

图 9 不同温度下冻胶耐温耐剪切性能(60℃水配液)

从不同温度下冻胶耐温耐剪切性能可以看出，随温度升高耐温耐剪切性能下降，90℃时，采用 60℃稠油热采水配制的聚合物压裂液，剪切黏度值大于 80 mPa·s，满足压裂液通用技术标准要求。

3.2.3 剪切性能滞后特性

采用 60℃稠油热采水，利用前述方法配制聚合物压裂液冻胶液，在 60℃下，线性的增加或减小剪切速率，观察剪切应力随剪切速率的变化关系，如图 10 所示。

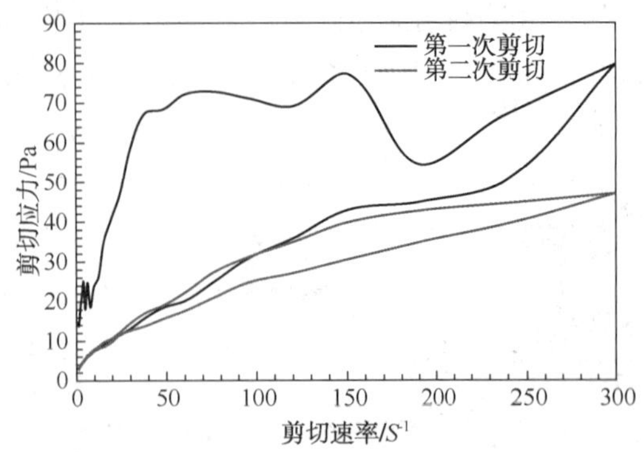

图10 聚合物压裂液冻胶液剪切滞后曲线(60℃)

从图中可以看出剪切速率线性的增加然后减小后，稠油热采水配制的聚合物压裂液冻胶的两条应力曲线不能重合，并存在明显的滞后环，随剪切次数的增加，滞后环的面积逐渐减小，环的位置向低剪切应力方向倾斜。第一次剪切后滞后环面积最大，表明冻胶对剪切较为敏感，二次剪切时，由于受一次剪切的影响，冻胶结构受到破坏，强度降低。

3.3 破胶性能研究

采用过硫酸钠(SP)，对60℃稠油热采水配制的聚合物压裂液冻胶体系进行60℃破胶性能测试。见表6、表7。

表6 60℃稠油热采水配制聚合物压裂液体系冻胶破胶梯度实验

冻胶配方	破胶剂加量,%	不同破胶时间下的冻胶状态							
		0.5h	1h	1.5h	2h	3h	4h	5h	6h
稠油热采水+0.45%稠化剂+0.2%防膨剂+0.1%破乳剂+0.3%助排剂+0.045%调节剂+0.42%增效剂	0.07	冻胶	冻胶	冻胶	弱冻胶	挑挂	拉丝	弱拉丝	破胶
	0.10	冻胶	冻胶	弱冻胶	挑挂	拉丝	拉丝	破胶	
	0.15	冻胶	冻胶	弱冻胶	弱冻胶	挑挂	破胶		
	0.20	冻胶	弱冻胶	挑挂	弱拉丝	破胶			

表7 60℃稠油热采水配制聚合物压裂液体系冻胶破胶性能测试

冻胶配方	破胶液黏度/mPa·s	pH	表面张力/(mN/m)	界面张力/(mN/m)
稠油热采水+0.45%稠化剂+0.2%防膨剂+0.1%破乳剂+0.3%助排剂+0.045%调节剂+0.42%增效剂	<5.0	6.5	26.8	0.5

从表可以看出，在60℃条件下，随着破胶剂的加量增加，破胶时间逐渐缩短，SP加量在0.1%~0.15%之间可保证聚合物冻胶在4h~5h之内破胶，SP加量在0.2%时，3h内可完全破胶，且破胶液表界面张力都能满足行业标准要求。

4 稠油热采水连续混配聚合物压裂液工艺及现场应用情况

4.1 稠油热采水连续混配聚合物压裂液工艺

根据稠油热采水与人工聚合物压裂液特点，确定了稠油热采水连续混配聚合物压裂液工艺，将促溶剂、消泡剂与连续混配车连接，通过液添泵将促溶剂与消泡剂按一定比例与聚合物稠化剂、稠油热采水一同注入连续混配车中，配制人工聚合物压裂液基液，并泵送至缓冲罐；将调节剂、交联液、液体添加剂接入混砂车，混砂车液添泵按照一定比例将缓冲罐中压裂液基液、调节剂、交联液、液体添加剂吸入混砂车内混合均匀，并通过干添泵加入破胶剂，形成具有携砂能力的聚合物冻胶压裂液，随后通过压裂车增压泵送至井口，具体流程如图11所示。

4.2 现场应用

利用稠油热采水连续混配聚合物压裂液在新疆油田X水平井实施压裂作业，该井垂深2250.96m，水平段长度752.0m，地层温度62℃，采用连续油管带底封拖动水力喷砂射孔环空加砂压裂工艺施工23级，累计使用稠油热采水配制聚合物压裂液10514m^3，现场中各类添加剂加量及注入方式见表8所示。

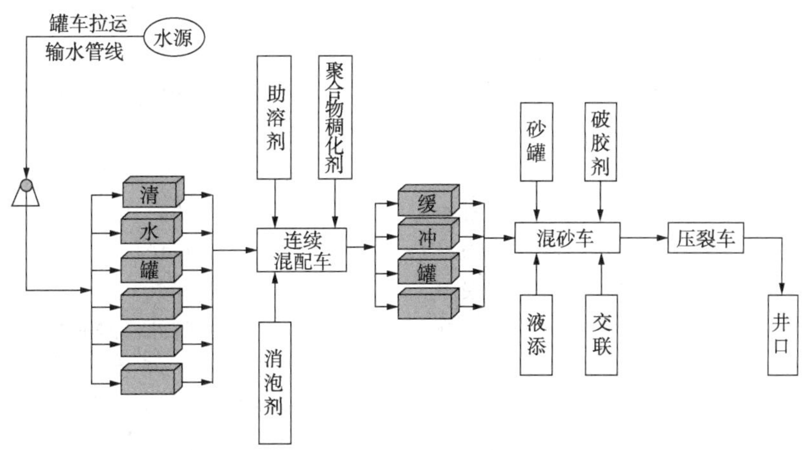

图 11　稠油热采水连续混配聚合物压裂液工艺流程

表 8　X 水平井连续混配添加剂注入方式及比例

液添种类	比例	注入方式及要求
交联剂	42%	混砂车出口，注入比例 100∶1，防腐罐拉运
助排+破乳剂+黏稳剂	60%+20%+20%	混砂车出口，注入比例 100∶0.5
调节剂	5%	混配车入口，注入比例 100∶0.7～0.8，防腐罐拉运
促溶剂	40%	混配车出口，注入比例 10∶0.8～1
消泡剂	10%	混配车入口，注入比例 100∶0.1

单层压裂施工注入排量 3.5～4m^3/min，最高砂比 320kg/m^3，施工压力如图 12 所示，施工过程中压力平稳，加砂顺利，表明采用稠油热采水连续混配的聚合物压裂液性能优良，能够满足现场压裂施工要求。

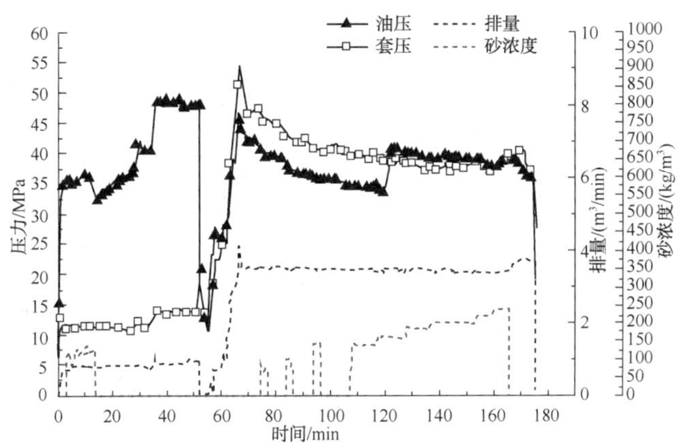

图 12　X 井第 17 级施工曲线

5　结论

(1)基于聚合物溶胀机理，研发了促进聚合物稠化剂分散溶解的促溶剂，实现了聚合物稠化剂在 40～80℃的热采水中 3min 溶胀率达 80%以上，90℃，170s^{-1} 剪切 60min 后，黏度保持在 80mPa·s 以上。

(2)优化消泡剂性能，复配形成了兼具抑泡与消泡作用的消泡剂，实现了 40～80℃稠油热采水配液发泡率≤7.5%，消泡时间≤90s。

(3)形成了高温稠油热采水连续混配聚合物压裂液技术，在新疆油田玛湖地区成功应用，缓解了压裂用水资源短缺与稠油热采水处理难度大的问题，为新疆油田清洁化生产提供了技术支撑。

参考文献

[1] 张振龙，孙慧，苏洋．新疆干旱区水资源生态足迹与承载力的动态特征与预测[J]．环境科学研究，2017，30(12)：1880-1888.

[2] Yalkowsky S H，Valvani S C. Solubility and partitioning I：solubility of nonelectrolytes in water[J]. Journal of pharmaceutical sciences，1980，69(8)：912-922.

[3] Asmussen F，Ueberreiter K. Velocity of dissolution of polymers. Part II[J]. Journal of Polymer Science Part A：Polymer Chemistry，1962，57(165)：199-208.

[4] Ezzell S A，Mc Cormick C L，Water-Soluble Copolymers. 39. Synthesis and Solution Properties of Associative Acrylamido Copolymers with Pyrenesulfonamide Fluorescence Labels，Macromolecules，1992，25：1881

[5] 钟传蓉．疏水缔合丙烯酰胺共聚物的合成与性能及在溶液中的结构形态[D]. 四川大学，2004.

[6] 张润芳，吴晓燕，王成胜，等．乳液聚合物溶解性能影响因素研究[J]．石油化工应用，2018，37

(01)：120-123.

[7] 郑存川，黄志宇，鲁红升，等．一种速溶型疏水缔合聚合物水分散体及其制备方法[P]．四川：CN107129558A，2017-09-05.

[8] 赵修太，王增宝，邱广敏，信艳永，倪洁．部分水解聚丙烯酰胺水溶液初始黏度的影响因素[J]．石油与天然气化工，2009，38(03)：231-234+237+176.

[9] 朱麟勇，常志英，李明宇，王尔鉴．部分水解聚丙烯酰胺在水溶液中的氧化降解 Ⅱ．有机杂质的影响[J]．高分子材料科学与工程，2000(02)：112-114.

[10] 韩杰，孔柏岭，吕小华．不同油藏温度条件下 HPAM 水解度与黏度变化规律[J]．油田化学，2006(03)：235-238+255.

[11] 武明鸣，赵修太，邱广敏，张国荣，刘高友．驱油聚合物水溶液黏度影响因素探讨[J]．河南石油，2005(02)：44-46+49-8.

[12] 朱天一，李茂，程亮，刘晓磊，朱江，马筱怡，孙晓婷．消泡剂的分类及其特点概述[J]．润滑油，2017，32(06)：23-25.

[13] 李道山，伍星，滕钟杰，张景春．水质对聚合物溶液流变特性的影响[J]．石油地质与工程，2012，26(01)：102-104.

[14] 王润．丙烯酰胺类聚合物堵水调剖剂的增黏机理研究[D]．中国石油大学(华东)，2014.

[15] 李强，梁守成，吕鑫，卢祥国，曹伟佳，刘爽．交联聚合物溶液成胶动态特征及其机理[J]．大庆石油地质与开发，2017，36(04)：87-94.

[16] Hildebrand, Joel Henry. " Solubility of Non - electrolytes. " 3rd Ed. Reinhold, New York, 1936.

基于数字岩心技术的三元复合驱后微观孔隙结构及剩余油特征

胡 硕 沈忠山 张 东

（大庆油田有限责任公司）

摘 要 本文采用CT扫描技术对5块全直径天然岩心进行微观孔隙结构定量化研究，直观展示了不同类型砂体不同物性特征的岩石三维微观孔隙结构参数，结合驱替实验开展"双胞胎"岩样水驱、三元复合驱微观孔隙结构参数变化规律研究，以及不同驱替方式下的微观剩余油赋存状态研究。结果表明：全直径岩心CT扫描是研究微观孔隙结构的有效手段，岩心扫描切片可以有效的反映砂体内部的层理及孔隙分布特征；随着孔隙度降低，岩心孔隙直径和喉道直径依次减小，孔喉比依次增大，配位数依次减小；水驱和三元复合驱对储层孔隙结构变化均具有积极影响，随驱替倍数的增加，孔喉半径、配位数与面孔率增加，孔喉比降低，后续水驱阶段的三元复合驱岩样微观孔隙结构更为复杂；相同驱替倍数条件下，复合驱对储层结构的改变程度明显高于水驱；驱替介质是影响微观剩余油的赋存状态、驱油效率的主要因素之一，三元复合驱的驱替效率高于水驱；三元复合驱后，孔喉网络中的含油饱和度明显降低，体积明显减小，剩余油更加分散，形态由网络状向多孔状和孤立状转变，而水驱后主要以多孔状剩余油为主。

关键词 全直径岩心；CT扫描；三元复合驱；孔隙结构；微观剩余油

油田开展工业化三元复合驱之后，其微观孔隙结构和剩余油变化一直是储层研究关注的焦点。以往对微观孔隙结构研究主要是利用薄片鉴定、扫描电镜以及压汞曲线等手段，近些年国内外CT扫描成像技术快速发展，在岩心无损的情况下开展图像扫描并重建，进而完成对微观孔隙结构及空间连通关系的三维表征[1-12]，弥补了常规检测手段的不足，同时补充了微观剩余油三维空间赋存状态的认识[13-18]。本文基于CT扫描技术，开展了全直径数字岩心分析，并借助油气驱替实验设备，获取了三元复合驱前后不同驱替时刻的岩心CT扫描图像，通过图像分析与三维重构提取了微观孔隙尺度的孔隙流体分布状态，定量表征了微观剩余油的空间赋存状态。

1 样品选择

采用密集取心井区的5块蜡封全直径天然岩心样品进行CT扫描，规格8-10cm×10 cm，分别为A、B、C、D、E岩样，其中A是水驱河道砂中部岩心，B是三元驱后河道砂底部岩心，C是三元驱后河道砂顶部岩心，D是水驱水下分流河道砂中部岩心，E是三角洲前缘相席状砂岩心。进行驱替实验的岩样是在全直径岩样A中同一位置获取的S1和S2岩样(简称"双胞胎"岩样)，规格2.5cm直径岩心栓，目的是保证储层物性相近可直接对比驱替前后的孔隙结构变化。微观剩余油驱替的实验选取了河道砂体中心部位A和河道砂体顶部C的2.5cm岩心栓样品，目的是使实验结果更加接近真实三元复合驱的储层状况(图1)。

2 全直径岩心孔隙结构特征

2.1 不同类型砂体孔隙度差异明显

ABC岩心CT孔隙度均大于气测孔隙度，而DE岩心CT孔隙度略小于气测孔隙度。主要原因是常规孔隙度测试方法测的孔隙度是有效孔隙度，而CT测的孔隙度是基于图像处理结果的总孔隙度，因此孔隙空间连通好的储层，图像处理的数据体能够体现更多的孔隙空间，测量结果偏大。受到扫描分辨率影响，孔隙空间及喉道较小的储层，丢失了许多微孔隙和微喉道，测量结果偏小。总体来说，应用CT扫描技术测量的岩心平均孔隙度与气测孔隙度虽有差异，但是绝对误差较小，利用CT扫描研究孔隙度变化可行。

【基金项目】国家重大专项"大庆长垣特高含水油田提高采收率示范工程"，编号：2016ZX05054

【作者简介】胡硕，男，1984年生，工程师，从事油田精细地质研究工作。

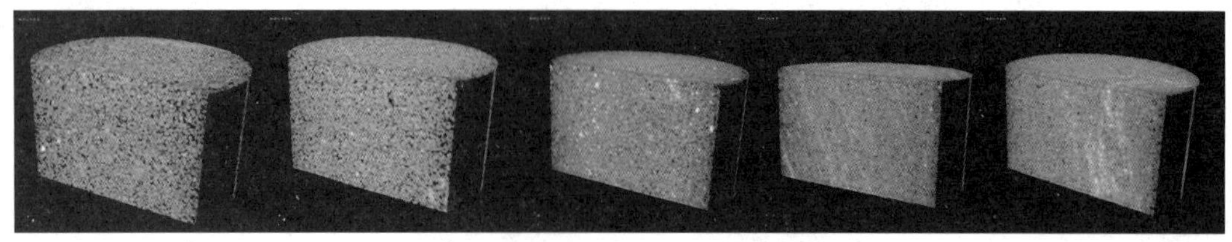

图1　5块全直径岩心数字岩心模型

2.2　全直径岩心层内非均质特征

以A岩样为例，岩心图像分析表明，规格8-10cm×10 cm全直径岩心内部依然存在较强的非均质性，岩心界面大部分属于高孔隙区域，只有局部存在低孔隙区，岩心的右侧存在一处明显的低密度条带，其孔隙发育特征与岩样主体部位存在较大的差异，为河道砂体的层理界面(图2)。纯砂岩分布区域，由于骨架颗粒的大小存在差异，导致岩心内部的孔隙分布不均匀，岩心自上而下共扫描了1059个界面，从面孔率分布曲线可以看到，全直径样品的最大面孔率位置在535号切片，面孔率为27.3%，最小面孔率位置为235号切片，面孔率为24.5%，平均面孔率为26.5%(图3)。

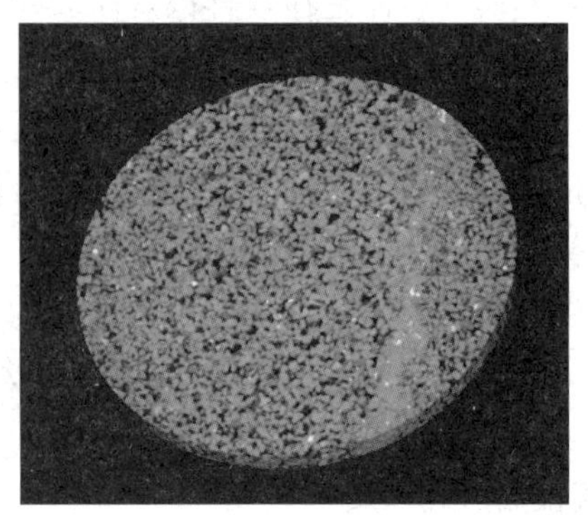

图2　A样全直径岩心切片特征

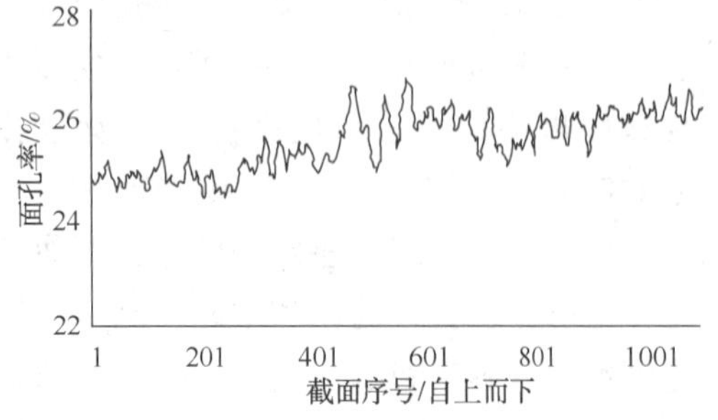

图3　A样全直径岩心切片面孔率曲线

3　三元驱前后微观孔隙结构特征

3.1　面孔率变化规律

S1岩样原始状态的平均面孔率为24.16%，1PV水驱后平均值增加了1.68%左右，15PV水驱后平均值增加至28.25%(图4)；S2岩样原始平均面孔率为25%，注聚驱替至0.5PV平均面孔率增加至26.5%，1PV平均又增加了0.031%，后续水驱至15PV，平均值上升到31%(图5)。实验表明，随驱替倍数增加，储层面孔率呈增加趋势，且增加的程度与驱替倍数呈一定的正相关。

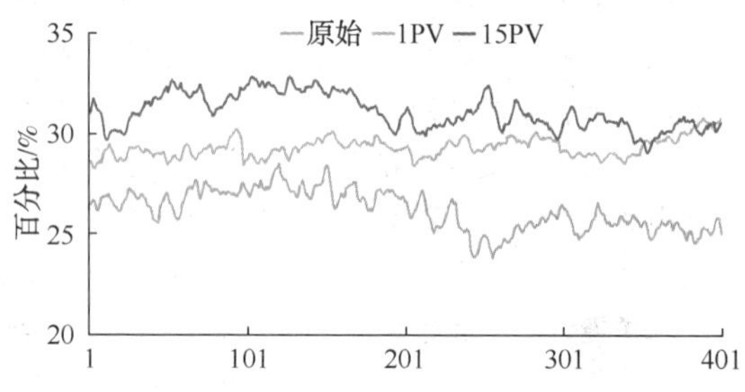

图4　S1岩样水驱阶段面孔率变化曲线

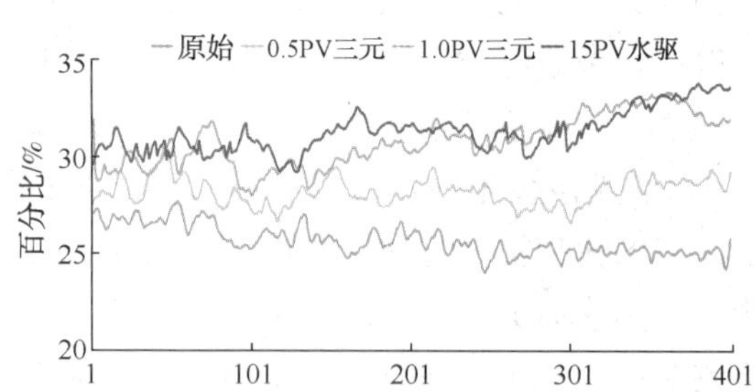

图5　S2岩样三元复合驱阶段面孔率变化曲线

从不同驱替阶段的面孔率变化规律可以看出，沿驱替方向，面孔率的变化程度存在一定的差异。水驱阶段，驱替近端的面孔率变化程度要高于驱替远端，且当水驱达到15PV时，岩心内部面孔率整体提升，驱替近端与远端差异不大。三元复合驱阶段随着驱替进行，面孔率变化更为复杂，其驱替近端面孔率的变化程度受驱替倍数的影响较大，而驱替远端在0.5PV三元复合驱后，面孔率略有提升，但整体变化不大。整体上，三元复合驱的不同驱替阶段，岩心的面孔率呈上升趋势，但是后续水驱对面孔率几乎无影响。

3.2　孔隙直径变化规律

S1岩样在水驱1PV时，孔隙直径集中分布在 60~168μm 之间，平均为 123.57μm，驱替至 15PV 时，孔径集中分布区间向 X 轴右侧偏移，平均为 139.86μm。随水驱驱替倍数的增加，孔隙直径增大，孔隙类型由以中孔为主转变为中-大孔为主，1PV 后小于 60μm 的孔隙减少，大孔隙增多，说明水的冲刷作用带走了孔隙中的黏土物质，使孔隙空间增大(图 6)。S2 岩样在三元复合驱过程中表现出与 S1 号样品相同的孔隙直径变化规律，0.5PV 平均孔径增加至 123.32μm，1PV 平均值增加至 131.32μm，15PV 水驱后孔径增加至 137.65μm，孔隙直径的峰值区间不断沿 X 轴右移，孔隙类型也发生相似的特征转变(图 7)。

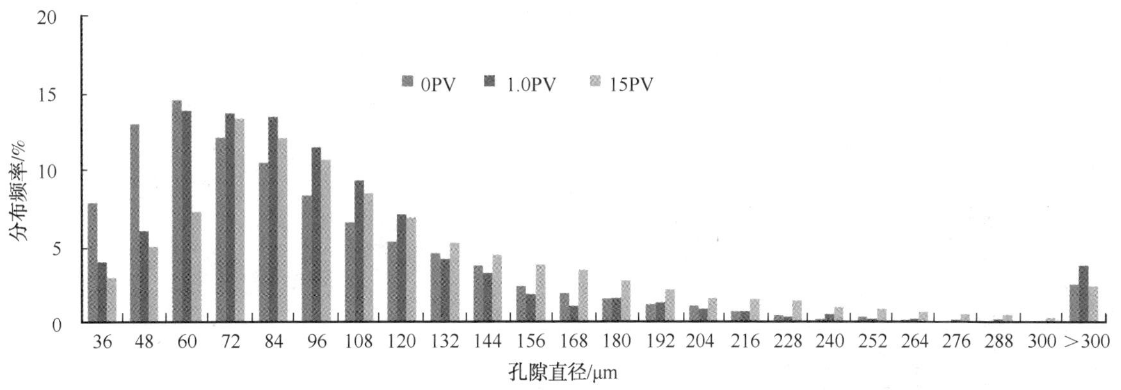

图 6　S1 岩样水驱阶段孔隙直径分布

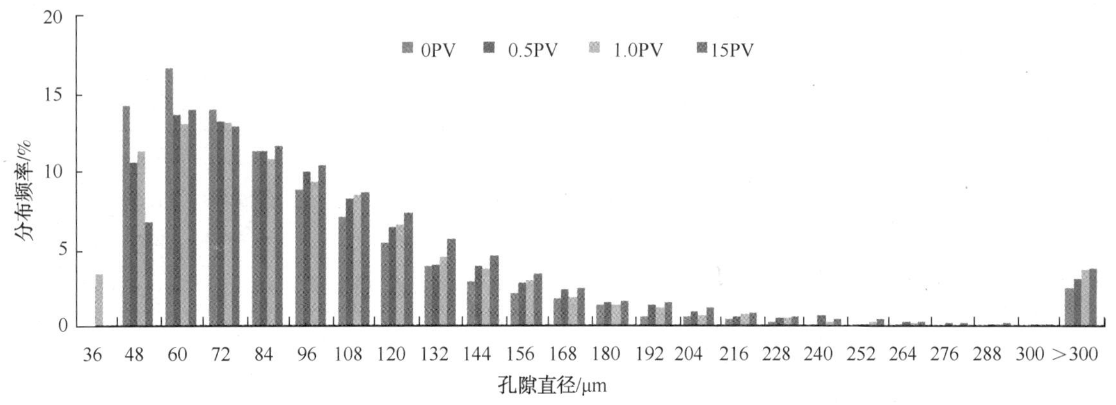

图 7　S2 岩样三元复合驱阶段孔隙直径分布

3.3　喉道直径变化规律

S1 岩样在 1PV 水驱后，介于 12~36μm 的喉道明显增多，分析认为注水初期喉道的水敏效应明显，黏土矿物吸水膨胀堵塞小喉道；15PV 水驱后喉道半径明显增加，大于 100μm 的喉道占比迅速上升，此时由于注入水量的增加，水流对喉道处矿物的冲刷作用强度高于水敏作用，致使喉道直径增加，较大的喉道大量出现，喉道类型逐渐由中、粗型喉道转变为粗喉道(图 8)；S2 岩样因前期采用聚合物驱替，由 0.5PV 至 1PV 喉道直径呈增加特征，0.5PV 时刻的 12~24μm 的喉道增加与速敏效应相关，1PV 时刻喉道直径大幅增加，平均喉道直径增加至 65.35μm，而 15PV 的后续水驱时，平均喉道直径仍呈现增加趋势，平均为 71.40μm，但与水驱 15PV 对比，大于 100μm 的喉道比例明显减少，后续水驱的冲刷作用，致使部分大喉道被堵塞(图 9)。实验结果说明，随驱替倍数的增加，平均喉道直径呈增加趋势，但喉道分布特征变化规律复杂。

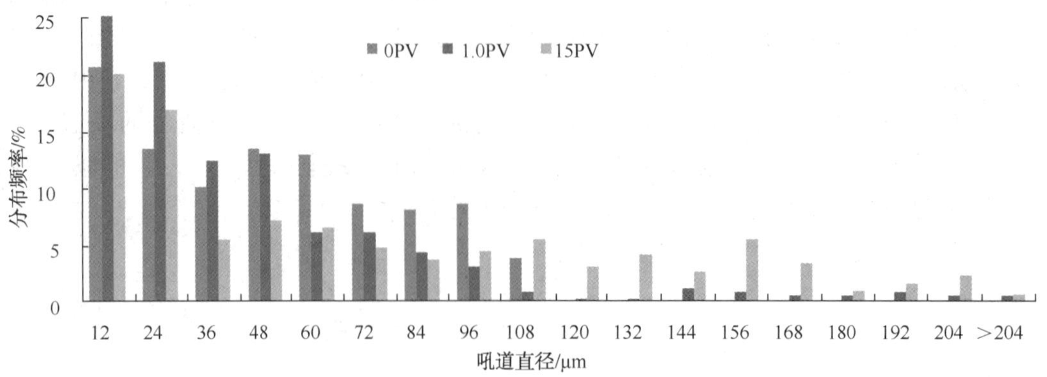

图8　水驱阶段喉道直径分布

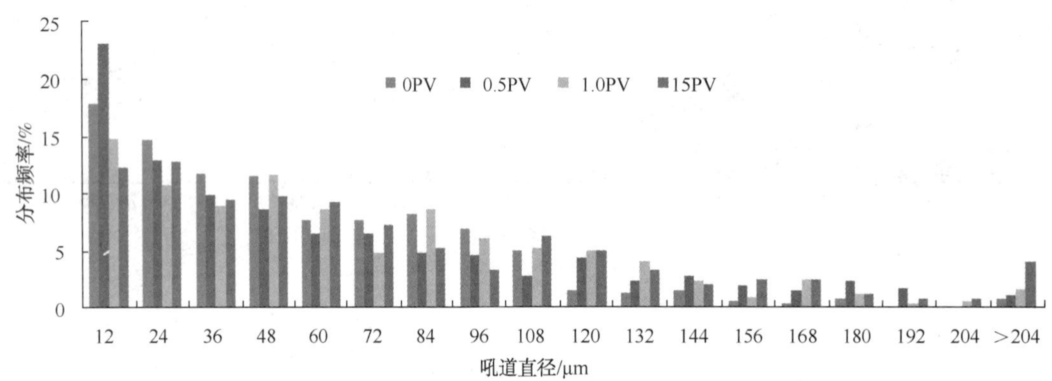

图9　三元复合驱阶段喉道直径分布

3.4　孔喉比和配位数规律

S1岩样1PV水驱后孔喉比降低了0.10，约为4%，15PV水驱后降低0.39，约15.66%，S2岩样0.5PV聚合物驱后孔喉比下降了0.09，约为4%，1PV时刻减少0.20，约9.5%，15PV后续水驱时刻减少0.28，约12.6%。不同驱替介质对孔喉比的改造规律相似，但程度差异较大，1PV时三元试剂驱替对孔喉比的改造程度明显大于水驱，但后续水驱对三元复合驱后的孔隙结构改造能力减弱。随驱替倍数增加，岩心孔喉网络的平均配位数呈递增趋势，孔喉的连通性随驱替过程的进行而逐渐得到改善；S1岩样1PV水驱时，配位数加了0.49，15PV后增加至7.27。S2岩样1PV聚合物驱替后平均配位数增加了0.89，配位数的变化规律相似，但变化程度不同，聚合物驱替对配位数的改造作用远大于同倍数的水驱（表1）。

表1　不同驱替时刻孔喉结构参数表

样品号	注入阶段	驱替方式	平均孔隙直径/μm	平均喉道直径/μm	孔喉比	配位数
S1	原始状态	—	109.29	43.94	2.49	4.83
	1.0PV	水驱	123.57	51.81	2.39	5.32
	15PV	水驱	139.86	66.71	2.10	7.27
S2	原始状态	—	112.43	50.82	2.21	5.5
	0.5PV	三元	123.32	58.22	2.12	5.75
	1.0PV	三元	131.32	65.35	2.01	6.39
	15PV	水驱	137.65	71.40	1.93	5.85

4　三元驱前后微观剩余油特征

4.1　三元复合驱后的微观剩余油定量表征

选取三元复合驱后的C样品不同位置的岩心切片，图像显示，无论三元复合驱还是水驱，砂体内部的非均质性均可以影响剩余油的分布状况。实验结果显示，纹层的大量发育增强了岩心内部的非均质性，其界面对剩余油形成了有效遮挡。对于均质岩心而言，注入段的驱替效果要优于采出端，而对于非均质岩心，可见剩余油沿纹层界面条带状分布，并且局部出现了剩余油富集的状况(图10)。

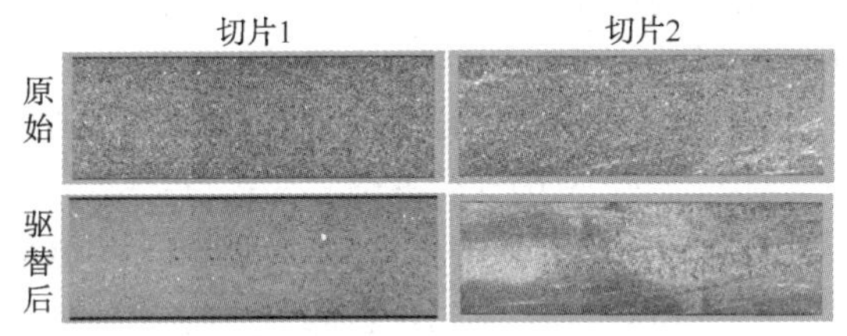

图10　驱替前后含油切片特征

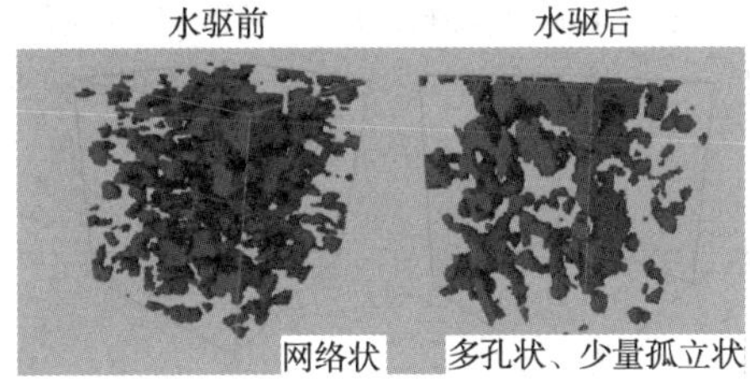

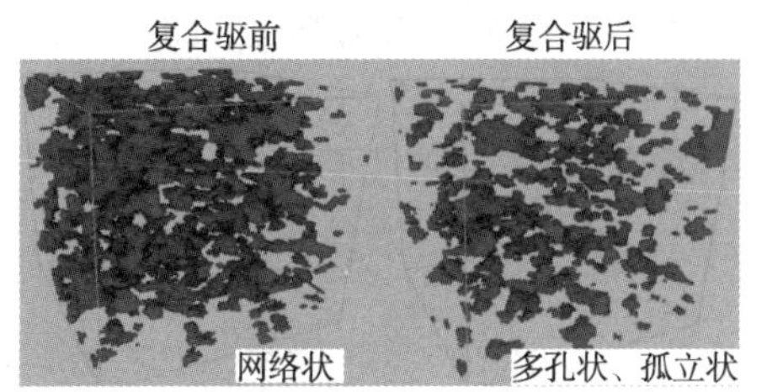

图11　微观剩余油图像特征

数据显示(表2)，A号岩样经过1.5PV的水驱之后，微观孔隙中仍存在大量的剩余油，多孔状的剩余油大规模出现，并且出现少量的孤立状分布的剩余油；C号岩样经过1.5PV的三元复合驱后，网络状剩余油的降低程度更大，多孔状和孤立状的剩余油占比明显增多，剩余油潜力相对较小。

表2　驱替前后剩余油形态占比统计表

类别	A岩样/%			B岩样/%		
	网格状	多孔状	孤立状	网格状	多孔状	孤立状
驱替前	90	9	1	92	7	1
驱替后	38	55	7	17	45	38

5　结论

(1)全直径岩心CT扫描是研究微观孔隙结构的有效技术手段。随着孔隙度的减小，岩心的孔隙直径和喉道直径依次减小，孔喉比依次增大，配位数依次减小；利用数字岩心提取的岩心切片，可以直观描述层理等沉积特征及孔隙空间的分布状况。

(2)水驱和三元复合驱均可以改变微观孔隙结构。随着驱替倍数的增加，孔喉半径、配位数与面孔率增加，孔喉比降低，孔隙结构呈现逐渐变好的趋势。对于不同的驱替介质而言，三元复合驱对于微观孔隙结构参数的改造程度要明显好于水驱。

(3)水驱和三元复合驱均可以使孔隙中的微观剩余油变的分散，微观剩余油赋存状态逐渐由网络状向多孔状和孤立状转变。三元复合驱的驱替效果更好，微观剩余油更加分散，孤立状剩余油大量出现。

4.2　微观剩余油的赋存状态

如图11所示，水驱和三元复合驱后岩心孔隙中的含油饱和度大幅度下降，微观剩余油的赋存状态也随之发生了明显的变化。原始饱含油的岩心中，形态复杂的网络状原油占据了孔喉网络的主体；驱替后，微观剩余油逐渐向多孔状和孤立状转变。

参考文献

[1] Dana George Wreath. A study of polymer flooding and residual oil saturation [D]. Austin: the University of Texas, 1989: 35-49.

[2] Seetharaman Ganapathy. Simulation of heterogeneous sandstone experiments characterized using CT scanning [D]. Austin: the University of Texas, 1993: 87-95.

[3] Wang Mengwu. Laboratory investigation of factors affecting residual oil saturation by polymer flooding [D]. 1995: 9-21. 1.

[4] 王家禄，高建，刘莉. 应用CT技术研究岩石孔隙变化特征[J]. 石油学报，2009，30(6)：887-897.

[5] 张官亮，张祖波，刘庆杰等. 利用CT扫描技术研究层内非均质油层聚合物驱油效果[J]. 油气地质与采收率，2015，22(1)：78-83.

[6] 薛华庆，胥蕊娜，姜培学等. 岩石微观结构CT扫描表征技术研究[J]. 力学学报，2015，47(6)：1073-1078.

[7] 张敏，孙明霞. CT技术在油气勘探领域中的应用[J]. 大庆石油地质与开发，2002，21(2)：15-16.

[8] 吕伟峰，冷振鹏，张祖波等. 应用CT扫描技术研究低渗透岩心水驱油机理[J]. 油气地质与采收率，2013，20(2)：87-90.

[9] 王瑞飞，陈军斌，孙卫. 特低渗透砂岩储层水驱油CT成像技术研究[J]. 地球物理学进展，2008，23

(3)：864-870.
[10] 孙卫，史成恩，赵惊蛰等. X-CT 扫描成像技术在特低渗透储层微观孔隙结构及渗流机理研究中的应用[J]. 地质学报，2006，80(5)：775-779.
[11] 马文国，刘傲雄. CT 扫描技术对岩石孔隙结构的研究[J]. 中外能源，2011，16(7)：54-56
[12] 侯健，李振泉，张顺康，等. 岩石三维网络模型构建的实验和模拟研究[J]. 中国科学：G 辑，2008，38(11)：1563-1575.
[13] 侯健，邱茂鑫，陆努，等. 采用 CT 技术研究岩心剩余油微观赋存状态[J]. 石油学报，2014，35(2)：319-325
[14] 张雪涛，李允. 随机网络模拟研究微观剩余油分布[J]. 石油学报，2000，21(4)：46-51.
[15] 邓世冠，吕伟峰，刘庆杰，等. 利用 CT 技术研究砾岩驱油机理[J]. 石油勘探与开发，2014，41(3)：330-335
[16] 曹绪龙，李玉彬，孙焕泉，等. 利用体积 CT 法研究聚合物驱中流体饱和度分布[J]. 石油学报，2003，24(2)：65-68.
[17] 曹永娜. CT 扫描技术在微观驱替实验及剩余油分析中的应用[J]. CT 理论与应用研究，2015，24(1)：47-56.
[18] 张顺康，陈月明，侯健，等. 岩石孔隙中微观流动规律的 CT 层析图像三维可视化研究[J]. 石油天然气学报，2006，28(4)：102-106.

氯化钠代替弱碱配制石油磺酸盐表活剂三元体系可行性研究

吴　昊　孙书静

（大庆油田有限责任公司）

摘　要　石油磺酸盐类表活剂超低界面活性范围很宽，本文主要采用氯化钠代替弱碱碳酸钠，配制石油磺酸盐三元体系，通过与弱碱三元体系性能进行对比评价，研究氯化钠代替碳酸钠配制石油磺酸盐三元体系可行性研究。通过一系列室内评价结果表明，弱碱三元体系和氯化钠三元体系的体系黏度、稳定性、界面活性范围相当；两种体系均能发生乳化，但氯化钠三元体系破乳速度较快；氯化钠三元体系驱油效果远远高于聚驱，但相比弱碱三元略低。盐三元体系腐蚀较严重，对注入管线腐蚀也会导致注入黏损增大，但加入少量氢氧化钠或碳酸钠，可大幅度减轻腐蚀强度，保证注入黏度。

关键词　石油磺酸盐类表面活性剂；新型驱油体系评价；无碱化

三元复合驱驱油技术是上个世纪 80 年代国外提出的一种高效驱油技术，目前在国内三元复合驱技术通过大量的室内实验研究和先导性矿场实验，已经取得了突飞的进步。通过大量的研究结果表明，当油水平衡界面张力达到 10^{-3}mN/m 数量级的超低值时，原油采收率可以较水驱采收率提高 25%以上[1]。三元复合驱相比聚合物驱，加入了碱和表面活性剂。在提高波及体积同时，在岩石表面吸附，改变岩石润湿性和两相超低界面张力将油洗出，再通过产生乳化，乳化携带等作用提高采收率。

综上所述，三元复合驱驱油主要依靠两个手段：一是提高体系黏度；二是油水超低界面张力。

体系的黏度主要依靠聚合物来提高，根据油层条件和注入参数选用不同分子量产品，黏度也有所不同。超低界面张力通常依靠碱和表活剂协同作用达到，而其主体是表面活性剂的种类，碱的类型和加入量只是为了提高表活剂的超低界面张力范围和稳定性[2~44]。但是由于碱的加入，大幅度提高三元复合驱对地层伤害，同时加快了地面注入及采出各环节的结垢及腐蚀损耗，大大增加了三元复合驱矿场采油成本。为了改善上述缺点，三元复合驱已经从强碱烷基苯三元体系发展到弱碱石油磺酸盐体系。

本文通过使用氯化钠、石油磺酸盐表活剂、聚合物配制三元体系，与常规弱碱石油磺酸盐三元体系进行室内对比评价，确定氯化钠代替碳酸钠可行性。

1　实验条件

1.1　石油磺酸盐类表面活性剂

石油磺酸盐是一种分子量分布较宽的阴离子型表面活性剂，以减压馏分油作为基础原料进行磺化，再用碱进行中和反应。但是由于馏分油中可磺化部分含量有限，磺化时间过长又导致部分过磺化物出现，生产石油磺酸盐磺化率很难达到 50%，大庆炼化公司生产的石油磺酸盐类表活剂磺化率也仅能达到 40%左右。由于较低的磺化率和未磺化油分离困难，导致石油磺酸盐类表活剂中含有大量的未磺化油。

1.2　实验用水

实验采用石油磺酸盐表活剂，分别配制弱碱和盐三元体系对现场区块污水和原油进行评价。

表 1　污水水质数据

污水站	pH 值	总矿化度/(mg/L)	黏度/(mPa·s)	悬浮/(mg/L)	含油/(mg/L)
A 区注水站	8.3	5849	0.4	6.41	3.48

1.3　实验用油

现场纯油区原油。

1.4　实验仪器

界面张力仪、立式搅拌仪、布氏黏度计、恒温箱。

2　结果与讨论

2.1　石油磺酸盐界面张力影响因素研究

2.1.1　体系黏度对界面张力影响

不同分子量聚合物，相同黏度下动态界面张力趋势相似。黏度不同对平衡界面张力数值影响较小，但是会影响超低界面张力和平衡界面张力达到时间，但当黏度过高时，油水界面稳定性升高，不利于超低界面张力形成。

2.1.2　离子浓度对弱碱三元体系界面张力影响

在弱碱三元体系中分别加入不同浓度氯化钠，考察离子强度对弱碱三元体系界面张力的影响，结果如图 2 所示。

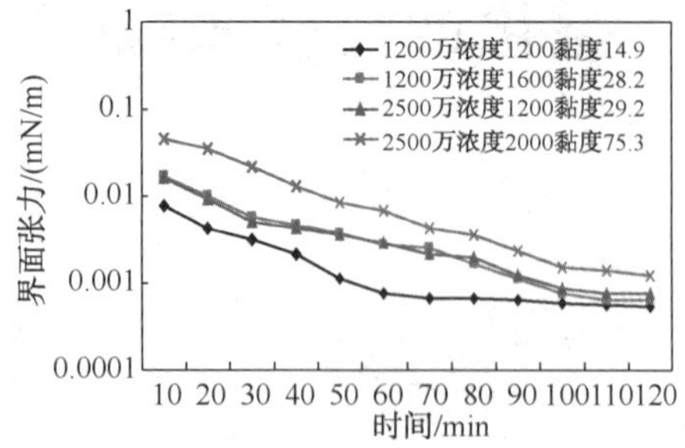

图 1　聚合物分子量、浓度、黏度与界面张力关系

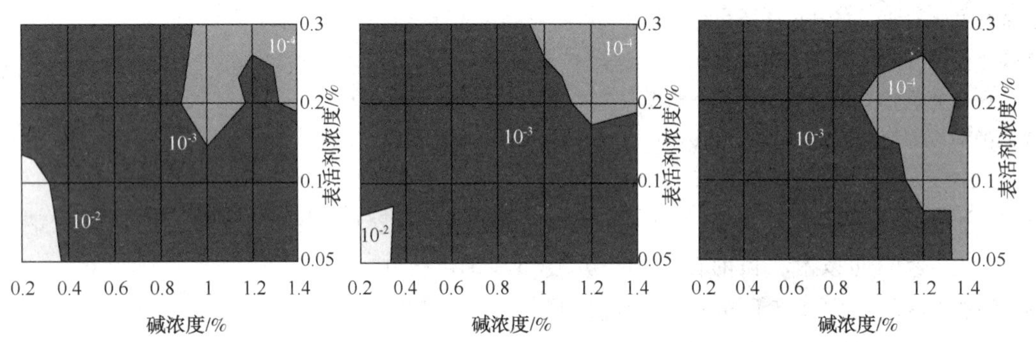

图 2　含盐量对石油磺酸盐表活剂界面活性范围影响

1—弱碱三元体系；2—加入 0.1%氯化钠弱碱三元体系；3—加入 0.2%氯化钠弱碱三元体系

表活剂油水及界面分配是界面张力的主要影响因素，含盐量的增加使水相离子浓度升高，压表活剂亲水基双电层，改变了表活剂低浓度时在水→界面→油相分配，从而降低油水界面张力[4-6]。

2.2　氯化钠代替弱碱配制石油磺酸盐三元体系可行性研究。

2.2.1　两种体系黏度对比研究

弱碱三元体系黏度较高，是由于弱碱与配制污水中的高价阳离子发生沉淀，降低离子浓度，因此体系黏度略高。

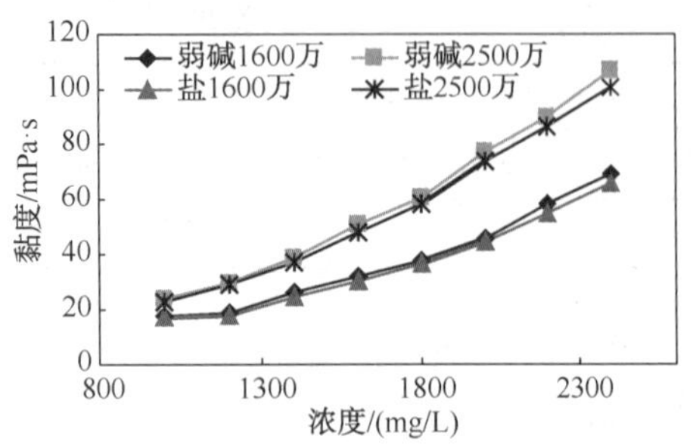

图 3　两种三元体系(高分)黏度对比

2.2.2　界面活性范围性能对比

界面活性范围是评价三元体系一个重要指标，超低界面张力范围越宽，体系对油层适应性越好，室内分别配制盐、碱两种三元体系，对现场原油进行界面活性范围评价，结果如图 4 所示。

从实验结果可以看出，对于现场原油，两种体系超低界面张力范围相近，都表现出较好的界面活性。说明当体系中含盐量接近时，表活剂对降低油水界面张力效果接近。

2.2.3　稳定性对比实验

取同一批次表活剂配制盐和碱两种三元体系，分析其界面张力稳定性，结果如图 5 所示。可以看出 90 天内，盐和碱两种三元体系稳定性均较好，均能达到超低界面张力。从黏度稳定性对比可以看出，碱加入使聚合物进一步水解使黏度有一个上升的过程。

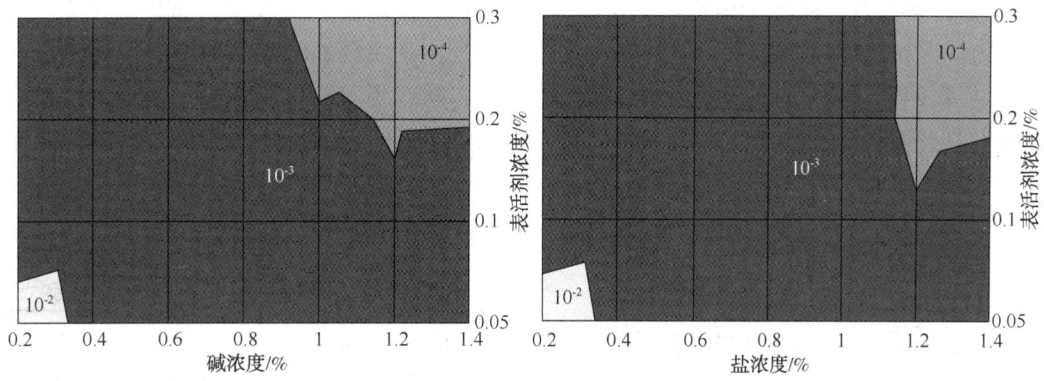

图 4 两种三元体系界面活性图

1—碳酸钠三元体系；2—氯化钠三元体系

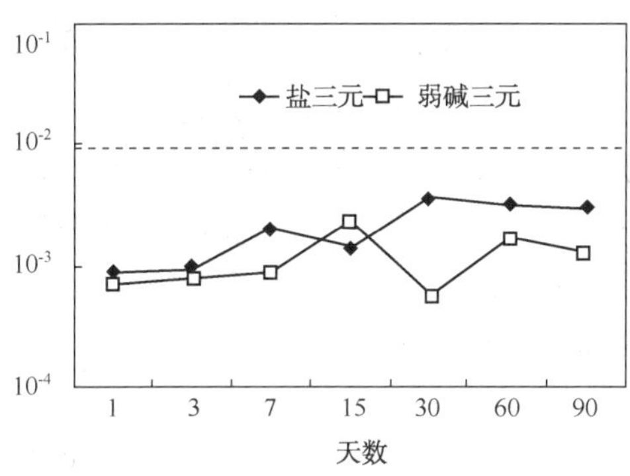

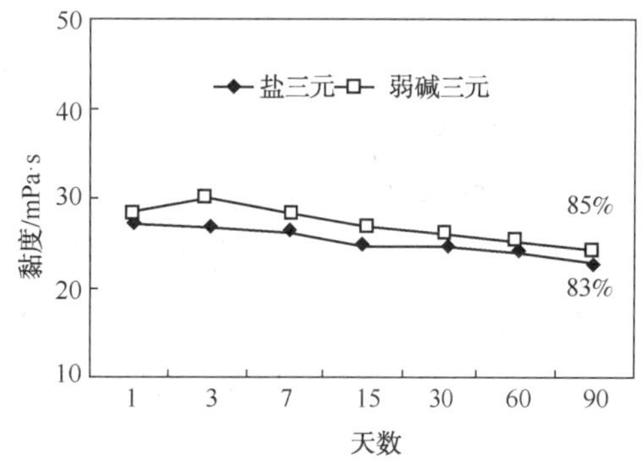

图 5 两种体系界面、黏度稳定性对比

2.2.4 乳化和破乳性能评价

乳化是三元体系的一个重要特征，两种三元体系均能发生乳化；盐三元破乳速度较快，乳化稳定性较差，采出液处理难度降低。碱性条件下，表活剂水相溶解性增大，有利于乳化稳定性；CO_3^{2-}可以降低体系中高价阳离子浓度，从而减小对表活剂胶团双电层的压缩，从而提高稳定性；CO_3^{2-}存在有利于增加阴离子表活剂之间的斥力，从而提高稳定性[7]。

2.2.5 盐三元体系抗吸附性能评价

配制不同体系，在二类油层天然油砂(洗油80~120 目)，45℃恒温振荡 24h，反复多次，至体系无法到达超低界面张力。从结果可以看出氯化钠体系抗吸附性较差。

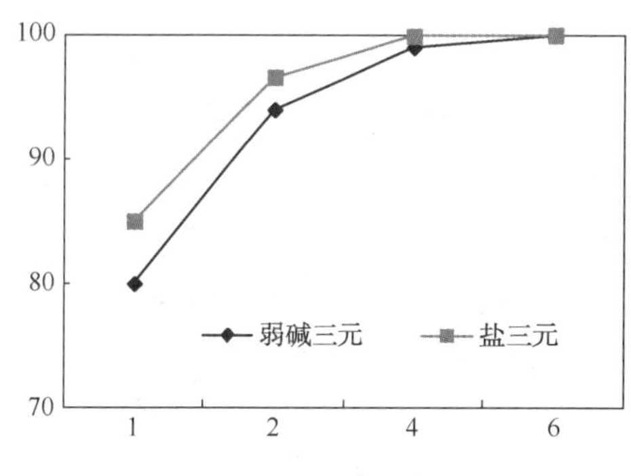

图 6 乳化析水率曲线

表 2 吸附对比实验

吸附次数	1 次	2 次	3 次	4 次	5 次	6 次	残余表活剂浓度(%)	残余碱/盐浓度(%)
弱碱体系：0.3%表~1.2%碱	0.00355	0.00377	0.00653	0.00755	0.00674	0.0255	0.022	0.65
氯化钠体系：0.3%表~1.2%盐	0.00367	0.00453	0.00778	0.00577	0.0143	–	0.011	1.16
氯化钠体系：0.3%表~0.8%盐	0.00125	0.00264	0.00387	0.00478	0.00351	0.0355	0.021	0.78
复合盐体系：0.3 表%+1.0%盐+0.2%强碱	0.00375	0.00477	0.00567	0.00655	0.00475	0.0233	0.027	1.05

2.2.6 体系腐蚀性及模拟现场注入条件试验

采用现场管道和储罐应用的采用浸泡氯化钠石油磺酸盐体系 24 小时后，开展稳定性评价，目前的材质主要有碳钢和不锈钢。从图 7 可以看出，90 天内，复合体系均能保持超低界面张力。

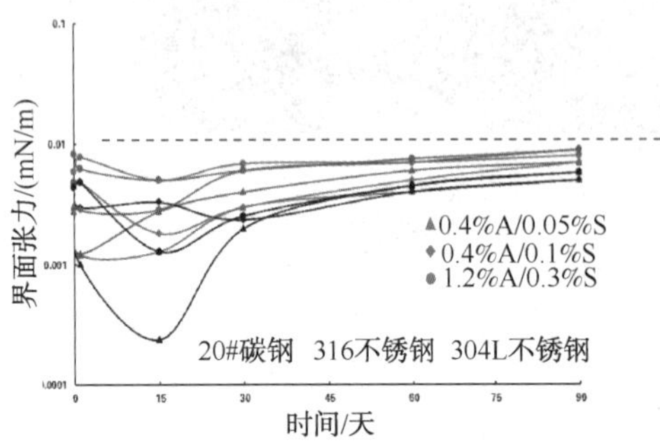

图 7　界面稳定性评价

从图 8 可知，90 天内，不锈钢浸泡的体系黏度保持在 80%以上，但盐三元体系浸泡碳钢后体系稳定性变差。这是由于盐三元体系对碳钢造成腐蚀，导致体系中铁离子浓度升高，从而造成黏度大幅度降低。

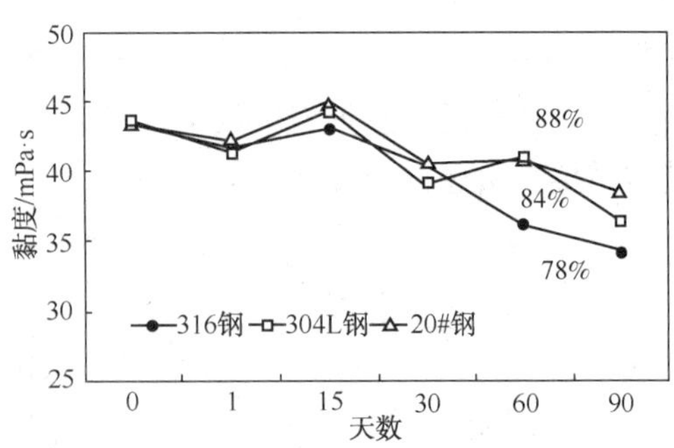

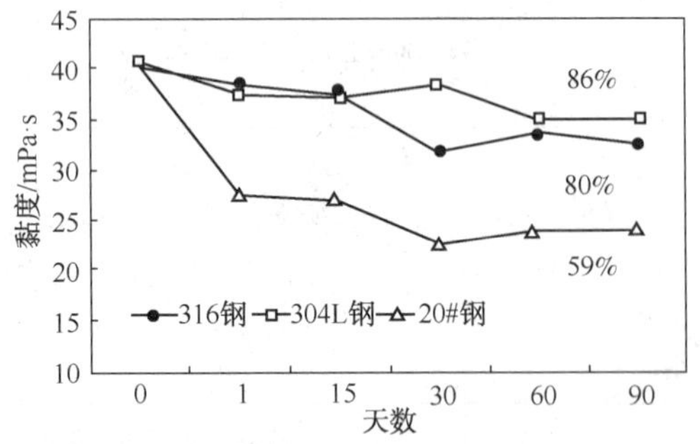

图 8　弱碱三元(左)、盐三元(右)黏度稳定性评价

氯化钠腐蚀严重的原因分析：①氯化钠溶液电导率较大，金属电化学腐蚀速率升高；②污水中的二价金属离子加剧金属腐蚀；③高浓度氯离子会破坏金属的钝化膜，造成金属腐蚀加剧。

盐代替碱注入减轻了结垢问题，但腐蚀成为主要问题，目前防腐措施有物理防腐，如阴极保护；化学防腐，加入少量碱提高体系 PH 值两方面，本文主要通过加入碱减轻腐蚀的方法开展研究。从以下实验可以看出，加入少量强碱使 PH>11 可以明显改善浸泡碳钢后的体系注入黏度。

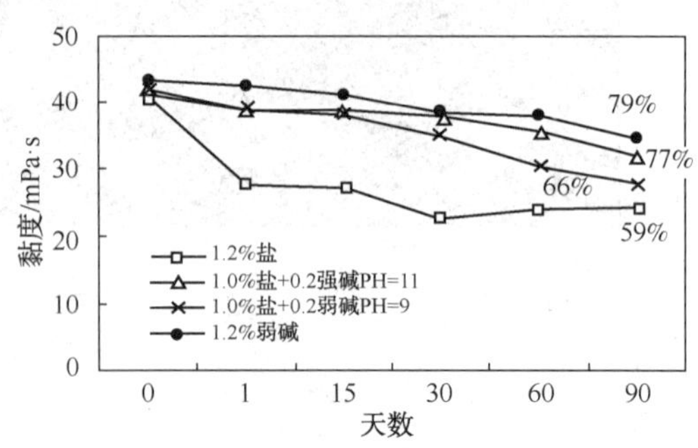

图 9　不同体系浸泡碳钢 90 天黏度保留率

加入氢氧化钠腐蚀速率降低的原因分析：①碱性条件下，水中高价阳离子浓度降低，降低电化学反应速率；②通过 PH 值的增大，碳酸盐在金属表面沉积形成不溶的保护层，从而对金属腐蚀过程起抑制作用。

2.2.7 驱油效果评价

采用气测渗透率在 200~400mD 的贝雷岩心，按表 3 驱油方案，评价盐代替碱配制石油磺酸盐三元体系驱油效果。表 4 为驱油实验结果，聚驱化学驱采收率最低为 10.89%，聚表盐三元体系和弱碱三元体系均明显高于聚合物驱，化学驱采收程度较高；盐三元体系驱油效果相比弱碱三元体系低 2~3 个百分点，氯化钠与强碱复配后，驱油效果有所提升。加入少量碱使体系 PH 提高后，提高了表活剂的采出程度，有利于提高采收率。

3　结论

(1)聚合物种类和黏度的大小对平衡界面张力影响较小，但对达到超低界面张力时间影响较大，对于高黏度体系应延长测定时间。

(2)对于石油磺酸盐表活剂，含盐量对界面活性影响较大，氯化钠加入也可以达到与碱相似的超低界面范围。

(3)盐三元体系避免了注入和采出端结垢，但腐蚀相对严重，但可以通过体系中加入少量氢氧化钠来减轻腐蚀问题。

(4)盐三元体系与弱碱三元体系界面活性范围、稳定性相当。驱油效果略低 2%~3%，与氢氧化钠 5：1 复配后，驱油效果升高。

表 3　驱油方案表

方案	水驱	驱油体系	三元主段塞	副段塞	保护段塞	后续水驱
1	含水98%以上	聚合物	0.5pv【1400mg/L (1600 万 P)】黏度 40mPa·s	无	无	含水 98%以上
2		弱碱三元	0.3pv【1.2%A+0.3%S+2000mg/L (1600 万 P)】黏度 40 mPa·s	无	0.2PV【1400 mg/L】黏度 40m Pa.s	
3		弱碱三元				
4		弱碱三元				
5		盐(NaCl)三元				
6		盐(NaCl)三元				
7		盐(NaCl)三元				
8		弱碱三元	0.35PV【1.2% A + 0.3% S + 2000mg/L (1600 万 P)】黏度 40 mPa·s	0.15PV【1.0% A + 0.1% S + 2000mg/L (1600 万 P)】黏度 40 mPa·s		
9		弱碱三元				
10		弱碱三元				
11		盐(NaCl)三元				
12		盐(NaCl)三元				
13		盐(NaCl)三元				
14		盐：强碱=5：1				
15		盐：强碱=5：1				

表 4　驱油实验结果

方案	气测渗透率/mD	含油饱和度/%	水驱采收率/%	化学剂驱采收率/%	总采收率/%	平均水驱采收率/%	平均化学驱采收率/%
1	405	60.78	41.61	10.89	52.51	41.61	10.89
2	347	62.5	38.87	29.89	68.76	39.69	29.21
3	362	63.79	39.12	29.87	68.99		
4	377	63.3	41.07	27.88	68.95		
5	351	63.16	41.32	28.35	69.66	40.36	27.5
6	388	61.98	40.24	26.85	66.26		
7	373	63.31	39.52	27.31	66.83		
8	362	64.45	35.08	34.98	70.06	37.58	34.64
9	363	62.84	37.67	32.97	70.64		
10	334	62.92	40.00	35.99	77.16		
11	341	62.64	34.82	31.58	66.4	38.62	31.22
12	373	64.07	39.39	31.09	70.48		
13	352	63.88	41.67	31.01	72.08		
14	375	63.68	40.42	33.75	74.17	41.01	34.33
15	349	63.86	41.60	34.91	76.51		

参 考 文 献

[1] 程杰成，廖广志，杨振宇等．大庆油田三元复合驱矿场试验综述[J]．大庆石油地质与开发，2001，20(2)：46-49.

[2] 翟瑞滨，曹铁，鹿守亮等．三元体系中化学剂质量浓度对驱油效果的影响[J]．大庆石油地质与开发，2002，21(4)：65-67.

[3] 葛际江，张贵才，蒋平，等．驱油用表面活性剂的发展[J]．油田化学，2007，24(3)：290-292.

[4] 贾忠伟，杨清彦，侯战捷．油水界面张力对三元复合驱驱油效果的影响研究[J]．大庆石油地质与开发，2005，24(5)：79-81.

[5] 黄双志．弱碱三元复合体系性质及其影响因素[J]．大庆石油学院学报，2008-06.

[6] 王锐，何明霞，贾广龙．含盐度对三元复合体系溶液性质影响研究[J]．油气田地面工程．2005，24(8)：3-4.

[7] 路小虎，林梅钦，吴肇亮等．三元复合驱中原油乳化作用研究[J]．精细化工，2003，20(12)：721-741.

特高含水油田油水过渡带剩余油富集机理及挖潜实践

严 科[1,2]

(1. 中国石化胜利油田博士后科研工作站，2. 中国石化胜利油田分公司胜利采油厂)

摘 要 胜坨油田是投入开发50多年的整装大油田，其主力油藏综合含水已高达97%以上。近几年的开发实践表明，油藏中油水边界的分布规律十分复杂，不同区域油水过渡带的剩余油分布也存在较大差异。以胜坨油田沙二段8^1层为例，综合利用岩心、测井、开发动态及动态监测资料，在等时地层格架的基础上，精细描述了储层特征及油水分布规律，利用非均质油藏成藏动力与成藏阻力之间的力学平衡关系，阐明了油水边界差异分布的成因以及部分区域油水过渡带剩余油富集的机理。研究表明，在相同的沉积时间单元中，胜坨油田各含油断块的油柱高度及油水边界深度存在明显差异，在同一含油断块内部，油水边界也与构造线并不平行，储层物性更差、构造更平缓、原油密度更大的区域具有更深的油水边界，油水过渡带的实际位置相对于理论油水边界进一步外扩，且外扩型油水过渡带由于储量动用程度低，剩余油相对富集。根据油水过渡带剩余油富集机理，对胜坨油田主力油层的油水边界及油水过渡带分布进行了精细描述，明确了剩余油富集区分布规律，相关挖潜措施取得了较好的效果。

关键词 油水界面；油柱高度；油水过渡带；储层非均质性；剩余油分布；胜坨油田

经典油水分布理论认为，受重力分异作用的控制，石油总是占据油藏的高部位，水体则位于油藏的底部或边部。油水界面在静水压力条件下为水平并且其水平投影线与构造线平行，具有统一的深度[1-2]。而在实际的地下储层中，油水分布规律较经典分布理论更为复杂，同一油藏中的油水界面存在差异分布的现象，其成因解释目前主要有三种：一是受水动力系统的影响，供水方向的储层中油水界面抬升[3]；二是受新构造运动影响，油藏构造高点发生迁移变化，由于油水关系调整滞后于构造变化，导致油水界面差异分布[4]；三是受毛细管力影响，同一油藏中储层物性较差的区域，排驱压力较高，油水界面也较高，而储层物性较好的区域，排驱压力较低，油水界面也较低，导致油水界面差异分布[5-9]。

上述油水界面差异分布的成因解释与胜坨油田的实际情况不符。首先，胜坨油田主力含油层系沙河街组油藏不存在水动力系统，新构造运动对胜坨油田的影响也较小，未产生大的构造变动，油水界面差异分布与油水关系的调整滞后无关。其次，胜坨油田储层物性较差的区域，油水界面不是较高，而是更低，储层物性较好的区域油水界面相对较高。由于油水界面的差异分布特征，导致对于油水过渡带的分布规律认识不明确，不同区域油水过渡带的剩余油潜力认识不清。本文以胜坨油田沙二段8^1层为例，从油气成藏力学平衡的角度，探讨了等时沉积单元中的油水界面分布规律以及部分油水过渡带剩余油富集的成因机理。

1 地质概况

胜坨油田位于济阳坳陷东营凹陷北部，是一个受北部边界断裂控制形成的逆牵引背斜构造油田。油田北接陈家庄凸起，东邻青坨子凸起，西南部、东南部均为生油洼陷，油源丰富，油气封闭条件好。胜坨油田主要发育古近系地层，古近系沙二段是其主力含油层系，属于典型的河流-三角洲沉积体系，储层非均质性强[10-12]。其中，沙二段第8砂组是沉积最完整、沉积序列最典型的三角洲前缘地层，该时期三角洲沉积具有北部、东部、东南部等多个物源方向，砂体分布范围广，厚度大，储层物性总体较好。胜坨油田由两个背斜构造组成，分别是西部的坨庄背斜和东部的胜利村背斜，两背斜以鞍部相连。其中，胜利村背斜被一系列规模不等的正断层分割为坨

【作者简介】严科，男，1973年7月生，2009年毕业于中国石油大学(华东)地质资源与地质工程专业，获博士学位。中石化胜利油田博士后科研工作站副总地质师、胜利采油厂勘探开发专家，高级工程师，主要从事油藏地质及油田开发技术研究。E-mail：yanke.slyt@sinopec.com

28、坨21、二区、坨11、坨7等五个具有独立油水系统的含油断块，各含油断块均由背斜构造顶部向边部倾斜，但地层倾斜产状存在差异。其中，坨11断块和坨28断块的地层倾角相对较大，分别为6.1°和5.5°，二区和坨21断块的地层倾角较小，均在3°~4°左右，坨7断块的地层倾角介于二者之间，为4.9°(图1)。

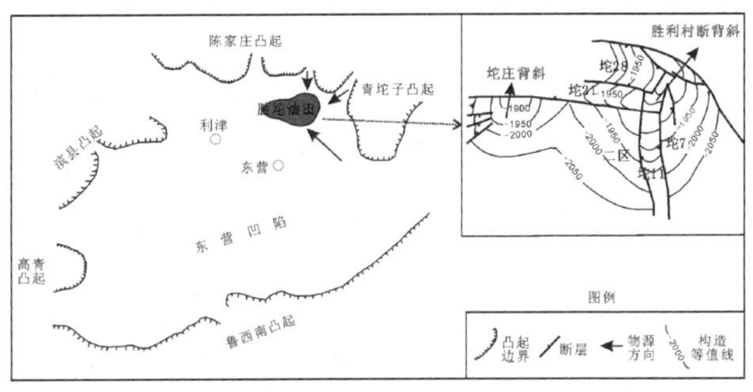

图1　胜坨油田构造位置图

2　储层特征及油水分布规律

综合利用岩心、测井、开发动态及动态监测资料，在建立等时地层格架的基础上，精细描述了胜坨油田胜利村背斜油藏沙二段8^1层储层特征及油水分布规律(图2)。

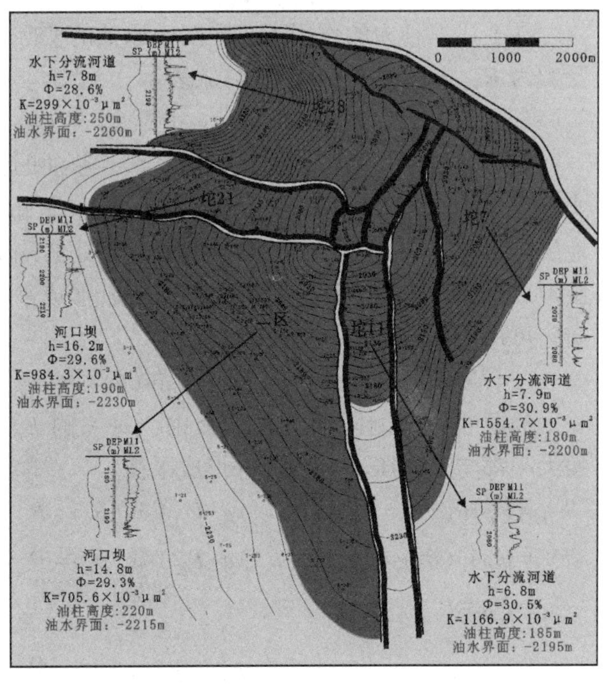

图2　胜利村背斜沙二段8^1层储层特征及油水分布

受沉积环境控制，各含油断块在砂体成因、厚度、物性方面均存在差异。北部的坨28断块以及东部的坨7、坨11断块处于古湖盆边缘，砂体成因类型主要为叠置的水下分流河道，厚度一般在7~8m。其中，坨28断块主要受北部陈家庄凸起物源区的影响，砂体搬运距离短，分选相对较差，物性也相对较差，平均孔隙度为28.6%，平均渗透率为$299\times10^{-3}\mu m^2$。坨7、坨11断块主要受东南部东营三角洲的影响，砂体搬运距离较长，分选相对较好，物性也较好，坨7断块平均孔隙度为30.9%，平均渗透率为$1554.7\times10^{-3}\mu m^2$，坨11断块平均孔隙度为30.5%，平均渗透率为$1166.9\times10^{-3}\mu m^2$。坨21断块及二区靠近湖盆中心，是北部、东部、东南部等多个方向物源的复合沉积中心，砂体成因类型主要为河口坝，厚度较大，一般在15~20m，储层物性介于北部坨28断块和东部坨7、坨11断块之间。其中，二区平均孔隙度为29.3%，平均渗透率为$705.6\times10^{-3}\mu m^2$，坨21断块平均孔隙度为29.6%，平均渗透率为$984.3\times10^{-3}\mu m^2$。

各含油断块的油水分布自成体系，具有不同的构造高点、不同的油柱高度和不同的油水界面深度。其中，坨28断块油柱高度最大，为250m，油水界面深度为-2260m左右；坨21断块油柱高度190m，油水界面深度为-2230m左右；二区油柱高度225m，油水界面深度为-2215m左右；坨11断块油柱高度185m，油水界面深度为-2195m左右；坨7断块油柱高度180m，油水界面深度为-2200m左右。同一断块内部油水边界与构造线不平行，以油水边界附近的构造线为基准线，部分区域的油水边界在基准线之上，部分区域的油水边界则在基准线之下，其本质仍然是油柱高度存在区域上的差异，反映断块内部构造趋势并不是控制油水界面的唯一因素。

3　油水界面差异分布成因

油水界面的差异分布与油气运聚成藏过程有关。胜坨油田沙二段油藏的埋藏深度一般为2000m左右，而有效烃源岩发育层系为沙四段上亚段和沙三段下亚段，其深度一般超过3000m，因而，原油只有通过油源断层垂向运移才能进入储层。胜利村背斜构造上发育的10余条同生断层形成了沟通烃源岩与储层的立体网络，是成藏阶段油气运移的主要通道。根据胜坨油田油源类型研究成果，胜利村背斜沙二段油藏各含油断块的油源相同，均为来自沙四段上亚段烃源岩的Ⅰ类原油[13]。自构造顶部向边部，各含油断块原油中含氮化合物含量增大、原油成熟度降低、原油密度和黏度变大，表明胜利村背斜油藏的原油充注区为各含油断块的顶部，即背斜的核部[14-16]。

油气沿油源断裂从构造顶部对储层的充注过程是成藏动力与成藏阻力之间相互作用的过程。充注初期，储层中只含有地层水，阻力较小，充注过程得以持续进行；随着充注量的不断增大，储层内油柱高度越来越大，所产生的浮力越来越大，对充注过程形成的阻力作用也越来越大，充注过程趋缓；当储层内油柱达到一定高度时，所产生的阻力与充注压力形成平衡，充注停止。油源断裂两侧同期沉积的储层，在成藏阶段处于同一个油气系统中，油气充注压力近似或相等，充注过程完成后，每一侧储层中的油柱高度所产生的成藏阻力都与充注压力形成平衡。基于油柱高度与充注压力的平衡关系，可以对背斜油藏同一沉积单元中的原油进行力学分析，探讨油藏中油柱高度的影响因素以及油水界面差异分布的成因（图3）。

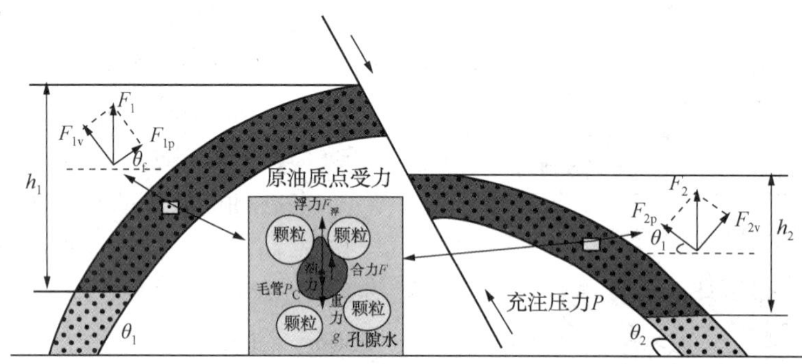

图3　背斜油藏断块间油水界面差异分布的成因机理

如图3所示，对于油源断裂两侧同期沉积的储层而言，油气充注结束后，单位质量的原油质点在含水孔隙介质中主要受三种力的作用：重力、浮力和毛管力。其中，重力大小为g(g为重力加速度)，方向向下；浮力大小为石油质点排开水体的重力，方向向上；毛管力是石油经过孔隙系统时，在变形油滴的两端形成的毛细管压力差，方向与运移方向相反。

石油地质学中常将浮力与重力同时考虑，并将浮力与重力的代数和称为净浮力(F_r)，石油质点的净浮力可用(1)式表示：

$$F_r=\frac{\rho_w}{\rho_o}g-g=\frac{\rho_w-\rho_o}{\rho_o}g \tag{1}$$

单位面积为1，垂直高度为h的连续油柱所产生的净浮力为：

$$F_r=\rho_o V_o\frac{\rho_w-\rho_o}{\rho_o}g=\rho_o h\frac{\rho_w-\rho_o}{\rho_o}g=h(\rho_w-\rho_o)g \tag{2}$$

常规油藏中，原油密度小于地层水密度，净浮力方向向上。在净浮力的作用下，原油具有向上运移的趋势，毛管力作为运移阻力，方向向下，其大小与储层物性有关。储层物性较好，孔喉半径较大，毛管力相对较小。反之，储层物性较差，孔喉半径较小，毛管力相对较大。毛管力(P_c)可用(3)式表示：

$$P_c=2\sigma\left(\frac{1}{r_t}-\frac{1}{r_p}\right) \tag{3}$$

在上述三种力的作用下，圈闭中原油的实际受力为F，方向向上，可用(4)式表示：

$$F=F_r-P_c=h(\rho_w-\rho_o)g-P_c \tag{4}$$

背斜油藏中，由于地层呈倾斜产状，原油的实际作用力F可分解为平行地层分量F_P和垂直地层分量F_V。垂直地层分量与储层边界处的隔层形成平衡，平行地层分量与充注压力P形成平衡，可用(5)式表示：

$$F_P=F\sin(\theta)=(h(\rho_w-\rho_o)g-P_c)\sin(\theta)=P \tag{5}$$

油源断裂两侧同期沉积油藏中，每一侧F_P的大小都与充注压力P相同并形成平衡：

$$\begin{aligned}F_{1P}&=F_1\sin(\theta_1)=(h_1(\rho_w-\rho_{o1})g-P_{c1})\sin(\theta_1)=P\\F_{2P}&=F_2\sin(\theta_2)=(h_2(\rho_w-\rho_{o2})g-P_{c2})\sin(\theta_2)=P\\F_{1P}&=F_{2P}=P\end{aligned} \tag{6}$$

(6)式中，油柱高度、油水密度差、毛管力以及地层倾角共同主导了背斜油藏中的力学平衡，利用(6)式即可分因素探讨背斜油藏断块间油柱高度差异的成因机理。

设断层两侧地层倾角相同($\theta_1=\theta_2$)，原油性质相同($\rho_{o1}=\rho_{o2}=\rho_o$)，断层下降盘储层物性好于上升盘储层($P_{C1}>P_{C2}$)，由式(6)：

$$h_1(\rho_w-\rho_o)g-P_{c1}=h_2(\rho_w-\rho_o)g-P_{c2} \quad (7)$$

(7)式中，已知，$P_{C1}>P_{C2}$，为实现油柱高度与充注压力的力学平衡，则有 $h_1>h_2$，即：在地层倾角、油水密度差相同的情况下，物性较差的储层具有更高的油柱高度。

设断层两侧储层物性相同($P_{C1}=P_{C2}=P_C$)，原油性质相同($\rho_{o1}=\rho_{o2}=\rho_o$)，断层下降盘地层倾角小于上升盘($\theta_1>\theta_2$)，由(6)式：

$$(h_1(\rho_w-\rho_o)g-P_c)\sin(\theta_1) = (h_2(\rho_w-\rho_o)g-P_c)\sin(\theta_2) \quad (8)$$

(8)式中，由于 $\theta_1>\theta_2$，则 $\sin(\theta_1)>\sin(\theta_2)$，为实现油柱高度与充注压力的力学平衡，则有 $h_1<h_2$，即：在储层物性、油水密度差相同的情况下，地层倾角较小的储层具有更高的油柱高度。

设断层两侧储层物性相同($P_{C1}=P_{C2}=P_C$)，地层倾角相同($\theta_1=\theta_2$)，断层下降盘原油密度小于上升盘($\rho_{o1}>\rho_{o2}$)，由(6)式：

$$h_1(\rho_w-\rho_{o1})g-P_c=h_2(\rho_w-\rho_{o2})g-P_c \quad (9)$$

(9)式中，由于 $\rho_{o1}>\rho_{o2}$，则 $\rho_w-\rho_{o1}<\rho_w-\rho_{o2}$，为实现油柱高度与充注压力的力学平衡，则有 $h_1>h_2$，即：在储层物性、地层倾角相同的情况下，原油密度较大的储层具有更高的油柱高度。

上述油柱高度差异分布的机理不仅适用于不同断块间油水界面的成因解释，也可用于同一断块内部油水界面与构造线不平行现象的成因解释。同一含油断块内部也存在区域上的储层物性差异、构造差异和流体性质差异，物性更差、构造更平缓、原油密度更大的区域所对应的油柱高度相对更大，平面上油水边界的构造位置相对较低；物性更好、构造更陡、原油密度更小的区域，所对应的油柱高度相对较小，平面上油水边界的构造位置相对较高。

胜坨油田沙二段背斜油藏中，受储层非均质性、构造趋势、原油性质等因素叠加影响，无论断块间还是断块内部，油柱高度的差异分布是油水分布的普遍特点，并形成了原油在非均质储层中的力学平衡。总体上看，储层物性差异对油柱高度的影响最明显，地层倾角和流体性质的差异幅度小于储层物性，可以对油柱高度产生叠加影响，最终形成了各断块间以及同一断块内部不同区域间油水界面的差异分布。

4　油水过渡带剩余油富集机理

非均质油藏中油水界面的差异分布决定了油水过渡带的分布也存在区域上的差异。按照传统油水分布理论，在一个等时沉积单元中，油水边界及油水过渡带的分布是统一且平行构造线的，早期油藏开发方案设计及中后期开发调整的主要目标是油水边界之内的储量。而在实际油藏条件下，受储层非均质性、构造差异、流体性质差异的共同影响，实际油水边界的分布是呈高低起伏的，由此形成了外扩型和内敛型两种类型的油水过渡带(图4)。

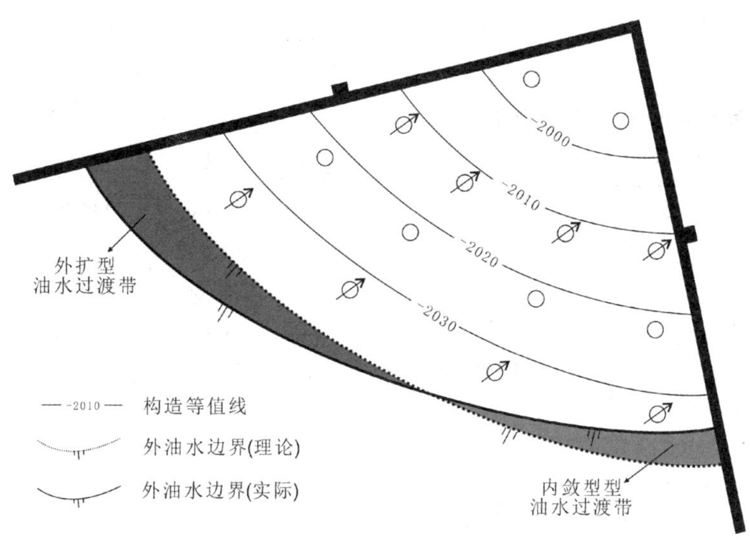

图4　油水过渡带类型示意图

外扩型油水过渡带是由于相关区域储层物性相对较差、构造相对平缓、原油密度较大等因素，实际油水边界外扩形成的。外扩型油水过渡带本质上是局部含油面积的增大，这部分储量自油藏投入开发以来通常没有作为主要开发目标，储量动用程度低，剩余油相对富集。内敛型油水过渡带是由于相关区域储层物性相对较好、构造相对较陡、原油密度较小等因素，实际油水边界内敛形成的。内敛型油水过渡带本质上是局部含油面积的缩小，该区域原始含油性差，受油藏内部储量动用及边水内侵影响，水淹程度高，不具备剩余油潜力。

5　油水过渡带挖潜效果

非均质油藏油水界面差异分布规律及机理表明，实际油水边界及油水过渡带的分布形态复杂，其具体位置需要结合储层、构造、流体性质等多种因素的差异性开展综合描述，老油田开发后期，尽管整体处于高含水、高采出程度阶段，剩余油分布零散，但油藏边部外扩型油水过渡带仍具有较大的剩余油潜力，这为胜坨油田特高含水后期油水过渡带挖潜提供了技术支撑。

通过对胜坨油田平面上不同断块、纵向上主力含油小层的储层非均质性、构造特征、流体性质分布差异开展精细描述，结合近几年补充完善新井的测井解释成果、老井剩余油饱和度监测成果，进一步深化了对于主力含油小层油水边界及油水过渡带分布规律的认识，共发现外扩型油水过渡带13个，累积含油面积10.47km²，地质储量686.2×10⁴t，且储量整体动用程度低，具有较大的剩余潜力。针对上述油水过渡带潜力富集区部署并实施了新井、老井挖潜措施共22井次，增加产能123.6t/d，累计增油9.1×10⁴t，取得了较好的效果(表1)。

表1　胜坨油田外扩型油水过渡带潜力储量及挖潜效果

开发层系	外扩含油面积/km²	有效厚度/m	地质储量/10⁴t	增加产能/(t/d)
坨21沙二7⁴	0.24	3	18.4	4.2
坨30沙二8	0.6	5	51	10.3
坨30沙二9	0.62	4.8	47.9	8.9
坨七沙二8	0.7	6.8	67.6	12.8
坨七沙二9	0.3	9.8	41.7	9.3
坨七沙二1	1.4	3.4	59.8	10.5
二区沙二8¹	1.62	2.6	77.5	13.9
二区沙二8³	1.43	4.3	111.9	15.4
二区沙二7⁴	1.54	1.3	37.4	6.8
坨28沙二9	0.42	2.7	28.5	4.7
坨28沙二8	0.42	3.1	56.4	9.7
坨11南沙二8	0.98	5	67.8	13.2
坨11南沙二1	0.2	6	20.3	3.9
合计	10.47		686.2	123.6

6　结论

(1)胜坨油田同一沉积单元中油水界面不统一，主要表现为不同断块间油柱高度差异、油水界面深度差异以及同一断块内部油水边界与构造线不平行，其本质均为油柱高度的差异。

(2)不同断块内油柱高度及其产生的净浮力与充注压力之间形成力学平衡，而净浮力的实际阻力效应要受油柱高度、储层物性、地层倾角和原油性质的综合影响和控制，导致油水界面差异分布。

(3)同一沉积单元中，物性更差、构造更平缓、原油密度更大的区域所对应的油柱高度相对更大，平面上油水边界的构造位置相对较低，形成外扩型油水过渡带，剩余油相对富集；

(4)非均质油藏油水过渡带描述应摆脱传统的构造控制油水边界位置的认识，通过对储层非均质性、构造特征、流体性质的综合研究，精细刻画油水边界及油水过渡带分布特征，充分挖掘油藏边部剩余潜力，提高水驱采收率。

符号注释：

σ—表面张力，10^{-3} N/m；P_c—毛管压力，Pa；r_t—喉道半径，μm；r_p—孔隙半径，μm；F_r—原油净浮力，N；h—油柱高度，m；ρ_o，ρ_w—油、水的密度，g/m³；g—重力加速度，m/s²；F—原油的实际作用力，N；F_p，F_v—原油实际作用力的平行地层分量和垂直地层分量，N；θ—地层倾角，(°)；

参考文献

[1] 张厚福．石油地质学[M]．北京：石油工业出版社，1999，158-191.

[2] 何更生．油层物理[M]．北京：石油工业出版社，1994，192-194.

[3] 韩涛，彭仕宓，马鸿来．地下水侵入对三间房组油藏油水界面的影响[J]．西南石油大学学报，2007，

29(4)：70-73.

[4] 江同文，徐汉林，练章贵，等．倾斜油水界面成因分析与非稳态成藏理论探索[J]．西南石油大学学报，2008，30(5)：1-5.

[5] 林景晔，童英，王新江．大庆长垣砂岩储层构造油藏油水界面控制因素研究[J]．中国石油勘探，2007，(3)：13-16.

[6] 李传亮．油水界面倾斜原因分析[J]．新疆石油地质，2006，27(4)：498-499.

[7] 时佃海．油水界面倾角与储集层物性变化关系分析[J]．新疆石油地质，2006，27(3)：322-323.

[8] 庞雯，侯明才，陈义才，等．克拉玛依油田530井区下乌尔禾组冲积扇与油水分布特征[J]．成都理工大学学报(自然科学版)，2004，31(5)：505-510.

[9]渠芳，陈清华，连承波．河流相储层构型及其对油水分布的控制[J]．中国石油大学学报(自然科学版)，2008，32(3)：14-18.

[10] 孙梦茹，周建林，崔文富，等．胜坨油田精细地质研究[M]．北京：中国石化出版社，2004，50-53.

[11] 刘卫红，杨少春，林畅松，等．胜坨油田沙河街组二段三角洲相储层特征及影响因素[J]．西安石油大学学报(自然科学版)，2006，21(2)：9-14.

[12] 柯光明，郑荣才，高红灿．胜坨油田一区沙河街组二段1-3砂组高分辨率层序地层学[J]．成都理工大学学报(自然科学版)，2004，31(2)：139-147.

[13] 庞瑞峰，高树新，王风华，等．胜坨地区勘探研究与实践[M]．北京：中国石化出版社，2004，160-163.

[14] 陈筱康．东营凹陷胜坨油田成藏过程分析[J]．油气地质与采收率，2007，14(4)：29-31.

[15] 吕慧，张林晔，刘庆，等．胜坨油田多源多期成藏混源油的定量判析[J]．石油学报，2009，30(1)：68-74+79.

[16] 白群丽，洪玉娟．胜坨地区油气运移特征研究[J]．石油天然气学报，2005，27(1)：38-39.

克拉玛依油田砾岩油藏内源微生物驱油关键技术研究与应用

刘晓丽　王红波　徐洪德　代学成　连泽特　曹　强

(中国石油新疆油田公司)

摘　要　本文主要论述了内源微生物驱油技术在克拉玛依油田六中区、七中区的研究和应用情况。该研究形成了内源微生物驱油技术4项关键技术，包括内源微生物驱油油藏筛选方法、油藏微生物分子生态学分析技术、内源微生物驱激活剂筛选与评价技术、内源微生物驱现场跟踪监测及效果评价技术，并规范化，为内源微生物驱油技术提供理论指导和现场实施指南，现场试验应用结果表明，六中区、七中区内源微生物驱油技术增油降水效果明显，试验区自然递减明显减缓，提高原油阶段采出程度5%以上。

关键词　克拉玛依油田；内源微生物驱；六中区；七中区

引言

油田经过多年注水开发后，在油藏内部形成了相对稳定的微生物群落体系，其中一些特殊微生物及其代谢产物作用于原油或地层，能改善原油在地层中的流动性，可通过增加洗油效率和扩大水驱波及体积等机理来提高原油采收率。微生物驱油技术具有成本较低、工序简便，不伤害地层，不污染环境，产出液不需特殊处理等诸多优点。在我国日益重视保护生态环境，坚持可持续发展战略的大背景下，微生物驱油被认为是最具发展前途的提高采收率技术之一。尤其是近年来内源微生物驱有技术受到越来越多的重视。

内源微生物驱油技术就是通过注入激活剂，刺激油藏内部的有益微生物(烃氧化菌、硝酸盐还原菌、发酵细菌)，使其在油藏中产生代谢作用和代谢产物，并与原油/岩石/水相互作用，从而提高水驱效率，达到提高油藏最终采收率的目的。通过前期研究，克拉玛依油田六中区克下、七中区克上组油藏内源微生物含量丰富，油藏地质条件比较适合开展内源微生物驱现场试验，六中区于2010年9月至2011年9月开展了4注9采微生物驱现场试验，七中区于2013年11月至2018年10月开展了4注11采微生物驱现场试验。

1　油藏地质概况

六中区克下组油藏为克—乌断裂与白碱滩北断裂所夹持形成的三角形断块，油藏底部构造为断裂夹持的背斜形态，以J152隆起为高点向四周倾伏，倾角3°左右。六中东区位于六中区克下组油藏的东北角(见图1)，含油面积2.88km^2，地质储量662.89×10^{4}t，试验区主力层位S_7^3、S_7^4，油藏温度20.6℃，平均渗透率466×10^{-3}μm^2，地层原油黏度80mPa·s，含蜡量3%，适合开展微生物驱。

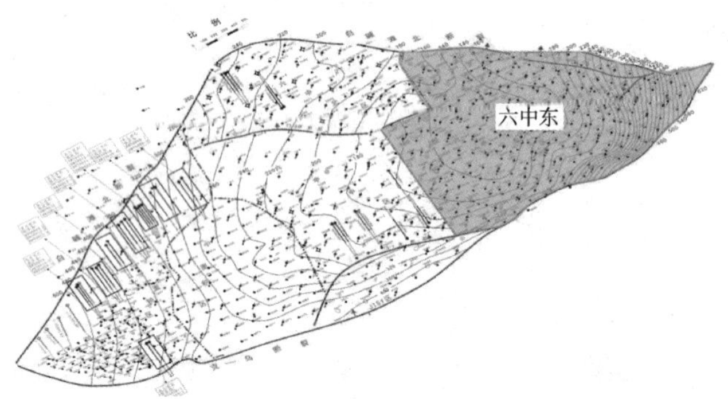

图1　克拉玛依油田六中东区地理位置图

克拉玛依油田七中区克上组油藏位于克拉玛依市白碱滩区，油藏含油面积6.6km^2，地质储量1089.82×10^{4}t，类型为断层遮挡的岩性-构造油藏(图2)。七中区克上组沉积在三叠系下克拉玛依组(T_2k_1)之上，克上组可以划分S_1、S_2、S_3、S_4、S_5五个砂层组，主力油层为S_1、S_4、S_5。其中S_5、S_1砂体分布较稳定。油藏温度39℃，平均渗透率123×10^{-3}μm^2，地层原油黏度5.55mPa·s，含蜡量3%~4.6%，地层水矿化度15726mg/L，属于$NaHCO_3$水型。

【作者简介】刘晓丽，女，1983年4月出生，毕业中国石油大学(华东)，学士学位。目前工作于新疆油田公司实验检测研究院采收率所，工程师，主要从事油田提高采收率研究。E-mail：liuxiaoli33@petrochina.com.cn

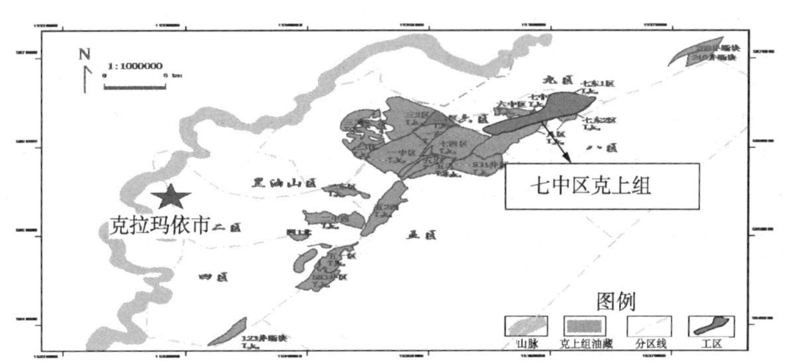

图 2　七中区克上组油藏地理位置图

2　微生物驱方案设计及实施情况

六中区克下、七中区克上组油藏特征与储层物性显示：这两个油藏储层物性发育好，剩余可采储量大；油水井注采对应关系好，注采反应敏感，对应油井采出程度较低，具备较强的采液能力，井组注采井网完善，措施井位集中，可实现整体多井组微生物驱结合，所选井组具有受益中心井。结合油水井动态数据分析，选择这两个区具备开展微生物驱油。

以七中区为例，考察不同激活剂配方物理模拟驱油效率，采用不同渗透率岩心，不同激活体系进行驱替实验，最终形成两套激活配方体系：七中区推荐配方：1.4%的复合粉体系 NKT-2，备用配方：0.9%的无机盐体系 NKW-2，六中区激活剂配方 2.52%体系。

运用 CMG 油藏数值模拟软件，建立了七中区试验区的构造、有效厚度、孔隙度和渗透率模型，在对试验井 4 注 11 采井区进行历史拟合的基础上，分别对 PV 数为 0.1PV、0.2PV、0.3PV 和 0.4PV 的激活剂注入量进行了方案筛选，以确定出最佳用量，筛选结果表明激活剂用量 0.2PV 时，吨剂增油和综合指标最大，因此七中区试验区激活剂用量选择 0.2PV（表 1）。

表 1　七中区克上组微生物驱激活剂用量优选

孔隙体积倍数/PV	注入量/10^4m^3	激活剂量/t	最大日增油/t	最大降水/%	累积增油/t	采收率提高幅度/%	吨剂增油/(t/t)	$\Delta Q\times\Delta\eta$/(t/t×%)
0.1	8	1120	22.4	8.4	2.6	3.6	23.2	83.5
0.2	16	2240	30.3	10.1	4.0	5.6	17.9	100.2
0.3	24	3360	36.6	10.9	4.8	6.7	14.3	95.8
0.4	32	4480	38.1	11.5	5.3	7.4	11.8	87.0

六中东区克下组微生物驱现场试验于 2010 年 9 月开始施工，2011 年 9 月完成方案设计注入量。方案设计注入激活配方体系浓度为 2.52%，注入速度为 20~30m^3/d，处理半径 25m，总注入激活剂段塞为 1.56×10^4m^3（0.04PV），空气 6.24×10^4m^3（气液比为 4）。见表 2。

表 2　六中东克下组油藏试验区内源微生物激活方案设计

注水井/口	浓度/%	注剂量/(×10^4m^3)	注气量/(×10^4m^3)	注入速度/(m^3/d/井)
4	2.52	1.56	6.24	20~30

七中区克上组 4 注 11 采试验区现场试验于 2013 年 11 月 26 日开始注剂，截止 2018 年 10 月 15 日施工结束，注剂量 16×10^4m^3（0.2PV），采用 1.4%的复合粉体系 NKT-2，注气量 128×10^4m^3（气液比为 8），见表 3。

表 3　七中区克上组微生物驱先导试验方案设计

注入井/口	浓度/%	注剂量/(10^4m^3)	注气量/(×10^4m^3)	注入速度/(m^3/d/井)
4	1.4	16.00 (0.2PV)	128	25~55

3　内源微生物驱油关键技术研究

3.1　内源微生物驱油油藏筛选方法研究

综合油藏地质、内源微生物驱油特点及反应

动力学特征，筛选出 7 个重要指标(温度、渗透率、原油密度、原油黏度、含蜡量、地层水矿化度、采出水中总菌浓)作为内源微生物驱油的评价指标(表 4)。本研究结合油藏筛选评价指标，建立了内源微生物驱油油藏模糊综合评价模型，给出了一种油藏筛选评价的新方法，全面考虑了若干影响微生物生长的油藏静态参数和油藏本身内源微生物的数量和分布，是目前唯一能够量化评价油藏对于内源微生物驱适合度的油藏筛选评价方法，克服了单项指标片面反映油藏适宜度的缺点，将作为内源微生物驱油工业化应用时筛选油藏、定量评价油藏适合度的判断依据。

表 4　内源微生物驱油藏筛选评价图版

评价图版					
油藏参数	权重	范围划分			
温度/℃	0.2479	30~55	20~29	56~80	<20 或>80
渗透率/$10^{-3}um^2$	0.0962	50~500	10~49	>500	<10
地层水矿化度/(g/L)	0.0571	10~50	<10	50~150	>150
原油密度/(g/cm^3)	0.0214	0.85~0.9	<0.85	0.9~0.966	>0.966
原油黏度/(mPa·s)	0.1458	30~150	<30	150~500	>500
含蜡量/%	0.0333	4~10	<4	>10	/
内源总菌/Log 菌浓	0.3983	>3	1~3	<1	/
综合评价值		≥0.85	0.60~0.85		≤0.60
分类		Ⅰ类	Ⅱ类		Ⅲ类

通过该技术进行筛选评价，六中区、七中区都属于Ⅰ类油藏(表 5)，具有微生物驱油潜力，适合开展现场试验。

表 5　六中区、七中区油藏筛选评价结果

油藏参数	七中区油藏	六中区油藏
温度/℃	39	20.6
渗透率/$10^{-3}\mu m^2$	123	466
孔隙度/%	18.2	20.5
原油密度/(g/cm^3)	0.862	0.912
原油黏度/(mPa·s)	67	80
含蜡量/%	4.64	4
地层水矿化度/(mg/L)	15726	6823
总菌浓/log 菌浓	5	4
单项指标评价	均适合	均适合
综合评价得分	0.9398	0.9331
综合评价等级	Ⅰ级	Ⅰ级

3.2　油藏微生物分子生态学分析技术研究

分子生态学方法以微生物核糖体 DNA/RNA 中保守序列的进化史为主要研究对象来研究微生物系统生态组成，这种方法对微生物系统的研究不需要建立在对微生物系统的培养和富集的基础上，不受微生物状态影响。微生物 DNA/RNA 中存在进化中的保守序列和特异性序列，生态学方法通过保守序列来设计扩增引物，通过对特异性序列和其数量的检测来反映油藏微生物系统的组成和比例。提取环境中微生物总 DNA，通过保守序列扩增其 16SrRNA 片段，通过对其特异性序列种类和相对量的研究，比较全面客观地了解油藏微生物系统的组成。分子生态学研究微生物生态系统的群落组成，不仅避免了传统富集培养对培养环境的高度依赖性和繁重工作量，而且其获得信息量大，准确全面的优点非常适合用在油藏微生物生态系统的检测中。该方法的技术流程如图 3。

通过油藏微生物分子生态学技术研究，六中区、七中区油藏中假单胞菌、芽孢杆菌、弓形菌和海杆菌是克拉玛依砾岩油藏的共有优势菌(图 4)。由此可见，以假单胞菌和迪茨氏菌为代表的烃氧化菌是激活的主要功能菌。为内源微生物定向激活提供理论依据。

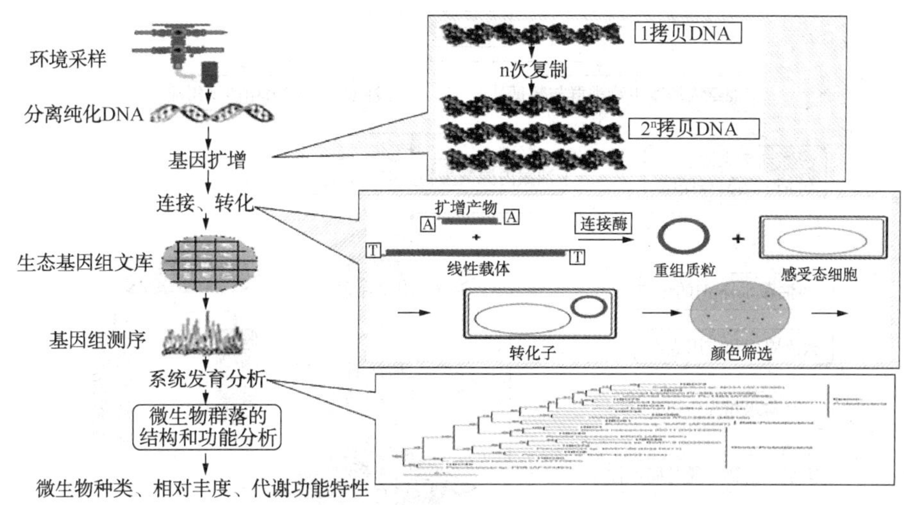

图 3　油藏微生物分子生态学技术研究流程

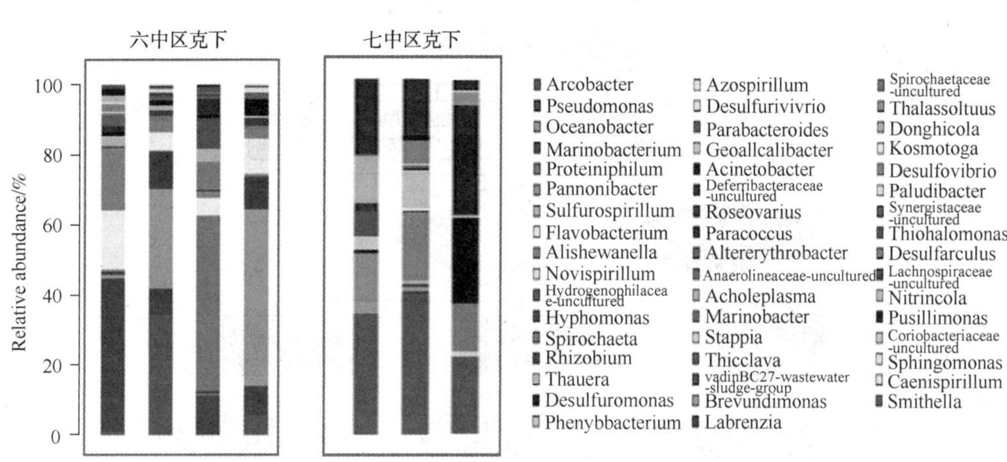

图 4　六中区、七中区试验区五类功能微生物群落结构分析

3.3　内源微生物驱激活剂筛选与评价技术

以激活剂经济技术可行性、激活效果和提高采收率幅度为基础，建立了内源微生物激活剂筛选评价技术。根据油藏内源微生物类群与数量和油藏产出液水相无机盐离子组成、激活剂组分来源、价格、运输和储藏，建立了包括激活剂组分筛选原则、激活剂组分筛选、激活剂组分初步定量和激活剂组分优化等方面内容的油藏内源微生物高效激活剂筛选方法(图 5、图 6)。油藏内源微生物高效激活剂的筛选方法包括如下步骤：

①对目标油藏取样、检测和分析，检测指标包括油藏内源微生物类群数量与数量和油藏产出液水相无机盐离子组成；

②根据检测分析结果明确油藏内源微生物类群与数量和营养需求特征；

③根据油藏产出液水相无机盐离子组成、微生物营养需求特征、激活剂组分来源、价格、运输和储藏，确定激活剂组分筛选原则；

④根据微生物营养需求特征和激活剂组分筛选原则，进行激活剂组分种类筛选；

⑤根据激活剂组分含量对水样 pH、激活周期和应用成本的影响、激活剂无机盐组分与油藏产出液水相的配伍性和激活剂固水不溶物含量与腐蚀性，对确定的激活剂组分进行初步定量；

⑥采用单因素实验、正交实验或响应面实验对确定的激活剂组分及含量进行优化。

下面以七中区激活剂筛选评价为例，通过碳、氮、磷源单因素实验和正交实验方法优选出适合七中区油藏区块的激活剂配方(表 6)。其中配方 1-2 为乳化兼产气型激活体系，配方 3-4 为乳化型激活体系。

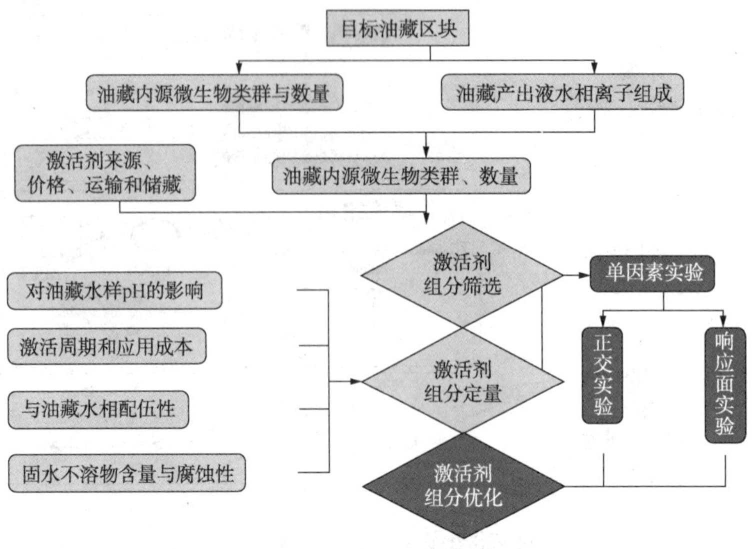

图 5　微生物激活剂筛选流程

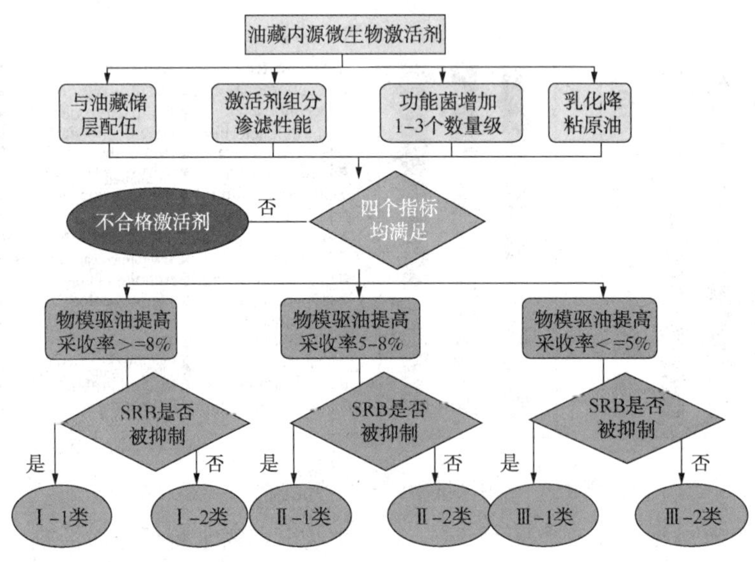

图 6　微生物激活剂评价方法

表 6　适合七中区油藏区块的激活剂配方

编号	激活剂组成	乳化评分	气液比
配方 1	TF0. 35%+YF0. 15%+LN0. 3%+XN0. 6%	6d / 4+	1 : 1
配方 2	TM0. 8%+DN0. 15%+XN0. 6%	6d / 4+	1. 5 : 1
配方 3	LN0. 3%+XN0. 6%	12d / 4+	0 : 1
配方 4	DN0. 15%+XN0. 6%	12d / 4+	0 : 1

(1)内源微生物选择性激活

油藏储层地层水经优选激活剂激活后，内源微生物类群组成得到明显加强和改善(表 7)：总菌浓达到 10^8cells · ml^{-1}，烃降解菌数量由初始 10^3cells · ml^{-1}增至 10^7cells · ml^{-1}，产甲烷菌数量由初始 10^2cells · ml^{-1}增至 10^4cells · ml^{-1}，硫酸盐还原菌数量得到有效控制。几组配方的对比表明：糖粉的加入使得总菌浓较高，但不利于 HOB 的快速增殖。

表 7　最佳激活剂组分激活效果验证实验及结果(cells · mL^{-1})

配方编号	HOB	NRB	SRB	MPB	总菌浓
激活前	4. 5×10^3	9. 5×10^2	9. 5×10^3	3. 6×10^2	1. 126×10^4
配方 1	6. 5×10^6	2. 6×10^5	4. 5×10	2. 2×10^4	4. 8×10^8
配方 2	5. 6×10^6	6. 6×10^5	6. 5×10	6. 2×10^4	4. 5×10^8
配方 3	3. 5×10^7	5. 6×10^5	2. 6×10	1. 6×10^4	1. 6×10^7
配方 4	2. 6×10^7	8. 6×10^4	1. 2×10	1. 2×10^3	1. 5×10^7

(2)激活剂乳化分散原油效果

油滴粒径统计分析表明(表 8)，油滴粒径最小值 4. 1~8. 2μm，最大值 80. 1~108. 2μm，均值 14. 3~20. 2μm，极差 73. 3~100. 0μm。

表 8　不同激活剂体系形成的原油乳状液油滴粒径(μm)

油滴粒径	最小值	最大值	均值	极差
配方 1	4.14	84.15	14.3	76.02
配方 2	6.82	80.15	18.4	73.33
配方 3	6.78	97.51	19.8	90.73
配方 4	8.21	108.21	20.2	100.00

(3)激活后物模驱油实验

不同的激活体系进行物模驱油实验，实验结果见表 9。

表 9　人造岩心中激活体系的驱替效率

配方	一次水驱采收率/%	总采收率/%	微生物驱采收率/%
空白	48.75	52.13	3.38
配方 1	48.08	55.33	7.25
配方 1+1%内源菌	48.06	55.84	7.78
配方 2	44.12	50.64	6.52
配方 2+1%内源菌	50	56.92	6.92
配方 3	51.01	56.75	5.74
配方 3+1%内源菌	48.43	54.52	6.09
配方 4	45.23	52.95	7.72
配方 4+1%内源菌	48.29	56.41	8.12
空白+气	48.51	53.28	4.77
配方 1+1%内源菌+气	48.59	63.1	14.51
配方 4+1%内源菌+气	47.58	61.39	13.81

经过综合评价，七中区推荐配方 1.4%的复合粉体系 NKT-2 在注菌注气条件下提高驱油效率 14.51%，备用配方 0.9%的无机盐体系 NKW-2 在注菌注气条件下提高驱油效率 13.81%，室内激活效果较好。通过该激活剂筛选评价方法，筛选出六中区、七中区激活剂配方多套。六中区激活剂配方 2.52%体系，在注菌注气条件下物模提高采收率 11.92%。

3.4　内源微生物驱现场跟踪监测及效果评价技术

为了及时有效对内源微生物驱油现场试验效果进行评估和对后期方案进行优化调整，需及时对微生物驱现场试验前后的相关油、水井生产动态资料，油、气、水性质及微生物生化参数等指标进行系统跟踪和监测，也为了能够更好评价该技术的有效性，通过设定现场监测指标、建立监测方法、制定监测流程、设计监测周期频次等建立了微生物驱现场监测技术体系(图 7)，为今后该技术的推广应用提供可靠的监测规范和依据。依据以上监测体系，设计了六中区、七中区微生物驱监测方案，指导现场试验的及时调整和优化(表 10)。

表 10　六中区、七中区微生物驱现场检测技术体系

监测种类	项目
内源微生物监测	总菌数、6 类常规功能微生物
	内源微生物群落结构
代谢产物监测	产出液的醋酸跟离子
	生物表面活性剂
	甲烷同位素
营养消耗监测	水相总糖、总氮、总磷
	残余氧监测
油藏开发动态监测	产液、产油、含水率、自然递减率、吸水剖面、产液剖面、油压、套压、动静液面、注水指示曲线等
流体性质监测	常规水质分析
	油水乳化、原油黏度、密度、原油组分、全烃色谱、天燃气组分等

根据微生物驱油技术特点，考虑到微生驱油技术发展现状及现场实施评价可应用性，通过对比分析微生物驱油与常规水驱开发方式下的独特性，认为对实施微生物驱油工艺的油藏单元，通过对微生物指标、营养剂指标、代谢产物指标的分析通过产出液中驱油功能菌总数及相对丰度、乙酸根浓度三个微生物相关指标的跟踪监测，可以预测微生物驱油的见效特征(表 11)；通过实施微生物驱油单元的自然递减率、含水上升率、增油量、阶段采出程度、提高采收率值的监测，可评价油藏开发动态见效情况。通过生化与油藏工程相结合建立了七中区内源微生物驱油效果评价技术(图 8)，该技术具有普遍适用性，可作为内源微生物驱效果评价模板。

表 11　生化指标和见效特征规律表

	生化指标	指标响应	见效特征
微生物指标	活菌总数	菌浓维持在 10^8cell/L，烃氧化菌的含量稳定在总菌浓 5%左右，SRB 降低 2－3 数量级	与油井的增油效果正相关
	烃氧化菌 HOB		
	硫酸盐还原菌 SRB		
营养剂指标	总糖、总氮、总磷	整体数据都小于注入营养剂的 10%	以示踪剂的表现形式验证油水井连通关系及指导方案注入的合理性
代谢产物指标	乙酸根、碳酸氢根	产生明显变化	微生物被有效激活
	气体组分	甲烷，二氧化碳含量增加	微生物被有效激活

内源微生物驱油技术的 4 项关键技术，为内源微生物驱油技术提供理论指导和现场实施，推动了微生物驱油技术的发展并积累了现场试验经验，为下步微生物驱油技术的推广应用提供借鉴意义。

以七中区为例，利用跟踪监测试验井水质常规分析，产出水多数离子变化不明显，但部分井 Cl^-、HCO_3^- 有明显变化。试验井 9、井 8、井 3、井 1、井 4 产出水中 Cl^-有明显增加，如 7253 井 Cl^-浓度由试验前 4521.68mg/l 增加到试验后最高 5560.69mg/l，增加了 1039.01mg/l，增加明显(表 12)，表明这部分井剩余油得到启动，且这些井试验后增油效果较明显；井 10、井 11 井 Cl^-无明显变化，剩余油没有得到启动，这两口井试验后增油效果不明显。试验井 3、井 5、井 1、井 2、井 4 等 HCO_3^- 离子浓度有显著变化，如井 2 浓度由试验前的 2129.21 mg/l 增加到试验后最高 3155.79 mg/l，增加了 1026.55 mg/l，增加明显，表明这些井油藏中微生物代谢活动比较活跃，内源微生物得到有效激活，相应的这些井增油效果相对明显。这些都与油井的受效情况大体一致。

表 12　部分井产出水 Cl^-、HCO_3^- 检测

取样时间	Cl-(mg/l)		HCO_3^-(mg/l)	
	井 9	井 8	井 5	井 1
试验前	4521.68	4433.02	2129.24	2555.09
2014.3.12	4696.19	4341.76	2249.37	2730.45
2014.6.18	4877.30	4611.27	2551.32	2667.88
2014.12.3	4917.34	4829.53	1957.19	2997.56
2015.8.6	5204.82	4763.74	2979.25	/
2015.11.16	5560.69	/	3155.79	3176.15
2016.6.16	5322.82	5038.93	3075.83	3351.69

注：/表示没有取样。

七中区产出水 HOB 由试验前(2013 年 12 月之前为试验前，以下同)的 0-3 次方提高到试验后最高的 7 次方数量级，最高达到 1.10×10^7 个/mL，有益菌 HOB 得到有效激活，有害菌 SRB 维持在较低水平，得到有效抑制。(表 13、表 14)

表 13　不同时间各井产出水 HOB 检测

井号	取样日期							
	2013.7.30	2014.3.12	2014.5.14	2015.5.4	2015.8.6	2015.9.6	2015.10.13	2016.7.15
井 10	/	2.50E+01	/	/	/	/	/	1.30E+05
井 4	5.00E+03	2.00E+05	7.00E+06	7.00E+04	7.00E+04	1.30E+06	1.30E+03	7.00E+01
井 5	6.00E+00	5.00E+00	7.00E+05	1.10E+06	7.00E+06	2.50E+05	7.00E+06	1.10E+03
井 1	1.10E+02	1.10E+02	7.00E+01	7.00E+02	/	1.10E+07	1.30E+02	2.00E+05
井 3	2.00E+02	1.10E+02	/	/	2.00E+03	/	1.30E+03	7.00E+02
井 8	/	1.10E+04	/	1.30E+04	7.00E+03	1.10E+07	/	/
井 9	7.00E+03	7.00E+02	1.10E+06	/	7.00E+04	1.10E+07	7.00E+03	6.00E+05
井 11	2.50E+00	2.00E+02	1.10E+02	1.30E+03	/	1.10E+07	7.00E+05	2.50E+01
井 2	1.30E+02	7.00E+04	2.50E+01	2.00E+02	7.00E+04	6.00E+04	2.50E+01	1.10E+02

注：/表示没有取样。

表 14　不同时间各井产出水 SRB 检测

井号	取样日期							
	2013. 4. 8	2014. 1. 24	2014. 8. 20	2015. 6. 25	2015. 9. 6	2015. 10. 13	2016. 5. 12	2016. 10. 20
井 10	1. 30E+04	1. 10E+02	0. 00E+00	/	/	/	2. 50E+01	2. 00E+02
井 4	7. 00E+04	6. 00E+01	2. 50E+01	7. 00E+03	2. 50E+01	1. 10E+04	5. 00E+01	2. 50E+01
井 5	1. 10E+03	6. 00E+01	0. 00E+00	7. 00E+04	2. 50E+01	7. 00E+02	1. 10E+02	7. 00E+02
井 1	2. 50E+03	1. 30E+03	0. 00E+00	7. 00E+02	1. 10E+03	2. 50E+01	6. 00E+00	1. 10E+02
井 3	7. 00E+03	0. 00E+00	0. 00E+00	/	/	5. 00E+00	2. 50E+00	2. 50E+01
井 8	7. 00E+04	2. 50E+01	0. 00E+00	2. 50E+01	6. 00E+00	/	/	2. 50E+01
井 9	1. 10E+05	1. 10E+02	0. 00E+00	1. 10E+03	6. 00E+00	7. 00E+02	7. 00E+02	1. 30E+01
井 11	6. 00E+02	6. 00E+01	2. 50E+01	/	0. 00E+00	6. 00E+00	6. 00E+00	6. 00E+00
井 2	1. 10E+03	6. 00E+00	0. 00E+00	1. 10E+03	2. 50E+00	1. 30E+01	3. 00E+01	5. 00E+01

注：/表示没有取样。

七中区试验后多数井产出水表面张力都有所下降(图 7)，如井 1 试验前检测产出水表面张力为 72. 60mN/m，试验后最低降到 56. 51mN/m，井 9 试验前检测产出水表面张力为 72. 59mN/m，试验后最低降到 61. 43mN/m，表明产生了有利于驱油的活性物质。表面活性物质的产生有利于原油的乳化，油水界面张力的降低，改变岩石表面润湿性，提高原油在油藏孔隙介质中的流动能力，并最终提高采收率。但井 10、井 11 井产出水表面张力试验前后变化不明显，相应的这两口井的增油效果也较差。这些与油井的受效情况一致。

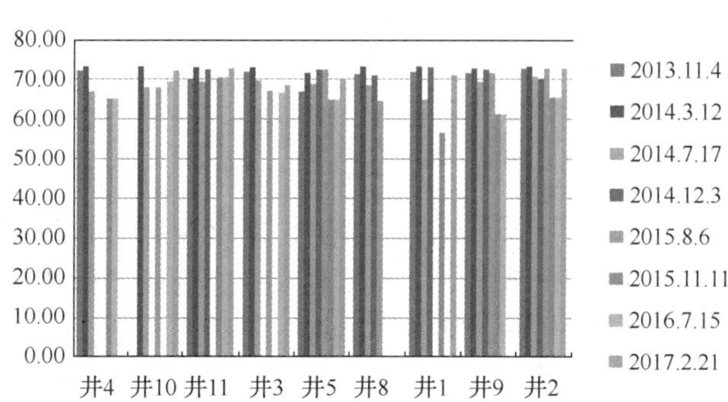

图 7　七中区产出水表面张力检测

试验后多数井产出水 Cl^-、HCO_3^- 明显变化、主要采油功能基因（HOB、NRB、MPB、PES、SRF 及 16SrDNA）有明显增加，表明微生物驱后，内源微生物被明显激活，生化指标与油井受效情况较为吻合（见表 15），验证了微生物驱可以提高原油采收率。

试验后多数井产出水 Cl^-、HCO_3^- 明显变化、主要采油功能基因（HOB、NRB、MPB、PES、SRF 及 16SrDNA）有明显增加，表明微生物驱后，内源微生物被明显激活，生化指标与油井受效情况较为吻合（见表 15），验证了微生物驱可以提高原油采收率。

表 15　七中区主要生化指标响应情况

	明显变化的井	无明显变化的井
主要采油功能基因	井 1、井 2、井 3、井 8、井 5、井 9、井 4	井 10
表面张力	井 9、井 8、井 3、井 1、井 4、井 5、井 2	井 11、井 10
Cl-	井 9、井 8、井 3、井 1、井 4、井 5、井 2	井 11、井 10
HCO3-	井 3、井 5、井 1、井 2、井 4	井 9、井 11、井 10、井 8

从七中区油井见效情况来看，可以分为三

类。Ⅰ类见效井有 4 口，占比 36.4%，累积增油都在 3000t 以上；Ⅱ类见效井有 5 口，占比 45.4%，累积增油都在 1000t 以上；Ⅲ类见效井有 2 口，占比 18.2%，累积增油都在 1000t 以下。与之相对应的Ⅰ类见效井菌数平均值最高，为 2.44×10^7 个/ml；Ⅱ类见效井菌数平均值为 2.12×10^7 个/ml；Ⅲ类见效井菌数最低，平均值为 1.0×10^7 个/ml。统计数据表明（表 16），增油量与菌数有较好的对应关系。

表 16　七中区单井累积增油分类与平均总菌浓度对应表

井号	累积增油/t	菌数/(10^7 个/ml)	见效分类	菌数平均值/(10^7 个/ml)
井 2	5425	2.80	Ⅰ类	2.44
井 3	3626	1.98	Ⅰ类	
井 1	7809	3.56	Ⅰ类	
井 4	3744	1.42	Ⅰ类	
井 9	1227	1.12	Ⅱ类	2.12
井 5	1772	3.37	Ⅱ类	
井 8	1914	1.87	Ⅱ类	
井 7	1401		Ⅱ类	
井 6	1804		Ⅱ类	
井 11	410	1.21	Ⅲ类	1.017
井 10	443	8.24	Ⅲ类	

3.5　微生物驱现场实施效果

2010 年选取了六中区克下组油藏东部的四口注水井组（T6185、T6186、T6193 和 T6194）进行微生物激活矿场试验，截至 2011 年 9 月完成方案设计注入量。激活剂注入量 $1.56\times10^4m^3$，折合地层孔隙体积 0.04PV，空气注入 $6.24\times10^4m^3$，液气比 1：4，试验后试验区增油降水效果显著。生产动态跟踪分析表明：六中区微生物先导试验区前期注入的 4 井组目前有 7 口井见效，油井见效率达 78%。截止 2013 年 10 月底，六中区试验区累计增油 3721 吨，考虑递减增油 7542 吨，阶段提高采出程度 5.1%。

七中区试验区 4 注 11 采有 11 口井见效，油井见效率 100%。试验区产量自然递减明显减缓。截止 2018 年 10 底累计增油 37714t，阶段提高采出程度 5.24%（图 8）。

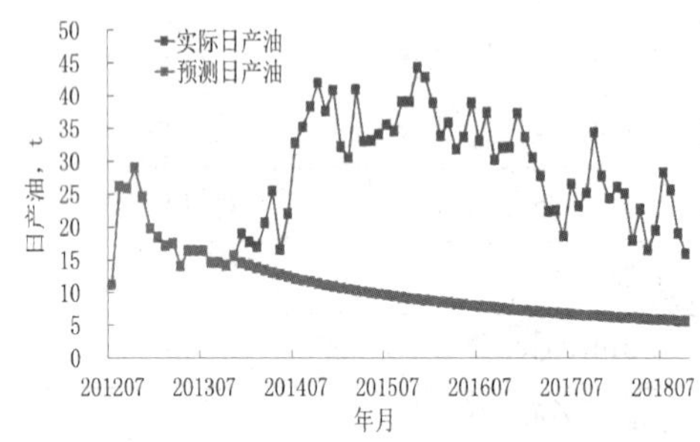

图 8　七中区微生物实验区增油示意图

4　结论与认识

通过克拉玛依油田内源微生物驱现场试验研究与应用，取得了一下进展和认识：

（1）形成了一整套完整的内源微生物驱油技术体系，该技术体系包括内源微生物驱油藏筛选评价技术、内源微生物分子生态学研究技术、激活剂筛选评价技术、内源微生物驱现场跟踪监测及效果评价技术，对微生物采油技术的发展起到促进作用；

（2）现场应用效果表明微生物驱后，试验区生化指标的明显变化，与增油效果成较好的对应关系，也验证了微生物驱可以有效提高原油采收率；

（3）新疆六中区、七中区现场应用效果表明内源微生物驱油技术具有很好的增油降水效果，试验区提高采收率达到 5% 以上，形成较好的示范作用，在新疆油田具有很好的推广应用前景。

一种叠加汽窜影响的稠油剩余油潜力评价方法

费永涛　刘　宁　刘士梦　安　超　黄　磊　郑　勇

（中石化河南油田分公司勘探开发研究院）

摘　要　河南浅薄层稠油油藏进入超高轮次蒸汽吞吐阶段以后，汽窜升级为网状面积汽窜，加剧地下剩余油赋存状态的复杂程度，增加了认识剩余油潜力的难度。通过油藏工程确定泄油半径、汽窜宽度等参数，绘制网状汽窜分布图，与动态分析及油藏数值模拟研究的剩余油分布结果叠合，综合评价剩余油潜力。应用在井楼油田中区，划分出低采高黏、中采中黏、高采低黏三类潜力，为制定超高轮次蒸汽吞吐阶段提高采收率的技术策略创造了条件。

关键词　河南油田；稠油油藏；开发后期；剩余油分布；汽窜；蒸汽吞吐；潜力评价

引言

河南油田稠油油藏油层厚度薄，蒸汽吞吐转换频繁，自 1987 年投入开发以来已三十余年，目前主力开发单元吞吐达到 20 个周期，绝大多数生产井进入超高轮次蒸汽吞吐开发期，油井普遍呈现低能低产低效，亟待综合调整改善开发效果。综合调整的基础是精准识别地下剩余油的潜力，但超高轮次蒸汽吞吐阶段的汽窜程度加剧且已升级为面积汽窜，导致地下剩余油的赋存状态日益复杂，增加了认识剩余油潜力的难度。而常规的剩余油潜力评价方法，如密闭取心法分析井点较少、成本较高，测井解释法对于已吞吐的老井又不适用，测试分析法只能定性认识纵向油层状况，数值模拟法受模型精度影响大、调参繁琐、计算时间长[1]，难以适应超高轮次蒸汽吞吐阶段的需要，制约了稠油油藏综合调整的研究与决策。探索一种适应超高轮次蒸汽吞吐阶段的剩余油潜力评价方法，成为河南油田稠油开发亟待解决的问题。

1　油藏地质特征

河南稠油油藏主要分布在泌阳凹陷北部斜坡带以及凹陷西端，储集层具有多物源、沉积类型复杂的特点，北部斜坡带西部为河流三角洲沉积体系，岩性相对较细，以细砂岩为主；北部斜坡带东部属辫状河三角洲沉积体系，以含砾砂岩和中砂岩为主；凹陷西端的井楼油田南部属于扇三角洲沉积体系，岩性粗，以砾岩、含砾砂岩和中砂岩为主。油层埋藏深度为 90～1113m，大部分在 100～400m。油层厚度约 5～15m，纯总厚度比（油层有效厚度与含油井段之比）为 0.5～0.8，纵向上呈薄互层状；原油密度为（0.9435～0.9628）g/cm^3，油层温度下的脱气原油黏度为（3070～80000）mPa·s，普通稠油 2 类、特稠油和超稠油均有分布；储层成岩程度低，岩心呈松散状，储层孔隙度为 28.0%～31.7%，渗透率为（0.4～2.294）μm^2，原始含油饱和度为 61.1%～75.0%，属于大孔隙度、高渗透类型储层。[2]

2　不同开发阶段汽窜对剩余油的影响情况

河南油田稠油油藏中有效厚度<10m 的薄层储量占比超过七成，自 1987 年薄层稠油蒸汽吞吐攻关成功后，井楼、古城等油田相继投入开发，历经基础井网+常规蒸汽吞吐、加密井网+组合蒸汽吞吐、局部井网调整+热化学吞吐等开发阶段，现已进入超高轮次蒸汽吞吐阶段。

2.1　基础井网+常规蒸汽吞吐阶段（1987–1995 年）

开发初期，按照井距 100×141m 正方形井网、100×100m 六边形井网两种形式，构建了井楼和古城油田等七个区块的蒸汽吞吐基础井网，热采资源利用率提高到 34.7%。但是 5–7 周期后汽窜发生频次增加，呈单边窜、对角窜、“X”型交叉窜，剩余油基本上集中分布在本井组内吞吐井间，以及基础井网难以采出的汽窜带

【作者简介】费永涛，男，1973 年生，高级工程师，1995 年毕业于西安石油学院采油工程专业，大学学历，现就职于中国石化股份有限公司河南油田分公司勘探开发研究院，从事稠油油藏工程研究工作。E-mail：fyt.hnyt@sinopec.com

之间[3-4]。

2.2 加密井网+组合蒸汽吞吐阶段(1996-2008 年)

通过进一步缩小井距加密吞吐井网，开发层系和井网日臻完善，实施面积式和井排部分重迭方式组合注汽，动用了吞吐井间以及汽窜带之间的剩余油，稠油资源利用程度接近 80%，采收率提高 7.5 个百分点[5]。阶段末，加密井已吞吐 6 周期(相当于老井 12 周期)，油藏固有的非均质性造成汽窜通道逐渐变大，并向地层深部延伸，常规堵调半径小、有效期短，蒸汽容易绕过封堵段继续汽窜，导致吞吐或蒸汽驱效果变差。较之前一阶段，剩余油在平面上零散化，主要分布在河道侧翼及分流间湾处，受油藏压力、平面非均质性和边底水影响较大，汽窜是主因[6]。

2.3 局部井网调整+热化学吞吐阶段(2009-2015 年)

二十余年的开发，主力单元井网日臻完善，仅在局部剩余油富集程度高、且相对集中的区域部署少量调整井继续常规吞吐。而对大部分因汽窜严重导致的零散剩余油分布区，部署调整井和常规组合注汽的技术策略难以奏效。这一阶段，加大了添加氮气+化学剂的热化学辅助蒸汽吞吐技术实施力度，有效抑制了纵向上的剖面矛盾，热采年产量稳定在 40×10^4t 以上，油汽比持续稳定在 0.2 以上[7-8]。但随着热化学辅助吞吐技术应用年限增加，调堵强度降低、有效期缩短的缺点再次暴露，平面矛盾日益突出且上升为主要矛盾，汽窜再次成为主因。被汽窜条带分割的剩余油，分布在平面上远离吞吐井的区域且更加零散，单纯增加热化学吞吐的伦次和提高化学剂的用量的做法，仍然难以扩大泄油半径，热化学辅助吞吐 3~4 个周期后，日产油、油汽比递减幅度大，增产效果和经济效益变差[9]。

2.4 超高轮次蒸汽吞吐阶段(2016 年后)

进入该阶段的显著特点之一就是面积汽窜，主力开发单元吞吐达到 20 个周期，汽窜导致的无效生产时间长期抢占周期生产时间，热利用率大打折扣，单井井口平均日产油量不足 0.7 t，油汽比跌至 0.2 以下，而单元平均采出程度仅为 20%左右，开发效果变差，自然递减在 20%左右高位运行。网状汽窜条带不仅加剧了蒸汽无效循环的程度，更是控制了地下剩余油的分布形态，导致地下剩余油的赋存状态日益复杂，增加了认识剩余油潜力的难度。

3 叠加汽窜影响的评价剩余油潜力方法

这一方法的特点就是在原有常规剩余油潜力评价方法之上，通过叠加汽窜的特征来约束剩余油的形态，进而分析评价超高轮次吞吐阶段的剩余油潜力。

其一，依据动态分析确定目标区的汽窜发生井、汽窜方向和频次等信息，再结合油藏静态地质参数和动态数据，定量预测出每一口蒸汽吞吐井的泄油半径和井间汽窜通道宽度，绘制出定量化的汽窜分布图。同时，应用的宏观剩余油分布研究方法，确定出目标区的采出程度图或“三场”分布图。在上述认识结果基础上，将汽窜分布图与采出程度图或“三场”分布图叠合，分析平面剩余油分布特征，建立井间剩余油分布模式，分类确定剩余油潜力区。

确定目标区的汽窜发生井、汽窜方向和频次等信息以及宏观剩余油分布研究方法已在实际研究中得以运用[10-12]，在此不做赘述，而确定单井泄油半径和井间汽窜通道宽度，是绘制出定量化的汽窜分布图的基础，也是叠加汽窜影响的评价剩余油潜力基础，本次采用等效法予以计算。

泄油半径(或面积)采用以井为中心的近似圆形模型定量表征，忽略平面非均质性和汽窜的影响。计算公式如下：

$$r_1^{\,2}=r^2\times R/E_D\times E_Z$$

$$S=\pi\times r^2\times R/E_D\times E_Z$$

式中：R 为采出程度%，r 根据井网类型确定(m)，r_1 为泄油半径(m)，S 为泄油面积(m^2)，E_D为理论条件下驱油效率，E_Z为纵向波及系数，E_A为平面波及系数。

汽窜通道宽度采用等效法计算，忽略渗透率变化、注汽量热损失的影响，假定未汽窜的单井累计产油增量等效为泄油面积增量，发生汽窜的两井产油增量或减量等效为汽窜通道面积增量或减量，进而计算汽窜宽度。计算公式如下：

$$S_L=S_a+S_b-2\,S_r$$

$$L=S_L/(d-2r)$$

式中：S_L为 a、b 井间汽窜通道面积增量或减量(m^2)，S_a为 a 井泄油面积(m^2)，S_b为 b 井泄油面积(m^2)，S_r为未汽窜时平均泄油面积(m^2)，L为汽窜宽度(m)。

4 剩余油潜力评价实例

4.1 目标区概况

目标区为井楼油田中区，构造相对简单，为

一向东南倾伏的宽缓鼻状构造，边部发育9条正断层，对油层的分布起一定控制作用。含油层分布在古近系核桃园组Ⅱ、Ⅲ、Ⅳ、Ⅴ四个油组的40个含油小层，含油井段长，分布零散，单砂体油层厚度为0.8~5.0m，纯总厚度比为0.5~0.8，纵向上呈薄互层状。油层胶结松散，含油饱和度65.0%~75.0%，孔隙度25.3%~34.0%，渗透率0.468~3.432μm^2，属于高孔、高渗储层，普通稠油、特稠油和超稠油均有分布[9]。1989年开始采用100×141m正方形井网蒸汽吞吐开发，后加密至井距70×100m，2010年开始热化学蒸汽吞吐，2016年底已进入超高轮次吞吐阶段。

4.2　平面剩余油分布特征

经计算，该区吞吐井的泄油半径一般为8~42m，井间汽窜通道宽度一般在13~35m之间。采用油藏工程与数值模拟相结合的方法，研究了中区高轮次蒸汽吞吐后的采出程度或"三场"分布状况和平面剩余油分布特征。研究结果显示：

(1)低井网控制区是剩余油富集区

由于受地面条件限制或过去对油层认识程度不够，井网控制程度比较低的地区油层仍然保持原始状态。

(2)井间、低采出程度区是剩余油富集区

中区主要采用正方形井网，蒸汽吞吐后剩余油基本分布在4口井中间或局部采出程度低的井/井组，但各井组的剩余油富集差异很大。如Ⅳ$_2$、Ⅳ$_9$层特稠油油藏，局部汽窜严重，平面上剩余油局部井间富集，连片性差；Ⅱ$_6$层超稠油油藏，汽窜发生少，剩余油富集，且平面上连片性好。

(3)沉积微相对剩余油富集程度有一定影响

不同沉积微相在非均质性上的表现迥异，其生产效果和汽窜特征也不尽相同，对剩余油的富集程度也会产生影响。如Ⅳ$_2$层西部井区，处于扇三角洲前缘水下河道主体部位，物性好，采出程度高，汽窜严重，剩余油连片差；而河道侧缘相对均质，汽窜次数明显变少，剩余油连片分布。

4.3　井间剩余油分布模式

在剩余油分布特征基础上，总结了单井间剩余油分布有以下三种模式：

(1)模式1：井间热不连通

如图1所示，这一模式井间剩余油仍然保持原始状态，其形成原因复杂，多为过早返层形成的长停井层、尚未射孔投产的井层、井况恶化的井层、地面障碍影响区、井间压力平衡区、近剥蚀面的难动用区域等。

(2)模式2：井间热连通

如图1所示，这一模式主要由于受沉积微相、物性及井网影响，生产井井间受蒸汽的影响，发生了热传递，其中，受这一模式影响，生产井吞吐效果较好。

(3)模式3：井间汽/水连通

如图1所示，这一模式主要发生在井网完善程度高、吞吐轮次高、物性较好的区域，生产井井间汽窜严重导致汽连通，或者由于存水率高，导致注入蒸汽顶推热水，形成水连通。受这一模式影响，生产效果明显变差(如图1所示)。

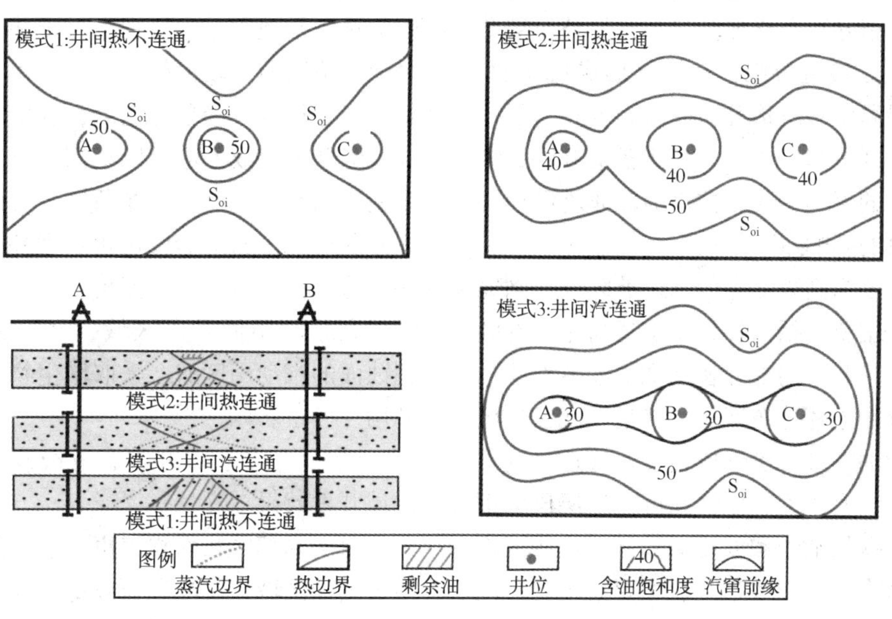

图1　井间剩余油分布模式图

4.4 剩余油潜力评价

中区主力层$Ⅳ_2$剩余油潜力研究显示，现井网超高轮次蒸汽吞吐阶段的剩余油潜力呈现出三种类型(图2)。

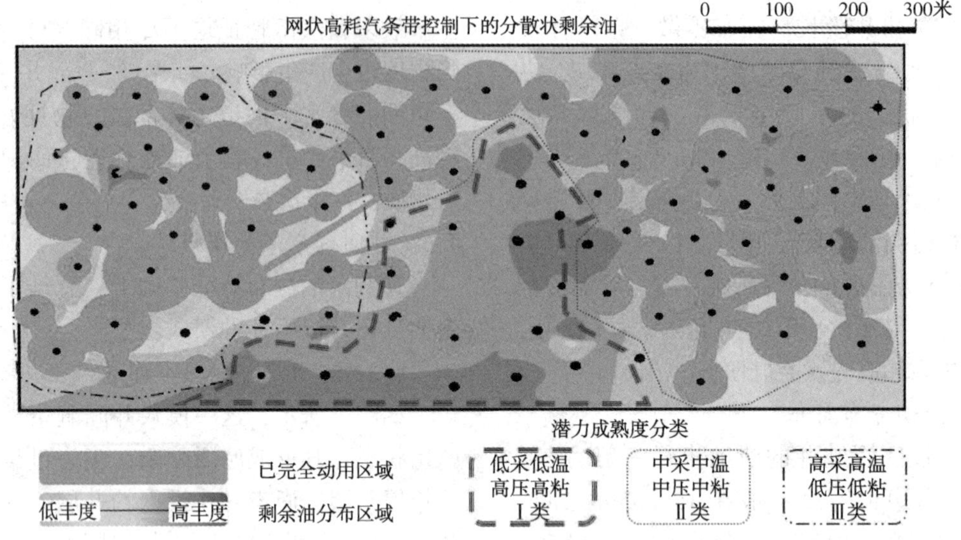

图2 不同类型剩余油潜力分布图

Ⅰ类为低采高黏区。这一区域主要是由过早返层形成长停井层、上部层位尚未射孔投产、套变窜槽等井况恶化、地面影响、近剥蚀面等原因形成的连片井区。整体表现为油层温度抬升幅度低，原油黏度和地层压力下降幅度均较低，呈现低温、高压的特点，剩余油饱和度较高甚至处于原始含油饱和度状况，这些区域的采出程度普遍低于15%，在网状高耗汽条带之间较为发育，主要受控于井网完善程度、油藏非均质性，汽窜的影响较弱。

Ⅱ类为中采中黏区。这类区域井网完善程度较好，其形成原因主要是超高轮次吞吐后局部井区网状面积汽窜导致蒸汽偏流严重，另外，部分井组蒸汽吞吐已接近极限，在局部形成热联通。这类区域油层温度有所抬升，原油黏度和地层压力均有一定幅度下降，采出程度普遍在15-20%之间，剩余油的聚集主要受控于油藏非均质性和网状面积汽窜的影响。

Ⅲ类剩余油为高采低黏区。这类区域井网完善程度较好，主要包括两种，一是超高轮次吞吐后已形成连片热联通的部分普通稠油油藏，原油流动能力提升的连片分布区域；二是吞吐已到极限的部分特稠油油藏，已形成连片热连通。这类区域油层温度抬升幅度、原油黏度和地层压力下降幅度较高，剩余油饱和度相对较低，这些区域的采出程度基本上在20%以上，主要集中在井网完善程度较高、物性和原油性质较好的主力层、段。

4.5 提高采收率的技术策略

按照潜力的技术成熟度和经济风险程度，以问题为导向，强化工艺配套，实施差异化分类治理的技术策略，分类施策，精准优化，分步实施。

(1)第一步：井网立体调整增加Ⅰ类剩余油区域产能

过早返层形成长停井层采取下返回采，二次吞吐；对于上部层位尚未射孔投产的井层适时上返，常规吞吐；对于套变、窜槽等井况恶化的井层修复利用，短周吞吐；对于地面影响的区域定向侧钻，常规吞吐，特别是对于井间单一油层剩余油滞留区面积较大的区域，应用低成本高强度堵调工艺技术改善平剖面后，利用老井侧钻水平井、老井下返或上返予以动用；对于相邻井间汽窜造成的平剖面剩余油滞留区，可以通过组合相邻井利用汽窜通道形成仿短水平井、仿分支水平井，重新构建地下蒸汽流场，实施热化学蒸汽吞吐，充分动用低采出区域[13-16]。另外，对于近剥蚀面的难动用区域，采取微生物吞吐方式逐步动用[17-18]。

(2)第二步：吞吐组合升级改善Ⅱ类剩余油区域开发效果

对于局部网状面积汽窜，蒸汽偏流严重的Ⅱ类剩余油区域，在配套长效低成本调剖技术基础上，通过组合应用化学辅助吞吐，升级改善开发效果。而对于蒸汽吞吐已接近极限，局部形成热联通，剩余油相对富集在1-3个井组范围内的的Ⅱ类剩余油井区，灵活采取一注多采，控制和协调配汽，升级改善区域开发效果[19-21]。

(3)第三步：开发方式转换恢复Ⅲ类剩余油区域产能

已形成连片热联通，原油流动能力提升的普通稠油油藏，特别是地层原油黏度降低到500(mPa·s)的区域，通过注热水，与井网协同恢复重构有效驱动流场，具有技术和经济上的可行性[22-26]。吞吐已到极限，已形成连片热连通的特稠油油藏，油层温度平均上升30℃，原油流动性明显变好，但区域内的地层亏空严重，压力水平低至20%左右，难以建立有效剩余油驱动流场的区域，可以利用现有井网，通过优化注入介质，配套高强度、大剂量、低成本调剖技术，填充地层亏空，提高有效蒸汽波及范围，重新构建地下蒸汽流场，实施热化学蒸汽驱[27-30]。

5 结论

(1)河南稠油油藏进入超高轮次蒸汽吞吐阶段后，汽窜升级为网状面积汽窜并控制了地下剩余油的分布形态，导致地下剩余油的赋存状态日益复杂，增加了认识剩余油潜力的难度。

(2)在原有常规剩余油潜力评价方法基础之上，通过叠加汽窜的特征来约束剩余油的形态，进而形成了一种评价超高轮次吞吐阶段剩余油潜力的方法，应用在井楼油田中区后，划分出低采高黏、中采中黏、高采低黏三类潜力，为制定超高轮次蒸汽吞吐阶段提高采收率的技术策略创造了条件。

参 考 文 献

[1] 陈振琦，杨生榛，喻克全．浅层稠油注蒸汽开发过程中剩余油分布规律[J]．测井技术，1998，(S1)：40-43.

[2] 邵先杰，汤达祯，樊中海，等．河南油田浅薄层稠油开发技术试验研究[J]．石油学报，2004，(2)：74-79.

[3] 王克杰，曲玉线，贾玉培，等．蒸汽吞吐后剩余油分布预测的一种方法[J]．河南石油，1996，(3)：21-26，5.

[4] 胡常忠，刘新福．提高浅薄层特超稠油资源利用程度的技术途径[J]．河南石油，1996，(4)：8-13，4.

[5] 高孝田，刘新福，胡常忠．薄层特、超稠油油藏高周期蒸汽吞吐阶段开发策略研究[J]．特种油气藏，1997，(3)：22-28.

[6] 谢建军．河南油田稠油热采后期进一步提高采收率技术的探讨[J]．河南石油，2005，(2)：58-60.

[7] 刘欣，陶良军，林景禹，等．河南稠油油田氮气辅助蒸汽吞吐技术[J]．石油地质与工程，2008，(6)：84-85，88.

[8] 崔连训．河南稠油油藏氮气辅助蒸汽吞吐机理及氮气添加量优化研究[J]．石油地质与工程，2012，(2)：64-67，70.

[9] 胡德鹏，费永涛，刘宁，等．井楼油田中区稠油油藏蒸汽吞吐后期开发潜力分析[J]．石油地质与工程，2015，(1)：110-112.

[10] 凌建军，宋振宇，王珏，等．蒸汽吞吐阶段的"汽窜"现象实质研究[J]．江汉石油学院学报，1996，(1)：58-61.

[11] 郑强，刘慧卿，李芳，等．蒸汽驱后汽窜通道定量描述[J]．中国科学(技术科学)，2013，(6)：684-688.

[12] 王克杰，贾玉培等．井楼油田零区稠油蒸汽吞吐后资源二次利用研究．特种油气藏，1996，(3)：25-27.

[13] 朱健军．侧钻超短半径水平井J37-26-P14井钻井设计与施工[J]．石油钻探技术，2011，(5)：106-109.

[14] 宋玉珍．侧钻水平井技术在稠油薄层挖潜中的应用[J]．特种油气藏，2008，(z2)：138-140.

[15] 林晶，王新，宋朝晖．新疆油田浅层稠油鱼骨型分支水平井技术[J]．石油钻探技术，2007，(2)：11-14.

[16] 许国民，王卫东，高忠敏，等．水平井技术在老区剩余油挖潜中的应用[J]．特种油气藏，2007，(6)：80-82.

[17] 韩志红，魏天利，李树斌，等．井楼油田微生物采油室内研究[J]．大庆石油地质与开发，2013，(3)：107-111.

[18] 王学忠，杨元亮，席伟军．油水过渡带薄浅层特稠油微生物开发技术——以准噶尔盆地西缘春风油田为例[J]．石油勘探与开发，2016，(4)：630-635.

[19] 王军．小洼油田吞吐后期一注多采效果评价[J]．承德石油高等专科学校学报，2009，(3)：7-9，91.

[20] 杨先勇．组合式注汽技术[J]．油气田地面工程，2008，(5)：44-45.

[21] 李志政．应用"组合式注汽"提高油田采收率——以曙1-38-7030井组为例[J]．特种油气藏，2006，(z1)：72-75.

[22] 袁士义，刘尚奇，张义堂，等．热水添加氮气泡沫

驱提高稠油采收率研究[J]. 石油学报，2004，(1)：57-61，65.

[23] 东晓虎，刘慧卿，张红玲，等. 稠油油藏注蒸汽开发后转热水驱实验与数值模拟[J]. 油气地质与采收率，2012，(2)：50-53.

[24] 王增林，殷方好，刘慧卿，等. 不同韵律稠油油藏注蒸汽后期转热水驱试验研究[J]. 石油天然气学报，2011，(8)：143-146.

[25] 陆先亮，陈辉，栾志安，等. 氮气泡沫热水驱油机理及实验研究[J]. 西安石油学院学报(自然科学版)，2003，(4)：49-52.

[26] 李军营，康义逵，高孝田，等. 河南油田泌 125 区热水驱技术可行性研究[J]. 西部探矿工程，2005，(6)：73-74.

[27] 计秉玉，王友启，聂俊，等. 中国石化提高采收率技术研究进展与应用[J]. 石油与天然气地质，2016，(4)：572-576.

[28] 赵修太，白英睿，韩树柏，等. 热-化学技术提高稠油采收率研究进展[J]. 特种油气藏，2012，(3)：8-13.

[29] 吕晓聪，刘慧卿，庞占喜，等. 泌浅 10 区热化学辅助蒸汽驱开发方式及注采工艺参数优化[J]. 重庆科技学院学报(自然科学版)，2016，(6)：24-26，52.

[30] 刘广友. 孤东油田九区稠油油藏化学蒸汽驱提高采收率技术[J]. 油气地质与采收率，2012，(3)：78-80，83.

南堡陆地浅层特高含水油藏二氧化碳吞吐技术应用实践

李国永　史　英　杨小亮

（中国石油冀东油田公司陆上油田作业区）

摘　要　本文总结了冀东油田南堡陆地 CO_2 吞吐技术实施进展，介绍 CO_2 吞吐技术的实施背景，归纳分析近年来 CO_2 吞吐技术的实施效果，针对下步吞吐技术的发展提出攻关方向。通过对南堡陆地浅层油藏水平井出水机理、剩余油分布的研究，提出“堵疏结合，以疏为主”的 CO_2 吞吐技术路线。分析总结 CO_2 吞吐三项主要技术成果，明确了增溶、降黏、泡沫贾敏效应3种重要增油机理，形成选井选层、复合控水、优化设计、注采配套、生产管理以及井筒防腐6项配套技术，实现由单井向油藏整体、注入端向注采两端两个转变。针对下步如何进一步提高吞吐效果以及 CO_2 接替技术进行探索及实践。

关键词　水平井控水；CO_2 吞吐；协同吞吐；复合吞吐

南堡陆地浅层油藏为复杂断块油藏，含油面积小，边底水活跃，难以形成有效驱替井网，历经基础井网、水平井开发、大泵提液开发阶段后，大孔道较为发育，剩余油高度分散，整体表现为“两低一高”。自2010年以来陆上作业区试验、推广、完善了 CO_2 吞吐技术，从室内研究到矿场试验开展了一系列技术攻关，使之成为南堡陆地浅层油藏第一代提高采收率技术，成效显著。但随着吞吐轮次逐渐增加，也暴露出高轮次吞吐效果变差，下步接替方向不明等问题。本文旨在把冀东油田这几年二氧化碳吞吐的整体实施情况、效果、存在问题做一个综述，为下步如何进一步提高吞吐效果及接替技术提供技术思路。

1　CO_2 吞吐技术应用背景

南堡陆地浅层油藏为上第三系明化镇组、馆陶组油藏，埋深一般小于2500m，河流相沉积，高孔高渗，平均孔隙度30.2%，渗透率 $1450\times10^{-3}\mu m^2$。2003年以来，浅层油藏通过水平井开发，以及电泵、螺杆泵为主的大液量生成，含水快速上升，但由于油藏含油面积小、初期采液强度大等原因，水平井含水快速上升，2010年浅层油藏含水达到96.6%。为了治理浅层油藏水平井高含水，在水平井开展了先期机械控水与后期化学堵水研究与矿场试验，现场试验16口/28井次，增油1821吨/降水27.8万吨，取得了较好的控水效果，增油效果不理想。针对浅层常规稠油油藏水平井控水“堵水不增油”问题，提出“堵、疏”结合技术思路，引入 CO_2 吞吐控水增油技术。

2　CO_2 吞吐技术实施历程

陆地浅层油藏 CO_2 吞吐共经历4个阶段，见到了良好的控水增油效果，目前已成为浅层油藏剩余油挖潜的主体措施。

（1）CO_2 吞吐先导试验阶段（2010-2011年）

2010-2011年，针对浅层常规稠油油藏水平井控水“堵水不增油”，开展 CO_2 吞吐先导试验，取得显著控水增油效果，应用40余井次，平均有效率90%，平均单井增油600t。

（2）CO_2 吞吐扩大试验阶段（2012-2013年）

鉴于稠油油藏水平井先导试验的良好效果，进一步拓展应用范围，将 CO_2 吞吐技术应用到浅层稀油油藏、定向井，并在中深层油藏开展吞吐试验。同时加强 CO_2 吞吐技术的基础研究，开展 CO_2 吞吐增油机理研究，明确了选井选层原则，形成了工艺设计优化技术，制定了现场施工、生产管理及资料录取等技术规范。

（3）井组协同吞吐阶段（2014-2016年）

随着 CO_2 吞吐规模的扩大，逐步暴露出首轮吞吐井选井难度大，多轮吞吐效果与效益逐步下降，同时井间高渗通道易发生气窜导致吞吐效果

【作者简介】李国永，男，1979年9月出生，2009年毕业于中国石油大学（北京）地质资源与地质工程专业，博士，高级工程师，现为冀东油田公司陆上作业区副经理兼总地质师，主要从事复杂断块油藏描述及提高采收率相关工作。E-mail：lgyairen@163.com

变差。为了扩大 CO_2 波及体积，挖潜井间剩余油，从单井过渡到井组协同吞吐。同时，为提高措施效果，开展复合吞吐配套工艺技术研究，封堵主产水段，改善吞吐效果。

协同吞吐就是生产层位相同、油层连通程度高，平面上相邻的多口油井组合，通过集中有序注气，扩大注入半径及 CO_2 在地层内的波及范围，有效动用井间剩余油，提高整体措施效果。

(4)油藏整体吞吐阶段(2017 年-目前)

对于复杂断块多层系油藏，立足单砂体，逐井逐层认识剩余油分布状况，通过层系归位+回采等方式重构吞吐井网，逐层进行协同吞吐挖潜。

对于注采井网完善区块，从采出端向注采两端治理转变，油藏整体实施调堵+CO_2 吞吐，挖潜剩余油。

3　CO_2 吞吐增油机理及注采工艺参数优化

3.1　CO_2 吞吐技术增油机理

通过注 CO_2 与地层流体互溶性膨胀实验、数值模拟及产出流体分析，进行高浅北区稠油油藏高含水油井 CO_2 吞吐控水增油机理研究。实验样品由高浅北区 GP104-5P11 井井口流体取样复配而得。

研究表明，该油藏高含水油井 CO_2 单井吞吐控水增油机理主要为三种。

(1)CO_2 对原油的溶胀效应

通过注 CO_2 配伍性实验表明：当 CO_2 注入比例达到 35% 时，溶解气油比由注入前的 33.8m^3/m^3 提高到 105m^3/m^3，可使原油体积膨胀 11%。原油体积膨胀孔隙压力升高，从而提高原油流动能力。

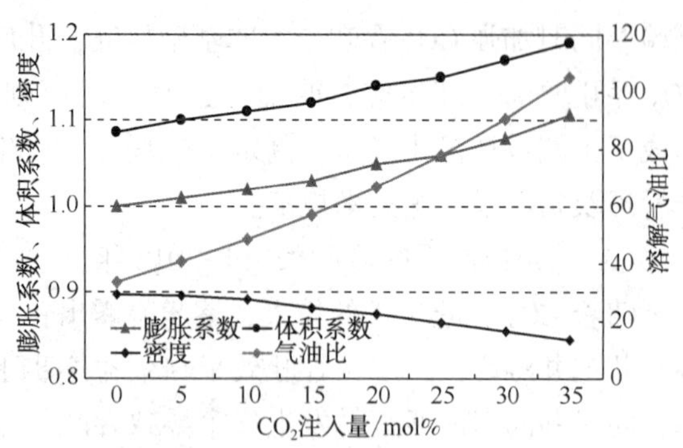

图 1　饱和压力下 CO_2 注入量与体积系数、膨胀系数的关系图

(2)CO_2 对原油的降黏作用

CO_2 溶于原油中可降低原油黏度，且原油初始黏度越大，降黏幅度越大。实验表明：当 CO_2 注入比例达到 41%时，油的黏度可降低 84%。原油黏度降低，更有利原油流动。

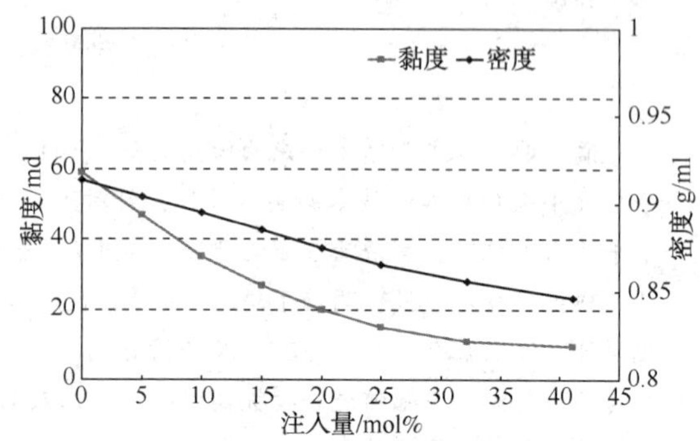

图 2　饱和压力下 CO_2 注入量与原油黏度的关系图

(3)泡沫贾敏效应及降低水相渗透率

实验表明在反排阶段，随着压力降低，会发生明显的脱气，CO_2 从水中溢出，脱出气泡分散在水相中，形成泡沫水流，由贾敏效应起到暂堵作用，且在油水两相渗流过程中，气相的存在能使水相渗透率大幅减小，从而起到良好的控水作用。这是高含水油井 CO_2 吞吐重要的控水增油机理。

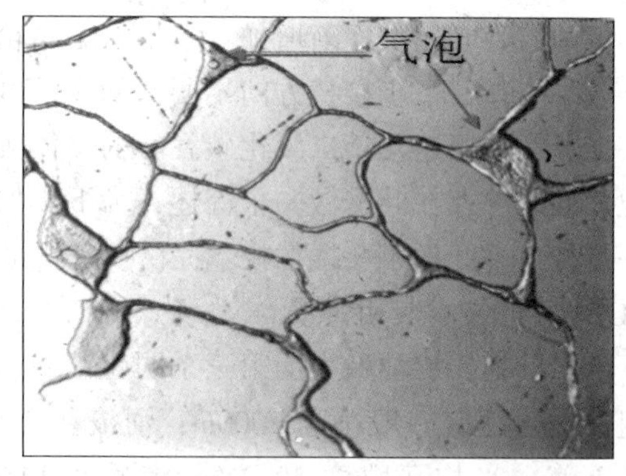

图 3　CO_2 驱油微观可视化实验

3.2　协同吞吐增油机理

协同吞吐是一种介于 CO_2 吞吐与驱油之间，以驱替为主，提高驱油效率为辅的提高采收率技术。

(1)驱替作用：平衡井间压力，扩大波及体积，挖潜井间剩余油。

多井同时或有序的注入 CO_2，有利于保持稳定的气液界面，有效抑制气窜，使 CO_2 与原油充分接触，提高驱油效率。

(2)驱油效率：协同吞吐同时还具有单井

CO_2 吞吐增溶膨胀、降黏和泡沫贾敏效应。

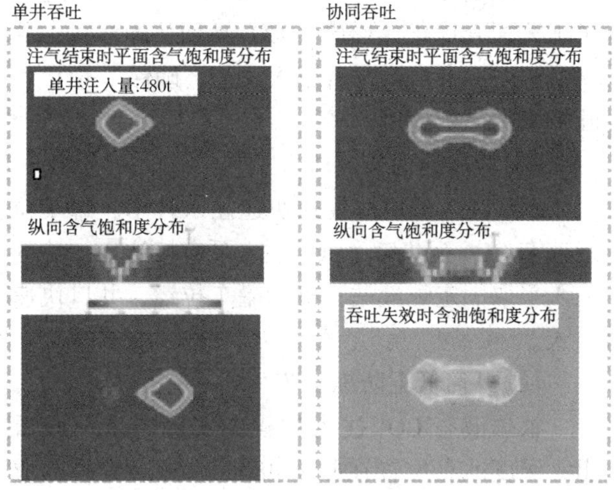

图 4　单井吞吐与协同吞吐饱和度分别图

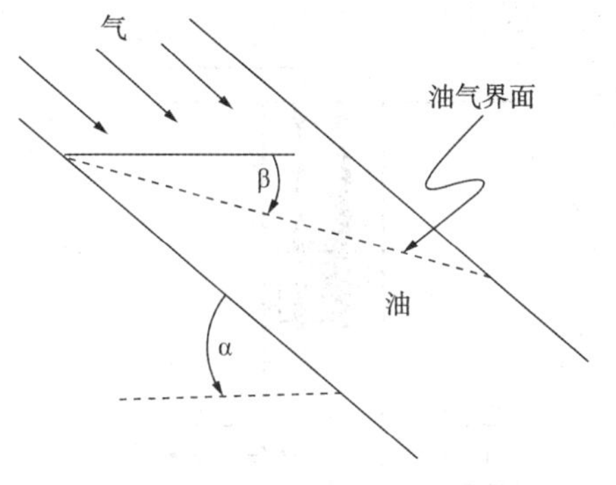

图 5　协同吞吐油气界面示意图

3.3　注采工艺参数优化

影响 CO_2 吞吐效果的主要注采工艺参数，包括注气量、注入速度、焖井时间、采液速度等。开展高温高压三维大岩心物理模拟实验、数值模拟研究等，筛选陆地浅层油藏高含水井 CO_2 吞吐最优注采工艺参数。

(1)注气量的确定

注入量是影响 CO_2 吞吐效果的重要参数，通过体积法，进行吞吐注入量优化设计。

①定向井采用椭球体模型：

$$V_1 = 4\phi Pv\pi ab^2/3 \tag{1}$$

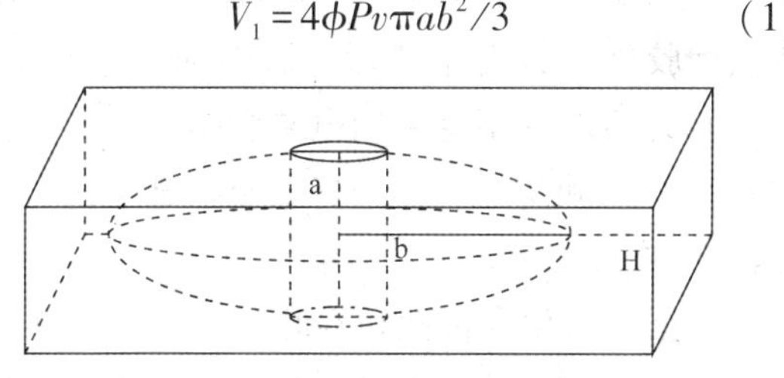

图 6　定向井的二氧化碳注入量计算模型

②水平井采用椭圆柱体模型：

$$V_1 = \phi Pv\pi abH \tag{2}$$

式中：V_1——地层条件下的 CO_2 气体体积，m^3

ϕ——孔隙度，%

Pv——经验系数

H——油层厚度，

a，b——处理半径，m

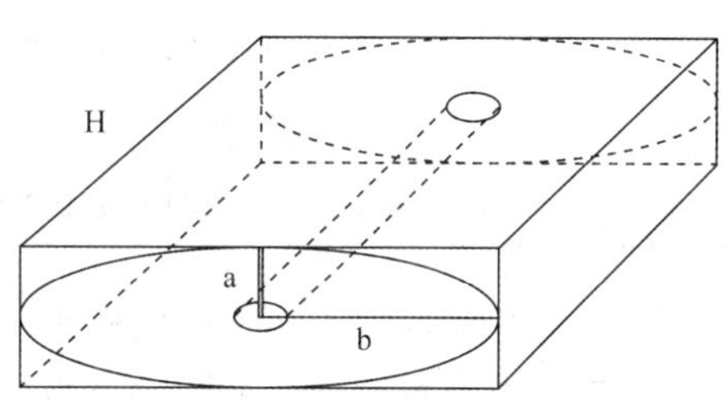

图 7　水平井的二氧化碳注入量计算模型

(2)注气速度

较快的注入速度可以提高 CO_2 在油层中的运移速度，扩大波及体积，提高吞吐效果。在综合考虑地层破裂压力，邻井气窜及现场注入设备能力情况下，设计吞吐注入排量为 3~5t/h。

(3)焖井时间

焖井的主要作用就是使注入的 CO_2 与原油充分发生反应。若焖井时间过短，CO_2 没能与地层流体充分反应，造成 CO_2 浪费。但焖井时间过长，会消耗 CO_2 的膨胀能，且 CO_2 还会从原油中分离出来，降低其利用率。研究表明焖井时间大于 30 天以后对增产效果影响不明显，结合参考文献及实际施工经验，焖井时间一般为 20~30d。

(4)采液速度

采液速度大可以减少 CO_2 在地层原油中的分离时间，有利于 CO_2 驱动原油流向井底。但浅层油藏边底水活跃，采油速度过快，会使边底水突进，油井过早见水，含水率升高，影响吞吐效果。结合矿场实际，吞吐后采液速度为 10~15m^3/d。

4　CO_2 吞吐配套技术

4.1　选井选层技术

综合油藏特性、储层岩石和流体特性，建立边底水油藏高含水井二氧化碳单井吞吐的评价指标体系，如表 1 所示。

表 1　CO_2 吞吐井位筛选参数量化范围

分项	好	较好	中等	较差	差
地层压力/MPa	>20	15~20	10~15	8~10	<8
压力系数	>0.95	0.9~0.95	0.85~0.9	0.8~0.85	<0.8
油藏温度/℃	50~70	70~90	90~110	110~130	>130
目的层厚度/m	>20	12~20	5~12	3~5	<3
含油饱和度/%	>50	45~50	40~45	35~40	<35
黏度/cP	<100	100~1000	1000~3000	3000~5000	>5000
密度/(g/cm^3)	<0.8	0.8~0.89	0.89~0.96	0.96~0.99	>0.99
孔隙度/%	30~35	25~30	15~25	10~15	<10
非均质性	<0.5	0.5~0.55	0.55~0.6	0.6~0.7	>0.7

利用层次分析法确定上述参数的权重，其中剩余油饱和度的综合权重为 0.14，原油黏度和密度综合权重为 0.07，其他指标如地层压力、压力系数、目的层厚度等参数综合权重均为 0.12。利用该选井标准及评价体系，对进行过 CO_2 吞吐且动、静资料较齐的 70 口井进行选井(层)评价，评价得分在 0.8 以上的井 CO_2 吞吐措施增油均在 350 吨以上，换油率达到 1.3 以上，表明该选井体系可靠性较高。

4.2　复合控水技术

基于疏松砂岩油藏开发后期非均质加剧、多轮吞吐近井地带剩余油饱和度较低的状况，研究形成“吞吐+”复合控水对策。根据浅层油藏不同剩余油分布特征及影响因素，确定不同单井、不同轮次段塞设计。目前常规复合段塞按照“堵+疏”结合思路以凝胶+CO_2 吞吐为主，并针对高轮次吞吐井开展多种段塞复合吞吐攻关试验。

在油层较厚，物性差异较大，剩余油富集且存在优势渗流通道的高含水井中，利用 CO_2 吞吐方式降低剩余油渗流阻力的同时，通过化学堵水有效封堵高渗流通道，提高剩余油动用状况。针对明显优势渗流通道的高含水井，或者生产段在强水洗层的水平井宜强堵剂封堵优势渗流通道。针对多轮吞吐井，采取注入弱堵剂段塞，扩大二氧化碳波及体积。目前应用的化学堵水剂主要是三类：交联聚合物体系、预交联颗粒类堵剂以及微泡绒囊泡沫堵剂。

2010 年-2017 年底，冀东油田共实施 CO_2 复合吞吐 262 井次，有效 245 井次，实现了规模化应用。

4.3　注采配套技术

从地面注入、井筒安全及有效采出方面进行了工艺配套优化，形成了 CO_2 地面快速注入、井筒低温防冻及高效举升三大工艺，确保了 CO_2 吞吐技术的高效应用。

(1) CO_2 地面快速注入工艺

CO_2 注入采用撬装式快速注入技术，罐车拉运液态 CO_2 至井口，CO_2 注入泵直接注入；堵剂注入采取固定配液站，机动罐车拉运，井口快速注入。

(2)井筒低温防冻工艺

根据液态 CO_2 注入过程中实测温度曲线看出，温度冰点位置在井下 480m 附近，容易造成油管结冰油管冻裂，通过研究与试验，采取杆式泵油管正注以及替防冻液保护反注工艺可有效解决油管冻裂问题。

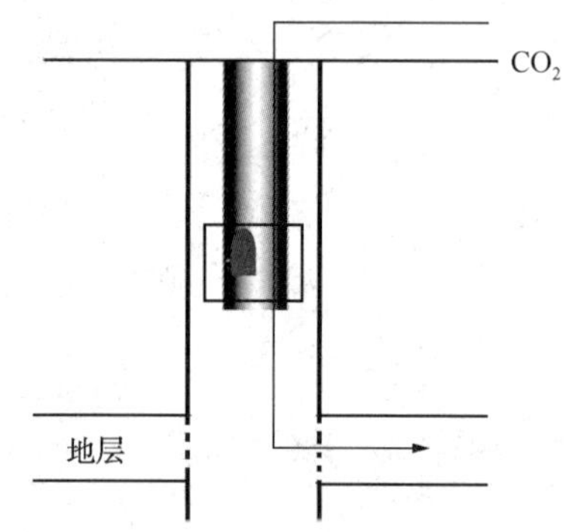

图 8　上提抽油杆 CO_2 正注示意图

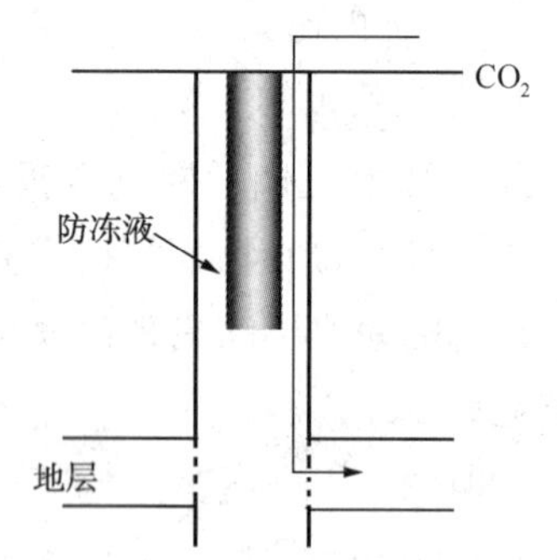

图 9　替防冻液 CO_2 反注示意图

(3)高效举升工艺

室内实验和现场应用情况表明，二氧化碳易造成橡胶类工具溶胀变形，影响油井正常生产，因此 CO_2 吞吐井不宜采用电泵和螺杆泵生产，考虑 CO_2 注入和防冻，优选杆式泵举升工艺。

4.4　生产管理技术

根据二氧化碳特性和吞吐工艺要求，在施工前期准备、注入过程监督、焖井压力跟踪、挂抽开井四个环节做好控制，制定相应的管理制度。

放压控制方面合理控制放压速度，控制地层出砂，初期采用2~3mm油嘴控制放压；采液强度控制方面使用变频控制设备，采用长冲程、低冲次参数生产，延长低含水期；控套管理方面要求生产过程中严禁放套压，防止地层CO_2过早溢出，延长吞吐有效期；监测方面要求施工及焖井期间每天监测压力和产出液CO_2浓度，防止领井气窜；资料录取方面要求做好原油全分析、天然气成分检测，为下步吞吐提高资料。

4.5 井筒防腐技术

二氧化碳腐蚀机理主要是由于CO_2溶解于产出液中，形成腐蚀性电解液，金属管材铁原子失去电子，造成腐蚀，属于电化学腐蚀。结合国内外主体的CO_2防腐技术，通过近几年不断试验摸索，配套形成了CO_2腐蚀监测和防治技术。

(1)腐蚀监测技术

生产管柱腐蚀监测以作业过程中杆管泵描述和产出液铁离子浓度监测为主，配套腐蚀环监测和在线腐蚀监测技术；油层套管腐蚀监测以工程测井方式为主。

(2)腐蚀防治技术

化学防腐技术：从套管定期加入液体缓蚀剂保护油套环空、抽油泵、油管、井口、集输系统，配套加深尾管保护泵下套管。

牺牲阳极保护技术：将电位更负的金属与被保护金属连接，并处于同一电解质中，使该金属上的电子转移到被保护金属上去，使整个被保护金属处于一个较负的相同的电位下。主要应用于腐蚀严重的区域，对杆、管、泵起到保护。

油管涂层保护技术：采用粉末涂层工艺，在加热状态下将粉末涂料均匀喷涂在金属表面，经过一系列物理化学反应，形成质地坚硬的涂膜，实现对油管本体的保护。

5 CO_2吞吐技术实施效果

自2010年至目前，陆地浅层油藏累计实施CO_2吞吐1227井次，措施有效率88.9%，累计增油$47.1\times10^4m^3$，降水$289.0\times10^4m^3$，效果显著，CO_2吞吐已成为浅层油藏稳产的主体技术。

表2 陆地浅层油藏二氧化碳吞吐效果表

年度	实施井次	见效井次	有效率/%	平均有效期/d	累积增油/t	单井增油/t	降水量/m^3	平均注入量/t	换油率
2010	11	10	90.9	139	5550	505	63224	296	1.7
2011	65	58	89.2	207	32353	498	368697	288	1.7
2012	70	61	87.1	304	44909	642	261687	311	2.1
2013	123	107	87	224	60161	489	423045	344	1.4
2014	208	176	84.6	178	69534	334	571088	306	1.1
2015	199	179	89.9	255	90596	455	395521	402	1.1
2016	211	193	91.5	311	82293	390	459370	332	1.2
2017	210	191	91	153	65177	341	277036	312	1.1
2018	130	117	90	100	20566	214	70668	375	0.6
合计	1227	1092	88.9	208	471139	421	2890336	330	1.3

6 存在问题及下步攻关方向

CO_2吞吐在浅层油藏见到了好的效果，但随着吞吐的实施，也面临一些问题。

(1)随着吞吐轮次增加，效果变差。多轮次吞吐后，对于如何进一步提高多轮吞吐波及体积和驱油效率，延长吞吐经济极限周期还需要进一步攻关研究。下步针对剩余油饱和度较高的井开展加大堵剂量，后续顶替其他介质的技术研究；针对剩余油饱和度较低的井，开展水力径向射孔+增加新泄油通道以及微生物吞吐等方式攻关。

(2)CO_2对井筒、地面系统安全性，以及对地下水系统的影响日趋明显，急需开展接替技术研究。下步开展N_2替代CO_2、微生物吞吐及减氧空气泡沫驱等技术攻关。

7 结论

(1)CO_2吞吐技术可作为浅层复杂断块边底水油藏特高含水后期剩余油挖潜技术，提高油藏采收率。

(2)CO_2 对原油增溶膨胀、降黏、泡沫贾敏效应是浅层油藏高含水油井 CO_2 吞吐控水增油主要增油机理。

(3)协同吞吐是一种介于 CO_2 吞吐与驱油之间，以驱替为主，提高驱油效率为辅的提高采收率技术。

(4)CO_2 吞吐技术目前存在高轮次吞吐效果变差，CO_2 腐蚀以及对地下水环境改变等问题，下步需从提高 CO_2 利用率以及寻找 CO_2 替代技术两方面入手，开展技术攻关。

参考文献

[1] 毕永斌，张梅，马桂芝，等. 复杂断块油藏水平井见水特征及影响因素研究[J]，断块油气藏，2011，18(1)：79-81.

[2] 李宜坤，魏发林，陆海伟，等. 水平井化学控水技术研究与应用[J]. 石油工业技术监督，2011，27(6)：50-54.

[3] 张国文，钱杰，刘凤，等. 水平井控水完井管柱的研究与应用[J]. 石油机械，2013，41(3)：89-91.

[4] 李士伦，张正卿，冉新权. 注气提高石油采收率技术[M]. 成都：四川科学技术出版社，2001.

[5] 高慧梅，何应付，周锡生. 注二氧化碳提高原油采收率技术研究进展[J]，特种油气藏，2009，16(1)：23-25.

[6] 王守玲，孙宝财，王亮，等. 二氧化碳吞吐增产机理室内研究与应用[J]. 钻采工艺，2004，27(1)：91-94.

特低渗透油藏 CO_2 非混相驱开发特征及调整方法研究

李文举

（大庆榆树林油田地质研究所）

摘　要　国内外 CO_2 驱油机理研究及矿场试验均表明，CO_2 驱油可以大幅度提高油藏采收率，目前针对 CO_2 混相驱开发特征的研究相对较多，而 CO_2 非混相驱开发特征的研究较少。本文基于大庆榆树林油田 CO_2 非混相驱先导试验的动态生产数据，结合动态监测、产出原油组分分析资料，进行 CO_2 非混相驱开发效果评价，进一步研究了 CO_2 非混相驱生产特征和开发规律，并针对试验区存在的开发矛盾开展了综合调整技术研究，研究结果对利用 CO_2 驱进行特低渗透油藏有效开发具有指导意义。

关键词　特低渗透油藏；二氧化碳非混相驱；开发特征；开发调整

大庆榆树林油田属于典型特低渗透、低产、低丰度的三低油田，主要开发扶杨油层，储层致密，注水效果差，采出程度低，注水难成为制约扶杨油层开发的技术瓶颈，针对存在问题，2008 年开始，油田开展了树 101 区块 CO_2 驱油先导试验，通过室内实验结果测定，试验区最小混相压力为 32MPa，而试验区原始地层压力为 22.05MPa，混相压力远高于地层压力，为典型的 CO_2 非混相驱，本文主要针对特低渗透油藏 CO_2 非混相驱的开发特征以及调整方法进行综合研究。

1　CO_2 非混相驱开发特征研究

1.1　产出原油组份变化特征

从产出油的组分分析结果看，注气后初期产出油中 C18 以下组份含量上升，持续时间 3 年左右，2014 年后，随着轻质组分的减少，产出油中重质组分逐渐增多，说明原油与 CO_2 没有完全形成混相段塞，非混相驱 CO_2 主要萃取 C18 以下的轻质组分向采出端驱替。

1.2　采油井开发特征

试验区通过精细油藏描述，对储层划分三类流动单元，其中位于储层发育较好的一类流动单元和构造高点的采油井受效较好，目前单井累计产油量都超过 6000t，产油量是位于三类流动单元和构造低点采油井的 1.8 倍，从目前开发情况看，储层物性好、位于构造高部位、多向连通的采油井开发效果较好。

1.3　采油井气油比变化特征

目前树 101 先导试验区采油井全部见气，根据其见气规律，主要分为 2 中类型，一是基质见气型，一般在注气 20 个月左右采油井见气，油井见气后气油比缓慢上升，油井产量递减幅度不大，可以通过方案调整或水气交替进行控制；二是裂缝或高渗条带见气型，一般在注气 7 个月左右见气，油井见气后气油比快速突破，油井产量大幅递减，后期产量很难恢复，目前通过注气井调剖和水气交替进行调整（图 1，图 2）。

1.4　CO_2 非混相驱产量递减规律

榆树林油田扶杨三类油层水驱开发区块，新井投产第 2 年递减率 25% 左右，第 3 年递减率 20% 左右，后期稳定在 13%，而树 101 气驱开发

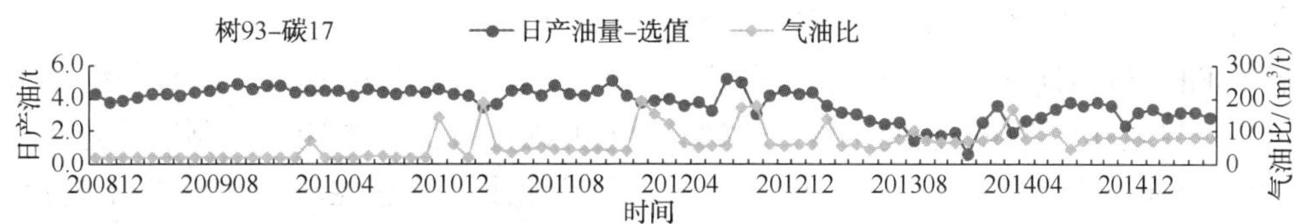

图 1　基质见气井组产量及气油比变化规律

【作者简介】李文举，男，1980 年出生，2005 年毕业于东北石油大学，现任榆树林油田地质研究所综合研究室主任，工程师，主要从事二氧化碳驱油现场试验工作。

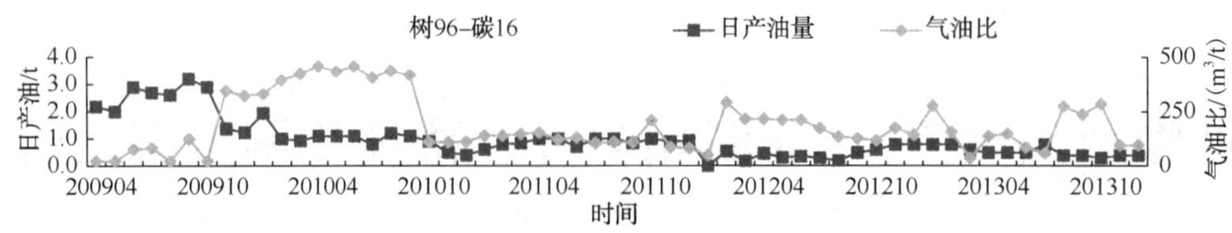

图 2 裂缝见气井组产量及气油比变化规律

区块投产第 2 年存在产量上升期，且在第 3 年有稳产期，油井见气后，产量递减较大，自然递减率在 16%左右，开发 6 年后试验区实际自然递减率在 8~10%左右。

2 CO_2 驱开发调整技术研究

根据试验区各个时期的开发特点，通过注采参数调整和技术攻关，初步形成了不同开发阶段气驱开发调整技术。

2.1 开发初期

依据树 101 试验区的油层发育特征及注气开发特点，对层系组合、井网部署、注气参数等进行了优化设计。

2.1.1 井网优化部署

根据井网形式及注气方式研究结果，确定树 101 试验区开发井部署原则：一是考虑裂缝影响，井距应大于排距，井排方向为 NE77°，与最大水平主应力方向一致；二是依据砂体主要展布方向为南北向，确定井距不大于 300m。

根据井网部署原则，结合树 101 井区地质特点，采用 250m 排距，250m、300m 两种井距沿裂缝方向矩形五点井网，共布置 24 口井，7 注 17 采，主力层气驱控制程度高达 97.3%，尤其是多向连通比例达 27.5%(三向以上)，比反九点井网高 16.3 个百分点。从试验效果看，五点井网增加了注入井比例，有利于保持较高的地层压力。

2.1.2 开发层系组合

为了减缓层间矛盾，减少无效注气，提高试验开发效果，结合树 101 试验区各油层组油层发育情况，通过数值模拟计算对注 CO_2 驱开采层位及射孔时间进行优化组合，先射开 YⅠ6、YⅡ4^1、YⅡ4^2 三个层位，后期补射 FⅡ1^1 和 FⅢ1^3 两个层位。从目前开发情况看，开发效果较好，为减小层间干扰，暂时不考虑补射 FⅡ1^1、FⅢ1^3 两个层位。

2.1.3 超前注气

由于特低渗透油藏存在压敏效应，早期注气更有利于保持地层压力，提高油藏开发效果，通过数值模拟，确定超前注气 6 个月，初期平均单井日注气量 10~25t，注气强度 1.5~3.0t/d.m，单井最大日注气 20~50t。超前注气期间平均单井超前注液态 CO_2 量 2531t，平均单井注入 0.021HCPV。

从超前注气效果看，超前注气 0.02~0.03HCPV 对改善试验区开发效果较为合适，超前注入 0.02HCPV 后，油井初期不压裂投产也具有较高产能，单井日产油达 2.7t。以树 96-碳 12 井为例，周围注气井超前注气 2 个月、注入约 0.01HCPV 时该井投产，日产油仅为 1.6t，生产 1 个月后关井至超前注入 6 个月、注入约 0.02HCPV 后开井，日产油达到 2.8t，且初期产量呈明显上升趋势。

2.2 规模受效期

为了延缓气窜，注气井均采用注 3 个月关 1 个月周期注气制度，由于储层破裂压力限制，井口注入压力应小于 25.5MPa。

油井根据产量情况实施了分类管理，不同类油井采用不同流压控制，采取分类管理模式，在控制气窜及均匀受效方面取得了较好效果。对于处于一类流动单元，日产油大于 3t 的油井，流压控制在 10~15MPa；对于处于二类流动单元，日产油在 1~3t 之间的油井，流压控制在 7~10 MPa，对于处于三、四类流动单元，日产油在小于 1t 的油井，流压控制在 5~7 MPa。

2.3 见气期间

随着试验不断深入，油井气窜现象加剧，导致部分油井产量明显下降，针对存在问题，从深化地质认识入手，重点分析油井见气方向，开展综合调整工作，控制气窜，提高注气效率，确保均匀驱替。

2.3.1 注采参数调整

注气井：根据见气方向及井组注采比调整注气井配注及注气周期，控制气窜速度。3 口井下调了配注，其它注气井配注都不超过 10m³，同时调整注气周期，5 口井由注 3 个月关 1 个月，调整为注 2 个月关 1 个月、注 1 个月关 1 个月，缩短了开井时间，控制见气井组的注气量。

采油井：根据油井见气的具体情况，重新制定了根据油井气油比实施分类管理的方案，不同气油比油井采取不同流压控制，通过周期采油控制油井流压，半个月为一个周期，对试验区 14 口油井实行周期采油试验(表 1)。

表 1　树 101 试验区周期采油制度

油井分类	气油比(m^3/t)	流压控制(MPa)	周期采油制度	现状
一类	≥150	10~12	采 6 天关 9 天	3 口井 单井日产油 1.4t， 气油比 297m^3/t
二类	100~150	8~10	采 8 天关 7 天	4 口井 单井日产油 3.2t， 气油比 126m^3/t
三类	≤100	5~8	采 10 天关 5 天	7 口井 单井日产油 2.0t， 气油比 50m^3/t

2.3.2　注气井泡沫调剖，控制裂缝气窜

由于泡沫体系对高渗窜流通道具有很强的封堵能力，且不会造成地层污染，根据试验区气窜类型的不同，选择不同时机进行泡沫体系调剖试验。目前共实施注气井调剖 5 口井 7 井次，调剖后均衡了层间吸气能力，井组气油比由 257m^3/t 下降至 132m^3/t，起到良好的封窜效果。

2.3.3　开展水气交替现场试验，提高驱油效率

针对气油比一直较高的基质见气井组，2012 年开始开展注气井水气交替试验，目前已经实施水气交替 32 井次，其中树 92-碳 17 井实施 4 次水气交替，注水压力较注气上升 5MPa 左右，井组气油比由 147.7m^3/t 下降为 94.8m^3/t，取得较好效果。2017 年实施了 7 口井，其中树 98-碳斜 9 井注水后，井组气油比下降明显，井组日产油由 5.4t/d 上升至 6.8t/d，特别是树 98-碳斜 10 井，该井位于易于气窜的注气井排方向，4 月底气油比上升至 157.9m^3/t，油压上升至 10.0MPa，产量由 2016 年底 3.3t/d 下降至 2.4t/d，5 月 27 日连通注气井树 98-碳斜 9 进行水气交替，目前该井气油比下降至 132.5m^3/t，油压下降至 0.12MPa，产量恢复至 3.2t/d。

2.3.4　储层边部受效差井，进行措施引效

树 101 先导试验区 2012 年开始至目前，先后开展 4 口井压裂引效，压裂规模 70~150m，增油效果明显，目前未发生气窜，取得较好效果(表 2)。

表 2　树 101 试验区措施调整情况表

井号	压裂时间/(年.月)	射开厚度/m		措施前情况		目前情况		目前气油比/(m^3/t)	措施规模/m
		砂岩	有效	日产量/t	累产量/t	日产量/t	累增油/t		
树 97-碳 12	2012.7	11.2	8.6	0.4	393	2.0	2931	23	70
树 91-碳 16	2015.6	13.2	8.4	0.4	1585	1.0	1088	23	100
树 97-碳 14	2017.12	8.6	8.2	0.6	2411	1.3	205	48	150
树 97-碳 13	2018.10	7.0	5.2	0.7	2972	3.4	38	41	120

3　结论及认识

3.1　CO_2 非混相驱油机理主要是 CO_2 萃取原油轻质组分向采出端驱替，油井未见气之前有稳产期，油井见气后，产量递减幅度加大，需要及时进行开发调整。

3.2　采油井见气规律主要分 2 种，裂缝性或高渗条带见气井，油井一般在注气 7 个月左右见气；基质见气井，油井一般在注气 20 个月左右见气，气油比缓慢上升，油井产量递减幅度不大。

3.3　通过不断摸索与实践，根据试验区各个时期的开发特点，通过注采参数调整和技术攻关，初步形成了不同开发阶段开发调整技术。

参考文献

[1] 秦积舜，张可，陈兴隆．高含水后 CO_2 驱油机理的探讨[J]. 石油学报，2010，31(5)：797-800.

[2] 沈平平，廖新维．二氧化碳地质埋存与提高采收率技术[M]. 北京：石油工业出版社，2009：166-225.

[3] 李星涛．低渗透油藏注 CO_2 提高采收率技术探讨[J]. 重庆：重庆科技出版社，2010。

[4] 高云丛．特低渗油藏 CO_2 非混相驱生产特征与气窜规律[J]. 北京：石油勘探与开发，2014。

滩坝砂特低渗透油藏CO_2驱提高采收率技术

张传宝 张 东 魏 杰

（中国石油化工股份有限公司胜利油田分公司勘探开发研究院）

摘 要 CO_2驱是改善胜利油田滩坝砂特低渗透油藏开发效果的主要技术，目前胜利油田CO_2驱还面临难以混相和易气窜的问题。针对难以混相的问题，一方面形成超前注气技术，通过提高地层压力实现混相驱替，另一方面研发降低混相压力的化学剂，通过降低混相压力提高驱油效率。针对易气窜的问题，一方面建立CO_2驱井网适配技术，优化初期井网设计，提高气驱控制储量，另一方面建立CO_2驱试井技术，结合试井监测与试井解释跟踪注气前缘变化，实时指导注采调控。研究发现，超前注气技术可显著提高原油产量，F142-7-X4井组超前注气混相后，油井自喷产能5t/d，远高于注气前1t/d。室内实验评价降低最小混相压力体系可降低混相压力7.05MPa，降低幅度为22%。滩砂和坝注滩采油藏适用反七点法井网，纯坝砂和滩注坝采油藏适用五点法井网。通过试井监测与解释，可实现对CO_2驱组分前缘的准确预测。研究成果可为胜利油田滩坝砂特低渗透油藏CO_2驱规模推广提供技术支撑。

关键词 CO_2驱；滩坝砂油藏；超前注气；降低混相压力；井网适配；CO_2试井

胜利油田滩坝砂特低渗透油藏资源量丰富，开发潜力大。由于该类油藏具有埋藏深（一般大于3000m）、渗透率低（0.3～10mD）、滩坝交互非均质性强、储量丰度低（30～60）$\times10^4t/km^2$，平均$41\times10^4t/km^2$）等特点，开发难度大。目前主要以大型压裂弹性开发为主，但产量递减速度快，采收率低（8%～10%）。部分区块采用注水开发，受储层渗透率低影响，注入压力高且注水作用距离小，开发效果不理想。

超临界CO_2具有黏度低、混相后界面张力低等特性，可作为一种优越的驱油剂。超临界CO_2黏度是水的1/5。与注水相比，注CO_2与边界层间摩擦力极小且不会形成新边界层，因此，超临界CO_2注入能力强，是补充低渗地层能量的良好介质。CO_2与原油混相后，降低界面张力，克服贾敏效应，可以有效动用小孔喉内原油。实验室长岩心CO_2驱油实验结果表明：特低渗油藏CO_2混相驱可提高驱油效率30%。

目前国外以美国为主，CO_2驱已成为重要的提高采收率方法，技术相对成熟，已经规模化应用。CO_2驱可提高采收率7%～20%，换油率0.25～0.6 t/t_{CO_2}。目前国内CO_2驱油以深化理论研究和关键技术攻关配套为主，处于先导试验和扩大试验阶段。主要应用于低渗透油藏和中高渗透高含水后期，以连续气驱混相或非混相驱为主。胜利油田通过多年来持续攻关研究，初步形成CO_2驱配套技术，涵盖实验评价、油藏工程设计、注采工艺、地面集输以及动态分析与调控技术。

与国外相比，胜利油田CO_2驱面临以下挑战：挑战一：油藏条件和原油性质客观决定了CO_2与原油混相压力高，开发效果不理想。挑战二：油藏非均质性强，造成CO_2驱开发中气窜严重。挑战三：低成本气源匮乏、运输成本高。

针对上述挑战，胜利油田开展技术攻关。针对混相压力高的问题，一方面形成超前注气技术，通过提高地层压力实现混相驱，另一方面研发降低混相压力的化学剂，通过降低混相压力提高驱油效率。针对气窜严重的问题，一方面建立CO_2驱井网适配技术，优化初期井网设计，提高气驱控制储量，另一方面建立CO_2驱试井技术，结合试井监测与试井解释跟踪注气前缘变化，实时指导注采调控。

1 超前注CO_2混相驱开发技术

1.1 超前注CO_2混相驱开发机理

超前注CO_2混相驱可大幅提高低渗透油藏采

【作者简介】张传宝，男，高级工程师，1993年毕业于石油大学（华东）油藏工程专业，现从事低渗透油藏开发技术研究。E-mail：zhangchb891.slyt@sinopec.com

收率，其开发机理包括：(1)注气增能，随着 CO_2 注入地层中，地层压力提升的速率逐步变缓，储存能量，当地层压力降低时，CO_2 从原油中析出或体积膨胀，延缓地层压力的降低，当地层压力升高时，油井产能大幅提升。(2)传质增效，由于扩散作用，CO_2 溶解于原油，降低原油黏度，改善宏观波及效率，另一方面，由于扩散作用 CO_2 可以动用较小孔隙中的原油，改善微观波及效率。

1.2 超前注 CO_2 优化设计技术

超前注 CO_2 优化设计是指：基于超前注 CO_2 混相驱机理，通过对压力恢复水平、注入速度、注采方式、开井时机、注采强度进行优化，实现压力水平与 CO_2 注入量的匹配、压力分布与 CO_2 分布的匹配、压力前缘与 CO_2 组分前缘的匹配，最终达到增加经济技术效益、提高驱油效率、扩大波及体积的目的。

结合数值模拟与矿场动态，制定了超前注 CO_2 混相驱开发技术政策界限，指导特低渗透油藏超前注 CO_2 方案设计。

优化了不同渗透率下合理压力保持水平(图1)，研究发现，渗透率越低，对应的合理压力保持水平越高。优化了合理的注采方式为周期注采，并确定了合理注采时间比为 1：(1-3)。优化了合理的注气速度，绘制了不同渗透率和油层厚度下合理注气速度图版(图2)。

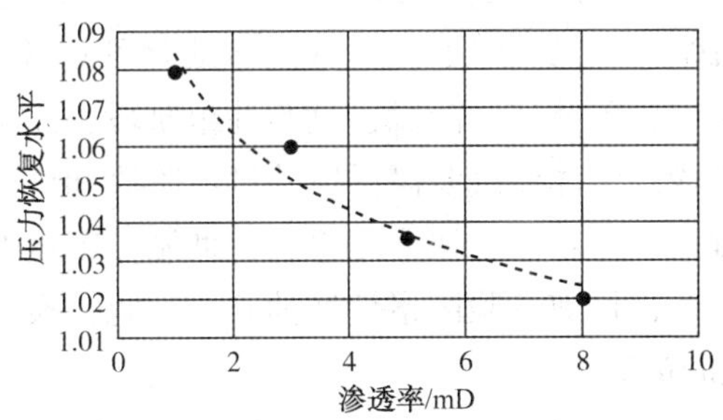

图1　不同渗透率下合理压力保持水平图版

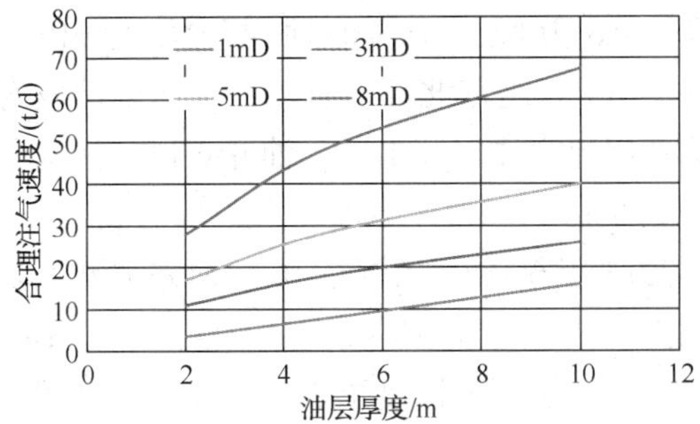

图2　合理注气速度图版

2　降低混相压力技术

研究思路是从分子尺度剖析 CO_2 与原油的混相机理；研发强化 CO_2 对原油组分抽提能力的添加剂；研发增强 CO_2 溶解能力的增溶剂。目前，已研发了增强 CO_2 抽提能力的增效剂和增强 CO_2 溶解能力的增溶剂，建立了降低最小混相压力的二元复合体系。

单一增效剂可降低最小混相压力，由原来的 31.65MPa 降低至 28.09MPa，最小混相压力降低了 3.56MPa，降低幅度大于 10%。

图3为复配二元化学体系降低最小混相压力的效果，由图可以看出，加入二元体系后，地层原油的最小混相压力有原来的 31.65MPa 降低至 24.6MPa，最小混相压力降低了 7.05MPa，降低幅度为 22%。

优化了前置段塞注入方式，化学剂用量大大减少，极大降低了生产成本。

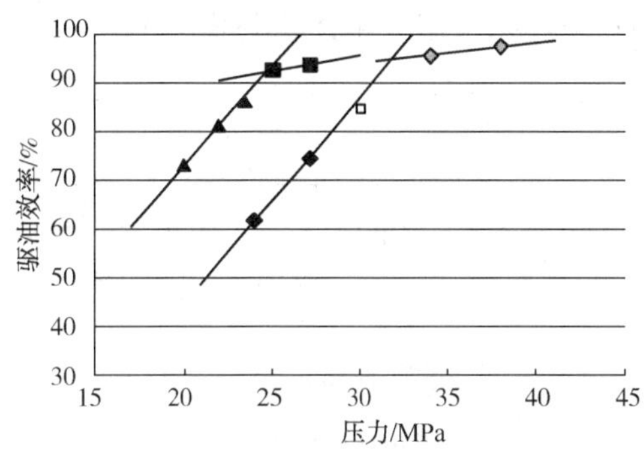

图3　二元体系降低最小混相压力应用效果评价

3　CO_2 驱井网适配优化技术

CO_2 驱井网适配优化技术是指：通过井网井距与储层分布、储层改造适配，实现平面均衡驱替；通过注、采参数与流线适配，实现前缘均匀推进，达到提高采收率的目标。

3.1 井网形式优化

通过滩坝砂储层描述，将滩坝砂储层划分为四类：席状滩砂、土豆状坝砂、点状坝砂、条带状坝砂。考虑五点法、反七点法、反九点法三种井网形式，建立井组模型24个(图4)。通过数值模拟研究了不同井组模型 CO_2 驱波及系数、换油率、开发时间。综合考虑上述因素，滩砂和坝注滩采油藏适用反七点井网，纯坝砂和滩注坝采油藏适用五点法井网。

3.2 差异井距优化

考虑 CO_2 驱替模式、油气水渗流特征，建立

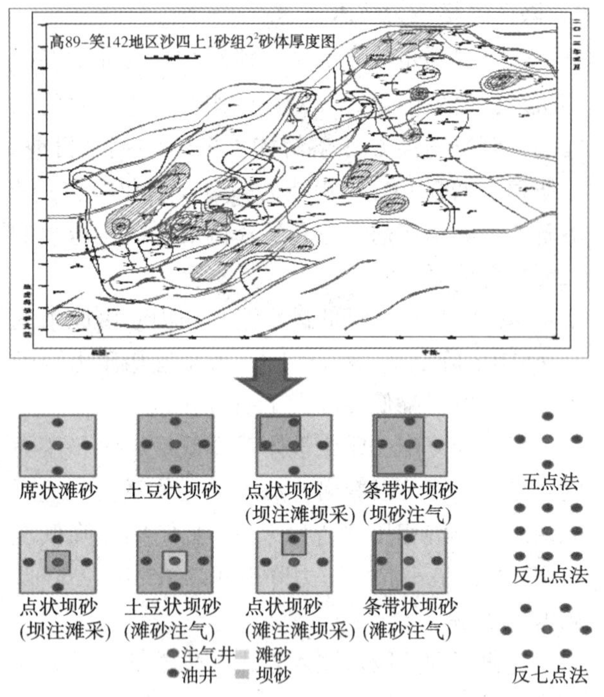

图 4　滩、坝分布与井网组合模式

了 CO_2 驱技术极限井距计算公式(式 1)。

$$r_{CO_2}=r_{混相}+r_{非混相}$$

$$=\alpha\times\frac{p_e-p_w}{(\alpha-1)\times a_1\left(\frac{k_g}{\mu_{o1}}\right)-b_1+a_2\left(\frac{k_g}{\mu_{o2}}\right)-b_2}$$

(式 1)

式中，$\alpha=\frac{极限泄油半径}{混相带长度}$，$a_1$、$b_1$ 为非混相驱启动压力计算系数，a_2、b_2 为非混相驱启动压力计算系数。

在此基础上，依据滩坝砂展布和储层物性，分区确定合理的井距和改造措施。比如分别考虑滩砂发育区和坝砂发育区的物性差异，确定不同的合理井距。

3.3　压裂裂缝优化

研究基质和裂缝气液相渗曲线发现，裂缝介质的油气两相渗流区变窄、曲线形态变陡；导致 CO_2 在裂缝介质中突破时间变早、油相渗透率急剧下降。因此，有必要优化缝长和注采方向，延缓气窜，提高采收率。

重点优化了裂缝缝长和裂缝方向。研究发现，半缝长等于20%注采井距、裂缝方向与注采方向正交时，单井累油较高，同时延缓气窜。

4　CO_2 驱试井技术

研制了 CO_2 驱试井测试工艺，实现 CO_2 驱连续长时测试。针对 CO_2 驱面临的电子压力计易漏气损坏、井口防喷难、施工风险大费用高、电缆直读难以实施等问题，攻关关键技术，形成了长效密封技术、精准脱挂技术、井下连接技术、井口防喷技术、远程操控技术等，建立了 CO_2 驱油藏的脱挂存储和管缆直读试井测试工艺，提高了测试的安全性和耐腐蚀性，降低了测试成本。

综合考虑 CO_2 驱相态变化规律及特低渗储层非达西渗流机理，建立了特低渗油藏 CO_2 驱试井数学模型，并研究了模型的求解方法，通过半解析解进行对比，验证了模型的准确性。进一步建立了基于 SPSA 算法的试井解释方法，通过与理论图版拟合，实现对 CO_2 驱组分前缘的准确预测。

5　CO_2 驱矿场进展及认识

目前，针对滩坝砂特低渗油藏储层特征，胜利油田已经开展了三个区块的 CO_2 驱试验。包括坝砂发育的高 89-1 块，储层滩坝间互的樊 142-10 块，滩砂发育为主的高 891 块。高 89-1 块和樊 142-10 块目前已取得一定试验效果。

5.1　高 89-1 块特低渗透油藏 CO_2 驱先导试验

高 89-1 块进行 CO_2 驱试验目的是探索滩坝砂特低渗透油藏 CO_2 驱补充能量的可行性，先导试验设计注采井距 350m，试验前地层压力 24MPa，设计油井 14 口，注气井 11 口。

2008 年 1 月开始注 CO_2，累注 CO_2 27 万吨，区块采出程度 14.5%，预计采收率可以达到 26.1%。高 89-1 块 CO_2 驱先导试验可划分为 4 个阶段，单井试注阶段，试验井组阶段，注采完善阶段，整体注气阶段。单井试注阶段和试验井组阶段产量较高，注采完善后，抑制了产量的递减。截止目前试验区累计增油 6.3 万吨，换油率 0.23t/t_{CO_2}。

5.2　樊 142-7-X4 井组 CO_2 混相驱先导试验

樊 142-7-X4 井组含油面积 0.94km²，地质储量 32.6 万吨，注气前地层压力 17MPa。樊 142-7-X4 井组东北部发育坝砂，西南部发育滩砂。井组包含注气井 1 口，油井 6 口，注采井距 243~676m。

2013 年 6 月开始注气，6 口油井关井恢复地层压力，注气速度 15~30t/d，累注 CO_2 1.9 万吨，油井地层压力恢复至 33.7MPa。受沉积相影响，坝砂区压力上升快，达到混相条件；滩砂区压力上升慢。2016 年 7 月开始，逐步对东区三口油井进行了系统试井，确定油井初期自喷产能5t/d，远高于注气前的1t/d。

5.3　CO_2 驱先导试验认识

通过井组先导试验，针对 CO_2 驱开发，取得以下认识。

认识一：注水困难油藏，CO_2 具有良好的注入能力。相同注入量条件下，注气压力是注水压力的一半，且注气压力基本稳定，而注水压力呈上升趋势。

认识二：CO_2 驱扩大井距，原难动用低渗储量可经济有效动用。根据矿场试验结果，沿地应力方向，井距330~1000m，油井能够见效，非地应力方向，井距240~530m，油井能够见效。

认识三：注气井不压裂、生产井小规模压裂，开发效果好。压裂规模越大，气驱速度越大，气窜时间越早，注气井不压裂、油井小规模压裂有助于延缓气窜时间，提高稳增产期。

6　结束语

在滩坝砂特低渗透油藏的开发实践过程中，胜利油田尝试了弹性开发、注水开发等方式，但开发效果均不理想。通过技术调研、室内实验、矿场试验发现，CO_2 驱可显著提高滩坝砂特低渗透油藏采收率，但在实践过程中也发现该类油藏 CO_2 驱存在问题，主要表现为难以混相和易气窜两个方面。针对这两个问题，胜利油田持续攻关形成超前注气、降低混相压力、井网适配、试井监测等技术，为胜利油田滩坝砂特低渗透油藏 CO_2 驱规模推广提供技术支撑。但目前还面临低成本气源匮乏的问题，针对于此，一方面摸排了胜利油区 CO_2 气藏的储量状况，资源量较少，另一方面胜利油田走出去与胜利发电厂、齐鲁石化、万通石化、利华益集团等与东营市距离$<$100km 的 CO_2 排放企业积极合作，获得廉价 CO_2 工业尾气，初步估计远景气源规模近700万吨/年。近期，胜利油田已经和齐鲁石化签订年供60万吨 CO_2 的协议，2019年中旬开始供气，与此同时，胜利油田积极筛选临近油田 CO_2 注入区块，部署 CO_2 驱方案编制工作。预计可实现 CO_2 年注入能力82万吨，年产油41万吨，年增油15万吨以上，预计 CO_2 动态封存率保持90%以上，在提高采收率的同时实现温室气体减排，实现经济效益和社会效益双赢。

参　考　文　献

[1] 高慧梅，何应付，周锡生．注 CO_2 提高原油采收率技术研究进展[J]．特种油气藏，1997，19(2)：55-61.

[2] 李士伦，周守信，杜建芬，等．国内外注气率技术回顾与展望[J]．油气地质与采收率，2002，9(2)：1-5.

[3] Taber，SerightR S. EOR screening criteria revisited－Part1：Introduction，to screening criteria and enhanced recovery field projects，SPE[J]. Reservoir Engineering，2001，12(3)：189-198.

[4] Jarrell P M，Fox C，Michael H. Stein，PRACTICAL ASPECTS OF CO_2 FLOODING. Society of Petroleum Engineers Inc.，2002.

[5] 李孟涛，张英芝，杨志宏，等．低渗透油藏 CO_2 混相驱提高采收率试验[J]．石油钻采工艺，2005，27(6)：43-47.

[6] 李孟涛，单文文，刘先贵，等．超临界 CO_2 混相驱油机理实验研究[J]．石油学报，2006，27(3)：80-83.

[7] 李孟涛，杨广清，李洪涛．CO_2 混相驱驱油方式对榆树林油田采收率影响研究[J]．石油地质与工程，2007，21(4)：52-54.

[8] 郝永卯，薄启炜，陈月明．CO_2 驱油实验研究[J]．石油勘探与开发，2005，32(2)：110-112.

[9] 姜洪福，雷友忠，熊霄，等．大庆长垣外围特低渗透扶杨油层 CO_2 非混相驱油试验研究[J]．现代地质，2008，22(4)：659-663.

[10] 李相远，李向良．低渗透稀油油藏 CO_2 选井标准研究[J]．油气地质与采收率，2001，8(5)：66-68.

[11] 李振泉，李相远，袁明琦，等．商13-22单元 CO_2 驱室内实验研究[J]．油气采收率技术，2000，7(3)：9-11.

南堡天然水驱油藏氮气泡沫控水稳油提高采收率技术

汤云浦　寇　磊　施　伟　周光林　施祖华

(中国石油冀东油田公司)

摘　要　基于南堡天然水驱油藏高含水期堵水的需要，开展氮气泡沫控水稳油技术研究。明确氮气泡沫控水增油机理；筛选出适合南堡油田浅层油藏的泡沫体系及最佳配方：0.3%HPAM+0.6%SDS，并评价了泡沫体系性能；通过室内实验及数值模拟，优化气液比、气液交替注入段塞、注入量等注入参数，论证注入时机、注入半径、注入轮次以及开井制度等技术政策。矿场试验累计增油 2.97×10^4t，提高采收率两个百分点，表明该项技术在天然水驱油藏控水稳油方面具有良好的应用前景。

关键词　天然水驱油藏；氮气泡沫；控水稳油；注入参数；技术政策

针对南堡天然水驱油藏高含水缺乏有效治理手段问题，利用氮气泡沫选择性堵水作用，进行控水稳油挖潜，有效控抑浅层油藏含水上升速度，显著提高了天然水驱油藏采收率。目前，国内大部分研究工作集中在氮气泡沫体系筛选评价[1-2]，缺乏对氮气泡沫控水的技术参数和技术政策进行系统性研究。本次研究结合室内实验、数值模拟、矿场试验等多种手段，通过研究攻关形成南堡油田氮气泡沫控水稳油技术，相关成果为南堡油田天然水驱油藏提高采收率提供了坚实的技术支持。

1　南堡天然水驱油藏潜力

南堡天然水驱油藏主要含油层系为新近系明化镇组、馆陶组，属河流相沉积。由于油藏的非均质性、油水黏度差异以及生产过程中采液强度，边底水沿高渗通道突进，致使油井高含水。

浅层辫状河河道具有正韵律沉积特点，由于底部渗透率高，水线在高渗层推进迅速，在低渗层推进缓慢，边水沿着高渗带锥进，容易导致油井水淹，但是顶部仍存在一定剩余油。以 NP23-2113 井 NgⅡ6 小层为例，表现出典型的正韵律特征，从饱和度测井可以看出，顶部剩余油相对富集(图 1)。

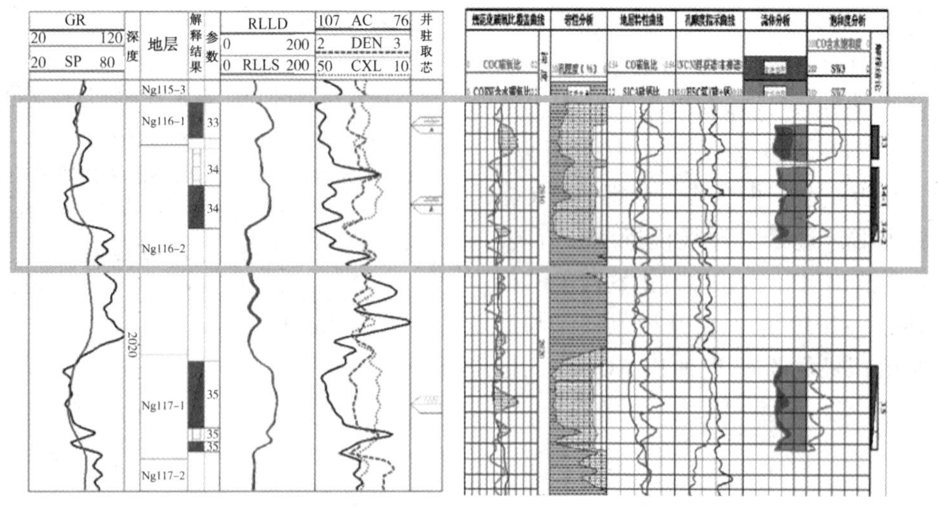

图 1　NP23-X2113 单井柱状图与双源距碳氧比测井成果

【作者简介】汤云浦，男，1984 年生，毕业于中国石油大学(北京)油气田开发工程专业，2011 年获得硕士学位，现工作于中石油冀东油田公司，中级工程师，从事油气田开发提高采收率方面工作，E-mail：523945446@qq.com

在边底水油藏开发过程中，储层非均质性影响很大，由于采液强度大，边水沿高渗带的突进导致油井高含水。NgⅡ6-2 小层的 NP23-X2411 井区由于靠近边水存在高渗条带，导致边水沿条带快速推进，该井高部位和侧向周围都有剩余油分布(图 2、图 3)。

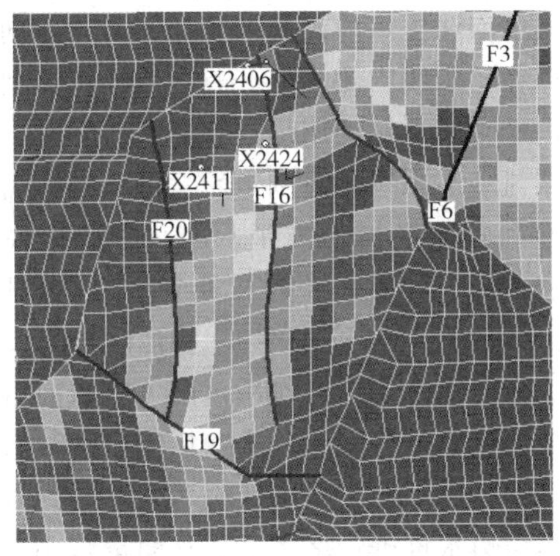

图 2 NP23-X2411 井区 NgII6-2 渗透率分布

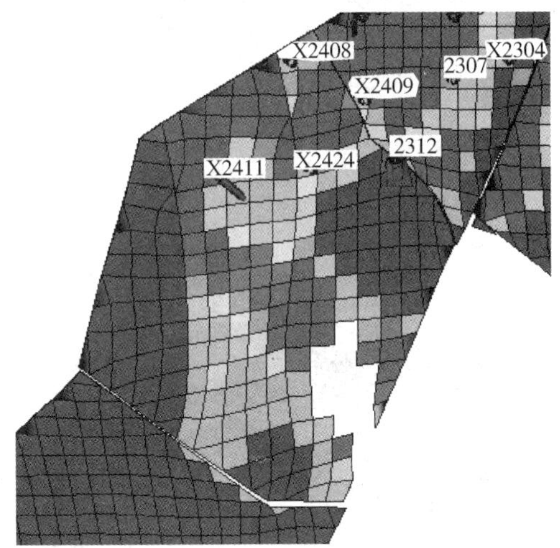

图 3 NP23-X2411 井区 NgII6-2 饱和度分布

断层附近的生产井一般单向受效，靠近断层部位的水驱效果差，形成有利的剩余油富集区。NgII6-1 小层剩余油分布显示，剩余油在断层附近相对富集，这些部位的平均剩余油饱和度高出同层位平均剩余油饱和度(图 4、图 5)。

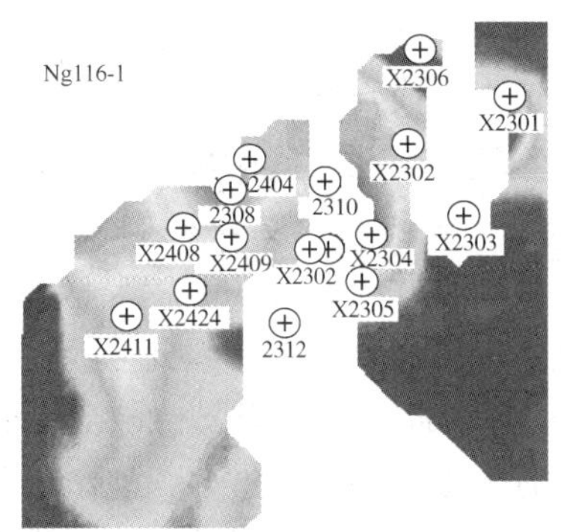

图 4 南堡 2-1 区浅层 NgII6-1 断层附近剩余油

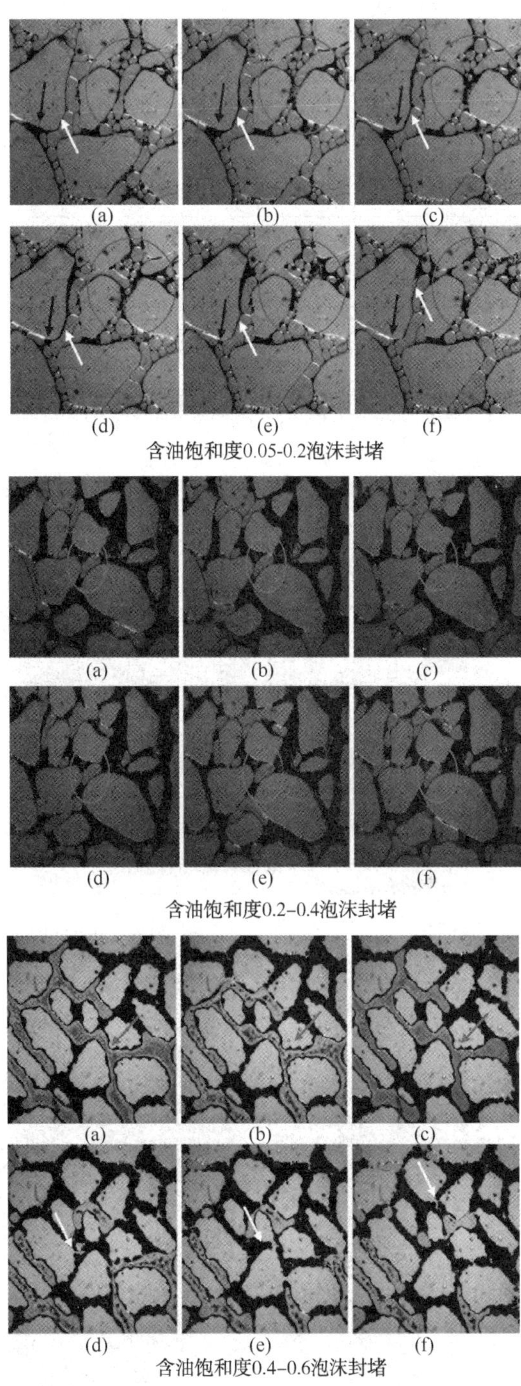

图 5 不同含油饱和度下泡沫封堵效果

2 氮气泡沫控水机理

2.1 氮气泡沫选择性封堵作用

氮气泡沫体系是一种水基选择性封堵剂[3]，优先进入含水饱和度高的地层进行封堵，在含水饱和度高的地层能稳定存在，在含油饱和度高的地层则不能稳定存在。氮气泡沫对不同含油饱和度具有选择性，可根据不同剩余油状态进行封堵和驱油：含油饱和度低时，主要是泡沫的调堵作用；含油饱和度高时，主要是泡沫剂的驱油作用。

含油饱和度 0.05～0.2 时泡沫的稳定性好，在高渗孔道内形成封堵，后续泡沫进入低渗孔道中油滴沿着气泡与孔隙壁运移，气泡的调堵作用使液流转向。含油饱和度 0.2～0.4 时含油饱和度升高，破裂聚并成的大气泡越来越多，大气泡会沿着优势渗流通道窜走，部分泡径适宜的气泡封堵大孔道，部分泡沫剂驱油。含油饱和度 0.4～0.6 时未被驱替原油过多，泡沫不稳定，小气泡聚并成大气泡，不易形成封堵，泡沫剂作为表面活性剂驱替原油(表 1)。

表 1　泡沫堵水堵油实验结果

岩心编号	水测渗透率/mD	油测渗透率/mD	成冻水测渗透率/mD	成冻水测渗透率/mD	封堵率/%
堵水实验	4933.8	/	9.1	/	99.8
堵油实验	5638.6	2.9	/	2.7	6.9

从泡沫堵水和堵水实验可以看出，泡沫体系堵水率明显高于堵油率，说明泡沫体系对高含水层封堵较强，对含油层封堵较弱，具有明显的油水选择性，泡沫体系遇油消泡，导致泡沫的堵油能力减弱[4]。

2.2　氮气泡沫控水剩余油动用

在浅层边底水油藏中，随着生产的进行，边底水向油藏内部推进，造成油井高含水。从边水油藏氮气泡沫控水前剩余油分布来看，方向性剩余油存在于水线内侧，部分剩余油还可以通过封堵方向性来水得到动用，具有挖潜的潜力。

从氮气泡沫作用范围来看，注入泡沫后，在含水饱和较高区域形成了封堵，阻挡边底水推进，在含油饱和度高区域未形成封堵，这部分剩余油得到动用，从而达到控水稳油的目的。

综合对比注入泡沫作用范围、堵水前后油水向量变化以及氮气泡沫控水前后剩余油分布，注入氮气泡沫后，形成封堵区域对边水起到阻挡作用，延缓边水推进；堵水后，水向量减小，油向量增加，说明方向性剩余油得到动用(图 6～图 9)。

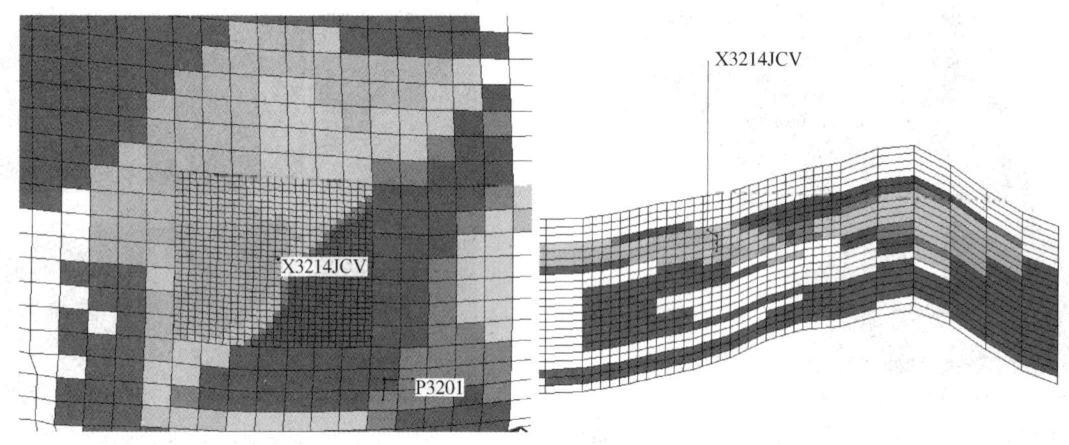

图 6　边水油藏氮气泡沫控水前剩余油分布

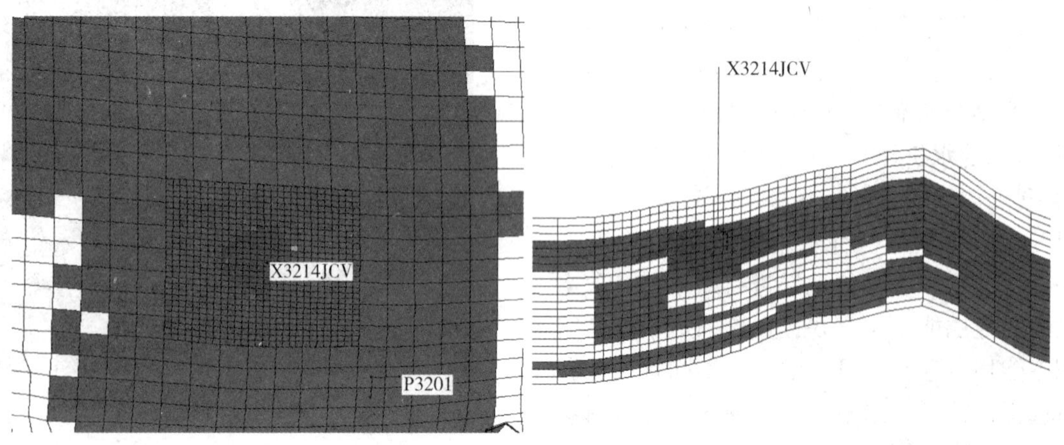

图 7　注入氮气泡沫作用范围

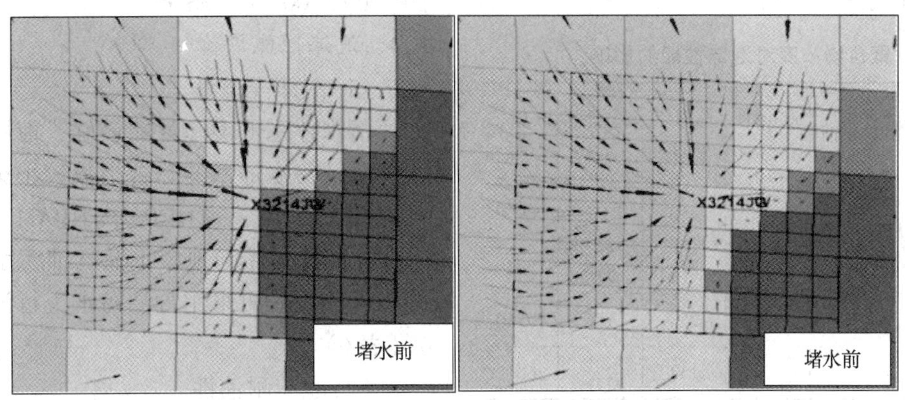

图 8　氮气泡沫控水前后水向量及剩余油变化

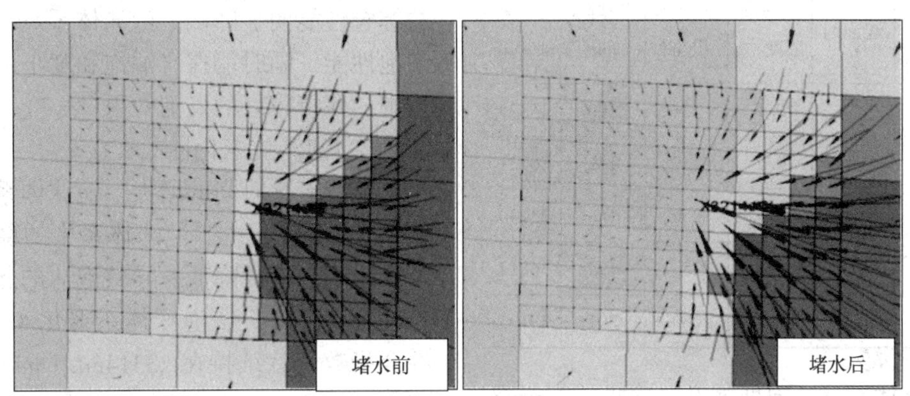

图 9　氮气泡沫控水前后油向量及剩余油变化

3　氮气泡沫体系优选及性能评价

3.1　起泡剂优选

将质量分数为 0.3%的 6 种起泡剂分别加入到地层水中配制成溶液，计算相应的泡沫综合指数 FCI[5]，优选出最佳起泡剂为 SDS(表 2)。

表 2　不同起泡剂的泡沫性能

起泡剂浓度	起泡剂	V/mL	$t_{1/2}$/min	泡沫综合指数/mL · min
0.3%	SDS	550	8	3300
	AOS	490	7	2573
	ABS	280	3.7	777
	SAS	225	2.3	388
	AES	275	3.5	722
	HABS	200	1.8	270

3.2　稳泡剂优选

将 3 种质量分数 0.2%的稳泡剂与 0.3%起泡剂 SDS 配制成溶液，计算相同浓度下 3 种稳泡剂的泡沫综合指数 FCI，优选出最佳起泡剂为聚丙烯酰胺(表 3)。

表 3　不同稳泡剂的泡沫性能

稳泡剂浓度	稳泡剂	V/mL	$t_{1/2}$/min	泡沫综合指数/mL · min
0.2%	改性淀粉	420	27	8505
	羟丙基瓜胶	360	54	14580
	聚丙烯酰胺	340	62	15810

综合考虑体系的发泡性能及稳定性能，最终确定南堡油田浅层油藏氮气泡沫体系为 HPAM-2500+SDS。

3.3　泡沫体系优选

固定起泡剂 SDS 的质量浓度为 0.3%，改变聚丙烯酰胺 HPAM 的质量浓度，研究 HPAM-2500 不同质量浓度对泡沫稳定性的影响，优选出最佳聚丙烯酰胺浓度为 0.3%。

固定稳泡剂 HPAM-2500 的质量浓度为 0.3%，通过改变起泡剂 SDS 的浓度，研究起泡剂浓度对体系泡沫性能的影响，优选出最佳 SDS

浓度为 0.6%(表 4，表 5)。

表 4　聚合物浓度对泡沫性能的影响

聚合物种类	聚合物浓度/%	起泡剂	起泡剂浓度/%	起泡体积/ml	半衰期/min	*FCI*/ml · min
HPAM -2500	0.1	SDS	0.3	410	17	5227
	0.2			340	62	15810
	0.3			250	156	29250
	0.4			157	226	26612

表 5　起泡剂浓度对泡沫性能的影响

聚合物	聚合物浓度/%	起泡剂	起泡剂浓度/%	起泡体积/ml	半衰期/min	*FCI*/ml · min
HPAM -2500	0.3	SDS	0.1	231	100	17325
			0.2	237	142	86031
			0.3	250	156	25240
			0.6	253	194	36812
			0.8	260	201	39195

综合考虑体系的发泡性能及稳定性能，最终确定南堡油田浅层油藏氮气泡沫配方为为 0.3% HPAM-2500+0.6%SDS。

3.4　泡沫性能评价

(1)泡沫配伍性

清水体系的泡沫性能最好，地层水配置的泡沫体系及污水体系的综合指数较小于清水体系但性能相差不大，说明 0.3% HPAM-2500+0.6% SDS 的泡沫体系与地层水及含油污水具有良好的配伍性，现场可采用含油污水进行泡沫体系的配置(表 6)。

(2)泡沫耐油性

随着含油饱和度的增大，泡沫体系的起泡能力有所下降[6]，当含油饱和度大于 20%时，体系的综合性能明显降低。泡沫体系具有优良的遇油消泡性能，同时能在含油饱和度小于等于 20%的范围内保持较好的发泡效果(表 7)。

(3)泡沫抗老化性

随着老化时间的增大，泡沫体系的综合指数 FCI 缓慢下降，由于泡沫体系中的稳泡剂发生降解，起泡剂活性降低，导致泡沫的起泡能力及稳定性有所下降。该泡沫体系老化 48 小时后泡沫综合指数仍然维持在 23314mL · min 具有较好性能(表 8)。

表 6　泡沫配伍性评价实验结果

稳泡剂	稳泡剂浓度/%	起泡剂	起泡剂浓度/%	实验用水	起泡体积/mL	半衰期/min	FCI/mL · min
HPAM-2500	0.3	SDS	0.6	清水	316	205	48585
				地层水	253	194	36812
				含油污水(97.5%)	247	176	32604

表 7　泡沫体系耐油性能评价实验结果

稳泡剂	稳泡剂浓度/%	起泡剂	起泡剂浓度/%	含油饱和度/%	起泡体积/mL	半衰期/min	FCI/mL · min
HPAM-2500	0.3	SDS	0.6	0	253	194	36812
				10	247	156	28899
				20	236	109	19293
				30	205	32	4920
				40	191	26	3724
				50	176	18	2376
				60	157	10	1178

表 8　泡沫体系抗老化性能评价实验结果

稳泡剂	稳泡剂浓度/%	起泡剂	起泡剂浓度/%	老化时间/h	起泡体积/mL	半衰期/min	FCI/mL · min
HPAM-2500	0.3	SDS	0.6	0	253	194	36812
				8	242	190	34485
				16	227	176	29964
				24	225	170	28687
				32	209	168	26334
				40	207	165	25616
				48	198	157	23314

4　氮气泡沫控水注入参数

4.1　气液比优选

气液比 1∶1 与 2∶1 时的阻力因子均比较大，分别为 103 与 105，气液比为 1∶2 时的阻力因子相对较小为 90。三种气液比条件下的阻力因子差值最大不超过 15，说明该泡沫体系适应的气液比范围比较广，注入气液比在 1∶1～2∶1 范围内封堵效果比较好(表 9，图 10)。

表 9　不同气液比氮气泡沫体系阻力因子实验结果

气液比	水驱平衡压差/kPa	泡沫驱平衡压差/kPa	阻力因子 R_F
1∶1	11	1133	103
1∶2	11.5	1035	90
2∶1	12	1260	105

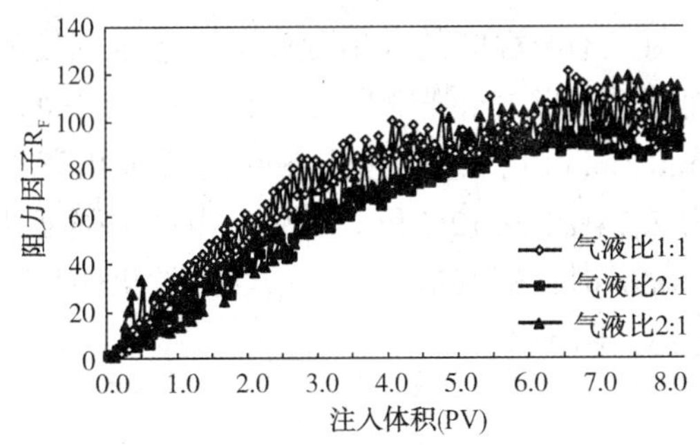

图 10　不同气液比氮气泡沫体系阻力因子曲线

4.2　气液交替注入段塞

气液交替注入段塞为 0.05PV、0.10PV 和 0.15PV 时的阻力因子相差无几，分别是 103、102 和 97。说明气液交替注入段塞的大小在一定程度上对泡沫的阻力因子影响并不大，考虑到为单井吞吐的特点，泡沫注入量不宜过大，故选择气液交替注入段塞为 0.05PV(表 10，图 11)。

表 10　不同气液交替注入段塞氮气泡沫体系阻力因子实验结果

气液交替段塞/PV	水驱平衡压差/kPa	泡沫驱平衡压差/kPa	阻力因子 R_F
0.05	11	1133	103
0.10	10.8	1101	102
0.15	12.1	1170	97

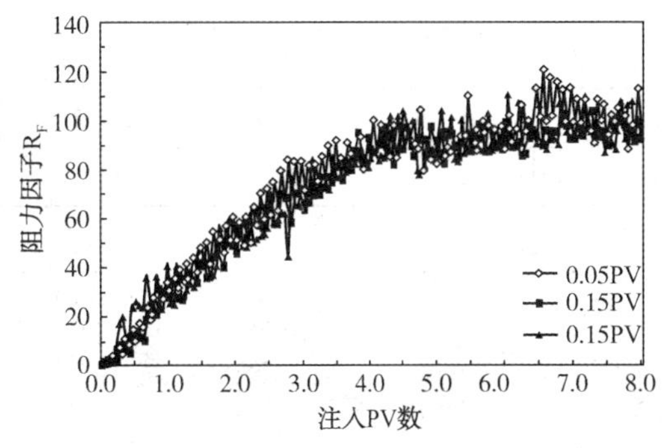

图 11　不同气液交替注入段塞阻力因子曲线

4.3　注入量

当泡沫的注入量为 0.05PV 时，提高采出程度 2.54%；当泡沫的注入量增大至 0.1PV 时，提高采出程度 6.12%；继续增大泡沫的注入量至 0.2PV 和 0.3PV 时，泡沫吞吐阶段采出程度增幅变缓。换油率随着氮气泡沫注入量的增加呈现先增大后减小的趋势，当注入量为 0.1PV 时，氮气泡沫的换油率最高(表 11，图 12)。

表 11　不同注入量条件下氮气泡沫吞吐实验结果

泡沫注入量/PV	累产油/mL			采出程度/%			含水率下降幅度/%	换油率/mL/mL
	边水开采	泡沫吞吐+边水	总	边水开采	泡沫吞吐+边水	总		
0. 05	27. 25	2. 01	29. 26	34. 49	2. 54	37. 03	11. 64	0. 35
0. 1	32. 65	5. 57	38. 22	35. 88	6. 12	42	21. 81	0. 44
0. 2	29. 57	5. 3	34. 87	39. 42	7. 07	46. 49	27. 39	0. 23
0. 3	37. 46	8. 57	46. 03	36. 37	8. 32	44. 69	31. 25	0. 20

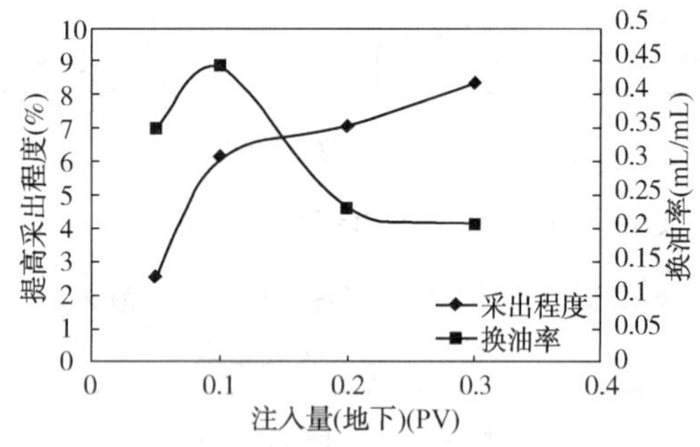

图 12　采出程度和换油率随注入量关系曲线

5　氮气泡沫控水技术政策

5. 1　注入时机

在含水率为 65%、85%和 98%时，注入氮气泡沫后最大含水率可分别下降 16. 67%、19. 67%以及 21. 81%；氮气泡沫吞吐阶段采出程度随着注入时机的增加而降低，氮气泡沫吞吐提高采出程度分别为 7. 46%、6. 51%和 6. 12%。不同注入时机条件下氮气泡沫吞吐的换油率为 0. 4~0. 45，增油效果明显(表 12，图 13)。

表 12　不同注入时机条件下氮气泡沫吞吐实验结果

注入时机	累产油/mL			采出程度/%			含水率下降幅度/%	换油率/mL/mL
	边水开采	泡沫吞吐+边水	总	边水开采	泡沫吞吐+边水	总		
含水 65%	18. 8	4. 7	23. 5	29. 84	7. 46	37. 30	16. 67	0. 45
含水 82%	19. 35	3. 9	23. 25	32. 24	6. 51	38. 76	19. 67	0. 39
含水 98%	32. 65	5. 57	38. 22	35. 88	6. 12	42. 00	21. 81	0. 44

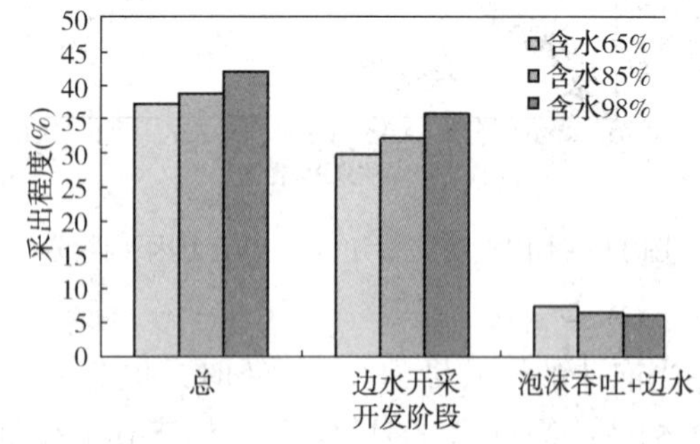

图 13　不同注入时机条件下氮气泡沫采出程度对比

5. 2　边水强度

氮气泡沫吞吐的采出程度随着边水强度的增加而降低。当边水强度为 1. 5mL/min、2. 5mL/min 和 5mL/min 时，氮气泡沫吞吐阶段采出程度分别为 7. 74%、6. 12%和 1. 64%。当边水强度达到 5mL/min 时，氮气泡沫吞吐增油的效果明显变差(表 13，图 14)。

表 13　不同边水强度条件下氮气泡沫吞吐实验结果

边水强度/mL/min	累产油/mL			采出程度/%			含水率下降幅度/%	换油率/mL/mL
	边水开采	泡沫吞吐+边水	总	边水开采	泡沫吞吐+边水	总		
1. 5	24. 87	5. 5	30. 37	35. 03	7. 74	42. 77	25. 72	0. 4783
2. 5	32. 65	5. 57	38. 22	35. 88	6. 12	42. 00	21. 81	0. 4421
5	25. 89	1. 3	27. 19	32. 77	1. 64	34. 41	4. 48	0. 1130

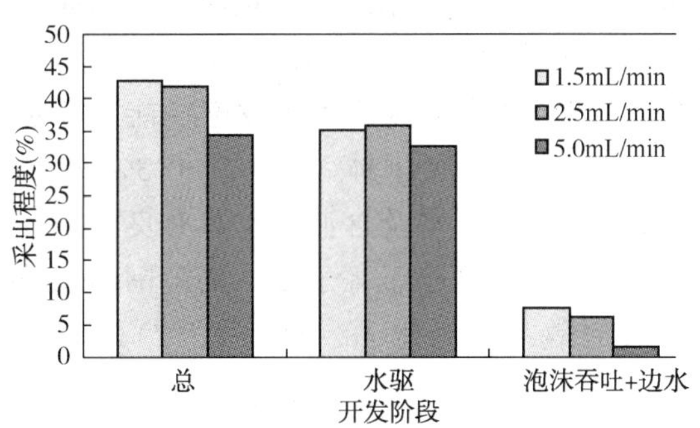

图 14　不同边水强度条件下氮气泡沫采出程度对比

5.3　注入半径

注入半径是影响控水效果的敏感性因素，注入半径过大会造成经济上的不合理。模拟注入半径3.7~29.7m，注入半径的增大延长氮气泡沫有效期，随着半径增加，措施增油增加，半径在25m以后，随着半径增大增油变缓，在矿场实施中推荐最大注入半径不应超过25m(图 15，图 16)。

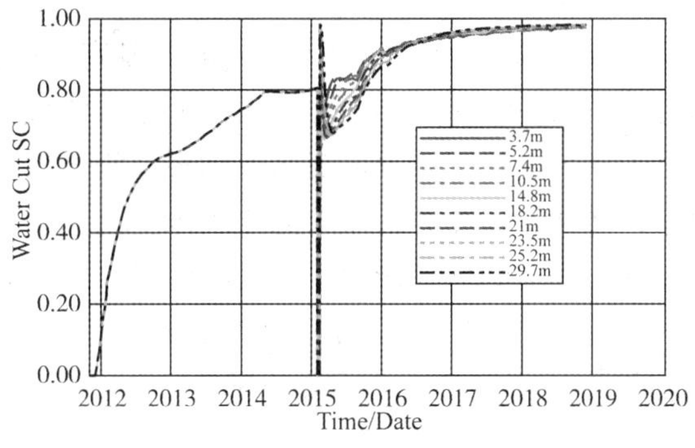

图 15　不同半径下含水率对比曲线

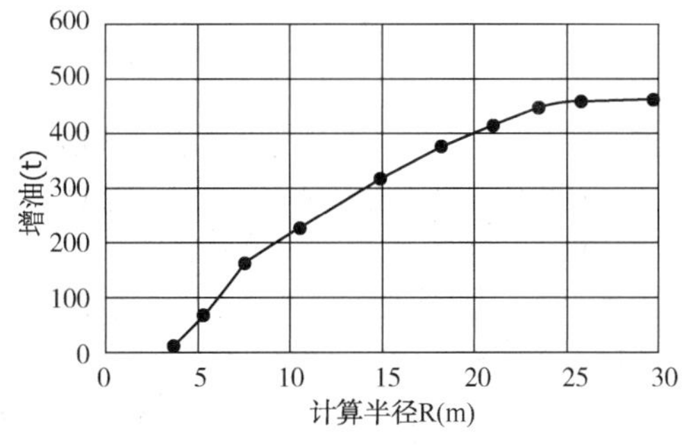

图 16　不同半径下增油曲线

5.4　注入轮次

随着注入轮次增加，堵水效果逐渐变差，需要明确注入轮次极限。从不同轮次含水率下降幅度来看，第一轮下降 15%、第二轮下降 10%、第三轮下降 5%，第四轮含水率降低幅度很小，这是由于三轮以后近井地带可动剩余油较少，潜力变小。确定氮气泡沫堵水极限轮次为三轮(图 17)。

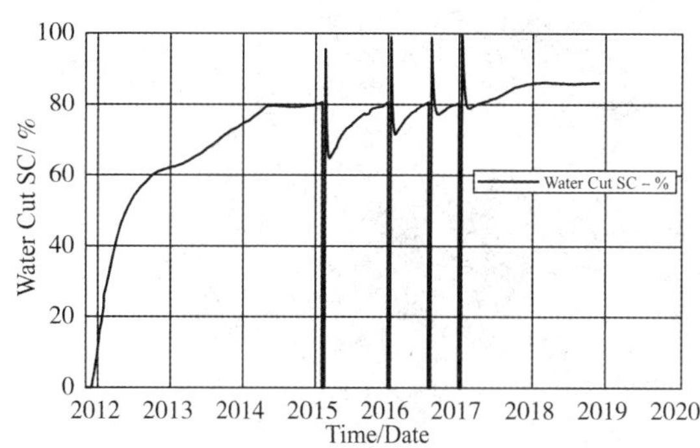

图 17　不同轮次下含水率变化曲线

5.5　开井制度

实施氮气泡沫控水措施后开井，需要确定合理的开井制度达到最佳增油效果。对比开井采液强度 1.25、2.5、3.75、5、6.25、7.5t/(d·m)，采液强度越高，最终累产油越高。采液强度较低，日产油较低，达不到堵水前日产油。当采液强度超过 5 t/(d·m)，增油幅度变缓(图 18)。

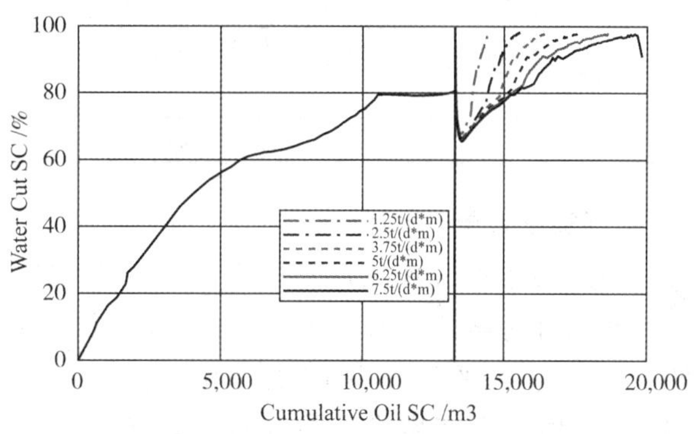

图 18　不同采液强度下采出程度-含水率对比

5.6　注入段塞结构设计

采用前置段塞+主体氮气泡沫段塞+后置段塞+顶替段塞四段结构设计，前置段塞采用氮气段塞，起到推边水、压底水作用，隔离保护主段塞；主体氮气泡沫段塞采用强化泡沫或凝胶泡沫，选择性封堵水通道及高渗条带，降低水相的流动能力；后置氮气段塞将泡沫推入地层深处，隔离保护主体泡沫段塞；顶替段塞采用表面活性剂，顶替泡沫防止在近井地带堵塞地层，解除部分污染。

将主体泡沫段塞调整为三个段塞，前后段均提高起泡剂浓度，减少地层水的稀释及岩石吸附损失；对于存在强水窜渗流通道，在前后泡沫段塞中加入交联剂，增强封堵能力，强化封堵或封口，减少泡沫返排(图 19，表 14)。

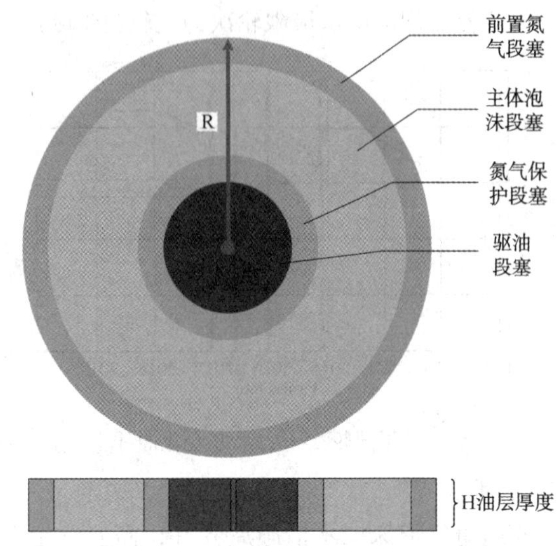

图 19 氮气泡沫控水设计模型

表 14 氮气泡沫控水段塞结构设计

段塞名称		注入介质
前置段塞		氮气
主体泡沫段塞	前段	氮气+起泡剂+稳泡剂+凝胶
	中段	氮气+起泡剂+稳泡剂
	后段	氮气+起泡剂+稳泡剂+凝胶
后置段塞		氮气
顶替段塞		表面活性剂

6 矿场实施效果

南堡天然水驱油藏自实施氮气泡沫控水以来，截至目前累计增油 2.97×10^4t，提高采收率两个百分点，平均单井增油 420 吨，有效率 80%，平均含水率由措施前 98% 下降到措施后 75%，部分井措施后含水率下降到了 30-40%，取得了明显的增油降水效果。

其中 NP4-19 井位于南堡 4-2 浅层 4-1 断块构造高部位，生产层段为 NmⅡ，油层有效厚度为 7m。2015 年 4 月射孔 6#层生产，初期日产液 6.5t，日产油 4.8t，含水 26.6%，由于边水推进造成高含水，措施前日产液 22.8t，日产油 0t，含水 100%。采用“氮气+氮气泡沫+氮气+顶替”段塞结构，累计注入氮气 $13\times10^4m^3$，泡沫剂 $325m^3$，处理半径 20m，措施后日产液 9.9t，日产油 7.4t，含水 25.6%，较措施前增油 7.4t/d，含水率下降 74.4%，累计增油为 1289t，措施有效时间 10 个月。

7 结论

(1)氮气泡沫对不同含油饱和度具有选择性，优先进入含水饱和度高的区域，对高含水区域封堵较强，在含油饱和度高区域未形成封堵，泡沫阻挡边底水推进，堵水后水向量减小，油向量增加，方向性剩余油得到动用。

(2)综合考虑泡沫体系的发泡性能及稳定性能，优选出氮气泡沫体系配方：0.3% HPAM + 0.6%SDS，与地层水及含油污水具有良好的配伍性，在含油饱和度小于等于 20% 的范围内保持较好的发泡效果，老化 48 小时后仍然具有较好性能。

(3)泡沫体系适应的气液比范围比较广，注入气液比在 1：1~2：1 范围内封堵效果比较好，选择气液交替注入段塞为 0.05PV，注入量为 0.1PV 时，氮气泡沫的换油率最高。

(4)在含水率为 65%、85% 和 98% 时，氮气泡沫增加采出程度分别为 7.46%、6.51% 和 6.12%。不同注入时机条件下换油率为 0.4~0.45，增油效果明显；边水强度达到 5mL/min 时，增油效果明显变差；推荐最大注入半径不超过 25m；氮气泡沫控水极限轮次为三轮；当采液强度超过 5 t/(d·m)，增油幅度变缓。

(5)采用前置段塞+主体氮气泡沫段塞+后置段塞+顶替段塞四段结构设计，将主体泡沫段塞调整为三个段塞，减少地层水的稀释及岩石吸附损失，增强封堵能力，减少泡沫返排。

(6)矿场实施成功率 80%，增油效果显著，该技术能显著改善油井高含水期开发效果，是南堡天然水驱油藏开发后期一项有效的控水稳油措施。

参 考 文 献

[1] 孙鹏霄，苏崇华，孟伟斌．氮气泡沫在海上高含水油田选择性堵水中的应用．石油钻采工艺，2016，38(1)：111~113.

[2] 王波，王鑫，刘向斌，李胜龙．高含水后期厚油层注氮气泡沫控水增油技术研究．大庆石油地质与开发，2006，25(2)：59~60.

[3] 徐国瑞．渤海底水油田泡沫控水锥技术研究与应用．石油化工高等学校学报，2013，26(6)：61~64.

[4] 杨朝蓬，高树生，汪益宁等，氮气泡沫体系封堵性能评价方法．东北石油大学学报，2012，36(5)：83~87.

[5] 陈平，郑继龙，宋志学，张相春．吞吐井氮气泡沫抑制边底水实验研究．科学技术与工程，2013，13(34)：10147~10149.

[6] 胡鹏，彭航兵，田红燕等．稀油油藏氮气泡沫抑制边水技术研究．石油矿场机械，2015，44(8)：90~92.

胜利油田断块油藏特高含水期提高采收率技术

王　建　刘维霞

（中国石化胜利油田分公司 勘探开发研究院）

摘　要　胜利断块油藏类型多样，已进入特高含水期，形成了不同类型断块提高采收率的技术系列。创建了屋脊断块人工边水驱技术，明晰了均阻同进、升压扩容、变驱为汇的提高采收率机理，建立了适应油藏筛选标准及技术经济政策界限。形成了纵向三级细分、平面井网及注采优化的复杂断块均衡水驱技术。通过三维多靶点定向井、跨断块水平井、近断层水平井及绕锥水平井等多类型的复杂结构井，进行立体串接开发，实现极复杂断块小规模剩余油富集区的经济高效开发。

关键词　断块油藏；特高含水期；人工边水驱；均衡水驱；立体开发

胜利油田断块油藏具有断层多、小层多、面积小、倾角大、条带窄、能量差异大的特点，目前已进入特高含水期。针对不同类型断块油藏开发难点，形成了屋脊断块人工边水驱技术、复杂断块均衡水驱技术、极复杂断块油藏立体开发等适合胜利油田特高含水期断块油藏开发的技术系列。

1　屋脊断块油藏人工边水驱技术

屋脊断块油藏是指地层上倾方向受到断层遮挡所形成的断块油藏，有一定强度的原始边水能量，具有含油条带窄、地层倾角大的地质特点。是胜利油区一种常见的断块类型，综合含水 95.3%，已进入特高含水开发阶段，剩余油主要富集于屋脊一线，构造腰部剩余油分散。

借鉴天然强边水油藏高效开发的矿场经验，提出了人工边水驱技术，利用油田产出的富余污水人工强化边水能量，实现剩余油的有效动用和高效波及。

1.1　人工边水驱提高采收率机理

1.1.1　均阻同进机理

从物模结果来看，边内注水时，注入水在注采主流通道形成突进；边外注水，注入水（边水）沿油水边界均匀推进，驱替界面较均匀（图1）。

数值模拟含油饱和度图结果也体现出与物理模拟同样的情况，边内注水在注采主流线区域水线突进明显，而人工边水驱推进均匀，沿构造高度饱和度较均匀变化（图2）。

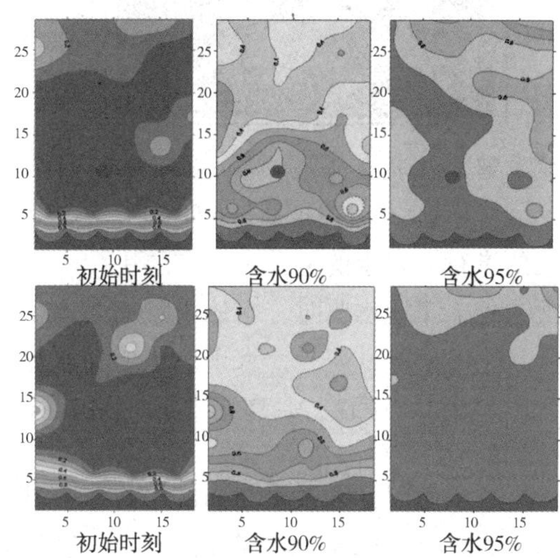

图1　边内注水/人工边水驱物模对比含油饱和度图

利用渗流阻力的计算方法来计算边内注水与边外注水渗流阻力的差别，进一步分析边内注水突进与边外均匀推进的机理，按照下式计算渗流阻力：

$$R=\frac{L}{KA}\frac{1}{\dfrac{k_{rw}(S_w)}{\mu_w}+\dfrac{k_{ro}(S_w)}{\mu_o}}$$

从计算结果来看，边内注水时渗流阻力不均匀，主流线阻力较小（0.50MPa/cm·(cm/s)$^{-1}$），是分流线阻力（0.95 MPa/cm·(cm/s)$^{-1}$）的53%，主流线区域渗流阻力的优势造成注入水沿主流线的舌进逐渐加快，而且这种舌进速度会随

【作者简介】刘维霞（1973- ），女，高级工程师，1995 年毕业于石油大学（华东），从事断块油藏开发技术研究。E-mail：liuweixia332. slyt@ sinopec. com。

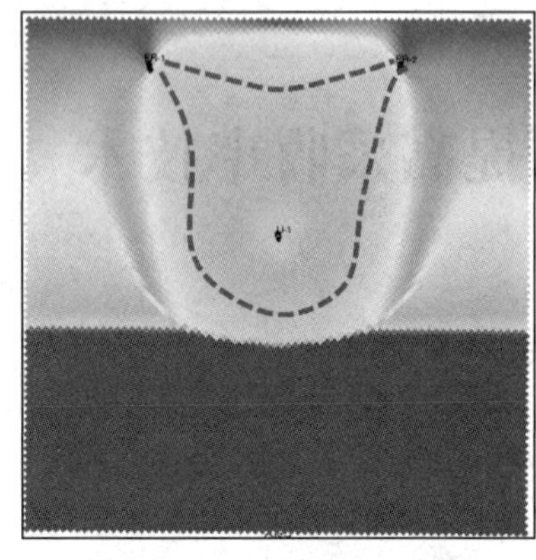

图 2　边内注水/人工边水驱数值模拟对比含油饱和度图(fw90%)

着开发的进行、含水的上升进一步加快。

而边外人工边水驱时，水体中各向含水饱和度相同，不考虑物性差异，人工边水驱在水体中的渗流阻力小且各向均匀(0.07 MPa/cm·(cm/s)$^{-1}$)。

人工边水驱时注入水要向油区中渗流，其渗流阻力较大(0.55 MPa/cm·(cm/s)$^{-1}$)，这样就会使注入水优先在水体中扩散，强化能量形成人工边水后再往油区中均匀驱替。

1.1.2　升压扩容机理

人工边水驱由边内注水变为边外注水后，在同样的注采强度下，井间的平均压力梯度下降。根据数值模拟结果，边内注水时油水井间的平均压力梯度为 0.013MPa/m，变为边外注水后，同样注采强度下、相同区域井间的平均压力梯度下降为 0.007MPa/m，与边内注水相比下降了一半。

增加注采强度可提高井间的驱替压力梯度，数值模拟结果表明，注采强度提高 4 倍，含油条带内压力梯度可提高至 0.023MPa/m，与原来边内注水相比，驱替压力梯度扩大了近一倍。

对于亲水岩石，驱替压力梯度增大会增加参与流动的孔隙半径，原来由于毛管力而限制在小孔隙中的剩余油可因此而被驱替出，当驱替压力梯度由 0.005MPa/m 增大到 0.025MPa/m 后，参与流动的孔隙半径就由 34μm 扩展到 15μm。

人工边水驱通过增加注采强度来增加井间的驱替压力梯度，驱替压力梯度升高后，使原由于毛管阻力滞留在小孔隙中的剩余油得到了动用，从而提高了驱油效率。

1.1.3　变驱为汇机理

人工边水驱提出了变连续注采为间歇注采的技术对策，来减缓特高含水阶段由于增强注采而形成的注入水沿已有通道快速水窜的缺点。

开展微观物理模拟研究人工边水驱间歇注采的机理，模型尺寸为 5×8cm，开始采用低注高采的边内注水的井网形式，待油井含水率到 98%时，停止边内注水。方案一为继续开展边外注水，油井同时开采；方案二为边内注水转为边外注水，但油井不开，水井持续注水升压，待升压过程结束后，油井再开井，实施间歇注采方案。

当边内注水结束时(油井含水率 98%)，油水井间的注采主流线已经形成，在主流线之外的区域剩余油动用相对较差。另外由于边内注水的注水方式，造成在水井与水体之间的部分剩余油受到注入水的外推力作用，外溢了一部分储量到水体中，造成了部分储量损失。边内注水结束时，统计平面上的波及系数只有 49.3%。

边内注水停止后直接转为边外注水，剩余油仍然容易沿原有主流线低阻区域快速推进，对原有剩余油富集区的动用状态相对仍然较差，统计的驱替结束时的波及系数为 72.2%。

边内注水停止后先进行边外注水、油井停止生产，待升压过程结束后，油井再开井生产，在油藏会建立新的压力平衡状态，同时油水趋向于产生新的平衡状态，从驱替结束时的剩余油分布状况来看，原来非主流线区域、断边带等位置富集的剩余油已明显发生动用，统计的驱替结束时的波及系数为 96.7%，扩大了平面波及面积(24.5%)。

1.2　人工边水驱油藏筛选条件

建立数值模拟模型，模拟各影响因素对采收率的影响。数值模拟结果表明，影响窄屋脊边水断块油藏开发效果的敏感因素依次为油水黏度比、边水能量、地层倾角、条带宽度、平均空气渗透率、渗透率变异系数、油层有效厚度、采液量等，其中边水能量是可以通过人工注水改变的。

在边水驱油藏开发效果敏感因素分析评价的基础上，建立了适合开展人工边水驱油藏的筛选评价标准：

a. 断块较封闭或有岩性边界；

b. 水体倍数较小有利(<100)；

c. 油水黏度比较小有利(<50)；

d. 油藏地层倾角、条带宽度、油层厚度遵循筛选图版(图 3)；

e. 水平渗透率>$200\times10^{-3}\mu m^2$。

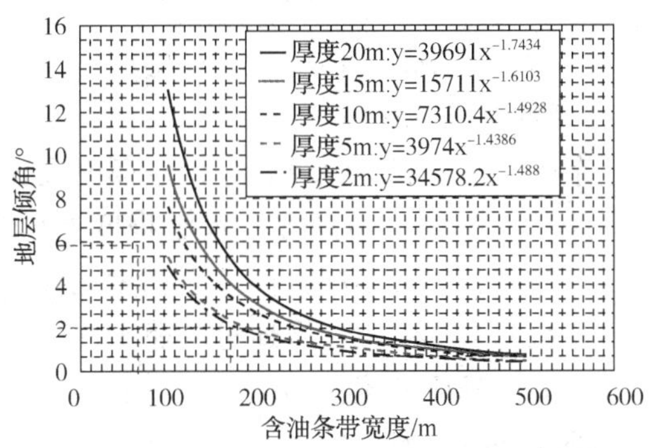

图 3 地层倾角、条带宽度、油层厚度筛选图版

1.3 人工边水驱技术经济政策界限

1.3.1 人工边水驱合理井型、井网、井距优化研究

①人工边水驱技术井型优化研究

数值模拟结果表明，直井注水、直井采油是最佳井型组合形式；从阶段经济因素考虑，直井注水、水平井采油的井型组合形式具一定优势。

②人工边水驱技术合理井网形式研究

数值模拟结果表明，低注高采排状井网开发效果最好，其中采用双向错对、"边缘注水注采井网为人工边水驱油藏最佳井网形式。

③人工边水驱合理井距研究

边水驱油藏注采井距数值模拟优化结果表明，井距越大、含油条带越宽，油藏采收率越高；且对于某一具体含油条带宽度油藏而言，特高含水后期，井距越大，开发效果越好。这是因为注采井距越大，越能减小水舌对采油井的影响，更能实现边水均衡驱替以达到提高驱替效率、扩大体积波及系数进而提高原油采收率之目的。

1.3.2 人工边水驱合理工作制度优化

分别开展周期注水周期采油、稳定注水稳定采油、稳定注水周期采油、周期注水稳定采油的工作制度优化研究。

从数值模拟结果来看，采用稳定注水周期采油、周期注水周期采油的工作制度会取得更好的开发效果。但在矿场操作过程中，周期注采的工作制度会产生作业费用，存在经济上是否可行的问题，因此在实际操作过程中，需要从经济上考虑开井时率及管柱适应性的问题。

1.3.3 地层压力保持水平、合理注采比优化

分别开展不同的地层压力水平(0.4Pi－2.0Pi)、不同的注采比等压力参数下的人工边水驱数值模拟研究。

数值模拟结果表明，技术上，井底流压越低，开发效果越好；地层压力越高，开发效果越好，但相差不大。考虑到矿场普遍欠注的实际情况，先大排量注水憋压至地层压力为 0.8Pi～1.2Pi 后，油井开井后可保持较高液量，注采比为 1.0 的工作制度生产最适宜。

根据测算，当油价大于 30.5 $/bbl，采用人工边水驱、边外污水回注技术即可盈利。

屋脊断块油藏人工边水驱技术在辛 1 断块开展先导试验取得了较好的开发效果，已推广单元 29 个，覆盖地质储量 6412 万吨，增加可采储量 276 万吨，采收率提高 4.3%。

2 复杂断块均衡水驱技术

2.1 三级细分技术

断块油藏纵向井段长，含油小层多，投入开发以来历经了多次层系细分调整，取得了减缓层间干扰、提高储量动用程度较好的开发效果。进入特高含水期，层系内小层间干扰矛盾越来越突出，但是进一步细分缺乏必需的物质基础。如何解决层系内层间干扰，最大程度实现均衡水驱，是多油层断块油藏大幅度提高水驱采收率的关键。

针对多油层断块油藏层系内小层间存在的主要问题，在精细地质研究以及剩余油分布研究的基础上，开展层系重组、分采分注、变孔密射孔三级细分技术研究与应用。对小层的储量、物性、能量和开发动态进行逐一分析，进行小层评价，根据"相似划分，一次细分"，最大程度减少层间干扰的立体开发思路，采取打破空间界限，立体层系重组，部署新的注采井网，并进一步结合分采分注和变密度射孔手段，立体调整层间、层内矛盾，最大限度地减缓层间和层内差异，最大程度地达到纵向均衡水驱的目的。

2.1.1　一级细分—层系重组

层系重组是在对各小层特高含水期动静态等参数充分认识的基础上，按照“相似层组合为一套层系”的思想，打破空间界限进行层系划分。通过将储层物性和水淹程度相近的韵律层进行组合，从而使每套井网在储层物性和开采特征上保持相近，最大限度减少层间干扰，充分动用各类油层潜力。改变过去相邻相近组合划分开发层系的方式，进一步缓解层间矛盾。

例如永安油田永 3-1 断块，根据层系重组技术政策界限，考虑沙二 7-9 各小层的储量状况、厚度、储层物性、吸水状况、采出程度等多方面因素，最终确定沙二 7-9 中的沙二 7^1、7^2、7^6、8^3、9^1 小层为一类层，渗透率级差 1.8，充分利用老井完善注采井网；沙二 7^3、7^4、7^5、8^4、8^5、8^7 等小层为二类，渗透率级差为 2.3，以钻新井为主，考虑物性较差，适当减小注采井距，完善注采井网。重组后有效减缓了油藏层间差异。

2.1.2　二级细分—分层采油、分层注水

进行层系重组后，层系内小层平均渗透率级差降至技术政策界限之内，但由于平面差异，局部井区纵向渗透率级差仍在 3 以上。例如永 3-1 断块沙二 7-9 层系重组后，一类层、二类层层间渗透率级差由重组前的 10.3 分别下降到重组后的 1.8 和 2.3，但永 3X145 井组层系内级差仍高达 6.5。因此，在井筒状况以及油层井段间夹层厚度等条件允许的情况下，有必要考虑应用先进成熟的分层采油、分层注水工艺技术，将一级细分后一、二类层系油水井各自细分为 2~3 段进行分采分注，分层段配产配注，均衡注采，进一步减缓层间干扰，又避免采用钻更多新井去再次细分层系导致经济效益差的问题。

2.1.3　三级细分—层间层内变密度射孔

层系重组后部署的新井，实施后仍然可能存在纵向小层间物性、水淹程度、压力差异大的问题，可通过层间层内变密度射孔方式来缓解。例如根据永 3-1 断块层系重组后二类层系新钻井永 3 斜 175 测试资料解释成果，其二类油层渗透率级差达 5.4，压力系数最低的沙二 9-2 小层为 0.79，最高的沙二 9-7 小层为 1.01。这种情况下，均一射孔方案不适应地层非均质性。研究表明，孔密及孔深对产率影响较大，油井产率比随射孔密度、射孔深度增加而增加(图 4)。将物性有差异的油层区别对待，通过射孔密度的改变，可减小层间渗流阻力的差异，实现产能优化，实现均衡开采。

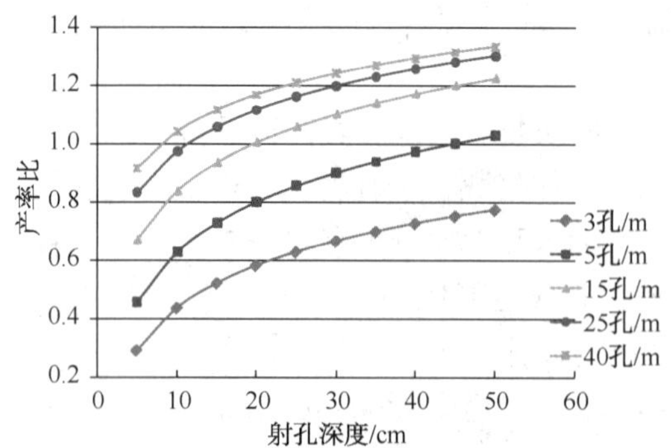

图 4　射孔密度与产率比的关系

2.2　井网及注采优化技术

复杂断块井网相对完善，长期水驱开发流线固定，波及受限制，不同方向水驱程度差异大。利用现有井网，通过不同方向注采强度调控，井间调压变流，强化弱驱，即通过弱驱方向提压促流，强驱方向降压控流，均衡方向稳压稳流，实现复杂断块油藏均衡开发。

结合平面水驱波及影响因素，从地质非均质和开发非均质两方面，研究井网、井距和注采结构对开发效果的影响，形成井网、井距和注采参数逐级优化均衡驱替技术。

2.2.1　矢量井网优化

利用矢量井网概念，充分考虑油藏地质条件，对断块油藏进行矢量井网部署。

首先进行基础井网设计。采用综合经济分析法，使得确定出来的井网密度同时满足获得最大的经济效益和最大限度的采出地下油气资源的目的，也即合理井网密度。合理井网密度计算时油藏参数取油藏平均参数(平均孔隙度、平均渗透率和平均厚度等)。此时计算的井距，为油田开发的基础井距。按照基础井距部署的开发井网，为油田开发的基础井网。由于实际的油田都是非均质的，因此，基础井网为油田开发的参考井网，油田开发的实际井网应在基础井网的基础上，按照油田的非均质特性进行一定的调整。

一级矢量井网设计。针对油藏的宏观非均质性对基础井网进行粗调。按照油藏宏观非均质发育的方向部署的井网，我们称之为一级矢量井网，简称矢量井网-I。矢量井网-I 是对基础井网的粗调。

二级矢量井网设计。根据地层的各向异性性质和油藏的局部非均质性，对一级矢量井网进行

调整之后形成的井网称为二级矢量井网，简称矢量井网-II。矢量井网-II是对矢量井网-I的细（微）调。

注到地下的水，沿着高渗透率的方向优先推进，而低渗透率方向则推进滞后。为了达到均衡驱替的目的，必须把高渗透率方向的注采井距拉大，把低渗透率方向的注采井距压小。注采井距需按照下面的方法进行设计：

$$\frac{d_x}{d_y}=\sqrt{\frac{k_x}{k_y}\frac{\Phi_y}{\Phi_x}}$$

式中：d_x—x 方向上的井距，m；

d_y——y 方向上的井距，m；

K_x——x 方向渗透率，$10^{-3}\mu m^2$；

K_y——y 方向渗透率，$10^{-3}\mu m^2$；

φ_x——x 方向孔隙度，%；

φ_y——y 方向孔隙度，%。

从上式可以看出，所考虑的非均质性主要是渗透率和孔隙度两个参数。但是对于断块油藏尤其是开发多年的区块而言，其非均质还表现在地层倾角、平面水淹变化等方面。此外，即使是简单断块，也会发育有少数3~5米微小的低序级断层。其根部断距相对较大，封堵作用较强。而断层中部断距较小，因其与储层厚度耦合差异及断层两盘岩性配置，使得封堵作用较弱或不起封堵作用。类似的断层，对于厚油层在井网部署方面几乎没有影响。但对于多薄层的井网部署，是不容忽视的非均质因素。

考虑渗透率、孔隙度、地层倾角、压力变化等多因素，确定具体井距。把地层倾角引进井距计算公式，再根据油藏平面水淹状况及局部低序级断层发育情况作出进一步的调整。

$$\frac{d_x}{d_y}=\frac{\cos\theta xy}{\cos\theta_y}\sqrt{\frac{k_x\Delta p_x}{k_y\Delta p_y}\frac{\Phi_y}{\Phi_x}}$$

式中　K——渗透率，$10^{-3}\mu m^2$；

ϕ——孔隙度，%；

θ——地层倾角，度；

Δp——压力变化，MPa。

2.2.2　矢量注采优化

通过井网井距的调整，一般可以使油藏达到均衡驱替的目的。但是，一些油藏在开发初期，因为缺少可靠的资料，而不便对井网进行调整，因此只能采用均匀井距的井网。但投入开发后，随着开发工作的进行，地质资料逐渐丰富起来，为了油层的驱替更加均衡，即各个方向上驱替程度都相等，只能通过一定的开发措施，如注采参数调整等来进行调控，即矢量注采参数优化。

对于五点法井网，孔隙度、渗透率和厚度非均质程度变化较大、各向异性的地层，根据见水时间相同，可得注水井对应各方向油井产量关系如下：

$$\frac{q_x}{q_y}=\frac{\overline{h_x\Phi_x}}{\overline{h_y\Phi_y}}$$

式中　q——油井产量，t/d；

ϕ——孔隙度，%；

h——油层厚度，m。

对于厚度和孔隙度非均质较大的油藏，可以按照上式对不同方向上的油井产量进行调整，以达到均衡驱替的目的。

注采压差与井距、渗透率、孔隙度的关系如下：

$$\frac{\Delta p_x}{\Delta p_y}=\frac{L_x^2\phi_x k_y}{L_y^2\phi_y k_x}$$

式中　K——渗透率，$10^{-3}\mu m^2$；

ϕ——孔隙度，%；

L——井距，m；

Δp——注采压差，MPa。

根据上式可绘制出不同渗透率级差及井距下的压差图版（图5），通过图版确定不同渗透率级差和井距下合理压差比。

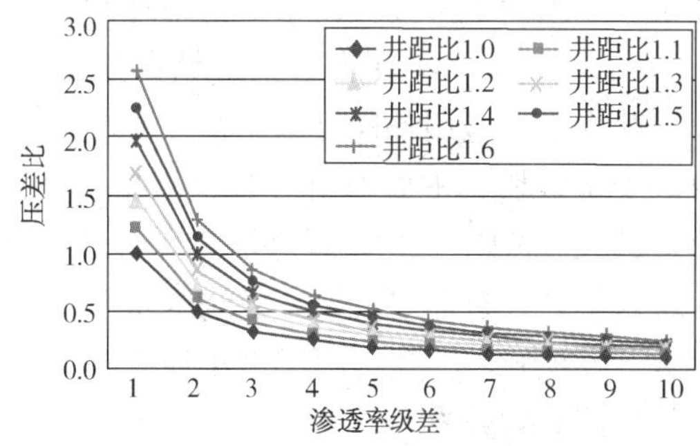

图5　不同渗透率级差及井距下的压差图版

在非均质砂岩油藏矢量开发技术指导下，通过定量调整平面上油水井产液量及注水量改变压力场，提高平面水驱波及系数，提高平面水驱动用状况。同时，根据不同渗透率级差及井距下的压差图版，查出平面不同物性区合理压差比，确定不同物性区水井注水量，使平面水驱相对均匀。

例如营6沙三油藏为东辛油田一个典型的岩

性构造油藏，其沉积特征将油藏分为核部和边部，从核部至边部厚度、渗透率、孔隙度逐渐变小，泥质含量逐渐增大。含油层位沙三中，含油面积 3.8km^2，地质储量 737×10^{4}t，油藏埋深 2820 米，平均孔隙度 25%，平均渗透率 262×10^{-3}μm^2。

营 6 平 4 井为 2004 年 9 月根据剩余油富集情况在营 6 断块中部高渗区部署的一口水平井，在生产沙三 $2^{3(4+5)}$ 过程中含水较高达到了 94%。通过分析认为：平面储层非均质和注入水线推进不均匀导致核部注入水推进速度过快，边部注入水推进速度较慢，最终油藏整体水淹不均匀，开发效果较差。通过计算对营 6 平 4 井区整体注采压差进行调整，有效放大低渗区注采压差(低渗区注水井营 6－33 油压由 14MPa 提高至 17.5MPa，配注保持 100m^3/d 不变，实注由 92m^3/d 提高至 114m^3/d)，降低高渗区注采压差(高渗区注水井营 6 斜 6 油压由 13.4MPa 降低至 8MPa，日注水量由 100m^3/d 降低至 50m^3/d；营 6-2 油压由 5MPa 提高至 11.7MPa，日注水量由 50m^3/d 提高至 92m^3/d)，使调整区域整体注采压差更加合理，开发效果明显改善，营 6 平 4 含水由 94% 下降至 49%，日产油量由 6t 上升为 84t，累计增油 5.3×10^{4}t。

3　极复杂断块立体开发技术

由于复杂小断块及特高含水期剩余油富集区规模小，且纵向上不叠合，平面上不连片，造成单一小断块、单一剩余油富集区钻井经济效益差。因此提出了应用各种复杂结构井井型纵向上组合多个小碎块、平面上组合多个富集区的“立体串接开发”思路，建立了三维多靶点定向井、跨断块水平井、近断层水平井及绕锥水平井等四种组合开发模式，实现不同类型小规模剩余油富集区的经济高效开发。

3.1　三维多靶点定向井组合开发模式

针对纵向上叠合性差的不同自然断块，单个小断块储量规模小、单独钻井不够经济政策界限的问题，在复杂断裂系统精细描述组合基础上，地质与工程结合，部署三维多靶点定向井把纵向多个小断块“串糖葫芦”，实现最大程度储量动用。

这种井型由于造斜率和方位变化率大，在目前的钻完井技术方面，其轨道设计需遵循以下技术界限：

a. 斜井段井斜变化率不超过 30°/100m；

b. 斜井段方位变化率不超过 35°/100m；

c. 斜井段狗腿度不超过 32°/100m。

按照轨道设计技术界限要求，对于多靶点定向井，其靶点优化轨道设计合理性是设计优化的重点和难点。针对断块小，宽度小，靶点移动调节空间小的难点，可在低序级断层精细描述与精细刻画靶点主控断层断棱形态基础上，应用“多点优选，窄靶优先，三维优化”的方法，先确定宽度小断块的靶点位置，再逐个优化确定各断块靶点的优化程序。针对井斜角、方位角大，造斜率和方位变化率大的问题，利用地震剖面开展井身轨迹优化，分析靶点优化方案的合理性的轨道优化程序方法(图 6)。

如永 3 复杂断块内部被多条低序级断层复杂化，沙二 3^2 小层永 3 斜 107 井区储层厚度 5.0m，面积 0.015km^2，地质储量 1.12×10^{4}t，可采储量 0.5×10^{4}t；沙二 5^1 小层永 3 斜 107 井区储层厚度 5.0m，面积 0.012km^2，地质储量 3.0×10^{4}t，可采储量 1.3×10^{4}t；沙二 7^1 小层永 3 斜 107 井区储层厚度 2.0m，面积 0.012km^2，地质储量 0.33×10^{4}t，可采储量 0.13×10^{4}t。以 50 美元下，单井经济极限累产 6457t 计算，分自然断块钻新井控制开发均无经济效益，而利用多靶点定向井控制后可以实现多个剩余油富集区的有效控制和动用。

完钻的多靶点定向井永 3 斜 177 轨迹设计方位角 154.88°～104.66°～53.06，最大井斜角 58.82°，方位角变化率最大－34.9°/100m，钻遇油层 53.2m，有效控制纵向、不叠合的 3 个含油小断块，增加可采储量 1.9×10^{4}t。初期投产 C 靶的沙二 7 砂组，初期日油 10t，不含水，已累产原油 16037 吨。

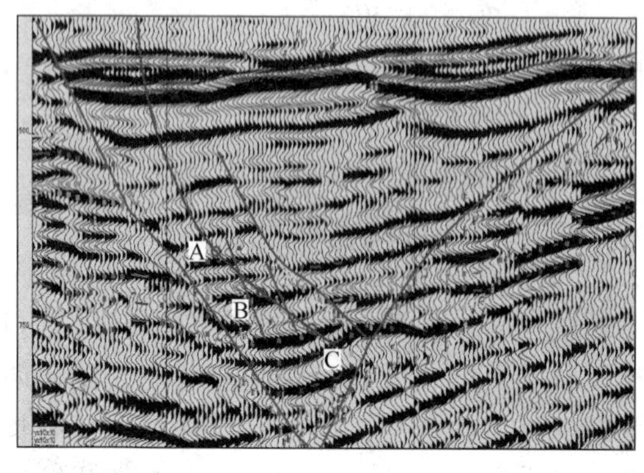

图 6　多靶点定向井靶点优化设计

3.2　跨断块水平井组合开发模式

对于平面上相邻断块存在的小规模的剩余油富集区，分别打井效益差的问题，在精细厘定断层落差及平面位置、合理组合断裂系统基础上，地质与工程结合，可以设计跨断块水平井，让相邻断块剩余油"人工连片"，实现效益开发。

钻井轨迹方面，垂深上的跨越是需要一定的水平调整段的，轨道设计中需遵循以下技术界限(图7)：

a. 水平段狗腿度不超过20°/100m；

b. 每1m落差需要调整段14m。

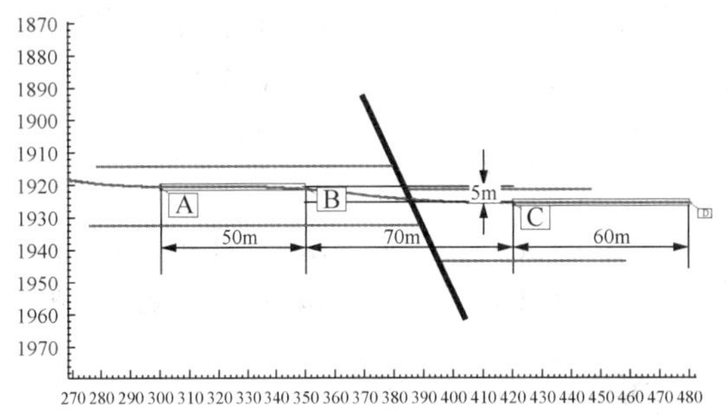

图7　跨断块水平井模拟工程剖面图

在设计跨断块水平井时，可利用图形拼接法和层位判别模式法对断层两盘的对接关系以及对接深度进行准确描述。

在永3-1极复杂断块区，平面上剩余油在各碎块的构造高部位富集，但规模小。如相邻的永3X107块及永3C94块，其中永3X107块5^1小层含油面积0.038km^2，剩余可采储量1.7×10^4t，永3C94块5^2小层含油面积0.023km^2，剩余可采储量1.8×10^4t。根据水平井和直(斜)井经济极限累产要求(50美元下，水平井极限累产0.9×10^4t，直斜井0.6×10^4t)，两块分别钻新井经济效益均不佳。利用特殊结构井跨断块将两口井组合为一口跨断块水平井(图8)，可节省钻井投资530万元。

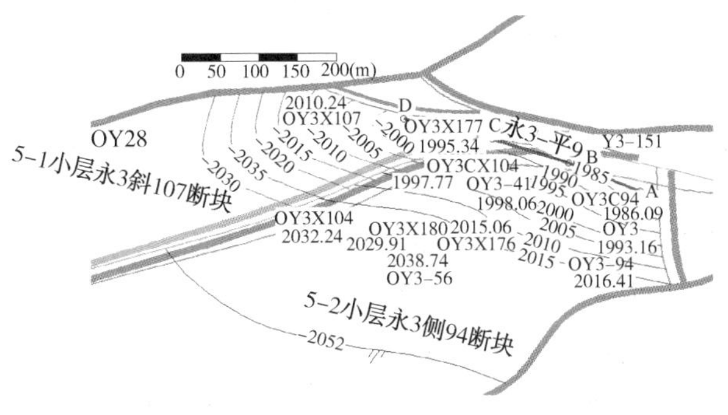

图8　跨断块水平井组合优化

完钻胜利油田第一口跨断块水平井永3平9井，钻遇油层360米，初期投产CD段，日产油60吨，不含水，目前已累产原油21663吨。

3.3　绕锥水平井组合开发模式

厚层构造高部位剩余油分布模式多变为边底水锥进控制，平面上同一断块存在被分隔开的小规模剩余油富集区，常规直井和水平井挖潜手段难度大或无经济效益。在精细刻画断棱形态及位置、水锥半径的基础上，地质与工程结合，可以贴近断层设计绕锥水平井。一方面，平面上绕水舌、纵向上绕水锥，串联组合多个剩余油富集区，最大程度接触油层，提高储量控制程度和经济效益。另一方面，避开水锥位置，减低固井风险。

绕锥水平井节约钻井投资和地面建设投资，但同时也给钻井带来一定的风险。主要是井眼轨迹波动较大，绕锥后端携砂困难，后期井段摩阻及扭矩较大，要求每绕1m落差的水锥需要50m的调整段，轨道设计应遵循以下技术界限：

a. 水平段狗腿度不超过20°/100m；

b. 每绕1m高度水锥需要调整段50m。

定量预测底水锥进后井间剩余油的平面及空间展布基础上，设计永3平6井(图6.42)，初期投产BC段日油13吨，含水36.5%，已累产原油15597吨，节省投资593万元。

3.4　近断层水平井组合开发模式

断块油藏由于大多具一定倾角，通常采用的是顶密边稀、低注高采的井网形式，历经多年的高速开发，已进入特高含水阶段，采出程度高，油井因高含水停产多年，油藏处于近废弃状态。

分析其剩余油影响因素及水驱油规律认为，在断层遮挡、底水锥进和边水舌进共同作用，在断层一线构造高部位形成剩余油富集，但多为窄条带型，条带宽度50~100m。如何挖掘近废弃油藏剩余油富集区潜力，是这类油藏面临的主要问题。

常规水平井钻井距断层50m，距高水淹区仅20m，易突破。针对构造高部位剩余油富集但含油条带窄的问题，在精细刻画断棱的基础上，挑战极限，设计近断层水平井，距断层10m，最大程度控制剩余油。水平井贴近断层设计可增加控制地质储量，这对特高含水期挖掘断层一线剩余油富集区尤有意义。据计算，在地层倾角10°情况下，水平井分别距断层10m、15m、20m、30m

设计，无法控制的阁楼油地质储量分别为0.0458、0.103、0.183、0.4119万吨。将水平井贴近距断层10m设计，与距断层30m相对比，可增加控制储量0.3661万吨。

断棱精细刻画主要指描述出断层两侧上、下盘目的层位与断层的交线—即断棱的平面位置和形态。断棱的位置和形态受地层对比、构造解释、直井井斜等多种因素影响。不同的人员、对比参考井及地质规律的不同认识都会造成断点位置识别的偏差，从而导致所描述的断棱出现较大偏差。通常构造解释主要集中在砂层组分界部位，可能其距离需要研究的目的层还存在一定距离；而且在地层厚度有明显变化的情况下，沿断层一线的断棱就会呈现不同的移动距离。

井斜偏移会对地质分层、断点在平面上的位置关系、断裂组合关系以及断层铲状等造成一定影响，使得地震地质不统一，从而影响断棱刻画的精度。通过合理的精细地层对比方法确定井上断点合理位置；利用精细构造解释技术，识别和描述断层面形态及各层系断层的平面组合；井斜预测技术保证钻遇断点和分层数据地下位置的准确性；最后通过三维地质建模软件的快速成图和直观显示功能，将地层对比确定的井上断点数据和分层数据作为井点数据输入到模型里，将地震解释的断层面数据和砂层组顶底构造数据作为地震数据输入到模型里，以模型为平台，将钻井成果和地震研究成果结合起来刻画空间断棱的位置和形态。

以三维地质建模软件为平台，在井斜校正的基础上，利用断点数据约束地震解释断层面得到合理的断层模型，利用井点分层数据约束地震解释顶面构造生成目的层的顶面构造，将断层模型与目的层顶面构造交汇，可以最终确定断棱的平面位置和断层的形态。

永3平7井的部署实现了距断层5-10m，初产自喷日产油24吨，含水12.2%，目前已累产原油22394吨。

立体开发技术在胜利油区断块油藏得到了推广应用，共覆盖地质储量1.74亿吨，增加可采储量801万吨，提高采收率1.6个百分点。

参考文献

[1] 毕义泉，王端平，杨勇.2018.7. 胜利油田复杂断块油藏开发技术与实践[M]. 北京：中国石化出版社；

[2] 程世铭，张福仁等.1997.3. 东辛复杂断块油藏[M]. 北京：石油工业出版社；

[3] 李阳，王端平，李传亮.2006. 各向异性油藏的矢量井网[J]. 石油勘探与开发，33(2)：225-227；

[4] 王端平，杨勇，梁承春等.2011. 复杂断块油藏三级细分技术的研究与应用[J]. 油气地质与采收率，18(2)：62-64；

[5] 余守德.1998.5. 复杂断块砂岩油藏开发模式[M]. 北京：石油工业出版社；

[6] 王端平，杨勇，许坚等. 复杂断块油藏立体开发技术[J]. 油气地质与采收率，2011，18(5)：54-57。

一种新型 CO_2 起泡剂的研制与评价

王贺谊[1]　董小刚[2]　江绍静[1]　汤瑞佳[1]　王维波[1]　尚庆华[1]　陈龙龙[1]

(1. 陕西延长石油(集团)有限责任公司研究院；
2. 延长油田股份有限责任公司)

摘　要　以十八胺和乙二胺为分子内核，合成了新型支化分子 CO_2 起泡剂 C18-4A，借助 IR 光谱，^1H NMR，^{13}C NMR 对所合成的分子进行了完整的官能团表征与结构确认。并对发泡剂使用量进行静态评价，并通过长岩心驱替实验测试泡沫封堵性能。结果表明：C18-4A 起泡剂浓度在 0.1%，气液比为 3：1 时，其封堵性及驱油效果较好。

关键词　起泡剂；表征；发泡性能；气液比；岩心驱替

油田开采过程中，出现水淹井是普遍存在的问题。解决的最好办法是泡沫排水。即向有积液的油井内注入发泡剂，原油、积液和发泡剂在井底充分混合形成泡沫，密度大大降低，同时泡沫能减少水的滑脱，提高气流携液能力，降低井底回压，增加产油量[1]。该工艺施工容易，投资少，成本低，见效快，不影响气井正常生产，因而广泛被采用。泡沫在油田开发中被广泛使用，如泡沫钻井液、泡沫压裂液、泡沫驱油、泡沫封窜等。

从所用气体的不同又可分为空气泡沫、氮气泡沫、天然气泡沫、CO_2 泡沫等。随着今年来全世界对 CO_2 减排的重视，越来越大多的 CO_2 被注入到地下，在实现减排的同时提高原油采收率[2]。注气带来的问题是气窜，国内外的实践证明，泡沫是延缓气窜的有效方法之一[3-5]，因此国内外进行了大量的研究与实践，尤其是美国和加拿大，如 USP4086964 介绍的木质素磺酸盐，USP4393937 介绍的 α-烯烃磺酸盐，USP4113011 介绍的脂肪醇聚氧乙烯硫酸盐、Stepan Chemical Co. 的 Lathanol LAL70、Chevrn 的 CD1045 等，α-烯烃磺酸盐起泡量不是很高，脂肪醇聚氧乙烯硫酸盐、Lathanol LAL70、CD1045 对钙、镁离子敏感，不能大剂量使用[6-9]。

但在上述采用泡沫的工艺中，泡沫都要与地层和地层水接触，这就要求产生的泡沫在含一定数量可溶盐，如氯化钠、氯化钙、氯化镁等的水中有高的泡沫稳定性，对影响泡沫稳定的一些因素，如原油、固体微粒有较高的容忍能力，而且还必须在极端的物理环境如高温、高压的情况下不降解[10-14]。由于 CO_2 属酸性气体，因此对起泡剂提出了更高的要求，而且油田用的 CO_2 起泡剂要求数量大、价格适中、性能可靠、使用条件苛刻，多数在高温高盐条件下使用，因此目前市场上的产品不能很好的满足油田生成 CO_2 泡沫的需求。为解决现有技术中存在的问题，本文合成了系列新型支化分子 C18-4A，可以形成稳定的 CO2 泡沫，满足油田开发的需要。

1　实验部分

1.1　试剂与仪器

试剂：十八胺(分析纯)国药集团化学试剂有限公司、丙烯酸甲酯(分析纯)国药集团化学试剂有限公司、乙二胺(分析纯)国药集团化学试剂有限公司。

仪器：旋转蒸发仪(RE-52C)，上海亚荣生化仪器厂；集热式磁力搅拌器(DF-101S)，

巩义市科华仪器有限公司；傅立叶红外光谱仪(NICOLET 5700)，Thermo Scientific；核磁共

【基金项目】国家重点研发计划“碳捕集、封存、利用的示范及新一代技术研发”(2016YFE0102500)、国家重点研发计划“CO_2 驱油技术及地质封存安全监测”(2018YFB0605500)

【作者简介】王贺谊，女，陕西人，1985 年 11 月 18 日出生，2010 年毕业于中国石油大学(北京)应用化学专业并获得硕士学位，先就职于陕西延长石油(集团)有限责任公司研究院，高级工程师，主要从事油田化学及提高采收率技术工作。E-mail：why8626@ 126. com。

振波谱仪（AVANCE Ⅲ），Bruker Corporation；2151 罗氏泡沫仪，上海银泽仪器设备有限公司。

实验原油：采用延长油田 CO_2驱替示范区块原油，地层油黏度 2.38 mPa·s；

地层水为延长油田 CO_2驱示范区地层水，总矿化度为 147879.9mg/L，硬度为 616.28mg/L；

地层温度为45℃，实验岩心为天然露头砂岩心、不同渗透率的人造非均质方岩心。

1.2　起泡剂的制备

将十八胺 91.64g 溶于甲醇 200mL，水浴温度 45℃，以甲醇钠（占整个体系物料质量分数的 1%）为催化剂，缓慢滴加丙烯酸甲酯（MA）67.32g，控制滴加速度为 1 滴/s。加入阻聚剂吩噻嗪（占丙烯酸甲酯摩尔分数的 1%）防止丙烯酸甲酯发生自聚。45℃下反应 24h，得到浅黄色液体，利用间接碘量法对产物中剩余的双键进行滴定，计算出丙烯酸甲酯的转化率为 89.73%。通过柱层析分离提纯得到淡黄色黏稠状液体，即为 C18-1A，产率为 82.34%。取合成的 C18-1A 产物 65.50g，甲醇 200mL；，甲醇钠（占整个体系物料质量分数的 1%）为催化剂，40℃恒温水浴加热，缓慢滴加乙二胺 22.24g。反应 24h，然后将产物加入一定量甲苯/甲醇=1：1，经旋蒸除去残留的乙二胺，得到黄色黏稠液体，即为 C18-2，产率为 96.87%。利用同样的实验方法，取合成的 C18-2 69.65g 反应，得到淡黄色黏稠状液体的 C18-3，收率为 79.57%；取合成的 C18-3 产物 25.25g 反应，得到黄色黏稠液体的 C18-4A，产率为 80.87%。

1.3　起泡剂性能表征及评价

运用红外光谱及核磁共振对将合成的起泡剂 C18-4A 结构进行表征。并在地层条件下利用罗氏泡沫仪对发泡剂使用量进行静态评价，并通过长岩心驱替实验测试泡沫封堵性能。

由于各种发泡剂基本的发泡性能差别较大，泡沫高度 h 和半衰期 $t_{1/2}$仅仅单纯的表征了发泡能力和稳泡能力，FCI 可以表征泡沫质量和泡沫半衰期对泡沫性能的综合影响，其中泡沫综合指数 FCI = 0.75 × h（发泡高度）× $t_{1/2}$（半衰期）。

2　结果与讨论

2.1　C18-4A 的结构表征

利用薄层涂膜法对所合成的产物 C18-4A 进行 IR 光谱表征，得到 IR 结构表征图并对其进行官能团指认。同时利用 NMR 波谱技术对产物进行了结构表征，得到^{1}H NMR 及^{13}C NMR 谱图并对其进行结构解析。

（1）红外光谱 IR 表征

借助 IR 光谱对产物 C18-4A 进行了官能团指认，如图 1 所示。

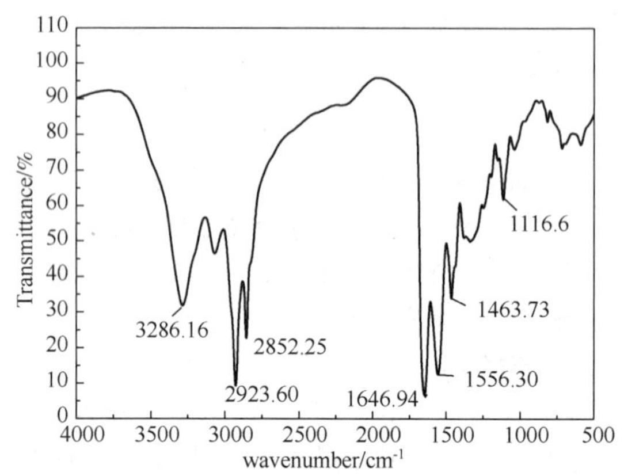

图 1　C18-4A 的 IR 谱图

如图 1 所示，波数 3286.16cm^{-1}处的强吸收峰为 N-H 的非对称伸缩振动；波数 2923.60cm^{-1}和 2852.25cm^{-1}处的吸收峰为$-CH_3$、$-CH_2-$的不对称伸缩振动和对称伸缩振动，相应于 1463.73cm^{-1}出现了$-CH_2-$的变形振动（剪式振动）。而 1645.94cm^{-1}和 1556.30cm^{-1}处的强吸收峰则是酰胺基-CONH-的特征吸收，分别称为酰胺 a 和酰胺 b 谱带，前者是由羰基伸缩振动引起的，后者为-CONH-的 N-H 键的弯曲振动和 C-N 键的伸缩振动的偶合带；由于 C18-4A 高度对称的分子结构，其酰胺 a 和酰胺 b 谱带的透过率显著增强。分析结果表明，C18-4A 中含有$-NH_2$，-CONH-，$-CH_2-$等特征基团，与理论上的结构相符。

（2）核磁共振

借助 NMR 波谱技术对合成产物 C18-4A 进行了结构表征，得到^{1}H NMR 谱图及^{13}C NMR 谱图并对其进行结构解析。

^{1}HNMR 中，δ3.59ppm 处多重峰为 $CONHCH_2CH_2NH_2$ 峰，δ3.15ppm 处三重峰为 NCH_2CH_2CONH 峰，δ3.09ppm 处为三重峰 $CONHCH_2CH_2NCH_2$ 峰，δ2.68ppm 处为三重峰 $CH_3(CH_2)_{16}CH_2N$ 峰，δ2.61ppm 处为多重峰 $CONHCH_2CH_2NH_2$ 峰，δ2.40ppm 处为三重峰 $CONHCH_2CH_2NCH_2$ 峰，δ2.31ppm 处为三重峰 NCH_2CH_2CONH，积分比例也合理，与理论结构相符。^{13}CNMR，δ174.96ppm 处为 $CONHCH_2CH_2$

峰，δ68.18ppm 处为 $CH_3(CH_2)_{16}CH_2NCH_2$ 峰，δ57.98ppm 处为 $CH_3(CH_2)_{16}CH_2N$ 峰，δ42.07ppm 处为 $CONHCH_2CH_2N$ 峰，δ41.60ppm 处为 $CONHCH_2CH_2NH_2$ 峰，δ39.95ppm 处为 $CONHCH_2CH_2NH_2$ 峰，δ39.71ppm 处为 $CONHCH_2CH_2N$ 峰，δ35.95ppm 处为 NCH_2CH_2CONH 峰。与理论结构相符。

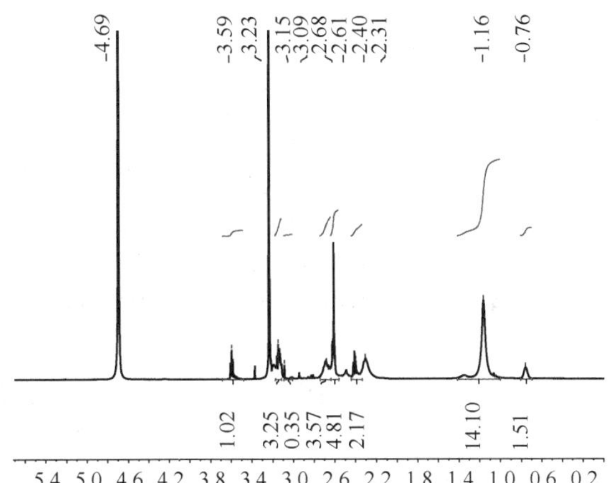

图 2　C18-4A 的 ^{1}H NMR 谱图

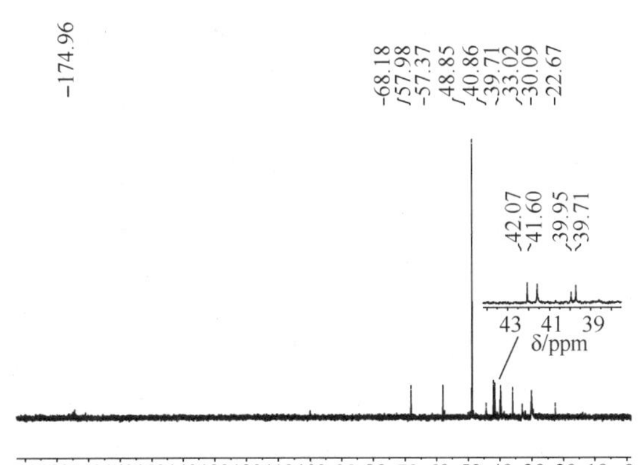

图 3　C18-4A 的 ^{13}C NMR 谱图

2.2　泡沫性能评价

(1) C18-4A 发泡剂最佳气液比的确定

由于泡沫体系注入到地层后，地层孔隙吼道中含水饱和度很高，驱替前缘或多或少的经过高矿化度水的稀释作用，以及离子间的反应。实验气源为 CO_2，试验温度 45℃（地层温度），用地层水配制，对在一定浓度 0.3%（w）下 C18-4A，按照泡沫综合指数 FCI 的计算方法，综合比较不同气液比对发泡剂的发泡性能的影响，确定最佳气液比，实验结果如图 4 所示。

由图可知，气液比为 3∶1 时，C18-4A 的综合指数最高起泡性能最高，发泡能力和稳定性较强。

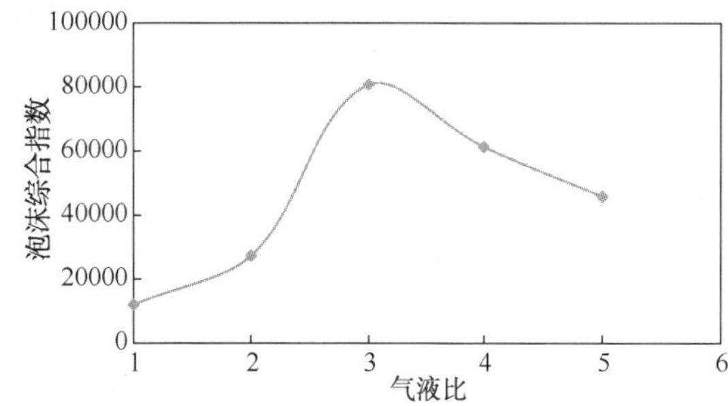

图 4　不同气液比时 C18-4A 泡沫的综合指数

(2) C18-4A 发泡剂最佳使用浓度的确定

将 C18-4A 用地层水配制成不同质量浓度的溶液，在温度为 45℃、气液比为 3∶1 时，测试不同浓度发泡剂的发泡高度和半衰期，并计算出综合指数。

由图 5 可知，在泡沫浓度为 0.1%（w）时，泡沫综合指数最高，即 C18-4A 最佳使用浓度为 0.1%（w）。

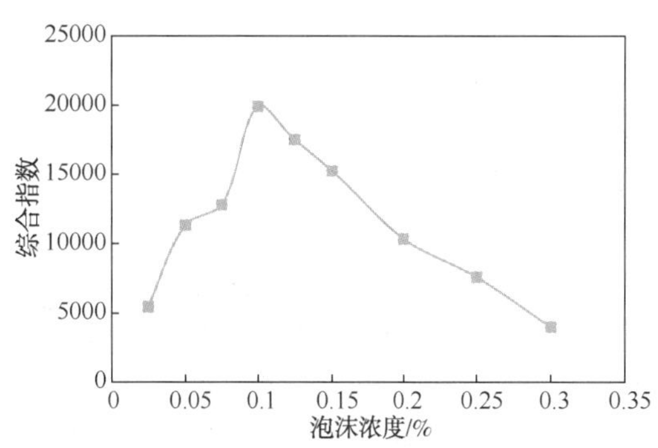

图 5　C18-4A 起泡浓度对起泡剂的影响

(3) 岩心驱替试验

在 45℃的条件下，将不同渗透率的岩心以 0.4mL/min 的注入速度水驱至含水率为 98%，然后进行 CO_2 泡沫驱注入实验，注入方式为 CO_2、泡沫液（0.1%C18-4A）交替驱，气液比为 3∶1，实时记录驱油效率，实验结果如表 1 所示。

随着岩心渗透率的增加，水驱最终驱油效率增加，CO_2 泡沫驱最终驱油效率也增加，并且水驱后，CO_2 泡沫驱提高采收率的幅度随渗透率的增加而增加。因为渗透率增加，泡沫的阻力系数增大，泡沫封堵能力越强，使得驱油剖面均匀推进，驱油效率提高。分析原因是因为，CO_2 泡沫具有调驱的作用，能封堵高渗层，使驱替前缘变的稳定和均匀，适合非均质油藏提高采收率。

表 1 不同渗透率岩心单管 CO_2泡沫驱油实验结果

岩心号	渗透率/ $10^{-3}\mu m^2$	注水压差/ MPa	水驱		空气泡沫驱		
			最终驱油效率/%	注入倍数/ PV	最终驱油效率/%	注入倍数/ PV	提高采收率幅度/%
YE1	0. 7	1. 330	43. 91	1. 57	63. 51	1. 91	19. 60
YE2	8. 1	0. 654	55. 24	1. 35	80. 43	2. 24	25. 19
YE3	50. 3	0. 140	61. 78	1. 20	92. 00	2. 13	30. 22

3 结论

(1) 以十八胺和己二胺为分子内核，合成了新型支化分子 CO_2起泡剂 C18-4A，借助 IR 光谱，^1H NMR，^{13}C NMR 对所合成的分子进行了完整的官能团表征与结构确认。

(2) 实验对 C18-4A 发泡剂并对发泡剂使用量进行静态评价，并通过长岩心驱替实验测试泡沫封堵性能。结果表明：C18-4A 起泡剂浓度在 0. 1%，气液比为 3：1 时，其封堵性及驱油效果较好。

参 考 文 献

[1] 孟英峰，赵晓东．一种油气田钻采用发泡剂的制备方法：CN 2008047881.

[2] 沈平平．温室气体的地下埋存及资源化利用研究进展——中国应大力提倡把 CO_2注入油气藏，达到温室气体减排和提高油气田产收率的双重目的[J]．世界石油工业，2011(1)：39-43.

[3] 潘延东．CO_2驱影响气窜的因素及其治理方法[J]．化工管理，2015(2)：144-144.

[4] Duerksen J H. Steam，noncondensable gas and foam for steam and distillation drive in subsurface petroleum production：US，US4488598[P]. 1984.

[5] Fischer P W，Holm L W，Pye D S. Carbon dioxide foam flooding，US4088190[P]. 1978.

[6] 刘宏生，曾嘉，郭松林．一种适用于油田开发的发泡剂：CN，102504788A[P]. 2012.

[7] 王璐，单永卓，刘花，等．低渗透油田 CO_ 2 驱泡沫封窜技术研究与应用[J]．科学技术与工程，2013，13(17)：4918-4921.

[8] 刘月娥，杨雯雯，邬国栋，等．抗油抗高矿化度泡沫排水剂的室内研究[J]．西南石油大学学报(自然科学版)，2014，36(3)：146-150.

[9] 章杨，张亮，黄海东．阴一非离子型表面活性剂 CO2 泡沫影响因素研究[J]．油田化学，2014，31(2)：240-243.

[10] 端祥刚，侯吉瑞，李实，等．耐油起泡剂的研究现状与发展趋势[J]．石油化工，2013，42(8)：935-940.

[11] 杨国安，郑继龙，李娟．泡沫排水采气排水剂室内筛选及性能评价[J]．精细石油化工进展，2014，15(3)：8-10.

[12] 郑锋，戚杰，刘伟，等．一种泡沫排水剂及其水溶液[P]. CN 103059826A，2013.

[13] 高春宁，李文宏，徐飞艳，等．长庆油田低渗透高矿化度油藏驱油用起泡剂评价[J]．油田化学，2014，31(4)：531-533.

[14] 黄秋霞．起泡剂的耐温耐盐耐油性能评价及泡排剂的研制[D]．中国地质大学(北京)，2015.

宽流量结构可调旋流器结构设计与数值模拟分析

包　娜[1]　赵立新[1,2]　张津铭[1]　宋　鸽[1]

（1. 东北石油大学机械科学与工程学院；
2. 黑龙江省石油石化多相介质处理及污染防治重点实验室）

摘　要　为拓宽水力旋流器处理量适应范围，提出了一种新型旋流分离装置。根据计算流体动力学方法，应用Fluent软件，运用雷诺应力模型（RSM）与群体平衡模型（PBM）耦合方法，对宽流量适应范围结构可调旋流器进行数值模拟，并与固定结构旋流器对比分析。结果表明：结构可调旋流器可以适应现场流量变化，根据流量变化调节入口面积后可以很好的控制切向速度，从而提高旋流器分离效率，同时在较高流量情况下，也可以避免不必要的能量损失。

关键词　旋流器；宽流量；入口；结构可调；能量损失

1　前言

水力旋流器由于其操作方便、分离效率高、使用寿命长及操作方便灵活等优点，在石油、化工、矿山等许多行业得到了广泛的应用[1,2]。可用于固液[3]、气液[4]及液液[5]等两相介质的分离以及气液固[6]等三相介质的处理。其中，油水两相分离用水力旋流器，是利用油水两相介质间的密度差将油相从水相中分离出来的一种技术方法[7,8]。虽然国内水力旋流器的技术比较成熟，对于油水的分离效果明显，但是在分离油水或是固液等介质时都存在一个问题：流量过小时速度小、效率低；流量过大时剪切的作用使流场中颗粒变小而导致不容易分离。所以旋流器的流量曲线会有一个高效流量区，尽管效率很高，但是这个高效区比较窄。比如设计的旋流器的流量是$4m^3/h$，那么这个高效区在$4m^3/h$上下约20%范围内，如能有效扩大旋流器的流量高效区，对于旋流器改善处理效果、扩大应用范围都将具有非常重要的意义[9,10]。

虽然旋流器结构相对简单，但其内部流场却非常复杂，旋流器的入口则是影响流场分布和分离性能的关键因素之一。对于固定结构的旋流器，入口速度受流量影响很大，因此，开展入口结构设计对提升旋流器分离效率研究有着重要的意义[11,12]。

本文在借鉴前人研究的基础之上，通过数值模拟技术，对宽流量适应范围结构可调旋流器与常规内锥式旋流器进行对比分析。

2　结构设计

离心分离是使油水分离器内的含油污水高速旋转，形成离心力场，利用油水两相间密度差所产生离心力的大小不同，密度较大的水相受到的离心力较大而被甩向外侧器壁上，密度小的油相则停留在分离器内侧即中心部位，油水两相各自通过不同的出口排出，从而使油水两相达到分离的目的[13-15]。对于特定结构的旋流器，入口流量大小会直接影响离心力的大小，如果想让流速在流量变化的情况下仍能达到期望值，就需要调节入口面积，因此，本文以内锥式旋流器为基础，借鉴发明专利——一种提升旋流器分离效率的调节方法以及装置[16]的相关设计思路，进行宽流量适应范围结构可调旋流器的结构设计。

如图1-Ⅰ所示，以常规双切向入口旋流器为基础设计一种可以提升旋流器分离效率的调节方法，如图1-Ⅱ所示，在旋流器的入口部分安装一个可以改变旋流器入口面积的装置，该装置由溢流外套管、溢流内套管、一对扇形连接片以及一对圆弧段挡片构成；其中，溢流内套管通过

【基金项目】国家高技术研究发展计划（2012AA061303）资助。

【作者简介】第一作者：包娜，女，东北石油大学机械科学与工程学院在读硕士研究生；

通讯作者：赵立新，男，1972年6月生，2004年毕业于哈尔滨工业大学环境工程专业，获博士学位，东北石油大学机械科学与工程学院教授，“龙江学者”特聘教授，黑龙江省石油石化多相介质处理及污染防治重点实验室主任。主要从事流体机械及工程、非均相介质旋流分离技术研究。E-mail：Lxzhao@ nepu. edu. cn。

密封件固定后转动连接于溢流外套管内，溢流内套管的顶端可带有台阶状的凸起，所述凸起作为转动力的输入端；一对圆弧段挡片与一对扇形连接片的大圆弧端呈 90°垂直方向连接，与所述溢流内套管相连接的圆弧段挡片可以遮挡旋流器入口来相应改变入口面积的大小，如图 1-Ⅲ所示，在 1-Ⅱ结构基础上增设有与圆弧形挡片连接的直挡片，直挡片末端连接的滑杆以及在入口侧壁处设置的滑道(其中圆弧挡片与直挡片及直挡片与滑杆间均采用可以转动的铰接机构连接，滑杆可以在滑道内自由移动)。直挡片可以随着圆弧挡片旋转而移动从而使入口面积呈渐变式变化，起到缓冲作用，保证入口附近的流场平缓，减少涡流。

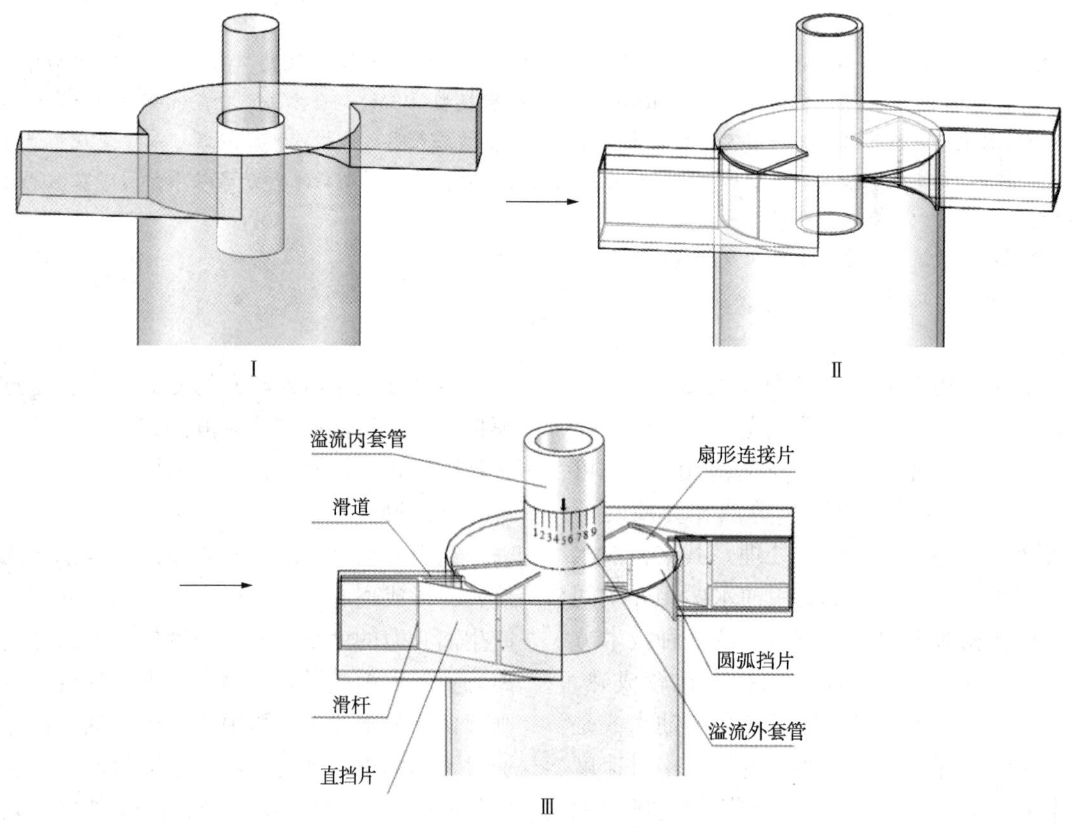

图 1　宽流量适应范围结构可调旋流器设计思路图

3　数值模拟

3.1　物理模型

旋流器结构模型如图 2 所示，主要由切向入口、溢流管、旋流腔、大锥段、小锥段及底流段组成，旋流器主要结构参数设置见表 1，保持入口面积不变($a \times b = 5\text{mm} \times 10\text{mm}$)进行固定结构旋流器数值模拟，再根据流量变化对应调节入口面积后进行可调旋流器数值模拟，为便于对比分析选取截面 $S_1(z=5)$、$S_2(z=25)$及 $S_3(z=-280)$三截面。

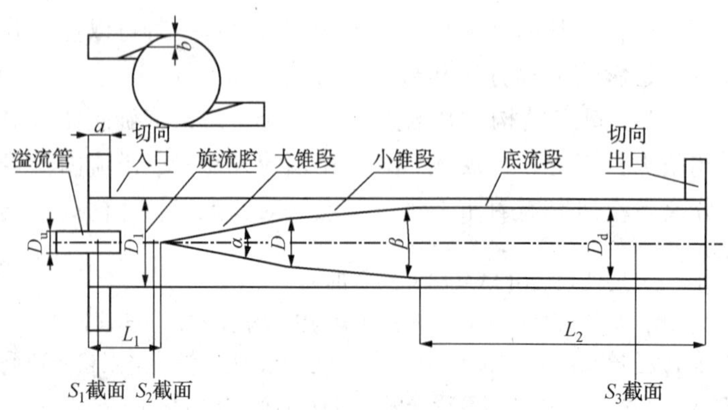

图 2　旋流器结构示意图

表1 旋流器结构尺寸

D_u/mm	D_1/mm	α/°	D/mm	β/°	D_d/mm	L_1/mm	a/mm	b/mm
10	40	15	20	6	30	132	10	5

利用 Gambit 软件完成网格划分。为确保计算精度，流体域模型整体采用六面体网格划分，总网格数为 226831 个网格单元，网格划分见图 3，网格检测结果显示有效率为 100%。

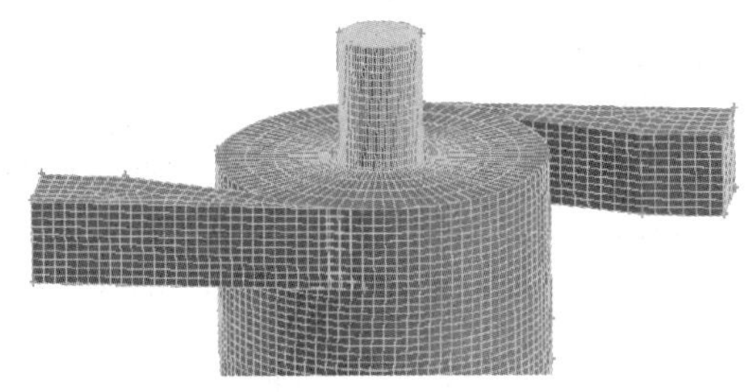

图3 流体域入口段网格划分示意

3.2 边界条件

模拟介质为油水两相混合液，连续相介质为水，密度为 998.2kg/m^3；离散相介质为油，密度为 889.0kg/m^3。入口边界条件为速度入口(Velocity)，出口边界条件设置为自由出口(Outflow)，油相体积分数为 3%，溢流分流比为 25%，油水两相流模拟计算采用多相流混合模型(Mixture)，选用压力基准算法隐式求解器稳态求解，湍流计算模型为雷诺应力方程模型，Simple 算法用于速度压力耦合，边壁为无滑移边界条件。动量、湍动能和湍流耗散率为二阶迎风离散格式，收敛精度为 10^{-6}，壁面为不可渗漏，无滑移边界条件。

3.3 固定尺寸旋流器分析

对固定结构旋流器不同流量下的分离效率进行对比，由图 4 可知当流量为 4m^3/h 分离效率最高为 88.61%，但当处理量为 5m^3/h，分离效率为 88.05%、与 4m^3/h 相差不大，综合考虑，处理量为 5m^3/h 与 4m^3/h 相比处理能力更高，但分离效率变化很小，所以选定 5m^3/h 为固定尺寸旋流器所对应的最佳流量。从图中可以看出当流量减小到 3m^3/h 以下时分离效率逐渐下降，当流量从 5m^3/h 升高到 15m^3/h 时分离效率也呈递减趋势。

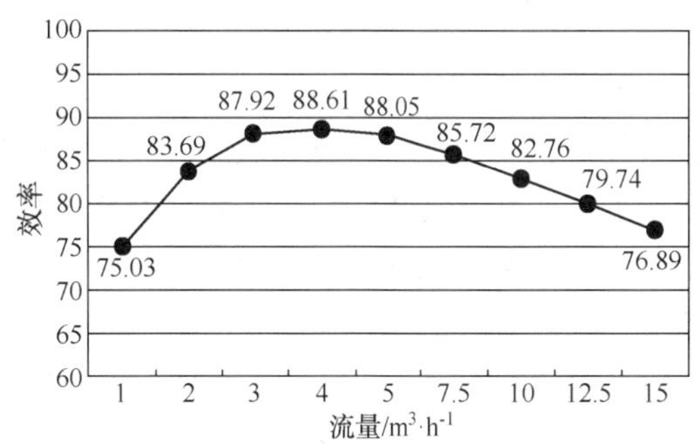

图4 固定结构旋流器分离效率曲线

旋流器的入口速度表达式：

$$v = Q_i / A_i \tag{1}$$

式中：v——入口速度，m/s；

Q_i——入口体积流量，m^3/s；

A_i——总入口横截面积，m^2。

由式(1)可知入口速度由旋流器入口流量、总入口截面积决定。图 5 不同流量下 S_1 截面切向速度分布云图，由图 5 可知，随着流量减小，该入口截面无论是切向入口还是旋流腔处切向速度均呈现较明显的下降趋势，在入口面积不变的情况下，流量越小，切向速度越小，在流量为 1m^3/h 时，切向入口处切向速度降为 2.1m/s。由图 5 可知，随着流量增大，入口截面切向速度呈明显增大趋势，流量越大，切向速度越大。

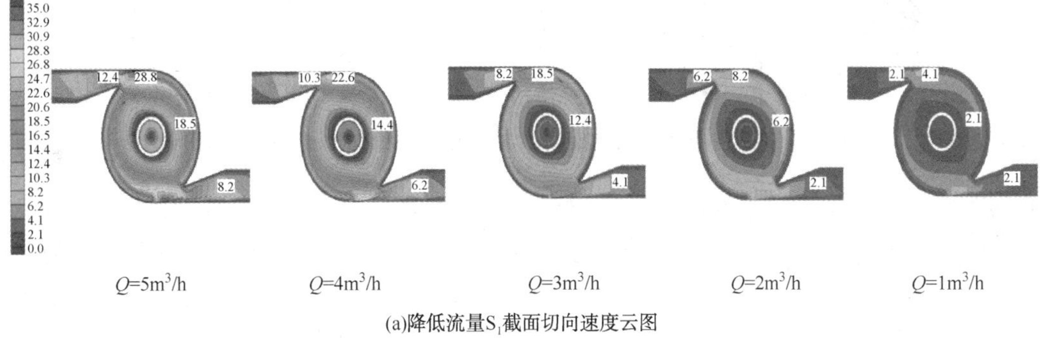

(a)降低流量 S_1 截面切向速度云图

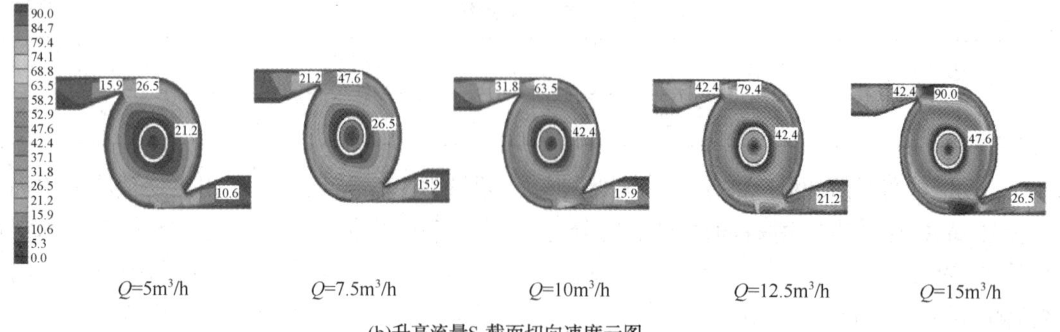

(b)升高流量S_1截面切向速度云图

图 5 固定尺寸旋流器 S_1 截面切向速度分布云图

图 6 为截面 S_2切向速度曲线图，从图中可以看出，随着半径的增加切向速度逐渐增大，不同流量条件下，旋流腔近壁面处速度最大，向中心逐渐变平稳，正中心位置切向速度为 0。同时，可以发现流量越大切向速度越大，呈现明显递增趋势。

图 7 是流量从 $1m^3/h$ 变化到 $15m^3/h$ 时固定结构旋流器油相体积分布云图。可以看出当流量为 $5m^3/h$ 时溢流口及大锥尖顶部位油相体积分数最大，分别为 0.82 及 0.92。当流量从 $5m^3/h$ 降到 $1m^3/h$ 时，油相体积分数逐渐减小，溢流口油相体积分数处从 0.82 下降到 0.66，当流量从 $5m^3/h$ 升高到 $15m^3/h$ 时，溢流口处油相体积分数从 0.82 减小到 0.51，无论增大流量还是减小流量，油相体积分数均呈明显下降趋势。

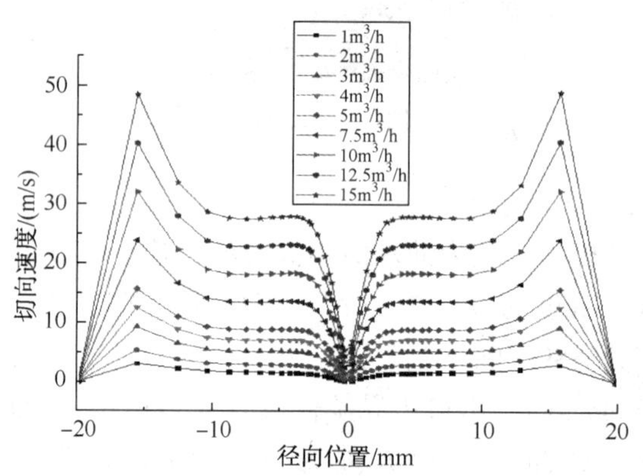

图 6 固定结构旋流器截面 S_2切向速度曲线

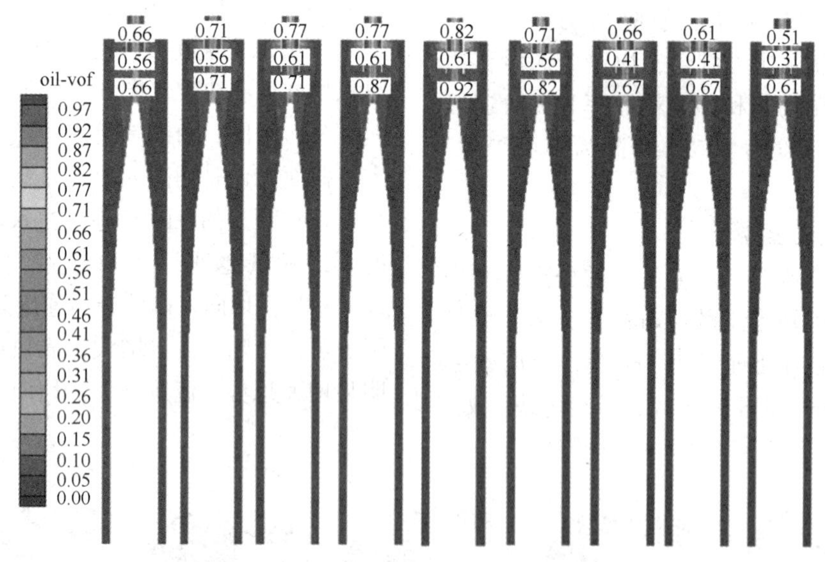

图 7 不同流量下固定结构旋流器轴向截面油相体积分数分布云图

图 8 为截面 S_3油相体积分数曲线图。可以看出，流量为 $5m^3/h$ 底流口油相体积分数最小，约为 0.03 以上，当流量增大或者时底流口处油相体积分数均比 $5m^3/h$ 要大，说明流量过大或者过小都会直接影响分离效率的大小。

如图 9 所示，流量越大，压力降越大，当流量为 $15m^3/h$ 时，溢流口压力损失达到 3.19×10^6 MPa。在水力旋流器整个分离过程中，旋流器内部形成由准自由涡和准强制涡构成的组合涡结构，因此要实现旋流分离，必定会产生一定的压力损耗，水力旋流器是利用一定的压力损耗来换取分离所需能量的。但旋流器所消耗的压力降并非全部都是必要损失，过大的压力降不利于旋流器的推广应用，因此，尽量降低不必要的压力损耗十分重要。

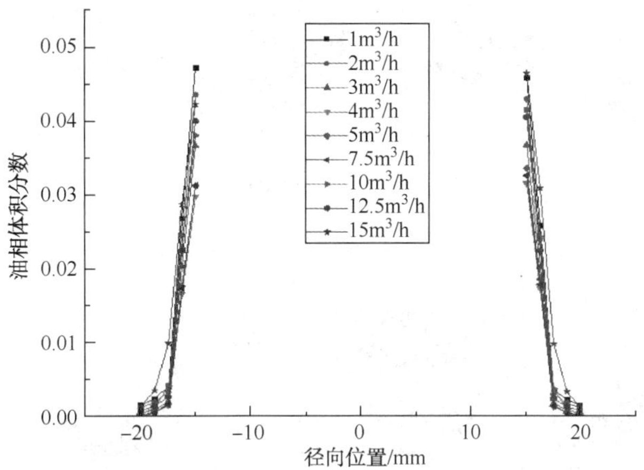

图 8 固定结构旋流器 S_3截面油相体积分数曲线图

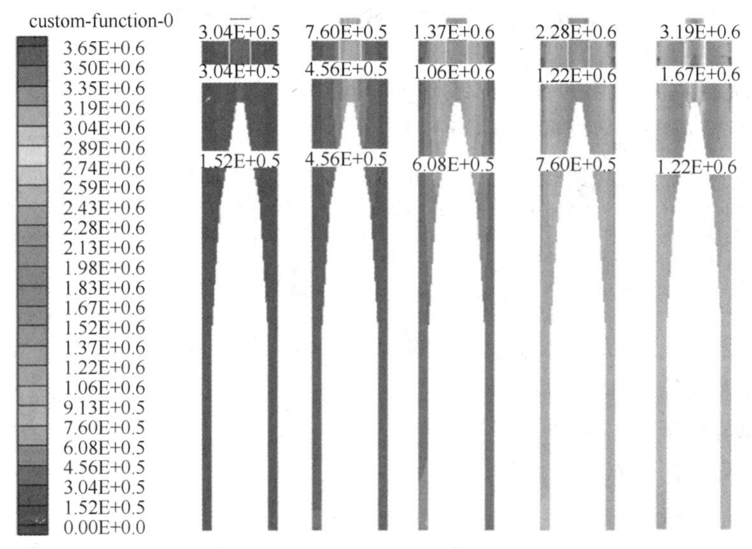

图 9 固定结构旋流器压力损失分布云图

3.4 可调旋流器分析

图 10 是可调旋流器分离效率曲线，在改变流量的同时对应改变可调旋流器入口面积可以很好的控制旋流器的分离效率，当流量下降到 1m³/h 时，分离效率仍可以达到 94.77%，分离效率升高到 15m³/h 时，分离效率与最佳流量相比有所下降，但下降幅度不大，与固定结构相比效率有很大提升。

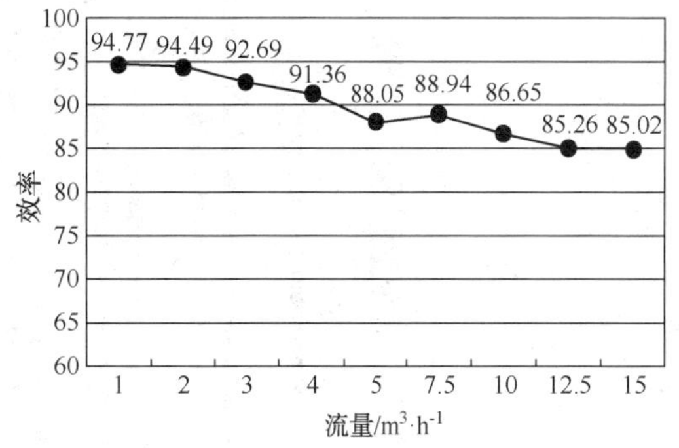

图 10 可调旋流器分离效率曲线

图 11 是可调旋流器在不同流量下入口截面处切向速度云图，从图中可以看出，与图 5 相比，当切向入口面积随着流量降低而减小时，即使流量逐渐降低，入口截面仍然保持较高的切向速度。与图 5 相比，当切向入口面积随着流量升高而增大时，即使流量不断升高，对应入口截面的切向速度仍与流量为 5m³/h 时相近。通过图 5 与图 11 对比分析，可以看出通过该调节装置可以很好地控制入口截面的切向速度。

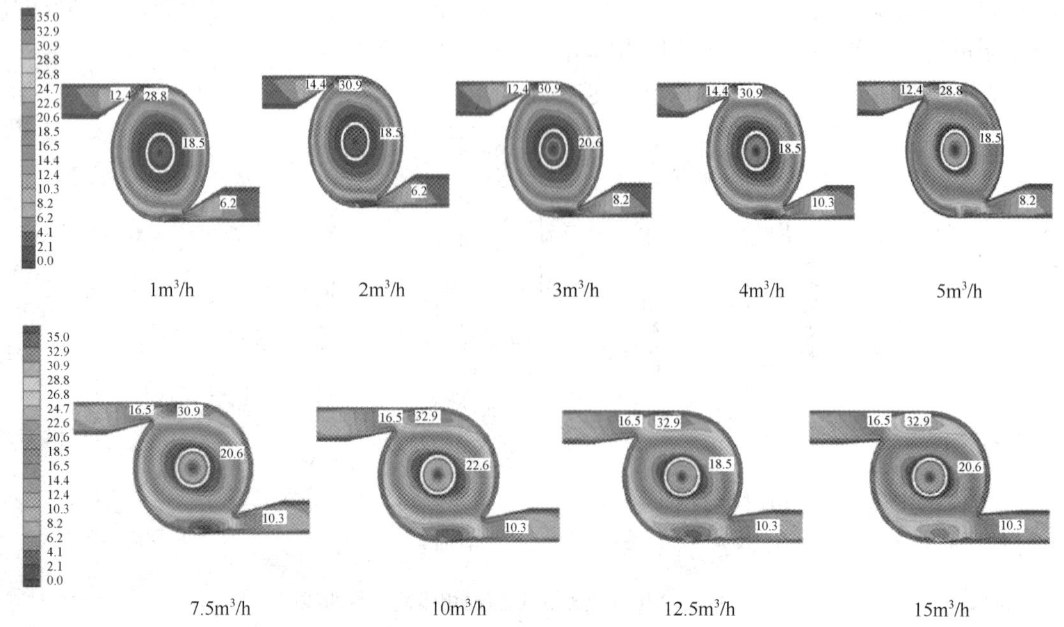

图 11　可调旋流器 S_1 截面切向速度分布云图

图 12 为可调旋流器截面 S_2 切向速度曲线图，从图中可以看出，根据流量变化适当调节入口面积后，减小流量后切向速度减小趋势变缓，增大流量后，切向速度也没有急剧增大，说明根据流量变化适当调节入口面积可以很好的控制切向速度。

图 13 是流量从 $1m^3/h$ 变化到 $15m^3/h$ 时可调旋流器油相体积分布云图。可以看出随着流量的变化，在大锥顶部位及溢流管中心油相体积分数变化很小，流量减小或增大时，溢流口处油相体积分数随流量的变化发生改变的幅度变小，这表明当入口面积也随流量降低而减小时，旋流分离器分离效果更为稳定。

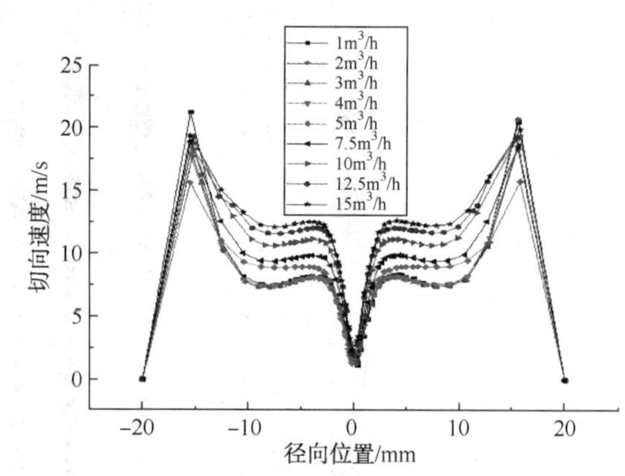

图 12　可调旋流器截面 S_2 切向速度曲线

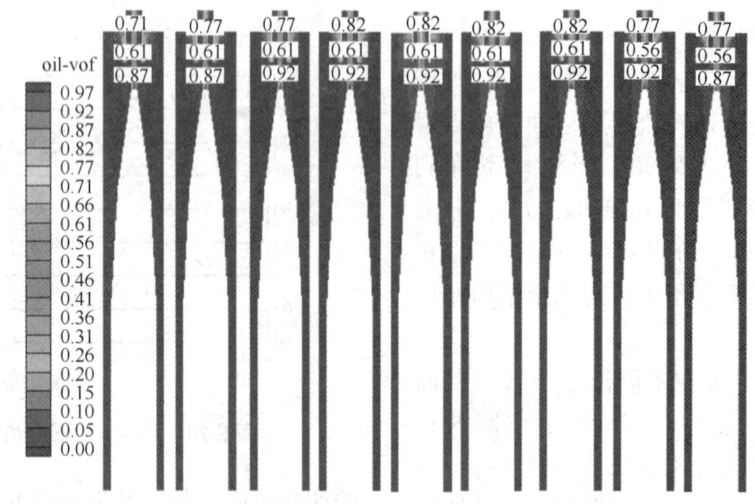

图 13　不同流量下可调旋流器轴向截面油相体积分数分布云图

图 14 为可调旋流器截面 S_3 油相体积分数曲线图。可以发现，当流量减小或者增大时油相体积分数虽然比 5m³/h 时要大，但与固定结构旋流器相比，底流口油相体积分数有明显减小趋势。

如图 15 所示，流量增大，压力降也有所增大，但与图 9 相比，可调旋流器在根据流量变化调节入口后，压力降明显减小，当流量为 15m³/h 时，溢流口压力损失仅为 5.83×10^5 MPa 所以适当调节入口可以避免不必要的能量损失。

图 16 为旋流器入口前后分离效率随入口速度变化的对比图。可以看出通过调节入口面积从而改变分离器入口切向速度对提高分离效率有重要作用。从图 16 分析可见，在根据流量变化对入口进行调节后，分离效率有明显增大趋势，在流量为 1m³/h 时分离效率提升率达 26.3%，在流量为 15m³/h，分离效率提升率也比较大为 10.6%，即使流量在 5m³/h 附近变化时，分离效率也有小幅度提升。

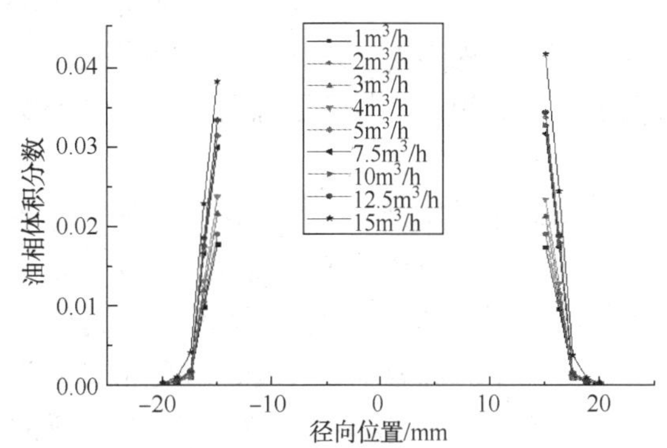

图 14 可调旋流器 S_3 截面油相体积分数曲线图

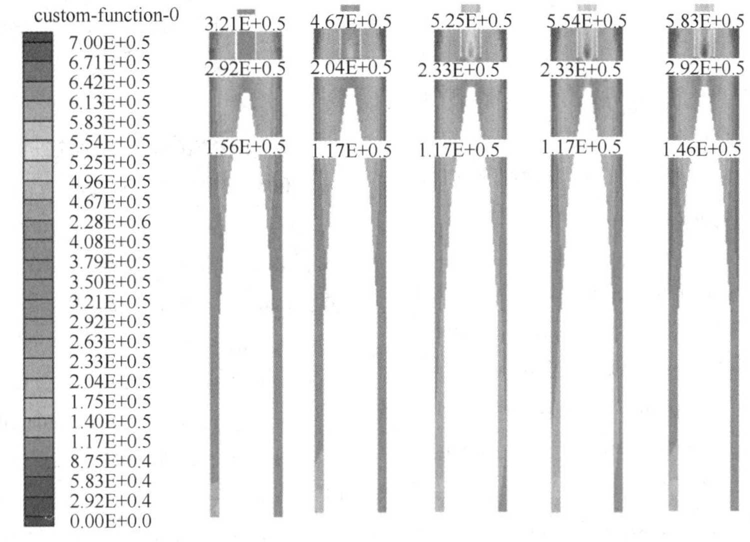

图 15 可调旋流器压力损失分布云图

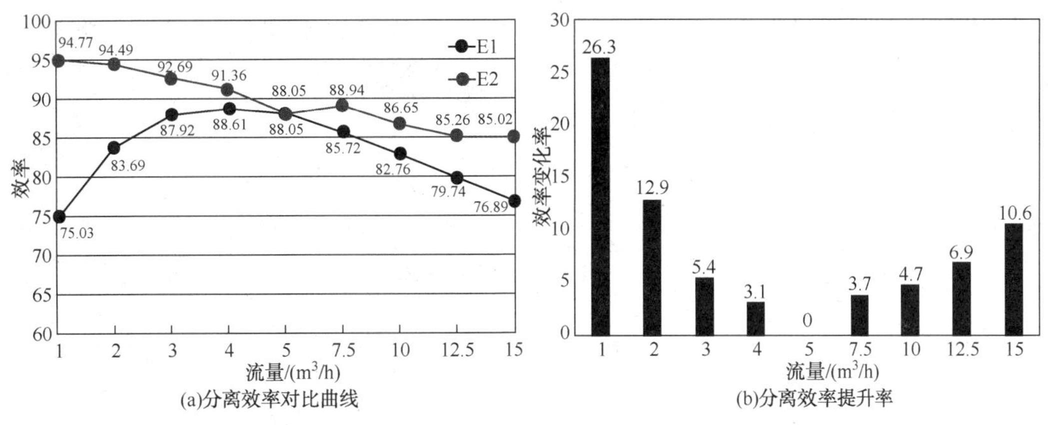

图 16 旋流器入口调节前后分离效率对比图

4 结论

以内锥式旋流器为基础，对固定结构旋流器及可调旋流器进行数值模拟，并对模拟结果进行对比分析，得出如下主要结论：

(1) 切向速度在旋流器的三维流动中占据着十分重要的地位，对于特定结构旋流器，改变流量直接影响入口切向速度，从而影响旋流器的分离效率；

(2) 为了解决流量变化直接影响分离效率这一问题，本文提出了一种新型入口调节装置，通过调节入口面积，适应现场流量变化，从而提高旋流器的分离效率；

(3) 通过对比分析可知，该入口速度调节装置有利于旋流器分离效率的提升。根据流量变化对入口面积进行调节后可以很好的控制切向速度，既提高了分离效率，又可以避免不必要的能量损失，本研究为旋流器的发展提供了新的思路，后续将开展相关实验研究，对该调节装置的可行性进行验证。

参 考 文 献

[1] 陈磊，金有海，王振波．液-液型水力旋流器应用研究[J]．过滤与分离，2007，17(3)：18-21.

[2] 刘洪，郭清，胡攀峰，等．国内外液-液水力旋流分离器研究进展[J]．钻采工艺，2007，30(3)：78-87.

[3] Nahid Ghasemi，Morteza Sohrabi，Morteza Khosravi et al. CFD simulation of solid - liquid flow in a two impinging streams cyclone reactor：Prediction of mean residence time and holdup of solid particles [J]. Chemical Engineering and Processing：Process Intensification，2010，49：1277-1283

[4] 周云龙，米列东，杨美．气液旋流分离器排气管结构优化的数值模拟[J]．化工机械，2013，40(5)：620-624.

[5] Mingyang Zhang，Liyun Zhu，Zhenbo Wang，et al. Flow field in a liquid - liquid cyclone reactor for isobutane alkylation catalyzed by ionic liquid[J]. Chemical Engineering Research and Design，2017，10：282-290.

[6] Lixin Zhao，Yiqiang Li，Baorui Xu，et al. Design and numerical simulation analysis of an interativegas gas-liquid-solid separation hydrocyclone[J]. Chemical Engineering & Technology，2015，2146-2152

[7] 吕瑞典，李君裕，王远明，等．油井产液除砂旋流器试验研究[J]．石油机械，1995，23(6)：18-23.

[8] 蒋明虎，赵立新，李枫，等．旋流分离技术[M]．哈尔滨：哈尔滨工业大学出版社，2000.

[9] Yuan，H. and Thew，M. T.，2000，Effect of the vortex finder of hydrocyclones on separation，In Vortex Separation：Proceedings of International Conference on Cyclone Technologies Warwick，UK，pp. 75-83.

[10] 赵立新，蒋明虎，孙德智．旋流分离技术研究进展．化工进展．2005，24(10)：1118-1123.

[11] 蒋明虎，赵立新，李枫，等．液-液水力旋流器的入口形式及其研究[J]．石油矿场机械，1998，27(2)：3-5.

[12] 王尊策，郜冶，吕凤霞，等．液-液水力旋流器入口结构参数对压力特性的影响[J]．流体机械，2003，31(2)：16-19.

[13] 齐国瑞．斜板溶气气浮处理油田废水的试验研究[D]．河北工程大学，2010.

[14] Eco A. Y. Fitnawan，Rocio M. Rivera，Michael Golan. Inclined Gravity Downhole Oil - Water Separator：Using Laboratory Experimental Results for Predicting the Impact of Its Application in High Rate Production Wells[C]. SPE 119939，2009.

[15] J. A. Veil，J. J. Quinn. Performance of Downhole Separation Technology and Its Relationship to Geologic Conditions[C]. SPE 93920，2005.

[16] 赵立新，蒋明虎，徐保蕊，等．一种提升旋流器分离效率的调节装置[P]，中国：ZL 2015 1 0823235. 5.

海上油田注水井单步法在线酸化技术

刘长龙　张　璐　高　尚　张丽平　符扬洋　兰夕堂

（中海石油（中国）有限公司天津分公司）

摘　要　针对海上油田环境特殊，常规酸化占地面积大、时间长、程序复杂，多次频繁作业影响油田生产等问题。提出并开展了新型、简易注水井单步法在线酸化技术研究，形成高效单一酸液代替常规酸化三段液体，显著简化配液和注液过程。采用智能注水系统，将酸液按比例注入注水流程管线内在线混配；实时监测注入压力和流量，计算表皮系数判断效果，实时调整施工参数。新工艺大幅度节约海上作业时间、空间、费用等，应用600余井次，降压增注效果显著。

关键词　海上油田；在线；酸化；单步；注水井；实施监测

中国海上主力油田大多数以注水开发为主，在采油平台寿命期内快速开采、提高采收率是注水开发的基本要求。由于海上采油平台客观条件限制，注入水水质达标难度大。随着注水时间的延长，堵塞物逐渐在近井地带聚集堵塞，造成地层吸水能力下降，注入压力升高，达不到配注量，如渤海 BZ25-1S 油田、PL19-3 油田和 SZ36-1 油田等[1~3]；注入压力逐渐上升，很多井注入压力上升到接近甚至超过地层破裂压力的水平。这种严重欠注、超压注入的现象存在着多种弊端：① 注入压力高，设备运行能源消耗量大，浪费能源；② 采油平台注水流程高压运行，安全隐患大；③ 注入压力高，容易压破储层，可能导致原油沿裂缝泄露至海水中，造成海洋环境污染；④ 严重影响开发效果，无法实现油田高效快速开发。因此，为高效快速开发海上油田，必须对注水井进行解堵作业以提高地层吸水能力，降低注入压力，增加注入量，保障油田高效开发。各油田应用常规酸化技术虽然有效，但是存在诸多弊端，目前已经提出一种单步法酸化技术，并取得了一定的效果。现提出的单步法酸液体系主要包括三类酸液即：有机酸体系、HF 酸体系及螯合剂+HF 体系。有机酸液中以甲酸体系为代表，L Zhou，H. A. Nasr -EI-Din 等[4]在 2013 年提出在高温（300°F）下，应用 9wt% 的甲酸体系更能满足 Bandera 砂岩单步法酸化的要求。Phil Rae 等[5]在 2007 年对菲律宾地热井进行单步法酸化时，提出采用 9% 高浓度的 HF 体系，进行了三口井的测试，酸化均取得了成功；Ahmed M. Gomaa 等[6]在 2013 年进行了砂岩酸化单步法酸液体系研究，设计中应用自生 HF，同时应尽量提高 HCl/HF 的比例以达到最优的效果。C. Uchendu 等人[7]在 2006 年提出应用含有 HV 螯合剂的 HF 酸液体系，并成功应用到尼日尔三角洲砂岩储层单步法基质酸化过程中，此酸液体系成功进行了十二口井的试验；PhilRae 等[8]在 2007 年也提出应用新型含螯合剂的 HF 酸液体系，pH 值一般在 3.2~4.8 之间，并加入了沉淀抑制剂，尤其对铁离子抑制能力较强，应用此酸液体系已经进行过 35 次现场施工，均取得了较好的效果；H. A. Nasr-El-Din 等[9] 2007 年提出了一套新型螯合剂+HF 酸的单步法酸液体系，此体系适用于砂岩中高含黏土和碳酸钙的储层，pH 在 2~4 之间，室内实验取得了很好效果。目前针对储层不同的特性，已经提出了几种较为有效的单步法酸液体系，但对海上油田注水井单步法酸化的研究还较少。本文针对海上油田常规酸化技术的特点及注水井堵塞类型，研发出新一代简便易行的酸化技术——单步法在线酸化技术（Single Step Online Acidizing Technology，SSOA）。

1　海上油田常规酸化技术

经过长期研究、探索与实践，海上油田酸化技术实现快速、跨越式发展，已经研发并且推广

【作者简介】刘长龙，男（1981-）山东临沂人，硕士研究生，毕业于西南石油大学油气田开发工程专业，现从事海上油田增产措施相关研究工作。

应用了以不动管柱为核心的高效酸化增产增注技术，为海上油田注水井解堵降压增注做出了卓越的贡献[10~13]。在酸化酸液体系方面应用最广泛的处理液是氟硼酸以及其他能缓慢产生 HF 的缓速酸液体系，通过处理酸液溶解固体悬浮物、腐蚀产物和结垢等。由于砂岩储层矿物组成复杂，酸岩化学反应也较为繁多复杂，研究表明氢氟酸与硅铝酸岩的反应分为三次反应[14~17]（见表 1），且大多数酸岩反应产物在低 pH 值酸液中溶解度大、水中溶解度小。

表 1　砂岩酸化的化学反应

反应过程	反应方程	
一次反应	石英	$6HF+SiO_2 \rightarrow H_2SiF_6+2H_2O$
	钠长石	$NaAlSi_3O_6+16H^++18F^- \rightarrow$ $3SiF_6{}^{2-}+Al^{3+}+Na^++H_2O$
	高岭石	$Al_4SiO_{10}(OH)_8+4(n+m)HF+(28-4(n-m))H_2 \rightarrow$ $(46-4(n+m))H_2O+4AlF_n{}^{(3-n)+}+4SiF_m{}^{(4-m)-}$
	伊利石	$K_{0.6}Mg_{0.25}Al_{2.3}Si_{3.5}O_{10}(OH)_2+14H^++12F^- \rightarrow$ $2SiF_6{}^{2-}+2Al^{3+}+9H_2O$
	氢氟酸与硅铝酸盐	$(6+x)HF+M\text{-}Al\text{-}Si+(3-x+1)H^+ \rightarrow$ $H_2SiF_6+AlF_x{}^{(3-x)+}+M^++H_2O$
二次反应		$x/6H_2SiF_6+M\text{-}Al\text{-}Si+(3-x+1)H^++H_2O \rightarrow$ $AlF_x{}^{(3-x)+}+M^++Si(OH)_4$ $6HF+Si(OH)_4 \rightarrow H_2SiF_6+4H_2O$ $H_2SiF_6+2M^+ \rightarrow M_2SiF_6+2H^+$　（M=Na，K）
三次反应		$AlF_3+M\text{-}Al\text{-}Si+(3+1)H^++H_2O \rightarrow 2AlF^{2+}+M^++Si(OH)_4$

为保证酸化效果、防止二次伤害，采用有机清洗液、前置液、处理液、后置液和顶替液多液体多步注入处理工艺，应用各段液体原因及其主要作用见表 2。

表 2　常规酸化液体段塞组成及其主要作用

段塞组成	步骤主要原因	主要作用
有机清洗液	• 沥青、胶质和原油等有机伤害存在 • 酸液与原油作用后会形成酸渣	• 解除有机质伤害 • 隔离酸液与原油
前置液	• 岩石中含碳酸盐 • 储层水矿化度较高	• 溶解碳酸盐岩类物质，防止 CaF_2 等沉淀产生 • 隔离储层流体，防止与处理液作用产生二次沉淀 • 保持低 pH 值环境
处理液	固体悬浮物、结垢、腐蚀产物和黏土等无机伤害物存在	溶解无机伤害物
后置液	处理液反应带存在较多反应二次产物	• 冲洗反应带，防止二次沉淀形成 • 恢复岩石水湿性
顶替液	管柱中存在酸液	顶替井筒中酸液

受限于海上油田特殊环境、狭小作业空间和紧迫的时效要求，海上油田酸化井次多且部分井需要多轮次重复酸化时，作业工作量大，立足于采油平台的酸化作业存在以下缺点：① 酸液体系复杂，酸液罐及其它辅助设备多，占用船舶、平台空间多，设备动迁难；② 配液过程和泵注施工工序较为复杂，劳动强度较高；③ 作业独占性强，酸化作业时在平台无法进行其他作业；④ 处理液规模优化设计难度大，规模选择不合适容易造成解堵效果不彻底或浪费酸液；⑤ 难

以实施集中规模批次井酸化作业。

2 在线单步法酸化技术

2.1 技术原理

在线单步法酸化技术特点是在注水井不停注的情况下，将单一高效酸液按比例注入注水流程，酸液在流程中在线稀释并注入地层，实时监测泵注施工参数，判断酸化改造效果。因此酸化施工作业不需要体积庞大的多个酸罐等设备配制酸液，占用平台空间大幅度减小，作业程序显著简化，作业风险明显降低。该技术的成功实现，则酸液体系的性能有更为特殊和更高的要求。

2.2 InteAcid 智能复合酸体系

研制出一套智能复合酸液体系(Intelligent Integrated Acid，InteAcid)，体系由新型螯合剂、有机酸、氟化物、缓蚀剂、特殊表面活性剂和与水任意比例混溶的高效溶剂制备而成，实际应用时不需要再配制众多类型的酸化添加剂。其智能特性表现在体系只解除伤害物而基本不造成新的二次伤害，这完全不同于常规酸化的酸液体系。该酸液体系集有机清洗液、前置液、处理液和后置液的功能于一体，这种特性成为在线单步法酸化技术成为可能的关键，智能复合酸体系的特性体现在以下方面：

(1) 与注入水、生产污水、各种酸化添加剂配伍性良好，能满足在线混配的要求。

酸液与添加剂和地层流体的配伍性，是直接影响酸化效果的重要因素，若酸液的配伍性差，当酸液与地层流体接触时会产生沉淀或者分层，不仅达不到预期的酸化效果，沉淀物还会堵塞流动孔道，从而造成新的伤害。注水井单步法酸化处理过程中，要求酸液与注入水在线混配，所以，注入水与酸液、相关添加剂、地层流体之间的配伍性显得尤为重要。海上油田通常使用生产污水以及其他层位地层水混合后作为注入水水源，其注入水中含有大量的金属离子，往往与常规酸液中的 F^-，产生沉淀或絮状物；同时由于生产污水中含有大量油垢，油滴具有良好的形变特性，会以吸附和液锁形式造成储层伤害，甚至会对储层岩石表面的润湿性造成一定的影响[18]。InteAcid 体系中为克服常规酸液不配伍的弊端，加入螯合剂及高效有机溶解，在室温和高温下进行配伍性实验研究表明，此体系具有良好配伍性。

(2) 具有良好的抑制二次、三次沉淀的能力。

在砂岩酸化过程中，由于砂岩储层组成的复杂性很容易产生多种类型的二次、三次沉淀。大量报道称砂岩酸化过程中少量的铁离子就能产生巨大的储层伤害[19]，且铁离子问题在注入井更为严重[20]。在进行单步法砂岩酸化时，没有前置液用来降低 pH，防止 CaF_2 沉淀的生成，因此更应该特别注意钙离子沉淀的生成。之所以 InteAcid 体系不造成新的二次伤害，主要是因为特殊设计的配方能高效络合容易形成沉淀的金属铁、钙、镁等金属离子，并使难以形成氟硅酸盐、氟铝酸盐、氟化物和氢氧化物等沉淀。研究过程中，在室温条件下根据螯合剂的评价方法[21~22]，对此酸液体系进行金属离子螯合性能评价，此体系对 Ca^{2+}、Mg^{2+}、Fe^{3+} 的螯合能力均高于其他螯合剂，实验结果如表 3 所示；且此体系能有效抑制砂岩酸化过程中常见二次沉淀，相对于常规土酸体系，二次沉淀抑制率接近 75%，实验结果如表 4 所示。

表 3 各种螯合剂对 Ca^{2+}、Mg^{2+}、Fe^{3+} 的螯合能力

螯合剂类型	Ca^{2+} 容忍量/(mg/g)	Mg^{2+} 容忍量/(mg/g)	Fe^{3+} 容忍量/(mg/g)
EDTA	140	65	145
HEDTA	116	70	165
NTA	146	55	215
DTPA	104	104	115
InteAcid	253	158	442.5

表 4 不同酸液对二次沉淀抑制率的测定

酸液类型	抑制率/%			
	金属氟化物	氟硅/铝酸盐化合物	金属氢氧化物	总沉淀
12%HCl+3%HF+添加剂	0.00	0.00	0.00	0.00
12%HCl+10%HBF_4+添加剂	22.66	10.37	0.17	5.07
50%InteAcid	71.81	70.51	78.59	74.71

（3）有效的溶解注水井堵塞物，且具有一定缓速性能，最终达到深部酸化解堵的目的。

酸化解堵的目的在于溶蚀地层岩石部分矿物或孔隙、裂缝内堵塞物，提高地层或裂缝渗透率，改善渗流条件，达到恢复或提高油气井产能及注入井注入能力。由于黏土矿物具有不稳定性，往往因过度溶蚀或反应速度太快而造成黏土矿物的运移、沉降，甚至储层坍塌，造成新的储层伤害。因此，在酸液体系设计过程中，必须要保证具有有效的溶解能力，但也不能造成岩石的过度溶蚀或酸岩反应速度过快。BZ25-1油田D15井为海上油田注水井，堵塞物主要以碳酸盐结垢和硅酸盐岩为主，其中有机物含量约占三分之一。在90℃实验条件下，该酸液体系对堵塞物的溶蚀率达73.48%，洗油率达99.3%，岩粉的溶蚀能力与常规的缓速酸体系相当在15%左右，但较常规土酸体系低。在保证有效溶蚀同时，还具有很好的缓速性，有利于实现深部酸化。

岩芯流动实验表明InteAcid智能复合酸可有效解除注水过程导致的近井地带污染，且污染程度越深，酸化效果越好：未伤害岩芯渗透率提高到原始渗透率的1.35倍(图1a)，伤害(含5%注入水堵塞物)岩芯渗透率提高到原始渗透率的3.6倍(图1b)。InteAcid智能复合酸酸化后岩芯端面较好，未出现微粒脱落和出砂现象，表明该酸液具有较好的稳定黏土作用，对岩石骨架破坏小。

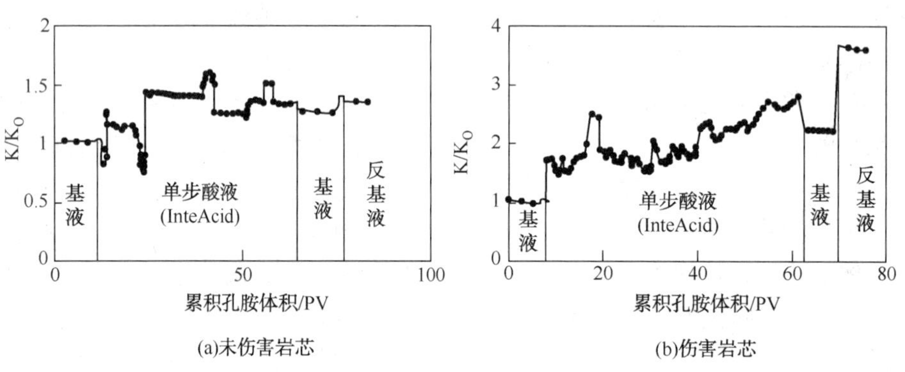

图1 InteAcid酸液单步酸化流动曲线图

（4）具有良好的缓蚀性能，保证酸化安全施工。

酸液是具有较强腐蚀性的液体，对设备和管柱都有腐蚀作用，酸化增注增产过程中要求酸液具有一定的缓蚀性能。研究表明，在140℃下InteAcid体系对N80钢片的腐蚀速率为17.65g/m^2·h，小于20g/m^2·h，均匀腐蚀。参考SY/T 5405-1996行业标准，其酸液体系达到行业一级要求。

2.3 智能注入CCS系统

传统酸化注入系统体积庞大，酸化施工优化难度高，即便在线施工难以最大程度发挥技术优势。本文研制出在线单步法酸化智能注入系统，实现在线智能注入。

在线单步法酸化施工时不停注水流程，使用小型耐酸泵向注水流程中泵入酸液，施工前不需要准确设计酸液用量，通过CCS系统(Computer Control System)实时监测和控制注入压力和排量，实时计算表皮系数，判断解堵效果。当表皮系数降低到预定值即刻停止注酸，剩余酸液则可用于同一平台其他注水井。因此在保证酸化效果前提下，可做到酸液用量优化；同一平台有多口井酸化时可实现集中规模化作业。

1）实时监控原理

在实际施工过程中，施工压力、排量是不断变化的，酸液在地层中流动满足达西定律的平面径向不稳定渗流[23]：

$$\begin{cases} \dfrac{\partial^2 P}{\partial r^2} + \dfrac{1}{r}\dfrac{\partial P}{\partial r} = \dfrac{1}{\eta}\dfrac{\partial P}{\partial t} \\ P_{r=r,\ t=0} = P_i \text{（初始条件）} \\ r\dfrac{\partial P}{\partial r}\Big|_{r=r_w,\ t=t} = \dfrac{q\mu}{2\pi kh} \text{（内边界条件）} \\ P_{r=\infty,\ t=0} = P_i \text{（外边界条件）} \end{cases} \tag{1}$$

求解可得：

$$P_{wf} - P_i = \frac{162.6Bq\mu}{Kh}\left(\lg t + \lg\frac{K}{\varphi\mu c_t r_w^2} - 3.23 + 0.868S\right) \tag{2}$$

通过实时监测系统，可直接实时获取除表皮系数S以外的所有数据，采用扩散方程的线源解和对时间迭加的方式，削弱流量变化对压力的影响，求解得到表皮系数 S：

$$S = \frac{1}{0.868}\left(\frac{b}{\frac{162.6B\mu}{kh}} - \lg\left(\frac{k}{\varphi\mu c_t r_w^2}\right) + 3.23\right) \tag{3}$$

式中：

$$b = \frac{P_i - P_{wf}}{q_N} - \frac{162.6B\mu}{kh}\Delta t_{\sup} \tag{4}$$

$$\Delta t_{\sup} = \sum_{j=1}^{N}\frac{(q_j - q_{j-1})}{q_N}\lg(t_N - t_{j-1}) \tag{5}$$

其中，P_{wf}为井底流压，MPa；B 为体积系数；q 为流量，m^3/d；μ 为地层流体黏度，mPa·s；K 为渗透率，D；h 为油层厚度，m；t 为时间，s；Φ 为孔隙度，小数；C_t 为地层总压缩系数，MPa^{-1}；rw 为井的实际半径，m。

2）CCS 实时监控系统框架图

CCS 实时监测系统如图 2 所示，计算机把通过压力、流量测量元件、变送单元和模数转换器送来的数字信号，直接反馈到表皮系数计算单元进行运算，若计算出的实时表皮系数 S>预期表皮系数 S_o，则执行机构保持注酸泵继续注酸；若计算出的实时表皮系数 $S \leqslant$ 预期表皮系数 S_o，则执行机构即刻停止注酸泵，剩余酸液可用做其他井酸化，有效避免酸液浪费。

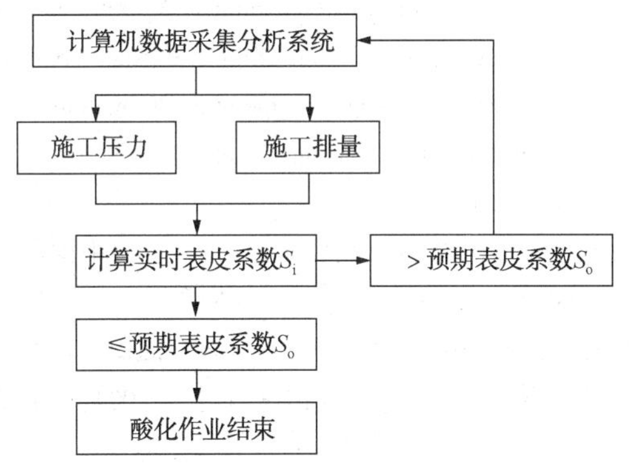

图 2　CCS 实时监测流程图

3　现场应用情况

针对海上油田环境特殊、作业空间狭小，常规酸化占用大量时间、空间、人力、物力，多次频繁作业成本高，影响油田正常生产等问题，形成的注水井单步法在线酸化技术，在渤海 BZ25-1S、QHD32-6、PL19-3、SZ36-1 等主力油田成功实施 600 余井次，有效率达 95%，平均降压 5MPa，缩短作业时间 73%，节约成本达到 12000 万元，增注量累计达到 680 万方。此技术现场作业效果显著，作业后视吸水指数大幅度增加(见表 5)。

表 5　部分井在线单步法酸化施工后结果

序号	井/层号	吸水指数增加倍数/(I/I_0)
1	SZ36-1-J8	2.3
2	BZ25-1 C6c	>10
3	BZ25-1 C22b	>10
4	BZ25-1 C29b	1.4
5	BZ25-1 C29c	3.8
6	BZ25-1 D6b	12.8
7	BZ25-1 D6c	5.4
8	BZ25-1 D8a	3.2
9	BZ25-1 D8b	2.3
10	BZ25-1 D13c	1.9
11	BZ25-1 D18S1a	>10
12	BZ25-1 D18S1b	>10
13	BZ25-1 D18S1c	>10
14	BZ25-1 E23b	∞
15	BZ19-4 B15	9.2
16	QHD32-6 A7a	3.7
17	QHD32-6 A7b	17.6
18	QHD32-6 A7c	9.6
19	QHD32-6 A19	2.1
20	QHD32-6 AW	14.6
21	QHD32-6 CW	18.7

以 QHD32-6-A7 注水井 C 层为例，单步法在线施工曲线如图 3 所示。由施工曲线演变可以清楚发现，单步酸液进入地层后解除了近井堵塞：表现为酸液进入地层前地层吸液能力较差，泵注压力较高(9.66MPa)，注水流程泵出口压力高(9.7MPa)；随着酸液径向进入近井地带周围，地层吸液能力得到明显改善，泵注压力明显降低、排量大幅上升。酸化前注水量为 $225m^3/d$，井口油压为 9MPa，已经接近允许的最大井口注入压力，采取在线单步法酸化技术进行解堵增注作业。在实时监测表皮系数下降到最低(约 0.2)

时停止泵注酸液。酸化后注水量为 361m^3/d，井口压力降低到为 1.6MPa，视吸水指数增加了 9.6 倍，增注降压效果显著。

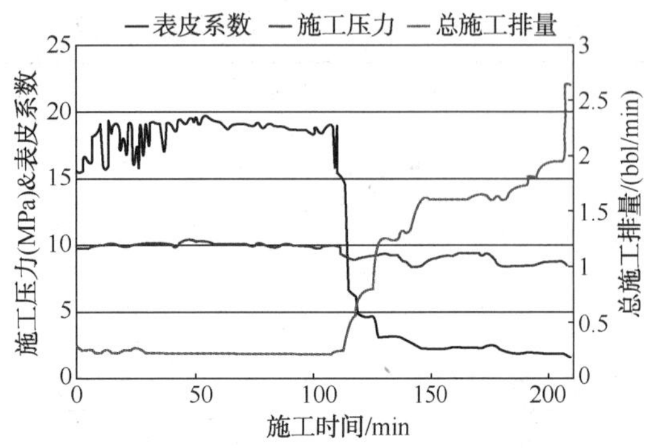

图 3　QHD32-6-A7 注水井 C 层在线单步法酸化施工曲线

海上油田注水井单步法在线酸化技术可实现海上油田注水井在线、快速、高效、规模化酸化，同时可实现变浓度、变液量等酸化，并保证了最佳酸化效果。尤其对海上油田可根据每口井不同需求，在平台实施集中规模化作业，且不影响油田正常注水，此工艺在海上油田具有明显的优势，具有大规模推广应用价值。

4　结论

（1）针对海上油田狭小空间条件下注水井多井次频繁酸化作业存在的弊端，首次提出并研发出革新性单步法在线酸化技术。该技术需要酸化设备少，大幅度节约海上作业时间、空间、作业资源和费用，降作业劳动强度低，具有极大的灵活性，大规模现场应用成功率和有效率高，并成为海上油田注水井酸化增注的核心技术；

（2）InteAcid 智能复合酸是实现单步在线酸化的核心，其具有高效解堵、与注入水在线混配、有效控制二次沉淀、低腐蚀、深部酸化的性能，其应用可实现单一酸液体系代替多段酸化液；

（3）智能注入 CCS 系统可实现在线施工和实时监测，帮助现场优化酸化施工参数，实现多井集中规模化作业。

（4）注水井单步在线酸化技术在渤海油田推广应用 600 余井次，成功率和有效率高，降压增注效果显著，具有大规模推广应用价值。

参 考 文 献

[1] 李海涛，王永清，谭灿．砂岩储层清水和污水混注对储层损害的实验评价[J]．石油学报，2007，28（2）：137-139.

[2] 崔波，王洪斌，冯浦涌，等．绥中 36-1 油田注水井堵塞原因分析及对策[J]．海洋石油，2012，32(2)：64-70.

[3] 李旭，唐洪明，刘义刚，等．SZ36-1 油田污水悬浮物无机组分研究[J]．海洋石油，2010，30(002)：53-57.

[4] Al-Harbi B G, Al-Dahlan M N, Al-Khaldi M H, et al. Evaluation of Organic-Hydrofluoric Acid Mixtures for Sandstone Acidizing[C]//IPTC 2013: International Petroleum Technology Conference. 2013.

[5] Rae P J, Portman L N, Acorda E P R, et al. Use of Single-Step 9% HF in Geothermal Well Stimulation[C]//European Formation Damage Conference. Society of Petroleum Engineers, 2007.

[6] Qu Q, Boles J L, Gomaa A M, et al. Matrix Stimulation: An Effective One-Step Sandstone Acid System[C]//SPE Production and Operations Symposium. Society of Petroleum Engineers, 2013.

[7] Mahmoud M A, Bageri B S. A New Diversion Technique to Remove the Formation Damage from Maximum Reservoir Contact and Extended Reach Wells in Sandstone Reservoirs[C]//SPE European Formation Damage Conference & Exhibition. Society of Petroleum Engineers, 2013.

[8] Rae P J, Lullo G. Single Step Matrix Acidising with HF-Eliminating Preflushes Simplifies the Process Improves the Results[C]//European Formation Damage Conference. Society of Petroleum Engineers, 2007.

[9] Nasr-El-Din H A, Samuel M M, Kelkar S K. Investigation of a New Single-stage Sandstone Acidizing Fluid for High Temperature Formations[C]//European Formation Damage Conference. Society of Petroleum Engineers, 2007.

[10] 刘晓光．渤海油田酸化工艺技术[J]．中国海上油气(工程)，1995，7(4)：50-56.

[11] 易飞，赵秀娟，刘文辉，等．渤海油田注水井解堵增注技术[J]．石油钻采工艺，2004，26(5)：53-56.

[12] 刘欣，赵立强，杨寨，等．不动管柱酸化工艺在渤海油田的应用[J]．石油钻采工艺，2004，26(5)：47-49.

Liu xin, Zhao LiQiang, Yang Zhai etal. APPLICATION OF ACIDIZING TECHNOLOGY WITH ORIGINAL

[13] 王鹏，赵立强，刘平礼，等．不动管柱酸化工艺在旅大 5-2 油田的应用[J]．断块油气田，2009(006)：107-109.

[14] Gdanski R D. Kinetics of the primary reaction of HF on alumino-silicates[J]. SPE Production & Facilities,

2000, 15(04): 279-287.

[15] Gdanski R D. Kinetics of the secondary reaction of HF on alumino-silicates[J]. SPE production & facilities, 1999, 14(04): 260-268.

[16] Gdanski R. Kinetics of tertiary reactions of hydrofluoric acid on aluminosilicates [J]. SPE production & facilities, 1998, 13(02): 75-80.

[17] 王宝峰, 赵忠扬, 薛芳渝. 砂岩基质酸化中 HF 与铝硅酸盐的二次, 三次反应研究[J]. 西南石油大学学报(自然科学版), 2002, 24(5): 61-64.

[18] 杨玲智. 沙埝油田注入水水质评价及指标优选[D]. 西南石油大学, 2012.

[19] Ford W G F, Walker M L, Halterman M P, et al. Removing a typical iron sulfide scale: the scientific approach[C]//SPE Rocky Mountain Regional Meeting. Society of Petroleum Engineers, 1992.

[20] Assem A I, Nasr-El-Din H A, De Wolf C. A New Finding in the Interaction Between Chelating Agents and Carbonate Rocks During Matrix Acidizing Treatments [C]//SPE International Symposium on Oilfield Chemistry. Society of Petroleum Engineers, 2013.

[21] 俞英珍, 金鲜花, 傅佳亚. 钙离子螯合力测试方法及比较[J]. 印染助剂, 2007, 23(12): 40-42.

[22] 沈淑英, 魏艳, 赵梅, 等. 螯合铁离子能力测定方法比较[J]. 印染助剂, 2009, 26(7): 50-52.

[23] Ma L, Johns R T, Zhu D, et al. Fast method for real-time interpretation of variable-rate wells with changing skin: application to matrix acidizing[C]//International Oil and Gas Conference and Exhibition in China. Society of Petroleum Engineers, 2000.

真实砂岩微观可视化技术在 CO_2 驱油机理研究方面的应用

李 明[1,2] 朱玉双[1,2]

(1. 西北大学 地质学系/大陆动力学国家重点实验室；
2. 二氧化碳捕集与封存国家地方联合工程研究中心)

摘 要 本研究首次设计出具有耐高温高压特性的真实砂岩微观可视化模型，并将其应用于 CO_2 驱油，为 CO_2 驱油机理研究和驱油效果评价提供了良好的技术手段。以鄂尔多斯盆地超低渗油藏为例，利用研制成功真实砂岩模型，进行 CO_2 驱油微观可视化实验，首次实现镜下对不同相态 CO_2 在超低渗储层复杂孔喉中驱替原油的动态现象的直观观察。通过真实砂岩 CO_2 驱油微观实验，认为降低油水界面张力、萃取及抽提轻质烃、混相效应和溶解气驱等驱油机理是 CO_2 具有高驱油效率的本质所在。

关键字 真实砂岩微观模型；可视化技术；CO_2 驱；驱油机理

CO_2 驱提高采收率已受到国内外的广泛关注，CO_2 驱油被认为是解决低渗油藏水驱采收率低的重要途径。美国在利用 CO_2 提高原油采收率方面走在了世界的前列，国内在大庆油田、吉林油田和江苏油田等部分区块已进行了 CO_2 矿场驱油，效果明显[1-7]。目前对于 CO_2 微观驱油机理的研究，主要包括平板玻璃光刻蚀模型和石英砂黏接模型，两种模型在一定程度上为认识 CO_2 在驱油过程中的渗流规律做出了贡献[8-10]。在研究超低渗油藏 CO_2 微观驱油机理时，由于超低渗储层的孔喉结构十分复杂，平板玻璃光刻蚀模型和石英砂黏接模型已不能满足研究需求，进而无法准确认识 CO_2 在驱油过程中的驱油机理和渗流规律。CO_2 驱油微观可视化实验技术的匮乏，无疑制约了 CO_2 驱在低渗，尤其是特低和超低渗油藏中的应用。

本次研究首次设计出具有耐高温高压特性的真实砂岩微观可视化模型，并将其应用于 CO_2 驱油机理方面的研究工作，填补了国内外在该领域的空白。研究中以鄂尔多斯盆地超低渗油藏为例，利用首次研制成功的高温、高压、防暴真实砂岩模型，成功进行了超低渗油藏 CO_2 驱油微观可视化实验研究，对于指导后期矿场试验、扩大 CO_2 驱油应用规模等具有重要意义。

1 实验介绍

1.1 实验条件

本次研究以鄂尔多斯盆地超低渗油藏为例，将鄂尔多斯盆地姬塬油田黄 3 区块长 8 储层岩心制作成 CO_2 驱油真实砂岩微观模型。黄 3 试验区作为鄂尔多斯盆地开展 CO_2 驱油的前期试验区，生产过程中存在气窜明显、采收率低等现象。此次所选岩心均为细粒长石岩屑砂岩，样品孔隙度分布范围为 7.5%～10.8%，气测水平渗透率分布范围为 0.12～0.53mD。实验温度控制在 65℃左右，流体最高驱替压力可达 17.0MPa。实验用水为研究区长 8 模拟地层水，矿化度为 15.3g/L；将研究层地面脱气原油配置而成模拟原油，呈褐色、黄褐色，黏度(65℃)为1.45mPa·s；CO_2 纯度为 99.98%。实验中为了更好地观察油、气和水在孔喉中的分布情况，将少量甲基蓝加入模拟地层水中，使地层水呈蓝色，便于观察。

实验设备如简易示意图(图 1)所示，包括可视化样品室、压力系统、显微镜和图像处理系统等组成。可视化高温高压样品室用于盛放实验模型，具有加热至指定温度并能承受高温、高压的特性，实验中可以通过观察窗进行实验现象观察；驱替泵、环压泵是系统的加压装置，分别对样品加载驱替压力和环压；显微镜和计算机可以用来记录实验的过程，并对捕获的图像和视频进行相应处理。

【作者简介】李明，男，1994 年 2 月生，2016 年毕业于西安石油大学，获工学学士学位，目前为西北大学地质学系在读硕士研究生，主要从事油气田开发地质及微观渗流机理方面的研究工作。Email：geoliming@163.com

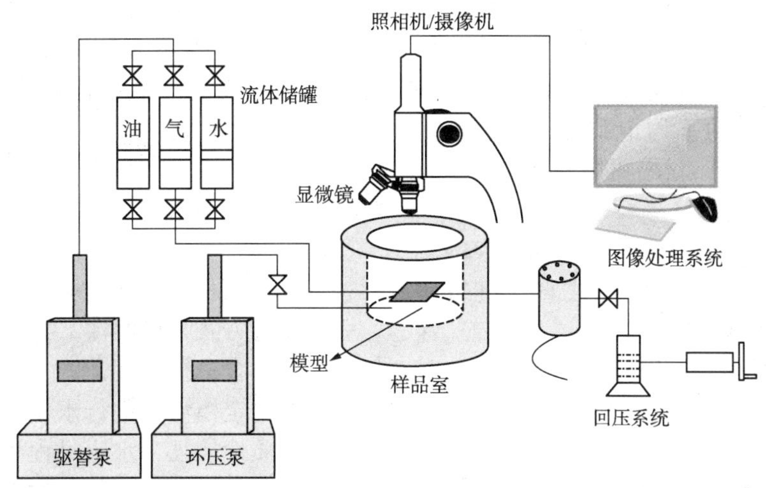

图 1　微观可视化驱替实验装置示意图

1.2　实验模型

过去 20 多年的研究使用较多的真实砂岩模型为西北大学曲志浩教授等人的“真实砂岩模型制作技术”专利成果，该模型尺寸通常为 2.5cm×2.5cm×0.065cm(长×宽×厚)，模型是由取自研究区的岩心制作而成，其保留了真实的孔喉结构，同时也保留了原始颗粒之间分布的胶结物和杂基，使实验模型真实性大大增强，进而也提高了实验结果的可信度。该模型为研究储层流体渗流特征做出了卓越的贡献，但该模型仅能用于常压下实验，最大承压为 0.20MPa，可承受最高温度为 85℃，无法进行高压条件下的各类渗流实验，且该模型长度较短，不利于观察 CO_2 驱油过程中的相态变化[11-13]。

本研究在前人基础上对模型进行了大幅度的改进，增加了模型的抗高温、抗高压、防暴功能，最大承压为 20.0MPa，同时加长了模型的尺寸，由原来的 2.5cm×2.5cm×0.065cm(长×宽×厚)变为目前的 2.5cm×6.5cm×0.065cm(长×宽×厚)，可专门用于 CO_2 驱油可视化实验，便于观察 CO_2 驱油过程中的相态变化。实验模型如图 2 所示。

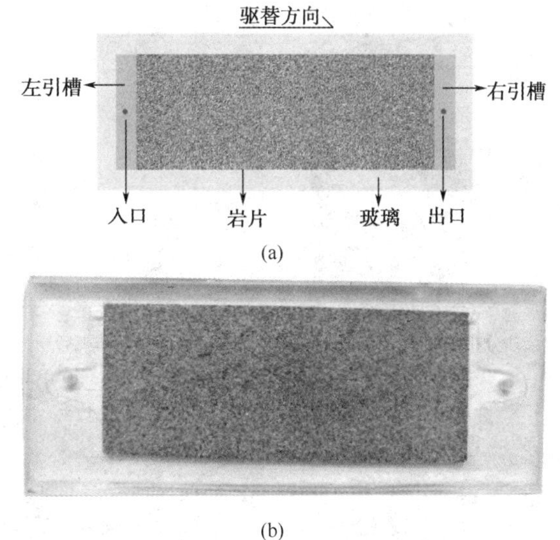

图 2　高温、高压、防暴真实砂岩微观模型示意图及实物

1.3　实验流程

真实砂岩 CO_2 驱油微观实验具体的实验流程如下：

(1) 模型制备。将抽提烘干的岩心切片磨平，制作真实砂岩微观模型。

(2) 抽真空饱和地层水。此过程为模拟油气进入储层之前的状态。将真实砂岩微观模型放入高温高压岩心室中，并与真空泵相连，进行抽真空处理。随后加压饱和地层水，同时开始加围压，并打开加热开关，使模型中的流体温度上升至 65℃。

（3）饱和油。该过程为模拟油气进入储层的过程。充分饱和地层水后，向模型中加压注入原油，进行油排驱水，待孔隙空间含油饱和度达到研究区油层该物性下的平均饱和度时，停止加压，结束油排水的过程，利用图像处理软件统计原始含油饱和度。

（4）CO_2驱油（水驱油）。对饱和油结束的真实砂岩模型直接进行 CO_2 驱油（或直接进行水驱），不断加压，观察不同相态的二氧化碳（注入水）在驱替过程中的赋存状态和渗流特征。

（5）卸压。维持最高驱替压力一定时间后，开始逐渐减小驱替压力，继续观察分析二氧化碳的渗流路径，利用图像处理软件统计各时刻驱油效率。

2 微观驱油机理

以 CO_2为驱替剂提高原油采收率所涉及的驱油机理包含多个方面，此处，仅讨论可从本实验研究中总结得到的部分机理。相比于 CO_2驱岩心实验及其它可视化实验，利用真实砂岩微观模型分析 CO_2驱油机理具有准确、直观、说服力强等特点。

2.1 降低油水界面张力

流速、黏度和界面张力被用来定义毛管准数（$v\mu/\sigma$）。研究表明，残余油饱和度与毛管准数之间存在负相关关系，即毛管准数越大，残余油饱和度越小。在实际生产过程中，为了较大程度地降低油藏残余油饱和度，通常需要增加毛管准数[14]。在适当压力和组成条件下将二氧化碳注入油藏可大大降低界面张力，进而增大毛管准数，减小残余油饱和度[14-16]。由 $p_c = \frac{2\sigma\cos\theta}{\gamma}$ 公式可知，界面张力的下降可使得 CO_2能够进入那些高界面张力下被完全隔离的孔道，从而提高驱替剂波及面积。本次实验中，采用先水驱后 CO_2驱的驱替方式来说明注 CO_2能够降低油水界面张力，减小含油饱和度。

对选定模型先进行水驱，由于研究区储层微观非均质性较强，水驱过程中，注入水指进现象明显，波及面积较小，驱油效率低。水驱至残余油状态后，进行 CO_2驱油，通过对比驱替方式改变前后残余油赋存状态的变化，来说明 CO_2驱在提高采收率方面的优势。实验中发现，对于同一块模型的同一区域，由于 CO_2能够降低油水界面张力，使得 CO_2能够进入前期水驱注入水无法波及的小孔喉，进而驱替原油，增大波及面积，减小残余油饱和度。以 H3 和 H4 模型为例，H3 模型水驱效率为 42.6%，气驱结束后总驱油效率为 69.7%；H4 模型水驱效率为 58.6%，气驱结束后总驱油效率为 78.5%。5 组模型实验结束后，CO_2驱平均可将驱油效率提高 25.6%（图 3）。

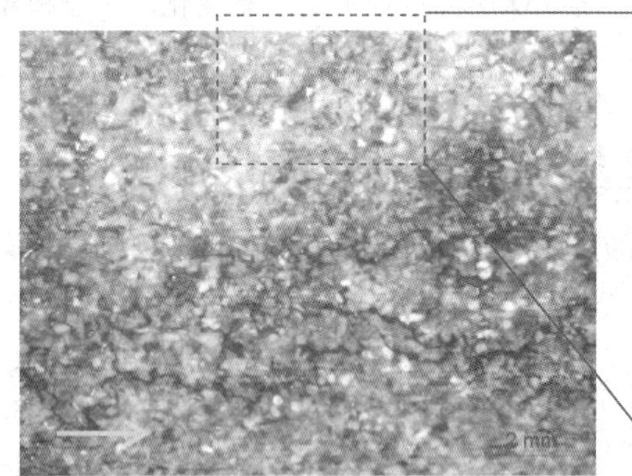

(a) H3模型水驱结束局部残余油分布图(P=8.6MPa)

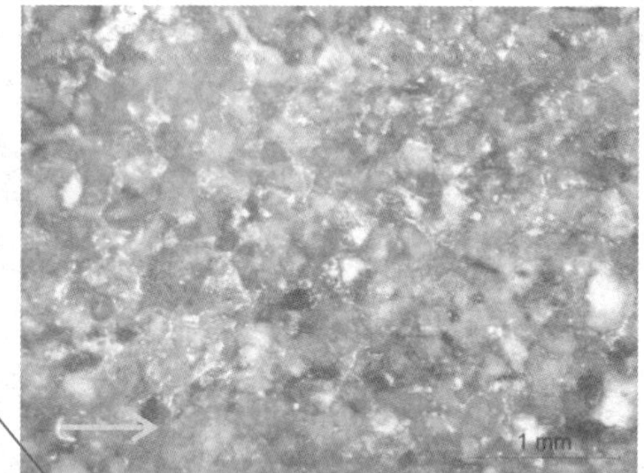

(b) H3模型气驱结束后局部残余油分布图(P=10.6MPa)

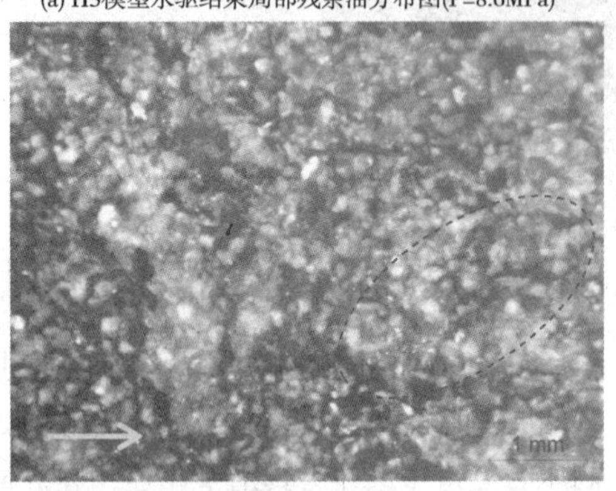

(c) H4模型水驱结束局部残余油分布图(P=9.5MPa)

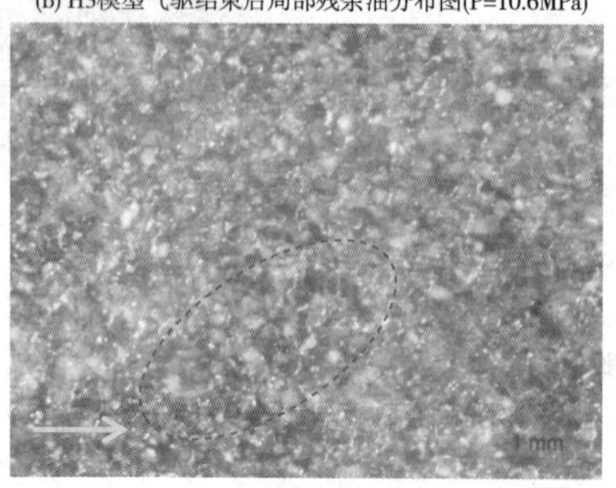

(d) H4模型气驱结束后局部残余油分布图(P=12.3MPa)

图 3 H3 模型及 H4 模型水驱与气驱后残余油分布对比图

（流体驱替方向从左向右，蓝色为地层水，黄色、黄褐色为原油，无色为 CO_2）

2.2　萃取及抽提轻质烃

CO_2 可使原油中的轻质烃类（$C_2 \sim C_{30}$）被萃取及抽提出来，形成 CO_2 富气相，从而减小注入气与原油之间的界面张力，减小原油的流动阻力，使原油更易于流动，最终使得残余油饱和度明显下降，提高驱油效率[17]。

实验中可明显观察到 CO_2 萃取及抽提原油中轻质烃的现象。CO_2 本为无色气体，但在实验中发现大部分 CO_2 在驱替原油的过程中，颜色由无色逐渐转变为淡黄色、黄色及褐色，分析原因主要是由于 CO_2 萃取原油中部分轻质烃，导致原油中的轻质烃进入 CO_2，使得 CO_2 颜色发生变化(图4)。

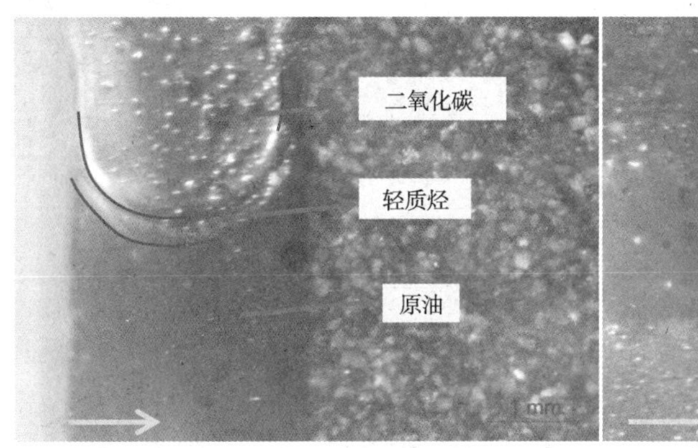

(a) H5模型左引槽附近 CO_2 萃取及抽提轻质烃(P=7.4MPa)　(b) H8模型左引槽附近 CO_2 萃取及抽提轻质烃(P=7.9MPa)

(c) H5模型气驱过程中 CO_2 萃取及抽提轻质烃(P=13.5MPa)

(d) H8模型气驱过程中 CO_2 萃取及抽提轻质烃(P=14.0MPa)

图4　CO_2 萃取及抽提原油轻质烃

（流体驱替方向从左向右，蓝色为地层水，黄褐色、黑色为原油，无色、淡黄色、黄色为 CO_2）

2.3　CO_2 混相效应

混相是指两种流体能相互溶解而不存在界面，消除界面张力。CO_2 与原油混相后，萃取原油中轻质烃的能力不仅加强，而且还能形成 CO_2 和轻质烃混合的油带[15-16]。通过细管实验测得研究区油藏条件下原油与 CO_2 最小混相压力为16.1MPa。将实验环境温度稳定在65℃附近，使驱替压力达16.8MPa，通过显微镜可以观察到当原油与 CO_2 达到混相后，孔喉中流体间渗流现象不明显，孔喉中绝大部分原油被驱替，残余油以油膜为主，残余油饱和度很低。3组实验样品气驱结束后平均驱油效率达86.4%，驱油效果理想(图5)。

2.4　溶解气驱

由于 CO_2 具有易溶于原油的特性，在高压驱替过程中，多数 CO_2 溶于原油，以压能的形式储存部分能量[17]。当驱替压力达到实验设计值后，开始逐渐减小压力，此时发现，原油中析出非常多的 CO_2 气体，几部遍布整个孔喉空间，进而全方面驱替原油。在实际过程中，采用注气后关井憋压的开采方式，当油井开井生产，油层压力降低时，大量的 CO_2 则从原油中游离、膨胀而脱出，从而将原油驱入井筒，起到溶解气驱的作用。

统计分析表明，降压过程中，CO_2 以溶解气性质驱替原油可使得残余油饱和度平均下降13.6%，驱替结束后残余油饱和度很低，驱油效果十分理想(图6)。

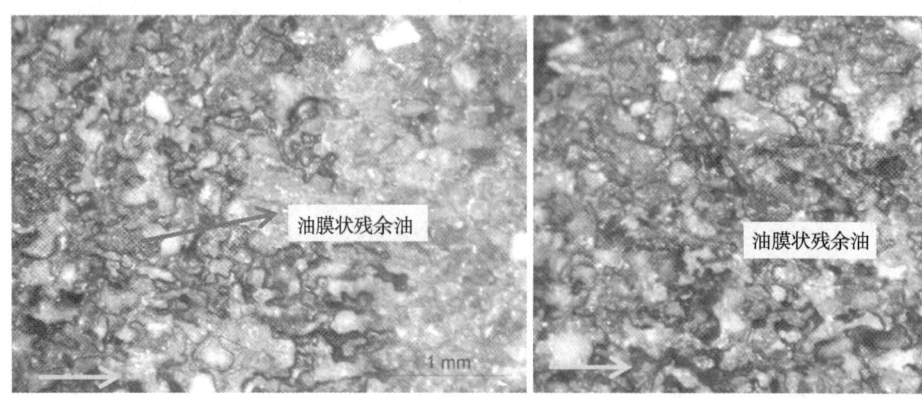

(a) H1模型CO_2与原油混相局部视域图(P=16.8MPa)　　(b) H1模型CO_2与原油混相局部视域图(P=17.0MPa)

图 5　CO_2与原油混相后渗流现象不明显

（流体驱替方向从左向右，蓝色为地层水，黄褐色为原油，淡黄色、黄色为 CO_2）

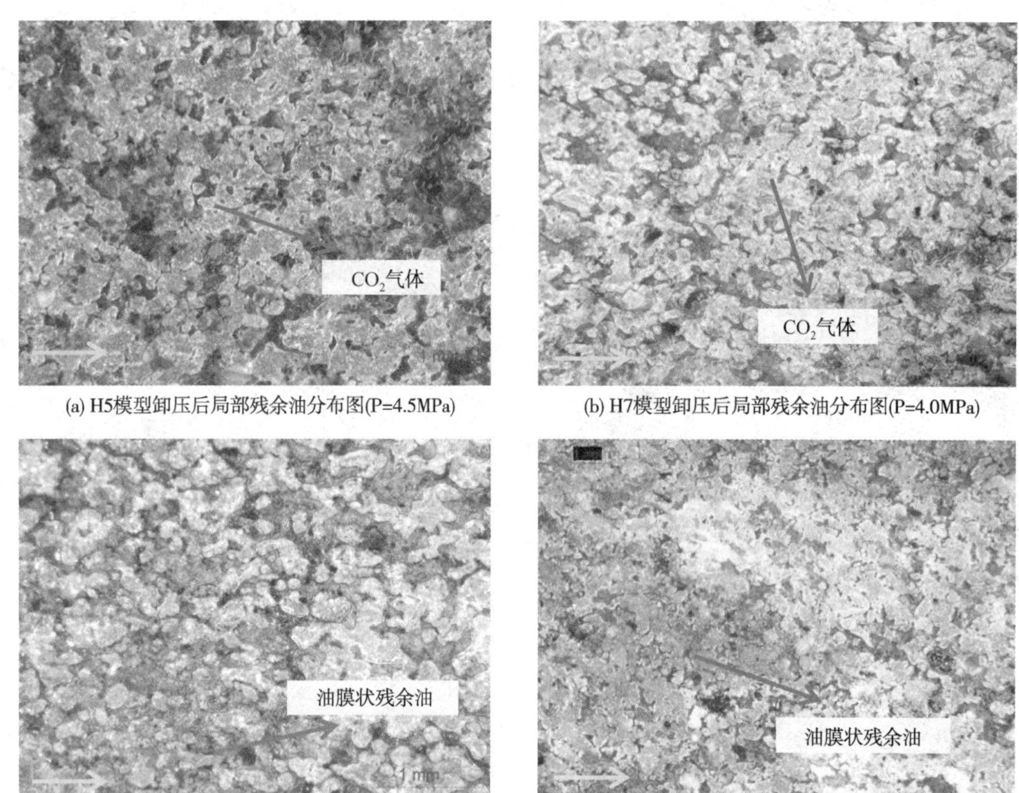

(a) H5模型卸压后局部残余油分布图(P=4.5MPa)　　(b) H7模型卸压后局部残余油分布图(P=4.0MPa)

(c) H8模型卸压后局部残余油分布图(P=3.7MPa)　　(d) H3模型卸压后局部残余油分布图(P=3.6MPa)

图 6　不同模型卸压后局部残余油分布图

（流体驱替方向从左向右，蓝色为地层水，黄色、黄褐色为原油，无色为 CO_2）

3　结论

利用真实砂岩微观模型进行 CO_2 驱油实验，首次实现镜下直观观察不同相态 CO_2 在超低渗储层复杂孔喉中驱替原油的动态现象。真实砂岩微观可视化技术在研究 CO_2 驱油机理方面具有不可替代的优势。与常规水驱不同，降低油水界面张力、萃取及抽提轻质烃、混相效应和溶解气驱等驱油机理是 CO_2 具有高驱油效率的关键所在。

以 CO_2 驱油微观可视化实验为出发点，结合后期试验区矿产试验，将微观、宏观结合是下一步超低渗油藏 CO_2 驱油机理研究的方向。由于该实验技术在国内外尚属首次，本文重在将新的实验技术推荐给研究者分享，有关实验流程、实验分析等还不够完善，研究内容及研究方案还有待相关领域研究者共同充实和扩展，为超低渗油藏 CO_2 驱油微观实验研究提供可靠手段，进而指导后期矿场试验。

参 考 文 献

[1] 王高峰，郑雄杰，张玉，等．适合二氧化碳驱的低渗透油藏筛选方法[J]．石油勘探与开发，2015，42(3)：358-363.

[2] 苏玉亮，吴春新，张琪，等．特低渗油藏CO_2非混相驱油特征[J]．重庆大学学报，2011，34(4)：53-57.

[3] 秦积舜，韩海水，刘小雷．美国CO_2驱油技术应用及启示[J]．石油勘探与开发，2015，42(2)：209-216.

[4] 李士伦，张正卿，冉新权．等．注气提高石油采收率技术[M]．成都：四川科学技术出版社，2001.

[5] 沈平平，廖新维．二氧化碳地质埋存与提高石油采收率技术[M]．北京：石油工业出版社，2009.

[6] 江怀友，沈平平，卢颖，等．CO_2提高世界油气资源采收率现状研究[M]．特种油气藏，2010，17(2)：5-10.

[7] 陈祖华．低渗透油藏CO_2驱油开发方式与应用[J]．现代地质，2015(4)：950-957.

[8] 秦积舜，张可，陈兴隆．高含水后CO_2驱油机理的探讨[J]．石油学报，2010，31(5)：797-800.

[9] 高树生，薛蕙，胡志明，等．高温高压CO_2驱油微观机理实验研究[J]．特种油气藏，2010，17(2)：92-94.

[10] 杜建芬，陈静，李秋，等．CO_2微观驱油实验研究[J]．西南石油大学学报(自然科学版)，2012，34(6)：131-135.

[11] 孔令荣，曲志浩，万发宝，等．砂岩微观孔隙模型两相驱替实验[J]．石油勘探与开发，1991(4)：79-84.

[12] 朱玉双，曲志浩，孔令荣，等．砂岩模型两相驱替实验中油层润湿性的判断[J]．石油与天然气地质，1999，20(3)：220-222.

[13] 曲志浩，孔令荣．低渗透油层微观水驱油特征[J]．西北大学学报(自然科学版)，2002，32(4)：329-334.

[14] 杨胜来，魏俊之．油藏物理学[M]．北京：石油工业出版社，2004：265-266.

[15] 岳湘安，王尤富，王克亮．提高石油采收率基础[M]．北京：石油工业出版社，2007：158-160.

[16] 李士伦，张正卿，冉新权，等．注气提高石油采收率技术[M]．成都：四川科学技术出版社，2001.

[17] 刘忠运，李莉娜．CO_2驱油机理及应用现状[J]．节能与环保，2009(10)：36-38.

砾岩储层二元复合驱开发技术研究与应用

吕建荣　谭　龙　张德富　张　箐

(中国石油新疆油田公司)

摘　要　新疆油田七中区克下组油藏是典型的砾岩油藏，针对该类油藏油藏储层非均质性强、孔隙结构复杂的特点，开展了二元复合驱方案优化，自主研制出具有克拉玛依特色的高效低成本二元复合驱油体系，创新完善了砾岩油藏二元复合驱配套技术，深化了驱油、渗流理论，制定了分区域分阶段精细注采调控政策，确保试验取得成功。试验证明砾岩油藏二元复合驱技术对油藏伤害小，可以大幅度提高采收率，实现经济有效开发，具有"高效、低成本、环保"的特点，有望成为砾岩油藏大幅度提高采收率的主体技术。

主题词　砾岩油藏；二元复合驱；提高采收率

化学驱油方法主要包括聚合物驱、碱水驱、表面活性剂驱及其二元、三元复合驱等[1]。聚合物/表面活性剂二元复合驱体系，是利用聚合物的流度控制能力，改善流度比、提高波及系数；利用表面活性剂降低油水界面张力的能力，提高洗油效率，通过二者之间的协同效应较大幅度地提高采收率，而且更为绿色环保[2-3]。

2006 年中国石油股份公司在 5 类油藏开展二元复合驱工业化试验，新疆油田七中区是中国第一个砾岩油藏二元驱工业化试验区，列入股份公司 2007 年重大开发试验项目。七中区克下组砾岩油藏 1958 年发现，1962 年注水开发，截止 2007 年 7 月二元驱前缘水驱开发前，采油速度 0.55%，综合含水率高达 89%，采出程度 38.96%，已经进入"双高"阶段。试验区 18 注 26 采，2007 年井网调整投产，阶段采出程度 15.1%(二元驱 9.4%)。2014 年 9 月试验区南部转入水驱，北部 8 注 13 采继续注二元体系，二元驱阶段采出程度 13.2%，综合含水 56%，预计 2017 年底完成方案设计目标(15.4%)[4]。

2007 年，新疆油田公司选择在克拉玛依油田的七中区下克拉玛依组 T_2k_1(简称克下组)油藏，采用五点法井网、150m 井距的 16 注 26 采井组，开展了聚合物/表面活性剂二元复合驱(简称二元复合驱)先导性试验。2010 年 7 月，该井组进入二元复合驱前置段塞和主段塞阶段。但在二元主段塞初期注入高分子量、高质量浓度的二元复合体系(聚合物相对分子质量 2500 W、质量浓度 1600 mg/L，表面活性剂质量浓度 3 000mg/L)后，出现了深部地层流动困难甚至堵塞的现象，导致注采连通差、产液量快速降低，设计月产液 $1.6\times10^4 m^3$，实际只有 $1.1\times10^4 m^3$，试验区累计注入化学剂溶液 0.14 PV 时，采油速度 1.1%，阶段采出程度 2.3%，综合含水率 89.4%，效果明显低于方案预期。

砾岩储层属于多旋回的山前陆相盆地边缘沉积，为多物源、多水系、多变的山麓洪积扇沉积，形成了多类型、窄相带的复模态孔隙结构特征碎屑岩体系，储层以其特高非均质性和复模态孔隙结构区别于砂岩储层[5]。

七中区克下组油藏是典型的砾岩油藏，砾岩储层具有"孔大喉小"微观特征和非均质性强的宏观特征。结合这一特征，重新建立储层分类标准[6]，进行储层分类(见表 1)。根据不同的储层类型建立"四性"解释模板，大大的提高了解释精度，为方案优化设计奠定了基础。

1　二元复合驱油体系研制

1.1　发展驱油剂分子设计理论、优化原料油、改进工艺，开发形成超低 KPS 系列产品

根据原油与石油磺酸盐的构效关系，控制磺化深度，得到适应不同油藏的表活剂(KPS)。试验区在原料油分子量为 350 左右对应的产品界面

【作者简介】吕建荣(1980-)，男，硕士，高级工程师，从事砾岩油藏化学驱提高采收率方面的研究。E-mail：ljr2008@ petrochina. comn. cn。

张力可以达到超低(见图1)，但范围较窄[7]。KPS为环烷基某段馏分油磺化而成，即“掐头去尾”的中间组分磺化得到的，与试验区原油分子量分布匹配性不够高。针对这一问题提出“碳链匹配法”，选择另外一种石油磺酸盐进行复配，各自的分子量分布相对较窄，它们的组合可以弥补彼此在组成上存在的不足，发挥复配增效的作用，使之与原油更匹配，体系界面张力达到超低(见图2)。

表1　七中区克下组砾岩储层分类

类别	物性参数			毛管压力参数		岩石类型	孔喉类型
	孔隙度/%	渗透率/mD	泥质含量/%	平均孔隙半径/μm	主流喉道半径/μm		
Ⅰ	>19	>150	<5	>120	>5	含砾粗砂岩、小砾岩	大孔中喉
Ⅱ	14~19	50~150	5~10	120~110	2~5	中砂岩、砂砾岩	中孔细喉
Ⅲ	<14	<50	>10	<110	<2	细砂岩、砾岩	小孔微喉

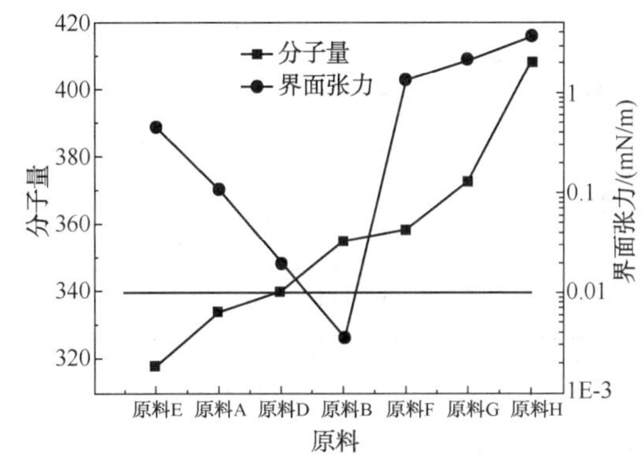

图1　不同分子量原料油产品的界面性能

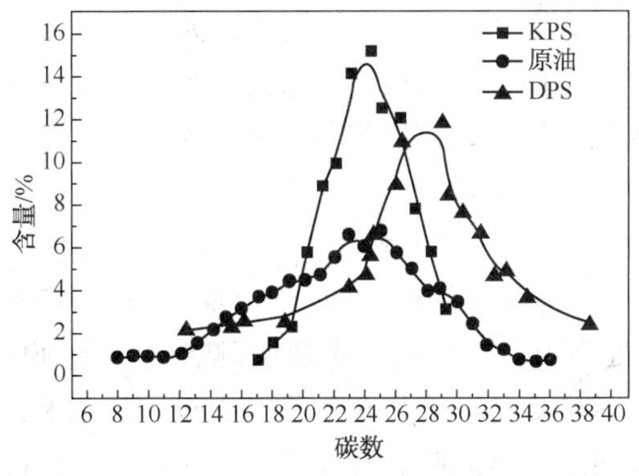

图2　不同磺酸盐与试验区原油分碳链分布

1.2　实现采出水配置、适度乳化二元复合驱油体系

油田采出水组分复杂多变，水驱开发已经实现了采出水回注，但是采出水对二元复合体系性能影响较大，继而影响二元驱开发效果。研究发现，油田采出水通过“暴氧塔”深度处理，控制二价离子范围，既能保持驱油体系较高的黏度，又能促进超低界面张力(见图3)由于KPS与采出液中的Ca^{2+}能很好络合，Ca^{2+}使胶束粒径变小和离子头靠近，能很好降低界面张力。产生的磺酸钙和碳酸钙由于颗粒直径远小于地层孔喉直径，使得采出水配液不会发生堵塞。

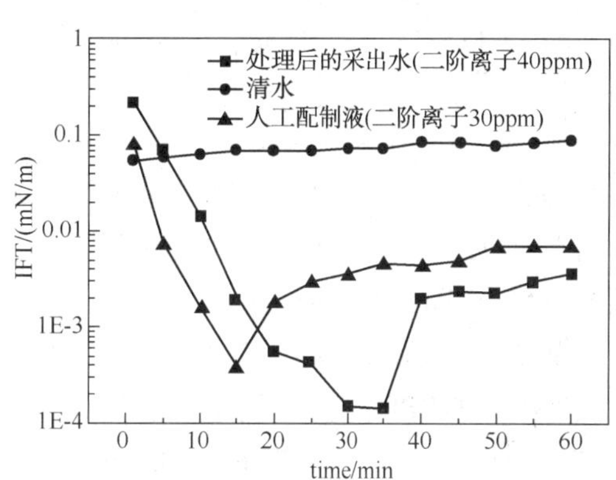

图3　采出水脱钙前后对界面张力的影响

复合驱开发过程中乳化是不可避免的，只是轻重程度的不同，同其它类型的表活剂相比，KPS表活剂的乳化性能好，驱油效率高[8]。复合体系的协同效应主要也是体现在乳化性能上，乳化后体系的驱油效率提高，同时采出原油处理难度加大。通过添加助剂、调节助剂的含量来控制乳化程度，实现提高驱油效率降低原油处理难度。

1.3　驱油体系指标优化

聚/表二元体系是通过聚合物溶液黏度提高流度比扩大波及体积，通过表活剂溶液降低界面张力提高驱油效率，从而提高采收率。

在驱油体系指标优化过程中，在满足技术指标条件下，要实现经济效益最大化，选择驱油体系与原油黏度比、界面张力拐点为方案设计指标[9]。从二元体系/原油黏度比与提高采收率的关系曲线(见图 4)可以看出，当黏度比大于 2.0 后，提高采收率的幅度明显变缓。从一维均质模型二元驱实验结果看(见表 2)，随着界面张力的降低，提高采收率有明显上升，提高采收率幅度在 13.81%到 21.43%之间，，要想大幅度提高采收率，二元体系与原油界面张力必须小于 5×10^{-3} mN/m。

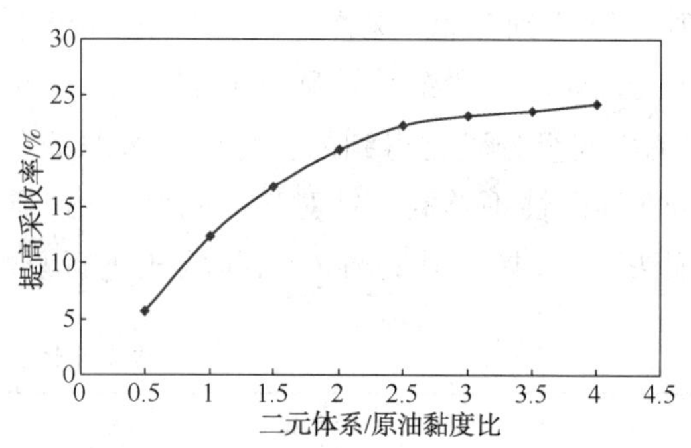

图 4　二元体系/原油黏度比与提高采收率的关系曲线

表 2　二元体系黏弹性与界面张力对提高采收率贡献

模型编号	注入体系	界面张力/(mN/m)	提高采收率/%	聚合物贡献		表活剂贡献	
				采收率/%	比例/%	采收率/%	比例/%
1	0.15%HPAM	15.2×10^{0}	9.80	9.8	100	0	0
2	0.3%DR-3+0.15%HPAM	3.11×10^{0}	13.81	9.8	70.96	1.8	29.04
3	0.3%LAyL+0.15%HPAM	3.8×10^{-1}	15.42	9.8	63.55	3.41	36.45
4	0.3%KPS-1+0.15%HPAM	7.33×10^{-2}	18.34	9.8	53.44	6.33	46.56
5	0.3%KPS-2+0.15%HPAM	6.52×10^{-3}	21.43	9.8	45.73	9.42	54.27

依据多旋回多模态并存的砾岩储集层动用状况差异性较大，设计了聚合物浓度可调、表活剂浓度梯度注入多段塞注入方案。

前置聚合物段塞：0.06 PV[0.12% ~ 0.18%(P)]，聚合物浓度单井可调；

二元驱主段塞：0.5 PV[0.25%(S) + 0.1%~0.18%(P)]，表活剂浓度梯度注入；

聚合物保护段塞：0.1 PV[1400mg/L(P)]。

2　二元复合驱配套工艺

2.1　一元可调目的液配注工艺

研制出一元可调目的液配注工艺，在熟化罐配制成最高浓度聚合物和一定浓度表活剂的二元目的液。通过在注入泵进口掺入一定量的同浓度表活剂调配液即可实现“聚合物浓度可调”，该系统运行稳定可靠。地面注入系统的黏度损失 9.9%，达到国内先进水平。

国内首创嵌套结构曝气氧化塔，曝气塔集氧化反应和微细气泡气浮功能于一体，空气通过喷射器从底部进入反应塔上升，污水从上部进入反应塔。悬浮物和油粒在微细气泡作用下，上浮至浮渣层通过刮渣机刮入集渣槽。处理后污水配制聚合物溶液黏度平均提高 35%，满足采出水配液技术指标。

2.2　二元驱采油工艺

创新改进多项防偏磨(抽油泵改进为防腐防卡防漏防断式)、防断脱(尼龙扶正器改进为强制旋转式)，防腐蚀工艺技术，大幅提高生产时率。检泵周期平均由 307 天延长到 746 天。分阶段优化压裂设计，措施有效率为 83.6%，平均单井日增油 3.6 吨。

2.3　二元驱采出液处理工艺

采出液采用“预处理+旋流反应+配套药剂体系”处理工艺，达到采出液破乳和污水处理的要求，与常规处理工艺相比节能 20%。目前系统运行平稳，外输油中含水率 0.83%，水中含油 255mg/L。

研发“絮凝气浮+高效微生物反应”处理工艺及配套净水药剂体系，利用化学絮凝反应降聚降表降黏，提高了采出水的可生化性；利用微生物分解代谢的能力，分解水中的乳化油及其他有机杂质。

3　过程调控

3.1　注剂初期，产液能力下降，剂窜严重

二元驱试验取得了一定的效果，但是主段塞

初期注入高分子量、高浓度的二元体系后，出现了产液量快速降低，方案设计月产液 $1.62\times10^4m^3$，实际月产液 $1.06\times10^4m^3$；方案设计阶段采出程度2.5%，实际阶段采出程度2.3%，脱离方案设计，与七东$_1$区聚驱试验区和二中区三元复合驱区对比，七中二元试验区同时存在产剂早和产剂浓度高的问题。

3.2 深化渗流规律研究，创建二元驱砾岩储层储层配伍性图版

通过不同物模实验开展储层流动性评价，恒速实验反映近井地带的流体注入能力，恒压实验反映远井地带的流体渗流能力。通过恒速、恒压物模流动性实验，创建了砾岩油藏二元复合驱体系与储层配伍性图版(见图5)。

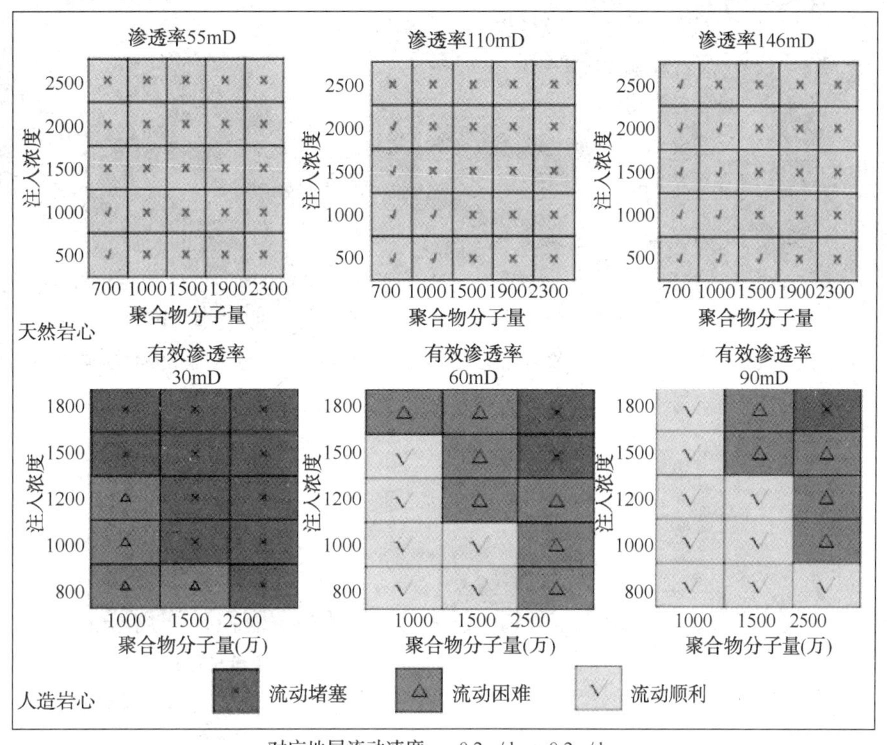

图5　二元复合体系与砾岩储层配伍性图版

试验区储层平均渗透率94.0mD，储层非均质性强，无论是平面上还是剖面上都存在大量的低渗储层，根据配伍性图版，初期注入聚合物分子质量2500万，浓度1500mg/l，表活剂浓度3000mg/l的二元体系渗流阻力明显偏大，造成渗流困难，产液下降。

3.3 创新技术方法，揭示深部地层流动困难因素

利用"N元素标定聚合物法"识别深部地层堵塞微观分布，探索了二元体系尤其是聚合物在不同物性储层下的微观堵塞区域和分布形态。

"N元素标定聚合物法"原理：聚合物中的酰胺基里存在N元素(见图6)，地层中N含量却微乎其微，根据二者的差别，采用电子探针对储层N元素进行探测可以有效确定聚合物的分布位置和含量，以此可以判断储层中二元驱体系分布位置和相对含量。

$$-(CH_2-\underset{\underset{CONH_2}{|}}{CH})_x-(CH_2-\underset{\underset{COOH}{|}}{CH})_y-$$

图6　聚合物分子链中的酰胺基特征

二元驱后，体系多赋存在黏土矿物堆积的复杂孔隙和较小孔喉中，降低了储层物性；储层渗透率越低，体系吸附滞留加剧(见图7)，堵塞越严重，渗透率下降幅度越大；中粗喉道端口处由于被二元体系冲刷运移，黏土含量较少，二元体系含量也较少；细长喉道端口处黏土聚集，二元体系含量较多[10]。

3.4 明确调控目标，制定调控对策，保障二元驱效果

砾岩油藏渗透率级差大，初期采用高强度体系以调堵为主，动用高渗层，中期采用弱强度体

系以调驱为主，动用中低渗层，实现双见效，大大的提高了二元驱效果[11-15]。

七中区克下组二元驱试验于2011年8月开始注剂，2013年9月进行配方调整为聚合物分子质量1000万，浓度1000mg/l，表活剂浓度2000mg/l的二元体系。调整后含水大幅度下降，采油量增加(见图8)，说明低渗储层得到了有效动用。截止2016年底，提高采收率12.8%，含水率62.7%。高峰期单井日产油由1.0t提高到4.2t；采油速度由0.9%提高到3.6%，产聚浓度下降。

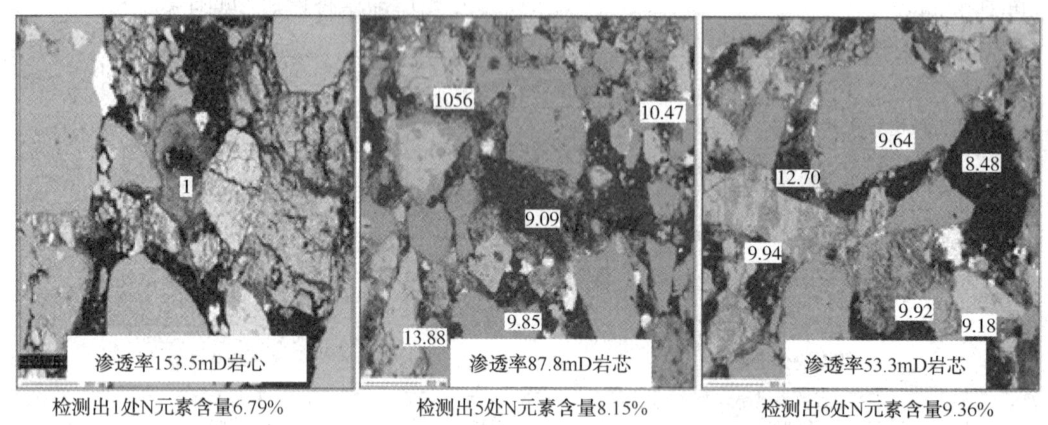

图7　二元体系在不同渗透率岩心的微观分布

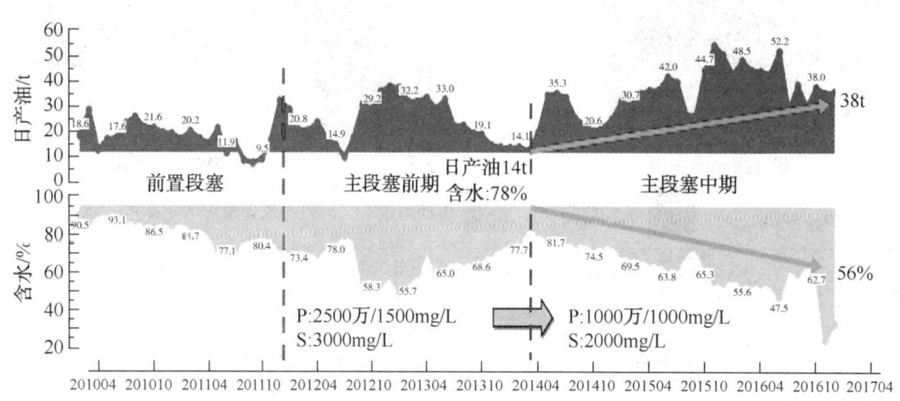

图8　七中区二元试验区开发曲线

4　结论

5.1 砾岩油藏二元复合驱技术可以大幅度提高采收率，实现经济有效开发

(1) 采油速度大幅度提升

七中区注剂后见效速度很快，采油速度提高。注剂前采油速度0.71%，注剂后采油很快达到2.8%，之后下降到0.96%，经过注采调控和配方体系调整后，达到见效高峰，采油速度最大为3.6%，目前仍在见效期，采油速度2.1%。

(2) 注剂存聚率高

二元驱初期配方体系与储层的配伍性差，出现剂窜现象，采聚、采表浓度高，存聚率快速下降，存表率低，之后经过综合治理及配方体系调整，存聚率回升，保持在85%以上，存表率回升后，一致保持在95%以上。

(3) 吨剂增油效果较好

吨剂增油分析对比时，将七中区二元驱表活剂按照聚合物价格折算为聚合物当量，二元驱在聚合物用量达到713mg/L.PV时，吨剂增油26.3t/t，同二中区三元复合驱相当，低于聚合物驱。

(4) 提高采收率幅度大

试验区北部储层物性好，提高采收率幅度大，南部储层物性差，提高采收率幅度小，2014年9月注入0.33PV化学剂后转入水驱。截止

2017 年 3 月试验区已注入 0.5PV 化学剂，提高采收率 9.5%，其中试验区北部提高采收率 13.4%，试验区南部提高采收率 6.5%。

4.2 二元复合驱"高效、低成本、环保"，有望成为水驱后提高采收率主体技术

（1）二元复合驱实现砾岩油藏水驱后高效开发

二元复合驱试验区注入 0.5PV 后，阶段采出程度 13.4，预计提高采收率 18.0%，高于七东$_1$区聚合物试验区提高采收率 12.1%。

（2）二元复合驱注采工艺成本低

二元复合驱同三元复合驱相比没有加碱，地面流程减少一套体系，没有腐蚀问题，采出液处理大为简化，这些使二元复合驱投资运行成本大幅度降低。

（3）采出水循环利用，绿色环保

二元复合驱通过深度处理、控制矿化度，不仅保证了二元驱效果，且实现了净化采出水的回用，减少了清水用量，降低开发的成本。

参 考 文 献

[1] 孙玉丽，钱晓琳，吴文辉．聚合物驱油技术的研究进展[J]．精细石油化工进展，2006，7(2)：26-29.

[2] 包玲，邹洪超，梁保生，等．无碱二元复合驱注入参数优化研究[J]．精细石油化工进展，2013，14(1)：20-22.

[3] 潘恒民．注聚井堵塞类型及措施效果[J]．大庆石油地质与开发，2005，24(1)：85-86.

[4] 胡复唐．砂砾岩油藏开发模式[M]．北京：石油工业出版社，1997.

[5] 程宏杰，宋杰，何辉等．克拉玛依砾岩油藏复合驱布井方式研究[J]．新疆石油天然气，2012，8(2)：54-59.

[6] 伍小玉，罗明高，聂振荣等．恒速压汞技术在储层孔隙结构特征研究中的应用[J]．天然气勘探与开发，2012，35(3)：28-31.

[7] 史俊，李谦定，董秀丽．克拉玛依炼厂石油磺酸盐组成分析及表面活性研究[J]．石油与天然气化工，2000，29(5)：247-249.

[8] 侯军伟，陈素萍，曾晓飞等．七中区二元驱油体系乳化性能研究[J]．科学技术与工程，2015，15(4)：216-220.

[9] 牛丽伟，卢祥国，杨怀军等．二元复合驱流度控制作用效果极其合理流度比研究[J]．中国石油大学学报，2014，38(1)：148-153.

[10] 吕建荣，孙楠，聂振荣，等．克拉玛依砾岩油藏二元复合驱物理解堵实验研究与应用[J]．新疆石油地质，2016，37(6)：703-708.

[11] 郑力军，张涛，李永长，等．聚异丙烯膦酸在长庆油田解堵过程中的技术研究[J]．2011，28(1)：63-65.

[12] 李锦超，张文鹏，王林杰，等．海上注聚井高效解堵体系性能研究与应用[J]．精细石油化工进展，2012，13(7)：15-17.

[13] 王志勇，吴晓明，张建国，等．自激振荡解堵增产技术试验研究[J]．石油天然气学报，2008，30(2)：314-316.

[14] 吴大康．振动压裂复合酸化解堵增注技术在安塞油田的应用[J]．长江大学学报(自然科学版)，2007，4(2)：47-316.

[15] 左伟芹，李雪莲，卢义玉，等．旋转射流联合沉砂筒解堵工艺关键参数研究[J]．石油钻探技术，2014，42(6)：92-96.

碳酸盐岩缝洞型油藏定量化注水提高采收率技术

刘培亮　刘　波　蒋　林　芦海涛　姚　蓓

（中石化西北油田分公司）

摘　要　根据碳酸盐岩缝洞型油藏地质特征，依托油藏工程方法，利用油藏物质平衡原理，结合现场实验，分析了缝洞型碳酸盐岩油藏定量化注水技术。该技术实现了缝洞型油藏注水时机的准确把控，可有效保持油藏能量及泄油半径。对于单井缝洞单元注水替油井实现了周期注水定量化设计，对于多井缝洞单元水驱井组，通过采油井分水量计算，实现了注采井组多流线差异化定量水驱及均衡波及。该技术的使用对碳酸盐岩缝洞型油藏高效开发，有效提高油藏采收率具有重要的意义。

关键词　碳酸盐岩；缝洞型油藏；物质平衡方程；定量化注水；采收率

注水采油是缝洞型油藏提高采收率的一项关键性技术，其应用油藏工程中最基本的物质平衡原理，通过注水实现油藏能量平衡，保持高产稳产(李阳等，2018)。塔河油田于2005年创造性提出对能量不足的单井缝洞单元实施注水替油，通过现场实践取得较好的效果，增油效果显著(荣元帅等，2008)。在此基础上，又对多井缝洞单元实施井组水驱，单元注水可有效恢复地层能量，驱替井间剩余油(马旭杰等，2011)。但是，生产实践表明，不同缝洞单元及注采井组间注采平衡状况、注水利用率及注水效果差异大，传统注水方法生产效果差异大，增油效果并不理想。而定量化注水技术的应用，有效的解决了传统注水方法带来的诸多问题，延长了油井的生产周期，提高了油藏采出程度(杨阳，2016)。定量化注水克服了缝洞型油藏的地质复杂性，以及油藏储集体参数、空间结构、流动过程的复杂变化，描述的物理过程清晰明了，应用方便快捷，具有强劲生命力，对碳酸盐岩缝洞型油藏提高采收率具有重要的指导意义。

1　地质背景

塔河油田位于塔里木盆地塔北隆起区南坡阿克库勒凸起南部(图1)，是典型的奥陶系碳酸盐岩古岩溶缝洞型油藏(漆立新，2014)。受多期构造岩溶控制，储集空间以大型溶洞、溶蚀孔洞及裂缝为主，基岩基本不具备储渗能力，储集体非均质性极强，空间分布复杂(图2)(李阳，2013；金强等，2013)。前人通过三维地震资料，蚂蚁体、相干、张量等属性结合井间动态响应，将储集体划分为不同缝洞单元及关联井组，实现了油藏精细化开发(李小波等，2014；鲁新便等，2015)。但是由于缝洞单元储集体非均质极强，空间展布多样，内部连通关系复杂，油水界面不统一，不同缝洞单元间产能差异，含水变化差异大(詹俊阳等，2012；黄太柱等，2014)。缝洞单元开发过程中普遍出现含水快速上升，产量递减快，常规开发手段开发效果不理想，采收率较低(任文博等，2013)。

2　定量化注水理论依据

2.1　单井注水替油

对于定容性单井缝洞单元，如钻遇孤立缝洞体的油井，其储集体规模相对较小，能量下降快，转抽后因产能低，难以维持生产，可进行注水替油(李爱芬等，2012)。生产实践表明，储集体发育程度越好，储集体规模越大，其注水替油效果越好，尤其以溶洞型储集体效果最好。根据封闭弹性驱动未饱和油藏的物质平衡方程(郭素华等，2008；田亮等，2018)：

$$N_pB_o=NB_{oi}C_t\Delta P=K_0\Delta P \tag{1}$$

$$W_iB_w=(N-N_pB_o)B_{oi}C_t\Delta P=K_w\Delta P \tag{2}$$

由式(1)可知油藏单位压降采油量 EEI 为：

$$EEI=K_o=N_pB_o/\Delta P=NB_{oi}C_t/B_o \tag{3}$$

由式(2)可知油藏单位压恢耗水量为：

$$K_w=W_iB_w/\Delta P=(N-N_pB_o)B_{oi}C_t \tag{4}$$

【作者简介】刘培亮，男，1982年3月出生，2004年毕业于中国地质大学(武汉)，工学学士学位，工作单位：中石化西北油田分公司采油三厂，高级工程师，主要从事油藏开发管理工作，E-mail：63789100@qq.com。

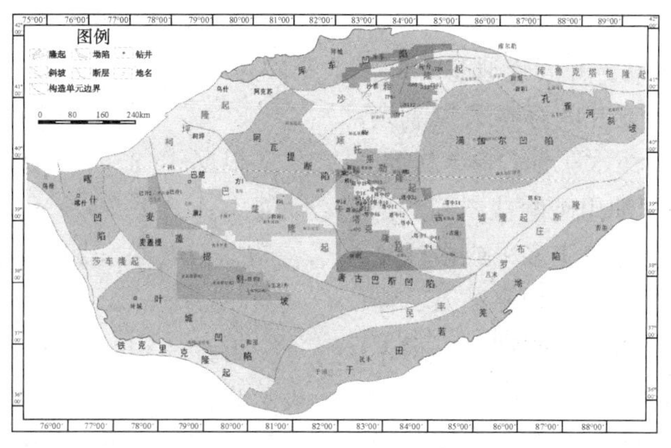

图 1　塔里木盆地构造分区(据漆立新，2014)

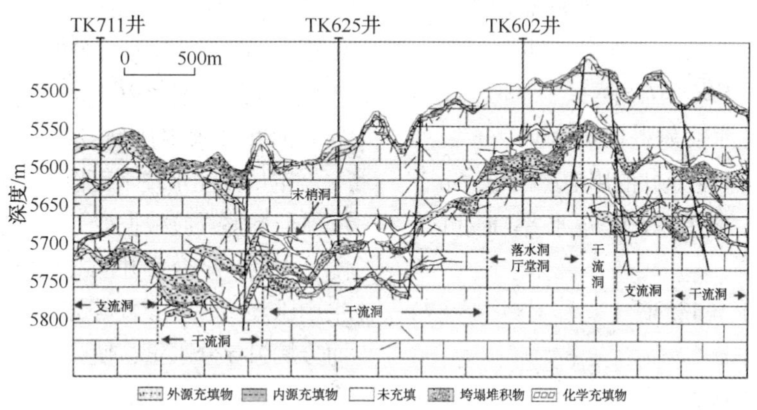

图 2　塔河油田奥陶系储层缝洞系统模式图(据(李阳，2013))

其中　N_p——累积产油量，m^3；

B_o——压力为 P 时，地层原油的体积系数；

B_{oi}——原始油藏压力下，地层原油体积系数；

N——原始地质储量，m^3；

C_t——原油压缩系数，MP^{-1}；

K_o——油藏单位压降产油量，m^3/MPa；

K_w——油藏单位压恢耗水量，m^3/MPa；

B_w——压力为 P 时，地层水的体积系数；

W_i——注入水量，m^3。

由式(3)可知单位压降采油量与井控油藏储量成正比，油藏储量越大，单位压降采油量越大。向油藏中注入流体是开采的逆过程(图 3)，因此，单位压降采油量越大，注水恢复单位压力的耗水量也越大，即单位压恢耗水量越大。当地层能量保持较好时，$K_w/K_o \approx 1-N_pB_o/N$，表明泄油半径与注水波及范围相当，若 $K_w << K_o$，则表明注水波及受限，相应的泄油半径缩小，若 $K_w > K_o$，则表明注水波及范围增大，相应的泄油半径也扩大。依据该原理，要实现单井缝洞体定量化注水，首先应确定油藏单位压降采出量，即弹性能量指数 EEI，假设需要恢复压力值 ΔP，那么所需注水量即为：

$$W_i = EEI * \Delta P \tag{5}$$

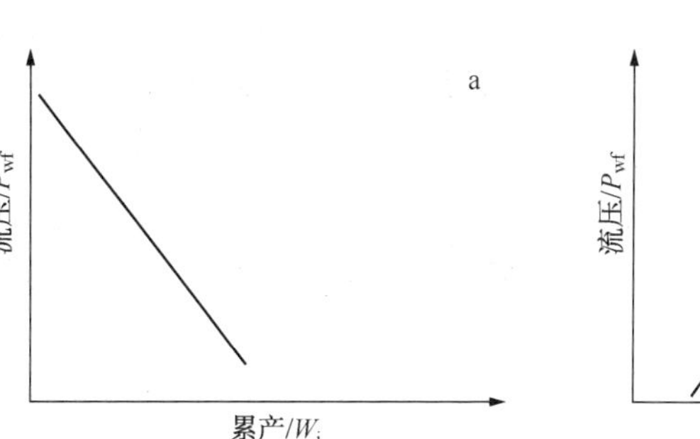

图 3　油藏能量指示曲线(a)与注水指示曲线(b)

2.2 单元注水

对于大规模多井缝洞单元，井间连通基础好，动态响应明确，因能量不足或井间存在大量剩余油难以产出后，可进行单元注水驱油（李春磊等，2014）。开发实践表明，塔河油田碳酸盐岩缝洞型油藏有相当一部分注采单元为一注多采或多注一采型模式，因此，要保证注水过程均衡波及，需要精准确定每口受效井的分水量。同理，可根据油藏物质平衡原理，计算单元中受效井的分水量。首先，需要通过式(3)计算出各个采油井的油藏单位压降采出量，即弹性能量指数 EEI；再根据注水期间，受效井的产出量及始末状态压力的变化值，可计算出受效井的分水量即为：

$$W_e = EEI \times \Delta P + Q \tag{6}$$

其中　W_e——单元注水受效井的分水量，m^3；

Q——单元注水受效井的周期产出量，m^3。

由式(6)可知，各受效井分水率 W_r 可表示为：

$$W_r = W_e / W_i \tag{7}$$

其中　W_r——采油井分水率；

W_i——注水井总注水量。

由式(6)可知，注采井组中，各受效井分水量之和应与注水井注入量相等。由上文可知，根据式(3)采油井单位压降采油量(即 EEI)与其井控储量呈正比，因此，在一个注采井组中注水分流量最合理科学的分配应该与各采油井井控储量相匹配，即各采油井分水量应该与其单位压降产液量呈正比，因此，可根据各采油井之间单位压降产油量的比例计算其分水量的理想比例。将式(7)计算出的实际分水率与理想分水率进行对比，寻找差距和问题，进而对注采参数进行调整。而受效井分水量主要受井间连通程度的影响，注水井与受效井间关系可表示为：

$$(P_{注} - P_{采}) * (\alpha K_A / \mu_L) = Q + VC_t * d_p / d_t \tag{8}$$

其中　$P_{注}$——注入井油藏压力，MPa；

$P_{注}$——注入井油藏压力，MPa；

α——油藏孔隙度，%；

K——油藏渗透率，md；

μ——黏度，Pa. S；

Q——采出量，m^3；

V——控制体积，m^3；

C_t——压缩系数，MP^{-1}；

d_p/d_t——压力变化率，MPa/d。

式(8)中，等式右侧为注水分水量，可表示为：

$$W_e = Q + VC_t * d_p / d_t \tag{9}$$

根据式(8)，可使用导流能力 F_c 表征井间流动能力：

$$F_c = \alpha K_A / \mu_L = (Q + VC_t * d_p / d_t) / (P_{注} - P_{采}) \tag{10}$$

由式(9)与式(10)可知，采油井分水量也可表示为：

$$W_e = (P_{注} - P_{采}) * F_c \tag{11}$$

由式(11)可知，可通过改变注采井间压差来调整采油井的分水量。当注水井油藏压力 $P_{注}$ 比较稳定时，可通过改变生产井工作制度(改变生产压差)，来调整井间压差，均衡水线波及，使各采油井分水率达到或接近理想比例。

定量化注水技术可以实现单元注水量的定量化配注与调整，应根据受效井井控储量比例，合理分配分水量，结合各井间导流能力状况，可通过调整生产压差、注水参数等方式，来调整井间压差，从而分配引导分水量，使得同一注采井组中，不同受效井均达到注采平衡，均衡波及(图4)。

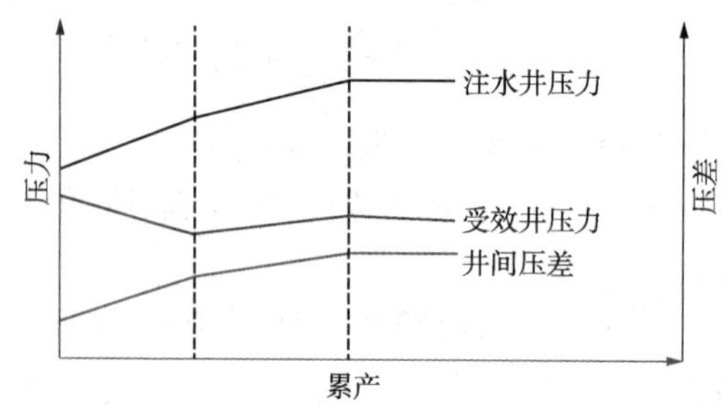

图4　理想注采井间压差曲线

2.3 量化注水时机

塔河油田碳酸盐岩缝洞单元中注水井常选择能量不足的井，或通过正常手段已无法维持生产的机抽井，但是，对于缝洞型油藏，随着开采程度的提高，地层能量逐渐下降，当油藏压力低于裂缝闭合的临界流体压力时，裂缝将发生闭合(图5)。若注水时机选择过晚，有效裂缝已闭合将导致油藏泄油半径减小，致使裂缝沟通的远端储集体内剩余油被屏蔽，无法采出，油藏采出程度降低。同时，若注水时机选择过早，即在油井停喷后不进行转抽而直接注水，注入水会将井周富集的剩余油推向远端，致使这部分剩余油难以被采出(胡蓉蓉，2015)。因此，可通过计算缝洞型油藏中裂缝发生闭合时的临界压力来选择恰当的注水时机，通过该方法对塔河油田托甫台区块主要缝洞单元裂缝临界闭合压力进行计算，以准确把握注水时机。油井应尽最大可能发挥天然能量优势进行开采，并在有效裂缝闭合前进行注水采油，这样既可以使裂缝保持常开状态，防止裂缝闭合，有效保持注水波及范围及泄油半径，又可以减少井周可采储量损失。由此可见，注水时机对油藏保持稳产时间有着重要影响。

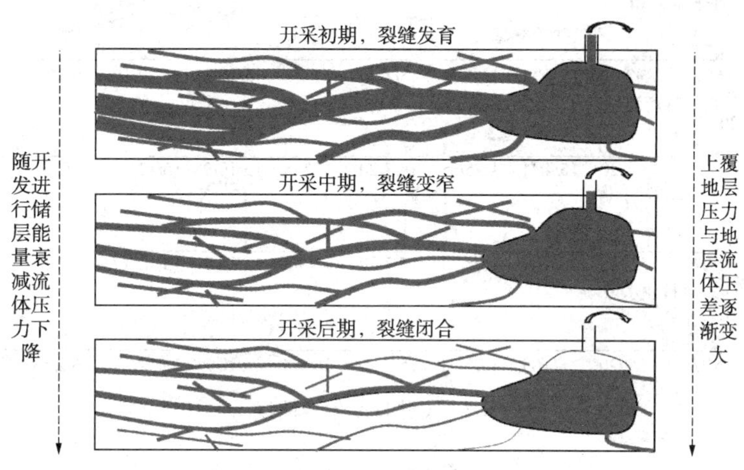

图 5　缝洞型油藏裂缝演化模式图

3　定量化注水生产实践

3.1　注水替油井的定量化注水实践

以 A 井为例，该井位于塔河油田托甫台区块缝洞单元内，2014 年 3 月 20 日完钻，钻完井过程中发生少量漏失（205.5m^3），钻遇溶洞型储集体。该井投产即带水，累计产液 2442t，产油 2164t 后停喷转抽，生产过程中与邻井无明确动态响应，为典型的定容性单井缝洞单元。根据式(3)计算出 A 井转抽生产期间的单位压降采出量，即弹性能量指数 $EEI = 173m^3/MPa$（表 1、图 6），注水前油藏压力 29.9MPa，设计压力恢复值 12MPa，根据式（5）计算所需注水量 W_i = 2076m^3。该井实际注水 2142m^3，由式(5)反推理论压力恢复值 $\Delta P_{理论}$ = 12.4MPa，实际测试静液面恢复至 738m，折算油藏压力为 42.9MPa，实际压力恢复值为 $\Delta P_{实际}$ = 13MPa，误差率 4.6%，符合实际开发需求。

表 1　A 井第一轮注水参数定量化设计

EEI/(m^3/MPa)	注水前油藏压力/MPa	设计恢复压力/MPa	设计注水量/m^3	实际注水量/m^3	理论压力恢复值/MPa	实际压力恢复值/MPa
173	29.9	12	2076	2142	12.4	13

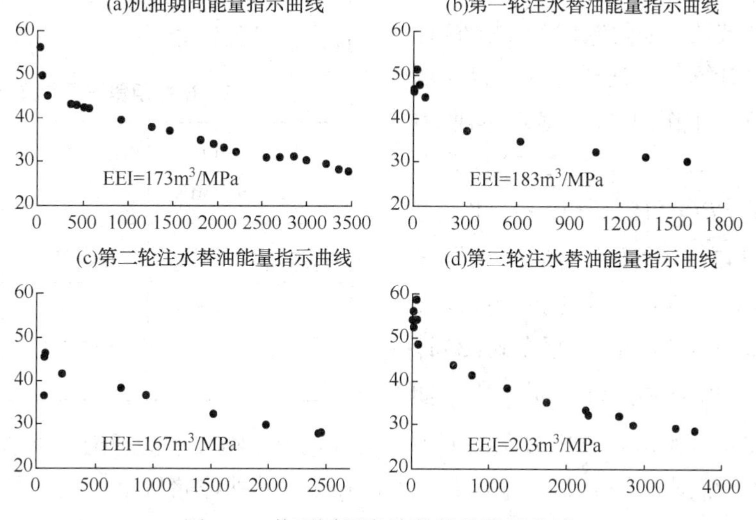

图 6　A 井不同开发阶段能量指示曲线

通过使用定量化注水技术，对 A 井实施三轮注水替油开发，三轮注水能量均保持较好。单位压降产液量 *EEI* 未出现大幅下降(图 6)，有效保持了油藏泄油半径，三轮次注水替油累计实现增油 5086t(图 7、图 8)。

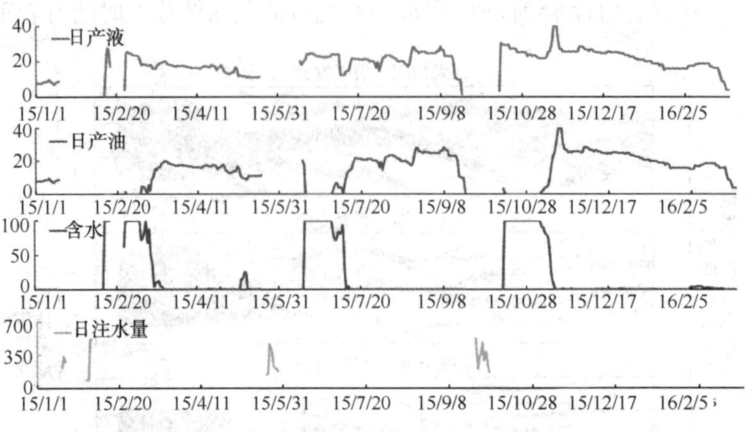

图 7 A 井日度生产曲线

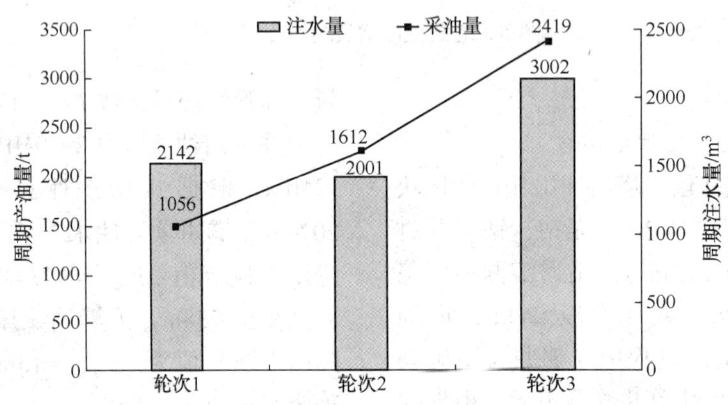

图 8 A 井三轮次注水增油量变化

3.2 单元注水井组的定量化注水实践

B 注采井组位于塔河油田托甫台区块缝洞单元内，B 井为单元注水井，受效井为 C、D、E 井，生产期间井间动态响应明确，为典型的大规模多井缝洞单元油藏。为使井组中各受效井均能达到注采平衡、均衡波及，通过式(1)~式(6)计算各井分水量，同时计算各井连通程度，合理调整 B 井注水量及受效井工作制度。以第 1 周期为例(表 2)，B 井注水 5441m^3，根据式(3)计算出 C 井单位压降采出量 $EEI=1411\text{m}^3/\text{MPa}$，注水过程中采出量为 $Q_C=1424\text{m}^3$，注水初期与末期压力上升值 $\Delta P=0.7\text{MPa}$。因此，根据式(6)计算出 C 井注水分水量为 $W_e=2412\text{m}^3$。根据式(3)计算出 D 井单位压降采出量 $EEI=677\text{m}^3$，注水期间产出量为 $Q=1158\text{m}^3$，始末状态压力上升值为 $\Delta P=0.5\text{MPa}$，因此，根据式(6)计算出 D 井注水分水量为 $W_e=1497\text{m}^3$。根据式(3)计算出 E 井单位压降采出量为 $EEI=416\text{m}^3$，注水期间产出量为 $Q=531\text{m}^3$，始末状态压力上升值为 $\Delta P=2.1\text{MPa}$，因此，根据式(6)计算出 E 井注水分水量为 $W_e=1405\text{m}^3$。计算三个受效井分水量合计为 5314m^3，实际注水 5441m^3，误差率 2.3%，符合实际开发需求。

表 2 B 井组第一周期单元注水分水量

井号	EEI/(m^3/MPa)	周期产液量 Q/m^3	压差 ΔP/MPa	分水量 W_e/m^3
C	1411	1424	0.7	2412
D	677	1158	0.5	1497
E	416	531	2.1	1405

根据物质平衡理论，采油井单位压降采油量 EEI 与其井控储量呈正比，井控储量越大，单位

压降采油量也就越大，相对应的单位压恢耗水量也应越大，因此，在一个注采井组中注水分流量最合理科学的分配方应该与各采油井井控储量相匹配，即各采油井分水量应该与其单位压降产液量呈正比。基于此理论，对于B井组，应该根据各井井控储量分配合理分水量，可根据单位压降采油量计算合理分水量，由上文可知 $EEI_C = 1411m^3/MPa$，$EEI_D = 1008m^3/MPa$，$EEI_E = 594m^3/MPa$（表 2），因此理想分水量比例 $W_C : W_D : W_E = 0.47 : 0.34 : 0.19$。由前期注水情况可知，第一、二周期注水实际分水量并未达到理想状态（表 3），由式（8）与式（10）计算可得注水井与各采油井井间导流能力为 $F_C = 15.8m^3/d/MPa$，$F_D = 11.5m^3/d/MPa$，$F_E = 5.2m^3/d/MPa$，各采油井导流能力比例为 $F_C : F_D : F_E = 0.49 : 0.35 : 0.16$。

对照前期各井注水分水率与理想比例的差距，结合井间导流能力，对各采油井进行调整（表 3）。分析认为：E井实际分水量偏大，而D井实际分水量偏小，因此，在第三周期注水过程中主动下调了E井工作制度，减小其与注水井B的井间压差，从而减小注入水向E井的分水量；相反，D井上调工作制度，增大其与注水井B的井间压差，从而增大注入水向D井的分水量，保证了水驱的均衡波及（图 9）。通过工作制度的调整，使各采油井分水率均接近理想比例，使得井组内水线达到均衡波及，最大程度动用井间储量，有效提高了井组采收率，实施注水三周期，累计增油23536t，增油效果显著（图 10、图 11）。

表 3　B井组三周期注水各井分水量比例调整表

井号	第一周期注水：5441m³	第二周期注水：4858m³	第三周期注水：4340m³	理想比例/%
C	0.43	0.51	0.47	0.47
D	0.28	0.25	0.38	0.34
E	0.28	0.25	0.15	0.19

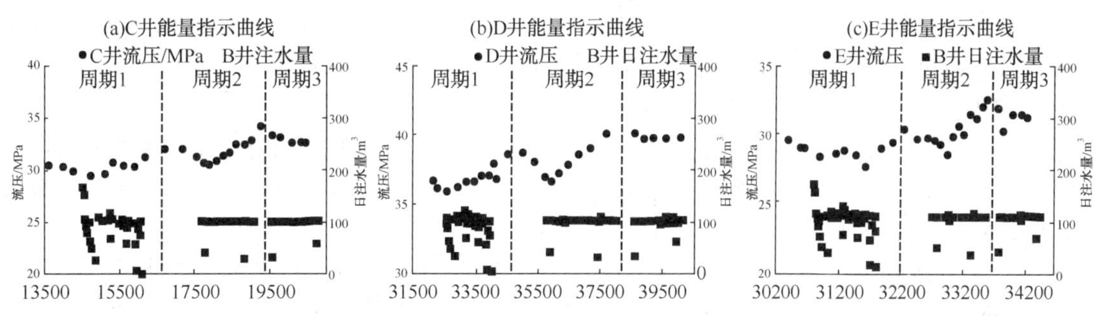

图 9　B井组注水期间能量指示曲线

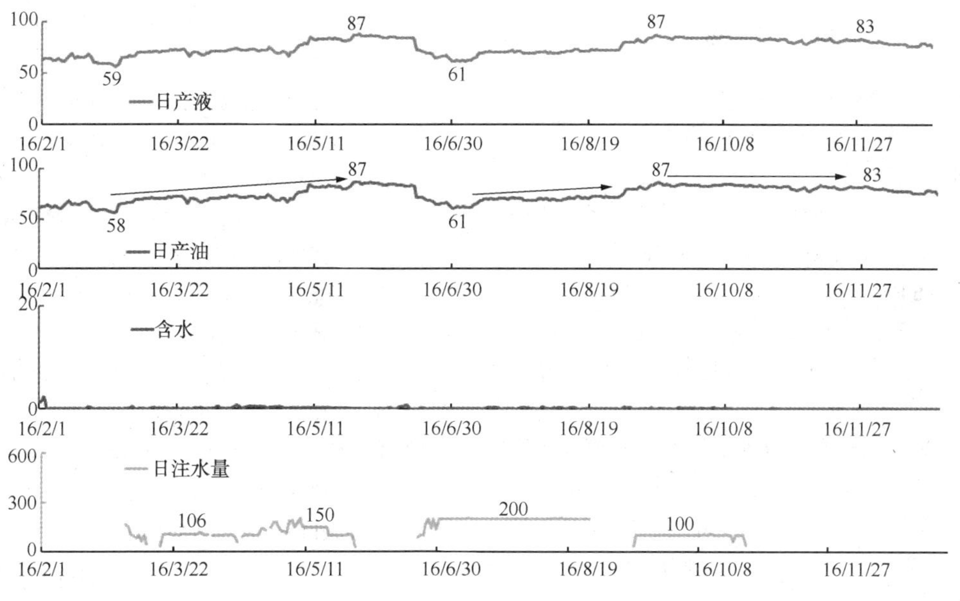

图 10　B注采井组生产曲线

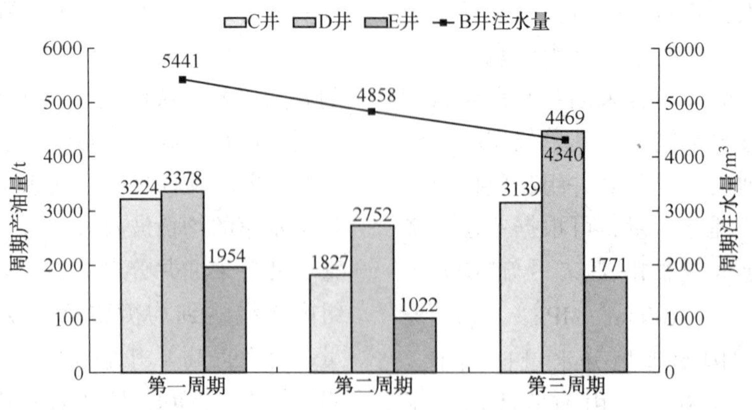

图 11　B 注采井组三周期单元注水周期增油量对比

4　结论与认识

（1）依托物质平衡原理，对于定容性单井缝洞单元实施单井注水替油，通过单位压降采油量和单位压恢耗水量两项参数定量化设计周期注水量，有效补充了油藏能量，减少了无效注水量，实现了油藏的稳定动用。

（2）依托物质平衡原理，对于大规模多井缝洞单元中的注采井组，通过各受效井单位压降采油量比值定量化设计合理分水量；结合注采井组井间导流能力，通过调整井间压差，使各采油井分水率接近理想比例，从而避免井组注水水窜，延长单元注水有效期，提升水驱开发效果。

（3）生产实践表明，碳酸盐岩缝洞型油藏定量化单井注水及单元注水技术能够有效提升注水开发效果，是油田提高采收率的一种有效手段，在碳酸盐岩缝洞型油藏开发中具有很大的推广意义。

参　考　文　献

[1] 李阳，康志江，薛兆杰，等．中国碳酸盐岩油气藏开发理论与实践[J]．石油勘探与开发．2018，(04)：669-678.

[2] 荣元帅，黄咏梅，刘学利，等．塔河油田缝洞型油藏单井注水替油技术研究[J]．石油钻探技术．2008，(04)：57-60.

[3] 马旭杰，刘培亮，何长江．塔河油田缝洞型油藏注水开发模式[J]．新疆石油地质．2011，(01)：63-65.

[4] 杨阳．缝洞型油藏水驱机理及注水开发模式研究[Z]．中国石油大学(北京)，2016：博士，149.

[5] 漆立新．塔里木盆地下古生界碳酸盐岩大油气田勘探实践与展望[J]．石油与天然气地质．2014，(06)：771-779.

[6] 李阳．塔河油田碳酸盐岩缝洞型油藏开发理论及方法[J]．石油学报．2013，(01)：115-121.

[7] 金强，田飞．塔河油田岩溶型碳酸盐岩缝洞结构研究[J]．中国石油大学学报(自然科学版)．2013，(05)：15-21.

[8] 鲁新便，胡文革，汪彦，等．塔河地区碳酸盐岩断溶体油藏特征与开发实践[J]．石油与天然气地质．2015，(03)：347-355.

[9] 李小波，李新华，荣元帅，等．地震属性在塔河油田碳酸盐岩缝洞型油藏连通性分析及其注水开发中的应用[J]．油气地质与采收率．2014，(06)：65-67.

[10] 詹俊阳，马旭杰，何长江．塔河油田缝洞型油藏开发模式及提高采收率[J]．石油与天然气地质．2012，(04)：655-660.

[11] 黄太柱，蒋华山，马庆佑．塔里木盆地下古生界碳酸盐岩油气成藏特征[J]．石油与天然气地质．2014，(06)：780-787.

[12] 任文博，陈小凡．缝洞型碳酸盐岩油藏非对称不稳定注水研究[J]．科学技术与工程．2013，(27)：8120-8125.

[13] 李爱芬，张东，高成海．封闭定容型缝洞单元注水替油开采规律[J]．油气地质与采收率．2012，(03)：94-97.

[14] 郭素华，赵海洋，邓洪军，等．缝洞型碳酸盐岩油藏注水替油技术研究与应用[J]．石油地质与工程．2008，(05)：118-120.

[15] 田亮，李佳玲，袁飞宇，等．塔河油田碳酸盐岩缝洞型油藏定量化注水技术研究[J]．石油地质与工程．2018，(2)：86-89.

[16] 李春磊，谢爽，杜洋．塔河多井缝洞单元注水模式及注采参数优化[J]．重庆科技学院学报(自然科学版)．2014，(03)：44-47.

[17] 胡蓉蓉．缝洞型碳酸盐岩油藏提高采收率机理研究[Z]．中国石油大学(华东)，2015：博士，135.

低温低渗油藏耐盐调驱剂的制备及调驱实验研究

杜全庆　黎　宁

（中国石油青海油田分公司）

摘　要　针对常规调驱剂在低温高矿化度低渗透油藏下耐盐性差、易降解、不成胶或成胶强度不够、凝胶有效期短的问题，室内优选得到适合南翼山油田Ⅰ+Ⅱ油组低温、高盐油藏弱凝胶体系配方：聚合物$KYPAM_2$浓度0.2~0.3%，聚交比8：1~15：1，稳定剂100~200mg/L，助剂50~100mg/L，室内评价表明研制的凝胶具有良好的抗盐性和长期稳定性，以及较好的抗剪切性能。模拟油藏条件，开展了单岩心和并联岩心室内实验，评价了调驱体系的注入性和驱油效率能力，同时对不同注入浓度、段塞下提高采收率水平进行了研究，结果表明：阻力系数为11.7，残余阻力系数为302.94，具有良好的封堵性；同时，在注入30 PV后注入压力保持在10.5MPa，表现出良好的耐冲刷性；并联岩心模拟调驱剂提高采收率结果表明：渗透率级差为4.08的油藏，采收率可提高36.95%；渗透率级差为11.51的非均质油藏，采收率可以提高31.96%，表现出良好的提高低渗油藏采收率潜力；影响采收率提高的主要因素包括注入浓度、段塞尺寸、段塞组合方式等，采取合理的注入方式可以有效提高低渗透非均质油藏采收率，具有良好的推广前景。

关键词　低渗透油藏；弱凝胶体系；封堵性；调驱剂；采收率

南翼山浅油藏Ⅰ+Ⅱ油组岩石类型主要为泥质粉砂岩，泥晶灰岩，主要发育原生粒间孔、次生溶孔(特别是生物、矿物溶模孔)、次生溶蚀扩大孔、异常高压形成的裂缝。孔隙度变化范围15.1%~36.2%，平均孔隙度为25.0%，峰值集中分布在24%~30%之间；岩心渗透率变化范围0.4~104mD，平均为9.82mD，峰值集中分布在1~100mD之间，属于中高孔—低渗储层。原油主要集中在N_2^2地层的上部，具有埋藏浅(油藏顶部埋深109m，油藏高度532.9m)、低温(温度低于30℃)、高盐(总矿化度28×10^4 mg/L)、强非均质性的特点。目前油藏在注水开发过程中暴露出吸水层和产液层均为上部疏松层、油层下部水驱动用程度较低、水窜现象突出的矛盾，有必要通过调整吸水剖面改善纵向吸水结构，同时封堵平面单向水窜通道，提高油藏动用程度和油田采收率[1-5]。普通的聚合物交联凝胶在南翼山Ⅰ+Ⅱ油藏中存在低温不成胶或成胶强度不够，聚合物耐盐性不强，易降解，有效期短的问题[6-10]，因此，经过优选，得到了适合南翼山油田Ⅰ+Ⅱ油组中低温、高盐油藏的调驱体系，并在油藏条件下开展调驱体系提高采收率物理模拟实验，为现场应用提供理论指导。

1　实验准备

1.1　实验仪器

恒温鼓风干燥箱(成都特思特仪器有限公司)；恒速恒压泵、电子天平、六通阀、抽真空泵、中间容器、岩心夹持器、压力传感器、游标卡尺(海安石油科研仪器有限公司)

1.2　实验流体

油样为南翼山Ⅰ+Ⅱ油组原油，地下原油黏度为5.32 mPa·s，地层原油密度为0.835 g/cm^3；

水样为地层水，总矿化度28.11×10^4 mg/L；

使用地层水配制聚合物0.2%+250mg/L有机铬交联剂+稳定剂100mg/L+助剂DQ80mg/L+助剂DF50mg/L，初始黏度为100.9mPa·s。

1.3　岩心准备

实验用人造岩心由石英砂高温胶结而成，基本参数见表1。

2　实验方案

2.1　单岩心实验方案

通过单岩心流动实验测定体系的阻力系数、残余阻力系数及驱油效率，对体系的注入性进行评价，实验流程见图1。

【作者简介】杜全庆，男，1984年3月，山东单县人，工程师，2012年毕业于东北石油大学，硕士，目前在青海油田采油四厂注水项目部工作，副主任。E-mail：635755267@qq.com

表 1 实验岩心基本参数

岩心编号	直径/cm	长度/cm	孔隙体积/cm^3	孔隙度/%	水测渗透率/($10^{-3}\mu m^2$)
2-3	2.53	6.06	11.523	37.82	133.05
2-10	2.54	7.08	13.668	38.1	131.32
2-9	2.47	6.09	9.609	32.92	124.6
2-4	2.53	6.06	10.762	35.33	180.24
1-6	2.48	6.3	10.65	35.01	55.03
2-8	2.53	6.1	11.445	37.32	224.7
1-5	2.54	6.24	10.02	31.71	16.47
2-15	2.55	6.14	11.281	35.98	189.6

(1) 性能测定实验步骤[11-13]：

① 按照图 1 安装实验设备，用手动泵加环压，并用地层水测试其密封性和渗透率；

② 向岩心中，以合适的注入速度注入体系，压力稳定时记录流量和压差，计算阻力系数；

③ 取出注入了体系的岩心，放入装有体系密封容器中，在 30℃烘箱中交联候凝 5~7d；

④ 从烘箱里取出岩心，剥离岩心表面的凝胶，清除管线堵头及阀门中的凝块；重新装好岩心，用地层水驱替，直至出口端流出第一滴液体，记录此时进口端压力表读数即为突破压力值；

⑤ 继续用地层水驱替，待到压力稳定时记录流量和压差，计算残余阻力系数；

⑥ 继续水驱至 40 PV，进行耐冲刷实验。

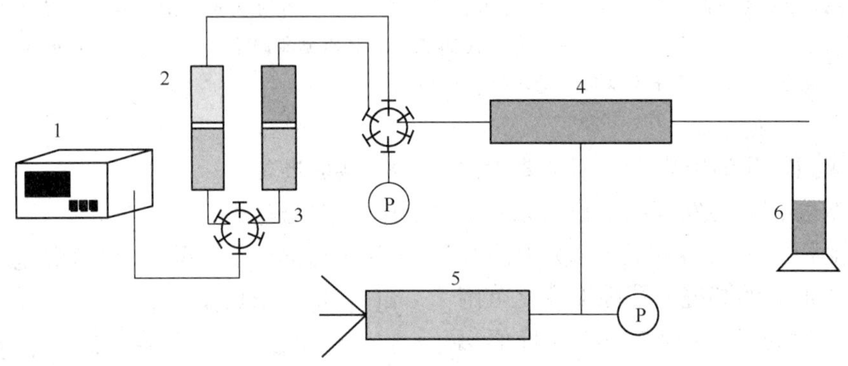

图 1 单岩心实验流程图

1—平流泵；2—凝胶体系；3—地层水；4—岩心加持器；5—手动泵；6—量筒

(2) 驱油效率实验步骤[14]

① 将岩心饱和原油，记录饱和油过程中驱出水量，即为饱和油量；

② 使用地层水对岩心驱替，建立剩余油饱和度或残余油饱和度，记录累计出油量及压力稳定后的流量和压差，计算水驱极限采收率；

③ 注入调驱体系，于 30℃烘箱中候凝 5d；后续步骤同步骤(1)中的④、⑤、⑥。

2.2 并联岩心实验方案

通过交联聚合物体系对不同渗透率级差岩心的实验，探讨聚合物凝胶的选择注入性及对非均质地层的剖面改善程度，实验流程见图 2。

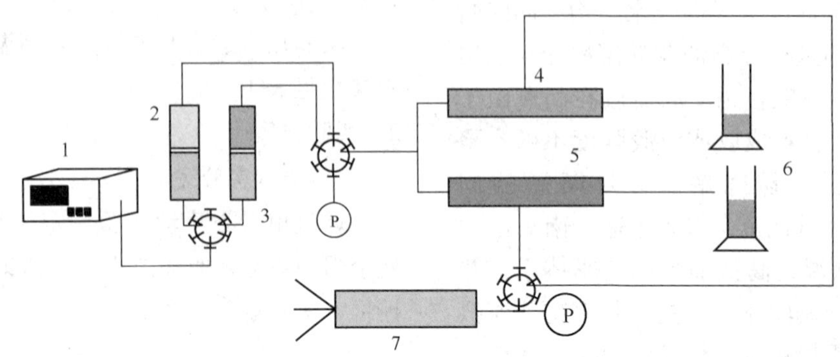

图 2 并联岩心实验流程图

1—平流泵；2—凝胶体系；3—地层水；4—低渗岩心；5—高渗岩心；6—量筒；7—手动泵

实验步骤[15-16]：

（1）选取两组不同渗透率级差的岩心装入岩心夹持器中，将实验仪器按流程安装好；

（2）手动泵加环压后，用地层水测试实验装置密封性；

（3）以 1mL/min 的速度向两根岩心中饱和原油，并测量出口端被驱出地层水体积，当出口端有原油被驱出时再饱和一段时间，以保证岩心被原油充分饱和，驱出地层水体积即为饱和油量；

（4）以 1mL/min 的速度用地层水驱替并联岩心中的油，水驱至含水 98%以上，记录两根岩心出口端产出油量；

（5）以 1mL/min 的速度向并联岩心中注入 1.0PV 交联聚合物体系，记录两根岩心出口端产出油量及压力表 P_1、P_2的压力值；

（6）将注了调驱剂体系的岩心密闭地放置在 30℃恒温烘箱内，候凝 5d；

（7）将岩心取出，重新按照图 2 的实验流程图连接好管线，以 1mL/min 的速度用地层水驱替至经济极限，记录两根岩心出口端产出油量。

3　实验结果

3.1　单岩心实验结果

（1）阻力系数及残余阻力系数

实验注入体系的阻力系数及残余阻力系数见表 2。

表 2　阻力系数和残余阻力系数计算结果

岩心编号	注体系前水驱		注体系		注体系后水驱		阻力系数	残余阻力系数
	渗透率/$10^{-3}\mu m^2$	压差/MPa	渗透率/$10^{-3}\mu m^2$	压差/MPa	渗透率/$10^{-3}\mu m^2$	压差/MPa		
2-9	124.604	0.017	1.103	1.9	0.178	5.15	111.7	302.94

表 2 可以看出：凝胶体系残余阻力系数较阻力系数大，聚合物溶液的阻力系数高于残余阻力系数。聚合物溶液因其较好的增黏能力，能够改善流体流度比，有效提高驱油效率。凝胶体系的阻力系数是在几乎未发生交联反应时体系的阻力系数，故同聚合物溶液一样，使注入流体黏度增大，降低流度比，提高采收率；交联聚合物溶液成胶后，黏度迅速增大，后续水驱注入压力升高，水相渗透率降低，凝胶体系具有较好的封堵性。

（2）驱油效率

饱和油建立束缚水饱和度，根据水驱岩心驱出油量，得到聚合物凝胶提高采收率数据，见表 3。

表 3　聚合物凝胶驱提高采收率数据表

岩心编号	孔隙体积/cm^3	饱和油量/mL	含油饱和度/%	束缚水饱和度/%
2-4	10.762	8.4	78.05	21.95
	驱出油量/mL	水驱采收率/mL	残余油饱和度/%	
	6	71.43	28.57	
	采收率/%			采收率增幅/%
	调驱前水驱	聚合物凝胶驱	调驱后水驱	
	71.43	82.14	89.52	18.09

表 3 可以看出，岩心水驱采收率为 71.43%；注入交联聚合物溶液，因其较好的改善了驱替相与被驱替相的流度比，提高采收率 10.71%；体系候凝成胶后水驱，岩心中残余油进一步被驱出，直到出水率达 98%时，岩心最终采收率为 89.52%，注入调驱剂体系，采收率提高 18.09%，具有可观的应用价值。

（3）聚合凝胶在多孔介质中的耐冲刷性

将注入调驱剂的岩心密封，于 30℃下候凝 7d，用地层水进行驱替，记录注入体积和注入压力的动态值(见图 3)。

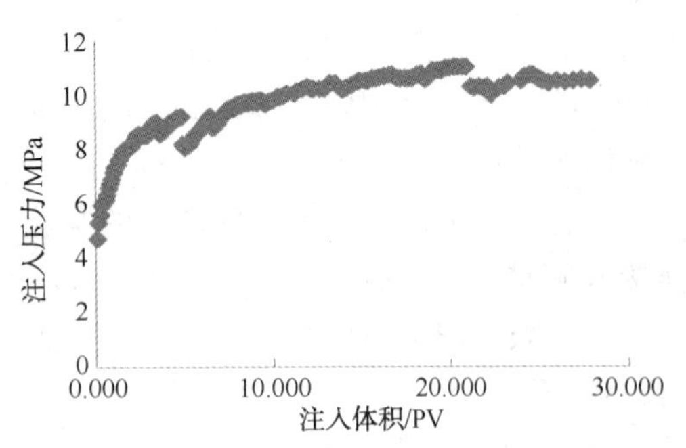

图 3　体系成胶后水驱过程

图 3 的注入压力变化显示，后续水驱突破压力升高，说明体系在岩心中形成了强度较大的凝胶。注入压力随注入体积变化曲线中出现了两个断点，一个在注入体积为 4.832PV 处，注入压力为 9.18MPa，在 4.925PV 处迅速降到 8.2 MPa；另一个在注入体积为 20.9PV 时，注入压力升高到 11MPa，后迅速下降到 10.3 MPa。这一现象表明：聚合物弱凝胶能有效封堵岩心，且具有一定流动性，随水驱的进行弱凝胶运移，注入水突破被弱凝胶封堵的孔道，使压力突然降低。体系能够有效封堵岩心，且注入 30 个 PV 后注入压力保持在 10.5MPa，耐冲刷性好。

3.2　并联岩心实验结果

分别对两组渗透率级差不同的岩心(岩心基本参数见表 4)进行并联岩心实验，评价交联聚合物凝胶选择注入性和调整剖面非均质性的能力，最终评价提高采收率效果，实验结果见表 5、表 6。

表 4　并联岩心参数

岩心编号	直径/cm	长度/cm	压差/MPa	孔隙体系/cm^3	孔隙度/%	水测渗透率/$10^{-3}\mu m^2$	渗透率级差
1-6	2.48	6.3	0.0415	10.65	35.01	55.03	4.08
2-8	2.53	6.1	0.009	11.45	37.32	224.7	
1-5	2.54	6.24	0.135	10.02	31.71	16.47	11.51
2-15	2.55	6.14	0.0105	11.28	35.98	189.57	

表 5　渗透率级差为 4.08 的并联实验结果

岩心编号	水驱采收率/%	调驱后采收率/%	采收率增幅/%
1-6	17.47	80.13	62.66
2-8	69.66	83.52	13.86
综合	44.97	81.92	36.95

表 6　渗透率级差为 11.51 的并联实验结果

岩心编号	水驱采收率/%	调驱后采收率/%	采收率增幅/%
1-5	8.36	64.52	56.16
2-15	71.53	82.71	11.18
综合	42.34	74.30	31.96

聚合物凝胶体系对高渗透岩心具有一定的剖面调整能力，改善了由高低渗两根岩心形成的非均质油藏的层间矛盾，使低渗透层被有效动用，高、低渗透层的水驱效率均有提高，高渗透层采收率分别提高了 13.86%、11.18%，低渗透层采收率分别提高了 62.66%、56.16%，渗透率级差为 4.08 的油藏，采收率提高了 36.95%；渗透率级差为 11.51 的非均质油藏，采收率提高了 31.96%。注入的聚合物凝胶体系首先进入压力较低的高渗岩心，封堵高渗透水流通道，迫使后续驱替剂进入剩余油较高的低渗透岩心，在驱替过程中低渗透岩心不断出油，扩大后续流体的波及能力，提高波及效率，从而提高采收率。

4　提高采收率影响规律研究

4.1　注入浓度影响

为最大程度提高采收率，分别采用 0.025PV 和 0.05PV 的段塞尺寸，设计不同浓度的凝胶段塞进行调驱实验，结果如图 4 所示。

在同样的段塞尺寸下，采收率增幅随聚合物浓度增大而增加，在达到 3000mg/L 后采收率增幅越来越小。

4.2　段塞尺寸影响

设计不同大小的调驱剂段塞进行调驱实验(聚合物浓度 3000mg/L)，实验结果如图 5 所示。

随注入的调驱剂段塞尺寸的增大，采收率增幅增加，注入段塞达到 0.2PV 后，段塞大小对采收率增幅的影响越来越小。

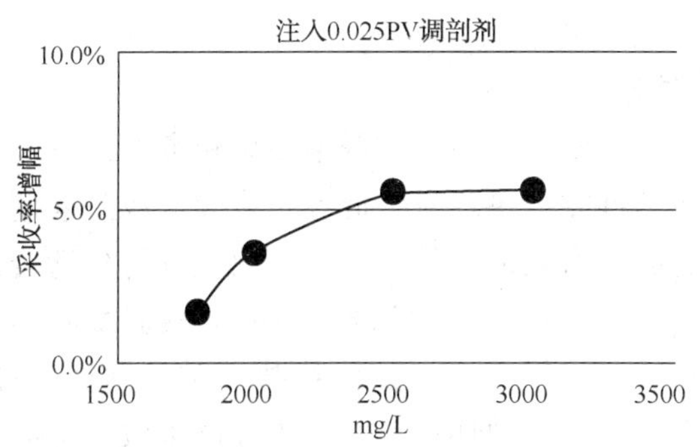

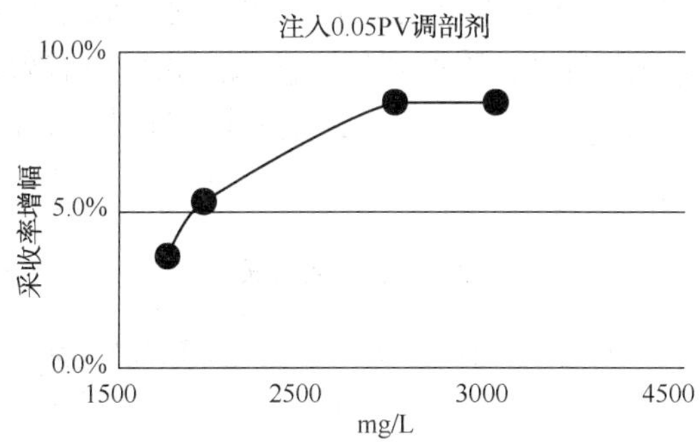

图 4 不同浓度段塞调驱采收率增幅

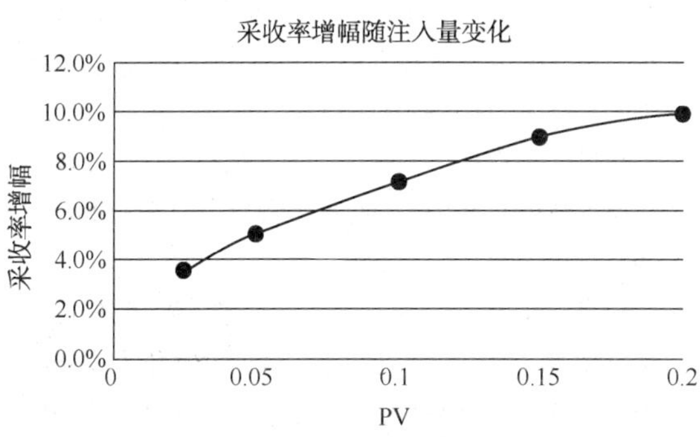

图 5 不同体积段塞调驱采收率增幅

4.3 段塞组合方式

采用并联岩心实验，研究不同注入方式下注入同样 PV 数的堵剂过程中压力上升情况、地层的选择性注入能力(高渗层分配的堵剂百分比)变化和低渗层的污染情况。实验条件：低渗岩心渗透率 $90\sim150\times10^{-3}\mu m^2$，高渗岩心渗透率 $2500\sim3500\times10^{-3}\mu m^2$，并联岩心渗透率级差控制在 25；注入速度 1mL/min。

注入总量为 0.5PV(先 25ml 聚合物凝胶，后 25ml 预交颗粒)段塞，监测到不同时刻注入压差和地层选择注入能力变化如图 7 所示。在注入 0.25PV 聚合物凝胶过程中压力变化很小，分配量在 90%以上；在注入 0.25PV 颗粒过程中，注入压力快速上升，堵剂进入低渗层的能力增强，分配量迅速下降到 70%，整个 0.5PV 注入过程，压力上升到 0.65MPa，分配量下降到 70%左右。

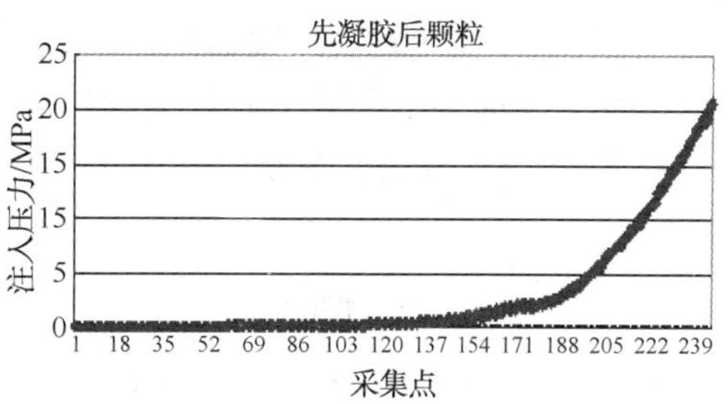

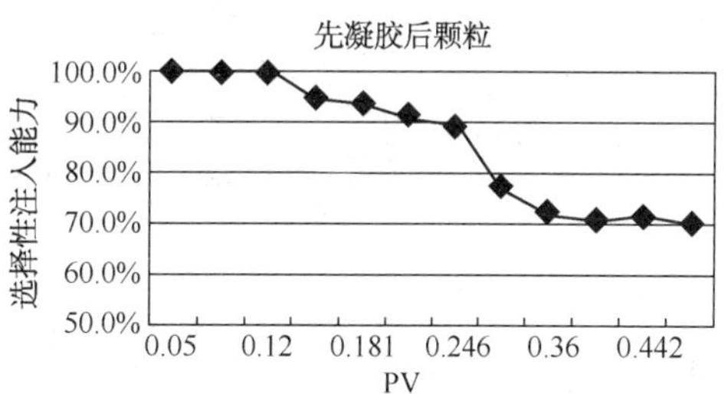

图 6 先凝胶后颗粒，注入压差和地层选择注入能力变化曲线

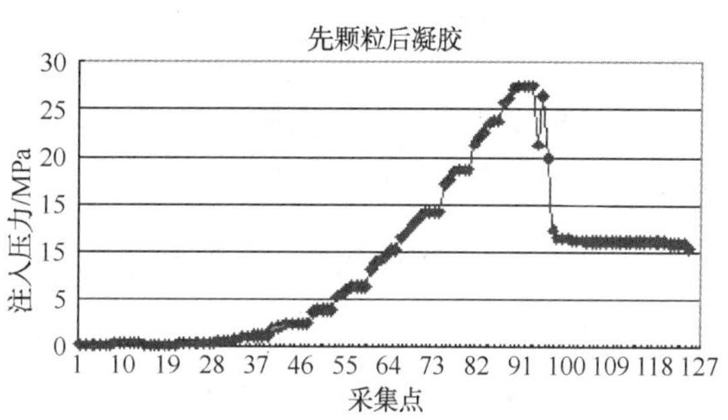

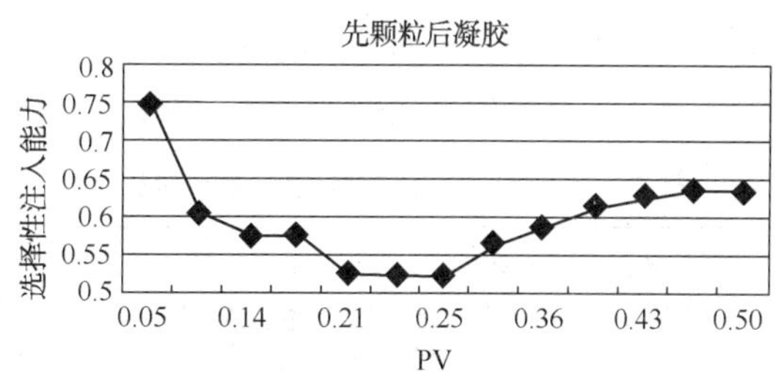

图 7 先颗粒后凝胶，注入压差和地层选择注入能力变化曲线

注入总量为 0.5PV(先 25ml 预交颗粒，后 25ml 聚合物凝胶)段塞，监测到不同时刻注入压差和地层选择注入能力变化如图 8 所示。在注预交颗粒阶段，注入压差快速上升，低渗层进入颗粒的速度加快，地层选择注入能力迅速下降到 52%；在注聚合物凝胶阶段，注入压差较注颗粒整体下降，地层的选择注入能力恢复到 63.5%。分析变化原因，认为颗粒在高低渗层间的选择注

入性较差，一旦注入压力增大到低渗启动压力后，颗粒进入低渗层的速度越来越快，引起地层选择注入能力下降；孔喉中堆积的颗粒间存在一定的间隙，后续注入的聚合物凝胶容易通过颗粒间隙进入到了高渗层，宏观上表现为地层选择注入能力得到一定程度的恢复，注入压力显著下降。

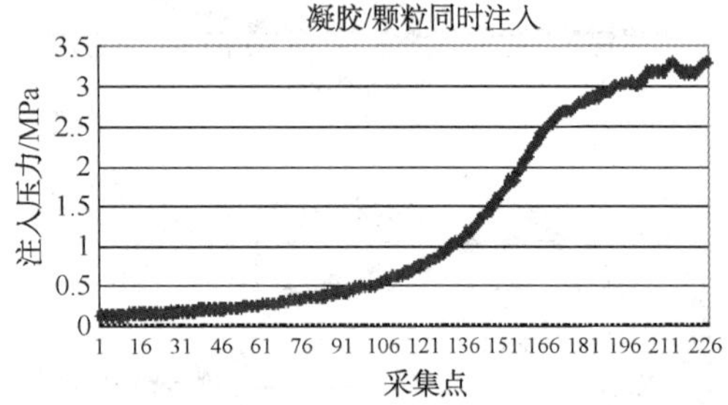

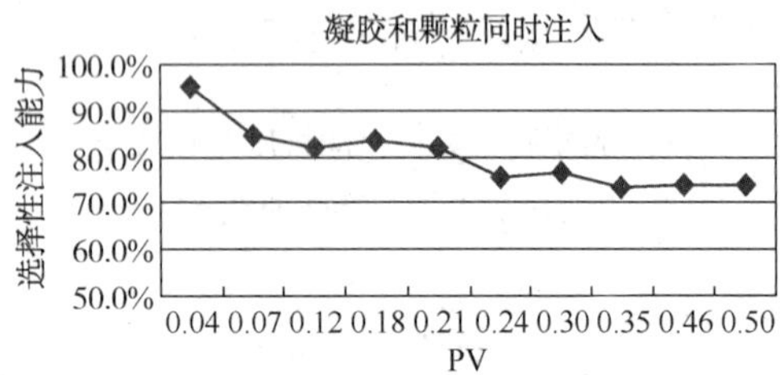

图 8 凝胶+颗粒，注入压差和地层选择注入能力变化曲线

注入总量为 0.5PV(25ml 聚合物凝胶+25ml 预交颗粒同时注入)段塞，监测到不同时刻注入压差和地层选择注入能力变化如图 9 所示。整个注入过程中，注入压力缓慢上升到 0.40MPa，地层选择注入能力逐渐减弱到 74.0%。

综合以上实验结果得到如表 7 所示。

表 7 不同段塞组合方式注入堵剂对比

段塞及组合方式	0.5PV 注入过程最高压差/MPa	注入 0.5PV 后高渗层分配比/%	低渗污染深度
只注颗粒	4.92	60.0	0.40L
只注聚合物凝胶	0.12	93.0	0.07L
先凝胶后颗粒	0.65	70.0	0.30L
先颗粒后凝胶	0.43	64.8	0.35L
凝胶+颗粒同时注入	0.40	74.0	0.26L

注：L—注入端到出口端距离

综合考虑实验注入过程中压力变化趋势、最高注入压力值、高渗层分配比变化以及低渗层污染深度等因素，结合前期现场试验中单独注颗粒存在井筒沉积的现象，认为对于预交联复合调驱而言，注入相同量的堵剂，凝胶+颗粒复合同时注入效果最好。

5 结论

针对常规调驱剂在低温高矿化度低渗透油藏下耐盐性差、易降解、低温不成胶或成胶强度不够、凝胶有效期短的问题，室内优选得到适合南翼山油田Ⅰ+Ⅱ油组低温、高盐油藏弱凝胶体系配方，该体系具有良好的抗盐性和长期稳定性，以及较好的抗剪切性能，对于提高采收率具有显著效果，在注入浓度 3000mg/L、段塞尺寸 0.2PV、凝胶+颗粒复合同时注入时采收率提高幅度最为明显，采取合理的注入方式可以有效改变低渗透非均质油藏采收率，具有良好的推广前景。

参 考 文 献

[1] 王道富．鄂尔多斯盆地特低渗透油田开发[M]．北京：石油工业 出版社，2007：79-83.

[2] 李道品．低渗透油田开发[M]．北京：石油工业出版社，1999：16-20.

[3] 王振宇，陶夏妍，范鹏，等．库车坳陷大北气田砂岩气层裂缝分布规律及其对产能的影响[J]．油气地质与采收率，2014，21(2)：51-56.

[4] 王嘉晨，侯吉瑞，赵凤兰，等．非均质岩心调堵结合技术室内实验[J]．油气地质与采收率，2014，21(6)：99-101.

[5] 赵修太，董林燕，付敏杰，等．橡胶—聚合物冻胶体系堵水适应 性分析[J]．油气地质与采收率，2014，21(6)：84-86.

[6] Zhang K, Qin J S, Chen X L. Double action of Cr^{3+} gel on modifying profile and removing CaCO3 in ASP flooding[J]. Petroleum Science and Technology, 2010, 28(5): 445-457.

[7] Kazempour M, Alvarado V. Geochemically based modeling of pH sensitive polymer injection in Berea sandstone [J]. Energy Fuels, 2011, 25(9): 4 024-4 035.

[8] Zhou Z H, Zhang Q, Liu Y, et al. Effect of fatty acids on interfacial tensions of novel sulphobetaines solutions [J]. Energy & Fuels, 2014, 28(2): 1 020-1 027.

[9] 姚传进，雷光伦，高雪梅，等．孔喉尺度弹性微球调驱体系的流 变性质[J]．油气地质与采收率，2014，21(1)：55-58.

[10] Bai B, Zhang H. Preformed - particle - gel transport through open fractures and its effect on water flow [J]. SPE Journal, 2011, 16 (2): 388-400.

[11] 于龙，李亚军，宫厚健，等．支化预交联凝胶颗粒

驱油机理可视化实验研究[J]. 断块油气田，2014，21(5)：656-659.

[12] 丁乐芳，朱维耀，王鸣川，等. 高含水油田大孔道参数计算新方法[J]. 油气地质与采收率，2013，20(5)：92-95.

[13] 曹毅，张立娟，岳湘安，等. 非均质油藏微球乳液调驱物理模拟实验研究[J]. 西安石油大学学报：自然科学版，2011，26(2)：48-51，55.

[14] 姚传进，雷光伦，高雪梅，等. 非均质条件下孔喉尺度弹性微球深部调驱研究[J]. 油气地质与采收率，2012，19(5)：61-64.

[15] 姚传进，雷光伦，高雪梅，等. 孔喉尺度弹性微球调驱体系的流变性质[J]. 油气地质与采收率，2014，21(1)：55-58.

[16] 郑浩，苏彦春，张迎春，等. 裂缝性油藏渗流特征及驱替机理数值模拟研究[J]. 油气地质与采收率，2014，21(4)：79-83.

海上油田水聚干扰机理及治理方法研究

杨二龙　刘佳瑶　宋考平　赵秋胜

（东北石油大学石油工程学院）

摘　要　渤海 A 油田在原反九点聚驱井网基础上，加密为排状井网，新加密水井注水，在平面上与原注聚合物井存在水聚干扰，聚合物利用效率降低。为了研究水聚干扰程度，从而制定有效减小水聚干扰的方法，本文通过数值模拟概念模型研究了水聚干扰机理，引入化学剂效能系数和化学剂效能系数差来表征干扰程度，分析并揭示了水聚干扰的渗流规律并对比了聚驱效果。在此基础上，保持现有二元注入井规模和经济条件不变，对二元注入井井位进行了优化设计，又选出一套能够有效降低水聚干扰程度的二元注入井网，较目前井网提高采收率 1.12%，可为渤海油田降低水聚干扰提供借鉴。

关键词　海上油田；水聚干扰；井位优化；二元复合驱；化学剂效能系数

随着化学驱项目的实施，渤海 A 油田经历了原水驱井转聚驱，又转为二元驱，继而在原反九点井网基础上进行加密，变为目前的排状井网，A 油田自 2014 年 11 月西区综合调整以来，新加密的水井与二元井交错排列存在水聚干扰，目前 A 油田已经进入二元驱开发末期，水聚干扰在一定程度上影响了二元驱开发效果，因此亟需对水聚干扰问题进行研究并进行二元井井位优化，降低水聚干扰的影响。目前有关水聚干扰问题的相关研究甚少，仅有的一些研究也仅限于陆上油田水聚同驱条件下的注入方案优化[1-6]以及如何提升水聚同驱区域开发效果[7-10]，并未涉及海上油田水聚干扰机理的研究，因此本文通过概念模型与实际模型研究水聚干扰机理并进行合理井位优化设计，为渤海 A 油田二元末期降低水聚干扰提供指导。

1　水聚干扰机理

1.1　模型建立

基于渤海 A 油田的基本物性、含油性、井网井距、开发历程等基本参数，抽象出符合该油田的流线-示踪剂概念模型。网格步长 10m×10m×1m，总网格数 5.4×10^4 个；井网加密前为反九点井网，井距 350m；井网加密后为排状井网，注水井与采油井井数之比为 1∶2，井距 175m，井排距 350m，原基础注水井转注聚，部分基础采油井转注水；模型开发历程：水驱至含水 70%（约 0.45PV）+ 聚驱 0.3PV + 二元驱 0.1PV，之后为研究设计的不同注入方式。

1.2　水聚同驱渗流规律

模型流线场分布规律见图 1。

由模型以上单井注聚图（中心 I1-5 井为注聚井），从宏观上可以初步得出：水聚同驱前期，加密注水井对已经注入储层的聚合物有一定的驱替作用，冲刷较为严重；水聚同驱后期，由于两侧加密注水井的影响，中心注聚井的聚合物波及面积受到一定程度的限制，聚合物无法波及到角井。

1.3　化学剂效能分析

为了评价水聚同驱时，聚合物的效能程度是否受到水的影响，量化水聚干扰程度。这里对比反九点井网单一注聚和排状井网水聚同驱条件下，聚合物的效能情况，并引入化学剂效能系数和化学剂效能系数差的概念。

1.3.1　化学剂效能系数

化学剂效能系数：储层条件下，累计化学剂驱油量与累计化学剂用量之比；化学剂效能系数差：水聚同驱条件下与单一注聚条件下，化学剂效能系数的差值，化学剂效能系数差越大表明干扰越严重。其中，累计化学剂驱油量即为上述的储层聚合物年驱油量之和，累计化学剂用量为储层年化学剂用量之和，储层年化学剂用量为特定时刻储层累计注聚量与累计产聚量的差值。

【作者简介】杨二龙（1976-），男，河北省保定人，东北石油大学，教授，博士生导师，从事油气田开发工程领域研究，E-mail：yel13796988396@126.com

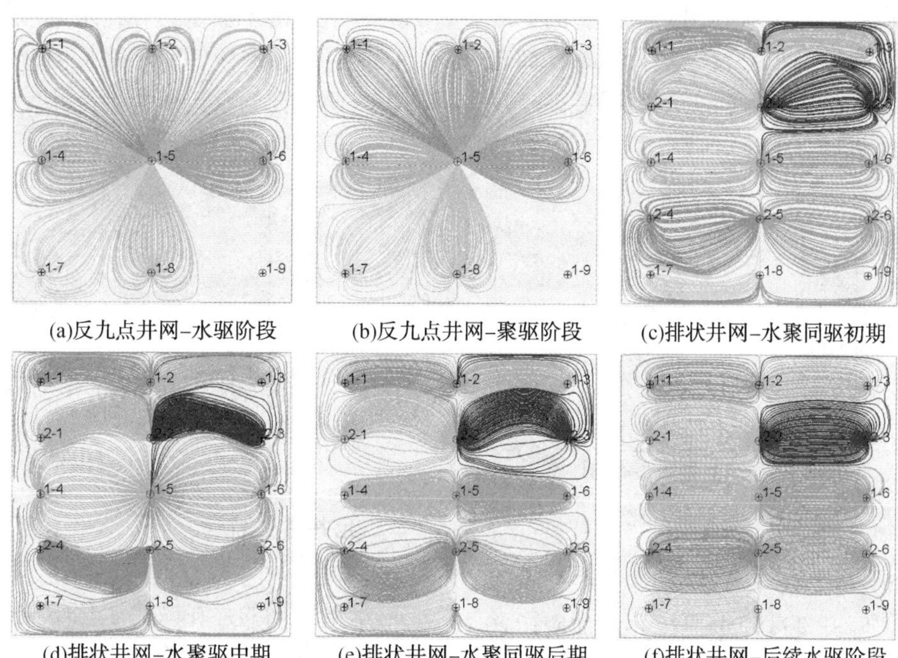

图 1　模型流线场变化规律

反九点井网单一注聚和排状井网水聚同驱条件下，化学剂效能系数计算结果如图 2 所示。

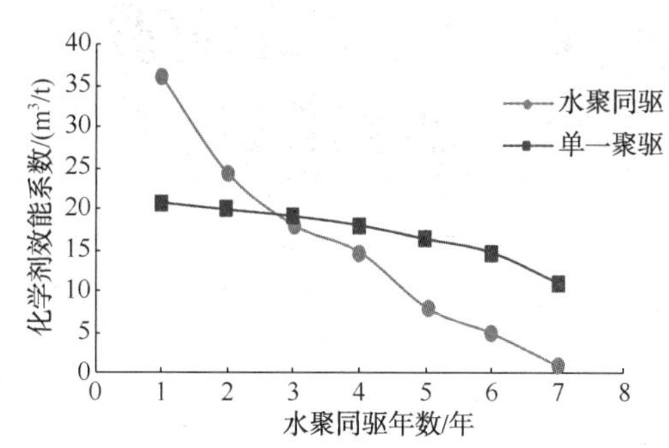

图 2　不同井网化学剂效能系数

由上图可以得出，反九点井网单一注聚和排状井网水聚同驱的化学剂效能系数值均逐渐降低。其中，排状井网水聚同驱前期的化学剂效能系数值，高于反九点井网单一注聚的化学剂效能系数值。这进一步说明，水聚同驱前期，聚合物的效能程度较好，采油速度要高于单一注聚。当然，这里在一定程度上也受到了井网加密的影响。排状井网水聚同驱后期的化学剂效能系数值快速降低，并且低于反九点井网单一注聚的化学剂效能系数值，说明排状井网水聚同驱后期，发生了水聚的相互干扰作用。

1.3.2　化学剂效能系数差

反九点井网单一注聚和排状井网水聚同驱条件下，化学剂效能系数差计算结果如图 3 所示。

由图 3 可以看出，化学剂效能系数差越来越大，水聚干扰程度越来越明显。水聚同驱前期，化学剂效能系数差为负值，说明水聚协同发挥作用；水聚同驱后期，化学剂效能系数差为正值，说明水聚产生干扰作用。排状井网水聚同驱的化学剂效能系数值迅速降低，并很快低于反九点井网单一注聚，化学剂效能系数差越来越大。经分析，导致这个问题的主要原因是排状井网的存聚率较低，两种井网的存聚率如图 4 所示。

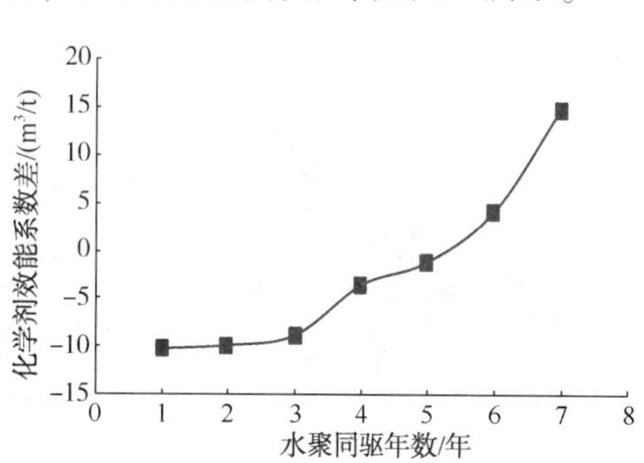

图 3　不同井网化学剂效能系数差

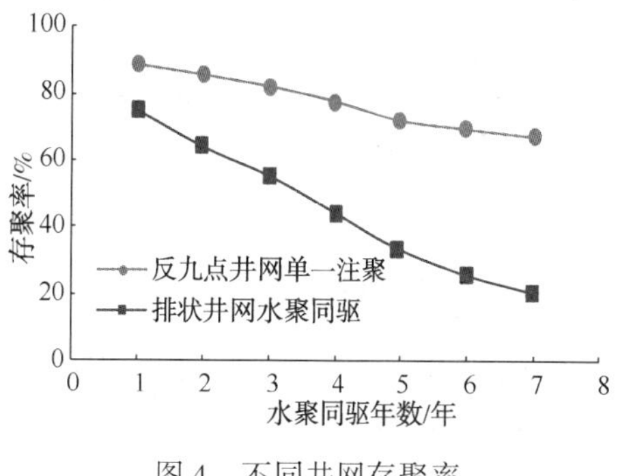

图 4　不同井网存聚率

由图 4 可以看出，排状井网水聚同驱的存聚率明显低于反九点井网单一注聚的存聚率，而且排状井网水聚同驱的存聚率降低幅度明显高于反九点井网单一注聚的存聚率降低幅度。

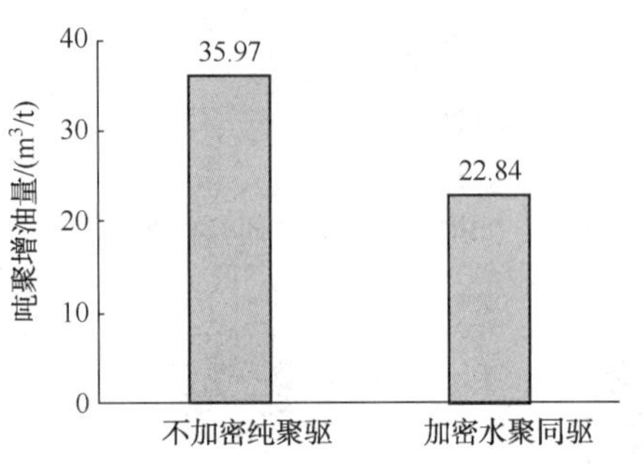

图 5　加密前后吨聚增油对比

1.4　水聚同驱对开发效果的影响

A 油田在实际开发过程中进行井网加密后产生了水聚干扰，通过实际数值模拟模型对比 J93 油田在加密与不加密情况下的开发效果如下图所示。由于加密后油井数增加，所以累产油量是增加的，但是由于加密后存在水聚干扰，导致加密后区块存聚率产生明显下降，因此有必要针对 A 油田目前存在的水聚干扰进行井位优化设计。

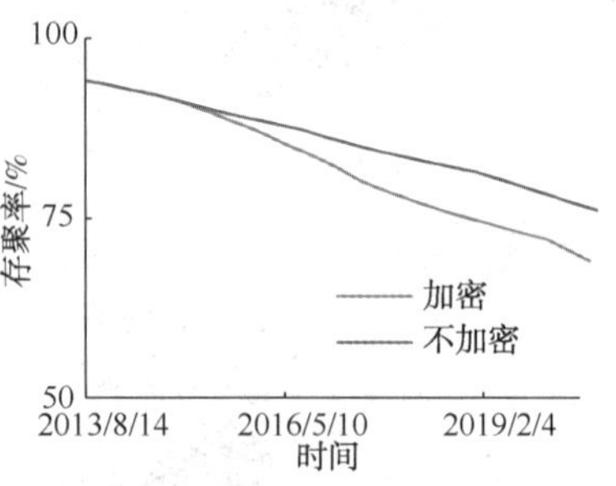

图 6　存聚率变化曲线

2　二元井井位优化

2.1　方案设计

水聚干扰的存在减小了化学驱的存聚率，对油田开发有着不利影响，为了减弱水聚干扰对油田开发效果的影响，进行分区域集中注二元优化设计。原井网及设计的 5 套井网如图 7 所示。

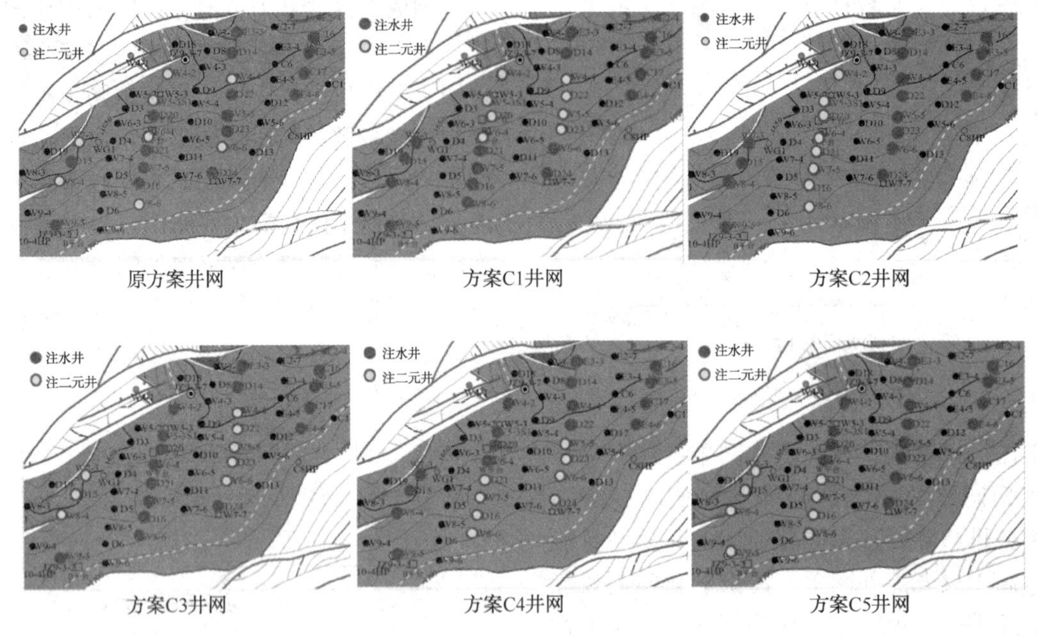

图 7　不同方案井位图

各方案设计原则及存在的优缺点如表 1 所示。

表 1　方案设计原则及优缺点

方案	设计原则	优　点	缺　点
C1	调整工作量小、扩大地下二元段塞、双向受效井数多	利用原二元注入井 4 口，平均单井控制储量 $6.1\times10^4 m^3$，地下已建立较高聚合物浓度，总受效井数 15 口，双向受效井 6 口	采出程度高，左侧油井排仅单侧有注入井，右侧油井排 6 口井均单向受效，注入井排端部 3 口井存在水聚干扰

续表

方案	设计原则	优　点	缺　点
C2	调整工作量小、扩大地下二元段塞、完全消除水聚干扰	物性好，平均单井控制储量 $6.1\times10^4m^3$，利用原二元注入井4口，聚合物浓度高，总受效井数16口，无水聚干扰井	采出程度高，油井均单向受效，3口井目前不能满足配注，需要配套措施
C3	调整工作量小、控制面积大、受效井排多	利用原二元注入井4口，4排油井受效，总受效井数22口	平均单井控制储量仅 $4.7\times10^4m^3$，油井均单向受效，原二元利用差，由于控制面积大，驱替段塞小
C4	区域相对独立、水聚干扰小	水聚干扰井数2口，总受效井数16口，双向受效井数4口	平均单井控制储量仅 $3.7\times10^4m^3$，地下二元体系利用差，区域内注入井D21-油井D11、注入井W6-4-油井W6-5存在窜聚现象
C5	区域相对独立、水聚干扰小、双向受效比例大	采出程度低、水聚干扰井数1口，双向受效井数6口，平均单井控制储量 $8.1\times10^4m^3$，利用原二元注入井3口，较好的利用地下二元	总受效井数12口，左侧油井排仅单侧有注入井

2.2 结果分析

A区域渗透率较低物性较差，B区域长期受化学剂波及剩余油较少、二元驱替潜力不大，而C区域化学剂波及范围较小、物性较好、二元驱潜力较大，故方案C5驱油效果最好（图8~图13）。

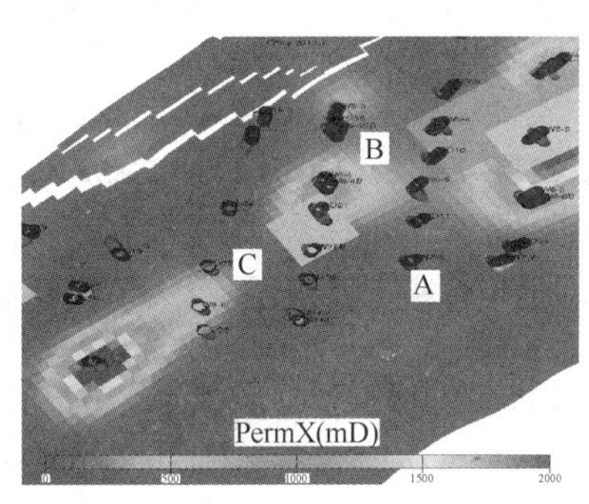

图8 渗透率分布

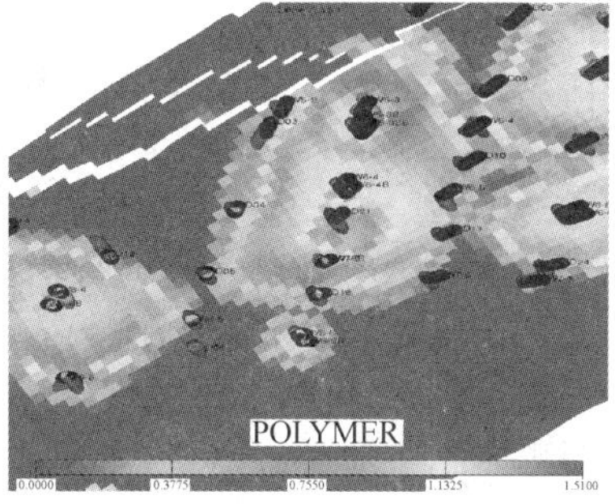

图9 目前聚合物浓度场

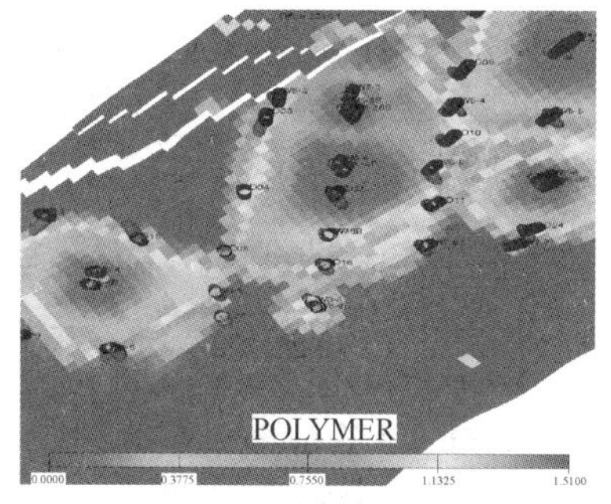

图10 原方案注聚结束聚合物浓度场

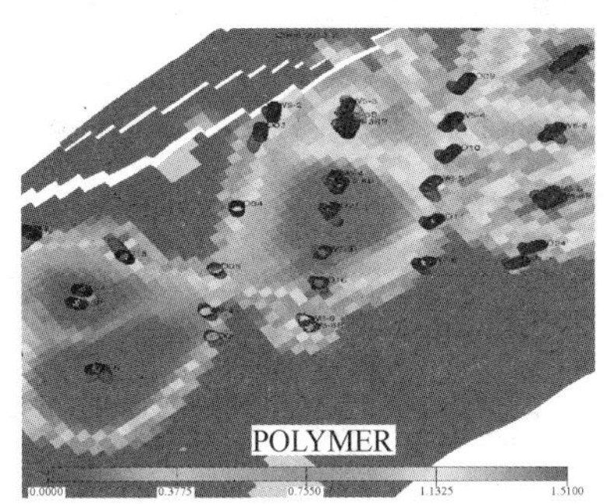

图11 C5注聚结束聚合物浓度场

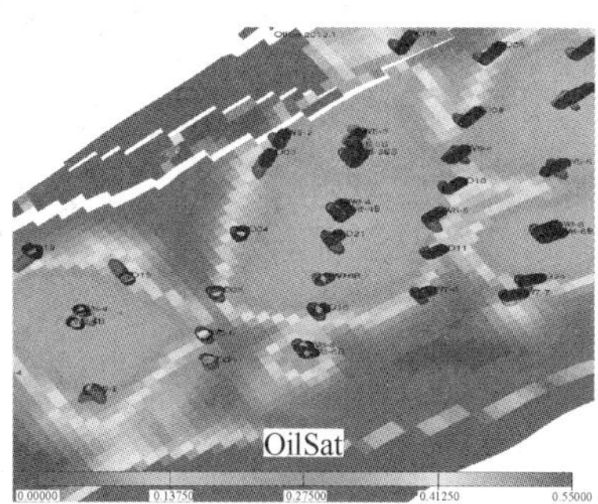

图12 原方案注聚结束含油饱和度

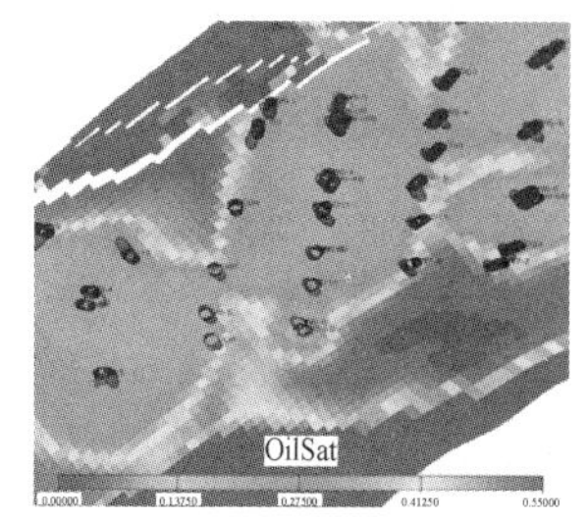

图13 C5注聚结束含油饱和度场

方案优选结果如表2所示。可以得出方案5在含水95%时提高采收率最高、吨聚增油量最大，综合指标最优。

表2 方案优选结果

方案编号	较水驱			较目前方案			综合指标
	增油量/10^4m^3	提高采收率/%	吨聚增油/(m^3/t)	增油量/10^4m	提高采收率/%	吨聚增油/(m^3/t)	
现方案	21.18	1.43	38.63	—	—	—	0.55
C1	21.83	1.47	39.82	0.65	0.04	1.18	0.59
C2	23.66	1.60	43.17	2.49	0.17	4.54	0.70
C3	30.04	2.03	54.80	8.86	0.60	16.17	1.21
C4	35.56	2.40	64.86	14.38	0.97	26.23	1.81
C5	37.72	2.55	68.81	16.54	1.12	30.17	2.09

3 结论

(1)水聚同驱前期，加密注水井对已经注入储层的聚合物有一定的驱替作用，冲刷较为严重；水聚同驱后期，由于两侧加密注水井的影响，中心注聚井的聚合物波及面积受到一定程度的限制，聚合物无法波及到角井。

(2)水聚同驱前期，化学剂效能系数差为负值，说明水聚协同发挥作用；水聚同驱后期，化学剂效能系数差为正值，说明水聚产生干扰作用。由于加密后存在水聚干扰，导致加密后区块存聚率与吨聚增油均产生明显下降。

(3)为了减弱水聚干扰对油田开发效果的影响，进行分区域集中注二元优化设计，设计5套优化井网方案，最优方案较目前井网提高采收率1.12%，综合指标为2.09。

参 考 文 献

[1] 庞晓慧．大庆油田杏十二区块水聚同驱优化研究[D]．东北石油大学，2016.

[2] 冯玉良．二类油层水聚同驱数值模拟研究[D]．大庆石油学院，2007.

[3] 仵改．S-Ⅱ油田聚驱开发特征及调整措施研究[D]．中国石油大学(北京)，2016.

[4] 崔国强．萨尔图油田二类油层水聚同驱开发效果研究[D]．大庆石油学院，2009.

[5] 宋洪才，庞晓慧．杏十二区葡Ⅰ1~2层水聚同驱优化研究[J]．大庆师范学院学报，2014，34(03)：63-66.

[6] 邵碧莹，张文，时来元，殷跃磊．大庆萨尔图水、聚驱结合开发效果研究[J]．当代化工，2016，45(07)：1628-1630.

[7] 何春百，冯国智，谢晓庆，赵文森，李宜强．多层非均质油藏聚水同驱物理模拟实验研究[J]．科学技术与工程，2014，14(07)：160-163.

[8] 林立．优化二类油层聚驱注采关系的做法及认识[J]．大庆石油地质与开发，2006(S1)：77-78.

[9] 孙建鹏．两驱压力系统在三次采油过程中动态变化特点研究[D]．东北石油大学，2017.

[10] Luo Haishan, Delshad Mojdeh, Pope Gary A., et al. Interactions Between Viscous Fingering and Channeling for Unstable Water/Polymer Floods in Heavy Oil Reservoirs[C]// SPE Reservoir Simulation Conference. Montgomery, Texas, USA: Society of Petroleum Engineers, 2017: 1-26.

天然裂缝油藏氮气泡沫驱数值模拟研究

柴雪峰 乔培君 张倩倩 王 威 杨继华

（中国石油华北油田公司）

摘 要 通过在双孔双渗数值模拟模型中设计六种组分和六个化学反应式，对天然裂缝油藏氮气泡沫驱的机理进行了表征，模拟对比了水驱和氮气泡沫驱的开发效果，由于氮气泡沫驱可以有效动用基质中的原油，降低剩余油饱和度，所以氮气泡沫驱能够取得很好的驱油效果。在此基础上，研究了裂缝间距、裂缝渗透率、裂缝延伸方向对氮气泡沫驱油效果的影响，结果表明，裂缝间距越小、渗透率越大，开发效果越好，垂直缝比水平缝开发效果要好。

关键词 裂缝；双孔双渗；泡沫驱；油藏数值模拟

天然裂缝油藏是由孔隙和裂缝组成的双重介质系统，其渗流特征与单纯孔隙介质存在较大差别，常规注水开发难度大，因此有必要探索和研究适合该类油藏高效开发的提高采收率技术[1]。泡沫驱是国内外石油工作者普遍认可，且广泛应用的提高采收率技术，泡沫具有“堵大不堵小，堵水不堵油”的特性，实验研究和矿场应用都取得了较好的效果[2-7]，对于单重介质泡沫驱数值模拟也做了大量的研究[8-12]，但是对天然裂缝油藏氮气泡沫驱数值模拟的研究涉及较少。本文对天然裂缝油藏氮气泡沫驱进行了数值模拟研究，并对天然裂缝参数进行了敏感性分析，从而为该项技术在裂缝性油藏中的应用提供理论支持。

1 数值模型建立

1.1 氮气泡沫驱机理表征方式研究

氮气泡沫驱是以氮气泡沫作为驱油剂的驱油法，其驱油机理有：贾敏效应叠加机理、增黏机理、低界面张力机理、润湿反转机理、乳化机理和聚并形成油带机理等。氮气泡沫驱作用机理很多，但数值模拟不可能将所有机理都体现在模型中。本文数值模拟研究主要考虑的机理有贾敏效应叠加机理、增黏机理、低界面张力机理。为较真实的反映氮气泡沫驱的驱油机理，在数值模拟过程中考虑水、油、氮气、表面活性剂、泡沫气和液膜6种组分，其中泡沫气和液膜组成泡沫。

（1）泡沫的生成与破灭

氮气泡沫驱化学反应机理复杂，在地层中涉及多种流体相相互作用，泡沫的生成、破灭与再生成是一个复杂的过程，模型中主要通过以下反应式进行表征：

$$1H_2O + 2.15424 \times 10^{-4}Surfact + 1N_2 \rightarrow 1Lamella + 1N_2 \quad (1)$$

$$1Lamella + 1N_2 \rightarrow 1Lamella + 1Foam\_Gas \quad (2)$$

$$1Lamella \rightarrow 1H_2O + 2.15424 \times 10^{-4}Surfact \quad (3)$$

$$1Foam\_Gas \rightarrow 1N_2 \quad (4)$$

$$1Lamella + 1DEADOIL \rightarrow 1H_2O + 2.15424 \times 10^{-4}Surfact + 1DEADOIL \quad (5)$$

$$1Foam\_Gas + 1DEADOIL \rightarrow 1N_2 + 1DEADOIL \quad (6)$$

反应式(1)和(2)表示泡沫的生成；反应式(3)和式(4)表示泡沫的自消泡过程；反应式(5)和式(6)表示泡沫的遇油消泡过程，也就是“堵水不堵油”在模型中的具体表现；各个反应式都有自己的反应速率控制。

（2）贾敏效应叠加机理

泡沫通过非均质地层时，它将首先进入高渗透层。由于贾敏效应的叠加，所以泡沫的渗流阻力逐渐提高。因此，随着注入压力的增加，泡沫可以依次进入那些渗透性较小、流动阻力较大而原先不能进入的中、低渗透层，提高波及系数[13]。由于低渗透层原油饱和度较高，泡沫稳定性较差（遇油消泡），渗流阻力较低，这就是

【作者简介】柴雪峰，男，1988年4月生，2014年毕业于中国石油大学（华东），硕士，工程师，主要从事油气田开发与油藏研究工作。E-mail：yjy_ cxf@ petrochina. com. cn

泡沫驱“堵大不堵小”的原因所在。

对于天然裂缝油藏，由于裂缝是主要的渗流通道，常规水驱注入水易沿裂缝突进，而基质的原油难以动用，导致含水上升快。使用氮气泡沫驱，可利用其“堵大不堵小”的特点，实现基质剩余油的有效驱替。数模中通过泡沫气在水相中的摩尔分数控制裂缝的相对渗透率曲线，随着泡沫气摩尔分数的增加，裂缝的水相相对渗透率和气相相对渗透率降低，从而实现对裂缝的封堵。

（3）低界面张力机理

起泡剂本身是一种活性很强的阴离子型表面活性剂，能较大幅度降低油水界面张力。模型中不同的表活剂浓度对应着不同的油水界面张力，而不同的界面张力对应着不同的基质相渗曲线。表面活性剂浓度与界面张力的关系如表 1 所示，当表面活性剂浓度位于表中浓度区间时，数值模型将通过线性方式对界面张力进行插值。

表 1 表面活剂浓度与界面张力关系

表面活性剂质量分数/%	界面张力/(mN/m)
0	18.2
0.05	0.5
0.1	0.028
0.2	0.028
0.4	0.0057
0.6	0.00121
0.8	0.00037
1	0.5

根据毛管减饱和度曲线，可以分析界面张力对油相相对渗透率和残余油饱和度的影响[14]。当界面张力降低 $10^2 \sim 10^4$ 时，残余油饱和度会明显降低，说明油更容易从地层表面洗下来。模型中通过软件自动生成低界面张力下的油水和油气相渗曲线，由图 1~图 4 可知，在低界面张力下，无论是油水相渗曲线还是油气相渗曲线，水驱残余油饱和度和气驱残余油饱和度都有明显降低。

（4）增黏机理

根据文献调研，由于水的黏度只来源于相对移动液层间的内摩擦，而泡沫的黏度除来源于相对移动的分散介质液层间的内摩擦外，还来源于分散相间的相互碰撞，所以泡沫的黏度大于水，因而有比水更大的波及系数和更高的采收率。数模中通过给泡沫组分设置较大的黏度值，实现泡沫驱的增黏机理。

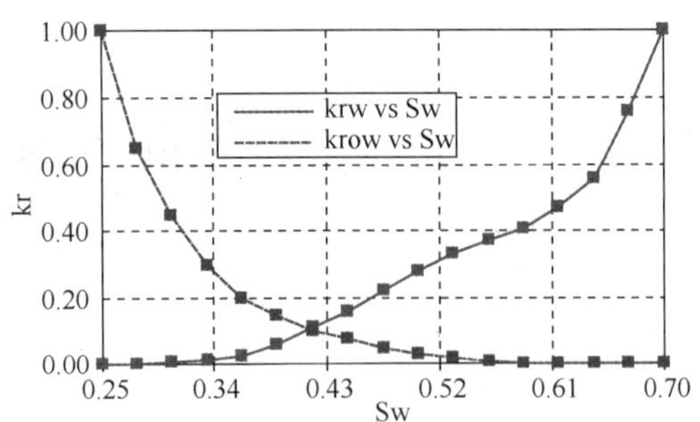

图 1 原始条件下油水相渗曲线

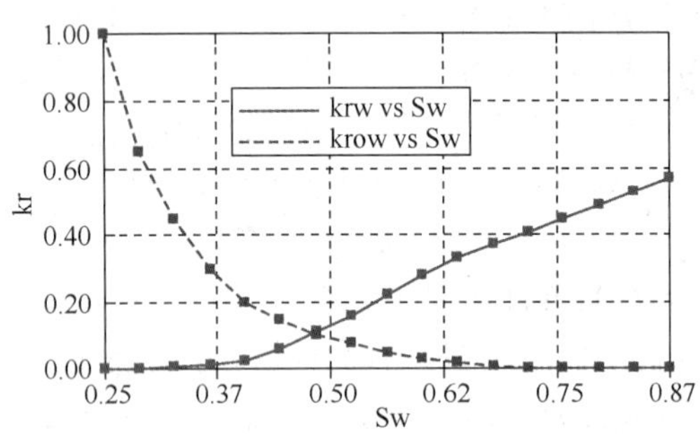

图 2 低界面张力条件下油水相渗曲线

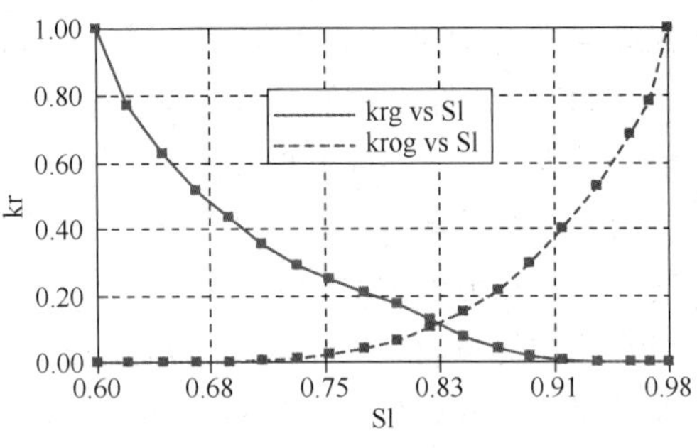

图 3 原始条件下气液相渗曲线

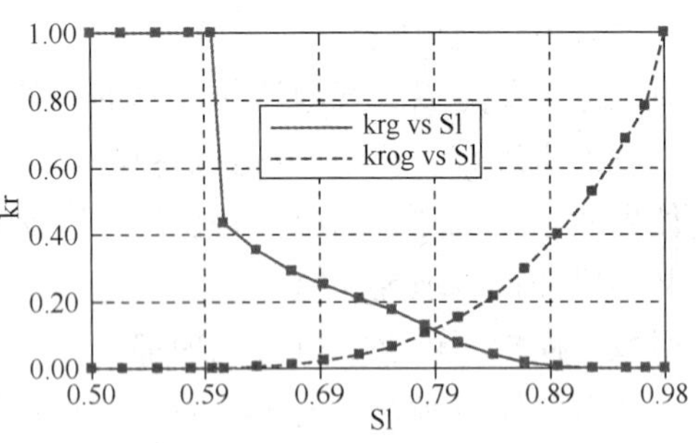

图 4 低界面张力条件下气液相渗曲线

1.2 天然裂缝油藏自吸排油的机理实现

当向亲水的裂缝-孔隙油层注水时，由于裂缝和孔隙渗透率的差异，注入水首先沿着裂缝驱油前进，同时进入裂缝系统的水因毛管力的作用而被吸入其所包围的岩块系统，并从其中置换出油[15-16]。注入水因毛管力作用吸入岩块孔隙而置换出油称为自吸排油。

数模中通过设置油水体系的毛管力来模拟裂缝性油藏的自吸排油作用。对于氮气泡沫驱，将表征泡沫的两个组分——泡沫气和液膜定义为水相组分，这样泡沫便可以通过毛管力自吸进入到基质孔隙中，起到促进自吸排油的作用。

1.3 模型建立

利用软件自带的快速井网功能建立如图5所示的注采井网。网格模型采用双孔双渗孔隙介质系统，基岩和裂缝的相对渗透率曲线如图6和图7所示。注入井以定水量注入，开发初期为水驱，当含水饱和度达到70%左右时，开始注氮气泡沫，注入1年后转水驱；生产井以定产量生产，模拟期8年。由于双孔双渗地层的采出程度、水油比等开发指标都与注水速度有关，注水速度越小，各项指标越好[18]，模型中设置注采比为0.625。

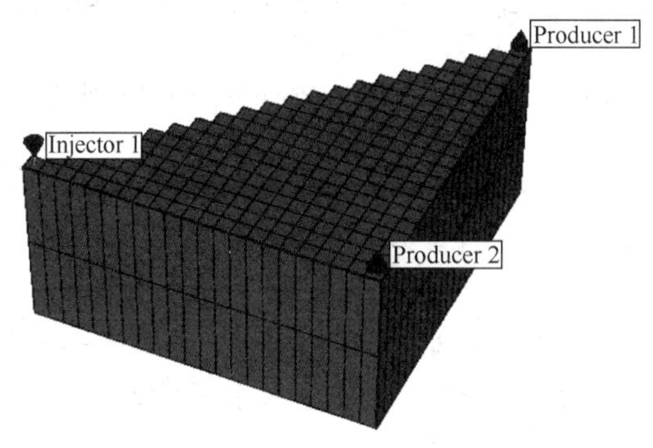

图5 数值模拟网格模型

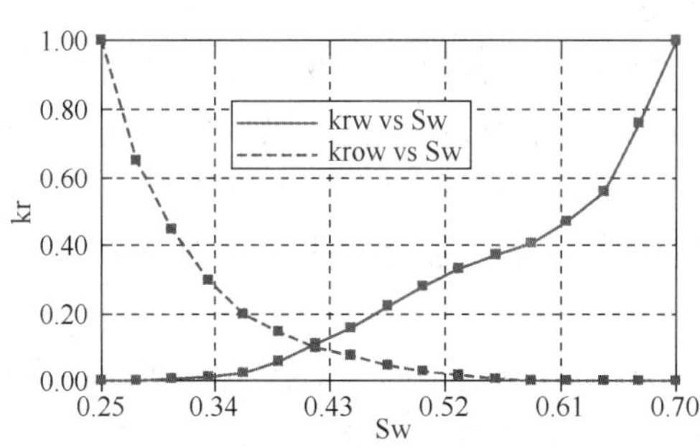

图6 基岩油水相渗曲线

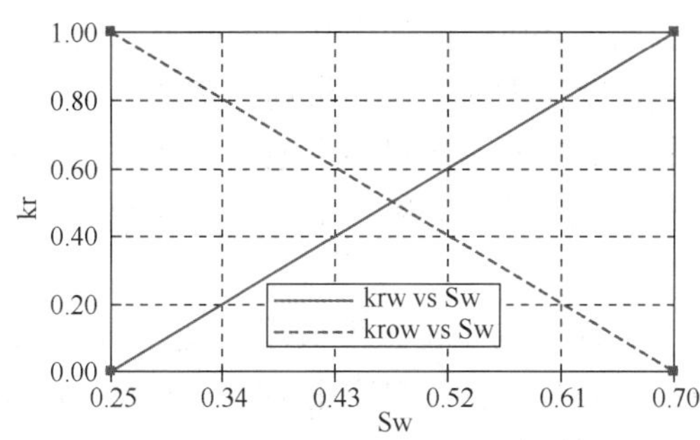

图7 裂缝油水相渗曲线

2 数值模拟研究

2.1 氮气泡沫驱和水驱对比

由图8可知，油井投产后有一段时间处于无水采油期，无水采油期的长短和注采比有一定关系。油井见水后，含水快速上升，生产两年左右就达到了70%。注入泡沫以后，由于泡沫对裂缝的封堵作用，将有更多的水进入基质系统，驱动基质中的原油，使含水率降低。由图8~图9可知，泡沫驱含水率大幅度降低，累积产油量升高。

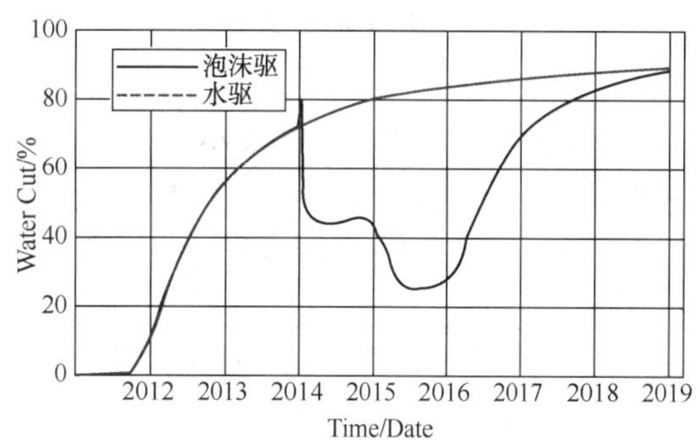

图8 泡沫驱和水驱含水率对比图

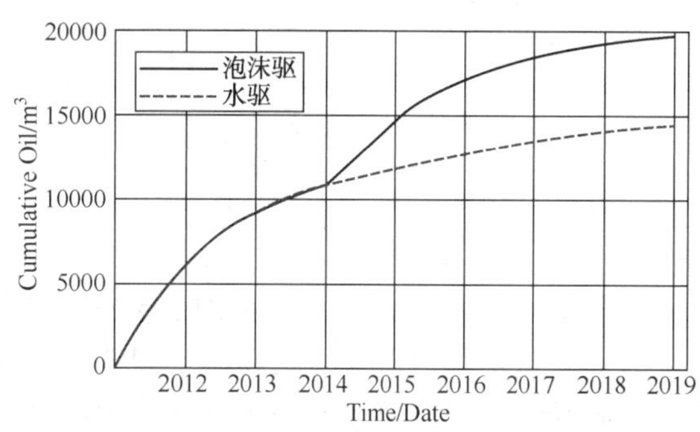

图9 泡沫驱和水驱累产油对比图

由图10和图11可以看出，无论是基质的还是裂缝的平均含油饱和度，泡沫驱模型都要小于水驱模型，说明泡沫驱可以有效驱动基质中的原油。

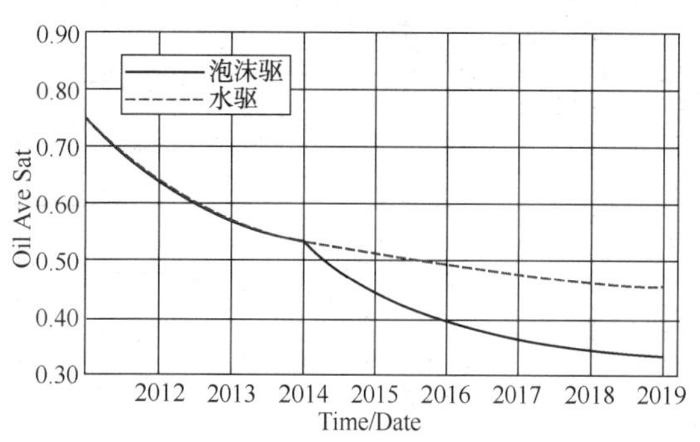

图10 泡沫驱和水驱基质平均含油饱和度对比图

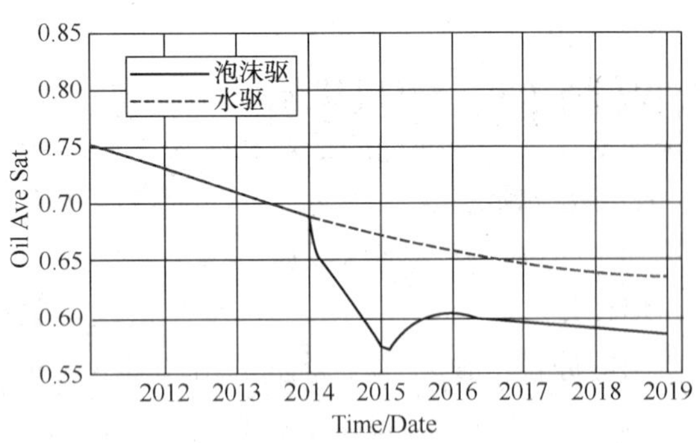

图 11　泡沫驱和水驱裂缝平均含油饱和度对比图

2.2　裂缝参数对泡沫驱开发效果的影响

（1）裂缝间距

裂缝间距反应裂缝密度的大小，影响基质和裂缝之间的传递系数。保持其他参数不变，设计 2m、5m、10m 三种裂缝宽度进行模拟计算。

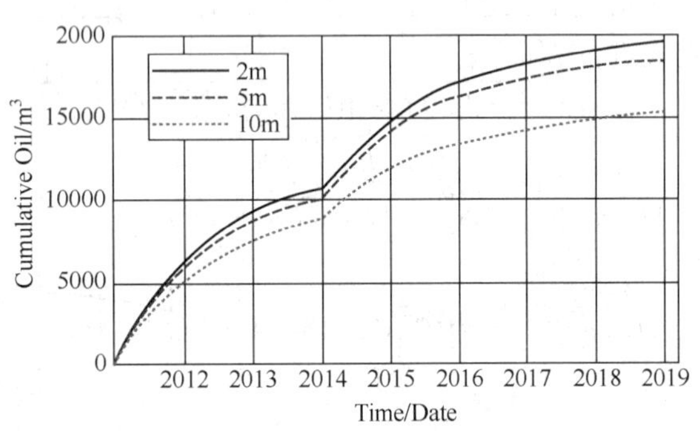

图 12　不同裂缝间距下累产油变化曲线

由图 13 可知：随着裂缝间距的减小，累产油量增加，这是因为裂缝间距越小，裂缝密度越大，基质和裂缝的传递系数越大，基质中的原油更容易窜流进裂缝。

（2）裂缝渗透率

裂缝渗透率反应裂缝的渗流能力。保持其他参数不变，设计 500m、1000m、2000m 三种裂缝渗透率进行模拟计算。

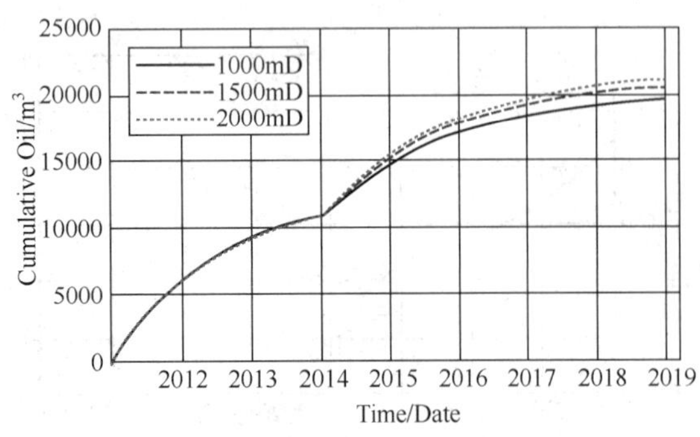

图 13　不同裂缝渗透率下累产油变化曲线

由图 13 可知：水驱开发时，裂缝渗透率对累积产油的影响不大，但泡沫驱开发以后，随着裂缝渗透率的增加，产油量升高。这是由于大量氮气泡沫的注入，水相相对渗透率和油相相对渗透率都降低，但较大的裂缝渗透率仍可以得到较高的相渗透率，所以产油量和产水量都较高。

（3）裂缝延伸方向

裂缝的延伸方向影响地层流体的渗流能力。保持其他参数不变，设计只有水平缝、只有垂直缝和两种缝均有三种情况进行模拟计算。

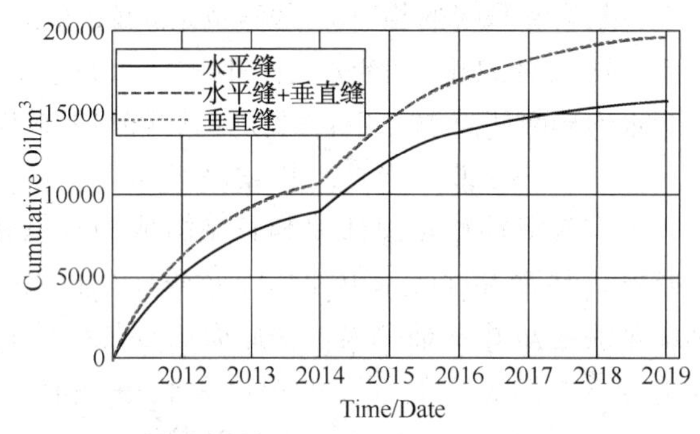

图 14　不同裂缝展布方向下累产油变化曲线

由图 15 可知：只有垂直缝和两种缝都有时的模拟结果一样，并且比只有水平缝时的开发效果要好，说明垂直缝的存在使得开发效果变好。这是因为在只有水平缝的情况下，裂缝系统垂向上没有流体交换，导致注入水只沿水平方向推进，使油井过早见水上升，产油量下降。

3　结论

（1）应用 6 种组分和 6 个化学反应方程式对氮气泡沫驱进行机理表征，可以模拟氮气泡沫在地层中生成、破灭的过程。并在数模中表征了贾敏效应叠加机理、低界面张力机理、增黏机理和自吸排油机理。

（2）通过改变裂缝相对渗透率曲线，表征了贾敏效应叠加机理，实现了对裂缝的封堵；通过改变基质相对渗透率曲线，表征了低界面张力机理，实现了基质残油油饱和度的降低；通过改变泡沫的黏度，表征了增黏机理，实现了驱替介质流度的降低；通过设置油水毛管力曲线，表征了自吸排油机理，实现了基质系统的自吸排油作用。

（3）氮气泡沫驱开发效果要优于常规水驱，裂缝性油藏应用氮气泡沫驱可降低基质含油饱和度，改善开发效果。

（4）裂缝间距、渗透率以及展布方向都对开发效果有影响，裂缝间距越小，裂缝渗透率越大、裂缝为垂直缝，都会取得较好的开发效果。

参 考 文 献

[1] 刘晓玲，贺伟东，葛际江，等．碳酸盐岩油藏提高采收率技术研究应用进展[J]．应用化工，2012，41(7)：1236-1241.

[2] 吴捷．氮气泡沫驱在辽河油区裂缝性油藏的应用[J]．新疆石油科技，2015，25(2)：24-26.

[3] 翁高富，张佐栅，李益在，等．泡沫空气段塞驱油技术在潜山油藏的应用[J]．石油天然气学报，2011，33(12)：136-138.

[4] 翁高富．百色油田上法灰岩油藏空气泡沫驱油先导试验研究[J]．油气采收率技术，1998，5(2)：6-10.

[5] 赫恩杰，蒋明，许爱云，等．任 11 井山头注氮气可行性研究[J]．新疆石油地质，2003，24(4)：325-328.

[6] 李海波，侯吉瑞，李巍，等．碳酸盐岩缝洞型油藏氮气泡沫驱提高采收率机理可视化研究[J]．油气地质与采收率，2014，21(4)：93-96.

[7] 李兆敏，孙茂盛，林日亿，等．泡沫封堵及选择性分流实验研究[J]．石油学报，2007，28(4)：76-80.

[8] 朱维耀，程杰成，吴军政．多元泡沫化学剂复合驱油数值模拟研究[J]．石油学报，2006，27(3)：65-69.

[9] 程浩，郎兆新．泡沫驱中的毛管窜流及其数值模拟[J]．重庆大学学报(自然科学版)，2000(zl)：161-165.

[10] 李玥洋．低氧空气泡沫驱应用基础及数值模拟研究[D]．西南石油大学博士论文，2014.

[11] 李冉．低张力泡沫驱室内实验与数值模拟研究[D]．中国石油大学(华东)硕士论文，2013.

[12] 赵人萱．X 试验区泡沫驱数值模拟研究[D]．西南石油大学硕士论文，2013.

[13] 赵福麟．油田化学[M]．东营：中国石油大学出版社，2008.

[14] 何更生．油层物理[M]．北京：石油工业出版社，1994.

[15] 杨胜来，李梅香，陈浩，等．裂缝性油藏水驱过程中基质的动用程度及基质贡献率[J]．石油钻采工艺，2011，33(2)：69-72.

[16] 马小明，陈俊宇，唐海，等．低渗裂缝性油藏渗吸注水实验研究[J]．大庆石油地质与开发，2008，27(6)：64-68.

海上稠油蒸汽吞吐井筒参数模拟优化研究

张　伟　刘义刚　邹　剑　孟祥海　陈　征　周法元

(中海石油(中国)有限公司天津分公司)

摘　要　海上稠油蒸汽吞吐井筒精细化模拟技术对油藏产量预测、指导后期开发生产及采油工程方案设计具有重要作用。目前海上稠油蒸汽吞吐井筒参数可以通过高温井下测试作业获取，但测试作业涉及高温、高压作业环境，增加了现场作业人员风险，同时增加了热采测试作业成本。本文通过对蒸汽注入及生产阶段的井筒传热机理及传热系数进行分析计算，针对稠油井蒸汽吞吐不同阶段建立井筒数值模型，利用该模型针对不同井深结构计算了蒸汽注入过程中井筒沿程温度、压力、干度等参数，并在此基础上针对蒸汽注入井采用普通油管与不同尺寸、隔热等级的隔热油管对井底注入参数影响分析，模拟精度达到90%以上，形成了稠油热采蒸汽注入及后期生产井筒精细化模拟技术，在降本增效同时为后期开发生产提供准确的数据支持。

关键词　海上稠油；蒸汽吞吐；井筒参数

1　前言

渤海油田稠油储量巨大，根据国内外陆地油田稠油开发经验，热采是应对非常规稠油最有效的开发方式。蒸汽吞吐、蒸汽驱已成为稠油开发的主要技术，并已在陆地油田得到广泛的工业化应用。海上稠油热采起步较晚，但发展迅速，截至目前为止已取得了较好的开发效果。从 2008 年开始，中海油在渤海油田 NB35-2 油田南区开展了多元热流体吞吐技术探索，经过近 8 年多的时间，截至 2016 年 5 月 17 日，已实现累产油 460064m^3。2014 年 1 月起，渤海油田先后在 LD27-2 油田 A22H 井、A23H 井开展海上稠油蒸汽吞吐试验，截止至 2016 年 5 月 17 日，已实现累产油 32572m^3。稠油热采前期方案设计是一个多专业融合的系统工程，热采井筒参数模拟作为稠油热采前期方案设计中的重要组成部分也继承了其多专业融合的特点。在热采井筒参数模拟过程中油藏、采油、地面工程等专业以温度、压力、干度等参数为结合点相互衔接。注汽阶段油藏专业根据数值模拟结果提出井底蒸汽温度、干度要求，地面工程专业提供井口条件数据，采油工程专业进行参数优化力求满足油田井底温度、干度要求；生产阶段油藏专业通过数值模拟手段提供井底流温、压力、含水等生产动态参数，采油专业进行井筒温度、压力计算，在实现井筒举升的同时为地面工程专业提供井口输出参数。目前海上稠油蒸汽吞吐井筒参数可以通过高温井下测试作业获取，但存在费用高、作业风险大等问题。因此，寻找一种快速准确的海上稠油蒸汽吞吐井筒参数计算方法具有重要意义。

2　井筒模拟计算模型

(1) 温度计算模型

根据能量守恒可知，注入的蒸汽流体热量的变化等于由于深度变化而产生的位能变化、蒸汽流体到地层的热流量损失与由于温度压力变化引起的动能变化之和[1-4]，其公式可表示为：

$$k(T - T_e)\,dl = -\,i_s \cdot dh_m - i_s \cdot dE_k + i_s g \cdot dl \tag{1}$$

式中　T——井筒内蒸汽流体温度,℃；

i_s——蒸汽流体质量流量，kg/s；

h_m——蒸汽热焓，kJ/kg；

E_k——蒸汽流体的动能，J。

根据测试数据，单位长度的压降变化较小，因此忽略蒸汽流体的动能变化，式(1)可简化为：

$$k(T - T_e)\,dl = -\,i_s \cdot dh_m + i_s g \cdot dl \tag{2}$$

(2) 蒸汽干度计算模型

在某一深度下蒸汽的内能变化量等于其位能变化量与热传递量的总和(如式(3)所示，式中

【基金项目】"十三五"国家科技重大专项"规模化稠油热采技术研究示范"(2016ZX05058003-005)

【作者简介】张伟（1983-），男，辽宁锦州人，中级采油工程师，主要从事稠油热采工艺技术研究方面的研究。E-mail：zhangwei67@163.com

减号表示方向)。

$$dH_s = i_s g dl - K(T - T_e) dl \tag{3}$$

其中 dH_s 可表示为:

$$dH_m = dx \cdot L_v + dH_{ws} \tag{4}$$

式中　x——蒸汽干度，小数;

L_v——汽化潜热焓，J/kg;

H_{ws}——水的显热焓，J/kg。

联立(3)与(4)可以求得蒸汽干度的变化量

$$dx = \frac{i_s g dl - K(T - T_e) dl - dH_{ws}}{i_s \cdot L_v} \tag{5}$$

将求得的蒸汽干度变化量与原蒸汽干度相加便可得到变化后的蒸汽干度。

(3) 蒸汽物性参数计算模型

蒸汽物性参数是决定计算误差的重要影响因素，水和蒸汽性质国际协会(IAPWS)于1997年采纳了适用于工业应用的水和蒸汽热力学性质的公式"IAPWS-IF97"。工业公式IAPWS-IF97是在国际研究项目下完成的，其相对于之前广泛应用的IFC-67公式在热力学性质方面具有更高的计算精度及速度。

IAPWS-IF97的有效计算范围为273.15K≤T≤1073.15K、P≤100MPa及2073.15K≤T≤2273.15K、P≤10MPa，可满足渤海油田注汽温度、压力变化范围要求。

(4) 压力梯度计算模型

采用Beggs-Brill数学方法计算注汽井井筒压力场，Beggs-Brill方法是可用于水平、垂直和任意倾斜气液两相管流计算的方法。水平井注汽流体在管道中的压力梯度如下[5-13]:

$$\frac{dp}{dz} = \frac{[\rho_l H_l + \rho_g(1 - H_l)]g\sin\theta + \dfrac{\lambda G v}{2DA}}{1 - \dfrac{[\rho_l H_l + \rho_g(1 - H_l)]v v_{sg}}{p}} \tag{6}$$

式中　p——水平井注汽流体的绝对压力，Pa;

z——水平井注汽流体的轴向流动距离，m;

ρ_l——水平井注汽流体的液相密度，kg./m^3;

ρ_g——水平井注汽流体的气相密度，kg./m^3;

H_l——持液率，m^3/m^3;

g——重力加速度，m^2/s;

θ——管道与水平方向的夹角,°;

λ——水平井注汽流体气液两相流动的沿程阻力系数，无因次;

G——水平井注汽流体的质量流量，kg/s;

v——水平井注汽流体的流速，m/s;

v_{sg}——水平井注汽流体的气相折算速度，m/s;

D——管道直径，m;

——管道截面积，m^2。

3　计算误差分析

A井为一口海上蒸汽吞吐井，平均水深22.3m，气温-14.5℃~39℃，水温-1.6℃~28.0℃，斜深2163m，垂深1312.24m，顶部封隔器位置斜深1770.48m，垂深1313.31m，井斜84.09°。为提高计算效率，保证计算准确性，利用上述理论编制计算软件对A井注汽期井筒参数进行计算，计算结果如表1所示。

表1　注汽期井筒参数计算结果

斜深/m	实测压力/MPa	拟合压力/MPa	精确度/%
100.00	15.0617	15.0700	97.42
200.00	15.1865	15.1900	
300.00	15.2505	15.2800	
400.00	15.3419	15.3700	
500.00	15.4144	15.4700	
600.00	15.4664	15.5600	
700.00	15.5474	15.6400	
800.00	15.6305	15.7300	
900.00	15.7415	15.8000	
1000.00	15.8125	15.8800	
1100.00	15.8902	15.9500	
1200.00	15.9823	16.0300	
1300.00	16.0682	16.1200	
1400.00	16.1579	16.2100	
1500.00	16.2319	16.3100	

由表中可以看出，模型计算结果较为准确，与实测数据误差仅为2.58%，符合工程计算要求。

4　油管尺寸优化

将上述研究成果应用到B油田热采前期方案研究中，根据不同油管尺寸代入相应的隔热油管导热系数、环空导热系数，计算不同油管尺寸下的注入压力、热量损失等参数。

根据B油田油藏开发指标预测数据，选取平均井深井B1井(井深2130.4m，隔热管下深

1846.3m；普通油管下深 1946.3m），分别选用油管尺寸（内径×外径）为 114×76mm、114×62mm 以及 88×50mm 的隔热油管，在油藏注入速度 12.5t/h，注入压力 16MPa 条件下进行油管尺寸优化，优化结果如表 2 所示。

表 2　A54h 井不同油管尺寸优化结果

隔热油管管径/mm	流量/（kg/h）	井底压力/MPa	井底温度/℃	井底干度/小数	井口压力/MPa	井口温度/℃	井口干度/小数	热量损失/（kJ/sec）
114×76mm	12500	16	347.4	0.407	15.56	345.2	0.8	1333.5
114×62mm		16	347.5	0.442	16.62	350.5	0.8	1155.9
88×50mm		16	347.4	0.381	19.07	361.8	0.8	1148.2

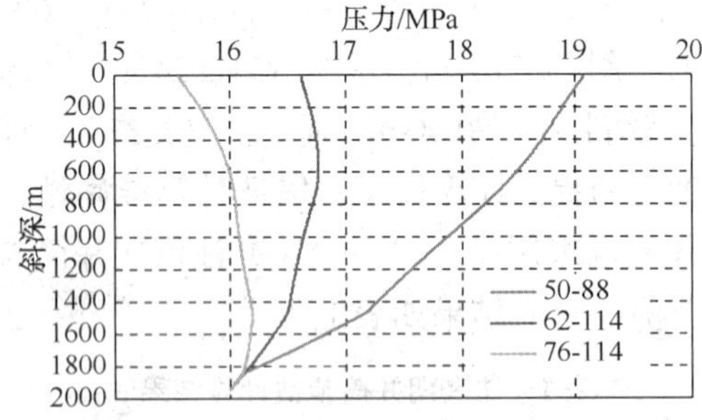

图 1　不同油管尺寸注蒸汽井筒沿程压力的分布

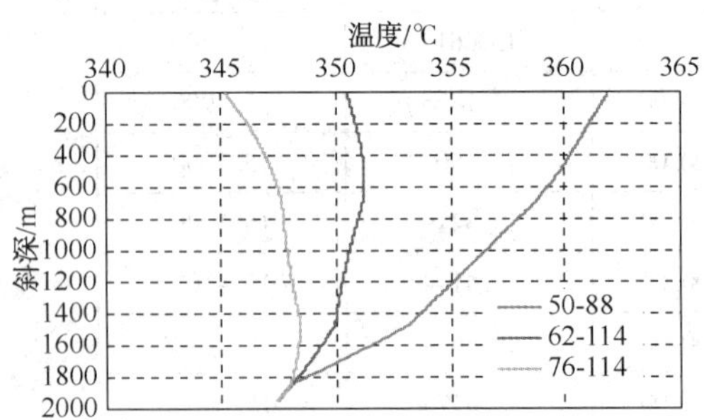

图 2　不同油管尺寸注蒸汽井筒沿程温度的分布

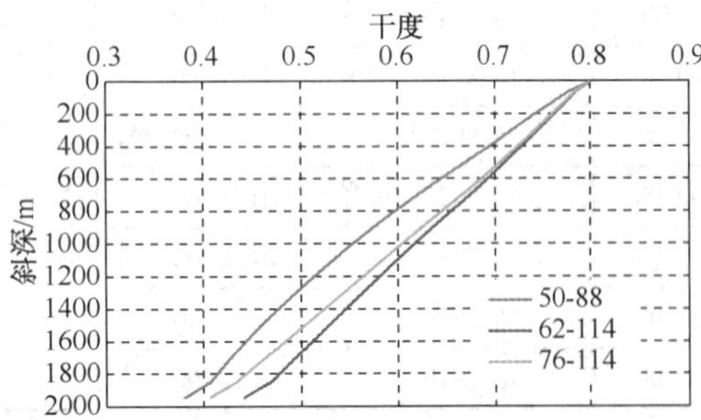

图 3　不同油管尺寸注蒸汽井筒沿程干度的分布

油管尺寸优化结果表明：在井底压力、井口注入速度相同情况下，选用 114×76mm 尺寸的隔热油管井口所需注入压力及温度最低，但 114×62mm 尺寸隔热油管热损最低，建议前几轮次优选 114×76mm 尺寸的隔热油管，随着吞吐轮次的增加，地层压力降低，选用 114×62mm 尺寸隔热油管。

5　注入参数优化

根据油藏推荐方案及钻完井井身结构数据，对明化镇组及馆陶组 24 口井蒸汽吞吐井筒注入参数敏感性分析，其中斜深最深井为 B2 井（斜深 2213m，隔热油管下深 1935.8m）。以 B2 井为例对注入参数进行优化。

（1）注入压力敏感性分析

根据油藏方案及钻完井井身结构数据，在注入速度为 12.5t/h、井口干度为 0.8 条件下，进行注入压力 13～18MPa 敏感性分析，分析结果表明，在注入速度为 12.5t/h、井口干度为 0.8 条件下，注入压力小于 17MPa 时可满足油藏井底干度大于 0.4 要求。

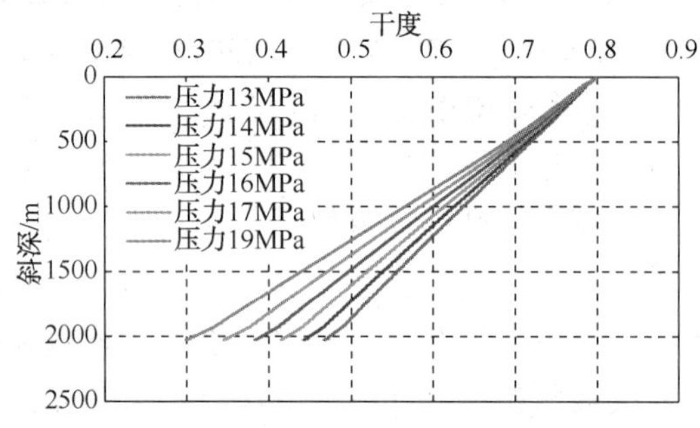

图 4　B2 井不同注入压力下沿程干度分布图

（2）注入速度敏感性分析

B2 井在注入压力 13MPa，井口干度为 0.8 条件下，进行注入速度为 8.5～12.5t/h 敏感性分析，分析结果表明，在注入速度为 8.5～12.5t/h、井口干度为 0.8 条件下，注入速度大于 12.5t/h 时可满足油藏井底干度大于 0.4 要求。

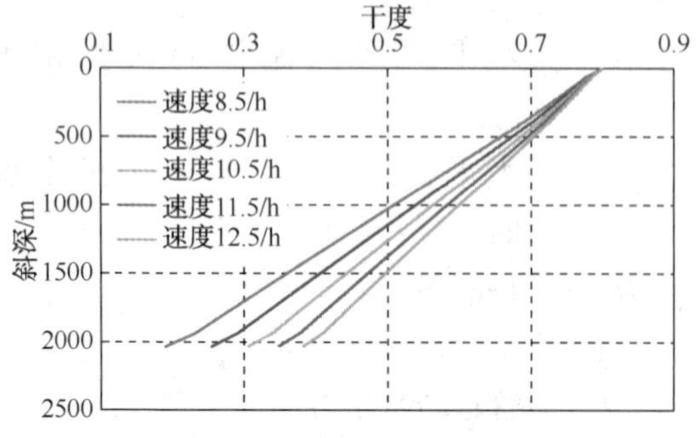

图 5　B2 井不同注入速度下沿程干度分布图

6 结论

(1) 该计算模型用于海上稠油蒸汽吞吐井井筒参数计算结果准确，误差仅为2.58%；

(2) 在井底压力、井口注入速度相同情况下，选用114×76mm尺寸的隔热油管井口所需注入压力及温度最低，但114×62mm尺寸隔热油管热损最低，建议前几轮次优选114×76mm尺寸的隔热油管，随着吞吐轮次的增加，地层压力降低，选用114×62mm尺寸隔热油管；

(3) B油田在注入速度为12.5t/h、井口干度为0.8条件下，注入压力小于17MPa时可满足油藏井底干度大于0.4要求，在注入速度为8.5~12.5t/h、井口干度为0.8条件下，注入速度大于12.5t/h时可满足油藏井底干度大于0.4要求。

参 考 文 献

[1] Carslaw H S, Jaeger J C. Conduction of heat in solids [J]. Oxford: Clarendon Press, 1959, 2nd ed., 1959.

[2] Fontanilla J P, Aziz K. Prediction of bottom-hole conditions for wet steam injection wells [J]. Journal of Canadian Petroleum Technology, 1982, 21(02).

[3] Satter A. Heat losses during flow of steam down a wellbore[J]. Journal of Petroleum Technology, 1965, 17(07): 845-851.

[4] Ramey Jr H J. Wellbore heat transmission[J]. Journal of Petroleum Technology, 1962, 14(04): 427-435.

[5] 石爻，喻高明，谢云红，等. 超稠油水平井蒸汽吞吐注采参数优化设计[J]. 石油天然气学报，2011, 33(6): 281-283.

[6] 张贤松，李延杰，陈会娟，等. 海上稠油油藏蒸汽吞吐注采参数正交优化设计[J]. 重庆大学学报，2015 (2015年03): 80-85.

[7] 王弥康. 环空水对隔热油管注汽井井筒热损失的影响[J]. 石油钻采工艺，1987, 1: 013.

[8] 曾玉强，李晓平，陈礼，等. 注蒸汽开发稠油油藏中的井筒热损失分析[J]. 钻采工艺，2006, 4.

[9] 李颖川，杜志敏. 注蒸汽井筒动态预测改进模型[J]. 西南石油大学学报 (自然科学版), 1993, 15 (1): 56-64.

[10] 巴燕. 水平蒸汽吞吐井热力参数计算方法研究[D]. 中国石油大学，2009.

[11] 黄伟，陈玉祥，王欣. 利用WellFlo软件提高井筒压力计算的精度[J]. 钻采工艺，2004, 27(4): 54-55.

[12] 张卫行，孙永涛，孙玉豹，等. 利用WellFlo软件预测海上多元热流体热采井筒参数[J]. 石油石化节能，2016, 6(1): 15-17.

[13] 万仁溥，罗英俊. 采油工程技术手册 (第8分册) [J]. 1996.

应用建模数模一体化技术提高断块油藏采收率

张玉晓 夏 建 韩智颖

（中国石化胜利油田分公司物探研究院）

摘 要 针对不同油藏特点及勘探开发难点，深化研究，形成了一套精细油藏建模与数值模拟一体化技术。该技术以多尺度资料匹配的精细油藏建模为基础，结合数值模拟手段，遵循“分析矛盾，解决矛盾”的主体思路，不断优化获得井震动联合统一的油藏地质模型和流体分布模型。该一体化技术系列涵盖了多个技术领域和多种油藏类型，在盘河油田盘 15-1 断块、夏 70 断块、滨南油田滨 17 块等多个区块取得了较好的应用效果。

关键词 建模数模一体化；复杂断块；模型优化；油藏采收率

建模数模一体化技术作为油藏管理和开发研究的现代化手段，在油田滚动勘探开发研究中发挥了重要的技术支撑作用[1-3]。近年来，勘探开发形势严峻，勘探对象日渐复杂，复杂断块与隐蔽油气藏成为增储上产的主阵地；开发区块陆续进入高含水-特高含水阶段，剩余油分布异常复杂；油田高效开发面临诸多挑战，对建模数模一体化技术提出了更高的要求。

为适应油田高质高效勘探开发要求，大力发展建模、数值模拟一体化技术，在各级科研项目支撑下，深化研究、形成了一系列精细油藏建模、数值模拟新技术。该一体化技术系列涵盖了多个技术领域和多种油藏类型，在盘河油田盘 15-1 断块、夏 70 断块、滨南油田滨 17 块等多个区块取得了较好的应用效果，在研究区建立了多资料统一，符合地质认识的油藏模型；落实了断裂系统、储层物性分布、注采井间对应关系、层间干扰等关键参数，为研究区的构造落实，储层预测及剩余油挖潜提供了有力的技术指导，确保了剩余油预测的准确性，提高采收率方案实施效果显著，具有广阔的推广前景。

1 建模数模一体化技术概述

建模数模一体化技术系列涵盖了从构造、储层到流体预测的多个技术领域，为复杂构造建模、隐蔽油气藏储层预测及剩余油潜力预测提供了技术支撑。

1.1 复杂断块多资料匹配构造建模技术[4]

针对复杂断块构造建模难点，通过井震资料的“点-面-体”一体化匹配检查，提高地震地质成果的一致性；通过多尺度资料融合匹配技术的应用，构建井震统一的构造模型（图 1）。

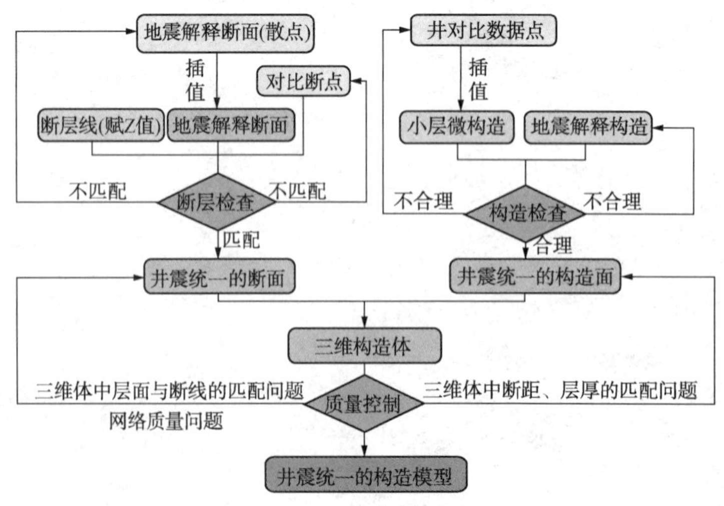

图 1 复杂断块建模技术

【作者简介】张玉晓，女，1984.10 出生，2009.07 毕业于中国石油大学（华东），硕士学位，胜利油田物探研究院油藏室，工程师，从事精细油藏建模、数值模拟及油藏工程分析工作。E-mail：zhangyuxiao.slyt@sinopec.com

1.2　地震属性面/体约束的随机储层建模技术[4]

针对隐蔽油气藏储层预测难点，充分利用地球物理资料中的储层信息，在构造格架约束下，以井资料为条件，以地震属性数据为约束，有效提高储层随机预测结果的准确性(图2)。

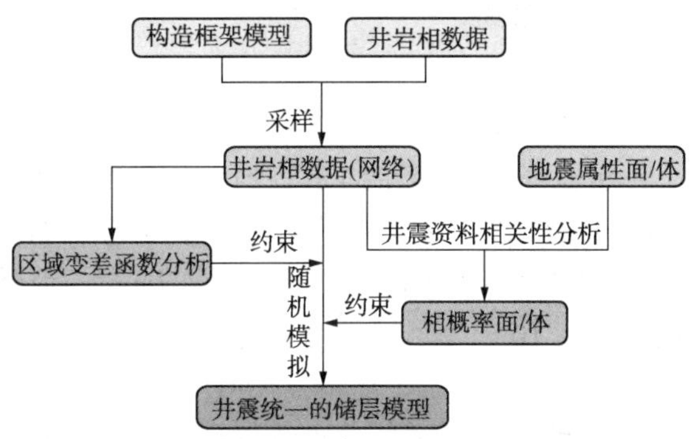

图2　地震属性面/体约束的随机储层建模技术

1.3　地质研究成果约束的确定性储层建模技术

地质研究成果约束的确定性储层建模技术能够充分利用地质研究成果，在小层平面图和砂体等厚图的约束下实现储层展布形态的精确刻画，该技术适用于储层认识较明确、对砂体连通性要求高的油藏(图3)。

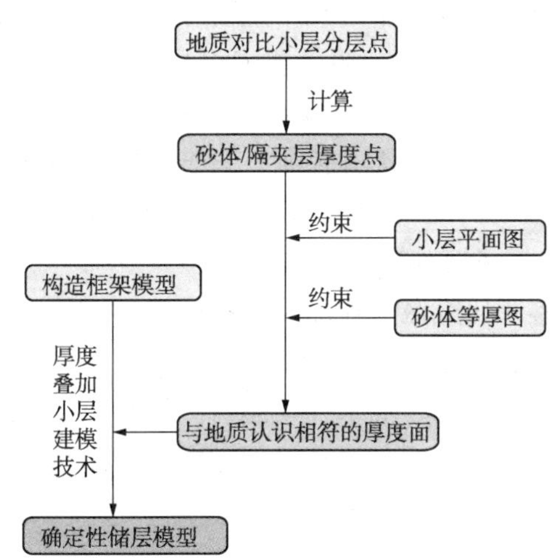

图3　地质研究成果约束的确定性储层建模技术

1.4　多点地质统计沉积相建模技术[5]

多点地质统计学是相对于基于变差函数的两点地质统计学而言的。它着重表达多个点之间的相关性，兼顾点之间距离与几何位置的相关性，弥补了两点地质统计学不能充分描述复杂几何形状地质体的连续性和变异性的不足。该技术应用训练图像代替变差函数，提高了目标体形态重构能力(图4，图5)。

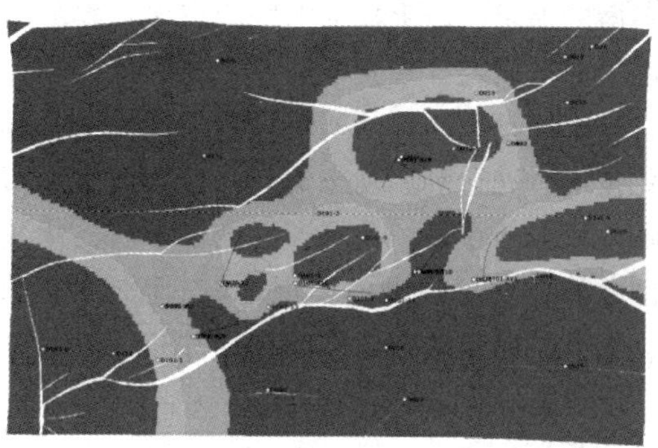

图4　训练图像

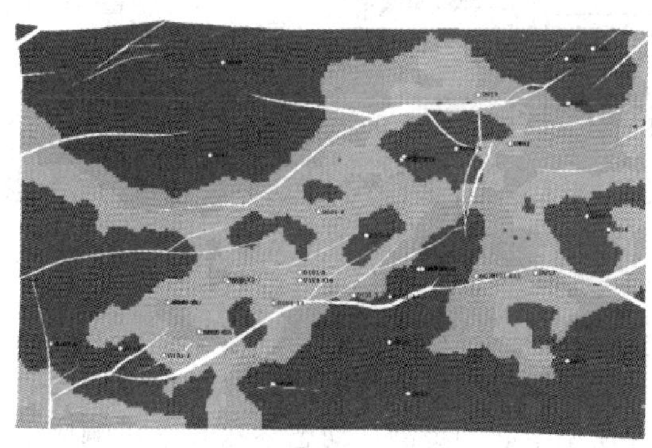

图5　多点地质统计方法建立的沉积相模型

1.5　条件递推物性建模技术[6]

条件递推物性建模是应用贝叶斯序贯高斯模拟(BSGSim)算法，利用井资料、三维地震(波阻抗反演体等)、井间地震(波阻抗反演体等)等不同信息之间的条件关系，建立估计位置与已知点之间的条件概率分布，来实现多种地球物理资料的约束作用，建立高分辨率物性模型的一种整合方法。该方法克服了单一资料横向和纵向分辨能力不可兼得的难点，能有效提高储层模型确定性和精度(图6)。

$$p(x_0 \mid x_s,\ z_1,\ z_2) \propto p(x_0 \mid x_s,\ z_1) g(z_2 \mid x_s,\ x_0,\ z_1)$$
$$\propto p(x_0 \mid x_s) f(z_1 \mid x_s,\ x_0) g(z_2 \mid x_s,\ x_0,\ z_1)$$

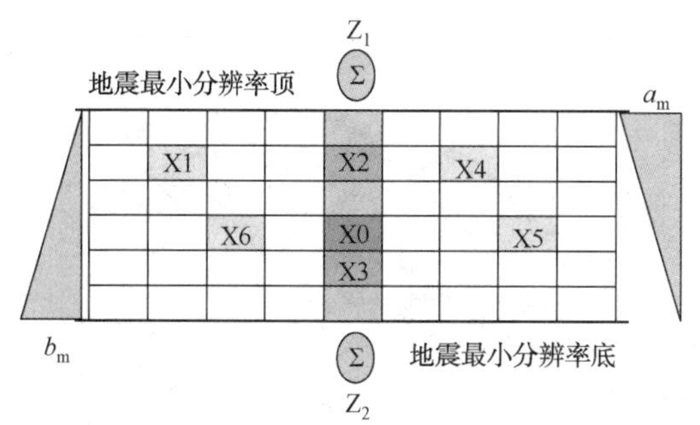

图6　条件递推原理图

1.6　动静结合模型优化技术

建立最接近地下实际情况的油藏模型是建模

界不懈的追求，以上技术围绕静态多资料的应用开展了大量研究，建立了静态资料匹配的油藏模型，是未经动态验证的初步模型。动静结合模型优化技术，充分利用动态资料，结合数值模拟和油藏工程分析手段，挖掘油藏内部矛盾，优化完善油藏静、动态模型，实现地震-地质-动态统一，提高油藏描述和模型的精度(图 7)。

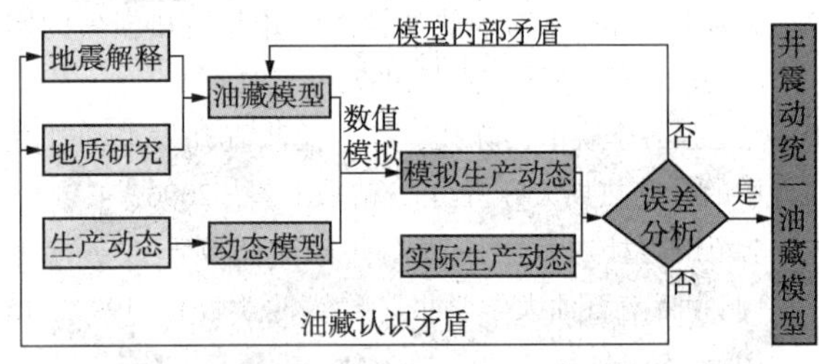

图 7　动静结合模型优化技术

1.7　地震信息约束的剩余油预测技术[7]

地震信息约束的剩余油预测技术是通过岩石物理模型架起油藏静、动态参数和地震响应的关键桥梁，能够充分利用地球物理流体预测信息，与开发动态资料联合，协同数值模拟方法，实现三维空间的剩余油动态预测(图 8，图 9)。

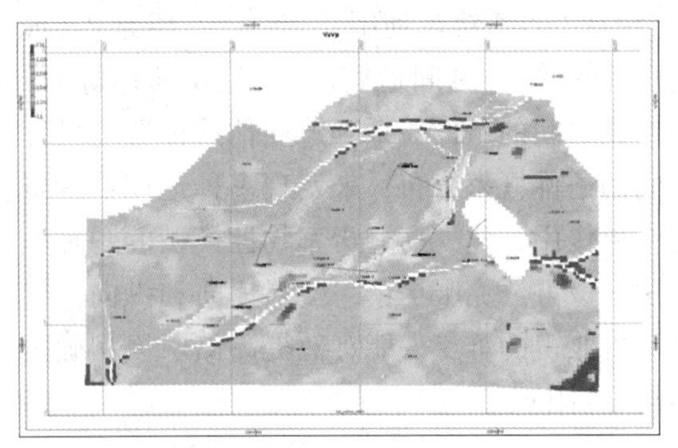

图 8　纵横波速度比分布图

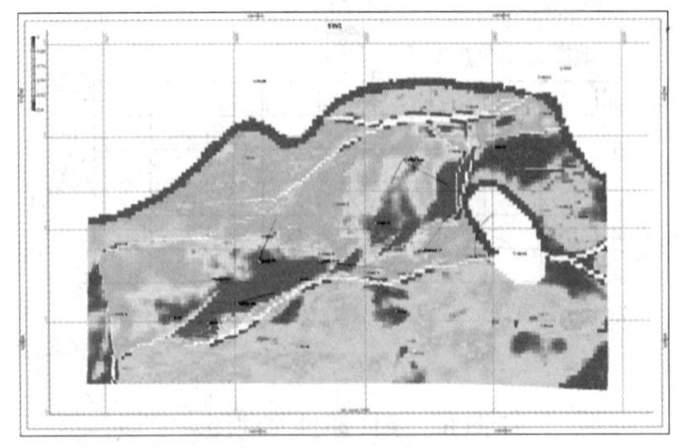

图 9　含水饱和度分布图

以上建模、数值模拟一体化技术系列，在多个区块进行了应用并取得了很好的应用效果，为试验区的构造落实、储层预测及剩余油挖潜提供了有力的技术指导。本文将以临 58-1 块为例，介绍建模数模一体化技术在提高断块油藏采收率方面的应用效果。

2　应用实例

2.1　区块概况

L58-1 断块区位于山东省临邑县境内，构造上位于临邑大断层向东撒开段北部，盘 7 大断层(二级)下降盘的西端。含油面积 1.0km^2，地质储量 187×10^4 t，油层厚度为 25m，采出程度为 29.2%。

构造特征：由 1 条二级断层和 1 条三级断层夹持形成的断阶带，呈北东走向，东西两侧为构造高点，中间为鞍部，区内被 6 条小微断层复杂化(断距≤10m)，小断层和鞍部将其划分两个断块，3 个独立油藏，分别为东区、中区和西区 3 个油藏。

地层对比：目的层沙二下段油层共分为 5 个砂组，23 个小层，主力含油砂组为 1、2、3、4 砂组。

该区块在开采过程中主要存在注采井网不完善和开发层系划分粗，层间干扰严重两大问题，其中，东区和西区采用逐层上返的方式开发，且部分区域的储量无井控制，只有中区采用分层系开发(1、2、3 砂组一套层系，4 砂组为一套层系)，井网相对较完善。

鉴于研究区存在的问题，应用建模数模一体化技术，在建立精准地质模型基础上，进行油藏数值模拟，结合油水井动态监测资料，研究剩余油分布规律，明确油藏潜力方向，为注采井网完善和层系细分调整提供依据。

2.2　复杂断块油藏建模

针对 L58-1 断块复杂构造特点和资料情况，优选复杂断块多资料匹配构造建模技术和地质研究成果约束的确定性储层建模技术，建立研究区精细油藏模型，制定了针对性技术路线(图 10)。在整个建模过程中，以地质认识为依托，强化井震结合，建立井震统一的油藏模型；同时，全过程质量控制，确保模型准确性。地质成果约束的确定性砂体建模技术的应用使砂体模型的展布范围与地质认识保持一致，同时解决了后期数模过程中模型收敛性差的问题。

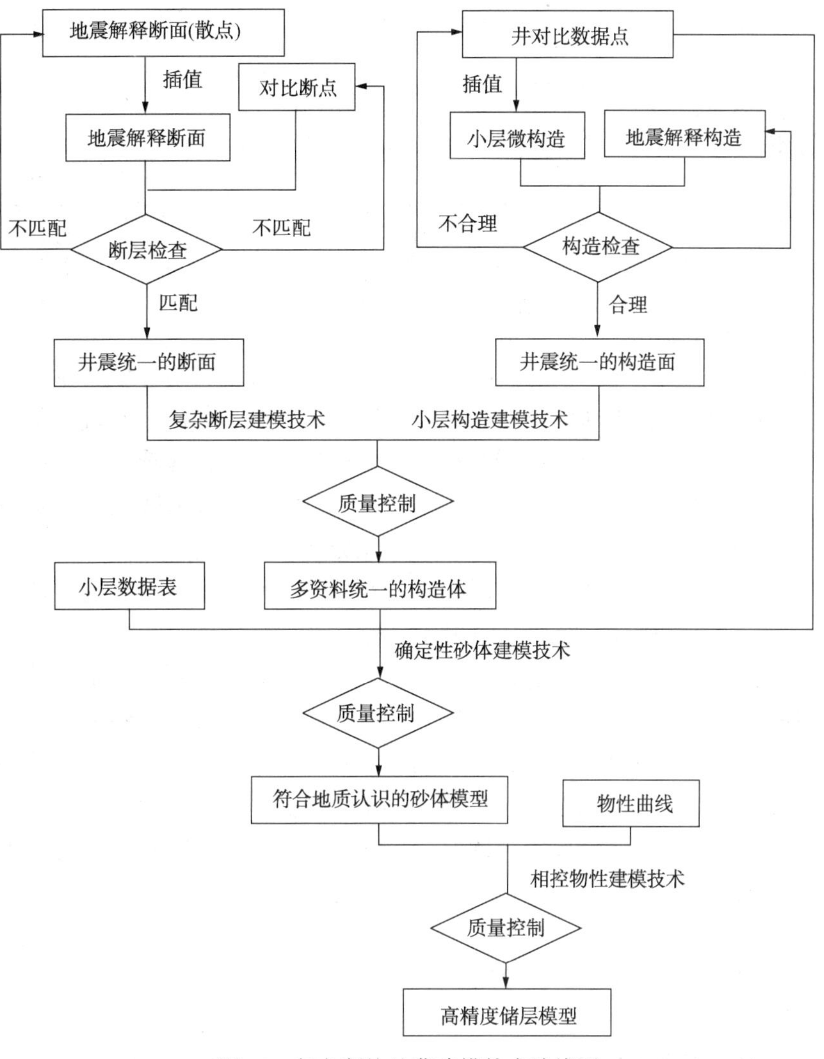

图 10　复杂断块油藏建模技术路线图

2.3　动静结合模型优化

油藏模型是在地震、钻井和测井等资料基础上建立的静态模型。由于动态资料应用不足，易导致所建模型的渗流规律与实际渗流规律不符；其次，对于复杂断块油藏，断裂系统解释的准确性同样需要生产动态的印证；另外，由于建模方法等方面的不足，往往模型在井间存在较大的不确定性。

动静结合油藏地质模型优化是以数值模拟初始拟合结果为基础，结合动态分析等手段，研究初始油藏模型矛盾的典型响应参数，从而对静态模型进行优化的过程。研究表明，构造、储层和流体模型问题在数模中主要体现为含水率和压力不符，但不同位置井及其矛盾组合方式，对构造、储层和流体矛盾具有较明确的指示关系。

针对 L58-1 断块油藏特点及难点，根据响应参数的唯一性和普遍性对其进行分析，遵循“典型井选取和典型响应参数分析”的指导思想，完善了断裂系统；落实了 23 个小层的油水界面；分析了小断层的封堵性；优化了储层物性模型，建立了注采井间有效对应关系；深化了多层合采井各小层的生产贡献率认识。

2.3.1　落实断裂系统和油水界面

通过油水边界附近油井实际生产响应与模拟计算生产响应差异，可精确落实各小层的油水界面和构造特征。从初始油藏数模结果发现，油水界面附近的的 L58-X492 井实际含水不高，而模拟计算含水较高，模拟响应与实际生产响应矛盾突出。通过连井剖面发现，构造位置高的 L58-49 井在目的层钻遇油水同层，与 L58-X492 井存在油水矛盾，同时也说明了油水界面是准确的；由于该油藏为复杂断块油藏，分析认为，两井之间存在一条小断层。通过增加一条层内小断层，并对断层两侧分别设置油水界面，使得该井含水拟合率大大提高(图 11)。

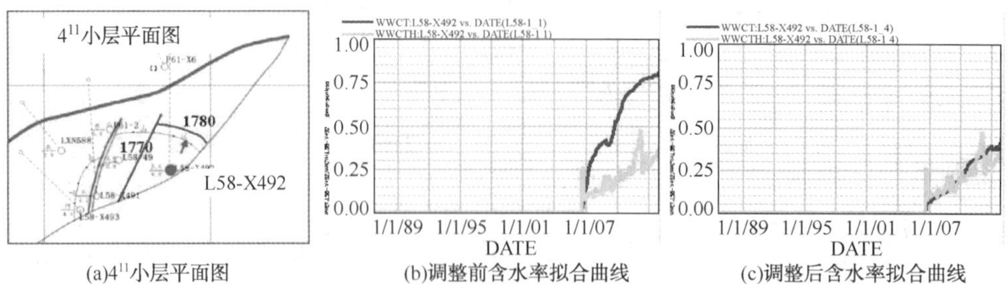

(a)4¹¹小层平面图　(b)调整前含水率拟合曲线　(c)调整后含水率拟合曲线

图 11　研究区断裂系统和油水界面落实

2.3.2　分析断层封堵性

复杂断块油藏小断层发育，小断层的断层封堵性分析是认识复杂断块油藏的重要组成部分，而生产动态是唯一有效的分析手段。通过断层附近油井实际生产响应与模拟计算生产响应差异来分析小断层的封堵性。L58-14 井紧邻一条层内小断层[图 12(a)]，该井的初始模拟结果表明，该井存在液量产不出以及压力过低的问题。分析认为，由于小断层的遮挡，L58-14 井泄油范围减小，为满足产液量要求，压力急剧下降，与生产实际不符[图 12(b)]。由此可以断定，该小断层为开启的，开启后能够达到产液量要求，同时拟合压力与实测压力吻合良好[图 12(c)]。

2.3.3　优化储层物性模型

储层物性模型是在测井曲线基础上，应用一定的插值或模拟方法而获得的三维物性参数体，因此物性模型井间存在较大的不确定性。储层物性模型优化是油藏模型优化的重点和难点，也是“典型井选取和典型响应参数分析”指导思想的充分体现。通过油水井注采对应受效情况分析，对井间物性模型进行优化，从而建立注采井间有效连通。

通过对注采井对的生产动态及初始模拟结果分析发现，注水井 L58-41 所对应的生产井 L58-2 井数模计算含水呈缓慢上升趋势，而实际含水则是急剧上升，说明模型中注采井间未形成有效连通。建立注采井间有效连通关系后，数模计算结果与实际生产情况吻合较好(图 13、图 14)。

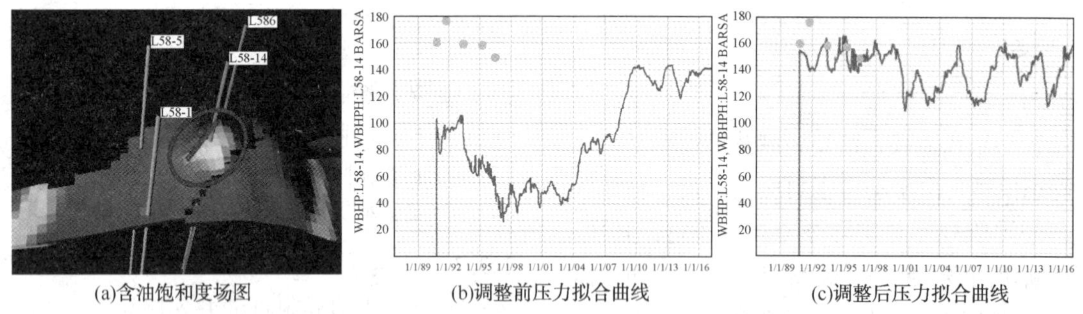

(a)含油饱和度场图　(b)调整前压力拟合曲线　(c)调整后压力拟合曲线

图 12　研究区断层封堵性研究

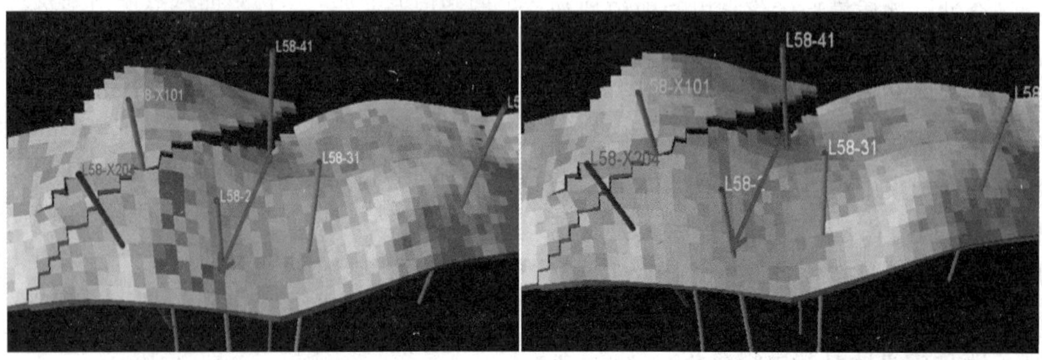

(a)优化前渗透率模型　(b)优化后渗透率模型

图 13　优化前后渗透率模型对比

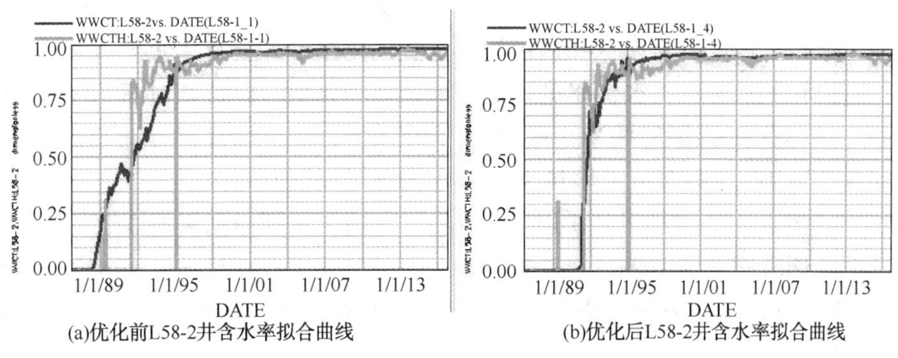

图 14　优化前后 L58-2 井含水率拟合对比

2.3.4　调整各小层生产贡献率

L58-1 块开发层系划分简单，多层合采，层间干扰严重，而数值模拟通过流动系数计算各小层的生产贡献率，对层间干扰现象体现不足。为确保各小层剩余油预测的准确性，需通过生产动态分析，精细调整各小层生产贡献率。

从 L58-16 井多层合采数据(表 1)中可以看出，有 2 套层位为主力层(4^{1+2}、4^{9+10})，且这两套主力层紧邻油水边界，另外 3 套非主力层离油水界面较远。从初始拟合结果看[图 15(a)]，该井计算含水上升缓慢，而实际含水急剧上升。该井的实际生产动态表明，受主力层干扰，非主力层的生产贡献率极低，经分析调整后，该井含水得到了较好的拟合[图 15(b)]。

表 1　L58-16 井各层贡献率调整表

生产层位	有效厚度/m	渗透率/$10^{-3}\mu m^2$	数模软件计算结果	动态分析认识调整
4^{1+2}	3.0	1275	0.34	0.42
4^{3}	1.0	338	0.04	0.00
4^{4+5}	1.4	1478	0.18	0.13
4^{6}	0.8	484	0.04	0.00
4^{9+10}	4.4	998	0.39	0.45

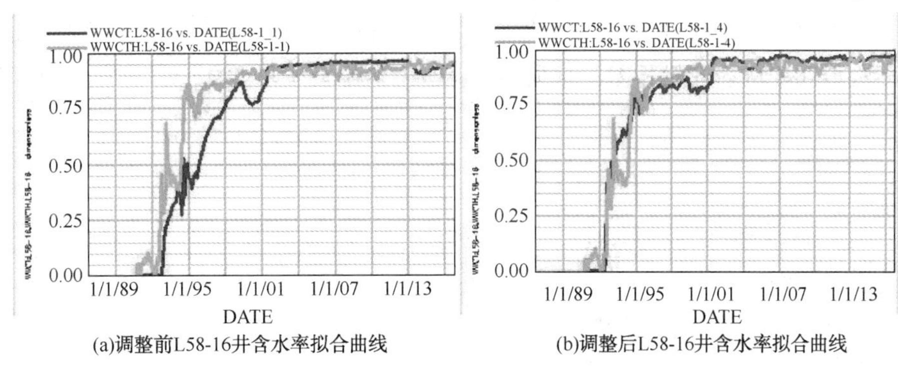

图 15　调整前后 L58-16 井含水率拟合对比

2.4　剩余油潜力分析及方案设计

2.4.1　剩余油潜力分析

应用优化后的油藏模型进行数值模型，定量分析剩余油分布状况。平面上，从剩余油饱和度图(图 16)可以看出，目前剩余油主要分布在断层夹角、构造高部位和井网不完善的区域；同时可以看到 3 个井区开发效果存在一定差异，中区开发效果较好，东区和西区剩余油饱和度和剩余储量丰度较高，具有较高的调整潜力。纵向上，精细油藏数值模拟实现了对各个小层采出程度的定量描述。分析发现，虽然主力层储量动用程度较高，但剩余地质储量仍主要集中在主力层。

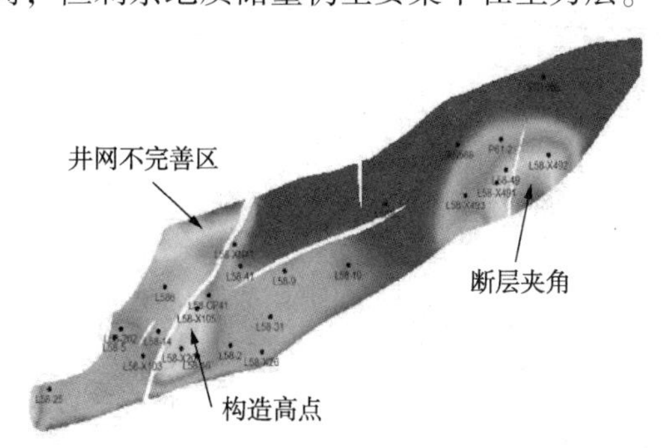

图 16　L58-1 块剩余油饱和度图

2.4.2 剩余油挖潜方案设计

在剩余油潜力分析基础上，对东区和西区进行调整(图 17)。西区设计 4 油 3 水，在剩余油富集区完善井网，兼探无井控制的两个小断块，预计新增地质储量 27×10^4t，新增可采储量 13.2 $\times10^4$t；东区设计总井数 7 口，利用老井 4 口，新钻 3 口，完善井网，挖潜剩余油富集区。方案实施后预计新增可采储量 7.0×10^4t，提高采收率 13.5%。

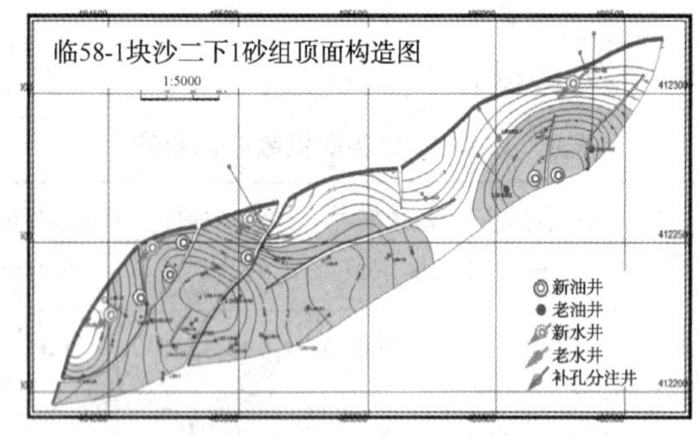

图 17 L58-1 块设计方案

目前西区完钻 4 油 1 水，平均单井钻遇油层 28m，效果符合预期。投产 4 口油井(底部油层)，初产平均日油 7.6t，含水率为 25.8%。

3 结论与认识

(1) 精细油藏建模数模一体化技术在 L58-1 块应用效果显著，针对复杂断块油藏的特点和难点，复杂断块多资料匹配构造建模技术、地质研究成果约束的确定性储层建模技术和动静结合模型优化技术等发货了重要作用，尤其是"典型井选取和典型响应参数分析"的指导思想提高了工作效率，迅速而准确地指出了油藏的主要矛盾，明确了调整方向。

(2) 精细油藏建模数模一体化技术系列涵盖了多个技术领域和多种油藏类型，在实际应用中可根据研究目的、资料情况及油藏类型优选技术组合，可在油田滚动勘探开发中推广应用。

参 考 文 献

[1] 刘颖．建模数模一体化在油田注水政策优化中的应用[J]．中国石油大学胜利学院学报，2014，38(6)．

[2] 冯国杰，张东星，高勇．建模数模一体化技术在油藏描述中的应用—以羊二庄油田为例[J]，内蒙古石油化工，2014，24(8)．

[3] 王守华，崔文富等．瘦蚂蚱变成小肥羊——胜利采油厂创新地质剖析模式研究剩余油分布规律[J]．中国石化，2013，20(11)．

[4] 杜光辉，谢岩等．井震结合的油藏精描技术在油田开发中的应用[J]．青海石油，2014，32(9)．

[5] 杨勇．基于多点地质统计学的岩性气藏精细建模方法与应用[J]．断块油气田，2013，20(12)．

[6] 廖新维，李少华，朱义清．地质条件约束下的储集层随机建模[J]．石油勘探与开发，2004，31(B11)．

[7] 龙国清，邓宏文等．浅层气藏流体相控属性参数建模及应用[J]．海相油气地质，2007，15(4)．

稠油化学降黏复合驱驱油特征实验研究

杨 森 许关利 刘 平 伦增珉 孙建芳 秦学杰

（中国石化石油勘探开发研究院）

摘 要 为了明确地层条件下水油流度比接近1000的普通稠油化学降黏复合驱的驱油特征，利用单管模型、双管模型及微观可视化模型开展了不同化学驱条件下的驱油实验，研究稠油油藏化学驱过程中含水率、注入压力、驱油效率等在不同化学驱油体系组成、驱替相黏度、驱替孔隙体积倍数等条件下的变化，并对比了不同驱替阶段剩余油的分布规律。实验结果表明，稠油化学降黏复合驱前置聚合物段塞可以更有效地提高驱替压差，减弱非均质性对驱油效果的不利影响；降黏剂段塞可以提高波及范围内及其边缘剩余油流动能力，提高储层动用程度；采用聚合物和降黏剂组成的驱油体系开展稠油化学降黏复合驱具有协同增效作用，同时提高波及范围与洗油效率。

关键词 降黏；复合驱；采收率；驱替特征；稠油

引言

目前国内对于地层条件下原油黏度高于150mPa·s的普通稠油油藏仍主要采用蒸汽吞吐热采方式开发，但是随着吞吐轮次的增加，蒸汽吞吐后期地层热损失增大，井筒周围含水饱和度增高、原油乳化严重，动用范围非常有限，面临着产量递减快、地层压力低、采收率低等问题。国外很多研究实践表明蒸汽驱是蒸汽吞吐后稠油大幅提高采收率的重要手段[1-6]，但是由于国内稠油油藏储层非均质强、边底水活跃等影响，导致蒸汽驱的波及效率低、效果并不理想，并大规模工业化应用较少[7-8]。尚未提出针对该类型油藏补充地层能量，实现均衡驱替，有效提高井间剩余油动用程度的热采后接替开发技术。

化学驱是稠油油藏提高采收率的重要技术方向意义[8-12]，目前国内已经在黏度小于200mPa·s的稠油油藏有一些成功应用[12-16]，但是对于地下原油黏度接近1000mPa·s的高黏稠油尚没有突破。稠油化学降黏剂作为一种辅助剂，目前主要用于配合热力采油或者近井地带解堵，在改善稠油热采开发效果方面的矿场应用效果显著[16-20]，主要分为油溶性和水溶性两大类。油溶性降黏剂主要通过溶解、分散、渗透作用使稠油聚集体结构发生变化而黏度降低；往往应用于热采稠油油藏条件，由于成本高，一般用量小。水溶性降黏剂是通过分子间作用力破坏稠油大分子聚集体，使高黏稠油与水形成黏度很小的油水分散体系；近年来对于水溶性降黏剂的研究越来越受到关注，应用范围广，价格低廉，具有很广阔前景，但是目前在稠油驱油技术方面的应用研究仍然很少。笔者提出了利用聚合物与水溶性降黏剂复合驱的技术思路，建立了水溶性自扩散降黏剂与部分水解聚丙烯酰胺聚合物组合成的复合驱油体系，通过实验手段，研究了稠油化学降黏复合驱的驱油特征与波及规律，揭示了宏观驱油机理，为形成稠油化学降黏复合驱提高采收率技术提供一定理论基础。

1 水溶性自扩散降黏剂性能评价实验

根据陈家庄油田稠油油藏条件，实验用水选择与现场注入水矿化度相同的模拟水。实验所用稠油为陈家庄油田取样原油，在温度70℃、剪切速率为7.3s^{-1}下的黏度约为6000mPa·s。（表1）

表1 地层水分析结果

离子	K^+/Na^+	Ca^{2+}	Mg^{2+}	Cl^-	$SO_4{}^{2-}$	$CO_3{}^{2-}$	$HCO_3{}^-$	总矿化度
浓度/(mg/L)	3636	220	89	5860	0	0	681	10486

【作者简介】杨森（1986-），男，2011年毕业于中国石油大学（北京），硕士研究生，中石化石油勘探开发研究院，工程师，目前主要从事稠油油藏开发理论与方法研究，E-mail：yangsen.syky@sinopec.com

稠油降黏率作为评价降黏剂的重要指标，按如下公式计算：

$$f = \frac{\mu_0 - \mu}{\mu_0} \times 100\%$$

式中　f——降黏率；

μ_0——初始条件下稠油油样的黏度，mPa·s；

μ——加入降黏剂溶液后稠油乳液的黏度，mPa·s。

1.1　油水比对稠油降黏效果影响的评价实验

水溶性降黏剂的自扩散降黏机理是通过其自身疏水结构与稠油中组分所携带的官能发生化学反应，将稠油重组分物质以稳定的共价键方式连接到降黏剂上，再由外层的亲水高分子链将聚集体牵引，破坏稠油大分子聚集体间由芳香多环共轭所形成的大π键，分散到水相中形成较小的稠油分子聚集体，实现在多孔介质中稠油体系黏度降低的。因此，在多孔介质中油、水所占比例对于水溶性自扩散降黏剂的降黏性能有密切关系。

研究选用浓度为0.5%的水溶性自扩散降黏剂，考察在温度70℃时油水比对降黏效果的影响，从图2可见，油水比对降黏的效果影响显著，油水比越小，黏度越低。当油水比大于7：3后，稠油降黏后体系的黏度基本不再发生改变，此时该水溶性降黏剂的降黏率超过98%。从油藏角度考虑，目前陈家庄馆陶组稠油油藏含油饱和度在0.5~0.55之间，该水溶性自扩散降黏剂应能够适合油藏条件。

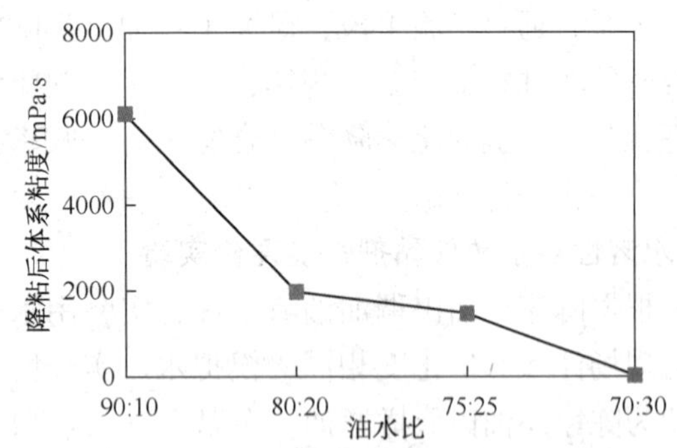

图2　油水比对降黏剂降黏效果的影响

1.2　浓度对稠油降黏效果影响的评价实验

降黏剂不同浓度下的降黏效果是评价降黏剂性能质量另一项重要参考。在稠油化学降黏复合驱过程中配制降黏剂段塞的浓度决定了降黏剂用量，注入大量高浓度降黏剂段塞将导致成本增加，经济性差。本研究优选降黏剂浓度方法是固定油水比7：3，将不同浓度降黏剂与一定量的稠油油样混合置于烧杯中，放入70℃的恒温水浴中1h，然后搅拌5min，再迅速用流变仪在剪切速率为7.34s^{-1}下测定降黏效果。

测试结果显示，当降黏剂浓度小于0.5%时，随着降黏剂浓度增加，降黏后体系黏度的变化十分明显，注入降黏剂浓度越高，降黏后体系的黏度越低；降黏剂浓度为0.5%时，6000mPa·s原油黏度可降至11.8mPa·s，降黏率达99.8%；降黏剂浓度继续增加超过0.5%后，降黏后体系黏度将不再发生明显变化。结合经济性与油藏实际情况考虑，注入降黏剂浓度可选范围0.5%~1.0%(图3)。

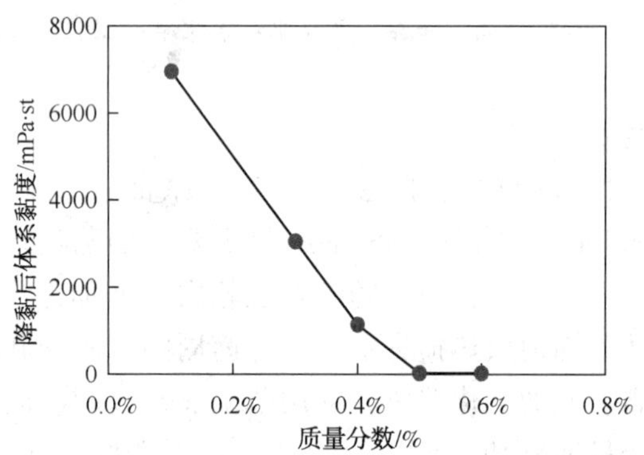

图3　降黏剂浓度对降黏效果的影响

1.3　聚合物对水溶性自扩散降黏剂性能的影响

考虑到聚合物溶液、降黏剂以及稠油三者之间存在流度差异，驱替过程中难以避免发生相互接触、混合的现象，因此部分水解聚丙烯酰胺聚合物与水溶性自扩散降黏剂的配伍性测试对于制定合理的注入方式、确保复合驱发挥驱油作用非常重要。

在模拟的陈家庄油藏条件下，部分水解聚丙烯酰胺聚合物黏浓曲线如图4所示，与添加了浓度为0.5%降黏剂的黏浓曲线相比，二者基本一致，可认为水溶性自扩散降黏剂的不影响聚合物的增黏性能。再从添加了不同浓度聚合物的降黏测试结果(表2)来看，即便是在聚合物溶液的黏度小于29 mPa·s的条件下，随着聚合物浓度增大，降黏后体系黏度仍不断升高，说明聚合物溶液浓度的增加对于水溶性自扩散降黏剂发挥降黏作用有一定的影响，但是在聚合物浓度较低的时候影响较小，因此推荐将二者分成独立段塞注入而不是混合后注入进行驱油。

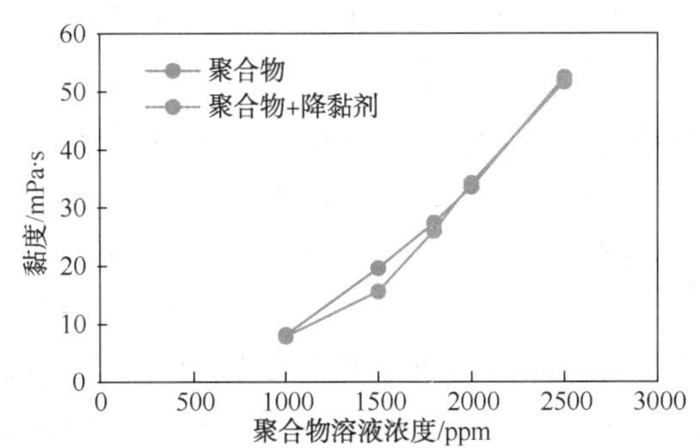

图 4　降黏剂对聚合物增黏性能的影响

表 2　聚合物浓度对降黏性能的影响

混合体系中降黏剂质量分数/%	混合体系中聚合物溶液浓度/ppm	降黏后体系黏度/(mPa·s)	混合体系降黏率/%
0.5	0	29	99.5
	500	31.8	99.5
	1000	51.9	99.1
	1500	76	98.7
	2000	108	98.2

2　稠油化学复合驱驱油实验结果及讨论

2.1　单管岩心驱油实验

实验材料选用长度为 30cm、直径为 2.54cm 的人造岩心柱，气测渗透率为 2400~2800mD，平均气测渗透率为 2560 mD，平均孔隙度为 34.2%，平均初始含油饱和度为 62.95%，聚合物溶液为 3000mg/L，降黏剂浓度为 1%，实验用水采用根据胜利陈 373 块实际地层水性质配制的模拟地层水，总矿化度为 10486mg/L；K^+/Na^+，Ca^{2+}，Mg^{2+}，Cl^-和 HCO_3^-的浓度分别为 3636，220，89，5860 和 681mg/L，在 70℃ 下密度为 0.973g/mL。实验用油为陈 373 块现场地面脱气原油样品与煤油按照 3：1 的比例配制而成的模拟地层油，实验温度为 70℃、剪切速率为 7.3s^{-1}下，其黏度为 1000 mPa·s，密度为 0.965 g/mL。

在相同的初始条件下，共设计了水驱、聚合物驱、降黏剂驱、先注聚合物后注降黏剂驱、先注降黏剂后注聚合物驱共 5 组平行实验，实验结果见表 3，目的就是通过对比它们驱替过程中动态特征及驱油效率，初步明确稠油化学降黏复合驱的驱油机理及提高采收率的效果。

表 3　不同驱油方式提高驱油效率对比表

驱油方式	化学剂段塞参数	驱油效率/%	驱油效率增量/%
注水	—	22.09	—
注聚合物	浓度 3000ppm 聚合物 0.5PV	24.71	2.62
注降黏剂	浓度 1%降黏剂 0.5PV	24.44	2.35
先注降黏剂后注聚合物	浓度 1%0.2PV 降黏剂、浓度 3000ppm 聚合物 0.3PV	30.94	8.85
先注聚合物后注降黏剂		38.13	16.04

较稠油水驱效果，单一聚合物驱、降黏剂驱都能够小幅提高驱油效率，岩心驱油效率分别提高了 2.62%和 2.35%。两种不同注剂顺序复合驱提高驱油效率幅度分别为 8.85%和 16.04%，要明显超过单一化学剂驱，甚至高于了两种单一化学驱驱油效率增幅之和，其中先注聚合物后注降黏剂组合效果更优，说明稠油化学复合驱确实发挥了“1+1>2”的复合增效作用。

从图 5、图 6 也可以看出，先注入降黏剂，由于降黏剂分散降黏作用，原油流动性增加，液相流动能力大大增强，注剂阶段注入压力比水驱降低 23%；但是，先注降黏见水时间将明显提前，而高渗大孔道一旦形成，后续注水或者聚合

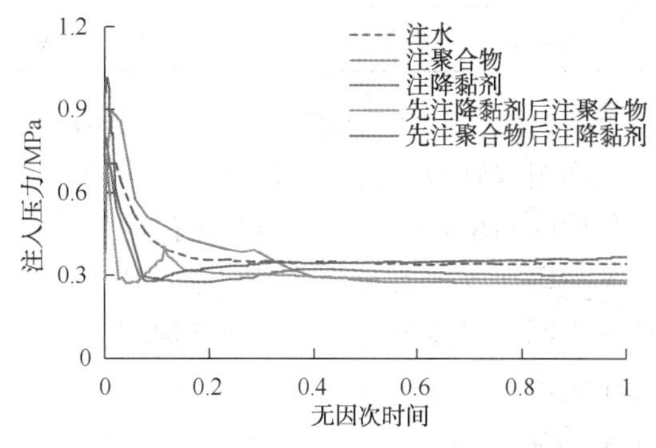

图 5　单管不同驱油方式注入压力变化曲线

物都不能建立更高的驱替压力，同时后续注剂会顶替、稀释已注入降黏剂限制其发挥自身的驱油作用。驱替过程先注入聚合物溶液，适当增加注

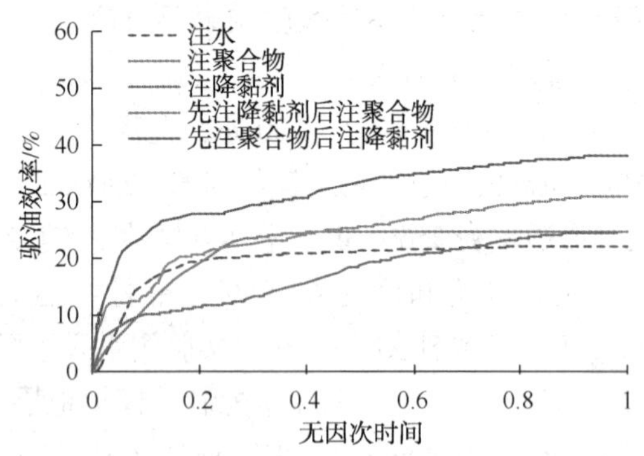

图 6　单管不同驱油效率注入压力变化曲线

剂黏度，可以明显提高驱替压力，实验中最高注入压力较水驱提高了 0.3MPa，这有利于克服稠油启动压力，驱替原油流动；同时，注聚后油水流度比大幅降低，注剂突破时间明显延后，3000ppm 聚驱注剂突破时间是水驱的 2.1 倍，为后续降黏剂发挥分散降黏驱油作用提供了优良的条件，表现在高含水期仍能够持续产油的特征。

2.2　双管岩心驱油实验

双管驱油实验流程和材料与单管驱油实验基本相同，不同之处在于该实验采用具有一定渗透率级差的双管模型替代单管模型，模型平均气测渗透率为 3486mD，平均孔隙度为 32.0%，渗透率级差为 2.4~2.5，共设计了 2 组实验。实验目的是通过分析了非均质性对稠油化学降黏复合驱的影响，进一步明确稠油化学降黏复合驱在非均质油藏中驱替特征。

表 4　不同驱油方式提高驱油效率对比表

模型序号	驱油方式	平均气测渗透率/mD	渗透率级差/小数	平均孔隙度/%
1	先注聚合物后注降黏剂	3822	2.4	33.9
2	先注降黏剂后注聚合物	3150	2.5	30.1

首先，从实验注入压力变化曲线(图 7)可以看出，两组双管模型化学复合驱油实验的注入压力变化曲线与单管模型表现出了相似的规律；它们注聚阶段注入压力均发生了明显上升，但是上升幅度不同，先注聚合物后注降黏剂实验的最高注入压力可达到了 1.5MPa 左右，而先注降黏剂后注聚合物实验的最高注入压力只有 0.9~1.0MPa。其次，观察实验驱油效率变化曲线(图 8)，第 1 组先注聚合物后注降黏剂实验无论是高渗管还是低渗管均得到动用，只是受到非均质性的影响低渗管驱油效率要远低于高渗管；第 2 组先注降黏剂后注聚合物实验出现了只有高渗管中稠油发生了流动，低渗管基本没有动用的现象。分析原因，先注降黏剂后注聚合物初期由于降黏剂不会增加驱替相黏度，无法产生较高的注入压力，因而先注入的降黏剂优先进入高渗管岩心中，造成降黏剂无法与低渗管中的原油接触，同时又由于其降黏驱油作用在高渗管中形成窜流通道，导致后续注入聚合物阶段不能建立足够的驱替压差启动低渗管中的稠油；先注入聚合物后注入降黏剂驱替初期，高黏度聚合物溶液在注入端产生了很高的注入压力，使低渗管中稠油克服了启动压力而发生流动，驱替后期由于聚合物溶液的流度控制作用，有利于降黏剂发挥了其降黏驱油作用，证明了二者协同发挥了提高波及波及范围和驱油效率的作用。最后，双管模型整体驱油效率分别为 24.79%和 14.10%，与单管驱油实验化学复合驱结果相比，驱油效率明显降低也说明了稠油储层非均质性会对化学复合驱效果产生较大影响。

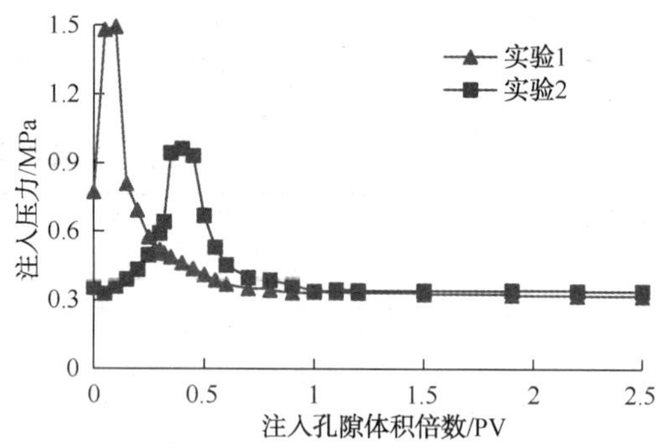

图 7　双管不同驱油方式注入压力变化曲线

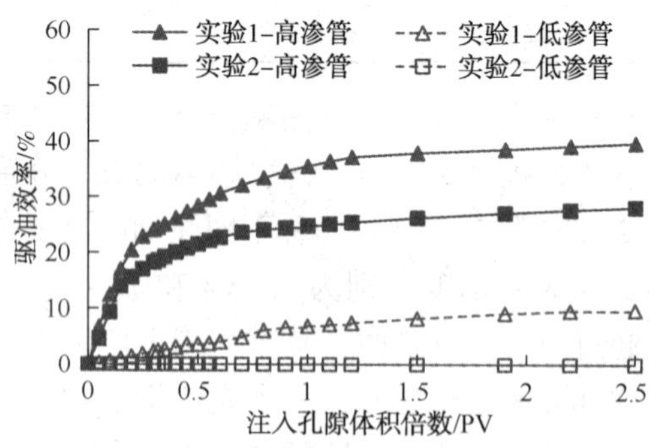

图 8　双管不同驱油方式驱油效率变化曲线

2.3　微观可视化驱油实验

采用了微观仿真复杂网络玻璃刻蚀模型进行微观可视化驱油实验，可以更加直观地定性描述稠油化学降黏复合驱驱油过程剩余油分布规律与微观驱油机理。实验装置主要包括微量泵、恒温箱、容器罐、微观仿真玻璃刻蚀模型以及数字显微摄像系统等，如图 9 所示。其中，微观仿真复杂网络玻璃刻蚀模型尺寸为 30mm×30mm×2.1mm，显微镜放大倍数范围为 100~900 倍，实验用模拟地层油、水与岩心驱油实验保持一致，驱油体系中聚合物溶液浓度为 3000ppm、降黏剂溶液浓度为 1%。实验装置安装完成后，首先对微观仿真复杂网络玻璃刻蚀模型进行清洗、饱和水、饱和油以及静止老化操作；然后以恒定速度向模型中注入模拟地层水，至出口端达到持续含水 100%；之后保持注入速度不变，注入有蓝色标记的聚合物溶液段塞，再注入无色的降黏剂段塞，并且在整个实验过程中通过数字显微镜实时采集驱替图像并传输至计算机终端。

微观可视化驱油实验过程中不同阶段末油水分布变化特征如图 10 所示。水驱过程中，由于油水黏度比大，注入水基本沿注入、采出端主流线方向窜进，水驱结束时仅形成了条带状、狭长的波及区，波及系数小，且波及范围内仍有大量剩余油；注聚合物溶液阶段，优势流动通道中水相的黏度增加，导致驱替流体转向，扩大了驱替液的波及范围，同时水驱波及区域内与主要流动方向平行的富集油孔喉的绝大部分油也被携带流出；后续注入降黏剂，通过自扩散降黏作用，降低了波及范围内较细小孔喉中的含油饱和度、提高波及区动用程度，另外，后注入降黏剂溶液除了沿原聚合物阶段波及范围内的孔喉流动外，还一定程度的动用了聚驱阶段波及区域周边的小部分剩余油，说明了前置聚合物段塞流度控制与降黏剂分散降黏协同作用降低了稠油剩余油动用条件。最终“聚降复合作用，波驱协同增效”极大地提高了模型驱油效率。

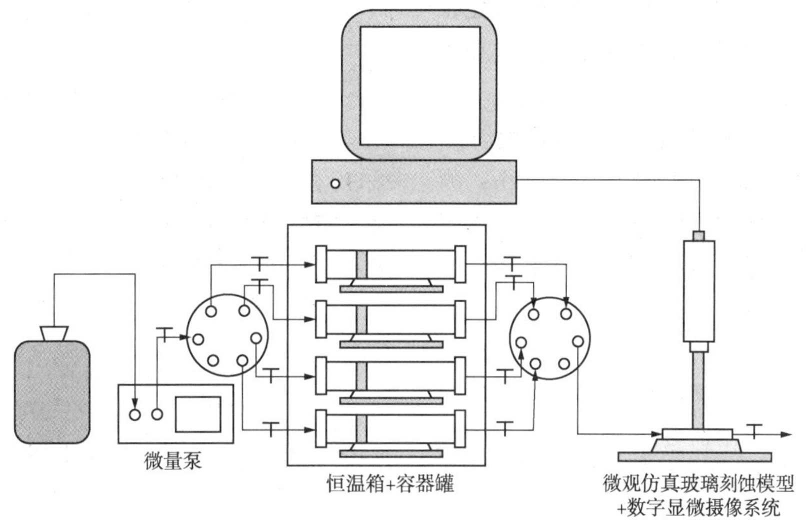

图 9　微观可视化实验装置示意图

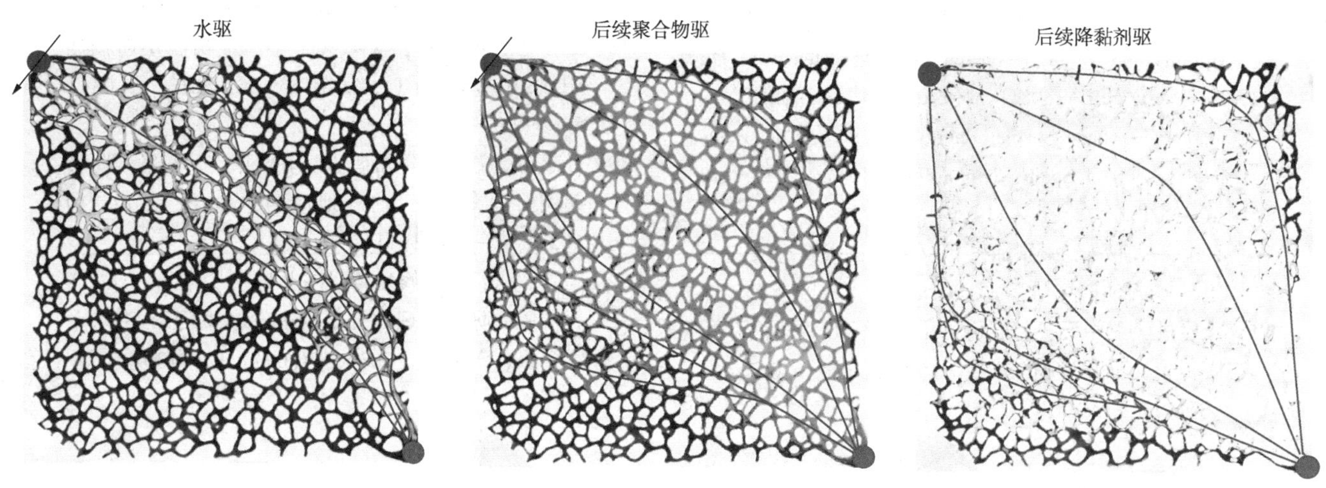

图 10　不同驱替方式含油饱和度分布图(微观可视化驱油实验)

3 结论

稠油化学降黏复合驱过程中，注入聚合物段塞会导致注入压力升高，提高注采压差，有利于驱替稠油剩余油发生启动运移，但是由于水油流度比巨大，特别是整个岩心中已经形成高导流的水流通道后，聚合物的调驱作用不明显；水溶性自扩散降黏剂可与其接触到的稠油剩余油发生作用，促使其分散成为流动阻力更小的稠油乳液，表现在注入降黏剂段塞后期注入压力出现快速下降的特征，注入降黏剂使得已形成的高含水区域的导流能力更强，造成注剂的窜进而导致无效驱替是导致单纯降黏剂驱和先注降黏剂段塞后注聚合物段塞复合驱效果差的主要原因。

驱油实验结果证明“聚合物+降黏剂”复合驱提高稠油岩心驱油效率幅度可达到 16.04%，明显高于单一化学剂驱，甚至超过了聚合物与降黏剂两者驱油效率增幅之和，具有“1+1>2”的复合增效作用。微观可视化驱油实验更加直接的观察到稠油化学降黏复合驱波及特征及剩余油流动规律，进一步明确了稠油化学复合驱“调降复合作用，波驱协同增效”驱油机理。

参 考 文 献

[1] Ming G, Jingtong W, Kaoping S. Research on enhancing oil recovery of steam flooding after huff and puff in gener- al heavy oil reservoirs[J]. Petroleum Geology & Recovery Efficiency, 2009.

[2] Anuj Suhag, Rahul Ranjith et al. Optimization of Steamflooding Heavy Oil Reservoirs. SPE - 185653 - MS presented at the 2017 SPE Western Regional Meeting held in Bakersfield, California, USA, 23 April 2017.

[3] C. Temizel, D. J. Betancourt Rodriguez et al. Stochastic Optimization of Steamflooding Heavy Oil Reservoirs. SPE-180811-MS presented at the SPE Trinidad and Tobago Section Energy Resources Conference held in Port of Spain, Trinidad and Tobago, 13 - 15 June 2016.

[4] 袁士义，王强．中国油田开发主体技术新进展与展望[J]．石油勘探与开发，2018(4).

[5] 龚姚进，王中元，赵春梅，et al. 齐 40 块蒸汽吞吐后转蒸汽驱开发研究[J]．特种油气藏，2007，14(6)：17-21.

[6] 李晓漫．杜 239 块吞吐后转蒸汽驱开发油藏工程研究[J]．新疆石油天然气，2010，06(2)：69-72.

[7] 杨元亮．浅薄层超稠油水平井蒸汽驱汽窜控制因素研究[J]．特种油气藏，2016，23(6)：68-71.

[8] 赖令彬，潘婷婷，秦耘，et al. 考虑蒸汽超覆的蒸汽驱地层热损失率计算方法[J]．西北大学学报(自然科学版)，2014，44(1)：000104-110.

[9] 吴正彬，庞占喜，刘慧卿，et al. 稠油油藏高温凝胶改善蒸汽驱开发效果可视化实验[J]．石油学报，2015，36(11)：1421-1426.

[10] Huang S, Chen X, Liu H, et al. Experimental and numerical study of solvent optimization during horizontal-well solvent-enhanced steam flooding in thin heavy-oil reservoirs[J]. Fuel, 2018, 228: 379-389.

[11] 杨森，许关利，刘平，伦增珉，孙建芳，秦学杰．稠油化学降黏复合驱提高采收率实验研究[J]．油气地质与采收率，2018，25(05)：80-86+109.

[12] 赵淑霞，何应付，王铭珠，et al. 特超稠油 HDCS 吞吐影响因素分析及潜力评价方法[J]．断块油气田，2016，23(1)：69-72.

[13] 刘清云．稠油降黏—渗流改善剂的合成、性能评价与机理研究[D]．中国地质大学，2018.

[14] 徐振华，刘鹏程，张胜飞，袁哲，李秀峦，郝明强，刘灵灵．稠油油藏溶剂辅助蒸汽重力泄油启动物理实验和数值模拟研究[J]．油气地质与采收率，2017，24(03)：110-115.

[15] 李向博，葛明兰，陈金媛，易玉峰，丁福臣，张国英．稠油油溶性降黏剂的合成与评价[J]．科学技术与工程，2016，16(23)：177-180.

[16] 王培．稠油降黏剂降黏技术研究[J]．辽宁化工，2018，47(09)：960-962+965.

[17] 李兆敏，鹿腾，陶磊，李宾飞，张继国，李敬．超稠油水平井 CO_ 2 与降黏剂辅助蒸汽吞吐技术[J]．石油勘探与开发，2011，38(05)：600-605.

[18] 王学忠，席伟军，沈海兵．春风油田浅层超稠油 HDNS 技术研究[J]．复杂油气藏，2013，6(03)：56-59.

[19] 孙建芳．氮气及降黏剂辅助水平井热采开发浅薄层超稠油油藏[J]．油气地质与采收率，2012，19(02)：47-49+53+114.

[20] 崔青，张长桥，修建新，许士明，卢丽丽．稠油沥青质胶质降黏机理的分子动力学模拟[J]．山东大学学报(工学版)，2017，47(02)：123-130.

驱油用新型二元复合体系研究

闫 磊 肖美良子 陈思宇 刘巍洋 丁 伟

（东北石油大学化学化工学院 石油与天然气化工省重点实验室）

摘 要 采用脂肽类表面活性剂与烷基芳基磺酸盐进行复配，得到比例为5∶5复配型表面活性剂E，E与聚合物组成的二元复合体系与原油的平衡界面张力均达到了超低界面张力(10^{-3}mN/m)及以下，当复配表面活性剂的浓度为3g/L时，能使油水界面张力达到最低值7.2×10^{-4}mN/m，室内岩心驱油试验结果表明，3g/L的复配表面活性剂与1200ppm聚合物组成的二元驱油体系可在水驱后提高采收率约20%左右，最终采收率能达到57.70%。

关键词 烷基芳基磺酸盐；脂肽类表面活性剂；二元复合驱；提高采收率；界面张力

1 前言

三元复合驱技术是一种大幅度提高原油采收率的方法，通过在注入水中加入碱、表面活性剂和聚合物，形成三元复合体系来驱替常规水驱、聚驱无法开采的原油[1]。复合体系中的碱、表面活性剂共同作用降低油水界面张力[1]，乳化作用及改变岩石润湿性等，可以提高驱油效率；聚合物增加溶液的黏度和降低水相渗透率，降低和改善流度比，扩大波及体积。实践表明，三元复合驱油体系在中高渗透油藏可提高原油采收率15%~28%[2]。我国各油田先后开展了多个三元复合驱先导试验和矿场工业应用试验[3]，并取得显著的提高采收率效果。大庆油田从1994年开始进行先导性矿场试验，2000年开展了扩大工业性试验，2014年实现了工业化规模应用。2017年，三元复合驱为大庆油田贡献了400余万吨原油产量。但三元复合驱也暴露出许多需要解决的问题，如采出井结垢、卡泵、杆断现象，检泵周期明显缩短，以及油藏伤害、管线腐蚀等等。另外，产出液乳化严重，给后续的破乳和脱水工艺带来很大负担，也大幅度增加了地面工艺的药剂成本。因此，急需发展无碱二元复合驱技术[4]。

烷基芳基磺酸盐是应用最为广泛的驱油用表面活性剂，多用于强碱、弱碱三元复合驱体系[5-7]。脂肽类表面活性剂具有耐温、抗盐、pH适应范围广等特点，对原油具有较强的乳化性能，研究表明，这类生物表面活性剂单独用于复合驱采油中效果并不理想，与烷基芳基磺酸盐表面活性剂相比效果差距较大。但脂肽类生物表面活性剂价格低廉，与各种类型的表面活性剂配伍性良好，本文研究了适合于二元复合驱采油的脂肽类生物表面活性剂与烷基芳基磺酸盐的复配体系，以期降低驱油用表面活性剂的成本，并提升生物表面活性剂的性能[8-9]。

2 药品及仪器

脂肽类生物表面活性剂(HLZT)，有效物含量50%，大庆华理生物技术有限公司生产；烷基芳基磺酸盐(XWY)，有效物含量50±2%，黑龙江信维源化工有限公司生产；聚丙烯酰胺，相对分子质量为2.5×10^7，固含量90%，大庆炼化公司产品；原油为大庆油田采油四厂脱水脱气原油，水为大庆油田采油四厂回注污水，使用前经0.2μm微孔过滤，除去杂质；其余均为分析纯试剂。

TX-500C全量程旋转滴表/界面张力仪，北京盛维基业科技有限公司生产；HT-Ⅱ型自动混调器，岩心夹持器，江苏海安科研仪器厂生产；2000系列恒速恒压ISCO泵，DJYZ-58压力传感器，标准数字压力表，真空泵，HW-4A型恒温箱，F1104N电子天平，磁力搅拌器；其它配件：中间容器、阀门、尼龙管线、死堵、三通、四通等若干；实验岩心：气测渗透率为$300\times10^{-3}\mu m^2$左右，规格为4.5×4.5×30贝雷岩心，用于驱油实验。

【作者简介】闫磊，男，1984年6月生，2007年12月毕业于英国University of Bradford获硕士学位，现为东北石油大学化学化工学院博士研究生、讲师，从事油田化学剂合成与应用研究，Email：dqpiyl@126.com

3　实验方法

3.1　界面张力测定

取脂肽类生物表面活性剂(HLZT)与烷基芳基磺酸盐(XWY)分别按 9：1、8：2、7：3、6：4、5：5(分别记作 A、B、C、D、E)的比例进行复配，然后在 45℃恒温条件下，利用旋滴界面张力仪分别测定大庆油田采油四厂脱水脱气原油和不同表面活性剂体系之间的界面张力，筛选出界面张力合格的配方。4 个标准检测点表面活性剂和聚合物的质量百分含量分别为：①0.3%表面活性剂有效浓度，0.12%的聚合物；②0.2%表面活性剂有效浓度，0.08%聚合物；③0.1%表面活性剂有效浓度，0.04%聚合物，④0.05%表面活性剂有效浓度，0.04%聚合物。

3.2　乳化性能评价

(1) 向 100mL 具塞刻度试管中按体积比为 4：6 加入大庆油田采油四厂脱水脱气原油和 3g/L 的表面活性剂水溶液，密封放置在 45℃恒温水浴中恒温 20min；

(2) 将每支试管上下振荡至两相混合均匀；

(3) 放置在 45℃恒温水浴锅中恒温 12h，测量油水分离后两相的体积，以分离后的油水体积比来表征表面活性剂体系对原油的乳化能力[10]。

3.3　驱油效果评价

(1) 将贝雷岩心与真空泵连接，抽空 4h 时左右，饱和地层水，测定孔隙体积、孔隙度；恒温 12h 以上，水测岩心渗透率；

(2) 将装有模拟油的容器、气瓶和岩心按实验流程连接，对岩心进行饱和油，用量筒收集从岩心中流出的液体，待完全不出水时关气瓶。记录量筒中的水量，计算原始含油饱和度。

(3) 用现场注入水进行水驱，根据实验方案的要求，确定泵的排量，以 0.2mL/min 恒速驱替。在出口处用试管收集排出的液体，每 60min 记录一次出口的油、水、液量以及压差值，驱至出口含水达 95%以上为止。计算含水率、水驱采出程度；

(4) 水驱结束后，关闭装有水的容器阀门，打开装有二元复合驱体系容器的阀门，按方案设计的排量进行二元复合驱，用试管收集排出的液体，每 50～100min 记录一次出口的油、水、液量以及压差值，驱至设计用量止计算含水率，聚合物驱采出程度；

(5) 停注二元复合驱后，换上装有水的容器，用同样的排量改注水，进行后续水驱。每 50～100min 记录一次出口的油、水、液量以及压差值，驱至不出油为止。计算含水率，后续水驱采出程度，总采出程度。

4　结果与讨论

4.1　界面张力测定

在 45℃恒温条件下，利用旋滴界面张力仪分别测定大庆油田采油四厂脱水脱气原油和 A、B、C、D、E 复配表面活性剂体系之间的界面张力，转速 4750r/min。

表 1　复配表面活性剂 A 与原油间的界面张力

表面活性剂浓度/%	聚合物浓度/ppm	测试时间/min			
		30	60	90	120
0.3	1200	7.82×10^{-2}	6.71×10^{-2}	4.80×10^{-2}	3.31×10^{-2}
0.2	800	9.21×10^{-2}	9.04×10^{-2}	8.16×10^{-2}	6.21×10^{-2}
0.1	400	7.59×10^{-2}	5.25×10^{-2}	5.09×10^{-2}	3.71×10^{-2}
0.05	400	2.86×10^{-2}	1.62×10^{-2}	1.24×10^{-2}	2.36×10^{-2}

表 2　复配表面活性剂 B 与原油间的界面张力

表面活性剂浓度/%	聚合物浓度/ppm	测试时间/min			
		30	60	90	120
0.3	1200	3.92×10^{-1}	8.96×10^{-2}	4.51×10^{-2}	1.12×10^{-2}
0.2	800	2.56×10^{-2}	2.83×10^{-2}	2.21×10^{-2}	1.87×10^{-2}

续表

表面活性剂浓度/%	聚合物浓度/ppm	测试时间/min			
		30	60	90	120
0.1	400	2.85×10^{-2}	1.69×10^{-2}	1.63×10^{-2}	1.45×10^{-2}
0.05	400	2.13×10^{-2}	2.02×10^{-2}	1.54×10^{-2}	1.28×10^{-2}

表 3 复配表面活性剂 C 与原油间的界面张力

表面活性剂浓度/%	聚合物浓度/ppm	测试时间/min			
		30	60	90	120
0.3	1200	4.88×10^{-2}	2.46×10^{-2}	2.06×10^{-2}	1.54×10^{-2}
0.2	800	5.54×10^{-2}	3.67×10^{-2}	1.75×10^{-2}	1.13×10^{-2}
0.1	400	2.87×10^{-2}	1.30×10^{-2}	9.09×10^{-3}	8.83×10^{-3}
0.05	400	3.69×10^{-2}	2.95×10^{-2}	1.32×10^{-2}	8.70×10^{-3}

表 4 复配表面活性剂 D 与原油间的界面张力

表面活性剂浓度/%	聚合物浓度/ppm	测试时间/min			
		30	60	90	120
0.3	1200	5.23×10^{-2}	3.64×10^{-2}	3.30×10^{-2}	2.40×10^{-2}
0.2	800	2.86×10^{-2}	1.62×10^{-2}	8.04×10^{-3}	6.84×10^{-3}
0.1	400	5.14×10^{-2}	9.94×10^{-3}	4.38×10^{-3}	2.77×10^{-3}
0.05	400	8.70×10^{-3}	2.95×10^{-3}	1.32×10^{-3}	3.69×10^{-3}

表 5 复配表面活性剂 E 与原油间的界面张力

表面活性剂浓度/%	聚合物浓度/ppm	测试时间/min			
		30	60	90	120
0.3	1200	4.13×10^{-3}	2.80×10^{-3}	1.37×10^{-3}	0.72×10^{-3}
0.2	800	2.53×10^{-3}	6.64×10^{-3}	4.45×10^{-3}	5.25×10^{-3}
0.1	400	6.49×10^{-3}	2.40×10^{-3}	2.15×10^{-3}	1.92×10^{-3}
0.05	400	8.81×10^{-3}	5.54×10^{-3}	3.21×10^{-3}	2.34×10^{-3}

由表 1 到表 5 可知，复配表面活性剂 A 和 B 的二元复合体系与原油的界面张力均未达到超低界面张力范围(10^{-3}mN/m)，其原因是脂肽类表面活性剂在 A、B 中占有的比例比较大(分别为 9∶1 和 8∶2)，其界面活性不强造成的；随着烷基芳基磺酸盐比例的增加，至二者的比例达到 5∶5 时，复配表面活性剂 E 与聚合物组成的二元复合体系与原油的平衡界面张力均达到了超低界面张力及以下，因此采用 E 的配方为适合的二元驱油用表面活性剂。

4.2 乳化性能评价

45℃下，不同浓度(0.5~5g/L)复配表面活性剂 E 的溶液对大庆油田采油四厂脱水脱气原油的乳化性能评价实验结果见表 6(乳化前油水两相的体积比为 4∶6)。由表 6 可知，不同浓度的复配表面活性剂 E 溶液均具有一定的乳化能力，随着 E 的浓度的增加，乳化后分离出水相的体积逐渐减小，乳化能力增强，当 E 浓度为 3g/L 时，分离后油水两相体积比为8.1∶1.9，浓度继续增大时，油水比趋于稳定。

表6 复配表面活性剂E的浓度对原油乳化能力的影响

复配表面活性剂E的浓度/(g·L⁻¹)	乳化后油水体积比
0.5	4.8∶5.2
1	5.4∶4.6
2	7.3∶2.7
3	8.1∶1.9
4	8.1∶1.9
5	8.1∶1.9

4.3 驱油实验

利用浓度为3g/L的复配表面活性剂E溶液在贝雷岩心上进行驱油实验，实验结果见表3。

表7 二元复合驱驱油实验结果

岩心编号	PV数	气测渗透率/mD	含油饱和度/%	水驱采收率/%	化学驱采收率/%	总采收率/%
1801-1	0.3	302	69.66	38.16	20.42	58.58
1801-2	0.3	307	69.71	37.16	19.34	56.51
1801-3	0.3	310	69.47	37.94	19.72	57.66
1801-4	0.3	304	69.25	37.12	20.30	57.42
1801-5	0.3	298	70.01	36.84	19.06	55.91
1801-6	0.3	305	70.14	38.70	21.44	60.14
平均值	0.3	304	69.70	37.65	20.05	57.70

由表7可知，在水驱结束后，转注0.3PV的3g/L复配表面活性剂E段塞可以将采收率提高20%左右，最终采收率能达到57.70%。

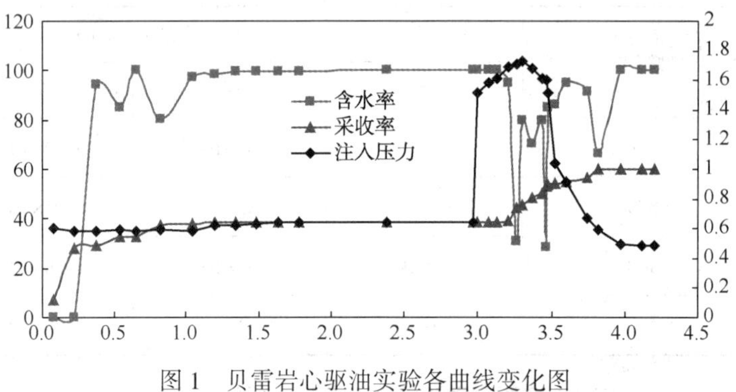

图1 贝雷岩心驱油实验各曲线变化图

从图1含水率曲线来看，岩心出口含水率达到98%左右时，原油采出程度达到37%左右，然后开始注入二元复合体系，含水率经过短暂上升后开始出现了不同程度的下降，随着驱替前缘原油的不断采出，含水率又出现了上升的趋势。在采出液含水率降低幅度最大的阶段，也是采出程度上升最明显的阶段。含水率曲线表明，随着二元体系中表面活性剂浓度的增加，有利于提高二元体系的驱油效率。

从图1注入压力曲线来看，注入压力高的，岩心采收率也高，随着二元复合体系中表面活性剂浓度的增加，注入压力增加，这是因为二元复合驱体系中聚合物在岩心孔隙中的吸附、滞留、捕集作用强，所以扩大波及体积效果更强。

5 结论

(1) 脂肽类表面活性剂与烷基芳基磺酸盐表面活性剂具有良好的配伍性，存在着有利的协同效应；在三次采油中把生物表面活性剂驱和化学驱结合起来，能显著降低二元体系的界面张力，并且大大降低了复合驱的成本。

(2) 复配表面活性剂E有较好的降低油水界面张力的能力，当E的浓度在0.5~3g/L范围内，油水界面张力均可达到10^{-3}mN/m的超低数量级，可应用于油田驱油。

(3) 岩心驱替实验表明：在水驱之后，转注0.3PV的3g/L的复配表面活性剂E段塞，可以将采收率提高20%左右，最终采收率能达到57.70%，在油田有广阔应用。

参考文献

[1] 温子辉．不同表面活性剂的弱碱三元驱驱油效果实验研究[D]．东北石油大学硕士研究生论文，2017.

[2] 刘翎．表面活性剂-聚合物二元复合驱油体系性能研究[J]．石油化工应用，2018，376)：13-20.

[3] 伍晓林，楚艳萍．大庆原油中酸性及含氮组分对界面张力的影响[J]．石油学报(石油加工)，2013，29

(4)：681-686.

[4] Zhu Y Y. Current developments and ermaining challenges ofchemical flooding EOR techniques in China[J]. SPE - 174566-MS，2015.

[5] 郭万奎，杨振宇，伍晓林，等．用于三次采油的新型弱碱表面活性剂[J]．石油学报，2006，27(5)：75-75.

[6] 计秉玉，王友启，聂俊，等．中国石化提高采收率技术研究进展与应用[J]．石油与天然气地质，2016，37(4)：572-576.

[7] 赵方剑．胜利油田化学驱提高采收率技术研究进展[J]．当代石油化工，2016，24(10)：19-22.

[8] Zhu Y Y，Jian G Q，Liu W D，et al. Recent progress and pf-fects analysis of surfactant -polymer flooding field tests in China[J]. SPE-165213，2013.

[9] 廖广志，王强，王红庄，等．化学驱开发现状与前景展望[J]．石油学报，2017，38(2)：196-207

[10] 姜振海．表面活性剂/聚合物二元复合体系驱油效果研究[J]．石油钻采工艺，2011，33(1)：73-75.

浅层超稠油老区驱泄复合开发技术

吕柏林 梁 珊 马 鹏 张宝真 艾文众

(中国石油新疆油田公司)

摘 要 针对洪积扇背景下浅层超稠油油藏吞吐后期无有效接替开发方式的课题，应用数值解析方法，明确了超稠油油藏在注蒸汽驱替过程中的渗流力学机理，提出了驱泄复合开采技术。运用储层构性研究、数值模拟等多维手段，实现了0.5m夹层和吞吐后剩余资源的定量表征。通过油藏工程优化研究，设计了多种组合接替方式，明确了转换方式的时机，针对驱泄复合开采的3个阶段，制定了适应的注采政策。实现了油层厚度15m以下、地层原油黏度60万厘泊以上浅层超稠油吞吐后的高效开发，最终采收率可提高20%以上，为国内外同类油藏开发提供借鉴经验。

关键词 薄层；超稠油；转换开发方式；驱泄复合；提高采收率

新疆浅层超稠油主要分布于风城及克拉玛依油田，该类油藏属洪积扇背景下的辫状河流相沉积，油层厚度薄、储层非均质性强、原油黏度高。风城超稠油油藏连续油层厚度小于15m，地层原油黏度60万厘泊以上，2008年开始工业开发，2013年年产量超过200万吨，是新疆油田产量的主要构成。随着开发时间的延长，油藏采出程度、油井吞吐轮次升高，开发效果日趋变差，至2015年底，主力区块油井轮次已超过10轮，油汽比低于0.1。为探索浅层超稠油吞吐后期改善开发效果及提高采收率的可行性，借鉴重力泄油原理，形成驱泄复合开发技术，在风城油田重32井区开展直井-直井、直井-水平井(VHSD)、水平井-水平井(原井网HHSD、立体HHSD)不同组合形式的接替开发方式试验，形成了驱泄复合开发技术体系，并在类似油藏进行了技术推广。

1 驱泄复合渗流力学原理

超稠油注蒸汽驱油过程中存在蒸汽驱动力、重力、毛管力这3种力[2,3]，其相互作用对原油产生驱替作用。蒸汽驱动力对流体的水平驱替起主要作用。重力是流体间密度差产生的，引起垂向的压力梯度，重力会引起蒸汽向上超覆、原油和凝结水的向下流动。毛管力是孔隙结构内的界面张力引起的附加力，在浅层超稠油这样疏松砂岩的高渗透孔隙体系中，毛管力作用比较小，可以忽略。驱替力控制着油的水平运动，而重力引起油的垂向运动，根据达西定律可得到原油的水平运动与垂向运动速度之比，以重32井区为例计算得出，离注汽井6m以内水平运动速度大于垂向运动速度，以蒸汽驱油为主，6m以外水平运动速度小于垂向运动速度，以重力泄油为主。

根据蒸汽腔汽液界面方程推导出汽液界面形态(图1)。大部分蒸汽沿着油层顶端向两边推动，注入时间不断增加，蒸汽腔在油层顶部向外扩展，蒸汽腔前缘形态呈现S弧形，当蒸汽腔距离越远呈现出越明显的S型形态，蒸汽腔前缘形态解析为驱泄复合技术理论奠定了基础。

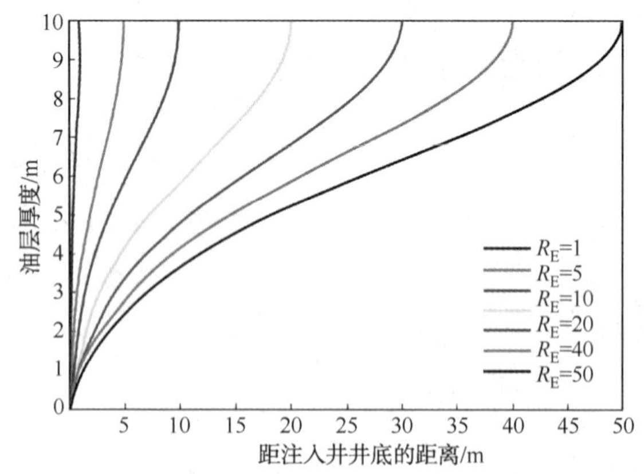

图1 稠油热采开发的蒸汽前缘形状图

注：R_E为蒸汽加热半径，m

【基金项目】“新疆大庆”重大科技专项(2012E-34-05)；国家专项(2011ZX05012-004)

【作者简介】吕柏林，男，1989年4月出生，2010年毕业于西南石油大学石油工程专业，目前任新疆油田公司风城油田作业区油田地质研究所副所长，工程师，从事超稠油油藏开发研究工作。邮箱：fclbl@petrochina.com.cn

2　储层刻画及剩余油表征

风城重 32 井区浅层超稠油油藏属洪积扇背景下的辫状河流相沉积，储层具有“浅、薄、松、小”的特点，其储层构型刻画及吞吐后期复杂窜流网络下的剩余油定量表征难度大。

2.1　储层精细刻画和隔夹层定量表征

运用“垂向分期、特征识别、模式组合”的旋回对比方法，对重 32 井区 $J_3q_2^{2-1}$、$J_3q_2^{2-1}$和 $J_3q_2^{2-3}$、J_3q_3小层不同期次的单元进行了心滩坝和辫状水道单砂体精细识别。该区辫状河道较窄，平均宽度 80~150m；心滩坝面积大，长约 400~700m，宽约 150~300m，辫状水道与心滩砂体交织相间分布。建立了辫状河储层内部夹层定量预测公式(表 1)。

以“模式指导、层次约束”为指导思想，建立密井网下的高精度模型。对重 32 井区隔夹层进行了分类统计，一类是小层间隔层，全区稳定分布，厚度较大，起到较好遮挡作用；二类是期次间夹层，相对稳定，具有部分遮挡作用；三类是期次内部夹层，为不同韵律间的界面，稳定性较差(图 2)。高精度模型展现了不同级次构型单元间分布特征，实现了 0.5m 夹层定量表征，对于剩余油分析及层内细分调整与挖潜提供了地质依据。

表 1　构型单元定量预测公式

项　目	预测公式
何道宽	$W_{河}=-0.0982W_{心}2+2.222W_{心}+0.3195$
心滩宽	$W_{心}=(W_{河}-0.0596)/0.2186$
心滩长	$L_{心}=-0.1648W_{心}2+2.7948W_{心}+0.321$
隔夹层长、宽	$L_{夹}=0.051W_{夹}-0.0792$

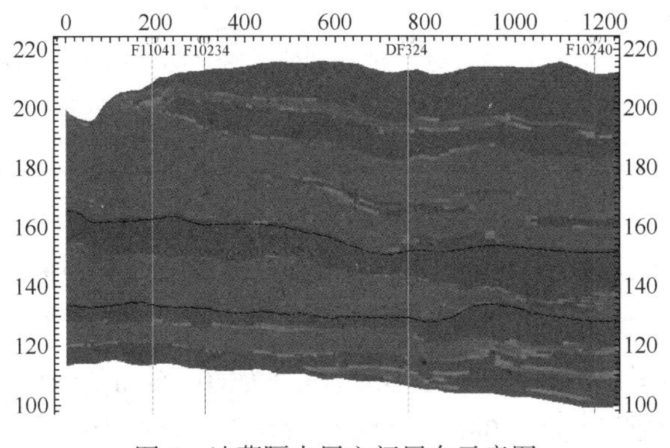

图 2　油藏隔夹层空间展布示意图

2.2　剩余油定量表征

应用沉积韵律模式、密闭取心、动态监测、水淹层解释、数值模拟等多维手段，建立了沉积韵律控制下的超稠油蒸汽吞吐后剩余油分布模式，量化了开发调整资源潜力。

重 32 井区辫状河流相沉积目的层段主要分为正韵律、反韵律和复合韵律三种类型。正韵律储层表现为高孔、高渗段分布于砂体底部，向上渗透率逐渐变小，由于上部岩层对蒸汽超覆的抑制，整体动用程度较高，平均达到 79%(图 3)。反韵律储层纵向渗透率分布与正韵律相反，加剧了蒸汽超覆，动用程度较低，平均为 51%。复合韵律主要是由纵向上若干个砂层相互叠置而成，韵律性复杂多变，物性变化较大，动用程度低，平均为 32%，剩余油主要集中在吸汽能力弱、动用差的小层中。

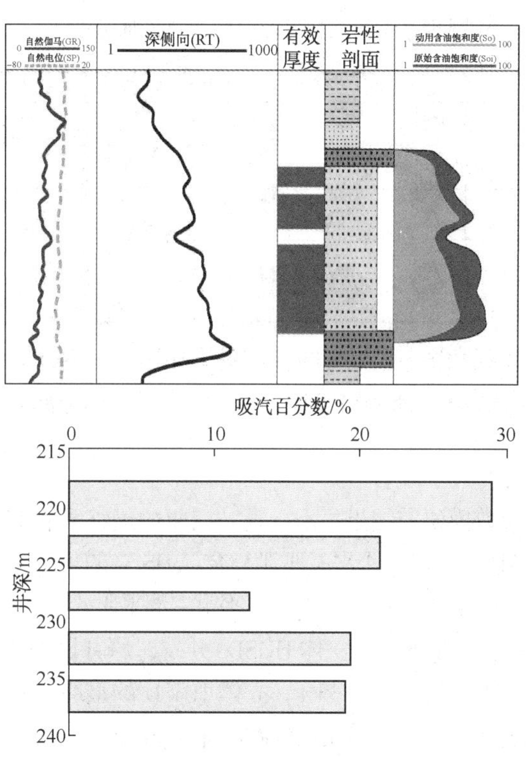

图 3　储层沉积韵律特征及小层动用分析图

密闭取心、动态监测、水淹层解释、数值模拟综合研究显示，吞吐末期水平井开发剩余油普遍较高，平面上动用范围 20m 左右，油层呈串珠状动用(图 4)，近井筒地带剩余油饱和度降至 50%~60%，纵向上动用随水平段轨迹的变化而变化。直井井筒周围动用程度较高，动用范围 25m 左右，剩余油平面上呈“蜂巢”状分布(图 5)，纵向上存在“三角”死油带，中下部剩余油饱和度 50%~60%。综合研究确定，重 32 井区 $J_3q_2^{2-1}+J_3q_2^{2-2}$层剩余储量 350 万吨，$J_3q_2^{2-3}$层剩余储量 570 万吨，$J_3q_3$层剩余储量 365 万吨。

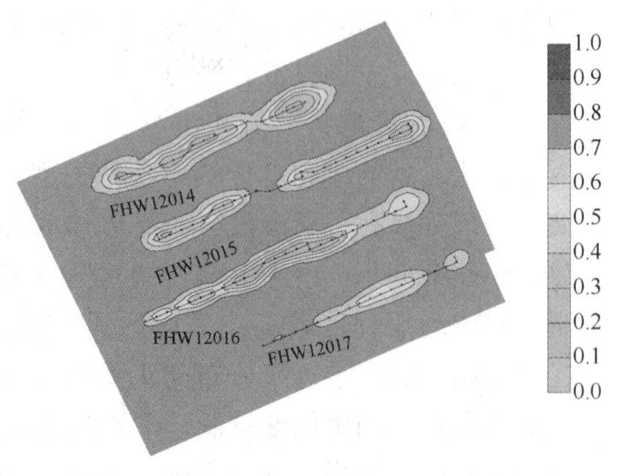

图 4　水平井开发平面含油饱和度场图

图 5　直井开发平面含油饱和度场图

3　接替开发方式优选及油藏工程研究

3.1　接替方式优选

依据现场实际井网形式，以驱泄复合原理为基础，可形成蒸汽吞吐开发后转直井汽驱，直井-水平井驱泄复合(VHSD)，水平井-水平井驱泄复合(原井网 HHSD 和立体 HHSD)，如图 6 所示。

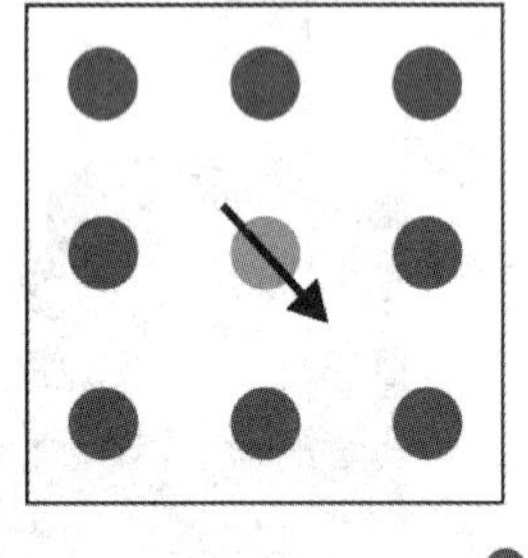

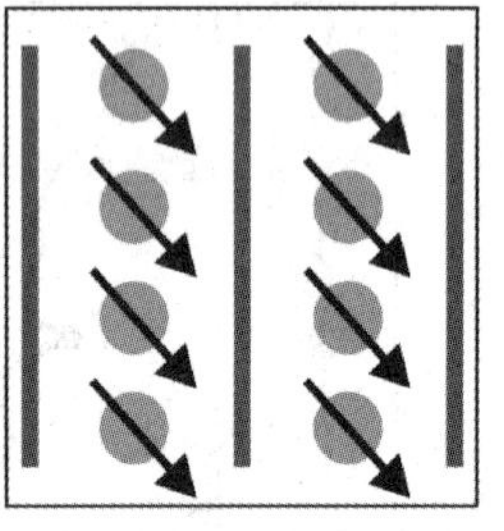

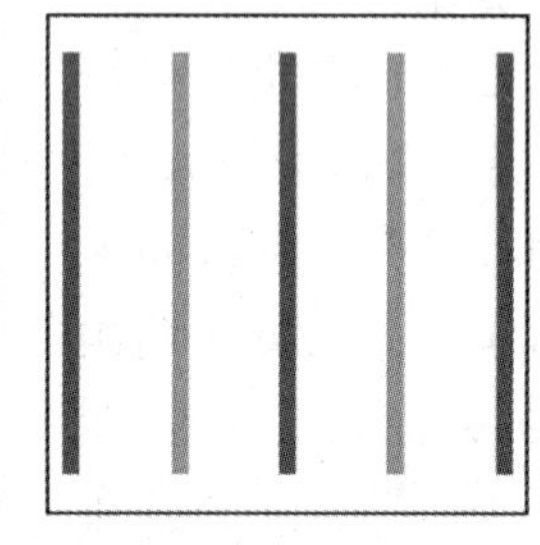

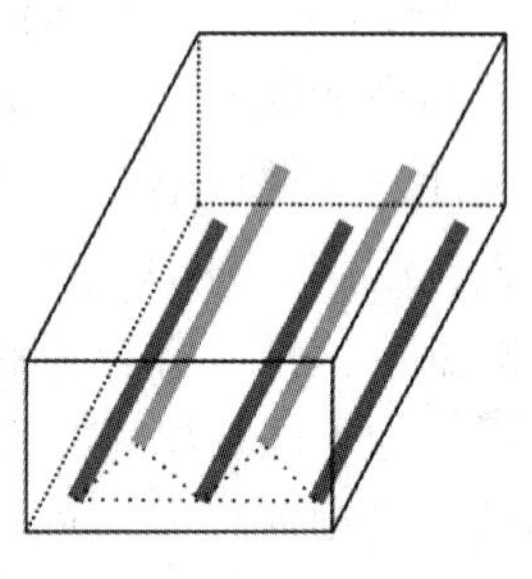

直井采油井　直井注汽井　水平井采油井　水平井注汽井

直井汽驱井网　VHSD井网　原井网HHSD井网　立体HHSD井网

图 6　不同井网形式开发方式图

数模研究结果显示：直井汽驱的最终采收率可达 51%，直井-水平井驱泄复合(VHSD)的最终采收率可达 48%~60%，采用水平井-水平井驱泄复合(原井网 HHSD 和立体 HHSD)开发，原井网 HHSD 的最终采收率可达 33%，立体 HHSD 的最终采收率可达 46%，而仅采用蒸汽吞吐未转换开发方式最终采收率仅为 21.6%，浅层超稠油 4 种驱泄复合开发方式是吞吐后期可行有效的接替方式。

3.2　开发界限研究

蒸汽吞吐后转蒸汽驱开发效果的主要影响因素[4]为油层厚度、渗透率、原油黏度等，根据主要影响因素，结合经济效益概算，研究筛选出不同接替方式的开发界限(表 2)。

表 2　浅层超稠油油藏吞吐后期转驱泄复合筛选条件

转换方式	有效厚度/m	渗透率/($10^{-3}\mu m^2$)	黏度/(mPa·s)	
			50℃	地层温度
直井汽驱	>8	>600	<20000	100×10^4
VHSD	>12	>600	<40000	260×10^4
原井网 HHSD	>5	>600	<20000	100×10^4
立体 HHSD	>12	>600	<40000	260×10^4

3.3　设计参数

3.3.1　合理井网井距

通过有效加热半径数值模拟研究测算，水平井油藏位于 50℃温度下的黏度时，有效加热半径为 18~21m。直井油藏位于 50℃温度下的黏度时，有效加热半径为 21~24m。

通过构建窦宏恩模型[5]，结合效益概算法和有效加热半径，优化了油价为 60~80 美元的驱泄复合开发的合理井距[6,7]，优化直井汽驱的井距为 50~60m，VHSD 井距为 40~50m，HHSD 井距为 30~50m，当油价为 60 美元和 70 美元时，40~50m 的井距开发效果较好，当油价为 80 美元时，30m 井距的盈利数额最大。

3.3.2　直井射孔与水平井水平段位置优化

注汽直井射孔井段位于采油井上方时，可利

用蒸汽超覆作用充分扩展蒸汽腔，保持采油井上方汽液界面高度，可防止蒸汽腔在油层下方突破，保持汽腔均衡。

数模研究结果表明：直井汽驱注气井射孔位置位于井段下部的二分之一，生产井射孔位置位于井段下部三分之二，可提高直井汽驱开发效果；VHSD 直井射孔井段高于采油水平段 5～7m，且射孔位置位于井排中部时开发效果较好；HHSD 生产水平井的水平段距离油层底部 1～2m，当立体 HHSD 加密注汽井高于采油井 5m 时开发效果最好，采收率最高。

3.3.3　转换方式时机

数模研究表明，在 50～60m 井距下，50℃时原油黏度小于 20000mPa·s 的超稠油油藏转汽驱时机在吞吐 8～9 周期较为适宜[8]。实际生产指标显示，油汽比、轮产液、存水量、累计亏空体积在吞吐 8 周期后，同时出现拐点，生产指标大幅下降（图 7、图 8），表明继续吞吐已无效益，须转换开发方式。而加密井或完善井网井在吞吐 2～3 周期后，井间建立热连通，可转换开发方式。

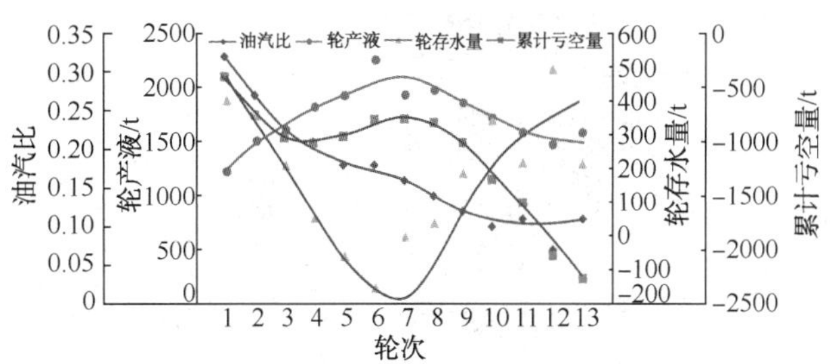

图 7　直井转蒸汽驱模式图（井距 50m）

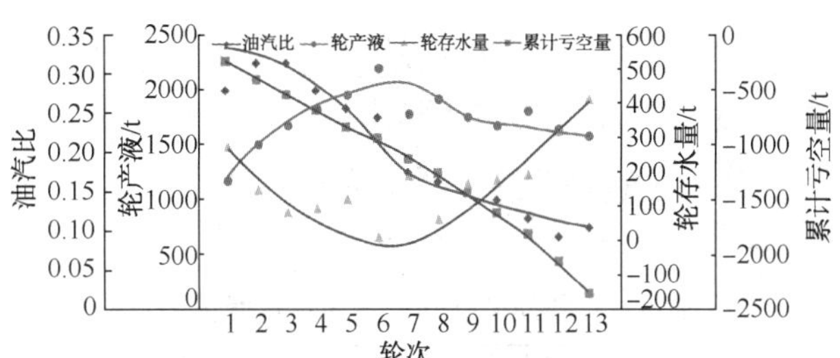

图 8　水平井转蒸汽驱模式图（井距 60m）

3.4　操作参数

利用数值模拟跟踪优化研究技术，针对不同转换开发方式的注汽方式、注汽速度、采注比等开发技术政策进一步优化，具体结果见表 3。

表 3　薄层超稠油油藏吞吐后期接替方式注采参数

开发方式	注汽方式	轮换/间歇时间/d	注汽速度/(t·d^{-1})	采注比	注汽干度
直井汽驱	连续汽驱后转间歇汽驱	60	50～60	1.1～1.2	>0.7
VHSD	直井交叉轮换注汽	60	70	1.1～1.2	>0.7
立体 HHSD	主副管轮换注汽	90	60～80	1.1～1.2	>0.7
原井网 HHSD	主副管轮换注汽	90	60～80	1.1～1.2	>0.7

4　调控技术研究

4.1　开发阶段划分

蒸汽腔的发育与驱泄复合的开发效果紧密相关，通过跟踪数模和四维微地震监测等技术综合描述了蒸汽腔发育形态，根据汽腔发育形态为基础进行调控。

根据汽腔发育过程，可将驱泄复合开发划分为 4 个阶段，即注采热连通阶段、蒸汽腔上升阶段、蒸汽腔扩展阶段和蒸汽腔剥蚀阶段（图 9）。注采热连通阶段：注汽井连续注汽，井间剩余油被加热形成蒸汽驱替，产液、产油上升，此阶段以蒸汽驱替为主；蒸汽腔上升阶段：随着注汽量增加，蒸汽腔逐步扩大，此时驱油和泄油作用共存，含水降低，产量达到最高；蒸汽腔扩展阶段：单井汽腔到顶并横向扩展，此时以重力泄油为主、驱油为辅，含水逐渐升高，产量缓慢下降；蒸汽腔剥蚀阶段：井组间汽腔都到顶后并逐步连通进入最后一个阶段，顶层热散失逐渐加大，热采逐渐变差，需要注入气体或多介质辅助，以提高热能利用率。

4.2　不同阶段调控方法

4.2.1　注采热连通阶段以注采平衡及吞吐引效为主

（1）以采液能力为核心，调控注采平衡。通过统计重 32 井区油井生产能力，水平井平均产液能力为 30t/d，直井平均产液能力为 15t/d，以采液能力为核心，保持驱泄复合开发采注比介于 1.1 至 1.2 之间，主要手段为：VHSD 采用调整注采井数比，直井汽驱采用间歇汽驱工作制度，HHSD 通过调整主管和副管的注汽方式，最终达到注采平衡。

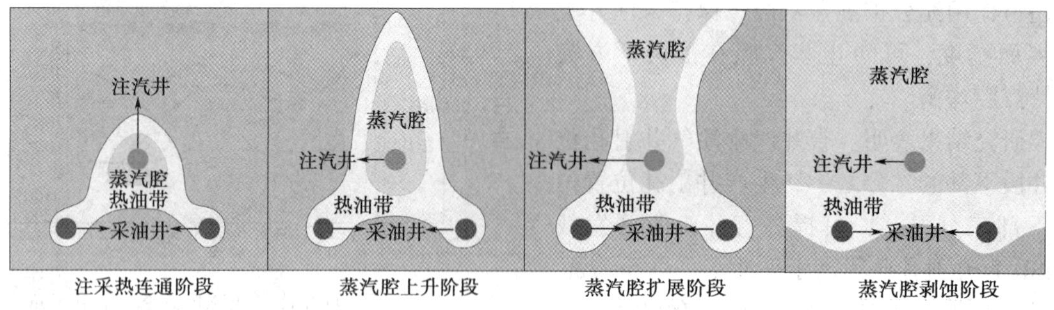

图 9　驱泄复合开发汽腔发育图

（2）以均匀连通为目的，采油井吞吐引效。见效缓慢井组和汽腔萎缩井组，温场连通降低，吞吐引效加快井间热连通。吞吐引效强度为正常吞吐井一半（表 4）。

表 4　不同井型吞吐引效注汽强度优化

井型	正常吞吐/($t \cdot m^{-1}$)	吞吐引效/($t \cdot m^{-1}$)
直井	120	60
水平井	12	6

4.2.2　蒸汽腔上升及扩展阶段以 Sub-cool 调控为主

（1）保持正常 Sub-cool，均衡汽腔扩展。运用油藏数值模拟软件 CMG 的 CMOST 模块进行开发参数敏感性分析：驱泄复合开发的蒸汽腔上升和扩展阶段的敏感性大小关系为：蒸汽干度<Sub-cool<注汽速度，因此现场采取“定速度，调整 Sub-cool”的调控策略，当 Sub-cool 越大，蒸汽腔发育越不理想，Sub-cool 越小，调控难度越大。以稳定生产为核心，以控制井口相态为目标，以井口回压为标志，确定井口 Sub-cool 为 10～20℃，对应合理的井底 Sub-cool 为 30～40℃，从而制定出相应的调控对策（表 5）。

表 5　不同井口 sub-cool 条件下对应调控对策

井底 Sub-cool	注汽井	采油井
小于 30℃	下调注汽量	油嘴控制生产
30～40℃	正常注汽	正常生产
大于 40℃	上调注汽量	调参提液

（2）控液成腔，维持汽腔均匀成型。通过控关调向，改变汽腔扩展方向，均衡汽腔发育。通过在不同生产压力下，改变油嘴大小及工作制度，控制合理采液能力（表 6），以达到蒸汽腔底部接近生产井，但液面高于生产井目的[10]。

表 6　驱泄复合开发方式蒸汽腔扩展阶段工作制度优化

井口油压/MPa	0.5≤a<0.7	0.7≤a<0.9	0.9≤a<1.1	1.1≤a<1.3	1.3≤a<1.5	1.5≤a
油嘴/mm	10	8	7	6	5	控关

4.2.3　蒸汽腔剥蚀阶段以增产提效为主

当驱泄复合进入蒸汽腔剥蚀阶段后，应在汽腔中注入惰性气体，可对驱泄复合开发起到隔热保压、扩腔降黏的作用[11]（图 10），通过研究得知：多介质辅助可提高蒸汽波及体积 28%，采出程度可提高 7%。VHSD 某井组实施 CO_2 辅助后油汽比提高 0.067，日产油提高 5.7t/d，有效期 120d；原井网 HHSD 18 井组实施 N_2 辅助后油汽比提高 0.043，有效期 83d。

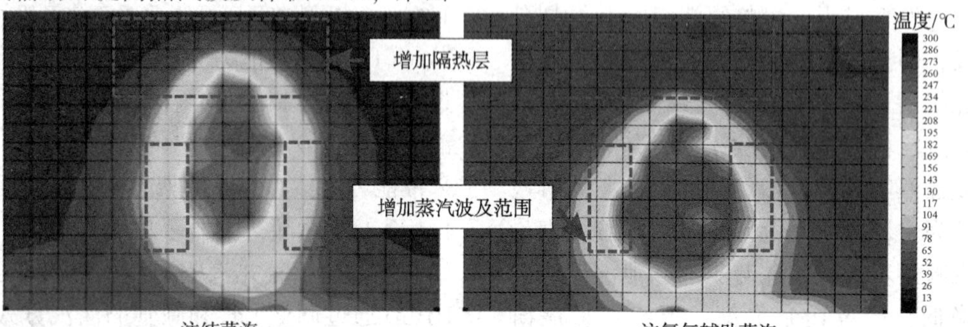

图 10　注 N_2 辅助蒸汽后地层温场剖面数模分布图

5 应用效果

应用研究成果，在重32井区陆续开辟了直井汽驱、VHSD、原井网HHSD和立体HHSD4个先导试验区，截至2017年12月，实施后各试验区日产油、油汽比、采注比等关键指标明显改善(表7)，提高最终采收率20%以上。

驱泄复合已成为新疆油田稠油老区转换开发方式主体技术，产量规模达到50万吨，下步将在9个油藏推广，可新增可采储量2459万吨，可累计建产能100余万吨。

表7 重32驱泄复合先导试验区生产数据统计

方式	开发阶段	井组/个	日产油/($t \cdot d^{-1}$)	阶段油汽比	采注比	采收率/%
直井汽驱	吞吐末期		37	0.060	0.48	36.5
	驱泄复合	9	38	0.090	0.95	16.6
VHSD	吞吐末期		69	0.080	0.55	18.8
	驱泄复合	8	83	0.162	1.02	15.4
原井网HHSD	吞吐末期		63	0.060	0.38	20.1
	驱泄复合	8	74	0.120	0.92	2.5
立体HHSD	吞吐末期		13	0.060	0.39	16.4
	驱泄复合	4	21	0.097	0.70	2.0

注：数据截至2017年12月

6 结论与认识

(1) 基于超稠油蒸汽吞吐规律，揭示了转换开发方式时机。超稠油蒸汽吞吐加热极限半径为20.5~25.0m，当蒸汽吞吐加热到极限范围时，热效率明显降低，生产指标出现拐点。此时转换方式，地层存水量最小，蒸汽波及范围最大，利于汽腔的发育。

(2) 通过利用驱泄复合开发技术，可突破蒸汽驱原油黏度2万厘泊界限，实现了地层条件下厚度小于15m，原油黏度大于60万厘泊的超稠油油藏蒸汽吞吐后期驱泄复合开发方式转换。

(3) 充分利用老区井网，衍生了以重力辅助蒸汽驱油为核心的老区接替开发技术(直井小井距、VHSD、原井网HHSD和立体HHSD)。

(4) 该项技术可复制、可推广，可工业化应用于薄层超稠油油藏吞吐后期开发。

参 考 文 献

[1] BUTLER R M. SAGD: concept, development, performance and future[J]. JCPT, 1994, 33(2): 60-67.

[2] 岳清山．蒸汽驱油藏管理[M]．北京：石油工业出版社，1996：3-30.

[3] 魏桂萍，胡桂林，闰明章．蒸汽驱油机理[J]．特种油气藏，1996(3)：7-11.

[4] 李卉，李春兰，赵启双，等．影响水平井蒸汽驱效果地质因素分析[J]．特种油气藏，2010，17(1)：75-77.

[5] 窦宏恩．稠油蒸汽吞吐过程中加热半径与井网关系的新理论[J]，特种油气藏，2006(4)：59-61.

[6] 张军，贾新昌，曾光，等．克拉玛依油田稠油热采全生命周期经济优选[J]．新疆石油地质，2012，33(1)：80-81.

[7] 程紫燕，周勇．水平井蒸汽驱技术政策界限优化研究[J]，石油天然气学报，2013，35(8)：139-142.

[8] 孙新革，马鸿，赵长虹，等．风城超稠油蒸汽吞吐后期转蒸汽驱开发方式研究[J]．新疆石油地质，2015，36(1)：61-64.

[9] 钱根宝，马德胜，任香，等．双水平井蒸汽辅助重力泄油生产井控制机理及应用[J]．新疆石油地质，2011，32(2)：147-149.

[10] 刘翔鹗，刘尚奇．国外水平井技术应用论文集(下)[C]．北京：石油工业出版社，2001：31-40.

[11] 孙玉环．CO_2助剂辅助蒸汽吞吐室内试验研究(D)．中国石油大学(华东)，2006.

边底水薄层稠油油藏低成本化学吞吐技术研究与应用

刘凤臣　孟　勇　朱学东

（中国石化胜利油田分公司河口采油厂）

摘　要　随着边底水薄层稠油油藏的进一步热采吞吐开发，区块由初期的高效蒸汽吞吐开发进入到了第 8 轮次的低油汽比开发，区块开发效益逐年变差。目前边底水稠油区块面临着油汽比低、含水上升快，周期短、套损井增多等问题。近两年研发了稠油活性高分子降黏剂，形成了低成本化学吞吐技术，解决了现场生产难题。化学吞吐技术原理是高分子降黏剂通过相似相容嵌入沥青质的层间结构，引起稠油内部的各向异性，使水分子进入稠油内部，保持水包油状态，保证稠油的流动性。且该技术具有成本较低、节约能源、安全、环保、施工周期短以及无需动管柱等优势。

关键词　稠油油藏；高分子降黏剂；化学吞吐；低成本；节约能源

1　概况

河口采油厂边底水薄层稠油油藏动用含油面积 48.2km^2，动用储量 8467×10^{4}t，其中热采稠油井 596 口，日油水平 1122t，占全厂日油水平的 19.6%，是采油厂上产的主战场。

随着进一步热采吞吐开发，边底水薄层稠油区块进入蒸汽吞吐多轮次开发后期，面临着油汽比低、含水上升快，周期短、套损井增多等问题，部分井区难以满足油田经济开发需要。近两年研发了稠油活性高分子降黏剂，弥补传统降黏剂的缺陷并解决现场生产难题。但目前该降黏技术针对不同井型、不同井况应用效果存在差异；不同原油物性应用效果也存在较大差异[1]；注入参数和注入工艺还需优化。因此需要针对边底水薄层稠油技术低成本化学吞吐技术存在的难点问题，拓展思路，提高认识，细化完善选井条件，进而扩大技术适用范围。

2　低成本化学吞吐降黏剂研究

目前，面对蒸汽吞吐成本高，后期开发难度大，常规冷采效益差等问题，化学降黏冷采是解决该类问题的有效方法。然而，常规化学降黏冷采技术面临着巨大的困难：室内降黏效果明显，注入地层低效。储层条件下，稠油主要为假塑性流体，流动性极差，难以与水形成混相，仅以降低界面张力[2]为目的的常规化学降黏剂难以渗入稠油内部分散稠油，实现乳化降黏。为有效克服这一技术瓶颈，首先需要削弱稠油内部重质组分之间的相互作用，令降黏剂进入稠油内部分散油相，最终实现乳化降黏[3]。在此思路指导下，成功研发了稠油高分子降黏剂降黏剂，并最终形成了边底水薄层稠油低成本化学吞吐工艺技术。该技术通过现场应用，证明储层化学降黏冷采的有效性，增油效果接近甚至持平蒸汽吞吐周期累油效果，远超常规冷采及常规化学降黏冷采措施效果，是目前低油价下低本增效开采稠油油藏的有效方法。

2.1　稠油油藏高黏度机理研究

结合河口采油厂稠油分布现状，优选陈家庄油田不同区块的 6 口油井进行稠油四组份分析[6]，通过 6 组样品的四组份分析结果可以看出，稠油中胶质及沥青质的含量接近甚至超过了 50%，重质成分是导致稠油高黏度的最直接原因(表 1)。

表 1　稠油组份分析

样品编号	烷烃/%	芳烃/%	胶质/%	沥青质/%
陈 11-35	22.49	31.83	33.22	12.46
陈 9-33	16.78	31.88	27.52	23.82
CJC371-P29	15.08	25.57	30.49	28.86
CJC371-P14	18.08	28.08	29.23	24.61
CJC373-P38	16.64	31.77	32.63	18.96
陈 29-75	14.8	36.18	31.84	17.18

【作者简介】刘凤臣(1982.09.05)，男，毕业于长江大学资源勘查工程专业，大学本科学位，高级工程师，山东省东营市河口区，胜利油田河口采油厂工艺研究所；主要研究方向：稠油降黏工艺，稠油降黏工艺技术现场推广应用；Email：liufengchen.slyt@sinopec.com。

为进一步认识重质组份之间的相互作用，技术人员通过分子模拟软件对油/水界面进行分析，通过软件分析显示得出稠油中的沥青质主要通过π-π堆积、T-型作用，以及和胶质之间电性吸引产生的链间缠绕将轻质组分，甚至伴生气包裹其中，导致了稠油的高黏度(图1)。

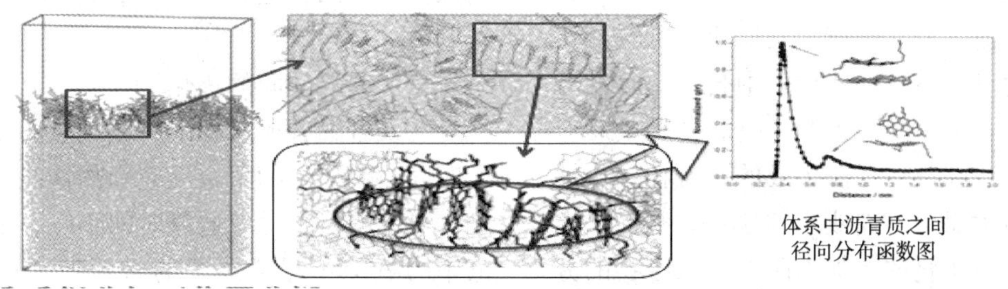

图1 重质组份分子模拟图

2.2 低成本化学吞吐降黏剂降黏机理

根据稠油高黏度机理研究，稠油中重质组份是造成高黏度的直接原因，而稠油中重质组份之间的相互作用，是造成稠油高黏度的根本原因。在此基础上，技术人员提出了通过消弱重质组份之间的相互作用，引起稠油内部各项异性，降低稠油黏度，增加流动性，实现由内而外的降黏的解决思路。

活性高分子[4]中的PB单体中的苯环通过相似相容原理可以嵌入沥青之的层间结构，同时将AA与AMPS两个极性单体带入稠油内部，引起稠油内部的各向异性，从而降低稠油的黏度使水分子进入稠油内部。由于AMPS中的磺酸根基团具有极强的亲水性，可有效防止进入稠油内部的水分子形成油包水的反相乳液，而保持水包油状态，保证稠油的流动性，实现特稠油的低温降黏(图2)。

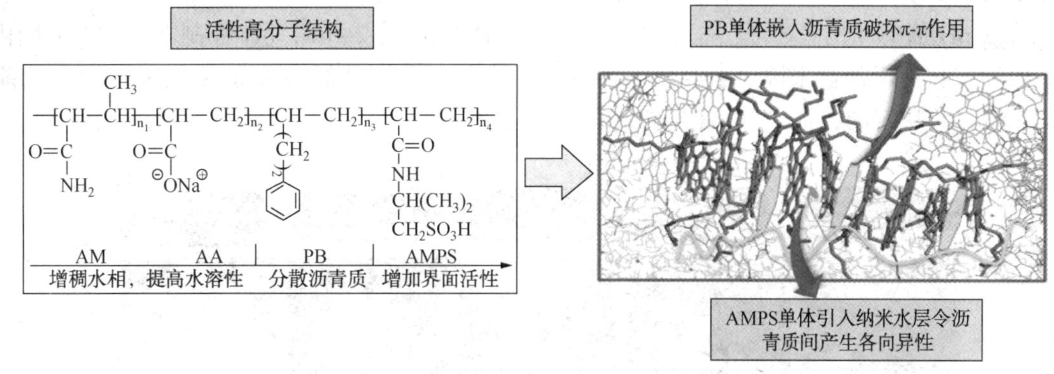

图2 稠油降黏机理示意图

活性高分子中各功能团作用：

AM，AA：增稠水相，提高水溶性；

PB：苯环嵌入沥青质，破坏π-π作用，达到分散沥青质的目的；

AMPS：亲水，增加界面活性，防止进入稠油内部水分子形成油包水的反向乳液，保持水包油状态，保证稠油低温流动性。

2.3 低成本化学吞吐降黏剂合成

采用溶液自由基聚合方式合成活性高分子降黏剂。

合成过程示例如下：将一定量的AM加入三口烧瓶中，加水使AM完全溶解；将所需各种功能单体加入溶解，调节反应液的pH值，加水至所需浓度，通氮气除去其中的氧气。在氮气保护下加入引发剂，再通氮气后封口。反应结束后将所得胶状物冷冻干燥，或用大量丙酮反复沉淀研碎制成粉末，真空、低温条件下放置待用。

(1) 固含量的优化

根据聚合反应原理，单体的固含量越高，引发速度和聚合速率越大。但单体固含量太低，又会造成引发速度慢，聚合反应提前终止，聚合度小。因此通过前期大量实验，在合理的固含量范围内对聚合反应进行进一步优化。

(2) 引发温度的优化

典型的以丙烯酰胺为主要基体的自由基共聚反应可划分为链引发、链增长与链终止等过程。其聚合速率随温度的升高而明显加快，聚合度随温度的升高而下降。这主要是由于链引发反应的活化能较高，温度升高使链引发反应速度增加比链增长反应速度快得多，使体系中自由基浓度升高，表现为聚合度下降。聚丙烯酰胺的合成反应特点是高速率、强放热，而生成的聚合物导热性差，即使伴有大量的溶剂或水的体系，其传热性能亦随聚合物分子量的增加而降低。聚合物的分子量对温度十分敏感；另外，温度过高，聚丙烯酰胺会出现支化和交联，使产品溶解性变差。

（3）引发剂用量的优化

根据自由基聚合反应微观动力学原理，聚合速率与引发剂浓度的平方根成正比，产物的聚合度与引发剂浓度的平方根成反比，随着引发剂用量的增大，反应体系内生成的自由基增多，聚合速率提高，产物的相对分子量降低。因而不同的引发剂用量对聚合物的分子量影响极为明显。在选定引发体系的基础上，通过多次实验得到适合本反应体系的引发剂用量范围。

（4）溶液 pH 值的优化

对于丙烯酰胺类聚合物来说，水溶性很大程度上是由水解过程决定的，通过对 pH 值的优化，可以改善聚合物的水溶性。pH 值越大，聚合物的水溶性越好，但水解的同时，高温也会使聚合物部分降解，引起分子量的损失。通过对合成的活性分子样品，进行了水解，摸索适合的 pH 值范围。

（5）通氮时间的优化

在聚合物合成过程中，氮气量的多少及通氮气时间，对后来的聚合反应产物性能有很大的影响。氮气的量不足及通氮时间不够，都会使反应液中的氧除不尽。残留的氧对聚合反应影响很大，使聚合反应进行不完全，得到的聚合物分子量降低，甚至得不到聚合的胶块，反应失败。通入过量氮气，使得聚合反应的成本增加。

（6）活性分子优化后的合成条件

通过对聚合反应的众多因素进行探索和优化，将聚合反应的条件归纳如下：反应体系单体总含量（wt%）一般控制在 25%～30%；反应温度是关键因素之一，根据体系的不同，反应温度一般控制在 5～25℃ 范围内；选用不同的引发剂体系，引发剂的浓度一般选择在 45～60mg/L 范围内；通氮气时间一般控制在 60min；反应时间范围较宽，为 2～6h，pH 控制在 6～11 范围内。活性高分子降黏剂合成条件范围宽泛，性能稳定（图 3）。

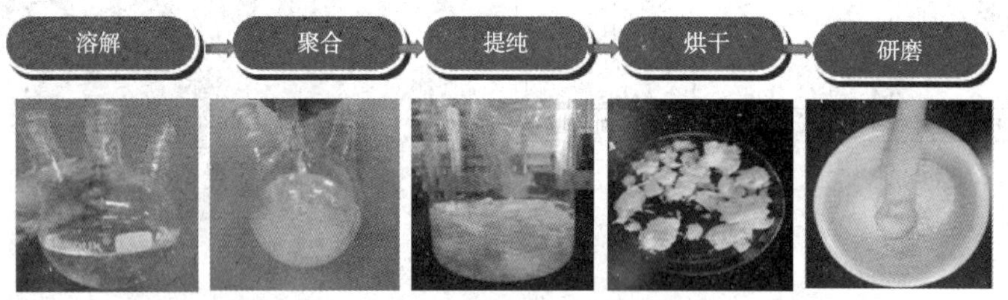

图 3　降黏剂室内合成

2.4　稠油活性高分子降黏剂室内评价

通过室内试验，在油水界面混相过程中，活性高分子与稠油进行接触，在稠油中逐渐渗透分散，把高黏稠油剥离油水界面，形成水包油状态，达到降黏目的（图 4）。

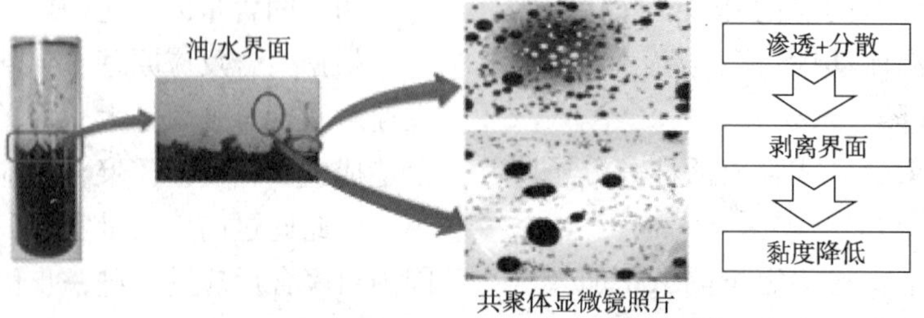

图 4　活性高分子稠油降黏过程

从微观角度观察，把表面吸附沥青质的云母片用 N_2吹干后分别放入 80℃，1000ppm 浓度的活性高分子溶液及 SDS(普通降黏剂)溶液中，浸泡 2h。把在活性高分子溶液中浸泡过的云母片取出在显微镜下观察，发现经过活性高分子溶液浸泡过的云母片表面出现诸多"holes"，主要是由于活性高分子破坏了沥青质之间强 π−π 相互作用，通过剥离、携带、运移等过程形成的形态(图 5)。

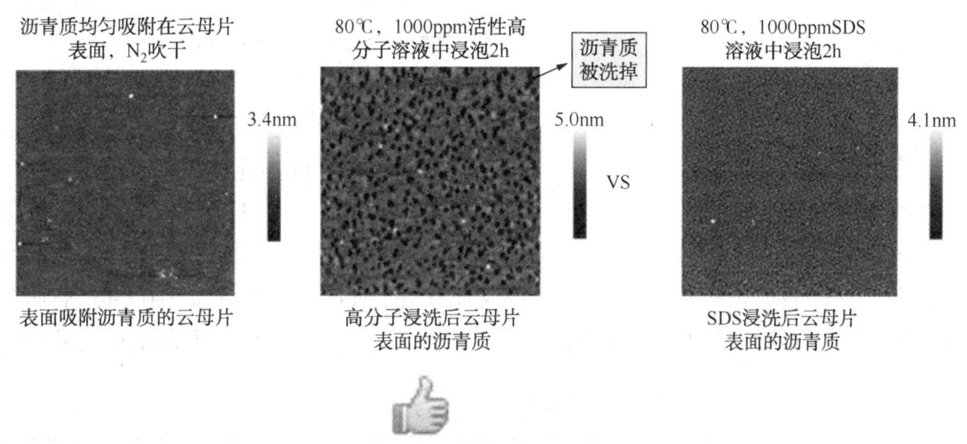

图 5　降黏剂降黏微观形态

3　低成本化学吞吐技术应用

3.1　低成本化学吞吐工艺过程

稠油化学吞吐[5]节能降耗技术是一种化学吞吐工艺技术。化学吞吐技术是在多年化学驱油机理研究的基础上并结合蒸汽吞吐提出的一项注化学剂开采稠油的新工艺。

注入阶段：与其他常规油井措施类似，首先将化学吞吐液大量注入油层中，一般采用泵车注入，单井挤注量视油层厚度、处理半径以及储层物性而定。

焖井阶段：考虑到化学吞吐液吸附和润湿油层岩石表面，降低原油黏度和油水界面张力，解除近井地带堵塞需要一定的时间，并且为了使化学药剂充分与稠油接触，需要根据各井不同的压力变化情况确定焖井时间。

采油阶段：油井开井生产后，首先回采一部分化学吞吐液，然后产油。由于降低了近井地带油层的表皮系数和油水界面张力，改善了油层表面的润湿性，初期低黏度的稠油乳状液迅速被采出，由此激励了深部稠油的流动，提高了单井产能。

3.2　低成本化学吞吐技术施工参数

在对稠油井实施低成本化学吞吐技术时，需要对稠油井进行有针对性的复配试验，严格遵循"一块一法，一井一策"的原则，根据稠油性质调整配方，如陈 371 西扩块，主要以活性高分子 M100 加分散剂及助溶剂等辅剂为主，而在沾 18 块，根据原油性质不同，调整为活性高分子 M3.0 加分散剂、助溶剂以及稳定剂等辅剂为主。

活性高分子降黏剂的用量要根据单井情况的不同来调整用剂量。如在水平井注剂量设计过程中，以立方体模型设计注剂量，而直斜井，以圆柱体模型计算注剂量(图 6)。

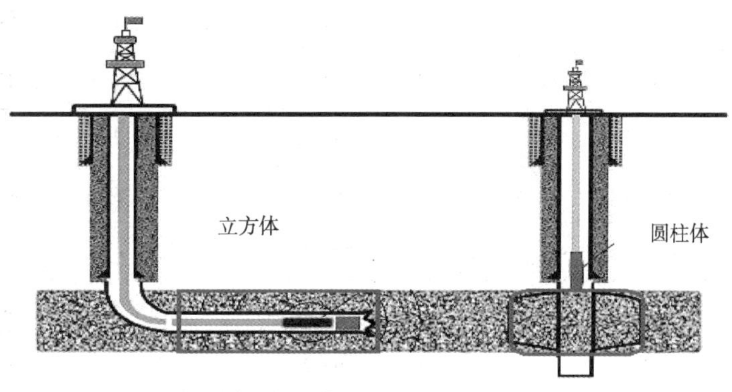

图 6　水平井及定向井注剂用量模型

水平井注剂量 Q(立方体模型)：

$$Q=HLW\phi$$

式中 Q——水平井注入剂量，m^3/d；

H——油藏有效厚度，m；

L——水平井段长，m；

W——预处理距离，m；

ϕ——孔隙度,%；

直斜井注液量 Q(圆柱体模型)：

$$Q=\pi r^2 L\phi$$

式中 Q——水平井注入剂量，m^3/d；

L——油藏有效厚度，m；

r——处理半径，m；

ϕ——孔隙度,%；

根据稠油活性高分子降黏剂的室内评价测试情况进一步确定施工参数。

a. 使用本区污水现场混配，污水温度(50-60℃以上)；

b. 水泥车自套管注入，前置段塞注入后需焖井 5-8h 再进行第二段塞注入；

c. 注入排量视套压变化情况随时进行调整，排量一般为 15-20m^3/h；

d. 注入施工完成后需焖井，焖井时间根据套压情况适当进行调整，一般焖井 5-7 天。

3.3 低成本化学吞吐工艺技术应用效果

自 2016 年 7 月至今，边底水薄层稠油低成本化学吞吐技术应用 44 井次，有效 53 井次，阶段产油 51130t，累增油 31693t，平均单井日增油 600t 左右，取得了较好的开发效果(表 2)。

表 2 低成本化学吞吐技术效果统计

序号	井号	周期开始	前日液	前日油	前含水	现日液	现日油	现含水	周期累油	单井增油量
1	CJC371-P14	2016/7/22	18.9	2.5	86.3	25.5	2.4	90.3	2427	1031.9
2	CJC371-P29	2017/3/14	4	0.0	100	29.4	3.4	88.2	2075	2074.5
3	TPZ18-5-CP12	2017/3/14	9.1	5.4	39.9	22.2	1.9	91.0	6164	2912.7
4	TPZ18-P35C	2017/4/1	新投	0.0		34.1	4.2	87.4	4068	4067.5
5	TPZ18-CP26	2017/7/5	6.4	3.6	42.2	17.6	7.1	59.1	4695	2934.4
6	TPZ18-7-CP12	2017/8/29	5.4	3.0	43.38				1382	272
7	CJC371-P23	2017/9/13	8.5	0.5	93.5	2.9	0.2	89.7	364	155
8	CJC371-P17	2017/9/21	29.5	3.6	87.55	33.4	3.6	88.9	1969	489.6
9	CJC371-P26C	2017/9/23	3.5	0.0	97.8	37.4	0.7	97.9	439	438.7
10	TPZ18-P33	2017/9/27	4.8	3.3	28.5	6.6	4.4	31.8	438	197.1
11	CJC371-P22	2017/10/25	29.5	1.5	94.5	36.8	4.6	87.2	1708	1143.5
12	CJC371-P27	2017/11/4	18.2	2.1	88.32	16.2	3.6	77.2	1194	423.6
13	CJC25-P7	2017/11/18	50.6	0.0	100	41.4	4.8	88.2	1715	1714.9
14	YXD35-10-X11	2017/11/24	2	1.0	45.9	19.5	1.3	92.8	483	186.4
15	YXD35-11-X14	2017/11/25	4.5	1.3	69.2	6.2	1.4	75.8	545	120.7
16	TPZ18-P27	2017/12/13	24.4	2.2	90.4	72.5	7.5	89.5	1733	1020.6
17	TPZ18-P23	2018/1/14	13	1.1	91.1	26	2.6	89.6	884	558.7
18	CJC371-P7	2018/1/19	7.2	0.7	89.4	41.2	5.6	86.2	739	557.4
19	CJC25-P11	2018/2/3	37.4	1.7	95.38	0.8		87.5	533	63.4
20	CJC371-P14	2018/2/12	27.2	2.5	90.5	29.4	4.5	84.4	1239	601.6
21	CJC371-P65	2018/2/15	29.1	1.3	95.2	33.6	2.5	92.3	1070	728

续表

序号	井号	周期开始	前日液	前日油	前含水	现日液	现日油	现含水	周期累油	单井增油量
22	TPZ188-P1	2018/3/6	15.5	3.2	79.1	33.2	5.8	82.2	1327	559.3
23	CJC371-P53	2018/3/13	13.2	0.4	96.2	56.9	7.3	87.0	1675	1579.7
24	CJC371-P64	2018/3/17	36.1	1.9	94.5	37.4	2.7	92.5	889	448
25	YDZ4-P47	2018/3/30	新投	0.0		17.1	4.4	73.7	1887	1887
26	YDZ4-P48	2018/4/4	新投	0.0		26	5.9	76.9	2561	2561.2
27	CJC371-P42	2018/4/18	39.9	1.7	95.54	38.7	2.6	93.0	399	76
28	TPZ18-P29	2018/4/25	24.9	3.6	85.23	17.5	6.8	60.6	1030	367.3
29	YDZ4-P42	2018/5/2	33.6	3.7	88.71	30.8	4.5	85.1	995	299.3
30	CJC371-P41	2018/5/29	41.7	1.0	97.56	36.9	4.2	88.3	772	611
31	CJC312-X5C	2018/6/5	5.8	1.2	78.91	5.8	2.1	62.1	453	268
32	CJC371-P42	2018/6/8	39.9	1.7	95.54	38.7	2.6	93.0	337	80.6
33	CJC319-P3	2018/6/23				10.7	5	52.3	628	627.7
34	LIL321-2	2018/6/26	4.2	0.3	92.05	7.6	2.3	68.4	185	144.6
35	CJC371-P37C	2018/7/3	35.5	3.5	90.08	43.4	3.7	91.2	438	4.2
36	TPZ18-P7	2018/7/6	34.8	1.8	94.61	37.1	1.4	96.0	271	49.2
37	CJC371-P35C	2018/7/8	53.1	1.3	97.38	41.9	1.7	95.7	197	39.9
38	YDZ4-P44	2018/7/20	42.6	4.5	89.41	35.1	5.4	84.3	361	-107
39	CJC25-P17	2018/8/3	53.4	1.5	97.18	58.8	2.2	96.1	191	48.3
40	CJC25-P19	2018/8/11	37.5	2.5	93.3	27.4	2.6	90.1	207	-10.3
41	CJC371-P29	2018/9/7				45.3	4.9	89.0	193	193.2
42	CJC371-P62	2018/9/14				42.1	5	87.9	204	203.7
43	CJC371-P24	2018/10/5				52.3	3	94.1	65	65.2
44	CJC371-P54	2018/10/17				57.9	1.6	97.1	4	4.3
合计	44								51130	31693

4 低成本化学吞吐工艺技术优势

增油：截至目前，该工艺技术在河口厂推广应用44井次，累计增油31693t，平均单井增油600吨以上，目前投入产出比1∶4，增油效果明显。

低成本：该工艺无需动管柱施工，平均单井费用在30万元左右，与常规蒸汽吞吐相比，单井费用节约费用70万元左右。其中作业费用平均单井节约36万元；注汽劳务费用节约34万元左右；单井减少注汽能耗2500吨；单井减少地层排液约1000m^3。

提高效率：热采吞吐转周工艺施工周期约35天左右，该施工周期为10天左右，仅为热采施工周期的1/3，有效提高了施工效率。

安全环保：该工艺无需作业动管柱及注汽施工，避免了施工过程中机械伤害、高温、高压以及施工井控方面的安全隐患，防止了注汽及作业过程中的环境污染。

推广前景好：该技术实现了"储层—井筒—集输"一体化的降黏冷采，可大幅节约稠油开采成本，是低油价下蒸汽吞吐后期稠油效益开发的有效手段。具有较好的推广应用前景。

5 结论及认识

通过对边底水薄层稠油低成本化学吞吐技术的研究应用应用，结合单井效果分析，取得了以下几点认识：

（1）稠油活性高分子降黏剂具有很好的降黏、解堵、降水、增油的优势，能够大幅度提高单井产量。

（2）油层条件好，水平段长、油层厚度大的井，增油效果好；油层条件差，水平段短、层薄的井，增油量低。储层物性条件是增油效果好坏的基本条件。

（3）对热采套损井实施稠油化学吞吐节能降耗技术需谨慎。对套损严重，套漏、套变、套管缩颈需谨慎，影响注入效果。

（4）稠油化学吞吐节能降耗技术能够有效的降低稠油热采成本，降低注汽能耗，施工过程安全环保，适合在稠油区块推广应用。

参考文献

[1] 赵福麟．采油化学[M]．第二版．北京：石油工业出版社，1989：45-256.

[2] 赵国玺．表面活性剂物理化学[M]．第一版．北京：北京大学出版社，1984：185-245.

[3] 刘忠运．稠油乳化降黏剂研究现状及其发展趋势[R].（2009.10）[2009.10].

[4] 钱旭红．精细化工概论[M]．第二版．北京：化学工业出版社，2000：126-148.

[5] 刘玉君．关于稠油热采井化学吞吐技术的探讨[R].（2008.07）[2017.05].

[6] 路熙．特稠油 OE 型活性分子储层降黏冷采技术[R].（2016.06）[2017.05].

高含水油藏“2C”驱油机理研究及矿场应用

王　婧　蒋永平

（中国石化华东油气分公司泰州采油厂）

摘　要　苏北盆地洲城油田垛一段油藏含油面积小、储层分散、储量丰度低，目前处于注水开发的中后期，剩余油的量化表征及有效挖潜技术优选成为油田深度开发阶段核心工作。以高含水开发阶段复杂断块油藏剩余油挖潜及提高原油最终采收率为目标，集成创新了化学剂强化 CO_2 复合驱提高采收率技术体系（Chemicals & Carbon-dioxide，2C）。分子动力学数值模拟及室内实验研究表明，CO_2 在复合体系驱油过程中起扩散作用，洗油剂在一定程度上降低原油与岩石表面作用力；水驱后注入洗油剂较大幅度降低流体表面张力，显著提高波及范围内残余油驱油效率，由于段塞式注入的 CO_2 的超覆作用，携带洗油剂对正韵律含油砂体高部位有效波及，改善垂向剩余油驱替效果。2C 技术体系通过耦合化学剂原油降黏及 CO_2 超覆作用扩大波及双重优势，实现油藏高含水期驱油效率及纵向波及系数的同时提高，显著提高了原油最终采收率。

关键词　高含水油藏；CO_2 驱；化学法；2C 技术；提高采收率

自 1992 年 12 月投入开发以来，洲城油田先后经历天然能量开发、注水稳产、一次加密调整及产量递减 4 个开发阶段。由于频繁地调层生产，使地下油水关系变得十分复杂，剩/残余油的有效开发成为油田深度开发阶段核心问题。国内外众多学者对复杂断块三角洲相储层剩余油及残余油形成机理、分布规律及主控因素做了卓有成效的研究，由于储层平面及层间（内）非均质性，注入工作剂绕流区，剩余油呈现出“普遍发育、局部富集”的分布态势；注入工作剂波及区内，由于毛管力效应及配位数等微观孔隙结构特征的影响，孔隙内残余油呈现油膜、闭锁或孤滴状赋存，研究区含水率已高达 92%，采出程度达 36.9%，但仍有大量的原油残留地下，因此亟需研发新的适合具有典型“小、碎、薄”等[1-4]特点的洲城高渗一般稠油油藏[5-6]开采措施，实现该类油藏剩余油的有效开发。

在归纳总结整装油藏深度开发阶段提高采收率技术动态及发展趋势基础上，针对洲城油田复杂断块地质特征及开采状况，集成创新了化学剂强化 CO_2 复合驱提高采收率技术体系，并在矿场取得了较好的增产效果。本文通过分子动力学数值模拟及系统室内 2C 驱替物理实验，研究 2C 增油机理，分析实验结果，优化注采方式及相应参数，为该技术的完善及在苏北油田同类油藏的进一步推广与应用提供理论基础。

1　CO_2 复合驱分子动力学模拟研究

1.1　模型构建与力场参数初始化

本次研究根据洲城油田原油组分分析结果，采用正十二烷（$C_{12}H_{26}$）和二氧化硅分别模拟原油和岩石。首先，利用 α-石英的（100）表面构建厚度为 7 · 的石英表面模拟岩石表面，并添加氢原子对其进行羟基化处理。然后将 28 个正十二烷分子放置于二氧化硅表面，并对其进行 1ns 的分子动力学模拟，使充分烷烃分子吸附在二氧化硅表面来获得油膜结构来模拟膜状剩余油。然后，建立了 CO_2 复合驱油体系，体系中含有 500 个 H_2O 分子，150 个 CO_2 分子，10 个 IAS 洗油剂并将该复合体系放置于已吸附的油膜上。最后，建立了一个高密度的水层固定在 CO_2 复合体系上方，来防止 CO_2 复合体系的逃逸。同时，在上端建立一个 9 · 的真空层来消除纵方向上的边界周期性影响，得到最终的初始构型，如图 1（a）所示。构建尺寸为 61.52Å×61.52Å×61.52Å 的 CO_2 盒子，密度为 0.784g/cm^3。使用正十二烷（$C_{12}H_{26}$）构建半径为 20Å 的烷烃油滴，并取代盒子中心球型区域内的 CO_2 分子，从而完成孤滴状残余油初始构型建模。如图 1（b）所示。

【基金项目】国家科技重大专项《特高含水油田高效采油工程技术》（2016ZX05011004-004）

【作者简介】王婧，女 1986 年出生，工程师，2012 年 6 月毕业于成都理工大学，现从事苏北油田开发工作。

1.2 CO_2复合驱体系溶解油滴微观过程分子动力学模拟

图2是CO_2复合驱体系溶解油滴过程构型截图，由图可以看出，0ps时，烷烃分子呈油滴状聚在一起，随着模拟时间的进行，正十二烷逐渐溶解于CO_2复合体系中。1000ps时，正十二烷在复合体系中的分散程度较高，说明复合体系对烷烃分子有较好的溶解能力。

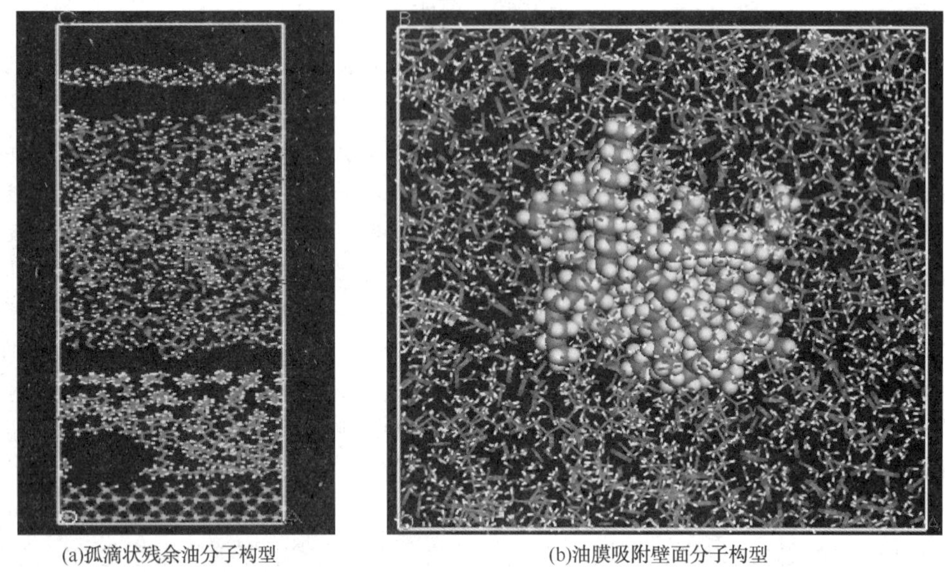

图1 CO_2复合体系分子动力学模拟初始构型

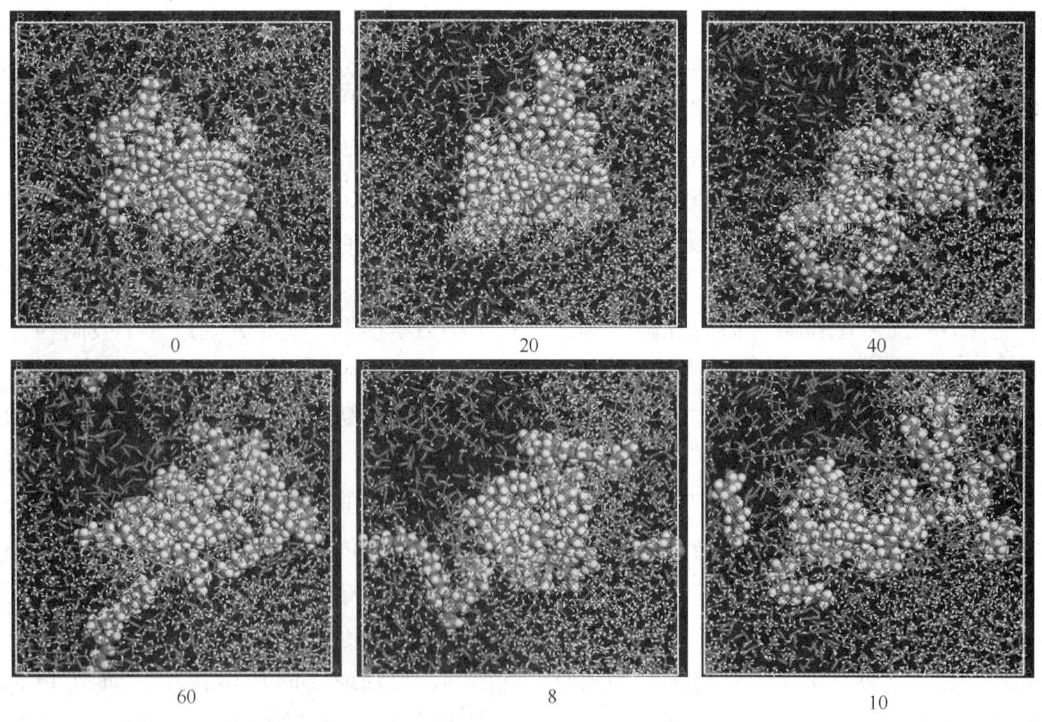

图2 CO_2复合驱体系溶解油滴动态演化过程模拟图

图3为烷烃分子在不同模拟时间段于X、Y、Z三个方向的浓度分布曲线。0ps时，正十二烷油滴在X、Y、Z三方向上均在17.5－32.5Å处聚集；随着模拟时间的进行，烷烃分子逐渐溶解于复合体系中，其浓度分布曲线，逐渐趋于均匀；800ps时，烷烃分子浓度分布曲线已经在X方向上趋于均匀；1000ps时，烷烃分子浓度分布曲线在X、Y两个方向趋于均匀，但仍是在盒子中心浓度较高，在Z方向上浓度波动最大。

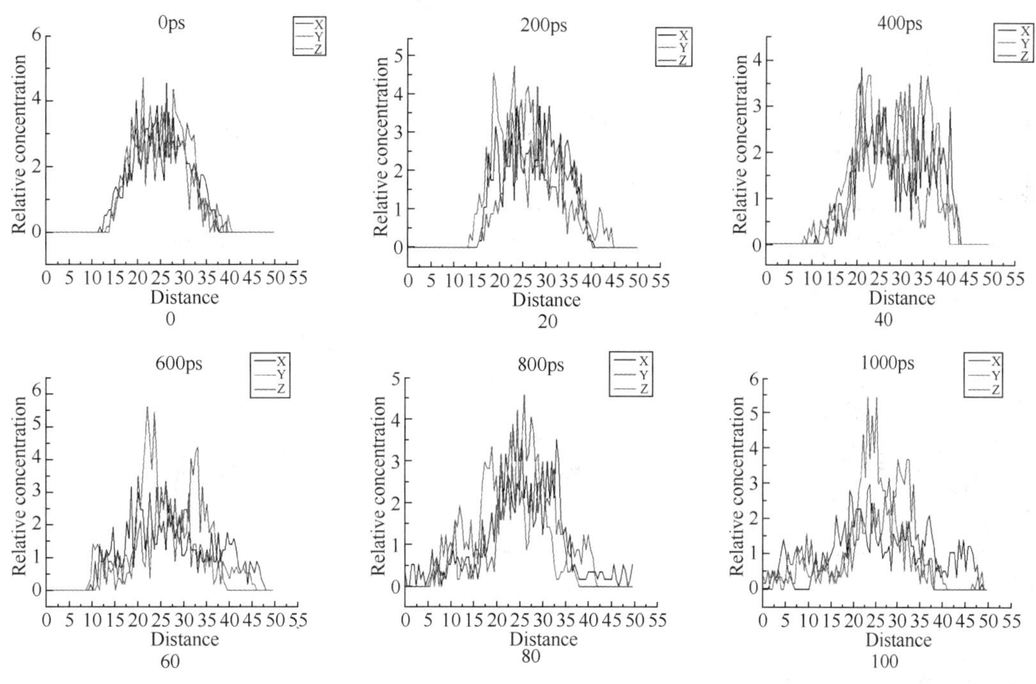

图 3　烷烃分子浓度分布曲线

1.3　CO_2复合驱体系剥离油膜微观过程分子动力学模拟

图 4 是正十二烷(原油)从二氧化硅(岩石)表面剥离过程的构型截图，可以发现在 CO_2复合驱体系的协助下二氧化硅从亲油表面转变为亲二氧化碳表面，并且 CO_2复合体系中也只有 CO_2进入了油相对剥离油膜起到了作用，水相和油相之间存在一个明显的水油界面。同时，CO_2复合体系中的 IAS 洗油剂只有一个 IAS 出现在水油界面上，亲水基吸附在水相中，疏水基吸附在油相中，其余 IAS 洗油剂并没有出现在水油界面上，而是逐渐向水相中间靠拢，并形成了胶束，亲水基向外在水相中，亲油基朝内包裹着 CO_2并彼此交缠。

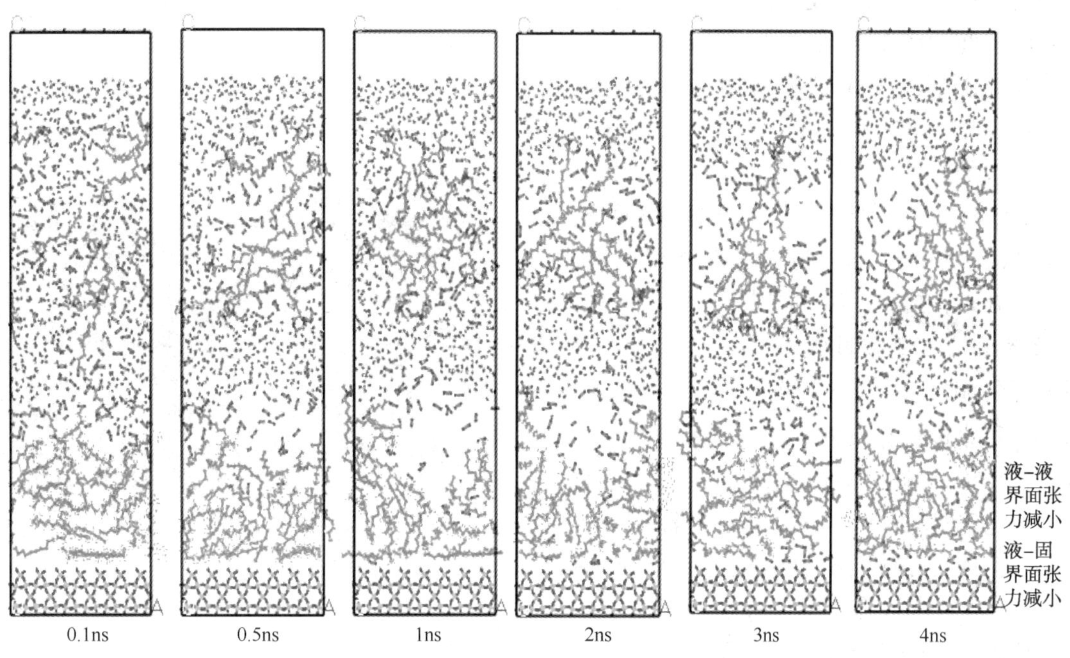

图 4　CO_2复合驱体系剥离油膜动态演化过程模拟图

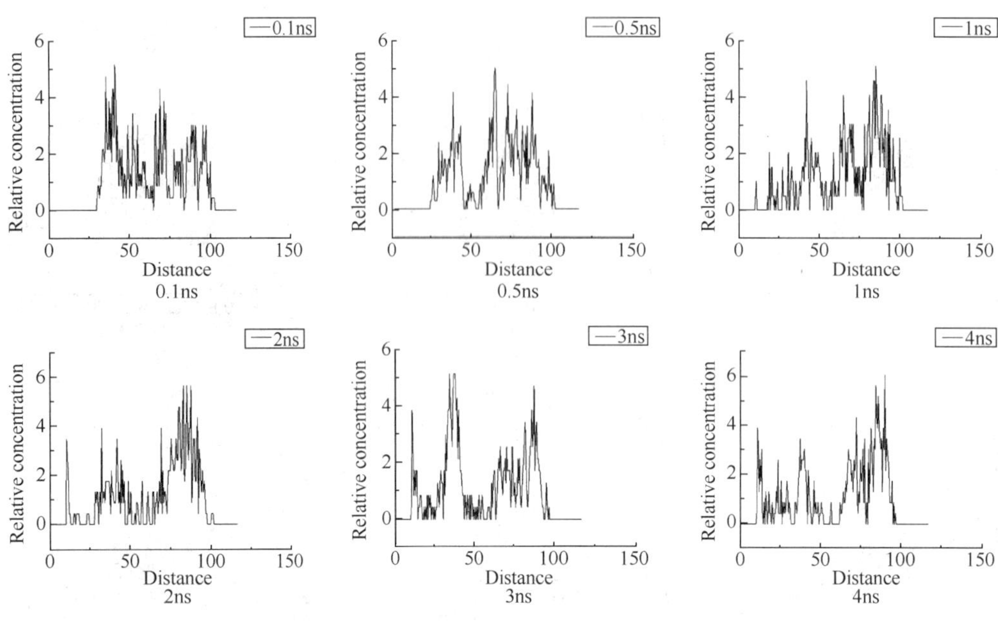

图 5 CO_2相对浓度分布曲线

图 5 是 CO_2剥离油膜过程的相对浓度曲线，从图中可以看出 CO_2浓度分布是和油膜剥离过程一一对应的。0.1ns 时，CO_2复合驱体系中的 CO_2逐渐从水相中向水油界面集聚，此时 CO_2浓度在 40Å 处达到出现峰值，并达到最大；0.5ns 时水油界面上的 CO_2已向油相中进行扩散，在 25Å 处出现峰值，增加油相体积；1ns 时 CO_2扩散至油膜深处，在浓度曲线中可以看出，CO_2在油相中开始分布均匀，有形成 CO_2扩散通道的趋势；2ns 时 CO_2扩散通道已经形成，CO_2开始出现在二氧化硅表面，在 10Å 处出现峰值；3ns 时形成了多个 CO_2扩散通道，10Å 处峰值更高，更多的 CO_2吸附在二氧化硅表面；4ns 时，CO_2均匀吸附在二氧化硅表面，并已经将二氧化硅从亲油表面转变为亲 CO_2表面，油膜已经 CO_2被剥离下来，并且在 10Å(二氧化硅表面)与 40Å(油水界面)之间 CO_2均匀分布，溶解在油相之中。

1.4 复合驱体系相互作用规律

（1）复合驱体系内 CO_2扩散阶段

在 CO_2和原油开始接触时，CO_2逐渐向油相中扩散并挤压油相体积形成 CO_2扩散通道。后续的 CO_2分子优先进入 CO_2扩散通道，使油相中不断富集 CO_2，使油相体积增加。该过程从开始时刻一直持续到 CO_2将正十二烷分子完全溶解。扩散速度较快的 CO_2分子会进入二氧化硅表面作用范围，并在其表面的作用下产生吸附，使 CO_2的扩散过程加快。

（2）复合驱体系内 CO_2吸附阶段

如图 6 所示，当 CO_2扩散到二氧化硅表面时，二氧化硅表面的羟基在形成氢键的过程中将 CO_2分子吸附在二氧化硅表面，可以看到 CO_2置换二氧化硅表面吸附的烷烃分子。这一阶段 CO_2由于能够与二氧化硅表面的羟基形成氢键，随着 CO_2不断通过扩散通道至二氧化硅表面，则形成的氢键数目不断增加，CO_2不断吸附在二氧化硅表面，并将二氧化硅表面吸附的烷烃分子置换下来。对于孤滴状残余油，体系内的 CO_2扩散至油滴中，增加油滴体积，降低原油黏度，油滴体积在增大的过程中，烷烃分子的纠缠度降低，烷烃分子逐渐伸展开来，更容易溶解于驱油体系中。

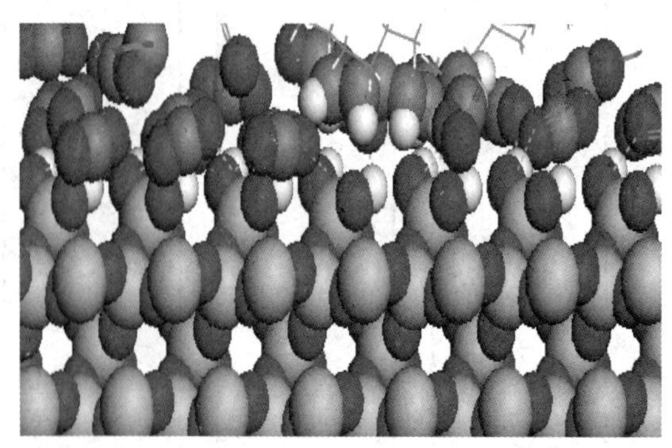

图 6 CO_2在二氧化硅表面吸附构型截图

（3）原油剥离溶解阶段

在该阶段中，二氧化碳通过形成氢键不断吸附在二氧化硅表面，在其表面富集达到一定程度时，使烷烃油膜逐渐被剥离下来。

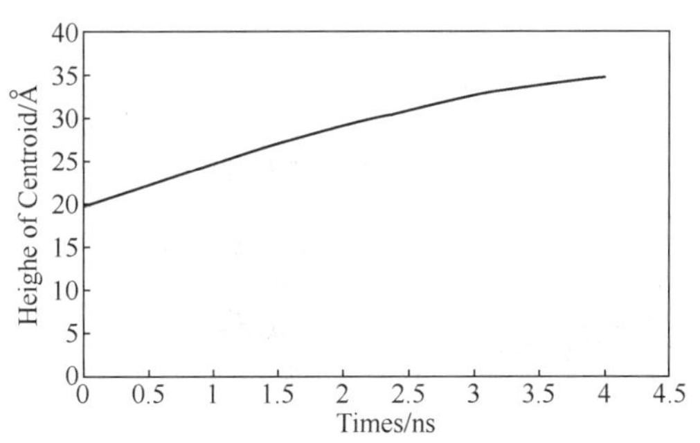

图7　烷烃分子质心高度随时间变化曲线

图7为烷烃分子质心高度随时间变化曲线，可以看出烷烃分子逐渐向原理二氧化硅表面的位置扩散并溶解于复合体系中。由于CO_2及烷烃均为非极性物质，伦敦色散作用对CO_2与烷烃间的相互溶解具有重要的意义，也使烷烃分子和CO_2间可以互溶，导致烷烃分子能够在超临界CO_2流体中不受约束的扩散运移。对于孤滴状残余油，当油滴溶解于CO_2复合驱体系之后，其中的IAS洗油剂疏水基将会与烷烃分子相互缠绕，亲水基在水相中，同时CO_2在也会出现在油水界面，降低油水界面张力，便于驱替原油，如图8所示。

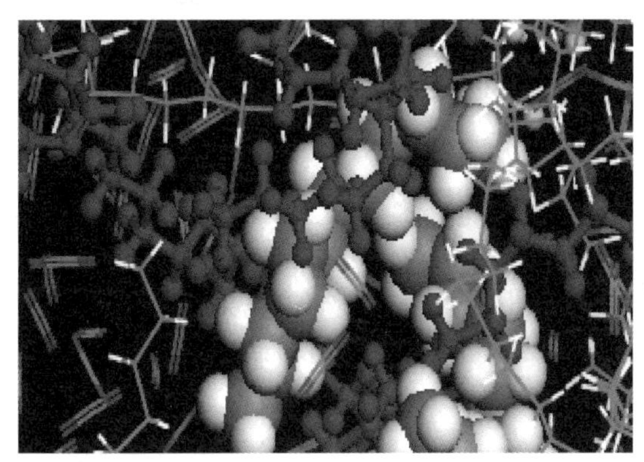

图8　烷烃分子与洗油剂相互缠绕图

通过以上研究，CO_2和原油开始接触时，CO_2逐渐向油相中扩散并挤压油相体积形成CO_2扩散通道；后续的CO_2分子优先进入CO_2扩散通道，使油相中不断富集CO_2，使油相体积增加。

2　实验研究

2.1　实验仪器与材料

仪器：岩心驱替实验装置（岩心夹持器，中间容器以及恒温箱），平流泵，磁力搅拌器，Texa-500界面张力仪，Wzs-1型阿贝折光仪，石油密度计，KTS-822电脱水仪，天平、自组装手套箱物理模拟实验装置。

材料：实验选取洲城18井原油，地面脱气原油黏度约为50 mPa·s；矿场用洗油剂；水样为井口产出液中分离地层水；实验采用人造长岩心，岩心长30cm，截面积4.91cm^2；纯度为99.99%的CO_2和N_2气。

2.2　实验内容与方法

评价矿场用洗油剂洗油效率、耐温、耐盐性能；然后，取1%的洗油剂溶液，测定油/地层水体系、油/水/洗油剂溶液体系、不同CO_2浓度饱和的油/水/洗油剂体系界面张力；最后，应用岩心驱替装置，以水驱油作为基础对比方案，设计水驱转CO_2气驱、洗油剂驱以及洗油剂、CO_2复合驱替实验，实验温度为60℃。实验设计和长岩心物性参数见表1。

表1　岩心驱替实验方案及物性参数表

方案名	驱替方式	岩心长度/cm	截面积/cm^2	孔隙度/%	渗透率/$10^{-3}\mu m^2$	含油饱和度
方案A	水驱油	30	4.91	31.15	1426	0.852
方案B	水驱后洗油剂驱	30	4.91	29.48	1350	0.819
方案C	水驱后CO_2驱	30	4.91	32.87	1461	0.875
方案D	水驱后洗油剂/CO_2复合驱	30	4.91	30.74	1379	0.836

2.3　洗油剂性能评价

送检的样品洗油剂为水溶性液体，1%浓度的洗油剂即可大幅度降低水的表面张力，高温（80℃）及矿化度较高的地层水对洗油剂的表面张力影响较小，可以忽略不计。实验室内磁力搅拌器低速搅拌2h完全分散，无沉淀、分层、乳化现象。分别用0.3%和1%浓度的洗油剂浸泡油砂，未加洗油剂时，上层液体澄清透明，加入洗油剂后，油砂中原油逐渐进入上层水相中，则说明该洗油剂具有较好的洗油能力。用石油醚萃取剩余油砂中原油后，观察洗油剂的洗油效果，如图9和表2所示。

图 9　从左往右为洗油剂浓度为 0.3% 和 1% 时洗油前后效果图

表 2　洗油剂洲 18 井原油稀油能力评价表

洗油剂浓度/%	含油量/mg		洗油效率/%
	吸油前	吸油后	
0.3	0.425	0.0315	91.56
1	0.295	0.0219	96.05

评价结果表明，随着洗油剂浓度增加，洗油效率增大。这是由于洗油剂中的洗油剂通过亲水、亲油基团的作用，使溶液形成了稳定的 O/W 体系，降低了界面张力和原油黏度，更容易将油膜从颗粒表面剥离。以萃取后的石油醚为样品，根据描述吸光度与吸光物质浓度关系的朗伯-比尔定律，通过观察紫外分光光度计上的吸光度来测量其含油量，当洗油剂浓度从 0.3% 增加到 1% 时，吸光度从 0.425 降到 0.295。

2.4　洗油剂降低界面张力性能评价

由黏附功公式可知，油水界面张力越低，驱油体系从岩石表面剥离油滴的能力越强，根据界面张力和剩余油饱和度的关系，当界面张力小于 0.01mN/m 时，波及区域的残余油饱和度可大幅度降低。因此，洗油剂/CO_2/油水复合体系界面张力大小及变化规律是揭示 2C 技术提高采收率机理的关键问题。

用蒸馏水分别配置质量分数为 0.3% 和 1% 的洗油剂溶液，在手套箱中抽去空气，通过调节手套箱内通入的 N_2 和 CO_2 浓度，测定油/地层水体系、油/水/洗油剂溶液体系、油/水/CO_2 饱和后洗油剂溶液体系三种溶液体系界面张力。图 10～图 13 为界面张力测定微观过程，图 13 为不同 CO_2 浓度饱和 1% 洗油剂溶液后界面张力值。

测试结果表明，加入洗油剂能够极大地降低油水间界面张力；pH 的降低同样能够降低油水间界面张力。由于加入洗油剂后，表面活性物质的分子能够定向地排列于油水两相之间的界面层中，使界面的不饱和力场得到补偿，从而使界面张力降低。CO_2 饱和后，能够在一定程度上降低洗油剂的 pH，当 pH 降低后，会改变洗油剂物质的状态，使界面张力降低。由此可见，洗油剂与

图 10　油/水界面张力测定过程中油滴的状态

图 11　油/水/ 1% 浓度洗油剂界面张力测定过程中油滴的状态

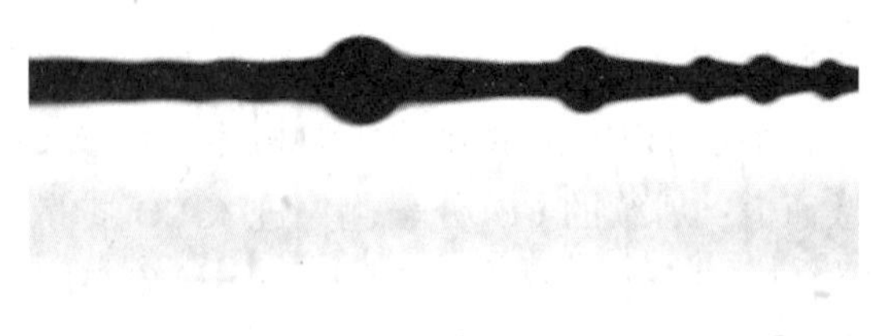

图 12　油/水/75% CO_2 饱和 1% 浓度洗油剂测定过程中油滴的状态

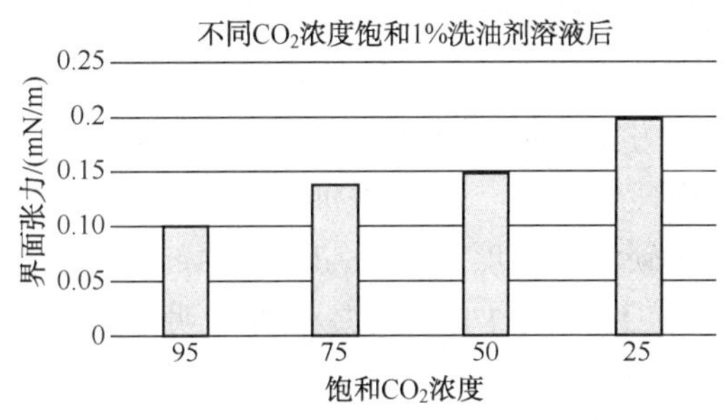

图 13　CO_2饱和 1%洗油剂后体系内油水间界面张力

CO_2的协同作用，相对于单一注入介质使油水界面张力降低幅度更大，进一步提高微观驱油效率。

2.5　注入方式实验评价

根据洲城油田开发方式，驱油物理模拟在60℃恒温条件下实验岩心驱替实验装置上进行，共开展 4 组驱替实验，实验结果分析如下。

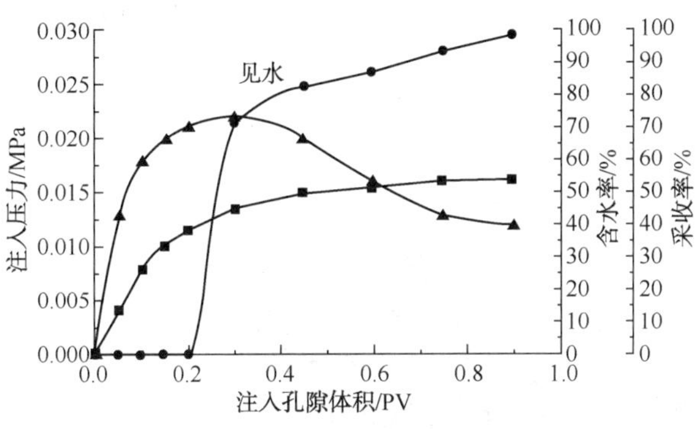

图 14　水驱油实验结果曲线

由图 14 可知，水驱油过程中在注入 0.198PV 时，出口端见水，无水采收率为 38.26%；见水突破后，含水率上升很快，最终保持稳定。随着注水量的增加，注入压力不断上升，在见水后一段时间内达到最大；此后开始逐渐降低，并趋于稳定。水驱结束时，最终采收率为 53.68%。

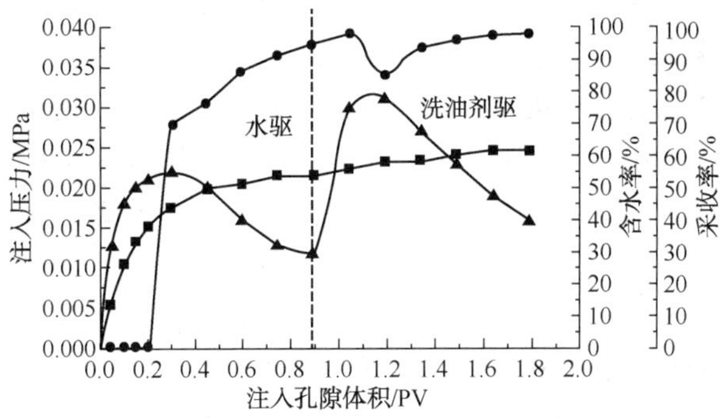

图 15　水驱后转洗油剂驱实验结果曲线

由图 15 可知，水驱过程中含水率不断上升；转注洗油剂后，含水率降低至 85.18%，随后又逐渐上升。同时，使用洗油剂驱后，在乳化作用下，使原油由 W/O 型转变成 O/W 型乳状液，降低了原油黏度和驱油阻力，由水驱的 53.68%增加至 61.33%，从而提高了原油采收率。

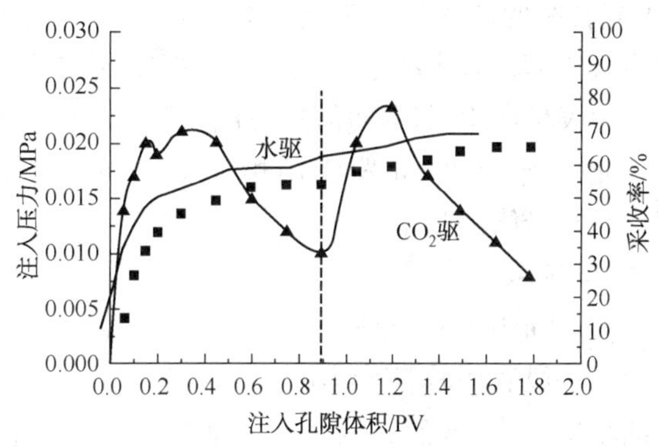

图 16　水驱后转 CO_2驱实验结果曲线

由图 16 可知，水驱结束转注 CO_2气驱，由于 CO_2极易溶于原油，降低了原油黏度和油水界面张力；CO_2溶于原油后，会使原油的体积发生膨胀；原油中的 CO_2在温度升高后会部分游离汽化，产生部分能量，促进驱油，采收率由水驱的 53.68%提升至 65.76%。

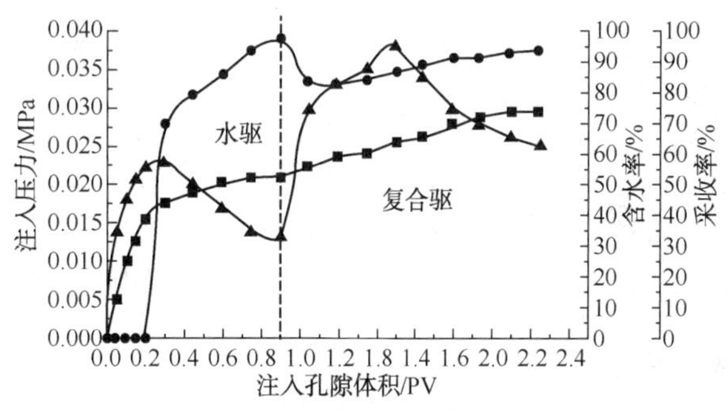

图 17　水驱后洗油剂/CO_2复合驱曲线

由图 17 可知，采用了洗油剂/CO_2复合驱后，注入压力高于水驱和 CO_2驱的注入压力，含水率上升的速度比较慢，采收率达到了 73.67%，表明洗油剂/CO_2段塞注入效果最好。由于洗油剂/CO_2复合驱的过程中，经过多次的复合驱后，扩大了液相和气相的波及范围，提高了驱替压力。随着复合驱的进行，岩心孔隙中含水饱和度逐渐增加，注入水开始占据大孔道，在孔隙中部形成连续相，气相则以更小的气泡形式渗流。油以油膜形式聚集在气的周围，水驱气的同时，也将油采出，从而提高了最终采收率。

评价结果表明，四种驱替方案中，水驱采出率最低，为 53.68%；洗油剂驱优于水驱，采出率为 61.33%；CO_2驱的采出率为 65.76%；洗油剂/CO_2复合驱的采出率最高，达到了 73.67%。其他指标对比表明，水驱的注入压力较高，含水率上升较快；CO_2驱的注入压力最低；降黏剂/CO_2复合驱的注入压力最高，高于水驱和 CO_2驱的注入压力，含水率上升较慢。根据室内实验结果，建议生产中采用降黏剂/CO_2段塞注入方式有利于充分利用 CO_2超覆作用扩大洗油剂波及范围，提高最终采收率。

3 矿场应用

洲城油田 1992 年底投入开发，主要含油层系为垛一段底块砂岩，纵向上划分为 9 层，主力含油小层为 2、6 层，属于底水能量充足，中高渗高采出程度一般稠油油藏(原油黏度 26.83mPa·s)。为了进一步明确 2C 的驱油效果的影响因素，建立洲 18 井组地质模型，应用正交实验方法设计连续注入、段塞注入，并考虑 CO_2注入速度、洗油剂注入速度、洗油剂浓度三种因素的组合注入方案，最优推荐注采参数为：CO_2与洗油剂三次段塞注入、CO_2/洗油剂总量配比为 2：1，二氧化碳注入速度为 100t/d，洗油剂注入速度为 100t/d、浓度为 1%。极差分析表明，CO_2/洗油剂总量配比对开发效果影响最大，其次为注入段塞数，最后洗油剂浓度。洲 18 井组先导试验表明，2C 驱注入实施后，含水率由 99%降至 41%；日产油由 1.1t 提高至 9.3t，增油降水效果显著。在此基础上，实施洲城 3 注 7 采 2C 驱推广试验，井组日产油由 7.3t 增加至 27.3t，综合含水从 96%下降至 91%，受效井含水由 99%下降至 38%，阶段累增油 1900t(图 18)。理论研究及矿场实践表明，2C 技术是复杂断块油藏深度开发阶段改善开发效果、挖潜剩余油有效手段，对同类型“三高”油藏开发具有积极意义及推广应用价值。

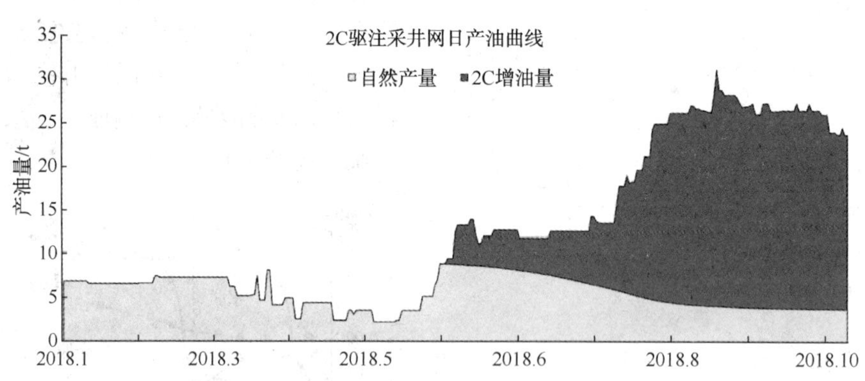

图 18　洲城 2C 驱推广试验井组日产油曲线

4 结论

(1) CO_2复合驱体系分子构型建立及分子动力学模拟研究表明 CO_2复合驱体系中 CO_2起扩散作用；洗油剂在一定程度上降低了原油与岩石表面作用力，但大部分洗油剂在水相形成胶束，并未对油膜剥离起到决定性作用。

(2) 洗油剂具有较好的耐温性、耐盐性，可以大幅降低油水界面张力；随着洗油剂溶液的浓度增加，洗油效率增加，洗油剂在一般稠油油藏表现出较好的洗油性能，当洗油剂浓度为 1%时，洗油效率达到了 90.64%。同时，pH 对于油水界面张力具有一定的影响。

(3) 高含水油藏水驱结束后转洗油剂、CO_2驱和洗油剂/CO_2复合驱均取得较好的提高采收率效果，三者提高幅度分别达到 7.65%、12.1 和 20.0%，其中，洗油剂/CO_2复合驱大于 CO_2或洗油剂单独驱替效果，表明 2C 技术洗油剂与 CO_2的协同作用可以更好的提高采收率。

(4) 洲 18 井组“2C”提高采收率技术最优推荐注采参数为 CO_2与洗油剂三次段塞注入、CO_2/洗油剂总量配比为 2：1，二氧化碳注入速度为 100t/d，洗油剂注入速度为 100t/d、浓度为 1%，其中，CO_2/洗油剂总量配比对开发效果影响最大，其次为注入段塞数，最后洗油剂浓度。洲城先导试验表明，针对类似洲城油田正韵律中高渗油藏在水驱开发后期，转 2C 复合驱替可以达到较好的降水增油效果。

参考文献

[1] 朱雷，秦黎明，张枝焕等．苏北盆地溱潼凹陷北汉庄油田油气成藏地球化学特征[J]．天然气地球科学.2009，20(1)，36-43

[2] 周浩．苏北复杂小断块油田提高采收率技术应用研究[J]．中外能源.2013，9(18).31-35

[3] Wei Liu，Liqin Zhou. The Comprehensive Determination Technique and Application of Remaining Oil in Complex Miniature Fault Block Reservoir. SPE 64649

[4] 陈浩．洲城油田稠油降黏试验及效果分析[J]．试采技术.2002，1(23).53-56

[5] 张备，唐建信，程汉东等．洲城油田洗油剂驱提高采收率矿场试验[J]．西南石油学院学报.2005，6(27).53-57

[6] Jinju Han，Minkyu Lee，Wonsuk Lee，et al. Effect of gravity segregation on CO_2 sequestration and oil production during CO_2 flooding. ENERGIES. 161(2016).85-91

[7] 贾忠伟，杨清彦，侯战捷，等．油水界面张力对三元复合驱驱油效果影响的实验研究[J]．大庆石油地质与开发，2005，24(5)：79-85.

[8] 宋传真，林长志，王元庆，等．低渗稠油油藏蒸汽-CO_2-化学剂复合吞吐研究[J]．成都理工大学学报(自然科学版).2016，43(3)：336-343.

[9] 张凤英，李建波，诸林，等．稠油油溶性降黏剂MASM的合成及室内评价[J]．精细石油化工进展，2005，6(12)：5-11.

[10] 陶磊，李兆敏，毕义泉，等．胜利油田深薄层超稠油多元复合开采技术[J]．石油勘探与开 发，2010，37(6)：732-736.

[11] 骆铭，王海涛，吕成远，等．泡沫剂/洗油剂辅助蒸汽驱技术室内实验[J]．应用化工，2015，44(11)：1988-1991.

[12] 李兆敏，鹿腾，陶磊，等．超稠油水平井 CO_2 与降黏剂辅助蒸汽吞吐技术[J]．石油勘探与开发，2011，38(5)：600-605.

[13] 张小波．蒸汽-二氧化碳-助剂吞吐开采技术研究[J]．石油学报，2006，27(2)：80-84.

稠油水平井分段注汽技术研究与应用

李晓玲　郭洪军　刘　恒

（中国石油辽河油田公司）

摘　要　辽河油田筛管完井稠油水平井主要采用蒸汽吞吐开采方式。由于油藏非均质性、水平井段长等因素影响，水平井段动用不均矛盾突出，易造成汽窜，甚至引发边底水侵，严重制约了水平井的正常开发。针对上诉问题，开展了筛管完井水平井分段注汽技术研究，该技术利用水平井分段注汽管柱，将水平段油藏分成两个或多个相对独立的注汽腔，实现不同井段按需定量注汽，有效调整了水平段油藏的吸汽剖面，改善了油藏动用不均的状况。

关键词　筛管完井；水平井；动用不均；蒸汽窜流；分段注汽

1　概况

1.1　水平井概况

水平井蒸汽吞吐和蒸汽辅助重力泄油是目前注蒸汽开采稠油的主要技术，由于水平井与油藏接触面积大，注蒸汽波及体积大，产能较直井的高，在世界范围内得到广泛应用。辽河油田水平井具有油藏类型多、地质条件复杂、完井方式多样、井网井型多样、开发方式多样和应用广泛等特点。油品分布在稀油、稠油、超稠油，主要以稠油为主。

1.2　存在的主要矛盾

辽河油田水平井大多采用筛管完井方式。筛管完井稠油水平井主要采用蒸汽吞吐开采方式，受油藏发育、油品性质、完井方式以及开发方式等多方面因素等影响，水平井开发过程中主要存在动用不均、低产低能、高含水、油井出砂及套坏等问题，其中动用不均已成为制约水平井高效开发的主要矛盾。

1.2.1　水平段动用不均主要原因

由于油藏类型不同、分布区域广、地质条件复杂，水平井井筒周围油层非均质性严重，加之水平井与周边直井井距近等客观因素影响，水平井在开发过程中各种矛盾逐步暴露，其中水平段油藏动用不均衡尤为突出。分析其主要原因是：

（1）储层非均质性

由于不同沉积微相所处的沉积部位不同，水动力条件各异，砂体的岩性、结构和构造也各不相同，致使相应的非均质性也存在差异。以兴隆台油藏为例，兴Ⅵ组辫状水道相非均质性最弱，其次为水道侧缘微相，水道间薄层砂微相非均质性最严重。兴Ⅱ－Ⅴ组储层中，分流河口坝微相砂体非均质性最弱，为较均匀型，非均质系数 1.15~1.4，平均 1.26，变异系数 0.4~0.48，平均 0.44，级差一般 70~123 倍，平均 88.9 倍；其次为分流间浅滩微相砂体，为不均匀型，非均质系数 1.47~2.2，平均 1.68，变异系数 0.48~0.72，平均 0.59，级差 66~220 倍，平均 151.3 倍；分流间薄层砂微相砂体非均质性最强，为不均匀型，非均质系数 1.3~2.15，平均 1.73，变异系数 0.43~1.3，平均 0.74，级差 91~166 倍，平均 142 倍。

（2）水平井与周边直井井距近

水平井主要以井间加密水平井为主，其多部署在已多轮次吞吐的直井井排间，井距多为 35-50 米，水平井段的动用状况不可避免的受到相邻直井动用状况影响。

1.2.2　水平段动用不均危害

水平段动用不均造成了水平井中没有得到动用部分井段产能的损失，动用过好的水平井段容易发生汽窜，汽窜一方面造成能量外溢，蒸汽利用率降低，且因汽窜易在高渗带中形成通道，使动用不均的矛盾加剧，不利于水平井开发效果的改善和采出程度的提高；另一方面影响受窜井生产效果。对于边底水发育的水平井，水平段亏空

【作者简介】郭洪军（1971.1-），男，毕业于大庆石油学院石油工程专业，学士学位，高级工程师，现从事采油工艺技术研究与推广工作。E-mail：guohj@petrochina.com.cn。

处易引发边底水侵，因水的流动性能远好于原油，某点突破见水后就会造成整个油井水淹。

1.2.3 水平段动用不均现状

含油饱和度 PND 测试、油层温度测试，以及日常生产中井间汽窜等显示水平段动用严重不均衡。统计水平井数井温数据，目前井温处于可流动温度(80 ℃)之下的占总井段的 34.2%，水平井动用不均造成部分井段产能未发挥，同时易引发邻井汽窜或是水侵等一系列问题。

1.3 现有技术的局限性

针对水平井段动用不均的矛盾，先后采用多点注汽、双管注汽技术，但水平段井筒内始终为一个蒸汽腔，动用不均的问题没有得到实质性的改变[1]。水平段动用不均造成了水平井中没有得到动用部分井段产能的损失，动用过好的水平井段容易发生汽窜，汽窜一方面造成能量外溢，蒸汽利用率降低，且因汽窜易在高渗带中形成通道，使动用不均的矛盾加剧[2]。同时，受水平段动用不均的影响，蒸汽局部突进严重，对于边底水发育的水平井，水平段亏空处易引发边底水侵，因水的流动性能远好于原油，某点突破见水后就会造成整个油井水淹[3]，导致水平井高含水。

2 水平井分段注汽技术研究

由于油藏非均质性和水平井段长度的影响，水平井笼统注汽时普遍存在水平段油藏动用不均的矛盾。室内模拟和现场测试资料表明，动用较好井段长度仅占总井段的 1/3～1/2，且随着吞吐轮次增加，水平段油藏动用不均的矛盾将不断加剧，严重制约了水平井产能的发挥。调整吸气剖面，提高水平段油藏动用程度，改善注汽开采效果的潜力非常大[4]。因此，针对稠油水平井段动用不均的问题，开展了水平井分段注汽技术研究，实现了水平段均匀动用，改善水平井吞吐效果。

2.1 分段注汽可行性分析

水平井是在同一油层内采用筛管完井，因此在水平井应用分段注汽技术需要开展筛管外蒸汽窜流的研究，即管内均匀封堵后，筛管外会存在蒸汽窜流，窜流后管内分段注汽是否具有实际意义。

2.1.1 蒸汽窜流

水平井筛管与钻井井眼间环空为地层砂所充填，且压实作用较弱，介质渗透率较高，是注汽时蒸汽窜流的主要途径。笼统注汽时，层段间由于压力和动用程度差异，还会发生层段间的渗流。由于筛管外环空介质渗透率要高于注汽段和封隔段地层，在封隔段注汽管与筛管间环空中充满流体(蒸汽或原油)后，流向封隔段的蒸汽可能会发生 3 种路线的渗流(见图 1)。封隔器附近最大蒸汽窜流量就是筛管外环空介质中蒸汽的渗流量。当层段间压差较小时，层段间的渗流速度很小。由于井筒内流体的压力平衡，一般不会发生窜流，但在选注和分注条件下，封隔器附近筛管外介质中蒸汽的窜流不能忽略。

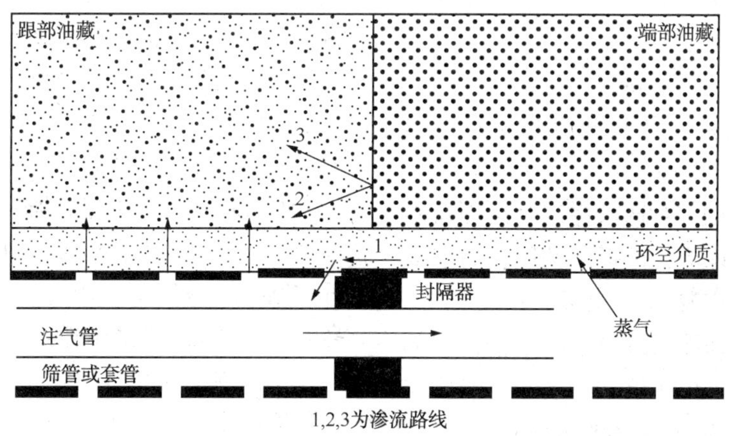

图 1 水平井封隔器附近的蒸汽窜流

水平井注汽时封隔器附近蒸汽窜流的渗流模型见图 2，图 2(a) 为笼统注汽，图 2(b) 为分段选注端部，其中，端部为注汽段，跟部为封隔段，封隔器位于两段中间。与笼统注汽相比，封隔后针对低动用层段注汽，跟部油藏的注汽量为经过筛管外环空介质中的窜流，增加了渗流阻力，提高了端部油藏的注汽强度。

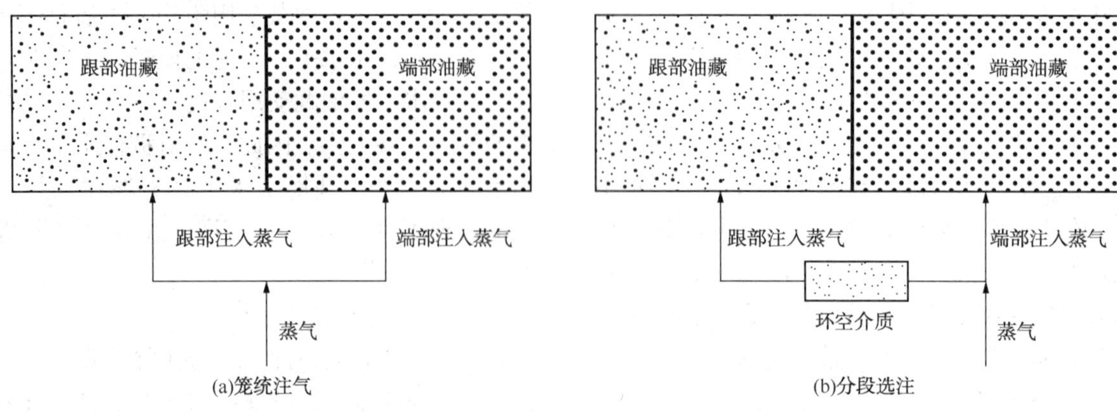

图2　水平井注汽时封隔器附近蒸汽窜流的渗流模型

水平井注汽时由于重力的影响，蒸汽与原油的密度差会产生蒸汽超覆，抑制环空中的蒸汽窜流，简化的蒸汽窜流估算公式为：

$$q_c = \frac{\dfrac{p_{A1}(t) - p_{B1}(t)}{4\mu_w L_b}}{K_{hs}K_{rws}\pi(r_w^2 - r_{so}^2)}$$

总窜流量为：

$$Q_c = \int q_c dt$$

式中　q_c——窜流量，m^3/s；

p_r——油藏压力，Pa；

p_{inj}——注汽压力，Pa；

μ_w——水或蒸汽黏度，Pa・s；

L_b——阻隔器长度，m；

h——井眼中心距顶部距离，m；

r_w——钻井井眼半径，m；

r_{so}——筛管外径，m；

L_B——阻隔段长度，m；

K_{hs}——筛管与钻井井眼间隙介质水平渗透率。

以1口模拟井为例，对选段注汽时封隔器附近蒸汽窜流进行模拟计算，模拟井动用较高层段（端部）长度与动用差层段（跟部）长度相等，端部油藏渗透率为跟部油藏渗透率的2倍，端部油藏温度为跟部油藏的1.5倍。将端部封隔后向跟部注汽，注汽速度为300~600 m^3/d，封隔器有效封隔长度为0.04 m。模拟计算结果表明，即使在较高压差下，选段注汽的窜流比例（窜流量/注汽量）最大值低于30%，同笼统注汽相比，注汽段油藏吸汽量增大了4~5倍。

注汽段与封隔段长度比为1，流动系数差异为1：100，筛管外环空介质渗透率为10 m^2，模拟计算的窜流比例与封隔器长度关系。由图3可知，封隔器长度越大，窜流比例越小，但当封隔器长度大于0.4 m后，窜流量减小幅度很小。推荐封隔器长度为0.04~1.00 m。

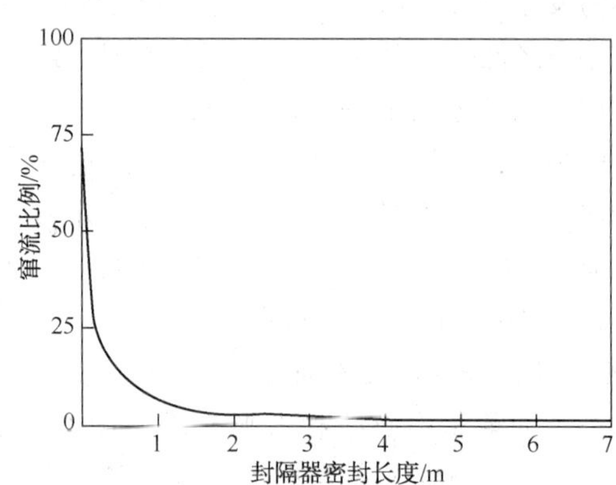

图3　窜流比例与封隔器密封长度的关系

注汽段与封隔段长度比为1，流动系数差异为1：100，封隔器长度为0.04 m时，筛管外环空介质渗透率对窜流比例的影响见图4。由图4可知，筛管外环空介质渗透率对窜流比例影响较大，当筛管外环空渗透率低于10m^2时，窜流量降至25%以下，而且封隔器密封长度越大，窜流量越小；封隔器长度达到1.0m时，蒸汽窜流量可控制在10%以下。因此，当环空介质渗透率越高时应选择较长的封隔器。

不同封隔器长度时窜流比例与封隔器位置（封隔器距层段交界距离与注汽段长度的比例）的关系表明，向注汽段一侧移动封隔器时窜流比例增大，但是层段间渗流量减小。因此，需要根据油藏地质条件和动用状况，综合评价窜流量和渗流量，确定封隔器的合理位置。

因此，封隔器长度和位置对窜流量的影响最大，其次是筛管外环空介质渗透率．在确定合理封隔器长度时，应综合考虑环空介质渗透率等因素，计算窜流量、优化封隔器位置、优选封隔器长度。

物理模拟和数值模拟结果表明，封隔器附近存在蒸汽往复窜流（实质是蒸汽在地层中的渗流），选段注汽时蒸汽窜流量为注汽量的 10%～30%，两段分注和多段同注时净窜流量< 10%，封隔器的封隔效果明显．总体上，封隔器附近的蒸汽往复窜流会造成封隔器所在位置油藏温度升高，动用程度也相应提高。

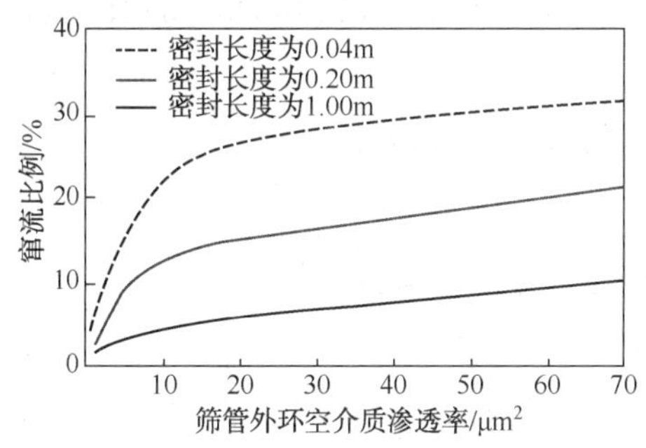

图 4 窜流比例与筛管外环空介质渗透率的关系

2.1.2 叠加效应

阻隔器是水平井分段注汽的重要井下工具，能够有效封隔筛管与注汽管之间的蒸汽流动。两段分注时阻隔器附近由于蒸汽的往复窜流而产生明显的叠加效应，实现阻隔器所在地层吸汽量增加。见图 5。馆平 59 井两段分注的物理模拟和数值模拟结果表明阻隔器附近地层温度高，其原因就在于蒸汽窜流的叠加作用。

采用馆平 59 井均质模型模拟计算了两段分注时阻隔器附近的蒸汽窜流，水平段长度为 340m，阻隔器距跟部距离为 140m，端部与跟部井段长度比为 200：140，采用先注端再注跟部的两段分注方式，注汽速度为 $500m^3/d$，端部注汽量为 $4000m^3$，跟部注汽量为 $3000m^3$。结果表明，先注端部时的蒸汽窜流量为注汽量的 25.16%，跟部注汽时的蒸汽窜流量为 25.53%，净窜流量仅为 3.4%，从蒸汽量角度基本达到了均匀注汽的效果。但是，从油藏温度分布（图 6）来看，由于阻隔器附近的蒸汽往复窜流，阻隔器所在位置油藏温度高，加热效果好。

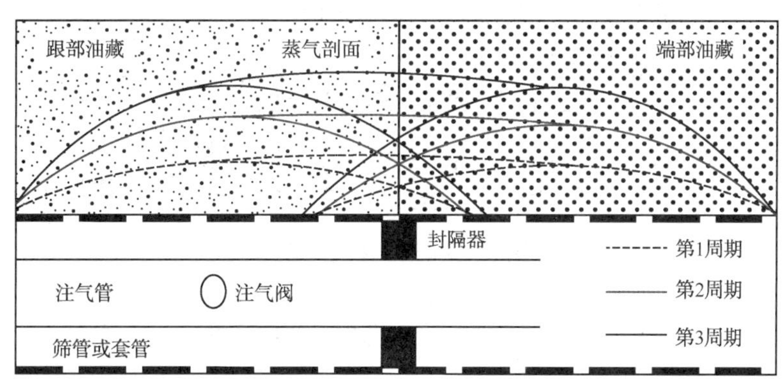

图 5 两段分注时水平井段吸气剖面变化

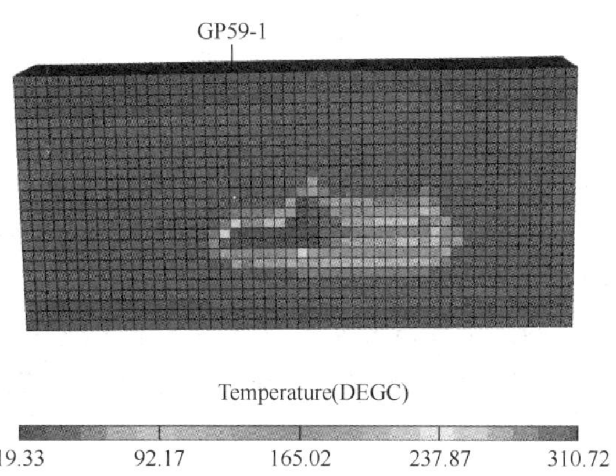

图 6 水平井均质油藏两段分注后的温度分布

2.2 配套工具的设计

分段注汽技术主要由隔热管、分配器、小直径软密封阻隔器、扶正器和注汽阀组成。

(1) 小直径软密封阻隔器

小直径软密封阻隔器采用了高分子纳米复合密封材料，该材料具有耐高温、高弹性、超耐磨的特性，受热膨胀后可达到 162mm，对井筒实现管内软密封封堵，注汽结束后上提管柱解封。

技术参数：

最大外径 φ130 mm 最小通径 φ40mm 耐压 13MPa

耐温 350 ℃ 解封力 40kN。

(2) 水平井专用扶正器

为了保证小直径软密封阻隔器在水平井段的密封效果，配套设计了高强度径向可伸缩专用扶正器。

技术参数：

最大外径 φ152mm 最小外径 φ130mm 最小通径 φ40mm

(3) 配注阀和注汽阀

为了实现多种注汽方式，设计了导入式可限位分配器(330mm×106mm)及配套使用的高强度轻质钛合金配注球和注汽阀(330mm×106mm)。

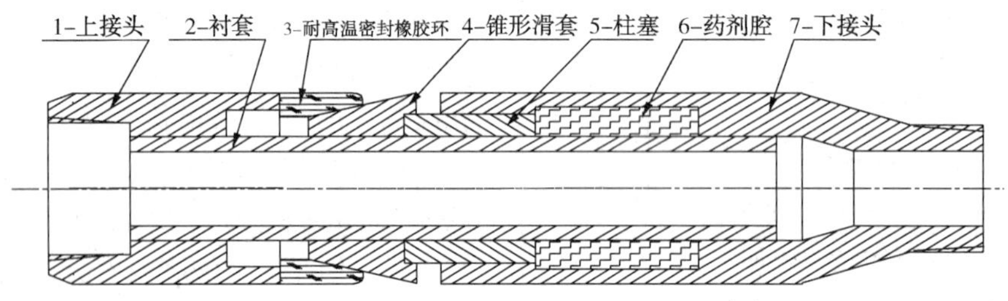

图 7 阻隔器结构示意图

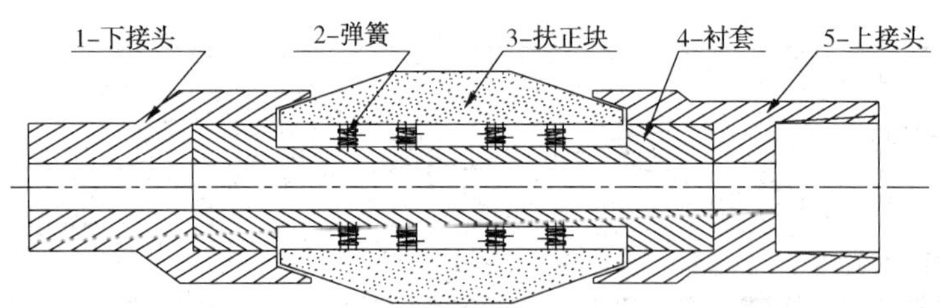

图 8 扶正器结构示意图

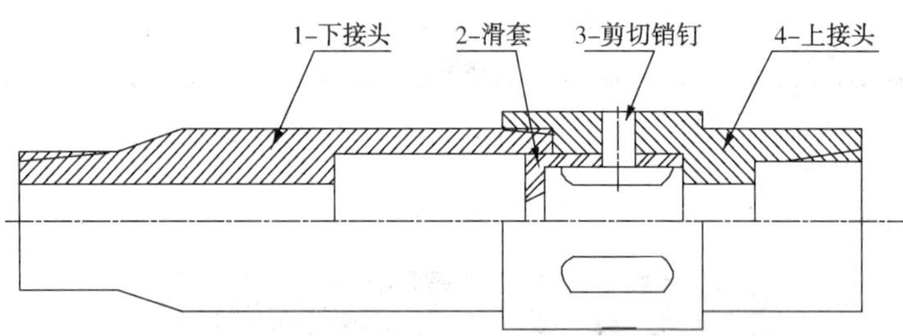

图 9 配注阀结构示意图

2.2.1 分段汽管柱的设计

水平井分段注汽管柱是根据井段的动用情况，将水平井段分隔成相对独立的几个注汽腔。目前形成选段注汽、两段分注和多段同注三种基本注汽方式。

(1) 选段注汽：利用阻隔器封堵高动用井段、出水井段等，有目的地只选择一段井段注汽，该方法适用于水平井段中有明显局部突进或有出水井段或有低效舍弃井段的热采水平井。

(2) 多段同注：利用阻隔器将水平井段分成 2 个或多个注汽腔，按照设计汽量，利用注汽阀调配各注汽腔的注汽量，对各注汽腔同时注汽，该方法适用于井段差异较小的热采水平井。

(3) 两段分注：利用阻隔器将水平井段分成 2 个注汽腔，通过分配器先后对两个注汽腔按照设计汽量进行注汽。水平井两段分注有两种方式，一种是先注 B 段，达到注设计汽量后投球，再注 A 段（B 型）；另一种是先注 A 段，达到设计注汽量后投球，再注 B 段（A 型）。适用于井段差异较大的热采水平井。

表 1　水平井分段注汽工艺的选井标准

油藏参数	注汽方式		
	选段注汽	多段同注	两段分注
井段油藏非均质性（高渗段位置）	跟部，中部，端部	跟部，中部，端部	跟部，中部，端部
高渗段长度比例 $L_{高渗段}/(L_{水平段})$	<1/3	1/2 左右	>1/3
窜流比例（Q_c/Q_s）	$(0.3\sim0.5)\times\frac{L_{高渗段}}{L_{水平段}}$	$<0.3\times\frac{L_{高渗段}}{L_{水平段}}$	$<\frac{L_{高渗段}}{L_{水平段}}$
蒸汽渗透率差异（$K_{S高}/K_{W低}$）	>10~20	<10	不限
井段间油藏温度差异 $(T_{高}-T_r)/(T_{低}-T_r)$	>2	<1.5	不限

3　现场应用情况

截至 2017 年 12 月，水平井分段注汽技术共实施 1084 井次，增油 48.7 万吨，措施成功率为 100%，投入产出比大于 1∶15。有效缓解了水平段动用不均的状况，增产效果和经济效益明显。

（1）井温测试曲线对比分析

对比分析测试的 365 口井的井温曲线，注汽水平井的动用好井段长度由原来的 35.4%提高到 63.27%，温度提高了 12℃，动用差井段长度减小 70% 左右，温度提高 11℃，分段注汽提高水平段油藏动用程度作用明显。

（2）两段分注投球前后注汽压力分析

通过两段分注措施井投球前后井口注汽压力跟踪，投球前后注汽压差最大为 4.1MPa，平均注汽压差为 1.1MPa，说明分段注汽管柱可将水平井段分隔成几个相对独立的注汽腔进行注汽，实现了水平井有针对性的注汽。

（3）吞吐效果明显改善

统计周期结束的可对比油井，措施前吞吐周期平均产油 1218 吨，措施后周期平均产油达到 1423 吨，周期对比增油 205 吨。油汽比由措施前的 0.23 上升到 0.31，吞吐效果得到改善。

典型井例：杜 212-杜 H2 井

该井属于杜 255 区块，2007 年 4 月投产，水平段区间为 1588.9m~1821.4 米，前四周期均采用笼统注汽，随着吞吐周期的延长，水平段动用程度差异日渐增大，水平段脚跟部分基本没有得到动用。第五周期实施分段注汽工艺，阻隔器设计在水平段中部 1700m，脚尖部分设计 2000m^3 蒸汽，出汽口 1780m，脚跟部分设计 2200m^3 蒸汽，出汽口 1630m，实施后相比笼统注汽，基本没有动用的跟部油藏温度由 73℃ 上升至 96℃，整体提升了 23℃，日产油对比上周期增加 5.1 吨，水平段动用不均情况得到明显改善。

4　结论

（1）水平井分段注汽技术可以形成相对独立的注汽腔，实现分段定量注汽。根据水平段油藏地质特征和动用状况，可优选水平井选段注汽、两段分注和两段同注等注汽方式。

（2）水平井分段注汽技术可有效提高水平段油藏动用程度，改善稠油水平井注汽和开采效果明显。

参 考 文 献

[1] 冯玉．辽河油田水平井产量影响因素分析[J]．油气田地面工程，2009，28(7)：14-15.

[2] 刘明禄，刘洪波，程林松，等．稠油油藏水平井热采非等温流入动态模型[J]，石油学报，2004，25(4)：62-66

[3] 冯玉，辽河油田水平井产量影响因素分析[J]，油气田地面工程，2009，28(7)：14-15.

[4] 张守军，水平井分段优化注气技术及其应用[J]，大庆石油学院学报，2010.8(4)：62-66

特低渗油藏水驱后 CO_2 气-水交替驱见效特征实验研究

张晓斌[1,2] 张永强[1,2] 郑自刚[1,2] 周 晋[1,2] 杜朝锋[1,2]

(1. 长庆油田勘探开发研究院；
2. 低渗透油气田勘探开发国家工程实验室)

摘 要 本文通过动静结合的方法，利用物理模拟实验获得的驱替动态数据和高温高压相态系统测定的 CO_2 在油水中的溶解度静态数据，开展水驱后 CO_2 气-水交替驱动态特征及见效特征研究。实验结果表明，CO_2 驱气油比适当范围内的增加并不是气窜，而是因为生产的是溶解了 CO_2 的油气，在油藏条件下为单相油带，该阶段对驱油效果的贡献率超高70%。建议油藏方案设计时可适当增大第一轮次 CO_2 段塞的大小，并选择在气窜临界点交替注水。

关键字 CO2驱；特低渗；气水交替；赋存状态；相带分布

鄂尔多斯三叠系特低渗透油藏由于储层物性差、非均质性严重导致注水开发矛盾突出，注水开发普遍存在注水能力下降、地层能量不足、产量递减加剧和水驱采收率低等问题[1-2]。国内外实践证实[3-4]，CO_2 驱可以改善特低渗透油藏注水开发效果，大幅度提高原油采收率，CO_2 通过降低原油黏度、改善流度比、使原油体积膨胀、降低界面张力等方式提高原油采收率[5]。但在 CO_2 驱过程中，黏性指进会严重影响 CO_2 驱波及体积，进而影响采收率[6]。气水交替注入技术既可以充分利用 CO_2 驱的优势，又可以有效减小 CO_2 黏性指进，提高波及体积[7]。

目前，CO_2 气-水交替驱的研究热点是注入参数优化设计[8-13]，主要参数包括注入流速、段塞大小、气水比、交替轮次、流压等，研究方法涉及物理模拟法和数值模拟法，但对 CO_2 气-水交替驱替动态特征的研究较少，往往忽略了驱替过程中 CO_2 在油藏油水中的状态、相带变化过程及其与驱油效果间的联系，导致对 CO_2 气水交替驱过程认识不清。为此，本文以物理模拟驱油实验为手段，研究水驱后 CO_2 气-水交替驱含水率、气油比变化规律；并结合 CO_2 在油水中溶解度的测试结果，研究多相流时 CO_2 在油藏油水中的赋存状态，获得 CO_2 气-水交替驱过程油藏条件下的相带变化过程；同时，根据不同阶段驱油效率变化，认识 CO_2 气-水交替驱见效特征。研究结果对气水交替驱注入参数的优选具有一定的指导意义。

1 实验条件及方法

1.1 实验条件

选取鄂尔多斯三叠系某长6油藏为作为研究对象，油层平均渗透率2.16mD，为典型的特低渗透油藏，孔隙结构复杂，非均质性强。据此选定驱油条件：实验温度50℃，实验模拟末端回压为10.5MPa，实验用水是按该区地层水离子组分配制的模拟水，为 $CaCl_2$ 水型(如表1所示)。实验用油为该区脱水脱气原油，黏度为2.08mPa·s，细管实验测试混相压力为16.9MPa；实验用气为体积分数为99.5%的 CO_2 气体(燕山石化)，实验物模模型为该区露头岩心钻取的长岩心，岩心基础物性参数如表2所示。

表1 实验用地层水离子组分

组分	K^++Na^+	Ca^{2+}	Mg^{2+}	Cl^-	SO_4^{2-}	HCO_3^-	总矿化度
含量/(mg/L)	1.58×10^4	1.36×10^4	61.7	4.81×10^4	507	35.5	7.81×10^4

【作者简介】张晓斌(1987-)，女，2013年硕士毕业于中国石油大学(华东)，目前在长庆油田分公司勘探开发研究院从事低渗透油藏提高采收率技术研究；邮箱：zhangxb2_ cq@ petrochina. com. cn

表 2　实验用岩心基础物性

长度/cm	直径/cm	气测渗透率/mD	孔隙度/%	束缚水饱和度/%
30.00	2.50	2.28	14.63	56.61

1.2　溶解度测试实验

利用高压相态实验装置(图 1)，模拟油藏温度，测试不同压力下 CO_2 在实验用油和水中的溶解度。具体过程如下：把不同量的 CO_2 和油(或水)导入 PVT 仪中，增压成单相，搅拌摇匀后稳定一段时间。然后缓慢降压，每隔 1～2MPa 分别测定流体的泡点压力，该泡点压力所对应的 CO_2 浓度即为 CO_2 的溶解度。

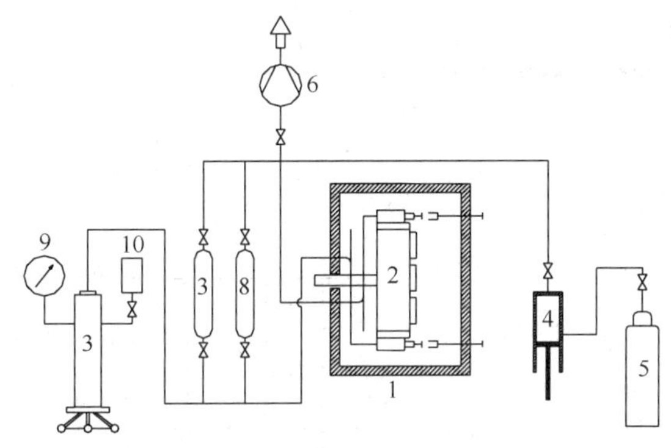

图 1　高压相态实验装置示意图

1—空气浴；2—PVT 仪；3—比例泵；4—增压机；5—气样瓶
6—真空泵；7—油样瓶；8—CO_2 气瓶；9—压力表；10—汞储槽

1.3　物理模拟驱油实验

实验设计末端回压为 10.5MPa，进行两轮气水交替驱。具体实验过程为：岩心饱和油后进行水驱，当产出液含水率大于 98%后转 CO_2 驱，至出口端不产油后转注水，然后进行下一轮气水交替驱，气水交替时机以出口端完全不产油。整个实验过程中，以恒定流速 0.1ml/min 注入，并记录实时注入压力、产出油、气、水量。

1.4　CO_2 在油藏流体中状态判断方法

首先，依据不同时刻岩心出口端产出的油、气、水量，对驱替过程的流态进行划分，分为单相流(油相、气相、水相)、两相流(油水两相、油气两相、气水两相)、油气水三相流；再结合高温高压 PVT 测得的不同压力下 CO_2 在油水中的溶解度和注入过程岩心沿程压力大小，得到实验注入压力范围内 CO_2 在油、水中的溶解度；最后，对比不同流态下的气油(水)比与溶解度的相对大小，当实际气油(水)比小于溶解度时，判定油藏条件下 CO_2 为溶解气；反之为自由气或突破气，此时发生气窜。同时，按照该方法可对驱油见效阶段进行划分，分为两大类即气窜前和气窜后，其中气窜前按照是否见气，又分为见气前和见气前-气窜后。

2　实验结果及分析

2.1　CO_2 溶解度测试实验

模拟油藏温度 50℃，利用高压相态实验装置，测得不同压力下，CO_2 在原油中和地层水中的溶解度数据，如图 2 所示。实验结果显示：随压力增大，CO_2 在油中的溶解度迅速上升，CO_2 在地层水中的溶解度先迅速上升后逐渐平稳，且 CO_2 在原油中的溶解能力明显高于地层水。

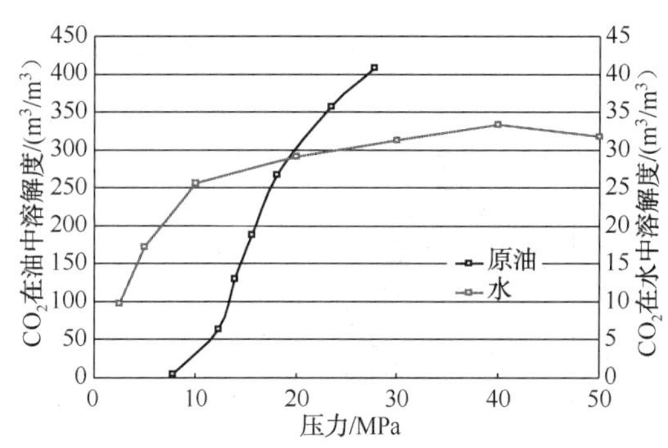

图 2　不同压力下 CO_2 在油、水中溶解度(50℃)

2.2　含水率变化规律

如图 3 所示，为水驱后 CO_2 气-水交替驱含水率动态变化结果：第一轮气水交替过程中(CO_2 驱后转水驱，称一轮)，含水率在见气前保持在 100%，在见气产油后含水率迅速下降至 0，直至完全产气；转注水后，初期完全产气，含水率为 0，在见水后含水急剧上升，由于驱替进行油气水分散程度高，含水率在较高的水平上(大于 90%)波动，呈锯齿状，直至含水率为 100%；第二轮气水交替驱过程含水率变化与第一轮大致相同。在一轮气水交替驱过程中，含水率呈近似倒“几”字状。

2.3　气油比变化规律

CO_2 气水交替驱气油比动态变化结果如图 3 所示：第一轮气水交替注气过程中，气油比在见气前为 0，见气后气油比迅速上升至一定水平并保持相对稳定，后迅速上升至 1000 以上，直至完全产气；转注水后，初期完全产气，见油后油气比迅速下降至完全不产气，气油比为0。第二轮气水交替驱过程气油比变化与第一轮大致相同。在一轮气水交替驱过程中，气油比大致呈尖峰状。

2.4 油藏条件下CO_2的存在状态

重点分析第一轮次气水交替驱过程中油水两相流和油气水三相两种流态下CO_2的状态，判断CO_2以溶解气还是自由气的形式存在。

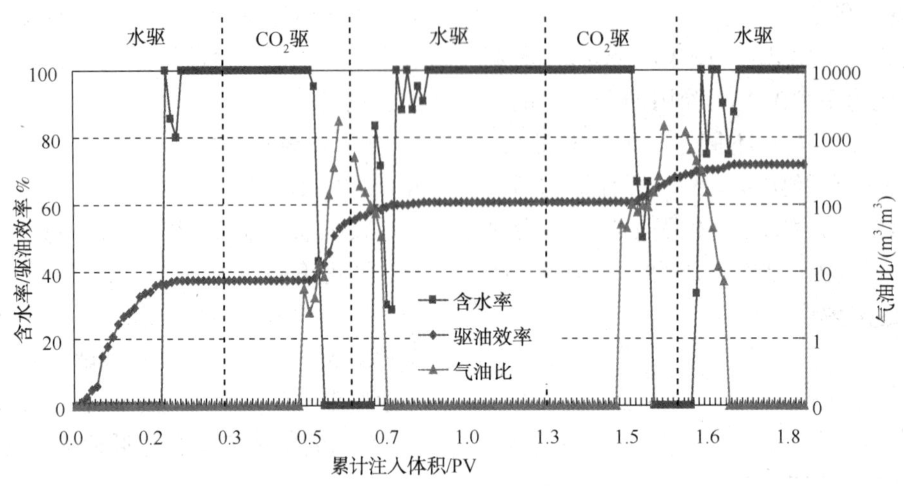

图3 气水交替驱驱替动态

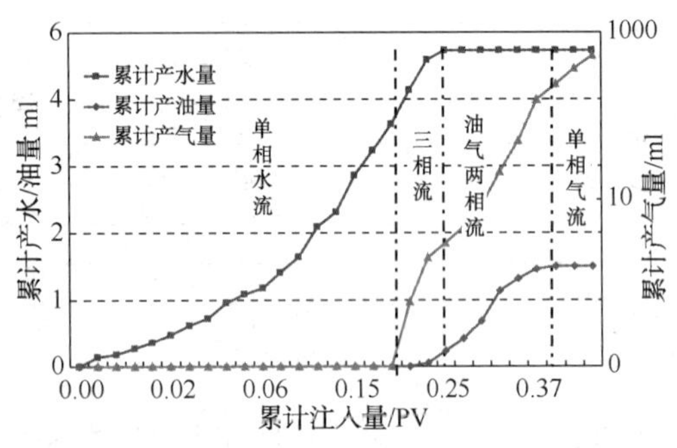

图4 第一轮次CO_2驱替过程流态划分结果

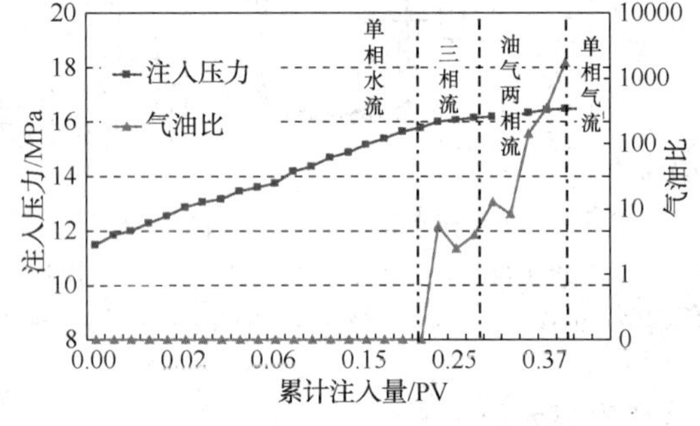

图5 气油比及注入压力变化

第一轮气水交替过程注气阶段流态划分结果如图4所示，包括单相流（水相和气相）、油气两相流和三相流。注入压力动态变化（如图5所示）结果显示，两相流和三相流时注入压力范围为15.8~16.3MPa，平均压力为16.05MPa，在该压力下，CO_2在油、水中的溶解度分别为197m^3/m^3、28m^3/m^3。油气水三相流态下，岩心产出端气油比范围为0~8.5m^3/m^3，远小于CO_2在油中的溶解度，判断在油藏条件下（岩心中）CO_2以溶解气的形式溶解于油中；油气两相流态下，岩心产出端气油比范围为7.5~2700m^3/m^3，因此，当气油比小于197时，岩心中CO_2以溶解气的形式溶于油中，气油比大于197时，岩心中的CO_2主要以自由气的形式存在，表明CO_2已气窜。

根据油藏条件下CO_2状态的判断结果，对产出端流态进行修正，获得油藏中的实际流态，其对比结果及油藏条件CO_2状态如表3所示。

表3 油藏条件流动相态、CO_2状态及气窜判断结果

产出端流态	岩心内部实际流态	油藏条件CO_2状态	气窜判断
油气水三相流	油水两相流	溶于油中	未气窜
油气两相流	气油比小于197，单相油流	溶于油中	未气窜
	气油比大于197，油气两相流	一部分溶于油中，一部分为自由气	已气窜

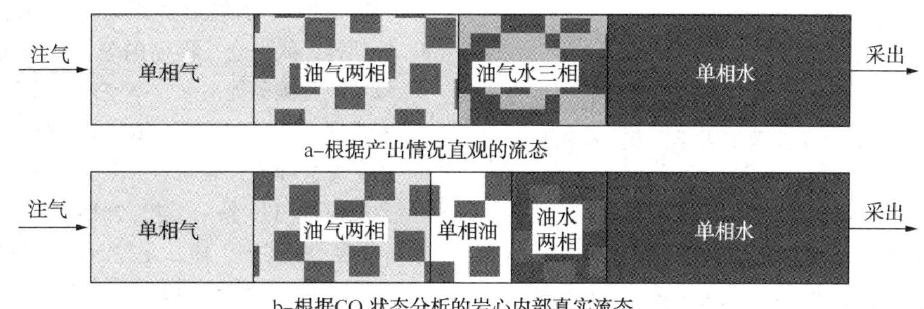

a—根据产出情况直观的流态；b—根据 CO_2状态分析的岩心内部真实流态

图 6　第一次注气过程直观流态和实际流态对比

2.5　见效特征分析

不同阶段驱油效率结果如图 7 所示，一次水驱驱油效率为 37.43%，第一轮次气-水交替驱油效率提高 23.32%，其中注气提高 17.65%，交替注水提高 5.67%；第二轮次气水交替驱油效率提高 11.23%，其中注气提高 7.49%，交替注水提高 3.74%。两轮次气水交替驱后驱油效率提高 34.55%，最终驱油效率高达 71.89%。实验结果证实，气水交替驱能够有效改善特低渗透油藏水驱开发效果，大幅度提高采收率。同时，随交替轮次增多，由于剩余油饱和度降低，驱油效果逐渐降低。

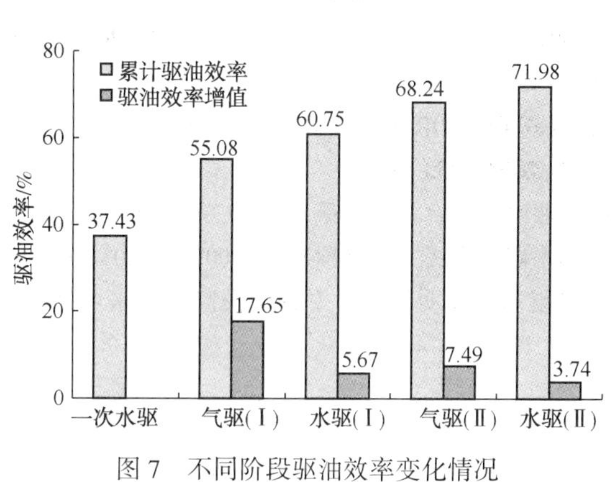

图 7　不同阶段驱油效率变化情况

表 4　气驱(Ⅰ)不同阶段驱油效率增值及占比

驱油效率增值,%				占比,%			
见气前	见气后气窜前	气窜后	总增幅	见气前	见气后	见气后气窜前	气窜后
2.68	12.83	2.14	17.65	15.18	84.82	72.69	12.12

同时，结合 CO_2的赋存状态及注入过程流态分布分析结果，对第一轮注气阶段进行细化，分为见气前，见气后-气窜前，气窜后，其驱油效率增值分别为 2.68%、12.83%、2.14%。结果表明：在 CO_2注入阶段，见气后继续注气对驱油效率的贡献占比为 84.82%，而气窜后继续注气对驱油效率的贡献占比仅为 12.12%。说明 CO_2驱见气不是气体突破，而是生产了含 CO_2的油气，在油藏条件下表现为单相油流，类似于混相带，该阶段是气驱见效关键期；气窜后增油量有限，气窜大大降低了注气效果。因此，在实际油藏气水交替驱开发过程中，建议适当增大第一轮注气段塞的大小并在气窜的临界点转注水，可有效提高 CO_2的利用率并进一步改善驱油效果。

3　结论

（1）水驱后气水交替驱含水率变化表现为见气后含水迅速下降，见水后急剧上升，而气油比变化与之相反；

（2）当产出气油(水)比小于 CO_2的溶解度时，CO_2以溶于油(水)的形式存在，在油藏条件下表现为单相液流；反之，CO_2以自由气的形式存在，在油藏条件下为气液多相流；根据 CO_2在油藏条件下的存在状态可判断 CO_2驱是否发生气窜。

（3）水驱后气水交替驱见效特征表现为见气并不是已经气窜，气油比一定范围内的增大是见效的关键阶段，见气后驱油效率增值占整个注气阶段驱油效率的 80%以上；气油比增大到一定值时才表示发生气窜，气窜后驱油效果大幅降低，驱油效率占比为 12%。

（4）在实际油藏气水交替驱开发过程中，建议适当增大第一轮注气段塞的大小并在气窜临界点转注水，可有效提高 CO_2的利用率并改善驱油效果。

参 考 文 献

[1] 史成恩，万晓龙，赵继勇等．鄂尔多斯盆地超低渗透油层开发特征[J]．成都理工大学学报(自然科学版)，2007.34(5)：538-542.

[2] 蔡玥，赵乐，肖淑萍等．基于恒速压汞的特低—超低渗透储层孔隙结构特征——以鄂尔多斯盆地富县探区长 3 油层组为例[J]．油气地质与采收率.2013.20(1)：32-35.

[3] 秦积舜，韩海水，刘晓蕾．美国 CO_2驱油技术应用及启示[J]．石油勘探与开发.2015.42(2)：209-215

[4] 罗二辉，胡永乐，李保利等．中国油气田注 CO2 提高采收率实践[J]．特种油气藏.2013，20(2)：1-7，42.

[5] 赵福麟.EOR 原理[M]．东营：石油大学出版社.2001：155-161.

[6] 谷丽冰，李治平，欧瑾．利用二氧化碳提高原油采收率研究进展[J]．中国矿业.2007.16(10)：66-69.

[7] 张继芬，赵明国，刘中春．提高石油采收率基础[M]．北京：石油工业出版社，1992：110-112.

[8] 杜朝锋，武平仓，邵创国等．长庆油田特低渗透油藏二氧化碳驱提高采收率室内评价[J]．油气地质与采收率.2010，17(4)：63-64，76.

[9] 付美龙，叶成，熊帆等．茨 31 块 CO2 驱参数优化与方案设计[J]．钻采工艺.2011，34(1)：56-58.

[10] 白索，宋考平，杨二龙等.CO2 驱水气交替注入参数正交试验设计参数[J]．特种油气藏.2011.18(1)：105-108.

[11] 张俊，周自武，工伟胜等．葡北油田气水交替驱提高采收率矿场试验研究[J]．石油勘探与开发.2004.31(6)：85-88.

[12] Chengyao Song，Daoyong Yang. Optimization of CO2 Flooding Schemes for unlocking Resources from Tight Oil Formations[J] SPE 162549，2012.1-5.

[13] 尚宝兵，廖新维，卢宁等.CO_2驱水气交替注采参数优化—以安塞油田王窑区块长 6 油藏为例[J]．油气地质与采收率.2014，21(3)：70-72.

提高海上稠油热采全过程注汽质量技术研究及应用

张 华 王秋霞 周法元 韩晓冬 刘 昊 韩玉贵 王弘宇

(中海石油(中国)有限公司天津分公司)

摘 要 渤海稠油油田埋藏深、斜深大，先导试验区蒸汽吞吐井的井底干度低，是影响海上稠油热采经济效益的关键因素之一。为提高渤海稠油水平井蒸汽吞吐初期井底干度值，利用井筒热力模型，研究分析不同注汽管柱模式对井底干度的影响，并开展吞吐初期前置降压及高干度水处理工艺技术配套研究，形成一体化全过程高干度注汽技术。研究表明：优化注汽管柱结构可降低热损失 18~21%，前置 0.2PV 化学降黏剂可降低井口注汽压力 10-15%，提高水处理指标锅炉出口干度可由 80%提高为 95%，部分研究成果在旅大 27-2 先导试验区开展试验应用，该研究可为海上稠油规模化蒸汽吞吐经济高效开发提供技术指导。

关键词 海上稠油；全过程；蒸汽质量；注汽管柱结构；化学辅助降压；高干度水处理

引言

稠油热力开采是目前国内外应用最普遍最有效的开发技术。渤海油田目前发现了二十多个稠油油田，稠油储量占已发现总储量的 62%以上，稠油在渤海海域的储量发现及产能建设占据着极为重要的地位。2008 年开始，海上稠油油田在南堡 35-2、旅大 27-2 油田建立了多元热流体和蒸汽吞吐先导试验区，截止到 2018 年 10 月热采井累计实施 33 井次，累产油 70.4 万方，取得了较好的开发效果。但由于海上油田埋藏深、水体环境下热量损失大，注蒸汽后井底干度未达到油藏设计要求。根据现场测试结果表明，在井深 1000m 处干度为 0.41，经计算得出注汽管柱出口处(2102m)干度降为 0.05，2200m 处无蒸汽干度，井底注汽质量得不到保证。这说明井筒注汽管柱热损失大，隔热井段的隔热性能直接影响着注汽热采的开发效果，因此选择合适的井筒注汽管柱类型，降低注汽井筒热损失，提高井底蒸汽干度是确保稠油热采开发效益的关键。因此，通过井筒传热数学计算模型，模拟不同注汽参数、隔热等级、接箍处理情况和隔热管尺寸等对井底蒸汽质量的影响，来找出影响注汽效果的关键因素，同时，开展蒸汽吞吐前置化学降黏剂辅助降低井口注汽压力以及高干度锅炉水处理配套工艺研究，提升注汽系统整体干度，提高热利用率，为海上稠油规模化经济有效开发提供技术指导。

1 计算模型建立

1.1 计算原理

在两相流理论和能量守恒，动量守恒的基础上，建立注汽井汽液两相流动的数学模型，利用数值解方法编制成计算模型，利用该模型计算不同注汽参数、不同隔热油管条件下的注汽井筒的热力参数的变化。

1.2 模型建立

依据目标井第二轮注汽过程中的注汽管柱结构和注入参数来建立典型井筒热力参数计算模型。目标井垂深 1270m，完井井深 2430m，水深 24m，其中技术套管尺寸材质为 TP110H 的 $9^5/_8$ 套管，下深 2123m，水泥环厚度为 66.65mm。

2 隔热油管对井底蒸汽干度的影响

隔热管的隔热性能直接影响着注汽热采的开发效果，而隔热油管的视导热系数 λ 是表明隔热性能的主要技术参数。高真空隔热油管的隔热等级按其内管为 350℃时的视导热系数分为 A、B、C、D、E 五个等级(见表 1)。

目前海上应用的隔热油管属于内连接直连型隔热油管，在接箍处无法放置隔热衬套，导致油套环空中存在局部高温点，导致管柱热损失较大。而另一种外连接隔热油管在接箍上填充了聚四氟乙烯密封圈，管柱之间可设置隔热衬套。在隔热油管正常工作时，既能保证管柱间的可靠密封，又能保证疏松蒸汽的层流状态，减少蒸汽输

【作者简介】张华(1984-)，男，2007 年毕业于长江大学，现工作于中海石油(中国)有限公司天津分公司，高级工程师，主要从事海上稠油热采工艺技术研究与实践。E-mail：zhanghua24@ cnooc. com. cn。

送阻力和接箍处的热量损失。

表 1　隔热性能等级分类表

隔热性能等级	视导热系数 λ W/(m・℃)
A	0.06≤λ<0.08
B	0.04≤λ<0.06
C	0.02≤λ<0.04
D	0.006≤λ<0.02
E	0.002≤λ<0.006

2.1　隔热等级和隔热接箍的影响

为了比较不同接箍处理方式对井底蒸汽质量的影响，应用注汽井筒热力参数计算模型进行了系统的数值模拟。

计算条件：井口蒸汽干度 0.82，注汽压力 15MPa，注汽速度 9t/h。注汽管柱尺寸为 $4^1/_2$×$3^1/_2$ 隔热油管，隔热等级分为五个：A 级 0.07W/(m・℃)，B 级 0.05W/(m・℃)，C 级 0.03W/(m・℃)，D 级 0.01W/(m・℃)，E 级 0.01W/(m・℃)。接箍处理情况按是否隔热分为不带隔热衬套和带隔热衬套两种。计算结果见图 1 和图 2 所示。

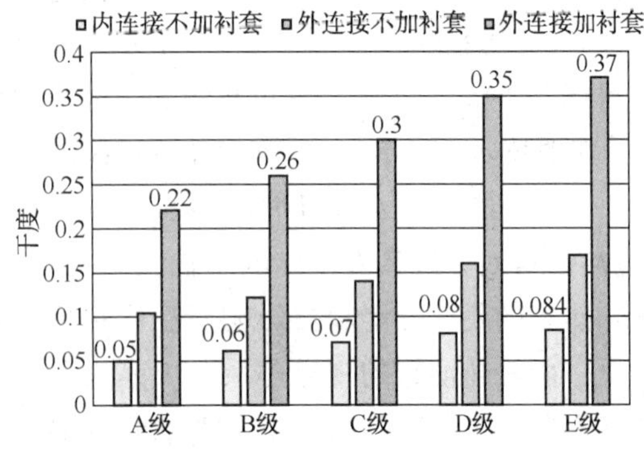

图 1　隔热等级和接箍情况对井底蒸汽干度的影响

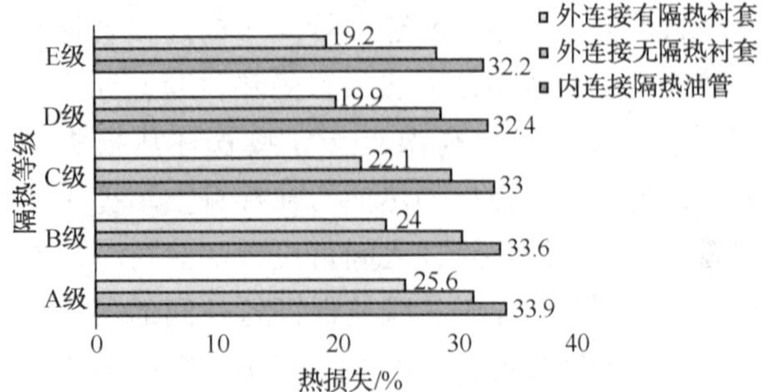

图 2　隔热等级和接箍情况对井底热热损失的影响

对图 1 和图 2 计算结果进行分析可知，采用内连接无隔热衬套油管井底蒸汽干度在 0.05~0.084 之间，采用带隔热效果的隔热油管井底蒸汽干度可以达到 0.22~0.37，提高了 3.4 倍。在采用内连接隔热管(接箍不隔热)的情况下，隔热等级对井底蒸汽干度影响不大，每相邻两个等级隔热管之间干度相差 1%，热损失相差 0.2%~0.6%之间；在有隔热接箍的情况下，隔热管等级的提升对井底蒸汽干度和热损失的影响变大：相邻隔热等级间相差 4%左右，从 A 级到 E 级可以增加 15%的干度，热损失降低 6.4%。

2.2　隔热油管尺寸的影响

热采目标区块热采井为了防止注汽压力偏高，尽量减少井筒沿程磨阻，选用了 $4^1/_2$×$3^1/_2$ 隔热油管。该类尺寸油管内外管夹层厚度只有 5.75mm，而 $4^1/_2$×$2^7/_8$ 隔热油管夹层厚度为 13.75mm，是前者的 2.4 倍。由于在注汽井结构一定的情况下，隔热油管的导热系数和注汽温度对热损失的影响最大。

计算条件：井口注汽干度 0.82，注汽压力 15MPa，注汽速度 9t/h，注汽管柱选择内连接 $4^1/_2$×$3^1/_2$隔热油管、内连接 $4^1/_2$×$2^7/_8$隔热油管和外连接 $4^1/_2$×$2^7/_8$隔热油管(有衬套)三种。计算结果见图 3 和表 2。

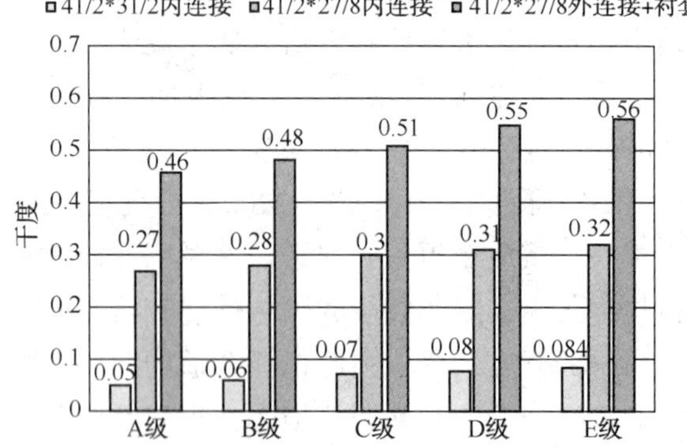

图 3　隔热管柱尺寸对井底蒸汽干度的影响

对图 3 计算结果进行分析可知，将 $4^1/_2$×$3^1/_2$隔热油管换成 $4^1/_2$×$2^7/_8$隔热管，井底蒸汽出口处干度可以提高 4~5.8 倍，若增加隔热衬套可以再提高 36%左右，此时蒸汽出口处蒸汽干度可以达到 46%以上。从表 2 中计算的热损失和蒸汽焓值可以看出，改用 $4^1/_2$×$2^7/_8$外连接带衬套的隔热管热损失可以降低 18%~21%，井口所需注汽量降低 21%~26%，因此管柱尺寸结构是对井底参数影响最大的因素。

表 2　不同尺寸隔热油管对井底热力参数影响(2102m 处)

	$4^1/_2\times3^1/_2$内连接					$4^1/_2\times2^7/_8$内连接					$4^1/_2\times2^7/_8$内外连接(有衬套)				
	A 级	B 级	C 级	D 级	E 级	A 级	B 级	C 级	D 级	E 级	A 级	B 级	C 级	D 级	E 级
压力 MPa	13.5	13.5	13.6	13.6	13.6	13	13	13	13	13	13	13	12.9	12.9	12.9
温度/℃	333.8	334	334.3	334.5	334.6	330.9	330.9	330.9	330.9	330.9	330.6	330.5	330.4	330.2	330.1
干度	0.05	0.06	0.07	0.08	0.084	0.27	0.28	0.3	0.31	0.32	0.46	0.48	0.51	0.55	0.56
热损失/%	33.9	33.6	33	32.4	32.2	24.5	23.9	23.2	22.5	22.3	15.86	14.54	13.06	11.46	10.93
热焓值/(kJ/kg)	1609	1616	1630	1645	1650	1838	1853	1870	1887	1892	2048	2080	2116	2155	2168

2.3　隔热油管最优方案推荐

减小内管内径虽然可以减少井筒沿程热损失，提高井底干度，但是内径减少会增加流体的摩擦阻力，同一口油井，井底蒸汽压力一定的情况下，井口注入速度、干度不变，由 $4^1/_2\times3^1/_2$ 隔热油管换为 $4^1/_2\times2^7/_8$ 隔热油管所需井口压力会增加。为了研究更换为 $4^1/_2\times2^7/_8$ 隔热油管后井口压力的增加值，利用汽井筒热力参数计算模型计算了不同井口注汽速度、不同注汽压力和注汽干度下 $4^1/_2\times3^1/_2$ 隔热油管井底蒸汽压力；然后定井底注汽压力，试算 $4^1/_2\times2^7/_8$ 隔热油管井口所需注汽压力，计算结果见表 3。

表 3　$4^1/_2\times3^1/_2$隔热管改为 $4^1/_2\times2^7/_8$隔热管井口压力计算结果

注汽速度	井口干度：0.9						井口干度：0.8					
	$3^1/_2$	$2^7/_8$	$3^1/_2$	$2^7/_8$	$3^1/_2$	$2^7/_8$	$3^1/_2$	$2^7/_8$	$3^1/_2$	$2^7/_8$	$3^1/_2$	$2^7/_8$
9.5t/h	15	15.8	16	16.5	17	17.2	15	15.6	16	16.2	17	17
10.5t/h	15	16.1	16	16.8	17	17.6	15	15.9	16	16.6	17	17.3
11.5t/h	15	16.3	16	17.1	17	17.9	15	16.2	16	16.9	17	17.6
12.5t/h	15	16.6	16	17.3	17	18.1	15	16.4	16	17.1	17	17.8

从表 3 计算结果分析可知，改用小内径隔热油管后井口所需注汽压力有所增加。井口干度 0.9、注速 12.5t/h、压力 15MPa 时压力增加值最大，增加了 1.6MPa，说明井口干度、注速越高、压力越低，改用小内径管柱井口所需压力增加值越大。而井口干度 0.8，注汽速度 9.5t/h，压力为 17MPa 时，井口所需压力值不变，这是由于低速、高压、低干度时，井筒越深，蒸汽干度减少越快，到了井筒中下段基本变为热水，流体形态发生变化，液柱压力和摩擦阻力也会发生不同于气液两相流动的复杂变化，井口所需压力不变或者降低都有可能。因此，改用 $4^1/_2\times2^7/_8$ 隔热油管对于海上稠油热采开发来说增加的压力风险性不大，速度提到最大 12.5t/h 时，井口压力最高只有 17.8MPa，可以满足方案设计要求。

3　隔热管柱适用性分析

基于现场的实际井况，针对不同的注汽管柱结构、管材、预应力参数等，开展隔热油管的受力分析，进行强度校核，以现场注汽安全为前提，明确注汽管柱的适应性。

3.1　隔热管柱受力分析

隔热油管由内管、外管和隔热材料夹层组成，其内管的热应力远远大于对应材料的屈服强度，隔热油管加工时对内管施加一定的预应力来抵消高温时的部分热应力，确保管柱的强度安全。隔热油管的组装结构受力变形如示意图 4，将内管预伸长到一定的设计长度，然后与外管焊接到一起。焊接工况时，内管处于受拉状态，外管处于受压状态。在常温工况上起注汽管柱时，隔热管受到一定的拉力，内外管通过一定的分配关系共同分担外拉力。而高温注汽工况变形如图 5。

在注汽时内外管的温度都有不同程度的提高。而且内、外管存在较大的温差，内管的热胀变形远大于外管的热胀变形，由于焊接到一起，内管的变形得不到释放，导致内管热胀受压，外管受拉。井底的隔热管受到一定压力载荷，井底的内管是薄弱环节。因此，热应力是导致隔热油管损坏的重要因素之一。为确保高温注汽安全，加工时进行预应力处理，而胀率是体现隔热油管预应力大小的关键参数。在常温工况时，胀率大，预应力大；胀率小，预应力小。在注汽工况时，预应力抵消了部分热应力，胀率大，应力小；胀率小，应力大。在给定外力的条件下，胀率确定了内、外管之间的内力关系。

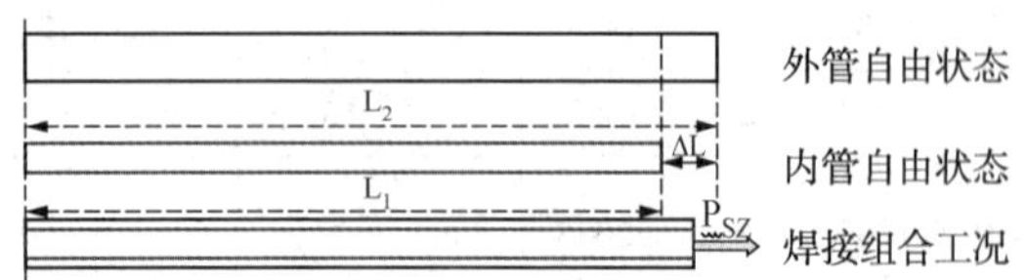

图 4　隔热管的组装结构受力变形

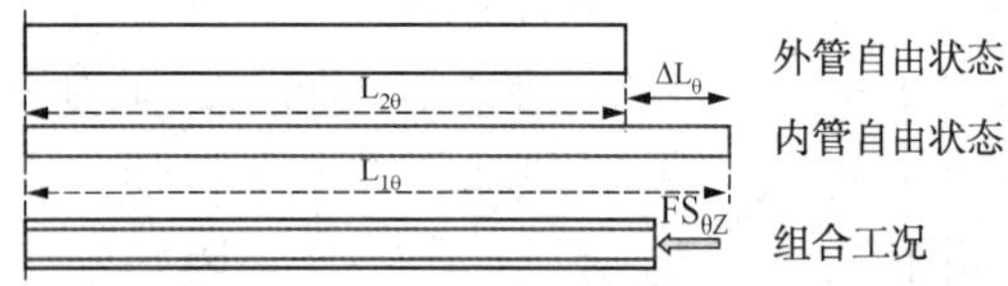

图 5　高温组装结构受力变形

3.2　隔热管柱强度校核

针对具体工况对 $4^1/_2\times2^7/_8$隔热管柱开展力学分析，基于第三强度理论，设计胀率，进行管柱的强度校核，明确 $4^1/_2\times2^7/_8$隔热油管受力的适应性。

第三强度理论：$\sigma_{np3} = \sigma_1 - \sigma_3 \leqslant [\sigma]$ $\sigma_{np3} = \sigma_1 - \sigma_3 \leqslant [\sigma] = \sigma_s$ σ_s/n

n 为安全系数，设计时胜利油田通常取 n=1.568。

① 胀率设计：

作业受拉的情况下，胀率越大，内管的拉应力越大，隔热油管的抗拉受限。因此，作业工况，井口内管为薄弱环节，一定要控制最大胀率。基于第三强度理论设计最大胀率 K_{max}。注汽工况时，井底内管受压，胀率越大，能够抵消的热应力越大，井底的内管越安全。因此，注汽时，必须控制最小胀率，确保井底内管的安全。基于第三强度理论设计最小胀率 K_{min}。

注汽工况时，井底内管受压，胀率越大，能够抵消的热应力越大，井底的内管越安全。因此，注汽时，必须控制最小胀率，确保井底内管的安全。基于第三强度理论设计最小胀率 K_{min} K_{min}。

统筹考虑作业与注汽工况，确定隔热管柱的设计胀率：$K_{min} < K < K_{max}$ $K_{min} < K < K_{max}$。

通常情况下，考虑到加工的要求，控制胀率 $K < 1.5‰$ $K < 1.5‰$。

② 强度校核：管柱任一点的三向折算应力：$\sigma_{np3} \leqslant [\sigma]$ $\sigma_{np3} \leqslant [\sigma]$

基于强度理论设计胀率，胀率满足设计要求，管柱的内外管的强度就满足工况条件。如果胀率不能满足设计要求，管柱的安全性就得不到保障，必须考虑更换高等级管材材质等措施，满足现场的需求。

③ 注汽工况：井底抗内压：

$$[P_i] \leqslant ([\sigma] + \sigma_3) \times \frac{2\delta}{d_1}$$

井底抗外挤：

$$[P_j] \leqslant 0.75 \times [\sigma] \times \left(\frac{2.503}{d/\delta} - 0.046\right)$$

应用以上理论基础进行管柱受力计算，分析了 P110 钢材的 $4^1/_2\times2^7/_8$隔热管柱对强度的影响见表 4。

表 4　$4^1/_2\times2^7/_8$-P110 外管连接隔热注汽管柱强度校核

材质	最大胀率/‰	最小胀率/‰	设计胀率/‰	作业工况内管允许最大垂深/m	注汽工况基面允许最大垂深/m	注汽工况井底内管抗内压/MPa	安全系数/n	注汽工况允许抗外挤/MPa
P110	2.80	0.98	1.0	4231	1453	20.4	1.568	34.26
P110	2.80	0.98	1.2	4081	1725	23.2	1.568	34.26
P110	2.80	0.98	1.5	3564	1964	25.7	1.568	34.26

从表 4 计算数据分析，P110 钢级的 $4^1/_2\times2^7/_8$隔热注汽管柱，其安全系数为 1.568 时胀率控制范围为 1.0‰≤胀率≤1.5‰，胀率满足设计要求，且注汽工况基面允许最大垂深在 1453～1964m，而 A22H 井垂深为 1315m，小于注汽工况基面允许最大垂深，能够满足作业和注汽工况的要求。

4　化学辅助前置降压实验评价

为了提高渤海底水稠油油藏水平井蒸汽吞吐注汽质量，开展化学辅助增效作用机理、室内实验评价。实验方法建立参照行业标准《SY/T 7549-2000 原油黏温曲线的确定-旋转黏度计法》。《SY/T 6315-2006 稠油油藏高温相对渗透率及驱油效率的测定方法》。

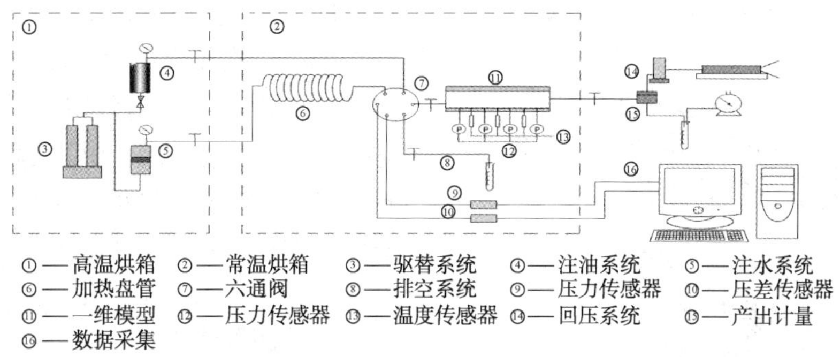

图 6　高温高压一维驱替实验流程图

4.1　实验设计

为全面评价不同降黏剂对降压的效果，开展前置静态、高温及动态实验评价。

表 5　前置降黏工艺研究实验设计

序号	实验内容	实验参数	降黏剂样品
1	前置降黏剂静态评价实验	温度：50℃、200℃	8 种
2	前置降黏剂高温评价实验	实验温度：50℃、200℃	8 种
3	前置降黏剂动态评价实验	注入量：0.1PV、0.15PV、0.2PV	筛选后

4.2　前置降黏剂筛选与评价

按照方案设计要求开展降黏率测试实验，得出 BH-JN29、BH-JN30、BH-JN31 的降黏率均在 80%以上，其中 BH-JN30 降黏率达 87.84%，降黏后黏度为 425mPa·s。

耐温性方面，经过 300℃，24 小时的老化实验后，测得 BH-JN29、BH-JN30 的降黏率依然在 80%以上，耐温性和稳定性较好。

表 6　油溶性降黏剂降黏率实验结果(老化前)

样品名称	浓度	配比	温度	黏度	降黏率
空白	—	油：剂	℃	mPa·s	%
原油	—	—	50	3495	—
BH-JN29	纯品	9：1	50	630	81.97
BH-JN30	纯品	9：1	50	425	87.84
BH-JN31	纯品	9：1	50	550	84.26
BH-JN32	纯品	9：1	50	935	73.25

表 7　油溶性降黏剂降黏率实验结果(老化后)

样品名称	浓度	配比	温度	黏度	降黏率
空白	—	油：剂	℃	mPa·s	%
原油	—	—	50	3495	—
BH-JN29	纯品	9：1	50	462	86.78
BH-JN30	纯品	9：1	50	382	89.07

4.3　前置降黏剂对注汽压力的影响

采用注降黏剂后再蒸汽驱的方式，对比前后蒸汽驱压力，得出注入 BH-JN30 降黏剂后，注汽压力均有明显下降，其中降黏剂注入量 = 0.2PV 可以降低注汽压力达 20.93%。

表 8　前置降黏剂注入前后注汽压力对比结果

驱替方式	降黏剂注入量	注入压力	降低幅度
蒸汽驱	—	0.86	—
降黏剂+蒸汽驱	0.2PV = 5.08	0.68	20.93

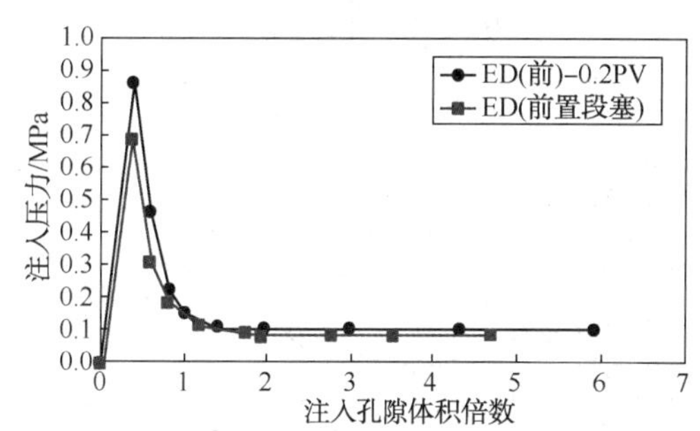

图 7　前置降黏剂注入量 0.2PV 注汽压力变化

5　提高锅炉出口干度技术研究

海上平台空间狭小，地面注汽配套设备固化于平台以后，后期的改造空间小，而且，海上稠油油田埋藏深，注汽压力高，使用汽水分离器也难以满足井口高干度蒸汽质量要求，因此，在平台建造初期应该高标准来配套地面装备，一方面在不影响热效率的前提下将陆地常用的卧式锅炉尺寸空间进行优化压缩，另一方面提高陆地常用的锅炉水处理指标，使锅炉具备产生高干度蒸汽甚至是过热蒸汽的能力。

5.1　井口干度与井底干度相关性

计算结果表明：井底干度和井口干度存在明显的正向关系，并且不同注汽速度下井底干度的差值均井口干度的差值基本一致，如图 8 所示。

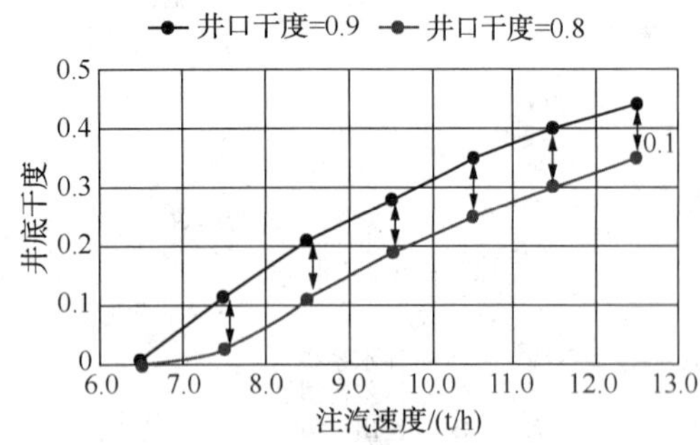

图 8　不同注汽速度下井底干度变化曲线

5.2　水处理指标对出口干度的影响

采取《SY/T 0027-2014 稠油注汽系统设计规范》中常规注汽锅炉给水及水处理指标，锅炉出口干度小于或等于 80%，干度难以提升，采用《GB/T 12145-2016 火力发电机组及蒸汽动力设备水汽质量》中的水质指标，锅炉出口干度可达 90-95%以上，出口井底蒸汽干度值提升明显。

表 9　不同水处理指标参数对比情况表

水处理指标	SY/T 0027-2014	GB/T 12145-2016
溶解氧/(mg/L)	≤0.05	≤0.007
总硬度(以 $CaCO^3$ 计)/(mg/L)	≤0.1	≈0
总铁/(mg/L)	≤0.05	≤0.005
二氧化硅/(mg/L)	≤50	≤10
悬浮物/(mg/L)	≤2	—
总碱度/(mg/L)	≤2000	—
油和脂/(mg/L)	≤2	≤0.1
矿化度/(mg/L)	≤7000	—
pH 值	7.5-11	9.0~9.5
电导率/(uS/cm)	—	≤0.1
联氨/(μg/L)	—	30

常规水质流程方案一般采用反渗透膜+树脂交换的方案，但由于树脂交换需要频繁加盐(每周加入 300kg 的 KCl)且排放大量废水，平台难以处理，该方式处理完的水中仍会含有一定的钙镁离子，水质指标难以提高。

为提高水质标准，方案采取多级反渗透+EDI 的模式，通过海水淡水水处理制出的水质量标准高，接近纯水，锅炉出口干度可提高到 95%，且清炉时间延长，利于蒸汽设备长期运行，有效防止炉管结垢风险。

6　总结

海上热采井注汽时需尽量有效地提高井底注汽干度，减少热损失并提高注汽质量。通过研究：

(1) 将现场应用的 $4^1/_2\times3^1/_2$ 内连-直连型隔热油管优化为带隔热接箍的外连型 $4^1/_2\times2^7/_8$ 隔热油管，井底蒸汽干度可提高 5.7~8.2 倍，热损失降低 18%~21%，井口所需注汽量降低 21%~26%，可大幅度提高注汽质量，该技术已在旅大 27-2A23H 第三轮注热现场开展试验。

(2) 前置注入 0.2PV 化学降黏剂可降低井口注汽压力 10%~15%，相当于提高井底蒸汽干度 5%~10%，提高井底注汽质量作用显著。

(3) 通过采用高干度锅炉水处理工艺配套技术，地面锅炉出口干度可由 80%提高到 95%，井底干度值将进一步提升。

参考文献

[1] 周守为．海上油田高效开发技术探索与实践[J]．中国工程科学，2009，11(10)：55-60.

[2] 李敬松，杨兵，张贤松，等．稠油油藏水平井复合吞吐开采技术研究[J]．油气藏评价与开发，2014，4(4)：42-46.

[3] 李敬松，姜杰，朱国金，等．稠油水平井多元热流体驱影响因素敏感性研究[J]．特种油气藏，2014，21(5)：103-108.

[4] 刘敏，高孝田，邹剑，等．海上特稠油热采 SAGD 技术方案设计[J]．石油钻采工艺，2013(4)：94-96.

[5] 张华，刘昊，刘义刚等。多元热流体吞吐初期井间窜流复合防治[J]．石油钻采工艺，2017，39(4)：495-498.

[6] 薛婷，檀朝东，孙永涛．多元热流体注入井筒的热力计算[J]．石油钻采工艺，2012，34(5)：61-64.

[7] 薛世峰，王海静．水平井均匀注汽工艺研究及软件开发[J]．石油矿场机械，2009，38(1)：38-41.

[8] 刘同敬，雷占祥．稠油油藏注蒸汽井筒配汽数学模型研究[J]．西南石油学报，2007，29(5)：60-61.

[9] 李洪，陈森，周伟，黄勇．稠油热采隔热油管技术适应性分析．石油化工应用．2014，33(3)：17-18.

[10] 王弥康．隔热油管的隔热性能．石油机械，1992，20(2)：38-40.

[11] 曹喜承，王忠华，刘晓燕．真空隔热油管传热性能研究．节能技术，2010，28(5)：419-421.

[12] 潘耀庆，朱进礼，张晓辉．预应力隔热油管．科技论坛．2013，5：47-48

[13] 周赵川，王辉，戴向辉，等．海上采油井筒温度计算及隔热管柱优化设计．石油机械．2014，42(4)：43-48.

特高含水油藏剩余油再聚集规律研究

王丽霞　吴媛媛　李　玲

（中国石化胜利油田分公司胜利采油厂）

摘　要　胜坨油田历经50年的开发，目前已进入特高含水开发后期，采出程度39.4%，综合含水96.5%，剩余油整体呈现“普遍分布、局部富集”的特点。近年来，在近废弃的特高含水、特高采出程度单元完钻的多口新井显示顶部剩余油重新富集，运用精细油藏数值模拟和油藏工程等方法，从静、动态方面开展剩余油再聚集影响因素分析，系统总结该类油藏剩余油再富集规律和模式，对进一步提升老油田开发水平具有重要的指导意义。

关键词　剩余油再聚集；影响因素；运移速度；富集模式；采收率

1　剩余油二次富集机理研究

油气二次运移是在储集层里油气再聚集的过程。原油由孔隙经过孔喉时主要受以下几个力的作用，包括驱替压力、重力分异地层方向分量、黏滞力、孔隙弯液面毛管力和孔喉弯液面毛管力，其中驱替压力和重力分异地层方向分量是动力，黏滞力和毛管力差异是阻力。当油滴受到的毛管力差异（贾敏效应）大于驱替的动力时，该油滴不能移动，形成残余油[1]。

1.1　重力分异作用

在成藏过程中，浮力[2]是油气运移的主要动力，但油气发生运移是在克服自身重力之后的，其机理也就是所说的重力分异，重力分异在成藏过程中起重要作用。在高含水开发阶段，随着油井关井停置，原油受油水密度差影响，逐渐开始重力分异，使得原油重新富集到油藏高部位（图1）。

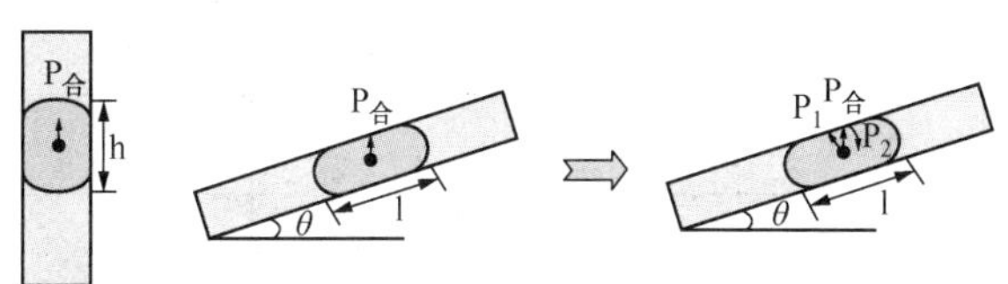

$P_{合}=P_{浮}-P_{重}=\rho_{水}gL_{油}-\rho_{油}gL_{油}=\Delta\rho gL_{油}$

图1　重力分异作用剩余油二次富集示意图

通过数值模拟研究表明，竖直方向上的重力分异梯度大约在0.00147MPa/m，而沿着地层方向上的重力分异梯度大约在0.0002MPa/m（图2），这说明，竖直方向上重力分异梯度略小于油水井间驱替压力梯度，沿地层方向上重力分异梯度约为驱替压力梯度的1/6-1/10。

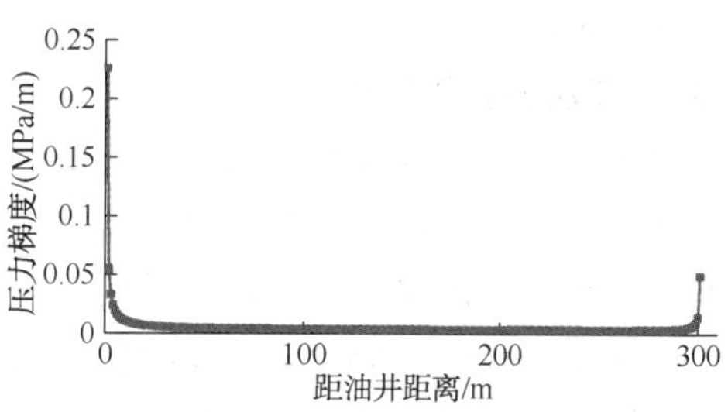

图2　调整油水井间压力梯度变化

1.2　长期边水驱作用

在边水驱过程中，由于原油的重力分异、地层中存在的压力梯度，低部位原油运动过程中由于油水界面张力作用，使油滴聚集变大（图3）。

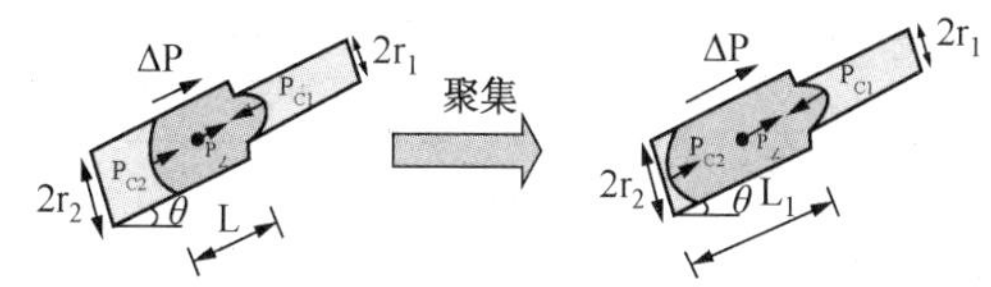

动力：$\Delta P+P_{\angle}=(\mathrm{grad}\rho+\Delta\rho g\bullet\sin\theta)\bullet(L+\Delta L)$　毛管力：$P_{C1}-P_{C2}=2\sigma(\frac{1}{r_1}-\frac{1}{r_2})$

图3　边水驱替作用下剩余油二次富集示意图

由于油滴变大可使动力变大，而毛管阻力不发生变化。在水驱过程中，剩余油的再聚集可使部分残余油克服贾敏效应发生流动。

室内实验研究亦表明，驱替压力梯度增加，参与渗流的孔隙体积增加，当驱替压力梯度增加

【作者简介】王丽霞，女，高级工程师，2009年毕业于中国石油大学（华东）油气田开发工程专业，现从事油气藏开发工作。

到 0.025MPa/m 时，参与流动孔隙半径由 34μm 减小到 15μm。增大驱替压力梯度后，参与渗流的孔隙体积增加，更多小孔隙原油被驱出，驱油效率提高(图 4)。

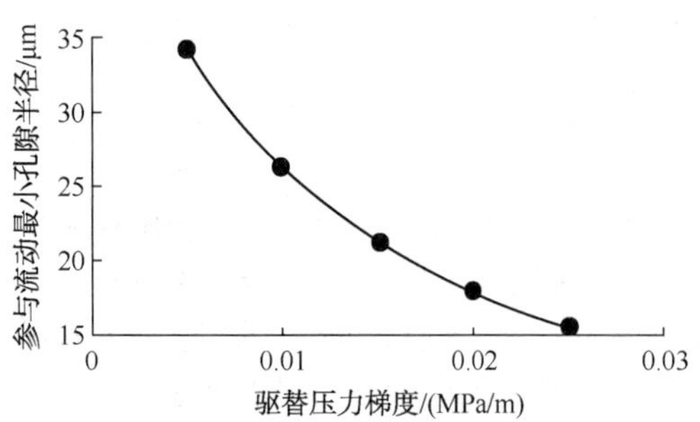

图 4 参与流动孔隙半径与驱替压力梯度曲线

一方面，长期边水驱替可以提高驱替压差，使更小的孔隙参与渗流，进而扩大了孔隙波及系数，形成二次富集；另一方面，油水密度差形成的重力分异作用，关停井阶段可以使原油重新运移富集到油藏高部位。

2 剩余油二次富集影响因素

通过建立典型油藏数值模拟概念模型，从油藏静态和动态参数入手，静态参数主要包括油水密度差、油水黏度比和构造倾角等因素，动态参数主要包括停产时间、驱替压力梯度和注水方式等因素，研究不同影响因素对剩余油二次富集的影响大小和程度[3]。

2.1 典型概念模型建立

本次研究所采用的数模模型以宁海油田坨 62-89 块为基础建立，建立底注顶采大井距概念模型。模型共划分为 101×31×8 = 25048 个网格，网格步长为 10m，注采井距 1000m，构造倾角 7.7°，模型主要参数取自实际模型(表 1)。

表 1 模型主要参数表

项 目	参 数	参数值(平均值)
岩石物性	渗透率×10^{-3} μm^2	1500
	孔隙度%	30
	岩石压缩系数 1/MPa	8.19×10^{-4}
地层水物性	黏度 mPa·s	0.5
	压缩系数 1/MPa	5.0×10^{-4}
原油物性	地面密度 g/cm^3	0.85
	地下黏度 mPa·s	2.45
	原始体积系数	1.12
	压缩系数 1/MPa	8.4×10^{-5}
其他参数	顶面深度 m	2100
	有效厚度 m	8
	初始含油饱和度	0.69
	饱和压力 MPa	12.1

2.2 静态影响因素分析

静态参数主要包括油水密度差、油水黏度比和构造倾角等因素。坨 62-89 块 3 口水平井均具有油藏相对封闭、原油黏度小、密度低、地层倾角较大的特点(表 2)。

表 2 坨 62-89 块新井油藏静态参数对比表

井 号	生产层位	渗透率	含油面积	油层厚度	地质储量	地面原油密度	地面原油黏度	地下原油黏度	地层倾角
		mD	km^2	m	10^4t	g/cm^3	mPa·s	mPa·s	度
T62P1	沙二 6^1	1203	0.46	6.4	37.8	0.866	14.81	2	4.6
T62P2	沙二 6^2	1242	0.43	4.5	24.7	0.883	26.14	3.4	4.0
T62P3	沙二 6^3	1518	0.31	4.6	29.2	0.89	26.82	3.5	5.6

(1) 原油黏度影响

原油黏度的大小主要影响了水油流度比，流度比是指驱替相流度与被驱替相的流度比值，水驱油的流度比定义为：

$$M=\frac{\lambda_w}{\lambda_o}=\frac{K_w/\mu_w}{K_o/\mu_o}=\frac{K_w}{K_o}\cdot\frac{\mu_o}{\mu_w}$$

式中 M——流度比；

λ_o、λ_w——油、水流度，μm^2/(mPa·s)；

K_o、K_w——油、水相渗透率，μm^2；

μ_o、μ_w——油、水黏度，mPa·s。

油水黏度比越小，开发效果越好。当油水黏度比<50(地层原油黏度<20mPa·s)，开发效果差异明显。随着油水黏度比的增大，顶部重新聚集相同规模的剩余油所需要的时间更长(图 5)。

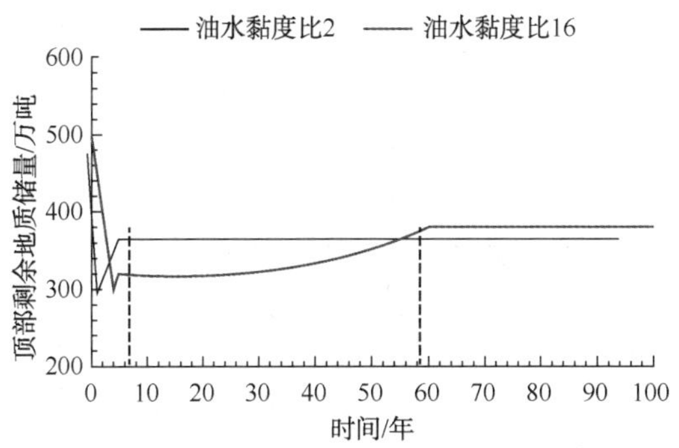

图5 油水黏度比对剩余油二次富集速度影响图

(2) 地层倾角影响

对于具有一定构造倾角的油藏，往往容易富集剩余油。对于注水开发油田，在某一流速下，随着倾角的增加，向上倾方向驱油的注水动态就会得到改善，但是向下倾方向驱油效果将变差，应用 Leverett 方程表示[4]：

$$f_w = \frac{\lambda_w}{\lambda_w + \lambda_o}\left(1 - \frac{\lambda_o A(\rho_w - \rho_o) g\sin\alpha}{q_t}\right)$$

图6 地层倾角示意图

从上式可以看出，对含水 f_w 影响的参数很多，但是在同一油层内，含油饱和度相近的情况下，这些参数影响较小，对 f_w 的影响不大，$\sin\alpha$ 不仅有数量的变化，还有正负变化，所以对 f_w 影响较大。所以水向上驱油比向下驱油的 f_w 要低。

地层倾角越大，含油高度越大，剩余油潜力越大，顶部重新聚集相同规模的剩余油所需要的时间更短(图7~图9)。

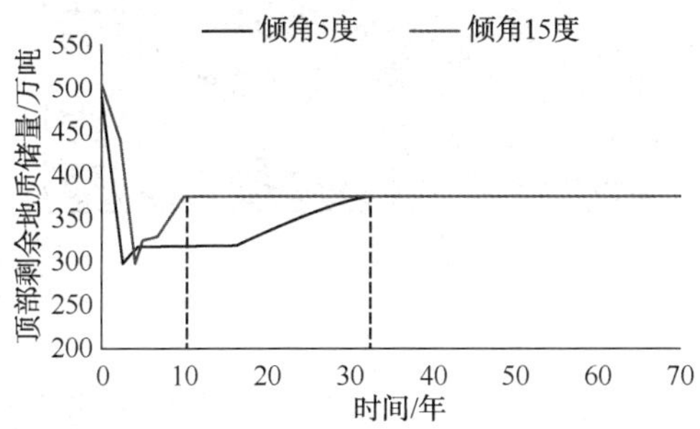

图7 地层倾角对剩余油二次富集速度影响图

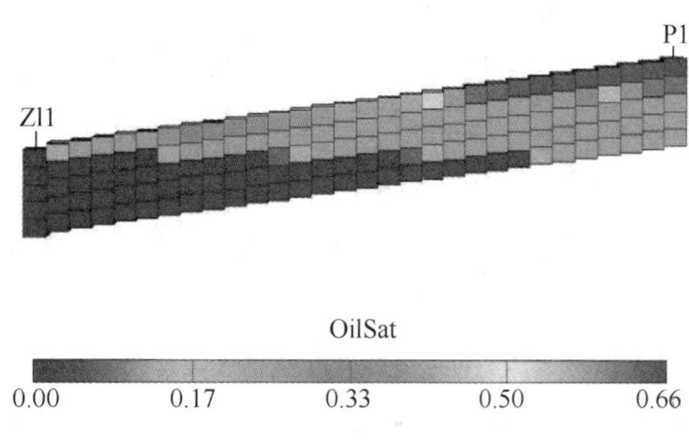

图8 地层倾角5°时剩余油饱和度剖面

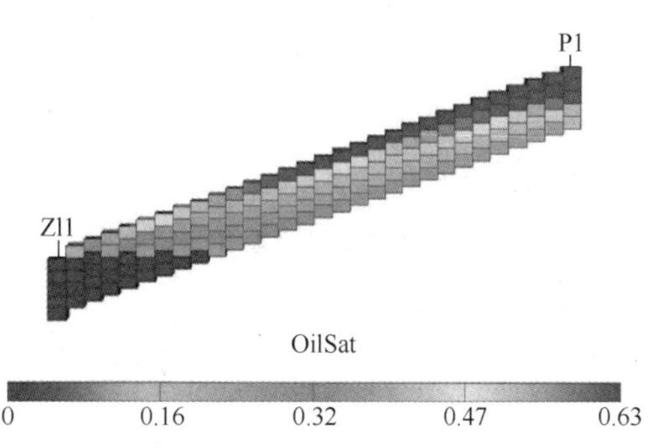

图9 地层倾角15°时剩余油饱和度剖面

(3) 油水密度差影响

一般情况下，水比油重，在密度差的作用下，会形成上油下水的油水两相共存区，但油水密度差所产生的重力分异作用只会在油层较厚，或者流速不大或者长时间静置的情况下，才会产生比较明显的油水重力分异作用，形成较大尺度上的“上油下水”的两相区。因此，在开发过程中，由于流速比较快加之厚度不大，油水密度差所产生的两相区差异比较小，因而对开发效果的影响比较小，进而对剩余油再聚集的影响程度比较小。随着油水密度比的增大，顶部重新聚集相同规模的剩余油所需要的时间相对更长一些(图10)。

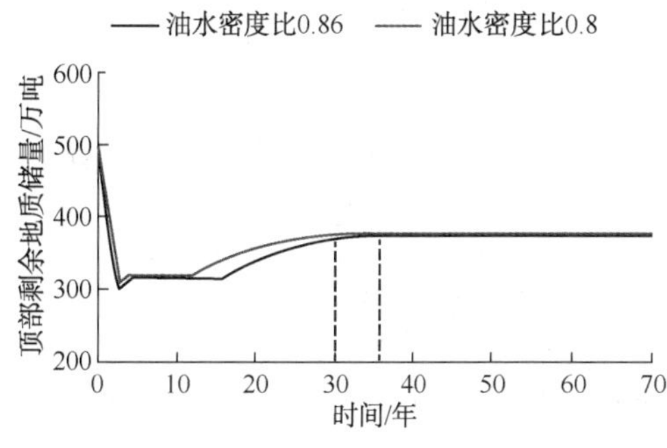

图10 油水密度比对剩余油二次富集速度影响图

研究表明，在具有一定边水能量的单斜构造油藏中，剩余油二次富集速度与地层倾角成正比，油水黏度比、油水密度比成反比。其中原油黏度影响程度最大，其次是地层倾角、原油密度。

2.3 动态影响因素分析

开发动态参数主要包括停产时间、驱替压力梯度和注水方式等因素。

（1）停产时间影响

从坨 62-89 块 3 口水平井所在层停产时间来看，T62P1 和 T62P2 井所在的沙二 6^1、6^2层，油井停产时间达到了 17 年，顶部投产新井含水低；T62P3 所在的沙二 6^3层，油井停产时间短，仅有 9 年，顶部投产新井含水高。停产时间越长，顶部剩余油再聚集规模越大。

表 3　新井开发动态参数对比表

井号	生产层位	运移时间/年	注水方式	注水井距/m
T62P1	沙二 6^1	17	边外注水	1100
T62P2	沙二 6^2	17	边外注水	1100
T62P3	沙二 6^3	9	边内注水	800

（2）驱替压力梯度影响

两相渗流理论可知，当不考虑毛管力时，油水两相的运动方程为：

$$Q_w = -\frac{kk_{rw}(S_w)}{\mu_w}\frac{\partial p}{\partial x}A(x)$$

$$Q_o = -\frac{kk_{ro}(S_w)}{\mu_o}\frac{\partial p}{\partial x}A(x) \quad Q = Q_w + Q_o$$

式中　Q_W——水相流量；

Q_O——油相流量；

Q——总流量；

μ_W——水相黏度；

μ_O——油相黏度；

$A(X)$——渗流截面积；

$\frac{\partial p}{\partial x}$——压力导数。

因此，驱替压力梯度 G_P可表示为：

$$G_p = -\frac{\partial p}{\partial x} = \frac{Q}{A(x)\left(\frac{kk_{rw}(S_w)}{\mu_w} + \frac{kk_{ro}(S_w)}{\mu_o}\right)}$$

可见，在开发过程中，驱替压力梯度主要受到注水强度、含水率及井距等因素的影响。随着驱替压力梯度的增大，参与渗流的孔隙体积增加，更多小孔隙原油被驱出，驱油效率提高。顶部重新聚集相同规模的剩余油所需要的时间也更短（图 11）。

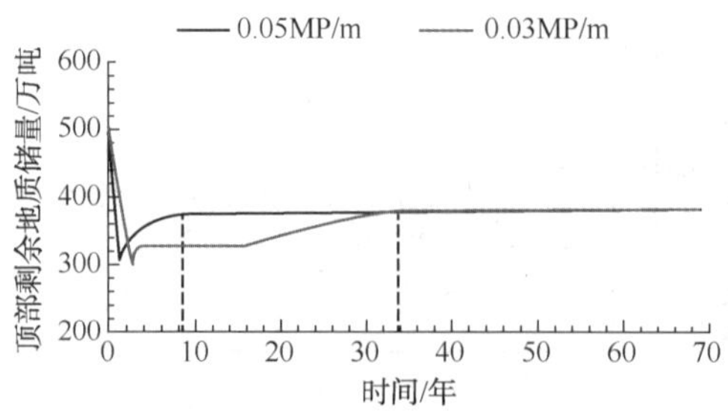

图 11　驱替压力梯度对剩余油二次富集速度影响图

（3）注水方式

边外注水水线推进均匀，水体中各向饱和度相同，渗流阻力小且各向均匀，油区中渗流阻力大，注入水优先在水体中扩散，强化能量形成人工边水均匀往油区中驱替[5]。

边内注水突进严重，会造成原油外溢，渗流阻力不均匀，主流线区域阻力优势造成沿主流线舌进逐渐加快；转边水驱后，原油部分被驱回油区（图 12）。

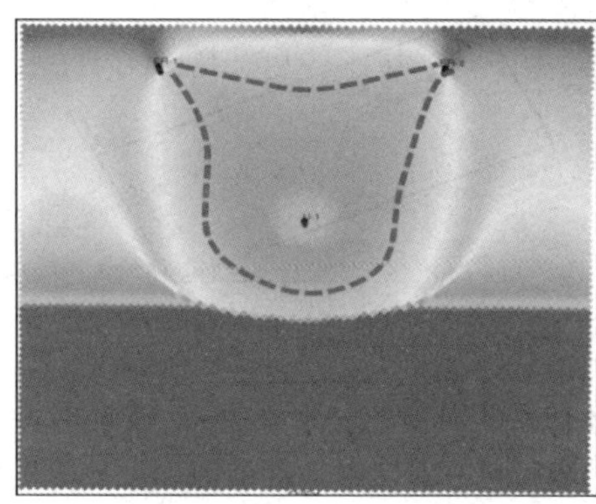

a边内注水

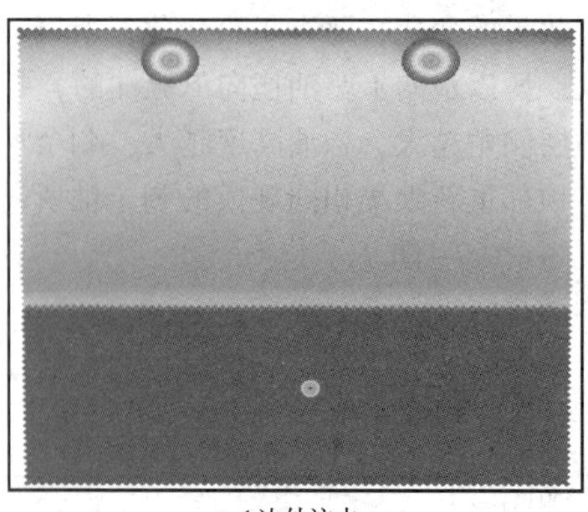

b边外注水

图 12　不同注水方式剩余油饱和度分布图

从动态参数来看，剩余油二次富集速度与油井停产时间、驱替压力梯度成正比，且边外注水方式驱替效果好于边内注水方式。

通过数模研究结合矿场实践得出剩余油二次富集的有利因素：具有一定的剩余物质基础，油藏相对封闭、原油黏度低、地层倾角大、停产时间长、长期边外注水。

3 剩余油二次富集运移时间

剩余油二次运移是抛物线式运移，包括垂向运移和侧向运移。根据达西渗流公式及贝克莱—列维尔特驱油理论可以推导出剩余油垂向和侧向运移速度公式。

3.1 垂向运移速度

垂向运移的动力主要来自浮力与重力的差值即重力分异作用[6]。

动力来自浮力与重力的差值：

$$\Delta p = (\rho_w - \rho_o) g h_o$$

垂向渗流速度：

$$v = \frac{V}{\phi} = \frac{K}{\phi \mu_o} \times \frac{\Delta p}{h_o}$$ 垂向运移时间为：

$$t_{sv} = \frac{\phi \mu_o h_o \tau}{K(\rho_w - \rho_o) g}$$

结果表明，垂向运移与原油黏度、孔隙度、运移距离成正比，与渗透率、油水密度差成反比。通过计算垂向运移的时间较短。

表 4 二次运移垂向运移时间表

储层垂向渗透率 / ($10^{-3}\mu m^2$)	砂岩的厚度		
	2m	6m	10m
160	0.09 年	0.29 年	0.46 年

胜坨低黏度的典型油藏取值：K：$1.6\mu m^2$，ϕ：26%，μ_0：1.5mPa·s，

(ρw-ρo)：0.26g/cm^3。

3.2 侧向运移速度

侧向运移动力主要来自浮力的侧向分量，因运移距离增大，运移所需的时间大幅度增加[6]。

动力为油气浮力的侧向分量：

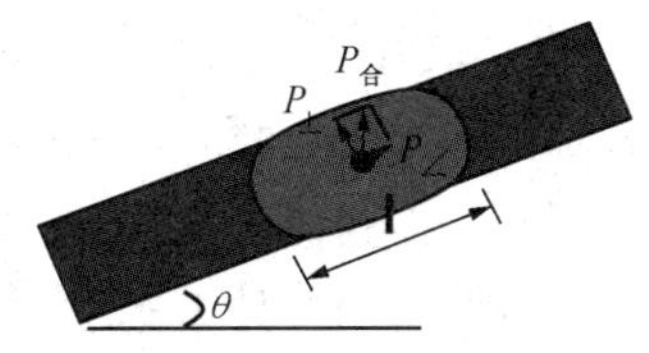

$$\Delta p = (\rho_w - \rho_o) g h_o$$

$$\Delta p_L = \Delta p sin\theta$$

渗流速度为：

$$v_L = \frac{K(\rho_w - \rho_o)\, g}{\phi \mu_o} \sin\theta$$

其中 L——运移距离，m；

K——渗透率，$10^{-3}\mu m^2$；

ϕ——孔隙度，%；

μ_0——原油黏度，mPa·s；

ρ_0——原油密度，g/cm^3；

ρ_w——地层水密度，g/cm^3；

θ——地层倾角，度；

τ——迂回度，取值 1.5；

当侧向运移水平距离为 L 时，运移所需的时间为：

$$t_{sL} = \frac{L\tau}{v_L \cos\theta} = \frac{\phi \mu_o L\tau}{K(\rho_w - \rho_o) g\sin\theta\cos\theta}$$

侧向运移时间与原油黏度、孔隙度、运移距离成正比，与渗透率、地层倾角、油水密度差成反比(表 5-表 7)。

根据胜坨油田稀油油藏参数(倾角 2~10 度，黏度 2~8mPa·s)测算，形成规模化的剩余油二次富集区，至少需要十几年到几十年。

表 5 不同原油黏度与运移时间的关系表(运移距离 300m)

地层倾角/度	运移时间			
	2mPa. s	3mPa. s	5mPa. s	8mPa. s
5	21 年	31.5 年	52.5 年	84 年

表 6 不同地层倾角与运移时间的关系表(运移距离 300m)

地下原油黏度/(mPa·s)	运移时间			
	10 度	7 度	5 度	2 度
2	10.6 年	15 年	21 年	52.2 年

表 7 不同运移距离与运移时间的关系表

参数	运移时间			
	100m	200	300m	500m
黏度：2mPa·s 地层倾角：5°	7 年	14 年	21 年	35 年

参数选值：渗透率为 $1.6\mu m^2$，孔隙度为 26%，油水密度差为 0.26g/cm^3。

3.3 富集规模

根据运移速度可以测算剩余油再聚集的规模。

例如坨 62-89 块沙二 6^1层，地质储量 37.82 万吨，累采油 21 万吨，采出程度 55.5%，剩余地质储量 16.82 万吨；1999 年 8 月，位于顶部的坨 62 井高含水(98.0%)改走后，61 层无井生

产，边外持续注水，从剩余油饱和度和地层压力变化图可以看出，剩余油发生二次运移，停产 17 年后，在高部位形成规模化富集剩余油(图 13~图 14)。

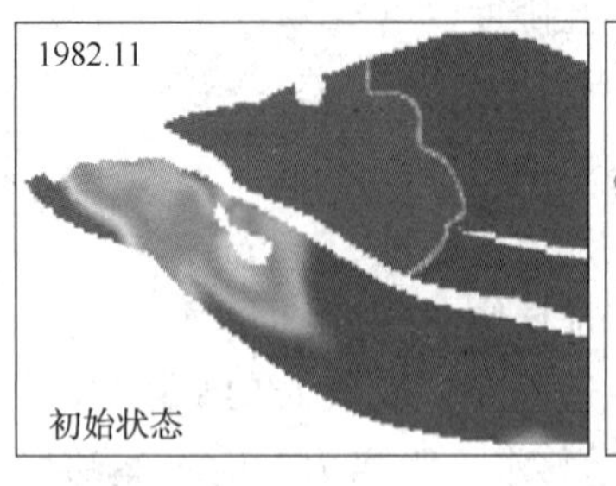

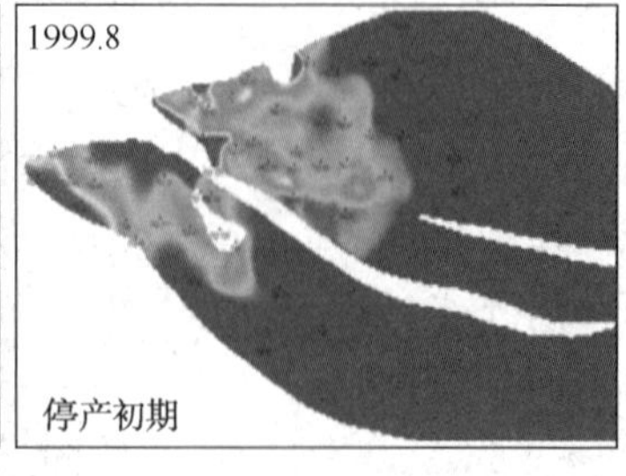

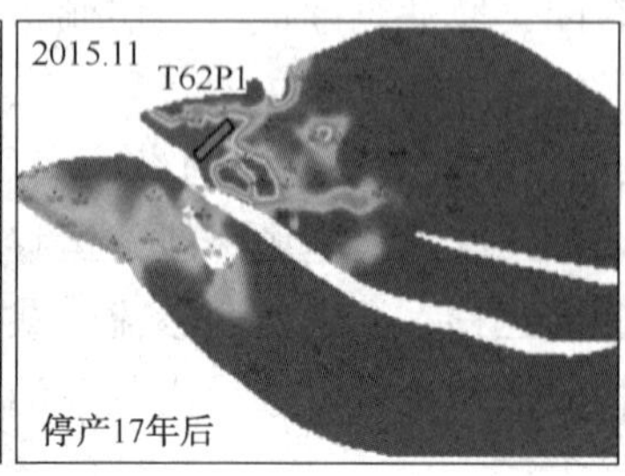

图 13　坨 62-89 沙二 6^1层剩余油饱和度变化图

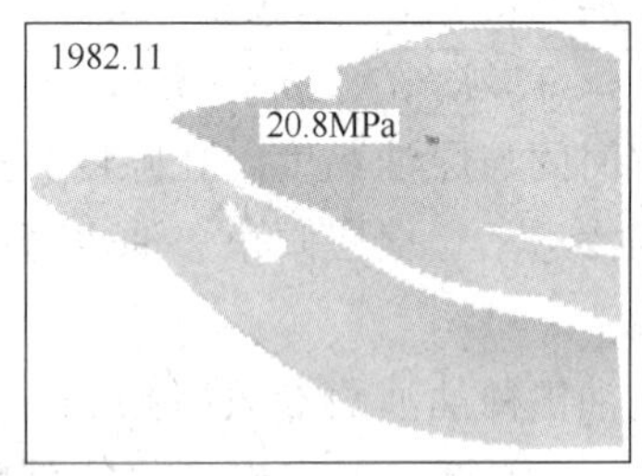

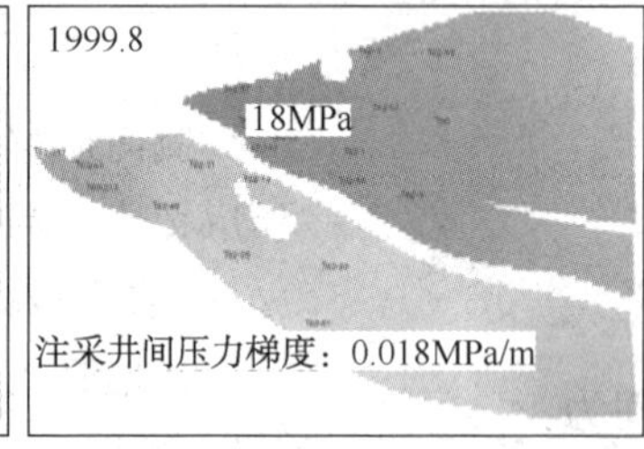

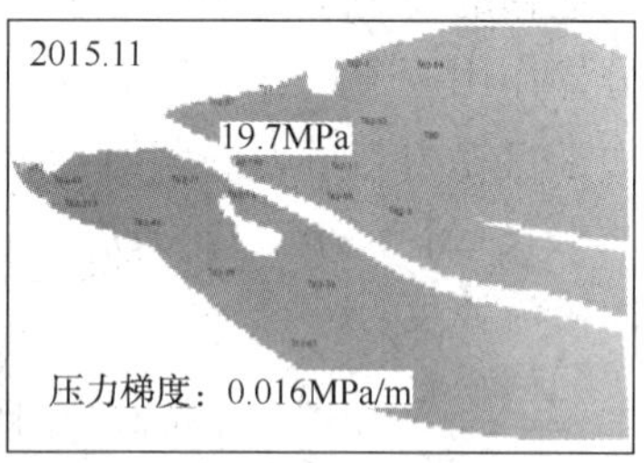

图 14　坨 62-89 沙二 6^1层地层压力变化图

测算剩余油运移 360m，井控剩余地质储量由 3.9 万吨增加至 8.5 万吨，投产的 T62P1 井，初期日产油 134t，不含水，目前日产液 54.6t，日产油 8.6t，含水 84.2%，已累积产油 1.2 万吨(表 8)。

表 8　二次运移规模测算

层位	地下原油黏度	地层倾角	采出程度	剩余地质储量	停产时间	运移距离	停产时井控剩余地质储量	运移后井控剩余地质储量
	mPa.s	度	%	10^4t	年	米	10^4t	10^4t
沙二 6^1	1.5	5.6	55.5	16.82	17	360	3.9	8.5

参数选值：渗透率 1.6μm^2，孔隙度 26%，地层原油黏度 1.5mPa·s，油水密度差 0.26g/cm^3。

4　剩余油二次富集模式

根据前期研究成果及矿场实践，具有一定的剩余物质基础，油藏相对封闭、原油黏度低、地层倾角大、停产时间长、长期边外注水越有利于剩余油再富集。根据油藏的形态(封闭、开启)和驱动力主导因素(人工注水开发、天然能量开发)可以分为四种剩余油富集模式：人工注水主导、封闭型富集模式，该类型油藏形态相对封闭，主要采取边外注水开发，动静态条件均有利于剩余油再聚集，典型单元主要有坨 62-89 块和二区沙二 11-15 单元；人工注水主导、开启型富集模式，该类型油藏形态开启，主要采取边外注水开发，典型单元有一区沙二 4-6 单元；天然能量主导、开启型富集模式，该类型油藏形态开启，边水能量活跃，主要依靠天然能量开发，典型单元有坨 90 块；天然能量主导、封闭型富集模式，该类型油藏形态相对封闭，边水能量活跃，主要依靠天然能量开发，典型单元有坨 107 块。

4.1　人工注水主导、封闭型—二区沙二 11-15 单元

二区沙二 11-15 单元，为一扇形构造油藏，油藏形态封闭，顶部断层夹角小于 90 度，采用人工边水驱开发。其中沙二 14 层地质储量 28×10^4t，渗透率 2.8μm^2，原油黏度 4mPa·s，地层倾角 2-5 度，顶部采出程度高达 69.6%，老井 ST3-9-192 井 2003 年 12 月上返，末期日产油 1.8t，含水 96%，累产油 2.6×10^4t。停产 10 年后也形成了剩余油二次富集区，投产新井 3-9X196 初期日产油 31t，含水仅 66%。测算该井区剩余油运移 75m，井控剩余地质储量由 1.9×10^4t 增加至 4.1×10^4t(图 15)。

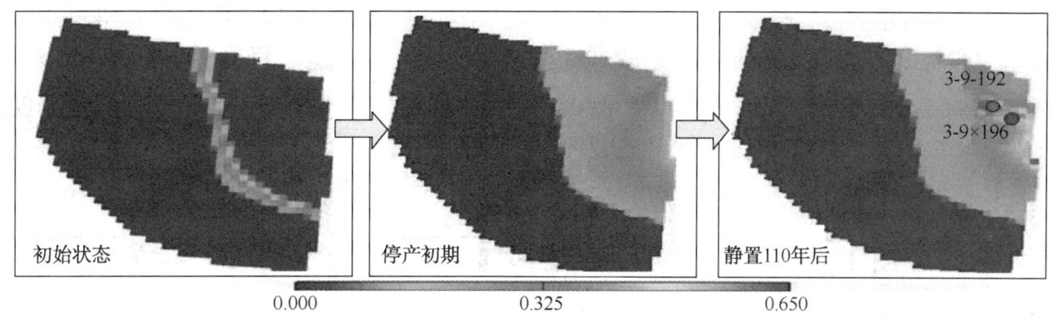

图 15　沙二 14 层剩余油饱和度变化图

4.2　人工注水主导、开启型——一区沙二 4-6 单元

一区沙二 4-6 为一三角洲相沉积中高渗、多层砂岩构造油藏。地质储量 1328 万吨，原油黏度 2.5mPa·s，纵向上分为 3 个砂组，19 个小层，四周低、中间高的背斜构造，顶部构造相对平缓而翼部较陡，倾角 4~6 度。是一个“双特高”单元，沙二 5^5层高部位的 ST1-0X86 井也发生了剩余油二次富集，该井 2004 年 1 月生产沙二 5^5层，2004 年 7 月含水上升到 94.0%后改层，13 年后重新生产沙二 5^5层，含水仅 81.2%，比之前下降了 12.8%。测算该井区剩余油运移 120 米。

表 9　二次运移规模测算表

层位	地下原油黏度	地层倾角	采出程度	剩余地质储量	停产时间	运移距离
	mPa·s	度	%	10^4t	年	米
沙二 5^5	2.5	5	63.2	4.0	7	120

4.3　天然能量主导、开启型—坨 90 块

坨 90 断块位于宁海油田西南部，是以一条北倾断层遮挡的长条形反向屋脊式油藏。油藏北高南低，北部被断层切割，东西南三面被边水包围，边水水体大，能量活跃。断块含油面积 1.32Km^2，地质储量 149.5×10^4t。2015 年 5 月单元油井因套损、高含水等原因均已停产，单元靠天然能量开发，含水 98.7%，采出程度 41.4%。为研究该区块剩余油再聚集情况，建立了精细三维地质模型和油藏数值模拟模型。数模结果显示局部区域油层顶部剩余油饱和度有所增加，重新聚集，受油藏形态影响主要在顶部呈条带状富集，例如沙二 1^2、2^2层顶部(图 16，图 17)。

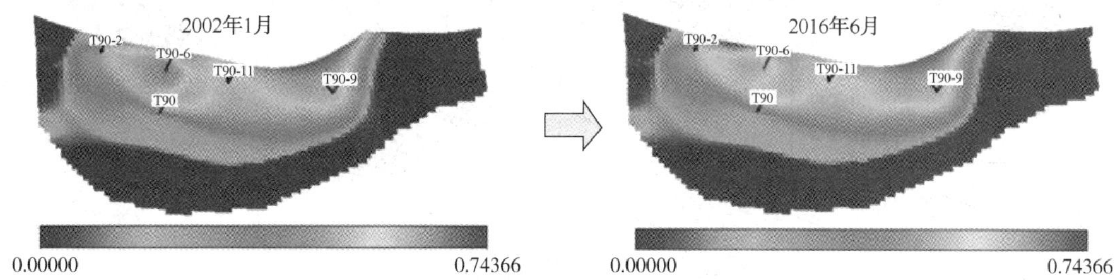

图 16　沙二 1^2层剩余油饱和度变化图

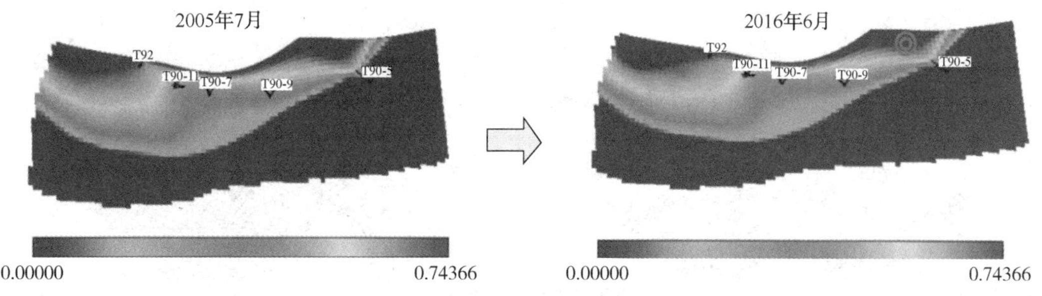

图 17　沙二 2^2层剩余油饱和度变化图

利用油藏工程方法测算，坨 90 块垂向运移时间为 0.24 年，侧向运移时间(运移水平距离 300 米)长达 56 年。例如主力 2^2层停产时间为 11 年，测算剩余油整体往构造高部位运移 107 米，停产时井控剩余地质储量为 1.3×10^4t，运移后为 2.8×10^4t。

4.4　天然能量主导、封闭型—坨 107 块

坨 107 块地质储量 119.5×10^4t，纵向上分为 7 个砂组，18 个小层，由南掉断层与北倾地层组合而成的反向屋脊断块油藏，渗透率 1.9μm^2，地下原油黏度 2.7mPa·s，地层倾角 5 度，边水活跃，依靠天然能量开发；采出程度 46.5%，含水 97.9%，具备剩余油再聚集的较好条件。

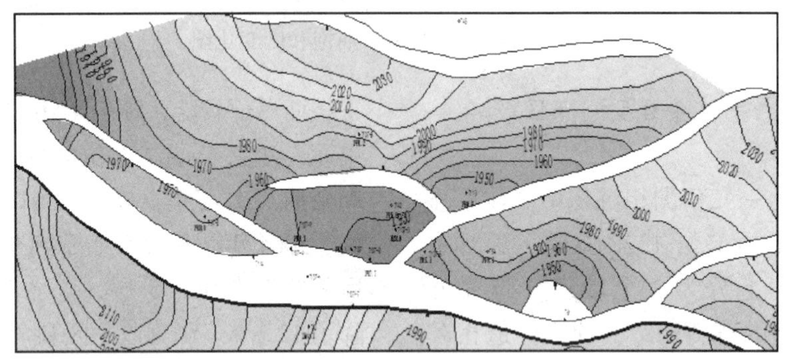

图 18　坨 107 块沙二 1^1层顶面构造图

5　现场应用效果

2017 年对坨 90 块实施调整，在剩余油相对富集区域部署新井 2 口(侧钻 1 口)。在沙二 4^2层部署新井 T90X203 井，该井于 2017 年 12 月 16 日投产，初期日产油 20.6t，含水 33%，目前日产油 5.5t，含水 61%，取得了较好的效果。

沙一 4^8层，老井 T90-6 井 1992 年 3 月至 1997 年 10 月生产沙一 4^8层，末期日液 160.5t，日油 3.6t，含水 97.78%，累计产油 2.18×10^4，井区采出程度 28.4%，20 年未动用，顶部剩余油再聚集，部署侧钻井 T90C6(图 20)，该井目前正钻。

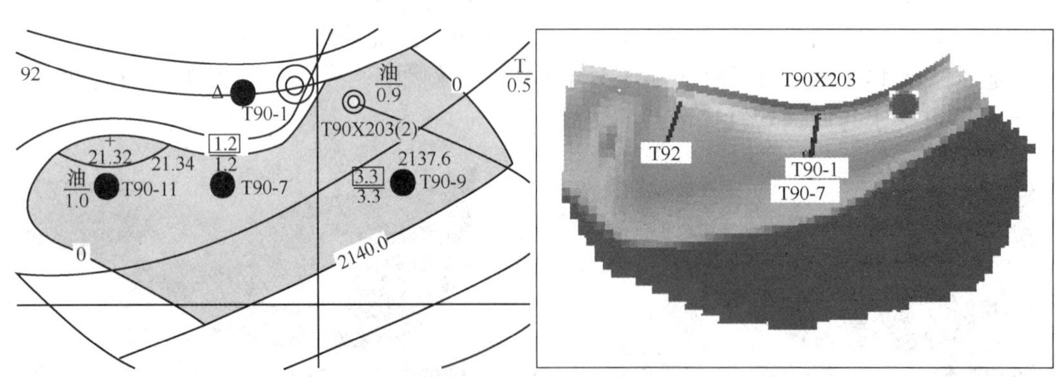

图 19　沙二 4^2层井网部署图

(左：小层平面图，右：剩余油饱和度图)

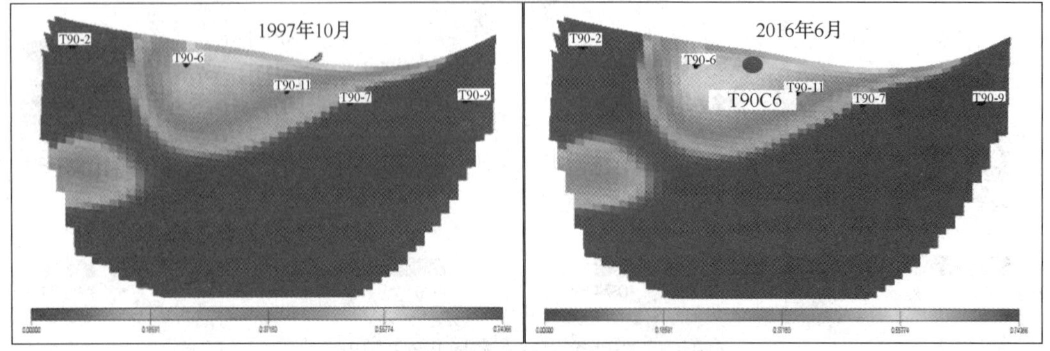

图 20　沙一 4^8层剩余油饱和度变化图

6　结论与认识

（1）油藏自身的条件是剩余油再聚集的内因，人工边水驱作为外因，可加快再聚集进程。

（2）原油黏度低、地层倾角大、渗透率高、停产时间长等是剩余油再聚集的有利要素。

参考文献

[1] 杨勇，胡罡，田选华．水驱油藏剩余油再富集成藏机理[J]．油气地质与采收率。

[2] 穆文志，宋考平，杨二龙．水驱油过程中浮力对油滴运移的影响[J]．中国石油大学学报。

[3] 李本轲．双河油田剩余油再富集区分布规律研究[J]．石油天然气学报。

[4] 李传亮．油藏工程原理基础[M]．石油工业出版社。

[5] 韩大匡．准确预测剩余油相对富集区提高油田注水采收率研究[J]．石油学报。

[6] 李传亮，龙武．油气运移时间的计算[J]．油气地质与采收率

渤海河流相高含水油田在线组合调驱技术创新及实践

王　楠　张云宝　李彦阅　黎　慧　夏　欢　代磊阳　薛宝庆

（中海石油（中国）有限公司天津分公司渤海石油研究院）

摘　要　渤海主力油田受原油黏度高、非均质严重、胶结疏松、强注强采等因素的影响，注水开发后易形成不同级别的窜逸孔道，低效无效水循环比例逐年上升，常规调剖/驱技术治理效果逐渐变差，同时受海上平台空间等限制，在一定程度上制约着调剖/驱技术规模化及整体化实施，成为制约油田控水稳油的突出问题。因此，针对上述问题，以油藏工程分析、物理模拟等为手段，创新形成了水流优势通道识别技术，研发了一套适用于海上油田注水井在线组合调驱体系及其小型化在线注入工艺，为渤海高含水油田规模化与整体化治理提供了新方法。现场试验表明，自 2014 年以来，在线组合调驱及其配套方法在秦皇岛 32-6、渤中 25-1 南等油田实施 12 井次，累计实现增油 9.34 万方，较好地改善开发效果，取得了显著的经济效益与社会效益。

关键词　海上油田；优势通道；乳液聚合物；干粉聚合物；非连续性调驱体系；在线注入

1　前言

渤海油田经过长期注水开发后，在生产油田综合含水已达到 83%，原油采出程度达到 17.5%，油田已经整体步入双高阶段，迫切需要有效的稳油控水技术改善注水开发效果。注水井调剖/调驱技术能有效改善层内、层间非均质性，改善水驱效果，达到延缓油层水淹速度和控制油井含水上升速度的目的[1-3]。截止到 2017 年年底，调剖/驱技术在绥中 36-1、秦皇岛 32-6 等 18 个油田应用 324 井次，实现累增油 149.3 万方，使得注水更加有效，大大改善了水驱开发效果。虽然海上油田的调剖/驱技术取得了长足的进步，但考虑到高含水油田注入水窜流前缘已至油藏深部，孔隙结构发生重要变化，区块平面发生多方向窜逸，并且受平台空间、作业环境及吊装能力等限制，在一定程度上制约着调剖/驱技术规模化实施[4-5]。因此亟需针对海上平台的特点及油藏变化特征，以水流优势通道识别技术研究成果为指导，重点开展在线调剖/驱体系研究，并设计既能够满足调剖/驱作业的实施要求，又能够尽量少的占用平台空间，同时还能够实现高度集成化、便于运输、在线注入等特点的注入工艺和设备。本文以油藏工程、物理化学、物理模拟等为手段，通过研究，研发了一套高效、实用的大水流优势通道识别技术方法，形成了低成本、可高效配注的在线组合调驱药剂体系及其注入工艺（图 1）。

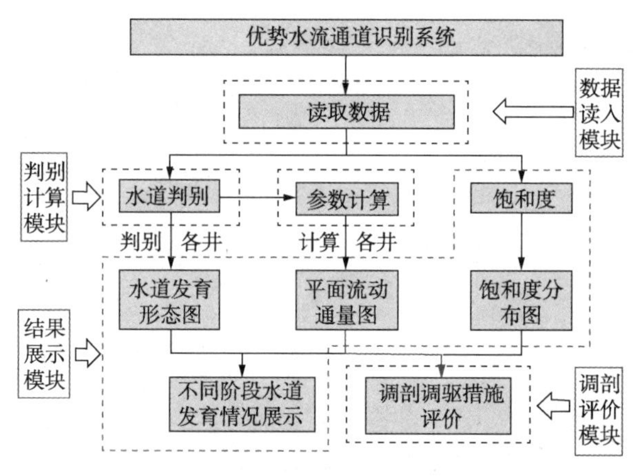

图 1　水流优势通道识别方法计算流程

2　在线调驱技术相关研究成果

2.1　水流优势通道识别技术

优势通道和水窜通道研究是调剖/驱技术实施的关键。国内外水驱油藏优势通道刻画相关研究已经开展了三十多年，期间经历了多次指导观念的转变[6-10]。研究过程中，由于油藏特点、基础资料、研究方法的局限性，目前很多研究进展不大。现有静态法窜流通道识别技术过于片面，

【作者简介】王楠（1987—），男，汉族，硕士，增产措施工程师，2014 年毕业于西南石油大学油气田开发工程专业，现从事调剖调驱工艺技术研究与应用工作。

而动态法只是一时之见，失之准确，因此本方法在充分利用油田的动态资料基础上，结合数值模拟方法提出了水流优势通道识别技术计算优势水流通道参数的方法，并编制了水流优势通道识别软件，描述水驱后孔吼变化特征，为缺乏生产测试资料时优势水流通道参数的计算提供一定依据。

2.1.1　技术原理

水流优势通道识别软件集判别和计算于一体，是一套综合性的优势水流通道识别系统。通过识别注采井间的水流优势通道，可以计算孔喉变化情况。

为了定量计算水流优势通道参数，需要建立开发动态指标与水流优势通道发育规模及发育强度的关系。油水井间若发育水流优势通道，油井的产液量及油水井注采压差会有明显响应。水流优势通道的发育规模越大，强度越大，油井的产液量会越大，对应的注采压差越小。

2.1.2　技术先进性

将此方法与示踪剂测试结果进行对比，分析海上油田5个井组进行分析，5个井组示踪监测结果、油藏动态分析及优势通道量化分析技术均证明部分受效井存在动态连通，水流优势通道识别与示踪剂定量对比结果如表1所示，符合率达到95%。

表1　两种方法解释结果对比

水井	对应油井	水窜通道渗透率突进系数	模型识别结论	示踪剂测试解释结论	结果对比
BZ19-4-B0l	B03H	560	存在高渗条带	存在高渗条带	符合
BZ19-4-B06a	B05	600	存在大孔道	发育大孔道	符合
	B22	1.5	不存在高渗条带	未发育大孔道	符合
	B24	2.3	不存在高渗条带	未发育大孔道	符合
PL19-3-C09ST1	C02ST2	650	存在大孔道	发行大孔道	符合
	C08ST1	800	存大大孔道	发育大孔道	符合
	C18ST1	300	存在高渗条带	存在高渗条带	符合
PL19-3-C12ST1	C04ST4	580	存在大孔道	发育大孔道	符合
	C17ST2	730	存盘大孔道	发育大孔道	符合
	C29	690	存往大孔道	发育大孔道	符合
	C05	8	不存在高渗条带	存在高渗条带	不符合
OHD32-6-D22	D19	595	存在大孔道	发育大孔道	符合
	122H	635	存在大孔道	发育高渗层	不符合
	136H	795	存在大孔道	发育大孔道	符合
	D26	235	存在高渗条带	发育高渗层	符合

2.2　在线组合调驱体系研究

基于优势通道及窜流通道识别与量化结果，需采取调剖及调驱体系实现窜流通道封堵及微观剩余油启动，由于海上油田采油平台空间小和常规调剖设备占地空间大的矛盾，常规聚合物溶解速度慢，无法匹配在线调剖设备，因此研究了能够快速溶解、黏度低，满足在线调驱设备要求的乳液聚合物体系、速溶干粉类聚合物及非连续性调驱体系，对相关性质进行了评价。

2.2.1　聚合物溶解性能室内实验

研究了乳液聚合物和干粉聚合物溶解性和黏浓关系，对比了两类聚合物性质。分别配制浓度为0.4%干粉聚合物和浓度1.5%的乳液聚合物。在室温条件下，匀速搅拌，每搅拌一定时间测量样品的黏度，直到黏度不再变化或变化很小，实验结果见图2、图3。

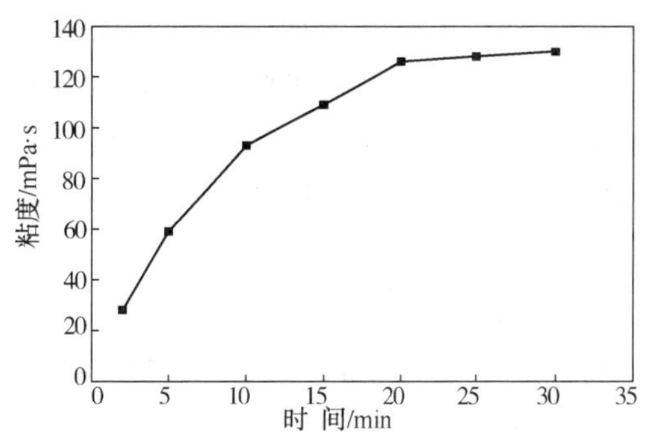

图2　乳液聚合物溶解性

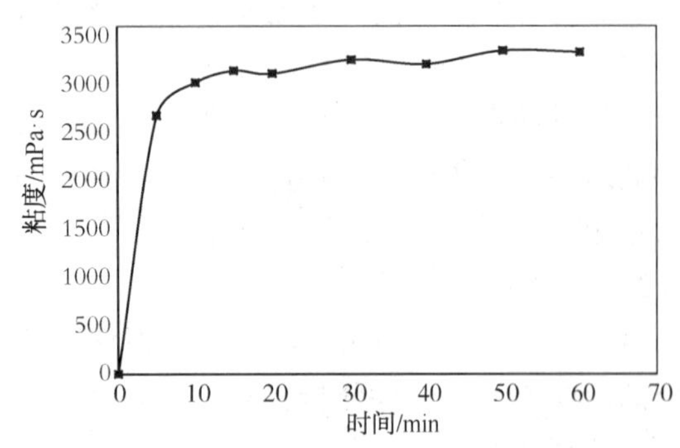

图 3　干粉聚合物溶解性

从上图可以看出，室温条件下，乳液聚合物溶解时间为 20min，干粉聚合物溶解时间为 10min，乳液聚合物及干粉聚合物溶解时间均比较迅速。

2.2.2　聚合物冻胶成胶情况分析

为了更好认识乳液聚合物及干粉聚合物的成胶性能，本文对乳液聚合物浓度，酚醛树脂交联剂浓度等关键因素进行了研究。

2.2.2.1　乳液聚合物冻胶成胶情况分析

固定酚醛树脂交联剂浓度为 0.5%，调整乳液聚合物浓度，实验结果见图 4。

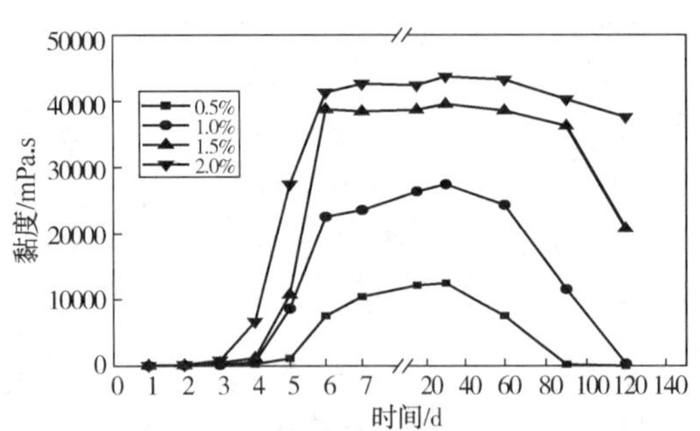

图 4　不同聚合物浓度冻胶成胶情况

从图中可以看出，随着聚合物浓度增加，冻胶体系成胶时间越来越短，成胶黏度越来越大。由于聚合物浓度增加，聚合物分子链上可交联的羧酸根基团数量增加，羧酸根基团交联密度增加，使得冻胶体系成胶时间减少，成胶强度增加。另外聚合物浓度低于 1.0%时，体系老化 120d 完全脱水，建议聚合物浓度高于 1.0%。

2.2.2.2　干粉聚合物冻胶成胶情况分析

影响干粉聚合物冻胶成胶因素有浓度、温度、矿化度等，本文对干粉聚合物浓度，铬交联剂浓度等关键因素进行了研究。

从图 5 可以看出，交联剂浓度在 600–1000mg/L，聚合物浓度在 800 ~ 1500mg/L 时，在 63℃恒温箱内放置 24h，交联体系黏度在 802 ~ 17800 mPa · s 之间具有很好的成胶性能。

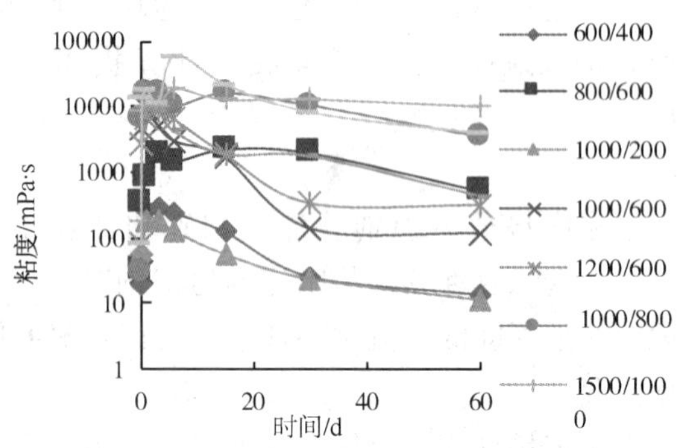

图 5　有机铬交联速溶聚合物在线调驱体系成胶性能

2.2.3　聚合物冻胶注入性及封堵性能实验

为了明确在线调驱体系的注入性及封堵性能，本部分分别开展乳液聚合物凝胶体系及干粉聚合物凝胶体系物理模拟实验。

2.2.3.1　乳液聚合物调驱体系

（1）注入性能

向渗透率为 500md 岩心中注入乳液聚合物体系，实验结果见图 6。

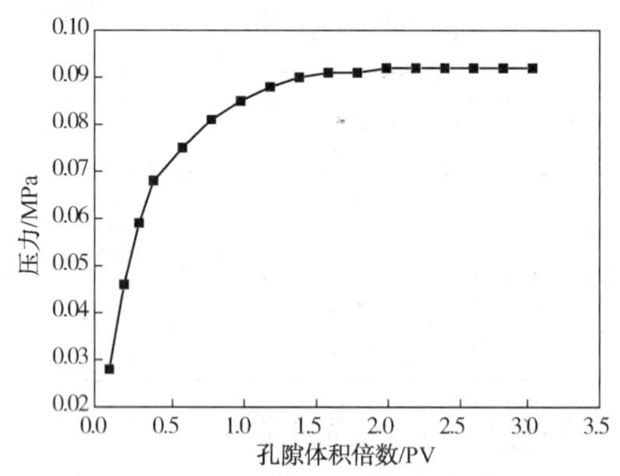

图 6　乳液聚合物体系注入性能

从上图可以看出，当水驱 1.5PV 后，注入压力平稳且处于较低水平，因此体系注入能力较好。

（2）封堵性能

在 70℃下向模型中注入 0.3 PV 乳液聚合物调驱体系，冻胶体系封堵情况见表 2。从表 2 可知，在不同渗透率条件下，冻胶体系对填砂管模型的封堵率均在 90% 以上，具有很强的封堵性能。

表 2　乳液聚合物体系封堵能力

堵前渗透率/mD	堵后渗透率/mD	封堵率/%	残余阻力系数
278	26.41	90.5	10.5
566	45.28	92	12.5
1032	51.6	95	20.0

2.2.3.2　速溶干粉聚合物调驱体系

（1）注入性能

在 QHD32-6 油藏条件下分别对典型的 3#、13#速溶聚合物的注入性能进行了研究，注入压力随注入 PV 数的变化关系曲线见图 8。

表 3　速溶聚合物岩心流动性实验结果

序号	体系编号	体系浓度/（mg/L）	油藏条件	有效渗透率/$10^{-3}\mu m^2$	黏度/mpa. s	阻力系数	残余阻力系数
3	3#	1200	QHD32-6	613.67	51.4	48	14
4	13#	·1200	QHD32-6	668.74	52.6	56	20.8

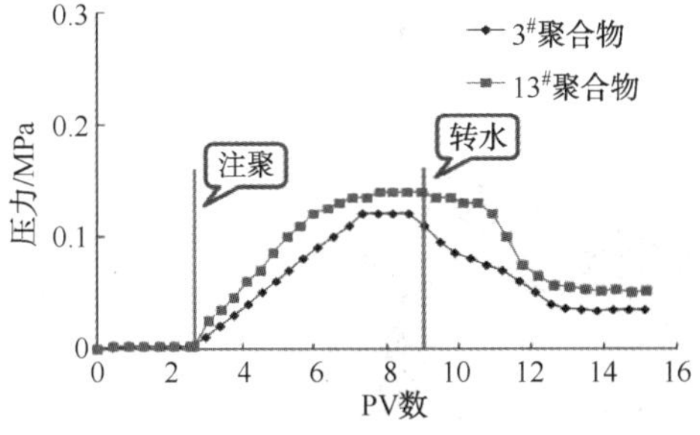

图 7　3#、13#速溶聚合物的注入压力曲线（QHD32-6 油藏条件）

由表 3 和图 7 知，在 QHD32-6 油藏条件下，两块岩心水驱平稳压力均为 0.0025MPa，后注入 3#和 13#聚合物，平稳压力分别为 0.12MPa、0.14MPa，注入性较好。

（2）封堵性能

速溶聚合物凝胶体系分别在 SZ36-1、QHD32-6 油藏条件下的流动性、封堵性实验结果见表 4。在不同油藏条件下，冻胶体系对填砂管模型的封堵率均在 90%以上，具有很强的封堵性能。

表 4　聚合物凝胶体系岩心流动性实验结果

序号	体系编号	体系浓度/（mg/L）	油藏条件	有效渗透率/$10^{-3}\mu m^2$	阻力系数	残余阻力系数	封堵率/%
1	3#	2000/2000	SZ36-1	672.39	68.3	23	94.6
2	13#	1750/1500	QHD32-6	619.13	96	27.7	95.2

2.2.4　非连续性调驱体系室内实验

2.2.4.1　非连续性调驱体系水化膨胀性评价与分析

将初始平均粒径在 300～600nm 左右的非连续性调驱体系放置在 55℃的地层水中浸泡，通过粒度仪对样品的尺寸测量，观察非连续性调驱体系的膨胀性能，并通过透射电镜观察不同水化时间下体系的微观形状，结果如图 8 所示。

通过粒度仪对样品的尺寸测量可以看出：初始平均粒径在 300～600nm 左右的非连续性调驱体系，水化 10～20 天后发生了明显的膨胀，平均粒径增大到 10μm 左右。由于粒径较小可以使其顺利的通过狭窄较小的孔喉，进入到地层深部，保持良好的注入性能。

由透射电镜照片可以看出，非连续性调驱体系初始为球状，随着时间的增长，非连续性调驱体系的水化程度明显的增大，表面的云雾状区域也有很大程度的扩大。水化 20 天后，非连续性调驱体系的核心严重地水化，在表面云状区域颜色也相对于初、中期要更加接近于核心部分，说明非连续性调驱体系已经充分的膨胀，形成比较柔软的溶胶。这样的形态有利于非连续性调驱体系在油藏深部变形和突破，实现逐级深部调驱。

2.2.4.2　非连续性调驱体系运移封堵性能评价

针对非连续相调驱体系开展物理模拟实验，分析非连续性调驱体系在在地层条件下的传质与运移封堵性能，岩心渗透率为 2000mD，注入时间为 3 天，注入浓度为 2000ppm，总量为 0.3PV，

实验过程中，在岩心上，从注入段到采出端分别优选出 3 个压力检测点，检测注入非连续性调驱体系过程中各个位置压力变化规律，实验结果如图 9，图 10 所示。

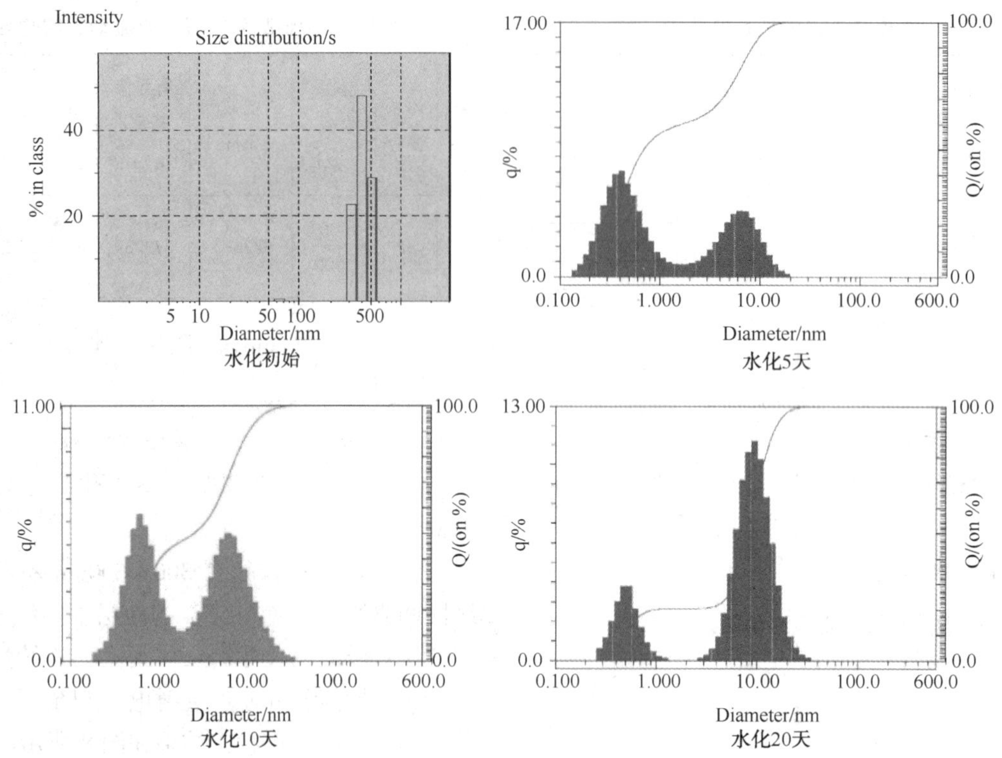

图 8　非连续性调驱体系粒度扫描结果

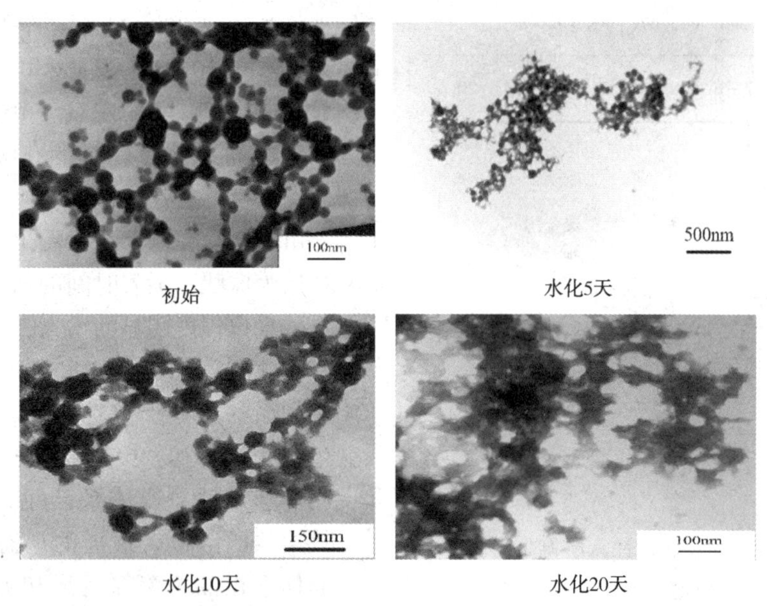

图 9　非连续性调驱体系不同水化时间下透射电镜照片

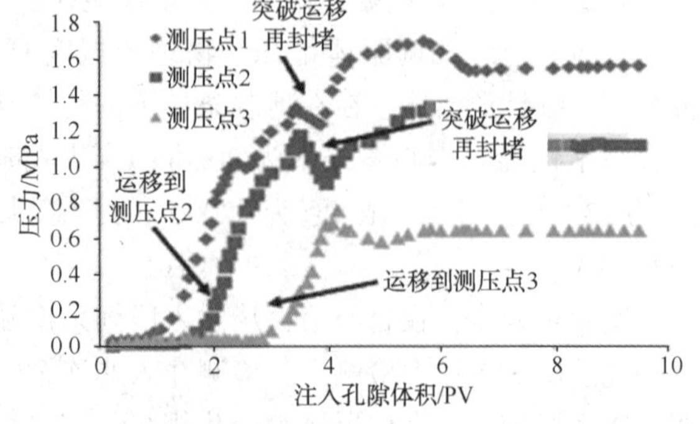

图 10　非连续性调驱体系注入过程压力变化曲线

由图可以看出：在注入初期，岩心的注入压力为0，随后监测点2、3压力开始升高，说明体系随着注入过程可以运移到油藏内部。随着非连续性调驱体系吸水膨胀后，开始出现吸附沉积。随后监测点1的压力逐步增加，说明在非连续性调驱体系膨胀吸水后，随着沉积和吸附作用的明显，体系前缘开始封堵；随着测压点3压力逐步增加后，检测点1的压力开始出现降落，说明此时非连续性调驱体系在在后续水冲刷的作用下，体系继续运移，开始形成下一轮吸附和桥架，虽然靠近注入端压力开始出现下降，但并未出现压力骤降现象，而是出现“脉冲式”降落。压力增长和压力降落均呈现一种“阶段”过程，符合微球体系“封堵-突破-运移-再封堵”的特点。

2.2.5　在线组合调驱体系驱油效果实验

采用高低渗透率分别为1500mD/500mD的岩心，分别开展非连续性调驱体系、在线凝胶堵剂及在线组合调驱体系(非连续性调驱体系与在线凝胶堵剂组合)驱油实验，各体系之间的增油效果如表5所示：

表5　在线技术增油效果实验数据

体系	低/高渗透率/mD	含油饱和度/%	水驱效率/%	剂驱效率/%	驱油效率增值/%
非连续性调驱体系	508/1589	76.4	30.7	47.4	16.7
非连续性调驱体系	524/1428	74.8	29.2	46.5	17.3
在线凝胶堵剂	613/1725	77.5	28.9	39.8	10.9
在线凝胶堵剂	575/1647	76.1	30.1	40.3	10.2
在线组合调驱体系	602/1810	76.5	29.9	62.4	32.5
在线组合调驱体系	589/1720	75.8	30.6	61.3	30.7

通过实验认为，在线组合调驱体系能够在运移过程中形成封堵压差，有效封堵大孔道，同时由于在线组合调驱体系能够实现深部封堵，驱替效率比凝胶堵剂高出6.4%。通过对比在线组合调驱技术与单一段塞调剖/驱技术可以看出，在线组合调驱技术通过两种体系协同作用，达到1+1>2效果，最终实现堵剂注得进、堵得住、深部液流转向的目的。

2.3　在线组合整体调驱工艺研究

通过体系研究与优化，形成了乳液聚合物、干粉聚合物等在线体系实现注采井间水窜通道封堵，采用非连续性调驱体系可实现优势通道深部剩余油启动，因此针对海上平台的特点，设计出了既能够满足调剖/驱作业的实施要求，又能够尽量少的占用平台空间，同时还能够高度集成化、便于运输、在线注入等特点的注入工艺和设备。

2.3.1　乳液在线注入工艺

乳液在线注入工艺的研发与应用，主要是基于常规调剖/驱所采用的聚合物干粉溶解熟化的时间大于40min，因此需要较大的设备完成调剖/驱体系的配置。采用乳液等液态类聚合物后，能够有效的缩短溶解熟化的时间，为乳液在线注入工艺的形成提供了强有力的保证。

2.3.1.1　注入工艺流程

该套注入工艺将溶解罐、高压计量泵等进行高度集成并撬装化，集溶解、注入为一体，形成多功能注入撬。首先，利用隔膜泵将液态类聚合物分别加入后集成撬的溶解罐中，同时通过加料漏斗将能够速溶的其他药剂加入罐体，与液态类聚合物混合，并不断搅拌，通过注入泵打入注水井注水流程中，从而实现连续在线的注入。根据调剖调驱的需要，通过增加多功能集成撬的数量，可以满足不同注入类型的药剂的注入，比如聚合物和交联剂的分开注入。典型注入工艺流程如图12所示。

图11　实际注入设备

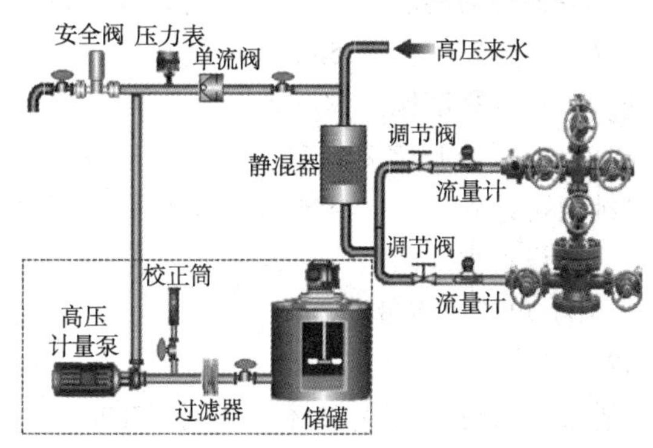

图12　乳液在线注入工艺流程

经过近几年来海上油田的实际应用，目前形

成的全部在线调驱设备，能够满足海上油田需要，适合交联体系、非连续性调驱体系等不同体系的注入，形成了“一撬一井”、“一撬多井”等注入工艺，施工人员只需要 4~5 人即可。

2.3.1.2　技术参数

（1）介质类型：乳液类聚丙烯酰胺、交联剂类、非连续性调驱体系等调驱常用药剂。

（2）最大配注能力：1000m^3/d。

（3）高压注入设备额定工作压力：25MPa。

（4）最大配液浓度：5000ppm。

（5）溶解速度：≤15min。

（6）系统黏度保持率≥85%。

（7）设备占地面积：约 10~20m^2。

（8）单撬块重量：< 3t。

2.3.2　干粉连续混配注入工艺

干粉连续混配工艺主要是在乳液在线注入工艺的基础上提出的，由于乳液在线注入工艺受液态状调剖调驱药剂体系的限制，需要对干粉类聚合物的速溶混配进行研发，确保在线调剖调驱的多样化和多选化。

2.3.2.1　注入工艺流程

连续混配设备主要由正压控制间，来水减压撬，分散溶解撬，三大核心模块共同组成。其中正压控制间主要实现数据处理、流程监控、自动控制、电力分配等作用，进而实现流程的精准操控。来水减压单元与分散溶解单元通过相互协同作用，经正压控制间进行数据处理之后，共同实现定性、定量的连续混配技术(图 13)。

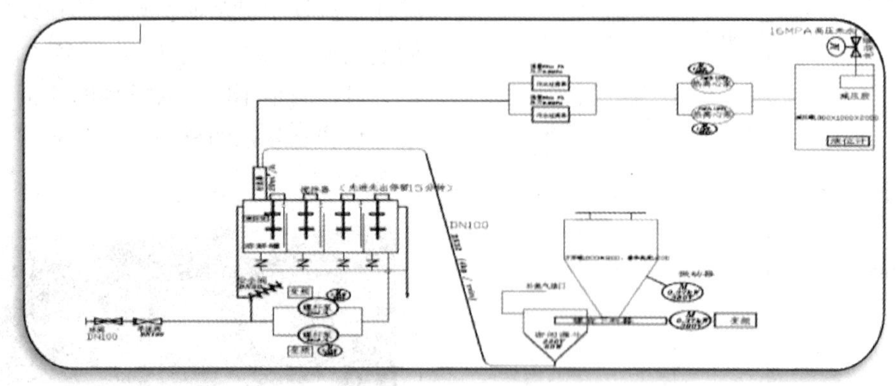

图 13　速溶干粉连续混配注入工艺

2.3.2.2　技术参数

（1）介质类型：高分子量聚丙烯酰胺类、交联剂类、非连续性调驱体系等调驱常用药剂。

（2）最大配注能力：400m^3/d。

（3）高压注入设备额定工作压力：16MPa。

（4）最大配液浓度：10000ppm。

（5）聚合物溶液撬内停留时间：≥15min。

（6）溶解速度：≤15min。

（7）系统黏度保持率≥85%。

（8）工艺流程需要氮气：提供氮气发生器，氮气纯度可达到99%，氮气的使用量为 10 m^3/h。

（9）设备占地面积：约 20m^2。

（10）单撬块重量：< 6t。

2.3.3　工艺适用范围

乳液在线注入工艺技术是在原有的传统调剖/驱工艺对海上油田调剖/驱适应性较差的基础上提出而设计的，经过多年来的研发及应用证明，其“一撬一井”、“一撬多井”且能够在线注入，设备工艺不占用平台上甲板的工艺特征能够满足海上油田调剖/驱的需要，但由于其使用的乳液类聚合物有效含量低，大规模应用时成本较高，在一定程度上受到局限。

速溶干粉连续混配工艺是在乳液在线注入工艺的基础上设计及研发，它采用的速溶干粉类聚合物，有效含量高，大规模应用时成本较低，在应对低油价形势情况下优势较大。

3　现场应用

自 2014 年在线组合调驱技术开始实施以来，通过油藏分析及精细方案设计，在秦皇岛 32-6、渤中 25-1 南等油田实施 12 井次，累计实现增油 9.34 万方，取得了显著的经济效益与社会效益。

表 6　渤海油田在线调驱技术应用效果统计表

油田—井组	受益井数	增油/m^3	备注
BZ25-1S-E32	4	23440.0	
BZ19-4B06c&B09b	2	5653.0	
BZ25-1S-E7&E11	9	15561.6	

续表

油田—井组	受益井数	增油/m^3	备注
QHD32-6-E16	9	12707.9	
BZ25-1S-E23	7	11088.1	
QHD32-6-C17	7	7126.0	持续有效
QK17-2-P9	7	5885.8	持续有效
BZ29-4S-C8H	2	11941.6	持续有效
BZ28-2S-A18H	3	/	正在实施
BZ28-2S-A47H	3	/	正在实施
BZ28-2S-A29	3	/	正在实施
合计		93404	

4　结论

（1）建立了一套水流优势通道识别技术方法，实现平面上、垂向上井间水窜单元的级别、分布、尺寸参数的定量化描述。

（2）针对水流优势通道识别技术结果，研发了乳液聚合物、干粉聚合物及非连续性调驱体系等在线调驱药剂体系，实现了油藏窜流通道封堵及深部剩余油动用。

（3）研发形成了乳液在线注入工艺和速溶干粉连续混配工艺，两种新的注入工艺均能够满足设备小型化、高度集成撬装化、多功能化和在线注入的要求，相比于传统工艺降低占地面积67%左右。

（4）在线组合调驱技术已在渤海油田应用12井次，实现增油9.34万方，增油降水效果十分显著。

参考文献

[1] 徐文江，丘宗杰，张凤久．海上采油工艺新技术与实践综述．中国工程科学，2011，13(5)：52-57.

[2] 陈月明等，区块整体调剖的RE决策技术．97油田堵水技术论文集．北京：石油工业出版社．

[3] 刘义刚，王传军，孟祥海，等．基于传质扩散理论的高渗油藏窜流通道量化方法[J]．石油钻采工艺，2017，39(4)：393-398.

[4] 张宁，阚亮，张润芳，等．海上稠油油田非均相在线调驱提高采收率技术——以渤海B油田E井组为例[J]．石油钻采工艺，2016，38(3)：387-391.

[5] 刘文铁，魏俊，王晓超，等．海上油田非均相在线驱先导试验[J]．科学技术与工程，2015，15(30)：110-114.

[6] 孙明，李治平．注水开发砂岩油藏优势渗流通道识别与描述[J]．断块油气田，2009，16(3)：50-52.

[7] 刘月田，孙保利，于永生．大孔道模糊识别与定量计算方法[J]．石油钻采工艺，2003，25(5)：54-59.

[8] 谢晓庆，赵辉，康晓东，等．基于井间连通性的产聚浓度预测方法[J]．石油勘探与开发，2017，44(2)：263-269.

[9] 刘同敬，姜宝益，刘睿，等．多孔介质中示踪剂渗流的油藏特征色谱效应[J]．重庆大学学报，2013，36(9)：58-63.

[10] 刘文辉，易飞，何瑞兵，等．渤海注水开发油田示踪剂注入检测解释技术研究与应用[J]．中国海上油气，2005，17(4)：245-250.

裂缝的压力敏感性对缝洞型油藏提高采收率的影响

李柏颉　马　焘　袁飞宇　郭　媛

（中石化西北油田分公司）

摘　要　裂缝是缝洞型油藏的重要组成部分，其主要作用是通道作用。油藏中流体的流动也遵循短板效应，即储集体与井眼之间渗透率最小的部分决定了该井的供液能力，而不是高渗的溶洞决定。因此裂缝的渗透率对油井的供液起到了节点作用。而裂缝的渗透率与其张开程度有直接的关系，而裂缝的张开程度受压力影响。裂缝的压力敏感决定了裂缝的渗透率，关系到外围储集体的供液。对于缝洞型油藏提高波及体积有关键的作用。不同裂缝的压力敏感性在生产中的表现不同，波及体积可能变小，也可能变大。因此研究裂缝的压力敏感性对波及的影响对缝洞型油藏提高采收率具有重要的意义。

关键词　裂缝；压力敏感；波及体积；采收率

采收率为波及体积与驱油效率的乘积。提高采收率往往从波及体积以及驱油效率上做文章。但是缝洞型油藏比表面性明显比砂岩油藏弱，同时缝洞型油藏的相渗曲线明显改变，缝洞型油藏驱油效率较高。李传亮老师的研究表明缝洞型储层毛管压力可忽略不计，缝洞型油藏相渗曲线如图 1 所示：驱油效率可达 100%[1]。因此，提高波及体积是缝洞型油藏提高采收率的关键。但在实际注水开发中发现，缝洞型油藏生产波及体积随着压力下降可能变小，也可能增加或者保持不变；而注水波及体积随着压力上升可能增加。同时注水波及体积与生产波及体积也可能不一致。因此本文的主要研究目的就是分析这种压力敏感现象的原因，为缝洞型油藏提高采收率制定合理的对策。

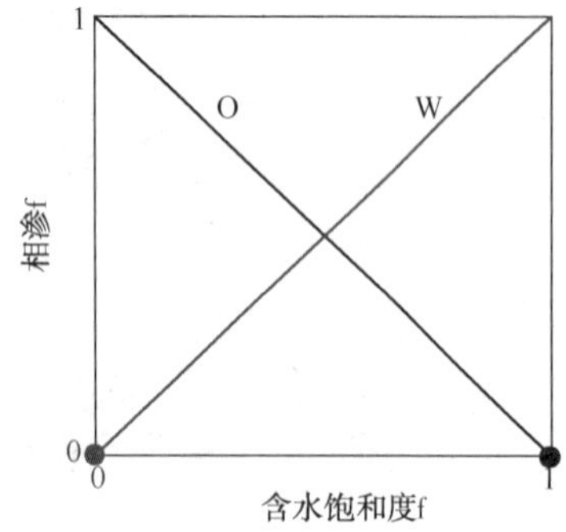

图 1　缝洞型油藏相渗曲线

1　缝洞型油藏波及体积的计算方法

1.1　注水波及体积

封闭定容油藏，不考虑裂缝的储集性能，将储集体简化为溶洞，油藏驱动能量来自注入水和原油的弹性能量，忽略地层水、注入水和储层岩石的弹性能量。油藏压力变化与钻遇油井井口压力的变化近似同步，即压力近似的保持同步升高和降低。

在井底高温高压条件下，由于不考虑注入水和地层水的弹性能量，因此其相对地下原油为刚性，原油被压缩的体积 ΔV 即为注入水的体积 Nw，即：

根据原油压缩系数定义：

$$C_o=\frac{1}{\Delta p}\frac{\Delta V}{V_o}=\frac{1}{\Delta p}\frac{N_w}{V_o} \tag{1}$$

当井筒充满水后，井口压力变化可以近似代替井底压力变化，忽略摩阻，两者之间差值即为水柱差，可得

$$p=\frac{N_w}{C_oV_o}+p_i \tag{2}$$

其中 Co 是为原油的压缩系数，MPa^{-1}，可视为随温度和压力的函数，当温度一定时可近似为常数；Vo 为油藏中原油的初始体积，在每轮注水均为一定值；在不考虑地层岩石压缩系数的情况下，对定容较好的储集体，井口压力 P′与注水量 Vwi 成线性关系。通过拟合斜率可推算注水波及体积

【作者简介】李柏颉（1987— ），男，本科，工程师，从事碳酸盐岩油藏开发工作。

$$k=\frac{1}{C_o V_o} \tag{3}$$

$$V_o=\frac{1}{kC_o} \tag{4}$$

1.2　生产波及体积

以封闭缝洞型油藏为例，地层水和储层岩石的弹性压缩系数远小于油体压缩系数，可忽略，即 $C_{eff}=C_o$。通过物质平衡方程克制，单位压降产液可求取波及体积 N。

$$N_P B_o=NB_{oi}C_{eff}\Delta P \tag{5}$$

$$N=\frac{N_P B_o}{B_{oi}C_{eff}\Delta P} \tag{6}$$

2　裂缝的压力敏感性研究

实验中，前人对裂缝的渗透率与有效应力的关系研究较多。根据大量实验得出裂缝的渗透率与有效应力的关系主要有三种形式：乘幂关系、指数关系和二次多项式关系(图 2)。

乘幂关系：

$$K=K_o p_{eff}^{-n} \tag{7}$$

指数关系：

$$K=K_o e^{-ap_{eff}} \tag{8}$$

二项式关系：

$$K=c_0 p_{eff}^2+c_1 p_{eff}+c_2 \tag{9}$$

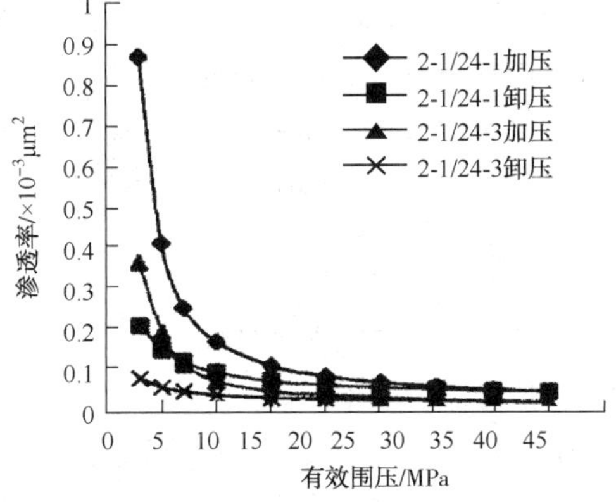

图 2　渗透率随加载和卸载变化曲线

同时实验表明，随着有效围压增加，裂缝渗透率降低。但是随着卸载，有效围压下降，裂缝的渗透率上升，但是缺无法完全恢复之前的的渗透率。因此裂缝渗透率的损失可能会影响远井储集体的供液，从而影响最终采收率。

随着有效围压增加，裂缝开度减小，渗透率降低。但是不同裂缝下降的程度不一样。根据前人研究，裂缝的分类有吻合缝与非吻合缝；或者啮合缝与错位缝。根据渗透率随应力变化特性，可将吻合缝与啮合缝视为同一种类型裂缝，裂缝闭合后渗流能力差；非吻合缝与错位缝视为同一种类型裂缝，裂缝闭合后裂缝面之间仍具有一定支撑能力，具有一定渗流能力(图 3)。

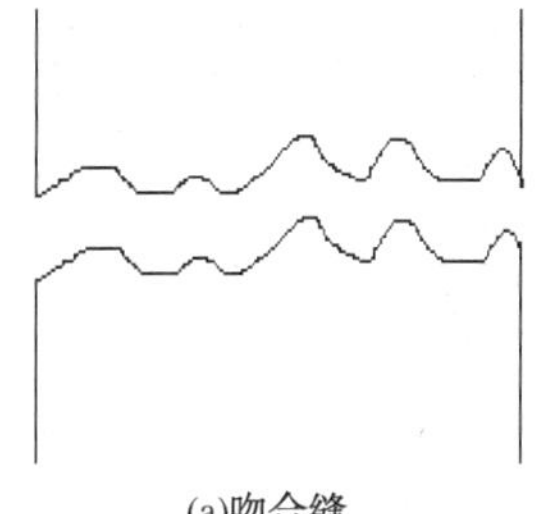

(a)吻合缝

(b)非吻合缝

(c)啮合缝

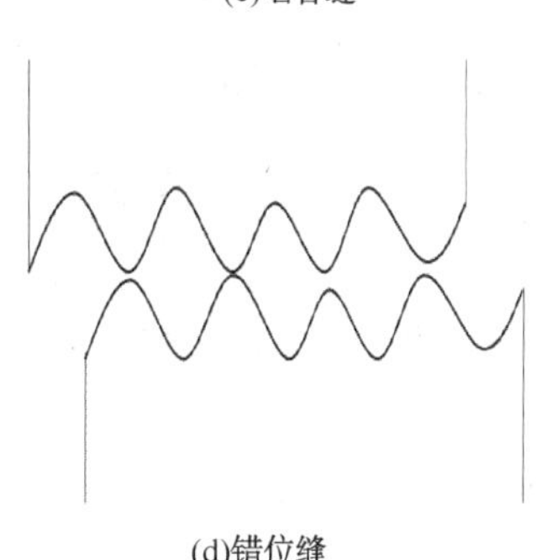

(d)错位缝

图 3　裂缝分类

3 不同裂缝的压力敏感对波及体积变化的影响

虽然随着压力下降，裂缝闭合，渗流能力下降。但因为不同裂缝闭合后的渗流能力不一样，导致波及体积变化不一样(图4)。

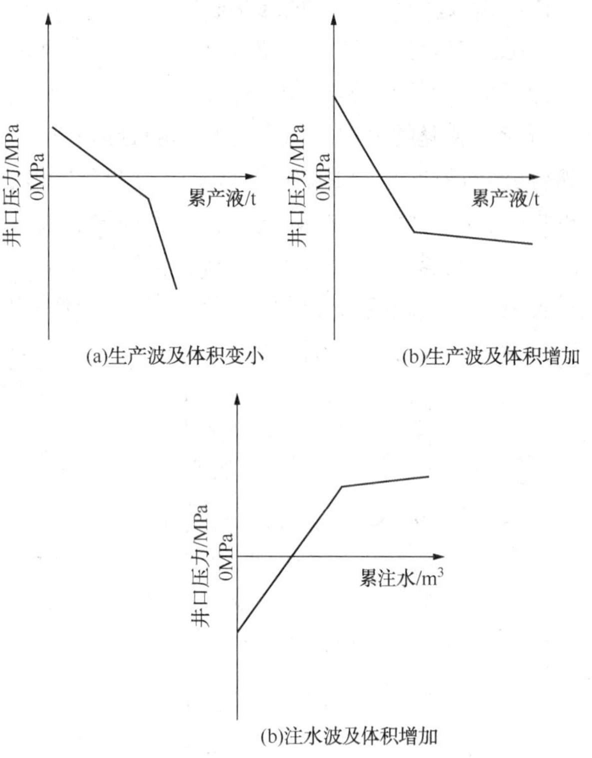

图4　缝洞型油藏开发中三种波及体积变化

3.1 吻合缝、啮合缝随着流压下降闭合，生产波及体积变小

开发实践中，通过累产液-压力关系曲线绘制，发现有少数井随着压力下降，单位压降产液变小，但能持续生产，表明波及体积变小。排除邻井干扰；分析是吻合缝、啮合缝闭合导致远端缝洞体无法供液，生产波及体积变小。则动用储量减少，影响了最终采收率(图5)。

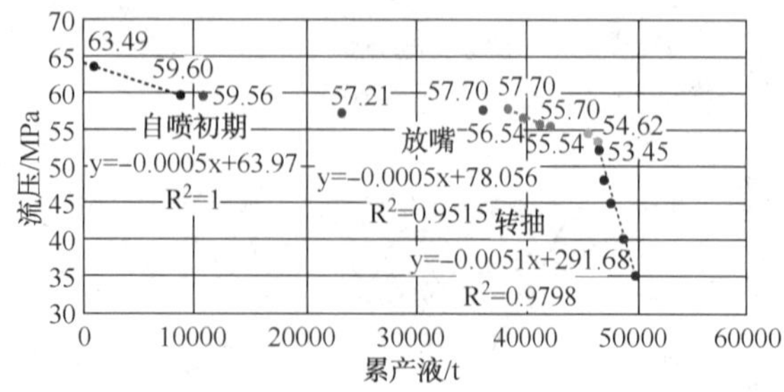

图5　TH12536X 井累产液与流压关系曲线

在覆盖岩溶区域，局部断裂裂缝溶蚀作用小，裂缝面仍然较光滑，可能属于吻合缝或者啮合缝的特征。

实例：TH112536X 井转抽之后，压力快速下降。通过累产液-流压关系曲线分段拟合斜率可发现，初期斜率为 0.0005，而转抽之后为 0.0051，储量损失较大。推算裂缝闭合压力为 53.5MPa，因此该类井需要注水保压开采。

3.2 非吻合缝、错位缝随着流压下降，生产波及体积增加。

在岩溶暴露区域，岩溶作用较强，裂缝的性质属于非吻合缝和错位缝。这种裂缝随着流压下降，仍具有一定导流能力。而且达到一定压差，就能持续供液。

实例：TH12325 井在转抽之后，压降产液增加。通过累产液-流压关系曲线分段拟合斜率可发现，自喷斜率为 0.0004，转抽之后斜率为 0.00004，分析波及体积增加，动用储量增加。因此该类井适合转抽、深抽放大生产压差，动用远端储集体(图6)。

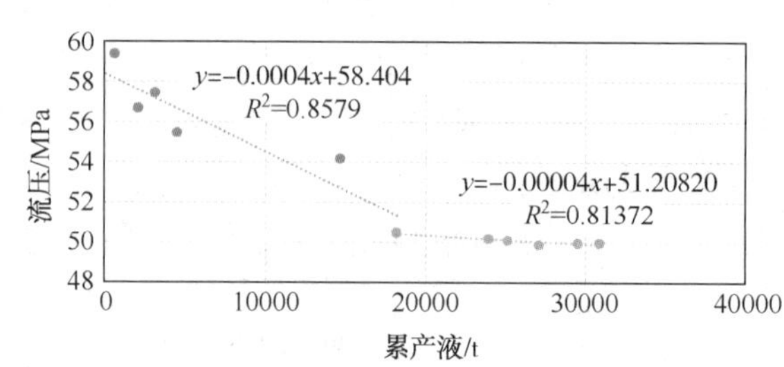

图6　TH12325 井累产液与流压关系曲线

3.3 注水量增加，达到一定压力，注水波及体积增加。

随着注水量增加，缝洞体压力上升。达到一定压力，闭合裂缝逐渐开启，从而导致注水波及体积增加，无论是哪一种裂缝，均有该特点。但是注水焖井后开井，因为压力下降，吻合缝和啮合缝快速闭合不能有效动用远端储集体；而非吻合缝、错位缝随着流压下降可动用远端储集体。因此，我们可以通过酸化压裂等措施将吻合缝转化为非吻合缝，从而提高生产波及体积。

4 结论

(1) 随着流压下降，裂缝闭合，裂缝性质不一样，导致渗流特征不一样；

(2) 吻合缝、啮合缝闭合后会导致生产波及体积变小，降低了最终采收率。为了提高波及储量，可以通过酸化压裂措施改造；

(3) 非吻合缝、错位缝随着流压下降，近井与远井的压差放大，有利于动用远端储集体，生产波及增加，从而提高采收率，这类井适合深抽；

(4) 随着注水量增加，注水压力上升，闭合裂缝开启，可增加注水波及体积。

参考文献

[1] 李传亮. 水驱效率可达到100%. 岩性油气藏[J]. 2016，28(1)：1-5.

[2] 李传亮. 裂缝性油藏的应力敏感性及产能特征. 新疆石油地质[J]. 2008，29(1)：72-75.

苏北低渗高含水油藏 CO_2/水交替驱矿场实践

梁 珀 刘方志

（中国石化华东油气分公司泰州采油厂）

摘 要 苏北盆地台南油田阜宁组三段油藏具有埋藏深、储层薄、非均质性强、物性差以及储量丰度低等特点，油田处于注水开发中后期，部分井含水高达 99%，采出程度 15%。因此，剩余油量化表征以及有效挖潜是低渗高含水油藏深度增效的核心工作。基于高含水油藏利用 CO_2/水交替驱提高采收率室内试验研究显示效果显著，通过油藏数值模拟技术进行注采参数优化，进而指导台南油田阜宁组三段低渗透油藏开展矿场试验，并且矿场试验取得了较好的效果，矿场实验结果显示，2012 年开展 CO_2/水交替驱，油井见效，区块日产油由 14t/d 增加至 28t/d，预计可提高采收率 9.52%，改善开发效果明显。

关键词 低渗油藏；高含水期；CO_2/水交替驱；提高采收率

前言

苏北油田低渗透油藏储量占比大，油藏埋藏深、物性差、储层非均质性严重。水驱开发早期效果明显，但含水上升速度快、稳产期短，油井很快进入高含水期，提高采收率难度加大。CO_2驱提高采收率已成为世界范围内提高原油产量的重要手段之一[1,2]，具有广泛的应用前景，特别是针对低渗透油藏。但气驱开发时，油井易气窜、形成气窜通道，地层能量下降，从而效果变差。因此，多采用 CO_2/水交替驱的方法改善气驱波及效率低、易气窜的缺陷[3]。

台南油田阜宁组低渗透油藏于 1997 年注水开发。虽经过多次调整，但注水开发效果持续变差，到 2011 年 12 月，23 口油井日产油仅 13t，综合含水高达 74%。2012 年开展 CO_2/水交替驱提高采收率的矿场试验，取得了一定的成效，提高了高含水油藏的采收率，为后期同类型油藏的 CO_2/水交替驱的推广应用提供了技术支撑。

1 低渗油藏 CO_2/水交替驱油机理

CO_2驱具有降低界面张力、降低原油黏度、膨胀原油体积、改善原油与水的流度比；酸化解堵作用，提高注入能力；萃取原油中的轻质烃等多种作用[4]。国内外低渗油藏单纯注 CO_2提高采收率的作用机理及配套工艺技术较为成熟，已在国内外众多区块推广应用并取得较显著增油效果。

近年来，国内外在低渗高含水油藏 CO_2/水交替驱室内试验研究方面开展的了较多的工作，室内试验取得良好效果[5,6]。水驱开发主要驱替储层中大孔道剩余油，难以驱动小孔隙中的剩余油。高含水油藏的剩余油高度分散，被水相包裹，注入的 CO_2与原油通常无法直接接触。油藏高含水期注入的 CO_2溶于水中、扩散更快，同样能起到驱油作用；CO_2与原油通过多次接触达到混相，CO_2以微气泡形式存在于孔喉内，能够形成贾敏效应，具有一定的封堵作用。因此，CO_2/水交替驱不仅可以驱替水驱难以驱替的大孔道内分散的剩余油，也可驱替小孔道的剩余油，残余油饱和度进一步降低。高含水油藏 CO_2/水交替驱过程中油、气、水三相共存，CO_2溶解扩散、超覆、多次接触形成混相，并在细小孔隙中形成三相贾敏效应，提高波及体积和驱替效率（图 1），这是低渗高含水油藏 CO_2/水交替驱提高采收率的重要机理[7]。

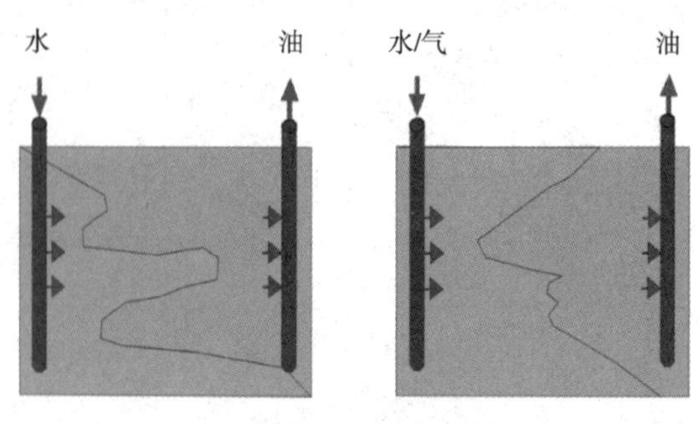

图 1 CO_2/水交替驱机理模式图

【作者简介】梁珀（1984—）女，籍贯：新疆，工程师，硕士，油气田开发研究。E-mail：381338742@qq.com

2 试验区油藏概况

台南油田阜宁组三段油藏为一被北东东向和北东向两条断层夹持的构造、层状断块油藏。沉积微相主要是三角洲前缘亚相的分支河道，其次是河口坝、侧翼滩砂、分支间湾和远砂坝。孔隙度 19.28% ~ 25%，空气渗透率一般 $(11.9 \sim 913.6) \times 10^{-3} \mu m^2$。均属于中、高孔-中、低渗储层。储层非均质性较强渗透率极差 154，突进系数 4.45。原油性质属陆相成因的石蜡基原油，具低硫、高蜡、高凝固点的特点[8]。细管实验得出油藏最小混相压力为 22.11MPa[9]。台南油田于 1996 年投入开发，1997 年 12 月转入注水开发，期间经过多次调整，但注水开发效果持续变差，到 2011 年 12 月，日产油 13t，综合含水 74%。

3 参数优化

3.1 CO_2/水交替驱井网部署

利用原水驱井网分层系建立Ⅲ、Ⅳ油组井网，其中Ⅳ油组建立台 10 井组、台 12 井组和台 13 井组等三个注采井组形成 3 注 9 采的注采井网。Ⅲ油组建立 1 个注采井组形成 1 注 3 采的注采井网，注采井距 160~300m。

3.2 参数优化

影响 CO_2/水交替驱效果的关键参数较多，参数之间相互作用的关系错综复杂。因此针对水气比、注入速度和注入周期等主要参数进行优化对比，选取合理的油藏工程参数。

3.2.1 总水气比

CO_2/水交替驱的关键参数是水气比，总水气比指总注水量与总注气量比值。数值模拟结果显示水气比大于 1 时，累计产油量随水气比增大而减小(图 2、图 3)。注水量越大，交替驱效果越不明显，水气比为 0.4 和 1 时累计产油量最大。注入速度过低，地层压力下降太快；注入速度过高，气体过早突破，产气量相应上升较快，不利于提高驱油效益。因此，考虑保持地层压力开采，总水气比为 1 效果最好。

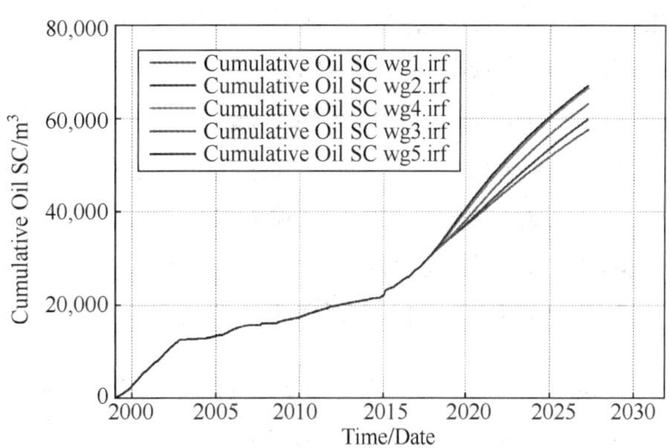

图 2　不同水气比与累计产油量关系曲线

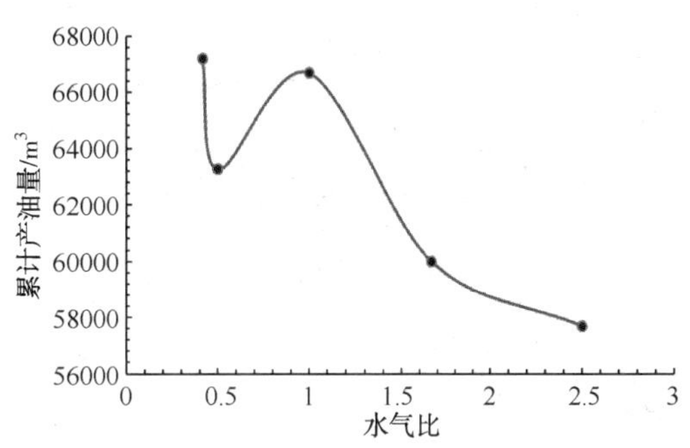

图 3　水气比与累计产油量关系曲线

3.2.2 注入速度优选

不同的注入速度对油藏整体的开发效果也有较大的影响。因此，需要开展不同注气速度、不同的注水速度的开发效果对比，从而确定出最为注入速度。

数值模拟结果显示在总注气量与注水速度保持不变时，注气速度越大，气窜越严重，累产油迅速减小，随后变化缓慢。当注气速度增大(<40t/d)，生产井水气比增大、累计产油增加；注气速度继续增大时、生产井水气比减小变化越缓慢，累计产油量减小。在同等注气量情况下，生产井的水气比随注气速度的增加先增大后减小，水气比有明显拐点。因此最佳注气速度 20~30t/d，能有效控制水气比(图 4)。

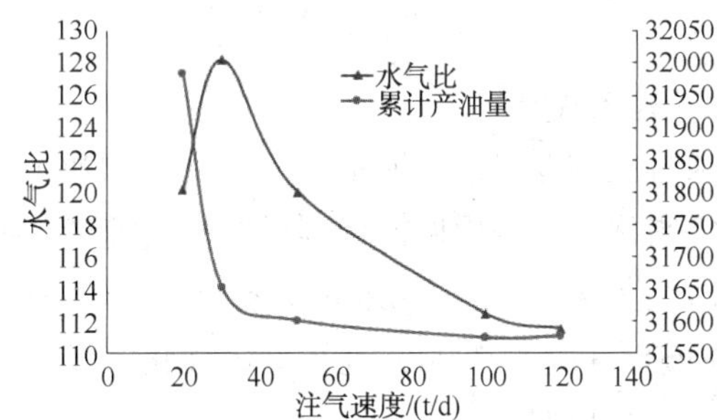

图 4　注气速度与水气比、累产油关系曲线

注入速度是影响水气交替效果的重要参数，注气速度过大，气体不能充分与原油混合，气体利用率下降。优选注入速度时，保持总注气总量与注水总量一定，探究不同注水速度不同注气速度对采收率的影响。

当注水速度一定时，随着注气速度的减小累计产油量增大，采收率提高，当注气速度一定时，随着注水速度的减小，累计产油量增加。图 5、图 6 所示，模拟天数越长累计产油量越大，采油速度随着模拟天数的增加变化幅度较小，当注气速度为 40t/d，注水速度为 20t/d 时的采油速度最大。因此，可以看出注气总量和注水总量一定时，小的注入速度有利于提高采收率，因为注气速度慢增加了气与原油的接触时间，使原油和二氧化碳气体充分混合，降低原油黏度，提高了驱油效率。注入速度过大，气体突破过早，产气量相应上升，不利于提高驱油效率。

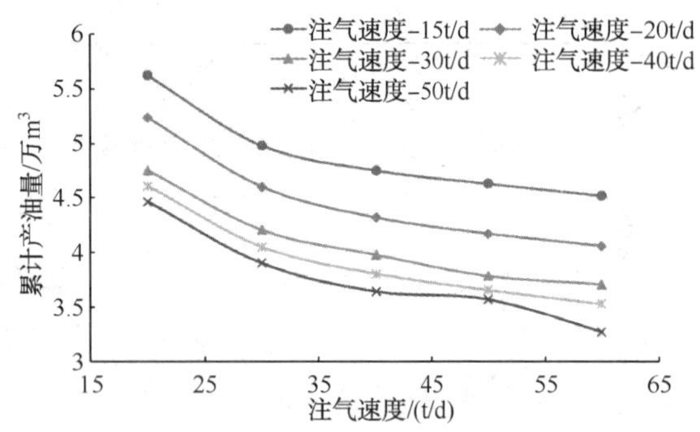

图 5　不同注入速度时累计产油量

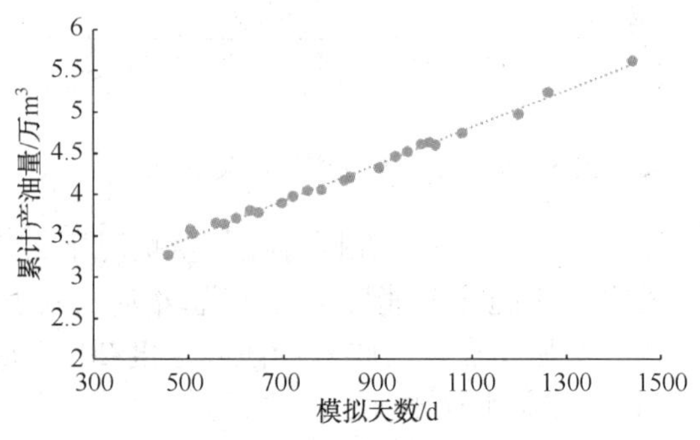

图 6　模拟天数与采油速度关系

3.2.3　注入周期

通过控制变量法开展不同注入周期的数值模拟研究来优选交替周期，分别设置注气速度 30t/d，注水速度 30 t/d，设置交替周期 60、90、180、360、480 和 720d，进行参数优化。设置参数及模拟结果如表 1。

表 1　交替周期参数优化

注气速度/(t/d)	注水速度/(t/d)	交替时间/d	累计产油量/m^3	产油速度/(m^3/a)
30	30	60	31147.59	5118.05
30	30	90	34636.87	5180.90
30	30	180	43204.49	4762.10
30	30	360	59110.2	4396.88
30	30	480	68561.77	4196.05
30	30	720	82721.47	3694.64

交替周期与累计产油量之间的关系显示，随着交替周期的增加，累计产油量增大，两者呈现线性关系(图 7)。但是随着交替周期的增加采油速度下降，当交替周期为 90d 时，采油速度最大为 5180.90 m^3/y，交替周期为 720d 时，产油速度最小。综合考虑施工的方便性，CO_2/气交替周期不宜太短，频繁施工不利于实际生产，增加额外成本，交替周期过长采油速度下降，换油率下降(图 8、图 9)，经济效益也下降。因此交替周期最佳范围在 60~180d 之间。

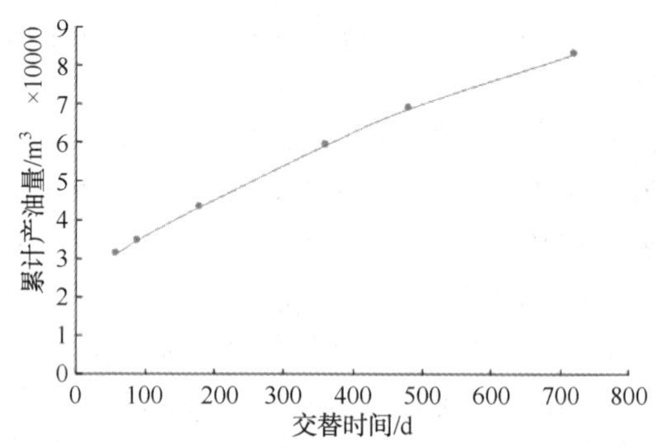

图 7　交替周期与累计产油量关系

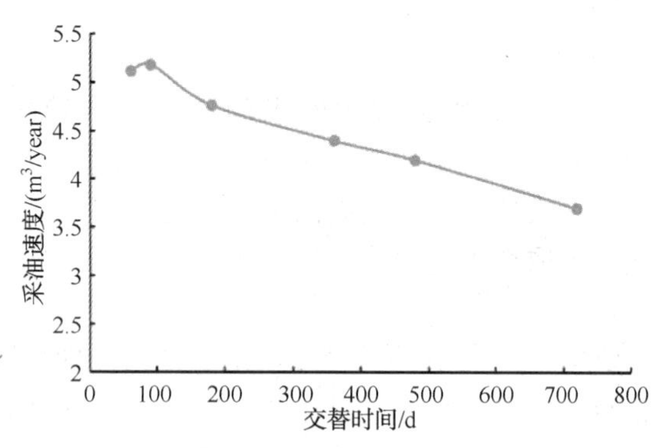

图 8　交替周期与采油速度关系

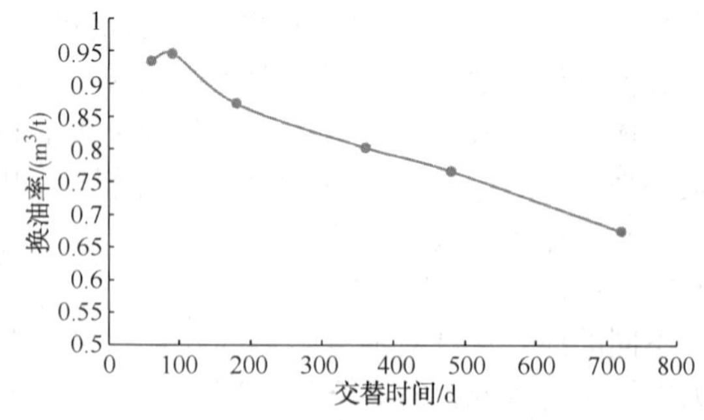

图 9　交替周期与换油率关系

3.3　注入参数确定

通过数值模拟对不同水气比、注气速度、注水速度以及注入周期等多参数模拟研究结果优选注采参数。油藏前置 CO_2段塞注入量 0.30HCPV，单井 CO_2注入速度 15~30t/d。注入年限为 4 年，注采比 1.2。油井气窜后转水气交替驱，后续注入总量水气比为 1、单井注水速度 $20m^3/d$。交替周期为 180 天，现场实施时可根据油井产出水气比确定。本参数方案主要将累积采油量作为主要评价指标，兼顾换油率。

4 CO_2/水交替驱效果评价

4.1 现场实施

台南油田于 2013 年开展 CO_2/水交替驱试验。实施前置注气段塞，日配注 40~60t/d、注入压力在 15~26MPa 之间，注气 11 个月后油井逐步见效，油藏综合含水由 83%逐渐下降至最低 51%。油井见效特征表现为产液量、含水下降、平均下降 58%，产油量增加、单井日增油在 2.1~5.8t/d、平均为 3.2t/d，稳产长达 12~29 个月(图 10)。见效后期油井气窜，注气段塞结束，累计注气 5.7×10^4t，累计增油 1.37×10^4t，阶段提高采收率 1.4%。

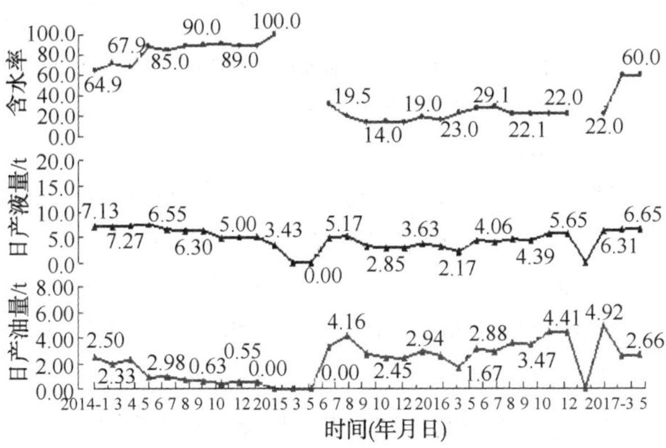

图 10 见效油井采油曲线

2016 年 6 月转 CO_2/水交替驱注水段塞。日配注 80~100t/d，注入压力升高 3~5MPa，在 18~31MPa 之间，较注水开发初期注入压力低了 4~6MPa。注水 2 个月后，产 CO_2 气量急剧下降，油井再次见效。见效特征表现为产液量、产油量增加，单井日增油在 0.7~3.1t/d，平均为 1.5t/d，注水 11 个月后，油井含水上升加快，注水段塞结束，累计注水 2.19×10^4t，累计增油 0.43×10^4t(图 11)。2017 年 5 月开始第 2 个 CO_2/水交替段塞。

4.2 开发效果评价

常规水驱油藏开发效果可以用存水率、水驱指数、含水上升率等指标评价。但气水交替驱油藏、由于气体的特殊性，原评价体系难以适应，需要选择合适的评价指标。对于 CO_2 驱油藏，目前还没有相关的评价体系，常用的评价指标为产

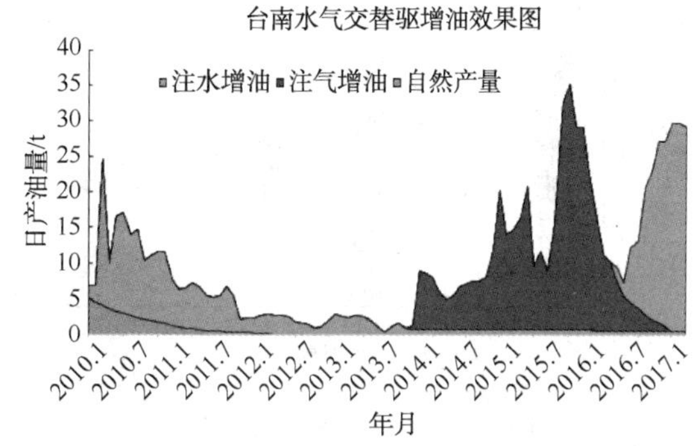

图 11 CO_2/水交替驱增油效果图

量提高幅度、换油率、采收率提高幅度、阶段采出程度、含水率下降幅度、存气率等[10]。台南油田气水交替驱气驱段塞各项评价指标显示(表 2)，该油藏气驱开发效果较好。

表 2 台南油田 CO_2/水交替驱开发效果评价

主要指标	区块数据	评价结果
产量提高幅度(%)	620	效果很好
换油率/(t. co_2/t. oil)	3.16	中等
采收率提高幅度/%	9.52	效果较好
含水率下降幅度/%	58	效果很好
存气率/%	97.5	较高

目前还没有针对 CO_2/水交替驱的效果评价指标体系，从整个 CO_2/水交替驱历程来看，能较好的评价开发效果的指标主要有含水与采出程度关系曲线、换油率、含水上升率、自然递减率等。图 12 为从累计注气与换油率关系曲线可以看出，随着 CO_2 段塞的连续注入，油藏见效后吨油所需 CO_2 量逐渐减小。图 13、图 14 分别为含水上升率与自然递减率变化趋势图，油藏开展 CO_2/水交替驱后、两项指标大幅度下降，油藏开发效果持续向好。含水与采出程度关系曲线(图 15)上显示，油藏开展 CO_2/水交替驱后、含水大幅度下降、开发效果持续变好，采收率提高。

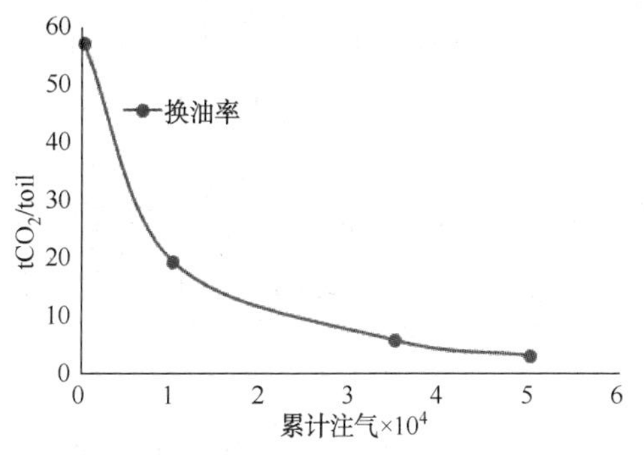

图 12 累计注气与换油率关系曲线

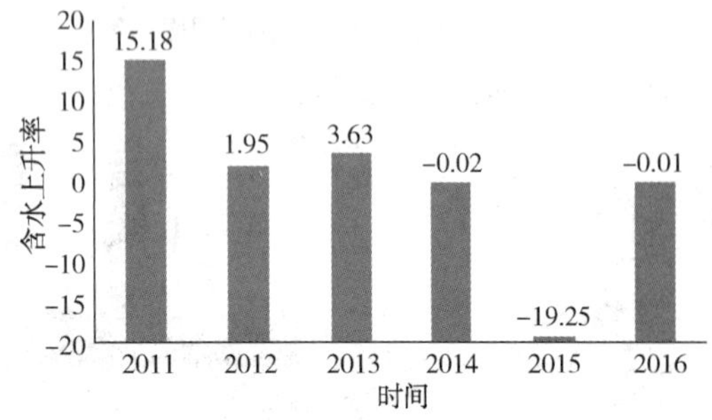

图 13　含水上升率变化趋势图

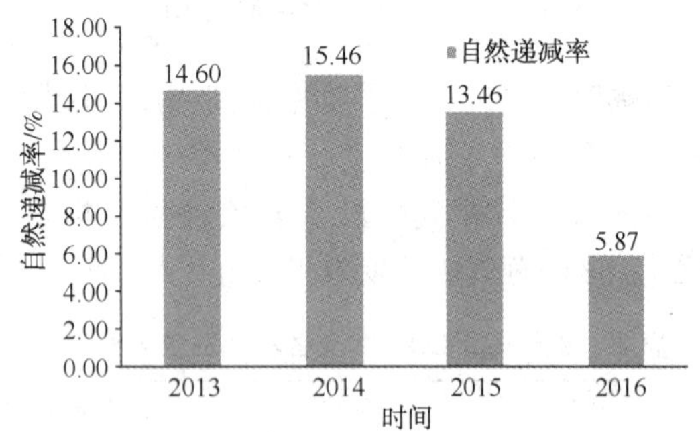

图 14　自然递减率变化趋势图

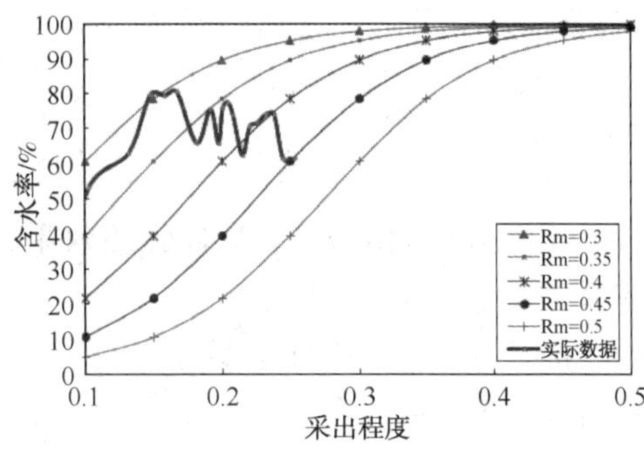

图 15　含水率与采出程度关系曲线

4.3　经济效益评价

根据前 4 年实际注入与产出预测后 11 年。15 年累计注气 18.90×10^4t，累计注水 14.4×10^4t，累计产油 9.76×10^4t，较水驱开发增油 6.507×10^4t，换油率 2.91t. co_2/t. oil，预测期内提高采收率 9.52%。利用经济评价软件计算单位总成本 53.29 \$/bbl。前 4 年 CO_2/水交替段塞历时 43 个月，累计注气 5.7×10^4t，累计增油 1.8×10^4t，阶段换油率 3.16t. co_2/t. oil。现金操作成本计算 CO_2/水交替开发成本仅 26 \$/bbl，完全成本为 61 \$/bbl。利用 CO_2/水交替驱技术提高油藏采收率，对于台南低渗高含水油藏的长期开发是经济可行的。

5　结论

（1）CO_2/水交替中水气比为 1 是增油效果最好。

（2）注入速度对开发效果的影响较大，缓慢的注入速度有利于油藏的长效开发。

（3）CO_2/水交替驱能大幅度降低低渗高含水油藏的含水率，含水下降 58%。气驱油井见效特征表现为产油量上升、产液量下降、含水下降、稳产期长。转注水后二次见效特征表现为产油量上升、产液量上升、含水稳定，后期含水上升快、稳产期短。

（4）注入井经过长时间的注气，储层经过改造，相同配注条件下注水压力较早期有所降低。具体作用机理有待进一步研究。

（5）现场实践效果显示 CO_2/水交替驱能有效控制含水上升、减缓递减率、提高低渗高含水油藏的采收率，改善开发效果明显。

（6）实际与预测期效果显示，完全成本低于 61 \$/bbl，对于低渗油藏是经济可行的。

参 考 文 献

[1] 沈平平，廖新维．二氧化碳地质埋存与提高石油采收率技术[M]．北京：石油工业出版社，2009：128-165.

[2] 李士伦，张正卿，冉新权，等．注气提高石油采收率技术[M]．成都：四川科学技术出版社，2001：85-99.

[3] Gholamzadeh M A，Hashemi P，Dorostkar M J，etal. New Im-proved Oil Recovery from Heavy and Semi-Heavy Oil Reservoirs by Implementing Immiscible Heated WAG Injection[C]. SPE 132785，1998.

[4] 汤勇，孙雷，周涌沂，等．注气混相驱机理评价方法[J]．新疆石油地质，2004，25(4)：414 - 417.

[5] 周星泽，廖新维，赵晓亮，等．超低渗油藏 CO_2/水气交替驱实验研究[J]．陕西科技大学学报，2016，34(6)：120-124.

[6] 汪益宁，吴晓东，展转盈．低渗透高含水油藏水气交替驱实验[J]．油气田地面工程，2013，32(11)：3-44.

[7] 李中超，聂法健，杜利，等．特高含水期油藏 CO_2/水交替驱实验研究：以濮城沙一下油藏为例[J]．断块油气田，2015，22(5)：627-632.

[8] 张勇，蒋永平，赵梓平．低渗断块油藏二氧化碳驱油实践[J]．内蒙古石油化工，2011，13：112-115.

[9] 徐辉，聂军，廖顺舟等台兴油田阜三段油藏 CO_2 驱油最低混相压力确定实验研究[J]．石油地质与工程，2010，24(1)：113-117.

[10] 陈国利．二氧化碳驱开发效果评价方法[J]．大庆石油地质与开，2016，35(1)：92-96.

稠油蒸汽驱中后期提高储层动用技术实践

郑利民

（中国石油辽河油田公司）

摘　要　齐40块蒸汽驱属于股份公司重大试验项目之一，2008年建成了150个汽驱井组的中深层稠油蒸汽驱工业化基地。该块蒸汽驱开发十一年以来，取得了较好的开发效果：采油速度相对吞吐开发提高一倍，驱替阶段稳产期长达6年，预计最终采收率相比吞吐开发提高近一倍，预计延长区块开发年限近一倍。在区块蒸汽驱开发取得成功的基础上，也出现了蒸汽波及不均、蒸汽突破、热损失率逐渐升高等等一系列影响开发效果的实践难题。

为提高区块总体蒸汽驱开发效果，围绕“提高储层汽驱动用”一个核心，结合现场大量实践数据，从“地质、开发、工程”三方面入手，总结出蒸汽波及不均七项影响因素，并进一步归纳出动用差区域六种典型模式。通过强化“储层描述、驱替规律分析、剩余油分布”三项研究，针对动用不均不同影响因素，形成了“多类型井网调整、多方式注汽调控、多种类纵向调剖、多介质辅助驱替”四个注采调配技术系列，其包含了近十六小项降本、提质、增效技术。通过近年来不断深化应用，取得了两项效果：区块递减得到有效减缓，年产油稳定在$45×10^4$t以上；油汽比大幅提高，由0.13提高至0.15。近两年来齐40块蒸汽驱共计节约注汽量$55×10^4$t，措施增油$6.7×10^4$t，创经济效益7863.1万元，取得了较好的社会效益及经济效益。

关键词　蒸汽驱；波及不均；注汽调配；纵向调剖；波及系数；采收率

1　区块概况

齐40块蒸汽驱开采层位莲花油层，油层埋深-625～-1050m，区域含油面积$7.9km^2$，地质储量$3774×10^4$t，属于中深层、中～厚互层状、高孔高渗普通稠油油藏。该块于1987年蒸汽吞吐开发，1998年进行4个井组蒸汽驱先导试验，2003年进行7个井组蒸汽驱扩大试验，2006～2008年完成150个井组工业化转驱。

截至目前，区块平面波及系数86%，纵向波及系数71%，采油速度1.2%，采出程度48.1%，累计采注比0.9，累计油汽比0.13(图1)。

目前区块存在问题主要集中在以下三个方面：

一是储层发育较好的主体部位，各项开发指标均高于其他区域，但是汽窜问题严重，平面单向或纵向单层突破泄压后导致储层难以有效动用。

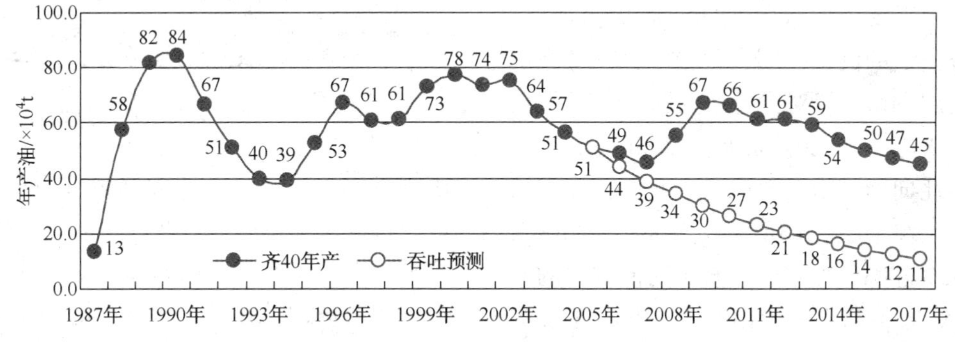

图1　齐40块年产曲线

【作者简介】郑利民(1985—)，男，2008年毕业于中国石油大学(华东)地质学专业，学士学位，工程师，厂技术带头人，目前在辽河油公司欢喜岭采油厂地质研究所汽驱室担任主任，主攻蒸汽驱受效规律研究、汽驱开发后期接替技术研究。Email：294890246@ qq. com

二是位于沉积边缘的合注合采区，受油层厚度、注采连通、储层系数变差等影响，蒸汽平面指进或单层突进现象较为普遍，同时部分临近边底水区域压力较高，难以形成范围汽驱。

三是注汽井井况问题导致的分注各层段吸汽不均甚至存在单段吸汽。

综上所述，无论是汽窜单方向、单层泄压，还是储层倾角、参数变化，甚或是工程因素影响注汽井单层段吸汽，虽然开发低效原因多种多样但是基本上都在平面、纵向上影响了储层均匀动用。或者说依据不同因素导致的平面、纵向动用不均情况，有针对性的进行各项措施能够更具目的性地加强注采调控效果，进而达到节约新井投资、措施成本、注汽费用，提高区块开发效果和波及效率，最终实现提高区块采收率的目标。

2 动用不均原因分析

2.1 研究思路

各项原因导致储层动用不均虽然种类繁多，且存在多种因素相互影响的情况。但是通过围绕“地质类原因、开发类原因以及工程类原因”三大方向，综合考虑全块主要影响因素体现在储层倾角、平面小层沉积微相变化、层间非均质性、井网控制程度不足、目前注采系统对应差、蒸汽超覆、分注工艺不合格等七项类别，导致储层平面、纵向动用不均。在七项类别的基础上进一步总结出六种储层动用不均典型模式，进而为注采调配提供指导方向和措施依据(图 2)。

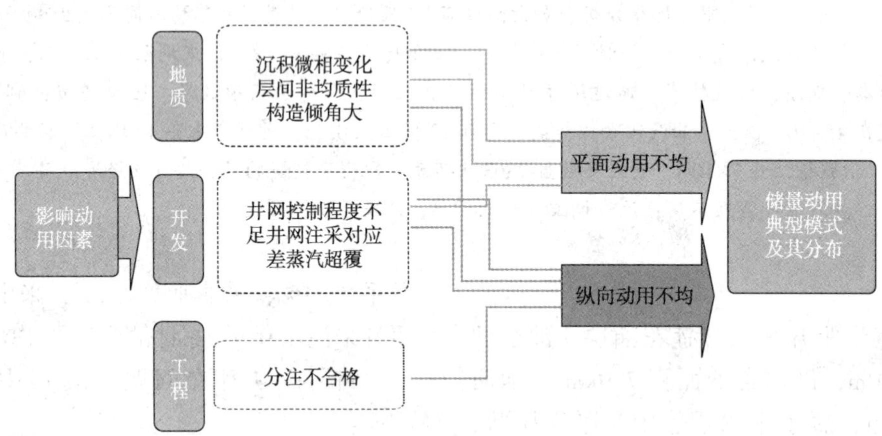

图 2 储层动用不均七项影响因素

2.2 沉积微相变化影响因素

该项因素影响平面动用不均主要分布在主体部位规则井网，单层平面沉积主河道效应导致蒸汽前缘单向突进。在三维空间中，我们分别用 K_x、K_y表示水平渗透率，用 K_z表示垂向渗透率，由于三个方向上的沉积时期各不相同，并考虑沉积韵律、夹层和微裂缝对渗透率的影响，因此 K_z 值小于 K_x、K_y 值。而在平面上，齐 40 块沉积主河道方向由北向南，物源方向来自北部，代表河流方向的水平渗透率 K_x 的值平均值为 2. 805μm^2，孔隙度在 30%左右，而代表垂直于河流方向的水平渗透率 K_y 的值仅为 1. 713μm^2，孔隙度仅为 22%，两者储层物性相差比较大。所以当注入蒸汽后，流体会在 x 方向快速推进，从而出现不规则的类似椭圆形的驱替前缘(图 3)。

当注入流体与被驱替流体的流度相同时，椭圆的长轴和短轴的比例保持不变。但是如果前者的流度大于后者的流度时，椭圆的长轴和短轴的比例将会不断加大，即椭圆会变得越来越扁[1]。这一现象发生在反九点井网中时，会出现方向性汽窜。不断注入的热量大部分用来加热蒸汽已经扫过的油藏，只有很少一点热量去加热低温未动用地带，这就是沉积微相变化导致储层平面动用不均的主要原因。

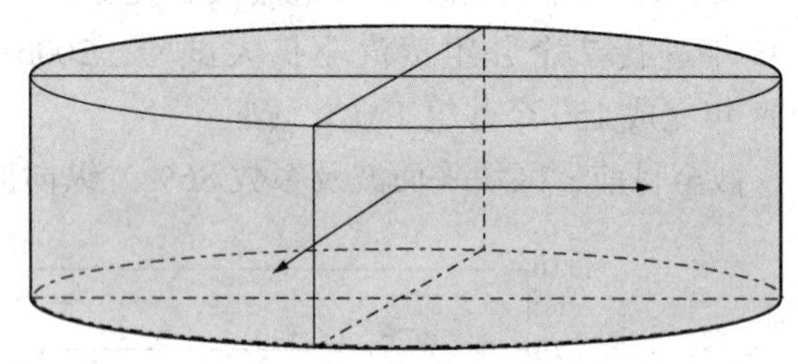

图 3 油层渗透率与蒸汽前缘发育关系图

2.3 层间非均质性影响因素

部分井组由于储层多层间渗透率级差较大，加之蒸汽和水及原油又存在很大的密度差，在储层纵向非均质性和蒸汽超覆作用的共同作用下导致注入的蒸汽在纵向上受效程度严重不均，通过数值模拟展示的吸汽状况可以看出随着渗透率级差的加大单层吸汽强度降低，当渗透率级差在4.0以上时基本不吸汽(图4)。

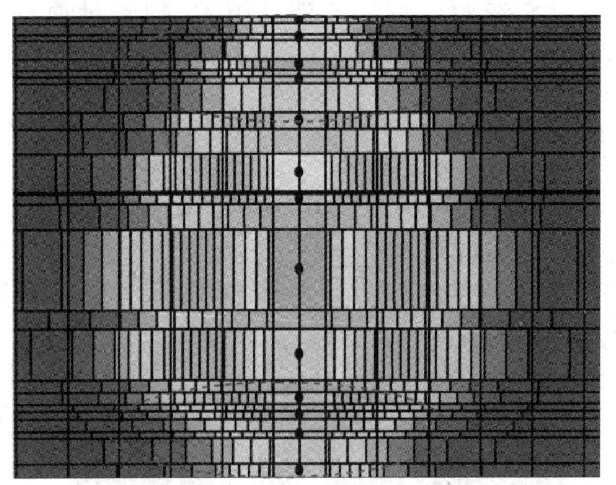

图4 注汽井组各层不同渗透率吸汽差异

显然，渗透率越高注入流体越容易发生窜流[2]，造成油层在平面上和纵向上吸汽不均，从而导致油井汽窜发生。齐40块发生汽窜的部位均在渗透大于2.0μm^2，油层厚度大于10m，有效厚度大于5m，孔隙度大于35%，连通系数大于0.85的层位。这些主力吸汽层在吞吐阶段就是主要的受效层位，吞吐结束后油层压力已经降低至1~2MPa，且油层得到了较为充分的加热，主力受效层位平均地层温度达到55℃以上，比平均地层温度高出12℃，当蒸汽驱阶段提高注汽速度，加大注汽强度时，这些层位的驱替能力得到了充分发挥，成为蒸汽波及的主要区域。同时高渗透厚油层连通性很好，一旦地层出砂，在压降作用下，远井地带的小颗粒将会不断地向压力相对较低的油井井底运移，逐渐形成大孔道，进而形成单层汽窜，导致储层纵向动用不均。

2.4 蒸汽超覆以及构造倾角影响

由于注入的湿饱和蒸汽中蒸汽和水的密度存在很大差异，使其在单层中纵向上分布不均匀，油层厚度越大，蒸汽超覆越为明显。在蒸汽的作用下，上部油层吸收的热量大，而下部油层在热水的作用下，吸收的热量相对较低，因此注入的蒸汽沿着上部油层的推进速度大于下部，导致油层纵向上吸汽不均，从而发生层内汽窜。研究发现，当地层倾角大于13°时，这种纵向上推进速度的差异表现得更为突出。因此高倾角区受蒸汽超覆影响导致储层动用不均更为典型和具有代表性。

根据蒸汽超覆程度评价方法根据研究得出，在地层倾角相同时，超覆呈现出以下特点：

(1) 超覆程度曲线逐渐变缓，表明超覆增长率随时间延长逐渐变小。同时也反映出离注汽井筒越远，蒸汽窜进的速率越小，另一方面也说明蒸汽的能量由于向盖、底层损失等原因而逐渐下降。

(2) 随着厚度的增大超覆程度越来越严重，最大达到了0.95，这是由于地层厚度越大，蒸汽上浮的空间越大，相比于薄油层，其纵向动用程度就会变差。

(3) 随厚度的增大突破时间变得越来越短，以15°倾角为例，油层厚度为5m时在3650天时突破；地层倾角为10m时在2350天时突破；油层厚度增加到15m时，当蒸汽驱进行到1190天时突破；而当层厚度增加到20m时，当蒸汽驱进行到730天时就突破了。

(4) 随着生产时间的延长，不同油层厚度的蒸汽超覆程度相差越来越大，而且若油层倾角超过15°，超覆的严重程度急剧增大(图5)。

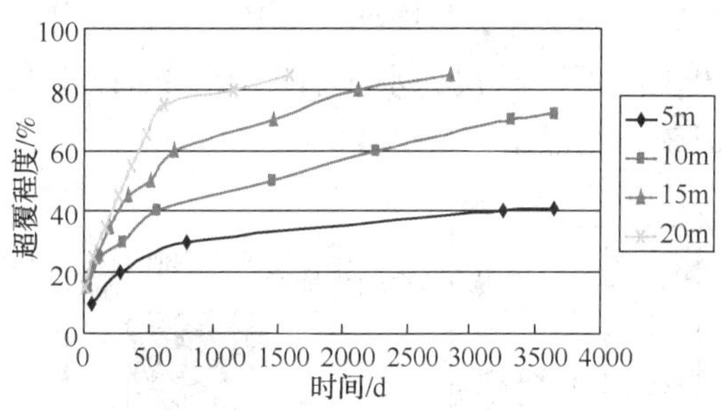

图5 倾角为15°，不同厚度油层超覆程度随时间变化曲线

2.5 井网注采对应或井网完善程度问题

该项因素主要是受井网规划、井距不一或采油井井况等等问题制约，导致储层动用不均。

由于汽驱井网位于沉积边缘，井组向物源方向储层发育较好，沉积前缘砂体较薄或物性变差，会使蒸汽优先延物源方向推进，进而造成波及不均。或者是在转驱初期地质体认识不清，注汽井部署在沉积河道间，同样也降低了蒸汽驱的开发效果。

此类因素区别于沉积微相因素在于，该类问题井组集中在沉积前缘，在开发初期井网规划部署过程中较少或没有考虑砂体变化，没有依据储层发育和物性去优化井网。该类问题井组往往能够通过注汽井延物源方向移动一个井距进行井网重组就能解决，而并非是主体部位规则井网下难以避免的平面非均质性，因此作为开发初期井网规划未考虑注采对应问题单独提出，相应注采调配手段也迥别于主体部位沉积微相影响因素的治理手段。

而井网控制程度不足则主要是因为非规则反九点井网单一方向井距过大，或者是规则反九点井网中部分采油井因井况问题、出砂问题导致动用不均。

2.6 注汽井分注不合格

注汽井分注不合格甚或是单层段吸汽之所以列为其中一项影响因素，不仅是因为该类问题采取的单独调配措施，而且注汽井的分注不合格往往决定一个井组的主力吸汽层位。

该类问题主要是因为在注汽过程中，因脉冲注汽或者是配注量变化导致井筒内流体温压发生变化，当压力降低或温度降低时，井筒内流体中矿物离子平衡相态被打破[3]，在节箍、配汽阀等直径由粗变细的部位极易产生盐类结晶，进而阻塞某一层段蒸汽的注入。该项问题在间歇注汽井上反映尤为明显，多周期反复注、停后往往注汽井出现注不进情况，水车打压 15MPa 以上依旧难以疏通结晶阻塞(图 6)。

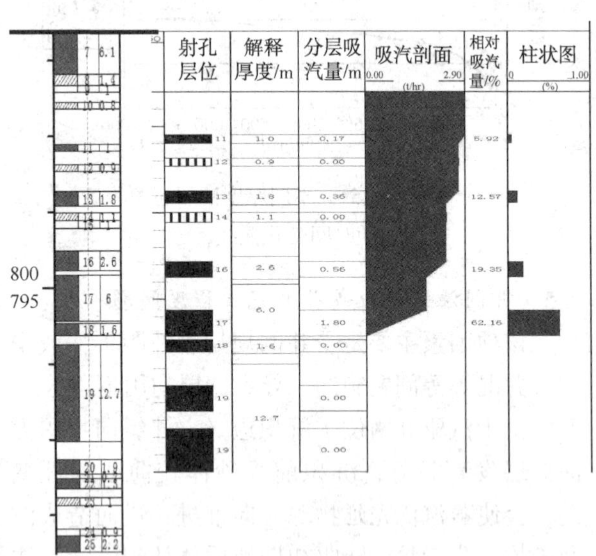

图 6　典型注汽井吸汽不合格剖面

2.7 动用不均六类典型模式

通过分析，造成蒸汽驱油藏平面、纵向动用不均的因素多种多样，并且各项因素相互间存在一定的联系，确定的七项影响因素只是区块较为普遍存在的或影响较大的。而在实际开发过程中，储层动用不均往往是一项或者多项影响因素多期造成的。因此，根据储层蒸汽优势方向和动用较差区域空间存在关系，将储层动用不均分为“单一方向型、不对称型、下倾部位型、薄互层型、注采不对应型、下部动用差型”六种典型模型，便于分类对其进行治理(图 7)。

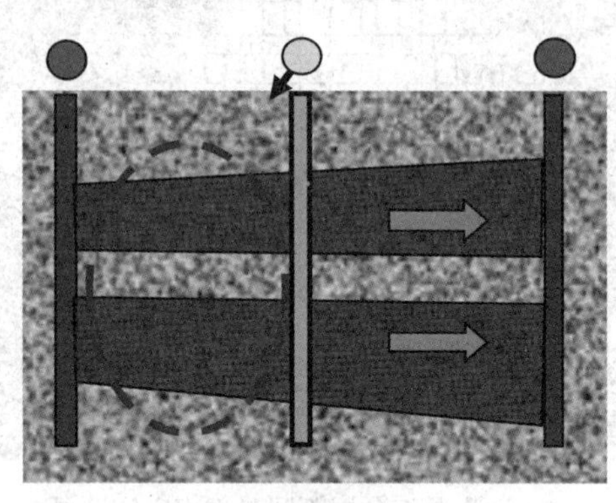

单一方向型

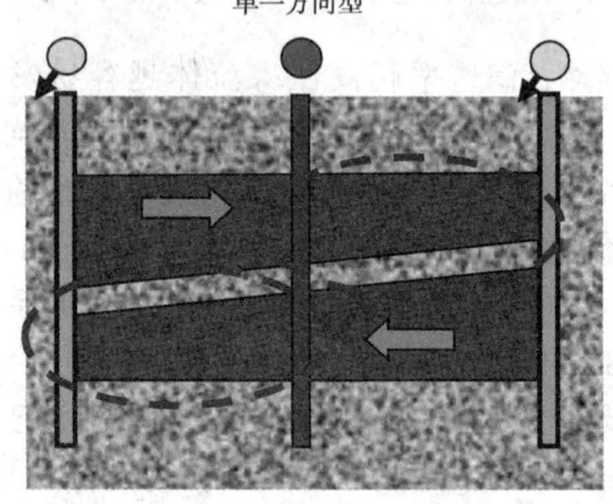

不对称型

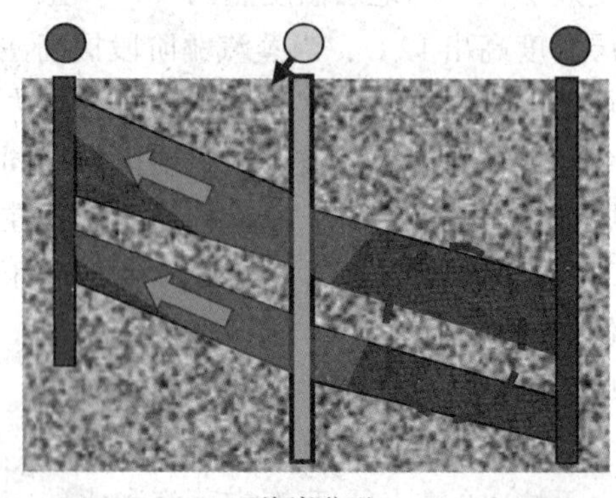

下倾部位型

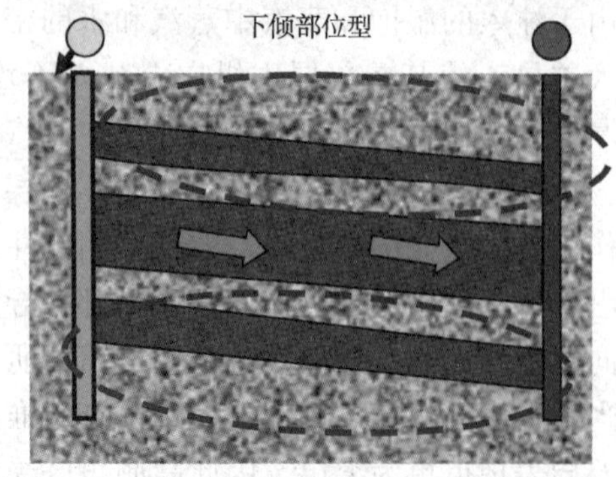

薄互层型

图 7

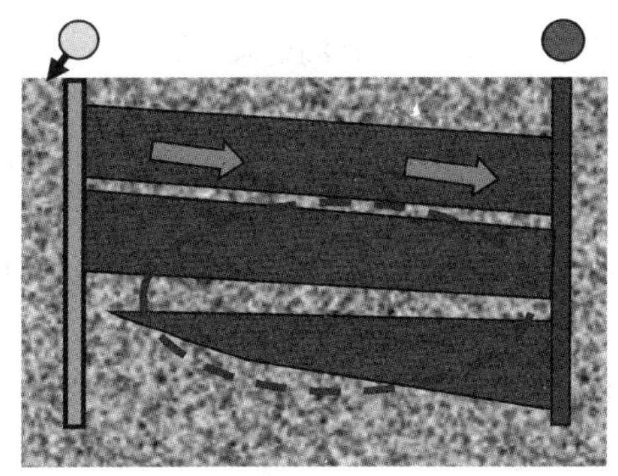

注采不对应型

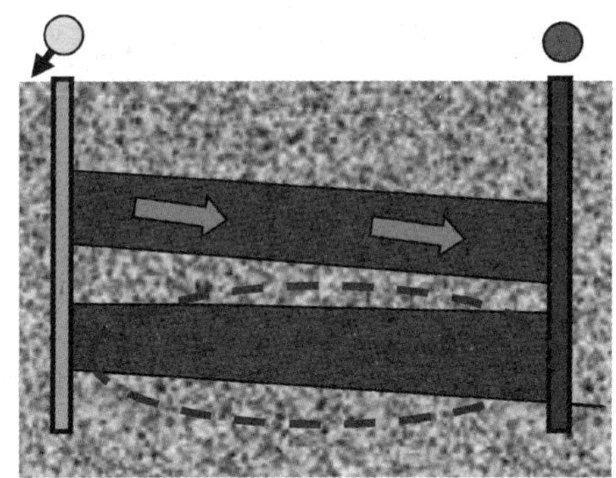

下部动用差型

图 7　动用不均六种典型模式

3　相应技术对策

3.1　注采调配技术系列

在上述研究的基础上，通过油藏精细描述、驱替规律分析、剩余油精细描述，针对六种典型动用不均分布模式，通过近年来不断摸索和完善，形成了多类型井网调整、多方式注汽调控、多种类纵向调剖、多介质辅助驱替四个技术系列，包括十六小项降本、提质、增效技术。受篇幅限制，本文重点讲述各项技术的适用范围和解决的问题(图 8)。

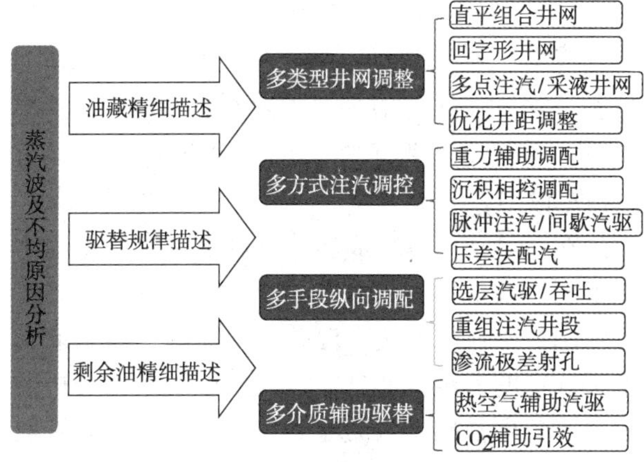

图 8　四种注采调配技术系列

3.2　多类型井网调整

在井网形式上，我们选择了多井点采液，转向注汽提高蒸汽平面波及，直平组合、大倾角注采井距优化来提高纵向动用。

多井点采液是通过井组内部部署采油井，加强受效差方向排液量，进而提高平面波及的技术。

转向注汽是利用采油汽窜井进行长期注汽，达到扩展汽腔的目的。从温场来看平面波及变大，纵向主力层保持不变。

直平组合技术则是通过下倾方向部署水平井，达到重力泄油的目的。

而回字形井网则加强了蒸汽外溢余热的理由，通过一线井、二线井不同射孔厚度和孔密来提高油藏纵向动用(图 9)。

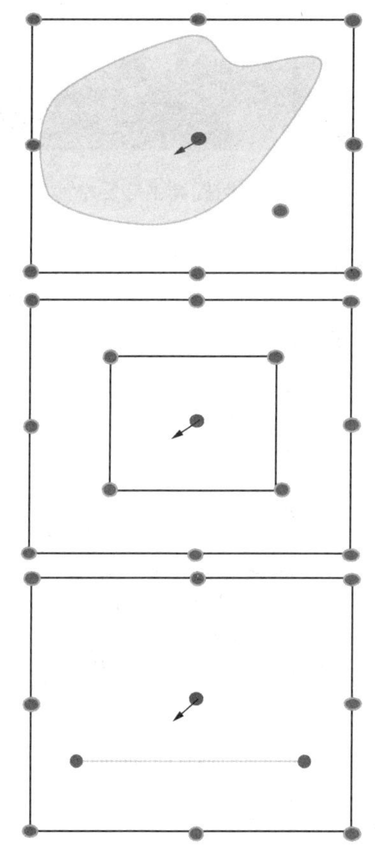

图 9　多点采液/注汽井网、回字井网、直平组合井网示意图

3.3　多方式注汽调控

2010 年以来，注汽调控技术逐渐完善成熟，在各项参数的研究中，形成了以采注比为核心的注汽调控技术。采注比即影响了地层压力的下降，又体现了注入热能与采出热能之差，因此在调控中占据核心地位，是实现蒸汽驱的关键指标。因此，只要在调控中抓住关键指标，就能保证调汽效果(图 10)。

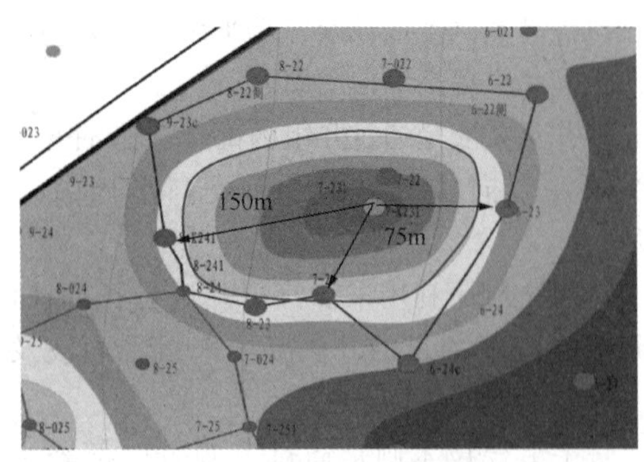

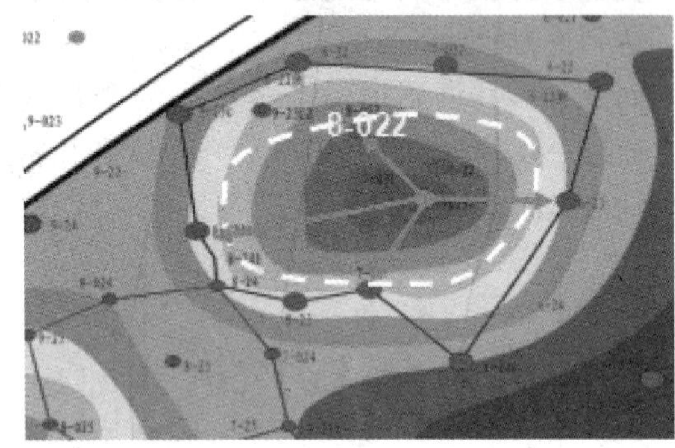

图 10　多点采液井网提高了储层平面均匀动用

针对超覆、指进、突破等问题目前已形成了重力辅助调配、沉积相控调配、脉冲/间歇汽驱以及压差法配汽等多项调控手段，在保证老井减缓递减方面取得了较好的效果。

3.4　多手段纵向调剖

选择性调整吸汽剖面，改善纵向渗流也取得较好效果。该项技术主要依据纵向低温层潜力由大到小，分别采取选层汽驱、注汽井重组井段、单井极差射孔、选层吞吐几项措施。

通过对纵向低温层段的论证，2017 年实施了 3 个选层汽驱井组，实施后日产油达到 80t 以上，取得了较好的效果。

而针对井组进行更换注汽管柱，从吸汽剖面及井温分析得出厚层不吸汽，潜力较大区域进行重组井段，可以取得一定汽驱效果，但是目前注汽井井况问题严重，重组井段技术推广难度较大。

针对单井进行渗流极差射孔，该项技术能够应用在新井、侧钻等投产井上，有效提高纵向动用。

在单井选层吞吐方面也有新的突破，在井况完好的油井中，依据高温微差井温选择低温层进行吞吐引效，及节约了注汽量，引效效果又高于常规吞吐(图 11)。

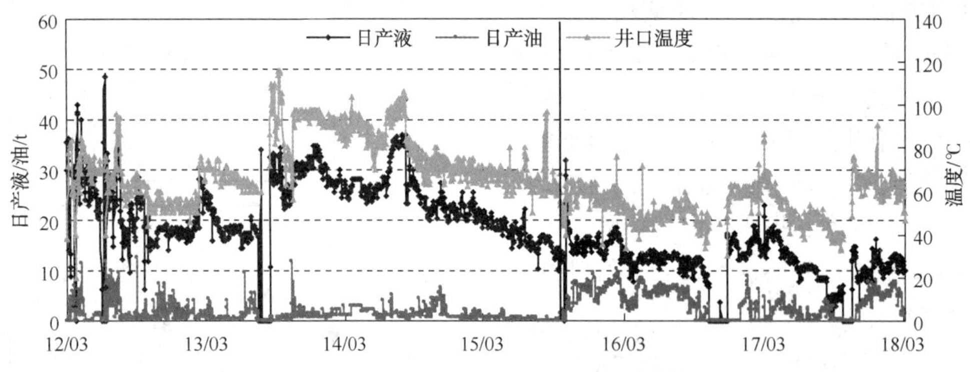

图 11　调控后减缓汽窜典型井举例

3.5　多介质辅助驱替

近年来，共开展了空气辅助蒸汽驱，热空气辅助蒸汽驱，二氧化碳辅助蒸汽驱和二氧化碳辅助吞吐引效等多种介质辅助汽驱试验，均取得了一定的效果。受篇幅限制在此不再赘述。

4　应用效果及结论

在蒸汽驱开发管理的不断探索以及各项研究不断深入的条件下，蒸汽驱波及不均原因分析逐渐精准，措施调配更为有效，区块剥蚀阶段总体递减逐渐降低，由 7% 下降至 6.6%。油汽比由 0.13 提高至 0.15。近两年来实施各项注汽调控 480 井次，新井、措施 342 井次，共计节约注汽量 55×10^4t，措施增油 6.7×10^4t，创经济效益 7863.1 万元，取得了较好的社会效益及经济效益(图 12)。

在对策技术取得成功的基础上，我们总结出以下两点认识：

(1) 蒸汽驱系统高温高压为监测资料录取带来了一定的困难，通过驱替规律以及动用分析的研究，各项基础图版的建立，为一部分难以录取监测资料的区域进行开发技术调整带来了依据。但是蒸汽驱动用不均问题往往是多项因素多期造成的，图版在个别特殊区块的应用上依旧存在误差变大的难题。只有不断加深认识，强化研究成

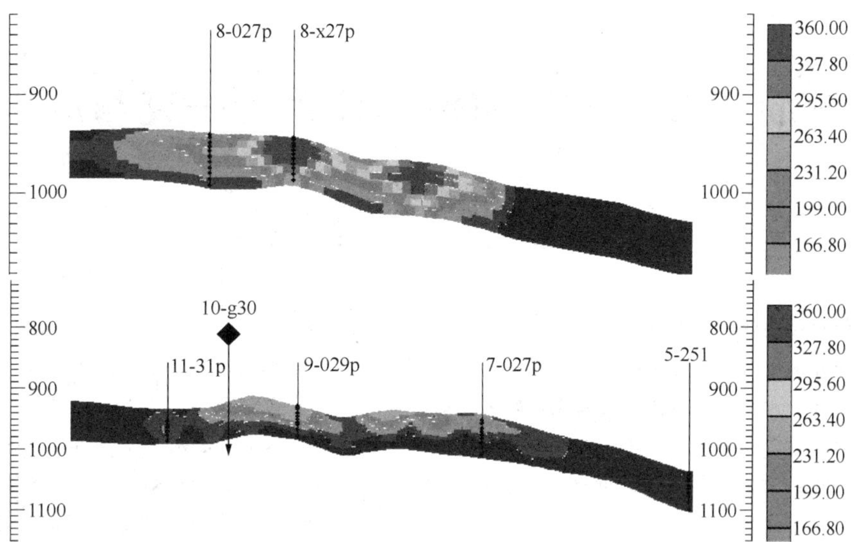

图 12　极差射孔前后温场对比

果才能保证蒸汽驱各阶段的开发效果。

(2) 蒸汽驱各区域、井组所处阶段不一，各阶段开发难点也不断变化。四项注采调配技术系列能够解决某一时期，某一阶段问题，但是操作参数和技术界限也会随着开发时间的延长而变化。只有不断借鉴开发经验，不断完善技术界限，才能保证蒸汽驱近似均匀受效。

(2) 在多介质辅助汽驱以及探索接替技术方面，存在着投资限制、机理认识不清、难以有效控制优势方向气窜等一些难题，只有不断探索，优化各项操作参数才能实现后期技术方面的接替。

参 考 文 献

[1] Chung Frank T H, Jones Ray A, Nguyen Hai T, Measurements and correlations of the physical of CO2/heavy crude oil mixtures, SPE Reservoir Engineering, 1998, 40(8): 822-828.

[2] Huang S C, Huang Y M, Shieh S M. Vibration and stability of a rotating shaft containing a transerse crack [J], J Sound and Vibration, 1993, 162 (3): 387-401.

[3] 岳清山，稠油油藏注蒸汽开发技术〔M〕北京：石油工业出版社，1996：23-24.

低渗油藏 CO_2 驱气窜治理体系的研究与应用

韦 雪 刘 巍 张代森 王 涛 田玉芹

（中国石化胜利油田分公司石油工程技术研究院）

摘 要 针对胜利油田低渗透油藏 CO_2 驱开发过程中容易发生气窜的问题，本文从气窜原因分析、治理体系优化设计等方面进行了论述，同时针对不同气窜类型研制了相应的治理体系，结合室内评价手段，对研制体系开展了性能评价。分析认为造成气窜的主要原因有两点，一是储层存在裂缝；二是储层非均质性强，平面和层间渗透率差异大。针对储层存在裂缝，设计了有机硅脂体系，该体系在室温条件下为真溶液，溶液黏度仅有 3mPa·s，体系在 80℃ 开始固结，15% 的体系固结强度可抗压 600kPa。针对储层非均质性，设计了二氧化碳气溶性发泡剂体系，该体系可以在低含水(<5%)条件下，原油存在条件下稳定发泡，在高温高盐高矿化度下，体系半衰期 100min 以上，发泡体系 200ml 以上。同时，在现场应用两种体系均进行了封窜试验，堵后油压均上升，显示出良好的封堵性能。

关键词 低渗透；CO_2；封窜；裂缝；非均质；有机硅脂；发泡剂

1 地质概况及开发现状

胜利油田低渗透油藏埋深均在 3000m 以下，渗透率 $0.5\sim15\times10^{-3}\mu m$ 之间，压力系数 1.0～1.6 之间，地层原油黏度 0.5～5mPa·s，储量丰度 $35\sim150\times10^4 t/km^2$。目前，胜利油田有四个区块开展了 CO_2 驱先导试验，采取连续气驱方式开发，其中高 89-1 块和高 89-樊 142 块均已见效。其中高 89-1 块为非(近)混相，高 89-樊 142 块为混相驱。高 89-1 块，注气见效油井 17 口，其中 14 口发生了气窜，高 89-樊 142 主力井组，3 口油井中 2 口油井发生了严重气窜。

2 气窜类型

2.1 裂缝窜流

以高 89-1 块为例，该区块共有注气井 11 口，油井 20 口。注气井中压裂井为 7 口，4 口进行过大规模压裂，加砂量在 $50\sim70m^3$ 之间。3 口进行过小规模压裂，加砂量在 $15\sim25m^3$ 之间。油井中压裂井 13 口，其中 4 口井进行过大规模压裂，加砂量在 $50\sim70m^3$ 之间。9 口井进行过中小规模压裂，加砂量在 $8\sim30m^3$ 之间。

裂缝对 CO_2 驱的影响较大，影响 CO2 驱的波及范围，尤其是裂缝平行于注采方向时，气窜严重，波及范围明显减小，注气效果变差，如图 1 所示。[1]

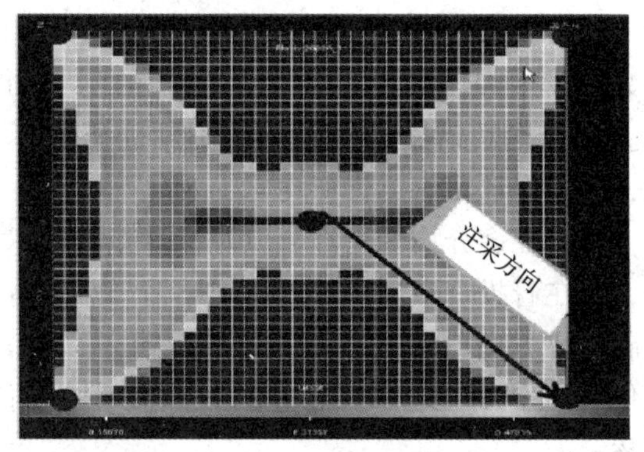

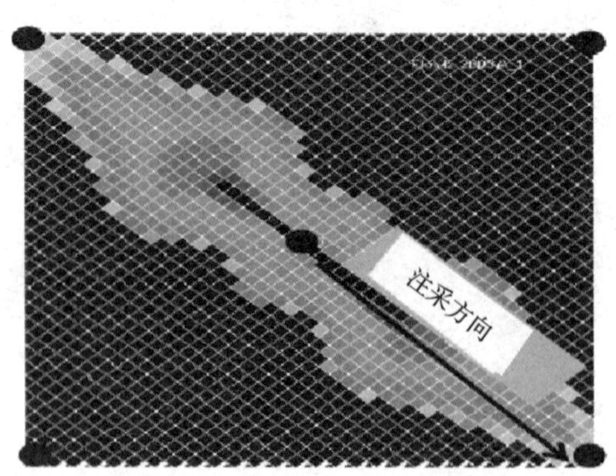

图 1 裂缝对气窜的影响

2.2 储层非均质性导致窜流

平面上，渗透率高的区域明显气窜。高 89-3 井来气方向为高 89-19 井，构造上位于坝砂，

【作者简介】韦雪(1987—)，女，2011 年毕业于天津理工大学，本科，胜利油田分公司石油工程技术研究院，工程师，从事堵水调剖方面研究。E-mail：weixue. slyt@ sinopec. com

渗透率较其他油井高，其气油比较其他滩砂部分油井高，见气周期短(图 2)。

图 2　高 89-3 井井位图及气油比

纵向上：储层发育好，渗透率高的层段为主要气窜井段(图 3)。

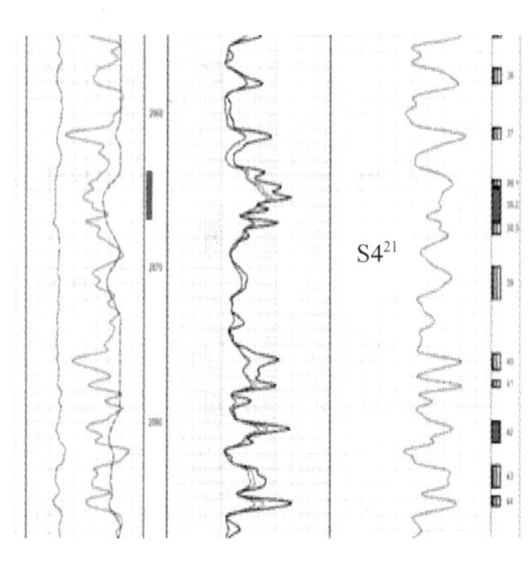

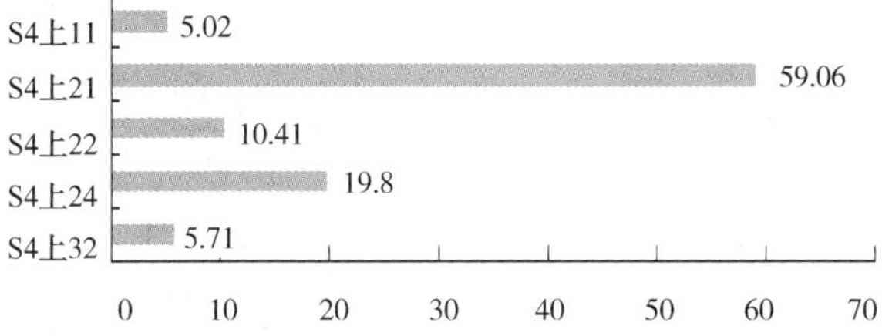

图 3　高 89-19 井测井曲线及吸气剖面测试图

因此，储层非均质性容易造成 CO_2 波及效率低，导致气窜。

3　气窜治理体系研究

3.1　气窜治理体系选择原则

3.1.1　裂缝封堵体系选择原则

（1）体系耐温能够达到 150℃，耐盐能够达到 300000mg/L，耐压能够达到 500kPa。

（2）注入性能良好，实现井筒外封堵。

3.1.2　基质封窜体系选择原则

（1）体系耐温能够达到 150℃，耐盐能够达到 300000mg/L。

（2）能够溶解在 CO_2 中，在原油存在下能够稳定发泡。

（3）体系半衰期 100min 以上，发泡体积大于 200mL。

3.2　气窜治理体系研制与评价

3.2.1　裂缝封堵体系研制与评价

3.2.1.1　裂缝封堵体系的研制[2]

结合低渗透油藏特点，室内研制了一种有机硅脂体系，该体系由成胶剂、固化剂和促凝剂三部分组成。成胶剂为复合硅质粉，主要由水溶性硅粉与纤维素醚等化学原料复配组成。固化剂由糠醇和乙二醇复配而成，促凝剂由氯化亚锡和氯化铵等复配而成。

3.2.1.2　裂缝封堵体系评价

利用安东帕 MCR101 流变仪测试了室温条件下，体系的初始黏度，体系初始黏度仅为 3mPa·s，利用注入(图 4，图 5)。

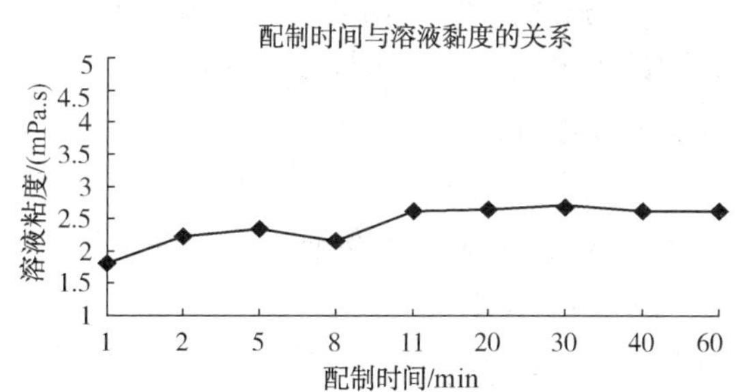

图 4　有机硅脂体系初始黏度测试

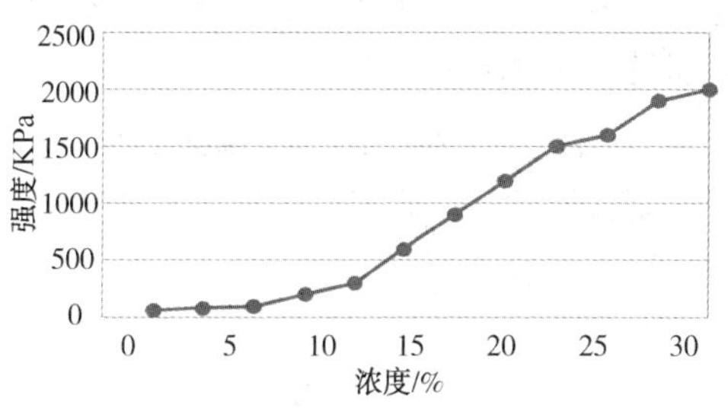

图 5　有机硅脂抗压强度测试结果

利用小型压力机测试了有机硅脂的抗压性能。其耐压强度随着体系用量的增加而逐渐增大，15% 浓度有机硅脂抗压强度可以达到 600kPa。

将体系放置在不同温度下，评价体系抗压强度，测试体系封堵性能，测试结果见表 1。

表 1　有机硅脂抗压性测试结果

温度℃	不同时间凝结体封堵强度/kPa			
	1d	15d	30d	60d
100	622	774	752	786
150	651	765	737	772
200	656	736	760	781
300	672	782	789	773
350	633	713	736	758

3.2.2　基质封窜体系研制与评价

3.2.2.1　基质封窜体系的研制

针对低渗透油藏特点，研制了磺酸盐型表面活性剂发泡体系 FFA，即二氧化碳气溶性发泡剂。选择 FOH 作为氟碳链，APEG 为亲极性链，选用 IPDI 为连接剂，$NaHSO_3$ 为磺酸化试剂。首先用 IPDI 将 FOH 和 APEG 连接，然后对 APEG 上的烯丙基进行亚硫酸化即可。通过上述步骤，改变 FOH 和 APEG 的分子结构，即可合成出系列 FFA。

3.2.2.2　基质封窜体系的评价

利用高温高压可视化电磁耦合搅拌式泡沫仪实验测试了二氧化碳气溶性发泡剂的在含水<5%条件下的发泡性能。

从图 6 上可以看出，二氧化碳气溶性发泡剂在二氧化碳中可以稳定发泡，并且在泄压过程中，产生的泡沫更多。

在矿化度为 100000mg/L（其中 C_a^{2+} 浓度 2000mg/L）时，室内对温度分别为 60℃、80℃、100℃和 120℃，不同压力条件下气溶性发泡剂在超临界 CO_2 中形成的 CO_2 泡沫的发泡体积和泡沫半衰期进行了测试（表 2）。

表 2　气溶性发泡剂发泡性评价

序号	温度/℃	压力/MPa	起泡体积/ml	半衰期/min
1	60	4.98	87.606	56.18
2	80	5.81	98.91	82.57
3	100	16.4	232.36	720.00
4	120	17.2	226.08	100.00

状态1

状态2

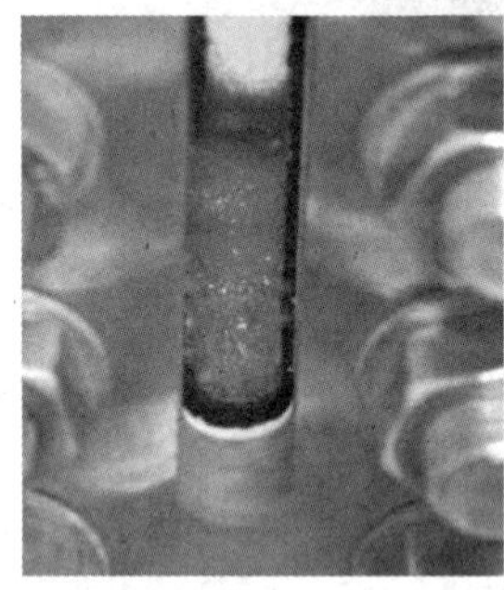
状态3

图 6　添加水（4.72%）时 FFA 发泡剂在 CO_2 的状态

测试结果表明，研制出的 CO_2 用气溶性发泡剂在 120℃、100000mg/L 条件下具有很好的发泡性能，泡沫体积达 200ml 以上，半衰期达到 100min 以上。

4　矿场应用

2017 年 10 月 8 日，在纯梁樊 144 块封堵一口井。主力含油层系为沙四上，构造整体表现为北高南低，含油面积 4.2km^2，地质储量 350×10^4t。F144-15 井调剖，对应油井 F144 井、樊 144-4 和樊 144-8，压裂裂缝窜通，水驱效率低。实施调剖措施封堵上层强注水通道，提高注水效率。调剖后注水情况，配注 20m^3，日注水量 20.3m^3，调剖后油压逐渐增加，从 22.09MPa 上升至 25.66MPa，增加 3.57MPa；套压从 21.59MPa 上升至 25.1MPa，增加 3.51MPa。调剖前后压力变化情况，调剖前油压 17.52MPa，套压 17.02MPa；调剖后油压 25.66MPa，增加 8.14MPa，套压 25.1MPa，增加 8.08MPa。

高 89-1 块于 2008 年 1 月开始注气，注气井 11 口，目前动态调配开注 6 口，平均注气压力 8.75MPa，单井日注气量 13.5t，累注 23.6×10^4t；目前油井开井 19 口，日液 43.4m^3，油量 42.4t，平均单井日油 2.2t，含水 2.5%，累采油 22.47×10^4t，采出程度 13.3%。高 89-4 井周围油井 5 口，措施后油压最高上升 8MPa，目前稳在4MPa，主力见气方向气油比降低45%，井组累计增油1199t，有效期635d。对应的主力气窜方向油井高891-7，由施工前的日油3.2t，增加到日油4.9t。对应油井89-11产量由0.5吨最高增至1.9t，见到了明显的增油的效果。高89-17井周围油井4口，措施后油压最高上升4MPa，目前稳在11.5MPa，主力见气方向气油比降低53.6%，井组累计增油836.6t，持续有效。对应的四口油井均见到了明显的增油效果，日油水平平均提高0.5t/d。

参考文献

[1] 李景梅. 注 CO_2开发油藏气窜特征及影响因素研究[J]. 石油天然气学报，1000-975(2010)03-0153-04.

[2] 张子麟，李希明，王昊. 硅质树脂封窜调剖体系研制及应用[J]. 特种油气藏，1006-6335.2014.04.029.

正注聚单元个性调整技术

张　宁　陈孝芝　房朝连

（中国石化胜利油田分公司孤东采油厂）

摘　要　2014 年下半年油价断崖式下跌后，国际油价由 110 美元/桶降至 50 美元/桶，正注聚单元经济极限吨聚增油增大 40.2%，导致三采正注项目盈利差。为提高三采单元的开发效益，对化学驱不同开发阶段见效特征及增效潜力进行了详细分析研究，立足老项目提质提效，通过油藏极致开发，对正注聚单元分阶段进行了挖潜治理，形成了正注聚单元的四大个性调整技术：注聚前大角度转流场井网调整技术、注聚初期极端井治理技术、注聚见效期稳液增效技术、注聚回返期个性化井组延长注聚技术。这些正注聚单元个性调整技术矿场应用后，取得了较好的开发效果，对于开展化学驱的油田提高驱油效果及效益具有一定的指导意义。

关键词　个性调整；大角度转流场；极端井；稳液增效；井组延长注聚

1　概况

孤东油田位于山东省东营市河口区黄河入海口北侧。在区域构造上位于济阳坳陷沾化凹陷的东北部桩西-孤东潜山披覆构造带的南端，东南靠垦东-青坨子凸起，西南为孤南洼陷，西北为桩西洼陷，东北与桩东洼陷相邻。孤东油田是一个以上第三系馆陶组疏松砂岩为主要储集层的大型披覆背斜构造整装油藏。具有多套含油层系，多套油水系统和多种油气藏类型的较完整的大油田，根据断层的发育特征划分为 8 个区块[1]。

孤东油田主力单元自 1993 年进入特高含水开发阶段，为了进一步提高油藏采收率，自 1992 年孤东油田开始实施七区西小井距三元复合驱现场试验，后来先后实施了黄原胶驱、黏土胶驱、微生物驱、交联聚合物驱和聚合物驱，1994 年在七区西 5^{2+3}北部开展聚合物驱扩大试验，1997 年在七区西 5^{2+3}南部注聚区、七区西 5^4-6^2北部注聚区、八区、七区中和二区五个单元进行了工业推广，形成了聚合物驱主导技术系列，聚驱储量合计 5806 万吨，累增油 350 万吨，提高采收率 6.0%，聚合物驱取得了成功。在推广聚合物驱过程中，2003 年开始在七区西 5^4-6^1实施比聚合物驱提高采收率和含水下降幅度更大的二元复合驱先导，2006 年在六区东南开展二元复合驱扩大试验，2007 年在六区西北、三四区、八区 3-4、六区 3-5、七区西 5^4-6^1北部、七区西 6^{3+4}四类先导区、七区西 4^1-5^1单元进行工业推广，二元驱储量合计 7737 万吨，累增油 505 万吨，提高采收率 6.5%，二元复合驱同样取得了较好的效果。截止到 2014 年，适合化学驱的一二类优质储量已全部动用，剩余资源量主要以四类大孔道油藏为主，储量接替不足，2015 年底开始探索聚驱后油藏非均相复合驱扩大试验，储量 400 万吨，目前已初见成效，与注聚前对比无因次增油 2 倍。截止到目前，孤东油田已投化学驱项目 16 个，储量 13944 万吨，占孤东油田总储量的 63.4%，累计增油 833.53 万吨，平均提高采收率 6%，特别是“十一五”以来化学驱产量对采油厂相对稳产起到了关键作用，占采油厂产量的 40%以上。

2014 年下半年油价断崖式下跌后，国际油价由 110 美元/桶降至 50 美元/桶，导致三采正注项目盈利空间变小。孤东油田已投化学驱储量 13944 万吨，适合化学驱的一二类资源全部动用，剩余资源主要是四类大孔道油藏，储量接替严重不足，2014 年以来正注储量减少 3335 万吨，比 2013 年减少了 55%。正注项目整体处于注聚后期面临转后续水驱，接替矛盾进一步加剧，目前正注单元 6 个，占孤东已实施化学驱储量的 19.3%，其中注聚后期单元 5 个，平均注入 6.6

【作者简介】张宁（1985—），男，2011 年 6 月毕业于中国石油大学（华东），工程师，目前从事油田开发研究工作。E-mail：zhangning867.slyt@sinopec.com

年，累注 0.66PV。新投化学驱项目资源品位差，以Ⅳ类大孔道油藏和聚后非均相驱项目为主，且聚驱后油藏非均相驱提高采收率技术仍处探索阶段。另外，三采项目注聚设备一般设计使用 5 年，通过注聚末期项目个性化延长注聚，注聚设备可延长使用至 8~10 年，延长了设备的使用寿命，实现了地面设备资产经营增效。因此，低油价下必须树立极致开发理念，做细做精油藏开发，在对化学驱不同开发阶段的见效特点及增效潜力进行分析研究的基础上，通过不断的油藏流场调整、采油工艺配套等一体化个性调整技术，提高化学剂的利用效率，做优做实化学驱开发存量，实现化学驱的效益开发。

表 1　孤东油田化学驱资源评价及实施情况统计表

资源评价分类	类型	单元数	单元	储量
Ⅰ+Ⅱ类	结束单元	3	七区西 $Ng5^{2+3}$、八区西 5^4-6^2 北部	3025
	后续水驱	4	二区、六区 $Ng5^4-6^8$、七区西二元先导	4494
	正注单元	5	三四区、六区 $Ng3^1-5^3$、七区西 $Ng5^4-6^1$、八区 Ng3-4、七区西 $Ng4^1-5^1$	
	小计	12		13177
Ⅳ类	未投单元	2	七区西 $Ng6^{3+4}$(局部先导试验正注，366 万吨)、七区 $Ng6^2+6^{5-8}$	2219
合计		14	15396	

2　正注聚单元个性调整技术及应用

化学驱开发过程中由于受储层平面、层间及层内非均质、水驱时形成优势流线及井网等影响，在注聚过程中的不同阶段都出现了化学剂利用率低的问题，导致单元开发效益变差，盈利空间变小，主要表现在：注聚前井网形式固定，注入水沿优势通道低效循环；注聚初期化学剂沿优势流线推进，驱油段塞具有单向性、单层性，造成受效油井见效不均衡；注聚见效期随着含水不断降低，采液指数有所下降，化学驱产液能力与注水期相比一般下降 15%~30%，不能最大化地发挥化学剂降水增油作用；注聚后期含水回返油井比例逐渐增大，单元整体延长效益低，各井组增油及效益存在差异性。

针对注聚前注入水低效循环、注聚初期油井受效不均衡、注聚见效期产液能力下降导致见效效果变差以及注聚末期含水回返井比例大导致开发效益变差的问题，必须立足老项目提质提效，结合化学驱油藏不同开发阶段和特点，创新思路，实施“四个转变”，即注聚前井网调整期由井网完善向大角度转流场转变，注聚初期由优势驱替向均衡驱替转变，注聚见效期由降液降水向稳液增效转变，注聚回返期由整体延长向个性化井组延长转变，最大化的提高弱驱部位的动用程度，提高单元的开发效果，总结出了以下四项正注聚单元不同开发阶段的个性调整技术，并付诸实践，取得了较好的开发效果。

2.1　注聚前大角度转流场井网调整技术

孤东水驱主力单元自 1990 年调整为行列井网以来，井网多年未变，形式相对固定，油水井间形成了固定的优势通道。数模结果表明，注入水主要消耗在少数剩余油饱和度低的老水道区域[2]。

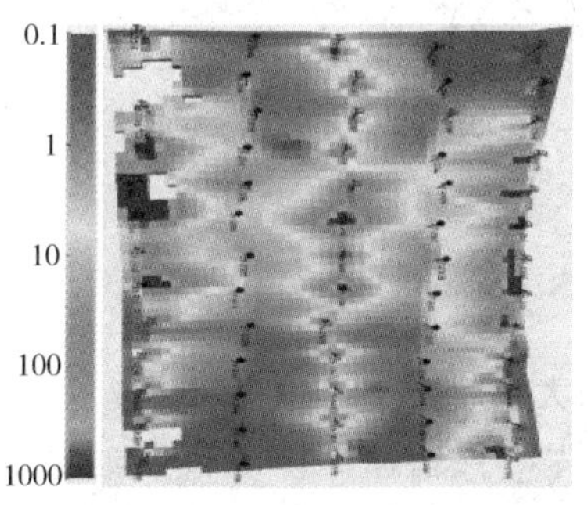

全区So=36%

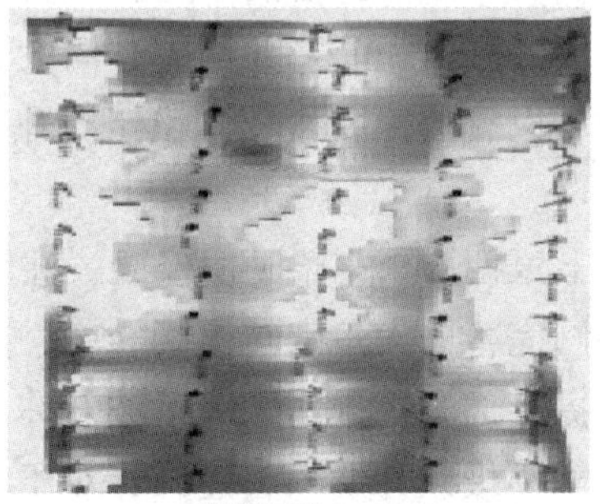
弱驱区域So=40%

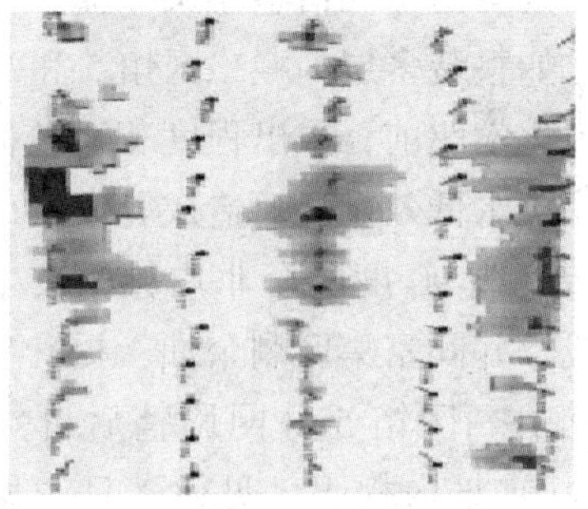
强驱区域So=25%

图 1　孤东七区西馆上 5^{2+3}层含水 98.1 时等效 PV 分布图

2011 年 6 月投注的七区西 6^{3+4} 先导采取原井网化学驱+超支化等工艺调剖无法解决老流线大孔道低效剂循环的问题，导致注聚效果较差。因此，在剩余油分析的基础上于 2013 年 2 月开展大角度转流线井网调整(见图 2)，避开老水道，扩大波及体积，实现了化学剂的高效利用。大角度转流线井网调整技术采取两种方式：一是采取油井排隔一转注，水井排隔一转抽，形成行列井网，流线方向转变 60°，避开大孔道方向；二是油井排隔一转注，形成九点井网，流线方向转变 60°，强化注采。同时纵向上层内射孔优化变流线，利用层内夹层实施全井封堵复射顶部，挖潜厚油层顶部剩余油。动态上对生产参数进行优化，老水井控制注入，弱化老流线，新水井强化注入，培养新流线，控制新转注水井和老水井日注水量比例为 2：1，确保波及体积的最大化。

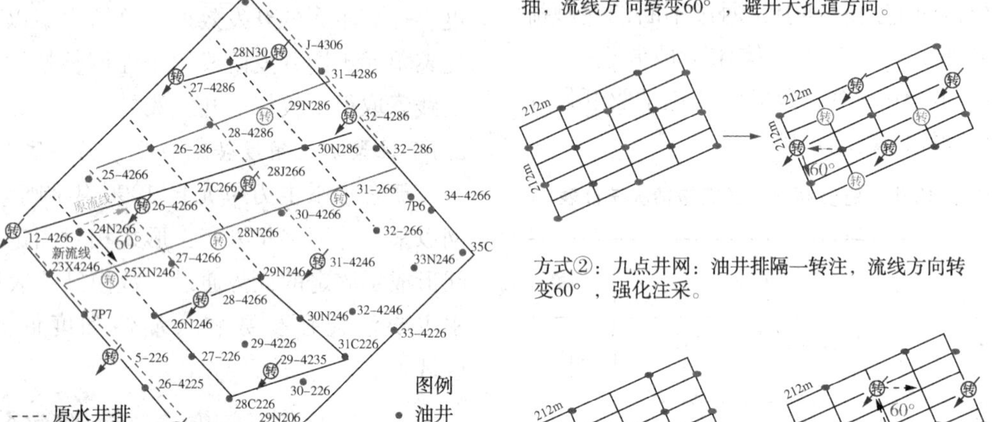

图 2　七区西 6^{3+4} 先导区转流线调整井网部署图

利用大角度转流线井网调整技术，实现了七区西 6^{3+4} 先导保留注聚区峰值产油量翻了 10.4 倍，目前仍有 7.6 倍，增油效果及效益好。试验表明，注聚井网由先前老井网完善向大角度转流场转变，可以有效提高波及体积，提升单元开发效果。

结合七区西 6^{3+4} 先导成功经验，注聚井网由先前老井网完善向大角度转流场转变，减少低效剂耗量，提高剂利用率，扩大了波及体积，探索出一条化学驱极致开发的新途径，对于其他同类注聚单元具有指导和借鉴意义。孤东油田其他注聚单元，如整装多层油藏二区馆 5 和八区 5-6 单元，实施化学驱前，采出程度相对较低，但流线固定，注入水低效循环，造成化学剂的浪费，通过细分转流线 90 度配套非均相驱技术，充分挖潜分流线及井间富集区剩余油，提升单元的开发效果，其中二区馆 5 井网调整后自然递减下降 4.1%，目前非均相驱已见效，日油增加 40 吨，与注聚前对比，无因次增油 2 倍，综合含水下降 2.1%，预计提高采收率 7.8%。

2.2　注聚初期极端井治理技术

注聚初期化学剂沿优势流线推进，驱油段塞具有单向性、单层性，造成受效油井见效不均衡，因此，提高化学剂效率和效益必须以均衡驱替扩大波及为目标，以分井组个性化注采设计和极端井综合治理为抓手，避免单向、单层突进，实现剂均衡驱替，才能实现化学剂波及最大化。

一是分井组个性化注采设计，缓解油藏非均质性。根据储层发育、流体性质、累计水油比、采出程度和注采能力等参数的非均质性个性化设计单井注采参数。同时针对储层、注入能力等非均质性问题，根据油藏需要通过单泵进口增设 PPG+聚合物母液计量调节流程实施地面注入化学剂单井配比可调，提高化学剂利用率。

二是极端井综合治理均衡注采，通过低成本化满足油藏需求。针对高液油井，采取限液+堵水等技术手段，弱化主流线；针对低液油井，采取防砂方式优化、酸化压裂及杆管泵匹配等技术手段，强化分流线；针对高压注入井，采取防砂解堵、注入差异化调整及局部升压等技术手段，强化注入，以二区Ng5聚后非均相驱为例，针对单元15口高压注入井启动压力高达13.3MPa，导致PPG无法有效注入的问题，通过实施增压泵局部升压，泵压由14MPa升至20MPa，有效保障了化学剂的正常注入，从而保证受效油井注聚见效，目前日油水平已翻倍；针对低压注入井，采取孤东特色低成本经济调剖技术封堵大孔道，根据注入井压降梯度分布，采取强、中、弱三段塞体系，强段塞主要采取高浓度冻胶，中段塞主要采取浮渣堵剂，弱段塞主要采取低浓度冻胶，达到堵剂的封堵能力与所处封堵位置的压降梯度相匹配，通过段塞优化，堵剂单方施工成本仅51元。通过应用低成本堵剂，优化注入工艺及施工参数，单井调剖成本降低16.2%，在成本压减的情况下能够保证油藏调剖需求，近三年来累计实施223口，平均注入压力上升1.9MPa，平均单井吸水厚度增加1.3m，对应井组增油4.01万吨，增量投入产出比1：2.6(表2)。

表2　极端井治理技术对策表

类型	类别	形成原因	治理对策
极端井	高压井	储层发育差、地层堵塞、累注高、化学剂阻力大	注入井防砂解堵、注入差异化调整、局部升压
	低压井	大孔道突进	调剖、注采强度调整
	高液井	优势流线能量高	限液+调剖，提高化学剂波及
	低液井	储层发育差、地层堵塞、机采设备问题	防砂方式优化、酸化压裂，杆管泵匹配

通过分井组个性化注采设计和极端井综合治理，化学剂由优势驱替向均衡驱替转变，提高了波及体积。化学驱项目平均产出液浓度下降47.6%，2015~2017年累计减少低效剂用量0.32万吨，折算降低药剂成本3840万元。

2.3　注聚见效期稳液增效技术

孤东油田化学驱见效后液量一般下降20%~30%，如果液量能保持稳定可多增油15%~25%。因此，化学驱见效期提质增效的关键是稳液增效。就如何稳液增效主要采取以下几方面技术手段。

一是油藏上研究明确了单元及单井最佳提液时机、采油速度及幅度。通过数值模拟和矿场实践，明晰化学驱单元见效阶段最佳产液速度在11%~15%；研究化学驱单元不同初含水最佳提液时机表明，整体见效后提液效果最佳。研究并明确了化学驱不同类型单井最佳提液幅度，通过建立精细数值模拟模型，研究不同类型单井最佳提液幅度10%~20%。

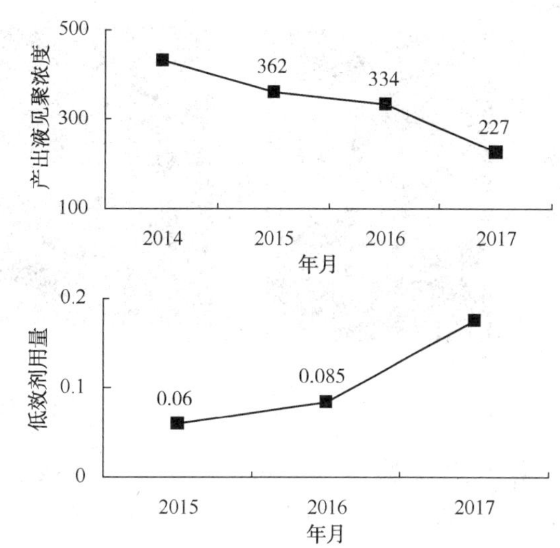

图3　孤东油田化学驱项目极端井治理效果图

二是工艺上按照油藏需求攻关配套防砂技术。通过微粒运移造成堵塞试验及吸附作用加剧堵塞试验研究，明确了化学驱见效油井堵塞物为交联聚合物与黏土及砂的混合物。针对油井堵塞问题，优化防砂方式，由固砂控砂的精细防砂向防排结合的适度防砂转变，重点开展了两项技术研究工作，一是自主研制高渗滤砂管防砂增效技术(图4)，通过改进过滤体与中心管结构，提高抗堵塞能力，能够有效降低防砂产生附加压降和排出粉细砂，提高油井液量；二是优化高饱和充填防砂增效技术，根据出砂形态模拟结果，推演不同施工参数、携砂液黏度、对最终充填层的密实程度、砾石-地层砂界面分布等影响，提出高饱和充填的工艺参数，提高单井液量。近几年通过大力度、多举措稳液增效，促使孤东化学驱项目液量均保持较好，“十二五”后投注的化学驱项目比十二五”前的无因次液量由0.78提高到0.93，有效保障了剂作用的最大化，多增油15.9万吨。

三是稳液提效的同时要注重未见效油井引效促效技术的应用。研究并明晰了化学驱未见效油井成因及调整对策(表3)，一是因储层发育差低液造成未见效，主要通过层系井点互换、储层改造或扩射，提液引效，如七区西4^5层7-31-306井区，由于原老井7-31-306井4^5层储层发育差，

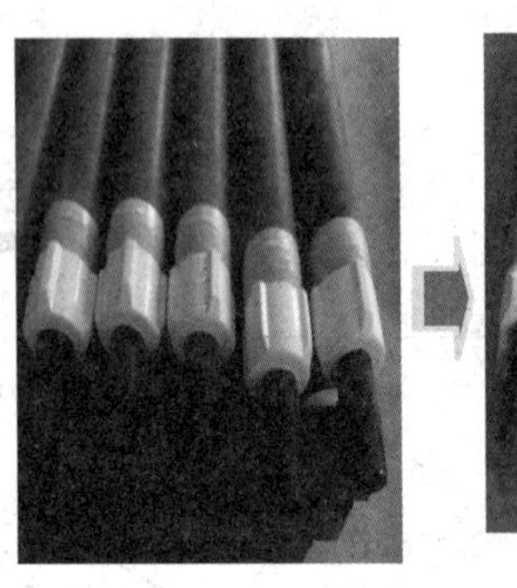

图 4　高渗滤砂管示意图

效厚仅 0.9m，渗透率 216mD，导致该井低液，一直未见效，通过邻井地层对比，距离 7-31-306 井距 80m 的 7-31-2306 井 4^5层储层发育好，砂厚 7.2m，效厚 6.1 米，渗透率 989mD，将 7-31-2306 归位 4^5 层采油，实施后井区日增液 40.6t，日增油 14.7t，通过层系井点互换，井区开发效果明显变好；二是因层间差异造成次要层注聚用量小未见效，主要通过平面注采调整或分层注聚强化注入增加用量，如八区 8-34C1011 井原为笼统注水井，根据注聚剖面，3^2 层吸聚量 80.3%，4^4层吸聚量 19.7%，层间非均质性造成 4^4层对应油井未见效，对该井实施分层注聚，控制 3^2层吸水量占 45%，提高 4^4层吸水量到 55%，强化次要层 4^4 层的注入，实施后井组日增油 3.7t，含水下降 7.3%，见聚浓度下降 172mg/L，另外，通过数值模拟流线模型搞清流线分布，针对性的开展注采调整抑强扶弱，提升开发效果。近年来共实施未见效井引效措施 102 井次，见效 95 井次，成功率为 93.1%。“十二五”后投注的化学驱项目的平均见效率达到 95.4%，比之前的项目高 7.4%。

表 3　孤东油田化学驱项目未见效油井成因及对策表

类别	形成因素	治理对策
未见效井	储层发育差低液	层系井点互换、储层改造或扩射
	平面或层间矛盾造成注入段塞小	通过平面注采调整或分层注聚强化注入增加用量
	大孔道发育窜聚	水井调剖或控制注采速度
	次流线或滞留区	转变流场由次变主

2.4　注聚回返期个性化井组延长注聚技术

在低油价下，注聚后期项目整体延长面临着经济效益差的问题。2016 年孤东三个整体延长注聚项目平衡油价平均 45.5 美元/桶，延长注聚吨聚增油 8.3 吨/吨，比 40 美元/桶延长注聚吨聚增油经济界限(10.6 吨/吨)低 2.3 吨/吨。同时单元各井组增油及效益存在差异性，无效注聚井组比例较大。为了提高注聚后期项目整体开发效益，必须要坚持“有效益井组延长，没效益井组转水驱”的理念，将注入尺寸、累采累注、吨聚增油、见聚浓度、含水等各项开发指标均细化到每个井组，由整体延长向个性化井组延长转移，实现注入末期项目的效益开发。个性化井组延长遵循“五停五不停”的原则，即注入 PV 大和见聚浓度高的井区、储层差和剩余油饱和度低的井区、处于含水回返期和失效期措施效果差的井区、注采对应差难见效的井区以及单层无潜力的井区停注聚，注入 PV 少和见聚浓度低的井区、储层好和剩余油饱和度高的井区、处于见效初期和高峰期的井区、注采对应好且有望见效的井区以及多层有层间接替的井区继续延长注聚。

围绕个性化井组延长技术重点开展以下研究，一是研究并明晰了化学驱项目内各井组的效益情况，通过“三线四区”单井评价系统表明，六区 3-5 等三个注聚末期项目盈利高效井占比 50%，高效井组仍具有延长注聚的潜力。二是建立延长项目政策界限图版。研究并建立了不同开发阶段不同驱油方法延长注入经济界限图版，为化学驱井组延长注入设计提供决策依据(图 5)。三是根据各井组效益差异优化注入。根据延长注入经济界限图版制定各类井组调整方向，即吨聚增油大于 40 美元/桶经济界限的井组延长注入，增产增效；吨聚增油在 40~50 美元/桶经济界限之内井组注聚耦合，提质稳效；吨聚增油大于 50 美元/桶经济界限的井组转入水驱，降低成本。

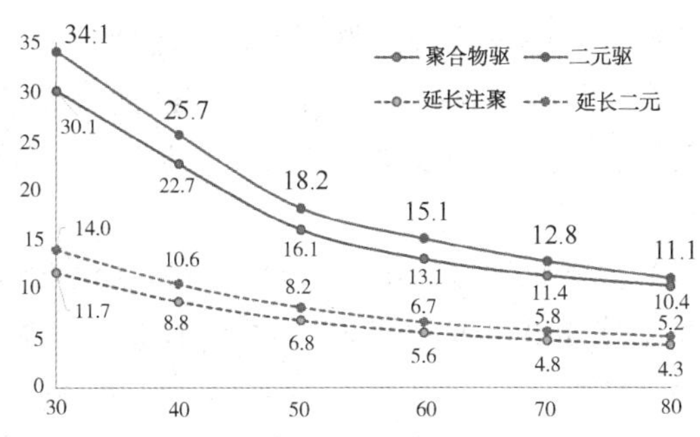

图 5　不同类型化学驱项目延长注聚界限对比图

重点开展了注聚耦合技术可行性研究，以孤东油田八区 Ng3－4 单元模型为基础，建立以 $Ng3^2$ 层为主的油藏数值模型，通过物模试验及数值模拟等技术手段，总结出注聚耦合技术机理，即注采耦合技术降低注采敏感性，注入液不再沿主流线突进，变驱替为汇流，在非主流线(边角区与油井间)产生新流线，扩大了聚驱波及，通过数值模拟方法，注采耦合可在降低化学剂用量的同时，增长含水率在低点持续时间，延长受效高峰期，可进一步提高原油采收率，同时对耦合结构及耦合周期进行优化，通过耦合结构对称型和不对称型数值模拟优化，根据采出程度模拟结果，推荐耦合对称型结构一轮次与二轮次时间比例为 1：1，在注采结构确定的基础上，应用不同耦合周期开展数值模拟优化，根据模拟采出程度结果，推荐每轮次开井时间为 3 个月。矿场实施后，八区 Ng3-4 单元 $Ng3^2$ 层 10 个注聚耦合技术试验井组月节约干粉 11.0 吨，节省化学剂费用 12 万元，吨聚增油提高 7.6 吨/吨。

同时配套差异化流场调整技术，提升开发效益。注聚末期，含水回返井比例不断增加，吨聚增油效果逐渐变差。通过数值模拟和室内试验研究了流场调整方式对化学驱效果的影响，以孤东油田七区西 $Ng5^4$-$Ng6^1$ 单元模型为基础，重新布井建立概念模型，进行化学驱流线分析，为了便于井网调整研究，在原有地质模型基础上，加入两层渗透率较低层位，构建储层纵向非均质性。共建立了四套井网调整模型，包括合层抽稀、分层抽稀、井网加密、井网转换和分层加密(图 6)。

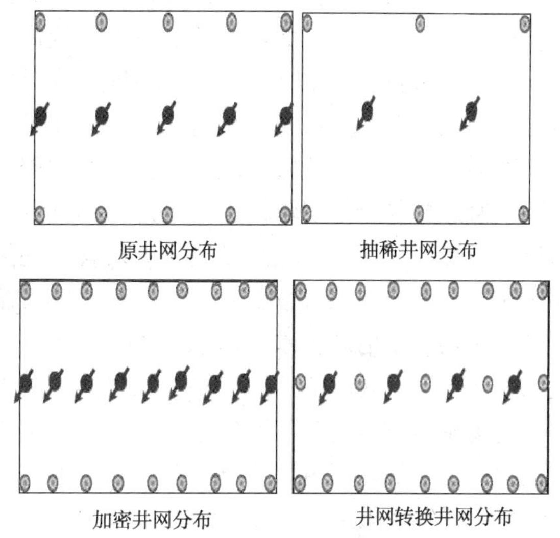

图 6　不同调整方式下井网分布图

相比基础方案，合层抽稀低渗井周围剩余油更富集，整体采出程度、吨聚增油较低；分层抽稀后，高渗层注采量减少，但井距增加，流线波及范围变大，剩余油总量相差较小，低渗层注采量增加，流线条数增加、波及范围变大，剩余油饱和度明显降低；井网加密效果较明显，能提高原油采收率约 0.7%～2%，但加密成本较高，导致折算后吨聚增油值过低，井网加密、井网转换后，流线波及范围明显变大，原油产量增加较大，井网调整对化学驱起到了引效作用，使得驱油剂可以波及更大的油藏范围，但由于打井费用太高，吨聚增油值低于基础方案；分层加密后，高渗层、低渗层波及范围变大，剩余油总量减少。因此，根据本次井网调整流线分析来看，对于正对井网，分层抽稀+段塞分段注入方案吨聚增油值最高，为 26.63t/t，对于正对井网，分层加密方案提高采收率最高，为 10.47%，数值模拟和室内试验研究表明：流场调整能扩大驱油体系作用范围，能够有效的提高采收率(表 4)。

表 4　不同井网调整方案吨聚增油和提高采收率柱状图

指标＼井网方案	基础方案	合层抽稀^1	合层抽稀^2	合层抽稀^3	合层抽稀^4	合层抽稀^1	合层抽稀^2	合层抽稀^3	合层抽稀^4	井网加密	井网加密^1	井网加密^2	井网调整	聚驱前抽稀	抽稀+段塞分段注入
吨聚增油/(吨/吨)	13.5	7.3	4.2	12.6	10.3	14.3	13.3	22.4	23.8	8.9	11.0	13.0	7.4	23.2	26.6
提高采收率/%	5.2	2.8	1.6	4.8	4.0	5.5	5.1	8.6	9.1	7.1	9.6	10.5	6.0	8.9	8.5

按照注聚回返不同阶段，研究并建立不同流场调整对策，即注聚回返初期：立足现井网，通过建立井组地质模型，利用数值模拟优化井组产液结构，引导并建立平面弱驱井点流线，提高动用程度，实现低成本转流线；注聚回返持续期：通过“层间接替调整、层内优化射孔”等技术手段堵截强驱层段，有效实现纵向转流线；注聚失效期：通过扶停、井别转换等措施进行局部井网调整，增加井间滞留区注采流线，降低含水回返井区流线强度，实现流场平衡。近年来，共实施差异化流场调整治理含水回返油井 119 井次，有效 108 井次，有效率高达 90. 8%，累增油 5. 8 万吨。流场调整有效提高了井组平面、层间及层内动用程度，见效特征由“V”型向多个“W”型转变（图 7），开发效果进一步提升。以八区 3-4 单元为例，通过个性化井组延长，配套差异化流场调整，2016-2017 年多增油 1. 8 万吨，当量吨聚增油增加 1. 3 吨/吨。2017 年 4 个注入末期项目实施了个性化井组延长配套差异化流场调整技术，2017 年比预计多增油 3. 1 万吨。延长注聚吨聚增油比经济界限(10. 6)高 3. 6 吨/吨(33. 9%)。

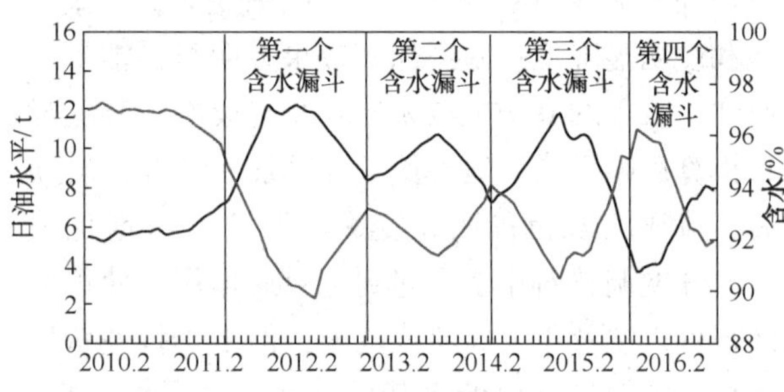

图 7　GO6-40-493 井组多次见效曲线

3　结论及认识

针对化学驱油藏不同开发阶段和特点，创新思路，转变观念，研究并实施正注聚单元个性调整技术，通过流场调整、极端井治理、稳液增效和个性化井组优化延长技术，有效地提高了化学剂的利用质量和效率，实现了化学驱单元的效益开发。

（1）化学驱项目经济效益显著增加。化学驱项目完全成本由 2022 元/吨下降至 1632 吨/吨，下降幅度达到 19. 3%；操作成本由 757 元/吨下降至 604 吨/吨，下降幅度达到 20. 2%；吨聚增油由 14 吨/吨提高至 17. 6 吨/吨，提高幅度达到 25. 7%。

（2）化学驱项目储量接替阵地更加明确。通过注聚末期单元流场调整、个性化井组优化延长注聚技术，化学驱项目注聚段塞延长 26. 4%，2015-2017 年累计比不延长多增油 9. 6 万吨，有效弥补无新项目投入和储量接替不足的矛盾。

（3）形成了适合孤东油田正注聚单元个性调整技术。正注聚单元个性调整技术覆盖了化学驱全过程，根据不同阶段开发特点采取不同的个性调整技术对策，即注聚前井网调整期转变流场，极致动用，挖掘潜力；注聚初期治理极端，均衡驱替，树立保障；注聚见效期稳定液量，差异延长，提升效益；注聚末含水回返期工艺配套，地面优化，提高质量。通过矿场实践证明，这些个性调整技术对于正注聚单元提质增效意义重大，同时对其他化学驱单元的效益开发具有一定的指导和借鉴意义。

参 考 文 献

[1] 窦之林，曾流芳，贾俊山．孤东油田开发研究．北京：石油工业出版社，2003.

[2] 毕义泉，王端平．胜利油田高效开发单元典型实例汇编．北京：石油工业出版社，2013.

低初黏可控凝胶调堵剂的研制及性能评价

周　泉　李　萍　刘士斌　吕　杭　王　力

（中国石油大庆油田采油工程研究院）

摘　要　针对聚驱后深部定点调堵的需求，减少聚驱后生产开发过程中注入液的无效循环，研发了一种以2500万部分水解的阴离子型聚合物、金属离子交联剂、调节剂、缓凝剂、增强剂组合的低初黏可控凝胶调堵剂体系。研究结果表明：该体系初始黏度10mPa.s以内；成胶时间10-40天内可控，成胶黏度2000mPa.s以上。体系耐矿化度可达20000mg/L，应用PH范围为8-9；对水测渗透率为0.48~3.9μm^{2}的岩心封堵率均在99%以上；可以满足现场的封堵要求，为油田深部调堵提供了有效的技术保障。

关键词　聚合物驱；低初黏；凝胶；深部调堵；性能评价

聚驱后油藏经过长期的聚合物驱油开采，油层非均质性更加凸显，窜流更加严重[1~8]。大庆油田聚驱后20口密闭取心井资料表明，聚驱后优势渗流通道厚度比例为16.9%。吸水及产液剖面表明，优势通道厚度比例接近20%，吸水比例达到了50%，低效循环严重且存在范围广，只单一增加调堵剂体系成胶黏度已经无法满足流度控制的需求，必须在调、堵的基础上扩大波及体积，优先封堵地层深部高渗透层、低残油优势渗流通道，控制无效循环，提高中、低渗透层的驱油效率，达到“堵、调、驱”的有机结合[9-12]。

目前的常规凝胶调堵剂初始黏度高，为50mPa.s以上，注入地层后易污染中、低渗透带，且压力上升较快，无法实现油层深部定点调堵。岩心实验亦表明，当调堵剂黏度大于20mPa.s时，进入中、低渗透层的调堵剂约为高渗透层的84%，造成严重污染[13-15]。因此，有必要研究低初黏可控凝胶调堵剂，可以顺利进入油层深部，达到深部调堵的作用[16-20]。

1　实验部分

1.1　主要材料和仪器

聚合物：相对分子质量2500×10^4，水解度为25%，有效固含量90%，工业品，大庆炼化公司；金属离子螯合交联剂CYJL：有效离子含量2.5%，工业品，大庆辐照中心；调节剂，分析纯，有效含量99.8%，廊坊鹏彩精细化工有限公司；缓凝剂，分析纯，有效含量99%，辽宁泉瑞试剂有限公司；增强剂，分析纯，国药集团化学试剂有限公司；配液用水为现场回注污水，矿化度为5522mg/L，离子质量浓度（单位mg/L）：Ca^{2+} 36.11、Mg^{2+} 20.61、HCO_3^- 2019.03、CO_3^{2-} 589.58、cl^- 1032.45、K^++Na^+ 1809.41、SO_4^{2-} 15.27；实验用岩心为石英砂环氧树脂胶结人造岩心，尺寸为4.5cm×4.5cm×30cm，水测渗透率为0.4~4.5μm^2。

主要仪器：AR2000ex型高黏流变仪（沃特世科技（上海）有限公司）；PL4002-IC型电子天平（梅特勒托利多仪器（上海）有限公司）；30-60型高速混调器（美国EMECO公司）；ISCO-260D高精度计量驱替泵（美国TELEDYNE ISCO公司）；BHC-II型岩心抽空饱和装置（江苏华安科研仪器有限公司）。

1.2　实验方法

1.2.1　成胶性能测定

用矿化度为5522mg/L的配置用水配置质量浓度为6000mg/L的聚合物母液。取部分母液稀释到实验所要求的浓度，将交联剂等组分溶解。将配置好的预交联体系搅拌均匀倒入广口瓶里，用高黏流变仪在45℃、剪切速率4.51s^{-1}下测定体系的初始黏度，然后放入45℃干燥箱内，观察成胶情况。

1.2.2　封堵性能测定

封堵实验步骤如下：水测渗透率→注入2PV低初黏可控凝胶→候凝（45℃、候凝10d）→后续水驱10PV，计算封堵率及残余阻力系数，驱替

【作者简介】周泉（1972—），男，高级工程师，大庆石油学院矿产普查与勘探专业硕士（2002），从事油田堵水调剖科研工作；E-mail地址：zhou-quan@petrochina.com.cn

流量为 4mL/min。

2 结果与讨论

2.1 聚合物浓度的筛选

不同浓度聚合物溶液对低初黏可控凝胶调堵剂成胶性能见表 1。交联剂浓度为 2000mg/L，缓凝剂浓度为 100mg/L，调节剂浓度 200mg/L，增强剂浓度 200mg/L。

表 1 不同聚合物浓度对低初黏可控凝胶成胶性能影响

聚合物浓度/(mg/L)	黏度/mPa · s								
	初始	3 天	5 天	10 天	15 天	20 天	30 天	40 天	60 天
200	10	3	3	3	10	3	3	3	3
500	27	8.93	8.75	46.89	176.2	235.2	289.8	1859	2263
1000	75	9.85	10	173.2	286.8	450.6	1134	2217	3859
1500	140	35	50	225	1670.8	4601	5548	6859	8120

实验结果(表 1)表明，随着聚合物浓度的增加，体系的初始黏度增加，其成胶黏度提高，低初黏周期缩短。当聚合物浓度为 200mg/L 时，体系不能成胶；当聚合物浓度达到 1500mg/L 时体系的初始黏度大于 10mPa · s，低初黏周期大大的缩短只有 10 天；而浓度为 500mg/L 与 1000mg/L 时体系的初始黏度小于 10mPa · s，低初黏周期相当，均为 20 天左右。选取聚合物浓度为 500~1000mg/L。

2.2 交联剂浓度的筛选

不同交联剂浓度对低初黏可控凝胶调堵剂成胶性能的影响见表 2。聚合物为分子量 2500×10^4^，浓度为 500mg/L，缓凝剂浓度为 100mg/L，调节剂浓度 200mg/L，增强剂浓度 200mg/L。

表 2 不同交联剂浓度对低初黏可控凝胶成胶性能影响

交联剂浓度/(mg/L)	黏度/mPa · s								
	初始	3 天	5 天	10 天	15 天	20 天	30 天	40 天	60 天
500	25	8.26	8.46	3.21	3.21	3.21	3.21	3.21	3.21
1000	26	8.65	8.53	16.89	24.76	135.6	221	1527.8	2059
2000	27	8.93	8.75	46.89	176.2	235.2	289.8	1859	2263
2500	27	9.59	17.56	69.76	287.9	470.9	1134	2217	2564
3000	26	34.56	79.79	294.22	928	1495	1856	2844	2851

实验结果(表 2)表明，在聚合物浓度相同的情况下，随着交联剂浓度的增大，体系的初始黏度变化不大，但是对其成胶黏度及低初黏周期有影响，当交联剂浓度为 3000mg/L 时，其初黏大于 10mPa · s，低初黏周期仅为 10 天；交联剂的使用浓度为 500mg/L 时，体系不能成胶。选取交联剂的使用浓度为 1000~2500mg/L。

2.3 调节剂浓度的筛选

通过加入调节剂，实现体系低初黏。不同调节剂浓度对低初黏可控凝胶调堵剂成胶性能的影响见表 3。聚合物为分子量 2500×10^4^，浓度为 500mg/L，交联剂浓度为 2000mg/L，缓凝剂浓度为 100mg/L，增强剂浓度 200mg/L。

表 3 不同调节剂浓度对低初黏可控凝胶成胶性能影响

调节剂浓度/(mg/L)	黏度/mPa · s								
	初始	3 天	5 天	10 天	15 天	20 天	30 天	40 天	60 天
0	27	38.93	48.75	116.89	276.5	335.2	489.8	1830	2290
200	27	8.93	8.75	46.89	176.2	235.2	289.8	1859	2263
500	26	7.92	7.55	34.89	125.88	217.9	267.5	1708	2245
800	26	6.92	5.55	24.89	85.88	117.9	167.5	144.5	142.3

实验结果(表3)表明，随着调节剂浓度的增加，体系的初始黏度随之降低。当调节剂的浓度为0mg/L时，体系初黏没有降低的过程，并且初始黏度大于10mPa·s，当调节剂的浓度为800mg/L时，体系初始黏度小于10mPa·s，但是其成胶黏度只有150Pa·s左右，属于弱凝胶。选取调节剂的使用浓度为200~500mg/L。

2.4 缓凝剂浓度的筛选

通过加入缓凝剂，实现体系成胶时间可控。不同调节剂浓度对低初黏可控凝胶调堵剂成胶性能的影响见图4。利用清水配制500mg/L的2500万分子量的阴离子型聚合物凝胶，交联剂浓度为2000mg/L，调节剂浓度200mg/L，增强剂浓度200mg/L。

表4 不同调节剂浓度对低初黏可控凝胶成胶性能影响

缓凝剂浓度/(mg/L)	黏度/mPa·s								
	初始	3天	5天	10天	15天	20天	30天	40天	60天
50	27	9.79	19.79	243.5	660.89	1175.88	2243	2253	2248
100	27	8.93	8.75	46.89	176.2	235.2	289.8	1859	2263
150	26	9.92	9.92	26.78	36.89	75.88	292.6	1060.7	2043
200	25	8.89	8.89	8.78	16.89	25.88	92.6	160.7	350.3

实验结果(表4)表明，随着缓凝剂用量增加，体系低黏度维持周期逐渐延长，但是成胶黏度降低；缓凝剂浓度50mg/L时，体系低初黏周期仅为10天；缓凝剂浓度200mg/L时，体系的低黏度周期为40天，但是其60天时成胶黏度仅为350mPa. s，缓凝时间过长；缓凝剂的使用浓度为100mg/L-150mg/L。

2.5 增强剂浓度的筛选

通过加入增强剂，保证体系的成胶黏度。不同浓度增强剂对低初黏可控凝胶调堵剂成胶性能的影响见表5。配制500mg/L的2500万分子量的聚合物凝胶，交联剂浓度2000mg/L，缓凝剂浓度为100mg/L，调节剂浓度200mg/L。

表5 不同增强剂浓度对低初黏可控凝胶成胶性能影响

增强剂浓度/(mg/L)	黏度/mPa·s								
	初始	3天	5天	10天	15天	20天	30天	40天	60天
0	28	8.966	15.71	24.76	121	127.8	220.48	873.905	908.55
100	27	8.944	9.384	28.56	146.8	165.2	267	1190	1758
200	27	8.93	8.75	46.89	176.2	235.2	289.8	1859	2263
300	27	9.85	12.71	143.5	232	404	849	2689	3115

实验结果(表5)可知，随着增强剂浓度的增加，体系的低初黏周期缩短，成胶黏度增加。当增强剂浓度为0mg/L时，体系的低初黏周期达到30天以上，但是体系的成胶黏度小于1000mPa. s；当增强剂浓度达到300mg/L时，体系的成胶黏度虽然达到3115mPa. s，但是其低初黏周期小于20天，选取增强剂的使用浓度为100-200mg/L。

2.6 体系耐矿化度性能

矿化度对低初黏可控凝胶体系成胶性能的影响如图1所示，500mg/L聚合物+2000mg/L交联剂+200mg/L调节剂+100mg/L缓凝剂+200mg/L增强剂。

实验结果(图1)表明，当矿化度在10000~50000mg/L时，随着矿化度的增大，低初黏可控凝胶体系均可成胶，只是其成胶黏度随之降低，但是其低初黏周期随着矿化度增加并未有明显变化。考虑到低初黏凝胶的成胶黏度，建议低初黏凝胶的适用矿化度为10000~20000mg/L。

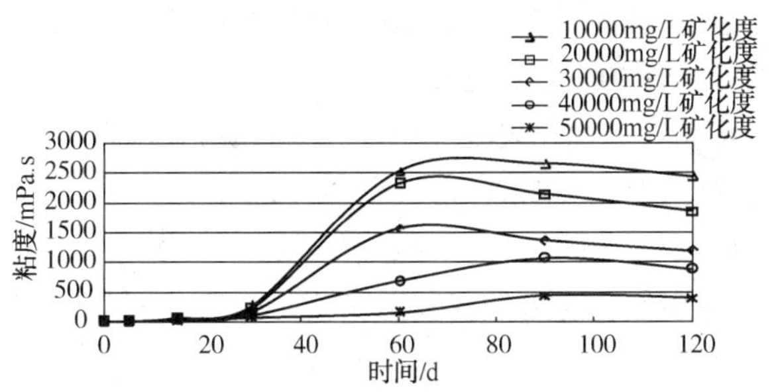

图1 低初黏可控凝胶调堵剂体系耐矿化度变化

2.7　体系适应 pH 值范围

pH 值对低初黏可控凝胶体系成胶性能的影响如图 2 所示，500mg/L 聚合物+2000mg/L 交联剂+200mg/L 调节剂+100mg/L 缓凝剂+200mg/L 增强剂。

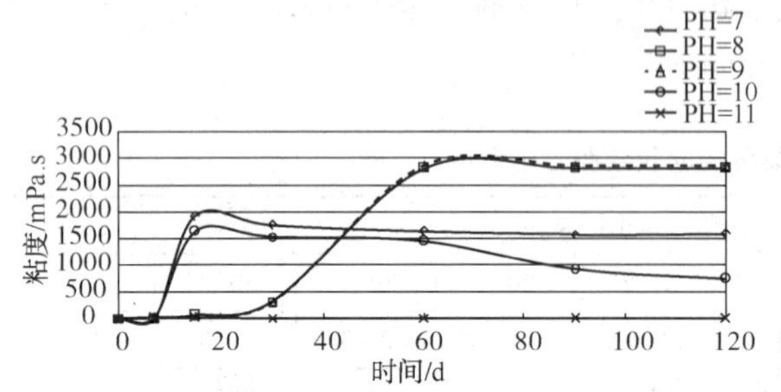

图 2　低初黏可控凝胶调堵剂体系 pH 值随时间变化

实验结果(图 2)表明，当 pH 值为 11 时，低初黏可控凝胶体系不能成胶，当 pH 值为 7 和 10 时体系虽然能够成胶，但是其低初黏周期大大的缩小，只有 5 天左右。当 pH 值在 8~9 之间时，体系初始黏度小于 10mPa·s，低初黏周期达到 30 天左右，成胶黏度达到 2500mPa·s 以上。

2.8　体系岩心封堵性能

低初黏可控凝胶体系对不同渗透率的岩心封堵效果见表 6。

表 6　岩心驱替实验记录表

编号	岩心渗透率/μm^2	注入压力/MPa	驱替压力/MPa	残余阻力系数	封堵率/%
1	3.922	0.0103	4.08	396.1	99.7
2	2.07	0.01952	4.81	246.5	99.6
3	1.364	0.02962	5.73	193.5	99.5
4	0.48	0.08416	8.05	95.6	99

1 号、2 号所用凝胶体系为：1000mg/L 聚合物+2500mg/L 交联剂+200mg/L 调节剂+150mg/L 缓凝剂+200mg/L 增强剂

3 号、4 号所用凝胶体系为：500mg/L 聚合物+2000mg/L 交联剂+200mg/L 调节剂+100mg/L 缓凝剂+200mg/L 增强剂

实验结果(表 6)表明：低初黏可控凝胶调堵剂对水测渗透率为 0.48~3.9μm^2 的岩心封堵率均在 99%以上，残余阻力系数为 95.6~396.1，这说明低初黏可控凝胶调堵剂对岩心的封堵效果很好。

2.9　三层岩心试验

利用聚合物驱后的 20 口取心井资料，统计了大庆油田萨中、萨北、萨南、喇嘛甸地区油层渗透率分级和厚度比例，据此设计了岩心实验的物理模型参数见表 7。

表 7　物理模型设计参数

储集层级别	厚度/cm	长度/cm	渗透率/μm^2
低渗透层	2.0	30	0.5
中渗透层	4.5	30	2.0
高渗透层	1.8	30	4.0

依据物理模型参数，进行了低初黏可控凝胶调堵剂的三层岩心实验，三层岩心不同驱替阶段分流率如图 3 所示。

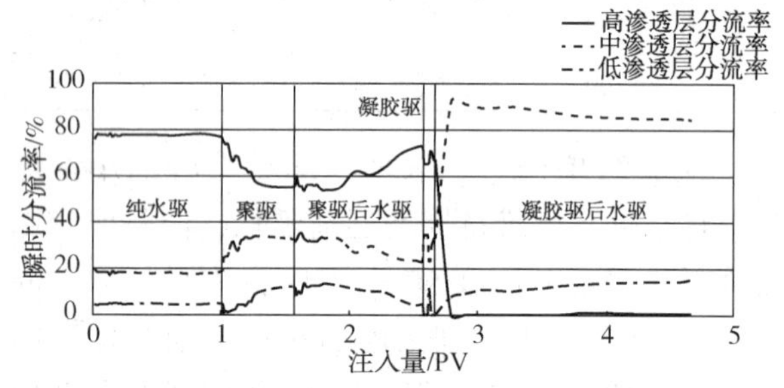

图 3　三层岩心不同驱替阶段分流率

实验结果(图 3)表明，注入量为 0.1PV，注入浓度为 1000mg/L，注入速度为 0.6mL/min，注入凝胶后，高、中、低渗透层分流率都得到了很好的改善，高渗层分流率为 0.7%，低渗层分流率为 14.3%，中渗透层分流率 85%，中、低渗透层改善效果明显提升。

3　结论

（1）低初黏可控凝胶体系配方为：500~1000mg/L 聚合物+1000~2500mg/L 交联剂+200~500mg/L 调节剂+100~150mg/L 缓凝剂+100~200mg/L 增强剂；

（2）低初黏可控凝胶调堵剂体系初始黏小于 10mPa.s，成胶时间 10~40 天内可控，成胶黏度 2000mPa.s 以上；

（3）低初黏可控凝胶调堵剂体系耐矿化度可达 20000mg/L，应用 pH 范围为 8~9；

（4）低初黏可控凝胶调堵剂体系具有较好的岩心封堵性能，对水测渗透率为 0.48~3.9μm^2 的岩心封堵率均在 99%以上；

（5）低初黏可控凝胶调堵剂体系三层岩心实验结果表明对高渗透封堵能力强，对中、低渗透层污染少。

参考文献

[1] 尹相文，靳彦欣，夏凌燕．聚驱后储层非均质性对堵水调剖试验选区的影响[J]．石油天然气学报，2012，34(8)：81-84.

[2] 张继红，李乘龙，赵广．用灰色模糊综合评判方法识别聚驱后优势通道[J]．大庆石油地质与开发，2017，36(1)：104-108.

[3] 郭兰磊．聚驱后油藏化学驱提高采收率技术及先导试验[J]．大庆石油地质与开发，2014，33(1)：122-126.

[4] 郭敏．聚合物驱后油藏合理产液水平研究[D]．中国石油大学(华东)，2011：6.

[5] 张莉，崔晓红，任韶然．聚合物驱后油藏提高采收率技术研究[J]．石油与天然气化工，2010，39(2)：81-84.

[6] 李爱芬，郭海滨，陈辉，等．聚驱后阳离子聚合物HCP提高采收率机理研究[J]．油田化学，2006，23(3)：256-259.

[7] 汪萍，常毓文，唐玮，等．聚合物驱油后提高采收率优化研究[J]．特种油气藏，2011，18(4)：73-76.

[8] 徐婷，李秀生，张学洪，等．聚合物驱后提高原油采收率平行管试验研究[J]．石油勘探与开发，2004，31(6)：98-100.

[9] 岳湘安．非牛顿流体力学原理及应用[M]．北京：石油工业出版社，1996.

[10] 戴彩丽，赵娟，姜汉桥，等．延缓交联体系深部调剖性能的影响因素[J]．中国石油大学学报，2010，34(1)：149-152.

[11] 朱健，刘伟利，李兴，等．聚合物驱后储层物性参数的变化特征[J]．油气地质与采收率，2007，14(4)：81-84.

[12] 赵晓非，杨明全，章磊，等．油田深部调剖技术的研究进展[J]．化工科技，2015，23(5)：75-79.

[13] 白宝君，周佳，印鸣飞．聚丙烯酰胺类聚合物凝胶改善水驱波及技术现状及展望[J]．石油勘探与开发，2015，42(4)：481-487.

[14] 张继红，朱正俊，王瑜，等．聚合物驱后凝胶与化学剂交替注入的驱油效果研究[J]．油田化学，2016，33(1)：81-84.

[15] 陈龙，于立新，史磊，等．改性酚醛树脂凝胶调剖体系在中温地层的应用[J]．石油钻采工艺，2013，35(2)：103-105.

[16] 许洪星，蒲春生，许耀波．预交联凝胶颗粒调驱研究[J]．科学技术与工程，2013，13(1)：103-105.

[17] 刘一江，刘积松，李琇富．预交联凝胶微粒在深度调剖中的应用[J]．油气地质与采收率，2001，8(3)：65-66.

[18] Chang Xuejun，Liu Xuejun，Wang Qunyi. Researches on the PAM/Cr3+ Gel for Deep Profile Control[J]. Petroleum Science，2004，1(1)：65—69.

[19] 杨中建，贾锁刚，张立会，等．高温高盐油藏二次开发深部调驱技术与矿场试验[J]．石油与天然气地质，2015，36(4)：681-687.

[20] 王苹，戴彩丽，由庆，等．抗剪切耐盐无机铝凝胶深部调剖剂研究[J]．油气地质与采收率，2013，20(6)：100-103.

特低渗油田适度温和注水技术研究与应用

王香增　党海龙　赵习森　高　涛　石立华

（陕西延长石油（集团）有限责任公司）

摘　要　为探索提高特低渗油藏水驱开发效果，解决该类油藏水窜、水淹问题。以延长油田子长地区长 6 油藏为研究对象，研究了制约静态渗吸驱油效率的主控因素，结合核磁共振测试明确静态渗吸作用对水驱效率的贡献。研究表明：1 储层渗透率和孔隙度越大、水相润湿指数越大、初始含油饱和度越大，越有利于渗吸作用的发生。2 渗吸作用对驱油效率的贡献程度与孔-吼微观结构相关，当驱替速度为 0. 1ml/min 时，孔-吼半径从 0. 1um 增加到 1. 0um，渗吸贡献率从约 80%降低到约 25%。通过矿场实践证明充分发挥渗吸-驱替双重作用驱油机理的“适度温和”注水技术可显著提高裂缝性特低渗油藏注水开发效果。

关键词　特低渗油藏；渗吸-驱替；核磁共振；矿场实践；适度温和注水

随着复杂裂缝性油藏的开发和非常规油气储集层体积压裂增产技术的发展，渗吸作用成为裂缝性油藏温和注水开发、压裂改造后油气储集层注水吞吐采油的重要机理。国内外对渗吸作用机理进行了大量室内实验研究[1-20]，前人主要通过实验分析渗吸对水驱采收率的影响，以及其影响因素敏感性实验研究。实验方法从静态渗吸发展到动态渗吸，实验样品从基质单一介质发展到裂缝-基质双重介质。研究认为：驱替速度、岩石润湿性、初始含水饱和度、渗透率、流体性质对渗吸采收率的影响较大。Graham（J. Graham，1959）和 Robert（Robert W，1972）先后用三角形和方块模型完成了渗吸实验研究；Blair（Blair P. M.，1962）研究发现，在自吸作用一定时期后，逆向自吸的原油产量和采收率随着原始水饱和度的增加而减小；Parson RW 和 Iffly R 等人（R. Iffly，1972）用称重法和毛管法完成了渗吸实验；Ding（Ding M.，2006）利用核磁共振研究了气藏渗吸机理；Olafuyi（Olafuyi O. A.，2007）进行了顺向自吸实验，并证明小基质得到的实验数据的可靠性。裴柏林（裴柏林，1994）等应用常规称重方法（去掉附在岩心壁面上油珠收集称重）研究渗吸曲线的测定，陈淦（陈淦，1994）对裂缝性砂岩油藏岩心进行了渗吸实验，结果表明渗吸时间和渗吸效率之间存在较强的规律性；杨正明（杨正明，2001；杨正明，2004）朱维耀（朱维耀，2002）、程晓倩（程晓倩，2013）将室内实验和核磁技术相结合，系统的研究了各种因素对渗吸的影响；王锐等（王锐，2012）从微尺度和常规岩心尺度条件下，分别进行了不同管径下的液体自吸实验和不同渗透率岩心中的渗吸实验，从微观和宏观上证明了低渗透油藏中渗吸采收率贡献率大于中、高渗油藏。Treiber，Archer 等（Treiber L. E.，1972）统计发现，改变岩石的润湿性对促进裂缝性低渗油藏的渗吸排油作用有着重大的意义。Keijzer（Keijzer P. P. M.，1990）、Cuiec（Cuiec L.，1999）、Zhou（Zhou X.，2000）和 Austad（Austad Tor，2003）等研究了不同润湿性岩心的渗吸实验，评价和分析了渗吸速度、渗吸深度和渗吸采出程度等参数及其影响因素。马小明（马小明，2008）通过室内实验研究，对裂缝性低渗油藏基质自然渗吸规律和脉冲渗吸动态规律进行了研究，为此类油藏的开采提供了理论依据。

适度温和注水是近年来延长油田在大量实验研究、矿场实践的基础上提出的一种合理有效的注水方式，在特低渗藏注水开发中取得了较好的效果。本文以延长油田长 8 储层的岩心为研究对象，开展存在裂缝情况下的动态渗吸，研究了驱替速度、岩石润湿性、初始含水饱和度、渗透率

【基金项目】陕西省科技统筹创新项目“延长难采储量有效动用开发技术研究”（2016KTCL01-12）。

【作者简介】王香增（1968-），男，河南滑县人，博士，陕西延长石油（集团）有限责任公司教授级高级工程师，主要从事特低渗油气开采工程技术研究工作。E-mail：sxycpcwxz@ 126. com

对渗吸采收率的影响，通过大量核磁共振测试揭示渗吸作用对驱油效率的贡献程度，通过矿场大量实践适度温和注水方式对水驱开发效果的影响。

1 研究区储层特征

延长油田位于鄂尔多斯盆地，地表为黄土塬地貌，主力油层中生界三叠系延长组和侏罗系延安组，构造不发育，为典型特低-超低渗岩性油藏，开发难度极大。岩性为砂岩，岩石主要由石英、长石碎屑组成，常见长石被溶蚀现象。黏土矿物可见有少量分布于粒间的花瓣状绿泥石和伊蒙混层矿物，偶见粒间孔和微裂缝发育(图 1)。

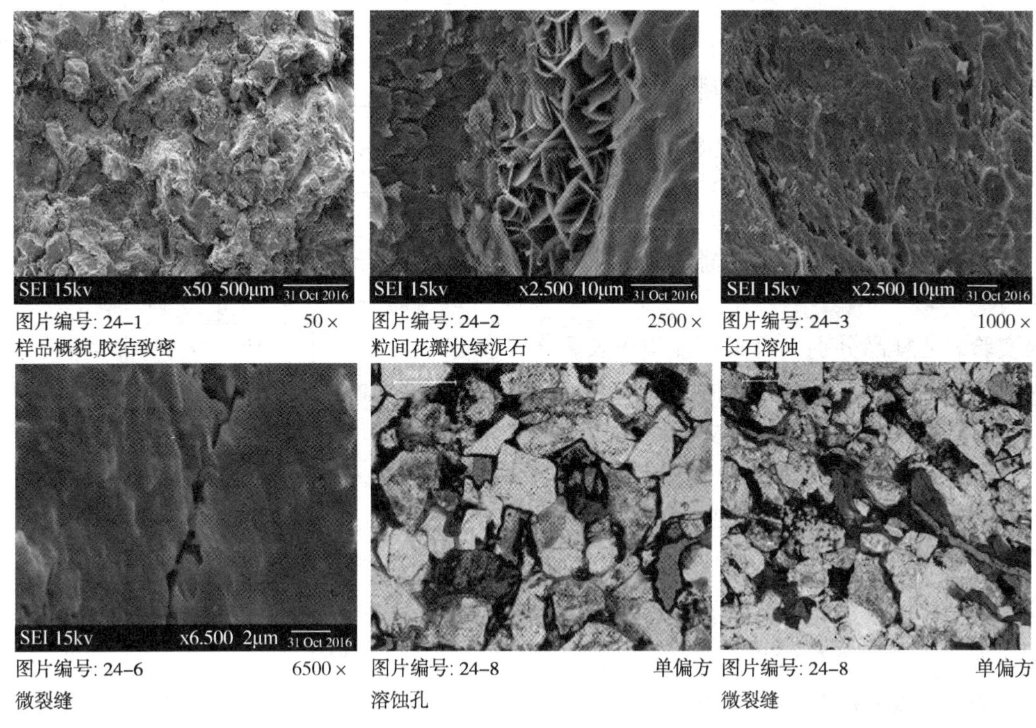

图 1 延长油田储层微观特征

特低渗储层在开发过程中，都要经过大规模的压裂，这类油藏在宏观上存在大裂缝、微裂缝和基质。基质是特超低渗油藏原油主要储存空间，基质十分致密，启动压差大，难以建立有效驱替；裂缝启动压差小，是油水流动的主要渗流通道。由图 2 得出：岩样基质平均启动压力梯度(0.04MPa/m)是微裂缝平均启动压力梯度(0.002MPa/m)的 20 倍。因此，在特低渗开发中，裂缝中流体由于启动压力小首先被快速采出，基质中存在大量剩余油需要借助渗吸作用不断采出。

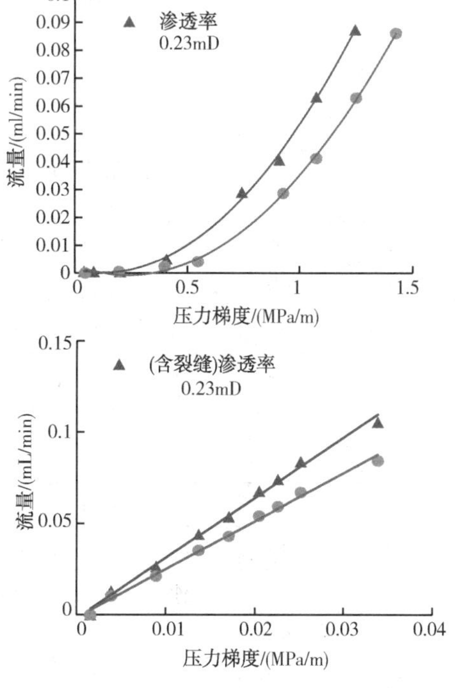

图 2 延长油田储层启动压力梯度曲线

2 渗吸-驱替实验测试

2.1 实验样品及设备

延长油田地面原油密度为 0.843~0.862g/cm^3、平均 0.849g/cm^3，地面原油动力黏度为 4.28~8.89MPa·s、平均 6.22MPa·s，凝固点为-6~22℃、平均 7.4℃，含硫为 0.004%~0.131%、平均 0.068%。实验用油选取 5$^\#$白油(与延长油

田原油相关系数相近）。同时研究区长6油层组地层水为氯化钙（$CaCl_2$）水型，总矿化度为91338.4mg/L、氯离子含量26739.8～66012.5mg/L、平均53760.5mg/L、pH值6.53～7.37、平均6.85。实验用渗吸液是根据延长油田提供地层水资料进行配置的矿化度为91g/L的地层水。

实验岩心选自延长油田提供的岩心，实验设备主要有玻璃渗吸瓶、抽真空饱和装置、烘箱、Brookfield流变仪、气测渗透率装置、电子天平、电子游标卡尺等。核磁测试实验采用Geospec2/53核磁共振岩心分析仪，设备主要指标永磁磁体2MHz，探头50mm，一维梯度电流55A，重复性：3%以内。

本次实验岩心样品分别来自延长油田子长采油厂子探3071井，以及七里村采油厂郭539井，其中子探3071井29块岩心，郭539井9块岩心，共计38块。岩心所取层位均为长6储层，其中子探3071井的取心位置为垂深535～545m，郭539井的取心位置为垂深486～490m。此外，本此研究还选用了部分中高渗人造岩心作为补充实验组，详细样品参数请见表1。

表1　实验岩心样品基本参数

序号	岩心号	长度 L/cm	直径 D/cm	孔隙度 ϕ/%	渗透率 k/mD
1	子-1	2.54	2.544	10.77	1.78
2	子-2	4	2.534	11.07	1.78
3	子-3	6.884	2.53	10.86	1.249
4	子-4	8.106	2.538	10.59	1.082
5	子-5	7.956	2.54	9.62	0.035
6	子-6	8.05	2.53	10.01	0.054
7	子-7	8.06	2.54	9.17	0.028
8	子-8	8.016	2.536	10.37	0.06
9	子-9	8.014	2.538	9.12	0.025
10	子-10	7.986	2.54	9.68	0.041
11	子-11	4.391	2.531	7.57	0.01
12	子-12	8.08	2.53	9.57	0.503
13	子-13	8.07	2.54	8.53	0.212
14	子-14	8.09	2.53	7.56	0.11
15	子-15	8.068	2.54	5.22	0.052
16	子-16	7.958	2.54	3.54	0.011
17	子-17	3.39	2.532	8.01	0.081
18	子-18	5	2.532	8.19	0.081

续表

序号	岩心号	长度 L/cm	直径 D/cm	孔隙度 ϕ/%	渗透率 k/mD
19	子-19	6.013	2.535	8.04	0.084
20	子-20	8.114	2.52	8.2	0.076
21	子-21	8.16	2.54	8.06	0.012
22	子-22	8.14	2.542	7.92	0.011
23	子-23	8.006	2.53	7.91	0.015
24	子-24	8.296	2.538	7.94	0.016
25	子-25	8.106	2.538	10.59	1.082
26	子-26	4.03	2.45	11.82	1.784
27	子-27	4.028	2.45	11.85	1.784
28	子-28	4.032	2.538	11.31	0.866
29	子-29	4.028	2.538	11.32	0.866
30	七-1	8.03	2.436	10.6	0.179
31	七-2	8.04	2.45	10.42	0.151
32	七-3	8.04	2.426	11.33	0.243
33	七-4	8.1	2.42	11.36	0.266
34	七-5	8.1	2.42	11.27	0.186
35	七-6	8.078	2.422	10.72	0.182
36	七-7	8.028	2.454	10.6	0.191
37	七-8	8.13	2.43	10.68	0.157
38	七-9	8.052	2.45	11.02	0.812
39	B-1	7.68	3.83	22.25	998
40	B-2	7.61	3.82	22.61	1035
41	B-3	7.58	3.83	22.58	1002
42	B-5	7.62	3.83	22.8	986
43	B-7	7.55	3.82	22.85	1030
44	B-8	7.68	3.82	23.03	1087
45	B-10	7.64	3.83	22.76	976
46	B-11	7.53	3.82	22.66	1056
47	B-12	7.582	3.82	22.74	100
48	B-13	7.579	3.828	23.03	500
49	B-14	7.652	3.826	21.85	992
50	B-15	7.574	3.824	21.92	996
51	B-16	7.628	3.832	22.04	986
52	B-17	7.598	3.83	22.26	1003
53	B-18	7.01	2.5	19.71	40.102
54	D-1	7.09	2.5	27.49	39.883
55	D-2	5.434	2.505	21	89
56	C-1	4.201	2.5	18.28	38
57	C8-1	5.12	2.5	0.262	9.48
58	C8-2	5.165	2.51	0.263	9.51

2.2 实验步骤

静态渗吸实验流程：① 将岩心编号并用量取各岩心的几何尺度（长度和直径）；

② 清洗残留在岩心中的杂质（原油、沥青等），直到清洗液的颜色不发生变化为止；

③ 清洗干净后，在高温下烘烤岩心 8h 以上，让其冷却干燥后，取出称重，直到前后两次的质量差小于 0.01g，取平均值为岩心干重；

④ 岩心烘干称重后，测量岩心的基本实验参数；

⑤ 制造不同条件下的渗吸样品，将岩心 T-1~T-5 侵入含水烧杯中，使水完全淹没岩心，浸泡一段时间，排出岩心中的气体，此时的岩心饱和水；然后将饱和水的岩心放入岩心加持器中，以一定的驱替速率进行驱替，制造不同含水饱和度下的岩心。

⑥ 进行渗吸实验：将该岩心悬挂于分析天平之下，完全侵没于测试液体中，进行渗吸实验，此时岩心随时间的质量变化则会通过数据传输系统记录在电脑上，该实验进行到岩心质量不再增加为止。

⑦ 渗吸采出程度的计算表达式为：

$$R=\frac{\Delta m}{V_o(\rho_w-\rho_0)} \tag{1}$$

Δm 是时刻岩心质量变化值，g；Vo 是岩心中饱和油的体积，cm^3；R 是 t 时刻岩心的静态渗吸采出程度，%。

渗吸-驱替核磁测试流程：① 取心，将取回的岩样洗油后烘干，并测量孔隙度及渗透率；② 将岩心置入高压饱和装置中，饱和地层水，然后用驱替装置驱替饱和地层水；再将岩心驱替饱和实验模拟用油，建立束缚水；③ 将岩心置入装有锰水的烧杯中，开展自发渗吸实验；并每段时间过后进行核磁测量；待曲线上下幅度在 3%以内停止自发渗吸（默认为仪器测量误差），开展驱替实验；④ 自发渗吸结束后，用核磁共振仪扫描获得 T2 谱。然后再以一定速度进行驱替实验，驱替结束后再次扫核磁获得 T2 谱；⑤ 自发渗吸结束扫描得到的 T2 谱和驱替结束后得到的 T2 谱绘制在一起。根据 T2 谱与 X 轴包围的面积计算驱油效率，计算公式为：

$$E=\frac{A_0-A_1}{A_0} \tag{2}$$

其中 A_0 为自发渗吸结束后的 T2 谱与 X 轴包围面积，A_1 为驱替结束后 T2 谱与 X 包围面积。

2.3 实验结果及讨论

2.3.1 静态渗吸驱油效率影响因素

为了分析影响渗吸-驱替效果的主要因素，开展了裂缝与基质之间动态渗吸实验，对比了岩心渗透率、孔隙度、初始含水饱和度、界面张力、矿化度、润湿性、岩心尺寸及流体黏度等参数对动态渗吸作用的影响。

由图 3a 可知，渗透率越好越有利于渗吸的进行，渗透率越大，渗吸速度越快，渗吸驱油效率越大。由图 3b 可知，岩心孔隙度越大，渗吸速度越大，渗吸驱油效率也越大并成较好的线性关系。由图 3c 可知，含水饱和度越大，毛管压力越小，且注入水置换油的机率和接触范围变小，渗吸作用减弱。由图 3d 可知，润湿角越小，亲水性越强，渗吸驱油效率也随之增大，渗吸速率也相应增加。亲水性有利于油水渗吸过程，有利于提高渗吸驱油效率，渗吸驱油效率与润湿性的关系近似为 $R=40.569\ e^{-0.012\theta}$。从结果来看，润湿角最小为 11.2°时，即表面活性剂浓度为 0.1%的条件下最适合实际生产活动。

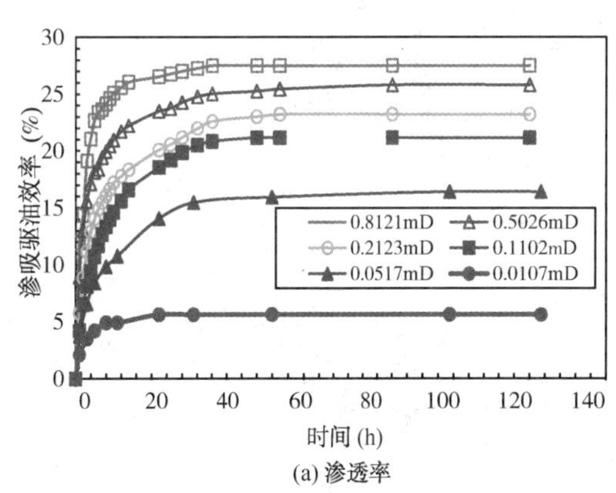

(a) 渗透率

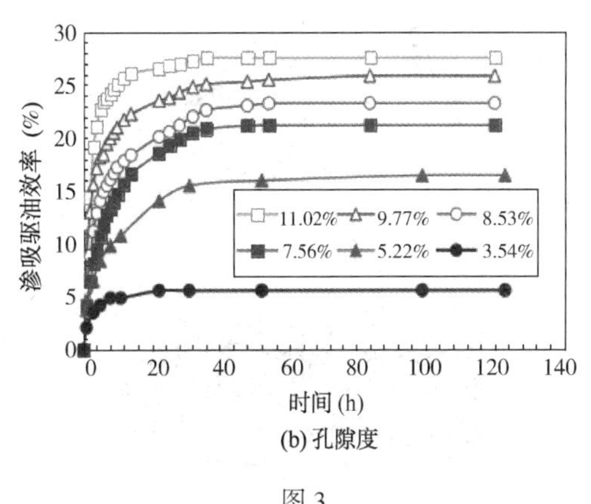

(b) 孔隙度

图 3

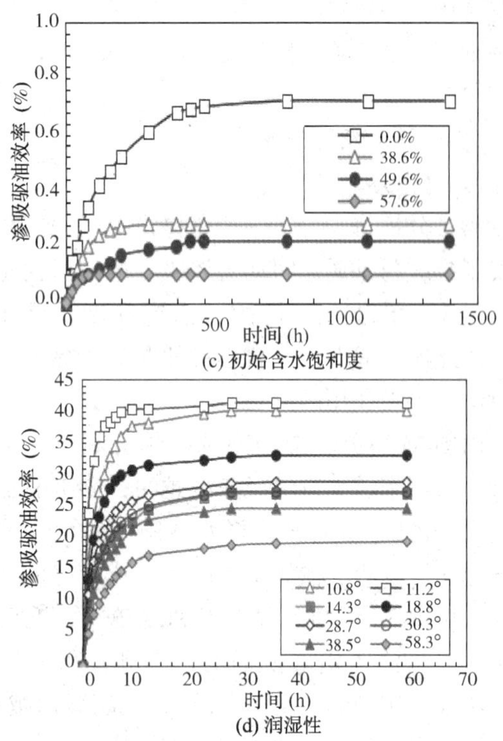

图 3　储集渗透率(a)、孔隙度(b)、含水饱和度(c)润湿性(d)对渗吸驱油效率的影响

2.3.2　渗吸-驱替核磁测试分析

为分析渗吸作用对驱油效率的贡献程度，将岩心自发渗吸结束后以不同驱替进行驱替实验，测定不同阶段的 T2 谱分布曲线，见图 4。从图分析得出：C8-1 号岩心驱替速度分别为 0.02mL/min、0.04mL/min、0.06mL/min 时，自发渗吸贡献率分别为 75.54%、52.83%、21.12%，平均为 49.83%；C8-2 号岩心驱替速度分别为 0.02mL/min、0.04mL/min、0.06mL/min 时，自发渗吸贡献率分别为 68.68%、64.59%、21.12%，平均为 50.98%。

3　渗吸-驱替理论分析

在半径为 r 的毛管中有油水两种液体在驱替压差(P_1-P_2)的作用下发生层流流动，流体黏度分别为 u_w(水)和 u_o(油)，水为湿相，油为非湿相，如图 5 所示。

现在同时考虑黏滞力和毛管力的作用，推导两相界面运动的公式分别考虑液面两侧的两个单相流动，在 t 时刻，根据毛管流速公式(中心流速)可以得出：

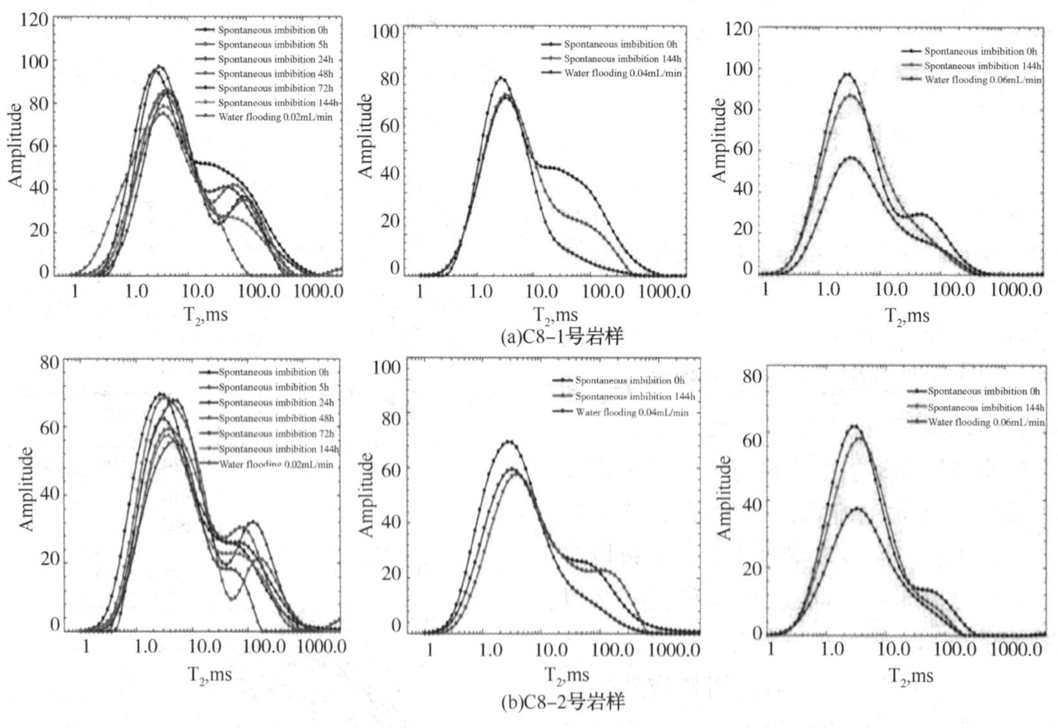

图 4　自发渗吸+驱替 T2 谱分布曲线

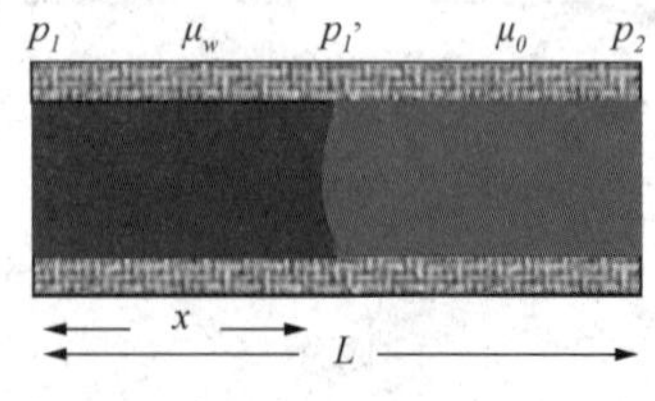

图 5　油水活塞式驱替示意图

渗吸驱替方程：

$$4(\mu_w-\mu_o)x_1^{\ 2}+8\mu_0 Lx_1-r^2(\Delta P+P_c)t=0 \quad (3)$$

当驱油过程完成时有：

$$4(\mu_w-\mu_o)L^2+8\mu_0 L^2=r^2(\Delta P+P_c)t_{\max} \quad (4)$$

在相同的时间下，渗吸驱油可表示为：

$$4(\mu_w-\mu_o)X_1{}^2+8\mu_0LX_1=r^2(\Delta P)t_{\max} \quad (5)$$

两者相比：

$$\frac{P_c}{P_c+\Delta P}=\frac{1}{\mu_w+\mu_0}\left[2\mu_0\frac{X_1}{L}+(\mu_w-\mu_0)\left(\frac{X_1}{L}\right)^2\right] \quad (6)$$

这是一个二次方程，知道半径，求得毛管力，就可求出 X_1/L，然后就分别分析贡献率。基于以上分析，进一步探讨渗吸驱替过程中，毛管力和驱替作用力各自的贡献。取油水界面张力的取值为 40mN/m，延长低渗油藏原油黏度介于 4～5MPa·s，此处的原油黏度取值为 4MPa·s。

基于以上参数，分析驱替压差和渗吸毛管力对驱油的贡献大小。从图 6 中可以看出，孔隙尺度越小，渗吸驱油量的贡献程度越大，在半径小于 100nm 的孔隙中，在 0.1MPa 的驱替压差作用下渗吸作用的贡献程度接近 80%，随着孔隙尺度的增大，毛管力减小，则渗吸作用减弱，当孔隙半径超过 1000nm 时，在 0.1MPa 的驱替压差作用下，渗吸作用的贡献程度约为 25%，且贡献程度还会随着驱替压差的增大而减弱。

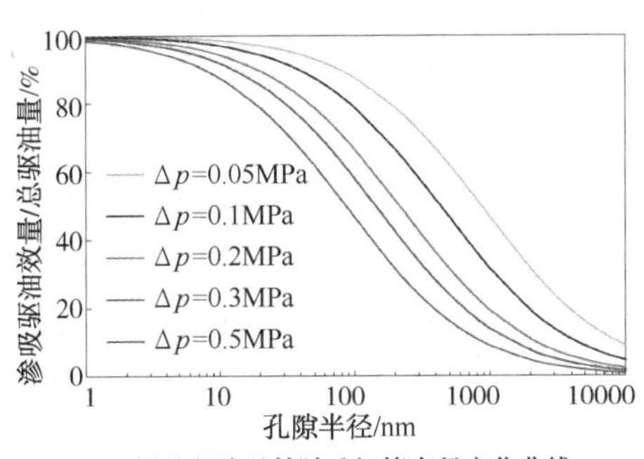

(a)压差驱油贡献随毛细管半径变化曲线

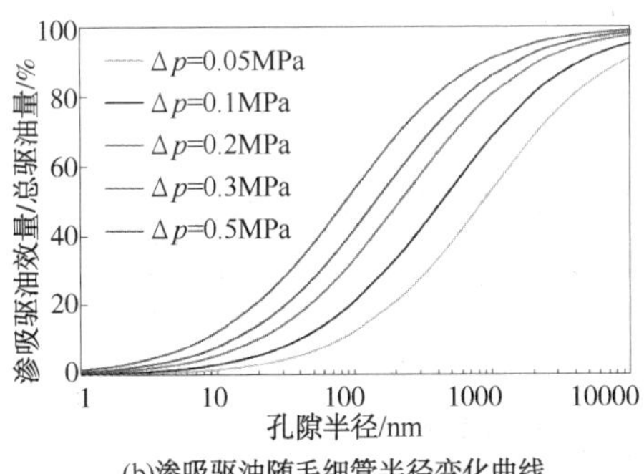

(b)渗吸驱油随毛细管半径变化曲线

图 6　压差驱油量(渗吸驱油量)随毛细管半径的变化

为了进一步对比驱替作用和渗吸作用的相对强弱，定义 β 表示渗吸驱油量和压差驱油量的相对比值，β 随压差和孔隙尺度的变化如图 7 所示。孔隙尺度越小，β 越大，表明渗吸驱油的贡献程度就越大，在一定条件下，渗吸作用的贡献程度甚至比驱替作用高出一个数量级，进一步强调了渗吸作用在低渗/致密油藏中的作用。

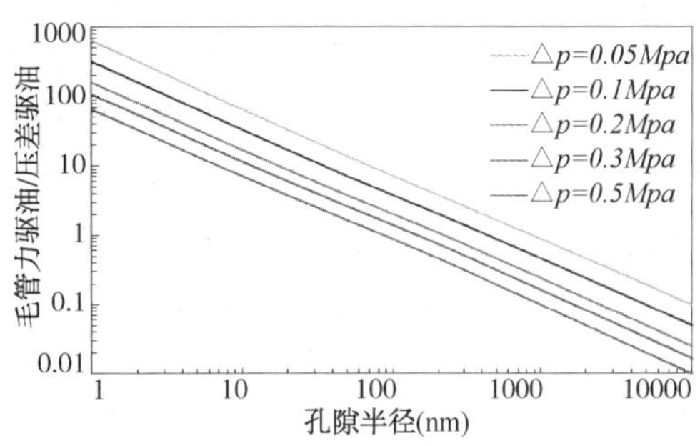

图 7　毛管力驱油随毛细管半径的变化曲线

特低渗油藏大规模压裂后，形成高导流能力的复杂裂缝网。流体在裂缝与基质之间产生介质交换。压力梯度作用下，水在裂缝内流动，同时在毛细管力作用下水渗吸到基质内，渗吸到基质中的水将油替换出来渗流到裂缝中，注入水再将裂缝中的油驱替到出口端(图 8)，对于特低渗裂缝发育、亲水性、油水黏度比较小的油藏，渗吸作用对水驱采收率的提高极其重要，因此该类油藏有必要进行适度温和注水矿产时间。王香增教授提出了适度温和注水技术，并阐述了适度温和注水的本质内涵及合理注水参数优化技术[21]。为进一步阐明适度温和注水效果，需要不断的进行矿场实践。

图 8　裂缝与基质渗吸交换的物理模型示意图

4　适度温和注水矿场应用

4.1　浅层水平缝适度温和注水区块

试验区位于延长油田七里村采油厂野猪峁油区南部，为弹性—溶解气驱油藏，油层埋藏浅，油水分异不明显，无明显油水界面，主力油层为长 612，含油面积 0.45km²，地质储量储量 23.33×10⁴t，平均油藏埋深 595m，该区原始地层压力为 2.63MPa，目前地层压力为 1.63MPa，饱和压力 1.12MPa，储层孔隙度 8.24%，有效渗透率 $1.16\times10^{-3}\mu m^2$，原始含油饱和度 51%，综合压缩系数 10.29×10^{-4}/MPa，裂缝半长 55～60m，原油密度 0.83g/cm³、黏度 4.44mPa·s(50℃)。

采用油藏数值模拟方法模拟常规连续注水和

适度温和不稳定注水开发效果。为了获得能够充分反映储层非均质性的三维地质模型，网格定义的依据主要考虑横向上的井网密度和纵向上的砂层厚度，模型采用块中心网格，X 方向和 Y 方向步长均取 25m，Z 方向根据地质模型厚度而定，建立反九点注采井组单元的三维地质模型，考虑人工压裂措施对井周围油层渗透性的改造，采用 KH 值等效和局部网格动态加密的思路，工作制度为生产井定井底压力 0.2MPa 生产，注水井定注入量 $8m^3/d$，注入压力为 9~11MPa，注水半周期为 10~30 天，模拟时间为 10 年。

模拟结果表明，适度温和注水较常规注水动态裂缝保持较长时期内不闭合，可维持较高的裂缝导流能力，增加了裂缝与基质之间的渗吸作用，提高采出程度，降低含水率。

周期注水期间，注 15 天停 20 天非对称型注水方式效果最好；在正韵律储层中，采取注 15 停 20 周期注水方式，注水井注下段，对应油井采上段(下段只射孔不压裂)，开采效果较好；在反韵律储层中，采取注 20 天停 15 天度周期注水方式，注水井注下段，对应油井采上段(下段只射孔不压裂)及注水井注中间层段，对应油井采上、下两段(中间层段只射孔不压裂)效果较好，因此，建议不稳定注水开发过程中选择上下注中间采的垂向错层注水方式。

试验区针对性开展了适度温和注水矿场试验，根据前期室内实验、数值模拟、油藏工程理论及同类油藏类比，确定试验区适度温和注水期间，合理注采比控制在 0.9~1.2、注水强度 $0.5 \sim 1.0m^3/(d.m)$，注水压力保持在 9~11MPa，采用注 20 天停 15 天非对称不稳定周期注水方式。

试验区油区实施适度温和注水以来，取得了较好的开发效果(见图 9)，平均单井日产油由 0.24t/d 上升到 0.33t/d，综合含水由 52.1%下降到 41.8%，增油降水效果明显，在现有井网和技术政策条件下，预测最终采收率可达 22.5%，较常规注水开发可提高采收率 8~10%。

4.2 高角度裂缝储层适度温和注水典型井组

H297-2 初期强化注水后，油井逐步见效，后期由于注入水沿裂缝快速推进造成油井 H297-2 井含水大幅度升高，2017 年 6 月含水快速上升到 51%，该井日产液 $0.61m^3/d$、日产油 0.31t/d，为改善开发效果，2017 年 9 月底进行适度温和连续注水，将日注水量由 $8.5m^3$ 调整为 $6.5m^3$，z 注入压力控制在 6.5~7MPa，注采比保持在 0.9~1.1，注水强度控制在 $0.8m^3/(m \cdot d)$，目前日产液 $1.24m^3/d$，日产油 0.57t/d，含水稳定在 41%，增油控水效果显著(见图 10)。

5 结论

特低渗透油藏存在渗吸作用，渗吸速度受储集层物性、岩心润湿性、含水饱和度、流体黏度的影响。渗吸作用对特低渗油藏驱油效率贡献率高达 85%，注水开发中不可忽略渗吸作用的影响。充分发挥渗吸作用的适度温和注水技术稳油控水效果显著，可在亲水性特低渗油藏进行推广应用。

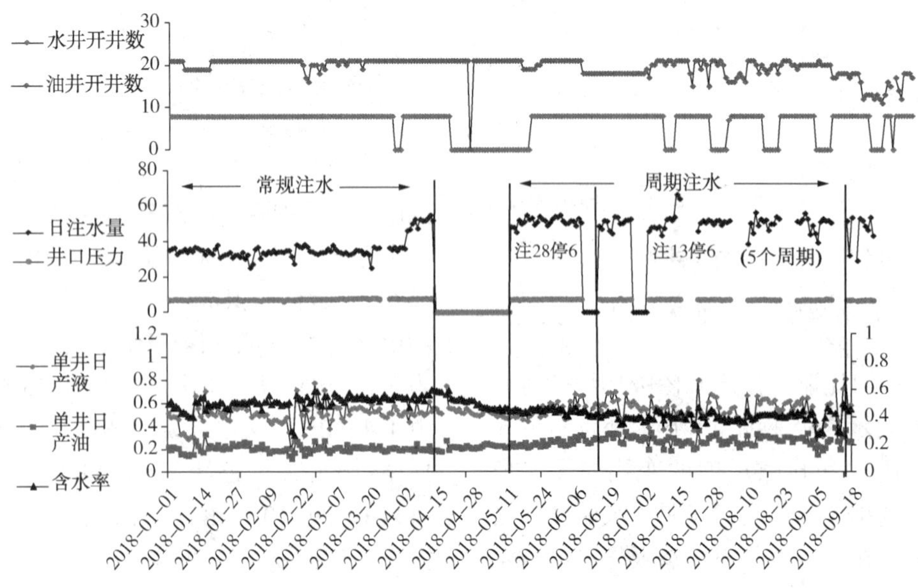

图 9 试验区常规注水与周期注水效果对比图

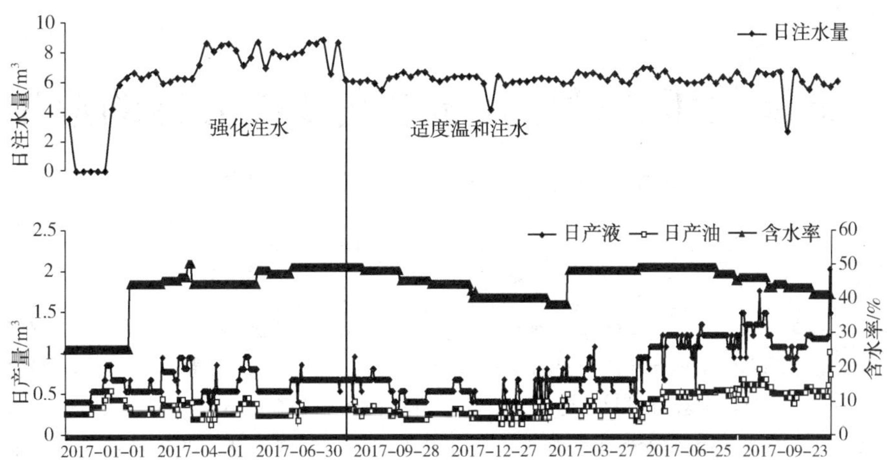

图10 延长西部HSL油区H297-2井组适度温和连续注水效果图

参 考 文 献

[1] Austad Tor, Standnes Dag C. Spontaneous imbibition of water into oil - wet carbonates. Journal of Petroleum Science and Engineering, 2003, 39(324): 363-376.

[2] Blair P M. Calculation of oil displacement by countercurrent water imbibition. SPEJ., 1964, 4(3): 195~202., BrownR. Proton relaxation in crude oil, Nature, 1961, 189(476): 387-388.

[3] Cuiec L, Bourbiaux B, Kalaydjian F. Oil recovery by imbibition in low permeability chalk. SPE 20259, 1994, 9(03): 200-208.

[4] Ding, M., Kantzas, A. and Lastockin, D.. Evaluation of gas saturation during water imbibition experiments. JCPT, 2006, 45(10): 73-98.

[5] Høgnesen E J, Standnes D C, Austad T. Experimental and numerical investigation of high temperature imbibition into preferential oil - wet chalk. J. Pet. Sci. Eng., 2006, 53(1-2): 100~112.

[6] Olafuyi, O.A., Cinar, Y., Knackstedt, M.A. et al. Spontaneous Imbibition in small cores, paper SPE, 2007, 4(3): 121~145.

[7] 陈淦，宋志理．火烧山油田基质岩块渗吸特征．新疆石油地质[J]，1994，15(3)：268-275.

[8] 程晓倩等．新疆低渗透砂砾岩油藏自发渗吸实验研究[J]．科学技术与工程，2013，13(26)：7793-7796.

[9] 华方奇，宫长路等．低渗透砂岩油藏渗吸规律研究[J]．大庆石油地质与开发．2003，22(3)：50-52.

[10] 李爱芬，凡田友，赵琳．裂缝性油藏低渗透岩心自发渗吸实验研究[J]．油气地质与采收率，2011，18(5)：67-77.

[11] 裴柏林，彭克宗，黄爱斌．一种吸渗曲线测定新方法[J]．西南石油学院学报，1994，16(4)：46-50.

[12] 彭昱强，何顺利等．注入速度对砂岩渗吸性的影响[J]．新疆石油地质，2010，31(4)：399-401.

[13] 王锐，吕成远，岳湘安，等．碳酸水对岩石润湿性及渗吸采收率的影响实验[J]．西安石油大学学报(自然科学版)，2010，25(2)：48-50.

[14] 王锐，岳湘安，等．低渗油藏岩石压敏性及其对渗吸的影响[J]．西南石油大学学报(自然科学版)，2008，30(6)：173-175.

[15] 王锐，岳湘安等．不同尺度条件下的渗吸实验研究[J]．大庆石油地质与开发，2012，31(2)：112-115.

[16] 王锐，岳湘安等．碳酸水对岩石润湿性及渗吸采收率的影响实验[J]．西安石油大学学报(自然科学版)，2010，25(2)：48-50.

[17] Keijzer P P M, de Vries A S. Imbibition of surfactant solutions [J]. SPE 20222 - PA, 1993.1(02): 110~113.

[18] Treiber LE, Archer DL and Owens. A laboratory evaluation of the wettability ofWashburn E W. Dynamics of capillary flow [J]. Phys. Rev., 1921, 17(3): 273~283.

[19] 孟庆帮，刘慧卿. 王敬．天然裂缝性油藏渗吸规律[J]. 断块油气田，2014，21(3)：330~334.

[20] 王家禄，刘玉章等．低渗透油藏裂缝动态渗吸机理实验研究[J]．石油勘探与开发，2009，36(1)：86-90.

[21] 王香增，党海龙，高涛．延长油田特低渗油藏适度温和注水方法与应用[J]．石油勘探与开发，2018，45(6)：1-9.

三维体积压裂设计技术在玛 131 井区的应用

何小东　许江文　石善志　李建民　马俊修

（中国石油新疆油田公司）

摘　要　玛湖凹陷玛 131 井区百口泉组油藏原有的压裂设计方法大部分依赖于二维测井解释，且只能反映井眼周围较小范围内的储层物性，地应力及岩石力学特征。本研究创造性的将三维高精度地质力学建模与考虑地质力学的流固耦合数值模拟这两大关键技术有机的结合起来，依托测井、地震、岩心室内试验、动态监测、现场施工等多方面解释资料建立高精度地质及地应力三维模型，准确体现了储层岩性、物性、含油性、地应力及岩石力学等参数在三维空间的展布特点。在此基础上，充分考虑三维空间应力场对压裂过程的影响，通过水平井多级压裂地质力学流固耦合数值模拟方法，更加精细刻画受相邻压裂缝及相邻水平井干扰的人工裂缝的三维扩展过程，可以更合理的进行水平井分段分簇、压裂规模及施工参数、多井集中压裂施工顺序等优化设计。在玛 131 井区 8 口井的实践表明，单井压后产量较常规设计方法提升产油量 10%以上，且优质油层的改造更为充分，现场施工成功率更高，此外与各单井独立压裂设计方案相比，基于多井集中压裂顺序优化的整体设计方案，压裂后生产效果更好。

关键词　三维空间；玛湖；地质力学建模；数值模拟

引言

新疆玛湖砂砾岩油藏储层物性差、有效渗透率低，属于特低渗致密油藏；且天然裂缝不发育，岩石偏塑性，两向应力差较大（约 10MPa～22MPa），人工裂缝形态以平面缝为主，形成复杂缝网难度较大。目前常规压裂设计的基础是通过电测、声波等解释后的测井资料得到水平井轨迹的油层剖面、地应力及岩石物理参数剖面，油层剖面可以显示在水平段不同位置油层发育情况，地应力及岩石物理参数剖面则反映了水平段不同位置的可压性[1]。

新疆玛湖地区实际设计过程中水平段的分段分簇通常按照优质储层优先且充分改造、单段内不同射孔簇之间岩性及地应力差异性较小的原则，同时考虑固井质量及井下管柱结构实际情况进行设计。确定分段分簇之后针对水平段各个压裂级在进行泵注程序设计时，借用水平井直井段或邻近直井段的地应力及岩石力学剖面，采用 PKN、KGD 等二维或拟三维裂缝扩展模型模拟不同泵注程序下的裂缝扩展过程，进一步结合利用 Agarwal 等压裂后不稳定流动典型曲线图板预测不同裂缝参数下的生产指标，综合考虑优化相应的泵注程序。下图 1 为某井段常规压裂设计裂缝扩展示意图，图 2 为某井段微地震裂缝监测示意图。

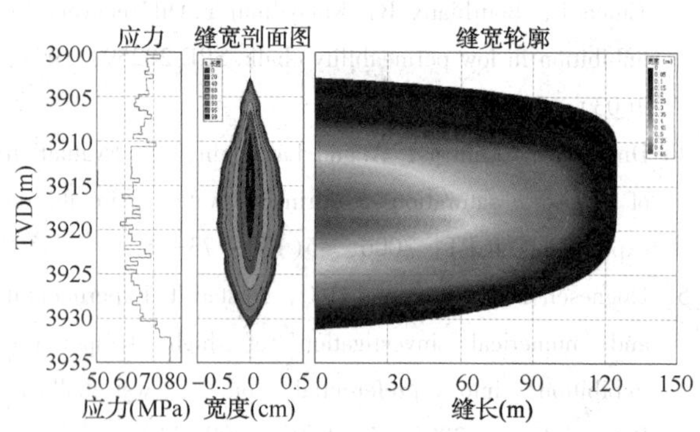

图 1　某井段常规压裂设计裂缝扩展示意图

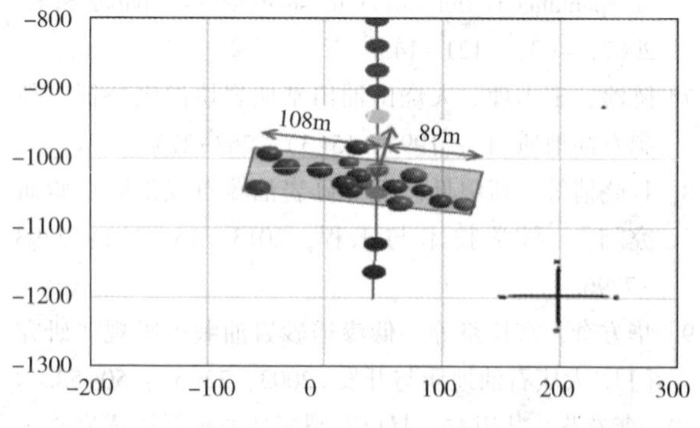

图 2　某井段微地震监测裂缝示意图

【基金项目】国家重大科技专项（210017301004001）资助。

【作者简介】何小东，1985 年 11 月生，硕士，现为中国石油新疆油田公司工程技术研究院工程师，从事非常规油气藏开发技术研究。E-mail：hexiaodong1@ petrochina. com. cn。

水平井多级压裂改造设计依据主要为水平井轨迹垂直段或邻近直井测井数据，当前日益提倡的“降本增效”措施进一步简化了测井程序，有限的二维测井信息越来越不能满足大规模工厂化多井集中压裂的精细设计要求，一方面在储层非均质性较强的情况下，测井解释数据只能反映井眼周围一定小范围内储层的岩性、地应力及岩石力学参数特征，基于测井数据采用二维或拟三维压裂模拟出的人工裂缝展布特征与实际情况差异较大。另一方面在测井程序简化甚至没有测井数据的情况下，设计基础资料的可靠性大幅度降低，无法保证设计结果的准确性。

1　基于地质工程一体化技术的水平井体积压裂设计方法

基于地质工程一体化技术的水平井多级分段压裂设计方法[2]克服了常规压裂设计方法的缺陷，其主要思路如图 3 所述，首先建立单井地质及地应力模型，在此基础上充分利用测井、地震、岩心室内试验、动态监测、现场施工等数据建立三维高精度地质力学建模[3]，从三维地质模型中多角度多维度提取单井地质及地应力参数，优化水平段分段分簇设计，进一步通过压裂模拟或流固耦合数值模拟方法，优化不同压裂级压裂规模及施工参数[4]。下述为高精度地质力学建模与流固耦合数值模拟两项关键技术作简要介绍。

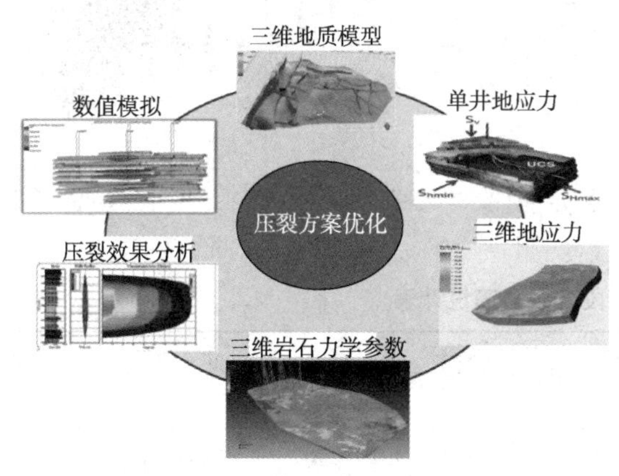

图 3　地质工程一体化整体压裂设计

（1）三维高精度地应力及岩石物理参数建模

三维高精度地质及地质力学模型建立主要使用 Jewel Suite GeoMechanics 软件，在地层框架模型基础上，采用井间插值方法获取垂向应力、水平最小和最大水平主应力以及杨氏模量、泊松比等岩石力学参数在三维空间的展布规律[5]，与地质模型一同构成地质工程一体化模型。其中垂向应力根据由地震层速度求取的三维密度数据体进行垂向积分得到。三维最大、最小水平主应力利用单井有效应力比剖面插值后根据上覆地层压力及孔隙压力计算得到，三维岩石力学参数模型利用三维岩性模型进行约束[6]，利用单井岩石力学参数采用井间插值计算[7]。采用上述方法建立的玛 131 井区三维最小水平主应力及三维杨氏模量模型如下图 4、图 5。

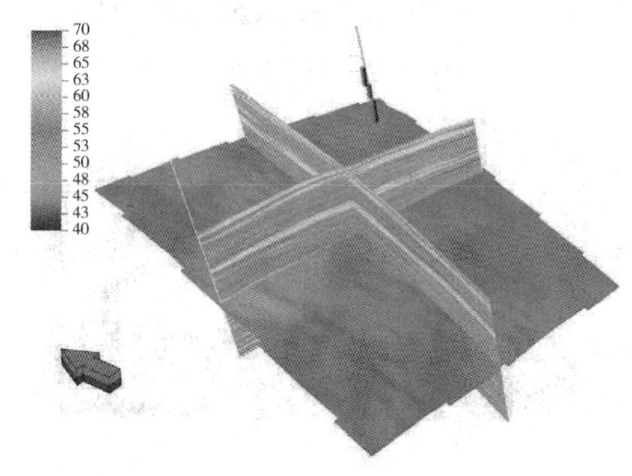

图 4　玛 131 井区三维最小水平主地应力模型示意图

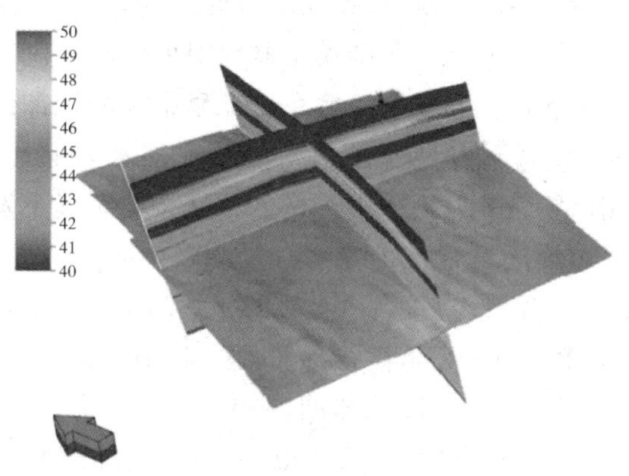

图 5　玛 131 井区三维杨氏模量模型示意图

（2）水平井多级压裂流固耦合数值模拟

地质力学的流固耦合数值模拟方法主要使用 PE 公司 IPM 软件油藏数值模拟板块 Reveal 该模拟软件板块是目前水力压裂数值模拟发展的最具特色的软件，主要有三个大特点，首先可以在考虑压裂过程中孔隙压力及温度的变化对地应力的影响下，模拟压裂过程中三维地应力场的动态变化[8]；其次采用动态有限元网格表征人工裂缝，与表征地质及地应力参数的差分网格动态耦合，实时计算人工裂缝在三维非均质地质及地应力场下的动态扩展[9]（图 6）；最后利用全井筒管柱及井下工具建模技术可以实现目前现场多种不同压裂工艺的模拟，玛 131 井区水平井大多采用套管固井完井及桥塞+分簇射孔分段压裂工艺，数值模拟管柱建模见图 7。

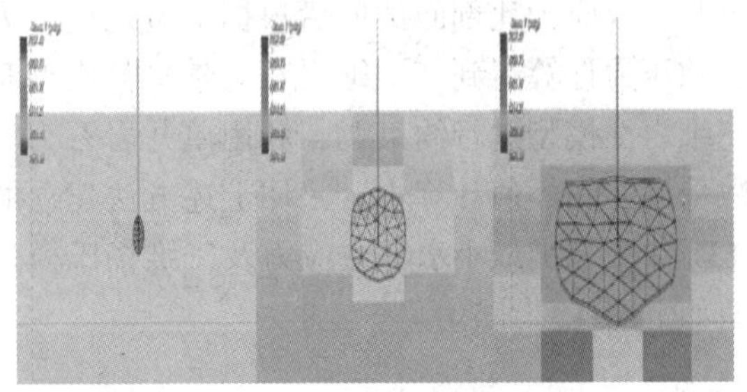

图 6 有限元动态裂缝扩展示意图

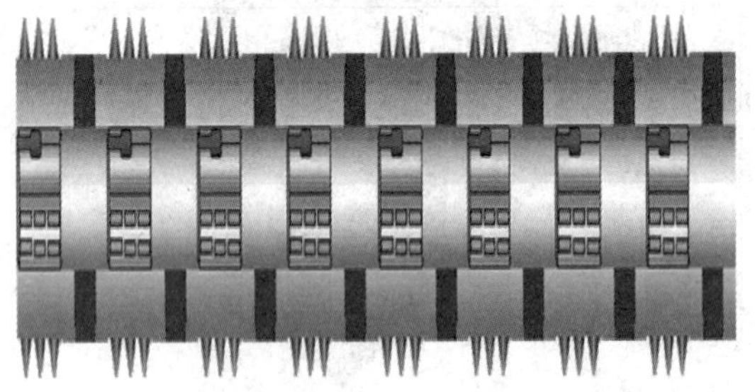

图 7 套管桥塞分段压裂管柱模拟示意图

2 水平井精细三维体积压裂设计实例

玛 131 井区位于准噶尔盆地中央坳陷玛湖凹陷北斜坡区，目的层三叠系百口泉组油藏埋深约 3100m，属于典型的强非均质性致密砾岩储层，其储层物性差，有效渗透率低，且天然裂缝不发育，难形成复杂人工缝网。岩性以中砾岩为主，储层岩石孔隙度平均 7.87%，渗透率平均 1.03mD，属于特低渗致密油藏；MaHWxxx9 井是该井区钻遇百二段顶部油层的水平井[10]，完钻井深 4905m，水平段长 1603.99m，测井解释钻遇油层 1466.25m，油层钻遇率 92.04%，按照开发方案的要求，MaHWxxx9 射孔簇间距约 20m，裂缝总条数为 80，段长约 40m~60m。

（1）分段分簇设计

常规分段分簇设计方法主要根据录井、电测资料，根据簇间距设计要求，优选含油性好，物性相对好的位置进行射孔，再按照单段内岩性、物性、主应力差异性较小的原则进行分段；考虑到在实际压裂过程中，井眼附近一定范围内储层的地质及应力参数对裂缝扩展都存在影响[11]，本研究基于地质工程一体化技术的水平井体积压裂设计方法提出了新的分段分簇设计方法。

首先在三维模型中，根据实际 MaHWxxx9 井实际井轨迹所在空间位置(图 8)，在划定射孔位置后，提取水平段每一射孔簇纵向 50m 范围内平均储隔层厚度、储隔层应力差，以及横向 200m 范围内储层延伸距离、平均最小水平主应力、平均杨氏模量、断裂韧性等参数详见表 1，综合判断水平段每一射孔簇的可压性，再基于相邻射孔簇可压性之间的差异进行分段设计。

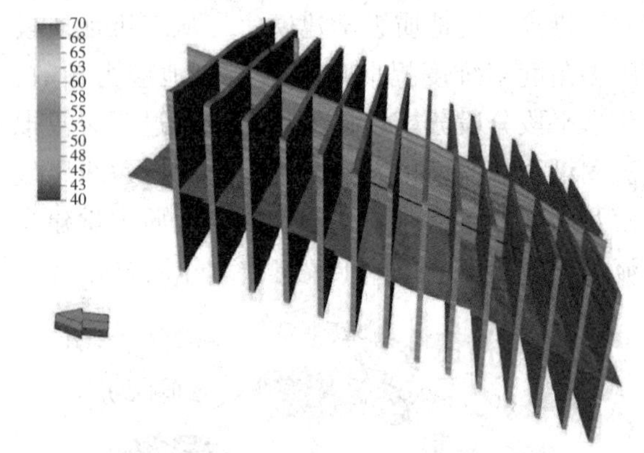

图 8 MaHWxxx9 水平段不同位置最小主应力剖面图

表 1 MaHWxxx9 分段压裂前 4 段分段分簇设计表

压裂级数	射孔位置/m	井眼为中心纵向 50m 范围内地层平均参数			井眼为中心横向 200m 范围内储层平均参数				
		砂层厚度/m	顶部隔层厚度/m	应力差/MPa	储层延伸距离/m	最小主应力/MPa	杨氏模量/GPa	断裂韧性/MPa·$\sqrt{m}$	泊松比
第一级	4746	41.7	8.3	9.6	200	52.9	42.6	8.84	0.26
第二级	4721	41.2	8.8	11.7	200	50.8	43.5	8.68	0.25
	4695	40.9	9.1	10.9	200	51.6	42.87	8.81	0.25
第三级	4671	40.4	9.6	9.9	200	52.6	42.6	8.75	0.24
	4645	40.6	9.4	11.2	200	51.3	41.6	8.82	0.25
第四级	4617	39.7	10.3	7	200	55.5	42.2	8.86	0.25
	4593	39.8	10.2	8.3	200	54.2	42.7	8.78	0.26
	4570	38.7	11.3	9.4	190	53.1	40.4	8.23	0.26

(2) 压裂施工参数优化

确定水平段射孔位置及分段桥塞下入位置后，常规设计通常按照每一压裂段的射孔簇数及油层发育情况根据现场施工经验确定加砂规模，射孔簇数相同且油层发育情况类似的压裂段之间压裂规模与施工排量差异不大，这种设计方法不仅忽略了不同压裂段之间可压性的差异，也无法考虑实际压裂过程中不同压裂段之间的应力干扰，往往造成现场施工过程中不同压裂级的裂缝延伸情况差异较大[12]。从下图 9 中可以看出，在常规设计压裂参数下，采用流固耦合数值模拟得到的不同水平段位置人工裂缝的尺寸差异非常大，存在局部储层未充分改造的情况。从全井段改造情况来看，前半部分改造较为均匀，应力干扰程度弱，缝长在 120m 左右，但后半部分由于应力各向异性及地层缝间井间应力干扰的影响，缝长变短，相较井段前半部分差异较大。

基于常规方法设计参数模拟结果，重点对 MaHWxxx9 井后半段进行压裂参数优化设计。图 10 为新的设计方法在三维模型中提取地质及应力场参数建立流固耦合数值模型，充分考虑三维空间应力场对压裂过程的影响，根据不同压裂段之间可压性的差异，优化每一级的压裂规模与排量[13]；由图中结果可以看出，MaHWxxx9 井后半段缝长增加，段间裂缝差异性程度降低，并与前半段裂缝长度趋于一致；与常规方法压裂设计对比，不同压裂级之间改造效果更均匀，整体改造效果更充分。

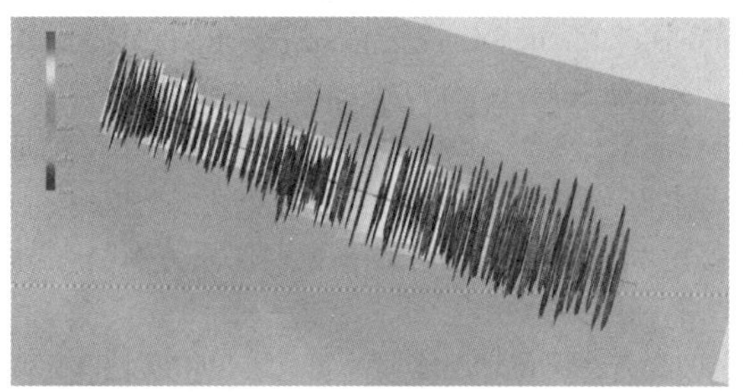

图 9　常规方法设计参数条件下裂缝扩展示意图

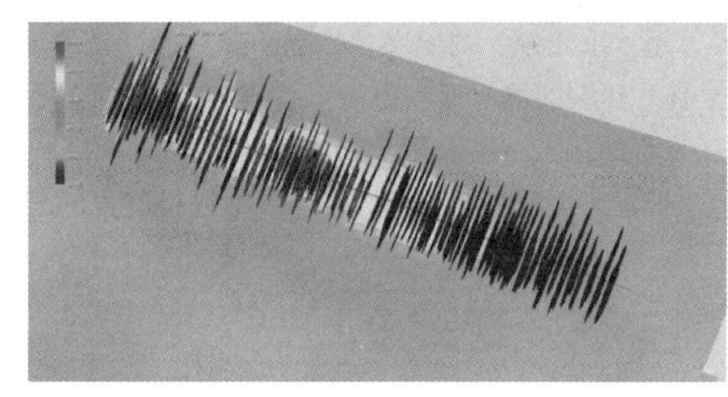

图 10　新方法设计参数条件下裂缝扩展示意图

表 2 为中间第 22、23、24 级压裂参数调整前后对比结果。

表 2　MaHWxxx9 井不同设计方法某 3 段压裂规模对比表

压裂级	射孔簇数	射孔段油层分类	常规设计压裂参数			新方法设计压裂参数		
			规模/m^3	排量/(m^3/min)	平均缝长/m	规模/m^3	排量/(m^3/min)	平均缝长/m
第 22 级	2	3 类/2 类	1000	8	100	1200	8	115
第 23 级	3	2 类	950	10	90	1100	10	100
第 24 级	3	1 类/2 类	1100	10	80	1280	10	135

3　结论

水平井精细三维体积压裂的设计技术核心是地质工程一体化模型的建立与动态更新。它充分考虑油藏在空间展布上的非均质性，填补了以往仅考虑二维平面非均质性(即轨迹沿程的非均质性)的设计不足，流固耦合模拟三维空间中人工裂缝展布形态，实现更精确、更具针对性、更高效的压裂改造设计。通过本实验研究发现，实验井段模拟裂缝后半段缝长增加，段间裂缝差异性程度降低，与常规压裂设计对比，不同压裂级之间改造效果更均匀，整体改造效果更充分。本研究成果在玛 131 井区目前已经推广运用 8 口井，单井压后产量较常规压裂设计方法的平均产量同期提升 10%以上，取得了良好的油田现场效益，为进一步提升玛湖砂砾岩油藏水平井压裂效果的提供了技术保障。

参 考 文 献

[1] T. Bhinde, S. Todman. The Effects and Modelling of Stress in Hydraulically Fractured Tight Reservoirs [J]. SPE182935, 2016.

[2] 常少英，朱永峰，曹鹏，戴传瑞，刘炜博，闫晓芳. 地质工程一体化在剩余油高效挖潜中的实践及效果——以塔里木盆地 YM32 白云岩油藏为例[J]. 中

国石油勘探，2017，22(1)：46-52.

[3] 瞿建华，张磊，吴俊，等．玛湖凹陷西斜坡百口泉组砂砾岩储集层特征及物性控制因素[J]．新疆石油地质，2017，38(1)：1-6.

[4] Niandou H，Shao J F，Henry J P，et al. Laboratory investigation of the mechanical behaviour of Tournemire shale[J]. International Journal of Rock Mechanics & Mining Sciences，1997，34(1)：3-16.

[5] 杨海军，张辉，尹国庆，等．基于地质力学的地质工程一体化助推缝洞型碳酸盐岩高效勘探——以塔里木盆地塔北隆起南缘跃满西区块为例[J]．中国石油勘探，2018，23(2)：27-36.

[6] 闫晓芳，戴传瑞，陈戈，等．塔里木盆地 YM32 区块潜山白云岩油藏隔夹层三维地质建模[J]．新疆石油地质，2017，38(4)：392-398.

[7] 苏超，李士斌，刘照义，徐晶，薛东阳，张维薇．体积压裂裂缝对地应力场干扰规律的研究[J]．北京石油化工学院学报，2017，25(04)：16-23.

[8] 李根，唐春安，李连崇，等．水压致裂过程的三维数值模拟研究[J]．岩土工程学报，2010，32(12)：1875-1881.

[9] 张汝生，王强，张祖国，等．水力压裂裂缝三维扩展 ABAQUS 数值模拟研究[J]．石油钻采工艺，2012(6)：69-72.

[10] 刘向君，熊健，梁利喜，尤新才．玛湖凹陷百口泉组砂砾岩储集层岩石力学特征与裂缝扩展机理[J]．新疆石油地质，2018，39(1)：83-91.

[11] 费世祥，王东旭，林刚，等．致密砂岩气藏水平井整体开发关键地质技术——以苏里格气田苏东南区为例[J]．天然气地球科学，2014，25(10)：1620-1629.

[12] 杜洪凌，许江文，李峋，等．新疆油田致密砂砾岩油藏效益开发的发展与深化——地质工程一体化在玛湖地区的实践与思考[J]．中国石油勘探，2018，23(2)：15-26.

[13] 李建民．体积压裂提质增效新技术助推玛湖砾岩致密油规模效益开发[J]．新疆石油科技，2018(1).

CO_2干法加砂压裂技术研究与应用

夏玉磊[1,3]　王祖文[1,3]　宋振云[2,3]　兰建平[1,3]　苏伟东[2,3]　杨延增[2,3]

（1. 中国石油集团川庆钻探工程有限公司长庆井下技术作业公司；
2. 中国石油集团川庆钻探工程有限公司钻采工程技术研究院；
3. 中国石油集团油气藏改造重点实验室）

摘　要　为了进一步提高三低油气藏，尤其是水敏/水锁型储层的增产效果，探索节水环保的油气藏增产作业模式，开展了CO_2干法加砂压裂技术的研究与试验。通过软件模拟和现场试验，分析了CO_2压裂的人工裂缝特征，优化了压裂工艺和裂缝参数；通过室内实验，开发了CO_2增黏剂，系统评价了压裂液的各项性能参数；通过软件设计、场地实验和现场试验，研制并定型了CO_2密闭混砂装置；通过现场实践，配套了完整的CO_2压裂装备。现场试验结果表明，CO_2干法加砂压裂工程上具备可操作性，储层增产效果明显，节水环保优势明显，是低渗透储层增产改造技术的下步发展方向。

关键词　CO_2干法压裂；压裂工艺；CO_2增黏剂；密闭混砂装置；现场试验

1　前言

CO_2干法加砂压裂技术因其优越的储层增产效果和先进的工程作业模式（通过对温室气体CO_2的利用节约淡水资源）而得到了国内外石油管理、技术人员的普遍关注。2013年国内首次CO_2干法加砂压裂作业现场试验的成功，拉开了CO_2干法加砂压裂技术的序幕，经过近几年的努力，实现了CO_2干法加砂压裂技术的扩大试验，在压裂工艺设计、压裂液性能改进、压裂装备配套和现场试验方面都取得了较大的进展，研究水平和现场应用水平都上了一个新的台阶。

2　压裂工艺设计

2.1　压裂软件

CO_2压裂设计的难点在于CO_2的性质受压力、温度等因素的影响十分敏感，可压缩性流体的流动运动学方程更加复杂，增加了设计的难度。为此，选用了Efarc-3D软件用于CO_2干法加砂压裂的设计，通过现场试验的结果对模拟结果加以验证，以更好的指导现场作业。

2.2　人工裂缝的特征

CO_2压裂液的低黏特性，使其形成的人工裂缝较常规压裂存在明显不同。主要体现在以下几个方面：

（1）支撑剂沉降现象明显，人工裂缝底部支撑剂堆积；

（2）支撑裂缝长度较短，裂缝宽度较小。这主要是受压裂液滤失的影响，大量的压裂液滤失到储层中，使得人工裂缝中的压裂液流量减小，裂缝内的净压力较低；

（3）支撑剂导流床清洁。由于CO_2压裂液中没有残渣，不会对支撑剂导流床造成渗透率伤害，其支撑裂缝导流能力保留系数相当于常规压裂液的2~3倍以上。

2.3　压裂参数的设计

针对CO_2压裂的人工裂缝特征，要减弱支撑剂的沉降，增加裂缝在长度和宽度方向的扩展，解决这一问题的主要思路是提高注入排量、减少压裂液的滤失、提高压裂液的携砂性。此外，由于支撑剂导流床更加清洁，较小粒径的支撑剂和较低的砂浓度即可满足储层改造需要，也降低了工程作业的难度。

对于长庆气田上古砂岩储层，要求最小的注入排量为$4m^3/min$，最高砂浓度不大于$240kg/m^3$，采用40/70目的低密或中密陶粒作为支撑剂。

3　CO_2压裂液的改进提高

由前可知，减少滤失和提高携砂性是压裂液改进的主要方向，为了达到这一目的，采用了向

【作者简介】夏玉磊（1984—），男，中共党员，2005年毕业于中国石油大学（华东）石油工程专业，硕士，现任川庆钻探长庆井下压裂工艺研究所所长，工程师，从事油气田开发专业领域研究。Email：xiayl@ cnpc. com. cn

CO_2中加与高分子增黏剂提高黏度的技术思路，较国外所采用的氮气发泡增黏不但能降低地面施工压力，成本更低，也更易操作。

3.1　CO_2压裂液配方

纯CO_2的黏度小于 0.1mPa.s，为了提高CO_2压裂液的效率，开发出了一种CO_2增稠剂，优化了增稠剂的加量，实验结果如表 1 所示。

表 1　CO_2增稠剂加量及黏度对应关系数据表

（实验温度 7~8℃，实验压力 8MPa）

增稠剂加量/%	1.0	2.0	3.0	5.0	7.0
CO_2压裂液黏度/mPa·s	2.27	2.90	3.96	7.21	8.82

由实验结果可知，增稠剂对液态CO_2的增黏效果随着增稠剂加量的提高而增加，综合考虑经济性因素，确定CO_2压裂液配方为：2.0~5.0%增稠剂+95.0%CO_2。

3.2　压裂液性能评价

采用改造后的 MarsⅢ流变仪和管路流动模拟实验装置，自主设计了实验方法，对CO_2压裂液的主要性能进行了测试评价(图 1)。

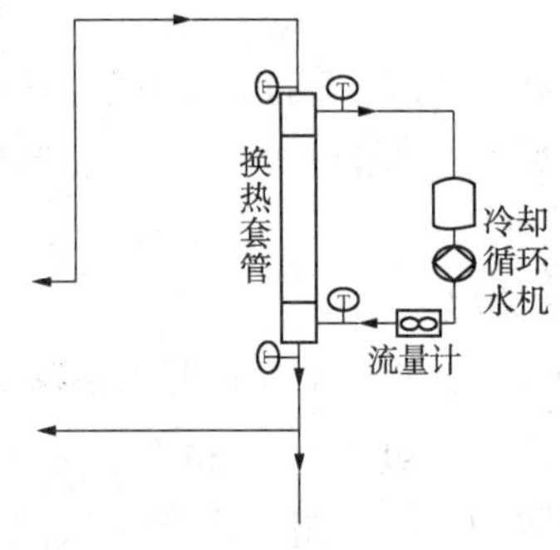

图 1　换热测试流程图

（1）热交换性能评价

根据复壁测试原理，通过冷却介质与压裂液体系之间的等热对流换热，来计算压裂液流体与模拟不同粗糙度、材料、管径井筒的对流换热系数，对压裂液沿井筒运移过程中温度梯度的模拟分析。测试了不同温度、流量下的对流换热系数，如图 2 所示。

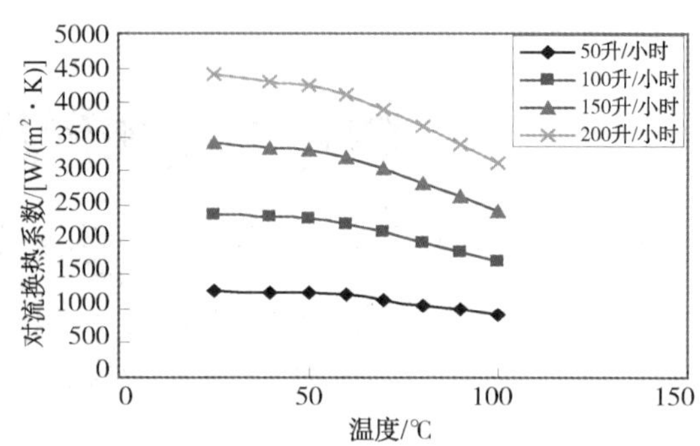

图 2　对流换热系数和温度与流量的关系压力(25MPa)

由实验结果可知，CO_2流换热系数受流速的影响最大，随着流速的增大，对流换热系数增加；随着温度的升高，对流换热系数减小。

（2）耐温耐剪切性能评价

采用改造后的 MarsⅢ流变仪，对CO_2压裂液的耐温耐剪切性能进行了测试。由现场作业情况可知，CO_2经由压裂泵车出口进入井口时温度处于-20℃以上，流经井筒进入地层的过程中温度逐渐升高，对于 3000m 以内的储层，其地层温度多在 90℃以内。因而在-10℃~70℃的温度范围内，对CO_2压裂液的黏度进行了测试，如图 3 所示。

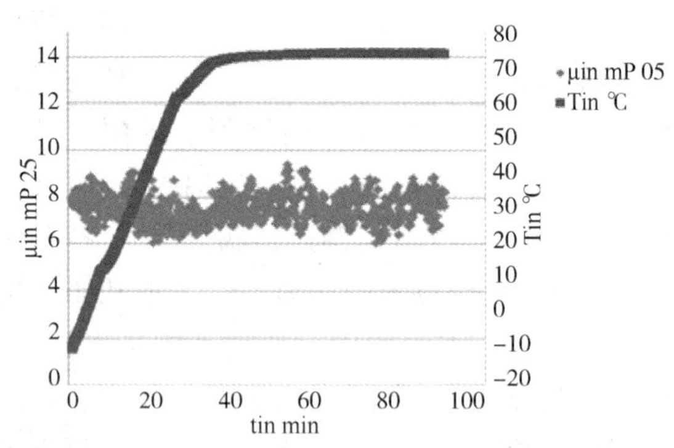

图 3　CO_2压裂液的耐温耐剪切曲线图

实验结果显示，CO_2压裂液黏度受温度影响较小，在连续剪切的 90min 内，黏度保持稳定在 7~8mPa.s。

（3）滤失性能评价

采用管路流动模拟实验装置，参照 SY/T 5107-2005，开展了CO_2压裂液的岩心滤失评价实验。为了模拟地层情况，实验中在过岩心流量的出口端加回压 10MPa，入口端压力为 13.5MPa。在 3.5MPa 的压差下，使用质量流量计进行流量测量，实验结果如图 4 所示。

根据实验结果计算得到的CO_2压裂液滤失系数为$1.31\times10^{-2}m/min^{1/2}$，较纯$CO_2$滤失系数降低 30%以上。

（4）岩心渗透率损害评价

参照 SY/T 5107-2005，对长庆气田砂岩储

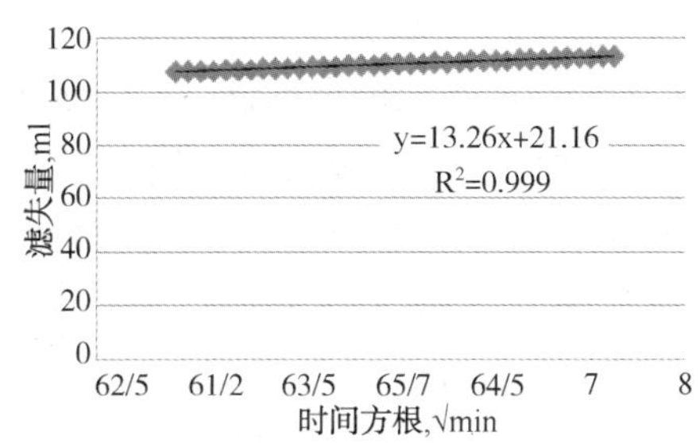

图4　CO_2压裂液滤失实验中的时间--滤失量对应关系曲线图

层进行了渗透率伤害评价。实验温度80℃，保持岩心两端CO_2处于超临界状态，实验结果见表2所示。

表2　CO_2压裂液岩心渗透率损害实验数据表

层位	伤害前气测渗透率/mD	伤害后气测渗透率/mD	伤害率/%
S2	0.0244	0.0605	-148.0

由实验结果可知，在CO_2压裂液驱替后，储层岩心渗透率增加1.5倍左右，说明液态或超临界CO_2对砂岩岩心物性具有改善作用。在国内同行业中，可见具有相同或相近结论的报道，但其作用机理仍有待进一步探索。

（5）腐蚀性能评价

纯CO_2不会对钢材造成腐蚀。当CO_2与水混合时，CO_2溶解在水中形成碳酸，形成电化学腐蚀，为此优选了一种CO_2缓蚀剂，在加入缓蚀剂后能够有效降低这种腐蚀。

4　CO_2密混砂装置的定型

CO_2密闭混砂装置是CO_2干法加砂压裂的核心装备，其技术难点在于CO_2相态的控制（使混砂装置中的CO_2处于液态）、支撑剂输出速率的控制和作业参数的计量等。此外，还需结合作业地域的地貌特征和运输条件，合理设计罐体容积和结构。

4.1　密闭混砂装置组成

密闭混砂装置主要由混砂罐总成、动力系统、监测与控制系统和管汇系统组成。混砂罐总成用于存放压裂施工使用的支撑剂，具有保温功能，利用罐内的输砂螺旋将支撑剂输送到压裂管线中。动力系统为安装在输砂螺旋上的液压马达提供动力，具备低转速、大扭矩的特性，在一定范围内实现转速的无极调节。采用手动、自动一体式远距离集中控制设计，能够监测混砂装置的罐内压力，供液流量和支撑剂浓度等数据。能够对装置的阀门，输砂螺旋的转速进行远程精确调节。管汇系统包含气相管汇、液相管汇、液位控制管汇、液相增压管汇、进排气管汇等，用于配合控制系统完成支撑剂充装、冷却、返排等工艺过程。

4.2　主要技术参数

（1）工作压力：3.5MPa；

（2）工作温度：-20℃；

（3）容积：$20m^3$；

（4）最大输砂速率：$1.0m^3/min$。

5　压裂设备的配套

CO_2压裂设备较常规压裂对设备的供液、承压、气密封及安全性提出了更高的要求，针对CO_2作业的特点，配套了完整的CO_2干法加砂压裂作业设备。

5.1　压裂泵车的改造

常规的压裂泵车由于其上水室是通过卡箍连接的，也就是所谓的“半密封”状态，而CO_2压裂时当液态CO_2经过上水室时必须要求全密闭，因此将上水室法兰重新定制加工，在上水蝶阀处安装泄压阀，同时在每次施工前，都必须将液力端泵腔擦拭干净，确保腔体内清洁干燥。

5.2　增压泵撬的配套

自主研发的国内首台大排量CO_2增压泵撬成功的应用在该工艺施工中。该设备的最大排放压力：350psi，最大工作排量：$7.5m^3/min$，具备电脑控制系统，多相参数显示和自我诊断、自我保护功能。

5.3　高低压阀件的配套

CO_2干法加砂压裂工艺的特殊性决定着必须要配套特殊的高低压管阀件，在经过充分技术调研后，结合自身实际，定制CO_2供液管线、CO_2液相供液分配器、CO_2压裂专用上水室等配件。目前这些配套设施在压裂施工中起到了重要的桥梁作用。

5.4　远程卸荷旋塞阀

在压裂泵车液力端泵头上安装远程控制卸荷旋塞阀，同时配备消音装置和远控箱，这样就可以实现远程控制多台压裂车旋塞阀的同时开启和关闭，指示每台压裂车旋塞阀的开关状态，提升施工质量和安全等级。

6　现场试验及效果

2013年以来，在苏里格气田、神木气田和延长气田累计完成了12井次14层次的CO_2干法加砂压裂现场试验，施工最大井深3454m，最高井温104℃，最大单层加砂量30m^3，最高砂比25%，压后最高单井无阻流量24.7×10^{4}m^3/d。

6.1 工程作业能力

截至2018年6月15日，CO_2干法加砂压裂最大施工排量5.0m^3/min，平均砂比在15.3%，单层用液量在220m^3~385m^3。单层作业规模仍有进一步提升空间。

6.2 增产效果

CO_2干法加砂压裂改造的储层多为水锁/水敏伤害严重的储层，增产效果对比结果显示，CO_2干法加砂压裂较常规压裂能够显著提高储层的压后产能。这里对其他3层的增产效果进行了分析，如下：

SD22井压后无阻流量30000m^3/d，同井场两口常规压裂邻井改造后未见明显天然气产出，没有产能，具体数据见表3所示。

表3　SD22井及其邻井物性参数、产能对比

井号	层位	厚度/m	孔隙度/%	基质渗透率/mD	含气饱和度/%	解释结果	无阻流量/10^4m^3/d
SD22	SX	4.0	13.99	1.18	66.0	气层	3
	SX	4.8	9.04	0.4	55.6	含气层	
SD20	SX	5.5	7.05	0.14	46.8	气层	无产能
	SX	4.4	7.74	0.24	53.6	气层	
SD21	SX	1.8	7.15	0.34	36.3	差气层	无产能
	SX	3.6	8.22	0.29	45.2	差气层	

SD58井压后测试无阻流量58170m^3/d，在该区单层改造井的产能中属于较高水平，较常规压裂增产效果十分明显，邻井对比数据见表4所示。

通过对比可知，SD58井在加砂规模远远低于邻井储层的条件下（加砂量小于常规压裂的四分之一），压后无阻流量较常规作业邻井分别提高了51%~200%，增产效果明显。

表4　SD58井SH层及其邻井储层参数与产能对比表

井号	物性参数			压裂施工参数		压后产能
	厚度/m	渗透率/mD	孔隙度/%	排量/(m^3/min)	砂量/m^3	
SD58	9.4	0.5~1.9	9.0~13	3.6~4.2	8.5	58170m^3/d(AOF)
SD61	8.1	0.2~0.7	9~11	1.8~2.0	33.0	19200m^3/d(AOF)
SD62	8.7	0.4~2.2	7~14.5	2.5	53	38500m^3/d(AOF)

值得一提的是CO_2干法加砂压裂试验井的效果均是在加砂量不足常规作业三分之一的情况下获得的，技术的发展和现场应用水平的提高，其增产幅度仍有更大的提升空间。

7 前景探讨

7.1 该技术获得国家政策支持

CO_2压裂技术利用回收煤化工、发电厂等废旧CO_2，通过液化处理、压裂埋存等系列措施，达到回收再利用的效果。目前已获得了地方政府和中国石油集团公司的大力支持，为该工艺的后续开展注入“强心针”。

7.2 气源及成本现状

以往CO_2气源相对分散，单井的运输距离超过600km，运输成本高是导致CO_2压裂施工成本高的主要原因之一。目前已初步形成以生产基地为中心，辐射200KM以内的CO_2气源供给，成本下降约50%。

7.3 CO_2回收净化处理现状

CO_2回收处理设备的体型、种类与原料气的成分及处理规模有关，原料（含有天然气）成分越复杂，需要的净化设备越多，处理的规模越大，目前可初步满足少量的CO_2现场回收处理。

8 结论

（1）CO_2干法加砂压裂作为国际前沿的无水压裂技术之一，具有绿色、环保、增产等技术优势，应用前景广阔。

（2）川庆钻探工程有限公司通过压裂工艺、压裂液体和压裂设备的技术优化与配套，作业能力已达到国际先进、国内领先水平，具备了推广应用的技术条件。

（3）国家陆续多台的各项政策都大力支持该技术的发展，未来将形成压裂埋存、铺集回收、液化存储等全过程技术链。

参 考 文 献

[1] Yost A B, MazzaR L, Remington R E. Analysis of Production Response to CO2/Sand Fracturing: A Case Study[J]. SPE, 1994, 29191: 297-303.

[2] Tudor R, Vozniak C, Banks M L, Peter W. et al. Technical Advances in Liquid CO2 Fracturing[C]// The Annual Technical Conference of the Petroleum Society of CIM , June 12-15, 1994, Calgary. Calgary, Canada: CIM journals, 1994.

[3] R. S. LESTZ, L. WILSON, R. S. TAYLOR, et al. Liquid Petroleum Gas Fracturing Fluids for Unconventional Gas Reservoirs[J]. Journal of Canadian Petroleum Technology. 2007, 46(12): 68-72.

[4] 王振铎，王晓泉，卢拥军．二氧化碳泡沫压裂技术在低渗透低压气藏中的应用[J]．石油学报，2004，25(3).

[5] 才博，王欣，蒋廷学等．液态 CO2 压裂技术在煤层气压裂中的应用[J]．天然气技术，2007，1(5)：40-42。

[6] Stevens, Jr. , James F. Fracturing with a mixture of carbon dioxide and alcohol: US Patent 4887671 [P] . 1989-12-19.

[7] Z. Shen, M. A. McHugh, et al. CO2-solubility of oligomers and polymers that contain the carbonyl group [J]. Polymer, 2003, 44 : 1491 - 1498;

[8] Kieran Trickett, Dazun Xing. Rod - Like Micelles Thicken CO2[J]. Langmuir , 2010, 26(1): 83 - 88;

[9] Georgios Chatzis, Jannis Samios. Binary mixtures of supercritical carbon dioxide with methanol. A molecular dynamics simulation study[J] . Chemical Physics Letters, 2003, 374: 187-193;

[10] Settari, A. , Bachman, R. C. , Morrison, D. C. ," Numerical Simulation of Liquid CO2 Hydraulic Fracturing" [C]// 37th Annual Technical Meeting Of CIM, 1986, Calgary. Calgary, Canada: CIM journals, 1986.

[11] 苏伟东，宋振云，马得华等．二氧化碳干法压裂技术在苏里格气田的应用[J]．钻采工艺，2011，34(4)：39-44.

[12] Lillies A T, King S R. Sand Fracturing With Liquid Carbon Dioxide[J]. SPE, 1982, 11341: 1-4.

[13] S. R. King. Liquid CO2 for the Stimulation of Low-permeability Reservoir [J] . SPE, 1983, 11616: 145-148.

[14] Yost A B, MazzaR L, Gehr. J. B. CO2/Sand Fracturing in Denovian Shales [J] . SPE, 1993. 56925: 353-362.

低渗致密储层压力传播机制

孙 敬 刘德华 张国威 朱 祥

（长江大学）

摘 要 低渗致密砂岩储层由于渗流阻力大，流动能力极差，其地层能量大小和传播方式对开发效果影响巨大。本文通过室内压力传播实验和实际致密油藏开发数据揭示了这类油藏压力传播特征和机制，主要表现为：地层能量表现在注水井底呈现先累积后传播、在生产井底出现加速衰减特征，基于室内实验压力变化特征提出了“压力笼”的新概念；实际注水过程中能量的传播包括两种方式，一是通过流体流动向油藏深部传播，二是储集体自身弹性传播；对于一注一采模型，理论分析计算注采井间压力分布为三段式，呈斜“S”形，中间段呈直线，而实际注采井间压力分布整体为非线性，存在明显压力推进前缘，注入压力提高到一定水平后，曲线形态总体呈斜反“S”形特征。基于研究认识对这种差异性深层原因进行了阐述并提出了低渗致密储层注水补充能量是有效开发的基础，其认识和结论对实际低渗致密储层有效开发具有很好的指导意义。

关键词 低渗致密储层；压力传播；压力笼；地层能量

引言

低渗致密储层由于渗透率低、渗流阻力大，流体流动速度非常低，这样导致地层压力传播速度低，流体流动属于低速非达西流动，即非线性流动，在注入井和生产井附近压力传播速度相对较快，但在远离生产井时压力传播速度非常慢，在实际生产过程中，没有裂缝系统的低渗油田很难见到注入水。油田开发过程中油井产油主要依靠地层能量，当地层压力下降到一定程度油井并不能产油，人们必须采用注水方式补充地层能量达到继续生产提高采收率的目的。这样地层压力或能量的传播规律对实际低渗合理油田开发具有重要意义。

国外确定地层压力方法一般采用关井测压力恢复曲线，然后应用 MBH 法、MDH 法、Dietz 法和扩展的 Muskat 法确定[1-3]，这些均需要关井测试相关数据，对于低渗油田由于压力传递慢，压力恢复时间长常规方法不适用。关于低渗油田压力传播规律方面有许多学者开展研究，大部分是基于不稳定渗流特征建立压力传递方程来计算分析压力分布和变化[4-7]，部分学者研究考虑启动压力和应力敏感性来分析压力传递，并通过一维岩心流动实验测试压力分布[8]，认为注水井向油井传播压力存在一个压力前缘。但并没有完全说明低渗储层在不同井间位置传播特征和具体速度以及他们的区别，具体压力传播方式以及对实际生产的指导作用。本文通过实际低渗致密储层岩心，建立一维流动模型，在长岩心中间设置多个测压点监测不同位置处压力变化来分析压力传递过程，发现压力变化特征与理论计算存在差异，同时结合理论模型和生产实际资料来说明低渗储层压力传递对油井生产的作用。

1 低渗致密储层压力传播实验研究

岩心实验是研究油气运移规律的重要手段。低渗致密储层岩心实验有助于认识低渗致密储层特殊孔隙条件下油气运移的渗流机理，对低渗致密储层科学高效的开发具有一定的指导效应，不能很好地反映渗流过程中岩心内部压力的传播特征。本次实验研究采用 96.5cm 和和参考作用。常规岩心物理模拟实验采用的岩心较短，通常只有 5～8cm，存在明显的端面 90.16cm 长的岩心组合，多个测压点渗流模拟系统，克服了短岩心在实验过程中产生的端面效应，研究了低渗致密储层岩心在单相渗流、恒压水驱油过程中的压力

【基金项目】中国石油科技创新基金“致密砂岩气藏多尺度流动规律及流场耦合研究”（2016D-5007-0208）；十三五国家重大专项“涪陵页岩气水平井多段压裂效果与生产规律分析研究”（2016ZX05060-009）

【作者简介】孙敬（1984-），女，讲师，2006 年毕业于长江大学石油工程学院专业，2013 年毕业于该校油气田开发工程专业，获博士学位，现主要从事气藏开发和非常规油气渗流机理方面的研究工作。Email：77220250@ qq. com

动态传播特征，较真实地反映了低渗致密储层的渗流特征。结合低渗致密储层的实际情况设计了出口端分别为大气压和地层压力时，模拟衰竭式开发以及水驱油过程中压力传播规律。

本次实验岩心取自 A、B 低渗油田，拼接成长 96.54cm 和 90.16cm 的长岩心，加权平均渗透率分别为 11.51mD 和 6.77mD，通过多点测压系统测试压力分布特征。模拟开采方式分别为恒压驱替、恒速驱替和衰竭开采三类，出口端分别设置为大气压和高压。

1.1 恒压驱替过程压力传播特征

设计两组恒压驱替实验：一组入口端压力 20MPa，出口端为大气压，另一组入口端压力 30.5MPa，出口端为 27.5MPa，每 5 分钟测取不同时间下不同测压点数据，选取具有代表性数据，绘图分析沿程压力分布。图 1、图 2 分别为出口端为大气压和高压时不同注入时间各测压点压力及变化情况。

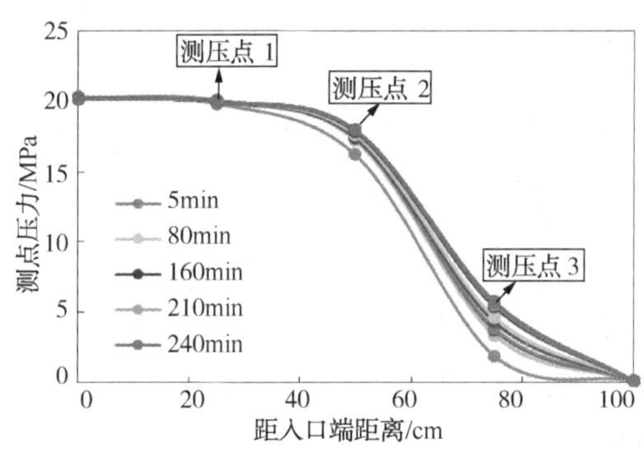

图 1 恒压驱替压力沿岩心分布变化曲线图（出口端大气压）

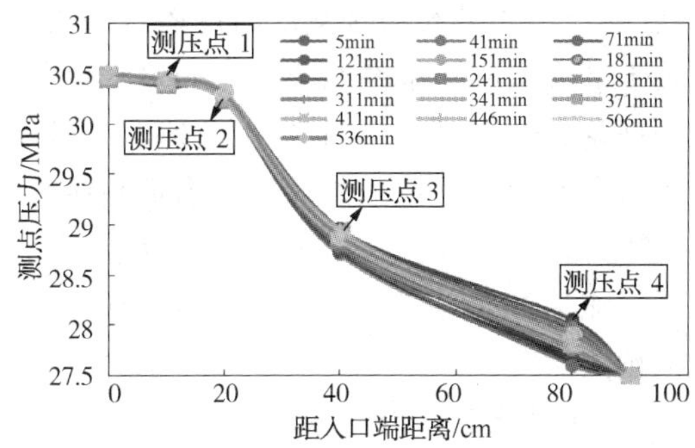

图 2 恒压驱替压力沿岩心分布变化曲线图（出口端回压 27.5MPa）

由图 1，图 2 可以看出长岩心沿程压力呈非线性分布特征，随着累积注入时间增长，注入压力逐渐向出口端传播，依据实验测试数据反映以下特征：

（1）不同测压点反映出距离入口端距离不同压力上升速度不同，距离入口端越近，压力上升速度越快，距离入口端越远，压力上升速度越慢，表明压力传播速度由注入端开始向出口端传播由快变慢；

（2）由图 1 计算知累计注入时间 240min，累积注入体积倍数达到 0.16PV 时，测压点 1 压力达到 19.96MPa，与入口端压力基本相等；

（3）靠近入口端压力梯度最小，中间压力梯度最大，靠近出口端压力减小，测压点 2 为压力前缘，压力前缘之后区域压力快速降落，压力传递速度变慢。

（4）不同压力系统的压力传播速度比较，压差大的试验传播速度大于压差小的高压系统压力传播速度。

1.2 恒速注入过程压力传播特征

设计两组恒速注入实验：一组出口端为大气压，另一组出口端回压 27.5MPa，每 5min 测取不同时间下不同测压点数据，选取具有代表性数据，绘图分析沿程压力分布。图 3、图 4 分别为出口端为大气压和高压时不同注入时间各测压点压力及变化情况。

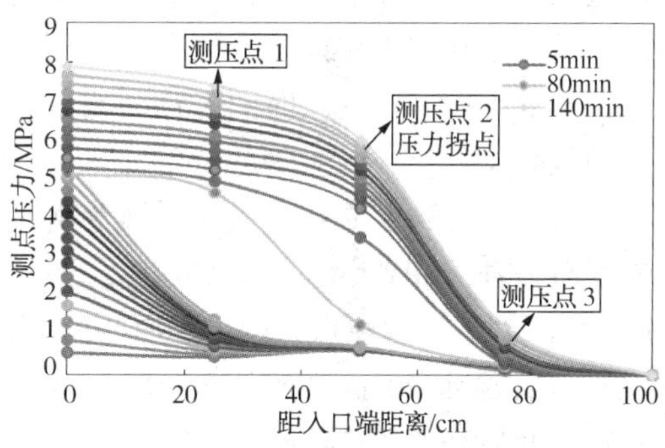

图 3 恒速驱替过程各测点压力变化曲线图（出口端大气压）

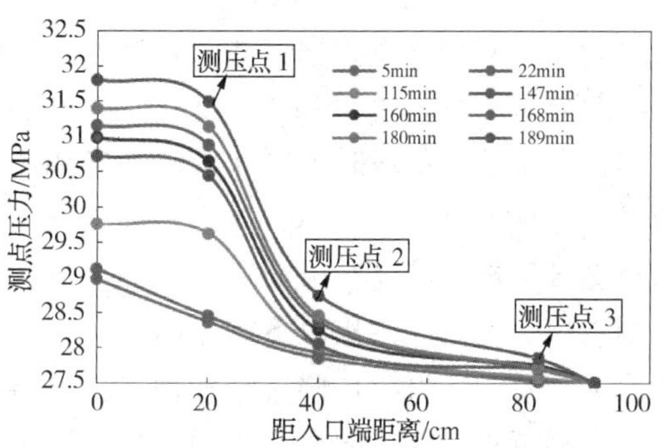

图 4 恒速驱替过程各测点压力变化曲线图（出口端回压 27.5MPa）

由图3，图4可以看出，恒速驱替过程中岩心测点压力变化表现出以下特征：

（1）在压力波及到测点后，各测点压力开始上升，压力上升速度初期快，后期放缓，表明压力分布的非线性特征。

（2）离注入端越近，压力上升速度越快，距离出口端最近的点压力上升速度最慢，表明离出口端越近压力传播越快。

（3）从沿岩心的压力分布变化情况来看，压力传播过程中存在较明显的压力台阶，压力台阶随累计注入时间增加，台阶逐渐变大，台阶边缘外压力梯度最大，压力台阶边缘外未波及区域压力梯度小。

（4）压力传播分为两个阶段：① 压力累积阶段：此时压力向外传播缓慢，第1测压点压力梯度大，注入系统处于能量累积阶段；② 压力传播快速释放阶段：压力累积到一定程度后压力快速释放，传播速度最大，压力传播前沿形成压力台阶，压力再向外传播速度减缓，形成压力台阶，压力台阶之后压力梯度变小。

整个注入系统注入端压力有较明显的先积累后释放的过程，对于出口端为常压驱替试验，入口压力上升到5MPa之前压力在入口较长时间积累，超过5MPa后压力开始释放，快速传播。即表明低渗透储层在注水初始阶段存在一个压力累积过程，需要维持一定注入时间来达到能量传播和补充的效果。

结合实际低渗致密储层，以A油藏为例计算压力累积阶段注入PV数为0.10976PV，还原到以300m井距的五点法注水井网，层厚2m，孔隙度16.2%，日注水20m^3，折算压力累积时间需要160天，此后开始快速传播。

1.3 衰竭式开发压力变化特征

设计两组衰竭式开发实验：一组出口端为大气压，另一组出口端压力27MPa，每5分钟测取不同时间下不同测压点数据，选取具有代表性数据，绘图分析沿程压力分布。图5、图6分别为出口端为大气压和高压时不同注入时间各测压点压力及变化情况。

由图5，图6可以看出，衰竭式开采过程中岩心测点压力变化表现出以下特征：

（1）与衰竭式开发压降过程相似，出口端流压低，越靠近出口端，岩心压力梯度越大，表明压力损失主要在出口端附近（出口端距离中心点

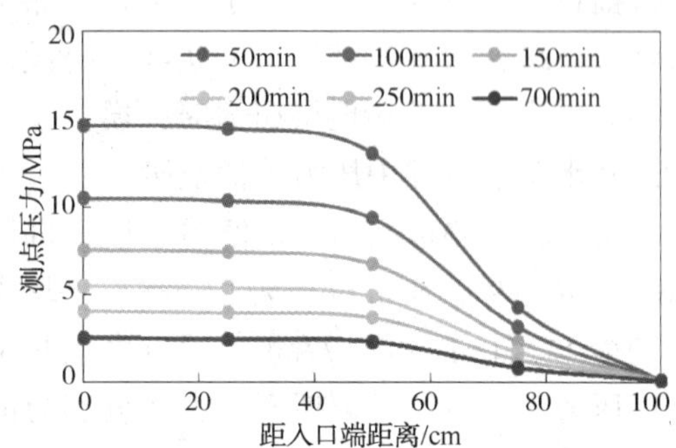

图5 衰竭式开采沿岩心压力分布变化曲线图（出口端为大气压）

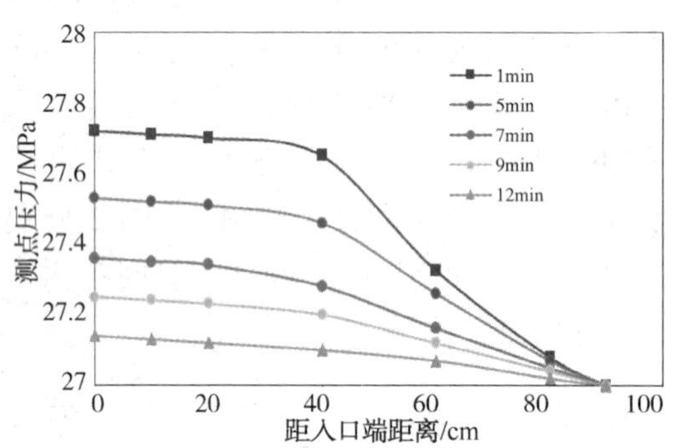

图6 衰竭式开采沿岩心压力分布变化曲线图（出口端回压27MPa）

的位置）；

（2）图6压力变化曲线反应在出口端压力有加速下降趋势，主要原因是压差放大后，弹性能量释放加速导致加速压力下降趋势；

（3）岩心沿程压力下降速度初期快，随着时间推移压力下降速度逐渐变缓。实验室测试岩心压力传播速度为4cm/min。

2 实验测试压力分布与预测压力传播规律比较

关于低渗储层注采井间压力分布规律已经有成熟的理论预测公式。对于存在低速非线性流、启动压力和应力敏感特征的储层，人们也推导出不同的压力预测计算方法。下面研究地层压力传播机制与能量补充方式，分析实验测试压力分布与理论预测的差异。

2.1 低渗油藏地层压力传播机制

地层压力大小反映地层能量丰富程度，而油井生产是一个地层能量释放过程，注水井注水主要目的之一补充地层能量。地层能量释放导致油井能够持续生产，流体流动即为能量释放过程，一般对于油井产量大小取决于释放速度。油井开井后，地层流体流动主要依靠地层弹性能量生

产。具体生产释放见下图。

弹性能量主要包括两类，一是岩石弹性能量(图7)，二是流体弹性能量(图8)，随着生产时间增长，井底附近弹性能量逐渐降低，同时压力波向油井外传播，形成典型的压降漏斗。

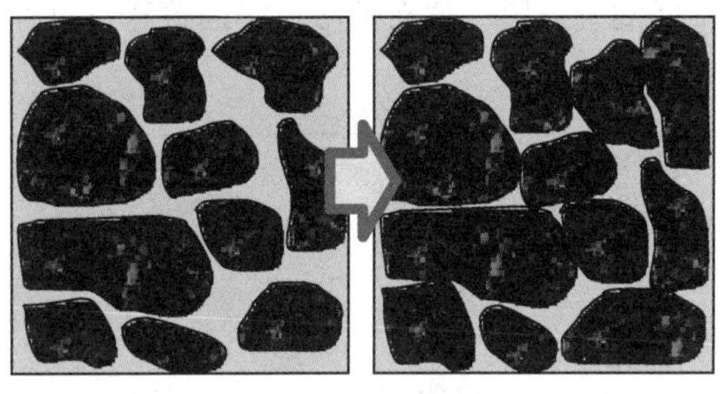

图7　岩石释放弹性能

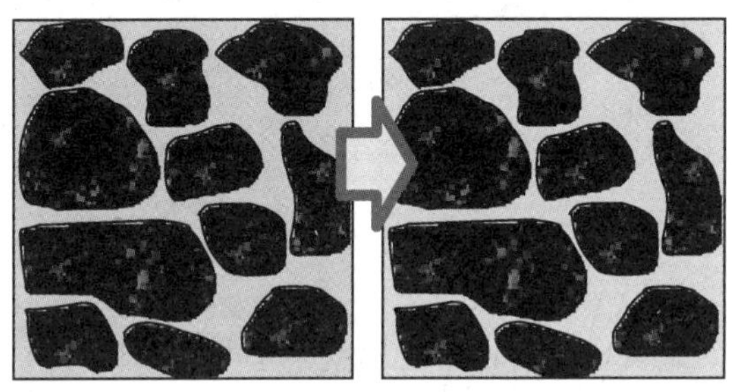

图8　流体释放弹性能

依据弹性不稳定渗流规律描述，封闭边界定井底压力下，地层各点压力分布特征[10]为图9所示。

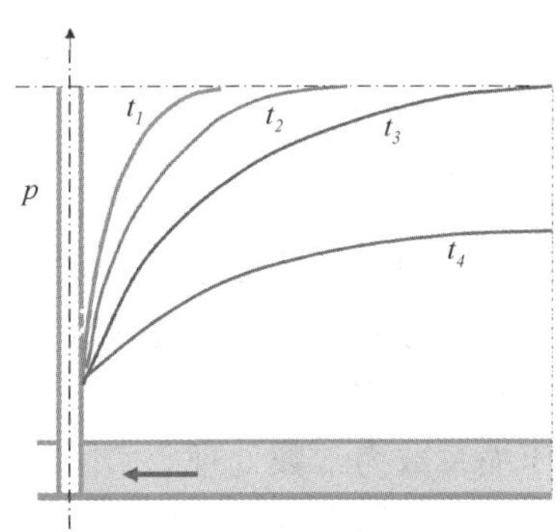

图9　封闭边界定井底压力下地层各点压力分布特征曲线

如图9所示，封闭边界定井底压力下地层压力传导分2个阶段，压力波未传播到边界前为压力传播的第1阶段，压力波传播到边界后为压力传播的第2阶段，从第1阶段起除井点外地层各点压降不断加深，压降漏斗范围不断扩大。当压力波传播到边界后由于没有外来能量补充边界压力不断降低直到地层内各点压力等于井底压力。

2.2　一注一采井间压力分布描述

低渗致密储层开发过程中由于地层压力下降快，开发时经常需要注入介质来补充地层能量，根据等产量一源一汇注采井间稳定流动的压力公式[11]：

$$P=P_{\text{iwf}}-\frac{a_1Bq}{2\pi h}ln\frac{(L-r_{\text{w}})r}{r_{\text{w}}(L-r)}-\frac{a_2Bq}{2\pi h}ln\left[\frac{2\pi h(L-r_{\text{w}})+bBq}{2\pi hr_{\text{w}}+bBq}\ \frac{2\pi hr+bBq}{2\pi h(L-r)+bBq}\right] \tag{1}$$

P—压力，Pa；B—体积系数；q—流量，m^3/s；P_{iwf}—注水井井底流压，Pa；r_{w}—井半径，m；r—计算点距水井距离，m；L—注采井距，m；h—储层厚度，m。

以岩心实验数据为基础，制压力分布曲线，如图10所示。

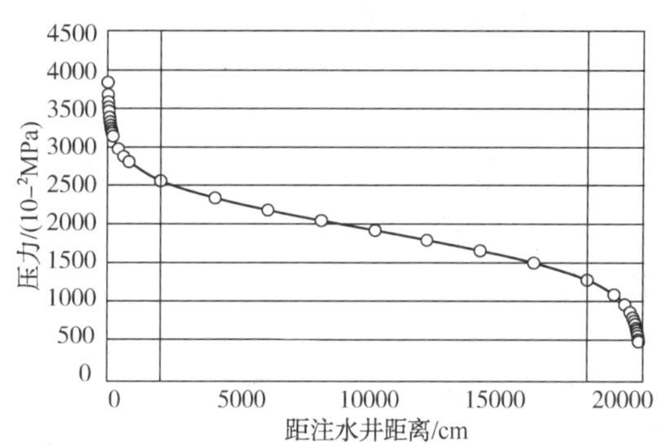

图10　A油田低渗透储层注采井间压力分布典型曲线

图10表明，理论描述的注采井间压力规律性很好，分布特征为注入端和采出端压力下降很快，压力梯度越靠近注采井越近越大，表现很深的压降漏斗形态，常规油藏的压力分布计算也表现为同样的分布规律[12]。压力分布为三段式，井间压力分布为直线段。

2.3　实验测试压力分布与理论压力分布的差别及原因

前面两种理论方法分别描述递减生产是生产井底压力变化特征和注采井间压力变化规律，由于理论预测方法的方程建立和求解过程中没有考虑岩石的可压缩性动态变化和弹性能量释放特征，与实验测试的压力分布有明显的差异。本节讨论其差异性以及实验测试结果对实际生产的指导作用。

(1) 衰竭式开采实验与理论计算压力分布曲

线差异

对于封闭边界的生产井，衰竭式开采的压力分布理论曲线如图 9 所示，同样稳定供给边界的生产井底压力曲线在生产井底的压力变化形状为压降漏斗形态，即在生产井附近压力下降快，是一个上凸曲线形态，但实际实验压力分布在产出端有不同现象，是一个下凹曲线形态，如图 9。在出口端为常压和出口端为高压系统下，注采实验得到同样的曲线形态，即同样的压力分布特征。

（2）注水开采实验与理论计算井间压力分布曲线

基于渗流公式计算得到的注采井间压力分布有明显的三段式特征，如图 10 所示，靠近注采井底附件压力下降速度快，具有非线性变化特征，中间压力变化平缓，呈线性特征。曲线形态总体呈斜“S”形，出现该形态由于两个原因：①对于低渗储层，依据渗流阻力计算分析，井底附近渗流阻力最大，压力损失快，故压力下降快；②渗流方程建立过程中没有考虑岩石和流体的弹性膨胀能动态作用，比较理想，故在井间压力传播呈直线形态。

实验测试注入和出口端的压力分布有明显差异，整体呈非线性特征，注采之间的压力分布有两种形态（见图 10），分两个阶段：第一阶段，刚开始注入时曲线形态总体呈斜“S”形；第二阶段，当注入压力提高到一定水平，曲线形态总体呈斜反“S”形。当注入压力累积到一定程度，注入端和出口端的压力的下降速度没有理论计算明显，主要表现出，注入端到压力前缘（岩心中间）压力变化相对平稳过渡，同样出口端也是一样。出现该形态的原因主要包括：

① 对于两种曲线的出口端压力比理论计算平缓，主要原因为实际测试时岩心流体靠流动通道流动外，加上岩石和流体弹性膨能的释放加速流体流动和压力传播，使得靠近井底向外压力下降比理论计算快，实验出口端或实际生产井底由于开井时压差大，能量释放快，出现加速下降现象，而理论计算中考虑的弹性压缩系数计算时为常数处理，没有考虑压力释放的压缩系数随压力变化的动态变化特征。

② 对于开始生产和注入的过程，注入端下降平缓，是因为生产端压力传播还没有到达。当注入一段时间后，注入端聚集一定能量开始向出口端的方向传播，此时注入端到压力台阶前缘的压力下降变得平稳；

③ 由于注入端能量累积然后传播，出现明显的压力台阶前缘，压力台阶前缘向外出现大的压力梯度，表现整体压力分布曲线呈非线性，没有中间的直线段，故在低渗致密油藏注水过程均为非线性流动。

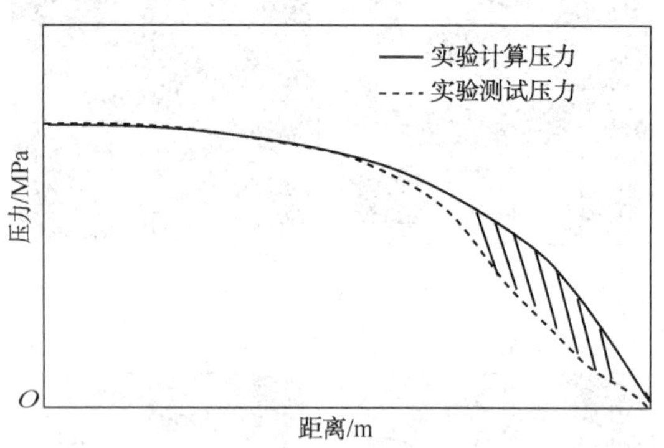

图 11　衰竭式开采实验与理论计算压力分布曲线

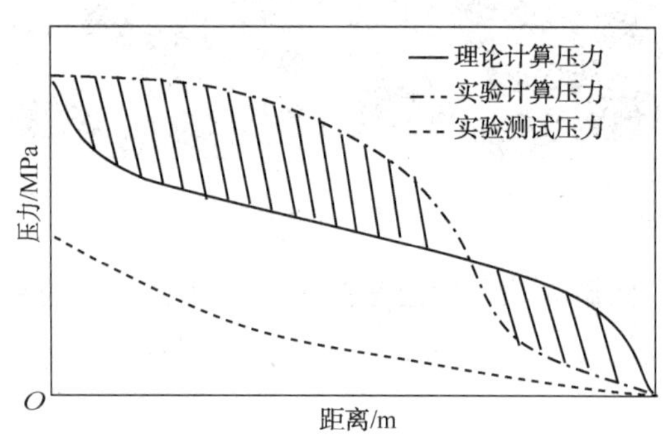

图 12　注水开采实验与理论计算井间压力分布曲线

对于低渗油田，在开发过程中生产井底的压力降低速度和向外传播速度比理论预测快，主要是实际开采过程中，能量传递包括流体流动和弹性介质传递两个方面，在实际建立渗流方程是主要是考虑流体流动传播压力（能量），储层介质弹性能中压缩系数为常数处理。实际表现为生产过程中注水井端压力上升到一定程度，压力加速传播，而生产井底生产压差过大由于弹性能量作用产生加速传播导致油井产量快速递减。故确定合理生产压差和产液量对保持油井稳产或降低递减率有重要作用，要避免为了产量而放大压差生产现象，这样出现压力亏空和生产井底供液不足。

当恒速注入时，压力分布曲线出现两种形态，其实际物理意义是开始流体注入时给地层补充能量，由于渗透率低，渗流阻力大，压力向外扩散比较困难，但当注入压力累计上升到一定程度后，图3中为5MPa，压力开始向外扩散，此时压力扩散机制分两种形态，一是流体流动导致压力扩散，地层能量得到补充，二是依靠弹性介质传递能量，注入能量聚集到一定程度后通过弹性介质向外传播，使得压力分布曲线出现倒“S”形态。

注入实验中出现注入端压力聚集高压区域，定义为压力笼。对于实际注水井，其物理意义为注水井累计注入量的增加，聚集的能量通过流体或弹性介质逐步向外传播，形成一个高压区域，以注水井为中心，压力台阶前缘以内以注水井为中心形成的圆形高压区，对其注采井间压力剖面，可看作是靠近注水井有一个压力台阶，如图1中测压2到注入端之间。压力笼或压力台阶对实际低渗油田生产的指导作用为：低渗油田注水困难，容易出现注不进现象，但保持注水，注入能量可以靠弹性介质传递，这样能量就可以得到补充，可以维持生产井生产，否则无产量。但实际油田开发过程中地层能量下降快，完全依靠地层能量开采采出程度低，注水补充能量是必须的。压力笼的存在告诉我们注水可以补充能量，不需要追求水驱效果和油井见水后才认为能量得到补充。靠弹性介质传递能量也是一种很好的补充能量方式，必须保持注入量。压力笼面积越大表压力传播越好。

3 实验测试压力分布描述与应用

3.1 实际生产过程中压力传播动态表现

一般低渗油藏天然能量开采采出程度在5-8%，实际开发过程中为了提高采收率，通常采用注水人工补充能量开采，而注水过程表现为注水井注入能力差，注入系统压力会逐步上升，油井见水效果差，没有认识到注水补充能量通过弹性介质传播过程，下面通过实际油田生产数据认识弹性介质传播能量改善开发效果现象。

玉门A油藏属于低渗透油藏，储层物性较差，平均渗透率5mD，孔隙度9%。2014年10月份油藏开始规模注水，随着开发的进行，注水井井底压力逐渐升高，注水量逐渐减少，产油量下降速度较快。后来采用提高注入井注水压力的方法增注，生产井出现明显延缓递减。分析A油藏具体井组注采动态，发现注水受效与注入能量传播方式有直接关系。

依据A油藏具体注水井组Y592井组注采资料分析，如图13所示，Y592井于2013年5月投注，注入压力6MPa，日注水量60m^3。目前注入压力18MPa，日注水量40m^3，累积注水21744m^3，注水压力升高，且日注入量下降，注水越来越困难。该井组理论注采对应5口有效生产井，分别为503、501、K1-15、K1-27，K1-29。Y592井组连续注水9月后产油量不再下降，且保持稳定，含水率波动不大，整体含水率不高如图13所示，分析产出水为地层水和返排作业水。因此，注水对井组中对应的生产井具有增油稳油效果。对Y592注水井对应的生产井进行动态分析，注水后受效井产油量有一定的上升，Y592井对周围的4口生产井有一定增油稳油的效果，如表1所示。

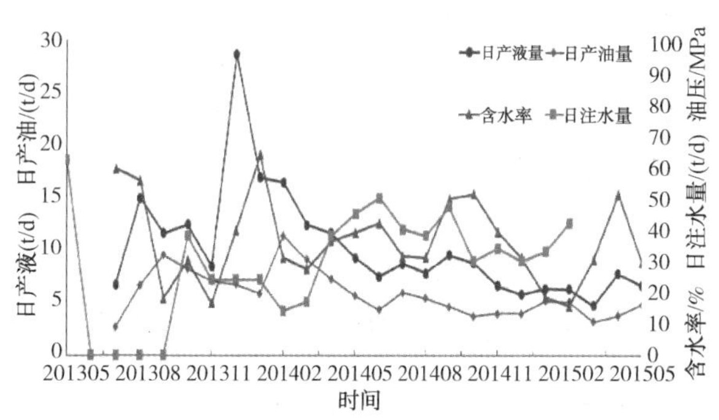

图13 Y592井组生产动态曲线

表1 592井组受效井情况表

井名	受效前月产油/t	受效后月产油/t	受效前动液面深度/m	受效后动液面深度/m	见效时间/月	井距/m	推进速度/(m/d)	受效方式
501	15	24	2600	2500	7	166	23.7	弹性能量
503	69	96	2400	2200	11	108	9.8	弹性能量
K1-27	18	30	2700	2467	8	36	4.5	弹性能量
K1-29	30	55	2258	2071	13	387	30	弹性能量

该井组理论注采对应5口有效生产井，其中，注水井对4口生产井有一定的增油稳油效果，对4口受效井进行分析，含水率都不高，油井见效，因此分析油井受效方式为注入水通过弹

性能量的传播，地层能量得到补充使油井受效，具有“未见水先见效”的生产特征。

3.2 实验测试压力传播特征对实际生产指导意义

在低渗油藏开发过程中，经过压裂改造的油井生产动态表现为初期产量高、初始递减快，生产一段时间后产量低，供液量不足，甚至没有产量。实际低渗油田生产井如果生产制度合理，可以表现出一段时间稳定生产(图 14)。

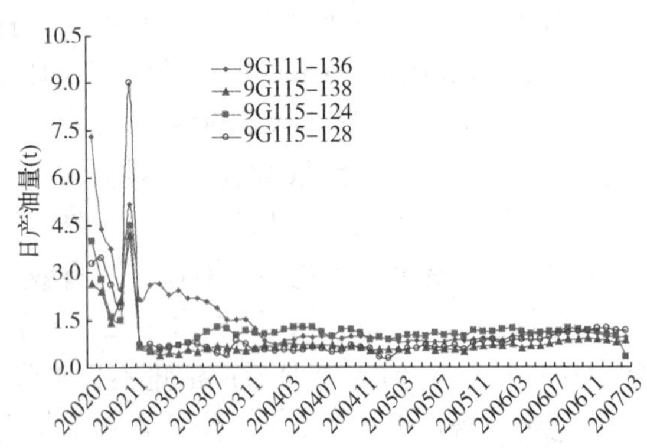

图 14　大庆 A 典型油井日产油量变化曲线

依据压力传播实验分析，对实际低渗致密储层开发有如下建议：

(1) 注水补充地层能量是最经济有效方式，注入过程中地层能量传播可以通过储层介质传播到生产井，保持合理注入是保证油井产量的基础。实际注入过程中会出现注入能力差、注入压力高等问题，一是可以通过周期注水，使注入能量通过储层弹性介质传播波及到生产井底，对地层周期注水，当停注比为 2 时，采出程度最高[11]。二是通过脉冲注水方式，产生水力波来改变储层物性，同时加速能量通过储层弹性传播。

(2) 生产井投产时由于流体与岩石弹性能贡献使得油井有产量，对于能量丰富的储层或压差放大均可以短暂提高油井产量，依据前面压力传播特征分析，生产压力下降是随油井生产有加速下降过程，即流体传播能量同时，弹性介质也通过膨胀释放弹性能使得地层压力加速下降，如果压差过大，弹性页岩弹性能量释放过快，就会出现压敏效应，导致油井产量快速递减，或者没有产量(供给不足)。实际生产过程中一定要依据地层压力水平确定合理生产压差和油井产液量等。依据压力传播规律实验分析，一般压差控制在 2~5MPa 为好，超过 5MPa 会出现生产井加速能量传播作用，也即会出现压敏效应。

(3) 储层改造是保证低渗致密储层有效投产的基础，改造的目的是增加打开油藏程度，是储层与裂缝通道有效沟通，基质中的油通过弹性能量膨胀排除孔隙介质到达裂缝和井底，保证储层改造过程中不受污染是基础。压裂后地层会出现裂缝系统和基质系统两套压力系统，同时一定保持合理生产压差，避免放大压差出现压敏效应。

4　结论与认识

本文通过室内压力传播实验和实际低渗油藏开发数据揭示了这类油藏压力传播特征和机制，得到以下结论

(1) 实际注水过程中能量的传播包括两种方式，一是通过流体流动向油藏深部传播，二是储集体自身弹性传播；地层能量表现在注水井底呈现先累积后传播、在生产井底出现加速衰减特征。

(2) 对于低渗致密注水开发油藏，基于室内试验压力变化特征提出了压力笼的新概念，即压力首先在注水井底聚集，达到一个临界值后开始向外传播，当地层压力较低时，地层压力提高到 5MPa 后开始开始向外传播，地层处于高压状态时，地层压力上升 2MPa 后开始快速向外传播。

(3) 基于研究认识提出了低渗致密储层注水补充能量是有效开发的基础，并结合实际低渗储层开发认识给出提高注水效果的建议，结合实验给出压力传播速度表征方程，明确实际油藏具体注入受效时间。

(4) 理论分析计算注采井间压力分三段式，呈斜“S”形，中间段呈直线，而实际注采间压力分布整体为非线性，存在明显压力台阶前缘，注入压力提高到一定水平后，曲线形态总体曾斜反“S”特征，并给出存在差异原因。

(5) 对于裂缝性储层，在合理的井网设计条件下可通过注水通过裂缝系统传播能量，再通过基质传播弹性传播补充地层能量增加生产井底压力和压差，同时形成缝网线性驱替模式提高采收率。

实际低渗致密储层的弹性能量传播速度与作用需要应用相关的理论知识建立计算，如何有效控制传播速度的大小等需要完善。

参 考 文 献

[1] Matthews C S, Brons F, Hazebroek P: A method for

determination of average pressure in a boundary reservoir. Trans AIME, 1954: 201: 182-191.

[2] Miller C C, Dyes A B, Hutchinson C A Jr. The estimation of permeability and reservoir pressure from bottom-hole pressure build-up Characteristics. Trane, AIME, 1950; 189: 91-104.

[3] Dietz D N. Determination of average reservoir pressure from build-up sueveys. JPT, Aug, 1965: 955-959.

[4] 朱圣举. 不同渗流方式下的压力波传播规律[J]. 新疆石油地质, 2002,, 23(6): 522-523.

[5] 李爱芬, 陈明强, 宋浩鹏, 等. 低渗透油藏不稳定渗流压力传播规律研究[J]. 科学技术与工程, 2016, 16(2): 47-51.

[6] 计秉玉, 何应付. 基于低速非达西渗流的单井压力分布特征[J]. 石油学报, 2011, 32(03): 466-469.

[7] 朱维耀, 刘今子, 宋洪庆, 等. 低/特低渗透油藏非达西渗流有效动用计算方法[J]. 石油学报, 2010, 31(3): 452-457.

[8] 吴岱峰, 鲁晓兵, 刘庆杰, 等. 低渗岩心驱替过程中的压力分布特征研究[J]. 力学与实践, 2012, 34(5): 27-31.

[9] 姚君波, 袁立, 王长浩, 等. 井间地层压力分布预测方法及应用[J]. 科学技术与工程, 2012, 12(30): 7854-7858+7863.

[10] 张建国, 杜殿发, 候健, 等. 油气藏渗流力学[M]. 2010, 5: 140-142.

[11] 燕良东, 朱维耀, 宋洪庆. 低渗透油藏注采井间压力分布与流态响应研究[J]. 岩土力学, 2007, 28(S1): 366-370.

[12] 李小益, 刘德华. 低渗透油藏压力传播特征分析[J]. 当代化工, 2016, 45(9): 2204-2206.

新疆致密油藏水平井体积压裂布缝模式研究

于会永[1] 马俊修[1] 张 奎[1] 石善志[1] 史 璨[2] 张其星[2]

(1. 中国石油新疆油田公司；2. 中国石油大学(北京))

摘 要 通过对新疆地区火山岩裂缝性油藏、砾岩致密油藏、吉木萨尔致密油藏三种不同类型的致密油油藏的储层的地质特征的分析和研究，结合大量的现场施工实践，总结了三种不同岩性油藏的体积压裂布缝模式以及水平井体积压裂设计模式。并且通过大量的理论研究和现场应用，提出了一种量化考虑形成复杂缝网的可能性和对复杂缝网的需求性的水平井分段压裂布缝模式选择图版。该图版对提高新疆地区不同类型低渗透油藏水平井体积压裂技术具有很好的应用效果，对现场压裂施工具有一定的指导意义。

关键词 水平井体积压裂；不同类型油藏；布缝模式；复杂裂缝

1 引言

致密油气藏是指地层中不易自然流动且不能通过常规技术经济开发的油气资源，是继页岩气之后非常规油气资源勘探开发的一个热点[1-4]。致密油储层物性较差，孔隙度、渗透率较低，常规的压裂工艺改造无法实现对致密油气藏的有效开发[8]。随着体积压裂技术和水平井分段压裂技术的发展，体积压裂和水平井分段压裂逐渐成为了非常规油气藏有效开发的关键性技术。

体积压裂技术通过使得天然裂缝不断扩张和脆性岩石产生滑移，利用大液量、大排量来增大增产改造体积(Stimulated Reservoir Volume, SRV)。体积压裂实现了对储层长、宽、高三维方向的全面改造，增加了储层改造体积，提高了初始产量以及最终采收率[9]，改造后效果见图 1。体积压裂技术的应用和推广使得之前利用常规直井和水平井压裂技术无经济效益的难动用油气藏具有了开采价值。

在实际开发过程中不同类型的致密油藏，储层地质特征、含油气情况等都存在很大差异，这就需要针对不同类型的油藏设计不同的体积压裂实施方案，尤其是裂缝布缝模式的选择，直接影响到储层开发的效果。目前水平井分段压裂裂缝布缝模式主要存在两方面问题：一是裂缝布缝模式选择过于保守，使储层改造不充分，储层原油不能充分动用；另一方面造成裂缝布缝模式选择过于激进，储层过度改造，导致储层改造成本过高。本文在大量的理论研究和现场应用基础上提出了一种量化考虑形成复杂缝网的可能性和对复杂缝网的需求性的水平井分段压裂布缝模式选择方法以及图版。并且结合火山岩裂缝性油藏、砾岩致密油藏、吉木萨尔致密油三种类型油藏解释了不同的布缝模式的应用情况。最后总结归纳了三种水平井体积压裂设计模式。该方法能够有效地解决水平井分段压裂布缝模式选择问题，目前已经在新疆油田致密油油藏的开发过程中广泛使用。

图 1 体积压裂施工缝网分布示意图

2 新疆致密油藏储层地质特征

新疆鄂尔多斯盆地和准噶尔盆地是中国致密油资源最丰富的地区，其中火山岩裂缝油藏、砾岩致密油藏、吉尔萨尔致密油藏是该地区代表性的非常规致密油藏。表 1 为三类致密油油藏的储

【基金项目】国家重大科技专项(210017301004001)资助。

【作者简介】于会永，1983 年 4 月生，硕士，毕业于中国石油大学(北京)油气田开发专业，现为中国石油新疆油田公司工程技术研究院高级工程师，从事采油工程方案研究工作。E-mail：fcyhy@ petrochina. com. cn

层特征对比表格。储层地质特征一方面影响了压裂施工方案的选择，另一方面也是影响产能的主控因素。下面本文将针对三类油藏的储层地质特征分析压裂改造过程中的需求以及存在的难点。

表1　三类致密油油藏储层特征对比

类　型	砾岩致密油藏			火山岩致密油藏		吉木萨尔致密油藏
区　块	风南4	玛131	玛18	车21	金龙10	/
岩　性	砾　岩			火山角砾岩、凝灰岩、凝灰质砂岩		碳酸盐岩、碎屑岩
埋深/m	2812	3180	3900	1619	3093	2500-4800
砂体厚度/m	25~50	30~55	30~45	5-108	9-94.95	13.4-67.5
孔隙度/%	9.50	8.84	10.38	11.54	3.8	11
渗透率/mD	2.12	1.44	5.48	0.25	2.86	0.001-0.284
地层压力系数	1.00	1.09	1.63	1.03	1.24	1.31
脆性指数/%	31.0	24.7	22.1	/	/	20
天然裂缝发育程度	不发育			发育		不发育
杨氏模量/GPa	21	25	19~20	26-36	25-54	15.3-29.0
泊松比	0.25	0.25	0.23	0.28	0.22~0.34	0.24-0.29
最小水平主应力/MPa	42~46	50~58	60~68	23	/	/
水平两向应力差/MPa	10~15	11~17	15~22	3	5-10	4-12

2.1　砾岩致密油油藏

砾岩致密油藏的代表地区则是位于准噶尔盆地的玛湖富烃凹陷，油气资源大，是世界上最大的低渗砂砾岩油藏，开发潜力巨大。此油藏储层以砂砾岩为主，非均质性强。储层的埋深普遍大于3000m，地层偏软，储层物性差，天然裂缝不发育。此外地层压力系数和闭合应力普遍偏高，储隔层分布特征差异大、主力油层相对集中、隔夹层发育。结合砾岩油藏的储层特征，砾岩致密油藏的压裂储层改造难点主要有以下几方面：

（1）人工裂缝起裂扩展机理复杂；

（2）分段压裂段簇间距优化难度大；

（3）由于两向应力差较大，导致人工裂缝形态以平面缝为主；

（4）改造规模需求很大；

（5）人工裂缝以双翼缝为主，难以形成复杂缝网体积改造；

（6）裂缝起裂和支撑剂铺置机理复杂，形成有效裂缝和理想铺置面临巨大挑战。

2.2　吉木萨尔致密油油藏

吉木萨尔致密油位于准噶尔盆地东部，地层厚度25~300m，埋深800~4800m。该地区油藏物性极差，无自然产能，常规储集层改造技术也难以获得工业油流。此外储层渗透率极低，原油黏度及密度高，压力系数较低。储集层纵向巨厚，且砂泥岩频繁交互，岩性遮挡能力强，裂缝纵向延伸受阻。如何充分扩张储集层改造体积，水力裂缝在横向上深穿透的基础上均衡改造纵向各层，是致密油改造的最大难点[10]。

针对吉木萨尔致密油藏，压裂储层改造的难点总结为以下几个方面：

（1）储层渗透率极低，必须进行压裂改造；

（2）非均质性强，段簇优化难度大；

（3）裂缝纵向扩展受限，沿水平层理不对称扩展；

（4）埋藏较深，压裂施工难度大，人工裂缝充填要求高，改造规模需求大；

（5）水平层理存在对裂缝纵向扩展形成影响，对裂缝的纵向沟通能力形成制约。

2.3　火山裂缝性油藏

车拐地区致密油油藏是火山岩裂缝油藏的代表区块，该地区的储层物性较差，天然裂缝发育。此外，车拐地区的油层厚度大。储层的埋深从1000m到4000m，分为浅层与深层两种类型，按底水发育情况分为有底水和无底水两类。该地区储层脆性、两向应力差值的差异较大，并且天然裂缝均发育，大部分为高角度缝发育。

针对该类油藏的储层特征，在压裂改造时有

以下需求：

（1）两向应力差大导致压裂时裂缝会横向延伸；

（2）由于底水的存在，压裂规模与避水高度关系至关重要；

（3）高角度缝的存在需防止人工裂缝纵向失控沟通底水；

（4）压裂缝沟通天然裂缝是获得高产油流的关键。

3　体积压裂的布缝方式选择

体积压裂布缝模式主要基于油藏的两个主要方面进行选择，一方面，储层地质特征是决定体积压裂布缝模式的最主要的因素，直接影响了压裂施工工艺的选择和施工参数的优化。另一方面，油气藏的体积压裂布缝模式还要尽可能的有利于提高油气井的产能。应当考虑影响油气井产能的主要因素，如启动压力、非线性渗透率、流体流度和生产压差、渗流面积、流动距离等。文章将通过对现场施工的大量数据的整理和归纳，并且结合不同油藏的裂缝扩展实验，储层流体参数，基于最短基质渗流理论，计算模拟储层条件缝控间距等参数，从而得到适合三类不同致密油油藏的科学、经济的布缝方式。

3.1　砾岩致密油油藏

玛湖砾岩油藏在施工阶段采用了两种分压方式：固井分压和裸眼分压。通过分压方式对生产井的日产油量和累计产油量的影响关系可以看出，固井分压水平井无论是日产液量还是累计产业量都明显高于裸眼分压水平井。因此，对于该类油藏水平井固井分压方式提高了储层的改造效果。

对于压裂施工参数，分别研究了裂缝间距，压裂液量，加砂量，加砂强度以及水平段改造长度等对产能的影响。图 2 展示了裂缝间距与单井累产和单位长度累产的关系。从图中可以看出，随着裂缝间距的减小产量逐渐提升。风南 4 井随着裂缝间距的减小，产量和生产效果有一定程度的提升。

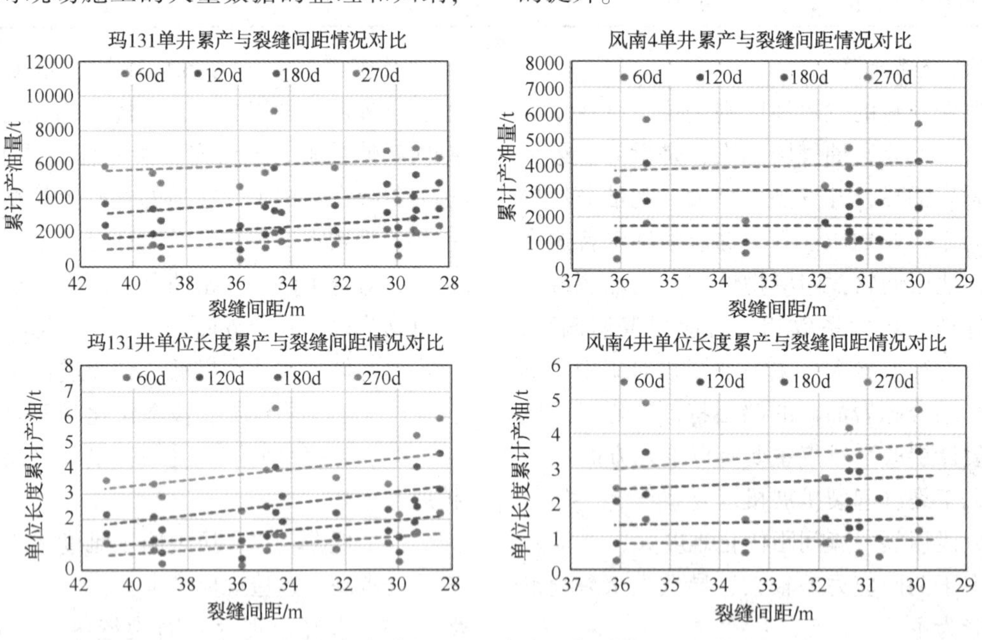

图 2　单井累产单位长度累产液量与裂缝间距的关系

图 3 为压裂规模与砾岩致密油藏的产能之间的相关性。随着用液量的增加，油井的累计产油量有一定程度的提升，并且随着时间的增加产能提升的越多。用液强度的增加对累计产油量的提升在改造初期比较明显，随着改造时间的增加效果逐渐降低。加砂量与加沙强度对于油井产能的提升比较明显。因此，压裂规模对砾岩油藏的产能提升明显。

结合上述压裂工艺和参数的对于产能的影响，选择了细分切割布缝成为玛湖地区水平井的主要布缝方式，有力推动了区域建产，表现出了持续、稳定的生产能力。此外，玛湖地区压裂施工产生的裂缝总体简单、呈单一缝特征，但裂缝壁面粗糙度大，影响加砂及支撑剂铺置，通过滑溜水携带支撑剂，结合多级次、段塞式的注入方式，将支撑剂输送到裂缝远端，形成长缝铺置。因此，砾岩致密油藏的体积压裂施工布缝方式应为：细分割缝+长缝铺置。

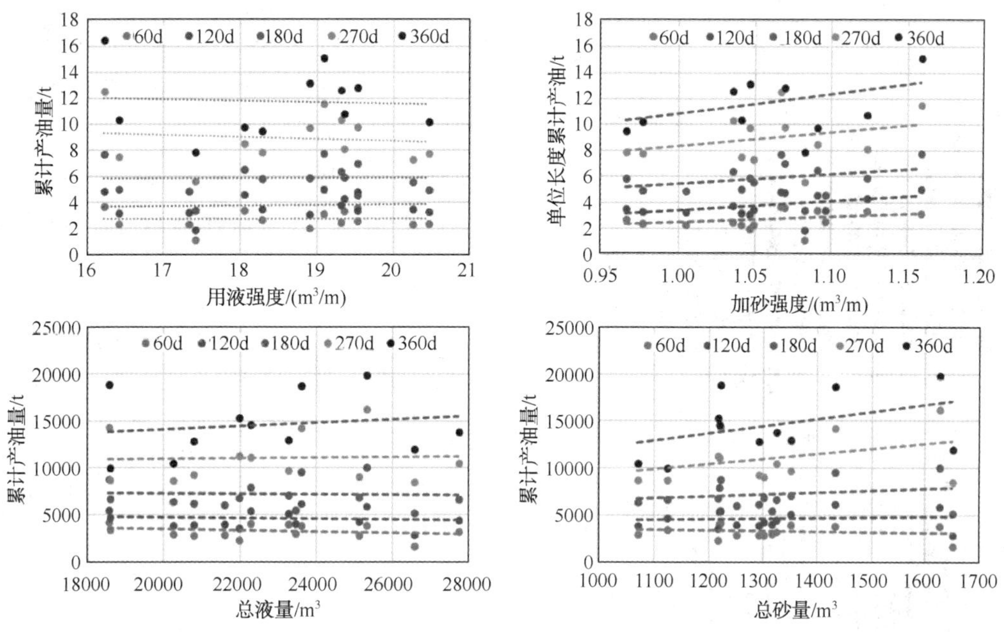

图 3 压裂规模对产能的影响因素

3.2 吉木萨尔致密油油藏

吉木萨尔致密目的层天然裂缝密度小于 0.5 条/m，水平两向应力差 4~12MPa，综合脆度 31.9%，不利于形成复杂缝网。在实际施工过程中对裸眼滑套分压和速钻桥塞分压两种施工工艺进行了产能效果对比。图 4 为裸眼滑套和速钻桥塞两种完井工艺的油井产量的对比图。从图中可以看出，通过速钻桥塞分压的油井的产量明显较高。

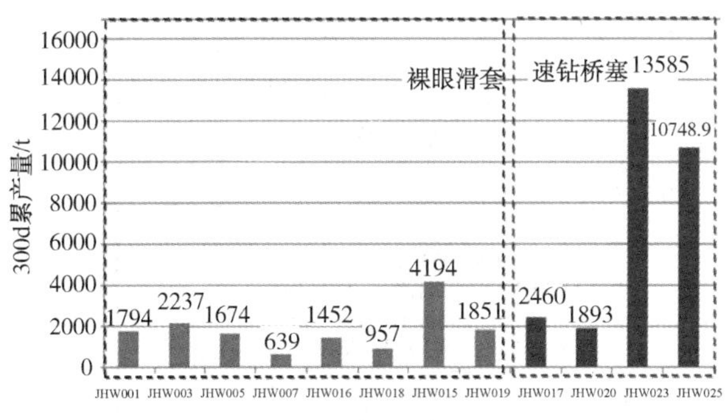

图 4 不同完井工艺产量对比图

压裂参数的优化选择主要包含裂缝间距的优化，压裂规模，如压裂液量，加砂量，挤液强度以及加上强度等方面。图 5 展示了对于该区块随着裂缝间距的减小油井累计产量的变化值。从图中可以明显看出随着缝间距的减小，油井累计产量逐年增高。排量对压裂裂缝的长度和宽度也有着显著的影响，见图 6。压裂排量较小时，裂缝纵向延伸达到预期，但横向延伸仍以两翼对称延伸为主，局部产生一定的裂缝复杂。当排量增大后，单段压裂的裂缝带宽波及到相邻井段，实现了改造层段叠加、增加了裂缝相互干扰程度，达到了大排量开启多缝、增加裂缝复杂程度、充分改造致密油储层的目的。图 7 为总液量和总砂量与油井累计产油量的对比图。从图中可以看出，随着液量和砂量的增加，油井累计产油量也有显著的提升。在实践过程中，致密油前期试产结果也表明加砂量越大，累计产油量越高。

根据上述现场生产数据的分析可以得出：通过缩短缝间距，使裂缝沿井筒的改造越来越充分，波及半缝长却越来越短，以高密度人工裂缝完井方式提高储层动用体积，扩大裂缝与储层的接触面积，使得相同水平段长内裂缝数量增加，从而实现了大排量开启多缝、增加裂缝复杂程度、充分改造页岩油储层的目的。因此，最适合吉木萨尔页岩油的布缝方式为密集切割+复杂短缝的布缝模式。

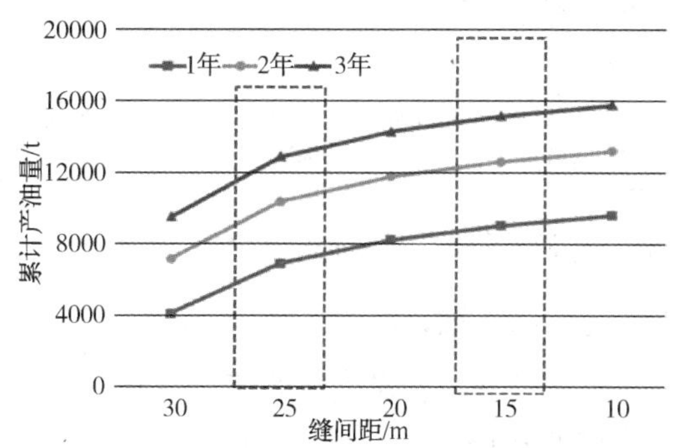

图 5 不同裂缝间距水平井累计产量对比图

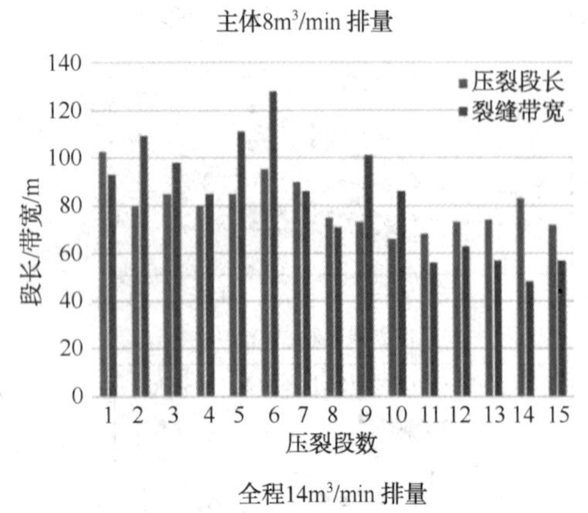

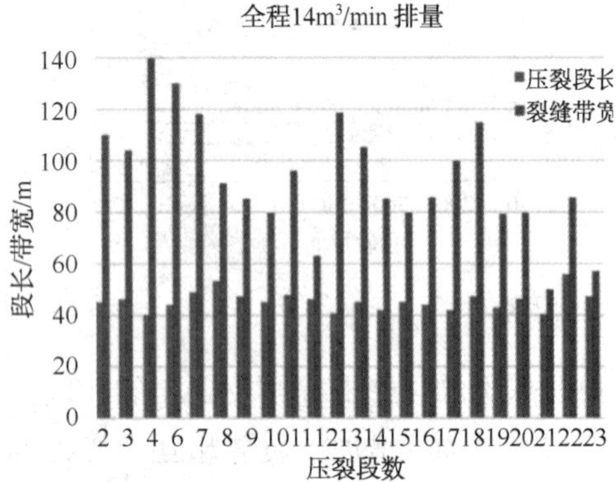

图 6　不同排量下裂缝形态对比图

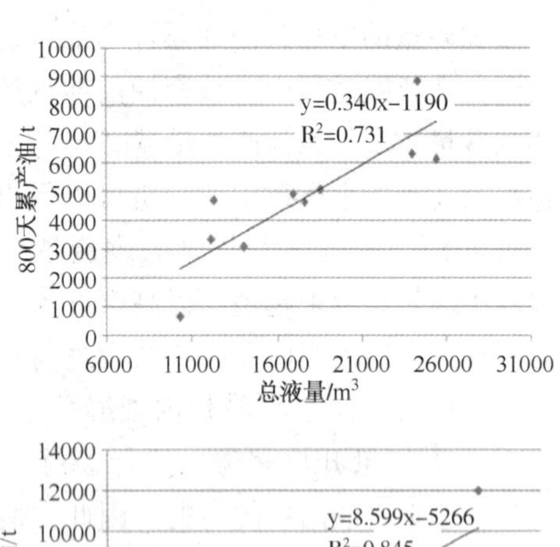

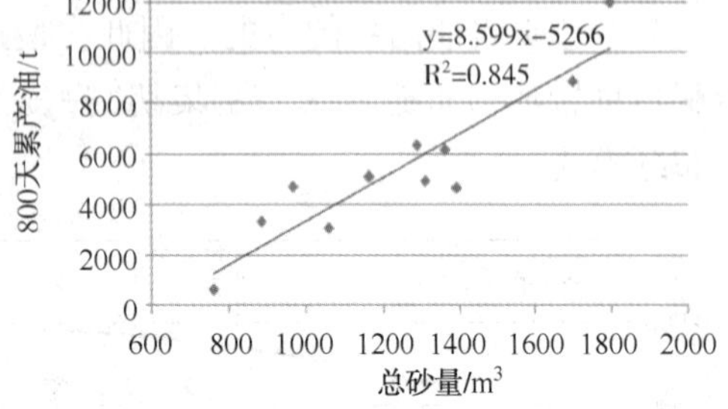

图 7　总液量和总砂量与油井累计产油量的对比图

3.5　火山岩裂缝油藏

在生产过程中，对该区的两个口井分别实施了裸眼封隔器+投球滑套压裂施工方式和固井射孔桥塞压裂方式。通过产能效果的对比发现，裸眼压裂的效果明显优于固井压裂方式，见图 8。裸眼完井分段压裂相比之下也是更易发挥天然裂缝作用。因此，火山岩压裂工艺应以充分发挥天然裂缝作用为目标，尽可能采用裸眼分段压裂，如果条件限制，可采用密集切割理念(大段多簇布密缝或固井滑套密分段)，使裂缝带宽覆盖整个井筒。

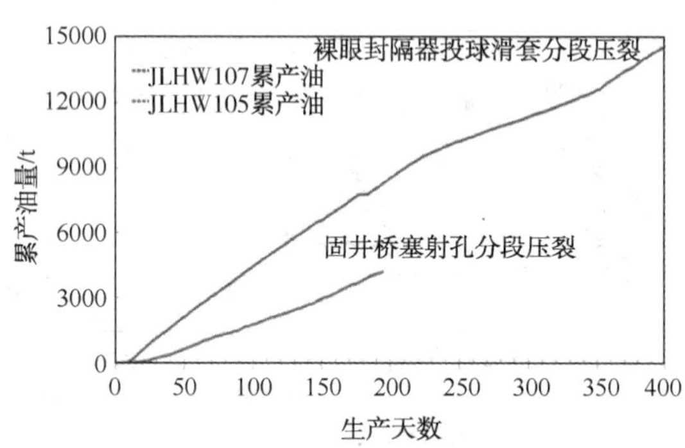

图 8　裸眼与固井压裂对产能的影响

火山岩裂缝性油藏影响产能的关键性压裂参数的主要包含压裂液液量，挤液强度，压裂砂量以及加砂强度等，具体对于产能的影响见图 9。对于裂缝性油藏来说，压裂规模大，有利于提高初期产量，并延长自喷期，压后产量虽然多因素影响，但是总液量和总砂量对于产量有着非常好的正相关性。对于该地区部分水平井的压后生产情况也表明挤液强度、加砂强度均与采油强度正相关，是影响油井产能主要因素之一，因此压裂规模对压后产能影响很大。

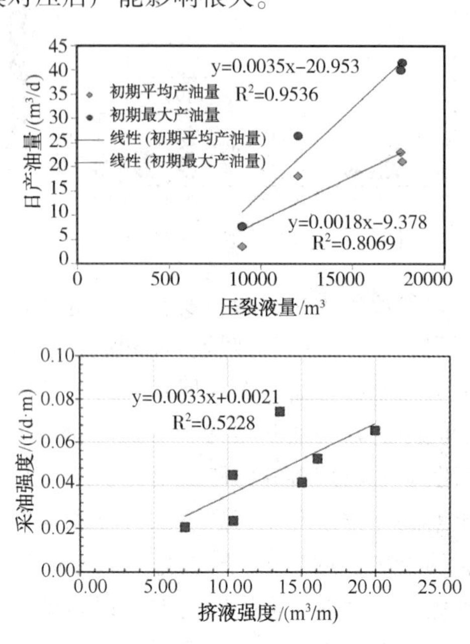

图 9

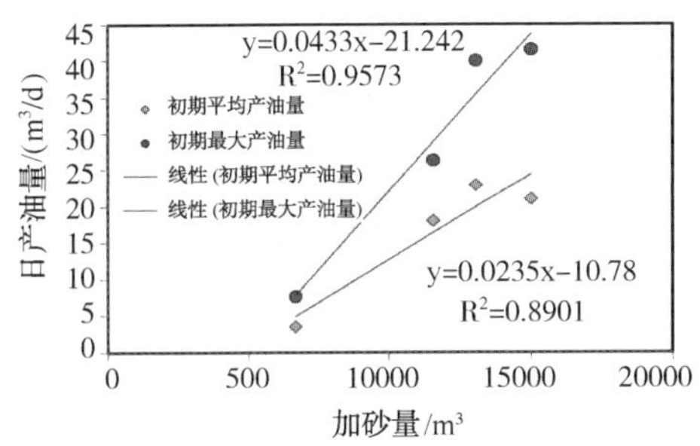

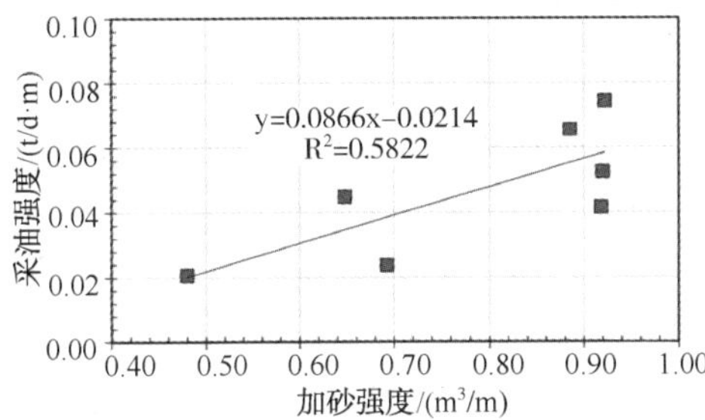

图 9　火山岩裂缝性油藏压裂参数对产能的影响因素

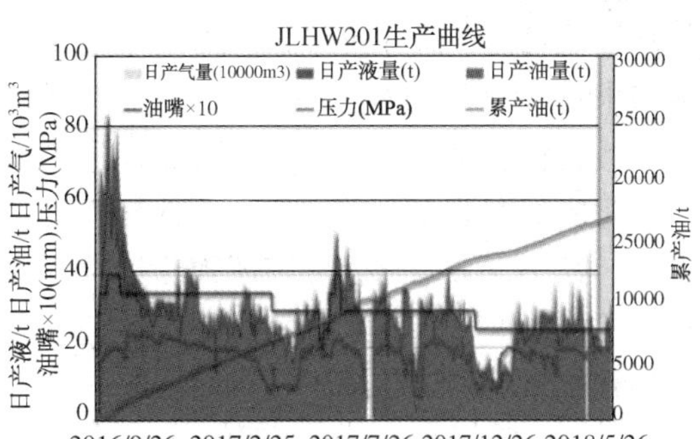

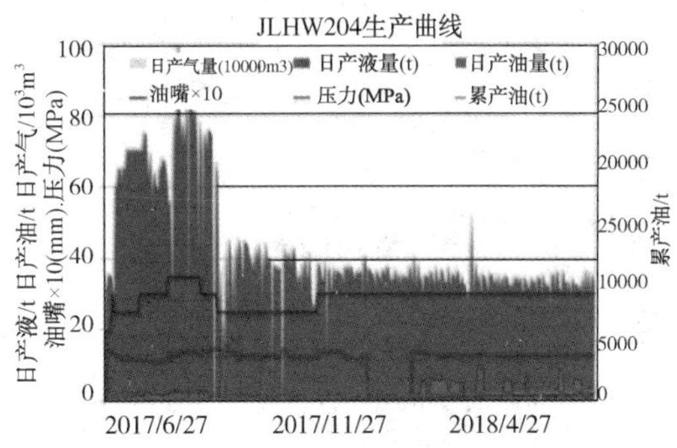

图 10　底水动用对产油量的影响

火山岩致密油藏由于底水的存在，即使压裂规模与产能之间呈现正相关，但是在施工过程中必须避免压裂规模过大而导致高角度缝纵向延伸距离过大，从而造成水淹。因此，压裂规模成为制约储层改造的一个重要的条件。图 10 为实际生产过程中两个存在底水井的生产曲线，从图中可以看出，JLHW204 与 JLHW201 井相比，使用了更大的压裂规模，更高的压裂成本，却获得了最差的效果。因此，压裂规模对于存在底水的油藏来说，应该在保证压裂规模尽可能大的前提下避免底水的动用，否则则会造成油井的水淹，导致产油量的减小，从而造成经济效益的严重损失。

考虑到底水对压裂施工的影响，本文分别对有底水和无底水的油藏的参数设计要求和布缝方式分别进行了总结，见表 2。对于无底水，具备大规模改造条件的储层采用“三大”设计模式，实现复杂裂缝，切碎地层的布缝方式；对有底水，不宜大规模改造，采用“四小”设计模式，小缝密布，切割地层的布缝方式。

表 2　裂缝性油藏水平井优化设计模式

设计模式	参数设计要求	布缝方式
具备大规模改造条件	“三大、两低、一小” 大液量：与储层匹配的较大的 SRV 大砂量：与裂缝相匹配的支撑剂量 大排量：需裂缝扩展所需的净压力 低浓度、低黏度（滑溜水＋低浓度瓜胶）、小粒径支撑剂	复杂裂缝，切碎地层
不宜大规模改造（底水油藏）	小液量、小砂量、小排量，小间距、低浓度、低黏度、小粒径支撑剂	小缝密布，切割地层

4　裂缝布缝模式分类

结合上述三类不同类型非常规油藏的储层特征以及压裂施工工艺和参数对产能的影响，在对大量的现场施工实例数据进行分析对比之后，提出了一种量化考虑形成复杂缝网的可能性和对复杂缝网的需求性的水平井分段压裂布缝模式选择图版，见图 11。该图版以每种形成复杂缝网的可能性与对复杂缝网的需求性为变量组合来选择合适的布缝模式，形成五个区域：常规分段区域、细分切割区域、复杂缝网区域、多分支缝区域、细分切割或者多分支缝区域。利用该经验图版可以对后续储层的水平井压裂方式提供一定的施工方案指导。

确定储层的采用何种布缝方式进行水平井分段压裂，主要取决与两个变量：对于储层形成裂缝复杂的可能性以及对复杂缝网的需求性。两组变量的定量描述方法主要是通过分析其关键的储层特征参数，使用综合模糊评判法来评价这两个变量。根据对于各类储层参数对压裂裂缝缝网形成的影响因素的不同，选取了两向应力差，天然裂缝发育程度，脆性指数等储层参数作为评价储层裂缝形成可能性的评价参数。而对于复杂裂缝网的需求性则是通过储层中流度参数来进行判别。最后，在确定了两个变量值之后通过模板确定储层对应的布缝模式区域，从而选择合理的布缝方式。其中，采用综合模糊评判法计算形成复杂缝网可能性值以及对复杂缝网需求性值的各项参数以及权重见表 3。

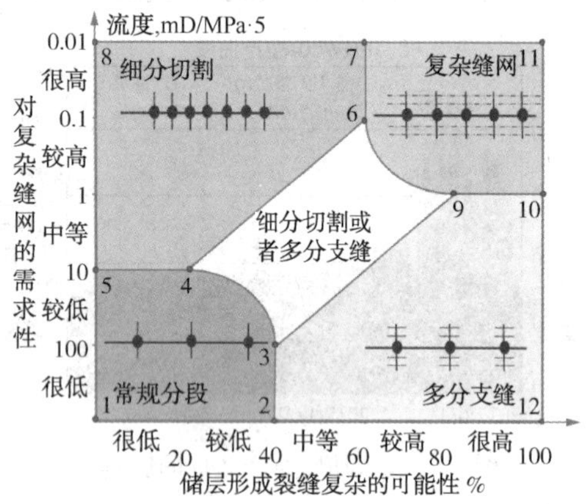

图 11　水平井分段压裂裂缝布缝模式选择图版

表 3　裂缝系统复杂程度综合判断准则

变量	关键因素	权重	评分标准 参数范围	评价结果 单项得分	综合得分	综合结果
对裂缝复杂影响程度	脆性指数/%	0.4	0~20	0	0~20	很低
			21~40	30		
			41~60	70	21~40	较低
			>60	100		
	天然裂缝发育程度	0.3	高	100	41~60	中等
			一般	50		
			低	0	61~80	较高
	两向应力差/MPa	0.3	0~3	100		
			3~5	70	81~100	很高
			5~10	50		
			10~15	20		
			>15	0		
对改造体积需求程度	流度/(md/MPa·s)	1	很高	0.01~0.1	0.01~0.1	很高
			较高	0.1~1	0.1~1	较高
			中等	1~10	1~10	中等
			较低	10~100	10~100	较低
			很低	>100	>100	很低

确定指定储层水平井分段压裂裂缝布缝方式的作业流程见图 12 水平井分段压裂裂缝布缝模式选择流程图。

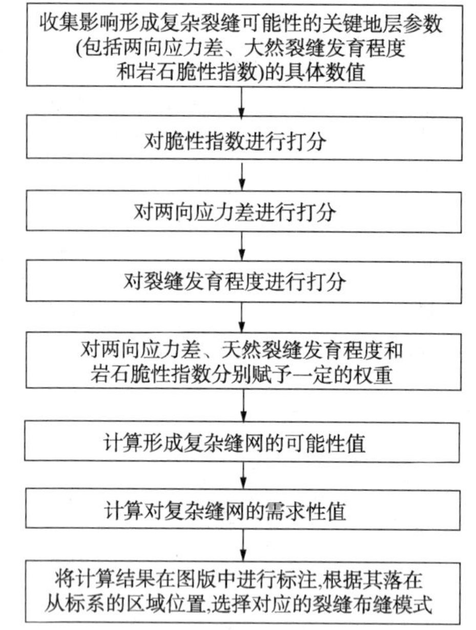

图 12　水平井分段压裂裂缝布缝模式选择流程图

根据上述布缝模式的选择依据和流程，以砾岩油藏和火山岩油藏为例分析了的具体油井的裂缝布缝模式选择。具体的计算分析结果见图 13，砾岩致密油油藏的玛 131 和玛 18 井布缝模式为细分切割，而火山岩致密油油藏的金龙 10 井则分布在复杂缝网的布缝模式区域。符合上文中分析的关于两种岩性的致密油储层的压裂施工措施：对于砾岩致密油藏，要以简单平面缝为主，布缝密度；对于火山岩致密油藏，主要以沟通天然裂缝扩大增大缝网复杂性的角度进行压裂布缝设计。实例的分析得出了布缝模式图版具有很高的适用性，可以作为未压裂改造井的压裂施工布缝方案选择的依据。

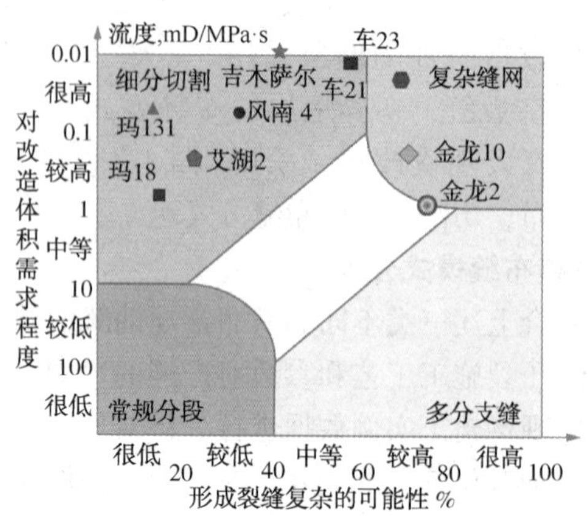

图 13　水平井分段压裂裂缝布缝模式选择结果

5 结论

通过对新疆地区火山岩致密油藏，砾岩致密油藏以及吉木萨尔致密油藏的储层地质特征分析以及现场压裂施工工艺和压裂参数的优选，分析了不同类型致密油油藏水平井体积压裂的布缝模式。分析表明，火山岩裂缝性油藏主要以沟通天然裂缝扩大增大缝网复杂性的角度进行压裂布缝设计；砾岩油藏以简单平面缝为主，布缝间距减小有利于油井产能的增加；吉木萨尔致密油压裂缝的形态较为复杂、渗透率低、原油黏度高，应以密集切割+高施工压力提高裂缝复杂性才能获得较为理想的改造效果。

基于现场试验，本文进一步总结了三种分别针对火山岩致密油藏，砾岩致密油藏以及吉木萨尔致密油藏的水平井体积压裂设计模式：① 以沟通天然裂缝+人造裂缝体积压裂布缝；② 人造裂缝密集切割体积压裂布缝；③ 通过人造裂缝相互干扰形成复杂裂缝布缝。在此基础上，提出了一种四参数五分区的裂缝布缝模式选择图版。该图版给出了实践中不同类型油藏的储层压裂布缝方式，为实际施工的压裂工艺和布缝模式提供指导。

参 考 文 献

[1] 孙赞东，贾承造，李相方．非常规油气勘探与开发：上册[M]．北京：石油工业出版社，2011.

[2] 邹才能，陶士振，侯连华．非常规油气地质[M]．北京：地质出版社，2011.

[3] 梁狄刚，冉隆辉，戴弹申，何自新，欧阳健．四川盆地中北部侏罗系大面积非常规石油勘探潜力的再认识[J]．石油学报，2011，21(1)：8-17.

[4] 贾承造，郑民，张永峰．中国非常规油气资源与勘探开发前景[J]．石油勘探与开发，2012，39(2)：129-136.

[5] 页岩气地质与勘探开发实践丛书编委会．北美地区页岩气勘探开发新进展[M]．北京：石油工业出版社，2009.

[6] 林森虎，邹才能，袁选俊等．美国致密油开发现状及启示[J]．岩性油气藏，2011，23(4)：25-30.

[7] 卢雪梅．美国致密油成开发新热点[N]．中国石化报，2011-12-17.

[8] 刘亚飞．低渗透油藏体积压裂效果评价方法研究[J]．化工管理，2016(14)：195.

[9] 赵世光．体积压裂技术在石油研发中的应用[J]．当代化工研究，2018(08)：67-68.

[10] 章敬，李佳琦，史晓川等．吉木萨尔凹陷致密油层压裂工艺探索与实践[J]．新疆石油地质，2013，34(06)：710-712.

基于无迹卡尔曼滤波的井下气侵工况反演解释模型研究

何　淼[1,2]　柳贡慧[2,3]　李　军[2]　许明标[1]

(1. 长江大学；2. 中国石油大学(北京)；3. 北京工业大学)

摘　要　基于无迹卡尔曼滤波技术与井筒多相流正演模型，建立了井下气侵复杂工况的实时反演解释模型。与常规的单点解释不同，本文提出了井下双测点测量，新模型采用双测点压力数据作为测量参数，并首次将气侵点位置和气侵速率作为反演参数。为了全面验证反演解释模型的准确性和可靠性，开展了基于模拟数据和实验数据两套量测数据的数值模拟研究。计算结果表明：井下双测点压力和出口流量计算值可以根据其测量值进行实时跟踪校正，而且气侵点位置和气侵速率的反演值与真实值的吻合度较高。对于模拟数据与实验数据而言，气侵点位置的预测最大误差分别仅有3.1%，5.3%。这充分说明了新模型可以针对井下气侵工况实现准确的量化解释和分析。本文研究进一步将原本不确定的井下气侵关键参数明确化，对于实现复杂地层安全高效钻井具有重要的工程意义。

关键词　无迹卡尔曼滤波；井下双测点；多相流；反演解释；气侵工况

井下工况解释和分析是指根据测量装置测得的数据以及水力学模型进行综合判断，它连接着前期的井筒参数检测和后续的压力精确控制，是控压钻井技术的重要组成部分。目前的解释方法大多为针对井下溢流、漏失等复杂工况的快速判别，然而这仅仅是定性的判别[1-7]，却无法由此获取质量交换的发生地点和质量交换的量等井下参数，求解此类参数可统称为井筒水力学的反问题分析。国外学者 Lorentzen 等人[8]率先开展该方面的研究，他们将立管、井底压力以及气相、液相出口流量作为观测参数，基于 L-M 算法建立了摩阻系数和漂移流参数的解释模型。Vefring、Nygaard 等人[9-10]分别结合 L-M 和扩展的卡尔曼滤波算法，对地层特性譬如气藏压力和渗透率进行反演解释。Gravdal 等人[11]应用无迹卡尔曼滤波算法建立了压力解释模型，模型中仅将摩阻系数作为反演参数。国内学者唐贵[12]、李梦博[13]分别应用阻尼最小二乘法和 L-M 算法开展了类似的地层特性解释方面的研究，但是由于采用的算法为非递推估计，计算时需要利用全部的历史测量数据，因此解释模型并不具备实时性。综上所述，已有研究在理论与应用方面仍存在不足，主要表现在：目前常规 PWD 测量参数仅为近钻头处单点数据，然而单点数据的解释方法具有局限性和不确定性，难以准确反映工况变化；目前的定量解释方法主要侧重于水力学参数和地层特性的解释分析，而针对复杂点位置和溢流量的反演解释仍处于空白阶段。因此笔者在井下增加一个测点，开展基于双测点测量的井下气侵工况实时解释方法的先导性研究，实时预测气侵点位置与气侵速率，进而为后续的井筒压力控制提供理论基础。

1　井筒多相流反演模型

所谓反演，即基于已建立的正演模型的基础上，在某种估计准则意义下，通过对一系列的实际测量数据进行处理，从而反推得到所需的状态参数的估计值。因此从本质上而言，反演问题可等价于最优估计问题。无迹卡尔曼滤波则是非线性最优估计领域[14]的一项重要研究成果，1997 年 Julier and Uhlmann[15]根据确定性采样的基本思路，基于无迹变换(UT)首先提出了无迹卡尔曼滤波(UKF)，此后由 Wan and Van[16]进一步完善。与非线性估计中的另一典型代表-扩展卡尔曼滤波(EKF)相比，UKF 采用无迹变换取代了 EKF 中的局部线性化，其取消了对系统模型的限制条件，既不要求状态函数和量测函数必

【作者简介】何淼，男，1989 年 4 月生，2011 年获中国石油大学(华东)工程力学专业学士学位，2016 年获中国石油大学(北京)油气井工程专业博士学位，现为长江大学石油工程学院讲师，主要从事控压钻井、井下工况解释等方面研究。E-mail：18810459934@163. com

须是连续可微的，同时也不需要计算繁琐的雅克比矩阵，使得 UKF 的计算精度和速度大大提高。

1.1 多相流正演模型

在建立井筒多相流正演模型时，为了有效简化计算，提出如下基本假设：井筒流体作一维轴向流动，忽略径向变化；钻井液为赫巴流体，且不考虑气体溶解的影响；忽略井筒—地层传热影响，井筒内温度按简易线性梯度计算。

气相质量守恒方程

$$\frac{\partial}{\partial t}(\rho_g \alpha_g A)+\frac{\partial}{\partial z}(\rho_g \alpha_g v_g A)=q_g \tag{1}$$

液相质量守恒方程

$$\frac{\partial}{\partial t}(\rho_l \alpha_l A)+\frac{\partial}{\partial z}(\rho_l \alpha_l v_l A)=0 \tag{2}$$

气液动量守恒方程

$$\begin{aligned}&\frac{\partial}{\partial t}(\rho_g \alpha_g v_g A+\rho_l \alpha_l v_l A)+\\&\frac{\partial}{\partial z}(\rho_g \alpha_g v_g^2 A+\rho_l \alpha_l v_l^2 A)+\\&(\rho_g \alpha_g+\rho_l \alpha_l)g\sin\theta A+\frac{\partial(pA)}{\partial z}+A\frac{\partial p_f}{\partial z}=0\end{aligned} \tag{3}$$

气液漂移流方程

$$v_g=c_0 v_m+v_{gr} \tag{4}$$

式中：A 为环空流道面积，m^2；ρ_g，ρ_l 分别为气相、钻井液的密度，kg/m^3；α_g，α_l 分别为气相、钻井液的体积分数，无量纲；v_g，v_l 分别为气相、钻井液的实际流速，m/s；q_g 为单位厚度气体侵入速度，kg/(s·m)；g 为重力加速度，取 $9.81m/s^2$；θ 为井眼方向与水平方向的夹角；p_f 为沿程压耗，Pa；v_m 为气液混合物速度，m/s；c_0 为气相分布系数，无量纲；v_{gr} 为气相滑脱速度，m/s。

环空多相流压耗计算与流型息息相关。当流型是泡状流，分散泡状流以及环状流时，加速度压降非常小，可以忽略不计。而当流型是段塞流和搅动流时，加速度压降不可忽略。文中泡状流和分散泡状流参考 Ansari 模型[17]。环状流采用 Taitel and Barnea 建立的简化模型[18]。段塞流采用机理模型[19]计算，根据泰勒气泡长度的发展变化，段塞流分为发达的和发展中的段塞流，类似地选用段塞流模型计算搅动流压耗。对于多相流而言，范宁摩阻系数值选用 Colebrook 公式[20]求取。

针对井筒多相流瞬态正演模型，采用气液界面追踪和有限差分法迭代求解，其中关于控制方程的显式差分处理：一阶空间导数采用一阶迎风格式，一阶时间导数采用四点中心差分格式。该差分格式具有二阶精度，满足计算精度要求。正演模型具体的差分格式与求解步骤不再赘述，详见文献[21]。

1.2 基于 UKF 的反演算法

考虑如下的非线性系统：

状态方程

$$x_k=f(x_{k-1})+w_{k-1} \tag{5}$$

测量方程

$$Z_k=h(x_k)+v_k \tag{6}$$

式中：x_k 为 n 维的状态向量，$f(\cdot)$ 为非线性系统状态函数；z_k 为测量向量，$h(\cdot)$ 为非线性测量函数；w_k、v_k 分别为系统的过程噪声和测量噪声，均满足零均值高斯白噪声分布 $w_k\sim N\{0, Q_k\}$ 和 $v_k\sim N\{0, R_k\}$，且两者互不相关。

UKF 的结构与卡尔曼滤波基本一致，主要分为两个过程：状态更新和测量更新。状态更新过程是指以前一时刻的估计值为已知量，利用状态方程预测当前状态变量和估计误差协方差矩阵，为下一个时间状态构造先验估计。测量更新过程负责反馈，结合先验估计值和新的测量数据对当前状态的后验估计进行校正。因此这种估计算法也可称为预测-校正算法。

假设已知状态在前一时刻的状态估计值 $\hat{x}_{k-1}$ 和协方差矩阵 P_{k-1}，则对上述非线性系统采用 UKF 的具体步骤如下：

（1）设定初始时刻的状态统计量为

$$\hat{x}_0=E(x_0) \tag{7}$$

式中：状态初始值 x_0 与 w_k、v_k 彼此相互独立，且服从高斯分布。

（2）构造 Sigma 点及其权值。按照 UT 变换中选择的比例修正对称采样策略[22]，由前一时刻的状态估计值 $\hat{x}_{k-1}$ 和 P_{k-1} 来构造 $2n+1$ 个 Sigma 点 $x_{i,k-1}$ 和相应的权值 $W_i^{(m)}$、$W_i^{(m)}$。

$$x_{i,k-1}=\begin{cases}\hat{x}_{k-1} & i=0\\ \hat{x}_{k-1}+\left(\sqrt{(n+\lambda)P_{k-1}}\right)_i & i=1,\ \cdots,\ n\\ \hat{x}_{k-1}-\left(\sqrt{(n+\lambda)P_{k-1}}\right)_i & i=n+1,\ \cdots,\ 2n\end{cases} \tag{8}$$

$$x_{i,k/k-1}=f(x_{i,k-1}) \quad i=0,\ 1,\ \cdots,\ 2n \tag{9}$$

$$W_i^{(c)}=\begin{cases}\lambda/(n+\lambda)+1+\beta+\alpha^2\\1/2(n+\lambda)\end{cases}\tag{10}$$

式中：$W_i^{(m)}$ 为均值加权所用的权值，$W_i^{(c)}$ 为协方差加权所用的权值；$(\sqrt{(n+\lambda)P_x})_i$ 为矩阵$(n+\lambda)P_x$ 的平方根的第 i 列，可以利用协方差矩阵 P_x 的 Cholesky 分解进行计算；α 为扩展因子，一般取值[0，1]；λ 为比例因子，取 $\lambda=\alpha^2(n+k)-n$；k 为可调参数，对于高斯分布，当状态向量为 n 维时，取 $k=3-n$；β 为描述状态向量先验分布信息的参数，对于高斯分布，最优值为 2。

（2）状态更新。利用状态方程传递 Sigma 点为 $x_{i,k/k-1}$，进一步预测状态均值 $\hat{x}_{k/k-1}$ 和协方差矩阵 $P_{k/k-1}$。

$$x_{i,k/k-1}=f(x_{i,k-1})\quad i=0,1,\cdots,2n\tag{11}$$

$$\hat{x}_{k/k-1}=\sum_{i=0}^{2n}W_i^{(c)}x_{i,k/k-1}\tag{12}$$

$$P_{k/k-1}=\sum_{i=0}^{2n}W_i^{(c)}[x_{i,k/k-1}-\hat{x}_{k/k-1}][x_{i,k/k-1}-\hat{x}_{k/k-1}]^T+Q_{K-1}\tag{13}$$

（3）测量更新。利用测量方程传递 Sigma 点为 $Z_{i,k/k-1}$，用以预测测量值 $\hat{Z}_{k/k-1}$ 及自协方差矩阵 P_{zk} 和互协方差矩阵 P_{xkzk}。

$$Z_{i,k/k-1}=h(x_{i,k/k-1}1)\quad i=0,1\cdots,2n\tag{14}$$

$$\hat{Z}_{k/k-1}=\sum_{i=0}^{2n}W_i^{(m)}Z_{i,k/k-1}\tag{15}$$

$$P_{zk}=\sum_{i=0}^{2n}W_i^{(c)}[Z_{i,k/k-1}-\hat{Z}_{k/k-1}][Z_{i,k/k-1}-\hat{Z}_{k/k-1}]^T+R_K\tag{16}$$

$$P_{xkzk}=\sum_{i=0}^{2n}W_i^{(c)}[x_{i,k/k-1}-\hat{x}_{k/k-1}][Z_{i,k/k-1}-\hat{Z}_{k/k-1}]^T\tag{17}$$

计算卡尔曼增益矩阵 K_k，然后基于获取的新的测量值 Z_k，对当前时刻的状态均值 $\hat{x}_k$ 和协方差矩阵 P_k 进行校正更新。

$$K_k=P_{xkzk}P_{zk}^{-1}\tag{18}$$

$$\hat{x}_k=\hat{x}_{k/k-1}+K_k(\hat{Z}_{k/k-1})\tag{19}$$

$$P_k=P_{k/k-1}-K_kP_{zk}K_k^T\tag{20}$$

基于 UKF 的反演计算流程如图 1 所示，其中 $h(\cdot)$即是建立的井筒水力学正演模型。

2 气侵工况反演解释模型参数确定

应用 UKF 方法开展气侵复杂工况实时解释研究。与常规 PWD 的单点测量不一样，我们采

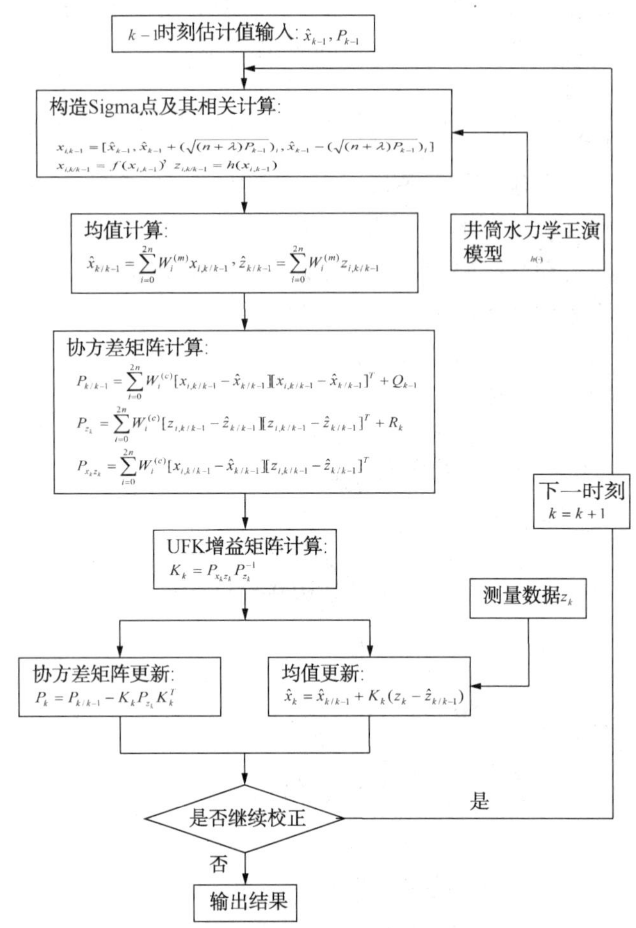

图 1 基于 UKF 的反演计算流程图

用井下双测点压力测量数据实现参数反演计算。井下双测点压力测量，顾名思义，是指在井底近钻头处钻柱的两端安装两个压力传感器，传感器之间采用有线钻杆(智能钻杆)的方式连接，这样我们可以同步获取不同时间双测点的压力数据，其示意图如图 2 所示。

井下气侵工况解释一直以来是现场技术人员的关注重点，其目的在于根据井下压力变化，及时准确预测井下质量交换的发生地点和质量交换的量，为后期压力控制方法和措施提供重要参考。

气侵工况下，不仅需要选取井下双测点压力值作为测量参数，由于气侵速率是反演参数之一，因此还需结合地面录井数据，将出口流量作为测量参数之一，其中出口流量为可测量的液相出口流量。不同时刻的双测点压力测量参数以及出口流量测量参数的表达式如下：

$$p_{m,1}=[p_{m,1}(t_1),\ p_{m,1}(t_2),\ \cdots,\ p_{m,1}(t_N)]\tag{21}$$

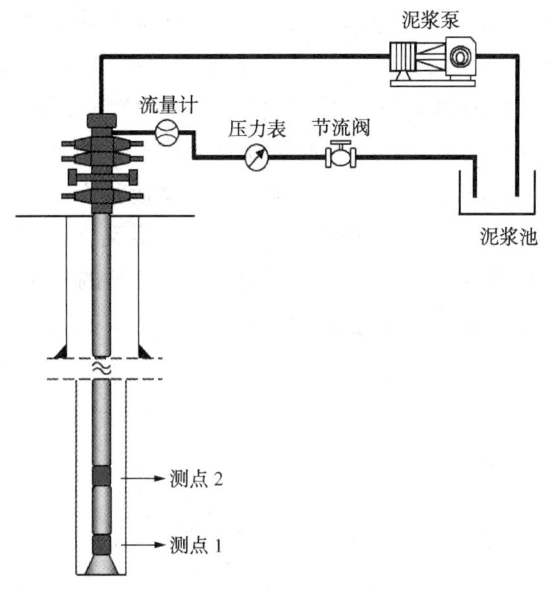

图 2　井下双测点测量示意图

$$p_{m,2}=[p_{m,2}(t_1),\ p_{m,2}(t_2),\ \cdots,\ p_{m,2}(t_N)] \tag{22}$$

$$q_{m,s}=[q_{m,s}(t_1),\ q_{m,s}(t_2),\ \cdots,\ q_{m,s}(t_N)] \tag{23}$$

式中：p 表示井筒压力，t_1，t_2，…，t_N 表示测量数据对应的 N 个时刻点，q 表示流量，下标 m 表示测量数据，下标 1 和 2 分别表示井下的测点 1 和 2，下标 s 表示地面出口。

将气侵速率和气侵点位置作为模型的反演参数，则不同时刻的反演参数可表示为：

$$q_{kick}=[q_{kick}(t_1),\ q_{kick}(t_2),\ \cdots,\ q_{kick}(t_N)] \tag{24}$$

$$h_{kick}=[h_{kick}(t_1),\ h_{kick}(t_2),\ \cdots,\ h_{kick}(t_N)] \tag{25}$$

式中：h 表示气侵点位置，下标 $kick$ 表示气侵工况。

UKF 是一类可实时计算的递推算法，主要针对模型中的状态变量进行实时校正，状态变量即是反演参数，气侵工况下基于 UKF 的反演模型中的状态变量(x)和测量变量(z)确定如下，其中下标 k 表示 k 时刻。

$$x=[q_{kick}(t_k),\ h_{kick}(t_k)]^T \tag{26}$$

$$z=[p_{m,1}(t_k),\ p_{m,2}(t_k),\ q_{m,s}(t_k)]^T \tag{27}$$

3　气侵工况反演解释模型计算分析

基于以上建立的井筒多相流反演模型，开展针对气侵复杂工况的反演解释数值模拟计算。由式(22)和式(23)可知，气侵工况下的反演参数确定为气侵速率和气侵点位置，而测量参数确定为双测点压力和出口流量。为了全面验证本文建立的多相流反演解释模型的准确性和可靠性，测量数据选用模拟数据和实验数据两套数据，其中模拟数据即指利用井筒多相流正演模型来模拟得到的井下双测点压力和出口流量值，而实验数据是指全尺寸实验井中的双测点压力的实测数据。

3.1　模拟数据

模拟井的具体计算参数见表 1。双测点的距离采用已有研究[23]中给出的最优值 30m，该值兼顾了反演模型的计算精度以及有线钻杆的成本问题。三个相关参数的取值分别为：$\alpha=0.1$，$\beta=2$，$\kappa=1$。气侵速率和气侵点位置对应的系统噪声的标准差设置为 0.05，而测点压力与出口流量的测量噪声的标准差分别为 0.0002、0.000002。因此反演模型中的协方差矩阵为：$Q=\mathrm{diag}[0.05^2,\ 0.05^2]$，$R=\mathrm{diag}[0.0002^2,\ 0.0002^2,\ 0.000002^2]$。

表 1　模拟井基本计算参数

基础数据	数值	基础数据	数值
井深/m	3000	循环排量/(L/s)	30
套管下深/m	2200	钻井液密度/(kg/m^3)	1180
钻铤长度/m	200	稠度系数/Pa·s^n	0.37
套管直径/mm	228.47	流性指数	0.68
钻头直径/mm	215.9	动切力/Pa	3.84
钻杆外径/mm	127	地表温度/℃	20
钻杆内径/mm	108.6	地温梯度/(℃/m)	0.0266
喷嘴面积/mm	660	井口回压/MPa	1

图 3 给出了气侵工况下的双测点压力和出口流量计算结果和测量结果的对比。由图可知，未校正的双测点压力和出口流量计算值与测量值偏差较大，且气侵时间越长，两者偏差越明显，然而校正后的双测点压力和出口流量计算值与测量值基本吻合。3000m 处和 2970m 处双测点的压力变化大体相同，随着时间的推移，测点压力随之下降，且下降速率逐渐加快，直至气体前沿运移至井口，测点压力曲线在该处出现拐点。随后对于测量值而言，测点压力线性下降，而对于未校正的计算值而言，测点压力将维持不变。出口流量呈现逐渐上升的趋势，直至气体前沿运移至井口，出口流量出现阶跃式下降，随后对于测量值

而言，出口流量继续线性增加，而对于未校正的计算值而言，出口流量将维持不变。需要说明的是，上述分析的双测点压力和出口流量的具体变化规律与预设的气侵速率和气侵点位置有关。

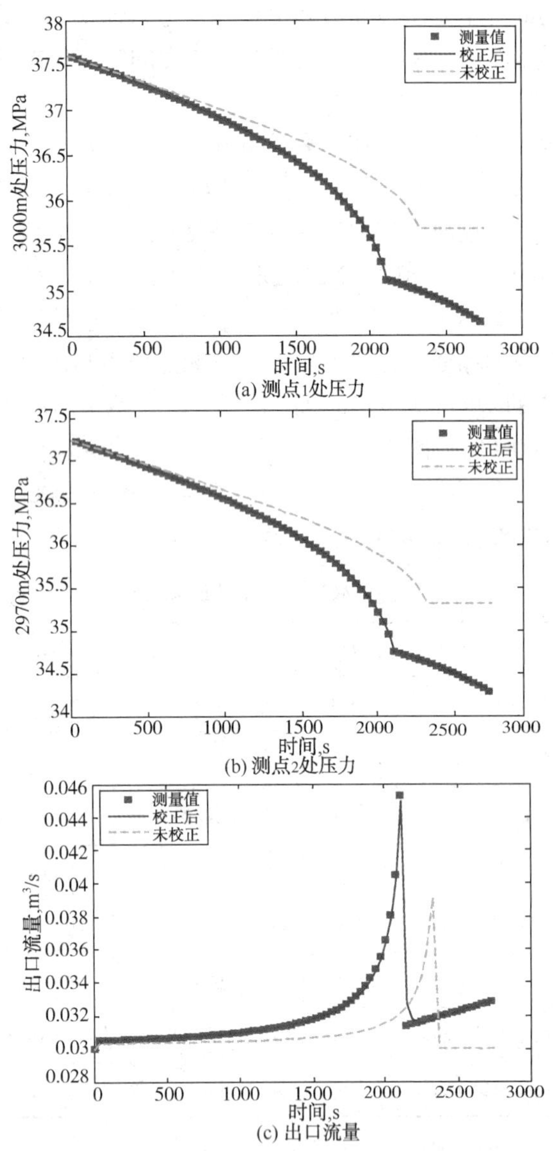

图 3　双测点压力和出口流量计算值与测量值对比

图 4 和图 5 分别给出了气侵速率和气侵点位置反演值和真实值对比。由图可知，在 0～2750s 时间内，预设的气侵速率真实值由 0.15m^3/s 指数增加至 0.55m^3/s，这与井筒—地层耦合的实际气侵速率曲线[24]基本一致。预设的气侵点位置真实值为井深 2760m。气侵速率的初值设为 0.1m^3/s(标况下)，气侵点位置最初设在井底处，即初值为 3000m。随着反演计算的向前推进，气侵速率和气侵点位置的反演值逐渐接近其真实值，总体来说，反演值和真实值的吻合度较高，仅仅在气体前沿运移至井口时刻附近(2100s 左右)出现一定的偏差，其中气侵点位置的最大偏差距离为 85m，最大误差仅为 3.1%。这是因为当气体前沿运移至井口附近时，气体急速膨胀，导致井筒压力和出口流量变化幅度较大，从而对参数反演造成一定的影响。当气体运移至井口之后，气侵速率和气侵点位置的反演值又逐渐重新回归到真实值附近，这表示基于 UKF 的反演模型针对参数扰动具有一定的自适应调节能力。

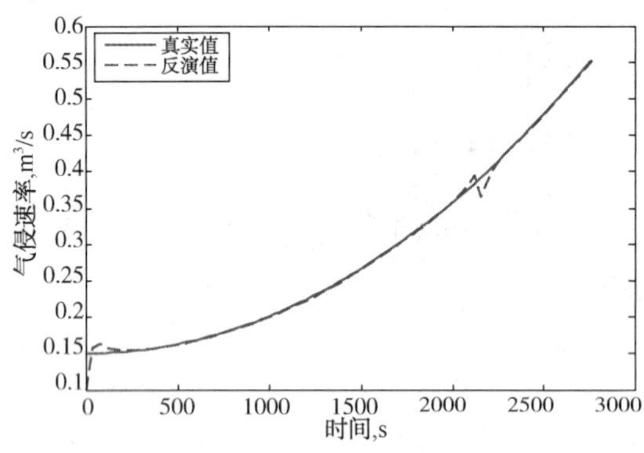

图 4　气侵速率反演值和真实值对比

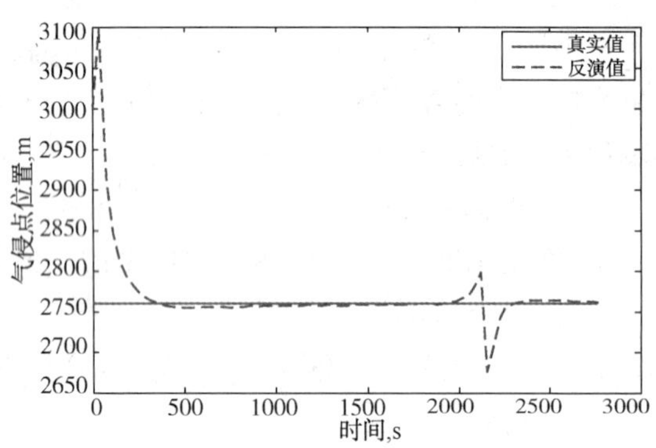

图 5　气侵点位置反演值和真实值对比

3.2　实验数据

利用位于巴西 Taquipe 油田的全尺寸实验井数据[25]进行多相流反演模型的验证。直井井深 1275m，套管内径 159.4mm，钻杆外径 88.9mm，钻杆内径 70.2mm，气/液相介质分别为氮气和水。采用寄生管注气的方式将气体注入井筒内，注气点位于井深 760m 处，注气量为 0.14m^3/s。为了避免气体回流，在寄生管底端装有单向阀。在钻杆沿程 185m、605m 和 998m 处分别安装压力传感器，实时测量不同位置的环空压力值。实测数据选取气侵开始后 0-600s 的环空 185m 和 605m 处的压力数据，以作为双测点的压力测量数据。由于实验过程中并没有记录出口流量，而出口流量数据又是反演气侵速率的必要条件，因此反演模型中的测量参数和反演参数仅为双测点压力以及气侵点位置。

图6给出了双测点压力计算值与实验测量值的对比。由图可知，0~150s区间内双测点压力的校正值与测量值之间偏差相对较大，其中环空185m处的压力计算值明显呈现V型变化。150~450s区间内双测点压力的校正值与测量值基本上吻合。由图6(a)可以看出，环空185m的压力测量值在0~450s内逐渐增加，直至450s后快速降低，因此450s为气体前沿由井底运移至185m处的时间点。450~600s区间内双测点压力计算值与测量值大体上以一定的偏差向前推移，其中环空185m处的计算与测量的差值逐渐降低，而环空605m处的差值逐渐升高。总体而言，0~600s内的双测点压力的计算值与测量值吻合度较高，最大相对误差不超过10%。

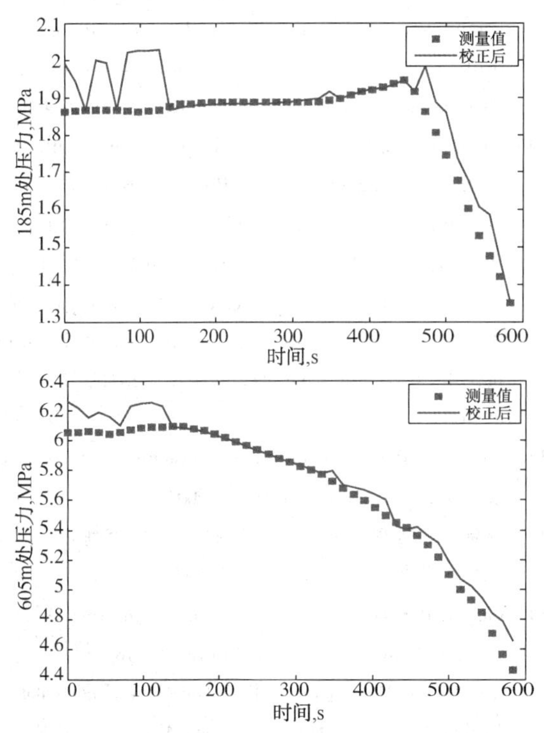

图6　双测点压力计算值与测量值对比

图7给出了气侵点位置反演值与真实值的对比。在0~80s内气侵(注气)点位置的反演值由井底1275m快速降低至其真实值760m附近。随后气侵点位置的反演值与真实值比较接近，在80~450s内反演值主要位于在真实值上方，而在450~600s内反演值则在真实值上下波动，其中气侵点位置的最大偏差为40m左右，最大误差仅为5.3%。这说明，建立的多相流反演模型对于全尺寸实验井数据也可以进行基于注气点位置的准确量化解释。

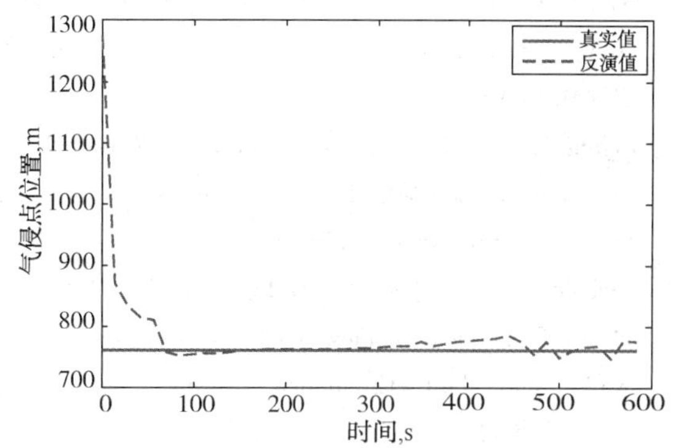

图7　气侵点位置反演值和真实值对比

注：本文开展的井下工况解释主要针对井下单点气侵工况，但是井下工况解释的应用不仅仅局限于此，在钻遇多套压力体系时，井下多点气侵以及溢漏同存也时常发生。已有研究表明[23]，测量参数维度越大，可得到的反演参数也就越多，且反演计算精度越高。因此，随着我们可获取的井下测点的增加，下一步可以继续开展多点气侵、以及溢漏同存等相关研究，实现更为准确的井下复杂工况量化解释。

4　结论

（1）基于无迹卡尔曼滤波技术与井筒多相流正演模型，建立了井下气侵工况的实时反演解释模型。与常规的单点解释不同，新模型将井下双测点压力数据作为测量参数，并首次将气侵点位置和气侵速率作为反演参数。

（2）计算结果表明：井下双测点压力和出口流量计算值可以根据其测量值进行实时跟踪校正；基于UKF的反演模型具有一定的自适应调节能力，当气侵速率和气侵点位置的反演值出现较大偏差后，会逐渐重新回归到其真实值附近。

（3）对于本文提供的模拟数据与实验数据两套量测数据而言，气侵点位置的预测最大误差分别仅为3.1%，5.3%。这充分说明了新模型可以针对井下气侵工况实现准确的量化解释和分析。

（4）本文主要针对井下单点气侵工况进行量化解释和分析，然而井下工况解释不应只局限于此。建议后续基于多测点压力测量开展井下多点气侵、以及溢漏同存等相关工况解释研究。

参考文献

[1] Stokka S. L., Andersen J. O., Freyer J., et al. Gas Kick Warner - An Early Gas Influx Detection

Method. SPE 25713, 1993.

[2] Xiangfang Li, Congxiao Guan, Xiuxiang Sui, et al. A New Approach for Early Gas Kick Detection. SPE 50890, 1998.

[3] Bryant T. M., Grosso D. S., Wallace S. N. Gas-Influx Detection With MWD Technology. SPE Drilling Engineering, 1991, 6(4): 273-278.

[4] Schafer D. M., Loeppke G. E., Glowka D. A., et al. An Evaluation of Flowmeters for the Detection of Kicks and Lost Circulation During Drilling. SPE 23935, 1992.

[5] Orban J. J., Zanker K. J. Accurate Flow-Out Measurements for Kick Detection, Actual Response to Controlled Gas Influxes. SPE 17229, 1988.

[6] Schubert J. J., Wright. J. C. Early Kick Detection Through Liquid Level Monitoring in the Wellbore. SPE 39400, 1998.

[7] Hargreaves D., Jardine S., Jeffryes B. Early Kick Detection for Deepwater Drilling: New Probabilistic Methods Applied in the Field. SPE 71369, 2001.

[8] Lorentzen R. J., Fjelde K. K., Frøyen J., et al. Underbalanced Drilling: Real Time Data Interpretation and Decision Support. SPE 67693, 2001.

[9] Vefring E. H., Nygaard G., Lorentzen R. J., et al. Reservoir Characterization during UBD: Methodology and Active Tests. SPE 81634, 2003.

[10] Nygaard G. H., Vefring E. H., Fjelde K. K., et al. Bottomhole Pressure Control During Drilling Operations in Gas-Dominant Wells. SPE Journal, 2007, 12(1): 49-61.

[11] Gravdal J. E., Lorentzen R. J., Fjelde K. K., et al. Tuning of Computer Model Parameters in Managed-Pressure Drilling Applications Using an Unscented-Kalman-Filter Technique. SPE Journal, 2010, 15(3): 856-866.

[12] 唐贵．欠平衡钻井过程中的随钻试井解释[D]．成都：西南石油大学，2004.

[13] 李梦博．控压钻井井筒压力波动理论与解释方法研究[D]．北京：中国石油大学(北京)，2015.

[14] 赵琳，王小旭，李亮，等．非线性系统滤波理论．北京：国防工业出版社，2012.

[15] Julier S. J., Uhlmann J. K. A new extension of the Kalman filter to nonlinear systems. Proceedings of the SPIE, 1997.

[16] Wan E. A., Van D. M. R. The unscented Kalman filter for nonlinear estimation. Adaptive Systems for Signal Processing, Communications, and Control Symposium, 2000.

[17] Ansari A. M., Sylvester N. D., Sarica C., et al. A comprehensive mechanistic model for upward two-phase flow in wellbores. SPE Production & Facilities, 1994, 9(2): 143-152.

[18] Taitel Y., Barnea D. Counter Current Gas-Liquid Vertical Flow, Model for Flow Pattern and Pressure Drop. International Journal of Multiphase Flow, 1983, 9(6): 637-647.

[19] Perez-Tellez C., Smith J. R., Edwards J. K. A new comprehensive, mechanistic model for underbalanced drilling improves wellbore pressure predictions. SPE Drilling and Completion, 2003, 18(3): 199-208.

[20] Colebrook C. F., White C. M. Experiments with fluid friction in roughened pipes. Proceedings of the Royal Society, series A, 1937, 161(906): 367-381.

[21] Miao He, Gonghui Liu, Jun Li, et al. A study of rapid increasing choke pressure method for sour gas kicks during managed pressure drilling. International Journal of Oil, Gas and Coal Technology, 2016, 11(1): 39-62.

[22] Julier S. J. The scaled unscented transformation. Proceedings of American Control Conference, 2002.

[23] 何淼．控压钻井溢流实时解释理论与控制方法研究[D]．北京：中国石油大学(北京)，2016.

[24] Dake L. P. Fundamentals of Reservoir Engineering. Developments in Petroleum Science, Elsevier, 1978.

[25] Lage A. C. V. M., Fjelde K. K., Time R. W. Underbalanced Drilling Dynamics: Two-Phase Flow Modeling and Experiments. SPE 62743, 2000.

基于 Gemini 表面活性剂及纳米材料的高效泡排剂的研制与现场应用

武俊文　张汝生　岑学齐　李凤霞

（中国石化石油勘探开发研究院）

摘　要　针对低压产水气井温度高、矿化度高以及含 H_2S 气体浓度高的特点，通过合成特殊梳状结构的 Gemini 阴离子表面活性剂，并将其作为起泡剂分子，合成并优选改性后的一定尺寸、疏水程度的纳米粒子充当固态稳泡剂，设计合成氟碳表面活性剂做为抗凝析油成分，成功制备出高效泡排剂。室内实验研究结果表明：该泡排剂在温度为150℃、矿化度为250000ppm、H_2S 浓度为400ppm 下起泡性、稳泡性优良，凝析油体积分数为50%下携液性优良。该泡排剂在龙凤山北 201-XY 井现场试验中，平均产气量由7256 方/天提高到 11329 方/天，提高幅度达 56%；平均油套压差由 2.66MPa 下降到 2.38MPa，下降 10.5%；携液增产效果明显，证明该泡排剂可满足凝析油含量较高气区排水采气需求。

关键词　泡排剂；排水采气；泡沫；纳米材料；Gemini 表面活性剂，氟碳表面活性剂

随着天然气生产规模的扩大，各大气田产水气井逐年增多，气井见水后由于携液能力下降造成井底积液，从而严重影响气井的正常生产和气田的开发效果。针对这一现状，必须及时开展排水采气技术，解决产水气井排液问题[1-2]。国内外应用实践表明，泡排工艺具有投资小、配套设备简单、管理施工方便及选井范大等优点，已成为国内外解决各大中浅层气田排水采气的重要措施[3-4]。由于目前低压产水气井大多存在气层温度高、地层水矿化度高及含 H_2S、CO_2 酸性气体等特点，而国内现有的泡排剂随着温度、矿化度及酸性气体含量的上升，其起泡性和稳泡性大幅度下降，不能满足这部分出水气井的携液要求[5]。

由于泡沫体系是以气体为分散相、液体为分散介质的多相分散体系，因此是一种相界面庞大的能量较高的热力学不稳定体系[6-7]。目前提高泡沫稳定性的方式主要有：① 对表面活性剂进行复配，更有效发挥 Marangoni 效应，增强表面膜的自修复功能[8]；② 加入一些聚合物以增加液膜的黏度来降低泡沫的排液速率[9]。然而，通过对表面活性剂复配发挥其协同作用对泡沫稳定性的提高程度有限，因泡沫的液膜仍是液态膜，无法阻止气泡的聚并和歧化[10]；而加入聚合物来提高泡沫稳定性的方式则由于部分聚合物会在高温下会热降解，所残留的有机物残渣在一定程度上会造成地层伤害。综上，这些增强泡沫稳定性的方式都存在一些缺陷。

通过综合分析表面活性剂泡沫性能理论，本文合成并选取 Gemini 阴离子表面活性剂作为起泡剂分子，合成并修饰纳米粒子作为固态稳泡剂，合成并优选通过合成有机铵盐型的阳离子氟表面活性剂作为抗凝析油成分，将三者以一定方式混合制备出一种高效泡排剂，并考察了温度、矿化度、H_2S 气体以及凝析油对其起泡性能及稳泡性能的影响。

1　室内实验研究

1.1　实验试剂

二苯乙烷、长碳链脂肪酰氯、线性长链苯磺酸、氢氧化钠、肼、氢氧化钾、发烟硫酸、正硅酸乙酯、硅烷偶联剂 A、氨水、乙醇、碳酸氢钠、氯化镁，氯化钙、氯化钠、氯化钾、硫酸钠，这些药品均为分析纯，购自北京化学试剂厂。实验中所有用水均为去离子水（18MΩ · cm）。实验中用到的矿化度为 50000ppm、100000ppm、 150000ppm、200000ppm、250000ppm

【基金项目】中石化股份公司科技部项目《低压气井耐温抗盐抗油泡排剂的研究与应用》

【作者简介】武俊文，博士，工程师。2014 年毕业于中国科学院化学研究所并获得理学博士学位，现工作于中国石化石油勘探开发研究院，主要从事采油采气化学品的研发工作。E-mail：wujunwen@ iccas. ac. cn。

的模拟地层水均根据国内不同井的积液分析数据而配制。

1.2　实验仪器与方法

实验仪器包括：高温高压泡沫性能评价装置(海安县石油科研仪器公司)；Axioskop-40 型光学显微镜(德国 ZEISS 公司)；Zetasizer Nano 系列 Nano ZS 型纳米粒度和 Zeta 电位仪(英国 Malvern 仪器公司)；MP1100B 型电子天平(上海精密仪表有限公司)；HS7 型磁力搅拌器(德国 IKA 公司)；101-1 型干燥箱(上海市实验仪器总厂)；载玻片和盖玻片(江苏盐城信泰医疗器械厂)；实验中所用到的玻璃器皿均经去污粉洗涤并用去离子水冲洗。

泡沫评价方法：本项研究利用高温高压泡沫评价仪对泡排剂性能进行相关评价。该仪器可模拟测试地层压强 30MPa 和温度 200℃条件下的泡沫流体性能。其具体方法如下：在一定温度下，通过回压阀注入 200mL 的泡排剂溶液，再通入一定压强的气体从而使泡排剂溶液内部产生大量泡沫，然后通过记录泡沫的初始起泡体积 V_0 来反映泡排剂的起泡性以及泡沫衰减到一半高度的时间 $t_{1/2}$ 来反映其稳泡性。

2　泡排剂 PQ-2 的研制

2.1　合成并选取 Gemin 阴离子表面活性剂作为起泡剂分子

Gemini 表面活性剂是由两个双亲分子的离子头基经连接基团通过化学键连接而成的，如图 1 所示。Gemini 表面活性剂分子中的连接基将两个单链表面活性剂离子头基紧密连接，致使其碳氢链间更容易产生强相互作用，即加强了碳氢链间的疏水结合力，而且离子头基间的排斥倾向受制于化学键力而被大大削弱，导致 Gemini 表面活性剂和单链单头基表面活性剂相比较，具有更高的表面活性。与传统单链表面活性剂相比，Gemini 表面活性剂具有以下特殊的物理化学性质：① 更高的降低表面张力的能力，与单体表面活性剂相比，其 CMC 低 1~3 个数量级；② 更易在水溶液表面吸附和在水溶液中形成胶团，具有更好的水溶性；③ 更易在水溶液表面吸附，其分子间排列更加紧密；④ 有两个离子基团的 Gemini 表面活性剂具有更加优异的协同作用；⑤ 形成的水溶液黏度更高，有效降低液膜排液速率，增强泡沫稳定性。

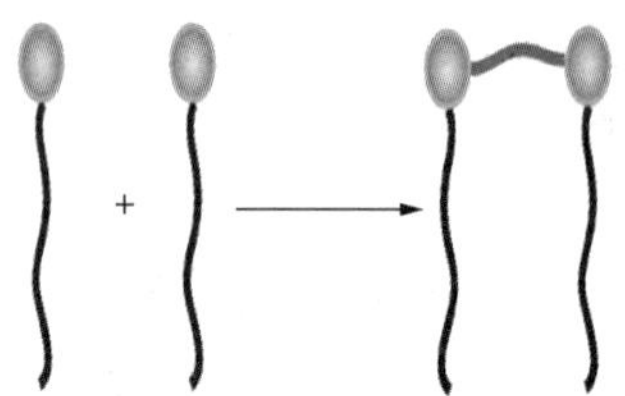

图 1　Gemini 表面活性剂分子结构示意图

磺酸盐双子表面活性剂水溶性好、原料来源广，有可能最先实现大规模工业化生产，以满足日化行业等的应用需求。因此，本文设计并合成了磺酸盐型 Gemini 表面活性剂。以二苯乙烷和长链脂肪酰氯为原料，经傅-克酰基化反应、Wolff-Kishner-黄鸣龙还原反应、磺化、中和等反应得到 Gemini 表面活性剂 Gm-2-m(m 为脂肪链碳原子数)，合成路线如图 2 所示。

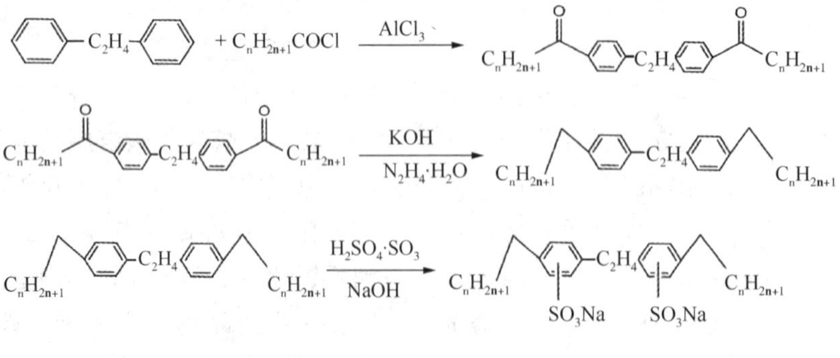

图 2　烷基苯磺酸盐 Gemini 表面活性剂的分子结构及合成路线

本文对不同浓度的线性长链苯磺酸钠和双线性长链苯磺酸钠 Gm-2-m 的表面张力降低能力进行了研究，图 3 是表面张力曲线，可以看到在不同表面活性剂浓度下，表面活性剂 Gm-2-m 的表面张力(γ_{cmc})均比传统单链表面活性剂低，可见，本文研制的 Gemini 表面活性剂比传统单链表面活性剂更容易形成胶束，降低表面张力的能力更强，因此可用作高效泡排剂的起泡剂分子。

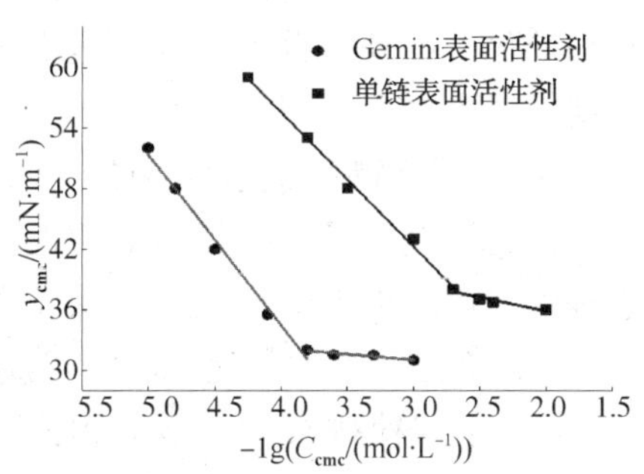

图 3 表面活性剂的表面张力曲线

2.2 合成并选取改性纳米粒子作为固态稳泡剂

纳米技术作为一种以纳米尺度分析、操控物质界的新型科学技术，已经在能源、食品、材料等方面得到广泛的应用。近年来随着纳米技术的发展，纳米稳泡技术在食品、矿物浮选、消防灭火等方面逐渐显露出优势，但是其在排水采气领域尚无相关报道。本文通过在本实验室研制的液相泡排剂中加入合适的纳米粒子，使之与表面活性剂发生协同作用，在气液界面形成致密的粒子化膜以阻止气泡聚并和歧化，从而提高泡沫稳定性[11]。

选择纳米粒子需要考虑的主要因素有：一、纳米粒子的形状：各向同性的纳米粒子如球状纳米粒子相对于各向异性的纳米粒子如棒状纳米粒子而言，有着更大的有效接触面积。二、纳米粒子的组成：考虑到高温高矿化度产水气井泡沫排水采气的需求，选取的纳米粒子应该有一定的耐高温以及耐腐蚀性。三、纳米粒子的疏水程度：纳米粒子的脱附能可通过如下公式计算[12]：

$$\Delta G_{remove}=\pi R^2\gamma_{AW}(1\pm\cos\theta)^2 \quad (1)$$

式中 $\Delta_{Gremove}$ 为将一个吸附于界面的颗粒拉入体相中所需要的能量，R 为颗粒的半径，γ_{AW} 为气液界面张力，θ 为颗粒与水相、液相的接触角，当颗粒从界面移进水相时，括号内符号为负；移进空气或油相时，符号为正。脱附能在接触角为 90°附近时最大，随接触角降低或者升高会迅速减小，在小于 30°或者大于 150°时，需要的能量可以忽略不计，此时颗粒不能稳定泡沫。四、纳米粒子的尺寸：颗粒的粒径越小，比表面积越大，有利于颗粒与气液界面的充分接触，同时粒径较小的颗粒更有利于增大体系黏度从而降低液膜排液速率，而粒径越大的纳米粒子则越易受重力作用从液膜中脱落而降低其稳泡性。综合以上分析，本文选择接触角在 65°~85°的、直径小于 100nm 的修饰后的球状二氧化硅球作为固态稳泡剂，其制备过程如图 4 所示。

图 4 纳米稳泡剂的制备过程

2.3 合成氟碳表面活性剂作为抗凝析油成分

将 0.12molN，N-二甲基-1，3-丙二胺和 0.12mol 三乙胺与 30mL 乙醚混合，20℃ 滴加 0.1mol 全氟丁基磺酰氟，搅拌 1h 后升温至回流，回流 4h 后停止反应，静置分层，除去上层清液，得表面活性剂的前体粗品（$C_4F_9SO_2NH(CH_2)3N(CH_3)_2$），其中三乙胺是用来吸收反应产生的 HF。反应式如下：

$$C_4F_9SO_2F+NH_2(CH_2)_3N(CH_3)_2+N(C_2H_5)_3\rightarrow C_4F_9SO_2NH(CH_2)_3N(CH_3)_2+NH(C_2H_5)_3F$$

所得产物分别用乙醚洗涤两次，用去离子水洗涤三次，干燥。之后采用盐酸酸化的方法制得所需要的有机铵盐型的阳离子氟碳表面活性剂（$C_4F_9SO_2NH(CH_2)_3NH(CH_3)_2^+Cl^-$，反应如下：

$$C_4F_9SO_2NH(CH_2)_3N(CH_3)_2+HCl\rightarrow C_4F_9SO_2NH(CH_2)_3NH(CH_3)_2^+Cl^-$$

2.4 泡排剂 PQ-2 配方的研制

图 5 为不同浓度改性纳米二氧化硅球对液相泡排剂初始起泡体积与半衰期的影响情况，测试条件：温度 130℃、压力 1MPa、矿化度 200000ppm。由图 5 可知：加入纳米粒子后，泡排剂的初始起泡体积与半衰期都大幅提高，证明选用的纳米粒子具有很强的稳泡作用；同时随着纳米粒子浓度的增加，初始起泡体积与半衰期呈先增加后降低的趋势，证明纳米粒子浓度存在最优值，不易过高。

根据上述理论分析与实验结果，本文以耐高温、高矿化度的烷基苯磺酸盐 Gemini 表面活性剂作为起泡剂分子，以修饰后的接触角在 65°~85°的、直径小于 100nm 的球状二氧化硅球作为固态稳泡剂，将二者以质量比 50：1 混合并辅以一定的增溶措施，作为后续评价的高效泡排剂 PQ-2。

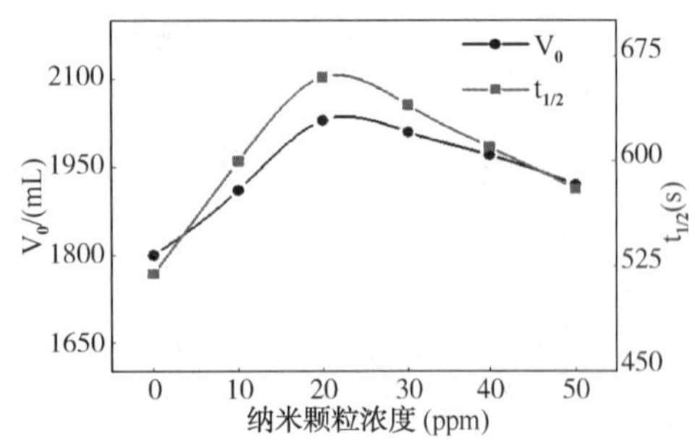

图5 不同浓度改性纳米二氧化硅球对液相泡排剂初始起泡体积与半衰期的影响

3 泡排剂PQ-2的性能评价

3.1 泡排剂PQ-2的耐温性能

针对高温产水气井排水采气工艺要求，研发的泡排剂应在90℃~150℃范围内具有较好的起泡和稳泡能力，基于此研发要求，考察了浓度为0.5%的泡排剂PQ-2在90℃~150℃的初始起泡体积V_0与泡沫半衰期$t_{1/2}$。如图6所示，随着温度的升高，初始起泡体积V_0与泡沫半衰期$t_{1/2}$都呈缓慢下降趋势，这主要是由以下原因造成的：

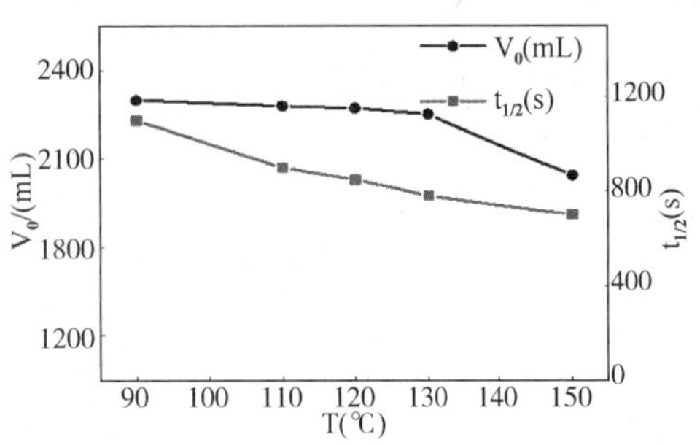

图6 温度对泡排剂PQ-2性能的影响

（1）温度升高时，体系的黏度下降，液膜的表面黏度也会降低，因此液膜排液速率会增加，从而增加气泡的聚并和歧化；

（2）温度升高时，气泡中分子运动加剧，气体膨胀趋势增加，从而使得液膜变薄，增加“气窜”；

（3）温度升高时，液体蒸汽压增加，液膜的急速蒸发也会使得液膜变薄。

由上述分析可知，随着温度的升高，泡排剂性能的下降是不可避免的，然而该泡排剂在150℃高温下其初始起泡体积V_0与泡沫半衰期$t_{1/2}$仍然分别高达1925mL和700s，这主要是由于：一方面选用的固态稳泡剂——纳米粒子其本身具有很好的耐高温性；另一方面，纳米粒子形成的空间壁垒网络结构可以抵御由于液膜变薄导致的气泡聚并和歧化。此外，自主研发的泡排剂由于充分考虑到气液界面上表面活性剂分子之间的相互作用，选用了具有特殊梳状结构的Gemini表面活性剂作为起泡剂分子，使得表面活性剂分子形成密集排列，产生强大的聚集力，从而增强表面膜的强度和弹性，对抗高温下分子剧烈的Brown运动对分子规律排布的离散作用，这也是该复合体系具有高度稳泡性的重要原因。

3.2 泡排剂PQ-2的耐矿化度性能

为了考察泡排剂PQ-2的抗矿化离子能力，研究了浓度为0.5%的泡排剂PQ-2在矿化度为50000ppm、100000ppm、150000ppm、200000ppm、250000ppm的模拟地层水中的起泡以及稳泡能力。如图7所示，泡排剂PQ-2的初始起泡体积V_0随矿化度的增加呈现平缓下降趋势，而其泡沫半衰期$t_{1/2}$在矿化度小于100000ppm时呈急剧下降趋势（斜率大），在矿化度大于100000ppm时则呈平缓下降趋势。泡排剂的起泡性和稳泡性随矿化度增加呈微弱下降趋势可以通过DLVO双电层理论得到解释。在正常状态下，液膜两侧的离子型表面活性剂分子的带电基团会与其电离出的平衡离子构成的双电层有相互排斥的作用，从而可以防止液膜进一步变薄，而在高矿化度的模拟地层水中，由于矿化离子会压缩液膜的双电层，从而降低液膜之间的静电排斥力，增加气泡的聚并率。值得注意的是，该泡排剂在250000ppm矿化度下，其初始起泡体积V_0和泡沫半衰期$t_{1/2}$分别高达2160mL和765s，证明泡排剂PQ-2具有优良的抗矿化离子能力，这主要是由于选用的纳米粒子形成的固态膜不会受到矿化离子的干扰，另外，泡排剂PQ-2选用了极性基为强电解质离子头基类的阴离子表面活性剂，它们的极性基电离状况不受溶液中其它电解质的影响，因此使得泡排剂具有更好的抗矿化离子能力。

3.3 泡排剂PQ-2的耐H_2S气体性能

由于一些出水气井不同程度的含有腐蚀性的H_2S气体，而H_2S对泡排剂性能的影响尚未见报道，因此，考察了H_2S对添加了纳米粒子的泡排剂的性能影响，其结果如图10所示。泡沫的初始起泡体积V_0半衰期$t_{1/2}$随着H_2S浓度的增加都会呈先微弱下降趋势，这是由两个原因造成的：一方面，类似矿化度的影响，H_2S溶于水中电离

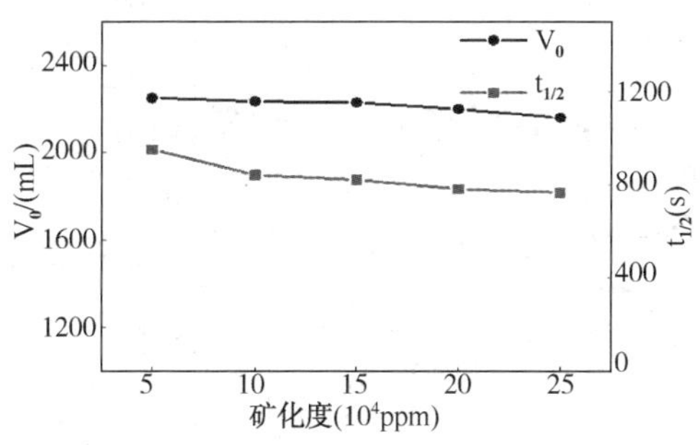

图 7 矿化度对泡排剂 PQ-2 性能的影响

出的 H^+ 压缩泡沫液膜的双电层，降低液膜之间的静电斥力，增加气泡聚并率；另一方面，H_2S 会改变表面活性剂分子之间以及表面活性剂分子与水分子间的相互作用。然而，泡排剂 PQ-2 在 H_2S 浓度为 400ppm 下，其初始起泡体积 V_0 和泡沫半衰期 $t_{1/2}$ 分别高达 2000mL 和 660s，证明泡排剂 PQ-2 具有优良的抗 H_2S 能力。

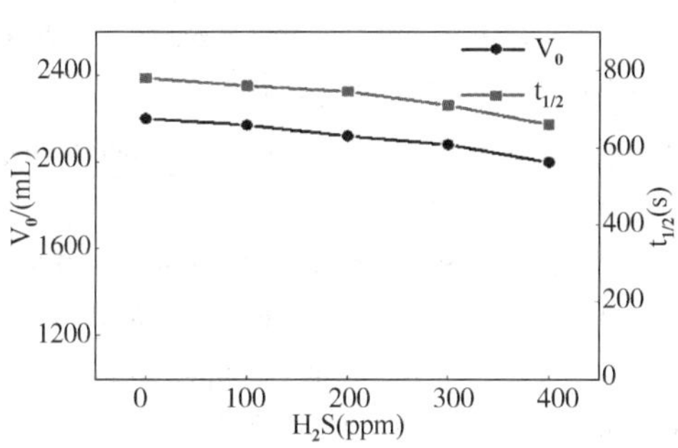

图 8 H_2S 气体对泡排剂 PQ-2 性能的影响

3.4 泡排剂 PQ-2 的耐凝析油性能

除起泡能力和稳泡能力外，携液力是泡排剂的一项重要指标。为考察研制的抗凝析油泡排剂的携液能力，将不同浓度的泡排剂与不同体积分数的凝析油混合，并对其携液能力进行测试，结果如图 9 所示。从图 9 评价结果可知，随着起泡剂浓度的增加，体系的携液能力呈先增加后降低趋势，这是因为在浓度小于 0.5%时，表面活性剂浓度小于 CMC，随着表面活性剂浓度的增加，表面张力持续下降，生成的泡沫数量不断增多，泡沫中所含液量不断增加，因此携液力不断增加；而当浓度继续增大，大于 0.5%时，随着浓度的继续增加，泡沫的含液量不断减小，致使泡沫“脆性”增加，泡沫反而变得不稳定，同时泡沫含液量减少，因此携液力下降。从评价结果也可看到，随着凝析油含量的增加，泡排剂的携液率降低幅度较低，证明研制的抗凝析油泡排剂可以满足不同凝析油含量出水气井的排水采气需求。

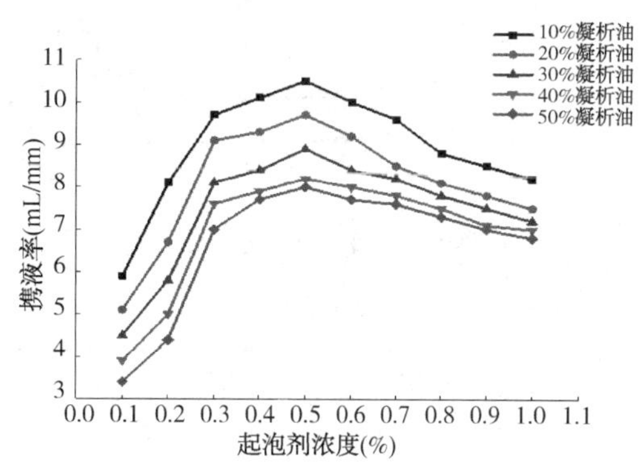

图 9 泡排剂 PQ-2 在不同含量凝析油下的携液率评价曲线

4 现场应用及效果评价

本次现场试验选取来自东北龙凤山气区和四平气区的 3 口气井，由于目前都处于积液期或积液较为严重的状态，且井筒出液分析结果显示凝析油含量超高（龙凤山北 201-XY 井含油高达 60%），所以现场试验分两个阶段进行：第一阶段，提高泡排剂加注频率，加大药剂用量，排出井筒积液；第二阶段，根据当前的水气比和日产水量，摸索、优化并建立适合单井的泡排制度，维护气井稳定生产。本次现场先导试验施工有效率 100%、日产气增幅为 22%～56.1%，排水量增幅为 63.6%～88.9%，油套压差降低 12%～22.6%，降本增效作用显著。图 3 所示为龙凤山北 201-XY 井的泡排生产曲线，从图 3 可以看出，泡排施工期间，平均产气量由 7256 方/天提高到 11329m^3/d，提高 56.1%；平均油套压差由 2.66MPa 下降到 2.38MPa，下降 10.5%。试验结果证明研制的泡排剂有较好的抗凝析油能力，能在凝析油含量较高的出水气井中起到很好的排液增气效果，可做大规模推广应用。

5 结论

（1）合成并优选改性纳米粒子作为固态稳泡剂，使其吸附于气液界面形成空间壁垒阻止气泡的聚并和歧化，极大的增强了泡沫的稳定性。

（2）设计合成更容易形成胶束，降低表面张力的能力更强的含有耐高温的磺酸根离子的特殊梳状结构的 Gemini 表面活性剂作为起泡剂主剂。

（3）合成了一种新型的以全氟丁基为基础的、具有高表面活性的阳离子氟碳表面活性剂（$C_4F_9SO_2NH(CH_2)_3NH(CH_3)_2^+Cl^-$）。该表面活

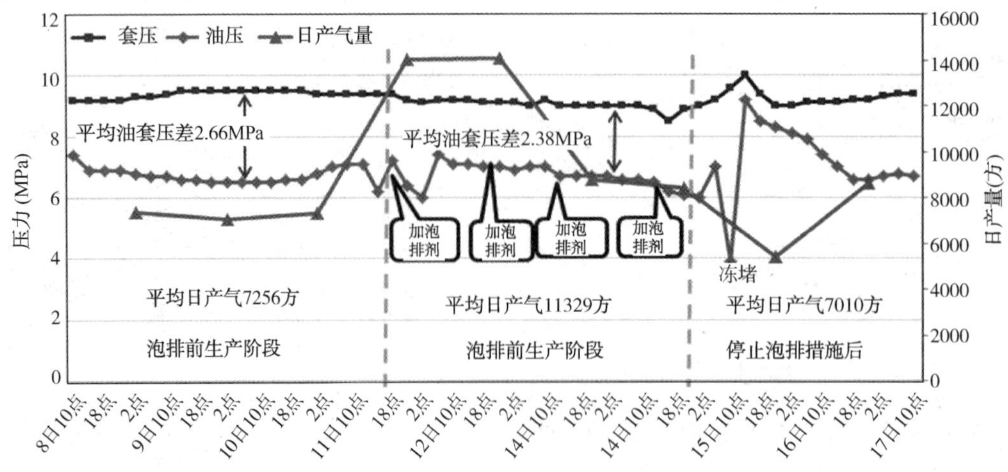

图 10 龙凤山北 201-XY 井泡排施工生产曲线

性剂能明显改善传统的碳氢表面活性剂的性能、使得表面活性剂的 cmc 大幅降低。将合成的阳离子氟碳表面活性剂引入起泡剂体系中作为抗凝析油成分，成功制备一种性能优异的抗高含量凝析油泡排剂。

（4）室内评价表明，该泡排剂可以满足温度 150℃、凝析油体积分数 ≤ 50%、矿化度 ≤ 250000ppm、H_2S 浓度为 400ppm 条件下气井的泡沫排水采气要求。

（5）在东北龙凤山和四平气区的 3 口井的先导试验施工有效率 100%、日产气量、排水量大幅增加，油套压差下降明显，降本增效作用显著，证明研制的抗凝析油泡排剂可以满足超高含量凝析油出水气井的排水采气需求。

参 考 文 献

[1] 黄艳，佘朝毅，钟晓瑜等．国外排水采气工艺技术现状及发展趋势[J]．钻采工艺，2005(4)：57-60.

[2] Stephenson，G. B.，et al. Gas - Well Dewatering：A Coordinated Approach，SPE 58984.

[3] Campbell S.，et al. Corrosion Inhibition/Foamer Combination Treatment to Enhance Gas Production，SPE 67325.

[4] M. Solesa. Production Optimization Challenges of Gas Wells with Liquid Loading Problem Using Foaming Agents[J]. SPE Russian Oil and Gas Technical Conference and Exhibition，3 - 6 October 2006，Moscow，Russia.

[5] 杨筱璧．泡沫排水起泡剂室内实验优选[J]．特种油气藏，2009，16(2)：70-72.

[6] Weaire D.，et al. Structure and dynamics of confined foams：A review of recent progress，Adv. Colloid Interface Sci.，2008，137，20.

[7] Saint-Jalmes A. Physical chemistry in foam drainage and coarsening，Soft Matter，2005，2，836.

[8] Xu，Rong，Yang. A New Binary Surfactant Mixture Imprived Foam Performance In Gas Well Production [J]．SPE International Symposium on Oilfield Chemistry，14-17 February 1995，San Antonio，Texas.

[9] 王冬梅，韩大匡，许关利，等．部分水解聚丙烯酰胺对 α-烯烃磺酸钠泡沫性能的影响[J]．石油勘探与开发，2008，35(3)：335-338.

[10] Golemanov K.，et al. Surfactant mixtures for control of bubble surface mobility in foam studies，Langmuir，2008，24，9956.

[11] Chaaudhury，M. K.. Complex Fluids：Spread the World about Nanofluids，Nature，2003，423，131.

[12] Binks B P，Lumsdon S O. Influence of particle wettability on the type and stability of surfactant - free emulsion [J]．Langmuir，2000，16（23）：8622-8631.

基于停泵压力降落曲线分析的压后裂缝参数反演方法

周　彤[1]　苏建政[1]　李凤霞[1]　刘国庆[2]

（1. 中国石油化工股份有限公司石油勘探开发研究院；
2. 休斯顿大学）

摘　要　在主压裂停泵压降分析中，目前没有任何模型可以定量的计算出包括天然裂缝在内的裂缝总面积。而在小型压裂和微注测试分析中，Liu-Economides 模型已经可以对包括天然裂缝在内的裂缝系统进行模拟，并给出了所涉及到的相关参数的解析解，包括天然裂缝和水力裂缝的面积。本文借鉴 Liu-Economides 模型，提出了一套针对主压裂停泵后的压降分析方法，而主要的目标分析参数是天然裂缝和水力裂缝的面积。利用该方法在四川盆地某页岩气 F 井的实际压裂施工进行了压力分析与应用。研究结果表明：该 F 井二十八段现场压裂数据中有十五段由于压后停泵测压时间不足，没有出现特征线段，无法进行裂缝参数的计算。利用模型对十三段有效数据进行裂缝参数分析，发现提高缝内净压力，页岩气储层压裂裂缝复杂性会显著增加。同时，由于天然裂缝开启比例的增加，主裂缝长度也会发生显著降低。研究可以为压裂施工现场压后效果的实时评价提供理论依据与技术支撑，从而提高后续压裂施工的针对性与有效性。

关键词　水力压裂；停泵；压力降落；G 函数；裂缝参数

1　引言

Nolte 所提出的压力分析模型是目前广泛应用在压裂分析中，尤其是在小型压裂或压前诊断测试分析中[1-2]。基于一系列严苛的假设条件，Nolte 模型的数学表达式简单直接，所以对于现场数据分析来说具有很强的可操作性。这些假设条件包括只针对单一的水力裂缝而没有天然裂缝，没有井筒储集效应，不考虑流动过程中的摩阻，整个裂缝随压力递减而闭合的过程中如下参数都是定值：滤失系数、裂缝柔度、缝长和缝高。但是，某些不切实际的假设可能会导致分析结果的不完整甚至是错误。模型针对 Nolte 模型在小型压裂分析中的不足，Liu 和 Economides 提出了一套完整的小型压裂分析模型[3-7]，该模型考虑到了天然裂缝开启与闭合、裂缝尖端扩展、压力相关滤失、变柔度、缝高萎缩等一些非理想滤失的情况。根据这些现象的物理过程，一些与之相关联的参数也被加入到了模型中。在实际的数据分析当中，这些涉及到参数也就可以通过小型压裂模型所推导出来的解析解来进行估算。因此，这些参数可以加深对储层物性和水力裂缝的认识，从而可以更好的进行压裂设计。

目前有一些针对主压裂过程中或者停泵后的检测技术，例如微地震检测以及钻井取芯。但是这些技术都存在明显的缺陷。首先，微地震事件只能粗略提供岩石剪切失效的地点，不能有效的探测拉伸失效，而后者是裂缝扩展的主要方式[8-9]。这些微地震信号处理的不确定往往导致检测到的裂缝尺寸远远大于实际裂缝的尺寸[10]。目前一种常用的处理方式是将微地震事件处理成热点图，微地震事件越密集说明存在裂缝的可能性越大，从而来估计地层改造体积。但是这种目前还是不能有效的区分和估算天然裂缝和水力裂缝的面积。另一种可以直接观测水力裂缝和天然裂缝的技术在压裂地层附近钻井取芯，来直接观测裂缝分布和支撑剂分布。但是这种方法代价昂贵且耗时费力，除非在部分实验区块，否则不具有现场可行性。尽管压力数据是所有压裂施工中最常用的检测手段，但目前还没有针对主压裂施工后的压降分析模型和方法。

为此，本文针对主压裂停泵后压降递减曲线，提出过一种基于主压裂压后压力降落分析的压后裂缝参数评价的方法。并利用该方法对四川盆地某页岩气井二十八段压裂施工进行了压后压

【基金项目】国家科技重大专项（编号：2017ZX05049003-005）资助。

【作者简介】周彤（1986—），男，山东省济宁人，博士，主要从事页岩气储存压裂增产相关理论与技术研究。E-mail：zhout1986@ 126. com。

力分析，从而估算出压后天然裂缝和水力裂缝的面积。本文研究可以为压裂施工现场提供一种快速、实时分析手段，从而提高后续压裂施工的针对性与有效性，满足工程人员“一段一策”式精细压裂设计与方案实时调整的需要。

2　主压裂施工停泵压降分析方法

2.1　基本原理

非常规致密储层的微注入压降测试，是以恒定的微小排量向储层注入一定量的液体(一般为几方至十几方)，造出一定尺寸的水力裂缝，然后关井停泵进行压力降落监测[8-9]。停泵后，裂缝内的液体在压差作用下滤失到地层。地层微破裂后在井筒周围产生一个高于原始地层压力的高压区，流体在压差作用下滤失进入地层，根据压力降落的规律可以评价储层物性参数[11-12]。根据早期停泵压力降落规律(裂缝闭合前的分析)可以获得滤失系数、闭合应力(接近于地层最小主应力)、液体效率与多裂缝发育情况等；当关井时间足够长时(数天甚至数十天，裂缝发生闭合)，地层出现拟径向流，还可以获取原始地层压力和有效渗透率等参数。根据泵注与停泵过程中的压力变化，可以将整个微注入压降测试分为三个阶段：裂缝扩展的主导阶段，裂缝持续闭合的过渡阶段与裂缝闭合后的储层物性主导阶段(如图 1 所示)。其中，由于在裂缝持续闭合的过渡阶段，裂缝未发生闭合，压力降落与压后裂缝初期裂缝形态有直接关系。

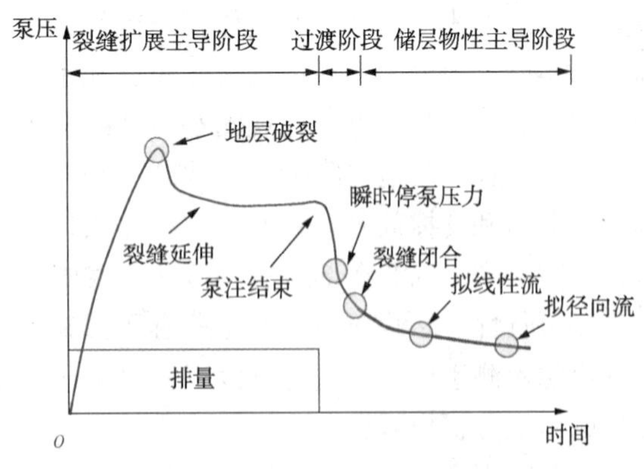

图 1　压裂施工压力曲线变化示意

2.2　与压前诊断测试分析的差异

为了在将该压前诊断测试分析模型推广到主压裂停泵后压力递减分析，需要比较压前诊断测试与主压裂泵注施工两种情况下的裂缝形态的差异：

(1) 主压裂施工规模更大(以页岩气水平井压裂为例：单段用液量一般大于 1500m^3，而压前诊断测试注入规模一般在 10~30m^3。由于停泵压降过程中井筒储集效应导致的井筒内压裂液的膨胀体积与总泵注体积相比非常小，因此在计算过程中忽略井筒储集效应的影响；

(2) 压前诊断测试的泵注过程中没有支撑剂，所以裂缝闭合过程也就等同于压裂液滤失的过程。而在主压裂的过程中，由于支撑剂被泵注到地层中，水力裂缝不会完全闭合。停泵后的压降过程当中，早期为压裂液滤失主导的裂缝闭合过程，即在裂缝闭合在支撑剂层以前，支撑剂对裂缝闭合的过程没有影响，压力的降低只反映为压裂液的滤失。后期，支撑剂支撑裂缝壁面使得裂缝停止闭合，压力降低为压裂液滤失与支撑裂缝性质的综合反映；

(3) 压前诊断测试的关井时间一般较长，一般至少要超过裂缝闭合的时间甚至要持续到稳定的裂缝闭合后的流态，例如拟线性流和拟径向流，所以在相对致密地层中，关井时间往往要若干个小时甚至若干天；相比之下，为了后续的其他施工操作，主压裂后的停泵记录压降的时间相对较短，一般只有几分钟至几十分钟。在如此有限的关井时间内，水力裂缝与天然裂缝的闭合状态以及支撑剂对压力递减的影响还需要进一步分析；

(4) 标准的压前诊断测试要求只能压出一条水力裂缝。而在主压裂过程中，往往每一段内都存在多处射孔簇，导致压后多裂缝的闭合过程分析难度更大。因此，需要对多簇压裂裂缝的闭合过程进行假设：泵注流体在所有射孔簇之间均匀分布，也即所有射孔簇均能实现裂缝起裂，并且裂缝具有同样的集合尺寸并且没有相互干扰；

(5) 压前诊断测试和主压裂停泵压降分析的目标参数不同：虽然都是用压降曲线来进行分析，但压前诊断测试主要用来评估地层，主要目标参数是滤失系数、裂缝闭合应力、地层压力以及裂缝尺寸等，尤其以前两个参数为主。而在本文中主压裂停泵压降曲线分析主要是为了得到水力裂缝和天然裂缝的面积。研究目标的不同决定了在计算过程中一些差异，而最优的情况是可以将二者结合在一起来分析，即在一口水平井中，首先通过压前诊断测试确定地层滤失系数、裂缝闭合应力以及天然裂缝的沟通情况，然后将这些计算出来的结果作为输入参数用在后续各级主压裂的分析当中，并计算出各级压裂过程中压出的水力和天然裂缝的面积。

2.2 主压裂压降分析中有效数据的选取

为了计算天然裂缝和水力裂缝的面积，需要在诊断图上选取特征线段，即有效数据特征。如果将主压裂停泵后的压力递减曲线用来计算压差以及压力导数，并绘制在双对数坐标系上，如图2所示。分析始于停泵的瞬时，以此时间点为基准算出后续停泵关井的时间、压差以及压力导数（Bourdet 导数）。

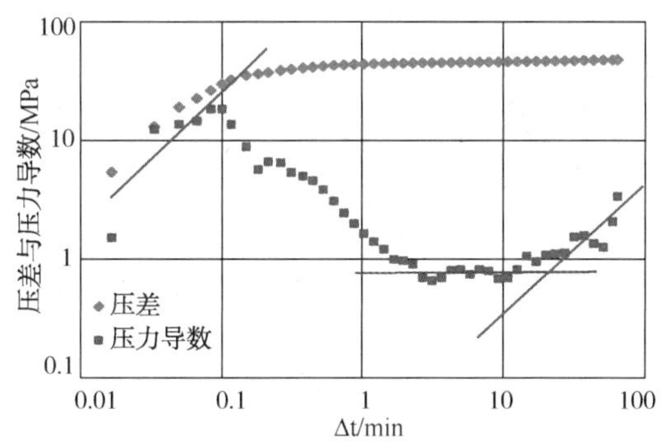

图2　在双对数坐标系下的主压裂停泵后压力递减分析

Menouar 等[13]根据 Liu-Economides 模型提出了一种精确确定瞬时关井压力的方法，通过该方法可以确定泵注过程（包括小型压裂或者主压裂）的摩阻损失。通常来说，摩阻损失起主导作用的时间大约在停泵后的 0.5~5 分钟以内，然后再经过一段时间后就会出现裂缝闭合特征。图3所示的双对数图为主压裂停泵后的压力递减分析数据，分析始于停泵的瞬时，以此时间点为基准算出后续停泵关井的时间、压差以及压力导数（Bourdet 导数）。第一个斜率为1的部分以及后面的驼峰类似于试井测试中的井筒储集效应，它在压裂停泵后的压力递减曲线中其实是伴随着摩阻损失的递减，所以可以用来估算摩阻损失以及确定瞬时关井压力（ISIP）[7]。对于图3所示的实例，导数的驼峰终止于关井后大约3分钟后，此时的压差可以认为是关井瞬间的总摩阻损失，而此时的井底压力可以认为是 ISIP。经过一段时间的过渡（尖端扩展等作用）后，第二个斜率为1的趋势段即代表裂缝闭合现象，它开始于大约关井后的20分钟。因此，在反演压后裂缝参数时，主要针对的是对裂缝闭合趋势线的分析（即图3所示的第二个斜率为1的数据段）。

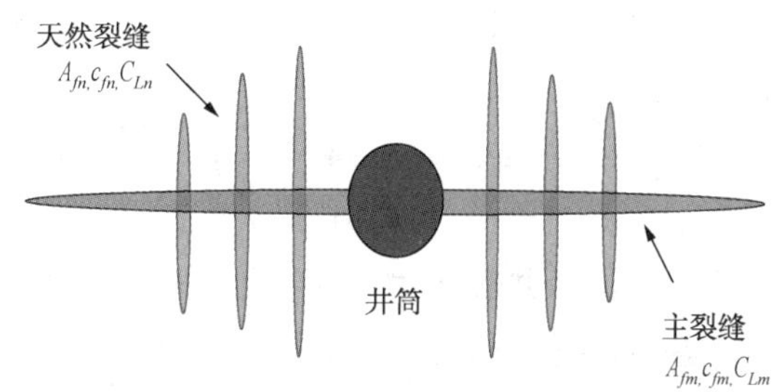

图3　天然裂缝与主裂缝示意图

2.3 模型建立

针对 Nolte 模型[1-2]和其他几种压前诊断测试模型[14-15]的不足，Liu 和 Ehlig-Economides 推导出一系列可以解释复杂裂缝和地层特征的解析计算模型，包括考虑到了天然裂缝开启与闭合的压力相关滤失、裂缝尖端扩展、压力相关滤失、变柔度、缝高萎缩等一些非理想滤失的情况。在天然裂缝发育的地层中，有很大的可能会出现由于天然裂缝的开启与闭合引起的压力相关滤失。Liu 和 Ehlig-Economides[6-7]指出，在较高的净压力状态下，人工裂缝和其沟通的天然裂缝都处于张开状态，此时的液体滤失发生在所有与液体接触的裂缝表面。由于此时的压力递减主要是由液体滤失造成的，因此压力递减可以反映裂缝闭合的特征。因此，通过将 Liu-Economides 模型中的压力相关滤失的模型来推广应用到主压裂停泵压力递减分析当中，从而获取天然裂缝和水力裂缝的面积。

Liu-Economides 模型中关于压力相关滤失（PDL）的模型可以模拟水力裂缝和天然裂缝的作用（如图2所示）。该模型具有以下假设条件[7]：

（1）天然裂缝和水力裂缝具有相同的滤失系数，且为定值；

（2）停泵后，水力裂缝高度、半长、柔度，以及天然裂缝的总面积为定值；

（3）停泵后，天然裂缝的储集体积（即天然裂缝内部的液体体积）忽略不计。

在这种相对简单的裂缝模型中，天然裂缝提供液体滤失的裂缝面积，但其内部储存的液体体积忽略不计。该假设提交基于两个事实：第一，天然裂缝一般要承受比水力裂缝更大的闭合应力，所以其内部的有效静压力就相对较小，进而缝宽较小；第二，单一天然裂缝尺寸相对较小，所以其裂缝柔度（见表1）也较小，在同样的静压力条件下，其缝宽就更小。在天然裂缝闭合前，

井底压力可以写成，

$$ISIP-p_w(\Delta t)=p_1^* G(\Delta t_D, \alpha) \tag{1}$$

$$p_1^*=\frac{\pi r_p\sqrt{t_p}C_L(A_{fm}+A_{fn})}{2c_{fm}A_{fm}} \tag{2}$$

式中，p_w为井底压力；Δt 为关井后的时间；r_p为可滤失裂缝面积与总裂缝面积的比例；t_p为泵注时间；A_{fm}和 A_{fn}为水力裂缝和天然裂缝的面积；c_{fm}为水力裂缝的柔度，其表达式如表 1 所示；$G(\Delta t_D, \alpha)$为 G-函数；α 为裂缝面积指数，对于 PKN，KGD 和径向裂缝模型，α 分别等于 4/5，2/3 和 8/9；p_1^*为该裂缝闭合特征段（如图 1 双对数图中第二个斜率为 1 的阶段）所对应的 dp/dG（在 G-函数图上）。

表 1　三种 2D 裂缝模型中的柔度表达式

裂缝模型	PKN	KGD	径向
c_f	$\frac{\pi\beta_s h_f}{2E'}$	$\frac{\pi\beta_s x_f}{E'}$	$\frac{16\beta_s R_f}{3\pi E'}$
β_s	0.8	0.9	0.925
g_0	1.41	1.48	1.38

2.4　水力裂缝和天然裂缝计算方法

根据 Liu-Economides 模型中的压力相关滤失模型[7]，对于三种常用的二维裂缝模型（PKN，KGD 和径向裂缝模型），水力裂缝半长、水力裂缝面积和天然裂缝面积可以用下面的方程来计算。

$$\left.\begin{matrix} x_{fm} \\ x_{fm}^{\ 2} \\ R_{fm}^{\ 3} \end{matrix}\right\}=\frac{V_pE'}{\pi n_c\beta_s(ISIP-p_c+4g_0p_1^*/\pi)}\left\{\begin{matrix} 1/h_f^2 & PKN \\ 1/(2h_f) & KGD \\ 3\pi/16 & Radial \end{matrix}\right. \tag{3}$$

$$A_{fm}=2n_c\begin{cases} 2x_{fm}h_f & PKN/KGD \\ \pi R_{fm}^{\ 2} & Radial \end{cases} \tag{4}$$

$$A_{fn}=A_{fm}\left(\frac{\beta_s p_1^*}{r_pC_L\sqrt{t_p}E'}\left\{\begin{matrix} h_f & PKN \\ 2x_{fm} & KGD \\ 32R_{fm}/(3\pi^2) & Radial \end{matrix}\right. -1\right) \tag{5}$$

式中，x_{fm}和 R_{fm}为裂缝半长和裂缝半径；V_p为该段裂缝总泵注液体体积；$E'E'$为地层平面模量；n_c该段中总射孔簇个数；p_c为水力裂缝闭合压力；h_f为裂缝高度，假设为已知；A_{fm}为该段所有水力裂缝面积之和；$A_{fn}A_{fn}$为该段所有天然裂缝的面积。

3　应用实例与分析

3.1　地质与工程概况

四川盆地某区块 F 井处于构造宽缓部位，水平段 A 靶点垂深 3003.51m，B 靶点垂深 3017.43m。TO_{3w}反射层曲率属性平面图显示：本井水平段位于低曲率区，预测该区裂缝不发育。钻井过程中，水平段钻井液无漏失，证实该井水平段裂缝不发育。但是在 B 靶点向南（100～200m）地震预测发育一小断层，曲率较大。目标井段石英矿物含量平均为 49.91%，碳酸盐含量平均为 10.64%。储层岩石杨氏模量 42.4～55.8GPa，平均 43.8GPa；泊松比 0.25～0.33，平均值为 0.26。依据袁俊亮等人[16]提出的四川盆地下志留系龙马溪组页岩修正脆性指数计算方法，计算得到压裂层段脆性指数平均为 56.5%，可压裂性为中等偏好。

根据邻井 FMI 测量计算双井径结果指示：井旁现今最小水平主应力的方向为近南-北向；部分层段在图像上可以看到清晰的井壁崩落特征，井壁崩落方位为近南-北向。钻井诱导缝在一些层段发育，钻井诱导缝走向为东-西向；同时在龙马溪组可见微断层，大体走向为东-西向。综合判断本井井周现今最大水平主应力的方向为东-西向。根据室内地应力测试结果，储层垂向应力 49.2～54.5MPa，最大水平主应力 52.2～55.5MPa，最小水平主应力 48.6～49.9MPa。水平地应力差异系数 0.06～0.14，垂向地应力差异系数 0.02～0.12，在高的净压力情况下有利于裂缝转向、形成网络裂缝或复杂裂缝。

3.2　结果与分析

四川盆地某页岩气区块 F 井压裂施工共计二十八段，为了计算天然裂缝和水力裂缝的面积，需要在诊断图上选取特征线段：以停泵的瞬时时间点为基准算出后续停泵关井的时间、压差以及压力导数（Bourdet 导数），当斜率第二次为 1 时视为有效数据特征，利用该阶段数据进行压后裂缝参数的反演。

根据诊断结果，主要分为四种类型。第一类：在压力诊断图上数据尾端出现了明显斜率为 1 的特征线段，在该阶段压后裂缝处于稳定闭合状态，裂缝参数解释质量好，如图 4（a）所示；第二类：压力诊断图上尾端出现了斜率为 1 的趋势，特征线段趋势较明显，裂缝参数解释质量一般，如图 4（b）所示；第三类：压力诊断图上尾端数据点分散，但可近视为出现了斜率为 1 的趋势，特征线段趋势不明显，裂缝参数解释质量较差，如图 4(c)所示；第四类：压力诊断图上数据尾端斜率明显不为 1，未出现裂缝闭合趋势线，无法进行裂缝参数的解释，如图 4(d)所示。

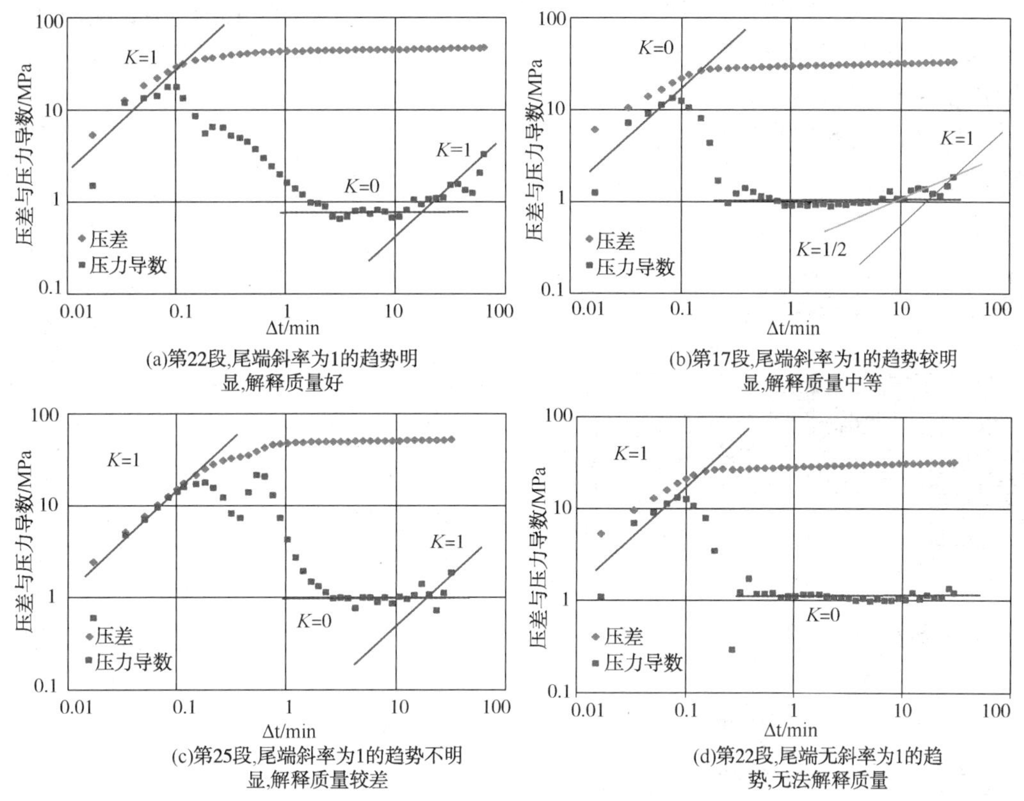

图 4　在双对数坐标系下的主压裂停泵后压力递减分析

在二十八段停泵压力数据中，有十三段出现了第二次斜率为 1 的有效数据，可以进行裂缝参数的解释，见表 2 和图 4。第二次斜率为 1 段的出现时间最快 12.7min，最慢 23.4min，平均出现时间为停泵后的 19.5min。其中，46%的压裂段由于关井测压时间不够，未出现裂缝闭合趋势线，无法进行裂缝参数的解释。若关井时间不足，在水力裂缝尖端扩展与井筒储集效应的影响下，裂缝未达到稳定闭合状态，压力降落无法反应裂缝参数。借鉴 F 井停泵压力诊断数据结果，建议四川盆地页岩区水平井各段压后停泵测压时间至少大于 30 分钟，提高裂缝参数解释结果的可靠性。

表 2　四川盆地页岩气 F 井特征线段出现时间结果汇总

压裂段号	特征线段质量	停泵后出现时间/min
8	中等	14.7
9	优	12.7
11	中等	17.2
16r	差	23.4
17	差	20.1
19	优	27.3
20	中等	20.1
21	中等	23.4
22	优	17.2
24	差	20.1
25	中等	17.3
26	中等	20.1
28	差	20.1
平均值	/	19.5

以第 22 段为例，其双对数诊断图如图 2，G-函数图如图 6。如上所述，裂缝闭合趋势线在双对数坐标系中为第二个斜率为 1 的部分，出现在关井后大约 20min 以后。该段数据对应于 Gdp/dG 图上的直线部分(如图 5 中的红线所示)，在大约 G-函数为 0.2 以后的部分，取该部分对应的 dp/dG 的平均值，即为 p_1^*。由于该井没有进行压前诊断测试，所以无法准确获取该地层的滤

失系数和裂缝闭合应力。根据该地层页岩的渗透率范围，估算出该地层滤失系数大约为 9.14E^{-4} m/$\sqrt{\text{min}}$。根据所有段压力递减趋势和有效净压力的合理范围，预测该地层的闭合应力大约为 51MPa。各段的 ISIP 选取方式按照 Menouar 等[13]所介绍的方法确定。将这些参数带入方程(3)~(5)即可解出水力裂缝的长度和面积，以及天然裂缝的总面积。

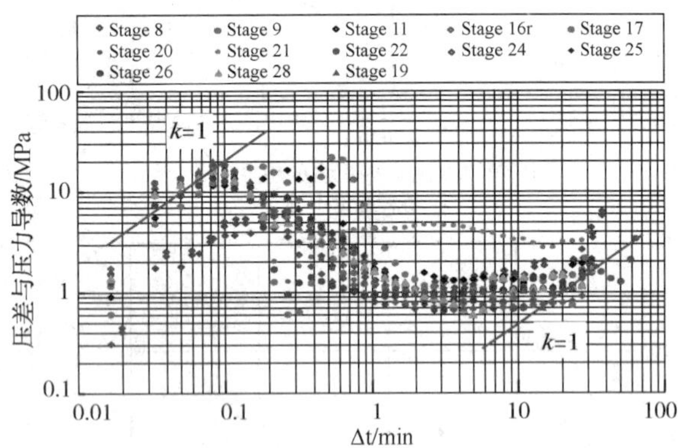

图 5　F 井各段主压裂停泵压力双对数分析

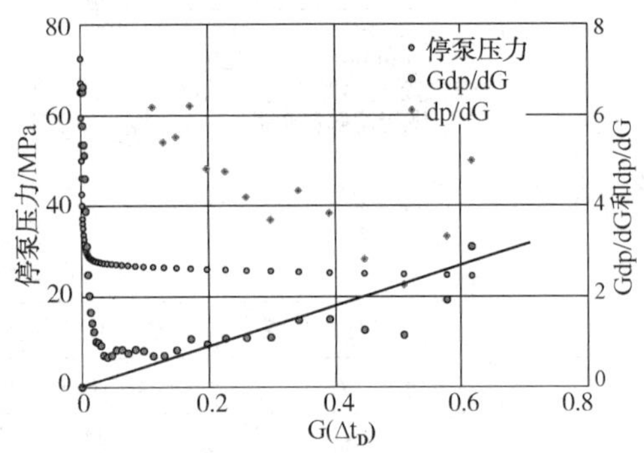

图 6　第 22 段停泵压力降落 G 函数曲线分析示意图

不同压裂段裂缝参数解释结果如表 3 所示，裂缝半长在 98.3~187m，天然裂缝面积与主裂缝面积之比 0.225~2.19。通过统计 F 井各段裂缝反演结果与净压力的关系，发现随缝内净压力的增加，天然裂缝与主裂缝面积之比而明显增加，主裂缝半长呈现降低趋势，如图 7 和图 8 所示。总体来说，F 井压后天然裂缝面积与主裂缝面积相当，主要是由于目标层段天然裂缝发育程度较低。当天然裂缝开启比例增加时，主裂缝长度也会相应降低(见图 9)。第 21 段压裂施工缝内净压力最高，为 12MPa，其相应裂缝面积比为 2.19，表明该段压后产生了较复杂的裂缝形态，同时主裂缝半长也最低。因此，净压力升高与复杂裂缝网络形成相关，提高缝内净压力，页岩气储层压裂裂缝复杂性会显著增加。同时，由于天然裂缝开启比例的增加，主裂缝长度也会发生显著降低。

表 3　停泵压力降落曲线解释结果汇总

压裂段	裂缝半长/m	主裂缝面积/m^2	天然裂缝面积/m^2	总裂缝面积/m^2	裂缝面积比	净压力/MPa
8	116	27900	30900	58800	1.11	8.76
9	114	27300	31200	58500	1.14	9.52
11	98.3	35400	24700	60100	0.698	8.41
16r	187	45000	10100	55100	0.225	5.66
17	116	41800	16000	57800	0.383	5.53
19	106	38200	21500	59700	0.563	5.67
20	117	42200	16800	59000	0.399	5.72
21	77.7	18600	40800	59400	2.19	12
22	122	43900	14900	58800	0.34	4.94
24	126	30200	18600	48800	0.617	8.68
25	133	31900	24000	55900	0.751	6.26
26	88.7	42600	11800	54400	0.278	8.89
28	116	41700	20100	61800	0.483	5.15

注：裂缝面积比为天然裂缝面积与主裂缝面积之比，无因次。

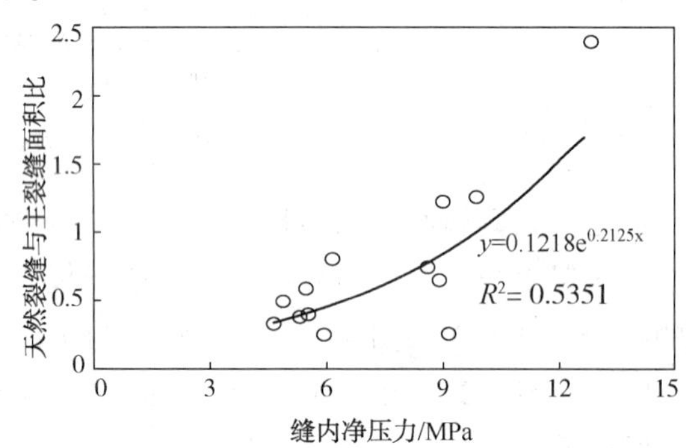

图 7　裂缝面积比与缝内净压力的关系

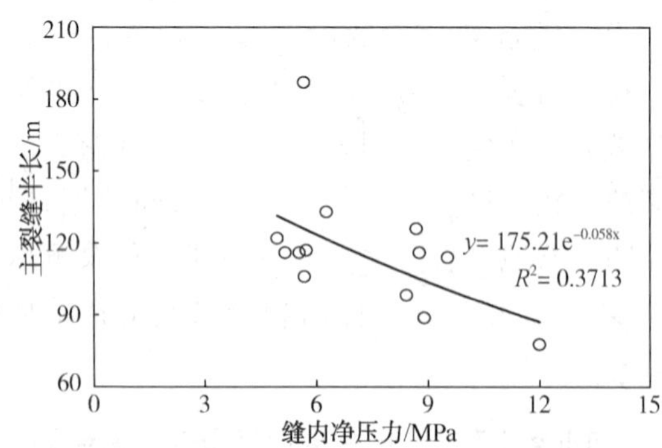

图 8　主裂缝半长与缝内净压力的关系

4　结论与建议

(1) 计算天然裂缝和水力裂缝的面积时，需要在诊断图上选取特征线段，利用该阶段数据进行压后裂缝参数的反演。F 井二十八段现场压裂

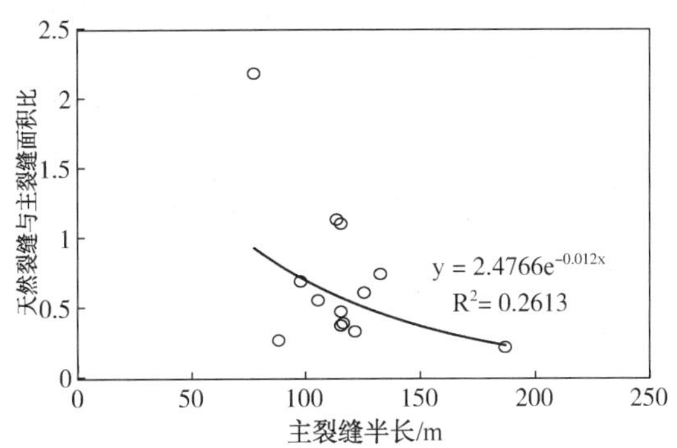

图 9　裂缝面积比与主裂缝半长的关系

数据中有十五段由于压后停泵测压时间不足，没有出现特征线段，无法进行裂缝参数的计算。

（2）F 井特征线段出现时间最快 12.7min，最慢 23.4min，平均出现时间为停泵后的 19.5min。建议页岩气主压裂停泵测压时间 30 分钟，提高数据解释质量，同时根据储层实际情况进行实时调整测压时间；

（3）增加微注测试压裂，即采用小液量、小排量注入产生未破裂，关井时间 1 天，来充分计算储层滤失参数与闭合应力，可以大幅度提高水力裂缝与天然裂缝参数计算的准确度；

（4）利用模型对十三段有效数据进行裂缝参数分析，发现提高缝内净压力，天然裂缝开启比例增加、压裂裂缝复杂性会显著增加。同时，由于天然裂缝开启比例的增加，主裂缝长度也会发生显著降低。

参 考 文 献

[1] K. G. Nolte. Determination of Fracture Parameters from Fracturing Pressure Decline. SPE 8341，1979.

[2] K. G. Nolte，J. L. Maniere，K. A. Owens. After－Closure Analysis of Fracture Calibration Tests. SPE 38676，1997.

[3] Liu Guoqing. Before － closure analysis of fracture calibration test[J]. 2015.

[4] Liu Guoqing，Christine Ehlig－Economides. Interpretation Methodology forFracture Calibration Test [1] Before－Closure Analysis of Normal and Abnormal Leak off Mechanisms. SPE 179176，2016.

[5] Ehlig－Economides，C. A. and Liu，G. 2017. Comparison among Fracture Calibration Test Analysis Models. Paper presented at the SPE Hydraulic Fracturing Technology Conference and Exhibition，The Woodlands，Texas，USA. Society of Petroleum Engineers. DOI：10. 2118/184866－MS.

[6] Liu，G. and Ehlig－Economides，C. 2018. Practical Considerations for Diagnostic Fracture Injection Test (Dfit) Analysis. Journal of Petroleum Science and Engineering 171：1133 － 1140. DOI：https：//doi. org/10. 1016/j. petrol. 2018. 08. 035.

[7] Liu，G. and Ehlig－Economides，C. 2019. Comprehensive before－Closure Model and Analysis for Fracture Calibration Injection Falloff Test. Journal of Petroleum Science and Engineering 172：911 － 933. DOI：https：//doi. org/10. 1016/ j. petrol. 2018. 08. 082.

[8] Johri M，Zoback M D. The Evolution of Stimulated Reservoir Volume during Hydraulic Stimulation of Shale Gas Formations[C]// Unconventional Resources Technology Conference. 2013：1661－1671.

[9] Han Y，Hampton J，Li G，et al. Investigation of Hydromechanical Mechanisms in Microseismicity Generation in Natural Fractures Induced by Hydraulic Fracturing[J]. Spe Journal，2016，21(1).

[10] Maity，D.，Ciezobka，J.，Eisenlord，S. Assessment of In－Situ Proppant Placement in SRV Using Through－Fracture Core Sampling at HFTS. Unconventional Resources Technology Conference. doi：10. 15530/URTEC－2018－2902364.

[11] 张逸群，余刘应，张国锋．基于微注入压降测试的页岩气储层快速评价方法[J]．石油钻探技术，2017，45(3)：107－112.

[12] 靳黎明，郭海英，曹翠．煤层气注入/压降测试方法及其在煤储层评价中的应用[J]．煤炭技术，2014，33(9)：282－284.

[13] Menouar，N.，Liu，G.，& Ehlig－Economides，C. (2018). A Quick Look Approach for Determining Instantaneous Shut－in Pressure ISIP and Friction Losses from Hydraulic Fracture Treatment Falloff Data. Society of Petroleum Engineers. doi：10. 2118/191465 － 18IHFT－MS.

[14] Craig，D. P. and Blasingame，T. A. 2006. Application of a New Fracture－Injection/Falloff Model Accounting for Propagating，Dilated，and Closing Hydraulic Fractures. Paper presented at the SPE Gas Technology Symposium，Calgary，Alberta，Canada. 17. Society of Petroleum Engineers. DOI：10. 2118/100578－MS.

[15] Mayerhofer，M. J.，Ehlig－Economides，C. A.，and Economides，M. J. 1995. Pressure－Transient Analysis of Fracture Calibration Tests. SPE Journal of Petroleum Technology 47 (3)：229 － 234. DOI：10. 2118/26527－pa.

[16] 袁俊亮，邓金根，张定宇．页岩气储层可压裂性评价技术[J]．石油学报，2013，34(3).

浅层稠油火驱配套技术研究与应用

陈 龙 潘竟军 张雪峰

（中国石油新疆油田公司）

摘 要 新疆浅层稠油油藏陆续进入蒸汽开发后期，其含油饱和度、流体黏度变化大，非均质性强且水淹严重。在此类油藏上转火驱开发面临诸多挑战。通过科研攻关，发明快速升温的点火方法和系列点火装备；创建了火线前缘高精度刻画技术；攻克了火驱安全作业技术；配套形成了地面注空气、尾气处理等系列工艺技术。矿场试验取得了较好应用效果，采收率提高36%，已建成30万吨工业化生产能力。为注蒸汽后期稠油油藏大幅提高采收率提供了配套技术支撑。

关键词 火烧油层；低饱和度储层点火；燃烧前缘监测；安全作业；尾气处理

新疆油田浅层稠油属于优质环烷基稠油，环烷烃含量高达69.7%。是炼制高等级变压器油、火箭推进剂、耐极寒机油、特级沥青等的稀缺原材料，被誉为石油中的“稀土”。自上世纪80年代开始攻关以来，采用蒸汽吞吐和蒸汽驱方式实现了工业化开发。目前大部蒸汽开采的稠油老区已进入开发后期，平均采出程度不足30%。继续采用现有技术，无法大幅提高采出程度，而且能耗大，经济效益差，部分区块已濒临废弃。火烧油层（以下简称火驱）因其特殊的生产机理和较广泛的适用性，可以作为稠油油藏注蒸汽后期的接替开发方式，能大幅度提高原油采收率[1-3]。

从国内外公开报道的文献来看，火驱技术应用的对象主要是原始或者正在开发的稠油区块。对于蒸汽开采后期濒临废弃的油藏，未见有火驱接替开发成功的实例报道（见表1）。此类油藏由于蒸汽开采后油层平面及纵向动用不均、高渗通道和次生水体并存、井间剩余油饱和度低等问题，给火驱点火方式、燃烧前缘动态监测与调控、以及安全作业等方面带来很大挑战，需要攻关研究。

1 低含油饱和度油藏高效点火技术

火烧油层技术成功的前提是实现油层成功点火，目前所采用的点火方式主要有自燃点火、化学点火和电点火三种方式。自燃点火方式需要原油具有良好的氧化特性，一般比较少见。目前国内外火驱项目采用的点火技术按热源的不同主要有电（加热）点火、井下高温气（液）体燃烧器点火以及化学点火三种点火方式。其中，电点火技术的优点是点火过程较为可靠，点火温度可实现精确调控，是应用较多的点火技术。从公开发表文献来看，成功的火驱项目一般是在原始高饱和度油藏上开展的，现有的点火工艺技术侧重于点火温度、通风强度等参数的优化设计，很少考虑在燃料供给不充分、含水较高的油层条件下，如何实现成功点火。

表1 国内外火驱提高采收率油藏地质条件对比表

油田	深度/m	厚度/m	油藏条件原油黏度/MPa·s	渗透率/D	含油饱和度/%	备注
Suplacu、Balol	<1000	10	<1000	>1	>70	原始油藏
新疆H-1井区	550	9	23000	0.76	≤40	采出程度30%

为此，火驱课题组研究了在高温氧化过程中不同碳原子数的烃类的氧化行为，明确火驱过程中C_{22}以下组分主要被驱替，C_{27}～C_{32+}（胶质、沥青质）为主要燃料来源，最终与空气发生高温氧化的是通过高温结焦后沉积在储层岩石孔隙表面的焦炭。同时确定了含油饱和度10%（纯胶质、沥青质）的点火下限[4]。在高含水的条件下，确定提高点火温度（初期燃烧温度）可以较大幅度降低燃料和空气的消耗量。而且由于油藏中次生

【作者简介】陈龙，男，1976年8月生，2009年获西安电子科技大学机械工程专业博士学位，现为中国石油新疆油田公司工程技术研究院一级工程师，主要从事火烧驱油研究工作。E-mail：cyycl@petrochina.com.cn。

水体的存在，注蒸汽后期油藏采用干式火驱开发具有“干式注气、湿式燃烧”的特点[5,6]。在此基础上，为实现注蒸汽后期的低含油饱和度且水淹严重油藏的成功点火，通过室内燃烧池实验研究了稠油中的燃料沉积量与高温氧化之间的内在关系。燃烧池采用文献[7]的装置，对新疆H-1区块的3组油样，测取了在0.8℃/min、1.60℃/min、3.84℃/min升温条件下的焦炭沉积量，详见表1和图1。由实验结果可以看出，随着升温速率的提高，原油的焦炭沉积量也随之增加。

表2 原油不同升温速率燃烧池实验结果

升温速率/℃	样品1燃烧质量/g	样品2燃烧质量/g	样品3燃烧质量/g
3.84℃/min	0.012	0.015	0.014
1.60℃/min	0.005	0.008	0.008
0.8℃/min	0.0023	0.0035	0.003

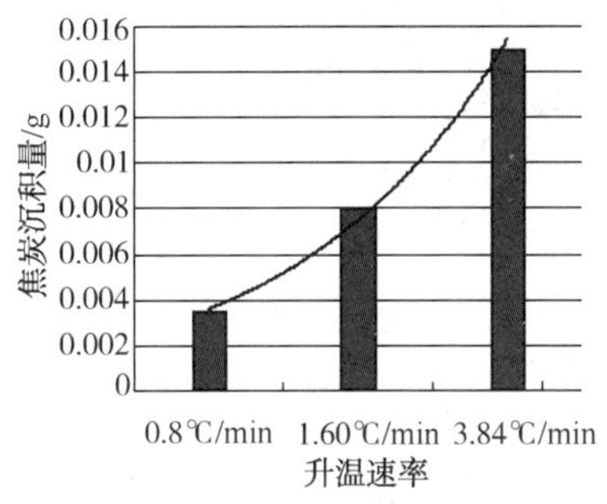

图1 不同升温速率下的焦炭沉积量

由上述研究结果可以看出，对于高含水和低含油饱和度的油藏，稠油在低温氧化和燃料沉积阶段(350℃以下)停留时间过长，将会通过蒸馏和裂化和空气驱扫作用进一步降低含油饱和度，造成点火燃料匮乏。同时，在井筒升温过程中，存在的大量水体吸热汽化后也会产生驱扫作用，在降低含油饱和度的同时会进一步的减缓升温速率，造成点火困难。因此，高含水低含油饱和度油层需要在点火前采取降低含水的措施，在点火时采用快速升温的方式增加燃料供给量，从而实现成功点火。

基于以上研究认识，新疆油田自主研制了系列点火器和配套车载点火装置。研制的800型小型大功率电点火器[8]采用新型发热材质，优化了换热结构，体积缩减至相同功率固定式电点火器的1/10，可从油管内带压提下，最大点火功率50kW，工作温度≤600℃，可满足800m以内的浅层稠油直井、定向井的点火需求。研制的2000型超高温一体化点火器，外径25.4mm，最大点火功率150kW，耐温≤900℃，耐压40MPa，表面热负荷高达7.7w/cm2(行业标准最高不超8w/cm^2)，通过对比文献[9]和调研，该指标为国内已知最高(图2)，点火时升温速度>5℃/min，井下安全工作2500h，可满足2000m以内的稠油直井、定向井、水平井的点火需求。

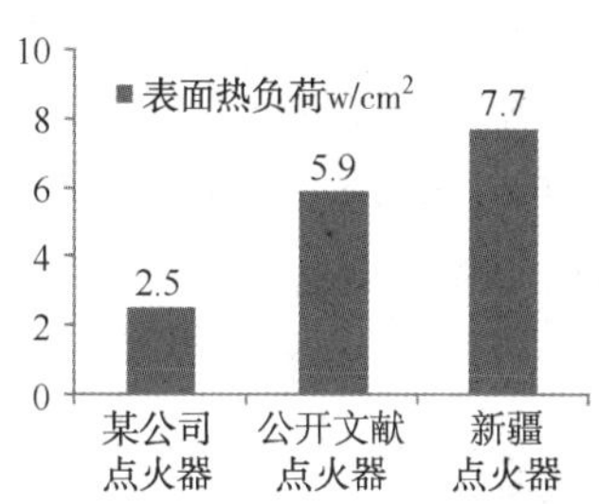

图2 点火器表面热负荷对比图

目前判断点火成功的方法有通过点火井筒温度监测和产出井气体组分监测两种手段。这些方法容易受到传感器测量误差影响，以及气体取样频次、油井间地层连通性、以及CO_2溶解于地层水中等多种因素的影响，无法准确反映点火井周边地层的实际燃烧特征。为此，新疆油田研制了点火过程燃烧动态监测技术[10]。该方法通过实时采集点火过程中注空气流量、压力、点火功率等参数，利用自建的井筒与地层之间的耦合传热模型，模拟计算高温热空气进入油层后，近井地带中的油、水、岩石被加热的温度、压力、含油(水)饱和度等参数的实时变化情况，为分析点火过程中加热半径分布、判断燃烧状态提供参考依据，特别适用于含油饱和度差异大、储层物性复杂的油层点火过程的监测与调控。

综上所述，利用自主研发的系列点火装置和点火监控系统，在新疆油田火驱先导试验以及工业化试验区块的高含水低含油饱和度储层累计点火30余井组，对于非均质性较强储层，点火参数的设计及调控实现了“一井一策”，现场点火时间5天以内，点火成功率100%。

2 火线前缘动态监测与调控技术

由于火烧驱油机理及开采过程复杂，在火驱过程中伴随着复杂的传热、传质过程和物理化学变化，及时有效地掌握火驱过程中地层燃烧状况、燃烧前缘推进方向、火线波及范围等资料，对火驱生产动态调控及开发调整、乃至提高火驱最终采收率，都具有至关重要的意义。目前普遍采用的井下温度压力监测方法，受井网布点密度和经济因素的考虑，只有火线临近观察井时才能监测到。而产出气组分分析以及数模跟踪等方法，只能间接推测燃烧状态和火线推进方向。但是实际的燃烧前缘不可间断，其动态运移过程不可逆转，实时准确监测火线的物理位置和展布形态是世界性难题，现有技术在开展火线的优化调整工作时有很大的局限性。因此，迫切需要一种新的动态监测技术，监测火线前缘位置、推进速度和推进方向，以适应火驱开发调整需要。

表 2 为火驱先导试验区取心井岩心的电阻率实测值。可以看出，火驱前后的地层电阻率变化剧烈，理论上可以通过识别地层电阻率的变化划分出已燃区和火线未波及区，从而监测判断燃烧前缘的变化。

表 3　火驱前后岩心电阻率对比

	电阻率平均值/Ω·m	电阻率最大值/Ω·m
火驱前取心井	41	85
火驱后取心井	924	6653

基于以上认识，新疆油田与长江大学通过联合攻关，确定了火烧过程中不同区带受温度、含油(水)饱和度影响产生的电阻率变化特征，建立了火烧不同区带归一化电阻率变化模型[11]，由图 3 可以看出，从已燃区到燃烧带以及结焦带过渡区域存在明显的电阻率变化拐点，在高温凝结水带，存在电阻率最低点。采用相应的监测手段，识别出电阻率变化拐点，划分不同区带，从而可实现火线位置和运移方向的动态监测。需要说明的是，由于燃烧带和结焦带宽度较窄(一般不超过 1m)，矿场实施过程中无法区分，因此只能通过监测已燃区到燃烧带过渡区拐点和高温凝结水带最低点的方法将燃烧带和结焦带大致范围圈定出来。

基于以上的研究认识，集成创新了火驱前缘电磁综合监测解释方法。通过监测地表电位和径向感应水平磁场强度等数据，反演出燃烧区带电阻率变化特征。该方法辨识精度 3m，图 4 为监测解释结果。解释出的燃烧带边界(黑色线)和高温凝结水带中点(蓝线)夹持的区域，即为高温燃烧区域。通过与邻近监测井数据及生产状况验证，符合率 82%。

通过火驱前缘监测技术确定火线前缘位置、

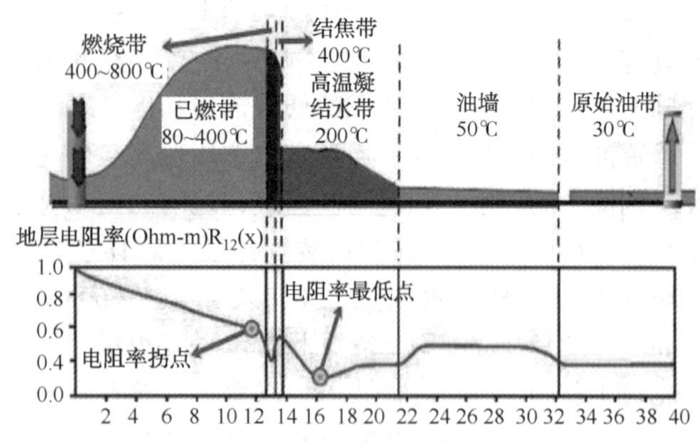

图 3　火驱各带电阻率变化模型

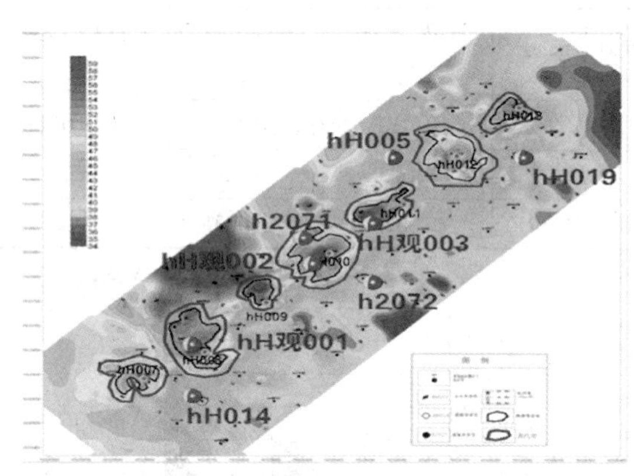

图 4　现场火线前缘解释结果

推进方向和速度的基础上，结合油藏强非均质性的特性，建立了火驱前缘调控手段，对生产井调控的方法主要包括“控”(通过油嘴等限制产气量)、“引”(蒸汽吞吐强制引效)、“堵”(封堵高渗及气窜通道)、“关”(强制关闭火窜、气窜井)等。7 年来实施生产调控 10 轮次，促进了预期线性燃烧带的形成，避免火线指进和“圈闭”，实现了火线稳定推进，取芯结果表明(图 5)，已燃区平均含油饱和度 3.7%，火线波及体积达 80%以上。

3　火驱安全生产作业技术

火驱生产过程中注空气井存在高温氧腐蚀风险，采油井存在高温高压、氧气与酸性气体共存的复杂腐蚀环境，需要明确火驱生产材质的腐蚀规律，指导安全经济选材。同时，稠油老区地层亏空严重，转火驱生产后存在储层疏松、压力系数低、高产气的问题，常规压井措施易造成压井液漏失，需要研究安全修井作业手段。

通过开展室内模拟火驱典型工况条件下，常规热采用油套管材质和含铬不锈钢套管材质的腐蚀行为评价实验可以看出[12]：对于注入井，在

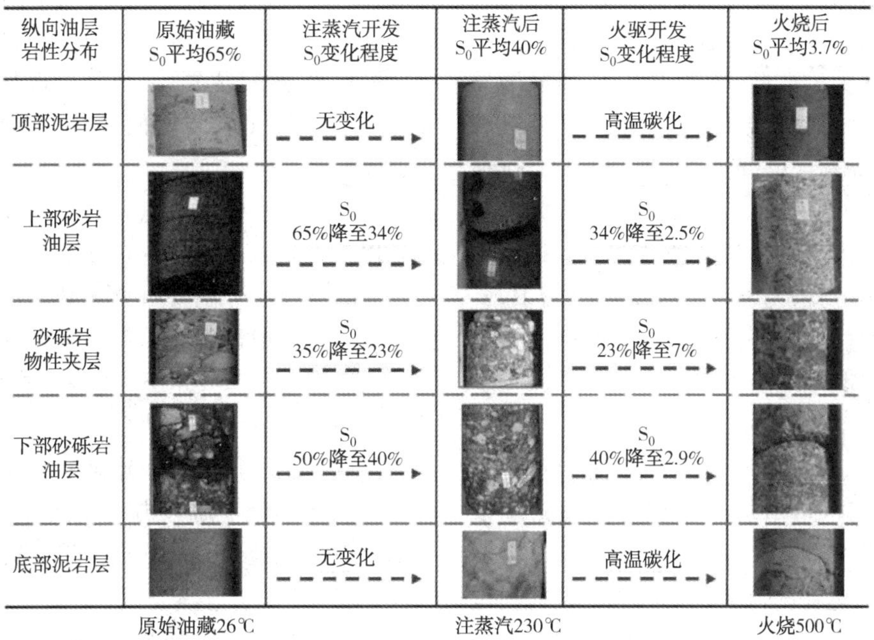

纵向油层岩性分布	原始油藏 S_0平均65%	注蒸汽开发 S_0变化程度	注蒸汽后 S_0平均40%	火驱开发 S_0变化程度	火烧后 S_0平均3.7%
顶部泥岩层		无变化		高温碳化	
上部砂岩油层		S_0 65%降至34%		S_0 34%降至2.5%	
砂砾岩物性夹层		S_0 35%降至23%		S_0 23%降至7%	
下部砂砾岩油层		S_0 50%降至40%		S_0 40%降至2.9%	
底部泥岩层		无变化		高温碳化	
	原始油藏26℃		注蒸汽230℃		火烧500℃

图 5 火驱前后岩心含油饱和度对比图

注干燥空气的条件下，油套管为轻微腐蚀，但在高温点火条件下(500℃，15 天)为严重腐蚀，因此油层段套管选用 9Cr 材质，其余井段选用常规热采套管。

对于生产井，火烧驱油过程中普遍存在 CO_2+H_2S 的酸性气体腐蚀及 O_2腐蚀。通过室内模拟评价实验可以看出[13]，同等分压条件下，腐蚀行为受温度、PH 值以及腐蚀产物保护膜等综合因素的影响，腐蚀规律较为复杂。总体来说，以均匀腐蚀速率≤0.2mm/a 做为判据，在较低温度腐蚀条件下(50℃)为轻到中度腐蚀，随着温度升高，腐蚀速率增大，在 120℃～150℃腐蚀速率最大，之后随着温度升高，腐蚀速率逐渐减小，250℃附近最小。碳钢及低合金钢 N80、BG90H 的均匀腐蚀速率明显高于高合金钢 BG90H-9Cr，BG90H-9Cr 在实验温度范围内，均匀腐蚀速率都低于 0.2mm/a，具有良好的抗 $CO_2+H_2S+O_2$均匀腐蚀能力。在此基础上，依据 API 5CT《套管、油管、钻杆和管线管性能计算和公式公告》，考虑到套管在井下同时承受受轴向拉伸、挤毁和腐蚀作用下，以及油管在轴向拉伸和腐蚀作用下，分别计算了不同油套管材质失效的最小剩余壁厚以及可安全服役年限。

常用套管材质受轴向拉伸、挤毁和腐蚀共同作用下可腐蚀年限的计算结果见表 3。由表中可知，在较为苛刻 $CO_2+H_2S+O_2$ 腐蚀条件下，BG90H-9Cr 耐蚀性最好，可服役年限最长。

表 3 根据强度原则得出的套管可腐蚀年限

材质与钢级	最小剩余壁厚 mm	CO_2+H_2S		$CO_2+H_2S+O_2$	
		均匀腐蚀速率/(mm/a)	可腐蚀年限/a	均匀腐蚀速率/(mm/a)	可腐蚀年限/a
N80	6.80	0.33	6.98	0.35	6.84
BG90H	7.10	0.23	8.85	0.25	8.19
BG90-3Cr		0.18	11.56	0.18	11.29
BG90H-9Cr		0.070	27.86	0.09	20.91

在火驱实际生产过程中，受火线运移方向、地层非均质性、井网井距以及见效时间等综合因素的影响，单井的生产特征、生产周期均各不相同，其腐蚀行为差异较大。实际应用中应根据油藏条件和生产特征，对不同区域、不同井排和生产周期的井，确定是否处于气窜通道、产状是否高温高含水、预期生产周期以及后期是否转为注气点火井等综合评价腐蚀行为和速率，最终确定分区域、分井排的油套管材质选型。一般来说，线性火驱井网模式下，干个井排生产时间为 6-8 年左右，可采用常规 N80 和 90H 套管，并采用添加缓蚀剂、控制产液温度等措施。若生产周期在 15 年以上，建议采用 3Cr 或者 9Cr 套管。通过 8 年的现场应用检验，优选的油套管材质满足了火驱复杂工况条件下的防腐要求。

在稠油老区开展火驱项目，由于前期经过蒸汽开采，造成地层出砂亏空，特别是井筒附近亏空，同时地层压力系数低(0.5~0.8)，压井液易漏失无法驻留于井筒形成液柱。火驱生产井具有高温高产气的特点，单井产气量一般在3000~5000m^3/d，最高可达10000m^3/d，压井液无法抑制气体的侵入，产生气体的滑脱置换，导致液体流失地层。同时，采出气中含有毒气体(H_2S、CO)，安全作业存在隐患。为此，研制了3种火驱压井液体系，其主要特点为：

(1)针对井筒附近亏空，先注入颗粒堵剂利用其桥堵作用形成一定屏蔽遮挡层。通过选用不同粒径颗粒匹配桥堵增加密实程度增强封堵能力，阻止压井液直接漏失；

(2)研究了聚合物与交联剂形成冻胶，通过三维网状结构的冻胶使液体成为一体。冻胶本身具有不易渗漏滤失特点，同时填充颗粒堵剂形成的桥堵层的孔隙，在此双重作用下，阻止液体漏失，驻留井筒形成液柱，实现压井。

(3)研究碱性液，可与酸性气体发生反应，进入压井液的硫化氢二氧化碳等有毒气体首先被中和，阻止有害气体溢出。

根据H-1火驱试验区工况，研制出的压井液体系，7年成功压井160余井次，实现了火驱安全生产与作业。

4　火驱地面配套工艺研究

红浅火驱注气系统包括注气站、注气管网、配气装置及注气井井口。注气站设计7套排量25Nm^3/min空压机组，空压机采用螺杆+活塞机组合的型式，注气站采用数字化实时监控与现场巡检相结合的管理方式。为确保7口井的定量配气，自主设计了撬装式的单井气量调节装置。

在注空气设备选型和注入工艺方面，根据火驱注空气压力、日注入量、无故障运行时间等关键指标，以及火驱点火阶段需要小排量、高压注入，点火后气量梯级提速，以及稳产阶段需要低压、大排量等特点，采用点火阶段小型螺杆+活塞机(25Nm^3/min)组合以及稳产阶段大型离心机+活塞机(350Nm^3/min)组合的设备选型方式，通过组合搭配，可实现供气量灵活调控，满足火驱经济、高效、连续稳定注气的生产需要。在注气工艺流程方面，采用集中布站，“多机对多井”注气方式，提高设备利用率。

同时，针对稠油老区地层亏空严重，强非均质，单井注入压力差异大导致不同注气井间干扰严重，气量调节困难的问题，研制了橇装式注空气量调节分配装置[14]，可实现气量集中分配、计量、单井气量个性化调节，调节误差不超过±8%。

在采出气处理工艺方面，通过现场监测数据发现，火驱采出尾气中有毒有害以及对环境影响较大的气体成分主要由H_2S和非甲烷总烃两类气体。为此，通过查阅相关文献和室内研究，不同工况和安全环保要求下火驱采出气的处理工艺：

(1)环境中非甲烷总烃不超标的区域，采用干法或者热氧化法脱除硫化氢的处理工艺；

(2)环境中非甲烷总烃超标的区域，采用RTO热氧化脱烃+石灰石石膏法脱二氧化硫的处理工艺；

(3)对于环保要求高，需要将采出气回注地层的区域，采用酸气脱水+活塞机增压输送至目标区域埋存的处理工艺。

目前，H-1火驱先导试验现场尾气处理工艺采用化学药剂法方式进行脱硫，处理后硫化氢含量满足安全排放标准(见图6)。

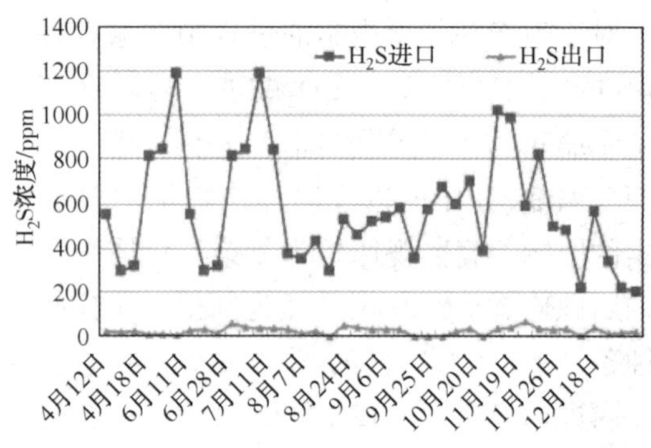

图6　处理前后尾气中H_2S浓度对比

5　结语

通过8年多的室内研究和矿场攻关试验，H-1火驱先导试验区实现了高温燃烧，各项试验指标达到方案预测要求，在注蒸汽开发基础上，实现了废弃油藏转火驱再开发，达到了空气油比2336m^3/m^3、采油速度2.9%、阶段提高采出程度28%，预测最终提高采收率36%的先进指标。自主研发形成的快速生热的点火新工艺满足高含水、低含油饱和度储层高效点火；创新提出的创新提出了火线前缘实时精准监测的新方法，形成“控、引、堵、关”等系列优化调整技术，实现火线稳定均衡推进；形成的火驱油井腐蚀评价和安全压井技术以及地面注空气、尾气处理等配套工艺，确保了安全高效生产。形成的系列配套技术技术已推广应用，目前已建成了 30 万吨火驱工业化试验项目。

参 考 文 献

[1] Partha S, Sarathi. 1998. Nine Decades of Combustion Oil Recovery – A Review of insitu Combustion History and Assessment of Geologic Environments on Project Outcome[C]. No. 1998. 124, 7th UNITAR Internationl Conference on Heavy Crude and TarSands, Beijing.

[2] Doraiah A, Sibaprasad Ray, Pankaj Gupta. 2007. In–situ combustion technique to enhance heavy oil recovery at Mehsana, ONGC–A success story[A[. SPE 105248.

[3] Turta A T, Chattopadhyay S K, Bhattacharya R N, et al. 2007. Current status of commercial in–situ combustion projects worldwide[J]. JCPT, 46(11): 8–14.

[4] 钱根葆，程宏杰，张勇，等．不同碳原子数烃类对火驱燃烧效果的影响[J]．石油学报，2014，35(2)：326–331.

[5] 黄继红，关文龙，席长丰，等．注蒸汽后油藏火驱见效初期生产特征[J]．新疆石油地质，2010，31(5)：518–521.

[6] 关文龙，席长丰，陈亚平，等．稠油油藏注蒸汽开发后期转火驱技术[J]．石油勘探与开发，2011，38(4)：452–462.

[7] 赵仁保，高珊珊，杨凤祥，等．稠油火烧过程中的活化能测定方法[J]．石油学报，2013，34(6)：1125–1130.

[8] 蔡罡，陈龙，坎尼扎提，等．火驱车载移动式电点火配套工艺设备研发[J]．石油机械，2017，45(3)：102–106，113.

[9] 李淑兰，李友平，范海涛，等．3DR–I 型火烧驱油电点火器的研制与应用[J]．石油机械，2004，32(1)：28–31.

[10] 潘竟军，周杨平，陈龙，等．火烧油层注气加热过程的模拟计算研究[J]．西南石油大学学报(自然科学版)，2012，34(1)：97–102.

[11] 邓耀辉，苏朱刘．电位法监测火驱电阻率模型在石油开采中的应用[J]．油气地球物理，2015，13(4)：50–53.

[12] 陈莉娟，潘竟军，陈龙，等．注蒸汽后期稠油油藏火驱配套工艺矿场试验与认识[J]．石油钻采工艺，2014，36(4)：93–96.

[13] 梁建军，陈龙，陈莉娟，等．火驱生产管柱在 CO_2 $+H_2S+O_2$ 下的腐蚀研究[C]．2017 油气田勘探与开发国际会议(IFEDC 2017)论文集，2017.

[14] 梁建军，陈龙，计玲，等．火驱注气燃烧工艺在新疆油田的应用[J]．新疆石油天然气，2014，10(3)：61–64.

渤海 Q 油田注采结构定量调整

龙 明 陈晓祺 王美楠 刘彦成 于登飞

（中海石油（中国）有限公司天津分公司渤海石油研究院）

摘 要 本文以渤海 Q 油田南区高弯度曲流河储层为研究对象，在砂体构型精细解剖的基础上，确定了储层构型模式对流体运动的影响方式，建立了曲流河储层构型机理模型。通过数值模拟从侧积层孔隙度、渗透率、厚度、产状、水平宽度及地层倾角六个方面研究了储层构型模式对流体运动的控制作用，回归了曲流河储层构型控制系数的经验公式。根据 B-L 水驱油理论推导了受储层构型影响的水驱波及系数表达式，并建立了基于曲流河储层构型的注采结构定量调整图版。研究结果表明：曲流河点坝中的侧积层对流体运动的控制作用不随侧积层的孔隙度增加而改变；侧积层的控制作用随着侧积层渗透率能力的增加而减弱；侧积层厚度、水平宽度、频率、地层倾角的增加会使侧积层的控制作用增强。应用注采结构定量调整图版对渤海 Q 油田南区 D12 井组进行优化调整，调整后 D12 井组日产油累计增加 123m^3/d，调整效果显著，为后续优化注水及储层构型控制下的剩余油精细挖潜奠定了基础。

关键词 曲流河；储层构型；侧积层；控制系数；油藏数值模拟；注采结构

目前，渤海 Q 油田综合含水率 90%，已经步入高含水阶段。传统的沉积微相研究已经不能满足开发的需要。对于曲流河沉积的储层而言，点坝内部侧积层控制的剩余油分布逐渐成为挖潜的主要目标[1-4]。因此，开展渤海 Q 油田注采结构定量调整是有效挖潜剩余油的关键。

在现今储层构型及油藏注采结构调整研究中，国内外学者都进行了相关研究，但主要集中在储层构型模式[5-8]、点坝内部侧积层分布[9-15]及对剩余油分布的影响上[16-22]，而储层构型与油藏注采结构调整相结合的研究相对较少，特别是在研究点坝内部侧积层的基础上对注采结构进行调整的方法较为缺乏。为此，本文以渤海 Q 油田河流相储层为例，在储层构型精细解剖的基础上，建立了曲流河储层构型概念模型，结合数值模拟方法研究了侧积层产状对流体运动的控制作用，并根据油藏工程方法推导了考虑储层构型控制作用的水驱波及系数表达式。最终，建立了曲流河储层构型控制下的注采结构定量调整图版，首次提出了基于曲流河储层构型的注采结构定量调整技术。

1 研究区概况

研究区渤海 Q 油田位于渤中凹陷北部石臼坨凸起中部，其构造是在前第三系古隆起背景上发育的大型低幅度披覆背斜构造（见图 1）。主要目的层段为明化镇组下段和馆陶组，其中明化镇组下段为曲流河沉积[23,24]，储层展布复杂，岩性以中~细砂岩及粉砂岩为主。经过 15 年的生产开发，油田已进入高含水开发阶段，采油速度低，自然递减大，油藏水驱开发效果不均，导致油田平面矛盾突出，很难得到有效挖潜。

传统以复合砂体为研究单元，已不能满足油田目前生产开发的需求，而砂体内部的储层构型解剖成为油田开发后期的突破重点。因此，需研究不同储层构型模式对油藏注水开发的影响，从而制定有效的调整策略，为储层构型内部剩余油精细挖潜提供理论依据。

2 曲流河储层构型及控制作用

储层构型模式是反映储层及其内部构型单元的几何形态、规模、方向及其相互关系的抽象表述。自 Miall[5-6] 提出构型要素分析法之后，中外很多学者以现代沉积为指导，结合野外露头进一

【基金项目】国家重大科技专项“渤海油田加密调整及提高采收率油藏工程技术示范”（2016ZX05058-001）；“海上稠油油田开发模式研究”（2016ZX05025-001）。

【作者简介】龙明（1984—），男，工程师，2009 年毕业于长江大学油藏工程专业，2013 年毕业于中国石油大学（北京）地质资源与地质工程专业，获博士学位。中海石油（中国）有限公司天津分公司渤海石油研究院油藏工程师，主要从事油气田开发地质及油藏工程方面的研究工作。E-mail：longming@ cnooc. com. cn

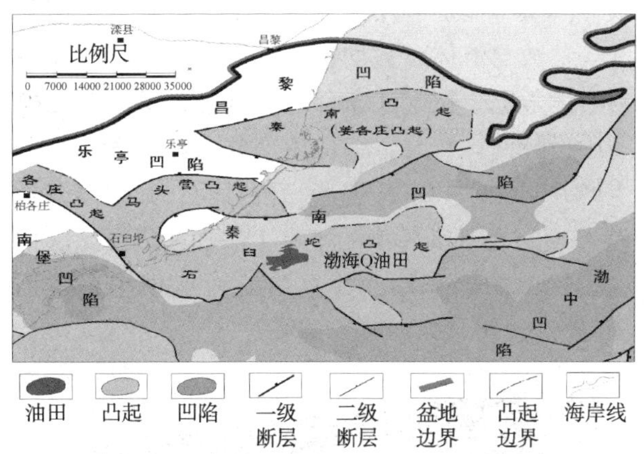

图 1　渤海 Q 油田位置图(据渤海油田研究院, 2013)

步发展了曲流河点坝内部侧积体与泥质侧积层的识别方法及沉积理论, 并建立了水平斜列式[25]、阶梯斜列式[26]和波浪式[27]三种曲流河点坝构型模式。

研究储层构型模式是储层构型表征的基础, 只有通过建立不同的构型模式才能够预测地下储层的构型分布[28-32], 从而研究不同井网井型部署的开发效果, 了解剩余油分布状况。

2.1　砂体构型模式研究

曲流河在沉积过程中, 伴随着河流的不断侧向加积或改道形成了不同的河道带, 且河流的侧向加积过程会形成点坝, 其内部包含多个侧积体及侧积层。研究点坝内部侧积层的倾角、厚度、分布频率、水平宽度等产状参数是曲流河储层精细解剖的关键。

陆上油田通过对比小井距的测井资料(井距小于 100m), 可以有效描述点坝内部侧积层产状。海上油田受成本制约, 不具备陆上油田小井距的条件, 不能完全照搬陆上油田的做法。但是海上油田能够采集到更高品质的地震资料, 通过建立沉积微相与波阻抗之间的对应性可以克服海上大井距的缺点, 并利用距离相对较近的"对子井"进行储层构型解剖[24]。

通过参考渤海 Q 油田 22 对"对子井"资料, 确定渤海 Q 油田南区明化镇组下段 I 油组曲流河储层构型模式, 并认为该区点坝中的侧积层主要为水平斜列式分布(见图 2)。结合 Leeder 经验公式[33], 确定渤海 Q 油田南区 I 油组点坝内部的构型参数(见表 1)。

表 1　渤海 Q 油田南区明下段 I 油组曲流河储层构型参数表

点坝跨度/m	侧积层倾角/°	侧积层厚度/m	侧积层水平宽度/m	侧积层间距/m
400~800	4~9	0.2~2.0	70~150	90~130

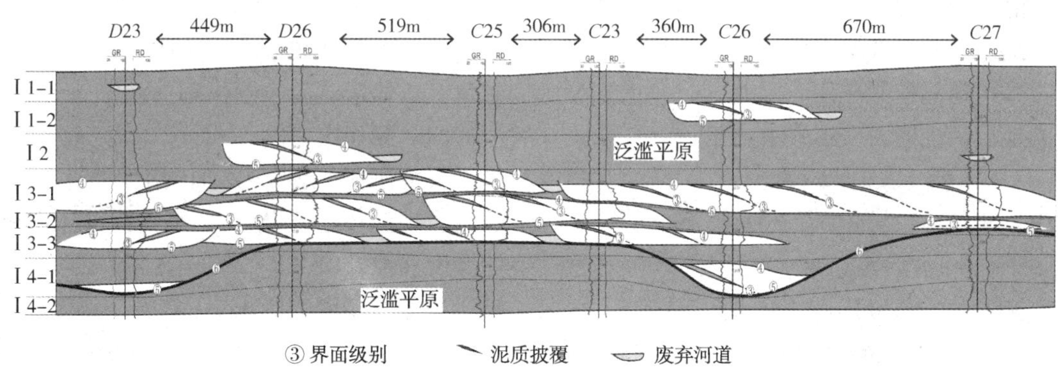

图 2　渤海 Q 油田南区明下段 I 油组曲流河储层构型分布图

2.2　砂体构型模式的控制作用

油井的生产过程可以看作地下流体在能量差异的作用下经过不同的储层构型模式流动到生产井的过程。注采井网内油井的生产状况可以大致反映储层构型模式对流体运动的控制作用, 而不同的储层构型模式对流体运动的控制作用是不同的。研究注采井网在不同储层构型模式下的生产状况, 搞清储层构型模式对流体运动的控制作用显得尤为重要。

油井日产液的生产状况是地下流体在能量差异的作用下经过不同储层构型模式流动到井筒的直接体现。因此, 将受储层构型影响的油井日产液与基准地层(均质地层或不含侧积层的地层)油井日产液的比值 α 定义为储层构型模式对流体运动的控制系数, 且不同的储层构型模式具有不同的控制系数 α, 其表达式为:

$$\alpha = Q_{受构型影响}/Q_{基准} \tag{1}$$

式中: $Q_{受构型影响}$ 为受储层构型影响下的油井日产液, m^3/d; $Q_{基准}$ 为基准地层(均质地层或不含侧积层的地层)影响下的油井日产液, m^3/d, α 为储层构型模式对流体运动的控制系数，f。

根据 $Q=v \cdot A$，而生产井的射孔段长度为定值，则不同储层构型模式的控制作用只会体现在流体的运动速度上，即：

$$v_{受构型影响}=\alpha \cdot v_{基准} \quad (2)$$

式中：$v_{受构型影响}$为受储层构型影响下的流体运动速度，m/d；$v_{基准}$为基准地层(均质地层或不含侧积层的地层)影响下的流体运动速度，m/d，α 为储层构型模式对流体运动的控制系数，f。

则根据达西定律，储层构型模式控制下的油水两相稳定渗流的运动方程为：

$$v_{受构型影响}=\alpha \cdot K[\frac{K_{ro}(S_w)}{\mu_o}+\frac{K_{rw}(S_w)}{\mu_w}]\frac{\partial P}{\partial r} \quad (3)$$

式中：$v_{受构型影响}$为受储层构型影响下的流体运动速度，m/d；K 为地层绝对渗透率，$10^{-3}\mu m^2$；μ_o为地层原油黏度，mPa·s；μ_w为地层水黏度，mPa·s；$K_{ro}(S_w)$为目前含水饱和度对应的油相相对渗流率；$K_{rw}(S_w)$为目前含水饱和度对应的水相相对渗流率；P 为地层压力，MPa；α 为储层构型模式对流体运动的控制系数。

根据式(3)可以确定储层构型模式对地层流体运动的控制作用则主要体现在对地层渗透能力的影响上，同一地区的地层渗透能力会因为储层构型模式的不同而发生改变，即不同的储层构型模式会对地层渗透率产生不同的影响效果，从而对地下流体运动起控制作用。因此，受储层构型影响下的地层渗透能力表达式为：

$$K_{受构型影响}=\alpha \cdot K_{基准} \quad (4)$$

式中：$K_{受构型影响}$为受储层构型影响下的地层渗透能力，$10^{-3}\mu m^2$；$K_{基准}$为基准地层(均质地层或不含侧积层的地层)影响下的地层渗透能力，$10^{-3}\mu m^2$；α 为储层构型模式对流体运动的控制系数，f。

因此，研究不同储层构型模式对流体运动的控制系数，对研究不同储层构型模式下的地层渗透能力具有重要意义。

2.3 砂体构型模式的控制系数

渤海 Q 油田南区明化镇组下段Ⅰ油组主要为曲流河沉积，通过对该区曲流河储层进行精细解剖，明确了各级次构型单元的空间形态、规模、叠置组合关系，为三维储层构型建模提供了数据支持。

通过 PETREL 建模软件，建立曲流河储层构型机理模型，以此研究不同储层构型模式对流体运动的控制作用。设计模型为油水两相，无气顶。模型中储层的厚度、渗透率、孔隙度、饱和度等参数与流体参数均选自渤海 Q 油田南区Ⅰ油组实测数据。按上述条件建立基准模型，并在模型中设计两口直井，一口生产井一口注水井。令生产井与注水井定压生产一段时间，其方案编号设为 F_0。在基准模型的基础上添加曲流河储层构型模式中的侧积层，建立曲流河点坝构型模型(见图 3)。

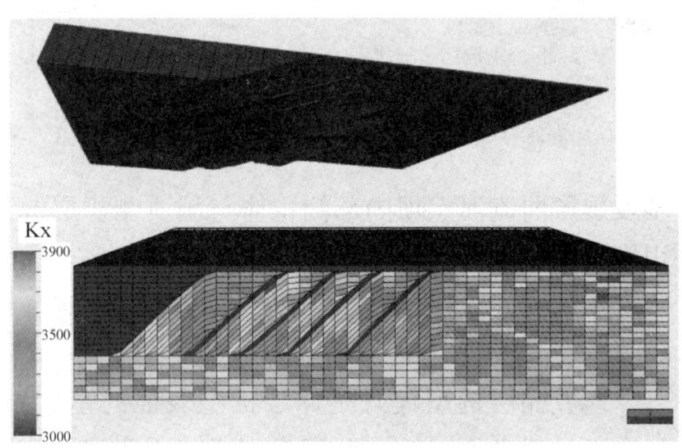

图 3　曲流河点坝构型模型

利用 Eclipse 数值模拟软件，将曲流河点坝构型模型中油井日产液的生产状况 $Q_{受构型影响}$与基准模型中油井日产液的生产状况 $Q_{基准}$代入式(1)，计算不同储层构型模式下的控制系数。以此研究曲流河点坝内部侧积层的厚度、孔隙度、渗透率、水平宽度、频率(侧积层个数)及地层倾角对流体运动的控制作用。

(1) 侧积层厚度

根据研究，渤海 Q 油田南区明化镇组下段Ⅰ油组点坝砂体的平均厚度为 8m，其内部侧积层的厚度一般在 0.2m~2.0m 之间。因此，分别设计三种不同厚度的侧积层(见表 2)，通过油藏数值模拟可知 F_1、F_2、F_3这三种方案与基准模型方案 F_0相比油井的产液能力随着侧积层厚度的增大而降低。

表 2　不同方案的侧积层设计参数表

方案编号	孔隙度/%	水平渗透率/$10^{-3}\mu m^2$	垂向渗透率/$10^{-3}\mu m^2$	厚度/m	地层倾角/°	水平宽度/m	频率/N
F_1	8	0.1	0.01	0.2	0	100	3
F_2	8	0.1	0.01	1.0	0	100	3
F_3	8	0.1	0.01	2.0	0	100	3

根据式(1)选取油井后 6 个月的日产液数据(投产前期油井生产不稳定)，计算曲流河储层

构型模式中不同厚度侧积层在不同时间点对流体运动的控制系数(见表3)。从表3中可知随着隔夹层厚度的增加，控制系数逐渐降低，则曲流河点坝内部侧积层对流体运动的控制作用随着侧积层厚度的增加而增强。

表3　不同方案的控制系数统计表

日期/(年/月)	日产液/m³				控制系数		
	F_0	F_1	F_2	F_3	F_1	F_2	F_3
201701	45.70	43.08	40.24	37.37	0.94	0.88	0.81
201702	46.17	43.46	40.59	37.64	0.94	0.88	0.81
201703	46.62	43.85	40.94	37.94	0.94	0.88	0.81
201704	47.04	44.22	41.30	38.24	0.94	0.88	0.81
201705	47.44	44.58	41.64	38.55	0.94	0.88	0.81
201706	47.81	44.94	41.98	38.87	0.94	0.88	0.81

由于基准模型的方案F_0不存在侧积层，则侧积层厚度为0，其对流体运动的控制系数为1。将F_0、F_1、F_2、F_3这四种方案的控制系数与侧积层厚度做交会图(见图4)。通过趋势线得到了侧积层厚度与控制系数的关系式为：

$$\alpha_h = -0.0871 \cdot H + 1 \tag{5}$$

式中：α_h为隔夹层厚度对流体运动的控制系数；H为侧积层厚度，m。

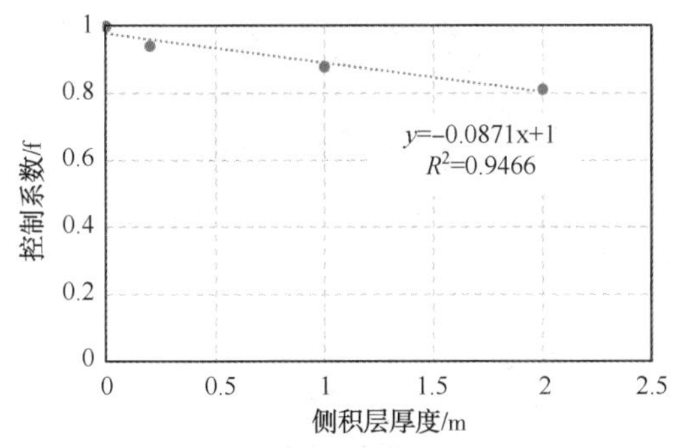

图4　侧积层厚度与控制系数交会图

从图5中可以看到，侧积层厚度与控制系数存在良好的相关性。同理，应用上述方法分别研究侧积层的孔隙度、渗透率、水平宽度、频率(个数)及地层倾角等产状参数对流体运动的控制作用，研究结果表明：

① 侧积层厚度的控制系数α_h随着侧积层厚度H的增加而降低，对流体运动的控制作用随着侧积层厚度的增加而增强，$\alpha_h = -0.0871 \cdot H + 1$；

② 侧积层孔隙度的控制系数α_ϕ不随侧积层孔隙度ϕ的增加而改变，$\alpha_\varphi = 0.9034$；

③ 侧积层渗透率的控制系数α_k随着侧积层渗透率K的增加而增加，对流体运动的控制作用随着侧积层渗透率的增加而减弱，$\alpha_k = -0.0107\ln\left(\frac{1}{K}\right) + 0.9447$(侧积层水平渗透率$K \leq 100 \times 10^{-3}$ μm²)；

④ 侧积层水平宽度的控制系数α_R随着侧积层水平宽度R的增加而降低，对流体运动的控制作用随着水平宽度R的增加而增强，$\alpha_R = -0.0007 \cdot R + 1$；

⑤ 侧积层频率的控制系数α_F随着侧积层频率F的增加而降低，对流体运动的控制作用随着侧积层频率的增加而增强，$\alpha_F = -0.0348 \cdot F + 1$；

⑥ 地层倾角的控制系数α_θ随着地层倾角θ的增加而降低，对流体运动的控制作用随着地层倾角的增加而增强，$\alpha_\theta = -0.4146 \cdot \sin\theta + 0.9034$。

对侧积层渗透率的控制系数α_k进行转换，转换后$\alpha_k = -0.0107\left[\ln\left(\frac{1}{k}\right) + 5.16\right] + 1$，同理对地层倾角的控制系数$\alpha_\theta$进行转换，转换后$\alpha_\theta = -0.4146(\sin\theta + 0.2329) + 1$。至此，根据侧积层厚度、侧积层渗透率、侧积层水平宽度、侧积层频率、地层倾角与侧积层控制系数之间的研究成果，建立曲流河储层构型模式下侧积层的阻力系数R_c，其物理意义表示为单一点坝内部所有侧积层对流体运动的阻力大小。该阻力系数可以衡量点坝内部侧积层的渗透率能力，其表达式为：

$$R_c = \left[\ln\left(\frac{1}{K}\right) + 5.16\right] \cdot H \cdot R \cdot F \cdot (\sin\theta + 0.2329) \tag{6}$$

式中：R_c为曲流河储层构型模式下侧积层阻力系数；K为侧积层水平渗透率，10^{-3} μm²。H为侧积层厚度，m；R为侧积层水平宽度，m；F为侧积层频率，N；θ为地层倾角，°；

表4　各方案阻力系数统计表

方案编号	控制系数	渗透率/10^{-3}μm²	厚度/m	水平宽度/m	频率/N	地层倾角/°	阻力系数
渗透率F1	0.881	0.01	0.2	100	3	2	157
渗透率F2	0.932	1.00	0.2	100	3	2	83
渗透率F3	0.971	100.00	0.2	100	3	2	9

续表

方案编号	控制系数	渗透率/$10^{-3}\mu m^2$	厚度/m	水平宽度/m	频率/N	地层倾角/°	阻力系数
厚度 $F1$	0.932	1.00	0.2	100	3	2	83
厚度 $F2$	0.878	1.00	1.0	100	3	2	415
厚度 $F3$	0.814	1.00	2.0	100	3	2	829
水平宽度 $F1$	0.945	1.00	0.2	70	3	2	58
水平宽度 $F2$	0.932	1.00	0.2	100	3	2	83
水平宽度 $F3$	0.897	1.00	0.2	150	3	2	124
频率 $F1$	0.969	1.00	0.2	100	1	2	28
频率 $F2$	0.951	1.00	0.2	100	2	2	55
频率 $F3$	0.932	1.00	0.2	100	3	2	83

渤海 Q 油田南区明化镇组下段 I 油组地层倾角为 2°。根据该区点坝精细解剖的研究成果，设计侧积层的渗透率，厚度，水平宽度，频率等参数的选取范围，并将设计方案中的各项参数代入公式(6)，计算侧积层的阻力系数 R_c（见表 4），建立侧积层控制系数与侧积层阻力系数的交会图（见图 5）。

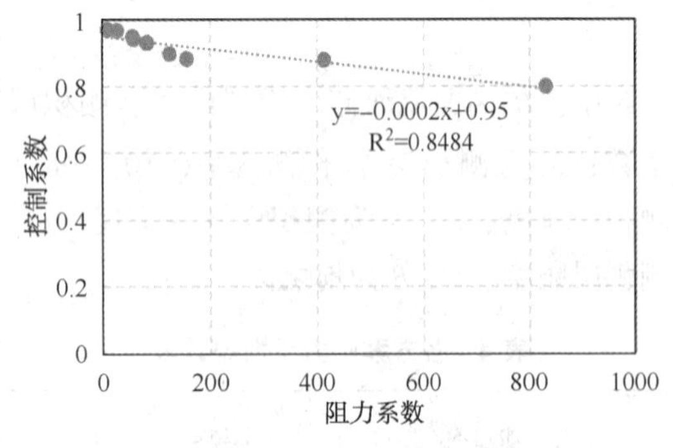

图 5　侧积层阻力系数与控制系数交会图

通过趋势线得到侧积层控制系数与侧积层阻力系数之间的关系式：

$$y=-0.0002x+0.95 \tag{7}$$

从图 5 中可以看到，侧积层控制系数与侧积层阻力系数之间存在良好的相关性。由此，曲流河储层构型对流体运动控制系数 α 的表达式为：

$$\alpha=-0.0002\cdot\left[\ln\left(\frac{1}{K}\right)+5.16\right]\cdot H\cdot R\cdot F\cdot(\sin\theta+0.2329)+0.95 \tag{8}$$

式中：K，侧积层水平渗透率，$10^{-3}\mu m^2$；H，侧积层厚度，m；R，侧积层水平宽度，m；θ，地层倾角，°；F，侧积层频率，N。

3　基于砂体构型的注采定量调整

渤海 Q 油田南区明化镇组下段 I 油组储层受曲流河沉积影响，平面上各方向渗透能力差异较大，平面矛盾突出，直接影响注采井网的开发效果。为了降低曲流河储层构型模式带来的渗透能力差异，结合储层构型模式对流体运动控制系数 α，对注采井网的水驱开发效果进行精细研究，确保注入水在储层内部实现均衡驱替。

渤海 Q 油田南区 2013 年经历大规模综合调整，调整后井网由原来的反九点井网调整为五点井网。因此，以五点井网为研究对象，将五点井网划分为 4 个区域，且每个区域受储层构型影响的控制系数 α 各不相同（见图 6）。

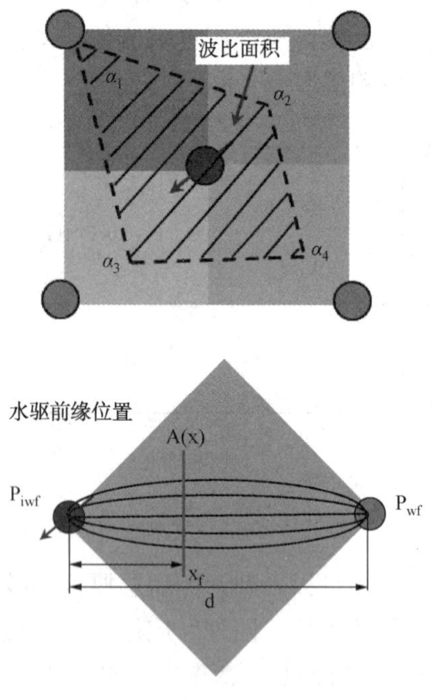

图 6　五点井网水驱前缘示意图

假设五点井网单一区域内的渗透率为 K，孔隙度为 ϕ，注采井间的压力差为 ΔP，水相黏度为 μ_w，油相黏度为 μ_o，目前含水饱和度对应的水相相对渗透率为 K_{rw}，目前含水饱和度对应的油相相对渗透率为 K_{ro}，注采井之间距离为 d，且水驱前缘前进距离 X_f。根据 Buckley-Leverett 水驱油理论[34]，考虑储层构型对流体运动的控制作用，则注采井之间的渗流阻力为：

$$R=\frac{1}{\alpha}\int_0^{X_f}\frac{1}{K\cdot K_{ro}(S_w)/\mu_o+K\cdot K_{rw}(S_w)/\mu_w}dx+\frac{1}{\alpha}\frac{\mu_o(d-X_f)}{K\cdot K_{ro}(S_w)} \tag{9}$$

式中：α 为储层构型模式对流体运动控制系数，f；K 为地层绝对渗透率，$10^{-3}\mu m^2$；μ_o 为地层原油黏度，mPa·s；μ_w 为地层水黏度，mPa·s；$K_{ro}(S_w)$ 为目前含水饱和度对应的油相相对渗流率；$K_{rw}(S_w)$ 为目前含水饱和度对应的水相相对渗流率；d 为注采井之间距离，m；X_f 为水驱前缘前进距离，m。

其中，X_f 为水驱前缘前进距离，则流体的流动速度为：

$$v_c=\frac{\Delta P}{R}=\frac{\alpha\cdot\Delta P}{\int_0^{X_f}\frac{1}{K\cdot K_{ro}(S_w)/\mu_o+K\cdot K_{rw}(S_w)/\mu_w}dx+\frac{\mu_o(d-X_f)}{K\cdot K_{ro}(S_w)}} \tag{10}$$

式中：v_c 为受储层构型影响下的流体运动速度，m/d；α 为储层构型模式对流体运动控制系数，f；K 为地层绝对渗透率，$10^{-3}\mu m^2$；μ_o 为地层原油黏度，mPa·s；μ_w 为地层水黏度，mPa·s；$K_{ro}(S_w)$ 为目前含水饱和度对应的油相相对渗流率；$K_{rw}(S_w)$ 为目前含水饱和度对应的水相相对渗流率；ΔP 为注采压差，MPa；d 为注采井之间距离，m；X_f 为水驱前缘前进距离，m。

根据 Timur 建立的孔隙度与渗透率的关系式[35]：

$$\sqrt{K}=\frac{100\cdot\varphi^{2.25}}{S_w} \tag{11}$$

式中：K 为地层渗透率，$10^{-3}\mu m^2$；ϕ 为孔隙度,%；S_w 为含水饱和度,%。

假设此时水驱前缘到达的位置为 X_f，则有

$$X_f=\frac{f_w(S_w)}{\varphi\cdot A}\cdot\int_0^t v_c dt \tag{12}$$

式中：X_f 为水驱前缘前进距离，m；$f_w(S_w)$ 为水驱前缘含水饱和度对应的含水率,%；ϕ 为孔隙度,%；t 为时间，d；A 为流动通过的截面面积，m^2；v_c 为受储层构型影响下的流体运动速度，m/d。

将公式(10)、公式(11)代入公式(12)中，令压差调整系数 $\beta=\Delta P_{调整后}/\Delta P_{目前}$，积分整理后，可得单一区域受储层构型影响下的水驱波及系数表达式：

$$E_A=\frac{X_f}{d}=\frac{\frac{\mu_o}{K_{ro}(S_w)}-\sqrt{\frac{\mu_o^2}{K_{ro}(S_w)^2}-\alpha\cdot\beta\cdot\left(\frac{\mu_o^2}{K_{ro}(S_w)^2}-\frac{\mu_w^2}{K_{rw}(S_w)^2}\right)}}{\frac{\mu_o}{K_{ro}(S_w)}-\frac{\mu_w}{K_{rw}(S_w)}} \tag{13}$$

式中：X_f 为水驱前缘前进距离，m；d 为注采井之间的距离，m；α 为储层构型模式对流体运动控制系数，f；β 为压差调整系数，f；μ_o 为地层原油黏度，mPa·s；μ_w 为地层水黏度，mPa·s；$K_{ro}(S_w)$ 为目前含水饱和度对应的油相相对渗流率；$K_{rw}(S_w)$ 为目前含水饱和度对应的水相相对渗流率；

根据公式(13)建立波及系数与控制系数的理论图版(见图 7)。通过对注采井组的四个调节区域进行单独调整，使各个区域的波及系数达到平衡，从而实现井组注采结构的定量调整，将井组注采结构调整做到“单井定制”。

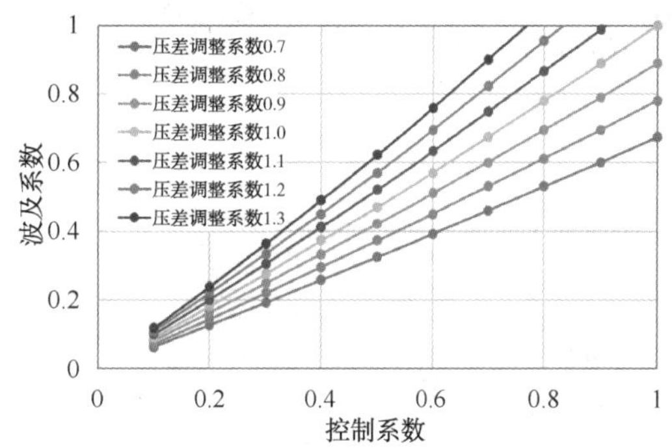

图 7　基于储层构型模式的注采结构定量调整图版

4　应用实例

渤海 Q 油田南区明下段 I3 砂体在构型精细解剖的基础上，明确了各级次构型单元的空间形态、规模、叠置组合关系，储层构型模式认识较清楚。因此，选取该区域比较有代表的 D12 井组进行注采结构调整先导试验(见图 8)。

根据地质模式的研究成果，结合高精度地震资料及大量“对子井”、水平井、取心井资料对该区点坝内部构型进行精细解剖，预测了点坝内部侧积体及侧积层分布状况，并建立了 D12 井组储层构型分布图(见图 9)。

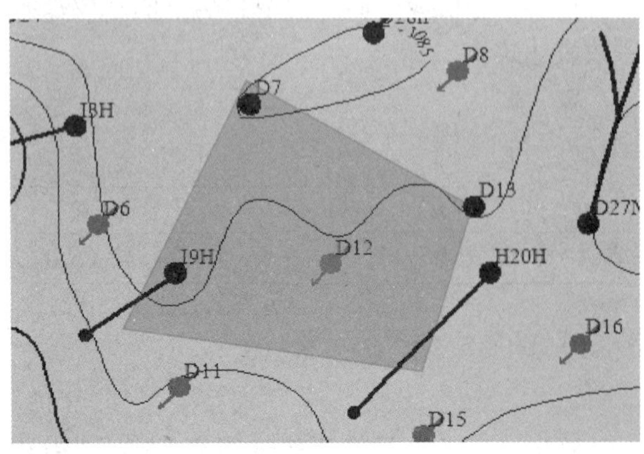

图8 渤海Q油田南区D12井组示意图

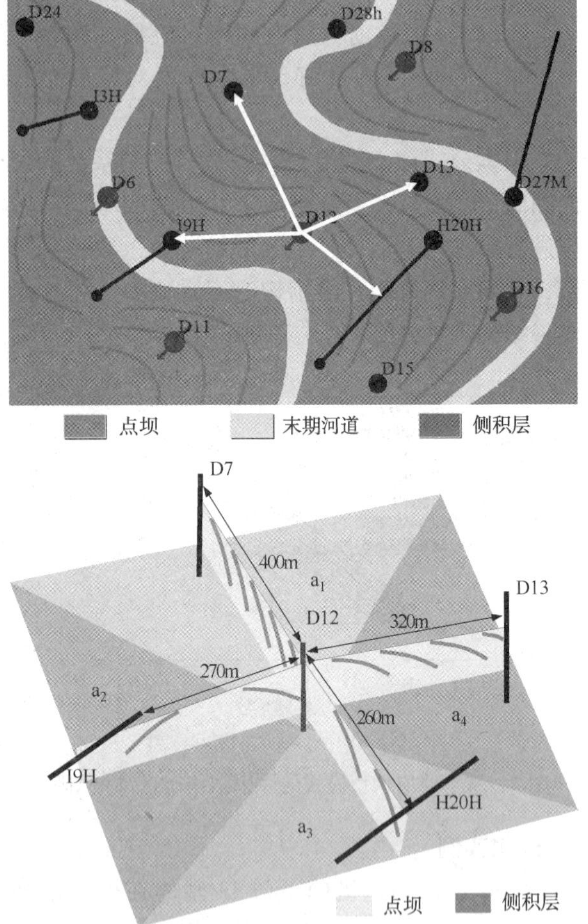

图9 渤海Q油田南区D12井组储层构型分布图

D12井于2016年3月实施转注作业，转注后形成五点井网。以该井组为研究对象，将井网划分为4个区域(见图10)。结合D12井组的储层构型精细解剖，可知每个区域的储层构型模式各不相同。参考渤海Q油田南区点坝精细解剖的研究成果，并结合该区域周边井实测数据，应用公式(8)分别计算每个区域受储层构型影响的控制系数α(见表3)。根据计算的储层构型控制系数，参考理论图版(见图7)得到各个区域储层构型控制系数对应的波及系数(见表5)。

表5 D12井组分区域控制系数计算表

类别	控制系数a	渗透率 $K/10^{-3}\mu m^2$	厚度 H/m	水平宽度 R/m	频率 F	地层倾角 Θ/°	波及系数
a1	0.59	0.1	1	180	5	2	0.58
a2	0.81	0.1	1	180	2	2	0.80
a3	0.79	0.1	1	200	2	2	0.78
a4	0.63	0.1	1	200	4	2	0.62

D12井组2号区域与3号区域的储层构型控制系数在0.8左右，根据理论图版对应的波及系数也在0.8左右(见表5)。为了使2号区域与3号区域的波及系数达到最大化，参考注采定量调整图版，需将压差提高1.3倍。为此，将I09H的生产压差由原来的1.5MPa提高1.3倍，增加该井的生产能力。调整后I09H井的生产压差为2MPa，日产油由45m³/d提高至107m³/d，综合含水率下降5%(见图10)。同样，将H20H的生产压差为由原来的1.0MPa调整至1.5MPa，调整后油井日产油增加13m³/d。

D12井组1号区域与4号区域的储层控制系数在0.6左右，说明该区域受储层构型影响大。为了使D12井组四个区域的波及系数达到均衡，根据公式(13)需要将1号区域与4号区域的压差提高1.7倍。由于2号区域与3号区域的波及系数已经最大化，因此，扩大D12井注入量即可增加1号区域与4号区域的波及系数，使D12井组四个区域波及系数均衡，达到定量水驱的效果。2017年1月，对D12井的注入量进行调整。将注入量由原来的250方/天提高至600m³/d，扩大了1号区域与4号区域的注采压差，实现D12井组四个区域波及系数最大化。调整后D07井的日产油由原来46m³/d提高至60ᵐ3/d，D13井的日产油由原来41m³/d提高至75m³/d(见图11)。通过对注采结构进行定量调整，D12井组日产油累计增加123m³/d，效果显著，不仅有效减缓了产量递减，也为后续提液奠定了能量基础。

该研究成果在构型精细解剖的基础上，通过对井组注采结构进行调整，使注入水达到均衡驱替，具有较高的适用性，有效指导了渤海 Q 油田南区综合调整方案的实施，显著增加了油井提液及注水方案的实施效果，实现了对该区域剩余油的精细挖潜。

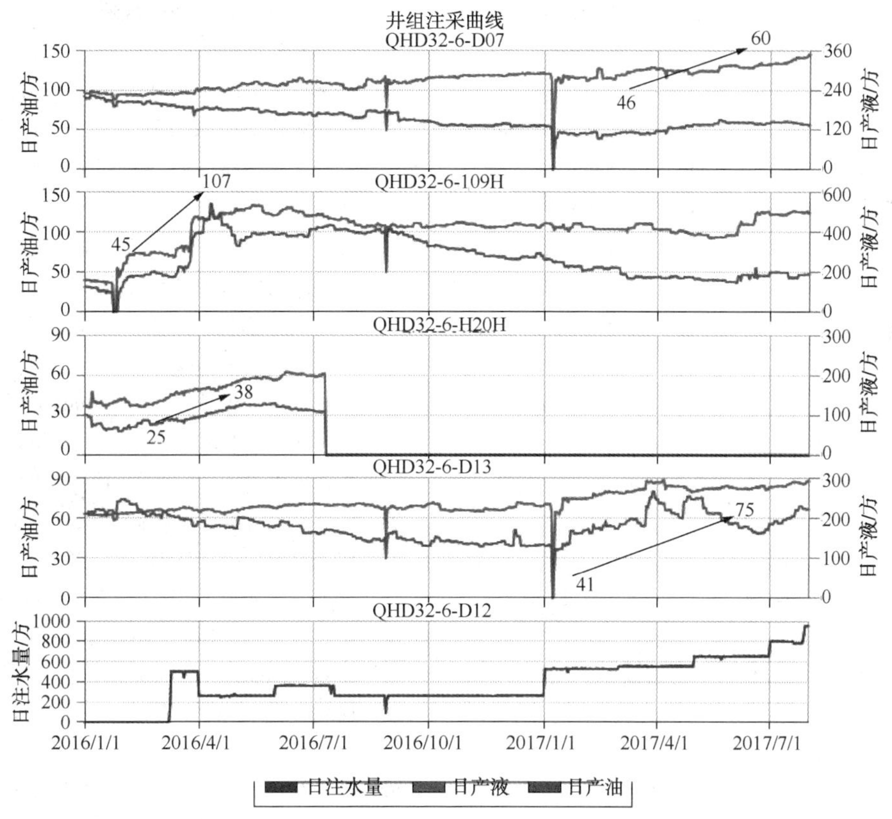

图 10　渤海 Q 油田南区 D12 井组生产动态曲线

5　结论

（1）储层构型模式对流体运动的控制作用主要体现在对地层渗透能力的影响上，不同的储层构型模式具有不同的影响效果。

（2）曲流河点坝中的侧积层对流体运动的控制作用不随侧积层的孔隙度增加而改变；侧积层的控制作用随着侧积层渗透率能力的增加而减弱；侧积层的厚度、水平宽度、频率及地层倾角的增加会使侧积层的控制作用增强；

（3）确定了曲流河储层构型模式对流体运动的控制系数，首次实现了储层构型对流体运动控制作用的定量表征。

（4）推导了曲流河储层构型影响下的水驱波及系数表达式，建立了基于曲流河储层构型的注采结构定量调整图版，并在渤海 Q 油田南区取得了很好的调整效果，实现了对该区域剩余油的精细挖潜。

参 考 文 献

[1] 束青林．河道砂侧积体对剩余油分布的影响—以孤岛油田馆上段 3~4 砂组高弯度曲流河为例[J]．石油地质与采收率，2005，12(2)：45-48.

[2] 王鸣川，朱维耀，董卫宏等．曲流河点坝型厚油层内部构型及其对剩余油分布的影响[J]．石油地质与采收率，2013，20(3)：14-17.

[3] 赵伦，梁宏伟，张祥忠，等．砂体构型特征与剩余油分布模式——以哈萨克斯坦南图尔盖盆地 Kumkol South 油田为例[J]．石油勘探与开发，2016，43(3)：433-441.

[4] 陈程，宋新民，李军．曲流河点砂坝储层水流优势通道及其对剩余油分布的控制[J]．石油学报，2012，33(2)：257-263.

[5] Miall A D. Architectural elements analysis ：A new method of facies analysis applied to fluvial deposits [J]. Earth Science Reviews. 1985，22(2)：261-308.

[6] Miall A D. Reservoir heterogeneities in fluvial sandstones ：Lessons from outcrop studies [J] . AAPG Bulletin. 1988，72(6)：682-697.

[7] Lorenz，J. C.，Heinze，D. M.，Clark，J. A.，et. al. Determination of width of meander-belt sandstone reservoirs from vertical downhole data，Mesaverde Group，Piceance Greek Basin，Colorado [J] . AAPG

Bulletin, 1985, 69(2): 710-721.

[8] Allen, J. R. L. Studies in fluviatile sedimentation: bars, bar complexes and sandstone sheets (lower - sinuosity braided streams) in the Brownstones (L. Devonian), Welsh Borders [J]. Sedimentary Geology, 1983, 33: 237-293.

[9] Miall, A. D. The Geology of Fluvial Deposits: Sedimentary facies, basin analysis and petroleum geology [M]. New York: Springer-Verlag, 1996: 57-98.

[10] Schumm, S. A. Fluvial paleochannels, in Rigby, J. K. and Hamblin, W. K, eds. Recognition of ancient sedimentary environments [C]. SEPM special published 16, 1972: 98-107.

[11] Clark J D , Kevin T. Pickering Architectural elements and growth patterns of submarine channels : Application to hydrocarbon exploration[J]. AAPG Bulletin , 1996 , 80(2) : 194-221.

[12] Alden J M, Stephen T S, Dan J H. Characterization of petrophysical flow units carbonate reservoirs[J]. AAPG Bulletin, 1997, 81(5): 731~759.

[13] 李顺明，宋新民，蒋有伟，等．高尚堡油田砂质辫状河储集层构型与剩余油分布[J]．石油勘探与开发，2011，38(4)：474-482.

[14] 周新茂，高兴军，田昌炳，等．曲流河点坝内部构型要素的定量描述及应用[J]．天然气地球科学，2010，21(3)：421-426.

[15] 岳大力，吴胜和，谭河清，等．曲流河古河道储层构型精细剖-以孤东油田七区西馆陶组为例[J]．地学前缘，2008，15(1)：101-109.

[16] 胡丹丹，唐玮等．厚油层层内夹层对剩余油的影响研究[J]．特种油气藏，2009，16(3)：49-52.

[17] 李红南，徐怀民．低渗透储层非均质模式与剩余油分布—以辽河西部凹陷齐 9-欢 50 区块杜家台油层为例[J]．石油实验地质，2006，28(4)：404-408.

[18] 丁世梅，季民等．泥岩隔夹层类型及剩余油控制研究[J]．江汉石油学院学报，2004. 12，26(4)：130-134.

[19] 黄辉，范玉平．“动静结合法”在剩余油定量分布中的应用研究[J]．石油钻采工艺，2006，28(6)：35-38.

[20] 尹太举，张昌民．地质综合法预测剩余油[J]．地球科学进展，2006. 5，21(5)：539-544.

[21] 李阳，王端平，刘建民．陆相水驱油藏剩余油富集区研究[J]．石油勘探与开发，2005，32(3)：91—96.

[22] 姜汉桥，谷建伟．剩余油分布规律的精细数值模拟[J]．石油大学学报(自然科学版)，1999，23(5)：31-34.

[23] 赵春明，胡景双，霍春亮，等．曲流河与辫状河沉积砂体连通模式及开发特征—以渤海地区秦皇岛 32-6 油田为例[J]．油气地质与采收率，2009，16(06)：88-91.

[24] 刘超，赵春明，廖新武，等．海上油田大井距条件下曲流河储层内部构型精细解剖及应用分析[J]．中国海上油气，2014，26(1)：58-64.

[25] Cayo Puigdefabregas, Arthur Van Vliet. Meandering stream deposits from the Tertiary of the Southern Pyrenees[C]//Miall A D. Fluvial Sedimentology. Calgary: McAra Printing Limited, 1978: 469-485.

[26] 薛培华．河流点坝相储层模式概论[M]．北京：石油工业出版社，1991：23-35.

[27] 赵翰卿．河道砂岩中夹层的稳定性[J]．大庆石油地质与开发，1985，4(3)：1-11.

[28] 金强，James R Browton. 用生产井信息确定储层非均质性[J]．石油大学学报(自然科学版)，1999，23(2)：18-21.

[29] 杨少春．储层非均质性定量研究的新方法[J]．石油大学学报(自然科学版)，2000，24(1)：53~56.

[30] 龙明，徐怀民，江同文，等. 滨岸相碎屑岩储集层构型动态评价[J]．石油勘探与开发，2012，39(6)：754-763.

[31] 岳大力，林承焰，吴胜和，等．储层非均质定量表征方法在礁灰岩油田开发中的应用[J]．石油学报，2004，25(5)：75~79.

[32] 尹太举，张昌民等. 地下储层建筑结构预测模型的建立[J]．西安石油学院学报(自然科学版)，2002，17(3)：7-11.

[33] Leeder, M. R. Fluviatile fining upwards cycles and the magnitude of paleochannels[J]. Geological Magazine, 1973, 110: 265-276.

[34] 洪世铎．油藏物理基础[M]．石油工业出版社，1985.

[35] 张冲，张占松，张超谟．基于等效岩石组分理论的渗透率解释模型[J]．测井技术，2014，38(6)：690-694.

非均质浅薄互层稠油油藏分层注汽技术

王 泊 张初阳 黄青松 李长宏 李德儒 彭元东 甘红军 王素青

（中国石化河南油田分公司采油二厂）

摘 要 河南稠油油田属于非均质浅薄互层稠油油藏，高周期蒸汽吞吐后期呈现“浅、薄、多、稠、松、异”的特征，笼统注汽层间动用差异大，单层开发效益差，储量动用程度低。遵循互层状非均质动用差异型多层油藏立体均衡动用的开发原理，研究了分层注汽适宜油藏条件及潜力，确定了分层注汽选井标准，优化设计了分层注采参数，研制出一种临界恒速分层配注汽工艺，保证分层定量注汽和分层注汽效果，现场得以配套应用，提高了开发效益、储量动用程度以及油层纵向动用程度。

关键词 稠油油藏；非均质；浅薄互层；动用差异；分层注汽；分层注汽管柱；选井标准；注采参数

河南油田稠油油藏具有砂体多变，油层埋藏浅，压实程度差，泥质含量高，非均质性强的特点，概括起来讲就是“浅、薄、稠、松、小”的特点。随着周期吞吐轮次的增加，造成稠油油藏高周期吞吐后期具有“浅、薄、多、稠、松、异”的特点，开发难度更大，地层受高强度蒸汽吞吐开采的反复激励，频繁出现蒸汽汽窜问题。同时，油藏的非均质性对储层的吸汽状况也有较大影响，油层纵向上物性差异越大，吸汽程度越不均匀，层间矛盾越明显，油层动用程度差异越大。为此，利用自行设计的稠油油藏直井注蒸汽三维实验装置，研究稠油油藏蒸汽吞吐油层吸汽差异特征，应用数值模拟方法，对分层注汽注采参数进行优化设计，有效地改善了储层纵向吸汽不均的问题，为稠油油藏的高效开发提供理论依据和借鉴经验。

根据河南油田油藏埋藏浅和地层压力低等独有特点，提出一种新型的具有河南浅层稠油油藏开发特色的恒速分层配注汽工艺，通过地面提高锅炉注汽压力和注汽压差实现临界流速和恒速注汽。恒流分层注汽技术，是将地面调节注汽压力和井筒注汽管柱设计结合起来，从而保证分层定量按需注汽。3 年来，现场试验应用 28 井次，提高了热采井整体的开发效果和经济效益。

1 分层注汽潜力研究

1.1 实验器材及方法

自行设计的稠油油藏直井注蒸汽三维实验装置（如图 1 所示）主要由实验模型筒体、蒸汽发生器、数据采集装置、活塞式中间容器和 ISCO 恒压恒速泵（流速为 0.001～60mL/min，耐压为 70MPa）等构成。实验模型筒体为圆筒形，用 40～60 目（粒径：0.28－0.45mm）石英砂充填，筒壁等距分布 70 个温度传感器螺纹孔、10 个压力传感器螺纹孔和 36 个排液螺纹孔。3 种螺纹孔均沿模拟井筒的水平延伸方向依次间隔设置，沿模拟筒体圆周均匀分布 4 列。实验模型筒体顶端连接由注入泵、蒸汽发生器、中间容器和高压气瓶组成的注入系统，中部的温度传感器和压力传感器均通过数据采集装置实时监测和记录，底端连接由回压阀、高压管线和气液收集瓶等组成的生产系统。

实验所用油样为河南油田井楼一区现场脱气原油，实验用水为通过蒸馏水发生器制备的去离子水。

1.2 实验方案与步骤

为了探究直井不同方式注蒸汽时油藏波及的情况，设计了全段射孔笼统注汽和全段射孔分层注汽 2 组实验方案（图 2）。

根据稠油油藏注蒸汽开采模拟实验装置及实验方案，开展稠油油藏直井不同注汽方式的物理

【作者简介】王泊，男，出生年月 1973 年 9 月，毕业于西安石油学院，高级工程师，职务：油气藏工程技术专家，工作单位：河南油田分公司采油二厂，主要研究领域：稠油热采开发技术、油藏与工艺一体化提高采收率领域，Email：1320137643@ qq. com

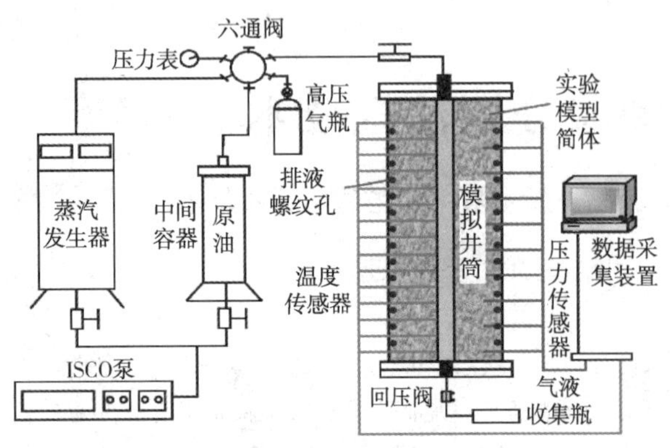

图1　稠油油藏直井注蒸汽三维实验装置示意

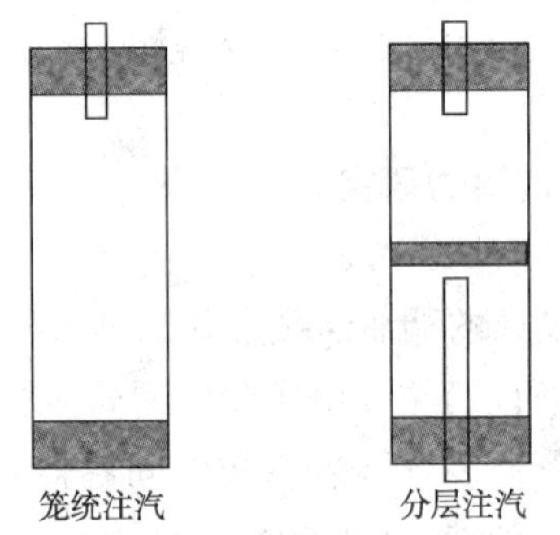

图2　直井不同注汽方式注蒸汽示意图

模拟实验，通过分析注蒸汽过程中压力、温度和产液量的变化，分析并总结蒸汽波及情况。具体实验步骤如下：① 按照实验方案连接实验装置，充入氮气至系统压力为5MPa，静置30min，验证系统气密性。② 通过注入泵和中间容器以20mL/min的速度向模型筒体内注入水至充分饱和，再向筒体内注入原油至充分饱和。③ 方案1，注汽井选择全段射孔笼统注汽方式，按照20mL/min注入蒸汽速度向模型中注蒸汽。④ 方案2，注汽井选择全段射孔分层注汽方式，重新组装模型和饱和油，再次以20mL/min注入蒸汽速度向模型中注蒸汽进行驱替。记录实验过程中井筒沿程的产液量，数据采集装置自动监测和记录模型内温度和压力。

1.3　实验结果与分析

分析不同注汽方式下模型中温度场随时间的变化可以看出，当直井笼统注汽时，随着注入蒸汽量的增加，油层中的蒸汽腔逐渐发育，但上部蒸汽腔的发育程度明显大于下部蒸汽腔的发育程度，蒸汽腔的形状呈漏斗状（图3a）。当直井分层注汽时，随着注入蒸汽量的增加，蒸汽腔在油层上部和下部扩展，油层下部蒸汽腔的发育程度明显（图3b）。结果表明，与直井笼统注汽相比，直井分层注汽的温度场波及面积大，油层整体受热的范围明显增大，纵向波及更加均匀。

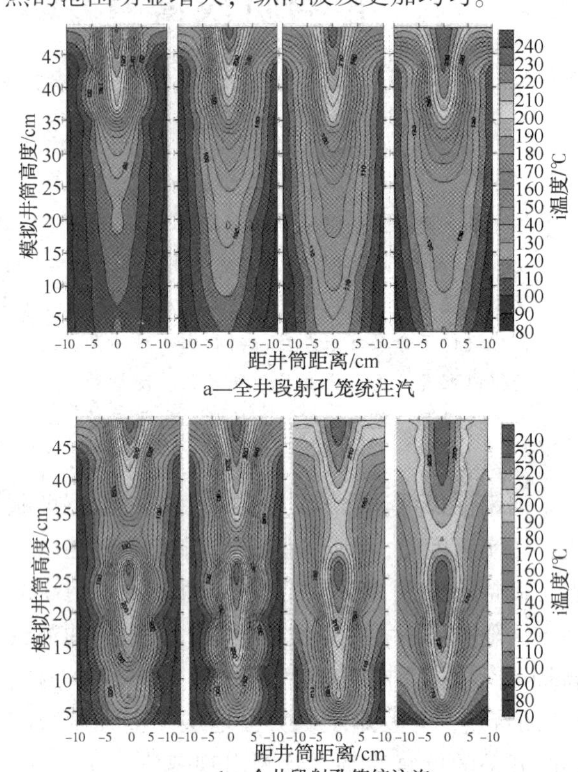

图3　不同注汽方式下模型中的温度场随时间的变化

2　分层注汽数值模拟研究

2.1　选井标准的建立

选取井楼一区Ⅲ8-9层建立地质模型，研究稠油油藏蒸汽吞吐分层注汽油藏条件及影响因素，确定蒸汽吞吐分层注汽选井界限，建立选井标准。针对井楼一区III8-9层油藏特征，选取具有代表性的地质参数值作为模型参数，建立蒸汽吞吐概念模型，进行稠油油藏蒸汽吞吐分层注汽油藏地质参数敏感性分析研究。结合河南油田实际吞吐过程以及吞吐时的注采参数，对建立的概念地质模型进行蒸汽吞吐开发，蒸汽吞吐笼统注汽进行10个周期，每个周期每口井注汽13天，焖井4天，每周期为3个月。第11个周期改为分层注汽，上下两层注汽强度按厚度比分配。以蒸汽吞吐增油程度作为评价指标。增油程度也就是目标井控制范围内蒸汽吞吐分层注汽的原油产量与相同条件下笼统注汽原油产量之差与笼统注汽原油产量比值的百分数。

（1）影响因素分析

针对井楼一区油藏特征，选取平均渗透率、渗透率极差，有效厚度、厚度比、孔隙度、夹隔层厚度、原油黏度等 7 个参数，共设计 18 个正交方案，研究不同油藏地质参数对稠油油藏蒸汽吞吐分层注汽的影响，从而确定正韵律油藏与反韵律油藏分层注汽的关键地质参数。利用正交试验方法的直观分析方法，将 7 个地质参数对目标井的增油程度进行统计（表 1）。从表 1 可知，针对正韵律油藏而言，分层注汽增油程度的影响排序为：渗透率极差>厚度比>有效厚度>平均渗透率>隔层厚度>原油黏度>孔隙度，从而确定正韵律油藏蒸汽吞吐分层注汽影响的关键地质参数为：渗透率极差、厚度比、有效厚度、平均渗透率、原油黏度。

表 1　正韵律油藏分层注汽增油程度直观分析表

因素	平均渗透率/$10^{-3}\mu m^2$	渗透率极差	有效厚度/m	厚度比	孔隙度/%	原油黏度/mPa·s	隔层厚度/m	增油程度/%
实验 1	500	0.6	3	1：2	25	2000	1	2.2667
实验 2	500	0.8	5	1：1	30	5000	2	4.3837
实验 3	500	1	10	2：1	35	12000	3	22.4832
实验 4	1250	0.6	3	1：1	30	12000	3	5.6117
实验 5	1250	0.8	5	2：1	35	2000	1	25.5661
实验 6	1250	1	10	1：2	25	5000	3	10.7609
实验 7	2000	0.8	3	1：2	25	12000	3	14.7511
实验 8	2000	1	5	1：1	30	2000	1	1.7255
实验 9	2000	0.6	10	2：1	35	5000	2	18.1666
实验 10	500	1	3	2：1	35	2000	1	-3.2821
实验 11	500	0.6	5	1：2	25	5000	2	-6.1739
实验 12	500	0.8	10	1：1	30	12000	3	12.8755
实验 13	1250	0.8	3	2：1	35	5000	2	3.8370
实验 14	1250	1	5	1：2	25	12000	3	6.7856
实验 15	1250	0.6	10	1：1	30	2000	1	-1.0451
实验 16	2000	1	3	1：1	30	5000	2	4.5372
实验 17	2000	0.6	5	2：1	35	12000	3	16.7679
实验 18	2000	0.8	10	1：2	25	2000	1	20.6186
均值 1	5.426	4.620	5.932	8.168	8.039	11.700	7.642	
均值 2	8.586	8.176	13.672	4.681	8.714	7.056	5.919	
均值 3	12.761	13.977	7.168	13.923	10.020	8.017	13.213	
极差	7.355	9.357	7.740	9.242	1.981	4.644	7.294	
排序	4	1	3	2	7	6	5	

采用与正韵律油藏相同的正交法，根据反韵律地层各种地质参数的油藏蒸汽吞吐分层注汽的直观分析结果，确定反韵律地层油藏蒸汽吞吐分层注汽影响的关键地质参数可选择为：平均渗透率、原油黏度、渗透率极差、有效厚度、厚度比。

（2）分层注汽选井标准

针对正韵律稠油油藏，利用数值模拟方法建立分层注汽选井标准，以指导油田现场蒸汽吞吐分层注汽的应用。

正韵律油藏的选井标准为：① 渗透率级差：当层间渗透率级差超过 3 倍后，分层注汽才能取得较好的开发效果；当层间渗透率级差超过 4 倍后，分层注汽开发效果基本平稳。因此，层间渗透率级差应为 3 倍以上。② 厚度比：当上层过薄时开发效果差，最低厚度比不应小于 1/2；当储层变为上厚下薄后，增油幅度逐渐增加；当厚度比为 2 倍时，增油幅度基本稳定。因此，最适宜的储层构造为上厚下薄型油藏。③ 有效厚度：随着有效厚度增加，分层注汽增油能力先增加而后降低；当有效厚度低于 3.5m 或超过 10m 后，分层注汽的开发效果变差。有效厚度大有利于提高周期产油量，但有效厚度越大增油幅度越小。因此，储层的有效厚度不应超过 10m，最薄不得低于 3.5m。④ 平均渗透率：随渗透率增加分层注汽增油幅度先增加后降低而后平稳，当低于 1750mD 时增油幅度明显；当高于 1750mD 后增油能力出现明显降低；渗透率超过 2000mD 后增油能力逐渐平稳。最低平均渗透率应为 750mD。⑤ 原油黏度当储层的原油黏度高于 1000mPa · s 或原油黏度低于 11000mPa · s，分层注汽才能取得较好的开发效果。因此，分层注汽的适用油藏类型为普通稠油油藏或临近特稠油油藏（表 2）。

表 2　正韵律互层状油藏分层注汽选井标准

渗透率极差	>3（最佳 4 倍）
有效厚度	4.0m-10m
原油黏度	≤20000mPa · s
埋深	<1300m
渗透率	≥1000mD
孔隙度	≥20%
单层剩余油饱和度	≥40%

反韵律油藏的选井标准为：① 平均渗透率：最低平均渗透率应为 1500mD。② 原油黏度：当储层的原油黏度高于 2000mPa · s 或原油黏度低于 9000mPa · s，分层注汽才能取得较好的开发效果。因此，分层注汽的适用油藏类型为普通稠油油藏。③ 渗透率极差：层间渗透率级差应为 4 倍以上。④ 有效厚度：储层的有效厚度不应超过 8m。⑤ 厚度比：上下层有效厚度比值应为 1/4~3/2 之间（表 3）。

表 3　反韵律互层状油藏分层注汽选井标准

渗透率级差	>4（最佳 10 倍）
有效厚度	4m-8m
原油黏度	≤20000mPa · s
埋深	<1300m
渗透率	≥1000mD
孔隙度	≥20%
单井剩余油饱和度	≥40%

针对某一层段内仍然存在纵向矛盾，按照原油性质、段内渗透率极差，需要配套相应的辅助治理措施进一步改善层段内剖面矛盾（表 4）。

表 4　层段内辅助治理措施渗透率极差界限优化表

原油类型	治理措施
超稠油（黏度>50000mPa · s）	使用凝胶类或颗粒类调堵剂
特稠油（黏度：10000-50000mPa · s）	3 倍级差以下使用泡沫类调堵剂
	>3 倍级差使用凝胶类或颗粒类调堵剂
普通稠油（黏度<10000mPa · s）	3-10 倍级差内使用泡沫类调堵剂
	>10 倍级差应使用凝胶类或颗粒类调堵剂

2.2　注采参数设计

（1）分层注汽时机

分析正、反韵律油藏采出程度级差与增油程度关系曲线可知（图 4）：随层间采出程度级差增加，增油程度先增加后降低；对于正韵律油藏，层间采出程度级差在 1.15~1.25 之间时，增油程度最高。因此，最佳分注时机为层间采出程度级差为 1.2 左右。对于反韵律油藏，层间采出程度级差在 1.45~1.65 之间时，增油程度最高。因此，最佳分注时机为层间采出程度级差为 1.5 左右。

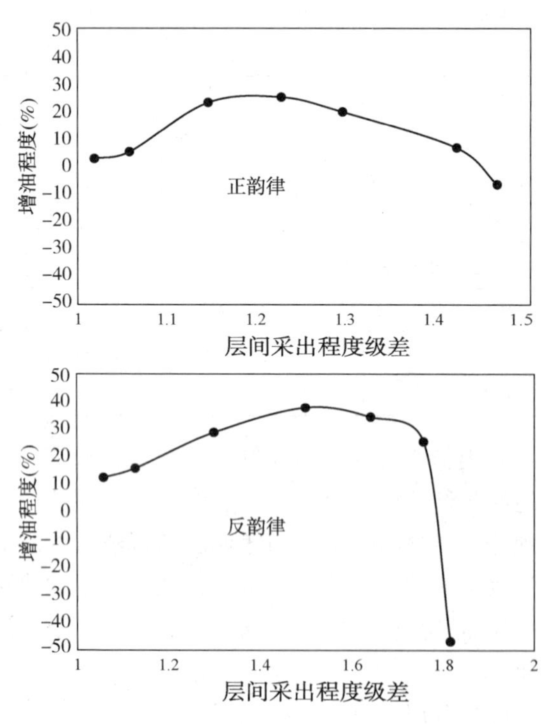

图 4　采出程度级差与增油程度关系曲线

（2）分层注汽强度

分析正、反韵律油藏注汽强度与增油程度关

系曲线可知(图5)：对正韵律油藏，上层低渗层随注汽强度增加增油幅度降低，当超过130t/m后降低幅度进一步增加；下层高渗层注汽强度在120~130t/m之间时，增油程度最高。因此，正韵律油藏注汽强度可选择为：上部低渗层100~120t/m，下部高渗层120~130t/m。反韵律油藏注汽强度可选择为：下部低渗层160~170t/m；上部高渗层170~190t/m。

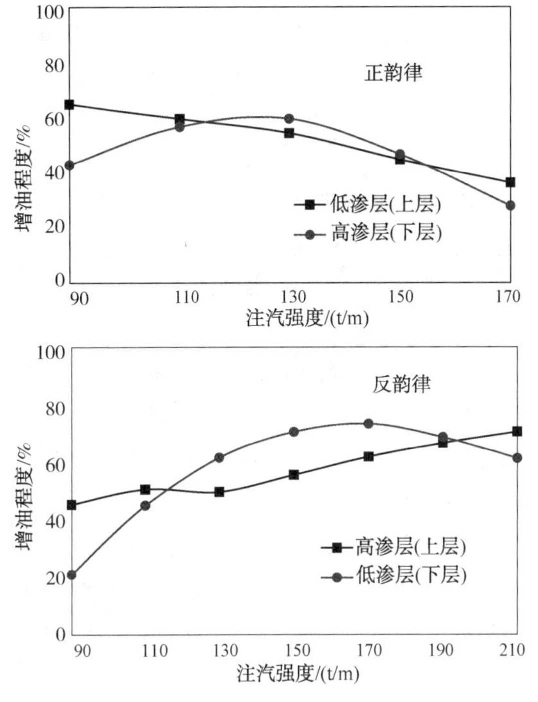

图5 注汽强度与增油程度关系曲线

(3) 分层注汽速度

分析正、反韵律油藏注汽速度与增油程度关系曲线可知(图6)：正韵律油藏注汽速度选择为：上部低渗层大于108t/d，下部高渗层大于60t/d；反韵律油藏注汽速度选择为：下部低渗层：70t/d，上部高渗层：100t/d。

(4) 分层焖井时间

分析正、反韵律油藏焖井时间与增油程度关系曲线可知(图7)：随焖井天数的增加，增油程度先增加后降低，正韵律油藏最佳焖井天数为3~4d；反韵律油藏最佳焖井天数为4d。

(5) 分层采液强度

分析正、反韵律油藏采液强度与增油程度关系曲线可知(图8)：随排液强度的增加，增油程度先增加后变缓，正韵律油藏最佳排液强度为5t/m；反韵律油藏最佳排液强度为4~5t/m。

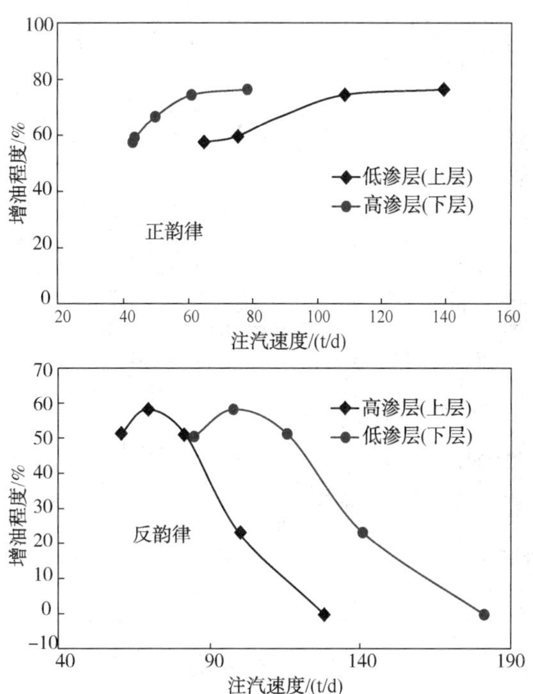

图6 注汽速度与增油程度关系曲线

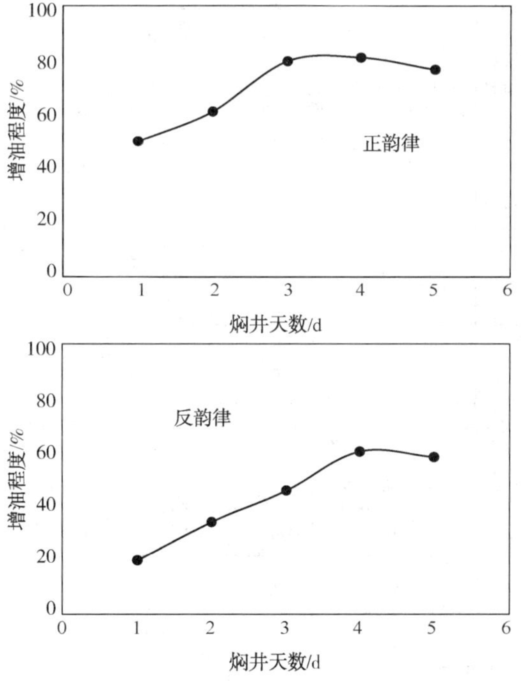

图7 焖井时间与增油程度关系曲线

2.3 效果预测

预计可实施300口井，覆盖地质储量360万吨，单井日均核实产能由0.49t/d提高到1.0t/d，年产能7.2万吨，60＄油价下，操作成本(25-30＄)条件下，提高经济可采储量43.2万吨。50＄油价下，分层注汽比笼统注汽提高经济采收率7.38%(图9)。

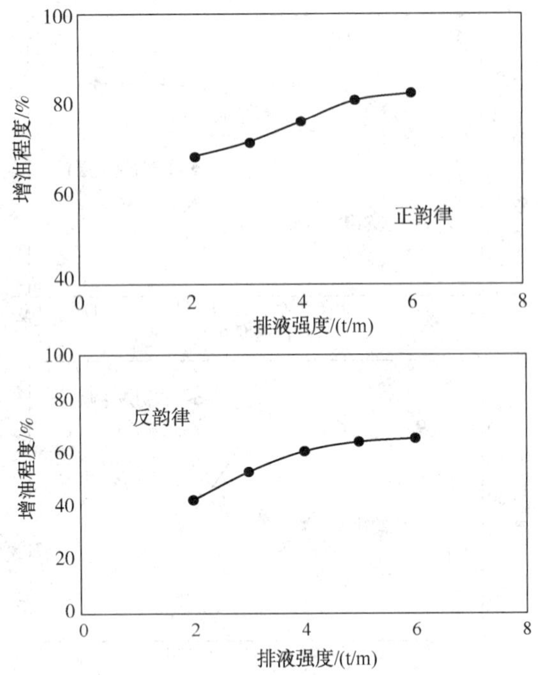

图 8 采液强度与增油程度关系曲线

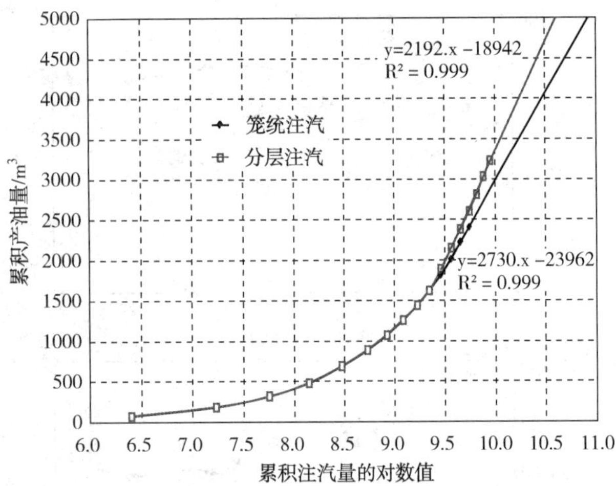

注汽方式	吞吐周期	累注汽量/吨	控制储量/吨	累产油量/吨	采出程度/%
笼统注汽	12	14620	10749	2022	18.8
分层注汽	15	18215	10749	2815	26.2
差值	3		3595	793	7.4

图 9 分层注汽与笼统注汽提高采收率对比

3 分层注汽工艺技术研究

3.1 临界流喷嘴恒速原理与可行性

(1) 临界流恒速原理

当气体流经一个渐缩喷嘴时，流速增加，压力降低，最终在最小截面处形成音速达到临界气流。如果保持喷嘴上游端压力 P_0 和温度不变，使其下游压力 P_2 逐渐减小，通过喷嘴的气体质量流量 q_m 将逐渐增加；当下游压力 P_2 下降到某一压力 P_c 时，通过喷嘴的质量流量将达到最大值 q_{max}，此时喷嘴出口流速已达到当地音速 a；继续降低下游端压力 P_2，通过喷嘴的质量流量将不再增加，流速也保持音速不变；将喷嘴出口的流速达到音速压力 Pc 称为临界压力，Pc/P_0 称为临界压力比，通过喷嘴流量称为临界流量。其中，临界压力比：

$$v_{cr}=\frac{p_{cr}}{p_0}=\left(\frac{2}{k+1}\right)^{\frac{k}{k-1}}$$

理论计算和实验均证明，V_{cr} 达到临界状态(湿热蒸汽是 0.546)时，音速喷嘴气流会达到音速，临界音速状态下，即便其下游压力再下降(下游压力与上游压力之比减小)，其流速也保持恒定，仅与音速喷嘴入口处介质性质(等熵指数和气体常数)及热力学状态(温度和压力)有关，而与下游状态无关。从临界流喷嘴结构和工作机理分析可以得出(图 10)：在实际现场操作时，在保证注汽锅炉、井筒和油层等安全的工作条件下，只要适当提高经过注汽阀嘴上下游压差，保证下上游的临界压力比不高于 0.546，即可实现注汽阀恒流速注汽，此状态下设计的注汽喷嘴大小可以实现临界恒速注汽。

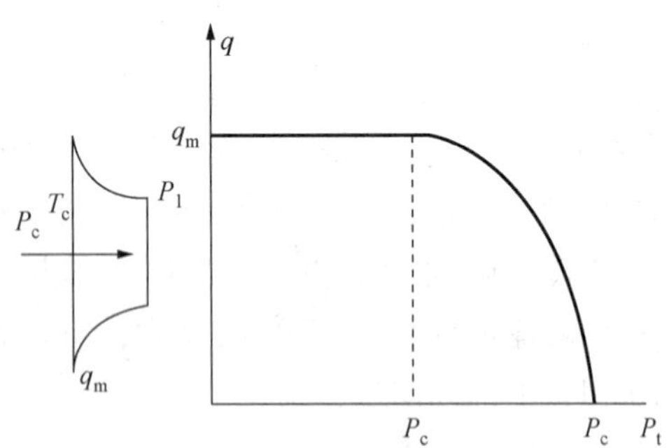

图 10 音速喷嘴的结构和流量特性

对于节流装置中处于临界流动状态的湿饱和蒸汽，可利用格拉肖夫的经验公式计算蒸汽流过注汽阀节流喷嘴的流量

$$m_{max}=A_e\alpha\varepsilon f\cdot P_1{}^{m}x_1{}^{n}$$

$$\alpha=\frac{c}{\sqrt{1-\beta^4}}$$

式中，A_e—喷嘴喉道面积，m^2；P_1—喷嘴进

口蒸汽压力，Pa；x_1—喷嘴进口蒸汽干度；m_{max}—蒸汽质量流量，kg/s；ρ_1—喷嘴进口蒸汽密度，kg/m^3；α—流量系数；c—流出系数；β—喷嘴喉道直径与油管内径之比；f—蒸汽密度校正系数；ε—蒸汽出口膨胀系数，它是绝热指数；β—喷嘴出口与进口的绝对压力之比的函数。

（2）临界恒速可行性分析

实现临界恒速注汽的充要条件是注汽阀下上游的临界压力比达到或低于0.546。河南浅薄层稠油油藏恒速注汽工艺是否顺利实现，关键因素有相匹配的油藏特性、地面注汽设备、注汽方式、注汽参数设计和注汽阀设计性能等。针对河南稠油稠油油藏具有“浅、薄、多、稠、松、小”的特点，其中油埋藏浅（90-700m），绝大部分油井油藏深150-400m，地层压力低，随着多周期注汽吞吐，地层压力逐渐降低。其中井楼和古城稠油油田，原始地层压力3-4MPa，目前大多数油井1MPa左右；新庄稠油油田，原始地层压力9MPa左右，目前地层压力3-4MPa，河南油田特有的浅薄层油藏特性，为通过地面提高注汽压差方式实现临界恒速注汽提供可能。井楼油田现场用注汽锅炉工作压力为9.5MPa，设计注汽压差只要达到6MPa左右，即可实现恒速注汽；而新庄稠油油田现场用注汽锅炉工作压力为17MPa，设计注汽压差只要达到10MPa左右，即可实现恒速注汽。目前，现场主要采用单炉对多井和单炉对单井的组合注汽方式，未配套地面湿蒸汽精准测控系统，考虑到精细注汽计量等因素，对油层厚度10米以上油井实施单炉对单井注汽方式，可解决注汽偏流问题，适应地面工艺现状。另外，根据临界音速喷嘴工作机理，把注汽阀设计成节流渐缩喷嘴，根据临界注汽状态下物性参数设计喷嘴大小，研制恒流量配汽阀，优化设计注汽孔道大小。提高注汽压力和注汽压差，保证配汽阀注汽嘴下游压力和上游压力比达到或小于0.546，从而实现临界恒速注汽。

3.2 分层注汽工艺管柱设计

分层注汽工艺管柱主要由伸缩管、抽稠泵、安全接头、分层测试工作筒、偏心进油阀、恒流配汽阀、注汽封隔器组成（图11）。其工作原理为：① 下管柱：下分层注汽管柱，两级注汽封隔器一趟管柱同时下入；② 液压坐封：液压坐封两级封隔器；③ 投球打开配汽阀：液压打开各级恒流配汽阀；④ 完井：下入抽油杆及柱塞，提好防冲距，完井；⑤ 注汽和测试和生产：注汽时，升高注汽压力，保证地层压力比和注汽压力比不大于0.546，此时实现临界恒流速分层注汽；⑥ 解封：需要解封时，先上提管柱，解封上级封隔器及中配汽阀以上管柱，再下入打捞矛，解封下级注汽封隔器，实现分段逐级安全打捞。

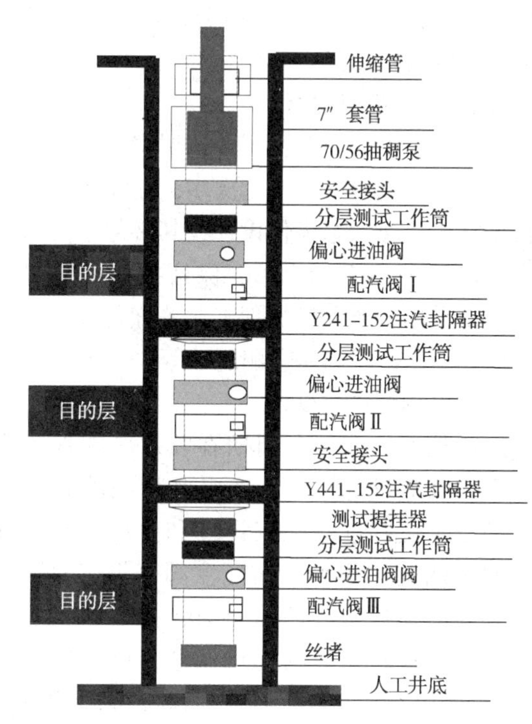

图11 恒流分层注汽工艺管柱结构

该工艺管柱的技术参数为：工作压差：15MPa，工作温度：350℃，适用套管内径：Φ160mm-161.7mm，坐封压力：10-15MPa，下配汽阀打开压力：20MPa，中配汽阀打开压力：15MPa，上配汽阀打开压力：8-10MPa，解封负荷：40-50kN，注汽压力：6-13MPa。其技术特点包括：① 注采一体化，不动管柱注汽和转抽生产；② 内通径大，集注汽、测试、生产一体化；③ 各层有效封隔，各自独立，实现分层注汽；④ 注汽参数优化设计，恒流速注汽注汽；⑤ 高温组合密封件，适应多轮次多周期分层注汽；⑥ 逐级分段解封，有效去除砂卡，安全可靠。

3.3 关键配套工艺技术

（1）可靠的分层设计

采用注汽封隔器实施层间封隔油层，是实现恒速分层注汽关键，保证各油层按设计定量按需配注汽，提高分层注汽效果。主要采取的工艺措施为：① 采用复合高温材料组合密封和封隔器的双向锚定，利用碟簧蓄能补偿性能，实现管柱多轮次高温注汽和生产时长效密封承压，实现可靠分层。② 通过优化材料配方和组配方式，进一步提高承压密封效果。③ 封隔器设计内置热力补偿机构，利用伸缩补偿性能，降低多轮次注汽时热应力对两个封隔器密封性能的影响，保证管柱可靠分层。④ 通过实施分层测压，验证注汽封隔器的密封性能。

（2）配注阀的优化设计

河南油田稠油油藏，层薄，层多，油稠，产能低，生产周期短，注汽轮次多，配注阀注汽通道根据临界流速状态优化设计，其必须承受多轮次高温高压注汽而不变形，保证按设计定量注汽，主要采用材质和热处理工艺等优化设计，实现注汽孔道耐高温高压、耐腐蚀等。

（3）可调配注汽设计

河南稠油油藏，多周期吞吐后，物性参数变化大，及时进行测试，实时掌握油藏物性和生产动态，更好进行配汽设计和生产管理。通过研制可调配注阀和可捞配注阀芯等工具，多周期吞吐后需要提高注汽量时，捞取出现有注汽阀芯，置换新设计的注汽阀芯，以适应不同周期不同注汽量的实际需要，保证多周期分层注汽效果。

（4）分段解封问题

河南油田稠油油藏，胶结疏松，易出砂，管柱设计分段解封，防止砂卡管柱，降低大修事故几率，安全作业。

4 现场应用与推广

4.1 现场应用分析

河南稠油油藏分层注汽现场应用 28 口井，可评价井 22 口，有效 15 口，有效率 68%；累计实施 62 个轮次，可评价轮次 52 个，有效轮次 37 个，轮次有效率 71.2%。累产油 10807.4 吨，阶段增油 4680.4 吨，阶段油汽比由 0.21 提高到 0.31，单井平均日产水平由 0.9 吨提高到 1.5 吨，总投入 1330.3 万元，总产出 2405 万元，净创效益 1074.7 万元；减少注汽量 12506t，降本 187.5 万元，5 口井多轮次不动管柱分层测试节约作业费用 134.9 万元，共净创效益 1398 万元。

以楼 3614 井为典型实例井进行分析。楼 3614 井是井楼油田三区 1991 年 9 月投产的一口采油井，该井Ⅳ1-4 层目前处于高周期吞吐且采出程度较高，继续笼统注汽，高采出程度层吸汽量大，蒸汽利用率低，且生产效果得不到明显改善；通过对剩余油饱和度测试，评价了油层潜力。为提高该井储量动用程度，对该井实施分层注汽措施。目前已实施 2 轮次分层注汽，分层注汽前后，累计油气比由 0.12 增至 0.44（表 5、图 12），阶段累计增油 612 吨，实现恒速注汽和增油上产的目的。

表 5 楼 3614 井分层注汽总体效果表

	层位	Ⅳ1-4	Ⅳ1-4	
分层注汽前可对比周期	注汽量/吨	890	890	1780
	注氮量/标方	15000	15000	30000
	生产时间/天	179.9	179.9	359.8
	累计产液/吨	722.5	722.5	1445
	累计产油/吨	105.4	105.4	210.8
	单井日均产液/吨	4.0	4.0	4.0
	单井日均产油/吨	0.59	0.59	0.59
	含水/%	85.4	85.4	85.4
	累计油汽比	0.12	0.12	0.12
	投入产出比	1.4	1.4	1.4
	操作成本/(元/吨)	2926.7	2926.7	2926.7
分层注汽后累计	层位	Ⅳ1、Ⅳ2，3，4		
	注汽量/吨	1263	918	2181
	注氮量/标方			
	生产时间/天	300	305.2	605.2
	累计产液/吨	1988.4	2278.9	4267.3
	累计产油/吨	438.6	528	966.6
	单井日均产液/吨	6.6	7.5	7.1
	单井日均产油/吨	1.46	1.73	1.60
	含水/%	77.9	76.8	77.3
	累计油汽比	0.35	0.58	0.44
	投入产出比(含增量成本)	1.9	4.3	2.7
	投入产出比(不含增量成本)	4.6	7.0	5.7
	含增量操作成本/(元/吨)	1976.3	912.2	1395.1
	不含增量操作成本/(元/吨)	927.9	602.2	750.0
增油/吨		262.8	349.2	612.0

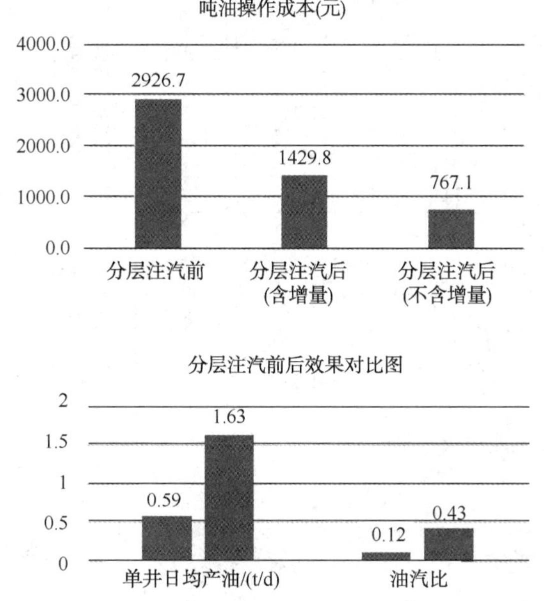

图 12　楼 3614 井分层注汽效果图

(1) 第 1 轮分层注汽

根据邻井测温测压资料，各小层蒸汽注入量按油层射孔厚度及动用情况进行配注(表 6)。增油增产效果如图 13 所示，楼 3614 井分层注汽后生产效果得到明显改善，第一周期峰值日产 3.9 吨，周期累计产油 438.6 吨，增油 262.8 吨，累计油汽比由 0.12 增至 0.35。纵向动用程度得到明显改善，如图 14 所示分层注汽前层间动用差异大，采出程度极差 2.7，分层注汽后层间动用更趋均衡，采出程度极差 2.5。根据蒸汽的热物性参数可知，井口提压注汽后，提高了井口蒸汽热焓由分层注汽前的 1037.3kJ/kg 提高到 1235.34kJ/kg(图 15)，提高了 19%，有效提高了注汽质量。

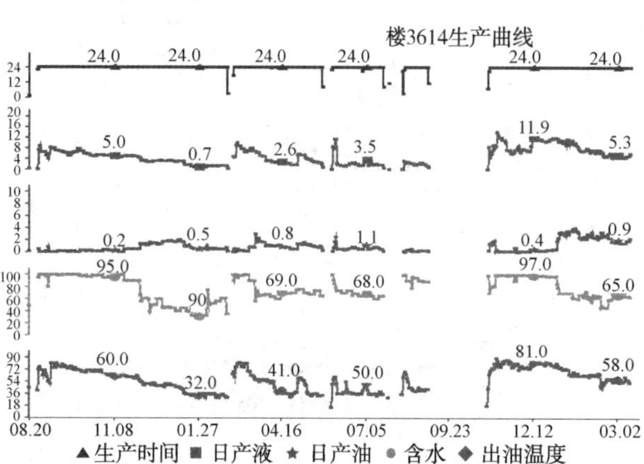

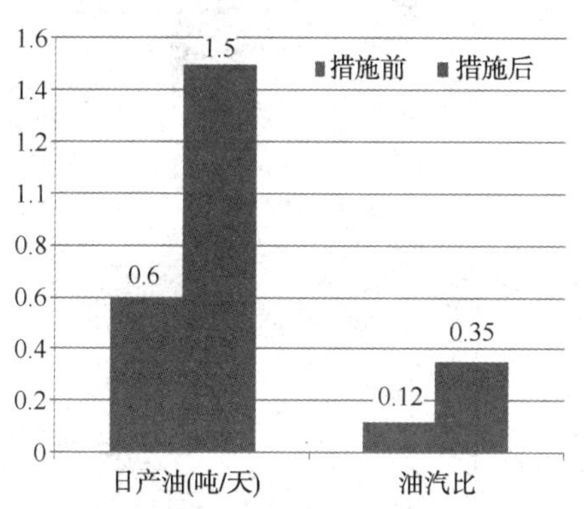

图 13　楼 3614 井注汽第 1 周期生产曲线及效果图

表 6　楼 3614 井第 1 轮配注结果表

层位	射孔数据			压力/MPa			注汽量/t	注汽天数/d	注汽速度/(t/d)	备注	孔径/mm	单孔流量/(t/d)	个数
	井段/m	射孔厚度/m	有效厚度/m	配汽阀前端注汽压力/MPa	地层压力/MPa	注汽压差/MPa							
Ⅳ1	155.3-155.8	0.5	1.4	7.5	0.4	7.1	750	3.6	208	第一注汽层段	9.0	67.8	3
	156.0-158.0	2											
Ⅳ2	160.2-165.0	4.8	3.8										
Ⅳ3	174.6-175.6	1	0.8	7.5	0.4	7.1	450	3.6	125	第二注汽层段	8.5	60.5	2
Ⅳ4	176.8-180.0	3.2	2.6										
合计		11.5	8.6				1200		333				

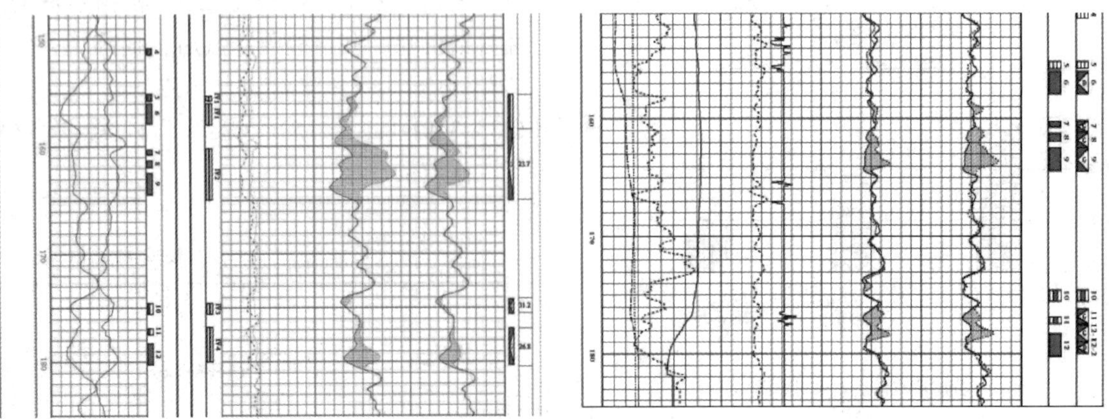

图 14　楼 3614 井吸汽剖面测试曲线及效果图

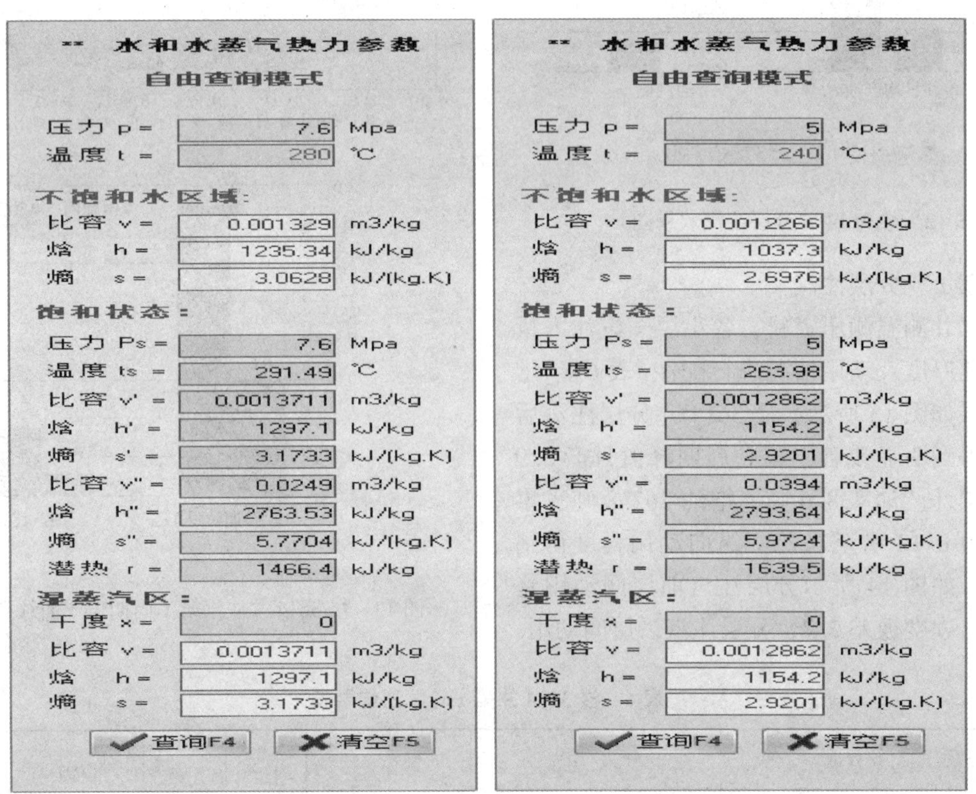

图 15　楼 3614 井分层注汽前后热焓变化对比图

(2) 第 2 轮分层注汽

鉴于分层注汽后油层纵向动用程度明显改善，分层配汽比例仍保持不变；分层注汽后排水期由笼统注汽时的 95 天缩短到 64 天，总注汽量适当优化减少，由 1200 吨减少到 900 吨，进一步缩短排水期；注汽过程中分注汽初期和注汽末期两次监测分层吸汽状况，评价分层吸汽结果。通过压力等级试算，结合锅炉及地面工艺状况优选如下分层配注方案。注汽压差为 7.41MPa 和 7.32MPa(表 7)，预期实现恒速注汽。设计注汽压力 7.7MPa，实际测试注汽压力 6MPa；从试验测试数据看，注汽初期，上层吸汽占 66%(图 16)，下层吸汽占 34%；注汽末期，上层吸汽占 63%，下层吸汽占 37%，整个注汽周期内注汽初期各段吸汽误差±3.8%，注汽末期各段吸汽误差±0.8%，井筒内各汽嘴前蒸汽压力、温度流态稳定，满足了定量注汽要求。因此，恒速定量注汽工艺可靠稳定。如图 17 所示，第二轮分层注汽峰值日产 3.9 吨提高到 4.9 吨，周期生产 305.2 天，累计产油 528 吨，增油 349.2 吨，累计油汽比提高到 0.58。

表 7 楼 3614 井第 2 轮配注结果表

层位	射孔数据			压力/MPa			注汽量/t	注汽天数/d	注汽速度/(t/d)	备注	孔径/mm	单孔流量/(t/d)	个数
	井段/m	射孔厚度/m	有效厚度/m	注汽压力/MPa	地层压力/MPa	注汽压差/MPa							
Ⅳ1	155.3-155.8	0.5	1.4	7.7	0.29	7.41	560	2.7	207	第一注汽层段	9.0	70	3
	156.0-158.0	2											
Ⅳ2	160.2-165.0	4.8	3.8										
Ⅳ3	174.6-175.6	1	0.8	7.7	0.38	7.32	340	2.7	126	第二注汽层段	8.5	62	2
Ⅳ4	176.8-180.0	3.2	2.6										
合计		11.5	8.6				900		333				

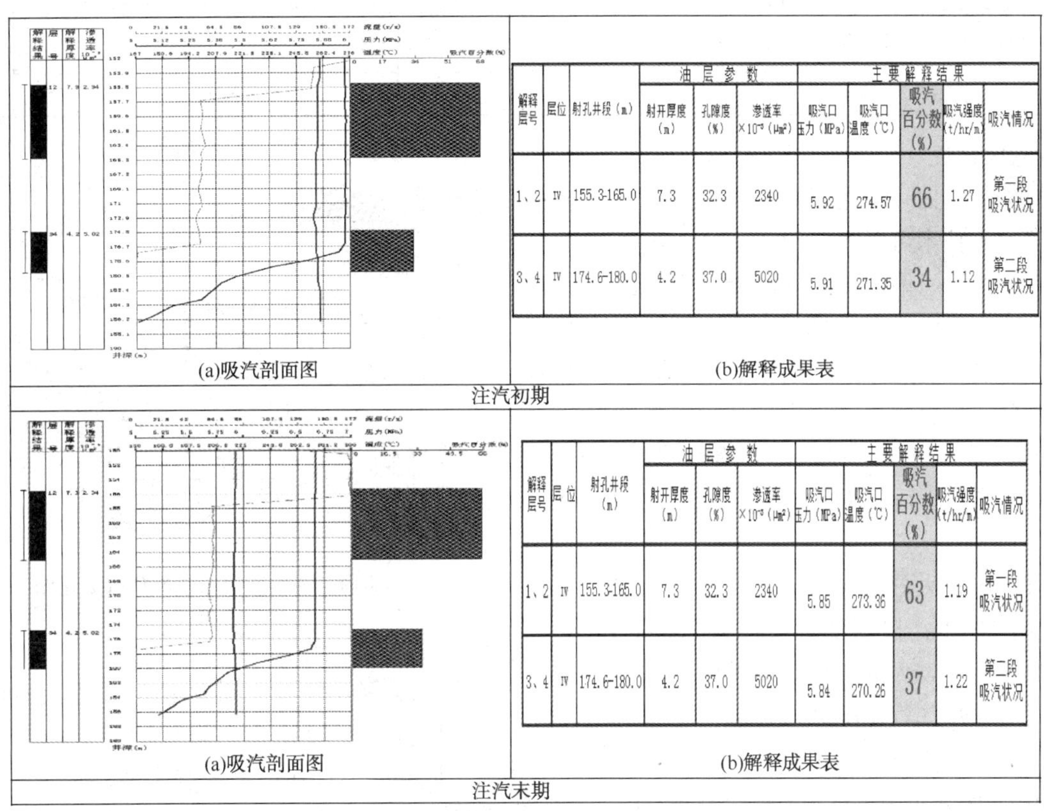

图 16 楼 3614 井第二轮分层注汽吸汽状况测试结果

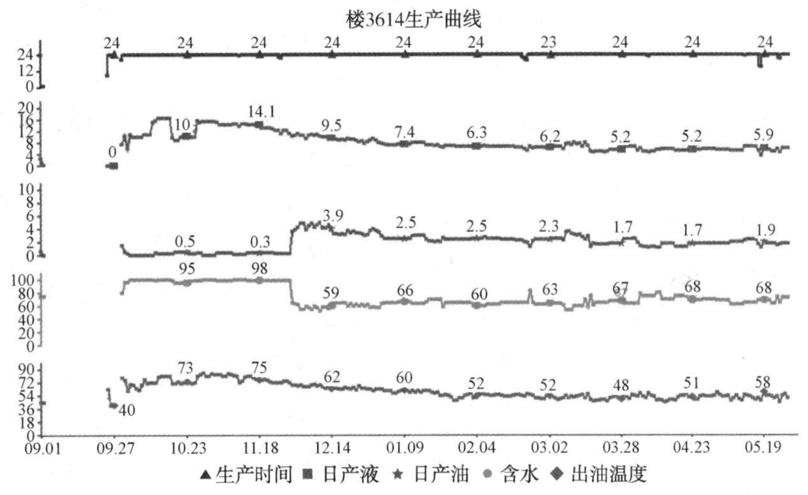

图 17 楼 3614 井注汽第 2 周期注汽生产曲线图

表 8　楼 3614 井第 2 轮分层实注参数计算表

层位	射孔数据			压力/MPa			油藏配注情况				备注	孔径/mm	单孔流量/(t/d)	个数	实时计算情况		
	井段/m	射孔厚度/m	有效厚度/m	注汽压力/MPa	地层压力/MPa	注汽压差/MPa	配汽量/t	分层配注比例/%	配注天数/d	配注速度/(t/d)					注汽量/t	注汽速度/(t/d)	分层吸注比例/%
Ⅳ1	155. 3-155. 8	0. 5	1. 4	6	0. 29	7. 21	560	62. 2	2. 7	207	第一注汽层段	9	53. 8	3	436	161	62. 7
	156. 0-158. 0	2															
Ⅳ2	160. 2-165. 0	4. 8	3. 8														
Ⅳ3	174. 6-175. 6	1	0. 8	6	0. 38	7. 12	340	37. 8	2. 7	126	第二注汽层段	8. 5	48	2	259	96	37. 3
Ⅳ4	176. 8-180. 0	3. 2	2. 6														
合计		11. 5	8. 6				900			333					695	257	

4.2　示范区建设

目前井楼油田一区正开展分层注汽示范区建设。分层注汽技术可以有效纠正组合注汽井间偏流，笼统注汽层间偏流，使蒸汽沿正确的路径合理地注入地层，促使高质量蒸汽注入到低渗透的层、段、区域内，配套低成本调剖、N_2辅助、CO_2辅助等复合技术引领蒸汽进入到高渗区域间剩余油滞留区和低动用区，有效扩大蒸汽波及范围，提高单井产能，达到改善油井开发效果的目的。

（1）示范区优选原则

为进一步扩大分层注汽技术的应用范围，完善分层注汽技术，提高油井生产效果，2018 年特选取厚度相对较大的井楼油田一区作为分层注汽示范区。分层注汽示范区选井选区主要遵循以下四个原则：① 选择油层纵向叠合程度较高区域；② 隔夹层分布稳定区域；③ 油层厚度较大，储量动用程度相对低区域；④ 避开强水淹区、强汽窜区域、高采出区域、地冒区、套损区域。故优选一区楼 1917 井区做为下步分层注汽示范区(见图 18)。

2017 年以来，为提高储量动用程度，提高单井日产水平，改善开发效果，井楼一区开展了分层注汽先导试验，配套了“注、采、测”一体化分层注汽技术共实施了 4 口井，8 个轮次，截至目前，有效 4 口，8 轮次均有效，有效率 100%，累计产油 2522 吨，阶段累计增油 1569 吨，阶段油汽比由 0. 14 提高到 0. 58，平均单井日产水平由 0. 5 吨提高到 1. 4 吨，吨油操作成本由 1959. 2 吨下降到 882. 9 吨，取得了较好效果。

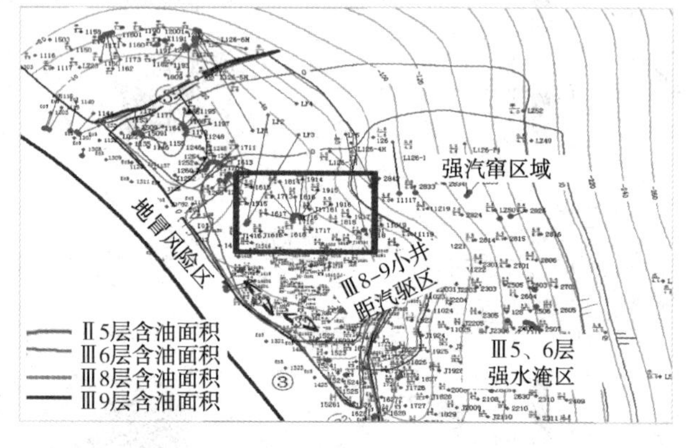

图 18　分层注汽示范区位置示意图

（2）开发潜力分析

井楼一区楼 1917 井区经过多轮次蒸汽吞吐开采后，吞吐油井井点附近油层中的原油被采出，但井间还存在可观的剩余油富集区。利用建立的地质模型和油藏数值模拟模型，模拟了吞吐生产后的压力场、温度场、剩余油饱和度场和剩余储量丰度场的特征，结合动态监测、测压及温度资料等，为油层动用程度和剩余油分布规律研究提供了保证，可更好地指导下一步的挖潜工作。

针对楼 1917 井区Ⅲ5-6、Ⅲ8-9 层目前的开发状况进行分析，随着吞吐轮次的增加，开采时间的延长，油藏压力迅速下降，目前油藏平均地层压力已经由原始压力的 2. 0MPa 下降至 1. 46MPa 左右。经过 28 年蒸汽吞吐开发，油层温度由原始温度的 28℃上升至目前的 36. 5℃，平均提高了 8. 5℃，Ⅲ5 层、Ⅲ6、Ⅲ9 层局部井间热连通已经形成。楼 1917 井区平面上目前井底剩余油饱和度低于40%的区域仅占井控面积的1/7，大部分区域剩余油饱和度大于40%。对比纵向上各层的剩余油可以看出，各层剩余油饱和度都还比较高，Ⅲ5-6层含油饱和度由65%下降到53.2%，下降了11.8%，Ⅲ8-9层含油饱和度由65%下降到51.6%，下降了13.4%。图19为楼1917井区Ⅲ5-6、Ⅲ8-9层目前的剩余油储量丰度叠合图，剩余油潜力区集中分布在该井区北部的L1914井附近、西南部的L1319井、LJ1620井附近位置。剩余油储量丰度图与采出程度图、压力场、温度场、剩余油饱和度场相结合来看，剩余油仍主要分布在砂体厚度大、连通性和物性较好、原始储油量较多的楼1917井区西南部。

(3) 方案设计

根据油井潜力结合目前产能，对示范区内油井Ⅲ5.6层、Ⅲ8.9层产能进行统计分析评价，并结合目前生产状况及工艺技术现状，优先选取

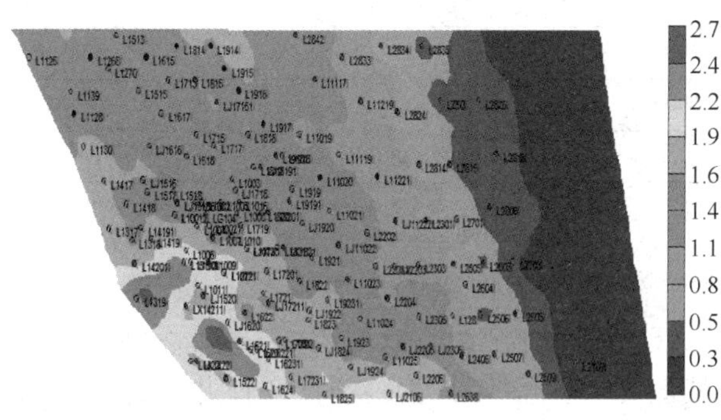

图19　楼1917井区目前Ⅲ5-6、Ⅲ8-9层剩余储量丰度叠合图

下步分层注汽试验井8口，整体实施，综合评价，分析平剖面矛盾和剩余油分布区域，针对性的配套实施低成本调剖和氮气辅助措施，具体工作量见表9，分层注汽时机及注汽参数参照表10进行设计。

表9　分层注汽示范区首批工作量

井号	目前生产层位	分层注汽层位	韵律	目前产能/(吨/天)	实施后产能/(吨/天)	备注
楼J1518	Ⅲ8-9	Ⅲ5.6、Ⅲ8-9	正韵律	1	2.1	分层调剖、前缘监测、吸汽状况监测、配套可调配汽阀
楼1617	Ⅲ5	Ⅲ8.6、Ⅲ8.9.10	正韵律	0.4	2	释封、分层调剖
楼1717	Ⅳ9	Ⅲ5.6、Ⅲ8.9	正韵律	0.3	2.2	调剖、补孔、前缘监测、配套可调配汽阀
楼1270	Ⅲ5	Ⅲ5.6、Ⅲ8.9	正韵律	0.1	2	释封、笼统调剖
楼1515	Ⅲ8-9	Ⅲ5、Ⅲ6、Ⅲ8-9	Ⅲ5-6层反韵律/Ⅲ8-9层正韵律	1.1	2.1	调剖、前缘监测
楼J1616	Ⅲ5.6.8.9	Ⅲ5、Ⅲ6、8-9	Ⅲ5-6层反韵律/Ⅲ8-9层复合韵律	1.1	3	剩余油测试，吸汽状况监测
楼J1720	Ⅲ8-9	Ⅲ5.6、Ⅲ8-9	Ⅲ5-6层反韵律/Ⅲ8-9层正韵律	0	1.8	笼统调剖
楼1713	Ⅳ1	Ⅲ5.6、Ⅲ8-9	Ⅲ5-6层反韵律/Ⅲ8-9层正韵律	1.1	2.5	Ⅲ8-9层调剖
8口				5.1	17.7	

表10　分层注汽时机及注采参数优化设计

韵律类型	正韵律	反韵律
分层注汽时机	层间采出程度极差1.2	层间采出程度极差1.5
分层注汽强度	低渗层：100-120t/m	高渗层：170-190t/m
	高渗层：120-130t/m	低渗层：160-170t/m
分层注汽速度	低渗层：至少36t/d.m(H：3m)	高渗层：50t/d.m(H：2m)
	高渗层：至少30t/d.m(H：2m)	低渗层：23t/d.m(H：3m)

续表

韵律类型	正韵律	反韵律
分层焖井时间	3-4d	4d
分层排液强度	5t/m. d	4-5t/m. d

（2）效果预测

按蒸汽单价 200 元/吨、材料费 20 元/天、氮气 1.85 元/吨、吨液耗电费 9.7 元/吨、吨液处理费 7.6 元/吨计算，预计 8 口井实施后累计五个周期注汽 42645 吨，注氮量 38 万标方，累计产油 12334 吨，吨油操作成本 1180.1 元/吨，累计投入 923.2 万元，产出 2590.1 万元，投入产出比 1/2.8（分层注汽实施后仅考虑一次检泵工作量，未考虑后续调剖、分层测试等工作量）。

5 结论

（1）直井笼统注汽时，蒸汽波及范围主要集中在油层上部；而直井分层注汽时，油层整体受热的范围明显增大，蒸汽波及范围更加均匀。

（2）恒流速分层注汽技术，通过地面调节和井筒管柱结合，提高锅炉注汽压力和注汽压差实现，符合河南浅薄互层稠油油田特色。

（3）实施分层注汽时，正韵律油藏层间渗透率级差应大于 3，有效厚度高于 3.5m 且低于 10m，渗透率高于 750mD，适用于上厚下薄型的普通稠油或稍低黏度的特稠油油藏；反韵律油藏的渗透率应高于 1500mD，层间渗透率级差大于 4，有效厚度小于 8m，适用于厚度为 1/4~3/2 之间的普通稠油油藏。

（4）正韵律油藏的分注时机为层间采出程度级差为 1.2，低渗层注汽强度为 100-120t/m，高渗层为 120-130t/m，焖井天数 3~4d，排液强度 5t/m。反韵律油藏的分注时机为层间采出程度级差为 1.5 左右时，低渗层注汽强度为 160-170t/m，高渗层为 170-190t/m，焖井天数为 4d，排液强度为 4~5t/m。

（5）分层注汽技术是非均质互层状动用差异型稠油油藏高周期吞吐后期提高多层动用、提高储量动用程度、提高单井效益日产水平、提高蒸汽热利用率的有效手段，可作为非均质互层状动用差异型稠油油藏吞吐后期分层系井网重构立体组合开发的有力技术支撑。

参 考 文 献

[1] 刘文章．热采稠油油藏开发模式[M]．北京：石油工业出版社，1998：80-85.

[2] 吴丰豆，王健，冯天，等．蒸汽吞吐中汽窜控制体系配方设计与性能评价[J]．天然气与石油，2016，(3)：69-72.

[3] 张丁涌．稠油蒸汽吞吐逐级深部封窜及乳化降黏复合技术[J]．石油钻采工艺，2017，(3)：382-387.

[4] 刘慧卿，张红玲，王书林，等．井楼油田注汽井调剖参数优化设计方法研究[J]．中国石油大学学报（自然科学版），2006，(6)：55-58.

[5] 屈亚光，安桂荣，丁祖鹏，等．平面非均质性对稠油油藏蒸汽驱开发效果的影响[J]．西安石油大学学报（自然科学版），2014，(4)：55-59.

[6] 陈欢庆，王珏，衣丽萍，等．稠油热采储层非均质性及其对开发的影响——以辽河西部凹陷某试验区于楼油层为例[J]．地质科学，2017，(3)：998-1009.

[7] 汪立君，陈新军．储层非均质性对剩余油分布的影响[J]．地质科技情报，2003，(2)：71-73.

[8] 杨少春，王瑞丽．不同开发时期砂岩油藏储层非均质三维模型特征[J]．石油与天然气地质，2006，(5)：652-659.

[9] 程新等．分层防砂分层注汽工艺在稠油井上的应用[J]．内蒙古石油化工．2010，12：107-108.

[10] 韩东等．浅薄层稠油油藏分层注汽技术研究[J]，中国石油和化工标准与质量，2013，11：165.

[11] 刘伟．恒量配汽工艺技术在锦州油田的研究与应用[J]．科技创新，2013. 11.

[12] 冯勇等．稠油分层注汽技术及其应用[J]．石油化工应用，2009 年 6 月，59-62.

[13] 何健．分层定量配汽管柱的研究与应用[J]．化工管理，2016 年 5 月，38-39.

[14] 盛骤，谢式千，潘承毅．概率论与数理统计[M]．北京：高等教育出版社，1995.

[15] 董如何，肖必华，方永水．正交试验设计的理论分析方法及应用[J]．安徽建筑工业学院学报（自然科学版），2004，06：(125)103~106.

[16] 张贤松，谢晓庆，李延杰，等．渤海油区稠油油藏蒸汽吞吐注采参数优化模型[J]．油气地质与采收率，2016，23(5)：88-92.

浅层超稠油双水平井SAGD钻采配套技术研究与应用

陈　森　游红娟　黄　勇　陈登亚

（中国石油新疆油田公司）

摘　要　新疆风城油田稠油资源丰富，但是，该油藏原油黏度高，埋深浅、非均质性强，常规热采方式无法经济有效动用。为此，新疆油田自2008年起，开展双水平井SAGD先导试验，针对该油藏条件及工程技术难题，进行平行双水平井钻井工艺、完井、举升、测试等工程技术进行攻关研究及现场试验。通过研究形成适应于浅层超稠油油藏开发的双水平井SAGD钻采工程配套技术体系，全面用于新疆风城浅层超稠油油藏SAGD开发，建成年产百万吨生产规模。

关键词　浅层超稠油；双水平井；SAGD；磁导向钻井；循环预热；大排量举升；动态监测

1　引言

新疆风城油田目前已探明的超稠油资源储量约3.6亿吨，是中国最大的整装浅层超稠油油田。其原油黏度高，在油藏温度（17℃-25℃）下原油黏度超过500000cP，该原油在小于100℃时无法流动。同时，该油藏具有埋深浅（中部埋深170-600m）、非均质性强等特点，常规注蒸汽吞吐、蒸汽驱方式无法经济有效动用该类油藏。由此，新疆油田2008年开展双水平井SAGD试验研究。

双水平井SAGD技术起源于加拿大，并于上世纪90年代在加拿大得到商业化应用，但是，新疆风城超稠油与加拿大SAGD项目油藏存在较大差异，国外双水平井SAGD开发配套钻采工程技术不能直接借鉴和引用，需要结合新疆油藏条件、技术现状进行攻关研究。

表1　新疆与加拿大SAGD项目油藏条件对比表

油藏参数	风城SAGD	加拿大 Clearwater	加拿大 McMurray
凝灰岩/%	31.9	<20%	<2%
石英/%	27.8	15~40	>95
长石/%	18.6	25~35	少量
泥质/%	2.5~9.6	4~6	<0.5
孔隙度/%	28~35	32~33	33~35
含油饱和度/%	50~75	50~70	75~80
水平渗透率/mD	927~3748	2000~4000	5000~10000
垂水比	0.5~0.7	0.15~0.5	0.5~1.0
油层纯厚度/m	10~42	10~40	17~70
埋藏深度/m	190~450	450~550	150~550
黏度/mPa·s	>100万	70~100万	50~100万
沉积环境	陆相	海相、陆相	海相、陆相
沉积相	辫状河流相沉积	分流河道、河道沙坝	河流、河口湾

2　加拿大双水平井SAGD钻采配套技术简介

加拿大油砂资源主要分布在阿萨巴斯卡、和平河和冷湖三个地区，其中阿萨巴斯卡、和平河主要为滨海沉积环境，海湾和河道沉积，储层含油饱和度高；冷湖主要储层为Clearwater组，原油饱和度较低；2015年数据表明，加拿大正在运行的双水平井SAGD项目22个，日产油91.8万桶/天。

加拿大浅层超稠油油藏埋深250m以浅的储层，主要采用斜直水平井钻井方式，深度超过250m的井采用直平结构钻井方式。其中，Surmont SAGD项目开展了鱼骨井钻井及生产试验。

其完井筛管注汽水平井普遍采用直缝割缝筛管，生产水平井主体采用割缝筛管，较多采用梯型缝；另外试验了部分精密冲缝筛管、绕丝筛管及网状筛管；Husky的tucker SAGD项目自2009

【作者简介】陈森，男，1981年8月生，2008年获西南石油大学油气井工程硕士学位，现为中国石油新疆油田分公司工程技术研究院高级工程师，主要从事稠油开采研究工作。Email：chensen@petrochina.com.cn

年起生产水平井全部采用绕丝筛管，以增大泄流面积，但成本较高，绕丝筛管成本高出 30% 以上。

2015 年统计表明，SAGD 生产水平井举升方式主要为电潜泵(984 井)、气举(507 井)、螺杆泵(85 井)和抽油机(113 井)，近年，气举应用规模逐渐减少。

生产监测包括多个方面，如地表变形监测、四维地震监测蒸汽腔发育、水平井组监测、观察井监测、井完整性监测等，井下温度监测以热电偶、光纤为主。压力监测采用毛细管方式。

3　风城浅层超稠油双水平井 SAGD 钻采技术研究及应用

结合新疆风城浅层超稠油油藏条件，开展了双水平井 SAGD 钻完井、采油配套工程技术研究及现场试验，形成一套适用于浅层超稠油油藏双水平井开发的配套工艺技术。

3.1　双水平井 SAGD 钻井技术

浅层超稠油双水平井钻井面临钻压有效传递和套管下入、浅层多段制剖面轨迹控制、垂向及横向偏移要求高等多方面技术难题。为解决以上难题满足 SAGD 工艺配套要求，优化设计水平井井眼轨迹方案，注汽水平井采用直-增-平三段制轨迹，生产水平井井身剖面均采用直-增-稳-增-稳五段制轨迹。在井斜角 50 °左右井段要求有 20~30m 的稳斜段或全角变化率小于 3 °/30m 的稳斜段井段，保证大泵正常运行。

截止 2018 年 10 月，在风城油田成功完钻 181 对浅层双水平井 SAGD 井组，水平段长度 300~800m，注、采井间平均垂向距离 5.16m，满足了 SAGD 开采工艺要求。

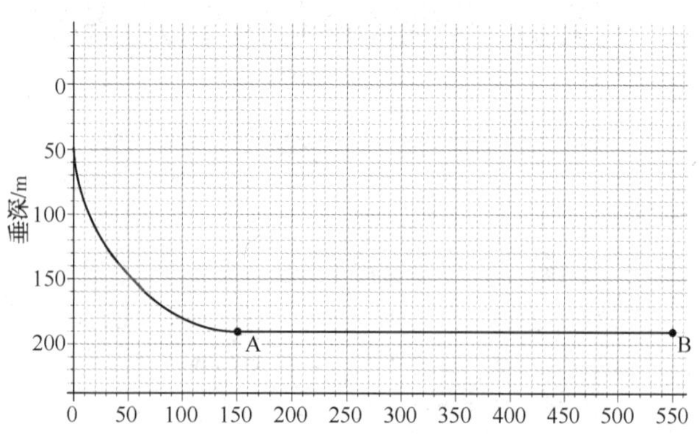

图 1　水平井井眼轨迹垂直投影图

3.2　双水平井完井与防砂技术

根据风城上水平井 SAGD 注采参数要求，设计完井井身结构为直井段及斜井段 $9^5/_8$in 技术套管加砂水泥固井、水平井段裸眼下 7in 筛管完井。

风城超稠油油层埋藏浅，欠压实，胶结物以泥质为主，胶结中等—疏松，原油黏度高，在热采过程中容易出砂，存在出砂风险。根据已取的三口井砂样分析，其粒度中值 D_{50} 分别为 0.249mm、0.356mm、0.208mm，平均值为 0.27mm，按此计算，$e \leqslant 1.5 \times 0.27 = 0.405$mm，按 DF3021 井的最小粒度中值 0.208mm 计算，$e \leqslant 1.5 \times 0.208 = 0.312$mm，设计试验区筛管缝宽 0.35mm，后期开发区采用 0.40mm，现场未发生出砂问题。

表 2　重 32 井区砂样分析统计表

井号	层位	砂						粗粉砂	细粉砂和黏土
		巨砂（2~1mm）	粗砂（1~0.5mm）	中砂（0.5~0.25mm）	细砂（0.25~0.125mm）	极细砂（0.125~0.063mm）	合计	0.063~0.03mm	<0.03mm
DF3006	$J_3q^{223}+J_3q^3$		1.23%	39.05%	44.59%	7.58%	92.46%	4.01%	3.54%
DF3077	$J_3q^{223}+J_3q^3$	0.10%	9.98%	63.48%	20.49%	1.77%	95.83%	2.34%	1.84%
DF3021	$J_3q^{221}+J_3q^{222}$	0.13%	2.56%	24.30%	36.67%	23.42%	87.09%	7.68%	5.22%

3.3　双水平井 SAGD 循环预热工艺

为有效建立双水平井 SAGD 注采井均匀连通通道，根据预热阶段注汽参数进行模拟分析，形成平行双管预热工艺。该管柱结构从下入水平段末端的长管注汽，短管返液，主要特点为：

（1）预热阶段排液效率高；

（2）预热阶段注汽水平井短管进入 A 点后 100m，可避免水平段跟部形成汽窜带，同时生产阶段可提高水平段注汽均匀性；

(3) 斜直井段注汽长管采用隔热油管，保证井底干度；

(4) 生产阶段注汽水平井不作业，长、短管实现两点注汽，利于调控。

截止2017年12月，风城水平井SAGD预热技术应用100余井组，循环预热连通率达到81%。

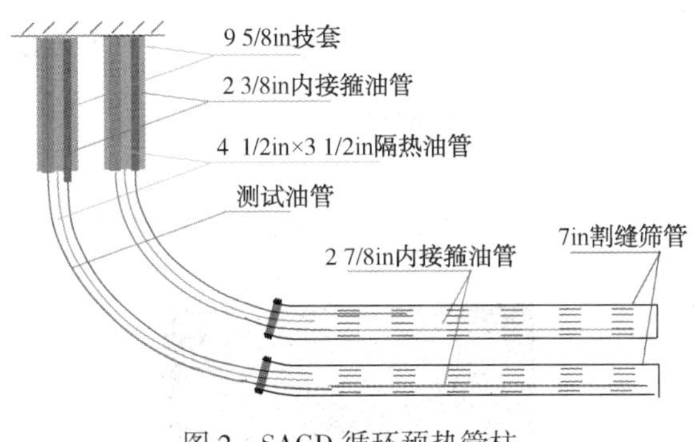

图2 SAGD循环预热管柱

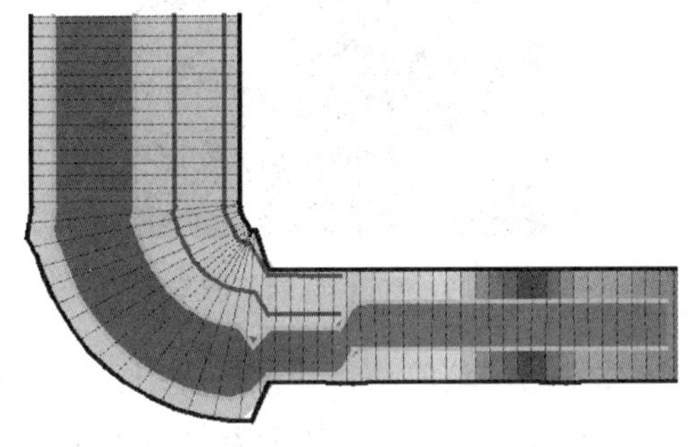

图3 SAGD循环预热井筒温度模拟图

3.4 SAGD大排量有杆泵举升工艺

SAGD水平井举升要求耐高温、液量高、适应浅层高曲率，结合新疆油田现有工艺技术条件，研制SAGD高温大排量(耐温300℃，排量260m^3/d)有杆泵举升系统，解决了疏松地层和SAGD大曲率井眼带来的砂卡和抽油杆柱极易断脱的难题。

大排量泵：8m冲程，耐温300℃，排量260m3/d，适应井斜角60°，可有效防止砂卡；

防断脱杆柱：防断脱抽油杆及杆柱配套工具，保障系统在大曲率井眼中稳定运行；

长冲程立式抽油机：各项参数可实时监测调整，数据自动远传；

表3 SAGD生产井有杆泵举升设备表

抽油设备	规 格
生产油管	Φ114.3mm平式油管
抽油机	8-14型立式抽油机，冲程8m，冲次变频可调
抽油杆	Φ25mm嵌入式抽油杆及Φ48mm(或Φ38mm)加重抽油杆
抽油泵	Φ95mm、Φ120mm泵，冲程8m，下入在井斜60°的稳斜段生产

根据已转抽上百对SAGD井组生产情况，举升系统总体工作稳定，运行可靠，利于生产控制，满足风城SAGD井组生产需求。

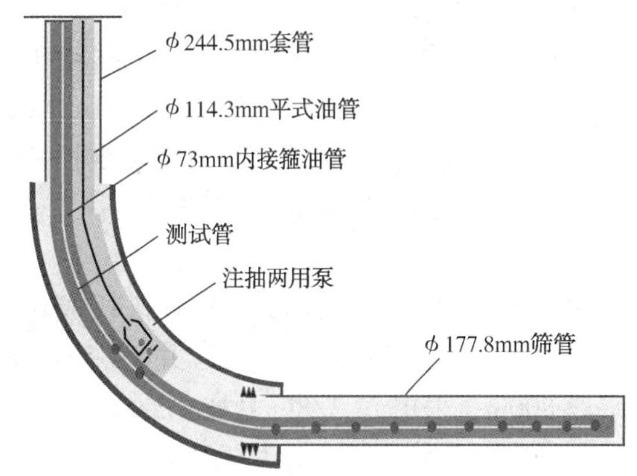

图4 SAGD生产水平井注抽两用泵管柱结构示意图

3.5 SAGD井下动态监测工艺

SAGD开采过程中，需配套井下监测系统，用于判断井下相态、水平段动用程度、汽腔发育状况等，为生产动态调控提供依据。新疆油田SAGD生产水平井循环预热前即下入测试系统，长期连续监测井下动态变化；控制井(直井观察井)采用固定式及移动测试两种方式，监测油藏内蒸汽腔发育情况。

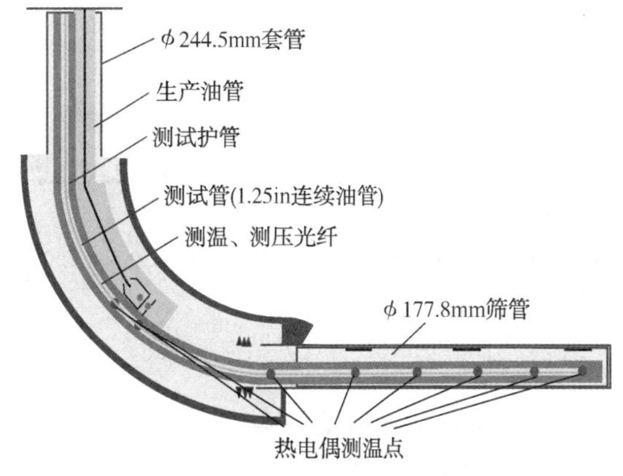

图5 SAGD生产水平井管光纤温压同测管柱结构图

SAGD水平井：12点热电偶温度监测，下泵处布2点，水平段10点，间距30~50m；

SAGD观察井：采用套管外捆绑空心抽油杆完井，定向射孔，套管外空心抽油杆内下入光纤测取全井段井温剖面，套管内下入毛细管测压系统，实现全井段测温、单点测压。开发区采用移动光纤测温工艺。

形成地面热电偶交错布点、外管封装、地面预置、井口悬挂密封、数据采集及远传等成套技术及配套工具，稳定工作 3 年以上。

3.6　钻采工艺试验技术

（1）大井眼、长水平段钻井技术

为最大化发挥 SAGD 技术优势，提升生产效果，开展大井眼长水平段钻井技术试验。研究造斜段采用造斜+扩眼——采用 F311.2mm 钻头钻进至 A 点，再下入 444.5mm 扩眼钻头进行扩眼，以实现轨迹平滑；提高钻井液润滑性及维护井壁稳定能力，依次采用“单扶、双扶、三扶”三种钻具组合通井。

2014 年在风城重 45 高黏 SAGD 区块成功完钻 1 井组注汽井垂深 462m，生产井垂深 467m，水平段 800m，采用 13 3/8in 悬挂 9 5/8in 筛管完井，各开次井身结构依次放大一级。

（2）多分支井钻井技术

为了试验注汽井穿越夹层，提高汽腔发育速度，2015 年在重 18 井区开展 1 口注汽井鱼骨井试验；主井眼及分支井均采用 F215.9mm 尺寸井眼，水平段长 400m，Z1～Z4 各分支长约 100m，与主井眼垂向分离 5m 左右，横向分离 10～15m。相继在重 18 井区、重 45 井区各完成 1 口 4 分支井钻井，达到预期目标，改善注汽及生产效果。

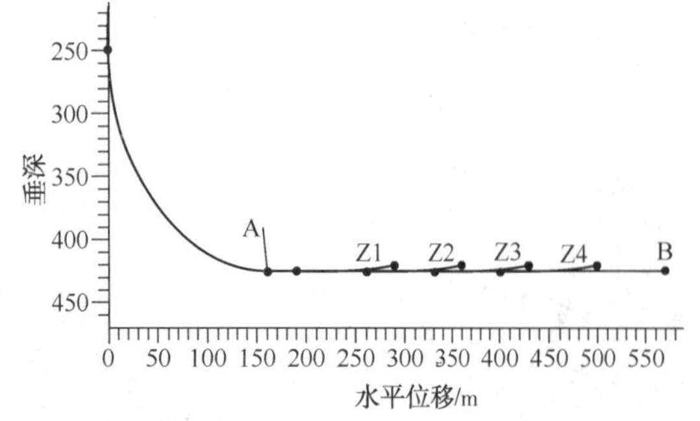

图 6　SAGD 分支井结构示意图

（3）SAGD 快速启动技术

与国外 SAGD 项目相比，风城 SAGD 井组预热周期长，平均达 231 天，循环预热阶段能耗大，随着开发区块物性变差，预热时间更长，直接影响开发效果。由此，开展以地质力学扩容机理的 SAGD 快速启动技术研究，该技术通过短时间连续高压注水，在 SAGD 井周围形成高孔、高渗的垂向扩容区域，快速建立注采井连通通道，使注入蒸汽不再仅靠热传导方式加热地层，从而达到缩短循环预热周期的目的。

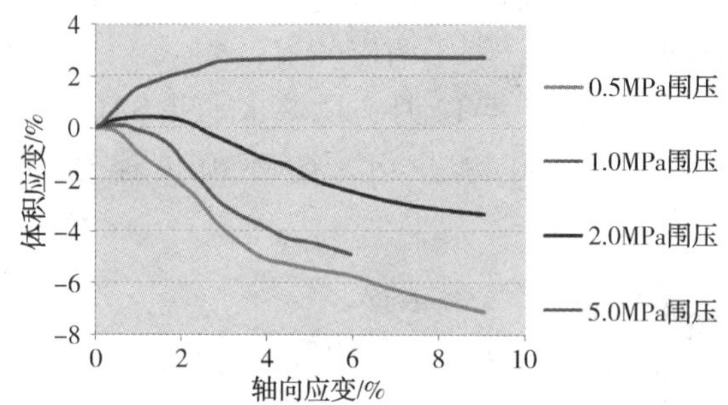

图 7　剪切扩容体积应变曲线图

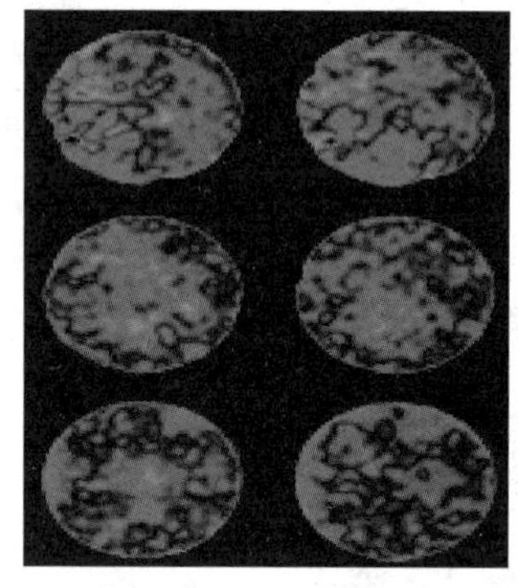

图 8　剪切扩容后岩心扫描图

该技术已试验成功，并推广应用，已实施的 61 井组，平均启动时间由 257 天缩短至 104 天（缩短了 153 天，60%），蒸汽用量由 3.76 万吨减少至 1.73 万吨（减少了 2.03 万吨，54%）。取得显著效果。

（4）高温电潜泵举升技术

新疆风城超稠油油藏埋深浅（180～480m），为推动浅层 SAGD 高温大排量举升技术，2017 年在风城 A 井区 FHWXXP 井开展了电潜泵举升现场试验，截止目前，已稳定生产 180 天，平均日产液 95 吨，日产油 22 吨，大大降低现场管理难度及工作量。

（5）高温带压作业技术

水平井蒸汽辅助重力泄油开发过程中，井下汽腔逐年发育扩大、高温高压（井下长期高温 220～280℃，压力 3～5MPa），若采用常规压井作业，浅井排液降压缓慢，占产时间长，压井液密度高，将对汽腔及储层造成极大损害。

针对这一关键技术难题，集成创新了高温带压专用设备及工艺技术系列，包括带压检泵工艺、带压提下油管工艺、带压提下连续测试管工艺等工艺，解决了工业化开发过程中日益增多的修井作业问题，缩短排液占产时间88%，不压井作业方式保护了蒸汽腔，成为蒸汽辅助重力泄油开发的核心技术。

4 结论及建议

（1）结合新疆风城浅层超稠油油藏特性，开展双水平井 SAGD 钻采配套工艺技术研究，经过研究及现场应用，形成浅层双水平井 SAGD 钻井、完井防砂、循环预热、举升、测试等工艺技术，现场应用满足要求。

（2）在配套技术研究基础上，进一步开展了多项钻采工程试验技术研究与试验，其中，多项试验已取得成功并推广应用，进一步提升工程技术水平。

（3）建议根据国内外超稠油 SAGD 技术发展进展及目前仍存在的生产问题，持续攻关，加强 SAGD 前沿技术研究，实现降低成本及能耗，提升生产效果最终目标。

参 考 文 献

[1] 林晶，宋朝晖，罗煜恒，刘灵．SAGD 水平井钻井技术[J]. 新疆石油天然气，2009，5(3)，56-68.

[2] 陈森，窦升军，游红娟，郭文德．双水平井 SAGD 循环预热技术及现场应用[J]．新疆石油天然气，2012，8(增刊)，6-10.

[3] Yuan Y，Yang B，Xu B，BitCan G&E Inc，Fracturing in the oil sand reservoirs. Canadian Unconventional Resources Conference [C]，2011，CSUG/SPE 149308.

[4] Yuan，Y.，Xu，B.，Yang，B. and BitCan G&E Inc. Geomechanics for the Thermal Stimulation of Heavy Oil Reservoirs－Canadian Experience [C]. SPE Heavy Oil Conference and Exhibition. 2011，SPE 150293.

[5] Collins，P. M. Geomechanical effects on the SAGD process [C]. SPE/PS - CIM/CHOA International Thermal Operations and Heavy Oil Symposium，2005，97949.

[6] Lin B，Jin Y，Pang H，Cerato AB. Experimental investigation on dilation mechanisms of land facies Karamay oil sand reservoirs under water injection. Rock Mechanics and Rock Engineering [J]，2015，DOI：10. 1007/s00603-015-0817-8.

[7] Agar JG，Morgenstern NR，Scott JD. Geotechnical testing of Alberta oil sands at elevated temperatures and pressures [C]. 24th U. S. Symposium on Rock Mechanics，June，1983，795-806.

[8] Chalaturnyk R，PRO MORE Engineering Inc，Scott JD. Geomechanics issues of steam assisted gravity drainage [C]. International Heavy Oil Symposium，Calgary，Alberta，Canada，June 19 － 21，1995，SPE 30280.

[9] Carlson M. SAGD and geomechanics [J]. Journal of Canadian Petroleum Technology，2003，42(6)，19-25.

[10] Samieh AM，Wong RCK. Deformation of Athabasca oil sand at low effective stresses under varying boundary conditions [J]. Canadian Geotechnical Journal，1997，34，985-990.

[11] Wong RCK. Mobilized strength components of Athabasca oil sand in triaxial compression. Canadian Geotechnical Journal [J]，1999，36，718-735.

[12] Wang X，Chalaturnyk R，Huang H，Leung J. Permeability variations associated with various stress state during pore pressure injection [C]. The 49th US Rock Mechanics/Geomechanics Symposium，San Francisco，CA，USA，Jun 28 - Jul 1，2015，ARMA 15-0768.

[13] Oldakowski，K. Stress Induced permeability changes of Athabasca oil sands [D]. M. Sc. Thesis，Department of Civil Engineering，University of Alberta，1994.

[14] Tortike WS，Farouq Ali SM. Reservoir simulation integrated with geomechanics [J]. Journal of Canadian Petroleum Technology，1993，32(5)，28 － 37.

[15] 李存宝，谢凌志，陈森，窦升军，徐斌．油砂力学及热学性质的试验研究[J]．岩土力学，2015，36(8)：2298-2305.

[16] Settari A，Mourits FM. A coupled reservoir and geomechanical simulation system [J]. SPE Journal，Sep，1998，219-226.

[17] Settari A，Walters DA. Advances in coupled geomechanical and reservoir modeling with applications to reservoir compaction [J]. SPE Journal，Sep，2001，334-342.

[18] Xu，B.，Y. Yuan，and Wong，R. C. K. Modeling of the Hydraulic Fractures in Unconsolidated Oil Sands Reservoir [C]. 44th US Rock Mechanics Symposium and 5th US-Canada Rock Mechanics Symposium. 2010，ARMA 10-123.

[19] ABAQUS. Abaqus theory guide，version 6. 14 [M]. Dassault Systèmes Simulia Corperation，Providence，RI，USA,2014.

[20] Niels SO，Matti R. The mechanics of constitutive modeling [M]. Elsevier Science，2005，745p.

低渗层内微小裂缝液态药爆炸压裂技术实验研究

吴晋军[1,2]　赵君忠[1,2]　杜芳利[1,2]

(1. 西安石油大学石油工程学院；2. 中国石油天然气集团公司油气藏改造重点实验室高能气体压裂分室)

摘　要　为了研究适用于低渗油层层(裂缝)内再产生次生裂缝缝网的油气田增产技术，开展了低渗油层层内微小裂缝液态炸药爆炸增产技术研究。介绍了液态炸药的实验研究方法与设计原理及工艺、水平井现场试验等，探讨了液态炸药的爆压、爆温及爆速、井下爆炸压力及温度的计算方法，并对现场试验应用工艺进行了分析。研究结果：研制的微粉悬浮液态药临界爆炸尺寸满足地层裂缝缝宽大于2mm的造缝需求，确定了其配方与性能参数及工艺条件；爆速1500-3500m/s能适用于不同的岩性特征，爆炸性能参数适中可控；CZ44-58水平井工艺试验应用验证了液态炸药现场施工的安全性及可操作性；爆速爆温计算与检测结果基本相符，井下爆炸压力温度计算与经验法计算趋势相近，为优化液态药性能参数及设计方法提供参考。此项研究为进一步实现低渗油层层内微小裂缝爆炸增产技术与工艺的试验应用研究奠定了基础。

关键词　低渗油层；微小裂缝；液态炸药；实验方法；工艺设计与试验

低渗油层有效开发已成为世界油气田开发的最大难点，研究开发适合于低渗层内深处再产生次生裂缝，以形成复杂裂缝网络松弛地层应力，提高更大范围油层渗透性的油气田增产技术日益受到重视[1]。早在150余年前美国就将爆炸技术用于油井增产，后因破坏性太大而停止，随后火药爆燃压裂即高能气体压裂技术迅速发展起来，并形成独特的油田增产技术在油田推广应用。20世纪50年代美国开始采用硝化甘油在低产的洛克斯芳林格斯油岩油田一口井层厚12.8m范围内找到了可注入液态炸药的地层，向其中注入了5吨硝化甘油，爆炸后油井产量增加了8倍，随后至70年代，美国、加拿大已成功进行层内爆炸技术在油田现场的试验应用，形成以硝化甘油基、水基稠化、硝基烷烃基等的液体炸药，解决适用于地层内微小裂缝临界尺寸爆炸的关键技术，如硝化甘油基炸药能在临界尺寸0.8mm缝宽的裂缝实验模型上成功起爆，并向进一步缩小临界尺寸的研究空间发展。从其在油田现场试验应用10口井效果看，层内爆炸使油井产量增加1.5~7.0倍，气井产量增加1.5~14倍，油气井平均产量增加5.6倍[2-4]。

国内中科院渗流所建立了200mm尺度模拟实验装置，进行了特种炸药的挤注、起爆和爆燃实验，其峰值压力约100Mpa，证实“层内爆炸”原理基本可行[5]，但模拟实验尺度与地层实际裂缝宽度出入较大。西安石油大学在高温高压釜实验装置研制的微粉悬浮液态炸药，实现了在爆炸临界尺寸2mm模拟裂缝中稳定起爆，系统研究了液态炸药的配方及临界爆炸尺寸实验、起爆工艺及匹配条件等关键技术问题，并首先在侧钻水平井成功地进行了现场工艺的试验应用[6]。基于该项技术研究取得的进展，介绍了核心技术微粉悬浮液态炸药的实验研究方法及在水平井CZ44-58现场试验应用情况，运用爆炸学相关理论研究与探讨了液态炸药主要性能参数及井下爆炸压力、温度的计算方法，为优化液态药配方、性能参数及工艺设计提供参考，并为实现在低渗层内微小裂缝爆炸增产技术与工艺的试验应用研究进一步奠定基础。

1　微粉悬浮液态炸药实验研究

1.1　设计思想

综合考虑国内外研究现状确定了层内爆炸的研究设计思想：根据低渗油层内爆炸实施的工艺

【基金项目】国家自然科学基金项目(51274164)低渗煤层多脉冲压裂激励煤层气解吸的地应力松弛技术与理论研究；中国石油天然气股份有限公司科学研究与技术开发项目(2015D-5008-34)：重点实验室/试验基地建设及前瞻性研究-低渗层液态药爆炸压裂松弛地应力作用机理研究。

【作者简介】吴晋军(1964.1-)，毕业于西安石油大学，硕士，教授，硕士生导师，主要从事油气田特种增产技术开发与研究及石油大学石油工程教学工作。E-mail：jjw1699@163.com。

特点及安全可靠性要求，首先解决适用于微小裂缝爆炸临界尺寸条件的液体炸药，其爆炸临界尺寸尽可能小，才能更好满足更容易实现地层深处层内微小裂缝爆炸造缝的要求；其次液体炸药性能稳定，能满足一定的泵压挤入及地层高压、高温不自爆的安全性施工要求，保证液体炸药能挤入和充满地层裂缝；还有液体炸药爆炸性能参数可控、与地层岩性合理匹配能产生裂缝网络，而不能破坏性太大或产生压实作用等。为此，层内爆炸液态药实验研究并没有完全参照美国的做法。

1.2　微粉悬浮液态炸药实验方法

液态炸药的爆热、比容、爆速和爆压等主要参数是反映其做功能力的重要因素，是决定是否适用于能使地层岩石产生和形成多体系裂缝网络的实验研究需解决的关键问题。为此，结合工程实践经验，经过一系列筛选及室内实验研究，初步确定了微粉悬浮液态炸药组分的基本配方、起爆匹配条件。首先在地面靶场常温常压下对液态药进行多种起爆方法试验无法引爆，证明其满足油田现场安全工艺施工的条件。随后重点开展了微粉悬浮液态炸药在 ϕ125mm 高温高压釜(如图1)的一系列爆炸模拟实验研究，其实验原理是通过模拟油层温度、压力参数，制作微小裂缝尺寸实验模型、沟槽加陶粒实验模型等，通过把微粉悬浮液态炸药挤入不同微小裂缝沟槽模型中，在高温高压条件下进行一系列爆炸模拟实验，研究解决其爆炸临界尺寸、液态药配方及爆炸性能参数优化设计、地层裂缝匹配条件等关键技术问题。

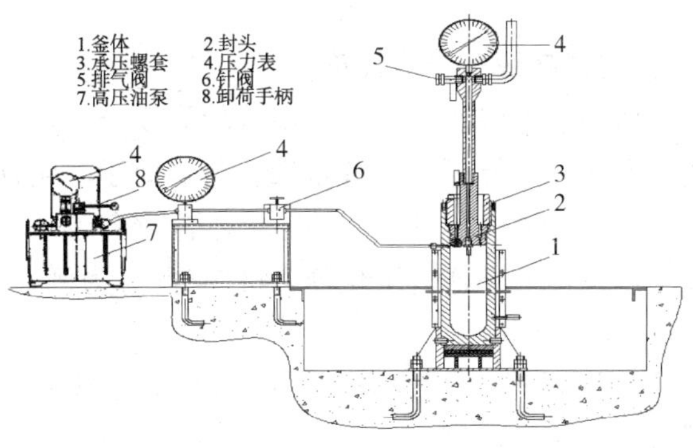

图1　ϕ125mm 高温高压反应釜实验装置原理图

从液态药组分筛选、压力突变、试验参数与条件组配等多方面的实验方法和实验数据进行综合分析，逐步确定了液态炸药在微小裂缝稳定爆炸的优化性能设计参数与工艺设计方法。表1、表2为悬浮液态炸药部分实验数据，从表中可以看出在高温高压条件下，悬浮液态炸药在2mm沟槽模拟裂缝中的爆炸压力突变值，并通过观察试样模型证明正常爆炸；表2为在2mm沟槽中铺加陶粒模拟水力裂缝的爆炸实验，结果同上，部分陶粒脱落。图2为高温高压条件下的2mm沟槽悬浮液态药爆炸P-t实验测试曲线，进一步说明了悬浮液态药在2mm沟槽铺加陶粒模拟水力缝的P-t过程。通过模拟实验并结合射孔技术、爆炸压裂及高能气体压裂等工程实践分析[7-10]，其岩层内爆炸形成缝网的主要参数爆速控制在1500~3500m/s较为合理，爆炸性能设计参数适中可控，能较好适用于不同岩性特征的低渗油层缝网改造要求；通过优化配方应尽量提高液态炸药比容、爆热，有利于提高其对地层的做功能力，实现使地层产生多裂缝网络的增产效果和目的。

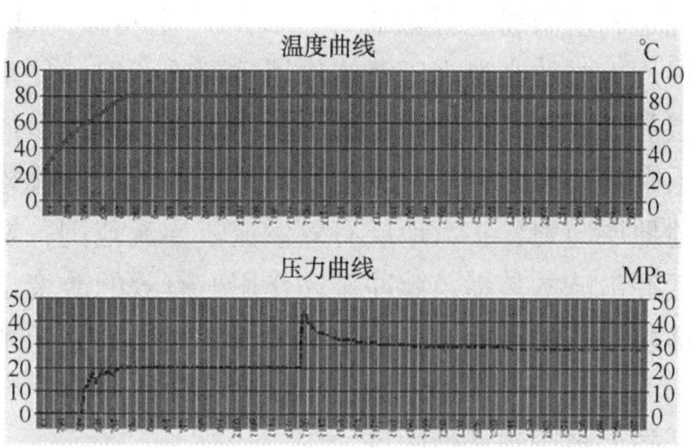

图2　高温高压条件下2mm沟槽悬浮液态药爆炸P-t测试曲线

表1　高温高压条件下的2mm沟槽悬浮液态炸药部分实验数据

序号	起爆前压力/MPa	起爆后压力/MPa	压力突变值/MPa	传爆情况	备注
1	41.18	49.12	7.94	全爆	
2	39.85	52.96	13.11	全爆	
3	37.76	46.93	9.17	全爆	
4	20.28	36.75	16.67	全爆	
5	39.66	53.53	13.87	全爆	
6	21.42	24.08	2.66	未全爆	药量少，实验压力低
7	38.52	46.88	8.36	未全爆	传爆药量少，部分起爆

表 2　高温高压条件下的 2mm 沟槽加陶粒/悬浮液态炸药部分实验数据

序号	加陶砂/g	砂/药/%	起爆前压力/MPa	起爆后压力/MPa	压力突变值/MPa	传爆情况
1	6	10	10.59	34.15	23.56	全引爆
2	8.4	15	14.39	50	35.61	全引爆
3	19.2	31	18.19	44.79	26.60	全引爆

1.3　设计原理

微粉悬浮液态炸药主要由氧化剂、燃烧剂、悬浮剂和敏化剂等组成的混合液态炸药，以悬浮剂(胶凝剂)稠化的无机氧化剂水溶液和液态燃剂组成混合液相，微粉爆炸敏化剂均匀分布其中，在悬浮剂的作用下形成悬浮浆状乳化炸药，其主要化学组分为 NH_4NO_3、$C_3H_5N_3O_9$、TNT、RDX、HMX 等。其反应机理是在一定的压力温度和引爆条件下，能在组分间进行氧化还原反应，以产生高压爆轰冲击波、爆生气体。作用原理是利用微粉悬浮液态炸药爆炸产生的应力波、爆炸生成的高温高压气体作用主裂缝两壁，使地层裂缝周围再产生大量次生径向裂缝，形成多体系密集型裂缝网络，以沟通了更多的天然裂缝松弛地层应力，扩大地层有效渗流、导流范围；爆轰冲击波的传播及脉冲振动作用，有效的改变了地层岩石的地应力结构，并增加裂缝周围一定范围内的基质孔隙的连通性，达到有效改善地层深处较大范围渗透性的目的。

工艺设计原理是结合人工裂缝尺寸在满足液态药爆炸临界尺寸的条件下，综合考虑选井选层，确定微粉悬浮液态炸药设计施工方案，目前端部脱砂压裂技术使地层产生的粗短裂缝来解决缝宽 2mm 的水力裂缝问题具有可行性；现场配置微粉悬浮液态炸药、隔离液、顶替液设计用量。施工工艺通过柱塞泵按照设计方案依次完成各注入药剂的液量，把微粉悬浮液态炸药挤入大于爆炸临界尺寸 2mm 的人工裂缝或天然裂缝中，达到设计工艺要求；采用特殊起爆装置引爆微粉悬浮液态炸药，完成现场施工。

1.4　隔离液配制

微粉悬浮液态炸药属于水基型，需要憎水性的隔离液与压挡液柱(水)完全隔开。经过一系列实验研究形成了以油基、PAM、$CaCl_2$ 等复合配制而成的隔离液，能配制不同的密度较好满足液态炸药挤注工艺的要求。其特点是隔离层次清晰、稳定性好和调节性强，保证隔离液的作用效果，微粉悬浮液态炸药、隔离液试验隔离效果如图 3。

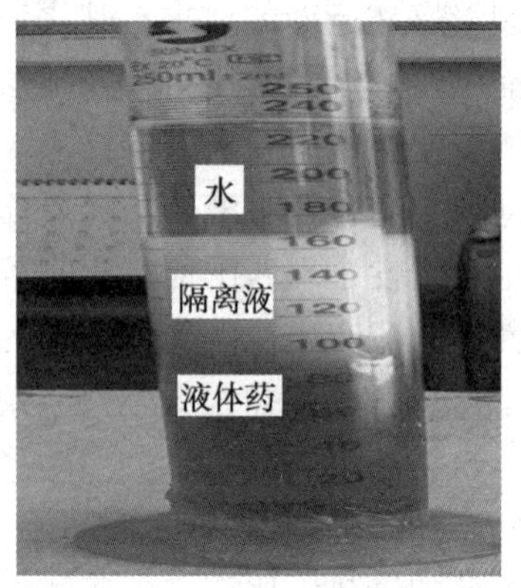

图 3　液体药-隔离液隔离试验效果

1.5　液态炸药爆轰参数实验测试及起爆条件

微粉悬浮液态炸药经国家民爆检测中心进行抗冲击、静电、机械感度、化学安定性、摩擦感度及热稳定性检测试验符合安全使用要求；参照有关国家爆炸品性能检测标准，对其中 2 号微粉悬浮液态炸药爆轰性能检测：爆热 4685(KJ/kg)、比容 507(L/kg)、爆速为 2200m/s，其爆炸性能参数设计适中，可适用于低渗油层层内的缝网改造，并根据地层岩性匹配参数可适当调整。

研制过程中经过室内实验和地面模拟靶场试验证明，其起爆条件必须在高压高温条件通过特殊起爆方式方能引爆。经实验测试在压力 10MPa 和温度 140℃、并通过专用起爆装置才能引爆，引爆条件十分苛刻，地面条件下不会燃烧或爆炸，具备了现场使用安全可靠的工艺施工应用条件。

2　液态炸药爆轰参数计算

微粉悬浮液态炸药配方组分较为复杂，其爆轰参数实际计算过程十分繁琐，为了便于说明计算方法对计算过程进行了简化。本次爆轰参数计算均以悬浮液态炸药敏化剂含量 5%配方为例。

2.1　爆温计算

计算爆温，根据炸药的爆热与爆温的关系式[6]：

$$Q_v = \overline{C_v} t \tag{1}$$

式中，Q_v—爆热，KJ/kg；$\overline{C_v}$—温度由 0℃到 t℃范围内全部爆炸产物的平均热容；t—爆温值，℃。

一般热容与温度的关系为：$\overline{C_v} = a_0 + a_1 t + a_2 t^2 + a_3 t^3 + \cdots$，对一般不太复杂的计算，取其中第一、二项，得：

$$\overline{C_v} = a_0 + a_1 t \quad (2)$$

代入(1)式得

$$t = [-a_0 + \sqrt{a_0^2 + 4a_1 Q_v}]/2a_1 \quad (3)$$

式中，t—爆温,℃；Q_v—爆热，KJ/kg；爆炸产物的平均摩尔热容一般采用卡斯特平均摩尔热容式求出：$a_0 = 854.48$，$a_1 = 0.33$。

在微粉悬浮液态炸药的计算中，按照热化学理论计算一般爆轰参数的方法，由实测爆热 Qv = 4685kJ/kg，计算出微粉悬浮液态炸药的爆温为 1502.3℃。

2.2 爆速及爆压计算

目前爆速、爆压的理论计算比较复杂，通常在工程应用中采用经验法进行计算，计算结果与实际值偏差往往较大。参照爆炸理论相关计算分析[6]，ω-Γ 法适合于单体炸药、混合炸药的爆轰参数计算，近年来在国内外得到比较广泛的应用，其计算结果与实际测试结果较为相符。微粉悬浮液态炸药在组分上与乳化炸药组分比较接近，采用了爆轰参数 ω-Γ 法在计算中除了应用相关的基本参数值如爆热 Q、初始密度 ρ_0外，还引入了势能因子 ω 和绝热指数 Γ 的概念。

2.2.1 爆速

计算爆速的公式为：

$$D = aQ^{0.5} + b\omega\rho_0 \quad (4)$$

式中，D—爆速，m/s；Q—爆热，kcal/g；ρ_0—初始密度，g/cm^3；ω—势能因子；a，b—常数，分别为 58.0 和 52.3。

计算势能因子 ω 的公式为

$$\omega = \frac{\sum n_i R_i}{M} \quad (5)$$

式中，n_i—产物组分的摩尔数；M—炸药的摩尔质量；R_i—i 产物组分的余容，其值可由表 3 查出。

表 3 爆轰产物的余容值

爆轰产物	H_2O	CO_2	N_2	H_2	O_2	CH_4	CO	C(固)
余容值	250	800	380	214	350	528	390	

爆热 Q 可由下式求得：

$$Q = \frac{-\left(\sum n_i \Delta H_i - \Delta H_f\right)}{M} \quad (6)$$

式中，ΔH_i —i 产物组分的生成焓；ΔH_f —炸药的摩尔生成焓；M—炸药的摩尔质量。

对于混合炸药采用公式：$Q_{总} = \sum x_i Q_i$，$\omega_{总} = \sum x_i \omega_i$。

式中，x_i 是组合炸药中 i 组分的质量百分数。爆速计算由表 4 查出各爆炸产物的生成焓。

表 4 爆轰产物的生成焓

爆轰产物	H_2O	H_2	C	O_2	N_2	CO_2
生成焓	57.8	0	0	0	0	94.5

微粉悬浮液态炸药由可燃剂、氧化剂、敏化剂和水组成，各组分的摩尔数计算如表 5。

表 5 各组分的摩尔数计算

	C	H	N	O	M	Δh	%
可燃剂	3	8	0	3	92	−159	9.4
氧化剂	0	4	2	3	80	−80	57.4
敏化	4	8	8	8	296	+25.017	5
剂水	0	2	0	1	18	±57.8	28.2

计算 Q_i 由表可知，可燃剂：156.5，氧化剂：445，敏化剂：1504.1，水：0。

由此计算总爆热：

$$Q_{总} = \sum x_i Q_i = 404.8\text{kcal/g}$$

计算 ω_i 由表可知，可燃剂：10.11；氧化剂：13.19；敏化剂：13.92；水：13.89。

得 $\omega_{总} = \sum x_i \omega_i = 13.03$。由(3)计算出爆速：$D = 2052.85$m/s

2.2.2 爆压计算

根据爆轰理论得到爆压的计算公式[6]为：

$$P = \frac{\rho_0 D^2 \times 10^{-6}}{\Gamma + 1} \quad (7)$$

式中，P—爆压，GPa；Γ—绝热指数。

绝热指数 Γ 与爆轰产物组分和初始密度有关，计算公式为

$$\Gamma = \gamma + \Gamma_0 (1 - e^{-0.546\rho_0}) \quad (8)$$

式中，$\gamma = c_p/c_v$，表示压热容 c_p 与定容热容 c_v 的比值。

$$\Gamma_0 = \frac{\sum n_i}{\sum \left(\frac{n_i}{\sum \Gamma_{0i}}\right)} \quad (9)$$

爆轰产物的 Γ_{0i} 值计算列于表 6。

表 6　爆轰产物的 Γ_{0i} 值

爆轰产物	N_2	H_2O	CO_2	O_2	H_2	CO	CH_4	C(固)
Γ_{0i} 值	3.8	2.68	3.1	3.35	4.4	2.67	2.93	0.5

由(8)式计算爆炸组分 Γ_0，可燃剂：1.99；氧化剂：3.1；敏化剂：2.76；水 0.7。于是，$\sum\Gamma_0 = 2.83$ 代入（7）得出：$\Gamma = \gamma + \Gamma_0(1 - e^{0.546\rho_0}) = 2.69$，爆轰压力 P 的计算结果

$$P = \frac{\rho_0 D^2 \times 10^{-6}}{1 + \Gamma} = 1.46\text{GPa}$$

表 7　密闭爆发器悬浮药敏化剂含量 5%的爆压计算数据

$\rho_0/(\text{g/cm}^3)$	1.30	1.32	1.35
ε	2.702	2.717	2.740
P(GPa)	1.361	1.396	1.459

3　井下爆炸压力及温度计算

结合 CZ44-58 侧钻水平井现场微粉悬浮液态炸药试验来探讨井下压力温度的计算方法，该试验井设计装药量 2.6t。参照爆轰产物的种类以及压力和温度的数值范围，通过对理想气体状态方程式进行修正，选择了范德瓦尔方程式作为较适用的实际气体状态方程式[6]：

$$\left(P + \frac{a}{V^2}\right)(V - b) = nRT \tag{10}$$

式中常数 a 和 b 叫做范德瓦尔常数，与分子的大小和相互作用力有关，其值分别为 1.5×10^8 $(\text{Pa}\cdot\text{m}^6)/(\text{kmol}^2)$ 和 $3.1\times10^{-3}\text{m}^3/\text{kmol}$，其值随物质不同而异，是由实验方法确定的。$\frac{a}{V^2}$ 是考虑到分子之间吸引力的修正值，b 是考虑到分子本身所占有体积的修正值。

3 号液态炸药爆炸性能属于低速爆轰范畴，作用时间为毫秒级，据此作以下假定：①爆炸过程近似地视为定容过程；②爆炸产物的热容只是温度的函数，而与爆炸时所处的压力等其他条件无关。

本次井下爆炸采用封闭式井口试验分析，考虑到井筒内液柱部分漏失，作用地层有效热量约设定为 85%Q。计算井下最大压力 P_{max} 和最高温度 T_{max} 结合了相关爆破工程实际经验，并按照 3 号液态炸药爆轰性能实测值爆热 4685kJ/kg、爆速 2200m/s 计算。由(3)式计算：T_{max} = 1502.3℃，由(10)式计算：P_{max} = 804.56MPa。这一计算结果是建立在爆炸过程为定容的基础上的，对于爆速高的炸药这一假定是合理的，而且与上述绝热条件下密闭爆发器悬浮药爆炸的爆压理论计算值出入很大，主要原因是炸药不同特性与设定条件几乎完全不同，目前又没有现成工程理论计算方法；液态炸药井下爆炸产生的高温高压气体能量并不是一直保持在密闭装置中，而是在爆炸气体能量聚集至压力上升到岩石破裂压力时瞬时破岩释放能量，能量释放过程实际上就是地层产生多裂缝的过程。为此，考虑到悬浮炸药井下爆炸作用特点，作为低爆速炸药，作用时间为毫秒级，爆炸产物所占的体积 V_m 一般大于悬浮炸药体积 V_z 的 4～5 倍，由爆炸经验类比计算：取 V_m = 4Vz，P_{max} = 212.51MPa，取 V_m = 5Vz，P_{max} = 170.61MPa。由此根据上述计算分析，本次试验井井下的最大压力大约在 171～213MPa 之间，与目前经验法计算的峰值压力范围反映趋势相近，但需要经过现场试验检测数据才能不断完善。

压力控制与对套管影响分析，CZ44-58 井采用 J55 筛管完井，J55 屈服强度极限为 379～552MPa，本次施工井下的最大压力大约 213MPa 之间，远小于 J55 屈服强度极限强度。而悬浮炸药爆炸作用过程完全实际是在水平井裸眼(大孔径筛管)段完成，对筛管没有产生破坏性影响。地层破裂压力估算 41.3MPa，最大压力远大于地层破裂压裂，爆生气体脉冲压力几乎直接作用在裸眼地层使地层产生多裂缝体系。根据设计方案本次施工重点考虑的对直井段套管影响，施工后通井检测直井段套管没有发现问题，与实际设计情况基本相符。

4　现场工艺试验及分析

该项技术研究在取得室内实验及地面试验一系列研究成果基础上，结合相关技术研究理论与实践[7-10]的知识积累设计了施工方案，在侧钻水平井 CZ44-58 进行了国内首次现场试验。CZ44-58 所处区块油层平均孔隙度 12.6%，平均空气渗透率 $1.94\times10^{-3}\mu\text{m}^2$，属于低孔特低渗透砂岩油层，升南试验区扶余-杨大城子油层原始地层压力系数 1.00～1.26，结合邻井实测 5 口破裂压力成果，葡萄花油层最小破裂压力梯度 1.66MPa/100m，扶杨油层最小破裂压力梯度 1.65MPa/100m。

施工工艺按施工设计方案程序分为液态炸药

泵注入程序、起爆装置施工程序二大步骤。起爆后井口最大压力约 17MPa，点火工艺一次成功，由地震裂缝动态检测仪器检测悬浮液态炸药爆炸时地层反响较大，爆炸作用地层明显[8]。结合爆炸作用岩石破坏准则及考虑应力波损伤作用等研究理论，开展了水平井液态药爆炸裂缝模型计算方法研究[13]，计算结果为沿水平井井壁产生径向裂缝半径长度约 2.68m 的柱状网络裂缝改善区，如考虑爆炸弹性地震波振动区，作用范围明显更大。

5 研究与展望

低渗层层内爆炸技术主要针对低渗致密油气岩层深层缝网改造增产而研究的技术措施，其工艺特点是采用液态炸药泵注挤入地层微小裂缝或人工裂缝的地层深处爆炸，以在主裂缝两侧壁再产生次生裂缝缝网松弛地层应力，达到提高地层渗透性的目的。由于该技术属于爆炸范畴其安全性要求高，地层储层特征及压力温度等复杂影响因素，目前爆炸能量控制与岩石产生可有利裂缝的匹配条件还没有准确掌握，所以，所要研制的液态炸药在满足使岩石产生爆炸裂缝网的设计功能时，其性能必须稳定可靠符合施工安全工艺要求，比如耐温耐压等一系列条件。就目前液态炸药性能而言，其选井选层条件优先考虑气层，地层深度应大于 1000m，地层较为均质，能产生缝宽大于 2mm 的较长水力缝，层内流体渗流易控制等即可。由于目前还处于试验研究阶段，还没有形成明确的试验标准。

该项技术研究在我国近年来才开始，由于其研究和应用的特殊性与复杂性，几乎没有完全可借鉴的实验方法及设计理论供参考。西安石油大学高能气体压裂室经过一系列室内试验与地面试验研究，首先研制成功了适用地层微小裂缝稳定爆炸的液态炸药，其临界爆炸尺寸 2mm 已十分接近油层水力裂缝尺寸的爆炸使用条件，其爆炸性能设计参数适中可控，基本满足岩石爆炸造缝的匹配条件，使通过水力裂缝实现低渗油层层内爆炸以产生复杂裂缝缝网变为可能。层内爆炸其作用的实质就是在油层层内深处再产生复杂裂缝缝网，必须通过室内实验与现场试验相结合分析其作用机理。液态炸药层内爆炸技术的工艺设计原理对其工艺的实现设想已做了说明，与水力压裂复合工艺是实现低渗油层层内爆炸以产生复杂次生裂缝缝网的必由之路，目前在复合工艺方案研究方面已形成了初步设想。

采用微粉悬浮液态炸药成功的在 CZ44-58 侧钻水平井进行了首次油田现场爆炸的先导性试验应用，是对层内爆炸项目研究的核心技术-液态炸药是否能适应现场施工工艺要求的直接验证。当然本次现场试验液态炸药是在水平井实施的，与层内裂缝爆炸目标相差较大，但对层内爆炸的研究方向有重要的影响。从本次现场施工工艺设计看，液态炸药能通过柱塞泵注入水平井段、垂直撞击起爆+传爆管线点火设计是两大工艺特点，证明了液态炸药现场试验施工工艺的安全可靠性及可操作性，及实施层内爆炸压裂工艺设计及原理的可行性。

需要说明的是，目前在我国低渗层层内爆炸项目研究的进展还处于初期阶段，需要研究解决的问题还很多，虽然实验研究及现场工艺试验应用取得了一定的进展，但还需要进一步开展现场试验的研究不断完善，在其工程实践理论设计方法研究方面还十分欠缺需要研究与探索。通过探讨液态炸药主要性能参数及井下压力、温度的计算方法，为优化液态药配方、性能参数及工艺设计提供参考，并为低渗油层层内微小裂缝液态炸药爆炸增产技术与工艺研究进一步奠定了基础。随着低渗层层内爆炸项目研究工作的不断深入，关键技术问题的逐步解决，将形成系列技术与配套工艺为低渗特低渗油气田增产服务。

6 结论

(1) 低渗油层层内微小裂缝液态炸药爆炸压裂的增产技术实验研究，所研制的微粉悬浮液态炸药适用于地层临界尺寸大于 2mm 缝宽的爆炸造缝需求，基本确定了液态炸药的配方与性能参数，设计原理及工艺条件，为低渗特低渗油田深层次开发提供了新的技术途径与研究方向。

(2) 微粉悬浮液态炸药成功的在 CZ44-58 侧钻水平井进行了油田现场爆炸的先导性试验，证明了现场使用其设计原理可行，施工工艺安全、可操作性强，为层内爆炸工艺研究及进一步开展油田现场试验应用奠定良好基础。

(3) 微粉悬浮液态炸药经国家民爆检测中心进行抗冲击、静电、机械感度、化学安定性、摩擦感度及热稳定性检测试验符合安全使用要求，液态炸药主要参数爆速控制在 1500~3500m/s，爆炸性能设计参数适中可控，能适用于不同岩性特征的低渗油层爆炸缝网改造。运用爆炸力学相关理论探讨了液态药爆轰参数的计算方法，为进一步优化液态药性能参数及工艺设计方法提供参考。

（4）建议进一步开展该项技术的现场工艺应用试验，加强岩性参数匹配的爆炸实验数据检测（如裂缝方位及长度、压力、温度等），完善裂缝模型设计和计算方法研究等，不断优化设计方案及配套工艺，使该项技术能尽快在低渗特低渗油气田试验应用。

参考文献

[1] 康毅力，罗平亚．中国致密砂岩气藏勘探开发关键工程技术现状与展望[J]．石油勘探与开发，2007，34(2)：239-245.

[2] Mehdi Azari 等．刘文涛，何江川，译．Mt. Simon 地层中两个储气田的试井和提高产能的实例[J]．中国石油学会，第六次国际石油工程会论文集[M]，1998，10，SPE 39208. 119-120.

[3] Richard A，Schmidt，RodneyR Boade and Robert C. Bass A new perspective on well shooting-behavior of deeply，buried explosions and deflagrations. JPT，July 1981.

[4] 李传乐，王安仕，等．国外油气井"层内爆炸"增产技术概述及分析[J]．石油钻采工艺，2001，23(5)：77-78.

[5] 丁雁生，等．低渗透油气田"层内爆炸"增产技术研究[J]．石油勘探与开发，2001，28(02)：90-96.

[6] 吴晋军，低渗油层层内深度爆炸技术作用机理及工艺试验研究[J]．西安石油大学学报(自然科学版)，2011. 26(1)：48-50.

[7] 吴晋军，等．水平井液体药高能气体压裂技术试验应用研究[J]．钻采工艺，2007. 30(1)：50-53.

[8] 吴晋军，等．水平井液态药爆炸压裂工艺试验应用研究．钻采工艺，2018，41(1)：38-41.

[9] 李克明，张曦．高能复合射孔技术及应用[J]．石油勘探与开发，2002，29(5)：91-92.

[10] 赵敏，周万富，等．射孔参数对注水井流动效率的影响[J]．石油勘探与开发，2006，33(3)：360-363.

[11] 刘殿中，杨仕春．工程爆破实用手册[M]．冶金工业出版社，2004. 9，36-69.

[12] 王安仕，秦发动主编．高能气体压裂技术[M]．西北大学出版社，1998. 7，54-55.

[13] 吴晋军，赵国华，刘立才等．水平井液体炸药爆炸压裂裂缝模型计算方法研究．石油钻采工艺，2011，33(5)：82-85.

玛湖地区致密砾岩油藏水平井体积压裂开采规律及主控因素分析

高 炎[1] 李勇仁[2] 赵 明[1] 薛坤林[1] 汤传意[1] 马 俊[1]

(1. 中国石油新疆油田公司；2. 西南石油大学)

摘 要 在总结归纳玛湖地区地质特征基础之上，本文对体积压裂水平井开采特征和初期产能的主控因素进行分析，总体表现出两低(压裂液返排率低，含水率低)两高(初期产量高、初期递减率高)特点。压力系数、人工裂缝长度、缝间距、水平段长度等对初期产能有较大的正面影响，而大压裂规模并没有明显提高开发效果，反而延长了初期排液期。玛湖地区致密砾岩油藏的开采规律和主控因素分析对实现油藏大规模开发具有重要指导意义。

关键词 玛湖；致密砾岩；水平井；体积压裂；开采规律；主控因素

随着油气工业的发展，常规油气资源产量的降低，非常规油气资源成为研究的热点[1]。玛湖地区致密砾岩油藏的发现成为我国非常规油气资源的勘探开发史上的重要里程碑，其作为目前世界最大的砾岩油藏，已发现三级石油地质储量12.4亿吨，其中探明储量5亿吨，具备极大的开发潜力。玛湖地区致密砾岩水平井体积压裂从2011年开始，生产时间短，生产规律不清楚，系统总结这类油藏的开采规律、明确产能主控因素成为实现资源有效开发的关键一环。国内外学者对致密油藏水平井体积压裂开采规律主控因素做了大量研究，樊建明等[2]对鄂尔多斯盆地长7致密油体积压裂水平井，提出体积压裂是致密油藏提高单井产量的关键，但不是规模越大越好。梁晓伟等[3]对鄂尔多斯盆地西233及庄183两个试验区的20口体积压裂做产能递减分析，提出分段递减拟合更好。杜保健等[4]通过水电摸拟实验和数值模拟评价论证了体积压裂水平井开发致密油藏的可行性。孟展等[5]针对合水长6致密油体积压裂水平井，研究了地层因素、施工因素、井网因素对产能的影响程度。然而针对玛湖地区体积压裂水平井生产规律的研究很少，因此，本文在玛湖地区致密砾岩油藏体积压裂水平井生产试验的基础之上，对玛湖地区体积压裂水平井开采规律及主控因素进行研究。

1 区域概况

玛湖凹陷行政隶属于克拉玛依市和布克赛尔蒙古自治县，位于新疆准噶尔盆地西北部，面积近6000平方千米，属于盆地的斜坡区，西与西部隆起的山前断裂带(乌夏断裂带、可百断裂带和红车断裂带)相邻[2]，东与陆梁隆起相接，整体呈北东—南西向展布，如图1所示。地表主要为戈壁、荒漠，发育玛纳斯湖、盐沼及现代冲积扇。

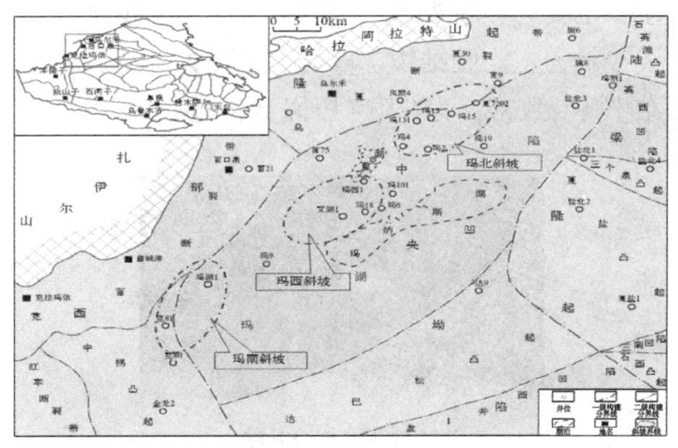

图1 准噶尔盆地玛湖凹陷构造位置图

2 储层特征

玛湖凹陷及其周围地区的油气资源区域主要分布在扇三角洲前缘，根据完钻井和地震资料，本区在石炭系基底之上自下而上地层为：二叠系

【基金项目】国家重大科技专项(2017ZX05070)

【作者简介】高炎(1984-)，男，湖北随州人，工程师，研究方向：油气藏开发. E-mail：bkqgaoy@petrochina.com.cn

佳木河组(P_1j)、风城组(P_1f)、夏子街组(P_2x)、下乌尔禾组(P_2w);三叠系百口泉组(T_1b)、克拉玛依组(T_2k)、白碱滩组(T_3b);侏罗系八道湾组(J_1b)、三工河组(J_1s)、西山窑组(J_2x)、头屯河组(J_2t)和白垩系吐谷鲁群(K_1tg)。除百口泉组探明油藏外,下乌尔禾组及上部的克拉玛依组、白碱滩组都有丰富的油气显示,现场主要以三叠系百口泉组作为目的层进行生产,因此,本文对百口泉组的储层特征进行分析。

2.1 储层岩性特征

玛湖地区三叠系百口泉组储层埋藏较深,深度为2500-5000m[3],沉积厚度为130-190m,平均为160m。自上而下共分三段,分别为百口泉组一段(T_1b_1)、百口泉组二段(T_1b_2)、百口泉组三段(T_1b_2),其中百一段和百二段砂体分布稳定,横向连续性较好,是百口泉组的主力油层。以玛18井区百口泉组为例,百一段储层岩性主要为细砾岩、小砾岩,百二段储层主要为中砾岩、细砾岩,岩性比百一段粗。从整体上看,玛18井区百口泉组储层岩性主要以灰色、灰绿色砂质细砾岩、小砾岩、含砾粗砂岩为主,其次为灰色砂质中砾岩及(含砾)中粗砂岩,如图2所示。砾石大小不等,最大粒径超过16mm,一般为2mm~8mm。以砂砾状结构、砂质砾状结构为主,主要为颗粒支撑,接触方式为点~线接触和线接触为主。胶结物含量低,主要为方解石,胶结中等~致密,为孔隙~压嵌型和孔隙型。

褐灰色砂质小砾岩,油浸
玛606井,T_1b,3799-3800.41m

灰绿色中粗砂岩,油斑
艾湖1井,T_1b,3854.13-3854.26m

灰色砂质细砾岩,油浸
玛18井,T_1b,3903.71-3903.92m

灰绿色砂质细中砾岩,油斑
艾湖6井,T_1b,3929.49-3929.51m

图2 玛18井区块百口泉组岩心照片

2.2 储层物性特征

据玛18井区常规物性分析资料统计得,百口泉组T_1b_1油层孔隙度为7.5%~15.3%,其中以9%~12%占主导,平均为10.38%;T_1b_2油层孔隙度为7.5%~12.9%,其中以8%~11%占主导,平均9.56%,如图3所示。百口泉组T_1b_1油层渗透率为0.0~94.8mD,平均为5.48mD;T_1b_2油层渗透率为0.05~98.1mD,平均2.27mD。储集层孔隙类型主要为剩余粒间孔、粒内溶孔[3],其中玛18井区百口泉组孔隙类型主要以粒内溶孔为主,玛131井区百口泉组孔隙类型主要以剩余粒间孔和粒内溶孔为主,如表1所示,不同区块孔隙类型及微观孔隙结构差异大,会导致油的微观分布及驱替特征差异大。因此,玛湖地区百口泉组储层属于特低孔特低渗的致密砾岩储层,开发难度大,给玛湖地区致密油开采带来极大的挑战。

表1 玛18井区和玛131井区百口泉组孔隙类型统计表

区块	层位	粒间孔/%	粒间溶孔/%	粒模孔/%	粒内溶孔/%	剩余粒间孔/%	收缩孔/%	微裂缝/%
玛18	T_1b_2	0.02			86.77	0.65	0.19	12.37
	T_1b_1	0.03	0.15	0.03	65.95	3.21	21.93	8.6
玛131	T_1b				39.01	43.49	9.74	5.11

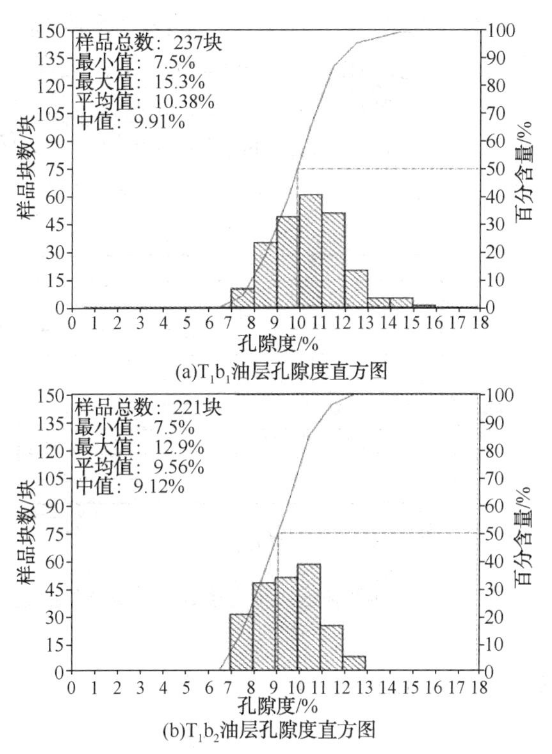

(a)T_1b_1油层孔隙度直方图

(b)T_1b_2油层孔隙度直方图

图3 玛18井区块油层孔隙度直方图

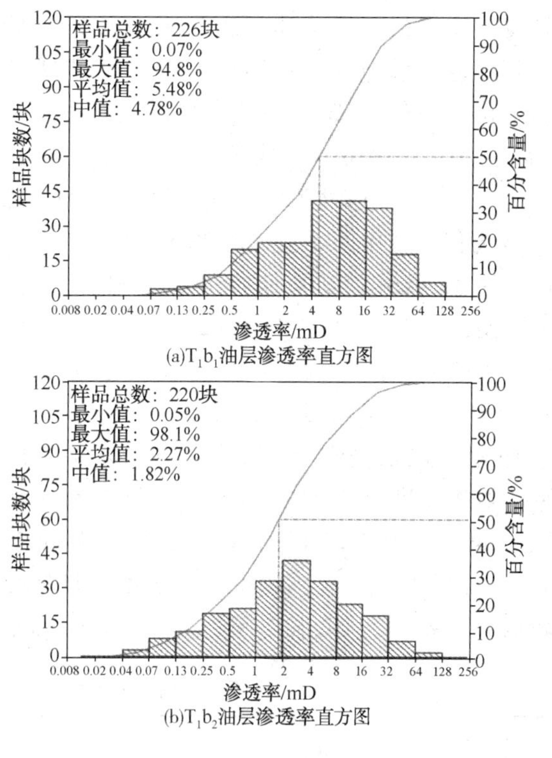

(a)T_1b_1油层渗透率直方图

(b)T_1b_2油层渗透率直方图

图4 玛18井区块油层渗透率直方图

3 体积压裂水平井开采规律

由于玛湖地区致密砾岩油藏孔渗物性较差，目前玛湖地区采用“水平井+体积压裂”的开发模式，为探明体积压裂水平井的开采规律，各井区相继进行试验性开采，在实际现场试验性开采的基础上，本文对实际现场数据进行分析总结，对玛湖地区体积压裂水平井的开采规律进行研究。

3.1 体积压裂水平井产较直井生产效果好

直井开发试验证实，直井产油量低，水驱难度大，油井注水见水不见效，稳产难度大，在40美元/桶油价下无效益。而与直井对比水平井产能较高，取玛131井区和玛18井区的直井夏89、玛133、Ma6130与水平井夏91_ H、玛132_ H、MaHW6004进行对比，如表1所示，水平井的产量普遍较高，平均日产量是直井的3-5倍，展现了体积压裂水平井在玛湖地区较好的适应性，但不同区块由于储层的物性条件存在差异，水平井的产量存在差异，玛18井区水平井平均日产油能力高于玛131井区，如表2所示。

表2 玛湖各区块体积压裂水平井与周围直井生产对比表

区块	层位	区块	井型	井号	累产天数/d	累产油/t	平均日产油/t	同阶段累产油/t	同阶段生产天数/d	平均日产油/t
玛131	T_1b_3	夏72	直井	夏89	42.00	162.45	3.87	162.45	42.00	3.87
			水平井	夏91_ H	434.1	4815.573	11.09	675.86	42.00	16.09
	T_1b_2	玛133	直井	玛133	227.5	1123.21	4.94	635.11	117	5.42
			水平井	玛132_ H	440.7	8043.744	18.25	2755.05	117	23.55
玛18	T_1b_1	玛18	直井	Ma6130	382	2513	6.58	1101.3	69	16
			水平井	MaHW6004	563	28646.0	51.0	5533.3	69	79.8

3.2 体积压力水平井产能和压力系数成正相关

玛湖地区致密砾岩油藏体积压裂水平井产能之间存在差异，水平井初期峰值产量处于22.3~109.2t/d之间，初期产能较高，同时不同区块压力系数也存在差异。通过对比不同区块体积压裂水平井的产能，发现水平井的峰值产量和压力系数呈正相关，如图 5 所示。对应不同类压力系数，按峰值产量将体积压裂水平井分为两类，高产型(高压)和中产型(常压)。高产型以玛 $18T_1b_1$ 和玛东 $2P_3W_4$ 为代表，地层压力系数在 1.5 以上，水平井 30 天平均峰值产量达 59.7t/d；中产型又按油层物性和含油饱和度分为以玛 $131T_1b$ 为代表的中产 1 型，水平井 30 天平均峰值产量达 30.3t/d 和以风南 $4T_1b_2$、艾湖 $2T_1b_1$ 的中产 2 型，水平井 30 天平均峰值产量达27.5t/d，地层压力系数都在 1.5 以下。

3.3　水平井含水率与返排率较低

对玛湖地区 5 个试验区的体积压裂水平井含水率和返排率进行统计，水平井稳产期含水率普遍低于 40%，产能较高的水平井含水率低于 10%，可看出玛湖地区体积压裂水平井初期含水率较低。试验区生产较长时间的 8 口水平井，已累积产油 11361t，返排液 4117t，返排率 21.8%，水平井的整体返排率较低，如表 3 所示。将返排率与日产能对比，返排率越低，生产效果越好。结合体积压裂水平井的分类，低返排率的水平井对应于高压型水平井，即高压力系数，导致低返排率。

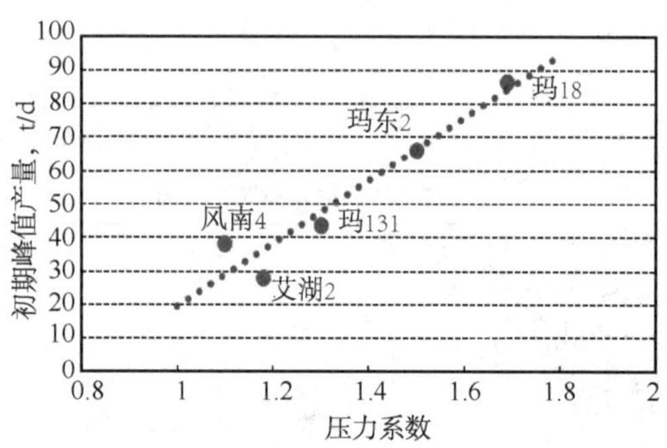

图 5　玛湖地区各区块压力系数与峰值产量的关系

表 3　玛湖地区水平井含水率与压裂返排情况统计表

区块	平均地层压力系数	井号	目前			累计		
			日产油/t	日产液/t	含水率/%	产油量/t	返排液/t	返排率/%
玛 18	1.65	MaHW6002	19.9	18.9	5.0	11465	2105	11.17
		MaHW6004	23.8	22.9	3.8	24195	3040	22.46
玛 131	1.3	MaHW1320	15.1	14.8	2.0	12734	5729	25.69
		MaHW1321	7.5	6.3	16.0	8917	5577	29.84
		MaHW1323	19.5	12.7	34.9	8474	4823	18.60
玛东 2	1.5	MDHW001	26.0	24.7	5.0	12388	3977	21.84
艾湖 2	1.18	AHHW2001	25.9	19.4	25.1	8937	6366	38.08
合计			19.7	17.1	13.1	12444	4516	23.95

3.4　初期产能递减率较高

体积压裂水平井产能初期递减率高，不同类型的水平井又不尽相同。对不同类型水平井进行平均产油量曲线分析可见两段式生产特征，高压型前 100 天高速递减，年递减率为 76.8%，后期中速递减，年递减率为 19.7%，如图 6(a)所示；常压 1 型前 300 天中高速递减，年递减率为 66.6%，后期中速递减年递减率为 30.6%，如图 6(b)所示；常压 2 型前 300 天中速递减，年递减率为 30.6%，后期规律不明确，如图 6(c)所示。可见，高压型水平井初产高，初期递减率更大；常压型水平井初产略低，初期递减率较小。

4　体积压裂水平井产能主控因素

4.1　压力系数的影响

结合上文，高压型水平井的初产高，常压型水平井初产略低，水平井的初期产能与地层压力系数成正相关，如图 5 所示。为进一步探明压力系数和水平井产能的关系，本文又研究了每米油层累计产油量与各区块压力系数的关系，如图 7 所示，显然随着各区块的地层压力系数升高，每米累积产油量越高。

4.2　人工裂缝长度和缝间距的影响

玛 18 井区利用 6 口直井，分别为 MaD5223、MaD5323、MaD5425、MaD5525、MaD5526、MaD5824，进行人工裂缝长度的压裂试验，排量为 4.5-6 方/分钟，结果显示压裂缝长与初期一个月平均产油正相关，人工裂缝长度越大，产能越高，如图 8 所示。同时，玛 131 井区套管方式完井 9 口水平井，其水平井单缝产能与人工裂缝的间距成正相关，但当裂缝间距小于 30m/条后，缝间干扰严重，单缝产能降幅较大。

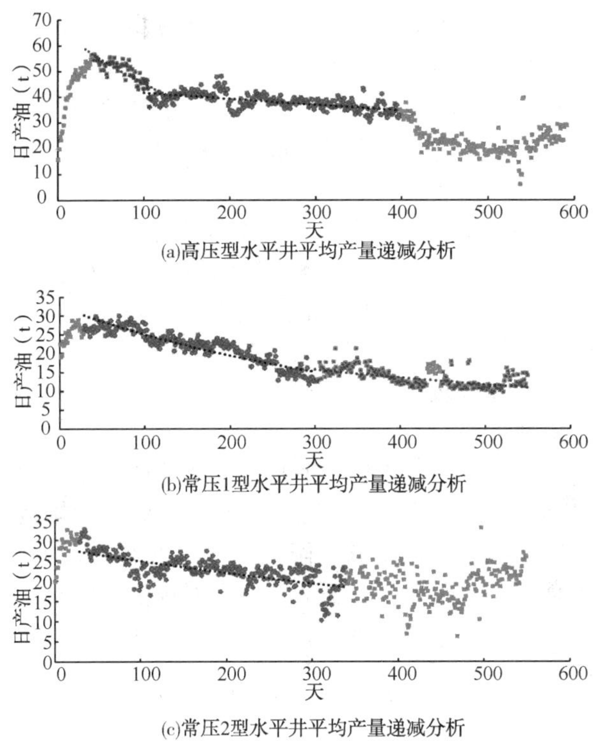

图 6　玛湖地区高压型和常压型水平井平均产量递减分析

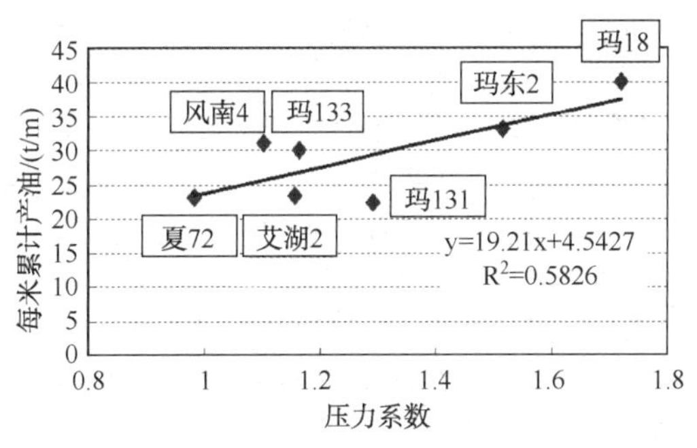

图 7　玛湖地区平均预测每米油层累产油与各区块压力系数的关系示意图

4.3　压裂规模的影响

众多学者对体积压裂水平井压裂规模的影响做了大量研究，结果却存在差异，梁晓伟[3]，林旺[8]，刘万涛[9]李卫成[10]等认为压裂规模越大水平井产能越高，而樊建明[2]提出并不是压裂规模越大越好。针对玛湖地区体积压裂水平井，以单缝压裂液量来表征水平井的压裂规模，单缝压裂液量大，压裂规模较大。风南 4 井区 2016 年投产 3 口水平井和 2017 年投产的 8 口水平井水平段长度，压裂级数和簇数，裂缝的长度和间距基本相同。前 3 口水平井单缝压裂液注入量小于后 8 口水平井，即裂缝的体积压裂规模较小，但前 3 口水平井排液期的各单井总排液量小于新投产的 8 口水平井，单缝初期产油量和单缝峰值产油量高于新投产的 8 口水平井，如图 9 所示。较高的单缝压裂液量增加了排液期的排液量，导致排液期增长，并没有提高单缝初期产油量。因此，体积压裂规模越大，体积压裂水平井初期产能反而降低，需要结合现场实际情况，合理的控制压裂规模。

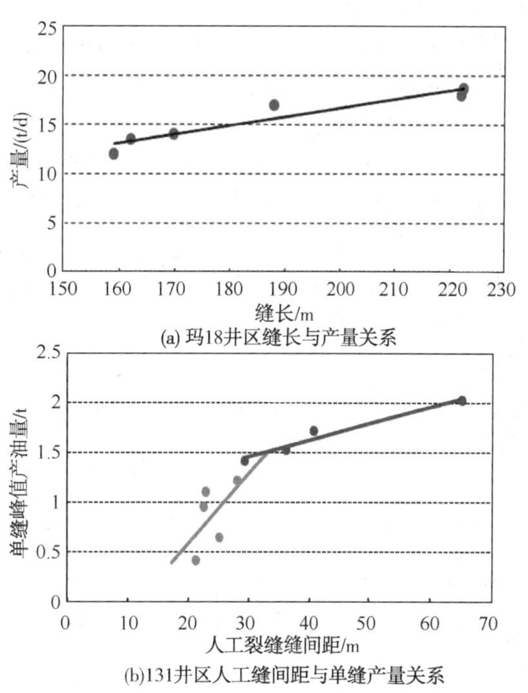

图 8　人工裂缝长、缝间距与产量关系

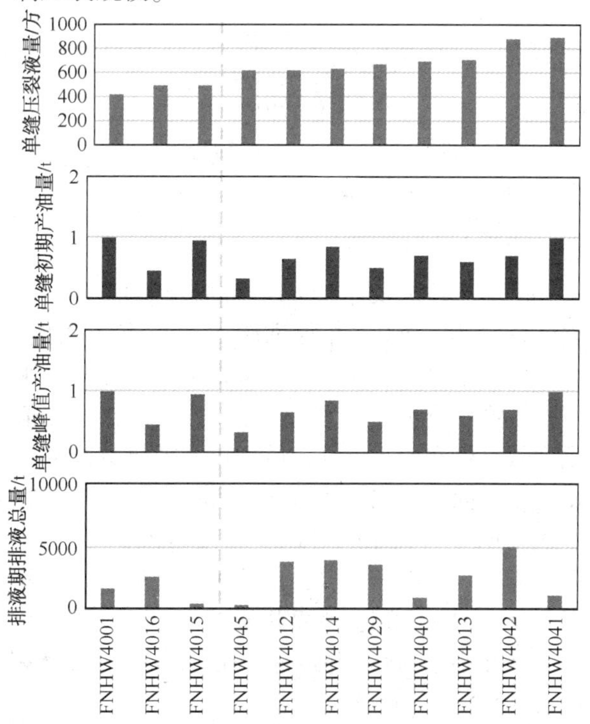

图 9　风南 4 井区先后投产水平井单缝压裂液量与单缝产能、排液总量关系

4.4 水平段长度的影响

玛 131 井区地质条件相近，MaHW1323 和 MaHW1325 水平井生产层位都是 T_1b_2，其工程参数相近，而 MaHW1323 水平井水平段长度为 1053m，平均日产油量 20.1t；MaHW1325 水平井水平段长度为 2007m，平均日产油量为 30.2t，说明水平段长度越长，日产油量越多。统计玛 131 井区 10 口水平井的水平段长度与预测累计产油量关系，如图 10(a)所示，水平段长度与预测累产油量正相关，如图 10(b)所示。同时，有效水平段长度与累计产油量也正相关，说明油层钻遇率也是影响产能重要因素。

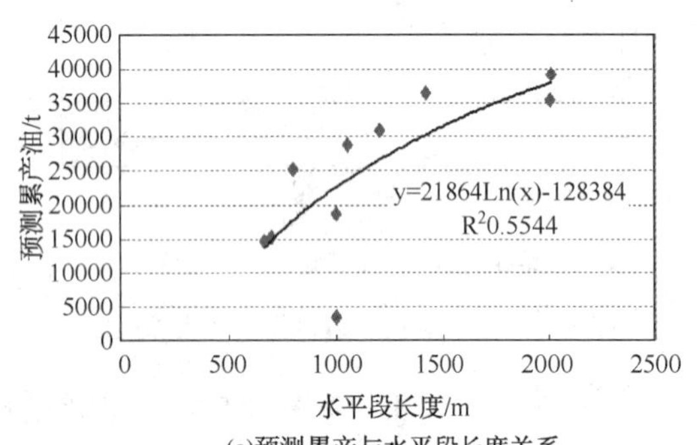

(a)预测累产与水平段长度关系

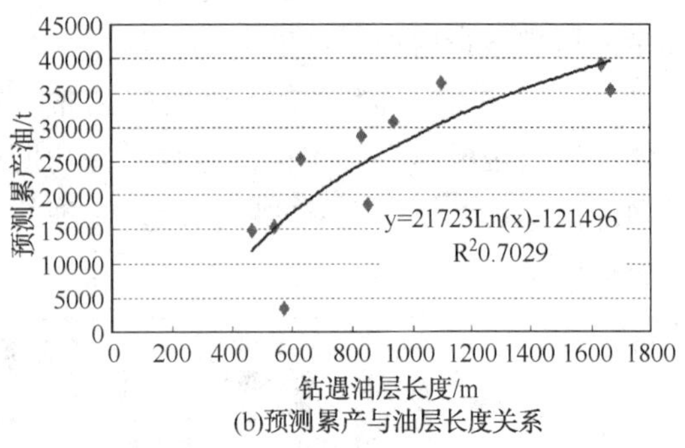

(b)预测累产与油层长度关系

图 10　玛 131 井区水平井长度、有效长度与预测累产关系

4.5 井距的影响

风南 4 井区设计 300m、400m、500m 井距试验区各一组，200m 井距试验井 2 口有待实施，开井生产半年后，对 300m、400m、500m 井距水平井生产情况对比，初期产能均超过 22t/d，但生产效果没有明显差异，后期试采效果有待进一步观察。同时，玛 131 井区 300m 井距油井井间干扰不明显。玛 18 井区 250m 和 400m 井距下，两井生产规律趋于一致，反映生产过程中存在井间干扰，500m 井距时两井干扰不明显。因此，水平井在小于 300m 井距时会存在井间干扰现象

5 结论

（1）通过直井与体积压裂水平井产能对比分析，体积压裂水平井产能较高，更适合玛湖地区致密砾岩油藏的开发

（2）体积压裂水平井按压力系数和峰值产量分为两类，高产型(高压)和中产型(常压)，做递减分析，高压型水平井较常压型水平井初期递减率更大，同时体积压裂水平井的含水率和压裂液返排率较低。

（3）体积压裂水平井的主控因素较为复杂，压力系数、人工裂缝长度、缝间距、水平段长度与体积压裂水平井的产能成正相关的关系，但当裂缝间距小于 30m/条后，缝间产生干扰水平井产能的降幅较大。井距小于 300m 时会出现井距干扰现象。

（4）在体积压裂水平井生产初期体积压裂规模越大，单缝压裂液量越高，导致排液期的排液量增加和排液期增长，降低了水平井初期产能。需合理控制体积压裂水平井的压裂规模，使水平井的生产效果达到经济最大化。

参 考 文 献

[1] 贾承造，郑民，张永峰. 中国非常规油气资源与勘探开发前景[J]. 石油勘探与开发，2012，39(2)：129-136.

[2] 樊建明，杨子清等. 鄂尔多斯盆地长 7 致密油水平井体积压裂开发效果评价及认识[J]. 中国石油大学学报(自然科学版)，2015，39(4)：103-110.

[3] 梁晓伟，郝炳英等. 鄂尔多斯盆地致密油水平井体积压裂试验区开发特征分析[J]. 西北大学学报(自然科学版)，2017，47(2)：259-264.

[4] 杜保健，程林松等. 致密油藏体积压裂水平井开发效果[J]. 大庆石油低级与开发，2014，33(1)：96-101.

[5] 孟展，杨胜来等. 合水长 6 致密油体积压裂水平井产能影响因素分析[J]. 非常规油气，2016，3(5)：127-133.

[6] 匡立春，唐勇，等. 准葛尔盆地玛湖凹陷斜坡区三叠系百口泉组扇控大面积岩性油藏勘探实践[J]. 中国石油勘探，2014，19(6)：14-23.

[7] 瞿建华，张磊，等. 玛湖凹陷西斜坡百口泉组砂砾岩储集层特征及物性控制因素[J]. 新疆石油地质，2017，38(1)，1-6.

[8] 林旺，范洪福等. 工程参数对致密油藏压裂水平井产能的影响[J]. 油气地质与采收率，2017，24(6)：120-126.

[9] 刘万涛，高武彬等. 鄂尔多斯盆地长 7 致密油体积压裂水平井产能预测研究[J]. 科学技术与工程，2016，16(11)：162-166.

[10] 李卫成，叶博等. 致密油水平井体积压裂攻关试验区单井产量主控因素分析[J]. 油气井测试，2017，26(2)：33-36.

东海深部砂岩地层岩石可钻性预测方法的研究与应用

李　乾　张海山　邱　康　王孝山　黄　召　杜　鹏　苏志波

（中石化上海海洋油气分公司）

摘　要　东海深部地层中，由于所选用PDC钻头与地层性质不匹配，导致机械钻速低。为解决这一问题，有必要对东海深部地层的岩石可钻性进行研究，以保证钻头选型的针对性。岩石可钻性级值主要是通过室内实验或者测井数据解释得来，由于室内实验成本高、周期长等不利因素，如何通过测井资料准确预测岩石可钻性就尤为重要。本文以岩心室内微钻实验数据为依据，首先建立了测井参数预测岩石可钻性的非线性多元回归模型，之后尝试利用人工神经网络的方法对岩石可钻性进行预测。通过对比各预测方法的优劣，旨在优选出适合于东海深部砂岩地层的岩石可钻性预测方法。

关键词　东海深部砂岩地层；岩石可钻性预测；非线性多元回归；人工神经网络

目前，在东海深部地层钻进中使用的钻头以PDC钻头为主，总体表现是钻头进尺少，机械钻速低，究其原因主要是所选用钻头与地层性质不匹配。为解决这一问题，需要对东海深部地层性质进行进一步研究。岩石可钻性是反映地层性质最全面的参数[1]，反映岩石被钻进的难易程度，是每个钻头厂家进行钻头选型的重要依据之一。岩石可钻性级值可以通过岩石可钻性实验直接测量或从测井数据解释得到[2]。现行的岩石可钻性室内微钻实验操作比较复杂，实验成本高、周期长[3]，得到的数据点有限且离散，不能对东海深部地层岩石可钻性进行全面测定。因此，如何通过测井数据来准确预测岩石可钻性就尤为重要。笔者以东海深层砂岩岩心的室内微钻实验数据为基础，分别研究了岩石声波时差、密度、电阻率、泥质含量、地层深度对东海深部砂岩地层岩石可钻性的影响规律，建立了测井参数预测岩石可钻性的非线性多元回归模型，之后利用matlab数学软件建立了各类型的高质量人工神经网络模型对岩石可钻性进行预测。优选出适合于东海深部砂岩地层的岩石可钻性预测方法，旨在为今后东海区域钻头选型和设计提供依据。

一、非线性多元回归方法预测岩石可钻性

国内外学者的研究表明[4]，岩石可钻性随岩石声波时差减小而变差。对于相同岩性的地层而言，随着地层密度的增加，地层孔隙度变小，岩石可钻性变差。岩石的电阻率与岩石的致密程度有关，随着电阻率升高，岩石致密性增加可钻性变差。岩石可钻性随泥质含量的增加而变差。由于东海深部地层平均深度在3500m之下，井下情况复杂，测井资料可靠性受到一定影响，为了提高建模的准确性，首先研究单一测井参数与岩石可钻性之间的关系，在去除干扰点后再建立多测井参数预测岩石可钻性的计算模型。需要说明的是，本文的岩石可钻性研究针对的是砂岩地层，岩石可钻性级值是委托江汉钻头厂通过室内微钻实验实测得到，实验过程中并没有对岩样加围压，测定的岩石可钻性级值相比于实际值可能会偏小。由于现场取心时岩心收获率一般达不到100%，钻具长度测量存在误差，钻具在井内弯曲导致测量误差等因素，使得岩心深度标定不准确，需要对岩心深度进行归位以保证取心深度与测井数据的统一性。笔者采用岩心岩性分析的孔隙度、渗透率与测井计算值对比同时兼顾取心岩样描述对岩心进行深度归位。表1所示为笔者选取的东海几口井的岩心深度归位情况。

表1　东海钻井取心深度归位校正表

井号	取心井段/m		进尺/m	心长/m	收获率/%	归位量/m
#1	3441.35	3468.40	27.05	27.05	100.00	+3.00
	3819.65	3846.75	27.10	26.40	97.42	+3.70
#2	3597.50	3624.50	27.00	26.64	98.67	+4.00

【作者简介】李乾，男，出生于1990.04.22. 2008-2012本科就读于西南石油大学石油工程专业，2012-2013在胜利油田井下作业公司工作，2013-2016硕士就读于中国石油大学（北京）油气井工程专业，2016-至今在中国石油化工股份有限公司上海海洋油气分公司工作，从事钻完井工艺研究，工程师。E-mail：liqian.shhy@sinopec.com

续表

井号	取心井段/m		进尺/m	心长/m	收获率/%	归位量/m
○	○	○	○	○	○	○
○	○	○	○	○	○	○
○	○	○	○	○	○	○
#14	4331.01	4339.51	8.50	8.50	100.00	+1.00
	4501.12	4510.12	9.00	9.00	100.00	+1.00
	4606.70	4621.44	14.74	14.74	100.00	+1.00

1　单测井数据与岩石可钻性关系研究

（1）纵波时差与岩石可钻性关系

目前，利用声波时差数据计算岩石可钻性的模型主要有两种，一种是 $K_d = a + b\ln\Delta t$，还有一种是 $K_d = ae^{b/\Delta t}$。采用 cftool 工具分别利用两种模型建立声波时差与岩石可钻性的回归关系式，在对比相关系数 R 和标准误差 RMSE 后，优选出模型（置信水平 95%）：

$$K_d = 3.477e^{52.35/\Delta t} - 3.669$$

（R=0.8601　RMSE=0.3619）

该计算模型较适合东海深部砂岩地层，声波时差与岩石可钻性关系如图 1 所示，从图中可以看出，岩石可钻性随声波时差的增加而变好。

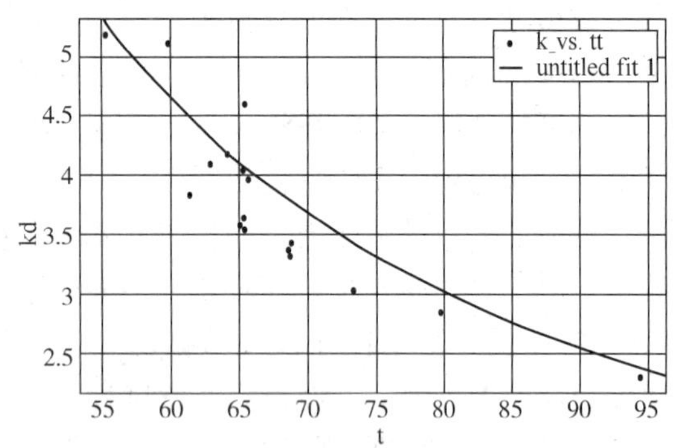

图 1　声波时差与岩石可钻性关系图

（2）密度与岩石可钻性关系

目前常用的岩石密度与岩石可钻性级值之间的关系模型有三种，分别是 $K_d = a + b\ln\rho$、$K_d = ae^{b\rho}$ 和 $K_d = a + b\rho$。针对东海深部砂岩地层，分别利用三种模型建立岩石密度与岩石可钻性的回归关系式，在对比三种回归关系式的 R 和 RMSE 后，优选出模型（置信水平 95%）：

$K_d = 0.07838e^{1.562\rho}$（R=0.8670　RMSE=0.3558）

岩石密度与可钻性的关系如图 2 所示，从图中可以看出，岩石可钻性与密度成正相关。

（3）电阻率与岩石可钻性关系

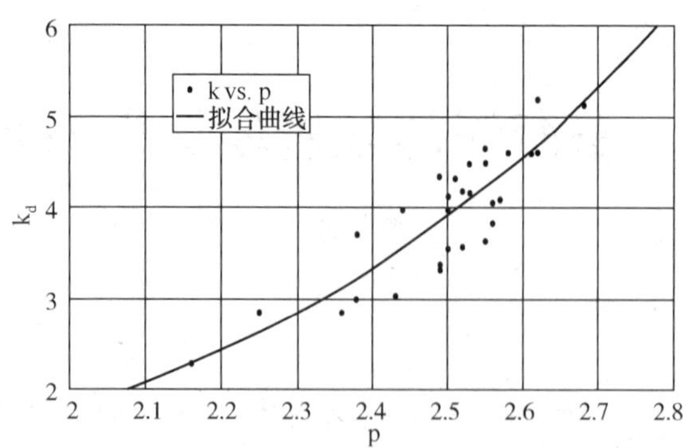

图 2　岩石密度与可钻性关系图

东海各井的电阻率测井数据种类较多，包括 RD、RT、RLA5、LLD、A40H、MLR4C、P40H 等，其中 A40H、P40H 为随钻电阻率，与电缆测井的电阻率存在差异性。本文在研究电阻率与岩石可钻性关系时，考虑到深部地层起下钻一趟时间长，地层受泥浆长时间浸泡导致对电缆测井数据准确度影响较大，因此采用随钻 A40H 深电阻率数据进行计算，最大程度降低泥浆入侵对电阻率测井数据的影响。

通过调研相关文献，目前常用的电阻率与岩石可钻性关系模型为 $K_d = a + b\log R_t$。利用该模型建立电阻率与岩石可钻性的回归关系式如下所示（置信水平 95%）：

$$K_d = 3.001\log R_t - 0.4391$$

（R=0.8364　RMSE=0.4102）

考虑到岩石电阻率除与岩石致密性有关以外还与岩石孔隙中流体性质密切相关，为了提高计算模型的准确性，在今后研究岩石电阻率与岩石可钻性关系时，研究对象应尽量以泥岩和水层砂岩的岩心为主。

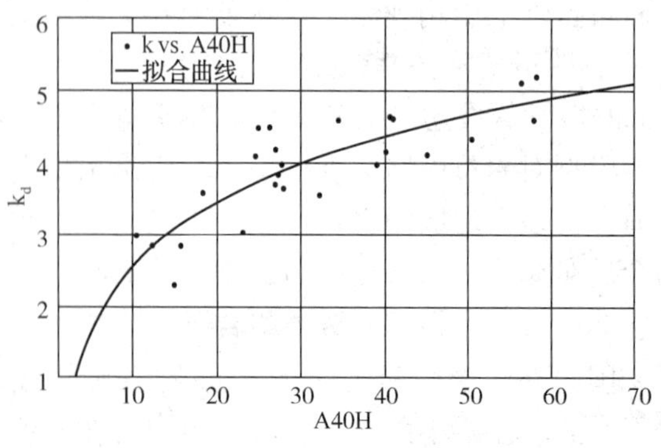

图 3　随钻 A40H 电阻率与岩石可钻性关系

（4）泥质含量与岩石可钻性关系

通常，随着泥质含量的增加，岩石可钻性变差。也有研究指出，泥质含量只在一定范围内与可钻性具有相关性[5]。为了模型建立的准确性，考虑泥质含量与岩石可钻性之间的关系，对泥质含量与对应的岩石可钻性进行统计，绘制二者之间的关系图如图 4 所示。

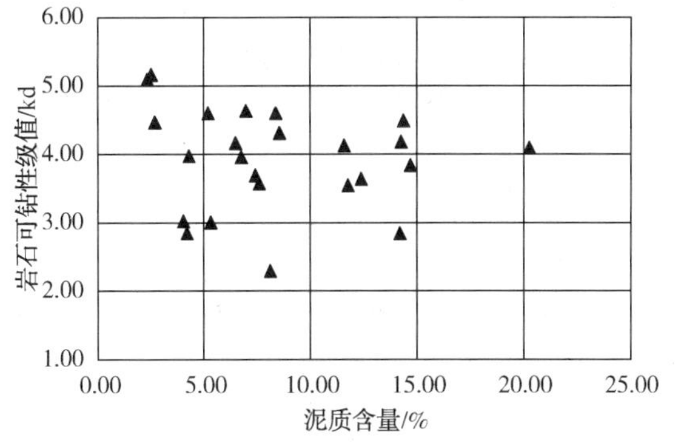

图 4 泥质含量与岩石可钻性关系

从上图可以看出，岩石可钻性与泥质含量之间并无明显相关性。分析认为，本次室内微钻实验使用的微钻头是 PDC 钻头，测量的岩石可钻性主要针对 PDC 钻头，PDC 钻头与牙轮钻头对砂岩中的泥质含量的响应不同，牙轮钻头破岩对应的岩石可钻性随砂岩泥质含量增加会明显变差，PDC 钻头破岩主要是靠聚晶金刚石复合片的切削作用，其所反应出的岩石可钻性与砂岩的泥质含量关系不大。东海深部地层中主要采用 PDC 钻头，因此，针对深部砂岩地层进行岩石可钻性预测时，可以不把泥质含量作为回归参数之一。

（5）深度与岩石可钻性关系

国内外学者研究表明，地层的可钻性受众多因素的影响，但就岩石的客观性而言，主要的影响因素是岩石本身和其所处的应力环境，应力环境可由埋藏深度代表。目前常用的深度与岩石可钻性关系模型为 $K_d = a + b\ln H$，绘制二者之间的关系图如图 5 所示。

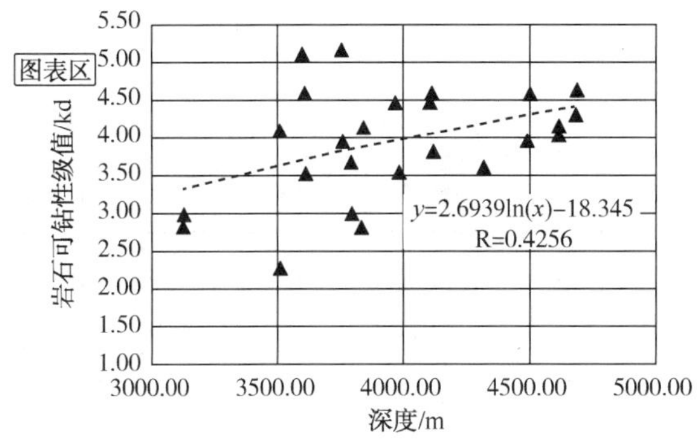

图 5 泥质含量与岩石可钻性关系

从趋势线看，岩石可钻性随着深度的增加有变差的趋势，但二者的相关性较差。究其原因主要是所选深度数据为东海不同区块多口井的数据，而不是同一口井的数据，不同区块不同井的地层埋深存在区别，不同井即使深度相同，地层情况也可能差别很大，因此用不同井的深度与岩石可钻性之间建立关系的方法是不合适的，在后面多测井参数与岩石可钻性建立关系模型时，不应用地层深度作为模型自变量。

（6）多测井参数与岩石可钻性关系

为了建立更准确的岩石可钻性预测模型，采用非线性多元回归的方法，建立多测井参数预测岩石可钻性的计算模型。根据之前分析可知，东海深部地层砂岩岩石可钻性与声波时差、岩石密度和电阻率关系较为密切。表 2 所示为去除干扰点后的声波时差、密度、泥质含量和岩石可钻性数据统计表。

表 2 测井参数与岩石可钻性数据表

井号	归位井深/m	实验测定可钻性级值	声波时差（us/ft）	密度/（g/cm³）	电阻率/（ohm·m）
#1	3835.34	2.85	79.75	2.25	15.61
	3840.92	4.16	67.36	2.53	40.14
#2	3615.06	3.55	65.36	2.50	32.22
	3966.74	4.48	63.85	2.53	24.99
◦	◦	◦	◦	◦	◦
◦	◦	◦	◦	◦	◦
◦	◦	◦	◦	◦	◦
#13	4486.82	3.97	65.63	2.50	27.78
	4491.98	4.61	63.22	2.62	41.05
#14	4609.09	4.09	62.90	2.57	24.66
	4611.50	4.18	64.17	2.52	26.99

根据表 2 数据，以岩石可钻性级值为因变量，以声波时差、岩石密度、电阻率为自变量，利用 matlab 内置 nlinfit 函数建立多个岩石可钻性预测模型，对比各模型相关系数 R 和标准误差 RMSE 后，优选出模型（置信水平 95%）：

$$K_d = 2.5261 - 0.6482\ln\Delta t + 0.0338e^{1.6619\rho} + 1.3558\lg R_t$$

（R = 0.9362　RMSE = 0.2825）

对该计算模型进行总体显著性检验，根据自变量数目为 3，自由度为 21，计算得 F 检验值为 F = 49.4667。查 F(0.05) 检验分布表，在置信水平 95% 条件下对应的 F 临界值为 $F0$ = 3.072，由

此可得 $F>>F0$。因此，该数学计算模型的回归结果是高度显著的，可用来对岩石可钻性进行预测评价。

2　人工神经网络方法预测岩石可钻性

目前，常用的人工神经网络包含线性神经网络、BP 神经网络、径向基函数网络、自组织竞争神经网络等[6]。BP 神经网络属于前向网络，是前向网络的核心部分，被广泛应用于逼近、回归、分类识别等领域。径向基神经网络是近些年才提出和研究的，其逐渐被证明对非线性网络具有一致逼近的性能，逐步在不同行业和领域得到了广泛应用。

目前，在研究岩石可钻性过程中应用人工智能的方法还处于初级阶段[7-9]。本文中，笔者选用常规 BP 神经网络、级联 BP 神经网络、径向基神经网络来预测岩石可钻性。

（1）常规 BP 神经网络预测可钻性

目前已经证实，任何线性和非线性的函数不需要增加隐藏层层数，而只需要增加隐藏层中神经元的数量，就可以用三层网络无限逼近[10]，因此笔者在建立常规 BP 神经网络和级联 BP 神经网络时采用三层网络结构。用与岩石可钻性密切相关的测井参数（Δt、ρ、R_t）作为输入层的输入变量，以实测岩石可钻性级值 Kd 作为输出层的期望输出值，根据经验选择 15 个隐含层节点，构成岩石可钻性级值预测的 BP 神经网络模型如图 6 所示。

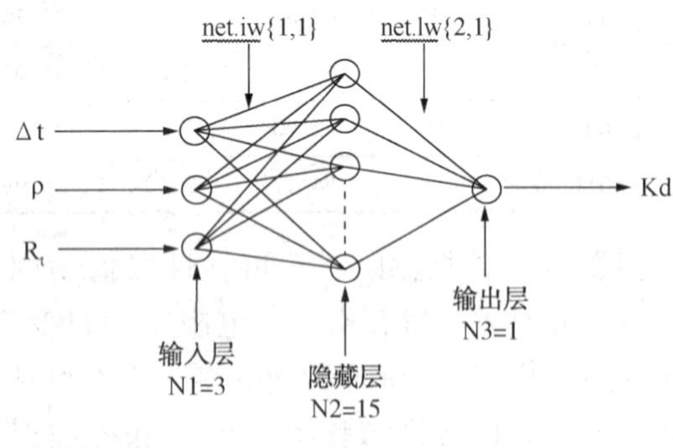

图 6　常规 BP 神经网络模型示意图

本研究中，神经网络的训练函数采用 Traimlm 函数，该训练函数具有训练速度快且预测精度高的特点，传递函数采用 Tan-Sigmoid 函数，以均方误差 mse 作为评价指标。在输入变量中随机抽取 70%用于训练，15%用于验证，15%用于测试，并采用提前终止的策略，防止过拟合。根据经验，随着训练样本拟合误差减小，测试误差也随之减小，但随着训练样本拟合误差减小到某极小值后，测试误差会有很大概率增加，这说明网络泛化能力降低了，为了降低这种情况的发生概率，将训练样本的训练误差阀值取为 0.01，同时，为了防止误差达到阀值以下时，验证样本的误差增大过多，导致训练失效陷入局部最优，将验证误差不减小次数的判定值设为 3，保证建立的神经网络的验证误差如果出现三次迭代均不减小就结束训练。

笔者以表 2 数据为依据，以实测岩石可钻性级值为期望输出量，以 Δt、ρ、R_t 为输入量，采用 BP 神经网络程序对表 2 样本数据进行训练学习。由于训练结果依赖初始随机权值，为了训练出优质的 BP 网络，笔者利用 for 循环进行编程，建立 1 万个 BP 神经网络，以总体样本的 R 值和 RMSE 值作为主要评价指标，同时兼顾验证样本和测试样本的 R 值，对训练的 BP 神经网络进行优选，最终建立的预测数学模型如表 3 所示。

表 3　岩石可钻性级值的常规 PB 神经网络预测模型

三层网络（3×15×1）；传递函数 Tan-sigmoid；网络输出参数为 Kd

连接权重 net. iw{1，1}				连接权重 net. lw{2，1}	
神经元节点	Δt	ρ	R_t	神经元节点	Kd
1	1.5466	2.3043	−1.8046	1	−0.3598
2	−2.2620	2.4431	−0.4033	2	0.1646
3	−1.9423	1.5983	−2.3787	3	0.3215
◦	◦	◦	◦	◦	◦
◦	◦	◦	◦	◦	◦
◦	◦	◦	◦	◦	◦
13	2.3382	1.8987	−1.7662	13	−0.7552
14	0.5346	3.4556	−0.6054	14	−0.0959
15	−1.4036	−2.2744	−2.0544	15	0.0262

图 7 至图 10 为训练好 BP 神经网络的相关性能指标。从图 8 可以看出在 11 次迭代计算过程中，训练误差持续减小，测试误差和验证误差在后两次迭代中略有增加但不明显，查看图 11 测试样本的 R 值为 0.94，说明该 BP 神经网络泛化能力较好，网络预测性能优良。

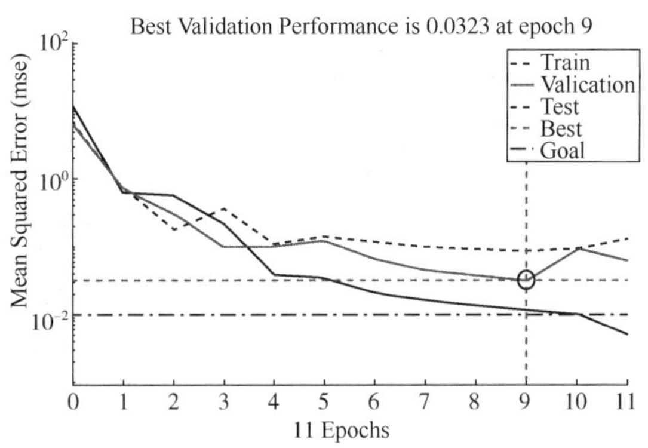

图 7　神经网络训练性能图

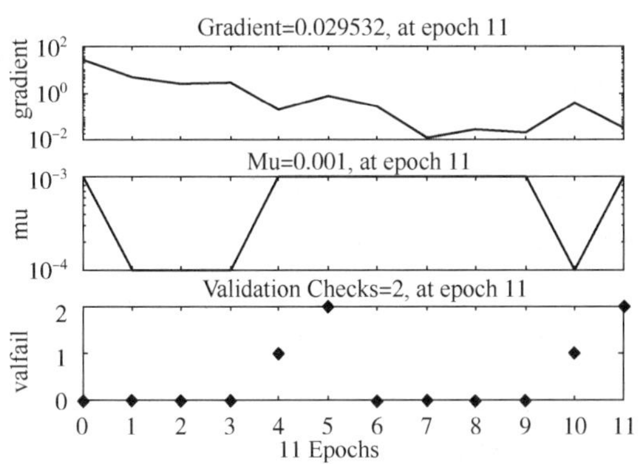

图 8　神经网络训练状态

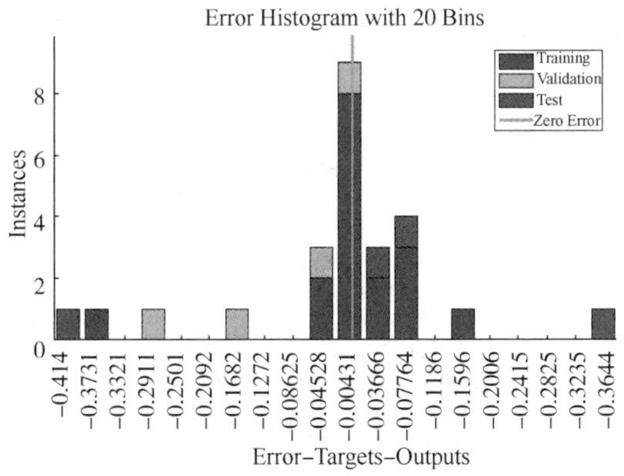

图 9　神经网络训练误差分布图

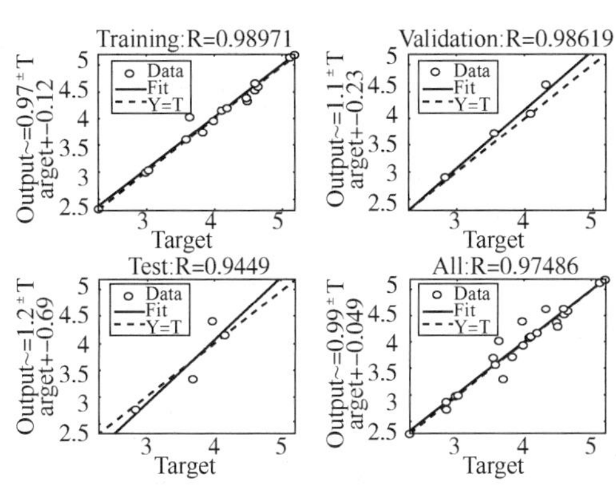

图 10　神经网络训练回归情况

利用之前优选的多元回归模型和上述建立的常规 BP 神经网络对岩石可钻性进行了回归检验，其预测结果如表 4 所示，预测可钻性级值与实测值之间相关系数 R = 0. 9749，标准误差 RMSE = 0. 1643，平均误差率为 2. 52%，比多元回归模型的误差率小一倍，最大误差率为 10. 94% 小于多元回归的 15. 79%，拟合效果很好。

表 4　常规 BP 神经网络与多元回归分析法的预测结果比较

井号	归位井深/m	实验测定	多元非线性回归		常规 BP 神经网络	
		可钻性级值	可钻性级值	误差率	可钻性级值	误差率
#1	3835. 34	2. 85	2. 73	4. 29%	2. 76	3. 13%
	3840. 92	4. 16	4. 24	1. 82%	4. 14	0. 40%
#2	3615. 06	3. 55	4. 02	13. 12%	3. 72	4. 88%
。	。	。	。	。	。	。
。	。	。	。	。	。	。
。	。	。	。	。	。	。
#13	4491. 98	4. 61	4. 66	0. 98%	4. 65	0. 83%
#14	4609. 09	4. 09	4. 15	1. 44%	4. 10	0. 18%
	4611. 50	4. 18	4. 00	4. 40%	4. 19	0. 22%
平均误差率		—	—	5. 14%	—	2. 52%

（2）级联 BP 神经网络预测可钻性

为了提高神经网络预测的稳定性，考虑在输入层与输出层之间增加连接权值，定义为 net. iw {2，1}。级联 BP 神经网络模型如图 11 所示。

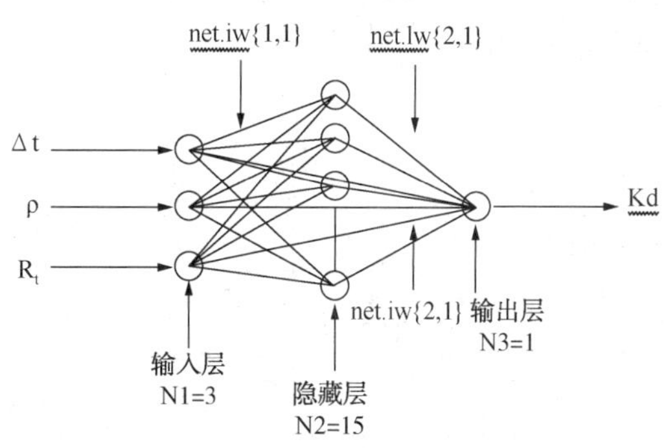

图 11　级联 BP 神经网络模型示意图

采用级联 BP 神经网络程序对表 2 样本数据进行学习，方法同上述常规 BP 神经网络建立方法，建立 1 万个级联 BP 神经网络并优选。最终优选的级联 BP 神经网络的数学模型如表 5 所示。

表 5　岩石可钻性级值的级联 PB 神经网络预测模型

三层网络(3×15×1)；传递函数为 Tan-sigmoid；网络输出参数为 Kd								
连接权重 net. iw{1，1}				连接权重 net. iw{2，1}			连接权重 net. lw{2，1}	
神经元节点	Δt	ρ	R_t	Δt	ρ	R_t	神经元节点	Kd
1	1. 1028	−1. 6217	2. 8409	1. 7195	0. 5457	0. 9434	1	−0. 9125
2	1. 1166	−2. 8413	−1. 6106				2	−0. 4423
3	−1. 5974	0. 8461	4. 3072				3	1. 2260
°	°	°	°				°	°
°	°	°	°				°	°
°	°	°	°				°	°
13	1. 8824	0. 1282	1. 7369				13	0. 7660
14	−0. 8258	1. 6902	3. 1583				14	−0. 6869
15	−0. 8755	−3. 6395	0. 6800				15	−0. 4765

利用多元回归模型和级联 BP 神经网络分别对岩石可钻性进行了回归检验，其预测结果如表 6 所示，预测的可钻性级值与实测值之间相关系数 R=0. 9818，平均误差率为 2. 53%与常规 BP 神经网络接近，但相比常规 BP 神经网络，标准误差 RMSE=0. 1367<0. 1643，最大误差率不超过 10%，残差平方和 RSS=0. 4679<0. 6746，稳定性相比常规 BP 神经网络有一定提升。

表 6　级联 BP 神经网络与常规 BP 神经网络的预测结果比较

井号	归位井深/m	实验测定	常规 BP 神经网络		级联 BP 神经网络	
		可钻性级值	可钻性级值	误差率	可钻性级值	误差率
#1	3835. 34	2. 85	2. 76	3. 13%	2. 85	0. 13%
	3840. 92	4. 16	4. 14	0. 40%	4. 12	1. 04%
#2	3615. 06	3. 55	3. 72	4. 88%	3. 74	5. 32%
°	°	°	°	°	°	°
°	°	°	°	°	°	°
°	°	°	°	°	°	°
#13	4491. 98	4. 61	4. 65	0. 83%	4. 64	0. 65%
#14	4609. 09	4. 09	4. 10	0. 18%	4. 14	1. 15%
	4611. 50	4. 18	4. 19	0. 22%	4. 10	1. 97%
平均误差率		—	—	2. 52%	—	2. 53%

（3）径向基 RBF 神经网络预测可钻性

尽管在神经网络的实际应用中，BP 神经网络占多数，但其也有难以克服的局限性。首先，其需要的参数较多且不确定。BP 神经网络的层数、每层神经元个数都需要人为指定，导致算法不稳定。其次，初始权重具有随机性，训练网络质量的好坏与初始权值有很大关系，为了获得优质神经网络，必须要采用多次运行以及修改算法等方式，这无疑降低了神经网络建立的效率。相比 BP 神经网络，径向基神经网络结构简单，是三层网络，只有一个隐含层，神经元个数在训练时会逐个增加知道满足要求的训练误差为止。

笔者采用广义径向基神经网络对表 2 数据进行学习，设置误差容限为 0. 01，扩散因子 5，最大神经元个数 26。构建的径向基神经网络模型如图 12 所示。训练误差下降曲线如图 13。建立的数学模型如表 7 所示。

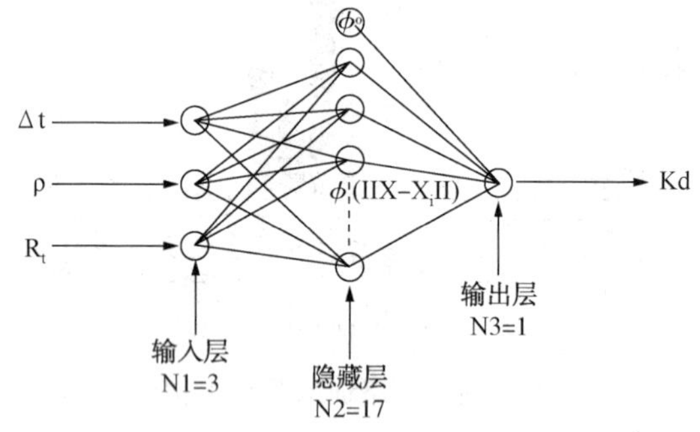

图 12　径向基神经网络模型示意图

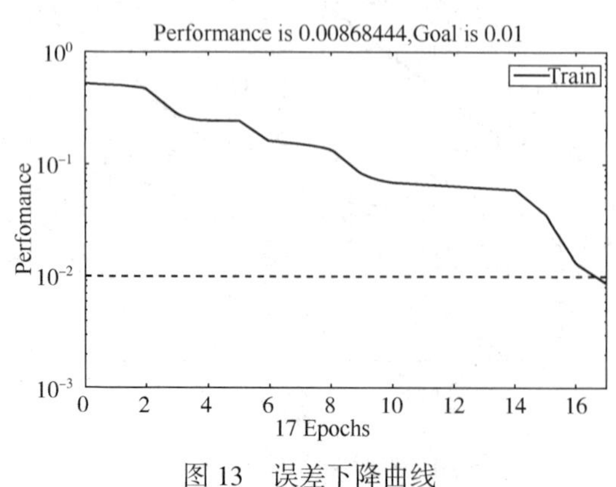

图 13　误差下降曲线

表 7　岩石可钻性级值的径向基神经网络预测模型

三层网络(3×17×1)；基函数为 Gauss 分布函数；网络输出参数为 Kd	
连接权重 net. lw{2，1}	
神经元节点	Kd
1	-53. 2664
2	-2. 2191
3	3. 1128
。	。
。	。
。	。
15	51. 3305
16	2. 4315
17	1. 9146

表 8 所示为径向基神经网络对岩石可钻性级值的预测值与预测误差率，平均误差率为 1. 37%，最大误差率不超过 7%，与级联 BP 神经网络相比，在训练误差均取值为 0. 01 时，径向基神经网络的预测误差更小，稳定性更好。

表 8　径向基神经网络预测结果表

井号	归位井深/m	实验测定	径向基神经网络	
		可钻性级值	可钻性级值	误差率
#1	3835. 34	2. 85	2. 85	0. 00%
	3840. 92	4. 16	4. 17	0. 13%
#2	3615. 06	3. 55	3. 71	4. 60%
。	。	。	。	。
。	。	。	。	。
。	。	。	。	。
#13	4491. 98	4. 61	4. 69	1. 69%
#14	4609. 09	4. 09	4. 36	6. 69%
	4611. 50	4. 18	3. 95	5. 45%
平均误差率		—	—	1. 37%

(4) BP-RBF 双级联神经网络预测可钻性

单一的神经网络模型如果想要提高计算的准确性往往需要添加更多的输入层变量、隐藏层的层数以及神经元个数，这必然会带来神经网络拓扑结构的复杂化，会大大降低网络的学习速率。为了解决这一矛盾，笔者尝试将级联 BP 神经网络与 RBF 径向基神经网络进行级联得到 BP-RBF 双级联神经网络结构，在尽量简化神经网络拓扑结构的条件下，提高神经网络预测岩石可钻性的准确性。BP-RBF 双级联神经网络模型的结构如图 14 所示。模型分为两部分，第一部分是利用级联 BP 神经网络对各类型测井数据进行处理，输出岩石可钻性初步预测值；第二部分是利用 RBF 神经网络准确高效提取同类信息特征的优势，以上一步得到的岩石可钻性初步预测值作为输入变量，并加入能够反映岩石可钻性的岩石特征参数，经 RBF 神经网路处理后得到岩石可钻性最终预测值。岩石特征参数包括岩石硬度、抗压强度等，可利用专业软件对测井数据解释得到，也可通过室内试验测定。表 9 所示为 BP-RBF 双级联神经网络对岩石可钻性级值的预测值与预测误差率，平均误差率为 1. 12%，最大误差率不超过 5%相比于单一 BP 神经网络和 RBF 径向基神经网络，预测误差更小，稳定性更好，说明二者的级联可以有效避免因不同输入变量的值域范围差距较大，导致部分变量在网络映射过程中被淹没或者扭曲。

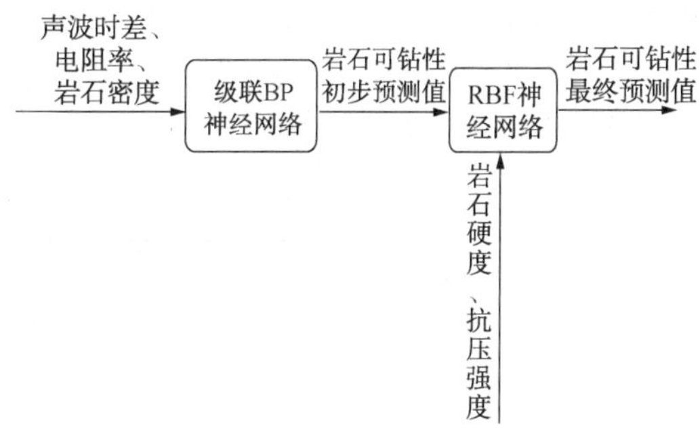

图 14　BP-RBF 双级联神经网络模型

表 9　BP-RBF 双级联神经网络预测结果表

井号	归位井深/m	岩石硬度	抗压强度	实验测定	BP-RBF 双级联神经网络	
		(MPa)	(MPa)	可钻性级值	可钻性级值	误差率
#1	3835. 34	791. 26	62. 74	2. 85	2. 86	0. 35%
	3840. 92	1634. 15	78. 15	4. 16	4. 16	0. 00%
#2	3615. 06	933. 30	64. 88	3. 55	3. 60	1. 41%
。	。	。		。	。	。
。	。	。		。	。	。
。	。	。		。	。	。
#13	4491. 98	1730. 02	81. 56	4. 61	4. 60	0. 22%
#14	4609. 09	1371. 91	74. 38	4. 09	4. 29	4. 89%
	4611. 50	1598. 46	76. 97	4. 18	4. 28	2. 39%
平均误差率		—		—	—	1. 07%

3　实例验证及效果分析

为了进一步对比非线性多元回归与人工神经网络对岩石可钻性级值的预测可靠性，验证神经网络在岩石可钻性预测方面的优势。笔者以东海HG、GZZ 等四个区块其中七口井的 20 块岩心的测井数据及岩石硬度、抗压强度数据为训练样本，为了充分利用训练样本，采用二维差值法，调用 interp2 和 meshgird 函数将 20 个样本扩充到 100 个。用前文的方法分别建立了非线性多元回归模型、级联 BP 神经网络模型、RBF 径向基神经网络模型和 BP-RBF 双级联神经网络模型，几种模型对近几年在东海 YY 区块所钻 YY-4 井和 YY-5 井的岩石可钻性级值预测结果与实测结果的对比如表 10 所示。可以看出，人工神经网络相比于非线性多元回归对岩石可钻性级值的预测效果更好，满足工程要求，其中，BP-RBF 双级联神经网络的预测效果最好。应用该方法可快速建立东海深部地层岩石可钻性剖面并掌握其分布规律，可为新井钻头选型提供依据，对提高东海深部地层的机械钻速有重要的指导意义。

表 10　岩石可钻性级值预测精度对比表

井名	非线性多元回归误差率	级联 BP 神经网络误差率	径向基神经网络误差率	BP-RBF 神经网络误差率
YY-4	20. 16%	15. 87%	12. 22%	7. 41%
	6. 53%	4. 11%	1. 93%	1. 87%
	3. 37%	3. 35%	1. 75%	1. 45%
YY-5	14. 79%	6. 88%	8. 65%	6. 16%
	10. 90%	2. 92%	3. 51%	3. 44%
平均误差率	11. 15%	6. 63%	5. 61%	4. 07%

4　结论与建议

（1）对东海深部地层进行岩石可钻性预测时，相比于多元回归的方法，利用人工神经网络方法建立的模型准确度更高。

（2）径向基神经网络相比于 BP 神经网络，结构简单，隐藏层的神经元个数不用根据经验自己指定，参数确定后训练的径向基神经网络唯一，而 BP 神经网络由于初始权值的随机性而有不可重现性。

（3）每种单一神经网络结构都有其自身的局限性，BP-RBF 双级联神经网络将 BP 神经网络与 RBF 径向基神经网络组合以克服各自的缺点，能够更精确的预测岩石可钻性。

（4）本文中室内微钻实验实测岩石可钻性级值主要集中在 3~6 之间，实验条件为常温常压没有对岩样加围压，因此，实验测定的岩石可钻性级值相比于岩石在深层高压条件下的实际可钻性级值必然偏小。在今后对岩石可钻性进行研究时，可考虑进行围压条件下的室内实验研究。

（5）本文在建立神经网络时，针对所选井区域分布和实验条件，并没有将深度和泥质含量作为输入变量。在今后对岩石可钻性研究过程中，应根据实际情况，考虑是否将二者作为输入变量。

（6）在采用 RBF 径向基神经网络进行二次级联时，引入的输入变量不仅限于岩石硬度、抗压强度，可根据实际情况，加入岩石塑性系数、研磨性数据等作为输入变量。

参　考　文　献

[1] 杨文．岩石可钻性预测及钻头选型方法研究[D]．西南石油大学，2017.

[2] 郑德帅，高德利，冯江鹏．实钻条件下井底岩石可钻性预测模型研究[J]．岩土力学，2012，33(3)：859-863.

[3] 李玮，闫铁．岩石可钻性分形法的检验与评价[J]．西部探矿工程，2013，25(1)：52-54.

[4] 王忠福，孟金城，张志邦．声波时差测井在岩石可钻性预测中的应用[J]．大庆石油地质与开发，2006，25(3)：94-96.

[5] 梁启明，邹德永，张华卫，等．利用测井资料综合预测岩石可钻性的试验研究[J]．石油钻探技术，2006，34(1)：17-19.

[6] 陈明．MATLAB 神经网络原理与实例精解[M]．北京：清华大学出版社，2013.

[7] 夏宏泉，刘之的，陈平，等．基于 BP 神经网络的岩石可钻性测井计算研究[J]．测井技术，2004，28(2)：148-150.

[8] Deng Y，Chen M，Jin Y，et al. A New Method for Assessment of Rock Drillability Based on indentation Tests [C]．American Rock Mechanics Association，2015：23-30.

[9] Hedayatzadeh M，Shahriar K，Hamidi J K. An Artificial Neural Network Model To Predict The Performance Of Hard Rock TBM[C]. International Society for Rock Mechanics，2010：44-49.

[10] 沙林秀，张奇志，贺昱曜．基于 SDCQGA 优化 BP 神经网络的岩石可钻性建模[J]．西安石油大学学报(自然科学版)，2013，28(2)：92-97.

磁感应传输钻杆耦合传输技术研究

孙浩玉

(中石化胜利石油工程有限公司钻井工艺研究院)

摘　要　磁感应耦合传输技术是一种高效的随钻数据传输技术。介绍了信号感应耦合传输原理，参考高频变压器模型建立了单节耦合器的电路模型，分析了多节耦合器连接的电路特性，针对多级信号传输衰减问题探讨了电容补偿方法，确定了实验分析采用的电路模型。10根钻杆、9节耦合器组成的随钻信息磁感应传输系统实验结果表明，信道频率特性实测曲线和仿真曲线基本吻合，说明利用电路模型分析钻杆磁感应传输特性可行。该结果为进一步研究磁感应耦合传输技术提供了理论支持。

关键词　智能钻杆；感应耦合器；磁感应传输；电路模型；电容补偿；频率特征；实验研究

随着海洋油气资源的深入开发及陆上复杂油气田和难采难动用储量的勘探开发，旋转导向、随钻测井和随钻地震、地质导向等技术不断发展，石油钻井和完井进入信息化、智能化、自动化阶段，要求随钻实时采集、传输、处理和反馈地质信息和钻井工程参数，以便及时调整施工工艺，确保钻井作业快速、安全。目前，国内随钻信息的实时传输主要为泥浆脉冲方式，其理想传输速率仅为2~5bit/s，远远不能满足随钻实时快速传输众多参数的要求，限制了信息技术与钻井技术的结合，制约了上述新技术的发展。

2000—2006年，在美国能源部的支持下，IntelliServ公司经过工程实践和研发，生产出一种基于电磁感应耦合原理的高速随钻数据传输系统(也称磁感应传输系统)。该系统利用钻杆接头处的耦合线圈实现信号的非接触式传输，数据沿着钻杆内的信号线经过耦合器逐级传输，最高实验传输速率2Mbit/s，应用速率56kbit/s，无中继传输达20~30节钻杆，既解决了电磁波、泥浆脉冲等技术传输速率低的问题，又克服了有线传输数据线磨损的缺点[1,2]，是油气钻探方式的一次革命，被誉为近25年来钻井技术最重大的进步之一。

目前，磁感应耦合传输技术的具体实现细节未见相关报道。笔者进行了初步探索，通过大量实验研制出一种磁感应传输模拟实验系统，在信号传输机理上取得一些突破，信号的无中继传输超过20节钻杆。本文讨论与分析了智能钻杆磁感应传输技术及其信道的频率特性，为进一步研究应用磁感应耦合传输技术提供了理论支持。

1　信号感应耦合的传输原理

信号磁感应耦合原理见图1。两个相互靠近的N匝线圈1、2分别称为初级线圈和次级线圈，其电感量均为L，初级线圈的电流i_1产生磁通ϕ_{11}，其穿过次级线圈的部分称之为耦合磁通ϕ_{21}，未穿过次级线圈的部分称之为漏磁通ϕ_{1n}，两线圈之间磁通相互匝链的关系称为磁耦合。

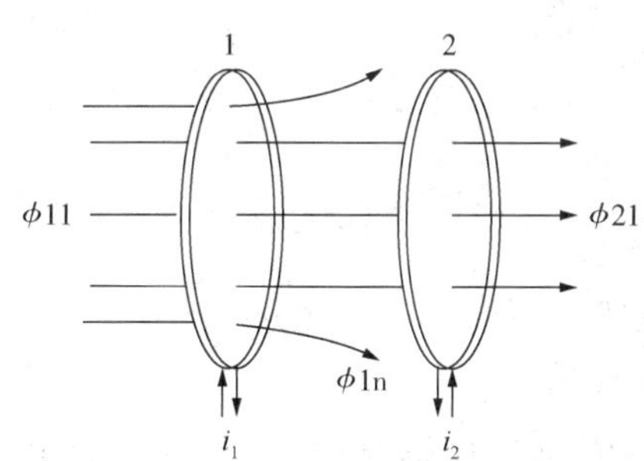

图1　信号磁感应耦合传输原理示意图

由电磁感应定律可知，耦合磁通ϕ_{21}变化会引起线圈2的感应电势有所改变，其计算方法如下。

$$e=-\frac{d\phi_{21}}{dt}=-M\frac{di_1}{dt} \qquad (1)$$

其中，

$$M=kL \qquad (2)$$

【基金项目】国家863计划资助课题“动力及信号传输钻杆技术”(2007AA06Z228)。

【作者简介】孙浩玉，工程师，生于1978年11月，2006年毕业于中国石油大学(华东)机械电子工程专业，获硕士学位，现为中国石油大学(华东)机电工程学院在读博士研究生，主要从事石油钻井机械和仪器装备的研究工作。

$$k = \phi_{21}/\phi_{11} < 1 \quad (3)$$

式中：t 为时间；M 为两个线圈之间的互感；k 为耦合系数，表征两个线圈耦合的强弱程度。

通过线圈之间的电磁感应，能量或信号由一个线圈传递到另一个线圈[3,4]，这就是感应耦合传输的原理。由于线圈之间存在间隙，必然存在漏磁通 ϕ_{ln}，在传输过程中信号或能量便有所损耗。为了提高传输效率，需要采取相应的措施以减少漏磁通。

钻杆磁感应耦合系统采用铁氧体材料制成环状磁芯，线圈环绕在环状磁芯的槽内并密封，以此制成耦合器。耦合器两端分别装入钻杆公接头的前端和母接头的台肩处(钻杆接头处经过特殊加工)，钻杆连接后耦合器两端的线圈无直接连接，间距在 1~2mm。图 2 中的感应耦合接头 1、感应耦合接头 2 分别对应图 1 中的两个线圈，电缆用于连接钻杆两端的线圈并构成回路，钻杆对接后两个线圈靠的很近，可以实现磁感应耦合信号传输。

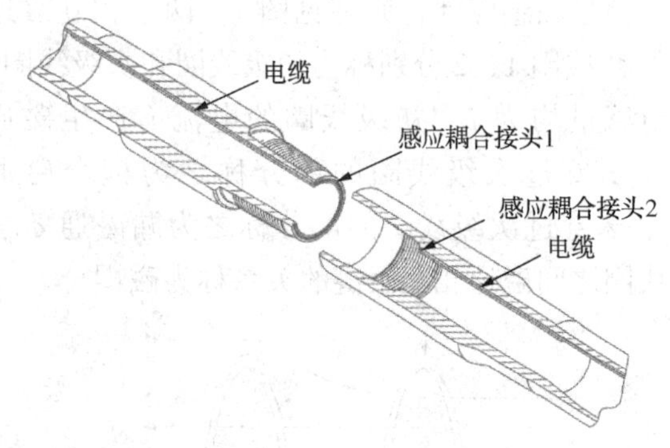

图 2 钻杆对接示意图

2 感应耦合器的频率特性分析

2.1 电路模型

参考高频变压器原理[5,6]，设计的感应耦合器电路模型如图 3 虚线框内部所示。

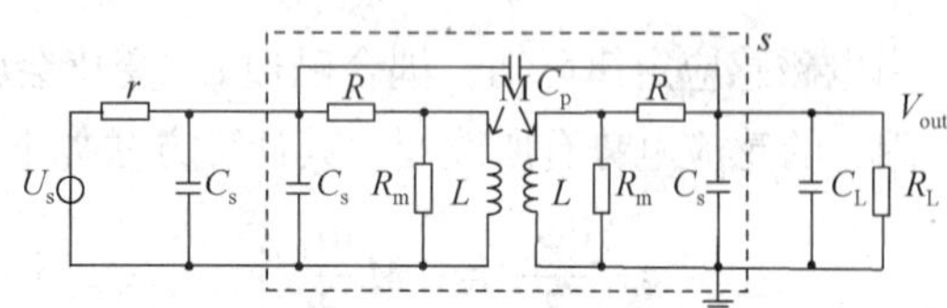

图 3 单节感应耦合器的电路模型

C_p-变压器两线圈之间的杂散电容；S-耦合器；r-信号内阻；M-互感；R-线圈的直流损耗；V_{out}-输出电压；U_s-信号源；C_s-线圈的分布电容；R_m-高频下磁芯的磁滞损耗和涡流损耗；L-感应耦合器的初级线圈和次级线圈的自感；C_L、R_L-采样探头的等效阻抗

通过谐振传输实验可知，该电路模型在计算谐振频率时不能采用耦合器单边的电感 L，必须通过互感 M。而间隙较大的能量耦合时的谐振频率计算采用单边的电感和电容[7,8]即可，因此该模型只适用于小间隙的信号耦合传输。

2.2 分析方法

由于模型的参数计算过程十分繁琐，若线圈结构及磁芯材料不同，计算结果也不同。对此，感应耦合器的频率特性分析采用实测和仿真相结合的方法，即根据图 3 所示的电路模型进行实测的仿真分析，然后将两种结果进行对比，最后修正模型中的各测量参数。

实测采用 LCR 测试仪。其可测量的参数有：电感，直接测量；互感，串联法测量；杂散电容 C_p，输入和输出端同时短接，测量两个同名端；分布电容 C_s，外加并联电容谐振法测量[9,10]；磁滞和涡流损耗 R_m，不能直接测量，可通过实测和仿真对比得到大致的取值范围。由于不同频率下的电容和电感测量值存在较大差别，为了确保测量参数的准确，需要采取分段测量。例如在 1~3MHz 的频段内，电感 L 变化最大，由 70mH 增大至 120mH，耦合系数 k 的变化范围在 0.6~0.7，分布电容和杂散电容变化较小，分别为十几个 pF 和几个 pF，磁滞和涡流损耗 R_m 的数量级在几十个 kΩ · m，其取值对模型计算结果的影响可以忽略。

耦合器传输特性仿真分析利用 Pspice 软件。该软件是一款快速准确的多功能电路模拟软件，可进行电路图绘制、电路模拟仿真、图形处理、电路自动检查、图表生成及电路模拟和计算，其与印制版设计软件配合使用可以自动进行电子设计。

实测和仿真采用的电路模型输出电压的峰值为 2V，获得的耦合器传输特性曲线见图 4。(图中实线为实测值，虚线为仿真值)。

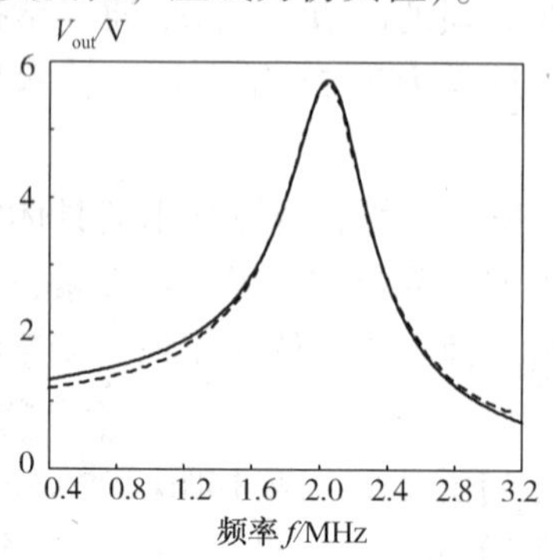

图 4 单节感应耦合器的频率特性

由图中可知，信号传输的谐振频点在2.1MHz左右。谐振频点计算公式为

$$f=1/2\pi\sqrt{LC} \tag{4}$$

式中：C为电容，pF。

根据公式(4)，改变模型中的电容和电感参数可以调整谐振频点。但电容参数难以控制，线圈电感则相对容易改变(如减少耦合器的线圈匝数可以减小电感)。因此，通过减少电感可以获得更高的谐振频点，进而提高传输速率。然而，电感减小的同时会导致传输效率的降低，选取电感时需兼顾速率和效率，最终要需以实验效果来决定。

2.3 特性分析

以3节耦合器为例，将其直接连接构成的信道频率特性曲线见图5。图中的曲线1、2和3分别表示1节、2节和3节的输出频率特性曲线。

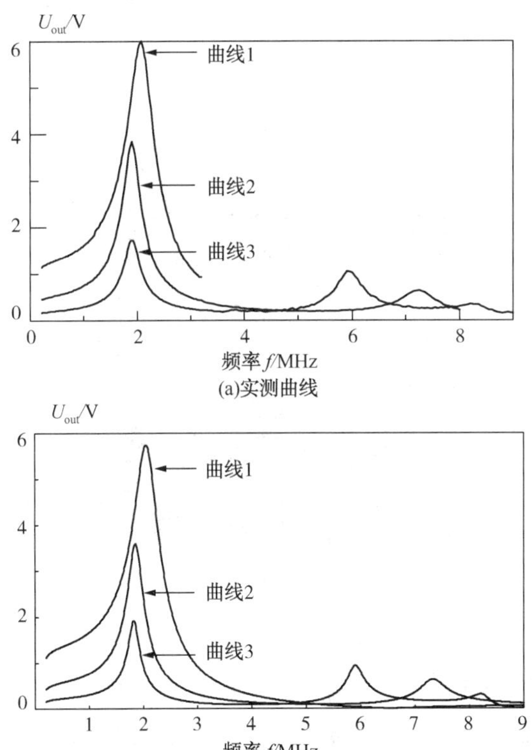

图5 3节感应耦合器直连的频率特性曲线

由图中可以看出：测试曲线和仿真曲线基本吻合，说明建立的耦合器电路模型及其修正后的测量参数正确；谐振频点的数目与耦合器的节数一致，因为每增加一节耦合器相当于增加了一个LC的谐振回路；随着耦合器节数的增加，信号传输效率即输出电压大幅衰减，表明信号传输的节数有限。

3 磁感应耦合的补偿方法

上述分析结果表明，磁感应信号传输效率随着耦合器节数的增加而衰减。为了增大信号传输距离，必须对传输特性进行补偿。补偿方式主要包括电容或电感补偿，因电容补偿简单、易行，本文选用该方法。

3.1 并联电容补偿

以3节信道为例，在图3所示的耦合器线圈回路中并联一个100pF的电容，形成的耦合器信道频率特性曲线见图6。

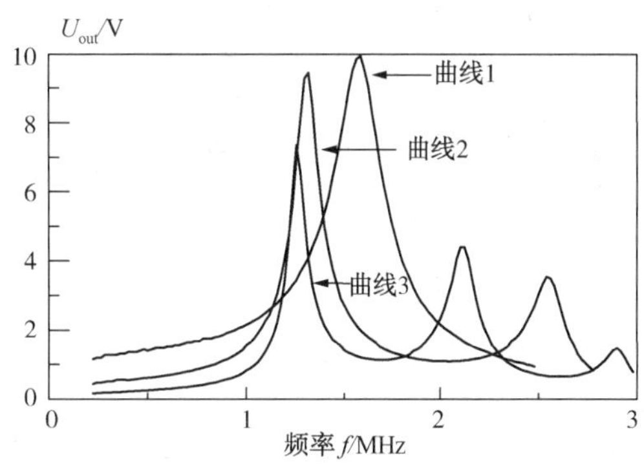

图6 并联补偿电容的耦合器信道频率特性曲线

可以看出：在感应耦合器的线圈上并联一个电容后，电路的主谐振峰值由补偿前的6V(图5)增大到10V，信号传输效率明显提高；信号传输的谐振频点由1.95MHz降至1.27MHz，信道频带在1~3MHz；频率小于1MHz的信号衰减很大。

3.2 串联电容补偿

以3节信道为例，在磁感应耦合回路中串联1nF的电容，形成的耦合器信道频率特性曲线见图7。

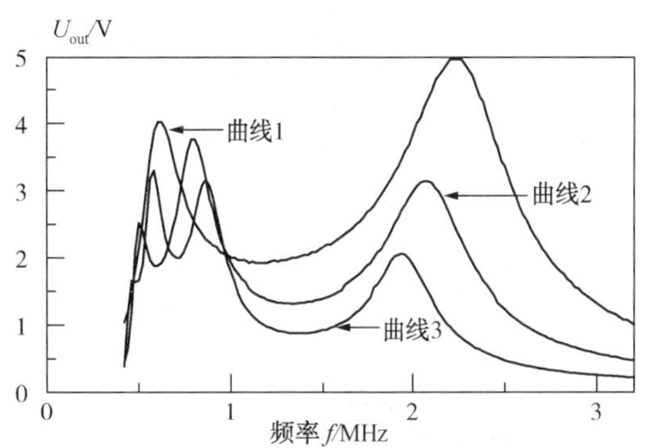

图7 串联补偿电容的耦合器信道频率特性曲线

由图中可以看出：在3节感应耦合器的线圈上各串联一个电容之后，曲线1的谐振频点仍然

位于 1.95MHz，谐振频点幅值也没有得到补偿；曲线 2 和曲线 3 的谐振频点分别转移到 0.62MHz 和 0.85MHz，频点幅值由 1.8V 升至 3V 以上。

3.3　串并联电容补偿

以 3 节信道为例，在耦合器线圈上同时并联和串联电容，形成的耦合器信道频率特性曲线见图 8。

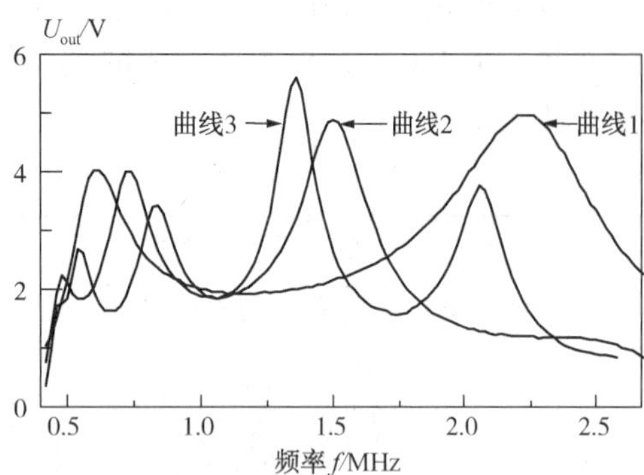

图 8　并串联电容补偿的耦合器信道频率特性曲线

由图中可以看出，主谐振频点由 1.95MHz 降至 1.40MHz，输出幅值从 1.8V 增加到 5.8V。说明同时串联和并联电容对信道幅频特性起到了补偿作用，并联电容对 1MHz 以上的谐振频点幅值进行了补偿，串联电容相当于增加了谐振支路，其谐振频点分布在 1MHz 以下。

4　信道频率特性的实验研究及结果

根据上述检测结果，最终确定的磁感应传输信道电路模型见图 9，连接耦合器的 10m 信号传输线的损耗忽略不计。利用该电路模型检测信道频率特性，确保实测结果与仿真结果一致必须满足的条件：耦合器的参数值准确；输入和输出(测试)端的等效阻抗准确，尤其是电容值。

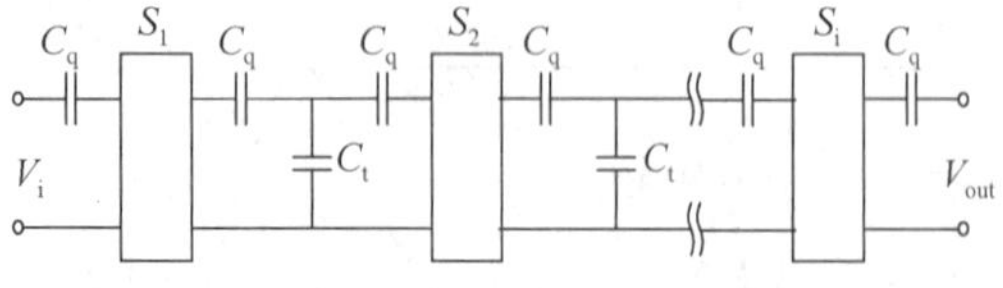

图 9　多节磁感应传输信道电路模型
C_q—补偿的串联电容；C_t—补偿的并联电容；
S_1，S_2，…，S_i—耦合器

对 10 根标准钻杆进行再加工并安装了 9 对耦合器，每根钻杆内的信号线用套管密封，用于补偿的串、并联电容密封在耦合器线圈和信号线接头处。封装后的单边耦合器(分别安装在公、母接头)见图 10，钻井实验平台见图 11。

图 10　封装后的耦合器

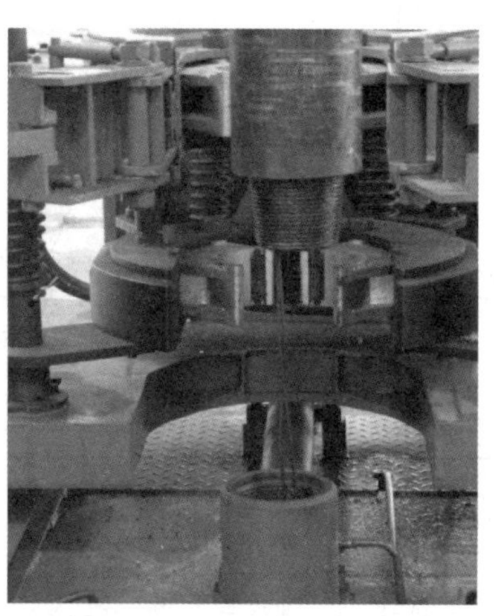

图 11　钻井实验平台

实验时，在井口发送信号，信号经过 10 节钻杆信号线和 9 对耦合器之后由井下直接返至井口，其输出的电压频率特性曲线见图 12(a)，利用图 9 所示的电路模型获得的仿真曲线见图 12(b)。

由图中可见：在 1.1~1.5MHz 频率内，谐振频点的幅值衰减最小，将其作为载波模拟频率，信号传输效率最高；与仿真曲线相比，实测曲线缺少几个谐振频点，且谐振点的幅值存在差异。其原因是：参数没有达到完全统一；仿真曲线上的谐振回路增多，致使有的谐振点极不明显，实测扫频时容易遗漏。总之，实测曲线和仿真曲线基本吻合，说明利用电路模型分析钻杆传输信道频率特性可行。

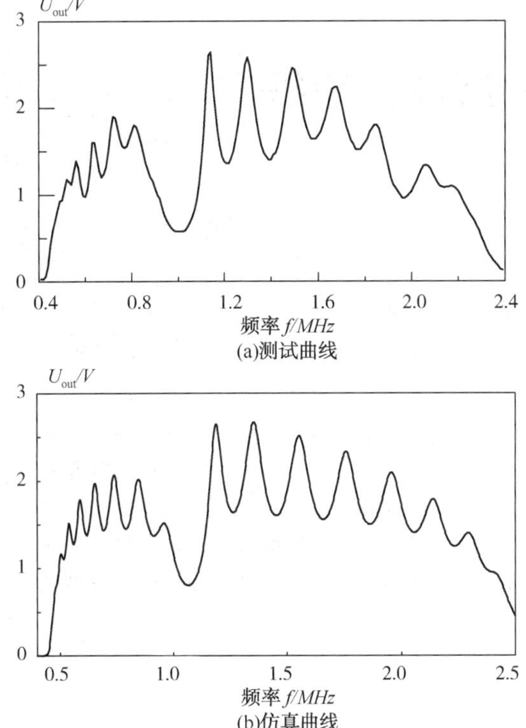

图 12 磁感应传输信道的频率特性

信号通信实验采用频移键控(Frequency Shift Keying - FSK)方式，在 1.1~1.5MHz 选取 2 个谐振点作为调频的频点，通信的数字速率最高达到 115.2kbit/s。由于再加工的钻杆数量有限，无法进行更多节数的信道频率特性传输实验。模拟实验时，信号传输距离超过 20 根钻杆。

5 结论

(1) 基于磁感应传输原理制作了耦合器，实现了信号在钻杆间的非接触传输，在高频变压模型的基础上建立了耦合器的电路模型，通过仿真与实测相结合的方法修正了模型中的测量参数。

(2) 多节耦合器连接时的信号传输特性表明，每增加一节耦合器就增加一个谐振回路。根据这一规律，确定了连续的磁感应传输信道电路模型。采用电容补偿方法，谐振频点的幅值增加，但信号频带缩小。前者可提高信号传输效率，后者会降低信号传输速率。

(3) 10 根标准钻杆、9 节耦合器组成的磁感应传输系统实验结果显示，连续磁感应传输技术可行。本结果为该技术的进一步研究奠定了基础。

(4) 目前，国外相关技术的数字信号传输速率达到 2Mbit/s，高于课题组研究使用的模拟载波速率 1.1~1.5MHz(单位对否?)，技术差距非常明显。下一步需要在耦合器的结构、磁芯、线圈以及补偿等基本环节进行大量的研究与探索。

参 考 文 献

[1] J. J. Michael, R. H. David, C. H. Darrell. Telemetry Drill Pipe: Enabling Technology for the Downhole Internet[R]. SPE 79885, 2003.

[2] David R. Hall, Joe Fox, Tyson J. Wilde, Jason Miller. Transmitting Data Through a Downhole Environment: US, 7298287 B2 [P]. 2007.

[3] K. W. Klontz, D. M. Divan, D. W. Novotny, et al. Contactless Power Delivery System for Mining Applications[J]. IEEE Trans. on Industry Applications, 1995, 31(1): 27-35.

[4] Mayordomo. I, Drager. T, Spies P, et al. An Overview of Technical Challenges and Advances of Inductive Wireless Power Transmission[J]. Proceedings of the IEEE, 2013, 101(6): 1302-1311.

[5] Bartoli, M. Reatti, A. Kazimierczuk, et al. Iron-powder Inductors at High Frequencies[C]. Industry Applications Society Annual Meeting, 1994: 1225-1232.

[6] 林宁，姚缨英，李玉玲，等. 感应耦合电能传输系统的设计[J]. 浙江大学学报(工学版), 2012, 46(2): 199-205.

[7] 夏晨阳，孙跃，贾娜，等. 耦合磁共振电能传输系统磁路机构参数优化[J]. 电工技术学报, 2013, 27(11): 139-145.

[8] 孙跃，夏晨阳，戴欣，等. 感应耦合电能传输系统互感耦合参数的分析与优化[J]. 中国电机工程学报, 2013, 30(33): 44-50.

[9] 李维波，毛承雄，陆继明，等. 分布电容对 Rogowski 线圈动态特性影响研究[J]. 电工技术学报, 2004, 19(6): 12-17.

[10] 彭勃. 回转器-电容模型中变压器寄生参数的研究[D]. 南京: 南京航空航天大学硕士学位论文, 2008.

同井注采井下分离器的磨蚀机理研究

张 勇 蒋明虎 赵立新

（1. 东北石油大学机械科学与工程学院 2. 黑龙江省石油石化多相介质处理即污染防治重点实验室）

摘 要 基于计算流体动力学方法与室内试验相结合的方法，以同井注采工艺中井下油水分离用水力旋流器为研究对象，针对井下采出液含砂条件对旋流壁面的冲蚀磨损特性开展研究，并完成试件加工通过室内冲蚀试验对数值模拟结果进行验证。模拟结果表明：流速是影响旋流分离器壁面磨损的重要因素，入口流速升高，壁面相应位置的磨损会随之加剧。不同流速下，旋流器壁面磨损的趋势基本一致，在满足旋流器基本工作要求的条件下，适当降低处理量有助于降低旋流器的磨损情况；磨损加剧的临界粒径为0.07~0.08mm之间，在颗粒粒径超过此范围时，磨损率急速上升，应采用有效方法分离粒径0.08mm以上的砂粒，以降低含砂对旋流器磨损的影响，提升井下旋流分离器的使用寿命。试验结果与数值模拟结果吻合良好，验证了本文数值模拟结果的准确性，本研究可为旋流分离器在同井注采工艺的长期可靠运行提供技术支撑。

关键词 同井注采；水力旋流器；冲蚀磨损；流体速度；离散相

随着油田的不断开发，采出液含水率逐渐升高，原油开采成本日益增加[1~3]。为了解决油田中后期出现的诸多矛盾，井下油水分离及同井回注技术被提出，该技术于2015年被确定为中石油颠覆性技术之一。同井注采工艺的核心内容之一是实现井下油水分离。由于井下空间狭窄，常规的旋流分离器均为切向入口形式，径向尺寸较大，无法适用于井下狭窄空间。赵立新，宋民航等[4]提出了一种轴入式螺旋入口结构，通过螺旋流道增压使混合液由轴向进入旋流器内，且仍能保证旋流器具有较好的分离性能。该轴向入口结构旋流器因具有径向尺寸小，分离精度高等优点，被应用在同井注采工艺内实现井下油水分离。理论及实验研究表明该结构旋流器具有较强的适用性及较好的分离性能，但目前针对这种轴向入口式结构旋流器磨蚀方面的研究相对较少。实际上，采出液携砂是在同井注采工艺实际应用中无法避免的问题。一方面含砂条件会对旋流器分离性能产生影响[5]，另一方面，会加速旋流器壁面的磨损速率，从而降低旋流器使用寿命[6]。所以研究这种轴入式油水分离旋流器在含砂条件下壁面磨损情况，对井下油水分离器的工程应用及同井注采的推广等具有实际意义。关于旋流器磨损问题的相关文献较多，如袁惠新，吕浪等[7]针对固液旋流器的单切向入口及双切向入口两种不同入口形式对壁面磨损影响进行研究，得出双入口形式对旋流器顶板及环形空间磨损率较小，却会加大底流口附近的壁面磨损程度。袁惠新，殷伟伟等[8]针对重分散相颗粒对固液分离旋流器壁面磨损开展数值模拟研究，得出该结构受磨损最严重部位在底流口位置等结论。赵立新，朱宝军等[9]基于DPM模型，对双锥旋流器内壁磨蚀情况进行模拟分析，得出该结构形式旋流器在切向入口、大锥段与旋流腔交界处、大锥段与小锥段交界等位置磨损程度最为严重。魏耀东[10]、SILVA[11]等研究了旋风分离器内介质转速与壁面磨损率之间的关系，得出随着入口速度的增加，旋流器壁面磨损率也随之增大。周大伟，向晓东[12]提出了一种环缝内衬固液分离器，并对其磨损情况进行数值模拟分析，结果表明环缝内衬可以降低旋流器的受磨损程度。但目前未见关于井下油水分离器壁面磨损情况研究的相关报道。因此本文运用欧拉-拉格朗日方法，针对同井注采工艺中采出液含砂对井下油水分离器壁面磨损情况开展实验及模拟研究，对旋流器入口进液冲击位置的磨损情况进行分析。

【基金项目】国家高技术研究发展计划（2012AA061303）资助。

【作者简介】张勇，男，1979年6月生，2018年毕业于浙江大学获工学博士学位，现为东北石油大学副教授，主要从事高含水油田提高采收率、油气田流体机械及工程方面的研究工作，E-mail：yongdxx@ hotmail. com。

1 数学模型

1.1 连续相湍流模型

雷诺应力模型能够全面涉及到湍流环境下的各向异性。由于旋流器内为强烈的湍流流场，流体运动方式为不可压缩流动，因此使用雷诺应力模型能更好地模拟旋流器内高速旋转的湍流流场[13]。运用雷诺应力模型进行求解的本质是求解湍流三维瞬态质量守恒公式、动量守恒公式和雷诺应力运输公式[14-16]：如下所示：

质量守恒方程：

$$\frac{\partial \rho}{\partial t} + \frac{\partial (\rho u_j)}{\partial x_j} = 0 \tag{1}$$

动量守恒方程：

$$\frac{\partial u_i}{\partial t} + \frac{\partial (u_i u_j)}{\partial x_j} = \frac{\partial \rho}{\rho \partial x_i} + \frac{\partial}{\partial x_j}\left[v \frac{\partial u_i}{\partial x_j} - \overline{u_i{}' u_j{}'}\right] + \frac{F_i}{\rho} \tag{2}$$

雷诺应力输送方程：

$$\frac{\partial \overline{u_i{}' u_j{}'}}{\partial t} + \frac{\partial (u_k \overline{u_i{}' u_j{}'})}{\partial x_k} = \frac{\partial}{\partial x_k}\left(\frac{v_t}{\sigma_k} \frac{\partial \overline{u_i{}' u_j{}'}}{\partial x_k} + v_t \frac{\overline{u_i{}' u_j{}'}}{\partial x_k}\right) + p_{ij} + \varphi_{ij} + \varepsilon_{ij} + F_{ij} \tag{3}$$

1.2 离散相控制方程

在 DPM 模型中，粒子轨迹的计算是对 Lagrange 坐标下粒子的运动微分方程进行积分[17]，由于作用在粒子上的力平衡，因此离散相的运动方程如式(4)：

$$\frac{du_p}{dt} = F_D(u - u_p) + \frac{g_x(\rho_p - \rho)}{\rho_p} + F_x \tag{4}$$

其中，$F_D = \frac{18\mu}{\rho_p {D_p}^2} \frac{C_D \mathrm{Re}}{24}$ 中，u_p 为离散相流速，u 为连续相流速，μ 为连续相黏度系数，D_P 为颗粒直径，ρ，ρ_p 分别为连续相密度，离散相密度，g_x 为 x 方向重力加速度。F_x 包括的力有：压力梯度力、虚拟质量力、Basset 力、Brownian 力、Saffiman 力、Magnus 力、Thermophoretic 力等。由于颗粒尺寸在微米级，且密度比空气大得多，因此可忽略虚拟质量力、布朗力及流场剪切产生的 Saffiman 力、颗粒自身旋转效应的 Magnus 力。

1.3 离散相对壁面的磨蚀函数

为了研究不同速度及不同粒径的颗粒对旋流器壁面的磨蚀情况，磨损速率采用磨蚀率函数[18-22](3.5)来计算：

$$R_{erosion} = \sum_{p=1}^{N_p} \frac{m_p C(d_p) f(\alpha) v^{b(v)}}{A_{face}} \tag{5}$$

式中：N_P 为单位时间撞击壁面颗粒数，m_p 为离散相的质量流率，$C(d_p)$ 为离散相粒径的相关函数，$f(\alpha)$ 入射角相关函数，$b(v)$ 为相对速度函数，v 为离散相与靶材的相对速度；A_{face} 颗粒在壁面上的投影面积。

2 物理模型及边界条件的选择

2.1 物理模型及网格划分

本文数值模拟计算中采用的旋流器模型结构如图 1 所示，由于尾管段对整个旋流器流场的影响较小，为了节省计算时间，可将尾管段忽略不计。

图 1 目标旋流器三维示意图

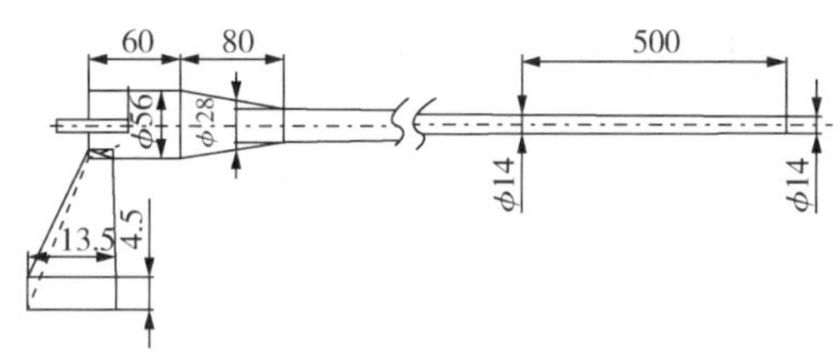

图 2 目标旋流器主要结构参数

采用 Gambit 软件划分旋流器计算域的网格，采用六面体网格进行切块划分并对网格质量进行检查，网格数量为 251886 个，网格划分及网格利用率如图 3 所示。

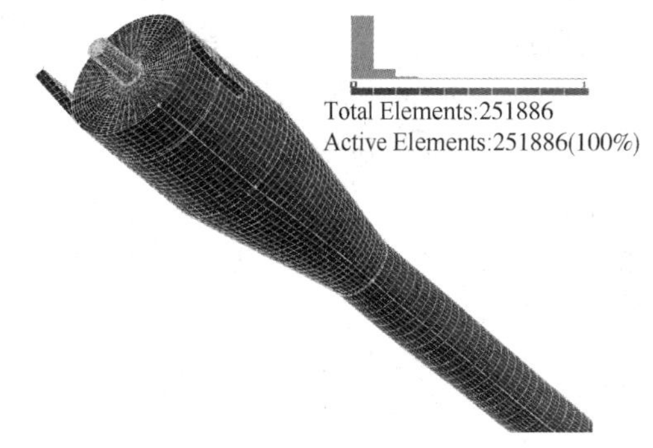

图 3 旋流器模型网格划分

2.2 边界条件

根据旋流分离器的实际工作条件，设置以下的边界条件：

（1）连续相边界条件：入口边界设定为速度入口，速度大小由旋流分离器的处理量计算得出，旋流器当量直径设置为5.5mm，湍动能强度为5%；出口边界设置为自由流出口，同时设置分流比。

（2）离散相边界条件：颗粒入口设置为面源注射，颗粒入口速度与连续相速度相同，颗粒粒径d=0.05mm，质量流率设定为1.4g/s；出口边界条件设定为完全逃逸；壁面边界条件：采用壁面标准函数法，假设无滑移壁面边界。

连续相（水）：密度为998.2kg/m³，运动黏度为1.003g（m·s）；离散相（砂）：密度为2000kg/m³，运动黏度为1.72×10^{-2}g（m·s）。

采用Pressure Based隐式求解器，对于稳态问题，借助传统的SIMPLE计算，通过QUICK方法离散动量方程的对流相。计算时，先求解连续相并使之收敛，之后加入颗粒相进行耦合计算。

3 模拟结果及分析

3.1 旋流器入口及旋流腔段的壁面磨损

不同入口速度下颗粒相对水力旋流器壁面的冲蚀磨损情况分析如下。根据井下实际工况，选择旋流器处理量分别为2.5m³/h、3m³/h、3.5m³/h、4m³/h作为研究对象，计算中对应其入口速度分别为：6m/s、7.2m/s、8.4m/s、9.6m/s。

磨损率/kg·m^{-2}·s^{-1}

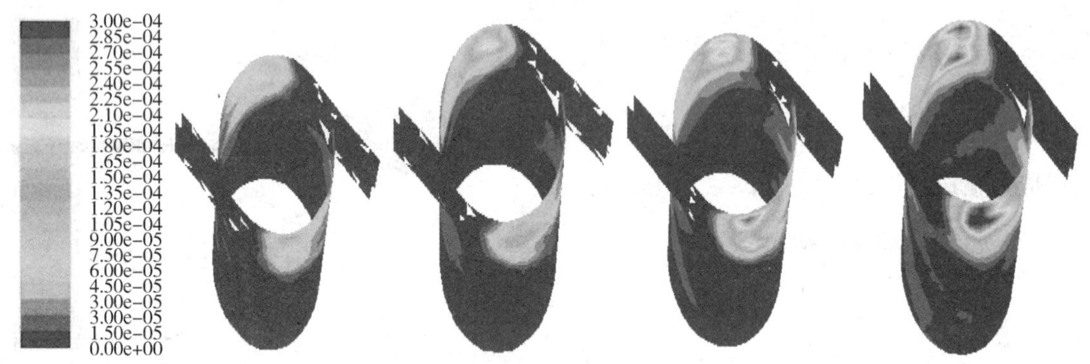

图4　不同速度下的入口及旋流腔壁面磨损云图

图4为不同速度下的入口及旋流腔壁面的磨损云图。在旋流器入口区域，由于流体及颗粒速度大，壁面受流体冲击较大，流体中含有的固体颗粒由于受到离心力及惯性力的作用，以一定的速度撞击壁面，从而对壁面产生冲刷作用。此处的流场湍流较大，颗粒并没有形成稳定的旋转运动，粒子以冲击的方式作用于旋流器的内壁。因此，入口部分的磨损形式主要是冲击磨损。图4为粒径0.05mm时，不同速度下颗粒对旋流器入口及旋流腔壁面的冲刷磨损云图，速度由6m/s增至9.6m/s，粒子对壁面的磨损率持续升高。粒子在运移过程中所受离心力大于连续相对其的束缚，粒子将偏离连续相运动的流线，与壁面发生碰撞。粒子挣脱流体束缚的能力随流速的增大而变强，对内壁的冲击逐渐增强，磨损率也就越大。

图5为旋流腔段壁面的磨损率与轴向位置的关系，由图5可知，入口流速为9.6m/s时，轴向13mm至18mm处，磨损率变大至3.25×10^{-5}kg/（m²·s），20mm处内壁磨损率降至1.8×10^{-5}

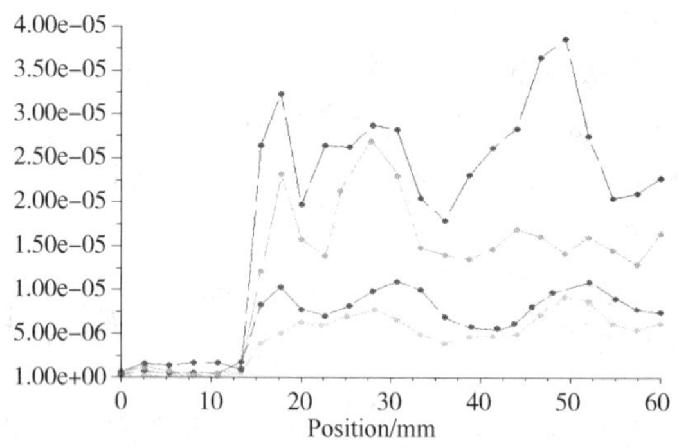

图5　不同处理量下旋流腔壁面磨损与轴向关系

kg/（m²·s），由20~30mm磨损率重新上升，增至2.75×10^{-5}kg/（m²·s），由30~38mm磨损率下降到1.65×10^{-5}kg/（m²·s），由38~50mm又上升至4.0×10^{-5}kg/（m²·s）。由腔段磨损率的数值变化规律分析可以看出：不同流速下，颗粒对旋流腔的磨损率在轴向位置上呈现出波状的折线，磨损率出现波峰处即颗粒浓度最大处，磨损率出现低谷处即颗粒浓度最小处。同时，随入口流速的升高，旋流腔段各个部位的磨损率也相应增大。在轴向位置50mm处，当流速由6m/s~

9.6m/s 时，磨损率由 1×10^{-5}kg/(m^2·s)快速增至 4×10^{-5}kg/(m^2·s)，磨损率在流速增加 0.5 倍左右的情况下提高了 4 倍。由此可以看出，流速对旋流器壁面磨损程度的影响极大，在保证满足井下旋流分离器正常工作要求的情况下，适当地降低旋流器的处理量，可有效地降低壁面的磨损。

3.2 颗粒质量流率一定时粒径与平均磨损率关系

在颗粒的质量流率为 1.4g/s 时，对不同速度下的不同粒径颗粒对旋流器壁面的磨损进行分析，获得壁面上平均磨损率与粒径的关系，如图 6、7 所示。

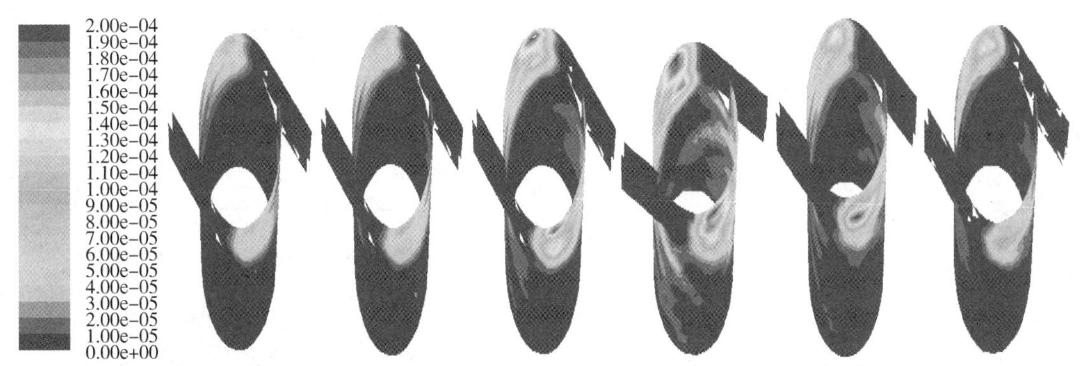

图 6 颗粒质量流率一定时不同粒径下的入口及旋流腔壁面磨损云图

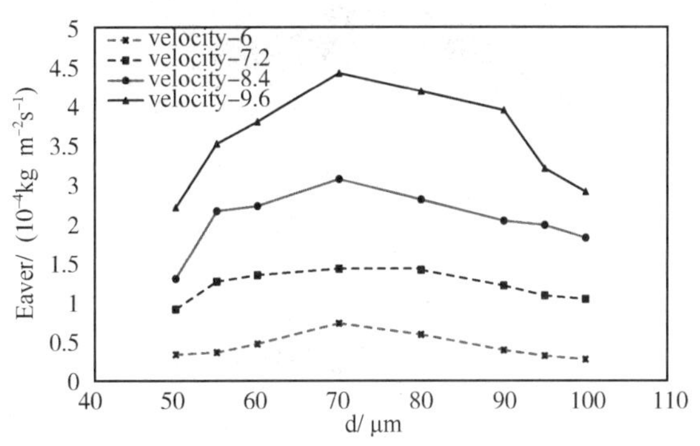

图 7 颗粒质量流率一定时粒径与平均磨损率关系

由图可以看出，当入口速度、粒子的质量流率一定时，磨损率随粒子直径的增大出现先增大后降低的情况。不同流速下的变化趋势也基本相同。磨损率先增大是由于粒径增大，粒子所受离心力变大，对壁面产生更大的冲击力，造成磨损率增加；磨损率随后降低是由于颗粒增大时，单颗粒子的质量增大，而颗粒所占的百分比不变，则单位时间内通过的粒子个数就会减少，颗粒对壁面的冲击概率也会相应降低。因此，研究颗粒的粒径对磨损的影响时，不可忽略流场内颗粒的总个数，而只考虑粒径变化产生的影响。

3.3 含砂量一定时粒径与平均磨损率关系

通过粒径的变化计算颗粒体积及质量，通过改变质量流率保证单位时间内流过的颗粒个数相同，对不同速度下不同粒径的颗粒对壁面的磨损情况进行模拟计算，得出平均磨损率随粒径的变化情况如图 8、9 所示。

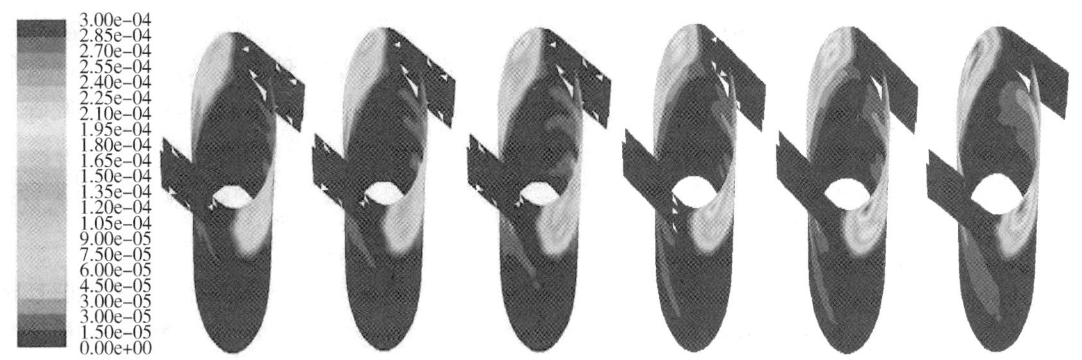

图 8 含砂量一定时不同粒径下入口及旋流腔磨损云图

由图可知，粒径在 70~80μm 的范围内壁面磨损率急剧上升。粒径小于此区间，磨损率较低，粒径超过这一临界粒径区间时，壁面的磨损率迅速增高。产生这种现象的原因是：由于单位时间内流过的颗粒数量一定，粒径增大，流经的颗粒的质量流率也随之增大，颗粒的体积分数越大，对壁面的磨损就越严重。

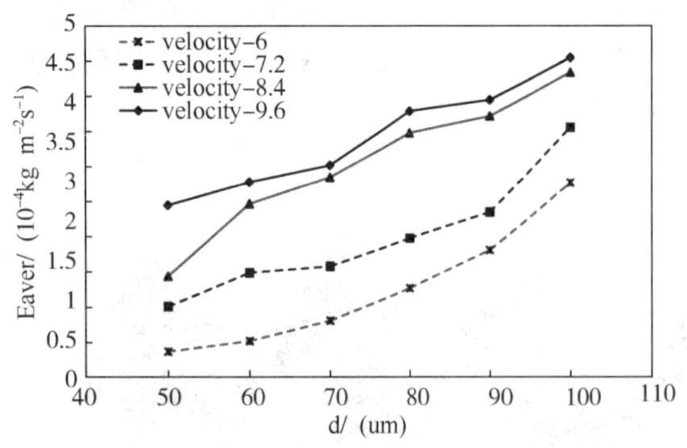

图 9　含砂量一定时粒径与平均磨损率关系

4　试验验证

4.1　试验装置及原理

冲蚀试验在喷射式冲刷腐蚀试验台上进行，主要包括搅拌罐、搅拌器、螺杆泵、喷嘴、交流电机和电磁流量计等，能够实现含砂量、流速、冲刷时间、冲刷角度的控制，图 10 为喷射式冲蚀试验工艺。

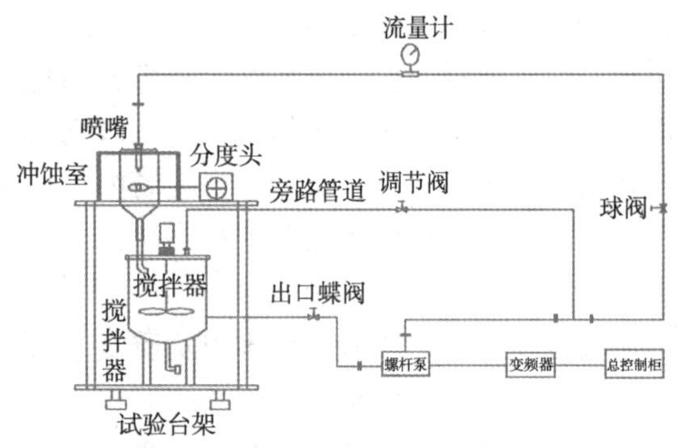

图 10　喷射式冲蚀试验机流程图

工作原理：在搅拌罐内完成水砂两相的混合处理，搅拌器持续转动使砂相均匀分布。螺杆泵将均匀的混合液抽出，通过管道输送至喷嘴处进而喷射到试样表面，对试样造成冲蚀磨损，冲蚀后的混合液经管道回流至砂浆搅拌罐内循环使用。

4.2　试验材料

4.2.1　试样制备

冲蚀磨损对象主要为 1Cr18Ni9Ti 钢，利用线切割方式对两种试件进行切割，以消除切割对试件组织产生的影响。将试件加工成图 11 的形状，其中工作面为 ϕ20 面。为保证试验中只存在一个冲蚀面，试验时用 704 硅橡胶将试件的非工作面及台阶进行涂封，保证其冲蚀面积为 3. 14cm^2。之后将其放入干燥的器皿中备用。依次使用 300#、500#、800#、1200#砂纸对试件工作面进行打磨，之后使用乙醇、丙酮对试件进行超声波清洗，吹风机吹干后使用电子天平对试验前试件重量进行测量。

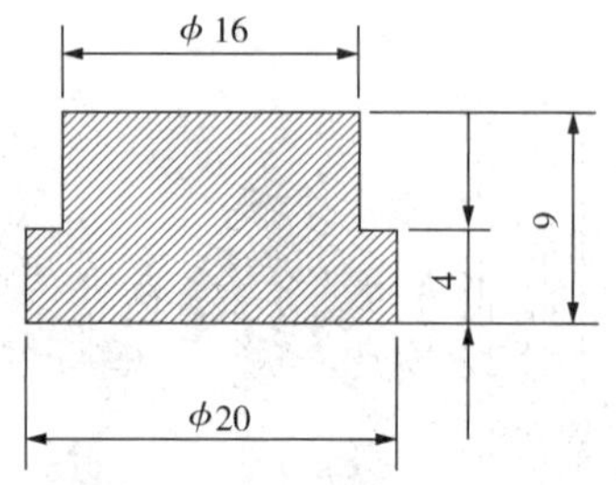

图 11　冲蚀试件形状及尺寸(单位：mm)

1Cr18Ni9Ti 材料成分如表 1 所示。

表 1　35CrMo、1Cr18Ni9Ti 化学组成及百分比(质量分数，wt%)

材料	C	Cr	Mo	Ni	Cu	Si	Mn	P	S
1Cr18Ni9Ti	0. 12	17	-	8	-	1	2	0. 035	0. 03

4.2.2　试验介质

为研究冲刷与腐蚀的交互作用，需要获得纯冲刷条件下的材质的磨损率。试验所需要的介质：一种是以蒸馏水与砂混合作为介质，将 500L 的蒸馏水与砂按比例混合，研究纯冲刷条件下的规律。另一种是以氯化钠溶液混合砂作为介质，研究冲蚀条件下的规律。首先配置质量分数为 3. 5wt%的氯化钠溶液，配置后溶液的总体积为 500L，再混合一定量的砂一起放入搅拌罐。

4.2.3　试验参数

本文主要分析在冲蚀速影响下，两种材质的冲蚀机理及抗冲蚀的能力。冲蚀速度根据井下旋流器实际应用时混合液进液速度作为参考分别为：6、8、10、12、14、16m/s。

4.3　试验步骤

将试件放置于试件托上，并用夹持器固定。

通过手轮调节冲蚀过程中的角度，对流量计等设备进行检查无问题后，开启空气阀开关并且启动泵。改变变频器的频率调节泵的转数，进而改变流量以满足试验所设定的流速。

试验后将试样取出。若为腐蚀介质则需要做去膜处理，将试件放入已配好的清洗液内，静置两分钟。取出后用吹风机吹干，用 CPA225D 型分析天平进行称重并记录。对于无腐蚀介质中的试件，试验后无需进行除膜处理，吹风机吹干后称重记录即可。将需要做电镜的试样封装于密封袋中。

4.4 不同流速下两种材质抗冲蚀性能的比较

1Cr18Ni9Ti 在含砂量 0.6% 的条件下，不同流速下的失重量与冲蚀率变化情况如图 12 所示。

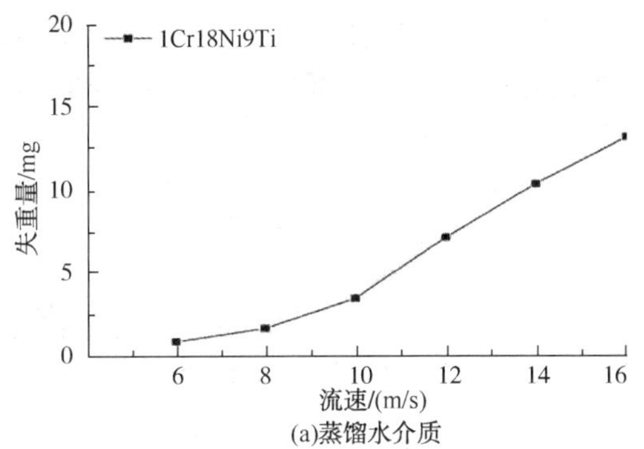

(a)蒸馏水介质

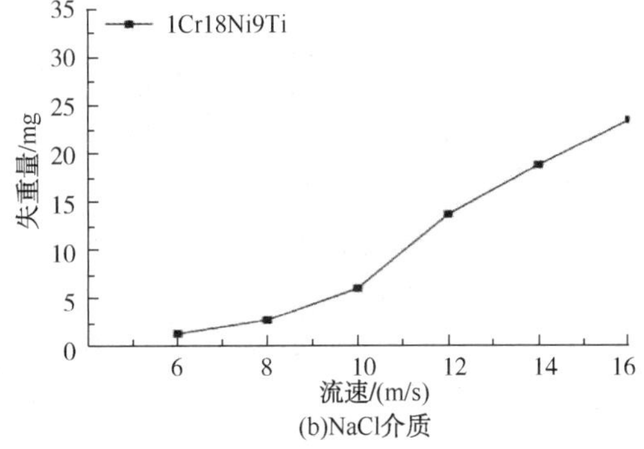

(b)NaCl介质

图 12　蒸馏水介质与 NaCl 介质中两种材料失重量随时间变化

由图 12 可以看出，1Cr18Ni9Ti 材料的失重量从 6m/s~12m/s 时，增加较快，随后失重量增加较之前缓慢。

流速较低的条件下，材料的损失都是以腐蚀为主，此时的冲刷的机械作用不明显。10m/s 时，冲刷腐蚀逐渐由以腐蚀为主转化为以冲刷的机械作用为主。流速为 12m/s 时，流体冲刷的机械作用增大从而促进腐蚀，冲蚀速率上升。流速 6m/s 时，1Cr18Ni9Ti 材料的失重量较低，基本接近于 0。这是由于流速较低时 1Cr18Ni9Ti 材料

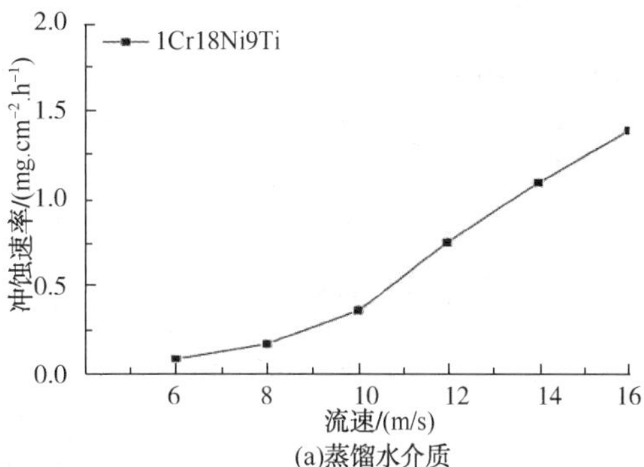

(a)蒸馏水介质

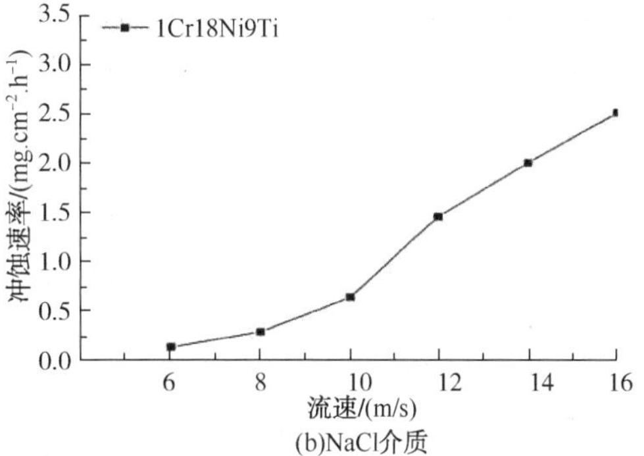

(b)NaCl介质

图 13　蒸馏水介质与 NaCl 介质中两种材料冲蚀率随时间变化

的表面会生成一层钝化膜，粒子对试样表面冲击时的动能不足以将此钝化膜破坏，因此此时失重量微小，与存在钝化膜表面的冲刷腐蚀情况相吻合。流速增大到 10m/s 时，由于此流速下钝化膜的修复仍然大于机械冲刷作用，虽然失重量开始增加。12m/s 时 1Cr18Ni9Ti 材料的冲蚀速率增加明显加快，说明此时机械冲刷作用大于钝化膜的修复作用。流速较高时，1Cr18Ni9Ti 材料失重量缓慢。由于 1Cr18Ni9Ti 材料作为奥氏体不锈钢，其耐蚀性较好，降低了腐蚀对材料的损失的程度，相比 35CrMo 材料，其交互作用大大减小，因此其失重量增加较为缓慢。

5 结论

（1）作为同井注采工艺中分离器使用的旋流分离器，受井液含砂情况下流速、颗粒质量流率、含砂量影响，旋流分离器磨损严重的区域为入口环形区，此区域磨损主要以冲击磨损为主，由于模型选用的是双入口的旋流分离器，因此磨损也在壁面上呈现出对称分布。

（2）流速是影响旋流分离器壁面磨损的重要因素，入口流速升高，壁面相应位置的磨损会随之加剧。不同流速下，旋流器壁面磨损的趋势基本一致，在满足旋流器基本工作要求和分离效率的条件下，适当降低处理量有助于降低旋流器的

磨损情况。

(3) 磨损加剧的临界粒径为 0.07～0.08mm 之间，在颗粒粒径超过此范围时，磨损率急速上升，应采用有效方法分离粒径 0.08mm 以上的砂粒，以降低含砂对旋流器磨损的影响，提升井下旋流分离器的使用寿命。

参 考 文 献

[1] Y. Du, L. Guan, H. Liang. Advances of produced water management. The 6th Canadian International Petroleum Conference. Calgary, Alberta, Canada, June 7－9, 2005.

[2] A. Joseph, J. A. Ajienka. A review of water shutoff-treatment strategies in oil field. 2010, SPE 136969.

[3] 赵立新，蒋明虎．井下油水分离与产出水回注技术综述[J]. 国外石油机械，1999，10(3)：49-54.

[4] 赵立新，宋民航，蒋明虎，等．新型轴入式脱水型旋流器的入口结构模拟分析．石油机械，2013，41(1)：68-71.

[5] 徐保蕊，蒋明虎，张晓光，等．采出液中固相颗粒对三相分离器性能的影响[J]．中国粉体技术，2016，22(3)：5-12.

[6] 蒋明虎，卢梦媚，徐保蕊，等．旋流器磨损研究进展[J]. 化工进展，2016，35(2)：41-45.

[7] 袁惠新，吕浪，殷伟伟，等．不同入口形式的固液分离旋流器壁面磨损研究[J]. 化工进展，2015，34(10)：3583-3588.

[8] 袁惠新，殷伟伟，黄津，等．固液分离旋流器壁面磨损的数值模拟[J]．化工进展，2015，34(3)：664-670.

[9] 赵立新，朱宝军，张勇．基于离散相模型的双锥水力旋流器磨蚀分析[J]. 化工机械，2007，34(6)：317-320.

[10] 魏耀东，刘仁桓，燕辉，等. 蜗壳式旋风分离器的磨损实验和分析[J]. 化工机械，2000，28(2)：71-75.

[11] Silap D, Briens C, Bernis A. Development of a new rapid method to measure erosion rates in laboratory and pilot plant cyclone [J]. Power Technol, 2003, 131(8): 111-119.

[12] 周大伟，向晓东．环缝内衬固液分离耐磨旋流器磨损的数值模拟[J]．化工进展，2016，35(2)：397-402.

[13] Chu K W, Kuang S B, Yu A B, et al. Prediction of wear and its effect on the multiphase flow and separation performance of dense medium cyclone[J]. minerals Engineering, 2014, 56: 91-101.

[14] 朱红钧，林元华，谢龙汉．FLUENT12 流体分析及工程仿真[M]．北京：清华大学出版社，2011：32-45.

[15] Y. Du, L. Guan, H. Liang. Advances of produced water management. The 6th Canadian International Petroleum Conference. Calgary, Alberta, Canada, June 7-9, 2005.

[16] 刘娟，许洪元，齐龙浩，等．几种水机常用金属材料的冲蚀磨损性能研究[J]．摩擦学学报，2005，25(5)：470-474.

[17] 张爱波，樊建春，耿亚楠，等．拉应力作用下冲蚀速度对 35CrMo 钢的冲蚀磨损行为的影响[J]. 润滑与密封，2017，42(3)：46-48.

[18] 金浩哲，易玉微，刘旭，等．液固两相流冲洗油管道的冲蚀磨损特性数值模拟及分析[J]．摩擦学学报，2016，36(6)：695-701.

[19] A Gnanavelu, N Kapur, A Neville, et al. A numerical investigation of a geometry independent integrated method to predict erosion rates in slurry erosion [J]. Wear, 2011, 271(5－6): 712－719.

[20] 偶国富，易玉微，金浩哲，等．煤直接液化减压进料阀组数值模拟与优化[J]．煤炭学报，2015，40(12)：2961－2966].

[21] 代真，段志翔，沈士明. 流体力学因素对液固两相流冲刷腐蚀的影响[J]. 石油化工设备，2006，12(06)：20-23

[22] FinnieI, Stevick GR, RidgelyJR. The influence of impingement angle on the erosion of ductile metals by angular abrasive particles [J]. Wear, 1992(152): 91-98.

海上油田水平井精细分段控水工艺技术研究与应用

万小进　吴绍伟　宋立志　周泓宇　袁　辉　郑华安

(中海石油(中国)有限公司湛江分公司)

摘　要　针对南海西部油田水平井产出段长、找水难、控水成功率低等问题，本文提出了封隔体控水工艺技术，该技术采用封隔颗粒与调流控水筛管相配合，其中封隔颗粒充填在环空降低环空流体轴向窜流量，调流控水筛管平衡井筒产液剖面，实现水平井全井段的多级分段控水，相较于传统控堵水工艺，其具有无需找水、储保风险低等优点。该技术在南海西部油田进行了先导试验，降水增油效果显著，为海上油田水平井稳油控水技术发展提供了一条新思路。

关键词　南海西部油田；控水；封隔颗粒；调流控水筛管

随着水驱油藏逐渐进入开发中后期，油田高含水问题越发严重。截止目前，南海西部油田在生产油井中，含水高于80%的油井占到了38%。在油井高含水阶段，提液一般是最主要的增产手段，但除了单井是否具备提液潜力外，海上油井提液还受限于海管外输、平台空间、平台电力、水处理等多因素制约，影响油田整体开发效果。实际生产中，受构造、储层非均质性、压力损失等多因素影响，导致全井段出水不均，部分高渗层产出基本全为水，低渗层含油饱和度高，但无法得到有效动用，在不开展针对性的控堵水措施情况下，其水驱方向得不到改变，储层动用程度、波及效率难以提高，最终影响高含水油井开发效果。

油井控水技术主要分在井筒中开展工作的机械控水与在近井地带开展工作的化学堵控水[1-8]。截至目前，南海西部油田共实施机械控水3井次，成功率100%，虽然机械控堵水作业取得了较好的措施效果，但机械控堵水工艺主要存在找水难、筛管完井的老井难以建立有效的封隔单元、选井门槛高等难题，极大制约了常规机械控水的推广应用。南海西部油田共实施化学控堵水8井次，仅有3井次达到了预期效果，成功率为仅为37.5%，且成功井的增油降水效果有限，化学控堵水主要存在用液量大、泵注风险高、储保难度大等多种问题[1]。结合目前机械和化学控堵水难题，本文提出了一种水平井多级分段控水工艺技术。

1　技术原理

针对目前机械控堵水找水难、选井门槛高，化学控堵水储保风险大、措施成功率低等问题，开展了封隔体控水新工艺技术研究，该工艺利用充填紧实的颗粒层，降低环空轴向窜流量；调流控水筛管增加储层流体流入井筒内的流动阻力，减小高渗层的生产压差，调整全井筒压力剖面，实现全井段均匀产出，在高含水井段下入具有较大节流能力的调流控水阀，抑制高渗水层的产出，为其余低渗产油段增加生产压差，从而实现控水增油(图1)。

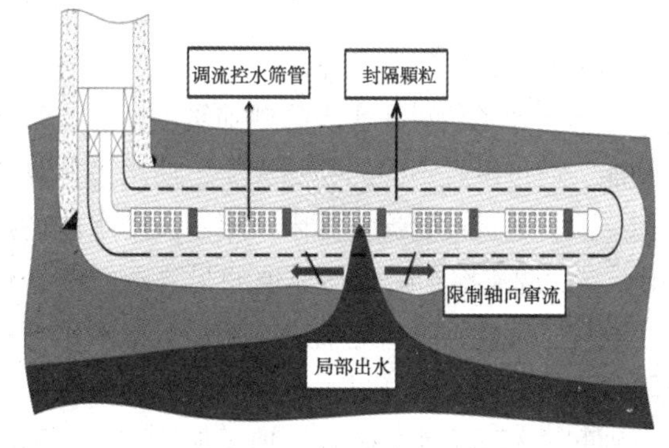

图1　封隔体控水工艺技术原理示意图

1.1　封隔颗粒轴向防窜流机理

假设组成封隔体的技术参数如下：以7寸套管为井壁，内径157mm；下入3.5寸控水筛管，外径120mm；控水筛管长度为10m，过滤段长

【作者简介】万小进，男，2015年毕业于重庆科技学院石油与天然气工程专业，获硕士学位，现从事采油工艺研究工作，工程师。E-mail：wanxj2@cnooc.com.cn。

8m，盲管段长 2m(图 2)。则 L 径向 = 1.9cm，A 径向 = 30144cm^2，L 轴向 = 200cm，A 轴向 = 80cm^2，根据：

$$f=\frac{\Delta P}{Q} \tag{1}$$

$$\frac{\Delta P}{Q}=\frac{\mu}{K}\times\frac{L}{A} \tag{2}$$

可得

$$f=\frac{\mu}{K}\times\frac{L}{A} \tag{3}$$

由于流体相同，封隔颗粒的渗透率各向相同，所以 μ 和 K 的径向和轴向数值相同，所以可得：

$$\frac{f\text{径向}}{f\text{轴向}}=\frac{L_{\text{径向}}}{L\text{轴向}}\times\frac{A_{\text{径向}}}{A\text{轴向}}=\frac{1.9cm}{200cm}\times\frac{80cm^2}{30144cm^2}\approx\frac{1}{39663} \tag{4}$$

通过理论计算，10m 筛管充填封隔颗粒后轴向渗流阻力约为径向渗流阻力的 4 万倍。

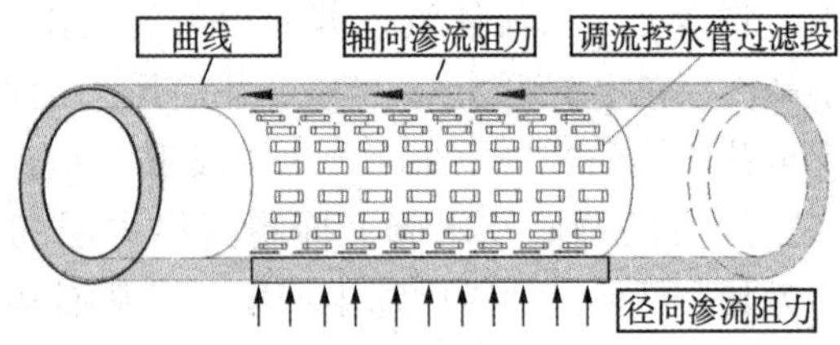

图 2　封隔体控水理论分析模型示意图

1.2　调流控水筛管技术原理

调流控水筛管可在常规防砂筛管上增加流量调节功能，通过设置不同的喷嘴大小，使水平井各段均衡产液，通过设置流量界限，限制高产水段的产液量[2-3]。调流控水筛管与充填的封隔颗粒配合使用，取代了常规裸眼封隔器的应用，可把水平井段分隔成多个分段，将经过每段筛管的流体集中控制并分别配置不同大小的喷嘴，地层流体流经喷嘴时将产生不同的流动阻力，达到均衡产液剖面的效果[9-10]。地层流体经过筛管的过滤层后，在基管与过滤层之间的环形空间内横向流动，再通过喷嘴流到管内，调流控水筛管结构如图 3 所示。

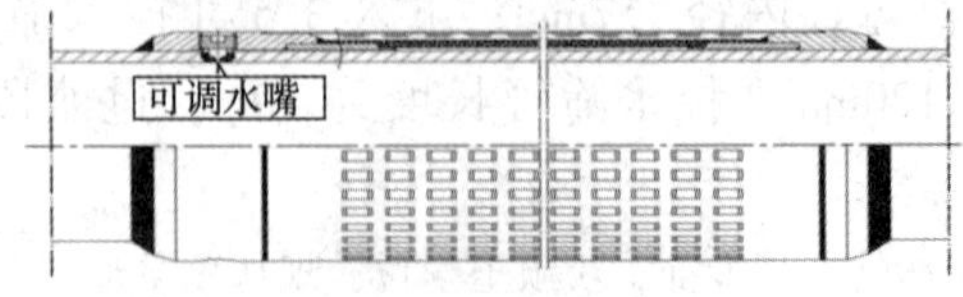

图 3　喷嘴型调流控水筛管示意图

2　实验研究

实验装置总长为 2m，外部为 5-1/2″套管，内径 122mm；内部为 2-7/8″普通筛管，外径 73mm；环空充填 40-60 目的封隔颗粒。

径向阻力测量时采用 20cp 的真空油(图 4)，轴向阻力测量时采用 1cp 的水(图 5)，测试参数如表 1 所示。径向阻力平均值(对于 20cp 的真空泵油)，f 径向 = 0.03(MPa/(m^3/d))；轴向阻力平均值(对于 1cp 的水)，f 轴向 = 7.86(MPa/(m^3/d))；由上述数据可得：在不考虑流体介质黏度不同的情况下，轴向阻力/径向阻力 = 7.86/0.03 = 262，若考虑测试时流体介质黏度的差异，轴向阻力/径向阻力 = 262×20 = 5240，由此可见当环空充填满封隔颗粒介质后：(1)径向阻力很小，几乎不影响流体的流动；(2)轴向阻力很大，一定程度限制流体的流动，从而大幅降低流体的轴向窜流量。

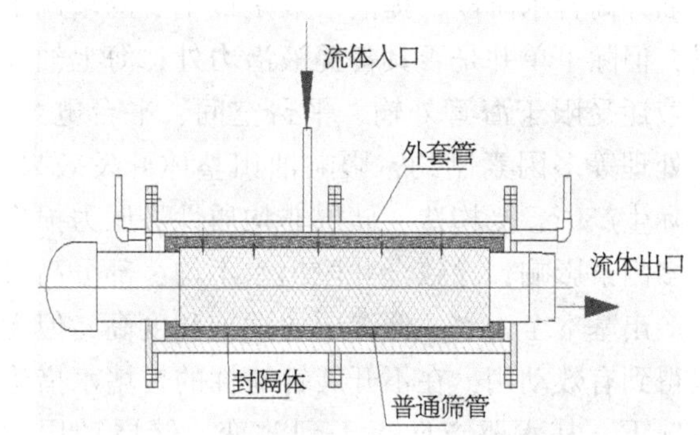

图 4　径向渗流阻力实验测试示意图

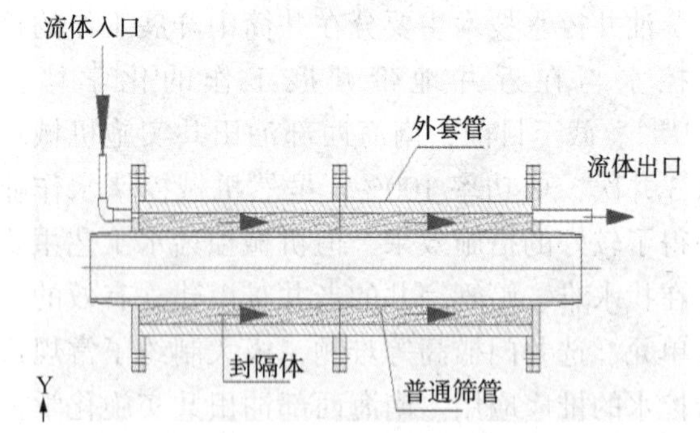

图 5　轴向渗流阻力实验测试示意图

表 1　渗流阻力实验测试参数表

类别 \ 参数	注入压力/MPa	流量/方/天	径向阻力/MPa/(m^3/d)
径向	0.01	0.4	0.025
	0.03	1	0.03
	0.05	1.6	0.032

续表

类别＼参数	注入压力/MPa	流量/方/天	径向阻力/MPa/(m³/d)
轴向	1.5	0.19	7.9
	3	0.39	7.7
	7	0.87	8

3 目标井概况

南海西部油田北部湾盆地A22井是2003年2月投产的一口水平井，生产层位为下洋组，采用7寸套管射孔完井，水平段长160m，其中射孔段为140m，2016年12月由于出砂、高含水等原因导致关停。

3.1 出水原因分析

A22井无水采油期98天，水驱方式为边、底水共同驱动，受油层下部钙质夹层影响，底水绕过夹层，从东北向推进。水平段跟端(1180-1220m)平均渗透率为205mD，水平段(1280-1340m)趾端平均渗透率为713mD，受层间非均质性影响，趾端水淹程度强于跟端，物性较差、产出比例少的跟端剩余潜力较大。从数值模拟结果来看(图6)，纵向上数模显示该油组已基本水淹，水平段跟端具有一定剩余油存在(含油饱和度33%)，水平段趾端水淹严重(含油饱和度20.0%~24.0%)；平面上剩余油主要分布在储层上部井间位置；数模拟合认为由于边底水共同作用，生产初期水平段趾端首先见水，后期油水界面抬升(约7m)，整个水平段水淹严重，但跟端剩余油富集，具有一定的稳油控水潜力。

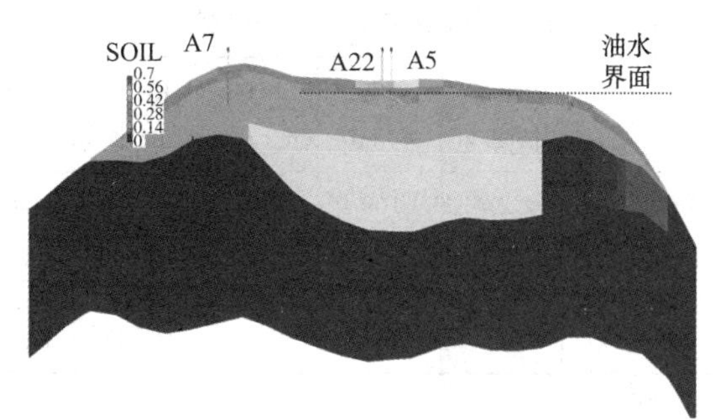

图6　A22井剩余油分布图

3.2 出砂原因分析

2016年9月该井检泵修井后发现储层出砂，完井期间采用7寸套管射孔完井，未防砂。从出砂预测分析来看，产层段1310-1340m存在局部出砂风险，但该井射孔时未避射出砂风险段，且该井泥质含量高达20.9%，关停前含水高达96%，已开采14年未见出砂，随着开发时间的延长，地层胶结强度和出砂指数都在降低，超过出砂临界点导致出砂。

4 方案设计

4.1 封隔颗粒选择

通过对该井取出砂样进行粒度分析，该井砂样粒度中值为60μm，根据索西埃方法，该井颗粒充填目数为40~60目，考虑同时解决该井防砂和控水问题，由于调流控水筛管具有一定的节流效应，封隔颗粒充填在调流控水筛管外环空，所以封隔颗粒必须满足密度小，低排量即可携带才能满足调流控水筛管的充填需求。综合以上，采用了与海水密度几乎相同的轻质颗粒，满足易携带、充填的性能，且为达到良好的轴向防窜流功能，封隔颗粒的圆球度等基础物理性能需优于常规陶粒(表2)。

表2　封隔颗粒与常规陶粒物理性能对比表

粒度	圆球度		体积密度/(g/cm³)		视密度/(g/cm³)		酸溶解度/%		破碎率/%	
目数	封隔颗粒	常规陶粒	封隔颗粒	常规陶粒	封隔颗粒	常规陶粒	封隔颗粒	常规陶粒	封隔颗粒	常规陶粒
40~60目	≥0.95	≥0.8	0.62	≥1.65	1.0	≤3.0	<2.3	≤5.0	(60MPa)<0.6	(69MPa)<2
	≥0.95	≥0.8	0.62	≥1.65	1.0	≤3.0	<2.3	≤5.0	(60MPa)<0.6	(69MPa)<2

4.2 ICD筛管设计

由于该井采用7″套管射孔完井，ICD筛管选用3-1/2"基管，外径120mm，结合储层温度和流体性质，选择防硫化氢腐蚀的的L80-1Cr基管，筛管过滤精度为120μm。由于趾端水洗程度高，属于高产水段，采用强控流方式抑制该段地层水的产出。跟端水洗程度弱，含油率高，为主要产油段，采用弱控流方式抑制该段地层水的产出。结合该井地质、油藏及生产情况，设计出该井不同层段的调流控水筛管参数配置(表3、图7)，设计出了防砂控水完井结构示意图(图8)。

表3　X1井方案设计基础数据

射孔段/m	有效长度/m	渗透率/mD	KH/(mD·m)	KH比例/%	ICD型号
1180-1220	29	169	4901	7.86	M4C
1220-1260	41.2	256	10547.2	16.91	K2C
1280-1340	60	782	46920	75.23	K1A

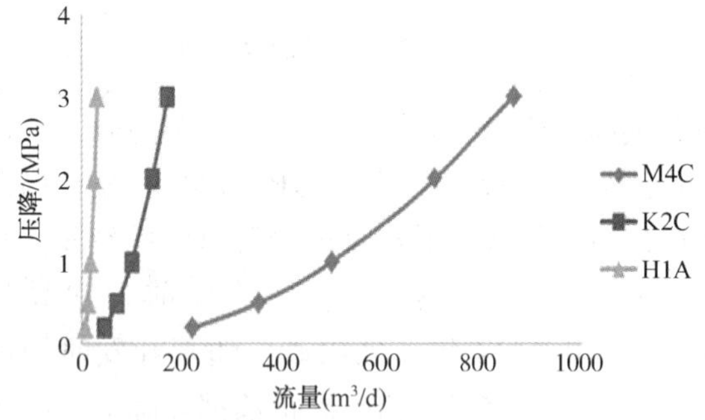

图7　控流装置流量-压降曲线

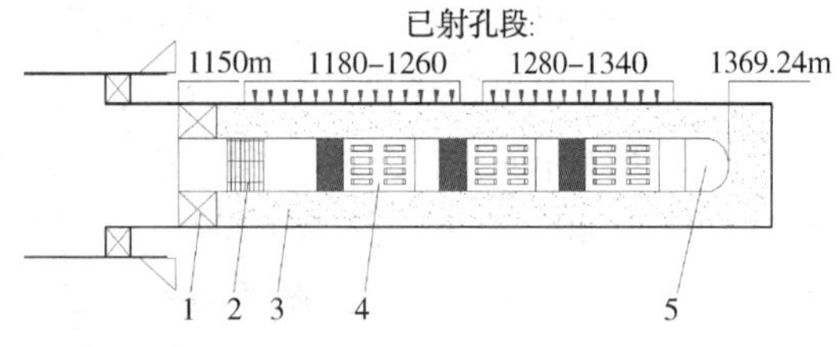

图8　防砂控水完井结构示意图

1. 顶部封隔器；2. 滑套式充填工具总成；3. 封隔颗粒；4. ICD筛管；5. 引鞋.

5　现场施工

2018年2月，A22井实施了封隔体控水作业。首先对原井筒进行冲砂，冲砂作业结束后，按照设计方案及现场情况，累计下入180m ICD筛管。按照颗粒粒径40～60目，砂比浓度2%，排量7.8～48m^3/h，泵压2～7MPa，当实际充填颗粒量超过设计颗粒量(1.39m^3)时，通过降低充填压力至2MPa，此时充填排量已低于设计结束排量，停止充填作业，由于部分颗粒进入射孔炮眼及部分亏空地层内，实际充填颗粒累计1.6m^3，充填率115%(图9)，充填结束后直至反洗循环无颗粒返出，结束该井颗粒充填作业。

6　效果评价

作业后该井不出砂，测试产液量380m^3/d，产油量90m^3/d，含水76%(图10)，较措施前产油增加30m^3/d、含水降低20%，且提供1100m^3/d的液量空间供该平台其它井提液使用。

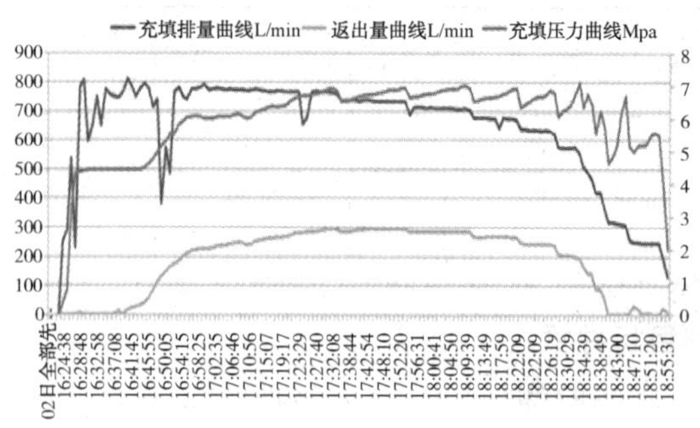

图9　颗粒充填泵注曲线

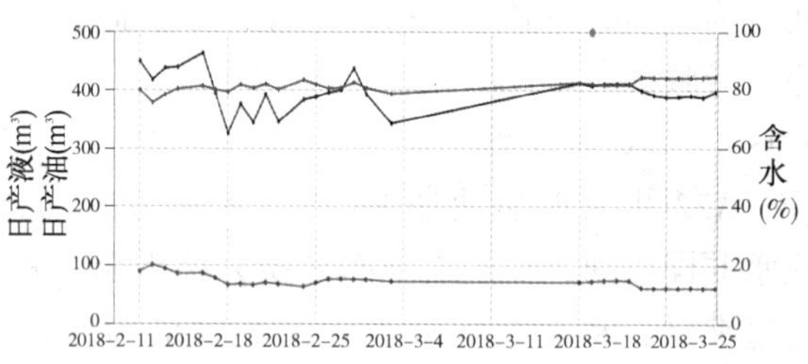

图10　A22井封隔体控水措施后单井计量曲线

7　结论与建议

(1) 利用充填紧实的轻质颗粒充填层与ICD筛管配合，一定程度上限制了流体环空轴向窜流，取代了常规管外封隔器的使用，实现了量变到质变，达到了10m一个流动单元，为海上长井段高含水油井控水提供了新思路。

(2) 建议开发井实施阶段，即可采用该工艺，进行预防性控水，避免后期作业的复杂性。

(3) 建议结合目前流体流动自动控制阀智能控水(AICD)、疏水覆膜砂等控水技术，对封隔颗粒及调流控水筛管开展进一步的攻关和研究。

参　考　文　献

[1] 刘东明．南海西部油田大斜度井堵水技术研究与应用[D]．中国石油大学，2010.

[2] 张瑞霞，王继飞，董社霞，等．水平井控水完井技术现状与发展趋势[J]．钻采工艺，2012，35(4)：35-37.

[3] 赵旭，姚志良，刘欢乐．水平井调流控水筛管完井设计方法研究[J]．石油钻采工艺，2013，35(1)：24-27.

[4] 刘晖，李海涛，山金城，等．底水油藏水平井控水完井优化设计方法[J]．钻采工艺，2013，36(5)：37-40.

[5] 袁辉，李耀林，朱定军，等．海上油田水平井控水油藏方案研究及实施效果评价-以wen8-3-A2h井为例[J]．科学技术与工程，2013，13(4)：996-1002.

[6] 李良川，肖国华，王金忠，等. 冀东油田水平井分段控水配套技术[J]. 断块油气田，2010，17(6)：655-658.

[7] 赵福麟，戴彩丽，王业飞. 海上油田提高采收率的控水技术[J]. 中国石油大学学报：自然科学版，2006，30(02)：53-58.

[8] 熊友明，刘理明，张林，等. 我国水平井完井技术现状与发展建议[J]. 石油钻探技术，2012，40(01)：1-6.

[9] S. Sinhai.，R. Kumar. Flow Equilibration Towards Horizontal Wells Using Downhole Valves [C]. SPE 68635，2001.

[10] Jansen J D，Wagenvoort A M. Smart Well Solutions for Thin Oil Rims：Inflow Switching and the Smart Stinger Completion[C]. SPE 77942，2002.

稠油油藏注蒸汽封窜用可膨胀石墨体系的制备与性能评价

谷成林　戴彩丽　赵　光　吕亚慧　孙　宁　李嘉鸣

(中国石油大学(华东)石油工程学院山东青岛 266580)

摘　要　针对稠油油藏注蒸汽易汽窜，常规封窜剂耐温能力有限的难题，采用两次插层协同超声氧化的方法制备了适合蒸汽封窜的低温可膨胀石墨体系。结果表明：可膨胀石墨体系初始膨胀温度低于150℃，膨胀后形成多孔蠕虫状结构的颗粒，350℃膨胀倍数可达10倍以上。可膨胀石墨体系能够在多孔介质中膨胀，通过直接封堵、架桥封堵或滞留膨胀可实现对稠油油藏蒸汽窜流通道的有效控制，汽窜封堵率达70%以上，采收率增值达19.7%。

关键词　可膨胀石墨；注蒸汽；汽窜通道；稠油油藏；封窜体系

稠油资源是世界范围内广泛分布的重要石油资源，其储量占全球石油资源的20%以上[1-3]。目前稠油开采的主要方法(>90%)是注蒸汽降黏[4-7]，但由于稠油油藏的非均质性严重、蒸汽与稠油流度差异大，汽窜严重，导致蒸汽热利用率低[8,9]。因此，如何控制稠油油藏汽窜通道，是提高蒸汽热利用率的关键。目前，化学方法控制蒸汽窜流通道已成功应用于稠油油藏。常规的蒸汽窜流通道封窜中，常采用具有耐高温能力的冻胶、泡沫和无机刚性颗粒(超细水泥，黏土等)[10-15]。高温下冻胶的成胶时间短，容易脱水，使得封堵强度降低。此外，成胶液容易受到地层水稀释，注入过程中被筛管、射孔孔眼和地层孔隙剪切，成胶性能随之下降[16-19]。泡沫体系虽已成功应用于蒸汽窜流控制[20-22]，但其在高温储层中的稳定性较差，易消泡，有效期短。且泡沫体系封窜通常需要大量的N_2或CO_2，一旦停止注气，储层多孔介质中的泡沫有效期显著缩短。无机刚性颗粒由于其高密度和不可变形的性质，在地层中的注入性和运移性相对较差，易在井壁或近井地带沉积和阻塞，给施工带来一定的工程风险。

可膨胀石墨作为具有优良性能的无机材料，已经在多个领域(环境友好型吸附剂，密封材料等)得到应用。考虑其高温膨胀性、柔性、自润滑性、良好的热稳定性和化学稳定性[23-27]，在稠油油藏蒸汽封窜领域具备一定的潜力。但常规使用的可膨胀石墨初始膨胀温度较高，可达500~600℃，完全膨胀温度在800~1000℃，限制了其在稠油油藏的应用[28-30]。为此，本文率先采用两次插层协同超声氧化的方法制备了可用于稠油油藏蒸汽封窜的可膨胀石墨体系，并对其膨胀能力、封窜效果和驱替潜力进行了系统研究，为其在稠油油藏汽窜通道控制的推广应用提供良好基础。

1　实验部分

1.1　实验仪器

RXT75型超微粉碎机；Bettersize2000激光粒度分析仪；红外光谱仪；扫描电子显微镜；单管物理流动模型；超声波恒温水浴锅；恒温烘箱；高温高压反应釜。

1.2　实验药品

天然鳞片石墨，50目，固定碳含量99.5%；氨基磺酸，含量99.5%；高锰酸钾，含量99.5%；高氯酸，含量70%~72%；硝酸钠，含量99%，试剂均为实验室分析纯；PR-2型聚合物，水解度为20%，平均分子量为1800万；稠油，60℃下黏度为7650mPa·s；模拟水，矿化度为4000mg/L(NaCl：3500mg/L；$CaCl_2$：300mg/L；$MgCl_2$：200mg/L)；去离子水。

1.3　低温可膨胀石墨的制备

低温可膨胀石墨的制备采用两次氧化插层法。将8g氨基磺酸和2g高锰酸钾加入到25g去离子水中，搅拌5分钟使其均匀分散。边搅拌边

【作者简介】谷成林(1995.05-)，男，中国石油大学(华东)硕士，2016年于中国石油大学(华东)获学士学位，从事提高采收率与采油化学研究。Email：guchenglin666@163.com。

向其中加入10g鳞片石墨，加入后搅拌5分钟使体系均匀。将体系置于40℃条件下超声反应30分钟后取出，通过抽滤将反应废液分离出去，得到石墨一次处理产物。将5g硝酸钠加入到40g高氯酸中，搅拌5分钟使其均匀分散。在搅拌的条件下向分散液中加入全部的石墨一次处理产物，加入后搅拌5分钟使体系均匀，并置于40℃条件下超声反应1小时后取出。用超纯水反复抽滤洗涤产物至滤液pH为5~7，在60℃条件下干燥得到低温可膨胀石墨。室温下，将500g可膨胀石墨倒入超微粉碎机喂料口，在分级电机频率为45Hz条件下粉碎一个循环，测量其平均粒径为25μm。

1.4 可膨胀石墨的表征

采用傅里叶变换红外光谱(FTIR)，扫描电子显微镜(SEM)来表征可膨胀石墨的制备效果和微观形貌。FTIR波长范围为500~4000cm^{-1}，分辨率为2cm^{-1}，使用KBr压片法。SEM用于观察颗粒的微观形态，其在5kV的加速电压下操作。

1.5 可膨胀石墨的悬浮能力

采用析水率评价可膨胀石墨体系的悬浮能力。将1g可膨胀石墨加入到100g模拟水中，然后将一定量的PR-2型聚合物加入上述分散液中，在室温下搅拌1小时，制得具有不同聚合物浓度的可膨胀石墨悬浮液。析水率计算公式为：

$$f_v = \frac{V_w}{V_t} \tag{1}$$

式中，f_v为析水率，%；V_w为析出水的体积，mL；V_t为悬浮液的总体积，mL。

1.6 蒸汽窜流控制能力

采用单管物理流动模型评价可膨胀石墨体系的蒸汽窜流控制能力，流程见图1。将1PV(孔隙体积)的可膨胀石墨悬浮液注入填砂管中(长度：20cm，直径：2.5cm)，置于350℃高温釜中老化2天。在悬浮液注入前以及高温老化后分别进行蒸汽驱直到注入压力平稳，记录稳定的注入压力用于计算封堵率。蒸汽注入速度设为1mL/min。封堵率计算公式为：

$$f = \frac{\frac{1}{p_b} - \frac{1}{p_a}}{\frac{1}{p_b}} \tag{2}$$

式中，f为封堵率，%；p_b为悬浮液注入前稳定的蒸汽注入压力，kPa；p_a为高温老化后稳定的蒸汽注入压力，kPa。

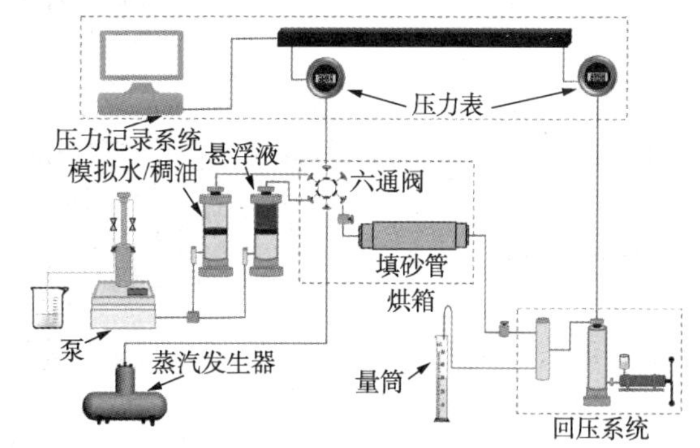

图1　单管物理流动模型

1.7 采收率增值实验

采用单管物理流动模型考察可膨胀石墨体系的提高采收率潜力，具体实验步骤为：(1)填砂管在90℃下干燥3小时，渗透率在25℃下测定；(2)填砂管先后用150℃的模拟水和稠油饱和；(3)蒸汽驱，直到产水量达到98%；(4)将1PV悬浮液(0.5%可膨胀石墨+0.1%聚合物)注入填砂管中；(5)后续蒸汽驱，直至产出水再次达到98%。实时记录产出的流体体积和注入压力以评价增产效果。本实验中，蒸汽注入速度设为1mL/min。填砂管的渗透率和孔隙体积分别为4.85μm^{2}和45.2mL，初始含油饱和度为88.5%。

1.8 可膨胀石墨在多孔介质中的分布状态

采用SEM研究可膨胀石墨的在多孔介质中的分布状态。将1PV悬浮液(0.5%可膨胀石墨+0.1%聚合物)注入天然岩心(长度：8cm，直径：2.5cm)，并将其在350℃下老化2天。取出岩心将其置于冷冻干燥器中冷冻24小时，从入口端切下20mm的岩心块进行观察。

2 实验结果与讨论

2.1 可膨胀石墨的红外光谱表征

图2给出了天然鳞片石墨、可膨胀石墨和膨胀石墨的红外光谱图。相比于天然鳞片石墨，在可膨胀石墨的红外曲线1150~1050cm^{-1}波数范围处，可以明显看到ClO_4^-的特征吸收峰，这说明$HClO_4$已成功插入到了石墨层间。在1385cm^{-1}处的吸收峰为NO_3^-的特征吸收峰，660~615cm^{-1}波数范围内是SO_3^{2-}的吸收峰，说明插层剂均成功进入石墨层间。当可膨胀石墨经过高温膨胀后，层间的插层剂分解，气体逸出，在膨胀石墨的曲线上表现为ClO_4^-、NO_3^-和SO_3^{2-}的特征吸收峰消失。

2.2 可膨胀石墨的微观形貌

图3为天然鳞片石墨和可膨胀石墨的微观形

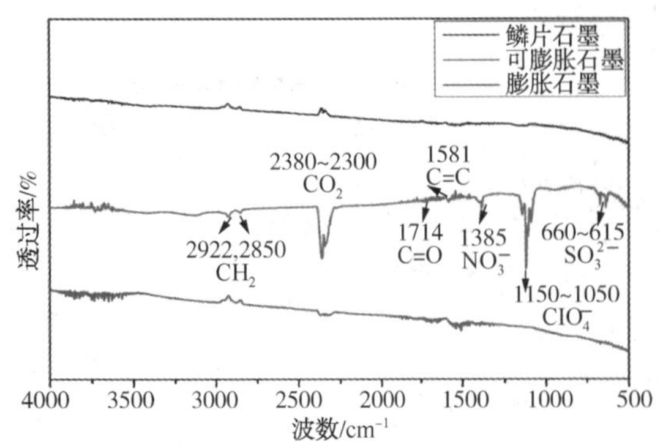

图 2　天然鳞片石墨、可膨胀石墨和膨胀石墨的红外光谱

貌。可知，天然鳞片石墨具有鳞片状、层状结构，在片状结构中存在小的空隙，并且天然鳞片石墨的形状是不规则的（图 3（a）和（b））。层之间几乎没有间隙或裂缝（图 3（c））。这表明在氧化插层反应之前，鳞片石墨片层间结合力较强，排列紧密。插层反应之后，可膨胀石墨结构发生变化（图 3（d）~（f）），颗粒表面变得粗糙，高倍率显微照片（图 3（f））显示可膨胀石墨片层之间出现小间隙。这是由氧化插层反应引起的，强氧化剂将石墨片层边缘氧化使得片层轻微打开，插层剂得以进入层间，导致片层之间存在小间隙[31,32]。

(a)~(c)天然鳞片石墨;(d)~(f)可膨胀石墨

图 3　天然鳞片石墨和可膨胀石墨的微观形貌

2.3　可膨胀石墨的悬浮能力

当可膨胀石墨颗粒通过注入设备进入到井筒和地层时，颗粒需要有良好的悬浮能力，否则颗粒将在井筒或井筒附近地层聚集沉积，导致封窜体系难以注入甚至堵塞。本实验中，通过将可膨胀石墨颗粒分散在模拟水和聚合物溶液中来研究可膨胀石墨的悬浮能力。图 4 和图 5 显示了可膨胀石墨在 25℃下的悬浮能力。由图 4 可以看出，随着聚合物浓度的增加，颗粒的悬浮能力增强。与模拟水相比，分散在聚合物溶液中的可膨胀石墨具有更好的悬浮能力，表现为析出水更少。随着时间的增加，聚合物悬浮液中析出水略微增加，而模拟水悬浮液析出水显着增加。10h 后模拟水悬浮液析水率已接近 90%，颗粒在模拟水中的快速沉降意味着仅用水悬浮可膨胀石墨不能实现有效的携带效果。虽然颗粒密度显着大于水的密度，但聚合物溶液中的可膨胀石墨保持良好的悬浮能力。24h 后，聚合物悬浮液析水率均低于 20%（图 5）。聚合物溶液浓度越高，颗粒沉降越困难，这与聚合物黏度特性有关。较高浓度的聚合物溶液通常产生较大的黏度，带来较高的黏性力阻止颗粒的沉降。另外，可膨胀石墨封窜体系的注入过程实际是一个动态过程，存在微弱的搅拌作用。因此，可膨胀石墨的在多孔介质中的悬浮能力比静态实验更强。

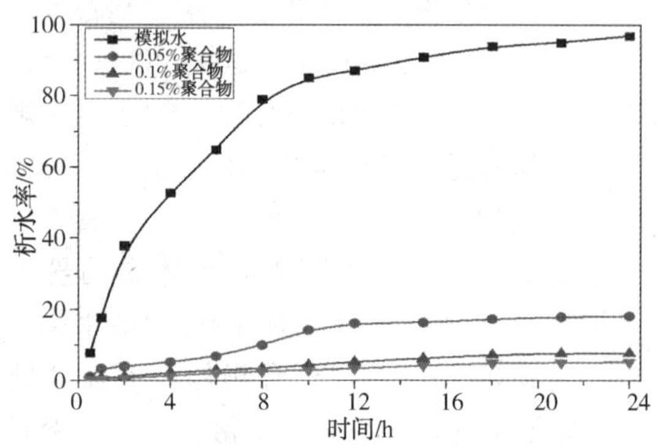

图 4　可膨胀石墨（0.5%）在不同聚合物浓度溶液中的可悬浮能力

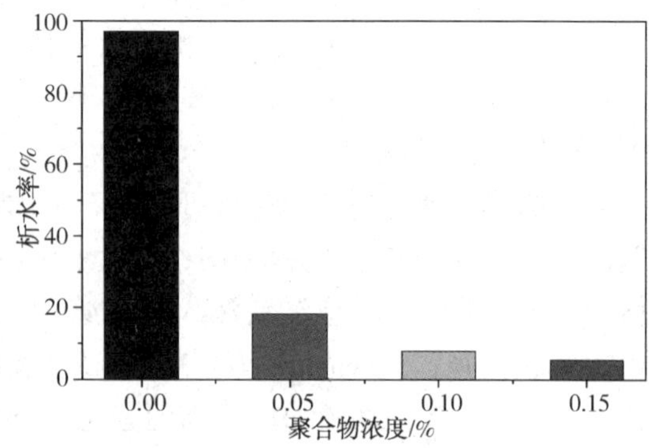

图 5　可膨胀石墨（0.5%）在 24h 后的可悬浮能力

2.4　可膨胀石墨的膨胀性能和高温稳定性

在蒸汽驱过程中，井筒附近蒸汽的温度可高达 350℃[33,34]。这不仅要求可膨胀石墨能够膨胀，也需要其具有良好的高温稳定性。本实验中，研究了可膨胀石墨体系（0.5%可膨胀石墨+0.1%聚合物）的膨胀性能以及高温稳定性。图 6 给出了可膨胀石墨体系在 150℃，250℃和 350℃

下膨胀倍数随老化时间的变化。可知，可膨胀石墨颗粒起初快速膨胀并在5天内达到最大膨胀倍数。老化温度越高，膨胀速度越快。石墨颗粒是多个蜂巢式碳原子层堆叠形成的，层间通过较弱的范德华力结合在一起成[35]。在高温下，嵌入石墨片层间的插层剂分子逐渐分解并产生大量气体，在垂直于片层方向上产生推力将层间打开，形成膨胀石墨。温度越高，插层剂分解越快，产生的推力越大，膨胀速度以及膨胀倍数均会提高。然而，层间插层剂的量是有限的。随着插层剂不断分解，产生的气体越来越少，且石墨层间打开后气体逐渐沿边缘间隙溢出，推力不足以克服层间吸引力，膨胀过程逐渐停止。当持续高温老化30天后，可膨胀石墨的膨胀倍数达到高点后基本稳定，没有出现明显的破碎使粒径减小，体现了可膨胀石墨良好的高温稳定性。

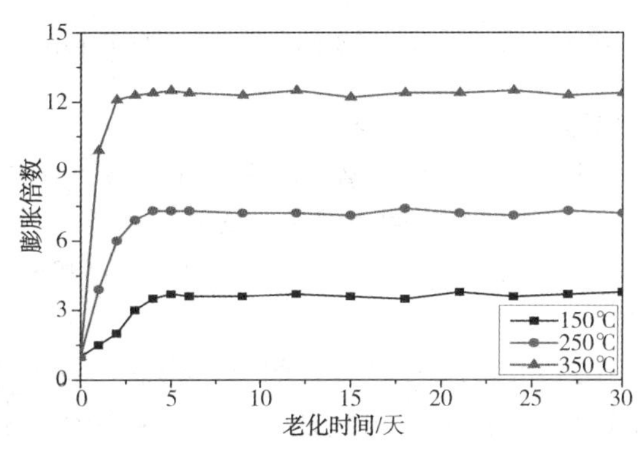

图6　可膨胀石墨在不同温度下的膨胀倍数

2.5　可膨胀石墨膨胀过程中微观形貌变化

图7为350℃下可膨胀石墨高温老化不同时间的微观形貌。可知，可膨胀石墨初始形状为椭圆形或圆形，尺寸大多分布在20～40μm(图7(a))。当高温老化2天后，颗粒形成松散的多孔蠕虫状结构，如图7(c)所示。图7(d)～(f)显示了颗粒在更高放大倍数下的形态。结果表明，初始状态石墨片层间结合相对紧密。可膨胀石墨的膨胀是一个渐进的过程，随着膨胀过程的进行，层间逐渐打开，形成不规则的多孔结构。尽管石墨片层之间分布许多大孔隙，但局部仍然依靠范德华力在结合在一起，这保证了颗粒膨胀后仍具有一定的强度。

2.6　可膨胀石墨的蒸汽窜流控制能力

图8和图9给出了在不同可膨胀石墨浓度和不同填砂管渗透率下体系对蒸汽窜流的控制能力。由图8可知，当填砂管的渗透率为6.5μm²

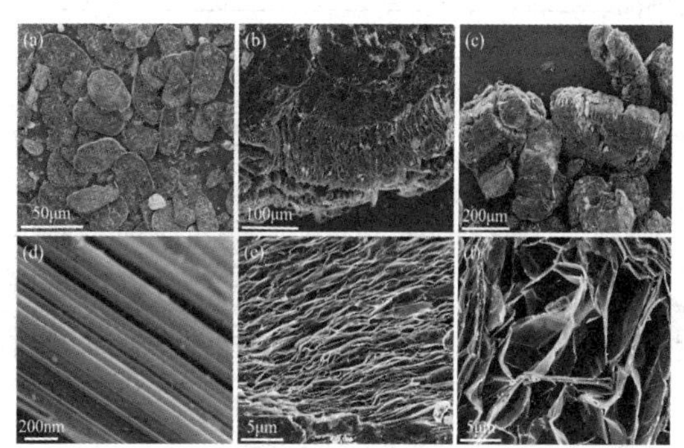

图7　可膨胀石墨在350℃下微观形貌变化

时，不同浓度可膨胀石墨体系(0.1%聚合物)的封堵率均大于80%。这是由于可膨胀石墨体系优先进入高渗蒸汽窜流通道，颗粒依靠自身的柔性和自润滑性以及聚合物的黏滞携带效应向前运移，并不断被孔隙捕集形成物理堵塞，使得蒸汽注入压力升高。另外，依靠颗粒自身的膨胀效应，使封堵效果更加明显。因此，后续蒸汽驱的蒸汽转向中低渗透层，体系改善了地层的非均质性。当可膨胀石墨浓度升高，物理堵塞以及膨胀效应的影响更明显，表现为封堵率逐渐升高。由图9可知，可膨胀石墨体系的封堵率随渗透率的增加而降低。但当填砂管渗透率接近9μm²时，封堵率仍超过70%，这表明可膨胀石墨体系在高渗透率填砂管中仍具有良好的封堵能力。随着岩心渗透率的增加，孔喉的尺寸相对增加，导致颗粒在大孔喉处堵塞和桥接的难度增大。然而，依靠滞留在大孔喉出的颗粒膨胀效应仍能发挥较好的封堵效果。而且，在实际应用过程中，可以根据地层特点对可膨胀石墨颗粒进行粒度控制，充分发挥其物理堵塞效应和膨胀堵塞效应。

2.7　可膨胀石墨的提高采收率能力

图10给出了可膨胀石墨体系提高采收率效果。初始阶段，随着蒸汽驱的进行，岩心含水率逐渐增加，注入压力迅速下降。这表明长期注入蒸汽加剧了地层的非均质性，导致蒸汽沿含油饱和度低的大孔道窜出，形成无效驱替。因此，采收率逐渐趋于平稳，仅为46.5%，但大量残余油依然保留在中低渗透区。当注入可膨胀石墨体系后，含水率有明显降低，采收率增值最终达到19.7%。这表明注入的可膨胀石墨体系有效地改善了地层非均质性，后续蒸汽进入中低渗透区将其中的稠油驱替出来，使得采收率大幅度的提高。

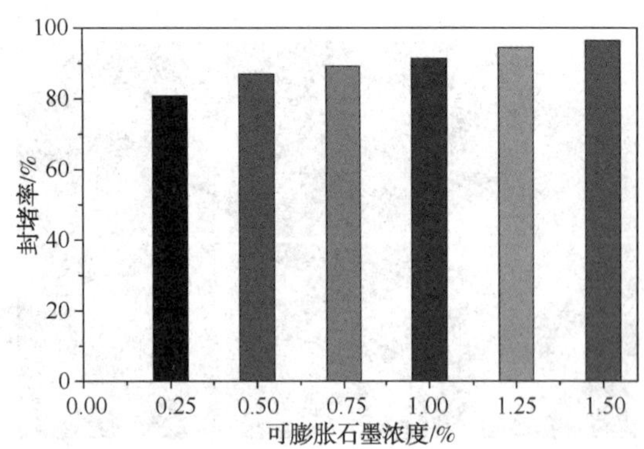

图 8　不同可膨胀石墨浓度封窜体系(0.1%聚合物)的封堵率

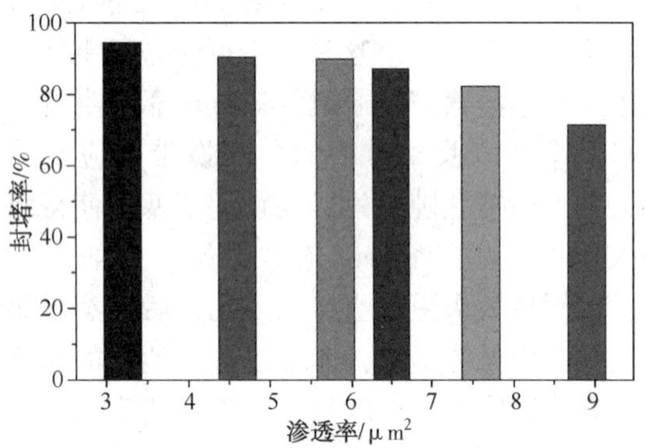

图 9　可膨胀石墨体系(0.5%可膨胀石墨+0.1%聚合物)在不同渗透率下的封堵率

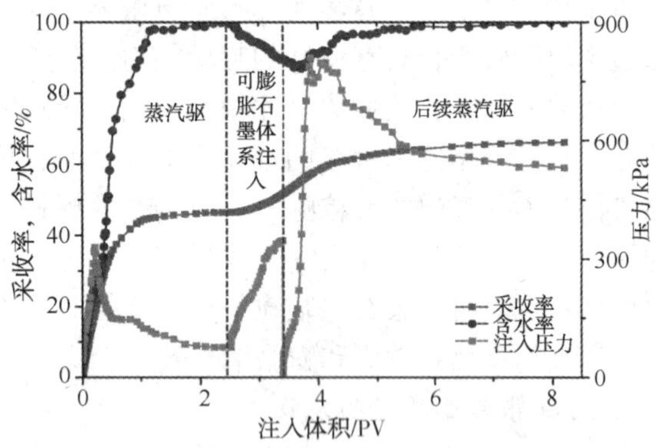

图 10　模拟封窜过程中采收率，含水率和压力的变化

2.8　可膨胀石墨在多孔介质中的分布状态

由上述实验结果可知，可膨胀石墨体系能够有效的控制蒸汽窜流通道，可大幅度提高采收率。为此，实验考察了可膨胀石墨体系在多孔介质中的分布状态，结果见图 11。可知，注入到岩心中的可膨胀石墨体系在多孔介质中仍能够膨胀，形成蠕虫状结构的颗粒。当可膨胀石墨颗粒半径大于孔喉半径时，可直接在孔喉入口处形成封堵。当可膨胀石墨颗粒半径小于孔喉半径时，两个或多个颗粒可以桥接在一起并有效封堵孔喉部位(图 11(d)和(e))。随着孔喉半径的进一步增加，单纯依靠物理堵塞效应(直接封堵、架桥封堵)不能有效封堵孔喉，但滞留在大孔喉处的颗粒充分膨胀后卡在孔喉部位实现了有效封堵。当后续注入蒸汽通过这些区域时，渗透性明显降低，迫使后续注入的蒸汽转向中低渗区域，进而将其中的剩余油驱替出来，大幅度提高稠油采收率。

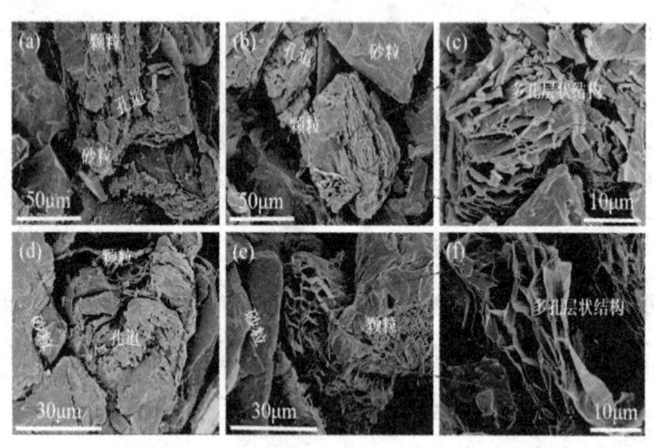

图 11　可膨胀石墨在多孔介质中发挥封堵作用

3　结论

(1) 基于稠油油藏蒸汽窜流通道封窜现状，建立了两次插层协同超声氧化的方法制备了可用于稠油油藏注蒸汽汽窜通道封窜的低温可膨胀石墨体系。

(2) 可膨胀石墨体系的初始膨胀温度低于 150℃，在 150～350℃ 均能够有效膨胀，膨胀倍数最高可达 10 倍以上，具有良好的悬浮能力。

(3) 可膨胀石墨颗粒通过直接封堵、架桥封堵或滞留膨胀的形式能够对汽窜通道实现有效控制，封堵率可达 70% 以上，提高采收率达 19.7%。

参 考 文 献

[1] Shah A, Fishwick R, Wood J, et al. A review of novel techniques for heavy oil and bitumen extraction and upgrading[J]. Energy & Environmental Science, 2010, 3(6): 700-714.

[2] 于连东. 世界稠油资源的分布及其开采技术的现关与展望[J]. 特种油气藏, 2001, 8(2): 98-103.

[3] 梁作利, 唐清山. 稠油油藏蒸汽驱开发技术[J]. 特种油气藏, 2000, 7(2): 46-47.

[4] Alvarez J, Han S. Current overview of cyclic steam injection process[J]. Journal of Petroleum Science Research, 2013.

[5] Ashrafi M, Souraki Y, Torsaeter O. Numerical simulation study of field scale SAGD and ES-SAGD processes investigating the effect of relative

permeabilities[J]. Energy and Environment Research, 2013, 3(1): 93.

[6] Wu Z, Huiqing L, Wang X, et al. Emulsification and improved oil recovery with viscosity reducer during steam injection process for heavy oil[J]. Journal of industrial and engineering chemistry, 2018, 61: 348-355.

[7] 王大为, 周耐强, 牟凯. 稠油热采技术现状及发展趋势[J]. 西部探矿工程, 2008, 20(12): 129-131.

[8] 张豆娟, 郭海敏, 戴家才, 等. 稠油油藏蒸汽驱阶段汽窜的研究[J]. 中国测试技术, 2004, 30(3): 45-46.

[9] Zhao D W, Wang J, Gates I D. Thermal recovery strategies for thin heavy oil reservoirs[J]. Fuel, 2014, 117: 431-441.

[10] Zhao G, Dai C, Zhao M, et al. The use of environmental scanning electron microscopy for imaging the microstructure of gels for profile control and water shutoff treatments[J]. Journal of Applied Polymer Science, 2014, 131(4).

[11] Zhu D, Bai B, Hou J. Polymer gel systems for water management in high-temperature petroleum reservoirs: a chemical review[J]. Energy & Fuels, 2017, 31(12): 13063-13087.

[12] Li S, Li Z, Li B. Experimental study and application of tannin foam for profile modification in cyclic steam stimulated well[J]. Journal of Petroleum Science and Engineering, 2014, 118: 88-98.

[13] 戴彩丽, 纪文娟, 姜汉桥, 等. 用于稠油蒸汽吞吐井深部封窜的热触变体系的性能试验[J]. 中国石油大学学报(自然科学版), 2010, 34(4): 167-171.

[14] Wang Y, Liu H, Pang Z, et al. Visualization study on plugging characteristics of temperature-resistant gel during steam flooding[J]. Energy & Fuels, 2016, 30(9): 6968-6976.

[15] Liu D, Shi X, Zhong X, et al. Properties and plugging behaviors of smectite-superfine cement dispersion using as water shutoff in heavy oil reservoir[J]. Applied Clay Science, 2017, 147: 160-167.

[16] 唐孝芬, 李红艳, 刘玉章, 等. 交联聚合物冻胶调堵剂性能评价指标及方法[J]. 石油钻采工艺, 2004, 26(2): 49-53.

[17] 白宝君, 顾树人. 影响冻胶类堵剂封堵性能的因素分析[J]. 油气采收率技术, 1997, 4(2): 22-29.

[18] Dupas A, Henaut I, Rousseau D, et al. Impact of polymer mechanical degradation on shear and extensional viscosities: toward better injectivity forecasts in polymer flooding operations[C]//SPE International Symposium on Oilfield Chemistry. Society of Petroleum Engineers, 2013.

[19] Middleton J, Burks B, Wells T, et al. The effect of ozone and high temperature on polymer degradation in polymer core composite conductors[J]. Polymer degradation and stability, 2013, 98(11): 2282-2290.

[20] Li S, Li Z, Sun X. Effect of flue gas and n-hexane on heavy oil properties in steam flooding process[J]. Fuel, 2017, 187: 84-93.

[21] 杨刚. 稠油热采井氮气泡沫封窜技术研究与应用[J]. 石油化工应用, 2011, 30(7): 46-47.

[22] Wang P, You Q, Han L, et al. Experimental study on the stabilization mechanisms of CO2 foams by hydrophilic silica nanoparticles[J]. Energy & Fuels, 2018, 32(3): 3709-3715.

[23] 罗立群, 安峰文, 田金星. 石墨插层技术的筛选和应用现状[J]. 现代化工, 2016(11): 32-36.

[24] 周丹凤, 田金星. 低能耗型可膨胀石墨的制备研究[J]. 矿产综合利用, 2013(1): 54-57.

[25] Sengupta R, Bhattacharya M, Bandyopadhyay S, et al. A review on the mechanical and electrical properties of graphite and modified graphite reinforced polymer composites[J]. Progress in polymer science, 2011, 36(5): 638-670.

[26] Asghar H M A, Hussain S N, Sattar H, et al. Environmentally friendly preparation of exfoliated graphite[J]. Journal of Industrial and Engineering Chemistry, 2014, 20(4): 1936-1941.

[27] Yakovlev A V, Finaenov A I, Zabud'kov S L, et al. Thermally expanded graphite: synthesis, properties, and prospects for use[J]. Russian journal of applied chemistry, 2006, 79(11): 1741-1751.

[28] 李冀辉, 刘巧云, 黎梅, 等. 低硫可膨胀石墨的制备[J]. 精细化工, 2003, 20(6): 341-342.

[29] 赵正平. 可膨胀石墨及其制品的应用及发展趋势[J]. 中国非金属矿工业导刊, 2003(1): 7-9.

[30] Wang Z, Han E, Ke W. Influence of expandable graphite on fire resistance and water resistance of flame-retardant coatings[J]. Corrosion Science, 2007, 49(5): 2237-2253.

[31] Cai M, Thorpe D, Adamson D H, et al. Methods of graphite exfoliation[J]. Journal of Materials Chemistry, 2012, 22(48): 24992-25002.

[32] 林雪梅. 低温可膨胀石墨的结构与性能研究[J]. 火工品, 2006(5): 1-4.

[33] Akstinat M H. Gas evolution and change of oil composition during steam flooding of oil reservoirs[J]. Journal of Petroleum Geology, 1983, 5(4): 363-388.

[34] Gates I D. Oil phase viscosity behaviour in expanding-solvent steam-assisted gravity drainage[J]. Journal of Petroleum Science and Engineering, 2007, 59(1-2): 123-134.

[35] Ma H, Shen Z, Yi M, et al. Direct exfoliation of graphite in water with addition of ammonia solution[J]. Journal of colloid and interface science, 2017, 503: 68-75.

中石化超临界 CO_2 压裂技术进展

李凤霞 苏建政 王 迪 周 彤

（中国石化石油勘探开发研究院）

摘 要 CO_2干法压裂是利用液态CO_2作为压裂液的一项储层改造技术，近年来，该技术在水敏、低压、低流度的油气藏中得到了快速发展。中石化针对盐间页岩油储层水基压裂液进入地层溶盐，导致生产过程中井筒地层结盐、措施有效期短等问题，探索CO_2无水压裂在该地层的适应性，在盐间纹层页岩CO_2致裂扩展实验、数值模拟、CO_2降黏增效机理研究基础上，开展CO_2压裂优化设计，并现场实施，应用效果良好，为后期超临界CO_2压裂技术在页岩油领域的发展具有重要的指导意义。

关键词 CO_2压裂；纹层状页岩；裂缝扩展；CO_2增效

1 前言

CO_2干法压裂是利用纯液态CO_2体系作为压裂液，是一种重要的无水压裂方式，具有保护储层、沟通复杂裂缝网络和置换页岩储层中甲烷气体等诸多优点[1,2]，尤其在北美非常规储层中进行了多次压裂尝试，取得了显著的开发效果[3-6]。

1981年，加拿大Fracmaster公司在海绿石砂岩进行了第一口100%纯液态CO_2干法压裂井现场施工[3]。截止到1997年，北美地区已经有超过1200口井采用了液态CO_2压裂技术施工[4]。2013年，我国在长庆苏里格地区[7]进行了第一口CO_2干法加砂压裂现场试验，与邻井水力压裂相比，采用CO_2干法压裂的井增产效果显著。Middleton指出超临界CO_2压裂适用于页岩等致密气藏，能够有效地提高页岩储层产量[8]。

目前国际上被认为是最有可能成为清水压裂液替代品的就是超临界CO_2，由于其具有诸多优点而被普遍看好，关于超临界CO_2压裂的室内实验[9-11]和数值模拟[12-15]也逐步开展起来。然而，目前国内关于超临界CO_2压裂的理论研究仍及现场应用处于起步阶段。利用CO_2干法压裂的优势，中石化以江汉盐间页岩油储层改造为目标，通过开展纹层状用页岩CO_2压裂裂缝扩展室内实验及数值模拟计算，研究了超临界CO_2压裂改造盐间储层的适用性，同时开展现场应用，进一步验证CO_2良好的增产效果。

2 CO_2裂缝扩展机理

超临界CO_2既不同于气体，也不同于液体，具有独特的物理化学性质，表面张力为零，扩散性和溶解性强，因此它们可以进入到任何大于超临界CO_2分子的空间，采用超临界CO_2压裂时，CO_2流体更容易进入层理缝，可直接作用在裂缝尖端，减少地应力对裂缝扩展的约束。通过分别开展CO_2压裂裂缝扩展室内实验与数值模拟计算，研究CO_2压裂裂缝扩展机理。

2.1 CO_2室内压裂实验

选取页岩露头岩样，将其加工成300mm×300mm×300mm的立方体试样，然后在试样中心钻直径为12mm，深为15mm的孔，再用环氧树脂胶将直径10mm，长13mm的铁管固定其中，下面留出2mm为裸眼段。实验时施加三向应力，其中$\sigma_v=12MPa$，$\sigma_H=14MPa$，$\sigma_h=10MPa$，σ_v垂直于页岩层里面方向，σ_H和σ_h平行于层理面方向。实验用压裂液为超临界CO_2，排量为40mL/min。

为了观测页岩试样表面裂缝的扩展情况，在压裂实验前对试样6个面的天然裂缝进行编号以及用电子显微镜对其裂缝开度进行了观测；同样的，在压裂实验后对试样6个面的天然裂缝进行素描以及对裂缝开度进行了观测，6个面分别编号为1-1，1-2，2-1，2-2，3-1和3-2(图1)。

通过对试样裂缝进行SEM扫描，可以看出

【作者简介】李凤霞(1972-)，女，1994年7月毕业于西南石油大学，硕士学位，现就职于中国化石油勘探开发研究，高级工程师，主要从事油气田开发。Email：lifx. syky@ sinopec. com

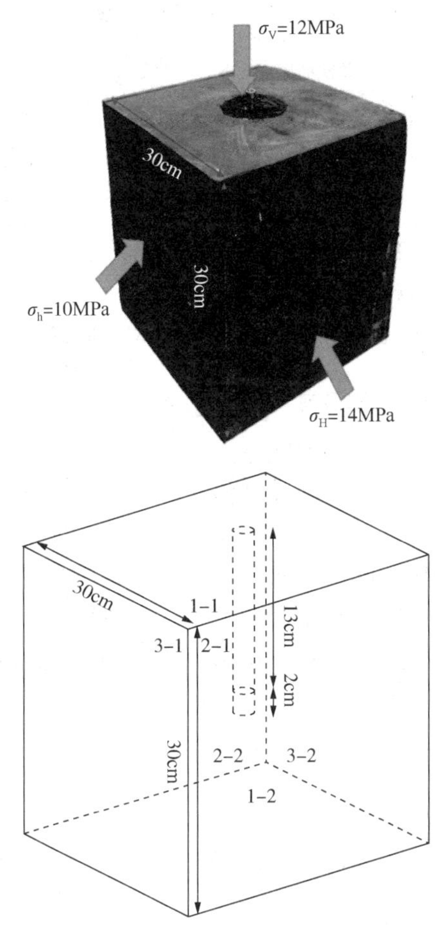

图 1　实验用岩样应力加载(上)及各面编号示意图(下)

主裂缝周边产生大量微裂缝，这些微裂缝主要沿着有机质以及矿物边界扩展，产生微小错动后形成有效渗流通道，使得油气通过有效渗流通道产出。根据对压裂后 6 个面的表面裂缝进行观测，对裂缝进行了大致的分类，主要包括分叉、平行、对接和转向四种(图 2)。

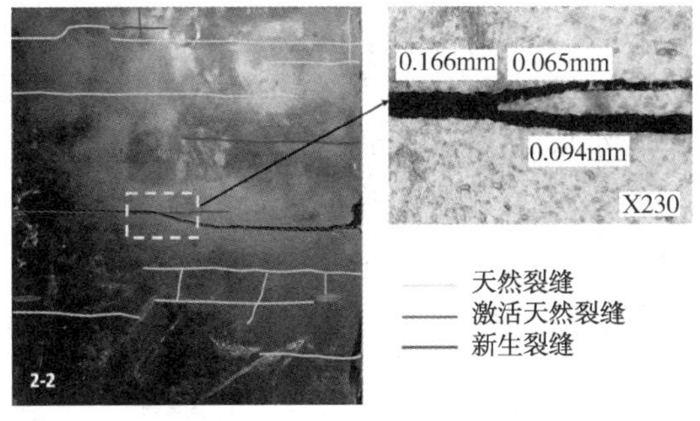

图 2　面 2-2 的表面裂缝形态

2.2　CO_2 裂缝扩展数值模拟

和水力压裂过程的模拟不同，模拟超临界 CO_2 必须考虑流体的密度和黏性随着压力的变化[12-15]。同时，超临界 CO_2 流动具有非线性特征(不满足达西定律)，因此，模拟流动的非线性，是算法首先要克服的问题。在数值计算中，采用位移间断边界元方法(DDM)[16]，通过多种策略实现流动强非线性的模拟。同时考虑了超临界 CO_2 物性、流动特性以及储层天然裂缝特征，分别模拟了清水、胶液和超临界 CO_2 三种压裂液压裂后的缝网形态。可以看出，超临界 CO_2 压裂能够更好的沟通储层微裂缝，形成更大范围的裂缝网络(图 3)。

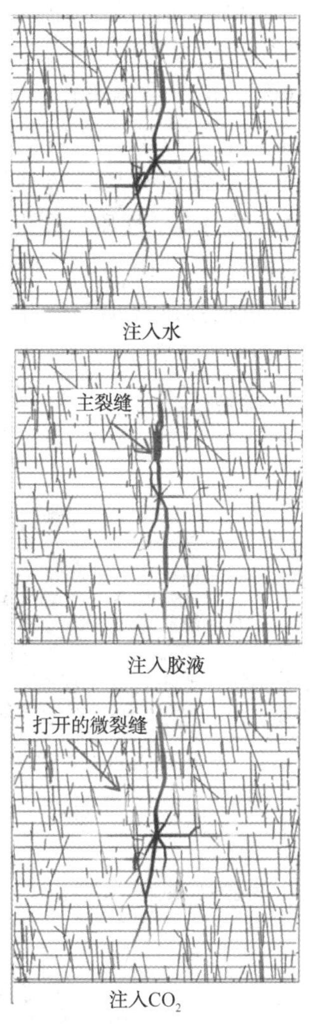

图 3　清水、胶液及超临界 CO_2 压裂数值模拟结果对比

3　CO_2 在盐间页岩油增效机制

盐间页岩储层均为横向连续分布，纵向韵律层系发育，上下盐层封闭的层状油藏。而且盐间页岩储层水平层理缝发育，具有中孔、特低渗、敏感性强、应力差异系数变化大特点，而且杨氏模量低，呈现明显的塑性特征。生产实践及室内实验表明盐间页岩在水相环境下具有强膨胀性、支撑剂嵌入明显，而且在压裂过程中易造成盐层不稳定及生产过程中盐堵现象，采用常规压裂方

法增产效果甚微。CO_2压裂避免了水基压裂工艺在盐间页岩应用中存在的问题，同时能够将可动用油有效驱出，在盐间页岩油的开采中具有诸多优势。为了明确超临界CO_2压裂在盐间页岩油的增效机制，在室内分别开展了CO_2改性、萃取以及混相实验。

3.1 CO_2可改善盐间储层物性

选取盐间储层岩芯样品，分别经超临界CO_2浸泡处理1小时和24小时后，测量孔隙度和渗透率的变化。实验结果表明，孔隙度由11.03%提高到15.19%，平均提高40.8%。渗透率由0.059mD提高至0.121mD，平均提高103.8%。另外，取盐间储层岩芯样品经超临界CO_2处理后，分别测量岩样的力学性质，发现弹性模量增大8.89%，泊松比减小10.94%，脆性指数平均增大36.45%，抗压强度无明显变化。因此岩芯样品经超临界CO_2处理后，岩石孔隙度、渗透率以及可压性均得到显著提高(图4，图5)。

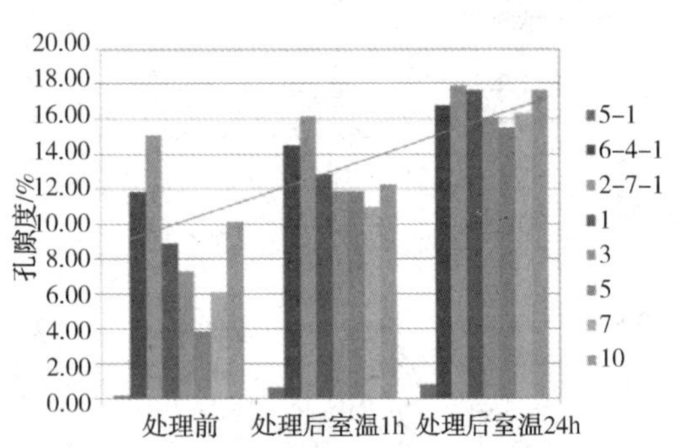

图4 不同岩芯样品处理前后孔隙度变化柱状图

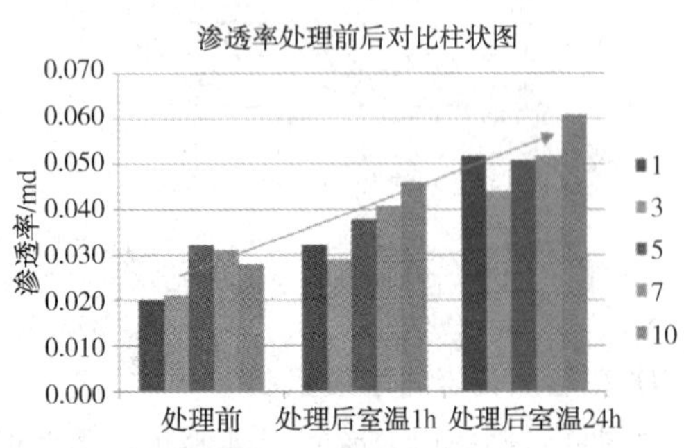

图5 不同岩芯样品处理前后渗透率变化柱状图

3.2 超临界CO_2可显著萃取页岩油

在室内开展超临界CO_2萃取盐间页岩油实验，分别对盐间17g岩样进行8次萃取，得到超临界CO_2萃取页岩油达20mg/g，萃取程度可提高71.3%。第1次至第8次超临界CO_2萃取结果如图6所示。

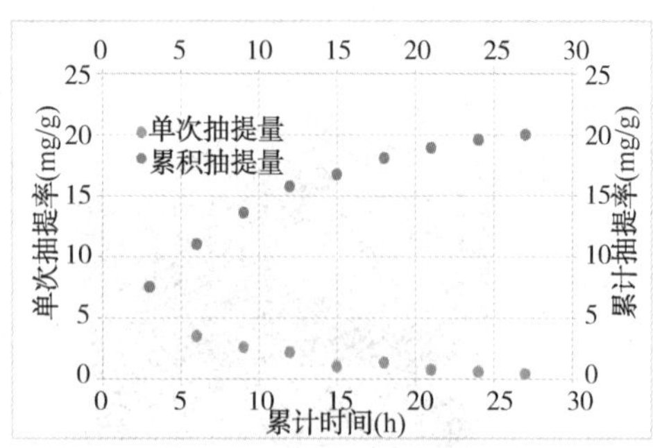

图6 盐间页岩油超临界CO_2萃取抽提率结果

3.3 CO_2在地层可与原油实现混相，降低原油黏度，提高原油流动性

取盐间页岩油进行细管实验，绘制各次细管实验注入1.20PV(1.2倍孔隙体积)时驱油效率与驱替压力的关系曲线图，经计算最小混相压力为27.9MPa。目前盐间页岩目标区地层压力为34.4MPa，因此CO_2在地层条件下可实现混相(图7)。

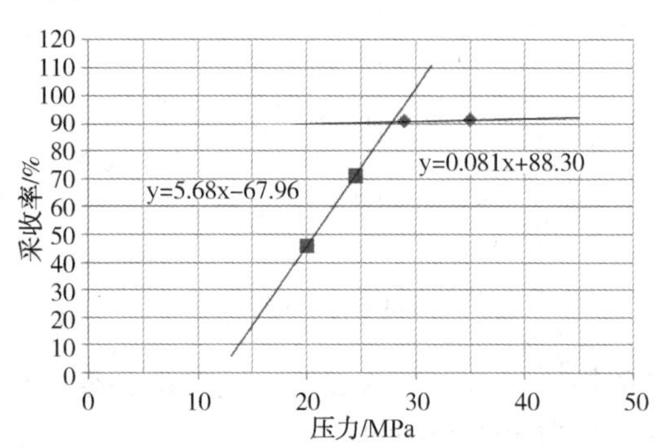

图7 最低混相压力细管实验测定

同时，在室内开展页岩油黏度测试实验，分别测试90℃条件下，压力分别为30MPa、40MPa和50MPa时混入CO_2后的原油黏度。实验表明CO_2可降低原油黏度：30MPa、90℃条件下原油黏度为10.98mPa·s，混入CO_2后原油黏度降低，降低幅度与混入气体量成正比，黏度最低降至3.119mPa·s，具有明显的降低原油黏度的作用(图8)。

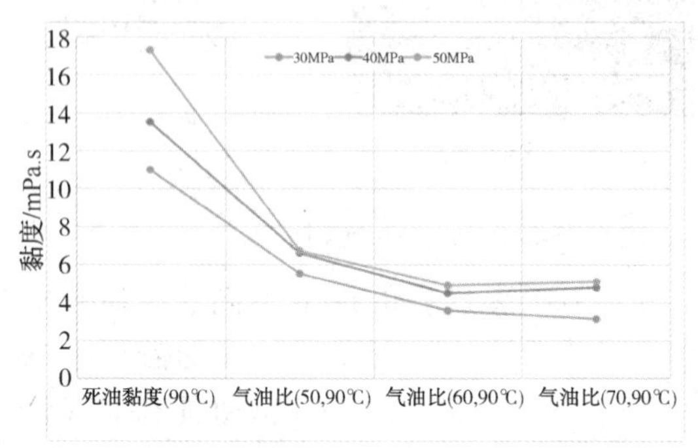

图8 页岩油混入CO_2黏度测试实验

综上，超临界 CO_2 对盐间页岩油具有明显的增能增效作用，可改善地层流体的流动性，提高开发效果。

4 压裂优化设计及现场应用

4.1 压裂优化设计

由于水基压裂工艺在盐间应用中存在井筒、地层结盐、措施有效期短及多轮次挤水溶盐措施造成套管变形、挫断等系列问题，而 CO_2 干法加砂压裂能够充分发挥无水相、返排快、无伤害、降黏萃取等优点，基于前期的 CO_2 压裂实验模拟，在明确了 CO_2 压裂的潜江盐间页岩油的适应性基础上，开展了一口井的压裂设计及应用。

王 XX 井目标储层层厚 9.6m，整体含油性好。储层孔隙度 11~15%，渗透率 0.5~1mD，主要储集空间为晶间孔、溶孔、裂缝等，孔喉半径小、连通性差。整体发育低角度层理缝，地层条件下原油黏度 15mPa·s，原油流动性差，需降黏开采。

设计射孔位置处于中上部，射孔长度为 4m。优化 CO_2 用量 800m^3，设计砂量 26m^3，平均砂比 5.20%，注入排量 4~5m^3/min，设计裂缝半长为 180m，井口压力预测 67.5~74.5MPa。

4.2 施工情况及压裂效果

本井于 2018 年 8 月 31 日施工，破裂压力 72.8MPa，施工压力 52~76MPa，停泵压力 33MPa，施工排量 2.0~4.6m^3/min，CO_2 压裂液 701.4m^3，砂量 13.84m^3。施工曲线如图 9 所示。经停泵压力判断，该井停泵压力梯度在 0.022MPa/m，表明该井产生水平层理缝为主，中间显示出剪切裂缝，整体为剪切缝与水平缝的交错的复杂裂缝。

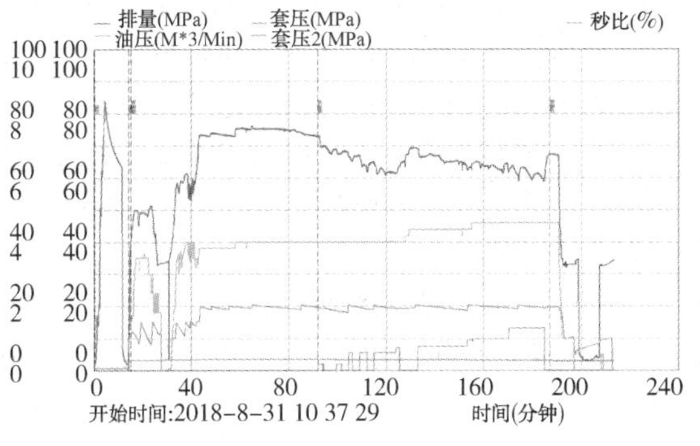

图 9　压裂施工曲线

压后，王 XX 井关井闷井，监测距离本井 190m 的邻井井井口压力，发现后期闷井过程中井口油套压力上升明显，井口取样显示已出油。压力曲线变化如图 10 所示。

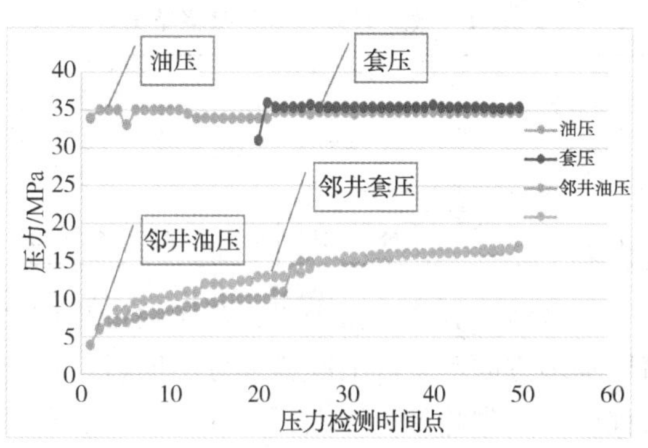

图 10　王 XX 井及邻井压后井口油压及套压变化

9 月 26 日 14：00，于焖井 26 天后，用 1mm 油嘴放喷，至 18：00，油压 34.72 降至 34.34MPa，套压 35.38 降至 35.27MPa，初产 15.8t/天。

4.3 井下微地震裂缝监测情况

压裂过程中，对裂缝扩展情况进行井下微地震监测。压裂段垂深 2585~2595m，破裂事件深度 2568~2615m，主要分布深度在 2568~2593m，缝网向压裂段上部延伸更为复杂。压裂高压破裂阶段，压力上升，事件相对集中出现；压裂中后期事件逐步减少，后期在持续提排量加砂过程中伴随少量事件出现；停泵后没有事件。

整体压裂破裂事件能量比较均衡，大能量事件点较少并主要集中在压裂前期，在能量捕捉中也发现，CO_2 压裂事件能量很小，较水力压裂而言，监测难度较大(图 11，表 1)。

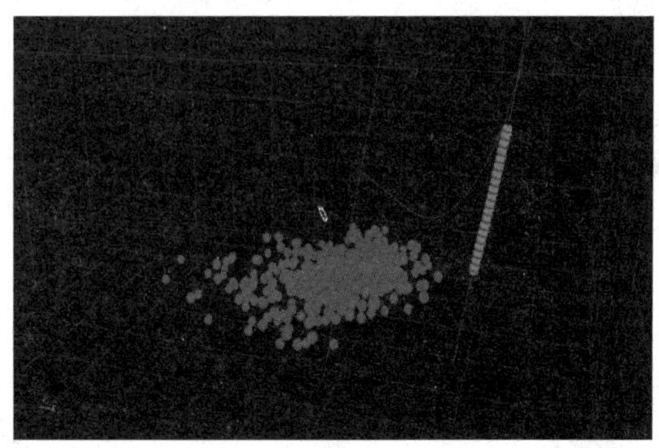

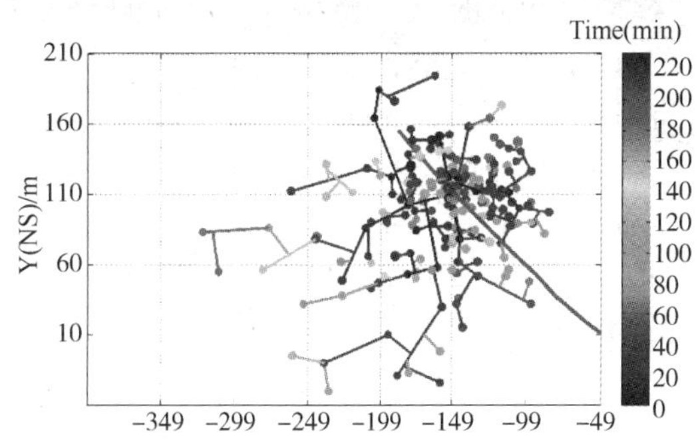

图 11　微地震监测事件位结果

三维立体视图及裂缝扩展随时间波及解释图

表 1 微地震裂缝监测解释结果

<table>
<tr><th rowspan="3">压裂段</th><th rowspan="3">事件数量</th><th colspan="6">波及体特征</th><th rowspan="3">波及体积/m³</th><th rowspan="3">波及体走向</th></tr>
<tr><th colspan="3">长度/m</th><th rowspan="2">宽度/m</th><th rowspan="2">长宽比</th><th rowspan="2">高度/m</th></tr>
<tr><th>总长度</th><th>东翼</th><th>西翼</th></tr>
<tr><td>1</td><td>202</td><td>180</td><td>111</td><td>68</td><td>212</td><td>0. 84</td><td>37</td><td>1620000</td><td>99</td></tr>
</table>

经微地震裂缝监测表明，在压裂过程中，井筒周围多方向破裂，主次缝区分不明显，裂缝复杂程度高，裂缝带宽较大，验证了 CO_2压裂裂缝扩展受应力差异控制程度较小。较高的扩散特性，致使后期压裂液效率逐步降低，后期向远区推进能量小，复杂裂缝集中在近井。裂缝监测的裂缝解释结果与设计基本相符，也验证了压裂设计模型的正确性，为后期的压裂设计提供了基础。

5 结论

（1）超临界 CO_2压裂主裂缝周边会产生大量微裂缝，能够更好的沟通储层，形成更大范围的有效油气渗流通道。

（2）超临界 CO_2能够明显改善盐间储层的物性，显著提高储层岩石的孔隙度、渗透率及可压性。

（3）超临界 CO_2可显著萃取页岩油，与原油实现混相，降低原油黏度，提高原油流动性，并能够有效补充地层能量，CO_2压裂后储层改造效果良好。

（4）现场施工表明，在压裂过程中该井产生裂缝主要为水平层理缝，中间显示出剪切裂缝，整体为剪切缝与水平缝的交错的复杂裂缝。

参 考 文 献

[1] 张健，徐冰，崔明明．纯液态二氧化碳压裂技术研究综述[J]．绿色科技．2014(04)：200-203.

[2] 刘合，王峰，张劲，等．二氧化碳干法压裂技术——应用现状与发展趋势[J]．石油勘探与开发，2014，41(4)：466-472.

[3] Sinal M L，Lancaster G. Liquid CO_2 fracturing：Advantages and limitations[J]．Journal of Canadian Petroleum Technology．1987，26(05).

[4] Lillies A T，King S R. Sand Fracturing With Liquid Carbon Dioxide [C]．Production Technology Symposium，1982.

[5] Gupta，Bobier. The History and Success of Liquid CO_2 and CO_2/N_2 Fracturing System[C]．SPE Gas Technology Symposium，Calgary，Alberta，Canada，1998.

[6] Mazza R L. Liquid-Free CO_2/Sand Stimulations：An Overlooked Technology - Production Update[C]．Eastern Regional Conference & Exhibition，2001.

[7] 宋振云，苏伟东，杨延增，等．CO_2干法加砂压裂技术研究与实践[J]．天然气工业．2014(06)：55-59.

[8] Middleton R S，Carey J W，Currier R P，et al. Shale gas and non-aqueous fracturing fluids：Opportunities and challenges for supercritical CO_2 [J]．Applied Energy. 2015，147：500-509.

[9] 侯冰，宋振云，贾建鹏，苏伟东，王迪．超临界二氧化碳对致密砂岩力学特性影响的实验研究[J]．中国海上油气，2018，30(05)：109-115.

[10] Zhu H，Tao L，Liu Q，et al. Multiscale Change Characteristics of Chinese Wufeng Shale Under Supercritical Carbon Dioxide[C]．SPE Annual Technical Conference and Exhibition. Society of Petroleum Engineers，2016.

[11] Dawei Zhou，Guangqing Zhang，Yuanyuan Wang，et al. Experimental investigation on fracture propagation modes in supercritical carbon dioxide fracturing using acoustic emission monitoring[J]．International Journal of Rock Mechanics and Mining Sciences. 2018，10，111-119.

[12] Friehauf K E，Sharma M M. A New Compositional Model for Hydraulic Fracturing With Energized Fluids [J]．SPE Journal. 2009.

[13] Wang D，Chen M，Jin Y，et al. Effect of Fluid Compressibility on Toughness - Dominated Hydraulic Fractures With Leakoff[J]．SPE Journal. 2018.

[14] Wang D，Chen M，Jin Y，et al. Impact of fluid compressibility for plane strain hydraulic fractures [J]．Computers and Geotechnics. 2018，97：20-26.

[15] 王迪，致密砂岩储层超临界二氧化碳压裂裂缝扩展研究[D]，中国石油大学（北京）博士学位论文，2018.

[16] Crouch，S. L. and Starfield，A. M. 1983. Boundary element methods in solid mechanics [M]．London：George Allen & Unwin.

四川盆地南缘中浅层页岩气低成本高效改造先导性试验

王　丹[1]　朱炬辉[1]　王维旭[2]

（1. 中国石油川庆钻探工程公司井下作业公司；2. 中国石油浙江油田公司）

摘　要　本文根据滇黔北昭通国家级页岩气示范区太阳背斜构造中浅层（垂深700m-1800m）页岩气井的储层地质特征，结合体积压裂的基本理念，提出适合于中浅层页岩气储层压裂改造降本增效的综合技术，包括射孔分流优化、实时泵注优化与调整、箱体优化以及支撑剂评价与优选等针对性技术。通过现场先导性试验及效果评价，得到以下认识：①通过调整孔密与孔径以及射孔位置的射孔分流优化有利于箱体有效控制，使优质页岩储层进行重点分流和针对性改造；②通过支撑剂暂堵以及停泵转向等低成本压裂转向手段有利于提高裂缝复杂程度，达到体积改造效果；③石英砂能够满足较低闭合压力的中浅层页岩储层压裂改造需求，实现低成本体积压裂改造。通过现场实践，探索了太阳构造中浅层页岩储层以低成本高效开发为导向的针对性体积压裂改造技术，为该区域中浅层页岩气的大规模开发提供了技术储备，同时也能为其他区块浅层页岩气开发提供参考依据。

关键词　中浅层页岩气；箱体优化配置；射孔分流；暂堵转向；石英砂；低成本体积压裂

目前国内页岩气勘探开发一般认为页岩气成藏赋存甜点区条件在2000m以上，勘探评价中实践中，大部分倾向于选取2200m至3000m或者更深的深层建产。然而，随着近年来对页岩气地质认识的深化和低成本开发的客观需求，以及太阳构造浅层页岩气开发初见成效，使得浅层页岩气开始受到国内外油气行业的广泛关注。

国外浅层页岩气主要集中在美国的Antrim（埋深180～660m）、New Albany（埋深300～1350m）、ohio（埋深600～1500m）三大页岩气区块[1]。国内浅层页岩气产能评价与开发实践的成功典范，目前仅见于昭通页岩示范区太阳构造。该构造浅层龙马溪组页岩气具有良好的开发前景，根据浙江油田太阳-大寨浅层页岩气立体开采设计方案，在储层埋藏深度小于2000m条件下可有效开发的面积约127km^2（高原山地），井控储量约1000亿m^3，目前在太阳背斜构造已开发井的页岩储层垂深为700～1800m，井型主要为直井和水平井。

相对于深层页岩气投资成本高，埋藏深、地质条件复杂、钻井及压裂施工难度大等问题，中浅层页岩气的钻井投资成本相对较低，压裂改造重点在于综合控制成本与提升改造效果。本文在四川太阳背斜构造中浅层页岩气储层特征分析基础上，以降本增效为开发目的，提出以低成本高效开发为导向的针对性改造技术系列。通过在太阳构造中浅层页岩储层的先导性试验，达到了降本增效的目的，为中浅层页岩气的大规模开发提供了技术储备。

1　储层特征

昭通页岩气示范区太阳背斜构造五峰组-龙马溪组中浅层优质页岩储层埋深700～1800m，TOC3.1-6%，孔隙度4.3%～6.2%，含气量3～6.2m^3/t；黏土矿物含量23%～36%，硅质矿物含量45%～60%，碳酸盐矿物含量10%～30.3%。

优质页岩储层距龙马溪组底部17m左右，其中以龙一1^{1}号小层为最优质储层，其次为五峰组和龙一1^{2}号小层。该区块储层埋深较浅，压力系数整体偏低，优质页岩储层压力系数1.2～1.4。储层闭合压力18～35MPa，脆性指数50%～65%，泊松比0.15～0.25，杨氏模量24～34GPa，最小水平主应力15～38MPa，水平应力差10～15MPa，如图1所示。

【基金项目】国家科技重大专项“昭通页岩气勘探开发示范工程—山地页岩气储层体积压裂增产改造技术现场试验与应用”（编号：2017ZX05063-004）

【作者简介】王丹，女，1986年生，硕士，2013年毕业于西南石油大学油气田开发专业，现从事油气藏增产改造理论技术研究及应用工作。E-mail：919482883@qq.com

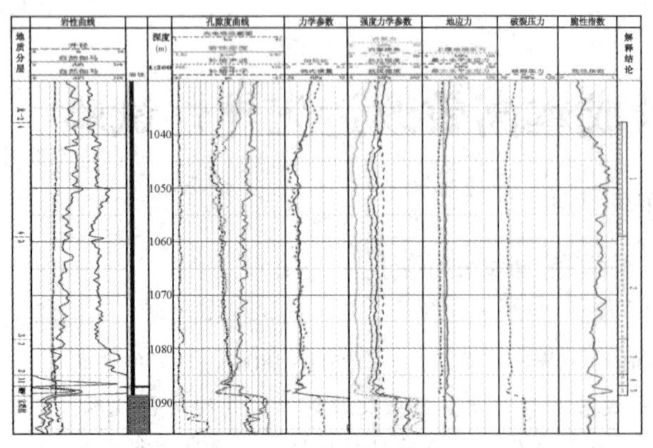

图 1　太阳构造岩石力学及地应力特征测井解释图

太阳构造区域龙马溪组页岩储层受储层埋深较浅影响，压力系数及脆性指数、杨氏模量、泊松比、最小水平主应力、水平应力差、闭合压力等力学参数较昭通其他区块低，储层物性参数与其他区块相当[2-3]（表 1）。

表 1　不同区块优质页岩气储层特征参数对比

评价参数	大寨区块		紫金坝区块	黄金坝区块
	太阳构造	其他构造		
埋深/m	700~1800	4235~4280	3872~4494	3728~4608
孔隙度/%	4.3~6.2	3~5.1	3.2~6.7	3.1~5
TOC/%	3.1~6	3~7.5	3.1~7	3.2~5.6
含气量/m^3/t	3~6.2	3.3~6.9	3.8~7.4	4~7
黏土矿物/%	23~36	20~33.8	21~41	20~34
硅质矿物/%	45~60	49~66	45~51.3	49~61.6
碳酸盐岩/%	10~30.3	7.3~23.8	7~28	11~23
压力系数	1.2~1.4	1.6	1.7~2.0	1.8~2.0
脆性指数/%	50~65	50~68	55~74	50~70
杨氏模量/GPa	24~34	40~49	35~46	30~45
泊松比	0.15~0.25	0.19~0.27	0.16~0.32	0.15~0.3
最小水平主应力/MPa	15~38	48~67	44~64	50~65
水平应力差/MPa	10~15	16~27	13~25	15~27
闭合压力/MPa	18~35	45~55	45~56	50~60

2　针对性改造技术

2.1　箱体优化配置技术

根据滇黔北昭通太阳背斜构造 600~1800m 的中浅层龙马溪组储层评价结果，位于龙马溪组底部的龙一 1^2、龙一 1^1、五峰组垂厚共计 8~11m 左右，为该井区的 I 类优质页岩储层，也是重点改造层位[4]。结合体积压裂的改造理念，通过水力压裂“打碎”储层，使天然裂缝不断扩张以及脆性岩石产生剪切滑移，形成天然裂缝与人工裂缝相互交错的复杂网络裂缝[5-6]。长期实践证明，实现体积压裂箱体的控制尤为重要，因此将改造箱体对优质储层的最大化覆盖作为设计的主要目的之一，故该井区采取了“射孔分流优化”、“实时泵注过程中的转向措施”用于控制箱体在纵横向的优化配置。

2.1.1　射孔分流优化

由于太阳背斜构造物性最佳的龙一 1^1 小层厚度薄（1~2m），根据各小层的物性参数，综合考虑射孔孔径和孔密对单孔进液量的影响，引入分流系数对优质页岩储层进行射孔分流优化，即针对龙一 1^1 小层的孔径和孔密进行重点配置，同时兼顾龙一 1^2 和五峰组，使最具生产潜力的龙一 1^1 小层单孔进液量最大化，实现优质小层重点分流和针对性改造，达到最大限度释放储层潜能的目的。

定义分流系数为第 i 小层过流面积与各小层过流面积总和的比值，用 λ_i 表示。

$$A_i = \frac{\pi d_i^2}{4} \times N_i \tag{1}$$

$$\lambda_i = \frac{A_i}{\sum_{i=1}^{n} A_i} \tag{2}$$

$$q_i = \frac{Q \times \lambda_i}{N_i} \tag{3}$$

上式中：d_i、N_i、A_i、λ_i、q_i 分布为第 i 小层的射孔孔径（cm）、射孔数（个）、过流面积（cm^2）、分流系数、单孔进液量（m^3/min），n 为小层数。

2.1.2　实时泵注优化与调整

浅层页岩气由于埋深浅，应力相对较低，为了充分扩展改造体积和优化配置改造箱体，施工过程中应根据地层响应情况积极采取暂堵转向措施进行实时泵注优化调整，增加裂缝复杂程度，以实现浅层页岩气体积压裂改造。现场可根据压力实时响应并结合微地震监测结果灵活采取转向措施，如支撑剂暂堵转向、停泵转向压裂等低成本转向技术。

（1）支撑剂暂堵转向

该泵注方式是通过地面注入高浓度差的支撑剂段塞、混合支撑剂段塞（不同支撑剂按照一定比例混合）、高浓度支撑剂长段塞或是不同类型支撑剂交替注入等一种或多种方式在缝内形成支撑剂暂堵憋压，提高缝内净压力，迫使裂缝在原延伸方向受阻而提高转向几率，进而增加裂缝复杂程度。施工中若发现裂缝形态较单一或是裂缝只在局部拓展亦或是泵压整体呈下降趋势，可采取支撑剂暂堵转向压裂增加裂缝复杂程度(图2)。如图3中实例井A井在采取高浓度差的支撑剂段塞暂堵压裂后，泵压明显上升4.8MPa，缝内净压力提升，同时根据微地震裂缝监测成果显示，裂缝在井筒两侧对称分布，达到均匀改造的目的(图4)。

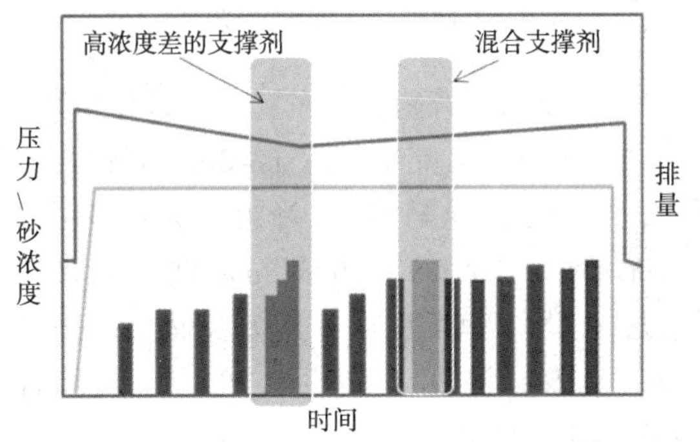

图2　支撑剂暂堵转向示意图

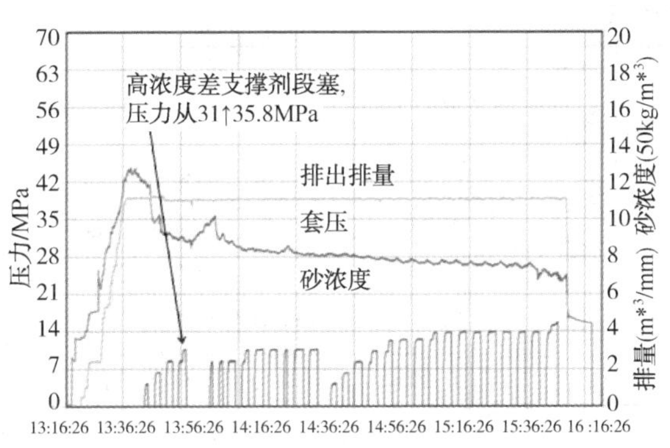

图3　实例井A井压裂施工曲线

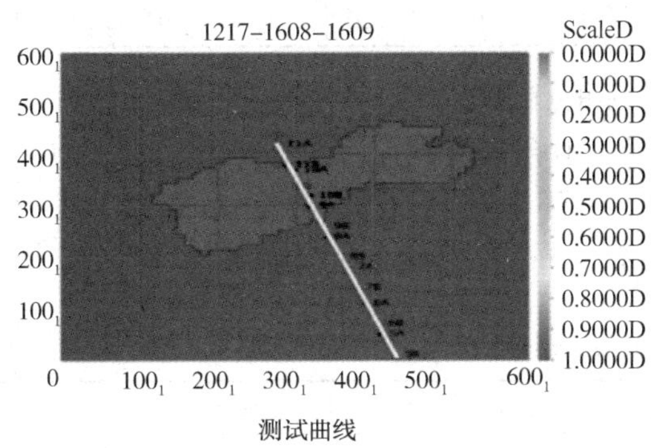

图4　A井微地震裂缝监测结果

(2)停泵转向

停泵转向是在泵注一定量液体和支撑剂后，根据施工压力响应并结合微地震监测结果在中途适时采取停泵一段时间再起泵的方法，停泵时间一般持续30~60min，若裂缝未闭合，则第二次泵注提前加入支撑剂段塞进行原裂缝封堵，促使在新区域压开储层。施工过程中若出现沟通断层或大型裂缝特征，泵压呈现明显持续下降趋势，结合微地震显示，可尝试停泵转向措施(图5)。如图6所示，实例井B井在施工压力降幅较大的情况下采取中途停泵转向，再次起泵快速建立排量阶段有明显压开新区域的响应，且后期施工压力在相同排量下上升近4MPa。

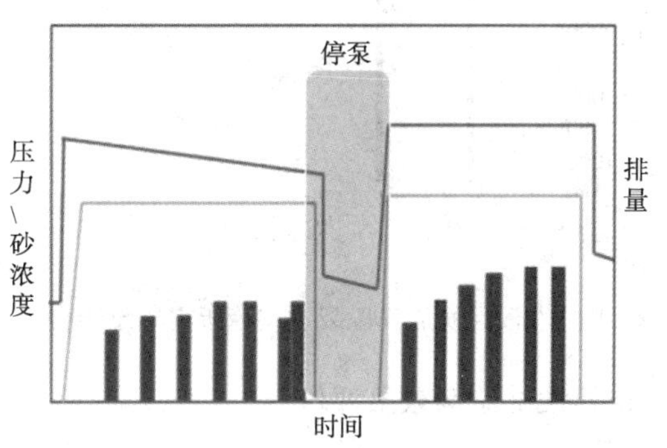

图5　停泵转向示意图

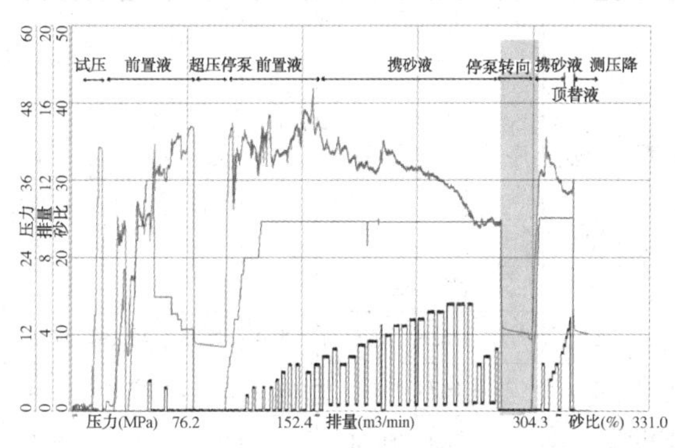

图6　实例井B井压裂施工曲线

2.2　支撑剂评价与优选

利用已有的地质、工程及微地震基础数据建立页岩数值模拟模型，根据产量递减规律对压裂裂缝等效导流能力进行拟合。结合太阳构造中浅层龙马溪压裂井历史拟合结果，中浅层龙马溪组压后闭合压力18~35MPa、最小水平主应力平均15~38MPa，模拟计算得到生产90天裂缝有效渗透率为0.005~0.02D，所需压裂主裂缝导流能力4~8D·cm(图7)，分支裂缝导流能力0.5~0.8D·cm[7-8]。根据室内实验结果，在闭合压力35MPa、铺砂浓度2kg/m^{2}时，作为分支缝支撑的70/140目石英砂导流能力1.6D·cm，作为主缝支撑的40/70目石英砂导流能力

5.8D.cm(图 8)。

昭通区域其他区块深层页岩气压裂支撑剂主要采用 70/140 目石英砂+40/70 目陶粒。由于太阳构造整体闭合压力偏低，全程采用中低密度 70/140 目+40/70 目石英砂能够满足施工要求，同时具备昭通区域中浅层页岩气压裂所需的裂缝导流能力，实现低成本的页岩气体积压裂[9-10]。

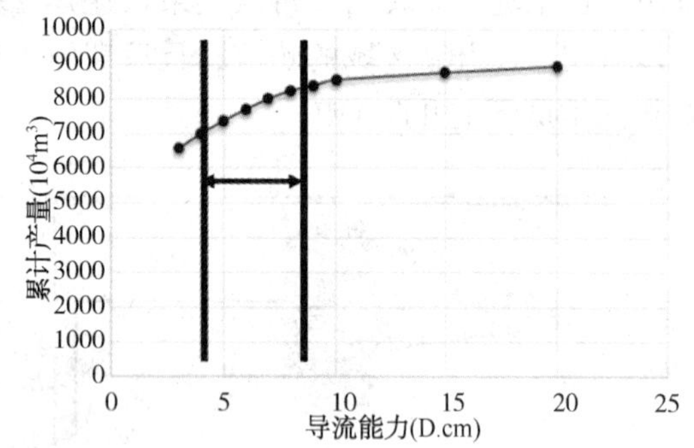

图 7　浅层页岩气压裂主裂缝所需导流能力

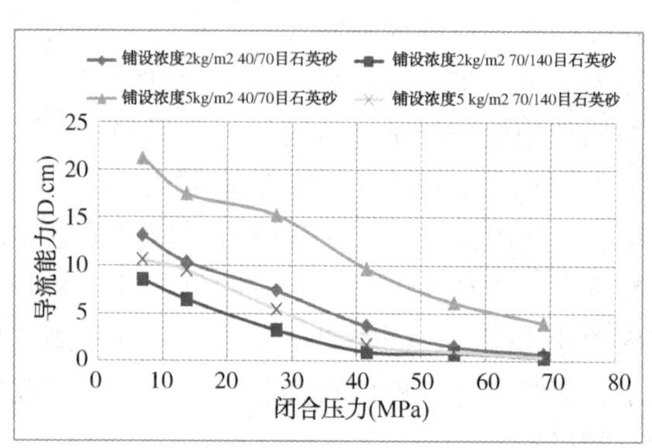

图 8　不同铺砂浓度下的导流能力

3　先导性试验与效果评价

Y1 井是太阳背斜构造东翼的一口评价井。

井型为直井，完钻井深 1740m，岩性为黑色页岩，目的层为龙马溪-五峰组，页岩储层厚度 35.1m，埋深 1658.7~1693.8m，测井解释龙一1^2、龙一1^1、五峰组为Ⅰ类优质储层，垂厚共 8.8m，有效孔隙度 4.5%~5.7%，有机碳含量 3.5%~6%，总含气量 4.2~6.2m^3/t，压力系数 1.2~1.3，储层闭合压力 35MPa，见表 2 所示。

表 2　Y1 井测井解释成果表

层系	小层	序号	井段/m		层厚/m	矿物组分					地化参数	物性参数		含气量			层压力系数	解释结论
						黏土含量/%	石英含量/%	方解石含量/%	白云石含量/%	黄铁矿含量/%	有机碳含量/%	孔隙度 POR/%	渗透率 PERM/(10^{-3} um^2)	游离气量 GASY/(m^3/t)	吸附气量 GASB/(m^3/t)	总含气量 GASZ/(m^3/t)		
龙马溪组	龙一$_1^4$	20	1658.7	1674.1	15.4	35.3	40.3	17.2	3.4	3.7	2.1	3.4	0.003	1.1	1.4	2.5	1.21	Ⅲ类储层
	龙一$_1^3$	21	1674.1	1685.0	10.9	30.2	42.1	18.4	5.4	4.0	2.4	3.6	0.003	1.3	1.5	2.8	1.24	Ⅱ类储层
	龙一$_1^2$	22	1685.0	1690.6	5.6	28.2	44.2	19.5	3.8	4.2	3.5	4.5	0.006	2.2	2.0	4.2	1.39	Ⅰ类储层
	龙一$_1^1$	23	1690.6	1691.7	1.1	25.1	45.0	21.9	4.1	3.9	6.0	5.7	0.013	3.3	2.9	6.2	1.34	Ⅰ类储层
五峰组		24	1691.7	1693.8	2.1	26.6	32.7	31.9	5.1	3.7	4.0	5.1	0.009	3.0	2.2	5.2	1.32	Ⅰ类储层

3.1　箱体优化配置应用

(1) 射孔分流优化

由于本井物性最佳的龙一1^1小层厚度仅 1.1m，故采用射孔分流优化技术对最具潜力储层进行重点分流和针对性改造，射孔参数见表 3。经过射孔分流优化后，龙一1^2、龙一1^1、五峰组小层单孔进液量分别为 0.22、0.327、0.22m^3/min(图 9)。

表 3　Y1 井龙马溪组页岩气射孔层段统计表

层位	小层号	射孔段/m	射厚/m	孔密/(孔/米)	射孔数/孔	孔眼直径	相位/deg	备注
	龙一$_1^2$	1686~1687.5	1.5	10	15	>1.0cm	60	先锋射孔弹
	龙一$_1^1$	1691.2~1691.7	0.5	20	10	>1.2cm	60	大孔径深穿透射孔弹
	五峰组	1692~1693.5	1.5	10	15	>1.0cm	60	先锋射孔弹
合计			3.5		40			

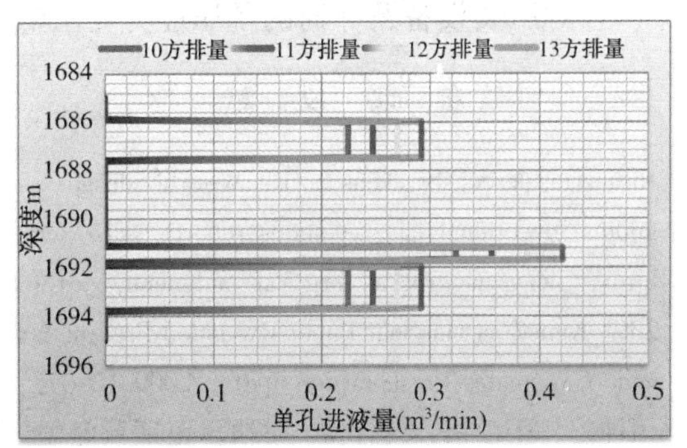

图 9　射孔分流优化配置图

(2) 实时泵注优化与调整

Y1 井施工中根据压力响应采用高砂浓度差支撑剂长段塞(砂浓度 120-150-180kg/m³)和不同类型支撑剂交替注入(三组 70/140+40/70 目石英砂交替泵注)的暂堵转向压裂，暂堵措施后压力整体抬升近 2MPa，后期施工压力稳中有升(图 10)，且净压力整体呈上升趋势(图 11)，说明经过泵注优化调整后有利于突破水平应力差的限制，在新区域开启裂缝，达到转向的目的。

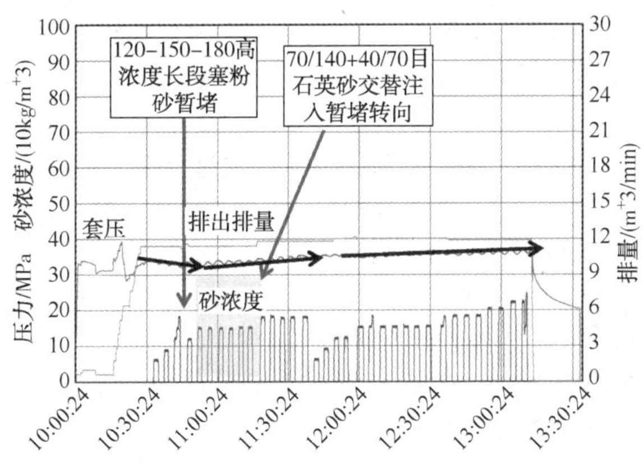

图 10　Y1 井施工压力曲线

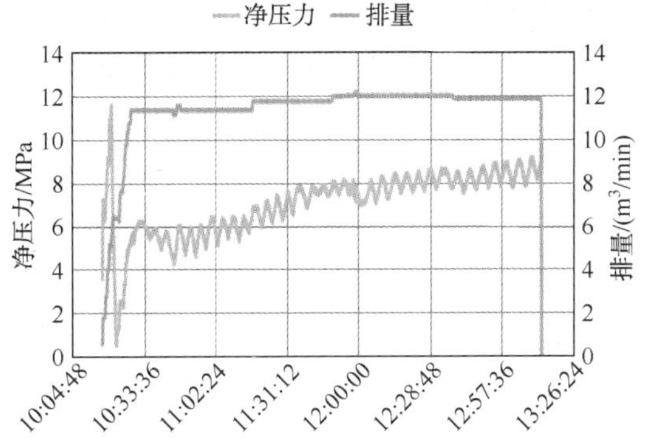

图 11　Y1 井净压力变化曲线

3.2　支撑剂评价与优选

Y1 井储层闭合压力 35MPa，根据室内实验结果，石英砂可以满足压裂需求。本井支撑剂全程采用石英砂，前置液采用 70/140 目石英砂充分打磨孔眼及微裂缝暂堵，主体采用 40/70 目石英砂支撑人工裂缝。经过拟合模拟得到生产 90 天裂缝有效导流能力为 6D.cm(图 12)，说明低抗压强度的石英砂在太阳构造低闭合压力的储层下能够达到支撑效果。

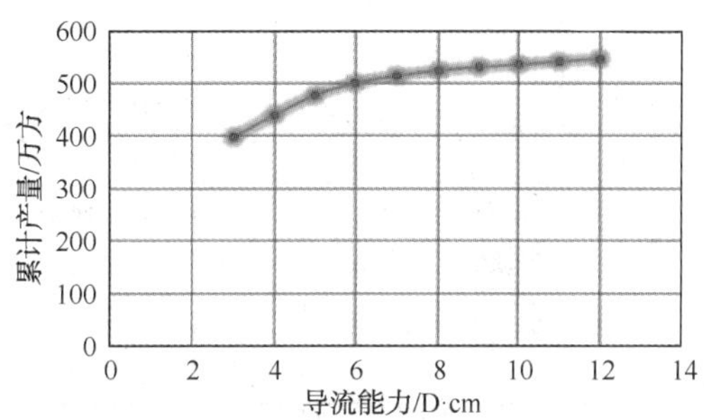

图 12　Y1 井裂缝有效导流能力

Y1 井经过射孔分流优化和实时泵注优化与调整以及支撑剂评价与优选等针对性改造措施后其测试产量达 $1.57\times10^4m^3/d$，最高折算日产 $2.06\times10^4m^3/d$(5mm 油嘴，井口压力 7.27MPa)，取得较好的改造效果，见图 13。

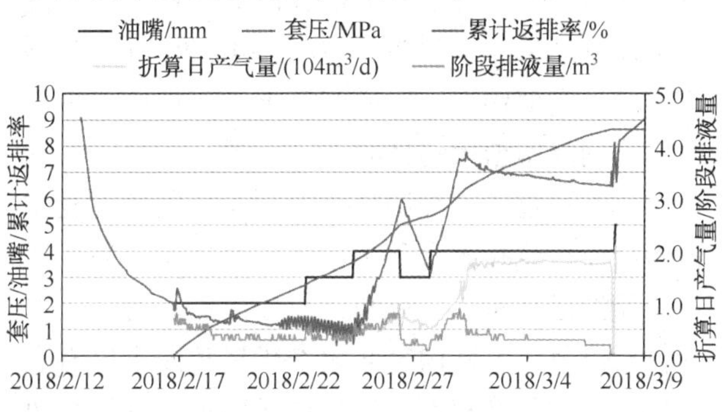

图 13　Y1 井排液试气曲线

4　综合效果评价

从钻井条件、地面硬件、井口装置、井筒条件、压裂设备、压裂材料以及最终产量进行综合评价(见表 4)，可见昭通大寨区块太阳构造的中浅层页岩气井较同区块常规深度的页岩气钻井成本以及压裂综合成本更低，且对压裂设备及井筒的承压能力要求低；测试产量中浅层为 $5\times10^4m^3/d$，常规深度页岩气测试产量 $7\times10^4m^3/d$。

表 4　昭通大寨区块中浅层页岩气与常规深度页岩气的综合效果对比

	太阳构造中浅层页岩气(埋深≤2000m)	其他构造常规深度页岩气(埋深>2000m)
钻井条件	浅井、短水平段(≤1500m)	中深井、长水平段(>1500m)

续表

	太阳构造中浅层页岩气（埋深≤2000m）	其他构造常规深度页岩气（埋深>2000m）
地面硬件	井场投入资金较低、设备占用量小	井场投入资金较高、设备占用量大
井口装置	70MPa	105MPa
井筒条件	抗内压 60MPa 以内	抗内压 137MPa 以内
压裂设备	数量少、占地面积小，设备损耗小，成本低；	数量多、占地面积较大，设备损耗较大，成本相对更高；
压裂材料	压裂材料种类、数量少，成本低	压裂材料种类、数量多，成本较高
测试产量	水平井测试产量平均 5 万/天	水平井测试产量平均 7 万/天

5　结论与认识

（1）太阳背斜构造龙马溪组页岩储层受储层埋深较浅影响，压力系数、脆性指数、杨氏模量、泊松比、最小水平主应力、水平应力差、闭合压力等略低于昭通区域其他区块页岩储层；

（2）太阳构造中浅层页岩气由于埋深浅，整体闭合压力低，通过历史拟合模拟计算以及室内实验评价结果，认为 70/140 目+40/70 目石英砂能够满足类似储层压裂增产需求，实现低成本压裂，达到降本增效的目的。

（3）通过针对性调整孔密与孔径以及射孔位置的分流优化技术有利于箱体有效控制，使优质页岩储层进行重点分流和针对性改造；通过支撑剂暂堵以及停泵转向等低成本压裂转向手段有利于提高裂缝复杂程度，达到中浅层页岩气体积改造效果。

（4）从钻井、压裂、试气进行综合评价，昭通区域大寨区块太阳构造中浅层页岩气井较同区块常规深度的页岩气钻井成本以及压裂综合成本更低，且对压裂设备及井筒的承压能力要求低。

参 考 文 献

[1] Kuu skraa V A，St evens S H . Worldw ide gas shales andunconventional gas：A status report [EB/ OL] . http：/ / www . rpsea. org/ at tachments/ art icles/ 239/ Kuuskraa Handout Paper Expanded Present World-wide Gas Shales Presentat ion. pdf , 2009. 12. 07.

[2] 伍坤宇，张廷山，杨洋等. 昭通示范区黄金坝气田五峰-龙马溪组页岩气储层地质特征[J]. 中国地质，2016，43(1)：275-287.

[3] 舒兵，张廷山，梁兴等. 滇黔北坳陷及邻区下志留统龙马溪组页岩气储层特征[J]. 海相油气地质，2016，21(3)：22-28.

[4] 梁兴，王高成，徐政语等 . 中国南方海相复杂山地页岩气储层甜点综合评价技术—以昭通国家级页岩气示范区为例[J]. 天然气工业，2016，36(1)：33-42.

[5] 吴奇，胥云，王腾飞等 . 增产改造理念的重大变革—体积改造技术概论[J]. 天然气工业，2011，31(4)：7-12.

[6] 刘晓旭，吴建发，刘义成等 . 页岩气“体积压裂”技术与应用[J]. 天然气勘探与开发，2013，36(4)：64-69.

[7] 毕文韬，卢拥军等 . 页岩储层支撑裂缝导流能力实验研究[J]. 断块油气田，2016，23(1)：133-136.

[8] 朱怡晖，贾长贵，蒋廷学等 . 多因素影响下的页岩支撑裂缝导流能力计算[J]. 石油天然气学报，2014，36(8)：129-132，145.

[9] SY/T6302-2009，压裂支撑剂充填层短期导流能力评价推荐方法[S].

[10] 王志刚，刘锋等 . 致密砂岩中浅层低成本压裂支撑剂组合实验研究[J]. 化学工程与装备，2014，(12)：21-24.

海上低渗气藏产能测试评价新技术研究与实践

陈自立 杨志兴 李 宁

（中海石油（中国）有限公司上海分公司）

摘 要 海上测试成本高、时间短，用陆上常规测试方法进行海上低渗气藏产能测试，压力及产量都难以达到稳定，以致于无法准确地进行资料的解释。本文通过研究，提出了2种适合海上低渗气藏测试方法，即简化的修正等时试井、不关井等时试井，并针对不同的储层物性推荐出合适的测试方法。同时基于井点测试提出了基于气藏地质模型及DST井点测试的约束条件下的气藏空间产能展布方法，这些成果将为海上低渗气藏的测试及气藏空间产能展布的认识提供了一种新的手段，对海上类似气藏的测试提供技术借鉴。

关键词 海上低渗；产能测试；短时测试；空间产能；展布预测

由于海上低渗气藏测试的特殊要求（时间长、成本高），一般不建议采用回压试井方法，而多选择不稳定的修正等时试井测试方法[1-4]，但是即使采用修正等时试井，目前绝大多数低渗气藏的延续生产稳定点测试也很难获取[5-6]。并且由于海上气藏测试不便以及现场存储或排放气体等其他条件要求和限制，因此行业测试标准很难适用海上低渗气藏，所以如何改进现有测试方法，发展短期无稳定点的评价方法是现实的需求。

在采用常规测试方法往往并不能获取有效分析数据的背景下，加之海上勘探测试井次有限、低渗气藏的强非均质性等因素，造成海上气藏未测试区域产能无法预测，储层产能空间展布情况不明，最终导致气田开发方案优化、井位部署中出现低产低效井风险增高。

本文针对上述几个问题，在对现有测试方法和测试制度分析的基础上，研究改进延时开井测试时间与产能计算方程A、B关系，建立了一套海上短时产能测试方法与工作制度，提出了2种适合海上低渗气藏测试方法，包括简化的修正等时试井、不关井等时试井，实现海上低渗气藏缩短测试时间的特殊要求；同时基于井点测试提出了在气藏地质模型及DST井点测试约束条件下的气藏空间产能展布方法，可以实现井间未测试区域的产能分布情况预测。

1 海上短时产能测试方法与工作制度

1.1 简化的修正等时试井

修正等时试井较其它多点产能试井所需的时间短，但要求延续期产量生产持续到稳定条件，这对于低渗气藏仍需较长的时间。为进一步缩短时间，基于G. S. Brar提出的修正等时试井简化方法[7]。简化修正等时试井仅进行等时阶段的不稳定测试，而不进行延续期的测试，从而缩短测试时间。

对于无限大均质气藏，其压力降落形式如公式（1）：

$$\psi_R - \psi_{wf} = Aq_g + Bq_g^2 \tag{1}$$

式中：$A = \dfrac{42.42Tp_{sc}\left(\lg\dfrac{8.085kt}{\varphi\mu C_t r_w^e} + \dfrac{S}{2.302}\right)}{kh}$，

$$B = \frac{42.42Tp_{sc}}{kh} \times 0.87D$$

D值为受地层渗透率K、孔隙度φ、天然气地下黏度μ_g、相对密度γ_g、打开地层的有效厚度h和井底折算半径r_w影响的参数，计算该值经验公式法如下：

$$D = \frac{1.35 \times 10^{-7}\gamma_g}{K^{0.47}\varphi^{0.53}hr_w\mu_g} \tag{2}$$

从式（1）可以看出，对地层参数及流体性质确定的情况下，产能方程系数A仅与$\log t$有关，将表中计算出来的$A(t)$与$\log t$绘图发现存在良好

【作者简介】陈自立，男，1987年11月出生，工程师，2013年毕业于长江大学油气田开发开采专业，获硕士学位，主要从事海上油气田开发工程方面生产科研工作。Email：chenzl9@cnooc.com.cn。

的线性关系，因此对于修正等时试井利用延时开井稳定测试点确定稳定产能方程系数 A，可以在给定供气半径 r_e 的条件下，计算到达边界所需的测试时间 t_s，利用 $A(t)$ 与 $\log t$ 关系，确定达到边界时的稳定产能方程系数 A。

表 1　不同等时时间间隔下产能方程系数 A

流动阶段	q	q^2	t=1.0(小时)		t=2.0(小时)		t=4.0(小时)		t=6.0(小时)		t=8.0(小时)	
			Δp^2	$\Delta p^2/q$	Δp^2	$\Delta p^2/q$	Δp^2	$\Delta p^2/q$	Δp^2	$\Delta p^2/q$	Δp^2	$\Delta p^2/q$
1	0.47	0.22	41.01	86.41	46.4	97.77	55.17	116.2	58.91	124.1	62.47	131.6
2	0.88	0.77	105.1	119.5	120	137.3	156.0	177.3	164.5	187.0	169.1	192.2
3	1.27	1.61	208.0	163.5	253	199.3	276.3	217.3	309.2	243.2	317.2	249.5
4	1.66	2.75	384.6	231.8	403	243.2	429.8	259.1	438.5	264.3	446.0	268.8
累加	4.28	5.37	738.7	601.3	824	677.6	917.4	770.0	971.1	818.6	994.8	842.2
A			20.11		34.11		65.15		74.94		83	
B			121.57		126.30		118.89		121.09		119.07	

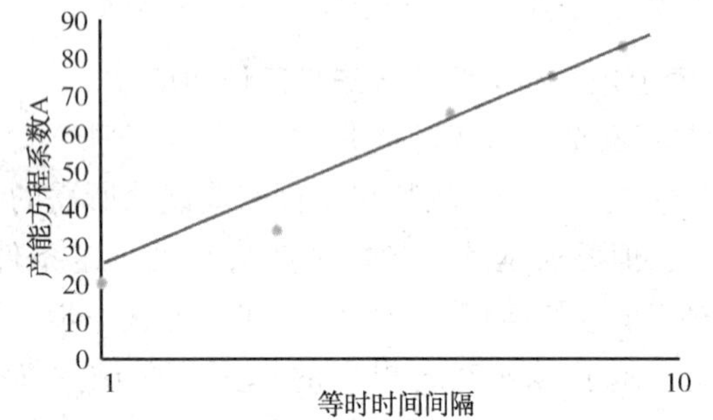

图 1　产能方程系数 A 随等时时间间隔关系曲线

在测试井外边界未知的情况，通常经验取值 500~1000m，由于供给半径在 log 函数里，因而边界距离对产能方程系数影响较小，以下针对供给半径进行参数敏感性分析：

表 2　中低渗储层不同供给半径下产能计算数据

r_e/m	100	300	500	700	1000
无阻流量/($10^4 m^3/d$)	367.11	352.22	345.59	341.31	336.87
相对误差/%	0	4.06	5.86	7.03	8.24

表 3　不同低渗储层供给半径下产能计算数据

r_e/m	100	300	500	700	1000
无阻流量/($10^4 m^3/d$)	70.99	66.32	64.34	63.09	61.81
相对误差/%	0	6.58	9.37	11.13	12.92

表 4　致密储层不同供给半径下产能计算数据

r_e/m	100	300	500	700	1000
无阻流量/($10^4 m^3/d$)	7.046	6.86	6.78	6.73	6.67
相对误差/%	0	0.26	0.37	0.45	0.53

从表 2~4 可以看出，边界距离从 100m 到 1000m，边界距离扩大 10 倍，产能相对误差最大为 12.92%，因此在测试井外边界未知的情况，经验取值边界距离对产能影响在接受范围以内。

测试流程：1)用若干个不同产量生产相同的时间；2)以每一产量生产后关井，关井时间与生产相同，进行压力进行恢复；

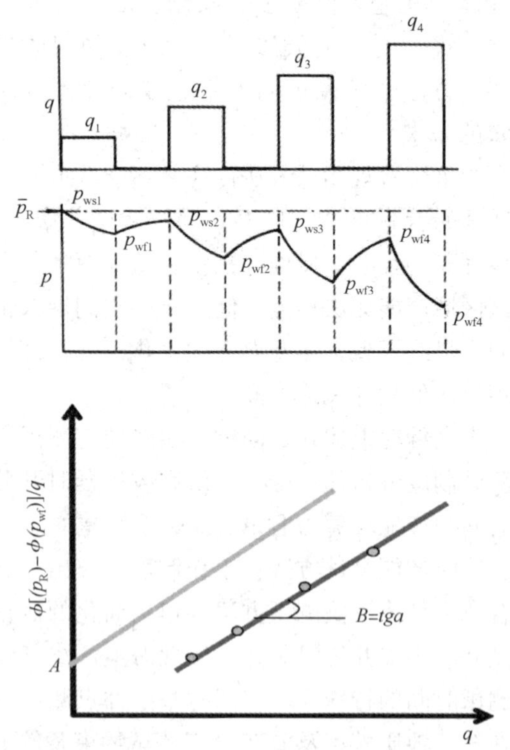

图 2　简化的修正等时试井示意图

产能方程系数求取过程：

(1) 产能方程系数 B 的确定，利用四开三关不稳定测试资料，进行线性拟合，求取产能方程

系数 B。

(2) 估算边界距离，利用式(3)计算得到测试达到稳定的时间，结合 $A(t) \sim \log t$ 关系，确定达到稳定时的产能方程系数 A。

$$t_s = \frac{\varphi \mu C_t r_e^2}{14.4k} \tag{3}$$

利用获得产能方程系数，进而建立气井的产能方程，确定气井绝对无阻流量。

1.2 不关井等时试井

简化的修正等时试井，需要多次关井，在操作程序上较回压试井麻烦，且测试时间相对较长。在等时试井的基础上，对测试时间进一步优化，剔除等时试井中关井阶段，可以进一步缩短测试时间。

下面通过理论推导证明测试方法的可行性：

$$\text{定义参数：} M = \frac{42.42 \times 10^3 p_{sc} \bar{T}}{khT_{sc}} N = \frac{8.091 \times 10^{-3} k}{\varphi \mu_g C_t r_w^2};$$

利用变产量试井方法，分别给出各产量下拟压力降变化公式：

$$\psi_R - \psi_{wf1} = M \cdot \lg(N \times t_p) \cdot q_1 + M \cdot 0.8686 \times D \times (q_1)^2 \tag{4}$$

$$\psi_R - \psi_{wf2} = M\lg 2 \times q_1 + M\lg(N \times t_p) \times q_2 + 0.8686DM(q_2)^2 \tag{5}$$

$$\psi_R - \psi_{wf3} = Mq_1 \lg\frac{3}{2} + Mq_2 \lg 2 + M\lg(N \times t_p) \times q_3 + 0.8686DM(q_3)^2 \tag{6}$$

$$\psi_R - \psi_{wf4} = Mq_1 \lg\frac{4}{3} + Mq_2 \lg\frac{3}{2} + M\lg 2 \times q_3 + M\lg(N \times t_p) q_4 + 0.8686DM(q_4)^2 \tag{7}$$

从上四式可以看出，共式 1-4~1-7 并不是统一的形式，通过将 q_2、q_3、q_4 与 q_1 建立特定关系，经过计算得到：$q_2 = 1.5q_1$，$q_3 = 3q_1$，$q_4 = 6q_1$，将上述关系带入公式 2-8~2-9 得到：

$$\psi_R - \psi_{wf2} = Mq_2(\lg(N \times t_p) + 0.2) + 0.8686DM(q_2)^2 \tag{8}$$

$$\psi_R - \psi_{wf3} = Mq_3(\lg(N \times t_p) + 0.2) + 0.8686DM(q_3)^2 \tag{9}$$

$$\psi_R - \psi_{wf4} = Mq_4(\lg(N \times t_p) + 0.2) + 0.8686DM(q_4)^2 \tag{10}$$

从公式 8~10 可以看出 $(q_2, \psi_R - \psi_{wf2})$ $(q_3, \psi_R - \psi_{wf3})$ $(q_4, \psi_R - \psi_{wf4})$ 之间满足同一线性关系，即产能方程系数

$A = (M + 1.2)\lg(N \times t_p)$，$B = 0.8686DM$。

测试流程：用若干个满足一定关系的产量，并且生产相同的时间。

产能方程系数求取过程：

(1) 产能方程系数 B 的确定，利用四开不稳定测试资料，进行线性拟合，求取产能方程系数 B。

(2) 估算边界距离，利用式(3)计算得到测试达到稳定的时间，结合 $A(t) \sim \log t$ 关系，确定达到稳定时的产能方程系数 A；根据《天然气井试井技术规范》，依据现场测试判别气井达到稳定流动状态的经验性方法，同样可以确定达到稳定流动的时间。

不关井等时试井比简化的修正等时试井测试时间进一步缩短，适宜在致密储层开展产能测试。

1.3 海上短时产能测试制度

在前文海上短时产能测试方法研究的基础上，进行短时产能测试制度配产研究。

(1) 简化的修正等时试井

简化的修正等时试井的特点是只需要测试修正等时试井四开三关过程，不需要进行测试延时测试，通过四开三关测试数据确定产能方程斜率，实现的目的与修正等时试井不稳定测试时一致的，因此，简化的修正等时试井测试产量参照等时或修正等时试井延时测试产量。

(2) 不关井等时试井

不关井等时试井在理论推导过程中是基于 $q_2 = 1.5q_1$、$q_3 = 3q_1$、$q_4 = 6q_1$，因此，在估算得到无阻流量，通过最小携液量、水合物形成以及出砂判断确定最小测试产量后，按照各开次产量关系，分别确定剩余开次测试产量。

下面以东海某低渗气藏 O1 井 DST1 测试层 J5 地层及流体性质为例，进行工作制度的制定，测试前其无阻流量估算如下：

$$q_{AOF} = \frac{78.52 \times 0.219 \times 73 \times 53.7^2}{0.0212 \times 1.015 \times (273.15 + 168) \times [\ln 10/0.1 + 34]} = 9.7 \times 10^4 \text{m}^3/\text{d} \tag{11}$$

表5　不同产能测试方法工作制度

试井类型	q_1/ $10^4m^3/d$	q_2/ $10^4m^3/d$	q_3/ $10^4m^3/d$	q_4/ $10^4m^3/d$	$q_{延时}$/ $10^4m^3/d$
简化修正等时试井	1	2	3	4	—
不关经等时试井	1	1.5	3	6	—

在确定各测试制度下配产后，选择模型为直井+均质模型+无限大，设计具体测试工作制度如下：

表6　J5层简化的修正等时试井工作制度表

时间/h	14	14	14	14	14	14	14	86
产量/ $10^4m^3/d$	1	0	2	0	3	0	4	0

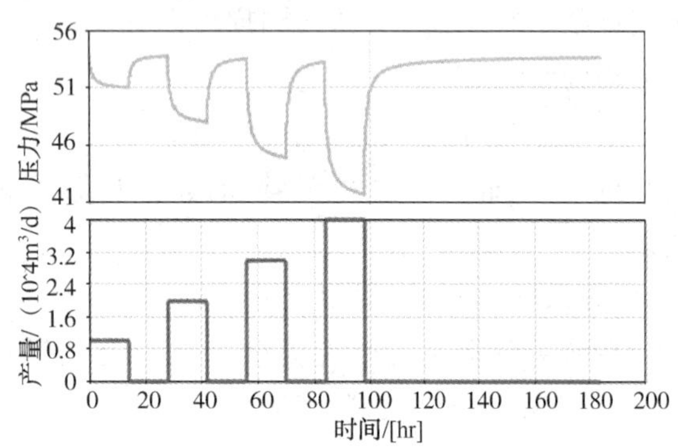

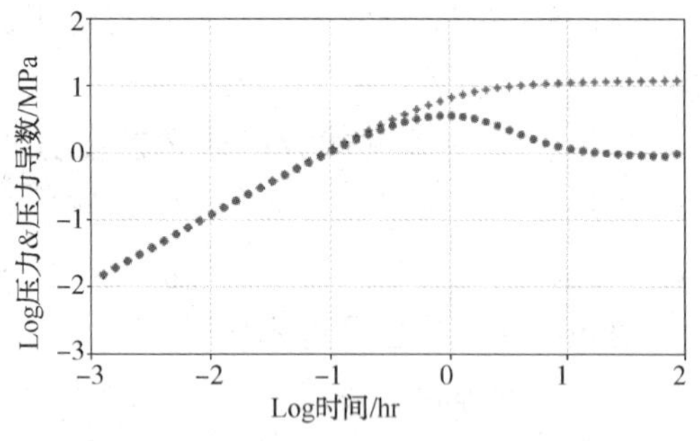

图3　J5层简化的修正等时试井设计曲线

从图3可以看出终关井86h以上，地层压力可以达到稳定，推荐恢复试井时间为86h以上，可以看出86h时即有明显的径向流出现，能够建立产能方程，进行压力分析，测试时间总计7~8d。

（3）不关井等时试井

选择模型为直井+均质模型+无限大，测试工作制度如下：

表7　J5层不关井等时试井工作制度表

时间/h	14	14	14	14	86
产量/$10^4m^3/d$	1	1.5	3	6	0

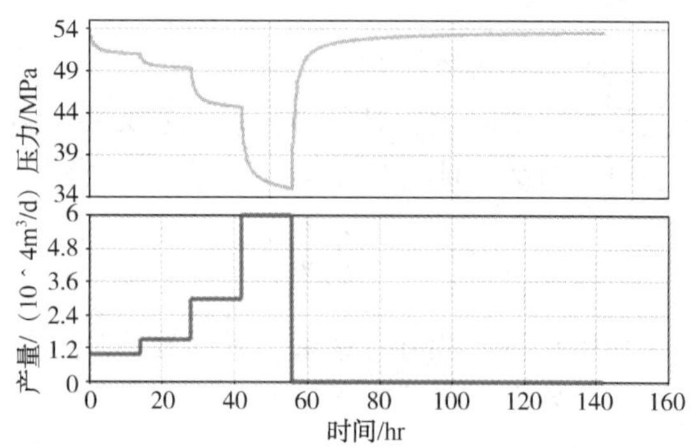

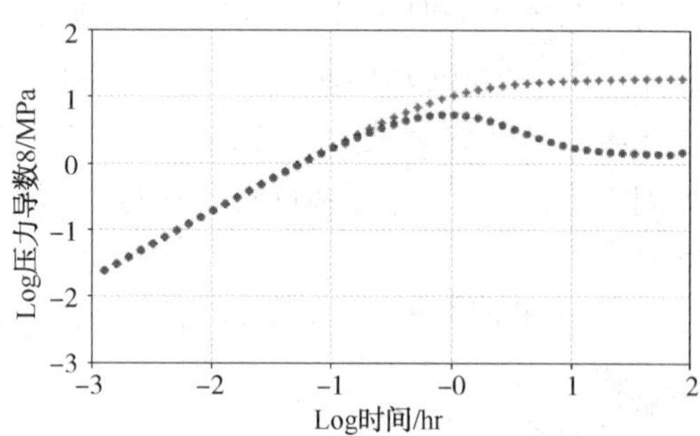

图4　J5层不关井等时试井设计曲线

从图4可以看出终关井86h以上，地层压力可以达到稳定，推荐恢复试井时间为86h以上，可以看出86h时即有明显的径向流出现，能够建立产能方程，进行压力分析，测试时间总计5~6d。

2　基于地质模型的低渗气藏产能空间展布预测技术

该技术主要是通过建立解析方程表征测井资料与已有测试资料储层的产能对应关系，然后以地质模型及DST井点测试作为静态约束条件，预测未测试区域产能展布，绘制低渗气藏产能空间展布预测图，直观认识低渗气藏整个储层产能分布情况。

2.1　气井产能方程分析

在进行储层空间产能展布预测前，需要先对已有测试井段产能进行校正拟合，主要是根据已有的产能测试井的相关资料进行产能评价，拟合产能公式，得到各个测试井点层段的产能评价系数A_i、B_i。

气井产能公式为：

$$\psi_e - \psi_{wf} = Aq_g + Bq_g^2 \tag{12}$$

式中：

$$A = \frac{29.22\mu ZT}{kh_{试井}}\left(\lg\frac{0.472\,r_e}{r_w} + \frac{S}{2.302}\right)、$$

$$B = \frac{12.69\mu ZT}{kh_{试井}} \tag{13}$$

井底流压取 0.101MPa，将式(1)进行变形，得到无阻流量表达式：

$$Q_{sc}=\frac{-A+\sqrt{A^2+4B(\psi_e-\psi_{atm})}}{2B} \tag{14}$$

式中：T 为地层温度，K；h 为地层厚度，m；K 地层渗透率，um^2；r_e 外边界半径，m；r_w 井底半径，m；S 表皮因子。

通过产能公式(13)可以发现，二项式计算产能的 A、B 值都是与地层系数(kh)相关的函数，因此可以近似的认为：

$$A_i^{'}=A_i\times(kh)_{试井i}\ B_i^{'}=B_i\times(kh)_{试井i} \tag{15}$$

其中 i=1…. n(n 为测试层段数)

对整个气田所有测试层段产评价系数进行平均，得到 A'_j、B'_j 的平均值 $\overline{A'}$、$\overline{B'}$。

2.2　未测试区域产能预测

利用本文前述技术或常规测试方法进行产能测试取得有效资料后，经过试井解释可以得到测试层段的试井解释地层系数($(kh)_{试井i}$)，同时地质建立模型的上，利用测井解释资料加权平均计算得到对应测试层段的测井解释地层系数($(kh)_{测井i}$)，建立两类地层系数之间的关系式如下：

$$m_i=\frac{(kh)_{测井i}}{(kh)_{试井i}} \tag{16}$$

其中 $i=1\cdots n$(n 为测试层段数)。

采用地质建模中的不确定建模法，将各个已有测试井点网格处的校正系数 mi(i=1，2，…，n)在全区域网格进行插值，得到地质模型中所有网格地层系数($(kh)_{网格}$)$_j$ 的校正系数 mj(j=1，2，…，n 总网格数)。

在地质不确定建模中，原生网格地层系数直接用于计算产能评价系数 A、B 会具较大误差，因此需要利用 mj 修正缩小误差。

$$(kh)_{网格修正j}=\frac{(kh)_{网格j}}{m_j} \tag{17}$$

其中 $j=1\cdots.n$(n 为总网格数)

利用公式(17)得到的 $(kh)_{网格修正j}$ 与公式(15)得到的平均值 $\overline{A'}$、$\overline{B'}$，利用产能评价公式计算各个网格的无阻流量，然后再与测试井段的无阻流量值进行对比拟合，控制计算结果与测试实际产能误差在10%以内，若不满足误差要求则重复迭代插分计算，直到符合要求为止，计算流程图如图 5 所示。

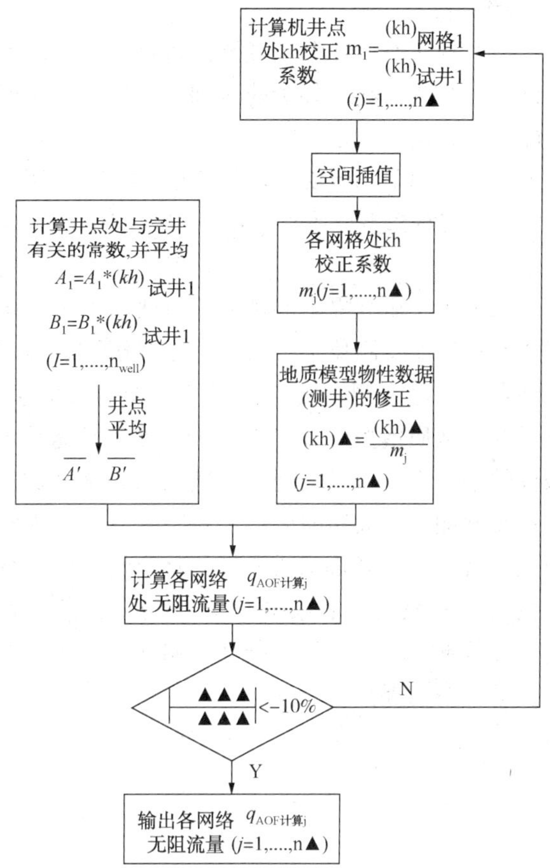

图 5　经间未测试区域产能预测流程图

2.3　实例应用

以东海 N 气田为例，在该气田地质模型与勘探测试井(直井)测试资料的基础上，采用本文建立的产能空间展布预测技术进行储层未测试区域产能预测，预测计算效果良好，直观的表征该气田采用直井进行开发时所能获得的最大产能(如图 6)，可以为后续开发方案研究、井型优选、井位部署、生产井配产等提供技术支持。

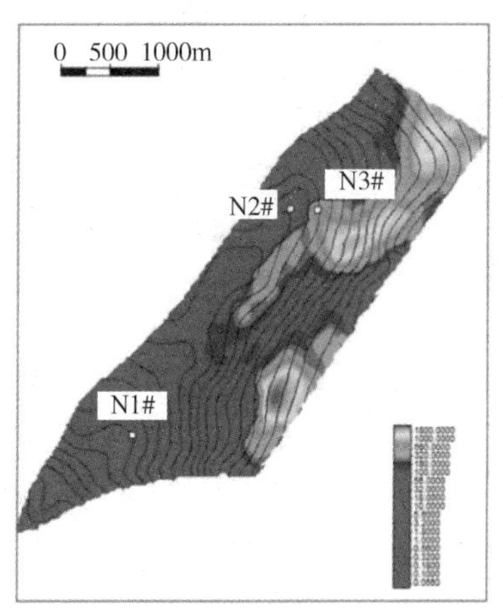

图 6　东海 N 气田气藏产能空间展布预测图

3 结论

（1）针对海上低渗气藏测试特点，在对现有测试方法和测试制度分析的基础上，提出了短时产能测试方法（简化的修正等时试井、不关井等时试井），可以将低渗气藏产能测试时间缩短至5-8天，实现海上低渗气藏缩短测试时间的特殊要求。

（2）本文研究提出的基于解析法的低渗气藏产能空间展布预测技术，通过建立解析方程表征测井资料与已有测试资料储层的产能对应关系，然后在以地质模型及DST井点测试作为静态约束条件的基础上，可以实现海上气藏未测试区域产能展布预测，并成功的应用于东海N气藏产能空间展布特征，直观认识低渗气藏整个储层产能分布情况，为该气田后续开发方案研究、井型优选、井位部署、生产井配产气井初期配产工作提供技术支持与保障。

参考文献

[1] 庄惠农. 气藏动态描述和试井[M]. 北京：石油工业出版社，2004.

[2] 秦同洛. 实用油藏工程方法[M]. 北京：石油工业出版社，1989.

[3] 李晓平，李允. 气井产能分析新方法[J]. 天然气工业，2004，24(2)：76-78.

[4] 姚约东，葛家理. 低渗透油藏不稳定渗流规律的研究[J]. 石油大学学报：自然科学版，2003，27(2)：55-58，62.

[5] 刘能强. 实用现代试井解释方法[M].（第5版）. 北京：石油工业出版社，2008.

[6] 廖新维，沈平平. 现代试井分析[M]. 北京：石油工业出版社，2002.

[7] Brar，G. S.，& Aziz，K.（1978，February 1）. Analysis of Modified Isochronal Tests To Predict The Stabilized Deliverability Potential of Gas Wells Without Using Stabilized Flow Data（includes associated papers 12933，16320 and 16391）. Society of Petroleum Engineers.

一种基于应力场变化的页岩重复压裂时机确定方法

纪国法[1,2] 张 琦[1,2] 李奎东[3] 肖佳林[3] 刘 炜[3] 张 蕾[3]

(1. 长江大学油气资源与勘探技术教育部重点实验室；2. 长江大学湖北省页岩气开发工程技术研究中心；3. 中石化江汉油田分公司石油工程技术研究院)

摘 要 摘要：页岩气压后产能递减快、稳产期短，以张老缝、造新缝为目的的重复压裂技术是页岩气增能挖潜的重要技术手段，重复压裂前地应力转向为造新缝提供关键参数的理论参考。基于测井数据和施工压力数据，考虑构造运动和天然弱结构面影响，反推构造应力系数并构建原地应场计算模型；采用等效主裂缝及其缝内净压力等效理论，建立了多段簇裂缝应力干扰模型；结合定容气藏生产衰竭理论、归一化拟产量与物质平衡时间递减规律方法、水平主应力变化方程，建立了页岩气生产诱导应力计算方法；对诱导应力与原始地应力进行叠加获取重复压裂前现地应力差异系数分布云图；算例井计算结果表明，保证剩余可采储量情况下，页岩多段簇改造和压后生产使应力转向，且随生产时间增大，转向后的水平应力差异系数小于 0.25(易形成缝网)，影响范围进一步扩大，为页岩水平井重复压裂时机选取提供理论支撑。

关键词 页岩；水平井；重复压裂时机；现地应力场；应力转向；水平应力差异系数

页岩气生产规律常表现为投产后产量递减快、稳产期短[1-6]。以美国 Haynesville 页岩区块为列，每年都需要钻大量“新井”来抵消“老井”的产量递减趋势，就导致区块开发每年都需要增加大量的资金投入[7]。重复压裂作为重新获得经济产量的重要工艺技术引起了国内外学者的关注，以美国为例，自 2000 年以来共进行了约 600 口页岩油气水平井的重复压裂作业，整体效果来看，重复压裂可以显著提高页岩油气井的产量和最终可采资源量(EUR)[8]。有一半的井在重复压裂后的初始产量能达到初次压裂的 80%以上，递减率更低[9,10]。重复压裂的成功与否的先决条件之一是如何确定重复压裂前现地应力场的分布情况以确保满足老缝张开与新缝起裂条件[11-14]，即应力转向后的水平应力差异系数小于 0.25(易于形成缝网)[15]，进而达到增能挖潜效果。

本文基于测井数据和施工压力数据，考虑构造运动和天然弱结构面影响构建原地应场计算模型；采用等效主裂缝及其缝内净压力等效理论、定容气藏生产衰竭理论、归一化拟产量与物质平衡时间递减规律方法、水平主应力变化方程，叠加获取重复压裂前现地应力差异系数分布。计算示例井分析生产时间对转向后的水平应力差异系数影响范围进行分析，为页岩水平井重复压裂时机选取提供理论支撑。

1 原地应力场计算方法

1.1 重力应力与水平应力

页岩储层埋藏与地层深部，主要表现为弹性，由岩体本身自重形成的重力应力为：

$$\sigma_z = 10^{-6} \int_0^H \rho_r(h)\, g dh \tag{1}$$

式中，σ_z—深度 H 处的垂向应力，MPa；$\rho_r(h)$—随深度变化的上覆岩体密度，kg/m^3；H—压裂层位深度，m；g—重力加速度，9.81m/s^2。

基于弹性力学理论，学者黄荣樽提出了应用较为广泛的水平应力计算模型[16~18]

$$\begin{cases} \sigma_h = \left(\dfrac{\nu}{1-\nu} + K_h\right)(\sigma_z - \alpha p_p) + \alpha p_p \\ \sigma_H = \left(\dfrac{\nu}{1-\nu} + K_H\right)(\sigma_z - \alpha p_p) + \alpha p_p \end{cases} \tag{2}$$

式中，σ_H、σ_h—最大、最小水平主应力，MPa；ν—岩石泊松比，无量纲；K_H、K_h—最大、最小水平地应力方向的构造应力系数，无量纲；

【基金项目】国家自然科学基金项目(51804042)；油气资源与勘探技术教育部重点实验室(长江大学)资助(K2018-09)；湖北省教育厅科学研究计划资助项目(Q20181313)；长江大学青年科研支持计划长江青年基金(2016cqn045)

【作者简介】纪国法，1985 年生，油气田开发工程博士学位，长江大学石油工程学院教师，主要从事非常规油气储层改造方面的教学与科研工作，E-mail：jiguofa@163.com

α—Biot 系数，无量纲；p_p—地层孔隙流体压力，MPa。

文献[19]给出 Biot 系数的计算表达式：

$$\alpha = \left(\frac{\varphi}{0.4}\right)^{2/3} \tag{3}$$

式中，φ—岩石孔隙度，无量纲。

1.2 构造应力系数确定

构造应力是指构造运动引起的地应力增量，以矢量形式迭加在地层重力应力场中，使得水平应力场不均匀。在计算沿井筒方向的地应力剖面时，需考虑地质构造运动产生的构造应力对水平应力场的影响，一般采用构造应力系数（K_H、K_h）修正水平应力方向上的影响大小。

对于页岩水平井，破裂压力的计算则有所不同，在不考虑流体渗滤情况下表述为[20,21]

$$p_f = 3\sigma_H - \sigma_z - \alpha p_p + \sigma_t \tag{4}$$

式中，p_f—破裂压力，MPa；σ_t—岩石抗拉强度，MPa。

页岩岩石抗拉强度、弹性模量、泊松比计算公式如下[22]

$$\sigma_t = \sigma_c/25$$
$$\sigma_c = E[0.008V_{sh} + 0.0045(1 - V_{sh})] \tag{5}$$

$$v = \frac{\Delta t_s^2 - 2\Delta t_p^2}{2(\Delta t_s^2 - \Delta t_p^2)}$$
$$E = \frac{\rho_b}{\Delta t_s^2} \cdot \frac{3\Delta t_s^2 - 4\Delta t_p^2}{\Delta t_s^2 - \Delta t_p^2} \tag{6}$$

式中，σ_c—岩石抗压强度，MPa；E—岩石弹性模量，MPa；V_{sh}—泥质含量，无量纲；Δt_p、Δt_s—纵波、横波时差，$\mu s/ft$，；ρ_b—岩石密度，g/cm³。

岩石力学参数可通过室内实验获取静态值，通过测井解释获取动态值。依据文献[23]可知，对于同一研究目标层位（岩石），利用线性回归方法对同步测试的岩石力学动静态参数进行回归，表达式如下：

$$\begin{cases}\mu_s = 22.73\mu_d - 4.98 \\ E_s = 0.81E_d + 22.79\end{cases} \tag{7}$$

根据涪陵焦石坝目标井测井资料和分段压裂施工曲线确定无因次的最大水平应力构造系数 K_H 和无因次的最小水平应力构造系数 K_h。

1.3 天然裂缝与层理

天然裂缝与层理的发育导致一些“正常”的反映产生异常，通常通过测井资料响应，如密度测井、声波测井、电阻率测井等等。在页岩储层进行测井测试时，遇到天然裂缝与层理发育地带，无论是低角度缝还是网状缝，其纵波能量衰竭大，横波能量衰减特别严重，反映在数值上也有相应变化，可间接反映对地应力的影响。

1.4 诱导应力场计算方法

现场和实验室的结果表明，诱导应力场主要包括井间段簇裂缝诱导应力、初次裂缝产生的诱导应力、生产诱导应力。

1.5 裂缝诱导应力

页岩储层一般采用分段体积压裂技术，为了简化计算（图 1），本文将每一段簇的体积缝等效为一条对称双翼缝[24-26]。假设段簇距离为 L，裂缝长为 2a，在裂缝面上作用压力为 p。根据弹性力学按应力求解平面应变问题并进行傅立叶积分变换，求得二维裂缝诱导应力场计算公式为（8）。

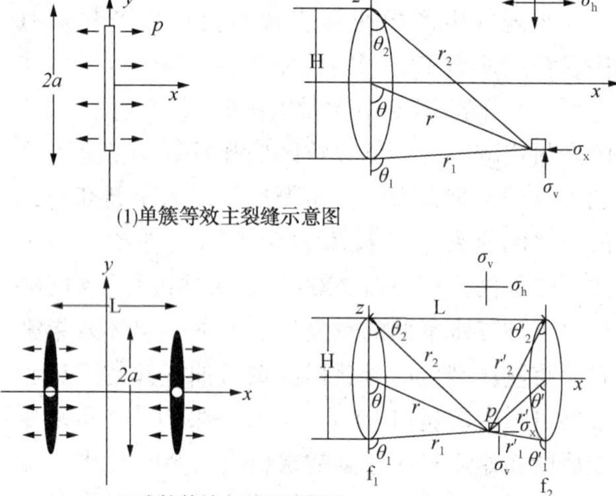

图 1 页岩分段压裂等效主裂缝诱导应力场几何模型

$$\sigma_{x诱导} = p\frac{r}{c}\left(\frac{c^2}{r_1r_2}\right)^{\frac{3}{2}}\sin\theta\sin\frac{3}{2}(\theta_1 + \theta_2) + p\left[\frac{r}{(r_1r_2)^{0.5}}\cos(\theta - \frac{1}{2}\theta_1 - \frac{1}{2}\theta_2) - 1\right]$$

$$\sigma_{z诱导} = -p\frac{r}{c}\left(\frac{c^2}{r_1r_2}\right)^{\frac{3}{2}}\sin\theta\sin\frac{3}{2}(\theta_1 + \theta_2) + p\left[\frac{r}{(r_1r_2)^{0.5}}\cos(\theta - \frac{1}{2}\theta_1 - \frac{1}{2}\theta_2) - 1\right]$$

$$\tau_{xz诱导} = p\frac{r}{c}\left(\frac{c^2}{r_1r_2}\right)^{\frac{3}{2}}\sin\theta\cos\frac{3}{2}(\theta_1 + \theta_2) \tag{8}$$

由虎克定律

$$\sigma_{y诱导} = \nu(\sigma_{x诱导} + \sigma_{z诱导}) \tag{9}$$

式中：$\sigma_{x诱导}$、$\sigma_{y诱导}$、$\sigma_{z诱导}$—x，y，z 方向上的诱导应力，MPa；p—裂缝壁面上净压力，MPa；r—裂缝中心距离 A 点的距离，m；r_1—裂缝底部距离 A 点的距离，m；r_2—裂缝顶部距离 A 点的距离，m；θ—A 点偏离裂缝中心的角度，(°)；θ_1—A 点偏离裂缝底部的角度，(°)；θ_2—A 点偏离裂缝顶部的角度，(°)；c—缝高的一半，m；ν—泊松比。

同时，各几何参数间存在以下关系：

$$\theta = \arctan\left(\frac{x}{y}\right)$$

$$\theta_1 = \arctan\left(\frac{x}{-y-c}\right)$$

$$\theta_1 = \arctan\left(\frac{x}{c-y}\right)$$

$$r = \sqrt{x^2+y^2}$$

$$r_1 = \sqrt{x^2+(y+c)^2}$$

$$r_2 = \sqrt{x^2+(y-c)^2} \tag{10}$$

由于等效主裂缝各处缝宽不等，使得公式(8)中的缝内净压力不是一个恒定值。本文采用等效主裂缝内缝内净压力的加权平均值统一替代进而计算裂缝诱导应力[27,28]，表达式为：

$$p = p_0\,(1-x/L_f)^{\gamma}$$

$$w(x) = \frac{2p(1-\nu)}{G}\sqrt{L_f{}^2-x^2} \tag{11}$$

式中，p_0—最大缝宽处裂缝壁面上净压力，MPa；x—距离井筒的裂缝长度，m；γ—裂缝内净压力分布指数，无量纲。

生产诱导应力

由于油气流体的生产，使地层孔隙压力发生变化，进而引起两个水平主应力发生改变。由于孔隙压力的变化只会引起地层垂向变形，水平面内变形为零，依据广义的胡克定律得到孔隙压力变化引起的水平主应力的改变方程[29]：

$$\begin{cases}\Delta\sigma_h = \dfrac{1-2\nu}{1-\nu}\alpha\Delta p_s \\[2ex] \Delta\sigma_H = \dfrac{1-2\nu}{1-\nu}\alpha\Delta p_s\end{cases} \tag{12}$$

假设页岩储层分段改造均匀，以定产方式开采，产气量 3 万方/天，地层初始压力 35MPa，基质渗透率 10nD，开采初期、1 年、2 年、3 年、4 年、5 年之后的地层压力分布示意图见图 2。从图 2 中压力变化趋势可知，随着生产进行，地层压力迅速衰竭，井底流压分别为 35MPa、25.9MPa、21.3MPa、16.5MPa、11.3MPa、4.56MPa。而真实的页岩压后生产规律受多重因素影响，包括储层物性、地化指标、井型、产能、投产时间、累产、生产制度、生产方式等，采用常规方法获取地层压力分布相对较难。目前主要借鉴页岩气产量递减规律的研究方法来获取，其中利用已有生产数据进行回归的典型递减曲线法最为快捷方便[30-32]，本文采用符合归一化拟产量和物质平衡时间的递减规律方法[33-34]，这两个表征指标最大程度上排除了不同配产、不同生产方式、关井等因素的影响。具体步骤为：

(1) 对气井二项式产能公式归一化拟产量和物质平衡时间的递减典型曲线计算方法如下：

$$\begin{cases}P_e^2 - P_{wf}^2 = Aq + Bq^2 \\ q_n = 1/(A+Bq) = q/(P_e^2 - P_{wf}^2) \\ t = G_p/q\end{cases} \tag{13}$$

式中，P_e—原始地层压力，MPa；P_{wf}—井底流压，MPa；A、B—二项式产能方程系数；q—产量，$10^4\,m^3/d$；q_n—归一化拟产量，$(10^4\,m^3/d)/MPa^2$；G_p—累计产量，$10^4\,m^3$；t—物质平衡时间，d。

(2) 对归一化拟产量做数学变换，定义归一化拟产量最大初始值 $q_{n\max}$，计算归一化拟产量相对于最大初始值的比例 $q_n/q_{n\max}$，建立与物质平衡时间 t 的关系。

本文选取某页岩气算例井，采用归一化拟产量和物质平衡时间的递减规律方法分析其生产动态数据(图 3)，从分析结果知，该方法对分析页岩气压后产气量与地层压力动态变化规律具有较好的相关性，相关系数 $R^2=0.9414$，表达式为 $q_n = -21.4\ln t + 185.34$。

页岩气生产阶段，其水平段生产压差可忽略，井底流压近似为地层压力。页岩气生产使得地层孔隙压力下降，$\Delta\sigma$ 为负值。由目前地层压力计算公式(16)和某页岩气算例井天然气偏差因子随压力变化关系式(图 4)：$Z=0.0003P^2-0.0088P+0.996$。采用如下步骤计算目前的生产诱导应力：(1)根据生产数据计算(目前阶段或预测阶段)累产气量 G_p、物质平衡时间 t 和归一化拟产量 q_n；(2)计算系数 $(1-G_P/G)\,P_e/Z_i$；(3)根据定容气藏压降消耗方程和偏差因子关系式计算目前储层压力 P；(4)计算孔隙压力降低值 ΔP_S 与生产诱导应力 $\Delta\sigma_h$、$\Delta\sigma_H$。

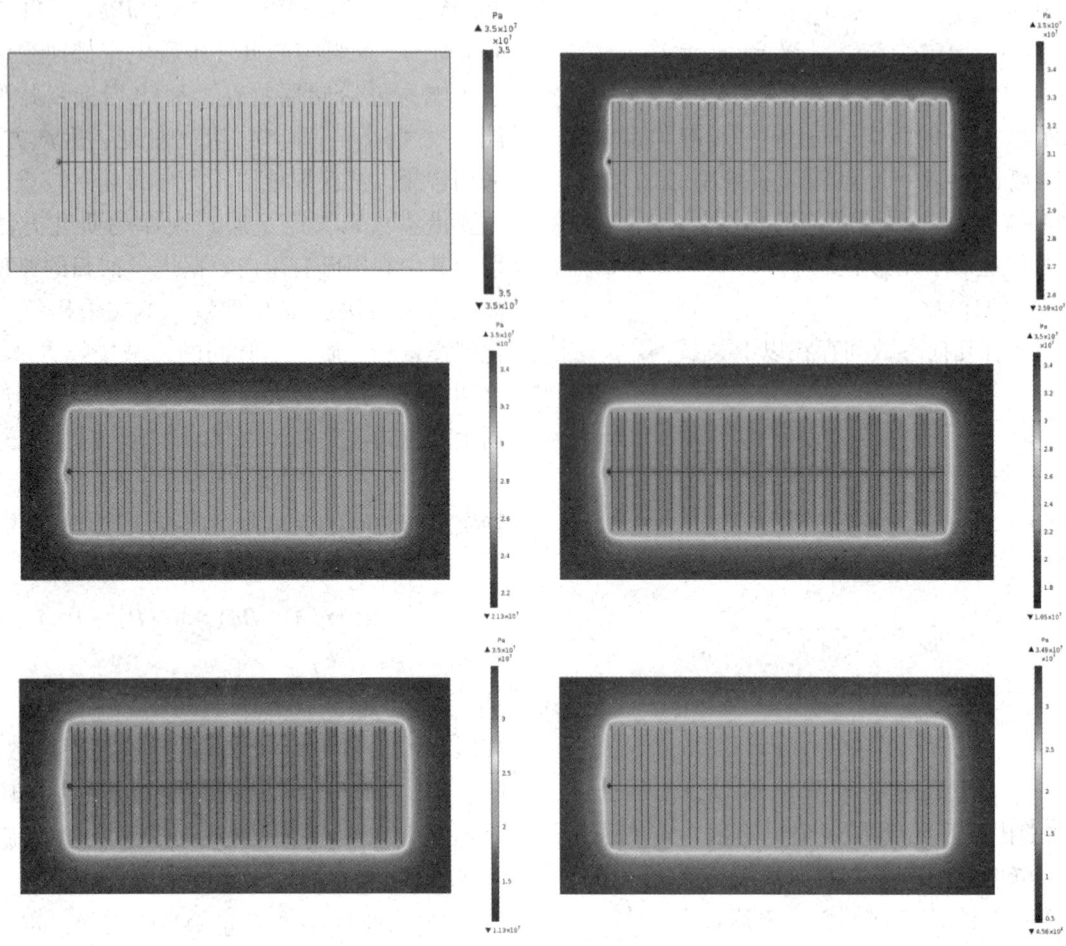

图2　页岩定产生产压力衰竭示意图

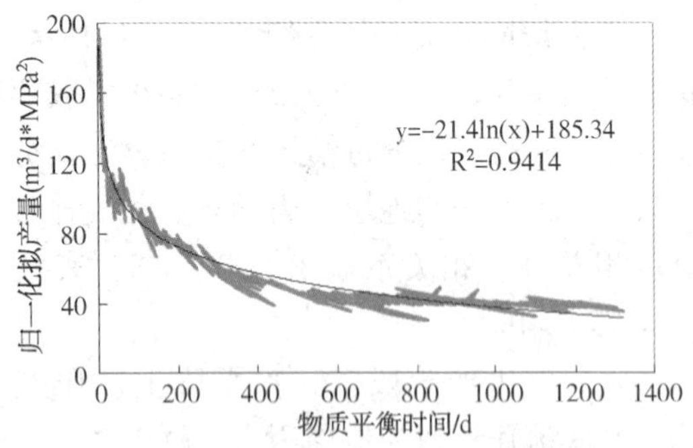

图3　页岩气算例井递减规律曲线

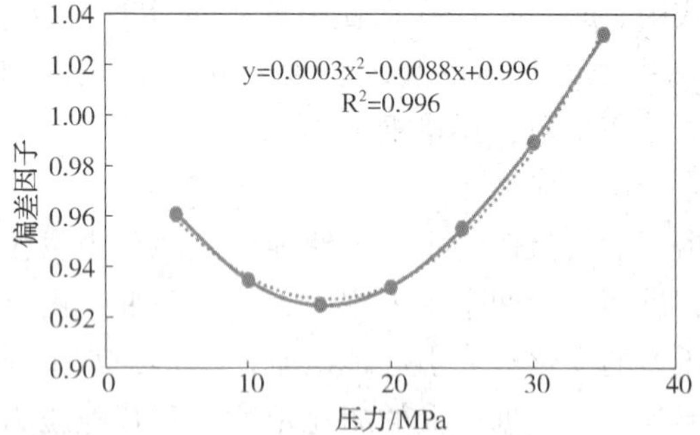

图4　页岩气算例井天然气偏差因子随压力变化关系

2　地应力场计算与分析

2.1　裂缝诱导应力分析

选取最大缝宽0.01m、0.02m，半缝长220m、220m、240m、260m，泊松比0.21，杨氏模量38GPa，缝内压力分布指数0.70、0.80，依据公式(11)计算缝内净压力与缝宽沿裂缝半长的分布，见图5、图6，等效缝内净压力与等效缝宽见图7。从图5、图6中曲线变化趋势可知：(1)相同条件下，等效主缝缝宽随长度增加而减少，缝内净压力随长度增加亦减少；(2)最大缝宽增大时，沿缝长的缝宽与净压力变化趋势不变；(3)缝内净压力分布指数越大，缝宽与缝内净压力亦变化越大。图7中曲线变化趋势显示可知加权平均后等效缝内净压力和缝宽随最大缝宽增大而增大，随缝内净压力分布指数增大而减少。

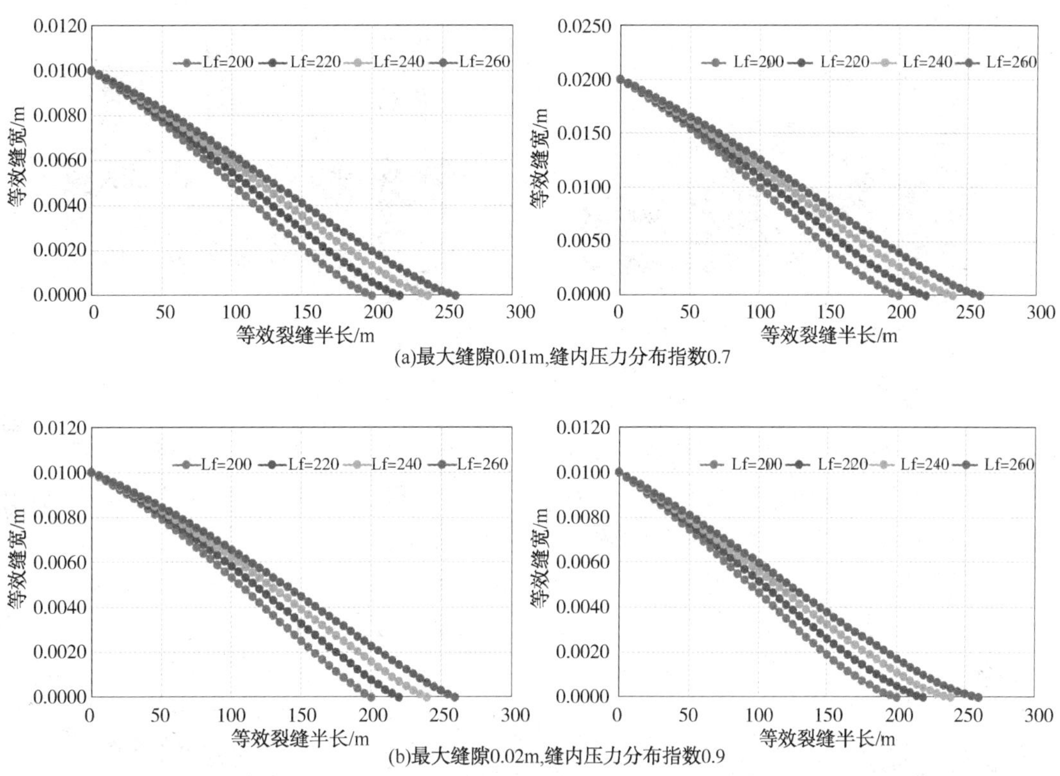

(a)最大缝隙0.01m,缝内压力分布指数0.7

(b)最大缝隙0.02m,缝内压力分布指数0.9

图 5 不同条件下等效缝宽沿缝长分布

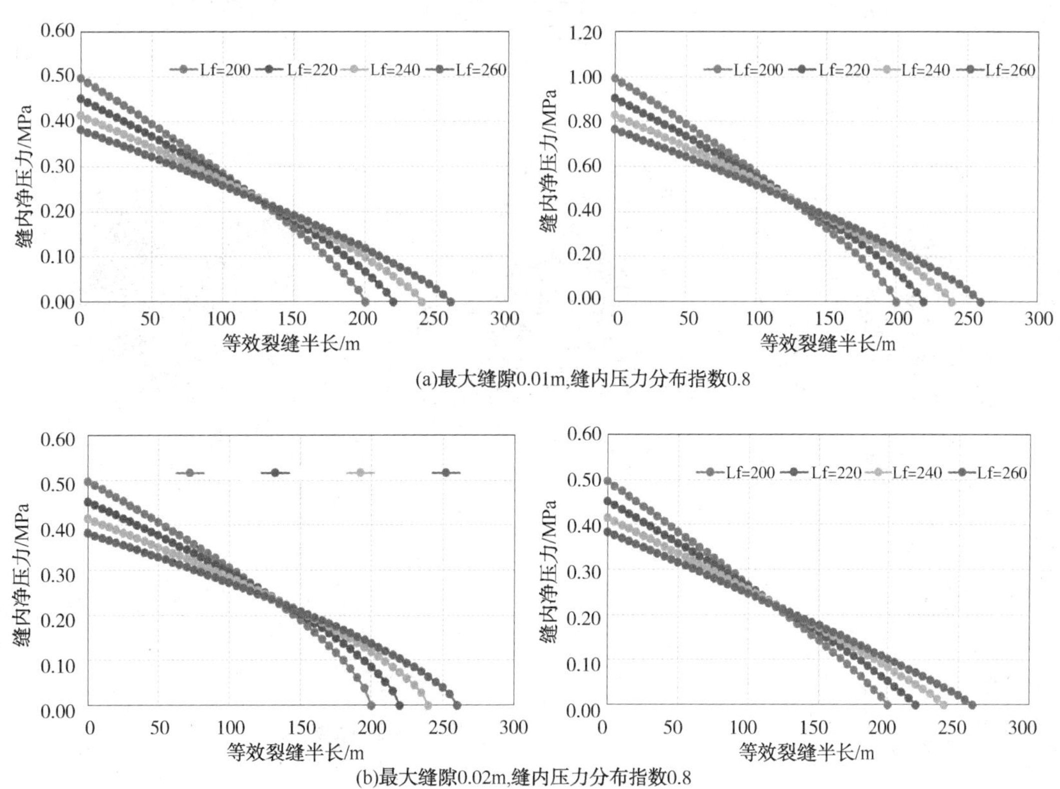

(a)最大缝隙0.01m,缝内压力分布指数0.8

(b)最大缝隙0.02m,缝内压力分布指数0.8

图 6 不同条件下缝内净压力沿缝长分布

根据建立裂缝诱导应力模型((8)、(9)、(10)),选取两段页岩压裂为物理模型,求解由初次裂缝、邻段簇裂缝产生的诱导应力,应力云图如图 8 所示。从图中可知:(1)沿水平井段井筒方向,最小水平主应力增大最大,表现为拉应力;主裂缝尖端处出现应力集中,诱导应力为负

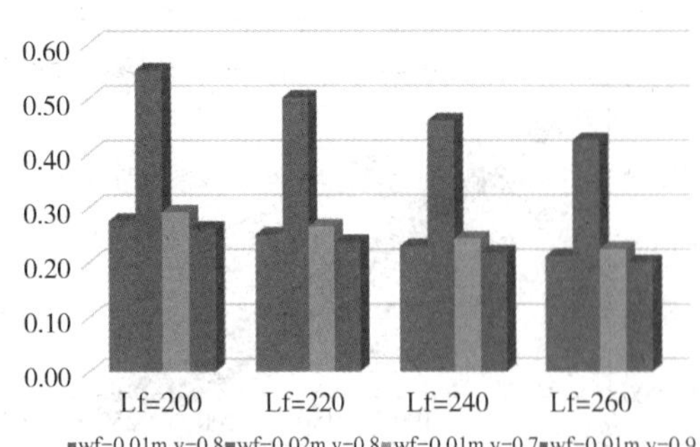

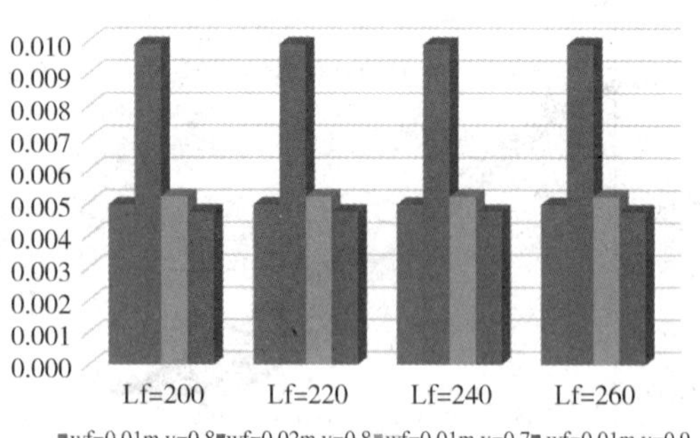

图 7　不同条件下等效主缝缝宽与净压力

值，表现为压应力；距离裂缝越远，诱导应力越小；(2)沿水平井段井筒方向，最大水平主应力增大最大，表现为拉应力；主裂缝尖端处出现应力集中，诱导应力为负值，表现为压应力；距离裂缝越远，诱导应力越小；最大水平主应力方向产生的诱导应力比最小水平主应力方向产生的诱导应力小；(3)沿水平井段井筒方向，水平应力的诱导应力差变小；主裂缝尖端处出现应力集中，诱导应力差变大。

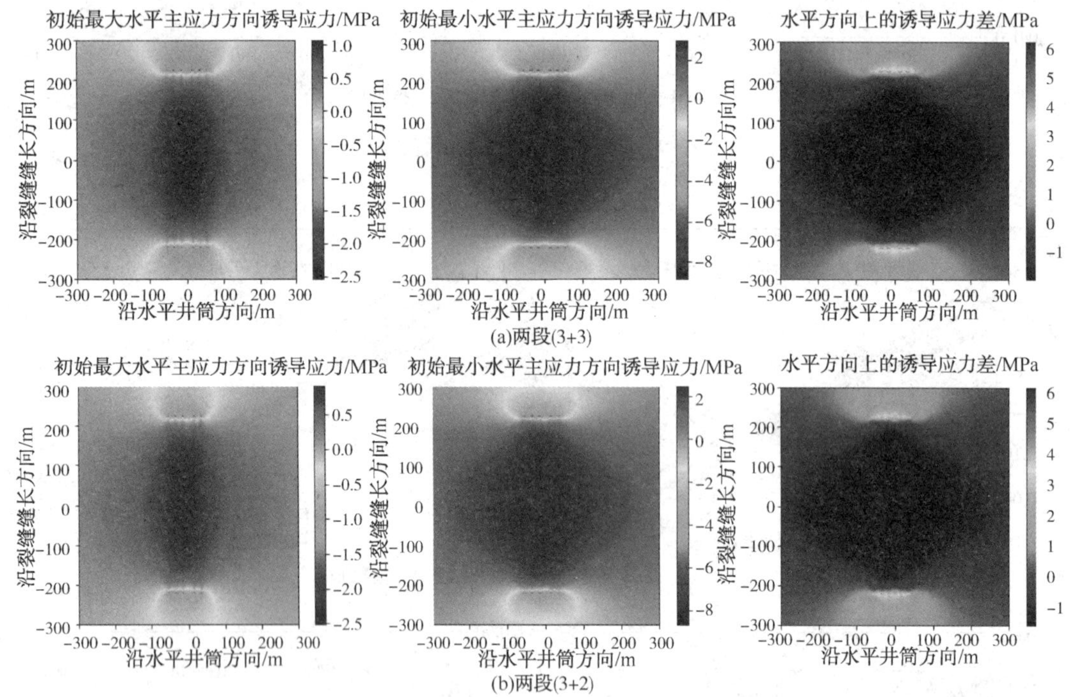

图 8　页岩多段簇裂缝诱导应力场变化云图

3　生产诱导应力分析

已知该页岩气算例井地质储量 G = 1.8 亿方，原始地层压力 P_i = 35MPa，平均月产量按照 0.2 万方/月的递减速度由日均 15 万方/天递减至目前的日均 10.4 万方/天，两年累产 9144 万方，并按照此规律预测未来 3 年的压力衰竭，归一化拟产量和物质平衡时间关系曲线见图 9，孔隙压力降低趋势见图 10，(取 Biot 系数 0.8，泊松比 0.21)生产产生的水平诱导应力见图 11。从图 9、图 10、图 11 变化趋势可知：采用归一化拟产量和物质平衡时间关系曲线可准确预测页岩气井生产动态、地层压力变化趋势、压降趋势、诱导应力变化趋势。

4　现地应力场模型

重复压裂前地应力场发生转向，不但可以张开老缝亦能产生新缝，若能使水平应力差异系数 ($K_h = (\sigma_H - \sigma_h)/\sigma_h$) 控制在 0.25 以内，重复压裂便可产生复杂缝网[15]，更能增能挖潜。综合考虑裂缝诱导应力和原始地应力，对其进行线性叠加[35,36]，最终获取现地应力模型，表述

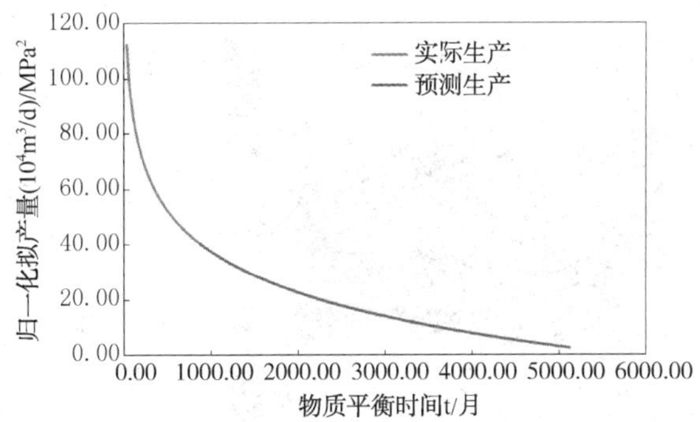

图 9　归一化拟产量和物质平衡时间关系曲线

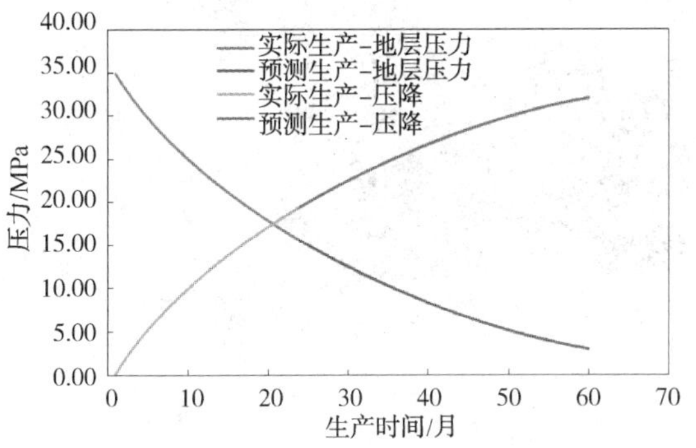

图 10　孔隙压力降低趋势曲线

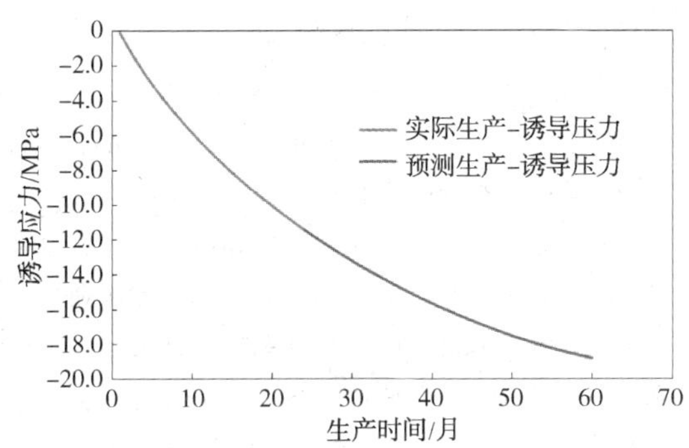

图 11　生产产生的水平诱导应力变化曲线

如下：

$$\begin{cases} \sigma_z = \int_0^H \rho_s g dz \\ \sigma_H' = \sigma_H + \sum_{i=1}^{n} \sigma_{y1诱导(i)} + \dfrac{1-2\nu}{1-\nu}\alpha\Delta p_s \\ \sigma_h' = \sigma_h + \sum_{i=1}^{n} \sigma_{x1诱导(i)} + \dfrac{1-2\nu}{1-\nu}\alpha\Delta p_s \end{cases} \quad (14)$$

5　重复压裂时机选择

参考某页岩气算例井，岩石力学参数各项同性，其水平段测深 2600m～4010m，共 15 段、43 簇，等效裂缝半长 $L_f = 220$m、最大缝宽 $w_f = 0.02$m、等效裂缝加权缝宽 0.0049m，等效裂缝加权缝内净压力 p = 0.22MPa、缝高 c = 20m、泊松比 v = 0.21、最大水平应力 60MPa、最小水平应力 55MPa、孔隙压力衰竭 19.4506MPa 等数值为基础参数，该井裂缝诱导应力场云图见图 12。从图 12 中变化趋势可知，A 井长水平段多段簇压后裂缝诱导应力已使地应力场发生转向（尤其是近井筒地带）。考虑压力衰竭式开采，不同开采时间后水平应力差异系数见图 13。从应力差异系数分布云图可知：(1) 开采初期，应力场未发生转向；(2) 随着开采进行，地层压力下降后，应力场发生转向，且靠近近井筒地带，应力差异系数小于 0，且绝对值小于 0.25，开采时间越久，负值的应力差异系数扩散范围扩大，重压时裂缝转向形成新缝范围亦越大；(3) 以算例井结果为例，该井生产 3 年后剩余可采储量为 5580 万方，转向后应力差异系数范围较大，可选择重复压裂。

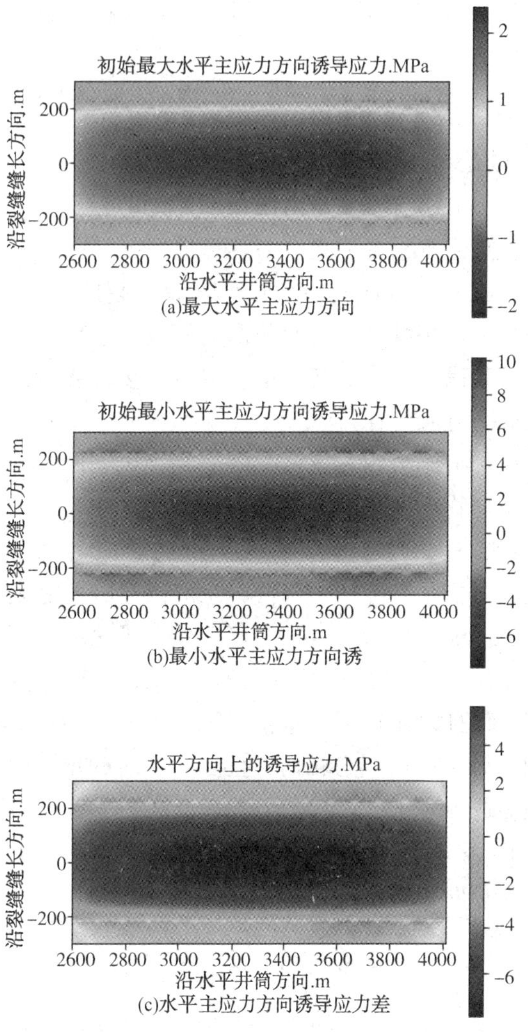

图 12　页岩长水平段多段簇裂缝诱导应力场变化云图

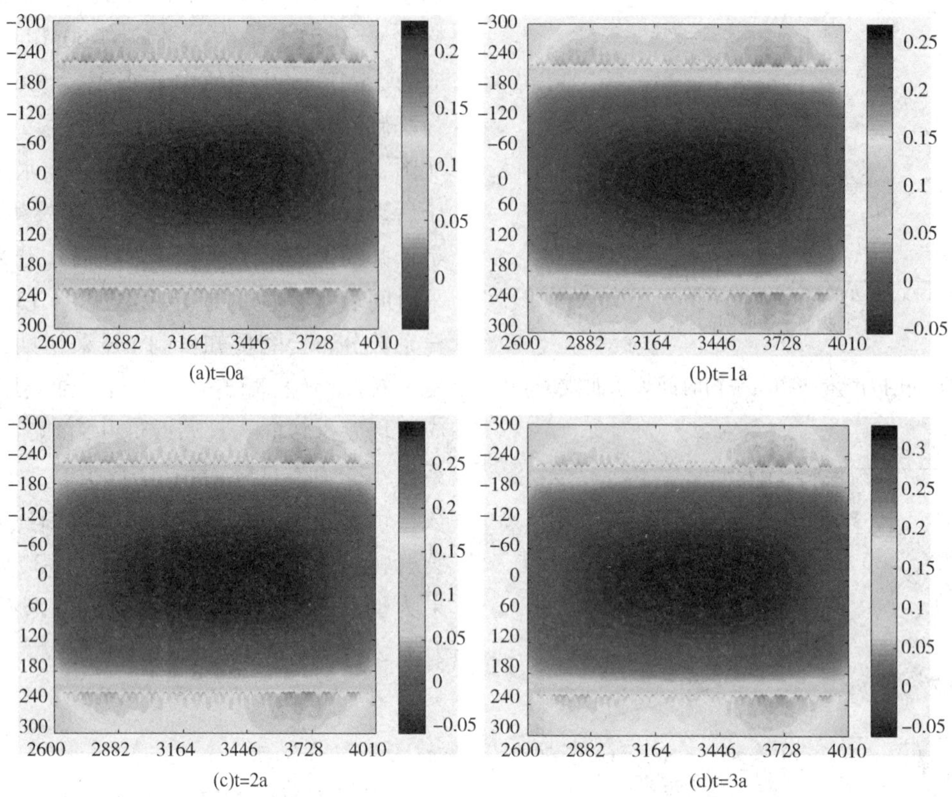

图13　算例井应力转向后水平应力差异系数分布

6　结论与建议

(1) 结合施工压力曲线和测井解释资料，建立了页岩水平井原地应力计算模型。

(2) 考虑页岩水平井分段簇压裂的特殊性，结合等效裂缝及其缝内净压力等效理论，建立了多段簇诱导应力干扰模型，分析了多段簇裂缝干扰应力分布规律。

(3) 结合定容气藏生产衰竭理论、归一化拟产量与物质平衡时间递减规律方法、水平主应力变化方程，建立了页岩气生产诱导应力计算方法，分析了孔隙压力降低产生的诱导应力变化。

(4) 采用应力叠加原理，建立了页岩水平井重复压裂前现地应场计算模型，结合算例井计算，保证剩余可采储量情况下，页岩多段簇改造和压后生产使应力转向，且随生产时间增大，转向后的水平应力差异系数小于0.25(易形成缝网)，影响范围进一步扩大，可为页岩水平井重复压裂时机选取提供理论支撑。

参　考　文　献

[1] Vahid Shabro, Carlos Torres-Verdin, Farzam Javadpour. Numerical Simulation of Shale-Gas Production: From Pore-Scale Modeling of Slip-Flow, Knudsen Diffusion, and Langmuir Desorption to Reservoir Modeling of Compressible Fluid. SPE-144355-MS: Proceedings of the North American Unconventional Gas Conference and Exhibition, June 14-16, 2011 [C]. The Woodlands, Texas, USA, Society of Petroleum Engineers 2011.

[2] MU Song-ru, ZHANG Shi-cheng. Numerical simulation of shale gas production [J]. Advanced Materials Research, 2012, 402(12): 804-807.

[3] 蒋廷学. 页岩油气水平井压裂裂缝复杂性指数研究及应用展望[J]. 石油钻探技术, 2013, 41(2): 7-12.

[4] Chaohua Guo, Mingzhen Wei, Haowei Chen, et al. Improved Numerical Simulation for Shale Gas Reservoirs. OTC-24913-MS: Proceedings of the Offshore Technology Conference-Asia, March 25-28, 2014[C]. Kuala Lumpur, Malaysia, Offshore Technology Conference 2014.

[5] Hao Sun, Adwait Chawathe, Hussein Hoteit, et al. Understanding Shale Gas Flow Behavior Using Numerical Simulation [J]. SPE Journal, 2015, 20(1): 142-154.

[6] 李彦超, 何昀宾, 肖剑锋, 石孝志, 冯强, 尹丛彬. 页岩气水平井重复压裂层段优选与效果评估[J]. 天然气工业, 2018, 38(07): 59-64.

[7] 郭克强, 张宝生, Mikael HOOK, 等. 美国Haynesville页岩气井产量递减规律[J]. 石油科学通报, 2016, 1(2): 293-305.

[8] French S, Rodgerson J, Feik C. Re - fracturing Horizontal Shale Wells: Case History of a Woodford Shale Pilot Project [C]. SPE Hydraulic Fracturing Technology Conference, The Woodlands, Texas, USA, 2014.

[9] 杨国丰, 周庆凡, 李颖. 美国页岩油气井重复压裂提高采收率技术进展及启示[J]. 石油科技论坛, 2016(2): 46-51.

[10] 杜殿发, 赵艳武, 张婧, 等. 页岩气渗流机理研究进展及发展趋势[J]. 西南石油大学学报(自然科学版), 2017, 39(4): 136-144.

[11] Wright C. A.. Hydraulic Fracture Orientation and Production/Injection Induced Reservoir Stress Changes in Diatomite Waterfloods[C]. Western Regional Meeting, SPE 29625, 1995

[12] Hecker M. T.. Improved Completion Designs in the Hugoton Field Utilizing Multiple Gamma Emitting Tracers[C]. ATCE, SPE 30651, 1995

[13] Wang S. G.. Case Studies of Propped Refracture Reorientation in the Daqing Oil Field [C]. SPE 106410, 2007

[14] Benedict D. S., Miskimins J. L.. Analysis of Reserve Recovery Potential from Hydraulic Fracture Reorientation in Tight Gas Lenticular Reservoirs[C]. Hydraulic Fracturing Technology Conference, SPE 119355, 2009

[15] L. J. L. Beugelsdijk, C. J. de Pater, K. Sato, et al. Experimental Hydraulic Fracture Propagation in a Multi-Fractured Medium [C]. SPE Asia Pacific Conference on Integrated Modelling for Asset Management, 25-26 April, 2000, Yokohama, Japan.

[16] 黄荣樽, 陈勉. 泥页岩井壁稳定力学与化学的耦合研究[J]. 钻井液与完井液, 1995(3): 15-21.

[17] 唐林, 罗平亚. 泥页岩井壁稳定性的化学与力学耦合研究现状[J]. 西南石油大学学报: 自然科学版, 1997, 19(2): 85-88.

[18] 陈勉, 金衍, 张广清. 石油工程岩石力学[M]. 科学出版社, 2008.

[19] 马中高. Biot 系数和岩石弹性模量的实验研究[J]. 石油与天然气地质, 2008, 29(1): 135-140.

[20] 付永强, 李鹭光, 何顺利. 斜井及水平井在不同构造应力场水力压裂起裂研究[J]. 钻采工艺, 2007, 30(1): 27-30.

[21] 周林帅, 徐超, 刘伟, 等. 定向井破裂压力计算方法及其应用[J]. 石油地质与工程, 2015, 29(1): 124-127.

[22] 张筠, 林绍文, 葛祥. 测井在洛带气田地层弹性特征及应力场分析中的应用[J]. 天然气工业, 2002, 22(5): 42-45.

[23] 楼一珊, 金业权. 岩石力学与石油工程[M]. 北京: 石油工业出版社, 2006.

[24] Sneddon I N. The Distribution of Stress in the Neighbourhood of a Crack in an Elastic Solid[J]. Proceedings of the Royal Society of London, 1946, 187(1009): 229-260.

[25] Wright C A, Conant R A, Stewart D W, et al. Reorientation of propped refracture treatments[J]. 1994.

[26] 雷群, 胥云, 蒋廷学, 等. 用于提高低-特低渗透油气藏改造效果的缝网压裂技术[J]. 石油学报, 2009, 30(2): 237-241.

[27] Sneddon I N. The Distribution of Stress in the Neighbourhood of a Crack in an Elastic Solid[J]. Proceedings of the Royal Society of London, 1946, 187(1009): 229-260.

[28] 陈守雨, 杜林麟, 宋博, 等. 水力压裂注入流体流动新模型[J]. 中外能源, 2016, 21(3): 41-47.

[29] 梁何生, 闻国峰, 王桂华, 等. 孔隙压力变化对地应力的影响研究[J]. 石油钻探技术, 2004, 32(2): 18-20.

[30] 李旭成, 李晓平, 强小军, 等. 页岩气产能分析理论及方法研究综述[J]. 天然气勘探与开发, 2014, 37(1): 51-55.

[31] 白玉湖, 陈桂华, 徐兵祥, 等. 页岩气产量递减典型曲线模型及对比研究[J]. 中国石油勘探, 2016, 21(5): 96-102.

[32] 何希鹏, 张培先, 房大志, 等. 渝东南彭水—武隆地区常压页岩气生产特征[J]. 油气地质与采收率, 2018, 25(5): 72-78.

[33] 沈金才, 刘尧文, 葛兰, 等. 四川盆地焦石坝区块页岩气井产量递减典型曲线建立[J]. 天然气勘探与开发, 2016, 39(2): 36-40.

[34] 沈金才, 刘尧文. 涪陵焦石坝区块页岩气井产量递减典型曲线应用研究[J]. 石油钻探技术, 2016, 44(4): 88-95.

[35] 曾顺鹏, 张国强, 韩家新, 等. 多裂缝应力阴影效应模型及水平井分段压裂优化设计[J]. 天然气工业, 2015, 35(3): 55-59.

[36] 尚校森, 丁云宏, 杨立峰, 等. 基于结构弱面及缝间干扰的页岩缝网压裂技术[J]. 天然气地球科学, 2016, 27(10): 1883-1891.

大位移水平井循环携岩模拟实验研究

刘真光

（中石化胜利石油工程有限公司渤海钻井公司）

摘　要　在大位移井钻井过程中，大斜度井段、水平井段极易出现岩屑床，直接影响到安全、高效、低成本钻井。为实现水平井段的最大延伸，需要在低密度、低排量、低环空返速条件下，保持井眼清洁。在低环空返速条件下，钻井液的动塑比、低剪切黏度、静切力等流变参数，是保持井眼清洁最重要的可控因素。利用实验室研制的大位移井钻井液携岩模拟实验装置，实验分析了钻井液流变参数、井斜角等对井眼环空岩屑浓度的影响规律，综合分析了钻井液的循环携岩能力。实验结果表明：当井斜角在20°~90°范围内时，岩屑较难携带出井眼；在合理调整钻井液流变参数、钻井液密度的前提下，即使在低环空返速条件下，也能明显改善大斜度井段、水平井段的井眼清洁状况。

关键词　大位移水平井；钻井液；携岩；模拟实验

大位移水平井的相应的技术难点主要集中在大斜度井段和水平井段[1]。大位移井钻井过程中，由于钻遇岩性复杂、钻时慢、钻井液与井壁接触时间长、钻杆偏心等原因，井壁失稳现象时有发生，特别是在某些易坍塌地层，常常出现一些大的掉块，钻屑和掉块极易在大斜度井段、水平井段形成岩屑床，导致钻具摩阻扭矩过大、总循环压耗增大、ECD 过大等后果，极大限制了水平井段的延伸能力[2-4]。钻井液的静态悬浮和循环携岩能力是一个难点。在钻具组合、井眼轨迹设计等钻井参数一定的前提下，为实现水平井段的最大延伸，就要在低密度、低排量、低返速条件下实现高效携岩[5-6]，保持井眼清洁，尽可能的降低钻具摩阻扭矩，降低总循环压耗。从现场可操作性和对岩屑运移的影响程度来看，在低环空返速(<0.6m/s)条件下[7]，钻井液的动塑比、低剪切黏度等流变参数是保持井眼清洁的最重要的可控因素。因此，研究钻井液流变性、井斜角等参数对井眼环空岩屑浓度的影响规律，对保持井眼清洁，降低钻具摩阻扭矩、总循环压耗，实现大位移水平井段的最大延伸，具有重要的现实意义。

1　实验部分

1.1　实验装置

本实验主要通过中国石油大学(华东)油田化学实验室自行研制的钻井液循环携岩模拟实验装置进行试验，该装置主要包括以下七个功能模块：

① 模拟井筒：实验井筒是整个实验设备的关键部位，井筒材料采用无色透明有机玻璃管，耐温120℃，耐压2.5MPa，实验过程中能够观察井筒内介质流动和运行状态。其中，井筒有效长度2m，井筒内径80mm，钻杆外径35mm，钻杆转速在0~150r/min范围内连续可调，钻杆偏心度0~1范围内连续可调，井斜角在0~90°范围内可调，井斜角的调节通过插销定位，操作方便；

② 泥浆泵：最大排量10L/s，环空返速0~2.5m/s范围内可调；

③ 泥浆罐：最大容量300L；

④ 振动筛：主要起到分离模拟钻屑的作用；

⑤ 加砂器：在井筒两侧对称布置两个加砂器，最大加砂量5kg，内置螺旋推进装置，加砂速度能够实现连续、可调；

⑥ 测量系统：井筒上每隔0.5m对称安装压力探头和取样器，取样器的内径为5mm。钻杆入口处可在线检测温度和压力，井筒出口处可在线检测压力、温度和流量；

⑦ 控制系统：主要由控制面板组成，能够实现数据的实时采集。

钻井液循环携岩模拟实验装置示意图如

【作者简介】刘真光，男，1990年生，山东省临朐县人，2016年毕业于中国石油大学(华东)油气井工程专业，获中国石油大学(华东)油气井工程专业工学硕士学位，目前在中石化胜利石油工程有限公司渤海钻井公司工作，钻井工程师职称，主要从事油气井工作液及钻井工艺研究。E-mail：456LZG@163.com。

图1，图2所示。

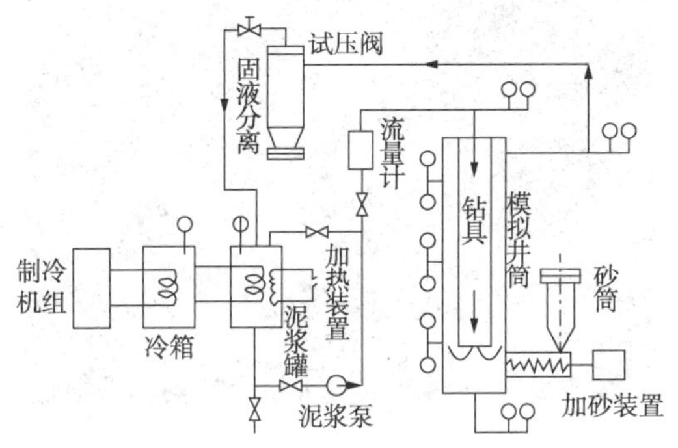

图1　钻井液循环携岩模拟实验装置工作基本原理

图2　钻井液循环模拟实验装置实物

1.2　实验方法

实验过程中，实时记录钻井液流量、岩屑粒径、井斜角、钻杆转速、偏心度等实验参数设置，同时对钻井液进行取样，测量其动塑比、$\phi3$读数等流变参数，实验结束后收集振动筛内的岩屑含量，干燥后称重、记录，进而计算井眼环空岩屑浓度。使用2~10目数的白玉石砂粒模拟钻屑，模拟钻屑密度为2.34g/cm^3。不同目数砂粒实物图见图3所示。

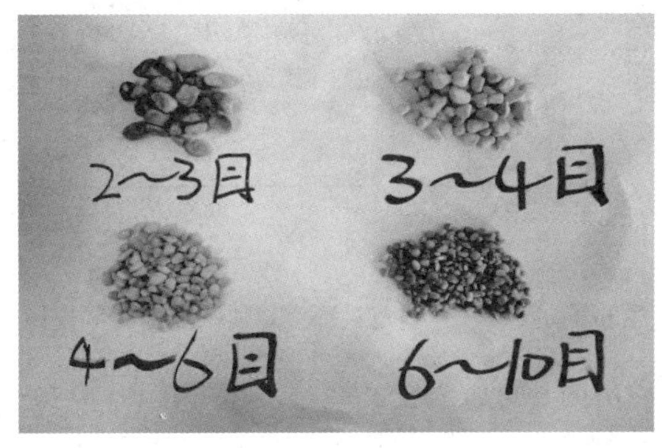

图3　不同粒径的模拟钻屑

实验过程中使用的钻井液配方：4%膨润土基浆+0.2%~0.3%KPAM+0.2%~0.3%CMC+1.5%SMP-1+1.5%SPNH+1%~2%沥青类材料+0.1%~0.5%XC，然后使用重晶石调整钻井液密度。

具体实验用钻井液流变参数如表1所示：

表1　不同钻井液配方的流变参数

实验浆	AV/mPa·s	PV/mPa·s	YP/Pa	G10″/Pa	G10′/Pa	$\phi6$	$\phi3$	τ_0/μ_p	密度/g/cm^3
1#	20.5	16	4.5	1.5	2	3	2	0.28	1.0
2#	26.5	20	6.5	2	2.5	4	3	0.33	1.0
3#	32	21	11	3.5	4.5	8	6	0.52	1.13
4#	32.5	19	13.5	4	5.5	10	8	0.71	1.13
5#	37.5	20	17.5	6.5	9.5	15	13	0.88	1.13
6#	63	38	25	8.5	10.5	20	17	0.66	1.28
7#	68.5	43	25.5	9	11	21	18	0.59	1.45

1.3　实验步骤

实验步骤如下：

（1）检查管路连通性及密封性，检查电路；

（2）将预先配制好的钻井液倒入泥浆罐中，首先，局部循环10min，使钻井液充分搅匀，拧紧泥浆罐出口阀门，其他阀门都打开；

（3）将两个加砂器中分别加入干燥的岩屑，并用密封圈、螺母密封拧紧；

（4）设置钻杆偏心度、钻杆转速、井斜角、加砂速度、流量；

（5）打开泥浆罐出口阀门、总电源、控制面板电源开关、加砂器开关；

（6）如果岩屑运移情况良好，运行一段时间，至井筒内形成稳定的流动状态，收集井筒不同取样口处的岩屑浓度，关闭总电源，停止循环，收集振动筛里面的岩屑，烘干后称重，实时记录实验条件下的钻井参数；

（7）根据实际需要，重复步骤(3)、(4)。

2　携岩模拟实验及规律分析

2.1　岩屑粒径、环空返速对环空岩屑浓度的影响

当钻井液密度为1.0g/cm^3，钻杆转速为150r/min，井斜角为0°，偏心度为0，动塑比为0.33时，考察环空返速、岩屑粒径对环空岩屑浓度的影响规律，实验结果见图4所示。振动筛处收集的岩屑实物效果见图5所示。

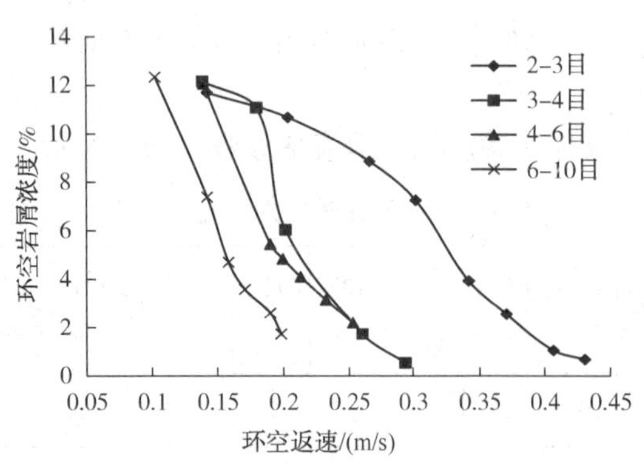

图 4　环空返速、岩屑粒径对环空岩屑浓度的影响规律

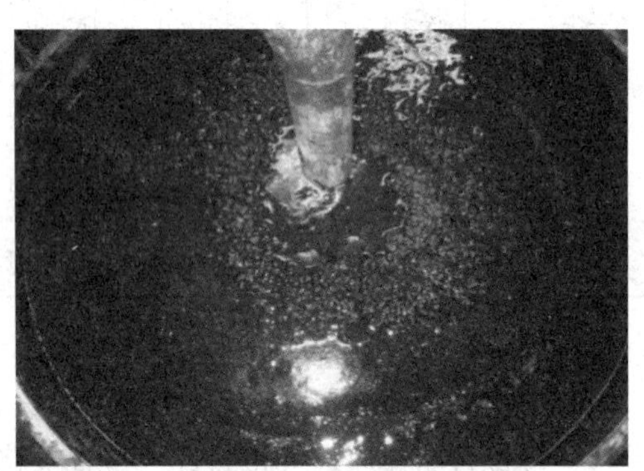

2–3目

3–4目

4–6目

6–10目

图 5　振动筛处收集的岩屑实物效果

由图 4 可以看出，对于不同粒径的岩屑，随着环空返速的增大，环空岩屑浓度迅速减小。当环空返速在 0.25m/s 时，3~10 目的环空岩屑浓度小于 5%；当环空返速在 0.35m/s 时，2~10 目的环空岩屑浓度小于 5%。在低环空返速(0.1~0.25m/s)条件下，小粒径岩屑(3~10 目)受环空返速的变化影响较大。由以上数据可以推断：对于直井段，在低环空返速(0.1~0.25m/s)条件下，岩屑也较容易携带出井眼，井眼清洁状况良好；3~10 目的岩屑较 2~3 目的岩屑容易携带。

2.2　动塑比、井斜角对环空岩屑浓度的影响

当钻井液密度为 $1.13g/cm^3$，钻杆转速为 150r/min，环空返速为 0.47m/s，粒径为 6~10 目，偏心度为 0 时，考察动塑比、井斜角对环空岩屑浓度的影响规律，实验结果见图 6。不同井斜角条件下的携岩效果如图 7 所示。

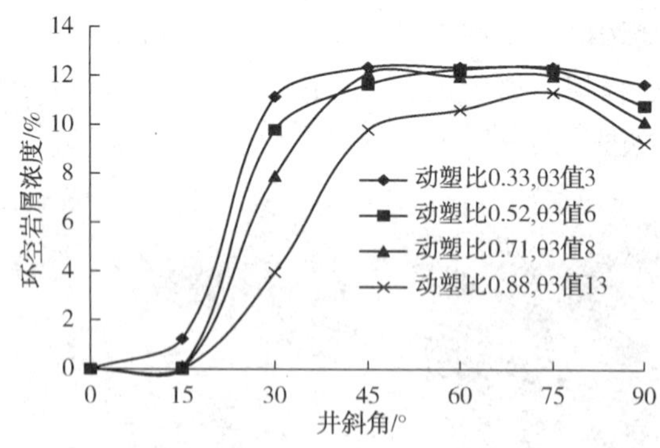

图 6　动塑比、井斜角对环空岩屑浓度的影响规律

由图 6 可以看出，在小斜度井段(0°~20°)，岩屑较容易携带出井眼，调节钻井液密度为 $1.13g/cm^3$，动塑比为 0.33 时，井眼环空岩屑浓度一般低于 5%，不存在携岩困难的问题；在 20°~75°井斜角范围内，井眼环空岩屑浓度大于 5%，岩屑较难携带；当井斜角为 75°~90°时，

井眼环空岩屑浓度较20°~75°井斜角有轻微降低，但仍大于5%，井眼清洁效果不好。随着动塑比的增大，井眼环空岩屑浓度减小，但环空岩屑浓度仍较大。由以上数据可以推断：在小斜度井段(0°~20°)，岩屑颗粒受钻井液拖曳力和浮力的作用影响较大，较容易携带出井眼；当井斜角在20°~75°范围内时，岩屑颗粒在井眼环空中的沉降现象严重，较难携带出井眼；当井斜角为75°~90°时，岩屑主要在井眼岩屑床表面滚动运移，受液流拖曳力作用影响较大，井眼环空岩屑浓度较20°~75°低，但井眼清洁状况仍不好。提高钻井液的动塑比有利于岩屑携带出井眼。

井斜度15℃

井斜度30℃

井斜度45℃

井斜度60℃

井斜度75℃

井斜度90℃

图7　不同井斜角的携岩效果

2.3　钻井液密度、井斜角对环空岩屑浓度的影响

当钻杆转速为150r/min，环空返速为0.48m/s，岩屑粒径为6~10目，偏心度为0时，考察钻井液密度、井斜角对环空岩屑浓度的影响规律，实验结果见图8所示。

由图8可以看出，在小斜度井段(0°~20°)，岩屑较容易携带，井眼环空岩屑浓度一般低于5%，不存在携岩困难的问题；在20°~90°井斜角范围内，岩屑较难携带出井眼，井眼环空岩屑浓度较高。在低环空返速(0.48m/s)条件下，当钻井液密度为1.45g/cm^3，动塑比为0.59时，在0°~90°井斜角范围内，井眼环空岩屑浓度低于5%。对于所有的井斜角，在工程允许的范围内，提高钻井液密度能够明显提高井眼清洁效果。由以上数据可以推断：对于大斜度井段、水平井

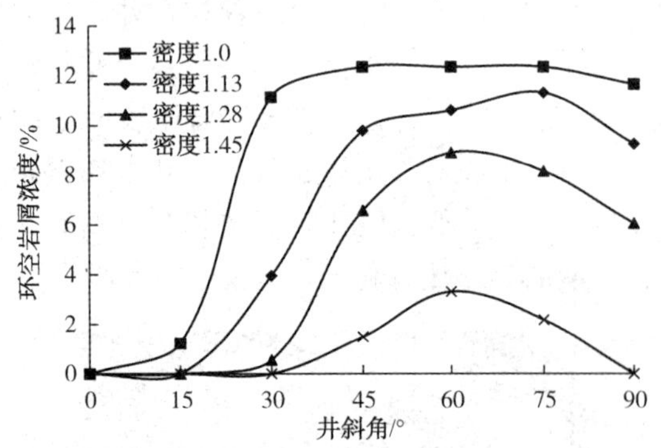

图8 钻井液密度、井斜角对环空岩屑浓度的影响规律

段，在低环空返速(0.48m/s)条件下，提高钻井液密度至1.45g/cm³、动塑比至0.59Pa/mPa·s，井眼环空岩屑浓度低于4%，能够在0°~90°井斜角范围内保持井眼清洁。

2.4 钻井液携岩性能综合分析

在实际钻井过程中，可以通过调控钻井液环空返速及钻井液性能来达到井眼净化的目的。但受地面机组额定功率的限制以及保持井壁稳定的需要，为实现水平井段的最大延伸，就需要钻井液在低密度、低排量、低返速条件下实现高效携岩。因此，选择携岩性能优良的钻井液对于保持井眼清洁十分重要。由上述实验结果分析可知，提高钻井液的动塑比、低剪切黏度、钻井液密度等参数都有利于保持井眼清洁，良好的井眼清洁状况是在钻井液动塑比、低剪切黏度、钻井液密度等参数综合作用下的结果。为了能够进一步定量分析出钻井液性能对携岩的综合影响，张景富[8]基于水平井钻井液携岩模拟试验装置试验结果，提出了层流下评价钻井液携岩能力的参数Z，见式(1)。

$$Z = \frac{d_f}{d_s} PV^{YP/PV} \tag{1}$$

式中，d_f为钻井液密度，g/cm³；d_s为岩屑密度，g/cm³；*PV*为钻井液塑性黏度，mPa·s；*YP*为动切力，Pa；*YP/PV*为动塑比。张景富指出当环空岩屑浓度小于5%时，Z值临界值为1.5。

可见上式所定义的Z值，能够反映出钻井液密度、岩屑密度、塑性黏度及动塑比对携岩效果的综合影响，因此可以用来评价钻井液的携岩能力。显然钻井液密度、塑性黏度及动塑比越高，Z值越大，钻井液携岩效果越好。利用试验用钻井液的流变性能数据计算各试验用钻井液的携岩评价指标Z值，试验过程中所用模拟钻屑密度为2.34g/cm³，试验用钻井液携岩能力评价指标Z值结果见表2所示。

表2 试验用钻井液配方携岩能力评价表

实验浆	密度/g/cm³	AV/mPa·s	PV/mPa·s	YP/Pa	G10′/Pa	ϕ3读数	τ_0/μ_p	Z值	携岩能力
1#	1	20.5	16	4.5	2	2	0.28	0.93	弱
2#	1	26.5	20	6.5	2.5	3	0.33	1.15	弱
3#	1.13	32	21	11	4.5	6	0.52	2.36	强
4#	1.13	32.5	19	13.5	5.5	8	0.71	3.92	强
5#	1.13	37.5	20	17.5	9.5	13	0.88	6.77	强
6#	1.28	63	38	25	10.5	17	0.66	6.06	强
7#	1.45	68.5	43	25.5	11	18	0.59	5.72	强

结合单因素携岩模拟试验的携岩效果和表2可知，当Z值大于1.5时，钻井液的携岩能力很好，能够保持良好的井眼清洁状况。

由以上钻井液携岩性能评价实验可以得出：对于直井段，在低环空返速(0.1~0.25m/s)条件下，2~10目岩屑较容易携带出井眼，并且3~10目的岩屑较2~3目的岩屑容易携带，即直井段不存在携岩困难的问题。对于大斜度井段、水平井段，岩屑较难携带出井眼，但在低环空返速(0.47m/s)条件下，提高动塑比至0.88Pa/mPa·s，能够明显降低大斜度井段、水平井段的井眼环空岩屑浓度。对于大斜度井段、水平井段，在低环空返速(0.48m/s)条件下，提高钻井液密度至1.45g/cm³、动塑比至0.59Pa/mPa·s，井眼环空岩屑浓度低于5%，井眼清洁状况较好。

3 结论

利用自行研制的井眼环空钻井液携岩模拟实验装置开展实验，研究了钻井液动塑比、井斜角、环空返速、钻井液密度等参数对井眼环空岩屑浓度的影响规律，并以井眼环空岩屑浓度低于5%为评价指标，分析钻井液的携岩能力。初步研究表明：

(1) 对于直井段，在低环空返速(0.1~0.25m/s)条件下，3~10目岩屑较容易携带出井眼，随着环空返速的增大，环空岩屑浓度迅速减小；当环空返速在0.35m/s时，2~3目岩屑的环空浓度小于5%，小粒径岩屑更容易携带出井眼。

(2) 在小斜度井段(0°~20°)，岩屑颗粒受钻井液拖曳力和浮力的作用影响较大，较容易携带出井眼，调节钻井液密度为1.13g/cm³，动塑比为0.33时，井眼环空岩屑浓度一般低于5%。

（3）对于大斜度井段、水平井段，岩屑颗粒在井眼环空中的垂沉现象严重，较难携带出井眼。在低环空返速(0.47m/s)条件下，提高动塑比至0.88Pa/mPa·s，能够明显降低井眼环空岩屑浓度。

（4）对于大斜度井段、水平井段，低环空返速(0.48m/s)条件下，提高钻井液密度至1.45g/cm^3，动塑比至0.59Pa/mPa·s，井眼环空岩屑浓度低于5%，井眼清洁状况良好。

参考文献

[1] Egenti N B. Understanding Drill-cuttings Transportation in Deviated and Horizontal Wells. SPE172835, 2014.

[2] Voronin R, Valuev D, Korolev A. The Oil Based Mud Formulation Improvement To Reduce ERD Drilling Risks In The Arctic Conditions(Russian). SPE149715, 2011.

[3] Naganawa S, Okatsu K. Fluctuation of Equivalent Circulating Density in Extended Reach Drilling with Repeated Formation and Erosion of Cuttings Bed. SPE115149, 2008.

[4] Hemphill T. Integrated Management of the Safe-Operating Window: It's More Than Just Density. SPE94732, 2005.

[5] Ozbayoglu M E, Sorgun M, Saasen A, et al. Hole Cleaning Performance of Light-Weight Drilling Fluids During Horizontal Underbalanced Drilling. SPE136689, 2010.

[6] Schamp J H, Estes B L, Keller S R. Torque Reduction Techniques in ERD Wells. SPE98969, 2006.

[7] 鄢捷年. 钻井液工艺学[M]. 东营：中国石油大学出版社，2012.

[8] 张景富，俞庆森，严世才. 侧钻井钻井液携屑能力试验研究[J]. 石油钻采工艺，2000，22(2)：12-16.

大庆低渗透水平井暂堵转向重复压裂技术及现场试验

王　维[1]　王　涛[2]　李永环[1]　王贤君[1]　陈希迪[1]　刘　琦[1]

(1. 大庆油田有限责任公司采油工程研究院；2. 大庆油田有限责任公司技术发展部)

摘　要　目前大庆外围低渗透水平井低产井比例高，急需通过重复压裂来提高单井产量。针对人工裂缝与井筒夹角较小及固井质量差无法机械分隔的两类水平井，开展了针对性的暂堵转向重复压裂技术研究，形成了缝内暂堵转向与全井多级暂堵转向两种重复压裂技术。通过开展评价实验优选了两种重复压裂模式下所采用的转向剂，形成了相应的施工参数优化设计方法和现场施工控制方法，配套了对应的重复压裂工艺管柱。共开展了 9 口水平井的现场试验，取得了较好的增产效果，有效延长了以上两类水平井的生产周期。

关键词　低渗透；水平井；重复压裂；缝内暂堵转向；全井多级暂堵转向

大庆外围葡萄花储层具有丰度低、低孔低渗、薄互发育等特点，常规射孔完井难以实现有效动用。前期采用水平井分段压裂投产取得了较好的效果，随着生产时间的延长，受储层物性、初次改造不充分及注采关系难以建立等因素影响，产量逐渐降低，目前低产井比例较高，急需通过重复压裂来提高单井产量[1-2]。

综合考虑水平井储层物性、初次压裂施工参数、固井质量等因素，分析其低产失效原因，确定以下两类水平井老井需要通过暂堵转向压裂施工来提高单井产量。第一类水平井其水平段井筒方向与最大水平主应力方向一致，人工裂缝与井筒方向夹角较小，往往不超过 30°，从而导致裂缝所能控制的泄油面积较小。针对该类潜力井，如采取单纯的加大规模重压老缝，由于老缝虽然延伸但其控制面积相对较小，而通过采用缝内暂堵转向压裂技术，在裂缝远端泵入高强度暂堵剂，促使裂缝转向产生新缝[3-4]，可沟通新的未被动用泄油区[5]，提高其泄油面积。第二类水平井因固井质量差，在初次压裂的时候发生窜槽，无法采用井下工具进行机械封隔，只能进行笼统改造，存在部分层段未充分改造，导致全井改造程度较低，影响水平井产能。针对该类潜力井，可采用全井多级暂堵转向压裂技术，通过泵入不同粒径组合的高强度暂堵剂，大粒径负责架桥，小粒径负责充填，在裂缝近端和炮眼处形成桥堵，实现化学封隔。桥堵形成后，井筒内净压力提高，促使段内其余裂缝起裂，从而实现分段改造。

1　暂堵剂优选及暂堵转向施工参数优化

针对不同暂堵转向压裂工艺技术，开展了封堵强度和返排能力评价实验，优选了暂堵剂。结合暂堵剂性能参数和大庆低渗透水平井初次压裂施工参数，形成两种暂堵转向压裂技术施工参数优化设计方法。

1.1　暂堵剂优选

在优选暂堵剂时主要考虑暂堵剂两方面性能，第一暂堵剂是否“堵得住”，即评价暂堵剂的封堵强度，第二暂堵剂是否“解得开”，即评价暂堵剂在排出时其解堵能力。

封堵强度主要通过测试暂堵剂在裂缝中与支撑剂混合后其承压能力来进行评价。采用导流能力测试装置，首先测试模拟地层条件下石英砂铺置原始渗透率，然后将暂堵剂和石英砂混合填入导流室内，采用逐级加压的方式进行驱替，测试其能承受最大压力。解堵能力主要通过在封堵强度实验的基础上进行反向驱替，测试驱替后渗透率值，并计算其与原始渗透率比值得到解堵率，以此来评价其渗透率恢复情况。

共对 10 种单一粒径水溶型暂堵剂进行了评价实验，测定了其最大承受压力和解堵率(图 1)。实验结果表明：1mm 单一粒径条件下，

【作者简介】王维，男，1985 年 12 月生，2014 年 6 月毕业于吉林大学，工学博士，大庆油田采油工程研究院油气藏改造技术研究中心，工程师，主要从事压裂增产改造技术研究，E-mail：wangwei301@petrochina.com.cn。

DCF-1 颗粒型暂堵剂具有良好的封堵性能与解堵性能，可降解纤维其封堵能力较低，但具有最优的解堵性能。共对 7 种混合粒径（3mm 与 0.5mm 混合）水溶型暂堵剂进行了评价实验，测定了其最大承受压力和解堵率（图 2）。实验结果表明：混合粒径条件下 DCF-1 颗粒型暂堵剂具有良好的封堵性能与解堵性能。

根据实验结果，确定了不同暂堵转向技术其暂堵剂应用原则：水平井缝内暂堵转向重复压裂优先选择 1mm 单一粒径的 DCF-1 型暂堵剂，当两向应力差较小时（<6MPa），可优先选择纤维暂堵剂；水平井全井多级暂堵转向优先选择 3mm 与 0.5mm 不同粒径组合的 DCF-1 型暂堵剂。

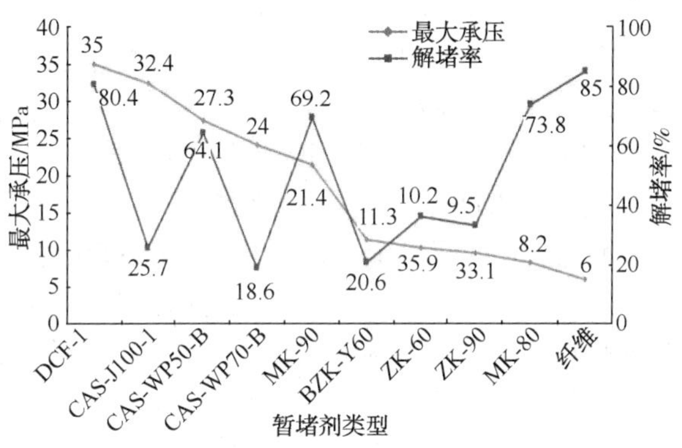

图 1 单一粒径暂堵剂性能评价实验结果

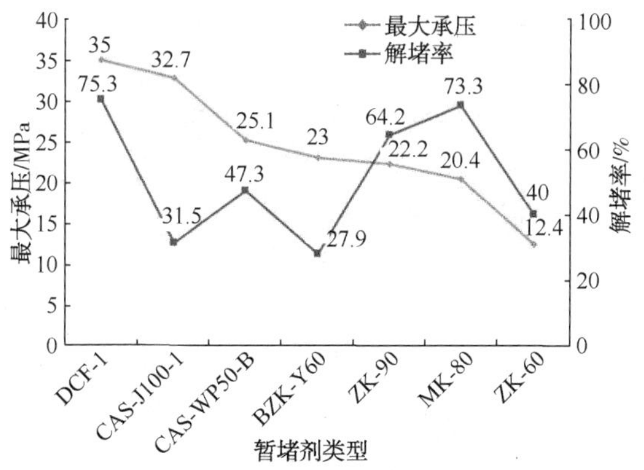

图 2 混合粒径暂堵剂性能评价实验结果

1.2 暂堵转向重复压裂施工参数优化

1.2.1 缝内暂堵转向重复压裂施工参数优化

缝内暂堵转向压裂主要优化暂堵剂用量和暂堵转向起裂位置。结合缝内暂堵转向压裂原理，建立了缝内暂堵转向压裂物理模型（图 3）。根据裂缝尖端效应，预计裂缝壁面将产生两个薄弱点 O_1 和 O_2，通过分析裂缝壁面受力情况分析其起裂点位置。裂缝壁面的受力为初次压裂人工裂缝延伸产生的诱导应力、初次压裂投产后地层孔隙压力变化产生的诱导应力及原地应力三者的叠加。

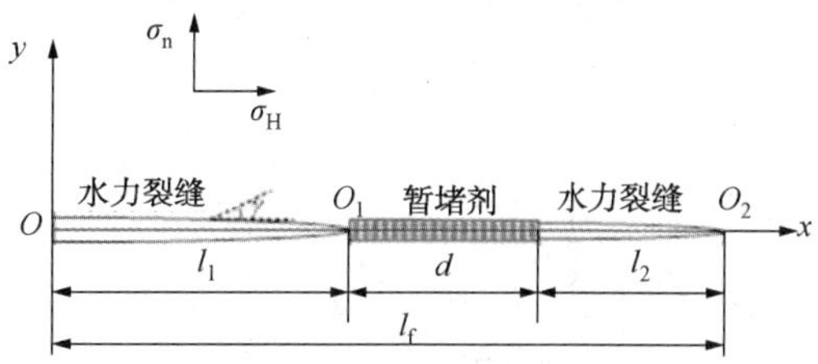

图 3 缝内暂堵转向压裂物理模型

裂缝壁面任意一点的应力分布：

$$\sigma_x = \sigma_H + \frac{K_{I,O_1}}{\sqrt{2\pi r_{O_1}}}\cos\frac{\theta_{O_1}}{2}\left(1 - \sin\frac{\theta_{O_1}}{2}\sin\frac{3\theta_{O_1}}{2}\right) + \frac{K_{I,O_2}}{\sqrt{2\pi r_{O_2}}}\cos\frac{\theta_{O_2}}{2}\left(1 - \sin\frac{\theta_{O_2}}{2}\sin\frac{3\theta_{O_2}}{2}\right) + \frac{1-2\nu}{1-\nu}\alpha(p_p - p_e)$$

$$\sigma_y = \sigma_h + \frac{K_{I,O_1}}{\sqrt{2\pi r_{O_1}}}\cos\frac{\theta_{O_1}}{2}\left(1 + \sin\frac{\theta_{O_1}}{2}\sin\frac{3\theta_{O_1}}{2}\right) + \frac{K_{I,O_2}}{\sqrt{2\pi r_{O_2}}}\cos\frac{\theta_{O_2}}{2}\left(1 + \sin\frac{\theta_{O_2}}{2}\sin\frac{3\theta_{O_2}}{2}\right) + \frac{1-2\nu}{1-\nu}\alpha(p_p - p_e)$$

$$\tau_{xy} = \frac{K_{I,O_1}}{\sqrt{2\pi r_{O_1}}}\sin\frac{\theta_{O_1}}{2}\cos\frac{\theta_{O_1}}{2}\cos\frac{3\theta_{O_1}}{2} + \frac{K_{I,O_2}}{\sqrt{2\pi r_{O_2}}}\sin\frac{\theta_{O_2}}{2}\cos\frac{\theta_{O_2}}{2}\cos\frac{3\theta_{O_2}}{2} \tag{1}$$

式中：σ_x，σ_y，τ_{xy} 为 x 和 y 坐标下正应力和剪应力分量，MPa；

σ_H，σ_h 分别为水平方向上最大地应力和最小地应力，MPa；

K_{I,O_1}、K_{I,O_2} 分别为 O_1 和 O_2 端岩石的应力强度因子，其值分别为 $p_{net1}\sqrt{\pi l_1}$ 和 $p_{net2}\sqrt{\pi l_2}$（其中 P_{net1}、P_{net2} 分别为裂缝 l_1 和 l_2 内净压力），$MPa\cdot\sqrt{m}$；

θ_{O_1}、θ_{O_2} 为裂缝面上的点分别到水力裂缝尖端 O_1 与 O_2 的连线与最大水平主应力方向的夹角，rad；

r_{O_1}、r_{O_2} 为裂缝面上的点分别到水力裂缝尖端 O_1 与 O_2 的距离，m；

v 为储层岩石泊松比，无因次；

α为Biot多孔弹性系数，无因次；

P_p为当前地层压力，MPa；

P_e为原始地层压力，MPa。

水力裂缝壁面任意一点处的最大主应力σ_1为(规定：拉为正，压为负)：

$$\sigma_1 = \frac{\sigma_x + \sigma_y}{2} + \sqrt{\left(\frac{\sigma_x - \sigma_y}{2}\right)^2 + \tau_{xy}^2} \quad (2)$$

缝内新缝起裂准则应用最大张应力准则，即最大主应力σ_1大于岩石的抗张强度T_0时，裂缝壁面岩石起裂：$\sigma_1 \geq T_0$，裂缝起裂角γ为：

$$\gamma = \frac{1}{2}\arctan\frac{2\tau_{xy}}{\sigma_x - \sigma_y} \quad (3)$$

将大庆外围低渗透水平井典型参数代入上述公式计算，计算结果表明：裂缝壁面的最大主应力仅在暂堵位置O_1处大于岩石抗张强度，即仅在O_1处暂堵起裂形成新缝。

考虑到暂堵剂进入裂缝后不会完全充填缝高，在进行实验和真实施工转换中用参考系数k来表征堵剂充填不完全的情况[6]。根据几何相似原理，利用室内评价实验测得的暂堵剂性能参数，计算获得了目的层段的裂缝所需的封堵段长度。计算公式如下：

$$\frac{L_1 H_1 D_1}{k L_{f,暂堵剂} H_f w_f} = \frac{P_1}{P_2} \quad (4)$$

式中：L_1为室内封堵强度实验暂堵剂铺置长度，m；

H_1为封堵强度实验模拟裂缝高度，m；

D_1为封堵强度实验模拟裂缝宽度，m；

k为参考系数，颗粒状暂堵剂取0.06×10^{-3}，纤维取0.29×10^{-3}；

P_1为实验测得封堵强度，MPa；

P_2为转向压力，MPa；

$L_{f,暂堵剂}$为半缝内暂堵剂的推荐暂堵长度，m；

H_f为实际裂缝高度，m；

W_f为实际裂缝宽度，m。

综合考虑地层压力对原地应力场的改变，其中转向压力P_2为：

$$P_2 = \sigma_h + \frac{1-2\nu}{1-\nu}\alpha(p_p - p_e) + p_{net} \quad (5)$$

单缝内暂堵剂用量体积$V_{暂堵剂}$为：

$$V_{暂堵剂} = 2H_f \cdot W_f \cdot L_{f,暂堵剂} \quad (6)$$

式中$V_{暂堵剂}$为暂堵剂的用量，m^3。

1.2.2 全井多级暂堵转向重复压裂施工参数优化

全井多级暂堵转向压裂优化设计的核心是单段暂堵剂用量的优化。首先根据大庆地区外围低渗透水平井初次压裂施工情况，确定水平井开孔率普遍为40%~50%左右，然后根据全井已射孔数计算总的开孔数。根据限流压裂经验，压裂维持每个射孔炮眼开启需0.3~0.4m^3/min左右，结合工艺管柱和液体沿程摩阻，确定主压裂施工排量，并由此计算确定每段主压裂施工开启炮眼数。其中单孔暂堵剂用量设计为4~7kg，最终确定每段暂堵剂用量。

2 水平井暂堵转向重复压裂现场施工控制

2.1 暂堵剂挤注测试

缝内暂堵转向施工前，采用低排量1~2m^3/min泵入少量暂堵剂，观察暂堵剂到达裂缝位置后压力变化情况，根据压力变化情况，制定暂堵挤注测试现场控制预案并调整暂堵剂用量。无明显转向压力显示时，应适当提高泵注排量，尝试压开储层的方式确认是否有裂缝张开，如果仍无法确认转向响应，可重新泵注一个暂堵剂，若仍无压力显示，可增加泵入暂堵剂测试用量。压力反应强烈时，在压力允许范围内顶替暂堵剂，同时根据现场情况降低设计暂堵剂用量。挤注测试时暂堵剂应采用少量多次的方式加入。

2.2 升降排量测试

针对全井多级暂堵转向重复压裂，压裂施工前开展升降排量测试，根据施工压力变化及沿程摩阻，计算施工排量条件下全井有效吸液孔数[7]，根据有效吸液孔数调整暂堵剂用量。

孔缝摩阻计算公式为：

$$\Delta P_p = P_c - P_t - P_l \quad (7)$$

式中 ΔP_p——射孔炮眼摩阻，MPa；

P_c——不同排量条件下的测试泵压，MPa；

P_t——停泵压力，MPa；

P_l——沿程摩阻，MPa。

有效吸液孔数n计算公式为：

$$\Delta P_p = 228.88\rho\left(\frac{q}{nD^2 a}\right)^2 \quad (8)$$

式中 q——施工排量，m^3/min；

ρ——压裂液密度，kg/m^3；

n——有效吸液孔数；

D——射孔炮眼直径，mm；

a——孔眼流量系数(取值0.56~0.89)。

3 水平井暂堵转向重复压裂技术配套管柱

针对不同暂堵转向方式，形成了以下 2 种配套重复压裂工艺管柱。

第一种为双封单卡分段压裂工艺管柱(图 4)，该工艺管柱适应于固井质量及井筒完整性良好的水平井，可以满足缝内暂堵转向重复压裂需求。双封单卡分段压裂工艺管柱由两级 K344 压裂封隔器与配套安全接头、水力锚、导压喷砂器等组成。通过双封隔器单卡目的层，利用导压喷砂器产生的节流压差使封隔器坐封，压裂液、支撑剂及暂堵剂均通过喷砂器进入地层，完成单层压裂，然后返洗逐层上提实现全井压裂。该工艺具有针对性强，成熟度高等特点。为了满足低渗透水平井重复压裂大规模施工需求，研制了新型大规模导压喷砂器。通过优化喷嘴与喷砂口之间的距离，设计内、外防冲溅保护装置，增强工具抗冲蚀和反溅能力，加砂量提高至 439m³，满足压裂施工过程中安全、高效需求。

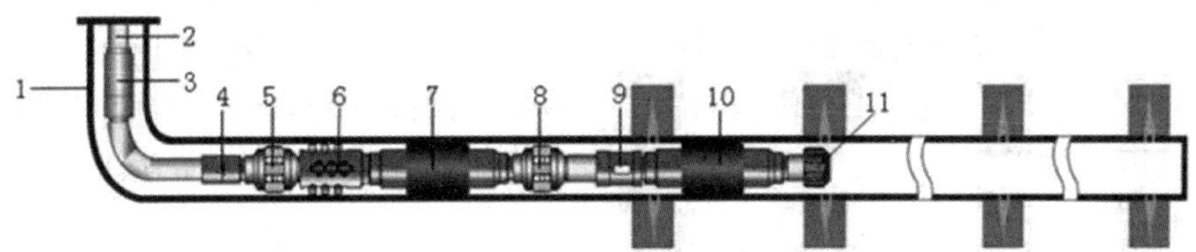

图 4 双封单卡分段压裂工艺管柱示意图

第二种为大规模单卡压裂工艺管柱(图 5)，该管柱主要针对固井质量及井筒完整性较差无法采用双封单卡工艺管柱进行分段压裂的水平井，在直井段下入封隔器，进行全井的多级暂堵转向施工。该工艺管柱由高温高压封隔器、喷嘴、水力锚等组成。其施工步骤为：在直井段进行封隔，开始第一段压裂施工，压裂液从油管进入通过喷嘴进入目标段套管处，然后自动寻找低应力位置裂缝，待第一段压裂施工完成后，投入高强度暂堵剂，暂堵剂在炮眼处形成化学封隔，暂时封堵裂缝缝口，然后再次泵入液体，寻找低应力位置裂缝，依次进行各段的压裂施工。

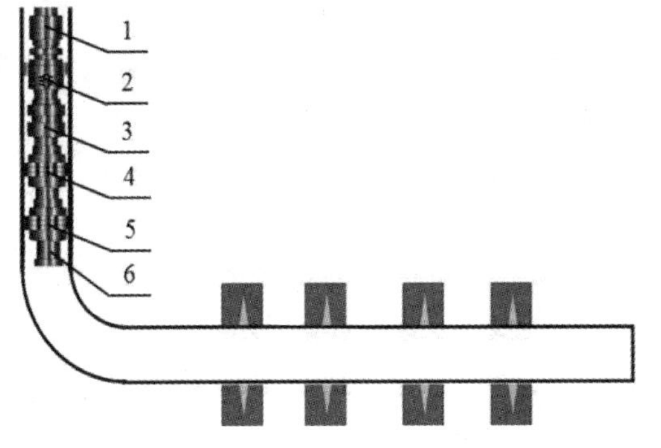

图 5 大规模单卡压裂工艺管柱示意图

4 现场应用情况

采用暂堵转向重复压裂技术在大庆外围低渗透水平井共开展了现场试验 9 口井，均取得了较好的增产效果。

4.1 缝内暂堵转向重复压裂现场试验

以 A 井为例，初次压裂采用分段压裂投产，根据区块微地震监测结果及井筒方位角判断井筒方向与人工裂缝夹角仅 10°左右，为纵向缝，裂缝控制面积小。初次压裂共完成 6 段压裂施工，压后初期产油 5 t/d。重复压裂时针对人工裂缝与井筒夹角小，采用缝内暂堵转向与老缝加大规模相结合的方式，老缝加大规模压裂 3 段，老缝缝内暂堵转向压裂 3 段，在防止缝间沟通的情况下尽可能增大裂缝泄油面积。纤维暂堵剂在 20% 砂比时加入，纤维进入裂缝后，施工压力上涨了 3~6MPa(图 6)，暂堵效果明显。重复压裂后日产油由压前的 1.6t 提高至 6.6t。

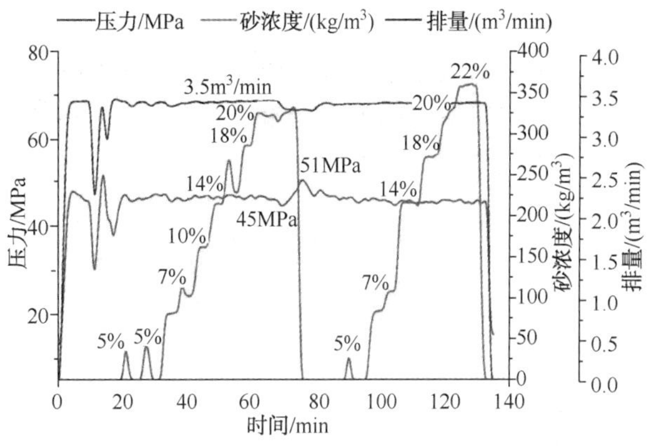

图 6 A 井第 4 段重复压裂施工曲线

共开展缝内暂堵转向重复压裂现场试验 7 口井。暂堵转向施工时，地面施工压力平均上涨

3.3 MPa，转向施工后产量获得突破，7 口试验井初次压裂后初期平均单井日产油 5.0 t，重复压裂前平均单井日产油 1.2 t，暂堵转向重复压裂后初期平均单井日产油 4.9 t。

4.2 全井多级暂堵转向重复压裂现场试验

以 B 井为例，初次压裂时由于固井质量差发生套窜，先后采用双封单卡及水力喷射工艺均未能成功分段压裂，后采用笼统限流压裂对全井段进行改造。重复压裂时采用全井多级暂堵转向压裂工艺，重复压裂 6 段老缝，进行 5 级转向。在 1.5 m^3/min 排量条件下暂堵剂到达炮眼时，压力上涨了 1.3~16.5MPa（图 7），且各段主压裂的压力特征和压后停泵压力均不一致，表明通过暂堵转向实现了分段改造。

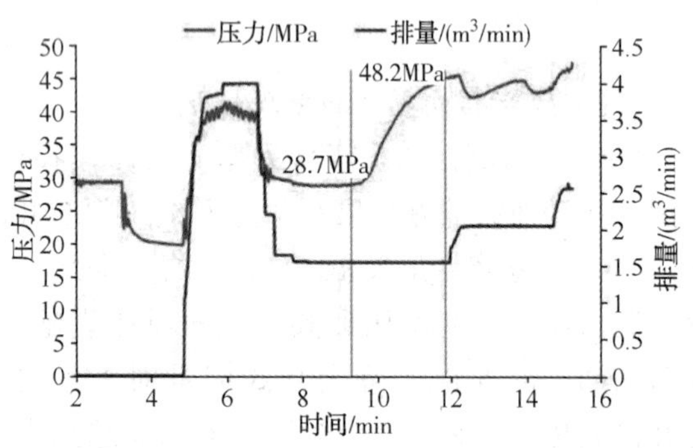

图 7　B 井第二级暂堵施工压力曲线

共开展全井多级暂堵转向重复压裂现场试验 2 口井，重复压裂前平均单井日产油 1.5 t，重复压裂后初期平均单井日产油 4.5t。通过全井多级暂堵转向重复压裂工艺实现了该类井的有效改造，使单井产量得到显著提升。

5 结论

（1）针对人工裂缝与井筒夹角较小和固井质量差无法分段压裂两种类型水平井，确定了缝内暂堵转向及全井多级暂堵转向两种针对性的重复压裂措施；

（2）优选了适应于大庆外围低渗透水平井缝内暂堵转向重复压裂和全井多级暂堵转向重复压裂用暂堵剂；

（3）形成了压前暂堵剂挤注测试和升降排量测试两种现场施工控制方法；

（4）研制了双封单卡分段压裂工艺和大规模单卡压裂工艺两种重复压裂配套工艺管柱，可满足水平井暂堵转向重复压裂施工需求；

（5）开展了暂堵转向重复压裂现场试验共 9 口井，试验结果表明：重复压裂措施合理有效，重复压裂后取得了较好的增产效果。

参 考 文 献

[1] 苏良银，白晓虎，陆红军，等．长庆超低渗透油藏低产水平井重复改造技术研究及应用[J]．石油钻采工艺，2017，39(4)：521-527.

[2] 刘雄，王磊，王方，等．致密油藏水平井体积压裂产能影响因素分析[J]．特种油气藏，2016，23(2)：85-88.

[3] 谢新秋，邹鸿江，武龙，等．暂堵压裂在低渗透油田的研究与应用[J]．钻采工艺，2017，40(3)：65-67.

[4] 时玉燕，刘晓燕，赵伟，等．裂缝暂堵转向重复压裂技术[J]．海洋石油，2009，29(2)：60-64.

[5] 谢朝阳，尚立涛，唐鹏飞，等．大规模缝内转向压裂技术研究与试验[J]．大庆石油地质与开发，2016，35(2)：66-69.

[6] 王琨．三叠系油藏缝内转向压裂技术研究[D]．西安：西安石油大学，2010：36-38

[7] 周再乐，张广清，熊文学，等．水平井限流压裂射孔参数优化[J]．断块油气田，2015，22(3)：374-378.

普光气田碳酸盐岩不动管柱重复酸压技术

石恒毅　苏君慧　王建青

（中国石化中原油田分公司石油工程技术研究院）

摘　要　针对高含硫气田储层动用程度低的问题，在不动管柱条件下，研发了不同规格自降解酸压暂堵剂，能有效暂堵原产层，不污染原产层；为均匀改造非均质储层，优化形成无污染、自增黏、低滤失特性的高温清洁转向酸体系；最终集成创新了长井段碳酸盐岩储层重复酸压技术，该技术试验3井次，工艺成功率100%，措施后稳产效果显著。

关键词　不动管柱；重复酸压；可降解酸压暂堵剂；清洁转向酸；均匀改造

普光气田是我国已发现的规模最大整装海相气田，探明储量3812.57×10^8m^3，是国家“川气东送建设工程”的主供气源。其中普光主体探明地质储量2782.95×10^8m^3，动用储量1811.06×10^8m^3。

普光气田储层物性差异较大，储集空间类型多样，纵向上Ⅰ、Ⅱ、Ⅲ类层交互发育，非均质性较强，平面展布变化大。由于储层高含硫化氢、二氧化碳，气井投产采用酸压、生产一体化永久式管柱。

随着生产运行，投产后出现生产压差较大，产剖测试储层动用程度低。针对以上特点在不动管柱条件下实施重复酸压，以提高储层动用程度，降低生产压差，但由于不动管柱无法实施精确分层，为达到预期效果，解决不同储层之间渗透率差异的问题，引入清洁转向酸、可降解酸压暂堵剂，以可降解酸压暂堵剂纵向开启新层，改善产气剖面；以清洁转向酸横向均匀改造，提高储层动用程度，维持气田高产稳产。

1　普光气田概况

普光气田位于四川省宣汉县境内，属中~低山区，地面海拔300~900m左右，年平均气温13.4℃。构造上属于川东断褶带东北段双石庙—普光NE向构造带上的一个鼻状构造。南部紧邻清溪场—宣汉东、老君山构造带；东北部紧靠铁山坡气田，东南部距渡口河约17.5 km，距罗家寨气田约26.5km。气田主体飞仙关-长兴组气藏为构造-岩性控制的、带边水的碳酸岩裂缝-孔隙型高含硫气藏。

普光气田是我国已发现的规模最大整装海相气田，探明储量3812.57×10^8m^3，是国家“川气东送建设工程”的主供气源。其中普光主体探明地质储量2782.95×10^8 m^3，动用储量1811.06×10^8m^3。

1.1　储层物性

普光气田属超深层、超高含硫、中孔、低渗透、构造--岩性气藏，主要含气层三叠系飞仙关组、二叠系长兴组。气藏埋藏深（>4500m）、储层跨度大（最大838.8m），射孔厚度平均293.1m，硫化氢含量15.16%，二氧化碳含量8.64%。

储层物性以飞一二段较好，其次长兴组，最差飞三段，非均质性强，储层孔隙度1.01%~23.05%，渗透率(0.0013~9664.89)×$10^{-3}\mu m^2$。

1.2　储集空间与孔隙结构

储层以大孔粗喉型、大孔中喉型、中孔细喉型为主，局部有裂缝发育。其中飞三段以微孔微喉型为主，孔隙结构较差；飞一--二段以大孔粗喉、大孔中喉型为主，孔隙结构好；长兴组以大孔中喉型、中孔细喉型为主，孔隙结构不好。

1.3　储层敏感性

速敏弱-中等；水敏中等-偏强；盐敏中等-强；碱敏随渗透性变好，同时碱敏损害程度亦变强。

1.4　气藏温度、压力及流体性质

压力系数1.00~1.18，为常压系统。气藏温

【作者简介】石恒毅，男，2005年7月毕业于西南石油学院，学士学位，现工作于中原油田分公司石油工程技术研究院，副研究员，从事压裂工艺研究。E-mail：stone098@163.com

度1.98~2.21℃/100m，为低温系统。流体性质以甲烷为主，属于超高含H_2S、中含CO_2的气藏。

1.5 钻遇储层情况

普光气田Ⅱ+Ⅲ类储层占90.11%（Ⅱ类储层渗透率$(1\sim10)\times10^{-3}\mu m^2$、Ⅲ类储层渗透率

$(0.1\sim1)\times10^{-3}\mu m^2$，Ⅰ类储层占9.89%（Ⅰ类储层渗透率$\geqslant10\times10^{-3}\mu m^2$）。

2 碳酸盐岩不动管柱重复酸压面临的技术难题

普光气田储层埋藏深（4500~6700m）、井段长（212.9~838.8m）、投产采用一体化管柱全井段射开笼统酸压，受纵向非均质性影响，产剖显示部分层段未动用或贡献率低。要想动用井内未产层，重复改造时需避免低压气井进酸，使酸液进入未产层。要实现以上目的，现场面临以下难题。

难题一：不动管柱条件下，如何实现酸液转向开启新层？

过$3^1/_2$油管、大膨胀封隔器承压不足，无法工具分层，需研究高强度化学暂堵剂，封堵低压产层，实现酸液井筒纵向上转向未动用层。

难题二：普光气田埋藏深，地层温度高，酸岩反应速度快；开启的新层非均质性强，平面上渗透率级差大，如何实现均匀改造、深度改造？

为解决普光气田长井段碳酸盐岩地层压力下降快、储层动用程度不均的问题，以“层间转向与层内转向相结合”为技术思路开展不动管柱重复酸压技术研究。

3 自降解暂堵剂的合成与性能评价

普光气田在不动管柱的条件下，过3吋半油管、大膨胀封隔器承压不足，无法工具分层，需采用化学暂堵剂，实现多层开启。但投产酸压形成的缝洞，封堵难度大，要求暂堵剂既能有效暂堵，又能自行降解彻底解堵。针对以上难点，自主研发具备自降解、高强度特点的暂堵剂，开发三种不同规格，优化组合使用，既能有效暂堵原产层，开启新层，又能彻底降解不污染原产层。

3.1 暂堵剂的合成

针对普光气田目前地质特点，筛选低成本工业化产品单体，优选耐高温、易聚合、具有较好封堵强度、可生物降解的脂类作为合成单体（β-环糊精、丙交酯、乳酸、丙烯酸甲酯、乙交酯（GA））进行合成。邻羟基有机酸单体脱水环化合成丙交酯，丙交酯在催化剂作用下开环聚合得到一种聚酯[1]。其合成反应方程式见图1。

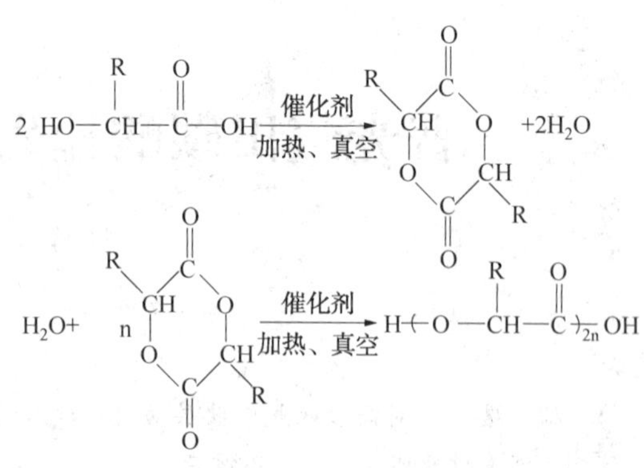

图1 聚酯纤维类固体增强剂反应式

3.2 暂堵剂性能评价

3.2.1 悬浮性能

为了解暂堵剂在酸压液体中的存在及分布形态，对其进行扫描电镜，如图2所示。

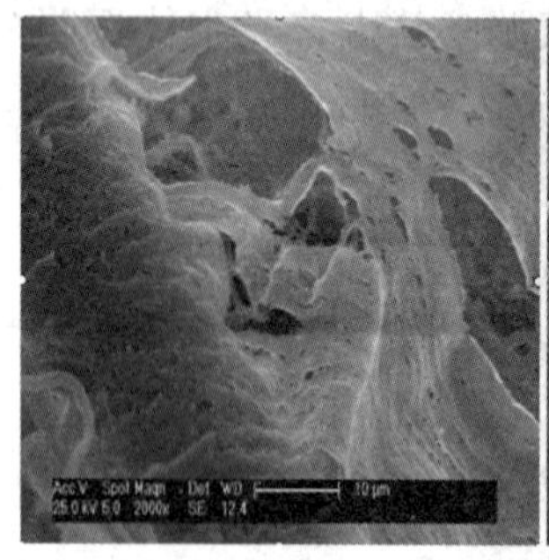

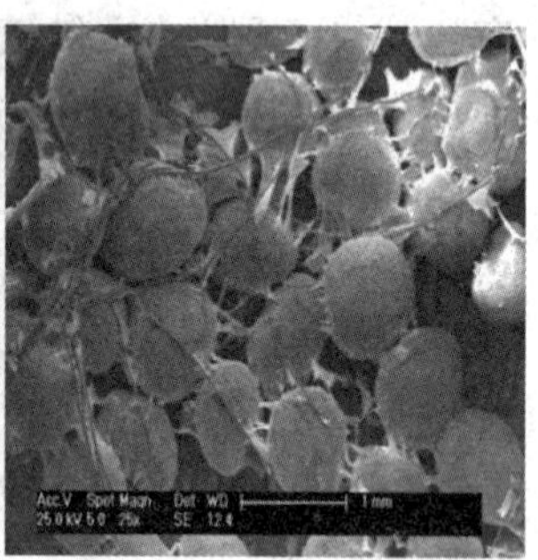

图2 暂堵剂在液体中分布形态

由图2可以看出，暂堵剂颗粒均匀分布在酸液中，未见残胶及链状结构，颗粒间无聚结。暂堵剂充填在孔隙和层间的缝隙，小颗粒黏附在黏土表面，利于的粒径搭配。进入地层后可填充在缝隙之间，增强封堵能力。

3.2.2 封堵性能

暂堵剂暂堵性能是重复酸压暂堵剂最为关键的性能之一，直接决定着暂堵效果的好坏，甚至层间转向成功与否。暂堵剂在施工期间保持较高暂堵率能够促进压力的增大，加快新层裂缝的开启，反之则不能有效开启新层，降低储层的动用程度。对合同性状自降解暂堵剂开展暂堵性能实验[2]。

（1）颗粒暂堵剂封堵性能

在实验室选取5组岩心，实验结果如表1所示。颗粒暂堵剂对不同渗透率、缝宽的岩心均可形成有效暂堵，暂堵率均在99%以上，平均突破压力梯度11.5MPa/m。暂堵高渗层，转向低渗未动用层，达到改造长井段储层的目的。

表 1 暂堵剂封堵试验

序号	缝宽/cm	渗透率($10^{-3}\mu m^2$)			突破压力梯度/(MPa/m)	暂堵率/%
		K_1	K_2	K_3		
1	0.4	53.4	3245.3	10.2	9.8	99.68
2	0.4	51.6	3021.6	8.9	10.9	99.71
3	0.35	40.9	2893.5	11.9	11.2	99.58
4	0.3	32.6	2365.8	12.1	12.7	99.49
5	0.3	30.5	2287.1	12.9	13.1	99.44

(2) 组合暂堵剂性封堵实验

将细粒暂堵剂换成细粒、纤丝和大颗粒三者组合，实验方法同 PLA 细粒暂堵剂注入性封堵实验(50cm 填砂管)。由表 2 可知组合暂堵剂承压能力更高，封堵性能比单一暂堵剂更强。选定 6：1：3 暂堵剂组合突破压力梯度达到 29.24MPa/m。封堵效果好，能够有效封堵老层，促使新层裂缝的开启。

表 2 不同粒径组合聚酯类暂堵剂注入性封堵实验

编号	细粒	纤丝	大颗粒	驱替平稳压力/MPa
1	1	1	3	7.86
2	2	2	3	8.89
3	3	1	3	9.46
4	3	2	3	11.20
5	4	1	3	11.86
6	4	2	3	12.42
7	5	1	3	13.45
8	5	2	3	13.98
9	6	1	3	14.62
10	6	2	3	14.15

3.2.3 溶解性能

在 120℃下，不同液体介质条件下降解率均在 100%；可满足酸压施工要求。在地层条件下可彻底降解，不污染储层。实验结果见表 3。

表 3 高温降解性数据

介质	溶解时间
水	30h
3%HCl	24h
P201-2 产出液	18h
主体产出液混合样	16h

4 清洁转向酸研发与性能评价

普光气田长井段、跨度大的厚层，储层间的渗透性差异较大。由于储层的污染和伤害程度不均匀，常规酸压/化改造工艺的酸液不仅很难解除分布不均的污染堵塞，反而会增大渗透率极差，加剧层内矛盾。若不采取酸液转向措施，大部分酸液将不断向高渗透层漏失，而使酸化效果变差。因此开展对清洁转向酸的研究，酸液在体系黏度增大后阻止酸液向高渗透岩心的前进从而转向低渗透岩心方向，实现储层转向。针对普光气田储层非均质性强、高温、高滤失的特点，优化形成了具有自转向功能的耐高温清洁转向酸体系，具有清洁、滤失小、缓速效果好等特性，可满足非均质性碳酸盐岩储层有效改善产气剖面的需要。

4.1 转向机理研究

随清洁转向酸在地层中的反应，酸浓度变低，酸液中 H+的减少使得酸液 pH 值逐渐升高，同时钙镁离子随之增多。体系中 pH 值升高和大量二价离子(Ca^{2+}、Mg^{2+})产生的双重作用会影响转向剂表活剂分子的胶束聚集形态，表面活性剂分子迅速由球型胶束转变为蠕虫状胶束，胶束相互缠绕形成具有空间网状结构的冻胶体系，对酸液都具有一定的增黏作用，也使得酸液黏度迅速增加[3]。酸液增大黏度会阻止酸液自身向高渗透岩心的继续前进，从而转向低渗透岩心方向，实现储层的转向。

4.2 清洁转向酸配方

选取目前国内已有转向剂产品(来自北京、乌鲁木齐、成都、德阳等地)与本项目表面活性剂开展对比试验，从溶解速度、增黏性能、流变特性、与其他添加剂配伍性能等方面综合评价[4]，优选出适合普光气田储层特点的产品。

酸液基本配方：20% HCl+4-5%稠化剂+2-3%铁稳剂+2-4%缓蚀剂。

4.3 清洁转向酸性能评价

4.3.1 耐温性能

重复酸压工作液清洁转向酸需要满足在普光温度储层条件(90~130℃)下，有良好的黏度特性。以保证酸液在层内随着与地层的作用过程中变黏的特性，黏度的变化产生压力的波动会转移酸液前进方向，以有效实现压裂的层内转向增大波及范围，提高储层的动用程度。首先需要保证酸液的耐温性能，满足高温下的黏度指标[5]。

在不同温度下，使用德国哈克公司耐酸旋转黏度仪 RS6000，剪切速率 $170s^{-1}$ 剪切 1h，所使用配方酸液在不同储层温度下黏度保持

15~25mPa·s(图2)。

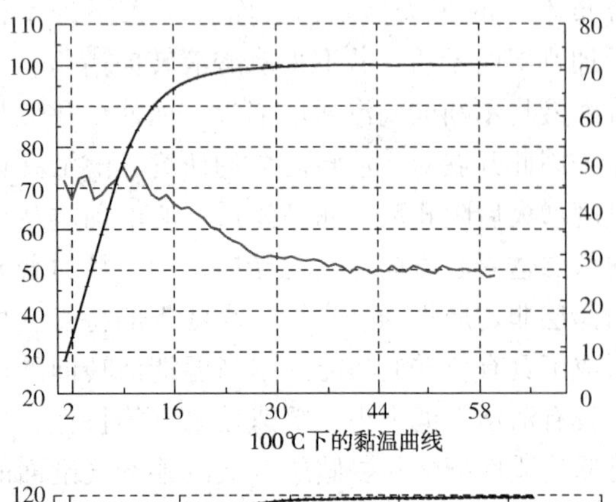

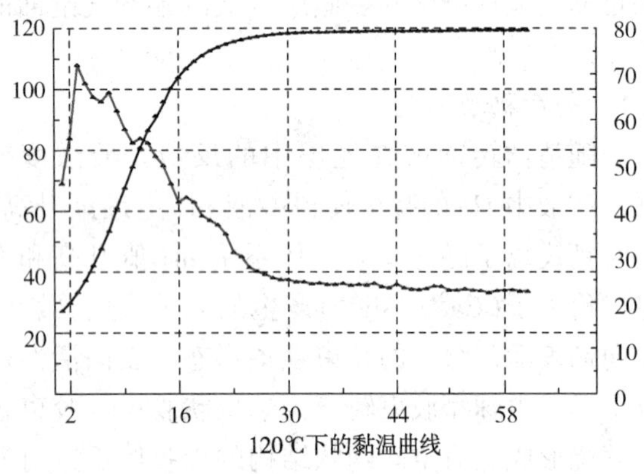

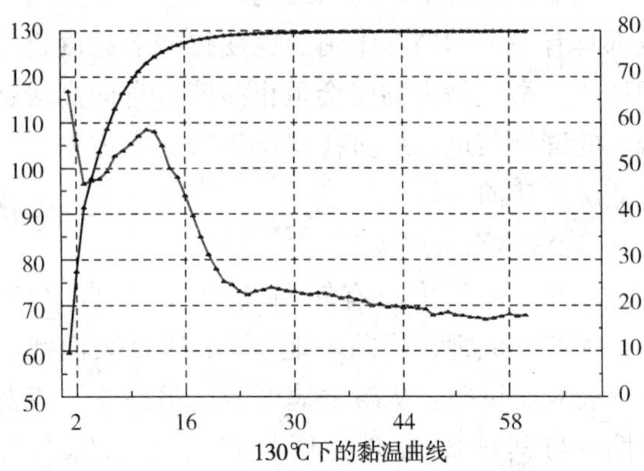

图2 清洁转向酸不同温度条件下的黏温曲线图

4.3.2 缓速性能

清洁转向酸需要与储层有较慢的反应速率，以延长反应时间，在储层中运移过程中酸浓度降低缓慢，使得酸液在施工中有较长的作用半径。使用空白盐酸和清洁转向酸同时进行对酸蚀实验。

试验结果表明(图3)，空白对比样，即20% HCl溶液在60℃与岩石样品反应非常剧烈，放出大量气泡，反应5min时基本已经达到最大溶蚀量，随时间延长，溶蚀量增加非常缓慢；而清洁转向酸则不同，初期反应较慢，放出的气泡较细密，在3h以内，溶蚀量随时间变化关系呈近似线性增长，而在3h时比较接近空白样品，这说明清洁转向酸有较强的缓蚀作用，能够有效增加酸液作用半径。由溶蚀率差值计算2h相对缓速率为47.05%。

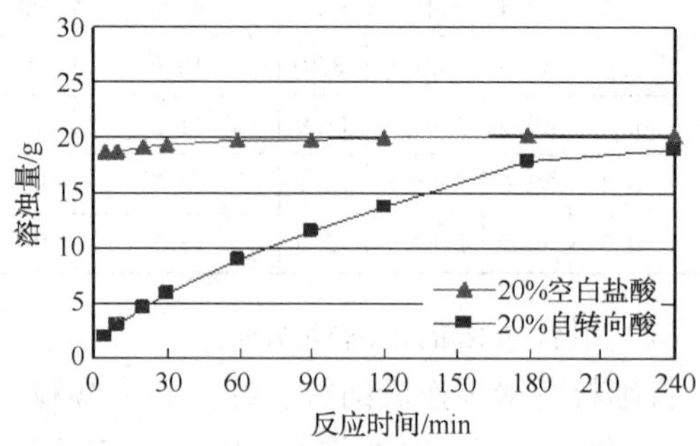

图3 清洁转向酸缓速效果图

4.3.3 转向性能

通过不同渗透率的两块岩心并联，正向注入标准盐水让其同时流过两块岩心，对比不同渗透率岩心流出量，以确定初始条件下流量的差异；以1mL/min的恒定速率反相注入清洁转向酸，让其同时通过两块岩心，观察注入过程中注入压力的变化，以获得转向的证据[6]。

从注酸过程中的压力响应上看，清洁转向酸在驱替中都有明显的压力上升，说明在注酸过程中酸夜发生了转向。第一组实验中，1#岩心酸化后，渗透率由3.131mD上升到1027.25mD，7#岩心酸化后，渗透率由0.357mD上升到1.167mD，渗透率分别增加328.1倍和3.3倍；第二组岩心实验中，5#号岩心酸化后，渗透率由2.166mD上升到5.579mD，8#号岩心酸化后，渗透率由1.064mD上升到1.832mD，渗透率分别增加3.5倍和1.7倍。结果表明经过清洁转向酸酸化后，不仅高渗透岩心渗透率得到了充分改善，低渗透岩心渗透率也得到了显著的提高。各岩心都得到了充分、酸化。因此，采用转向分流功能实现普光长井段改造是可行的。实验数据见表4。

表4 清洁转向酸转向效果多岩心模拟实验结果

并联岩心	直径/cm	长度/cm	初始 K_0/mD	酸化后 K_1/mD	K_1/K_0	温度/℃
1#	2.5	4.81	3.131	1027.25	328.1	50
7#	2.5	4.80	0.357	1.167	3.3	50
5#	2.5	5.15	2.166	7.579	3.5	50
8#	2.5	5.00	1.064	1.832	1.7	50

5 长井段储层重复酸压技术

根据储层情况及不动管柱特点，通过科学选

层分段，以自降解酸压暂堵剂和清洁转向酸为核心，集成创新了长井段非均质碳酸盐岩储层多级转向重复酸压工艺，实现纵向上开启新层，横向上深度均匀改造，提高气层动用程度，改善产气剖面。

5.1　选井原则

通过气井生产动态分析，评价初次酸压效果，结合产气剖面测试，研究提出了重复酸压选井选层依据，优选具有剩余可采储量、产量下降快、层内或层间动用程度不均及首次措施效果差的井，主要包括：

① 相同部位，储层动用程度低井。

长兴组射孔厚度占总射开厚度的 18.2%，产出层占总产出层的 3.7%，而飞三段没有动用。

② 产剖测试结果储层动用不均的井。

统计 7 口全井测试产气剖面结果看出，储层产出厚度 3.3-75.5m，测试段厚度占投产厚度的 1.0%~70.6%，平均只有 16.9%，且Ⅰ、Ⅱ、Ⅲ类储层动用不均。

③ 去除堵塞污染后，同一平台生产压差大的井。

统计堵塞井产气剖面可以看出，主产气层在堵塞层段以上的气井，多表现为压力、产量正常；主产气层在堵塞层段以下的气井，则表现为油压、产量偏低或波动。

④ 首次酸化、酸压存在用酸强度偏低的井。

重复酸压应选择首次酸压存在用酸强度偏低，酸压技术模式较单一的井。这些井存在用酸强度偏低、酸压技术模式较单一、液量不足等问题，结合目前生产情况，应优先选择重复酸压。

5.2　暂堵酸压工艺优化

普光气田属于缝洞型碳酸盐岩气藏，储集空间类型复杂，针对不同的储层采用不同的酸压工艺模式尤为重要。普光多级转向重复酸压技术其核心工艺是通过暂堵进行多方向造缝，进而形成有效酸蚀通道，以此来增加沟通地下气体储集的几率，使井下气体能够顺利通过井筒到达地面。

5.2.1　暂堵级数确定

依据选井选层方法，优选暂堵、改造层段，确定暂堵级数。以产剖解释生产层为准，重复酸压首先就要暂堵该层。再以地应力软件计算结果为依据，破裂压力相近的储层分为一层（段），再根据地层破裂压力大小依次确定改造层段，利用地层破裂压力计算公式及地应力计算暂堵层与改造层之间的压差，确定暂堵剂使用量[7]。

5.2.2　暂堵剂加入时机

根据产剖解释生产层位分布选择合适的暂堵剂加入时机。

生产层在储层顶部，先暂堵再酸压；生产层分散，先酸化在暂堵+酸压；生产层在储层中下部集中，先暂堵再酸压。生产层位不同分布规律见图 4。

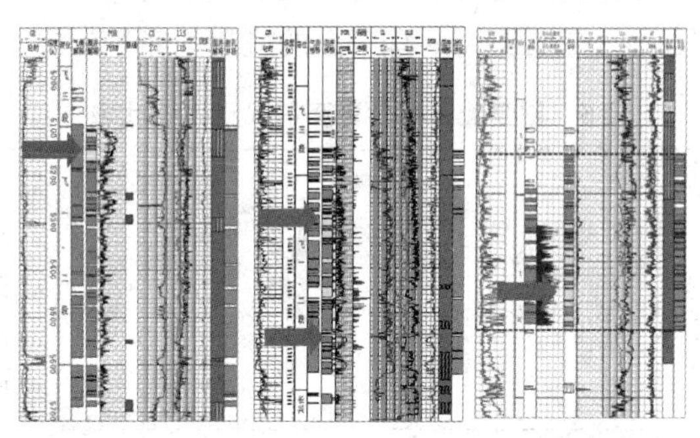

图 4　生产层位分布示意图

5.2.3　暂堵剂量确定

利用储层应力差、产层与未动用层压差，计算所需暂堵强度；前文介绍暂堵剂封堵强度 29.24MPa/m，因此确定暂堵剂深度。再以需要暂堵储层的厚度，假设投产酸压已经形成了一条贯穿该厚度的人工裂缝，以封堵人工裂缝的宽度及高度计算暂堵剂用量。

5.2.4　暂堵剂加注方式

利用两套泵注设备分别加注纤维暂堵剂及组合颗粒暂堵剂。

颗粒暂堵剂加注方式：混砂车直接加注，通过加支撑剂设备，人工操作；加注密度为每方液体 50~200kg 颗粒。

纤维暂堵剂加注方式：专用纤维泵，将成团纤维打散，利用鼓风机均匀加注到混砂车上；加注密度为每方液体 20~30kg 纤维。

5.2.5　酸压规模及注入级数确定

通过不同酸液规模条件下产能模拟预测，确定目的层最佳酸液用量。通过比对不同酸液规模下的产能，酸液规模增大，气井产能增加，通过经济评估，优选最佳效益下的酸液规模。

通过不同注入技术下的酸蚀缝长、导流能力对比，确定酸压最佳注入级数。随着注入级数的增加，酸蚀缝长、导流能力逐渐增大，但当注入级数大于某个值后，酸蚀缝长、导流能力趋于某个极限值，分析原因为注入级数虽然增大了，但每一级的胶液量及酸液量减少，酸蚀裂缝长度不再增加，酸液滤失在整个裂缝中，导致导流能力不再上升。因此，对于不同物性的储层，其最佳注入级数是不相同的。

6 现场应用情况

现场试验 3 井次，工艺成功率 100%。

对比 3 口井酸压前后相同生产时间单位压差的产气量，措施后 3 口井产能有效改善，稳产效果显著，在同类气藏有广泛的应用前景(表 5)。

表 5 重复酸压前后生产情况对比统计表

井号	投产方式	二次酸压模式	类别	生产时间/天	累计产气/10^8m^3	压降/MPa	单位压差产量/10^4m^3/MPa
P101-2H	酸压	三级转向	重复酸压前	180	0.3507	0.5	7014
			重复酸压后	180	0.3353	0.2	16765
P102-3	酸压	三级转向	重复酸压前	180	1.1869	1.2	9890
			重复酸压后	180	1.8753	1.0	18753
P201-2	酸压	三级转向	重复酸压前	180	0.7851	2.1	3739
			重复酸压后	180	1.3302	1.3	9773

典型井例-P201-2 井。

该井投产酸压时的层位飞仙关组、长兴组，井段：5266.3-5700.7m，跨度：434.4 m；厚度：233.7m/65n，其中Ⅰ类层 50.4m，占 21.6%，Ⅱ类层 89.2m，占 38.2%，Ⅲ类层 94.1m，占 40.3%，平均孔隙度 4.23%，平均渗透率 $0.53\times10^{-3}\mu m^2$。

重复酸压前进行生产测井产剖测试，显示产出层仅 27.5m，储层动用程度差。见图 5。

重复酸压设计以“可降解暂堵剂”、“清洁转向酸”为核心，采用一级暂堵、多级注入的酸压技术模式。先暂堵高渗层，后用冻胶、清洁转向酸三级注入实现深度酸压，最后采用闭合酸对酸蚀裂缝进行进一步刻蚀。

施工情况：累计注入包括清洁前置酸 $40m^3$、转向酸 $500m^3$、闭合酸 $20m^3$、液体总量 958 m^3，施工最高泵压 74.7MPa，最大施工排量 7.4 m^3/min，暂堵剂 2 吨，液氮伴注 $12m^3$。暂堵剂进入地层后，泵压由 0.1 上升至 21.9MPa，封堵效果明显。施工曲线见图 6。

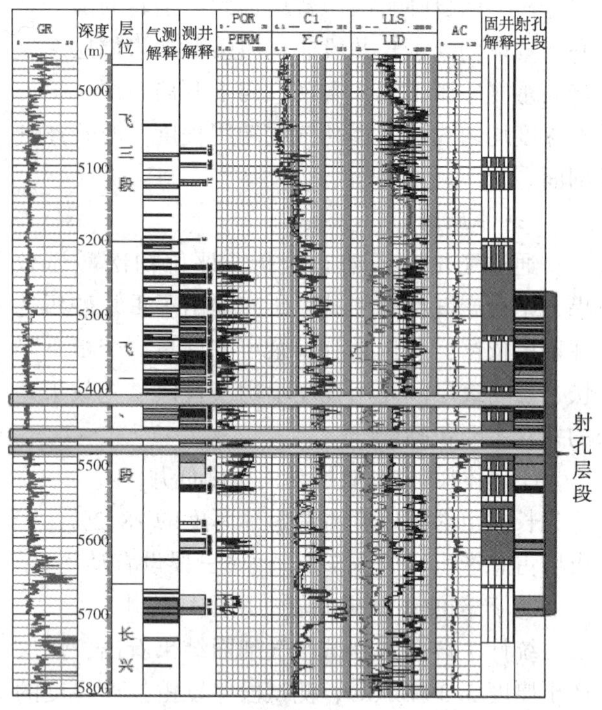

图 5 P201-2 井测井解释成果图

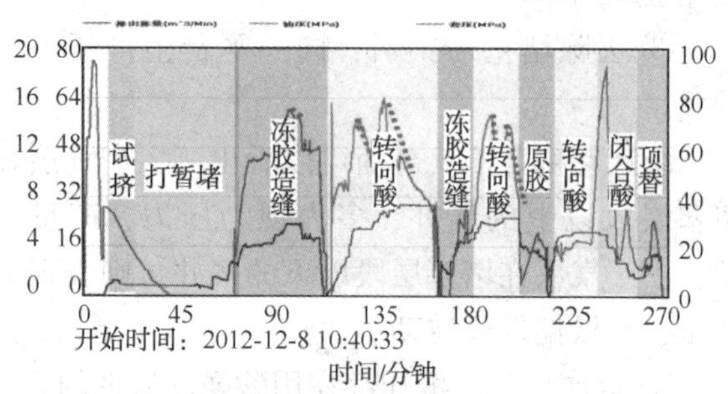

图 6 P201-2 井重复酸压施工曲线图

效果：P201-2 酸压后产气剖面有效改善，产气层由 3 个增加到 4 个，厚度由 27.5m 增加到 39.5m，新动用一套层(5430-5442.5m)，主要为Ⅱ、Ⅲ类层。产剖结果对比图见图 7。

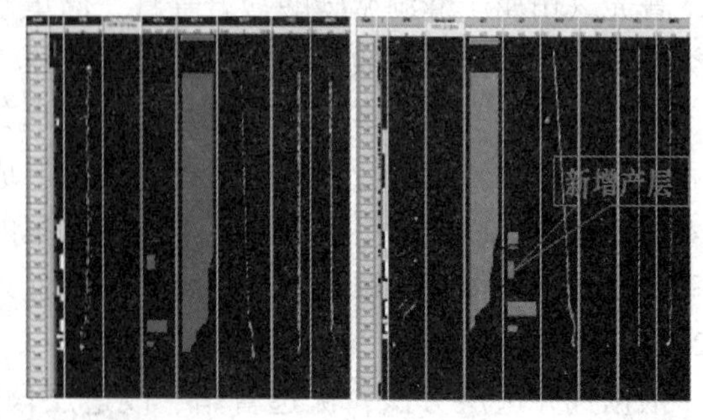

图 7 P201-2 进重复酸压前后产剖结果对比图

7 结论与认识

(1) 高温清洁转向酸体系不污染储层，自动转向酸化不同渗透性储层，能够实现非均质储层的均匀改造。

（2）自主研发的三种不同规格自降解、高强度暂堵剂组合使用，既能有效暂堵原产层，开启新层，又能彻底降解不污染储层。

（3）多级转向重复酸压工艺实现了不动管柱碳酸盐岩储层纵向逐层酸压、横向深度均匀改造，提高气层动用程度，改善产气剖面，为长期维持普光气田高产稳产提供技术保障，为同类气藏的开发提供技术借鉴。

参考文献

[1] 赖南君，徐辉，叶仲斌，陈洪，贾天泽. 新型重复压裂暂堵剂的实验研究. 大庆石油地质与开发，2010. 6，29(3)：111-113.

[2] 赵修太，信艳永，姚佳，高元，韩刚. 高温低伤害暂堵剂 HTZD 室内研究与评价. 钻采工艺，2010. 1，80-81.

[3] 曲占庆，曲冠政，齐宁，路辉，张永昌. 黏弹性表面活性剂自转向酸液体系研究进展. 油气地质与采收率，2011. 9，18(5)，89-96.

[4] 陶震，杨旭，汤明娟，关海萍，万用波，王侃. 新型抗高温转向酸体系的研究. 石油化工，2012，41(9)，1052-1055.

[5] 董景锋，阿不都卡德尔·阿不都热西提，李晓艳，古丽加纳提·阿扎提. 一种新型两性表面活性剂自转向酸体系. 钻井液与完井液，2016，33(1)，102-106.

[6] 曲占庆，曲冠政，齐宁，杨阳，姚佳. 自转向酸主剂的合成及其转向性能实验研究. 钻井液与完井液，2012. 9，29(5)，65-69.

[7] 孙刚. 碳酸盐岩储层纤维暂堵转向酸压技术研究与应用[J]. 内蒙古石油化工，2012(1)，112-113.

鄂尔多斯盆地致密油长水平井细分切割缝控体积压裂技术

张矿生[1,2]　唐梅荣[1,2]　白晓虎[1,2]　李晓燕[1,2]　刘　顺[1,2]　陈　强[1,2]

（1. 中国石油长庆油田分公司油气工艺研究院 2. 低渗透油气田开发国家工程重点实验室）

摘　要　针对长庆低压致密油水平井长期生产递减大，从体积压裂裂缝特征综合评价入手，瞄准优质储量最大化动用，建立水平段储层品质和完井品质分级评价标准，创新非均匀细分切割多簇裂缝设计和缝控体积压裂参数优化方法，集成极限分簇射孔、动态暂堵转向等技术提高多簇有效性，形成了长水平井细分切割缝控体积压裂技术模式，初期日产油 17 吨以上，第一年累产油 4850t，递减率下降 10%。该技术成功实践为其它致密油资源高效动用提供了借鉴。

关键词　致密油；长水平井；细分切割；缝控体积压裂；多簇有效性

鄂尔多斯盆地致密油资源丰富，是长庆油田持续稳产的重要资源基础和现实方向，水平井分段压裂技术的持续进步助推了盆地致密油资源的有效动用，但依然面临单井产量递减快的挑战。按照工程地质一体化思路，优化最大化改造体积设计，开展长水平井+多段压裂技术研究与试验，重构致密油储层体积压裂设计模式及实现方式，实现致密油开发“提单产、降递减”目标。

1　储层特征及前期试验情况

鄂尔多斯盆地长 7 致密油属于湖相沉积，富集于紧邻优质烃源岩的致密砂岩储层中，埋深 1600～2200m，渗透率 0.07～0.22mD，油气比 75～104m³/t，原油黏度 0.97 mPa. s，压力系数 0.77～0.85 MPa/100m，脆性指数 35%～45%。与北美致密油相比，具有相似性，但开发更具挑战，主要表现在：沉积环境是湖相沉积，非均质性更强，地层压力系数低，脆性指数低，天然裂缝相对不发育（表 1）。

表 1　国内外致密油特征参数对比表

盆地	鄂尔多斯盆地	国内非常规		国外非常规
	长 7 致密油	准噶尔玛湖百口泉组	三塘湖条湖组	北美二叠盆地
沉积环境	湖相	湖相	湖相	浅海相
埋深/m	1600～2200	2700～3900	2000～3000	2134～2895
渗透率/mD	0.07～0.22	0.3～1.6	0.01～0.1	0.01～1.0
油气比/(m³/t)	75～104	73～145	/	50～140
原油黏度/(mPa·s)	0.97	0.4～4.1	97.4～351	0.15～0.53
压力系数/(MPa/100m)	0.77～0.85	1.2～1.6	1.01	1.05～1.5
脆性指数/%	35～45	50～51	31～54	45～60

前期勘探开发试验表明，水平井+体积压裂是致密油提高单井产量的现实途径。前期水平井井距 600～800m，水平段长 800～1000m，单井压裂 10～15 段，主体采用速钻桥塞/水力喷射压裂工艺，单段簇数 2～3 簇，压裂排量 6～8m³/min，加砂强度 1.5～2.0t/m，进液强度 10～15m³/m。在 A83、X233、W464 等区块累计开展致密油水平井体积压裂试验 412 口井，初期日产油从 3～5t 提高至 10t。但致密油规模效益开发仍面临挑战：水平井初期单井产量依然不够高，且递减较大，第一年递减率达到 35～50%之间，预测采收率较低（4%～8%）。近年来，借鉴北美非常规成功开发的

【基金项目】国家科技重大专项“鄂尔多斯盆地大型低渗透岩性地层油气藏开发示范工程“（2016ZX05050）；“鄂尔多斯盆地致密油开发示范工程 ”（2017ZX05069）。

【作者简介】张矿生（1976-），男，2004 年毕业于西南石油大学油气田开发工程硕士学位，工作单位：中石油长庆油田油气工艺研究院，职务：副院长，职称：副高级，从事科研方向：低渗致密储层提高单井产量技术研究，邮箱：zks_ cq@ petrochina. com. cn

经验，鄂尔多斯盆地水平井长度不断增加，目前主体为1500~2000m，最长达到3035m，因此如何优化长水平井体积压裂设计模式，实现提高单井产量、降低递减的目标，亟需进一步攻关研究。

2 水力裂缝特征认识

运用大型物模实验、取芯观察和井下微地震监测评价三种方法，对长庆长7致密油体积压裂裂缝特征开展综合研究。

2.1 大型物模实验

采用长宽高为1m×1m×1m的致密油天然露头岩样开展大型物模实验，实验条件：压裂液体采用低黏滑溜水，液体黏度为3~5mPa·s，岩样水平两向主应力相等。共开展了4块岩心实验，实验结果显示3块岩心以单一主裂缝为主，1块观察到较复杂的裂缝系统(图1，图2)。

图1 微裂缝不发育，单一主裂缝为主

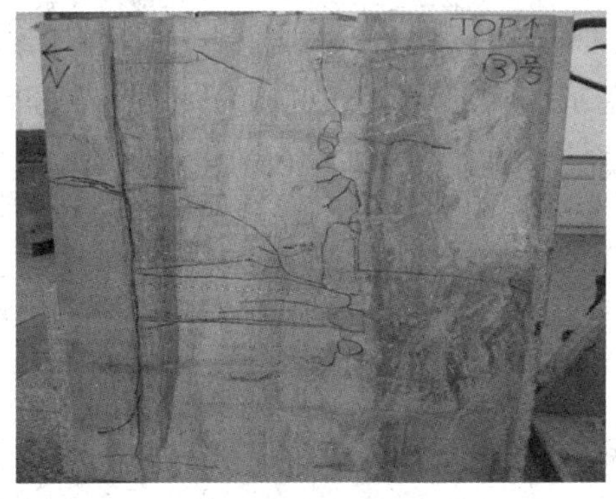

图2 微裂缝发育，裂缝较复杂

2.2 取芯观察验证

压裂井A1采用体积压裂改造，井下微地震监测裂缝带长310m、带宽80m，水平取芯检查井APJ239-241井位于微地震监测事件区域内，距离压裂井50m，取芯水平段长80m。岩芯观察显示，全井段取芯未发现明显裂缝波及特征，仅发现3条疑似人工裂缝迹象，且无支撑剂填充(图3，图4)。

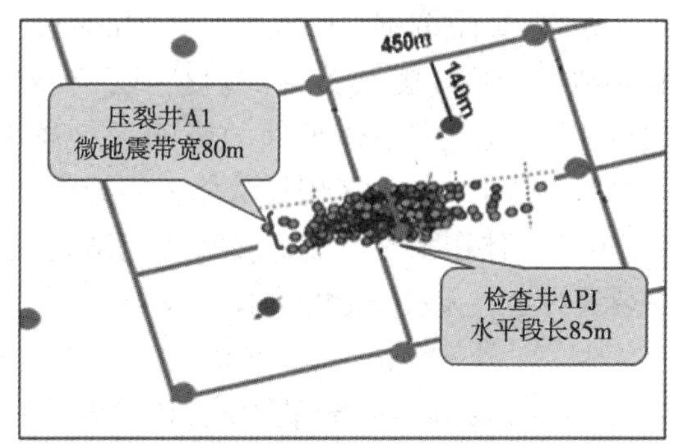

图3 体积压裂井与水平取芯检查井位置图

图4 水平取芯检查井岩心照片

2.3 井下微地震监测

长7致密油24口水平井188段井下微地震监测结果表明：裂缝半带长200~450m，带宽60~120m，复杂因子普遍小于0.3(图5，图6)。

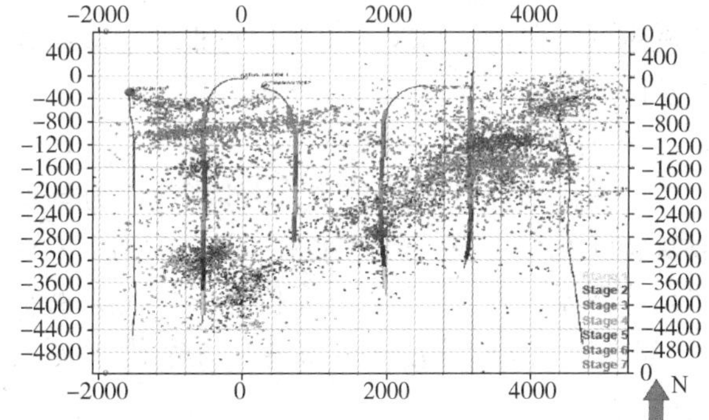

图5 北美Arkoma盆地水平井体积压裂监测图

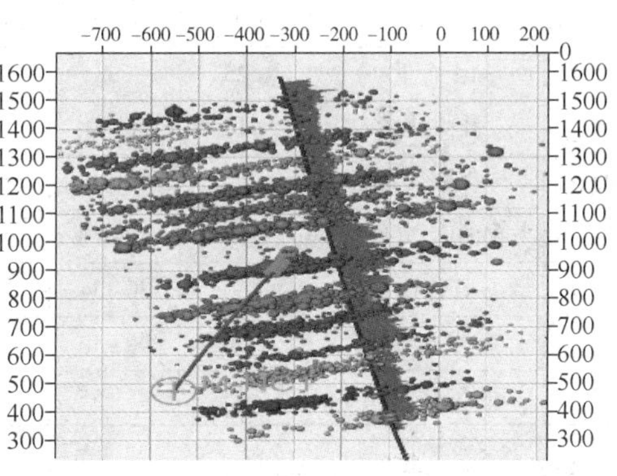

图6 盆地长7致密油体积压裂裂缝监测图

微地震事件 b 值分析：根据 Gutenberg－Richter 地震频度—震级关系经验公式，天然裂缝/微断层对微地震整体事件的影响程度越大，公式中 b 值越小。分析长庆长 7 体积压裂微地震事件，b 值整体在 1.5 以上，表明裂缝系统以人工主裂缝为主，天然裂缝开启程度较低。

$$\log N(M) = a - bM \tag{1}$$

其中：N 代表微地震事件数量，M 代表微地震量级，a 为常数，b 代表天然裂缝影响程度(图 7)。

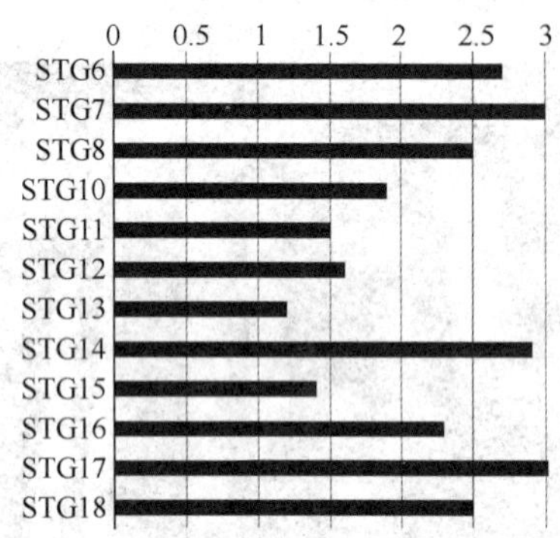

图 7　XP237－71 井微地震 b 值分布

3　细分切割多簇裂缝设计

大型物模、微地震监测及水平井取心证实，盆地长 7 致密油可以形成复杂裂缝，但难以形成类似页岩气的缝网，技术调研也表明北美非常规已向细分切割高密度完井方向发展。通过开展水平段甜点优选及不同砂体条件下的非均匀多簇裂缝设计，实现水平段缝控储量最大化。

3.1　优选水平段改造“甜点”

通过精细解释岩石组分、脆性、地应力等参数及裂缝发育情况，建立水平井储层品质(RQ)和完井品质(CQ)分段分级评价标准，优选水平段“甜点”，为水平井压裂布缝和方案优化提供依据(表 2)。

表 2　致密油 RQ 与 CQ 分级评价标准表

品质评价参数		Ⅰ类	Ⅱ类	Ⅲ类
储层品质 RQ	黏土含量/%	<25	<35	<40
	孔隙度/%	>10	6～10	<6
	渗透率/mD	>0.1	0.01～0.1	<0.01
	含油饱和度/%	>70	50～70	<50
完井品质 CQ	最小水平主应/MPa	<30	30～34	>34
	脆性指数/%	>50	40～50	<40
	破裂压力/MPa	<45	45～55	>55

3.2　差异化细分切割布缝

针对长 7 致密油条带状裂缝形态特征，利用 Mangrove 压裂软件建立多簇压裂裂缝模型，模拟水平段在一定段长条件下，不同裂缝间距对产量的影响。模拟条件：段长 80m，簇间距分别为 2.5m、5.0m、10m、15m、20m。模拟结果表明，当裂缝间距在 5～10m 时，不同时间阶段的累计产量均为最高。综合考虑产出投入比及施工难度，对于Ⅰ类水平段密集布缝强化改造、Ⅱ类水平段均衡布缝充分改造、Ⅲ类水平段精准布缝辅助改造。单段簇数根据砂体发育优化，主体设计为 4～6 簇，其中Ⅰ类水平段簇间距 5～10m，Ⅱ类水平段簇间距 10～15m，Ⅲ类水平段簇间距 15～20m(图 8，图 9)。

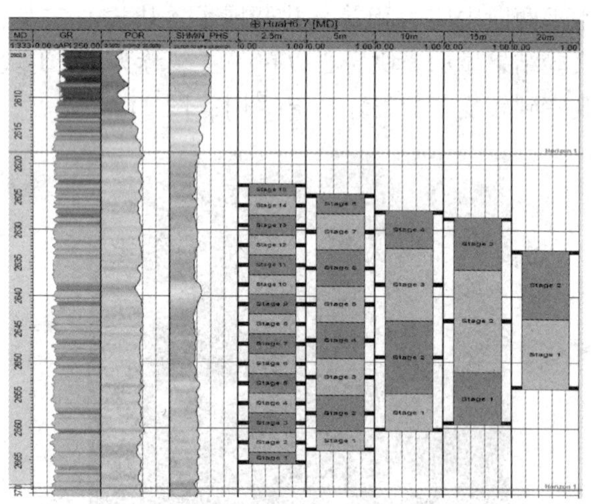

图 8　段长一定条件下不同裂缝间距设计

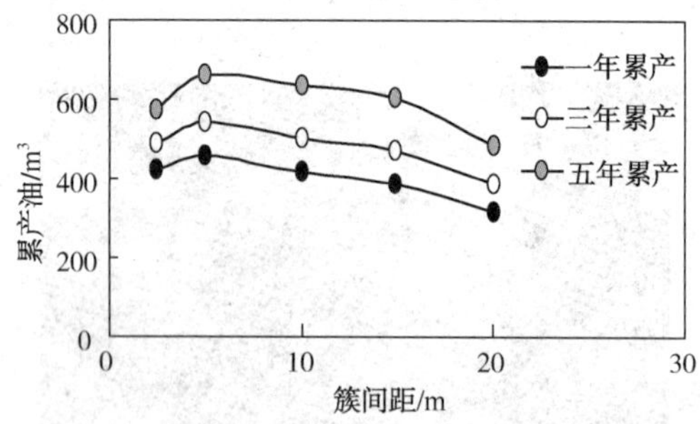

图 9　水平段不同裂缝间距下累产油变化

4　缝控体积压裂参数优化

在非均匀多簇裂缝设计基础上，主要按照水平井井距、单段裂缝簇数对分段压裂关键参数进行优化。

4.1　入地液量

入地液量具有增加裂缝改造体积和补充地层能量作用，分别从满足体积压裂造缝需求和增加地层能量两个方面开展致密油水平井入地液量优化。从满足体积压裂造缝需求出发：分析统计了致密油井下微地震监测结果，形成了入地液量与裂缝带长关系模板，按照裂缝全覆盖原则，井距在400m~600m条件下单段入地液量600~1000m³。从补充地层能量出发：按照油藏工程方法（式2）计算了入地液量与增能的关系，建立了致密油入地液量与补充地层能量关系图（图8）。

$$\Delta V = C_t \cdot V \cdot \Delta P \qquad (2)$$

其中：V—裂缝改造体积-入地液量；C_t—综合压缩系数；ΔV—需增加的液量；ΔP—增加的地层压力。

根据上式计算，裂缝改造体积范围内地层能量达到原始地层压力的110%，需分别再增加液量200m³~300m³。综合考虑考虑造缝和补充地层能量，单段入地液量为800~1200m³。根据差异化压裂改造原则，I类甜点进液强度20~25m³/m，II类甜点进液强度15~20m³/m（图10）。

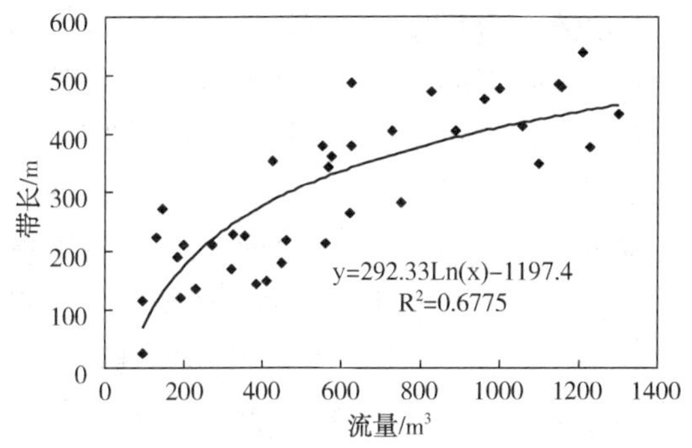

图10　致密油入地液量与带长关系图

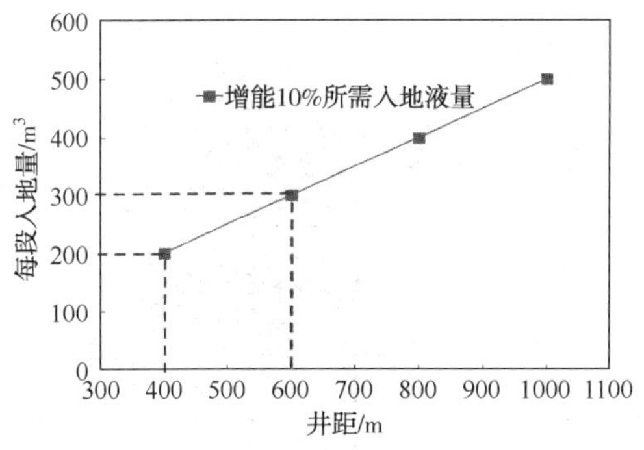

图11　致密油入地液量与补充地层能量关系图

4.2　单段砂量

利用Eclipse油藏模拟软件，模拟400m井距下最优支撑裂缝半长为150m~200m。在单段簇数（4~6簇）、液量（800~1200m³）、液体效率（80%）一定的条件下，优化单段支撑剂用量为150~240m³。根据差异化压裂改造原则，推荐I类甜点加砂强度4.0~5.5t/m，II类甜点加砂强度3.0~4.0t/m。

4.3　注入排量

数值模拟计算单孔眼排量与孔眼摩阻关系图版（图11），根据破裂压力预测剖面计算破裂压力差值为4.2MPa。从多簇起裂角度，根据限流压裂法原理，建立不同排量下有效孔眼数与孔眼摩阻对应关系图（图12），多簇射孔（4~6簇/段）条件下，要实现各簇完全起裂所需的排量下限为10~15m³/min（同一段内各簇之间由于储层非均质性造成的起裂应力差一般不超过4MPa；孔密15孔/m，每簇射0.6m，即9孔/簇）。

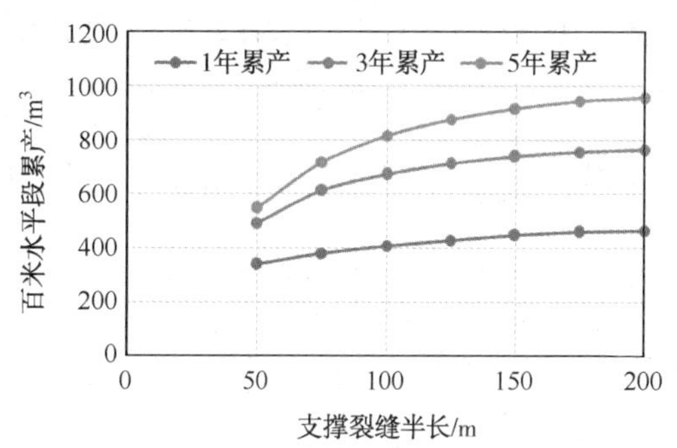

图12　支撑裂缝半长与百米水平段累产模拟结果曲线

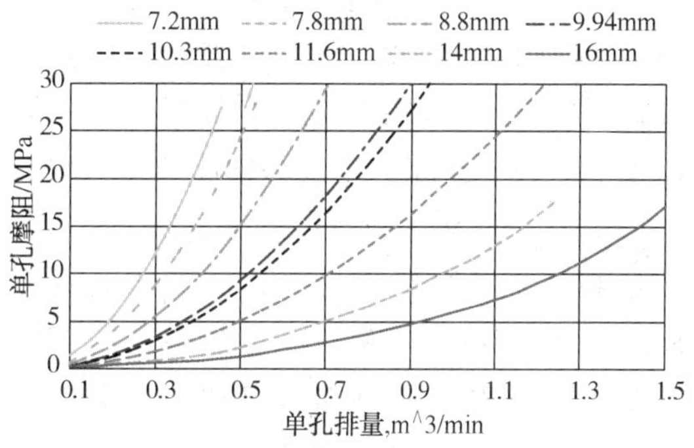

图13　不同孔眼直径条件下单孔眼排量与阻关系图版

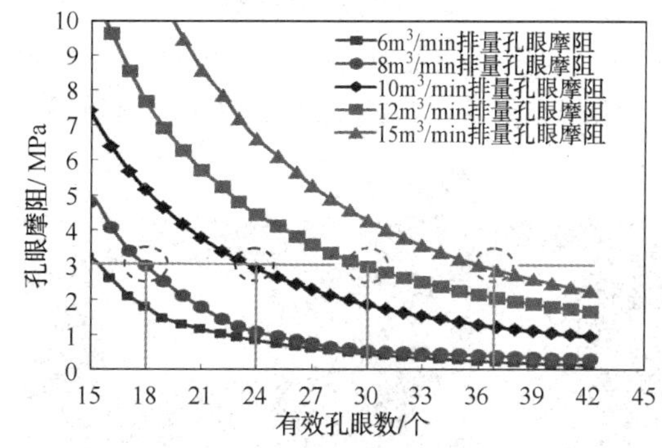

图14　不同排量下有效孔眼数与孔眼摩阻对应关系图版

5　提高多簇裂缝有效性配套技术

针对长水平段非均质性较强、局部天然裂缝发育的特征，集成应用极限分簇射孔、前置超细砂封堵、动态暂堵转向技术辅助提升多簇起裂有效性，防止少簇裂缝过度扩展，形成超级缝导致裂缝窜通。

5.1　极限分簇射孔

通过增加射孔簇数、减少单簇孔数提高井底压力，实现多簇起裂。射孔方式采用等孔径定点射孔，射孔段长 60～80m，射孔簇数 8～12 簇，单簇孔数 2 孔，现场成功试验 3 口井，阶梯排量测试分析孔眼有效率 80%以上，较常规射孔提高 20%～30%（表 3）。

表 3　极限分簇与常规射孔多簇起裂有效性对比

井号	段序	射孔技术	簇数	孔眼总数/个	有效孔眼数/个	孔眼有效率/%	有效进液簇数
H1	15	常规	6	54	25.8	47.8	3
	16	极限	10	20	16.7	83.5	8
H2	19	常规	4	36	25.7	71.3	3
	20	极限	10	20	18.5	92.3	9

5.2　前置超细砂+动态暂堵转向

为封堵天然微裂缝及裂缝端部，在前期液泵注 70/140 目超细粉砂，避免裂缝沿天然微裂缝过度扩展造成井间裂缝沟通。单段设计 5～10m^3，砂浓度 60～120kg/m^3，多段塞脉冲加入，单段设计 3～5 级。同时采用自主研发了 DA-1 多粒径可溶暂堵转向剂，封堵裂缝缝口，该堵剂真密度 1.32g/cm^3，堆密度 0.9g/cm^3，热稳定性 250℃，弹性模量 1.6GPa，抗压强度 70MPa，地层温度下 4 天完全溶解。现场施工根据压力动态调整前置超细砂和暂堵剂加注量及加注时机，规模应用 30 口井 300 余段，暂堵升压幅度 4.1～27.5MPa，压力分析及微地震监测显示裂缝转向成功率 80%以上，实现了多簇裂缝有效起裂和延伸（图 15，图 16）。

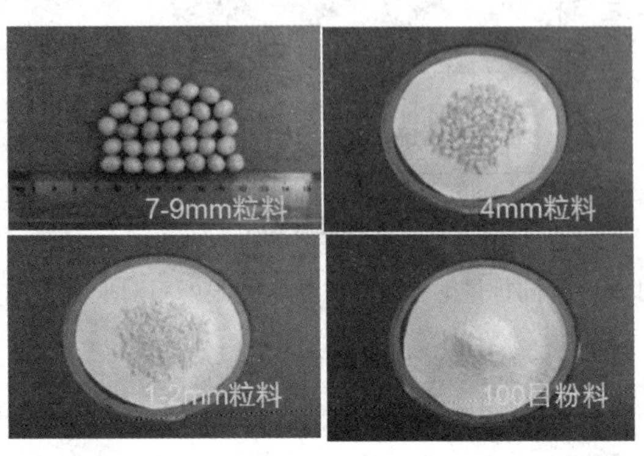

图 15　自主研发多粒径可溶暂堵转向剂

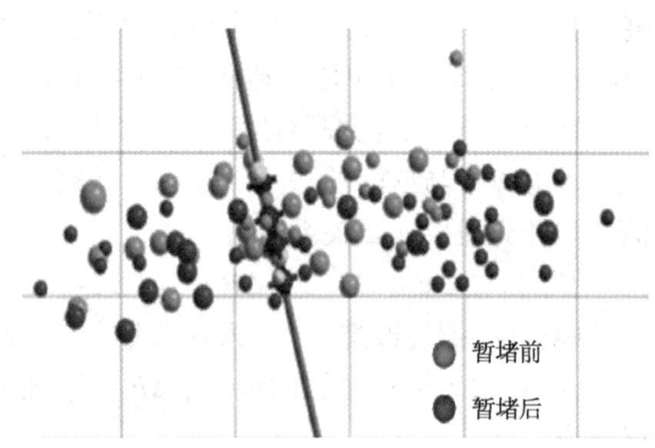

图 16　暂堵转向压裂微地震监测成果图

6　矿场应用

2017 年以来，鄂尔多斯盆地致密油储层共开展水平井细分切割缝控体积压裂技术试验及应用 80 口井，采用可溶桥塞分段多簇体积压裂工艺，平均水平段长 1618m，井均改造 23 段 94 簇，入地液量 28590m^3，支撑剂量 3418m^3，压裂排量 12～14m^3/min，平均段间距 45m，裂缝间距 5～15m，裂缝密度 6.3 条/百米，进液强度 25.3m^3/m，加砂强度 4.8t/m。井下微地震监测结果显示，通过应用细分切割缝控体积压裂技术，实现了微地震事件对水平段全覆盖。水平井初期单井产量显著提高，投产井初期液量 32.6～77m^3/d，平均单井日产油 17.3t，井口压力 0.5～3.0MPa。平均单井第一年累产油 4850t，递减率 27.8%（图 17）。

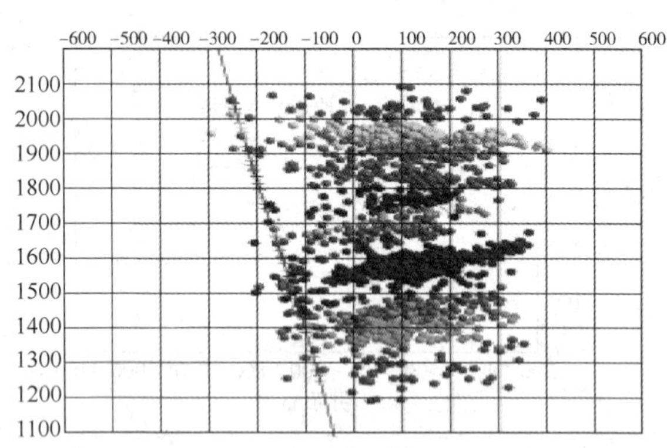

图 17　XP237-71 微地震结果
（水平段 2120m，压裂 30 段 64 簇）

典型井例：XP238-77 井水平段长 2740m，压裂 30 段 106 簇，入地液量 50196.7m^3，加砂量 4401.3m^3，排量 10～12m^3/min，压后长期保持自喷生产，日产油量稳定在 34t/d 以上，一年产量达到 1.3×10^{4}t，目前已累计生产 18 个月，累积产油量突破 1.8×10^{4}t，显示出良好的增产效果和稳产潜力（图 18）。

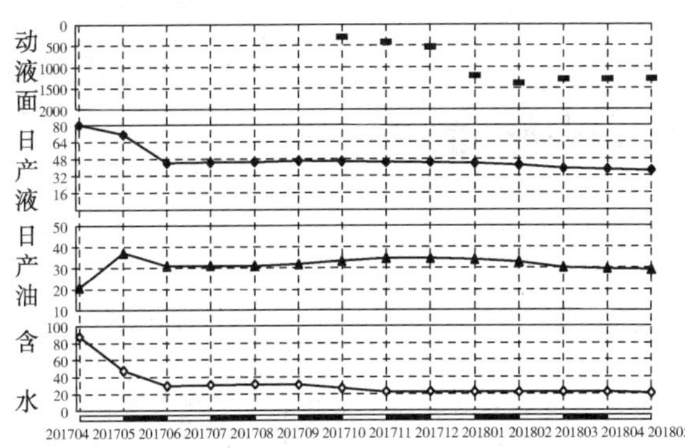

图 18 XP238-77 井生产动态曲线

7 结论与认识

(1) 对于非常规致密储层，长水平井+细分切割体积压裂能够有效提高储层动用程度，大幅提高单井产量，降低递减率。

(2) 地质工程一体化深度融合，是水平段优选改造甜点位置和差异化细分切割布缝设计的重要基础。

(3) 极限分簇射孔、前置超细砂封堵和动态暂堵转向先进技术集成配套是实现小井距水平井充分改造和防止井间窜通干扰的关键手段。

参 考 文 献

[1] 李宪文，樊凤玲，杨华等．鄂尔多斯盆地低压致密油藏不同开发方式下的水平井体积压裂实践[J]．钻采工艺，2016，39(3)：34-36.

[2] 王文东，赵广渊，苏玉亮等．致密油藏体积压裂技术应用[J]．新疆石油地质，2013，34(3)：345-348.

[3] 贾元钊，王孝超，余东合等．致密砂岩气藏水平井体积改造实践与认识[J]．钻采工艺，2017，40(2)：49-51.

[4] 吴顺林，李向平，王广涛等．鄂尔多斯盆地致密砂岩油藏混合水体积压裂技术[J]．钻采工艺，2015，38(1)：72-75.

[5] 侯冰，谭鹏，陈勉等．致密灰岩储层压裂裂缝扩展形态试验研究[J]．岩土工程学报，2016，38(2)：219-225.

[6] 程万，金衍，陈勉等．三维空间中水力裂缝穿透天然裂缝的判别准则[J]．石油勘探与开发，2014，41(2)：1-6.

[7] TALEGHANI A D. Modeling simultaneous growth of multi-branch hydraulic fractures：45th U. S. Rock Mechanics/ Geomechanics Symposium，26 - 29 June，2011，San Francisco，California[R]. San Francisco：ARMA，2011.

[8] Yin Qi，Zongfu Wu，Xiaohu Bai，et al. Fracture Design Optimization of Horizontal Wells Targeting the Chang 6 Formation in the Huaqing Oilfield[C]. SPE，2013，SPE 167008.

[9] Warpinski N. R.，Mayerhofer，M. J.，Vincent M. C.，et al. Stimulating unconventional reservoirs：maximizing network growth while optimizing fracture conductivity [C]. SPE，2008，SPE 114173.

[10] 翁定为，雷群，胥云等．缝网压裂技术及其现场应用[J]．石油学报，2011，32(2)：281-282.

[11] 才博，丁云宏，卢拥军．提高改造体积的新裂缝转向压裂技术及其应用[J]．油气地质与采收率，2012，19(5)：108-110.

[12] 翁定为，付海峰，梁宏波等．水力压裂设计的新模型和新方法[J]．天然气工业，2016，36(3)：49-54.

[13] 石道涵，张兵，何举涛等．鄂尔多斯长 7 致密砂岩储层体积压裂可行性评价[J]．西安石油大学学报(自然科学版)，2014，29(1)：52-55.

[14] 王鸿勋，张士诚．水力压裂设计数值计算方法[M]．北京：石油工业出版社，1998：102-108.

[15] 韩继勇，逄仁德，王书宝等．水力喷射环空压裂技术在长庆油田的应用[J]．钻采工艺，2015，38(1)：48-50.

[16] Paul Weddle，Larry Griffin，and C. Mark Pearson. Mining the Bakken：Driving Cluster Efficiency Higher Using Particulate Diverters [R]. SPE-184828-MS，Jan，2017.

[17] Craig Cipolla，Constance Gilbert，Aviral Sharma，and John LeBas. Case History of Completion Optimization in the Utica [R]. SPE-189838-MS，Jan，2018.

[18] Stephen Rassenfoss，Getting More From Fracturing with Diversion [R]. SPE-0617-0042-JPT，Jun，2017.

[19] Chris Carpenter，Enhancing Well Performance by In-Stage Diversion in Unconventional Wells [R]. SPE-0717-0070-JPT，Jul，2017.

[20] C. W. Senters，R. S. Leonard，C. R. Ramos，et，al. Diversion - Be Careful What You Ask For [R]. SPE-187045-MS. Oct，2017.

[21] Paul Weddle，Larry Griffin，and C. Mark Pearson. Mining the Bakken II-Pushing the Envelope with Extreme Limited Entry Perforating [R]. SPE-189880-MS. Jan，2018.

[22] C. W. Senters，M. D. Johnson，R. S. Leonard，et al. Diversion Optimization in New Well Completions [R]. SPE-189900-MS. Jan，2018.

可降解暂堵转向剂的研制

邹 鹏 杨兴其 杨 津 王文山 马田力

(中国石油集团渤海钻探工程有限公司)

摘 要 为了提高薄互层压裂改造效果，实现难动用储量的有效开发，开展了可降解暂堵转向剂的研制与暂堵转向分层压裂技术研究。研制的暂堵转向剂材料可在水性环境下100%完全降解，无残渣，对地层零伤害。暂堵转向剂能够制备成悬浮液，24h悬浮率将近100%，几乎不发生分层现象，黏度低于300mPa.s，便于泵送。暂堵剂对裂缝封堵及转向效果显著，其使用量在150kg-220kg时，其转向压力在0.5MPa-6.4MPa。

关键词 暂堵转向剂；可降解共聚物；开环聚合；分层压裂；现场试验

1 概述

暂堵转向分层压裂技术指压裂过程中在同段或同层内对已压开的较高渗透性裂缝进行暂堵转向剂封堵，进而在附近压开两条以上的较低渗透性的裂缝，或使原来裂缝转向，达到造多缝的目的(见图1A~C)；或者对于层间距或段间距相隔较近(<100m)，不易下分隔工具的情况，暂堵转向剂封堵已压开层或段的裂缝与炮眼，进而压裂下一目的层，达到分层或分段压裂目的(见图1D~E及图2)；在压裂施工完成后，暂堵转向剂降解后解堵，其产物随返排液排出，对地层渗透率无伤害。

该技术特别适用于层间距近，不易下工具的压裂目的层；可降低压裂施工难度、减少分段工具的使用数量，能够提高单位井段的改造效率；在提高单井产量的同时，有效降低压裂成本。

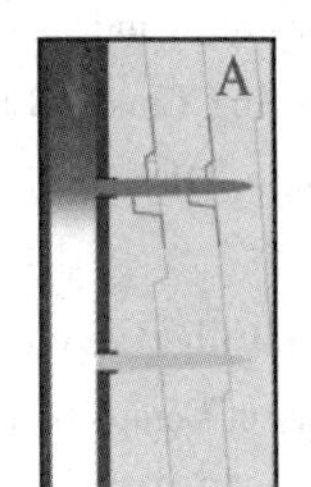

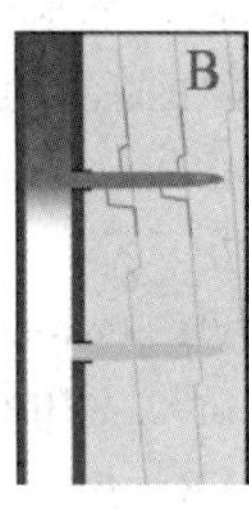

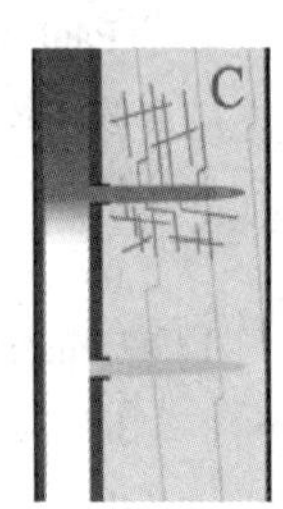

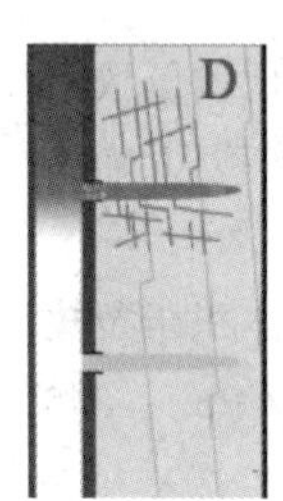

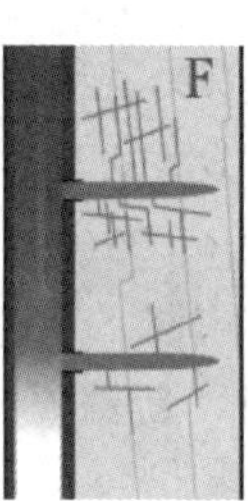

图1 可降解压裂转向剂技术原理

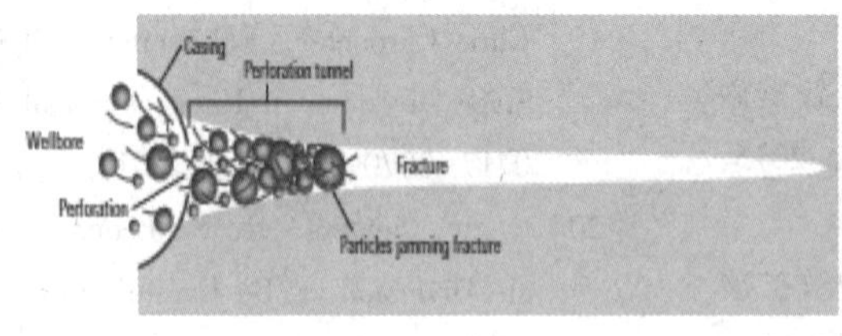

图2 可降解压裂转向剂封堵炮眼示意图

国内外研究的压裂用暂堵转向剂主要有[1-3]：惰性有机树脂、固体有机酸、碳酸钙粉、封堵小球、水溶性转向剂、油溶性转向剂、地下交联性凝胶转向剂等。这些暂堵转向剂虽有一定效果，但也存在诸多问题：①压裂施工完成后，暂堵转向剂不能及时解堵，导致难以进行返排液放喷，增加施工时间与成本；②暂堵转向剂难以溶解、降解、破胶或破胶不彻底有大量残

【作者简介】邹鹏，男，(1982.06-)，2012年博士毕业于华中科技大学材料学专业，获工学博士学位，工作单位：中国石油集团渤海钻探井下技术服务分公司，高级工程师职称，主要从事压裂酸化与油田化学品的研究与开发工作。E-mail：zoupeng02@cnpc.com.cn

渣，对储层渗透率造成伤害，导致压裂改造效果不明显；③有些暂堵转向剂封堵强度不够，裂缝转向效果差。

为了改善上述缺陷，研制了一种完全降解的聚合物暂堵转向剂，其封堵裂缝或炮眼能力强，易配制成易流动的入井液便于泵送，降解完全，无残渣，对储层无伤害，且降解时间可控。

2 可降解暂堵转向剂的研制

2.1 可降解暂堵转向剂的制备方法

以交酯类单体为原料，在醇类引发剂与金属络合物催化剂条件下，通过开环聚合技术合成了聚酯类聚合物。以该聚酯类聚合物作为暂堵转向剂的本体材料，通过熔融纺丝工艺、造粒工艺或液氮粉碎工艺制备成不同长度的纤维状、不同粒径的大颗粒、小颗粒与粉末状暂堵转向剂组分产品，然后进行粒径级配，制备成暂堵转向剂终产品。

2.2 可降解暂堵转向剂的分子结构表征

2.2.1 红外光谱分析

采用Bruker VERTEX 70型傅里叶变换红外光谱仪(FT-IR)对初产物进行暂堵转向剂分子链上各基团探测与辨认。将极少量样品与溴化钾混合均匀后压成透明薄片，于4000~400cm^{-1}波数范围内扫描32次。

图3表明，红外光谱图上出现了-OH、-CH_2-、-CH-、-CH_3-、C=O、C-O-C等基团的特征吸收峰，说明成功制备了暂堵转向剂目标产物。

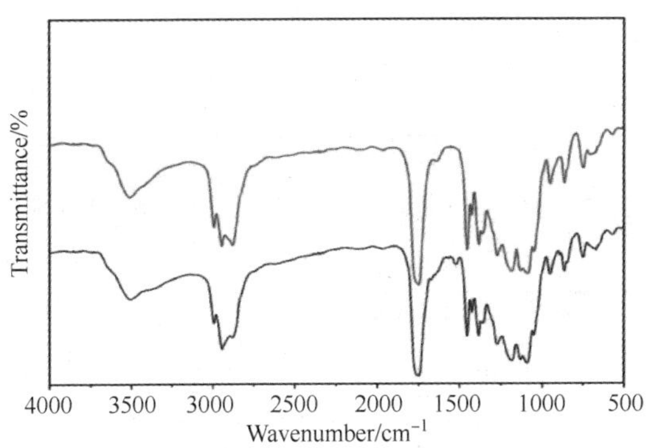

图3　暂堵转向剂红外光谱图

2.2.2 热重分析

采用热重分析仪(TG-DTG)对聚合物材料的热稳定性进行分析，测试条件为：样品质量为5-10mg，升温速率为10℃/min，升温范围为室温-700℃，氮气流量为40mL/min。

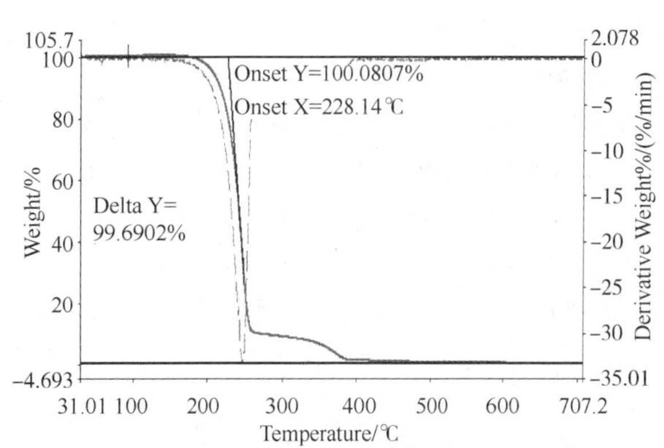

图4　暂堵转向剂热失重曲线

图4的TG曲线表明，在室温至200℃的温度区间内，该聚合物材料有极轻微重量减少，主要应为极少量水分的挥发，表明该材料的热分解开始温度为200℃左右，同时也说明该材料耐温可达200℃；在200~400℃的温度区间内，该聚合物材料的质量显著降低，该温度区间为聚合物材料的主要热分解温度范围，DTG曲线表明最大热分解速率对应的温度为250℃左右；在400-700℃的温度区间内，TG曲线趋于平缓，质量保持率接近于零，说明该聚合物已完全热分解，没有灰分存在(图5)。

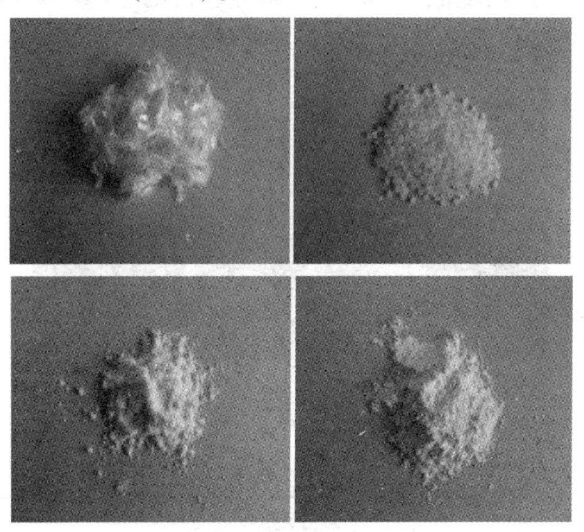

图5　暂堵转向剂的形态

2.3 可降解暂堵转向剂粒径级配研究

可降解暂堵转向剂的形态包括：短纤维(长度1-15mm)、大颗粒(粒径1-10mm)、小颗粒(20-40目)与粉末(60-300目)四种。根据封堵目标不同，压裂暂堵转向剂选用的形态种类及相应加量不同。对于封堵压开的人工裂缝进行缝内转向，选用短纤维(长度3-5mm)、小颗粒(20-40目)与粉末(60-300目)3种按照一定比例形成暂堵转向剂；对于封堵炮眼与裂缝进行分层或分段压裂，选用上述 4 种按照一定比例形成暂堵转向剂，可降解暂堵转向剂一般组成为：0.2%短纤维+20%-50%大颗粒+50%-80%(小颗粒+粉末)。图 6 为小颗粒+粉末组合的激光粒度仪分析结果。

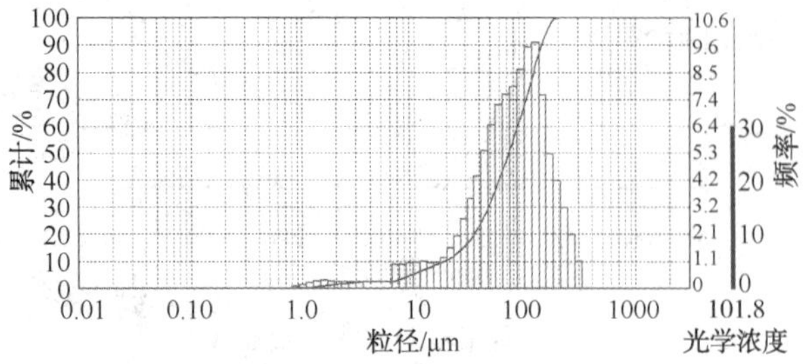

图 6　暂堵转向剂激光粒度分析

2.4　可降解暂堵转向剂性能研究

2.4.1　悬浮性能研究

为了使固体状的暂堵转向剂便于入井，需要将其配制成液体状携带液，该携带液能够携带暂堵转向剂，具备较好的流动性及悬浮稳定性，能够在压裂施工过程中利用泵车将其泵送至目的层。可降解暂堵转向剂制备的携带液为乳白色悬浮液体系(见图 7 所示)，24h 悬浮率将近 100%(见表 1 所示)，暂堵转向剂几乎不发生分层现象，且黏度低于 300mPa.s，便于泵送。

图 7　暂堵转向剂携带液

表 1　暂堵转向剂携带液的悬浮率评价

静置时间	不同稠化剂浓度下的悬浮率(%)			
	0%	0.2%	0.4%	0.6%
0min	100	100	100	100
15min	68	95	100	100
30min	52	91	100	100
45min	50	88	100	100
1h	49	87	99	100
2h	48	86	97	100
3h	47	85	95	100
4h	46	84	90	100
18h	25	76	80	100
24h	25	75	80	100

2.4.2　封堵性能研究

采用模拟堵漏装置进行封堵性能评价试验，利用图 8 中带有裂缝的圆盘状模具(缝宽分别为 1mm、3mm 和 5mm)来模拟裂缝。暂堵转向剂配方为 0.2%短纤维(长度为 3~5mm)+30%一定粒径的大颗粒(1~6mm)+30%小颗粒(20-40 目)+10%粉末(100-200 目)+30%超细粉末(300-500 目)；携带液配方为：浆液与暂堵转向剂比例为 100：20。

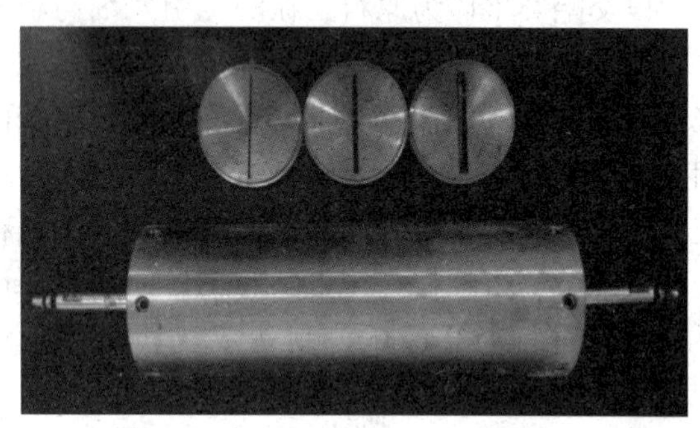

图 8　模拟裂缝的圆盘状模具

实验考察了不同缝宽(1~5mm)及不同温度(25~150℃)下暂堵转向剂携带液的封堵性能情况，见表 2 所示。表 2 表明，在正压差为 10MPa 下，暂堵层形成时间均较短，低于 30s，在不同缝宽(1~5mm)及不同温度(25~150℃)下的漏失速率在 0.83-2.43mL/min 范围内变化，远远低于不加暂堵转向剂的浆液的漏失速率，说明封堵性能较好，裂缝封堵后形成的封堵层漏失速率瞬间减小，等同于节流作用，封堵层附近会产生压差，以实现裂缝转向。

表 2　裂缝封堵实验结果

缝宽/mm	温度/℃	正压差/MPa	暂堵层形成时间/min	漏失量/mL		漏失速率/ml. min^{-1}	浆液漏失速率/ml. min^{-1}
				瞬时	30min		
1	25	10	<0.5	54	25	0.83	500
	80	10	<0.5	62	27	0.90	—
	100	10	<0.5	71	31	1.03	—
	120	10	<0.5	77	35	1.17	—
	150	10	<0.5	82	32	1.07	—
3	25	10	<0.5	92	38	1.27	900
	80	10	<0.5	97	43	1.43	—
	100	10	<0.5	106	45	1.50	—
	120	10	<0.5	113	43	1.43	—
	150	10	<0.5	110	40	1.33	—

续表

缝宽/mm	温度/℃	正压差/MPa	暂堵层形成时间/min	漏失量/mL		漏失速率/ml. min^{-1}	浆液漏失速率/ml. min^{-1}
				瞬时	30min		
5	25	10	<0. 5	153	61	2. 03	1500
	80	10	<0. 5	171	67	2. 23	—
	100	10	<0. 5	176	73	2. 43	—
	120	10	<0. 5	182	68	2. 27	—
	150	10	<0. 5	175	62	2. 07	—

2. 4. 3　降解性能研究

降解性能评价实验方法：取 300mL 实验液体介质，倒入老化釜中，放入称量好的转向剂，旋紧釜盖及泄压阀，置于 GRL-BX 型便携式滚子加热炉，温度设定为实验所需温度，特定时间下取出转向剂，105℃烘 8h 后于干燥器内冷却并称重。称重完成后，降解的转向剂重新放入老化釜，加入同样体积(300mL)的新鲜液体介质，重复上述降解实验程序。

转向剂质量残余率(%)= 100×每个时间间隔下的残余质量/最初质量

图 9 表明，可降解转向剂在 100℃的碱性返排液中完全降解时间在 4 天左右，添加 5%降解促进剂后降解时间可缩短至 4h；150℃的碱性返排液中完全降解时间在 2 天左右，添加 5%降解促进剂后降解时间可缩短至 2h。降解促进剂的添加实现了该暂堵转向剂的降解时间可控。

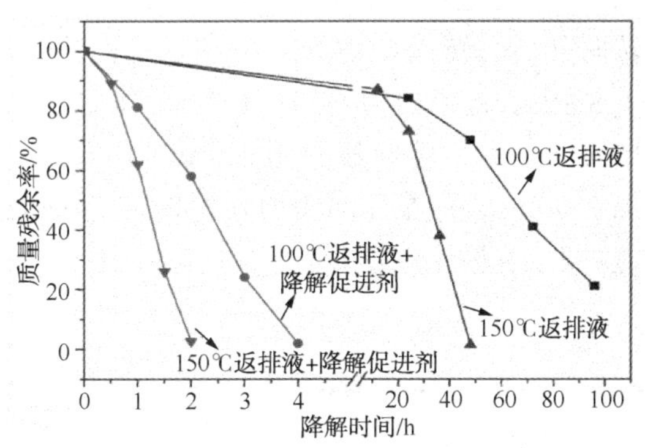

图 9　可降解暂堵转向剂降解规律

3　暂堵转向分层压裂技术研究

3. 1　暂堵转向剂携带液现场配制与泵送工艺

现场试验了暂堵转向剂的两种配制设备：①直接采用备用混砂车配制携带液；②采用自制的搅拌设备(设备带有 2 个 5 方罐，罐内带有搅拌装置，罐间带有循环系统与泵出接口)。

暂堵转向剂携带液现场配制方法与泵送工艺：①备用混砂车罐内充满浆液，②开启搅拌装置，③按照设计要求量加入暂堵转向剂，不断搅拌，④在第一次泵注结束后停泵，按照施工泵注程序采用独立的泵注系统低排量泵入暂堵剂至主管线，通过主压裂车组快速提升至施工排量泵送入井。独立的泵注系统连接方法：将备用混砂车的出口连接一台专用的泵车，泵车出口连接一个旋塞阀，再连接至主压裂管线。

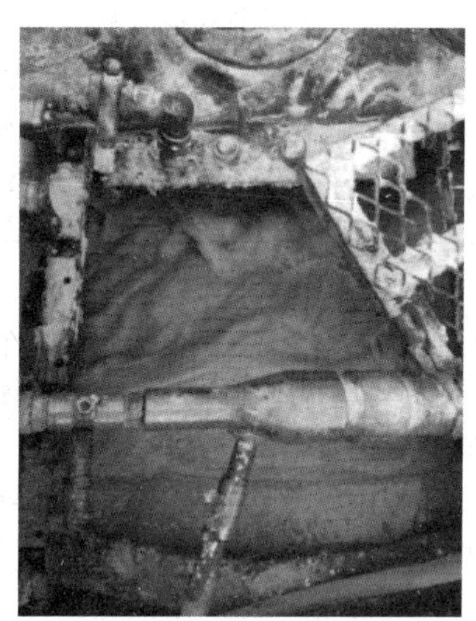

图 10　暂堵转向剂携带液现场配制设备
(上图：直接用混砂车配制；
下图：采用自制的搅拌设备配制)

3. 2　暂堵转向分层压裂技术现场施工

大港油田官东 6X1 区块难动用储量新技术开发先导实验项目 10 口老井工厂化压裂，借鉴体积压裂渗析采油思路，采用暂堵转向压裂技术，以达到在地层中形成网络裂缝的目的。针对官东 6x1 区块枣 5 储层纵向上小层较多、小层连通性差的特点，采用暂堵转向分层压裂技术以提高纵向上小层改造效果，实现难动用储量的有效开发。第一次泵注结束后，将暂堵剂泵入地层中，对已压开裂缝进行封堵，随后进行第二次泵注，实现压开新层的目的，让更多小层获得改造。

表 3　官东 6X1 区块应用暂堵转向技术的 9 口试验井转向效果评价总结

井号	段 42-60	段 40-60	段 41-66	官东 6×1	段 42-66	段 44-64	段 43-66	段 44-66	段 41-68
暂堵剂使用量/kg	150	180	180	360	180	220	150	150	150
转向压力/MPa	3.6	0.5	5.6	4.7；6.4	4.4	2.1	1.4	0.7	5.9
泵入暂堵剂后施工压力增加值/MPa	1.7	0.3	3.3	1.8；2.9	1.5	1.0	0.8	0.7	1.5
两次泵注的停泵压力增加值/MPa	1.6	0.2	0.6	1.6；0.6	1.1	3.4	1.5	1.2	1.1

表 3 表明，官东 6X1 区块应用暂堵转向技术的 9 口试验井暂堵转向剂单次使用量在 150kg-220kg，泵入暂堵转向剂后，转向压力(暂堵转向剂进入至一个油管容积或套管容积时，表现为施工曲线上压力值骤升至最高点)在 0.5~6.4MPa，转向前后施工压力增加值在 0.3~2.9MPa，两次泵注的停泵压力增加值在 0.2~3.4MPa。上述结果表明，暂堵转向分层压裂效果显著。

3.3　暂堵转向分层压裂技术现场应用实例

官东 6X1 井采用套管泵注方式压裂，枣 5 油组岩性为浅灰色、灰褐色细砂岩、粉细砂岩与灰绿色泥质粉砂岩及紫红色泥岩互层，厚度 150-230m，纵向上发育 3-6 个小层，平均厚度 8.8m，最大 20.8m，最小 1.8m。根据测井数据，官东 6x1 井枣 5 上油组储层有效厚度 13.3m，平均孔隙度 9.8%，平均渗透率 7.5mD，枣 5 下油组储层有效厚度 22.8m，平均孔隙度 11.0%，平均渗透率 10.6mD。

根据油藏特性及前期压裂改造情况，官东 6x1 井压裂改造有如下难点与对策：

(1)储层连通性差，注水效率低，产量递减快。对策：以低黏滑溜水为主，高砂比阶段采用低浓度瓜胶压裂液，通过增加入井液量补充地层能力。(2)已有射孔段较多、纵向跨度大，分层改造困难。对策：采用对枣 4、枣 5 储层两层套管合压，通过可溶封堵球提高纵向上小层改造效果。(3)储层有效孔隙度、有效渗透率低。对策：通过低黏滑溜水+低浓度瓜胶压裂液复合加砂方式，提高裂缝复杂程度，不同支撑剂粒径组合提高各级裂缝的导流能力。

该井实际使用滑溜水 4533.23m^3，浆液 1002.2m^3，粉陶 23.19m^3，40-70 目陶粒 152.22m^3，暂堵剂两次泵注添加量各 180kg，合计 360kg。通过对施工曲线分析，第一次泵入暂堵转向剂后，转向压力为 4.7MPa，施工压力增加 1.8MPa，停泵压力增加 1.6MPa；第二次泵入暂堵转向剂后，转向压力为 6.4MPa，施工压力增加 2.9MPa，停泵压力增加 0.6MPa，转向效果明显(图 11~图 13)。

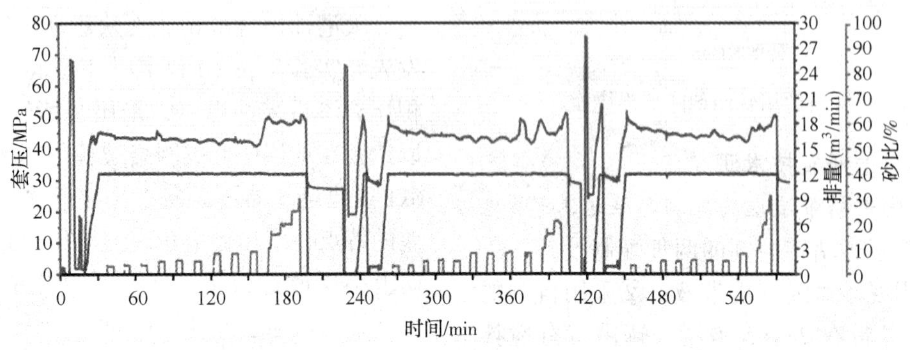

图 11　官东 6X1 总体施工曲线

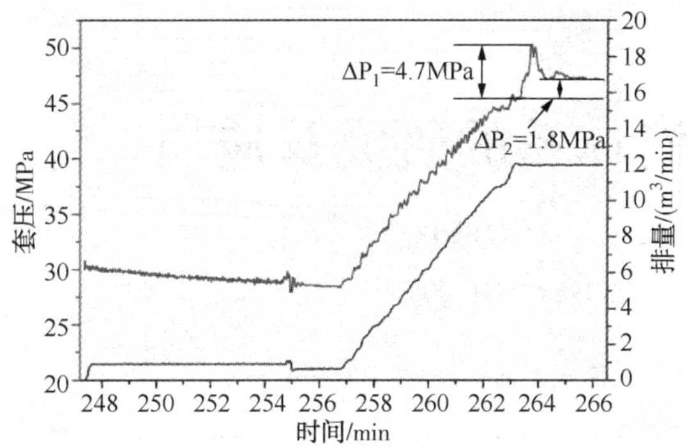

图 12　官东 6X1 第一次加暂堵转向剂压力升高放大效果图

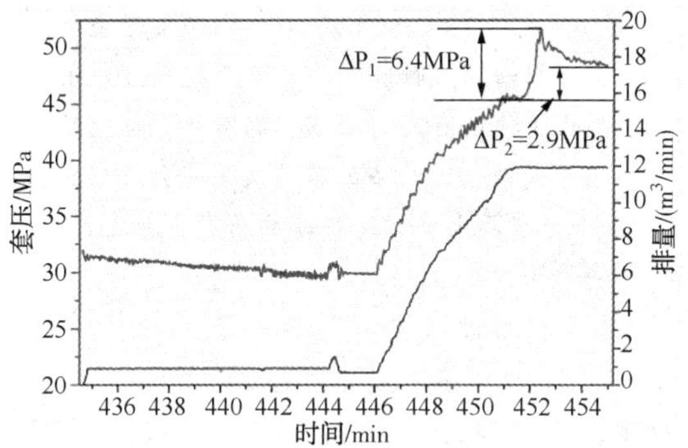

图 13　官东 6X1 第二次加暂堵转向剂压力升高放大效果图

4　成果与认识

（1）研制的暂堵转向剂材料可在水性环境下100%完全降解，无残渣，对地层零伤害。

（2）暂堵转向剂能够制备成悬浮液，24h 悬浮率将近 100%，几乎不发生分层现象，黏度低于 300mPa. s，便于泵送。

（3）暂堵转向剂对裂缝封堵效果显著，暂堵剂使用量在 150kg－220kg 时，其转向压力在 0. 5MPa－6. 4MPa。

（4）该技术现场操作简单、应用效果好，建议进一步推广应用。

参　考　文　献

[1] 王艳玲，原琳，任金恒。转向压裂暂堵剂的研究及应用进展[J]. 科学技术与工程，2017，17(32)：196-204.

[2] 齐天俊，韩春艳，罗鹏，等. 可降解纤维转向技术在川东大斜度井及水平井中的应用[J]. 天然气工业，2013，33(8)：58-63.

[3] 杨亚东，陈锐、管彬，等. 可降解纤维暂堵剂在转向加砂压裂井中的应用[J]. 开发工程，2014，34(1)：1-5.

XZ-新型高性能水基钻井液体系的研究及应用

蒋官澄[1] 薛民生[2] 杨晓军[2] 高 峰[2] 刘祖磊[2]
王凤军[2] 祁福军[2] 郄俊卫[2] 任国辉[2] 孙爱民[2]

(1，中国石油大学(北京)石油工程学院；2，中国石油西部钻探钻井液分公司)

摘 要 为了解决准噶尔盆地深井储层钻探难度大，钻井成本较高等问题，基于"封堵、抑制、固化、双疏、润滑"理论，采用仿生抑制剂 XZ-YZJ、仿生封堵剂 XZ-FDJ、键和润滑剂 XZ-RHJ、固化成膜剂 XZ-CMJ、双疏剂 XZ-SSJ 等处理剂，形成了适合该区块的 XZ-新型高性能水基钻井液。该钻井液具有较好的流变性能，且具有较好的抗长时间老化性能和抗污性能，老化三天后，或在 2%CaSO4 或 10% 膨润土污染后，体系仍具有较好的流变性。钻井液具有较好的抑制性，对钠基膨润土岩心的线性膨胀降低率达到 94%以上；对于现场的泥页岩岩屑的滚动回收率均能达到 95%以上。钻井液的这种较好的封堵性、润滑性、抑制性、低表面张力等有利于维持井壁稳定、润滑防卡、保护储层等，适用于复杂情况较多的深井及深井大位移井。现场实验表明，该钻井液体系可以有效的降低井底复杂情况，缩小井径扩大率，缩短建井周期。满足了安全、高效、环保钻井的需要，具有很好的推广应用前景。

关键词 准噶尔盆地；深井；高性能水基钻井液；润滑防卡；高效抑制

准噶尔盆地深井储层埋藏相对深，这些井井下温度和压力高、地层情况不明了、地层压力变化大、岩性复杂多变，存在阻卡严重，恶性漏失、溢流井涌等难点，钻探困难，时效低，复杂事故时率高，成本居高不下。

目前使用的油基钻井液存在一系列问题，如成本高、环境污染严重、固井质量差、影响测井等，这成为全面、经济开发深层地层油气的重要障碍。同时，水基钻井液虽不存在油基钻井液缺点，但因为水基钻井液抑制性差、井壁稳定性差、润滑防卡能力不足以及纳-微米孔隙和微裂缝封堵能力不足等，所以目前水基钻井液技术难以满足要求。因此，提高水基钻井液的井壁稳定性、抑制性、微纳米级封堵、润滑防卡能力等，研发适合西部地区复杂井安全、高效、顺利钻探的水基钻井液新方法和新技术成为发展的必然趋势[1-6]。

鉴于以上原因，将油基钻井液和水基钻井液的优点融为一体，研发一种高性能的 XZ-高性能水基钻井液新技术。该项技术从提高井壁稳定性、钻井液抑制性、微纳米级封堵、润滑能力等方面入手，创建适合准噶尔盆地深井及深井大位移水平井的"封堵、抑制、固化、双疏、润滑"一体化水基钻井液新技术，实现深井安全、高效、环保钻井。基于室内研究的基础，针对玛西泉井区进行了两口井，吉木萨尔致密油一口井的现场应用。现场应用表明 XZ-高性能水基钻井液技术针对深井、超深井的钻探，拥有钻井周期短、钻井复杂事故少，经济效益高等优点，具有非常广阔的应用前景。

1 XZ 新型水基钻井液处理剂的优选

XZ-新型高性能水基钻井液是基于"固化、封堵、抑制、双疏、润滑"理论建立起来的，其中，由于深井井壁岩石致密、层理发育、具天然裂隙等，通过封堵井壁孔隙和裂缝，阻止钻井液进入、阻止压力传递；抑制作用主要是抑制页岩渗透水化、表面水化的发生。成膜作用可以提高岩心封堵率和渗透恢复率。双疏作用可以使井壁岩石表面为疏水、疏油性，同时阻止水和油进入，避免毛细现象的发生。润滑作用可以减小摩擦阻力和扭矩，增加地面能量传递和钻速等。

1.1 钻井液用抑制剂的优选

钻井液用仿生抑制剂 XZ-YZJ 是以一种常见芳香胺为原料，通过多步有机反应，合成了带有

【作者简介】蒋官澄，男，1966 年生，教授，博士生导师，国家杰出青年科学基金获得者，主要从事油气层损害与保护、油田化学等方面的教学和研究工作。E-mail：jgc5786@ 126. com；petroleumliang@ 126. com。

仿生基团的芳香胺盐酸盐。选用小阳离子、聚胺、氯化钾和 XZ-YZJ 进行优选评价。

（1）线性膨胀实验

通过泥页岩岩屑在不同抑制剂溶液中的线性膨胀实验（图 1），将 XZ-YZJ 的页岩抑制能力与其他常用抑制剂进行对比。从图中可以看出，4h 时，岩屑在清水中的膨胀并未结束，而在各抑制剂中已基本停止膨胀。然而，此时岩屑在 KCl、小阳离子和聚胺中的膨胀高度甚至比在清水中还略高。这是因为在初始几个小时以内，由于 K^+ 和聚胺分子的溶剂化层以及小阳离子较大的分子半径所导致泥页岩中膨润土层间距的增大，超过了晶格水化所导致的膨胀程度。而由于 XZ-YZJ 在层间吸附时使黏土晶格扩大程度较小，因而不仅与其它抑制剂一样可以在短时间内完全抑制黏土膨胀，又可以使最终膨胀程度较小，因而在抑制泥水化页岩膨胀，防止泥岩层缩径卡钻等问题上，要优于其他几种常用抑制剂。

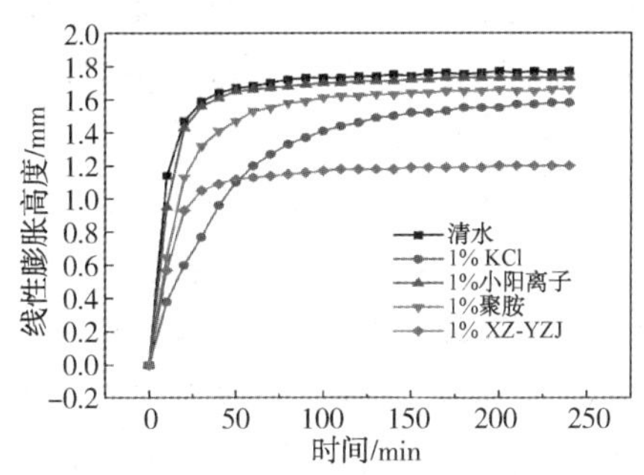

图 1　不同抑制剂溶液中泥页岩岩屑的线性膨胀曲线

（2）热滚回收实验

泥页岩在清水和不同抑制剂中的滚动回收实验结果见图 2。由表可见，在 150℃ 热滚条件下，1%KCl 和小阳离子的滚动回收率都只有 50% 左右，相比清水的回收率并没有显著提高。而岩屑在抑制剂 XZ-YZJ 溶液中的滚动回收率高达 84%，甚至比聚胺抑制剂还要高出 7%。各抑制剂的滚动回收率所体现的抑制性相对强弱与线性膨胀实验的结果十分一致，进一步说明了 XZ-YZJ 不仅能够很好地抑制泥页岩水化膨胀，其抑制泥页岩分散、剥落的能力也十分优异，强于目前常用的几种抑制剂。

通过泥页岩岩心线性膨胀实验以及滚动回收实验，可以看出，与其它抑制剂相比，XZ-YZJ 能够使岩心具有更低的线性膨胀量以及更高的岩屑滚动回收率，综合评价，XZ-YZJ 具有更好的抑制性。

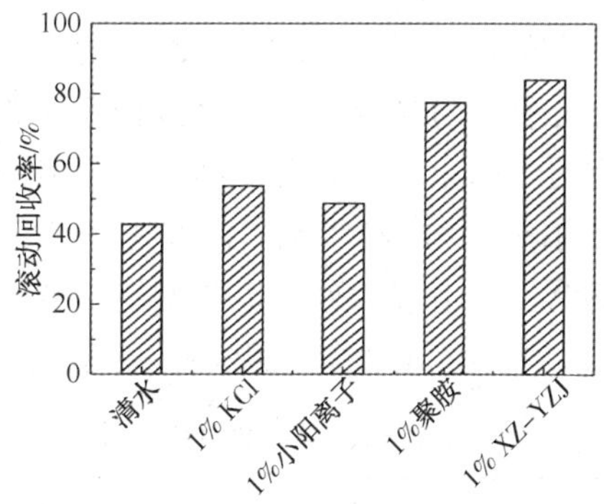

图 2　泥页岩在不同抑制剂中的滚动回收率（150℃ 热滚 16h）

1.2　钻井液用封堵剂的优选

仿生封堵剂 XZ-FDJ，是一种具有纳米尺度，由碳原子以 sp2 杂化轨道组成六角形呈蜂巢晶格的平面薄膜，通过仿生基团对将氧化石墨烯纳米材料进行表面改性合成。合成的纳米封堵剂，具有柔性可变形性。变形的纳米颗粒进入不同粒径的纳米孔隙；纳米颗粒具有强的吸附基团，可吸附在岩石表面；通过进入孔隙和表面吸附的内外协同作用，达到封堵纳米孔隙以及降滤失的作用。PAC-LV、SPNH 和超微碳酸钙是油田常用的封堵降滤失剂，选用 PAC-LV、SPNH、XZ-FDJ 和超细碳酸钙作为优选钻井液用封堵剂进行滤失性能评价。

如图 3 所示。由于多数降滤失剂需要膨润土的存在才能发挥较好的作用，因此所有的降滤失剂包括氧化石墨烯都加入到 4% 的膨润土基浆中进行测定。从图中可以看出，3% XZ-FDJ 与 4% 膨润土基浆复配后的 API 滤失量非常低，仅为 7mL。而其他降滤失剂除了 PAC-LV 的效果稍好外，均远远差于 XZ-FDJ。说明 XZ-FDJ 具有较好的封堵效果。

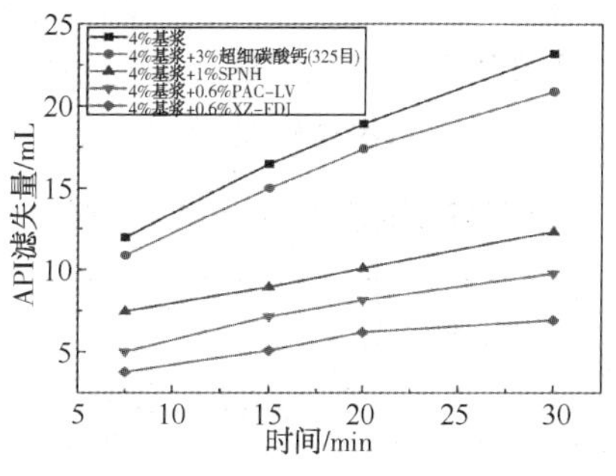

图 3　加入不同降滤失剂的基浆 API 滤失量

1.3 钻井液用润滑剂的优选

新型水基钻井液的处理剂 XZ-RHJ，是模仿蚯蚓分泌的黏液与黏土间产生键合作用，提高孔道表面润滑性的原理，研发了键和型润滑剂 XZ-RHJ。采用国内常用润滑剂 RH 和国外常用润滑剂是现场常用润滑剂，通过极压润滑实验和滤饼黏附实验，进行润滑性能评价(表1，表2)。

表1 润滑剂润滑系数对比实验

润滑剂	EP 极压润滑系数		润滑系数降低率/%	
	老化前	150℃老化后	老化前	150℃老化后
基浆+1%国内产品	0.08	0.07	84.62%	86.54%
基浆+1%国外润滑剂	0.11	0.08	78.85%	84.62%
基浆+1%键合润滑剂	0.03	0.04	94.23%	92.31%

表2 润滑剂泥饼黏附系数对比实验

润滑剂	扭矩		扭矩降低率/%	
	老化前	150℃老化后	老化前	150℃老化后
基浆+1%国内产品	3.5	3	75.9%	79.3%
基浆+1%国外润滑剂	4.5	3.5	69.0%	75.9%
基浆+1%键合润滑剂	2.5	1.5	82.75%	88.46%

通过以上实验可看出，键和型润滑剂 XZ-RHJ 与其他润滑剂相比，其润滑剂系数降低率和黏附系数降低率都由于其他处理剂，并且在150℃的高温条件下依然具有良好的润滑性，因此将其作为体系的润滑剂。

1.4 钻井液用双疏剂 XZ-SSJ 优选

钻井液用双疏剂 XZ-SSJ 是一种带有吸附基团及低表面能基团的特种表面活性剂，首先通过吸附基团在岩石表面吸附，双疏剂附着在岩石表面，然后双疏剂中低表面能基团可在岩石表面形成低表面能“涂层”，从而高表面张力的自由水及油无法在岩石表面润湿铺展，起到了疏水疏油的作用，有效减少了水敏地层岩石的表面水化及渗透水化，达到了稳定井壁的效果。

表3 双疏剂与常用表面活性剂的表面张力对比

种类	表面张力/mN/m
0.3%XZ-SSJ	8.26
0.3%ABS	26.06
0.3%OP-10	26.59
0.3% Tween-40	30.25
0.3% OS-15	36.73
0.3% Span60	29.56
0.3%Tween-80	41.36
0.3%ABSN	25.5

通过以上实验数据对比，可以看出双疏剂 XZ-SSJ 溶液的表面张力远低于其它表面活性剂。

2 XZ-新型高性能水基钻井液体系研究

2.1 XZ-新型高性能水基钻井液理论机理

仿生抑制性 XZ-YZJ 是一种带有仿生基团的小分子有机物，通过在黏土层间的超强吸附，起到抑制黏土水化膨胀的作用[7]。仿生封堵剂 XZ-FDJ 以纳米尺度分散在钻井液中时，巨大的比表面积会使其在浓度很低的情况下大面积贴附于井壁表面，并通过类似瓦片的连接方式形成薄而坚韧的一体化薄膜材料，从而起到封堵地层微米至纳米级孔隙的作用[8]。键和润滑剂 XZ-RHJ 中的活性组分与井眼内的自由离子缔合在钻具、井壁表面产生平滑表面，有效控制流动界面内固有涡流，有效降低大位移井增斜井段等复杂钻井施工中的摩阻，提高机械钻速，延长钻具寿命，降低作业成本，有效提高钻井整体效益。双疏剂 XZ-SSJ 是一种带有吸附基团及低表面能基团的特种表面活性剂，首先通过吸附基团在岩石表面吸附，双疏剂附着在岩石表面，然后双疏剂中低表面能基团可在岩石表面形成低表面能“涂层”，从而高表面张力的自由水及油无法在岩石表面润湿铺展，起到了疏水疏油的作用，有效减少了水敏地层岩石的表面水化及渗透水化，达到了稳定井壁的效果[9]。固化成膜剂 XZ-CMJ 中由于仿生基团能够自发氧化交联，因此 XZ-CMJ 不仅能够吸附在黏土表面抑制其水化，还可以吸附在岩石表面自发聚合形成一层聚合物膜，起到封堵泥页岩微孔隙和微裂缝，降低次生裂缝发育以及钻井液压力传递的作用[10][11][12]。基于“固化、封堵、抑制、双疏、润滑”理论，通过处理剂的协同作用，形成适合准噶尔盆地深井及深井大位移井的 XZ-新型高性能水基钻井液。

2.2 高性能水基钻井液配方

基于“封堵+抑制+固化+双疏+润滑”理论，结合研发的抑制剂 XZ-YZJ、仿生封堵剂 XZ-

FDJ、键和润滑剂 XZ-RHJ、成膜剂 XZ-CMJ、双疏剂 XZ-SSJ 之间的配伍性，配制出 XZ-新型高性能水基钻井液体系，并评价其全套性能及配伍性，数据见表 4。

表 4 钻井液体系的各项基本性能

		AV/(mPa·s)	PV/(mPa·s)	YP/Pa	YP/PV/(Pa/mPa·s)	Gel/Pa	Φ_6/Φ_3	FL_{API}/ml	FL_{HTHP}/ml	黏滞系数
1#	老化前	55	41	14	0.341	4/8	7/5	3.6	/	/
	老化后	52.5	41	11.5	0.280	3/7.5	7/5	2.8	6.6	0.0875

备注：老化条件：100℃×16h，流变测试温度 50℃；HTHP：100℃；3.5MPa

配方 1#：2%膨润土基浆+0.5%NaOH+1%复合型降滤失剂(XZ-JLS)+3%SPNH+2%防塌剂+3%成膜剂(XZ-CMJ)+4%仿生封堵剂 XZ-FDJ+3%仿生抑制剂 XZ-YZJ+1%润滑剂 XZ-RHJ+0.5%双疏剂 XZ-SSJ+0.3%PMHA-2+10%NaCl+重晶石(1.70g/cm³)。

由以上数据可知：XZ-新型高性能水基钻井液各处理剂之间具有良好的配伍性，体系在 100℃下老化 16h 后，仍具有良好的流变性、润滑性和滤失造壁性。

2.3 XZ-新型高性能水基钻井液体系长时间老化评价结果

为了进一步评价 XZ-新型高性能水基钻井液的性能，通过延长老化时间和对体系进行污染来进行评价，评价数据见表 5。

表 5 钻井液体系的抗老化性能(100℃×16h)

	AV/(mPa·s)	PV/(mPa·s)	YP/Pa	YP/PV/(Pa/mPa·s)	Gel/Pa	Φ_6/Φ_3	FL_{API}/ml	FL_{HTHP}/ml	黏滞系数
老化 16 h	52.5	41	11.5	0.280	3/7.5	7/5	2.8	6.6	0.0875
老化 48 h	49.5	37	12.5	0.338	3.5/7.5	7/5	2.8	5.6	0.1228
老化 72 h	50	37	13	0.351	3/7.5	7/5	2.3	5.4	0.1317

备注：老化条件：100℃×16h，48h，72h；流变测试温度 50℃；HTHP：100℃；3.5MPa

由以上数据可知：XZ-新型高性能水基钻井液体系在长时间(72h)老化后，体系的基本性能并没有发生太大的变化，其中体系的动塑比及降滤失性能反而有所提高，说明体系抗老化性能较好，相应的处理剂经过长时间老化后并未发生失效现象。长时间老化后，API 滤饼的黏滞系数增加，主要是因为该体系重晶石含量较多(密度 1.70g/cm³)，大大制约了体系的润滑性，同时，随着老化时间的增加，润滑剂得到一定消耗，降低了体系的润滑性。

2.4 XZ-新型高性能水基钻井液体系抗污染评价结果

为了进一步评价 XZ-新型高性能水基钻井液的性能，通过在配方 1#的基础上添加 2% $CaSO_4$(配方 2#)、10% 膨润土(配方 3#)对体系进行污染来评价体系抗污性能，100℃老化 16 h 后，体系性能见表 6。

表 6 钻井液体系的抗污染性能

配方		AV/(mPa·s)	PV/(mPa·s)	YP/Pa	YP/PV/(Pa/mPa·s)	Gel/Pa	Φ_6/Φ_3	FL_{API}/ml	黏滞系数
1#	/	52.5	41	11.5	0.280	3/7.5	7/5	2.8	0.0875
2#	1#+2% $CaSO_4$	46.5	36	10.5	0.292	3/10	6/5	3.2	0.1405
3#	1#+10% 膨润土	75	55	20	0.364	6/18	13/10	2.5	0.1584

备注：老化条件：100℃×16h；流变测试温度 50℃；HTHP：100℃；3.5MP

由以上数据可知：XZ-新型高性能水基钻井液体系加入 $CaSO_4$，体系的基本性能发生一些变化，变化不是很大；加入 10%膨润土后，体系的黏度明显增加，但是由于抑制剂良好的抑制造浆性能，体系的流变性能仍然可以接受，同时由于膨润土含量的增加，体系的润滑性能增加。综上，该体系具有良好的抗污染性，可以抗 2% $CaSO_4$或 10% 膨润土污染。

2.5　抑制性评价

（1）膨胀性测试

使用常温常压双通道页岩膨胀仪 cpz-2(青岛胶南分析仪器厂)测试岩心在清水和 XZ-新型高性能水基钻井液中的膨胀量，结果见图 4。岩心分别采用钠基膨润土制成。钠基膨润土岩心在水中的膨胀量很大，16h 后在 XZ-新型高性能水基钻井液中膨胀量较低，降低率为 93.4%，所以高性能水基钻井液能够很好地抑制泥页岩的水化膨胀。

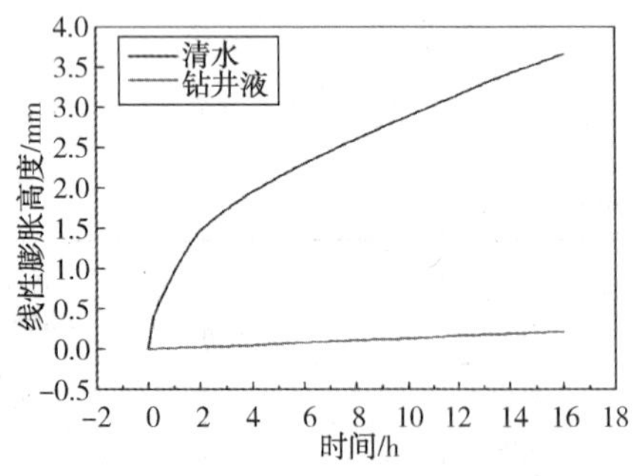

图 4　体系的线性膨胀

（2）岩屑滚动回收率分析

称取 50g 6-10 目的现场泥页岩岩屑，分别在清水和 XZ-新型高性能水基钻井液中热滚 16h，老化温度为 130℃。老化后用 40 目筛网回收，在 100 ℃下烘干 4 h，冷却至恒重后称量岩样质量，计算回收率。对于泥页岩，水化分散能力较强，在清水中的滚动回收率只有 6.42%，但是 XZ-新型高性能水基钻井液的滚动回收率达到 95.48%，说明高性能水基钻井液具有很好的抑制页岩水化分散能力。

2.6　XZ-新型高性能水基钻井液体系对微纳米缝

超低渗透率页岩采用页岩稳定性综合模拟评价系统 JHWD-1(荆州现代石油科技有限公司)评价封堵性能，选用超低渗透率天然页岩岩心。由实验数据可知：新型水基钻井液体系封堵强度在 35 MPa 压力以上，氯化钾溶液的封堵强度在 5.4 MPa，同时可知，在同等条件下，新型水基钻井液体系对纳微米孔缝的封堵强度在 29.6 MPa 以上。

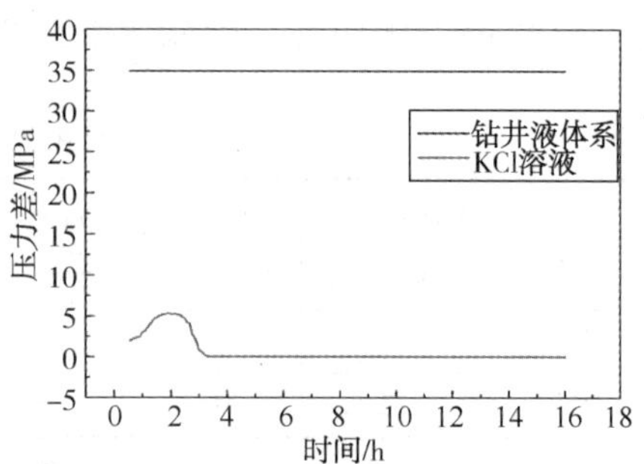

图 5　压力与时间实验曲线

3　现场应用

XZ-新型高性能水基钻井液具有较好的抑制性、纳微米封堵性等，能够很好的抑制泥页岩水化膨胀和阻止微裂缝漏失，所以能够很好的应用在含泥页岩的底层中。现场应用中，由于泥页岩底层对抑制剂和润滑剂的消耗，所以要补填抑制剂和润滑剂，保证钻井顺利进行。

3.1　XZ-新型高性能水基钻井液在 XQD3020、XQD3044 井应用

XQD3020、XQD3044 井中新近系、古近系和白垩系膏质泥岩易缩径、垮塌；二叠系梧桐沟组泥岩水敏性强，炭质泥岩易垮塌；石炭系火山岩局部孔洞、裂缝发育，易井漏；白垩系底部到石炭系地层压力高，易井漏和井喷，为了能够顺利高效地钻井，采用了 XZ-新型高性能水基钻井液体系。

（1）现场钻井液配方：2%膨润土+0.5% NaOH+1%复合型降滤失剂 XZ-JLS+3%SPNH+2%防塌剂+2%成膜剂 XZ-CMJ+4%仿生封堵剂 XZ-FDJ+3%仿生抑制剂 XZ-YZJ+2%润滑剂 XZ-RHJ+0.5%双疏剂 XZ-SSJ+0.4%PMHA-2+10% NaCl+重晶石。

表 7　XQD3044 井钻井液体系基本性能

井深/m	ρ/(g/cm^{-3})	漏斗黏度/s	API/ml	PV/(mPas)	YP/Pa	YP/PV/(Pa/mPa·s)	摩阻/(N/m)
1280	1.34	50	4.5	18	6	0.333	4
1740	1.40	52	3.6	22	8	0.364	4
1875	1.53	55	3.6	24	7	0.292	5
2580	1.60	56	3.6	27	8	0.296	5

2 口井的钻井液在钻井过程中性能比较稳定，说明该体系的流变性和抗污染能力较强。

（2）试验井与邻井的对比情况

表 8 试验井与区块定向井复杂情况对比

	井径扩大率/%	复杂时率/%	电测成功率/%
西泉区块定向井平均值	3.09	1.29	71
XQD3020 井	1.78	0	100
XQD3044 井	1.26	0	100

表 9 试验井与邻井的钻井工艺对比

	钻井周期/（台月）	钻机月速/（m/台月）	机械钻速/（m/h）
XQD3013 井	0.74	3456.76	10.98
XQD3020 井	0.68	3711.76	12.25
XQD3044 井	0.57	4526.32	13.8

XZ-新型高性能水基钻井液体系具有较好的抑制性和固化封堵性，能够有效地提高钻井过程中井壁的稳定性，降低复杂情况发生率。所以试验井的井径扩大率及复杂情况发生率要小于该地区定向井的平均值，而且规则的井眼有利于电测一次成功。由于复杂情况小于邻井，试验井的钻井周期要小于邻井，钻机月速和机械钻速要高于邻井。

3.2 XZ-新型高性能水基钻井液在 JHW023 井试验情况

该区块白垩系土谷鲁群组大段泥岩质软、水敏性强，易吸水膨胀、造成缩径；侏罗系砂泥岩互层较多，还含有煤层，容易出现砂岩虚泥饼和煤层掉块；侏罗系八道湾底砾岩及承压能力低，易发生井漏；韭菜园组地层褐色泥岩易造浆，水敏性强，容易吸水膨胀缩径，剥落后造成井眼不规则，起下钻遇阻；梧桐沟组灰色泥岩与砂岩互层，砂岩渗透性强，下部的砾岩层易发生井漏，易垮塌。针对这些复杂地层，采用 XZ-新型高性能水基钻井液体系钻井。

（1）体系配方：2% 膨润土+0.5% NaOH +0.8%SP-8+3%SPNH+3% 成膜剂 XZ-CMJ+4% 封堵剂 XZ-FDJ+3% 抑制剂 XZ-YZJ+1% 润滑剂 XZ-RHJ+0.3% 双疏剂 XZ-SSJ+0.6% PMHA-2 +10% NaCl+2% 磺化沥青+2% QCX-1+1% WC-1+重晶石。

表 10 JHW023 井的钻井液性能参数

井段/m	ρ/(g/cm^{-3})	漏斗黏度/s	PV/(mPa·s)	YP/Pa	YP/PV/(Pa/mPa·s)	$G_{10''}$/Pa	$G_{10'}$/Pa	pH 值	$FL_{(API)}$/mL	含砂/%
2800	1.45	52	21	3	0.143	1.5	3	10	4.2	0.4

（2）与邻近情况对比

表 11 JHW023 井与邻井钻井工艺对比

井号	钻井液类型	完钻井深/m	钻井周期/天	油层平均井径扩大率/%
JHW023	XZ-新型高性能水基钻井液	4145	48.17	-1.35
JHW025	钾钙基有机盐钻井液	4210	68.94	4.24

同区块同井型使用 XZ-新型高性能水基钻井液比钾钙基钻井液缩短钻井周期 30% 以上，与同井型邻井相比，井径扩大率非常低，平均值在 -1.35%，体现了 XZ-新型高性能水基钻井液井壁稳定性好，对储层的保护效果非常理想。

4 结论

（1）基于“封堵+抑制+固化+双疏+润滑”理论，形成了适合准噶尔盆地深井及深井大位移井的 XZ 新型高性能水基钻井液。该钻井液在体系可以抗温 120℃，同时该体系在老化 72 小时后依然有较好的化性能以及抗 2%$CaSO_4$，10% 土粉污染的能力。

（2）钻井液具有较好的抑制性，对钠基膨润土的线性膨胀抑制率达到 94% 以上；对于现场的泥页岩岩屑的滚动回收率均能达到 95% 以上，该体系对纳微米孔缝的封堵强度在 29.6 MPa 以上。钻井液的这种较好的封堵性及抑制性有利于维持井壁稳定，适用于复杂情况较多的深井及深井大位移井。

（3）XZ 新型高性能水基钻井液在准噶尔盆地 2 个区块的现场应用表明，该钻井液体系均可以有效的降低井底复杂情况，缩小井径扩大率，缩短建井周期。特别是在 JHW023 井上的应用，建井周期比邻近 JHW025 缩短 30% 以上，满足了安全、高效、环保钻井的需要，具有很好的推广应用前景。

参 考 文 献

[1] 王力．高温深井水基钻井液技术研究[D]．中国石油大学，2007.

[2] 王建．适用于深井钻井的 KCl/聚磺水基钻井液体系研究[J]．重庆科技学院学报：自然科学版，2010，12(5)：88-91.

[3] 余加水，周玉东，辛小亮，等．准噶尔盆地超深井达探 1 井钻井液技术[J]．钻井液与完井液，2016，33(4)：60-64.

[4] 李健，罗平亚．准噶尔盆地南缘地区稳定井壁的钻井液技术[J]．天然气工业，1996(1)：39-42.

[5] 慈国良．准噶尔盆地井壁稳定钻井液技术[J]．科学时代，2012(2).

[6] 余加水，周玉东，辛小亮，等．准噶尔盆地超深井达探 1 井钻井液技术[J]．钻井液与完井液，2016，33(4)：60-64.

[7] Yang Xuan，Guancheng Jiang，Yingying Li，et al. Biodegradable oligo(poly-l-lysine) as a high-performance hydration inhibitor for shale[J]. RSC Advances，2015，5(103)：84947-84958.

[8] Yuxiu An，Guancheng Jiang，Yourong Qi，et al. Synthesis of nano-plugging agent based on AM/AMPS/NVP terpolymer[J]. Journal of Petroleum Science and Engineering，2015，135(505-514.

[9] 蒋官澄，张弘，吴晓波，等．致密砂岩气藏润湿性对液相圈闭损害的影响[J]．石油钻采工艺，2014，6)：50-54.

[10] 蒋官澄，宣扬，王金树，等．仿生固壁钻井液体系的研究与现场应用[J]．钻井液与完井液，2014，31(3)：1-5.

[11] 宣扬，蒋官澄，李颖颖，等．基于仿生技术的强固壁型钻井液体系[J]．石油勘探与开发，2013，40(4)：497-501.

[12] 程琳，胡景东，申法忠，等．家 3-21X 井仿生固壁钻井液技术[J]．钻井液与完井液，2015，32(6)：26-29.

[13] 张金波，彭小红，高峰，等．环保钻井液 Bio-Pro 体系在乍得的成功应用[J]．钻井液与完井液，2009，26(1)：67-68.

[14] 王睿，王娟，曾婷．环保钻井液技术的研究与应用[J]．钻采工艺，2009，32(6)：75-77.

[15] 盖国忠，李科．钻井液环境可接受性评价及环保钻井液[J]．西部探矿工程，2009，21(2)：57-60.

基于钻柱振动的深井高压射流提高钻井速度技术装备

刘永旺　管志川　张洪宁

(中国石油大学(华东))

摘　要　根据深部地层钻井环境的主要特征，结合近年来深井提速技术原理及其取得的成效，提出了基于钻柱振动的深井高压射流提速技术装备设计理念，开展了利用钻柱振动能量来提高井底钻井介质射流压力的技术装备研发设计与现场测试工作。研制出的基于钻柱振动的深井高压射流提速技术装备包括：井下钻柱减振增压装置、吸振式井下液压脉冲发生装置，现场实验验证结果表明：设计的利用钻柱振动能量的上述两种装备可以大幅度提高钻井的速度，同时可以降低钻柱振动的危害，且提速效果随着井深的增加而呈现提高趋势。研究成果开拓了深井提速技术新方向，为加快深部油气资源的勘探与开发提供了设备支撑。建议进一步加强井下钻柱振动基础理论、基于钻柱振动的提速技术装备、利用振动提速方法等方面的研究工作。

关键词　提速技术；钻柱振动；井下钻柱减振增压装置；吸振式井下液压脉冲发生装置；技术装备

随着“稳定东部、发展西部、准备南方、开拓海外”的油气资源发展战略的实施，新老探区内深井超深井的数量越来越多，钻井深度越来越深，深井钻进速度越来越慢成为深井钻井工作者面临的主要难题。为了提高深井的钻进速度，科研人员研发了很多提速工具，主要包括：井下动力钻具、旋转冲击钻井工具、井下脉冲空化射流发生装置、井下扭力冲击钻井工具等[1~4]。分析发现，虽然这些工具提速的机理各异，但它们存在共同特点，即工具发挥其作用的能量源均来源于钻井循环介质。钻井实践得出：随着井深的增加，钻井循环介质压耗增大，在极深的井，甚至出现循环介质仅能满足循环携岩而无其他能量的现象。可想而知，在这种井内，上述所提的工具或装置工作状态会大受影响，极可能出现无法工作甚至影响钻井作业进行的可能。寻找新的井下能量并开发新型提速技术及装备成为提高深井钻井速度的关键。值得注意的是，钻柱动力学研究领域发现：钻柱的振动现象是在直井钻井中经常遇到的复杂情况，它不仅影响到钻井的施工效率，且频繁剧烈地发生时还会造成钻柱的断裂破坏等事故，从而加大了施工成本，造成了比较大的经济损失；现有减轻钻柱震动的方法是利用减震器将振动能量装化为液压油的弹性势能和内能，或者减震器内弹簧间的摩擦能释放掉，这不仅是能量的浪费，而且产生的热也会影响井下工具性能。鉴于上述因素，笔者提出了基于钻柱振动的深井提速理念，并设计了两种装备来实现将这部分具有破坏作用的能量用于深井提速领域中，以期在深井提速领域取得新的突破。

1　钻柱纵向振动基本特征及规律

利用中国石油大学(华东)根据相似性原理设计的底部钻柱动力学研究试验装置开展了不同钻具组合不同工况下井底钻柱运动状态及受力测试研究[5~8]，具有代表性的钻柱组合实测结果如图1所示。

实验研究的 BHA 原型：311mmBIT + 228.6mmDC×2 根+ 310mmSST+ 228.6mmDC×4 根+ 203.2mmDC×6 根+ 127mmDP。

【基金项目】国家重点基础研究发展计划(973 计划)项目“深井复杂地层钻井设计平台与风险控制机制”(编号：2010CB226706)

“十二五”国家科技重大专项“西部山前复杂地层安全快速钻井技术”(编号：2011ZX05021-001)

“十二五”国家科技重大专项“海相碳酸盐岩油气井井筒关键技术”(编号：2011ZX05005-006-007HZ)

【作者简介】刘永旺(1983-)，男，内蒙古宁城人，2013 年获中国石油大学(华东)工学博士学位，现为中国石油大学(华东)动力工程及工程热物理方向博士后，主要从事井下测控技术、深井超深井提速技术和定向井防碰技术等方面的教学和研究工作。E-mail：liuyongwang2003@163.com.

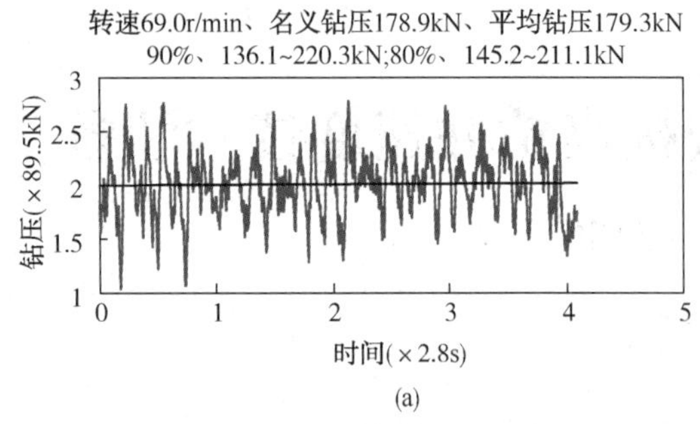

(a)

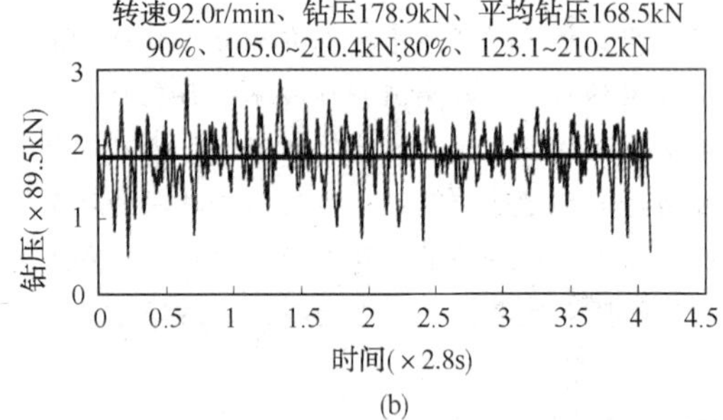

(b)

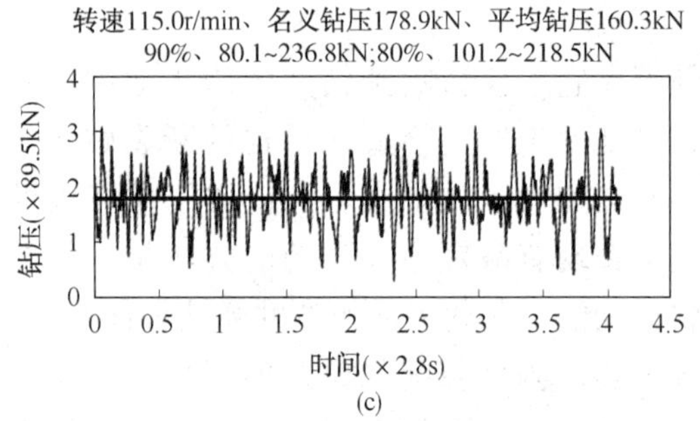

(c)

图1 实际钻压随时间波动幅度图

由图1(a)可以得出，设定转速69.0r/min，施加钻压178.9kN前提下；当置信区间为90%时，钻压波动范围为136.1~220.3kN；当置信区间为80%时，钻压波动范围为145.2~211.1kN，实测平均钻压179.3kN。

在图1(b)可以得出，设定转速92.0r/min，施加钻压178.9kN前提下；当置信区间为90%时，钻压波动范围为105.0~210.4kN；当置信区间为80%时，钻压波动范围为123.1~210.2kN，实测平均钻压168.5kN。

在图1(c)可以得出，设定转速115.0r/min，施加钻压178.9kN前提下；当置信区间为90%时，钻压波动范围为80.1~236.8kN；当置信区间为80%时，钻压波动范围为101.2~218.5kN，实测平均钻压160.3kN。

综上分析得到如下结论：对于311.1mm井眼、228.6mm钻铤、钟摆钻具，当施加的钻压为178.9kN，转速在69~115 r/min之间变化时，实际钻压波动值在80.1~236.8kN之间。同时，对以上各图分析还发现，波动频率约为转速的3~4倍。同样，室内实验研究发现：对于244.5mm井眼、177.8mm钻铤、钟摆钻具，当施加的钻压为134.2 kN，转速在70~120r/min之间变化时，实际钻压波动量在10~150kN之间，波动频率也为转速的3~4倍。这与文献中的井下实测结果具有很好的吻合性。

实验研究及以往现场测试结果表明，钻井过程中，井底钻压存在波动频率较高且幅度较大的波动，并且其波动幅度随着井深的增加而增加，这为深井硬地层提速提供了可靠的能量。

2 基于钻柱振动的深井提速理念与装备

2.1 基于钻柱振动的深井高压射流发生理念

钻压的高频率大幅度变化直接作用于钻头会使得钻头的切削齿瞬间承受极大的冲击力，结果会引起切削齿的崩裂。在钻柱中间、钻头上部安装弹簧及阻尼结构使得钻压经弹簧及阻尼结构后传递到钻头，则钻压的波动会转化为弹簧的弹性势能和阻尼功，一方面钻压的波动幅度会大幅度衰减，一方面冲击力的作用时间会延长。利用柱塞泵结构运转时内部液体压力的反作用来充当衰减钻压波动的阻尼，可将阻尼功转化为柱塞泵结构内部液体压力，从而实现柱塞泵排出液体压力的提升。基于钻柱振动的高压射流发生理念的基本思路即是利用弹簧与柱塞泵共同作用来衰减钻压波动、传递有效钻压及实现柱塞泵排出液体压力提升。

2.2 井下钻柱减振增压装置

井下钻柱减振增压装置结构[9-16]如图2所示，按照装置的功能单元，可将装置划分为钻柱受力传递总成、传扭承压总成、弹性复位元件总成、增压缸体、超高压钻井液传输总成及钻头；钻柱受力传递总成是由上部转换接头、花键心轴、花键限位螺母、分流传压接头、钻井液过滤器、柱塞、入口单向阀相连成一体组成；传扭承压总成由密封压套、弹簧腔上部密封总成、花键外筒、弹簧保护筒、弹簧下封堵接头、弹簧腔下部密封总成、下部密封压套、增压总成外筒、支撑过流体、增压装置下接头、转换接头通过连接组成；增压缸体由增压缸、超高压密封总成组成；弹性复位元件为弹簧；超高压钻井液传输总成由高压流道、金属超高压钻井液流道、超高压钻井液流道延长管、超高压软管及超高压钻井液喷嘴成；钻头为普通钻头。

增压流程：当钻进过程中钻柱发生纵向振动时，钻压的波动导致钻柱受力传递总成相对于传扭承压总成往复运动；钻压增大时，钻柱受力传递总成相对于传扭承压总成向下运动，入口单向阀关闭，弹簧及增压缸体内的钻井液共同承受施加反作用力来阻止该运动，导致弹簧被压缩，增压缸体内的钻井液压力增大，从而实现了部分钻井液的增压，增压后的钻井液通过超高压钻井液传输总成到钻头，由钻头上的超高压钻井液喷嘴喷出辅助破岩；钻压减小时，被压缩的弹簧伸展，钻柱受力传递总成相对于传扭承压总成向上运动，增压缸体内压力降低，入口单向阀开启，吸入常压钻井液为下一增压过程提供准备；

钻井液的流程为：钻井液流过上部转换接头、花键心轴的中空后，在分流传压接头分为两部分，一部分透过钻井液过滤器，通过柱塞及入口单向阀进入增压缸被增压；另一部分通过由增压总成外筒与柱塞的环空，增压总成外筒与增压缸的环空，支撑过流体的流道，高压流道与增压装置下接头组成的环空、防扭过流结构的过流孔、金属超高压钻井液流道及超高压钻井液流道延长管与转换接头内孔间的环形空间、硬管扶正器的过流孔、超高压软管与钻头体内腔间的环形空间到达井底，通过钻头上的普通喷嘴喷出发挥钻井液的正常功用。

增压后的钻井液流经由高压流道、金属超高压钻井液流道、超高压钻井液流道延长管、超高压软管及超高压钻井液喷嘴组成的超高压钻井液传输总成到达井底并实现喷射来辅助钻头机械破岩。

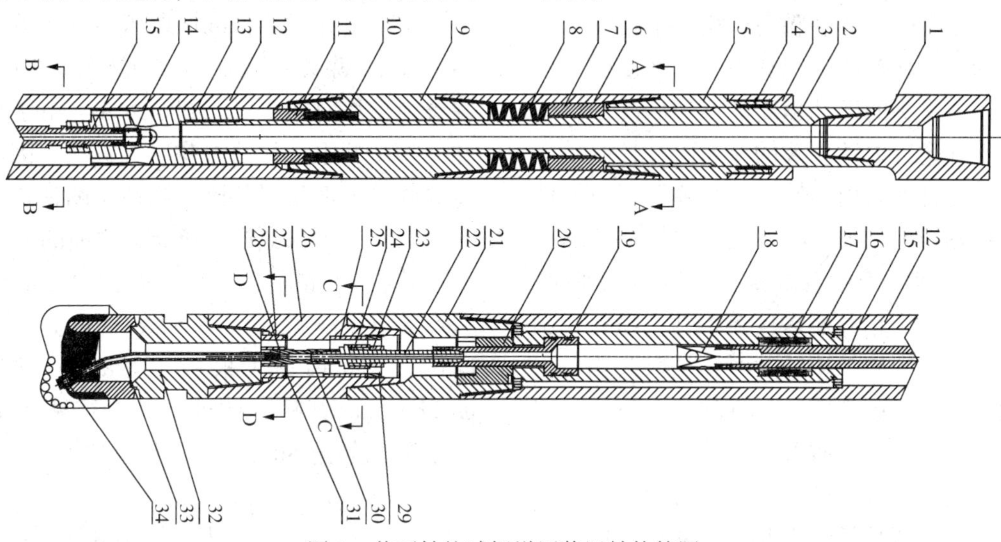

图 2　井下钻柱减振增压装置结构简图

上图中：上部转换接头 1、花键心轴 2、密封压套 3、弹簧腔上部密封总成 4、花键外筒 5、弹簧保护筒 6、花键限位螺母 7、弹簧 8、弹簧下封堵接头 9、弹簧腔下部密封总成 10、下部密封压套 11、增压总成外筒 12、分流传压接头 13、钻井液过滤器 14、柱塞 15、增压缸 16、超高压密封总成 17、入口单向阀 18、高压流道 19、支撑过流体 20、增压装置下接头 21、金属超高压钻井液流道 22、限位螺母 23、六方体 24、防扭过流结构 25、转换接头 26、硬管扶正器 27、超高压钻井液流道延长管 28、锁紧螺母 29、压紧式密封 30、调节挡圈 31、钻头体 32、超高压软管 33、超高压钻井液喷嘴 34。

该装置将钻柱减振与钻井液增压相结合，将容易引起钻柱疲劳破坏的钻柱振动能转化为钻井液的压能，实现井底增压，提高破岩效率，变有害为有利。同时，使用过程不影响正常的循环和钻井作业。且该装置结构简单，可保证在井底空间条件下各部件具有足够大的尺寸和强度，从而可保证其工作寿命满足工程要求。

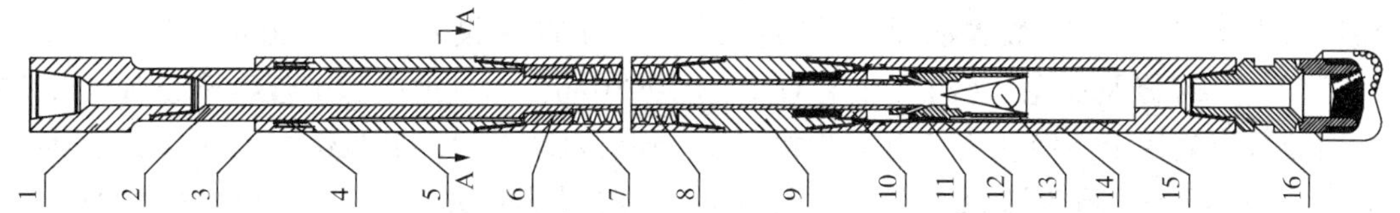

图 3　吸振式井下液压脉冲发生装置结构简图

2.4　吸振式井下液压脉冲发生装置

工具上接头 1、芯轴 2、上部密封总成压盖 3、上部密封总成 4、花键外筒 5、限位体 6、外部套装有保护筒 7、弹簧 8、工具中心接头 9、下部密封总成 10、柱塞头 11、滑动密封总成 12、控制单向阀 13、柱塞外套 14、柱塞缸套 15、钻头 16。

吸振式井下液压脉冲发生装置结构[17]-[18]简图如图 3 所示，按照装置的功能单元，可将装置划分为钻柱联动体和钻柱分动体，钻柱联动体包括工具上接头、芯轴和套装在芯轴中部外侧的限位体，钻柱分动体包括柱塞缸外筒、钻头、套装在芯轴上部的花键外筒和与花键外筒连接的工具中心接头。

液压脉冲射流发生过程为：当钻柱向下振动时，即钻压增大时，钻柱联动体相对于钻柱分动体向下运动，柱塞缸内体积减小，弹性复位元件压缩蓄能，柱塞头的运动速度先增加后减小，当该速度大于柱塞缸内钻井液的流速时，控制单向阀关闭，此时柱塞缸内的钻井液与弹性复位元件共同来分担钻压的增大，柱塞缸内的钻井液压力增加；当该速度小于柱塞缸内钻井液的流速时，控制单向阀开启，钻井液常压流入钻头喷射；当钻柱向上振动时，即钻压减小时，柱塞头相对于柱塞缸向上运动，弹性复位元件释放能量并加速工具的复位，控制单向阀开启，钻井液进入柱塞缸内，由于流道的截面效应，柱塞缸内压力低于正常压力，压力周期性增大与降低的射流即为脉冲射流。

该装置的优势在于：(1)能够有效地对井底全部钻井液进行周期性压缩增压，实现钻柱振动能量的转移及脉冲射流的发生，实现了井底射流的脉冲射流调制，且脉冲的幅值较高。(2)脉冲射流平均压力高于不加该装置的平均压力，破岩及携岩能力增强，降低了岩石的破碎难度。(3)实现了钻柱振动能量的转移，并对其进行有效利用，减小了钻柱振动产生的危害，可有效延长钻具的使用寿命，降低钻具的使用成本，降低钻进过程的风险。(4)能量源随着井深的增加而增加，工具的使用效果更显著。(5)装置的原理及结构简单，易于生产、维修及使用。(6)发生装置产生的脉冲射流可以应用于任何钻头，由于在井底产生流场的大幅度脉动，能够实现对钻头的泥包产生缓解。且对排量难于增大导致的钻速低的情况提速尤为明显。

3　提速效果实验及分析

3.1　井下钻柱减振增压装置提速效果实验

为了验证井下钻柱减振增压装置的使用效果，在胜利油田 BZ10-58 井、L69 井及新疆油田的 K502 井进行了现场试验。

(1) BZ10-58 井实验效果

BZ10-58 井设计井深 4885 m，试验井段 3457.5~3 482.5 m，钻进地层为中生界地层。试验井段钻具组合为：ϕ311.1 mm 井下超高压 PDC 钻头+JZZY-1 型增压装置+ϕ228.6 mm 钻铤 3 根+ϕ203.2 mm 钻铤 3 根+ϕ177.8 mm 钻铤 6 根+ϕ127.0 mm 钻杆。钻进参数为：钻压 60~100 kN；转盘转速 75 r/min；排量 40 L/s；钻井液密度 1.43 g/cm^3。

该次下井试验，减振增压装置在井下累计时间 8.6 h，除去井底造型时间及循环时间，增压装置纯工作时间 3 h，进尺 25 m。由于缺少在该井深相同井眼直径的邻井对比资料，因而选取该试验井的上部相邻井段相同地层的钻进资料进行对比。在未下入减振增压装置之前的井段(简称：对比井段)的钻具组合为：ϕ311.1 mm 牙轮钻头+ϕ228.6 mm 减振器+ϕ228.6 mm 钻铤 3 根+ϕ203.2 mm 钻铤 3 根+ϕ177.8 mm 钻铤 6 根+ϕ127.0 mm 钻杆。钻进参数为：钻压 200~220 kN；转盘转速 80 r/min；排量 42 L/s；钻井液密度 1.42 g/cm^3。

试验井段与对比井段的实测钻速曲线如图 2 所示。从图 2 可以看出，对比井段的平均钻时为 50 min/m。其中，在邻近下入减振增压装置之前的 25m 进尺中，平均钻时高达 90.10 min/m；试验井段的平均钻时为 9.67 min/m，与对比井段相比，平均机械钻速提高了 417%，与相邻的 25m 对比井段相比，机械钻速提高了 831%，提高钻速效果十分明显。另外，以往该地区的钻井实践表明，PDC 钻头不适合钻进中生界地层，该试验的成功，也使该地区应用 PDC 钻头提高深部地层钻井速度成为可能。

(2) L69 井实验效果

L69 井设计井深 3200m，试验井段 2200~2910 m，钻进地层为东营组至沙河街组沙四段地层。试验井段的钻具组合为：ϕ311.1 mm 超高压 PDC 钻头+ JZZY-1 型增压装置+ϕ203.3 mm 钻铤 6 根+ϕ177.8 mm 钻铤 9 根+ϕ127.0 mm 钻杆。钻

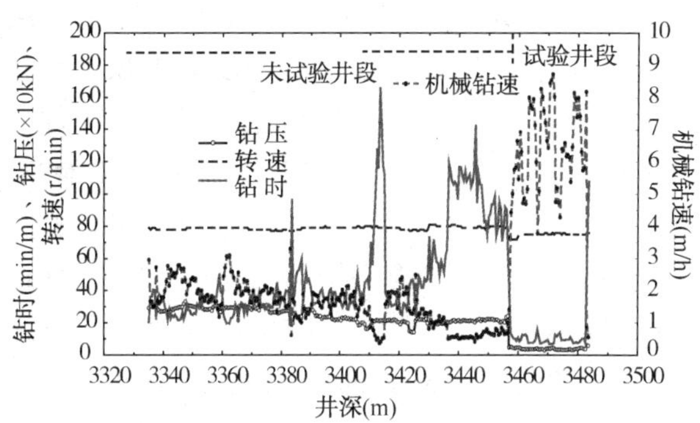

图 4　桩古 10-58 井现场试验效果分析

进参数为：钻压 60~100 kN，转盘转速 110~120 r/min，排量 45~48 L/min，泵压 17~18MPa。

该增压装置在井下累计时间 93.7 h 时，除去检修设备、循环及起下钻时间，纯工作时间 69 h，连续进尺 710 m。将 L69 井试验井段的钻进情况与邻井 L68 井相同地层和井段的钻进情况进行了对比，L68 井在该井段的钻具组合和钻进参数与试验井 L69 井基本相同，所用钻头是 PDC 钻头。

试验井(L69 井)与对比井(L68 井)的平均机械钻速对比数据见表 1。由表 1 可以看出，与 L68 井相比，L69 井对比井段的平均机械钻速提高了 85.4%，可见，井下减振增压装置可显著提高机械钻速，尤其是深部硬地层，提速效果更加突出。

表 1　L69 井与 L68 井相同井段平均机械钻速对比

地层	井段/m	平均机械钻速/($m \cdot h^{-1}$)		平均钻速相对提高量/%
		L68 井	L69 井	
东营组	2200~2510	8.86	20.91	136
沙一	2510~2750	8.90	10.60	19
沙二	2750~2830	5.02	6.52	30
沙三	2830~2850	3.57	5.96	70
沙四	2850~2910	1.92	6.78	254
全试验井段	2200~2910	6.19	11.49	85.8

(3) K502 井实验效果

K502 井是位于新疆克深区的一口评价井。设计井深：6780m；自开钻至今，进尺 1966m，已用钻头 20 只，且钻头磨损较严重，该井地层倾角较大，井易斜。试验钻具组合：ϕ335 百斯特 T1665GY +ϕ228 井下减震增压装置+ϕ228DC+ϕ334 扶正器+浮阀+无磁钻铤+ϕ334 扶正器+ϕ228DC×2+ϕ203DC×14+ϕ203 随钻震击器+ϕ203DC×3+ϕ139HWDP×14+ϕ139DP。钻压：1794-1858m：6-8T；1859-1960m：3-4T(吊打控制井斜)；1960-1966m：6-8T(钻头后期)。排量：48-50L/S；泵压：17~19MPa；转盘转速：90~110r/min；钻井液类型：氯化钾聚磺体系；相对密度：1.7~1.75g/cm^3；钻井液黏度：65-75s；塑性黏度：30-40mPa.s；

试验井段全长 173m；小砾岩 8m，砾石含量 90%以上；砂砾岩 31m，砾石含量 65%~90%；砾状砂岩 7m，砾石含量 30%~65%；含砾细砂 59m，砾石含量 20%~30%。含砾井段共计：105m；其余井段以泥质粉砂岩及粉砂质泥岩为主，其中，泥质粉砂岩：31m；粉砂质泥岩：33m；褐色泥岩：4m。

本井在 1498-1678m 井段使用川石 PDC 钻头配合 Power-V 钻进，钻头型号为 GP1635，井眼尺寸为 ϕ335mm，钻进井段中既有泥岩及粉砂岩层段，也有砂砾岩层段，与井下减振增压装置配合百斯特 PDC 钻头钻进井段相临，钻头类型相同(均为 6 刀翼、16mm 复合片)，井眼尺寸一致，按岩性分层段进行机速对比有较高的可比性。

表 2　K502 井不同井段平均机械钻速对比粉砂岩及泥岩段机速对比

钻速对比	钻进方式	井深/m	岩性	机速/m/h	提速对比/%
试验井段	PDC+井下减振增压装置	1794-1848	粉砂质泥岩、褐色泥岩	3.84	+12%
对比井段	PDC+Power-V	1489-1673		3.43	

砂砾岩层段机速对比

钻速对比	钻进方式	井段/m	岩性	机速/m/h	提速对比/%
试验井段	PDC+井下减振增压装置	1848-1966	小砾岩、砂砾岩、砾状砂岩(含砾量60%以上)	1.44	+80%
对比井段	PDC+Power-V	1674-1678	砾状砂岩(含砾 30%左右)	0.8	

通过对比可知，试验井段在所加钻压远小于相邻井段的情况下，在粉砂岩及泥岩层段使用井

下减振增压装置+PDC 的试验井段较使用 PDC+Power-V 钻进的相邻井段机速提高 12%，在砂砾岩层段使用井下减振增压装置+PDC 的试验井段较使用 PDC+Power-V 钻进的相邻井段机速提高 80%。需特别说明的是，在砂砾岩层段对比中，试验井段的平均含砾比例在 60%以上，而对比井段的平均含砾比例在 30%左右。

3.2 吸振式井下液压脉冲发生装置提速效果实验

吸振式井下液压脉冲发生装置在新疆油田开展了 3 口井的现场试验，试验地层为新生界的古近系、中生界白垩系、侏罗系、三叠系等，以中硬地层为主。

（1）KM19 井

KM19 井设计井深 3910m，装置在该井三开井段（ϕ215.9mm 井眼）中生界三叠系进行了井下试验，试验井段为 3380－3465m；地层岩性为：砂砾岩、泥岩、粉砂岩。钻进参数：钻压为 40～60KN，排量为 28L/S，泵压为 15～18MPa，转速为 80～90r/min，钻头型号为 FX55X3，钻井液密度为 1.35～1.4g/cm^3。装置在井下使用时间 21 小时，纯钻进时间为 14.5 小时，进尺 85m，平均机速 5.86m/h，由于现场取芯要求终止试验。钻具组合：ϕ215.9mmPDC 钻头+ϕ178mm 吸振式井下液压脉冲发生装置+ϕ159mm 钻铤×1+ϕ214mm 扶正器+ϕ159mm 钻铤×22 +ϕ127mm 钻杆；

选取该井同层位（三叠系克上组）使用 PDC 钻头钻进的上部井段为对比井段，对比结果如下。

表 3　KM19 井机械钻速对比表

层位	井号		钻头类型	钻进井段/m	机械钻速/(m/h)	钻速提高/%
中生界三叠系	试验段	KM19	PDC 钻头	3380～3465	5.86	92
	对比段	KM19	PDC 钻头	3321～3380	3.05	

由上表 3 可知，在同一层段钻进参数基本一致的情况下，对比井段采用常规钻进，平均钻速 3.05m/h，试验井段较之提高了 92%。

（2）KX21 井

KX21 井设计井深 2780m，装置在该井二开井段（ϕ215.9mm 井眼）新生界的古近系及中生界的白垩系与侏罗系进行了井下试验，试验井段为 500-2780m，地层岩性为：泥岩、砂岩、含砾砂岩。钻进参数：钻压为 20～40kN，排量为 28～35L/S，泵压为 8～15MPa，转速为 90～110r/min，钻头型号为 F3165E，钻井液密度为 1.05～1.11 g/cm3。装置于二开入井，钻完水泥塞及附件后进入新地层开始试验，装置于井下使用 247h，纯钻进时间 119h，进尺 2280m，完成该井二开全井段钻井施工，平均机速为 21.2m/h。钻具组合：ϕ215.9mmPDC 钻头+ϕ178mm 吸振式井下液压脉冲发生装置+ϕ159mm 钻铤×2 +ϕ214mm 扶正器+ϕ159mm 钻铤×18 +ϕ165mm 随钻震击器+ϕ159mm 钻铤×3 +ϕ127mm 钻杆；

表 4　KX21 井机械钻速对比表

井号	井段/m	平均机速/m/h	机速提高/%
KX21（试验井）	500-2780	21.1	
KX16（对比井）	498-2810	11.8	78.8
KX19（对比井）	502-2870	12.6	67.5
KX24（对比井）	500-2850	12.2	73.0

如表 4 所示，在同一层段钻进参数基本一致的情况下，试验井 KX21 井较邻井机速提高 67%以上。其中在下部地层中生界侏罗系地层（井段 2286-2780m）较邻井机速提高 151%以上。

（3）KF3 井

KF3 井设计井深 3980m，在该井三开井段（ϕ215.9mm 井眼）中生界的白垩系与侏罗系进行了井下试验，试验井段为 3030～3681m，试验井段岩性为：泥岩、砂岩、含砾砂岩。钻进参数：钻压为 40～60kN，排量为 26～28L/s，泵压为 11～13MPa，转盘转速为 65～90r/min，钻头型号为 FS2463X3，钻井液密度为 1.22～1.25 g/cm^3。装置在三开入井，钻完水泥塞及附件后进入新地层开始试验，装置于井下工作 231h，纯钻进时间 155h，进尺 652m。钻具组合：ϕ215.9mmPDC 钻头+ϕ178mm 井下钻柱减振增压装置+ϕ159mm 钻铤 2 根+ϕ214mm 扶正器+ϕ159mm 钻铤 18 根+ϕ165mm 随钻震击器+ϕ159mm 钻铤 3 根+ϕ127mm 钻杆

表 5　KF3 井机械钻速对比表

层位	井号		井段/m	钻头型号	机械钻速/(m/h)	机速提高/%
TGL	试验井	KF3 井	3030～3548	FS2463X3	5.12	---
	对比井	KF2 井	3098～3543	FS2463X3	3.51	45.8
	对比井	KF16 井	3528-3601	FS2463B	3.64	40.7

续表

层位	井号		井段/m	钻头型号	机械钻速/(m/h)	机速提高/%
QG	试验井	KF3 井	3549-3681	FS2463X3	2.51	—
	对比井	KF2 井	3544-3680	FS2463X3	1.65	52.1
	对比井	KF16 井	3602-3800	FS2463B	1.61	55.9

如表 4 所示，在同一层段钻进参数基本一致的情况下，在层位 TGL 组试验井 KF3 井较邻井钻速提高了 40%以上，在层位 QG 组试验井 KF3 井较邻井钻速提高了 50%以上。

在新疆油田 3 口井的试验情况表明使用吸振式井下液压脉冲发生装置后的机械钻速较常规钻井方式提高了 40%～92%，提速效果明显。装置井下最长工作时间 247h，纯钻进时间为 155h，起出后状态良好，表明工具能够满足正常钻井需要。

4　结论与建议

（1）钻柱振动具有强度大、频率高且随着井深的增加及地层的复杂而剧烈的特点，给钻具及钻头等带来了巨大的危害，但将该部分巨大的能量作为井下提速工具的动力源，研发出基于该能量的井下提速工具则可以实现即减小钻柱振动的危害，亦提高钻井效率的双重目的，可谓一举两得。

（2）设计了两种能将钻柱振动能量转化为钻井液喷射能量的装置，即井下钻柱减振增压装置、吸振式井下液压脉冲发生装置，并对应用效果进行了现场评价，结果表明：钻柱振动能量可以转化为钻井液的喷射能量，实现钻井液高压喷射辅助提速的目标。

（3）深井超深井钻井速度低是目前深部油气藏开发过程中面临的主要难题之一，要想攻克该难题，应该充分、合理、有效地利用井下可以利用的一切能量，来提高破岩钻进的效率。井下钻柱振动能量利用技术的相关研究刚刚开始，目前仅实现了振动能量到钻井液喷射能量的转换，相信不久的将来，随着研究的深入，该能量还可以拓展应用于钻井其他领域。

参　考　文　献

[1] 陈庭根，管志川，钻井工程理论与技术[M]. 东营：中国石油大学出版社，2006：150-203.

[2] 史怀忠，李根生，黄中伟，等. 水力脉冲空化射流欠平衡钻井提高钻速研究[J]. 石油勘探与开发，2010，37(1)：111 - 115.

[3] 李根生，史怀忠，沈忠厚，等. 水力脉冲空化射流钻井机理与试验[J]. 石油勘探与开发，2008，35(2)：239-243.

[4] 王智锋．负压脉冲钻井技术理论和方法[J]．石油钻采工艺，2005 ，27(6)：13215.

[5] 魏文忠，管志川，刘永旺 等. 直井眼钟摆钻具纵向振动特性的实验研究[J]. 中国石油大学学报：自然科学版，2007，31(2)：64-68.

[6] 刘永旺．井下减振增压装置设计研究[D]. 东营：中国石油大学(华东)石油工程学院，2007.7.

[7] 刘永旺，管志川，魏文忠 等．井底钟摆类钻具转动规律的实验研究[J]. 钻采工艺，2008，31(5)：27-29.

[8] 刘永旺，管志川，史玉才，邵冬冬，魏凯．井底光钻铤钻具组合旋转及钻压波动规律的模拟研究[J]. 石油矿场机械，2012，41(5)：52-56.

[9] 管志川，魏文忠，刘永旺。井下钻柱减振增压装置[P]，中国发明专利 ZL 2010 1 0119842.0

[10] 管志川，刘永旺，史玉才．机械式井下吸振冲击钻井工具[P]，中国发明专利。申请号：2010 1 0617044.0，

[11] Zhang Yuying，Liu Yongwang，Xu Yiji et al. Drilling characteristics of combinations of different high pressure jet nozzles[J]. Journa of hydrodynamics，Ser. B，2011，23(3)：384-390.

[12] 管志川，刘永旺．一种用于井下增压器的超高压钻头流道系统及其构造方法[P]，中国发明专利。申请号：2011 1 0171384.X。

[13] 管志川，刘永旺，魏文忠，薄和秋，徐依吉，史玉才．井下钻柱减振增压装置的结构原理及现场试验[J]. 石油钻探技术，2012，40(2)：08-13.

[14] Yongwang Liu，Zhichuan Guan. Discussion on the Energy Sources of Down-hole Accelerate ROP Tool in the Process of Drilling Deep or Ultra-deep Well [A]. The International Conference on Remote Sensing，Environment and Transportation Engineering (RSETE 2012) [C]，June 1st to 3rd，2012 in Nanjing，China. 886-890

[15] 管志川，刘永旺，魏文忠 等．井下增压提速系统[P]，中国发明专利。申请号：201210207320.5。

[16] 管志川，刘永旺，许玉强，张洪宁．井底超高压脉冲射流辅助破岩提速系统 [P]，中国实用新型专利。申请号：201220669797.0。

[17] 管志川，刘永旺，张洪宁 等．吸振式井下液压脉冲发生装置及其钻井方法[P]，中国发明专利。申请号：201310047969.X。

[18] 管志川，张洪宁，刘永旺．井下全排量增压装置[P]，中国实用新型专利。申请号：201320133787.X。

[19] Fredric H. Deily，W. H. Dareing，G. H. Paff et al. New Drilling-research Tool Shows What Happens Down Fole[J]. Oil and Gas Journal，1968 492(66)，55-64.

油套管内封堵用高强度低温交联凝胶的室内研究

程 立[1] 汪 瀛[1] 廖锐全[1] 张康卫[2] 刘 刚[2] 袁 龙[2]

(1. 长江大学; 2. 中国石油大港油田公司)

摘 要 针对大港油田带压作业起射孔管柱时,因射孔管串本身起爆后为筛眼状况,无法进行有效堵塞,因而无法实现带压作业,为此,设计合成了一种低温(30~50℃)凝胶体系进行井筒封隔作业,实现浅层不压井作业。该凝胶体系采用聚丙烯酰胺(HPAM)、氨基化合物 AP7、增韧剂 cp-2(纳米材料)和填充剂为原料,采用流变法研究了温度、金属离子、pH 值和模拟油对胶体成胶性能的影响,同时考察了胶体的稳定性、可破胶性,并通过中试评价验证了该凝胶段塞的承压性能,实验结果表明,在 pH 值为 7~12、反应温度为 30~50℃的条件下可形成高强度的黏弹性凝胶,随着温度的增加,凝胶的成胶时间缩短;通过调节 pH 值和矿化度可调节凝胶的成胶时间和凝胶强度;该凝胶稳定性好,在模拟油加量下无明显变化,依然具有良好的成胶性能,可实现平均封堵压力 50kPa/m,并且在作业结束后可在短时间内迅速破胶为流体,便于返排,避免了储层污染,满足浅层带压修井作业要求。

关键词 浅层封堵;凝胶段塞;承压能力;破胶返排

带压作业是一种在井口带压的情况下起下管柱以及井下工具的作业方式,它可以在不改变井内压力的情况下实现井下作业,对于保护储层、提高注水效率和油气采收率具有很大的意义[1-3]。

带压作业主要包括油套管环空密封技术、管柱堵塞技术、加压控制技术和安全控制技术。带压过程中的封堵技术主要包括机械式封堵和化学式封堵。针对国内部分低温地层油田存在的油管结垢、腐蚀穿孔、死油、死蜡以及长段多孔管柱或者工具串油水井无法实现机械式封堵等问题,化学式封堵不受此类情况影响,可实现有效密封井底压力,该特点对于带压作业技术的完善和推广具有重要意义。

油套管内化学式封堵技术是通过在井口注入设计量的凝胶基液,在井下的温度和压力下凝结成胶,通过其胶体强度、黏弹性以及和管壁之间的黏附性能起到封隔井下压力的作用[4-5]。该技术与传统的不压井起下钻技术和套管阀技术相比,其具有成本低、封隔性能好等优点。可从油管或套管内实现对油层的暂时封闭,从而规避油管内机械堵塞存在的各种弊端,确保油水井带压作业的安全,但随着国内油气田开发战略向深井、超深井推进,不压井作业对凝胶本体强度的要求也越来越高[6-7],国内目前已有的凝胶体系也主要应用于高温地层[8-11],因此目前国内的凝胶体系主要存在以下两个方面的问题:(1)凝胶本体强度高导致破胶性能差,难以返排至地面,影响不压井作业效果甚至堵死井筒;(2)主要应用于中高温地层,目前尚无低温地层应用实例。为了研制出一种适用于低温地层不压井作业的凝胶,我们采用聚丙烯酰胺(HPAM)、交联剂 CP7、增韧剂 cp-2 和填充剂为原料制备了低温交联凝胶,研究了温度、金属离子、pH 值和模拟油对胶体成胶性能的影响,同时考察了胶体的稳定性、可破胶性,并开展中试评价考察了其承压性能。

1 实验部分

1.1 材料与仪器

聚丙烯酰胺(HPAM),分子质量为 1200 万,水解度 20%~30%,广州亿源环保科技有限公司提供;交联剂 CP7(氨基化合物),分子质量为 70000,武汉博莱特化工有限公司提供;增韧剂 cp-2(纳米颗粒),粒径为 1~10nm,广州博峰化工科技有限公司;填充剂、HCl、NaOH、$CaCl_2$、$MgCl_2$、NaCl,分析纯;国药集团化学试剂有限公司;自来水;模拟油为惠州 3 号白油。

HWS28 型恒温水浴锅,上海一恒科技仪器有

【作者简介】程立,女,1980 年 10 月生,2013/06 毕业于武汉大学化学与分子科学学院,获博士学位,现工作于长江大学石油工程学院,副教授,主要从事封堵用新型高分子凝胶材料的研究,E-mail:chengli_ whu@163. com

限公司；布氏黏度计 D-Ⅲ，北京美泰科仪检测仪器有限公司；PB-10 型 pH 计，赛多利斯科学仪器(北京)有限公司；JJ-1 型电动搅拌器，上海精科仪器有限公司。

1.2　实验方法

(1) 凝胶的制备

量取清水，依次搅拌、加入 0.18 wt%交联剂 CP7、1wt%填充剂、0.3 wt%增韧剂 cp-2、2.1 wt%聚丙烯酰胺，调节 pH 值为 9，恒温水浴加热，定时测量凝胶溶液黏度。

(2) 凝胶性能的测定。①凝胶强度：通过凝胶强度代码法测定凝胶的本体强度和稳定性，凝胶强度代码是通过观察胶体流动状态，将胶体强度分为 A~J 10 个等级[12]。实验中，通过观察不同时间段的胶体流动状态，判断胶体的强度，测定温度为 30~50℃；②凝胶的成胶时间：凝胶的成胶时间认为是黏度曲线的拐点，通过测定凝胶基液黏度变化得到黏度曲线，测定凝胶的成胶时间；③凝胶的承压性能：配制 1m 长胶塞，采用带有压力传感器的氮气源在胶塞一端不断增压，当凝胶发生位移或者传感器显示压力下降时的压力值即为凝胶的承压强度(表 1)。

表 1　凝胶强度代码表

强度代码		凝胶名称	对应强度描述
A	0	非探测性凝胶	体系黏度与聚合物溶液黏度相当，肉眼观察不到凝胶的形成
B	2	高流动性凝胶	凝胶体系黏度略高于聚合物溶液黏度
C	4	流动性凝胶	翻转样品瓶时，绝大部分凝胶可流到瓶的另一端
D	6	中等流动凝胶	翻转样品瓶时，少部分(<15%)不能流到另一端，常以舌型存在
E	8	几乎不流动凝胶	翻转时少量凝胶能缓慢流到另一端，大部分(>15%)不具备流动性
F	10	高形变不流动凝胶	凝胶在翻转时不能流到瓶口
G	12	中等形变不流动凝胶	翻转时只能流到瓶中部
H	14	轻微形变不流动凝胶	翻转时只有凝胶表面发生形变
I	16	刚性凝胶	翻转时，凝胶表面不发生形变
J	18	震铃凝胶	摇动玻璃瓶时，能感到音叉般的机械震动

2　结果与讨论

2.1　凝胶强度及成胶时间的影响因素

为了保证现场安全施工，通过黏度法得到凝胶黏度曲线来确定成胶时间。在 pH 值为 9、温度为 50℃的情况下黏度曲线如图 1 所示，由图可见，成胶时间约为 25h，而后凝胶基液黏度迅速上升成胶，凝胶强度能达到刚性凝胶(I)级别。

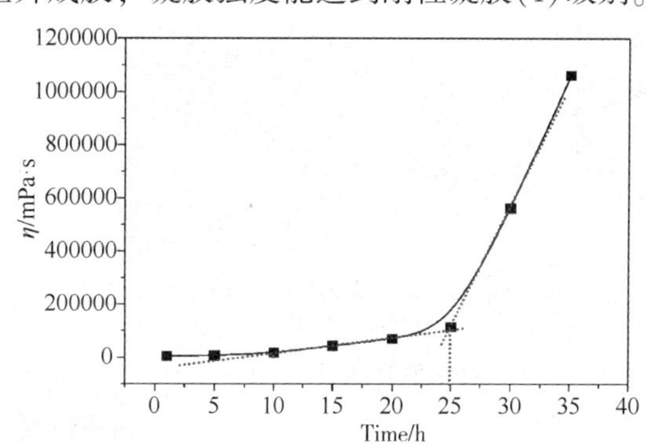

图 1　凝胶黏度随时间变化曲线图

2.1.1　温度对凝胶性能的影响

凝胶胶塞长度在井筒内通常为几十米甚至几百米，会有较大的温度跨越，为了保证井下施工安全，达到最佳的封堵效果，需要探究不同温度对凝胶性能的影响。针对体系：2.1wt%聚丙烯酰胺(HPAM)+0.18wt% CP-1+0.3wt%增韧剂 cp-2+1wt%填充剂，pH 值 9，调节温度为 30℃、35℃、40℃、45℃、50℃，观察成胶过程，其黏度随时间的变化曲线如图 2 所示。

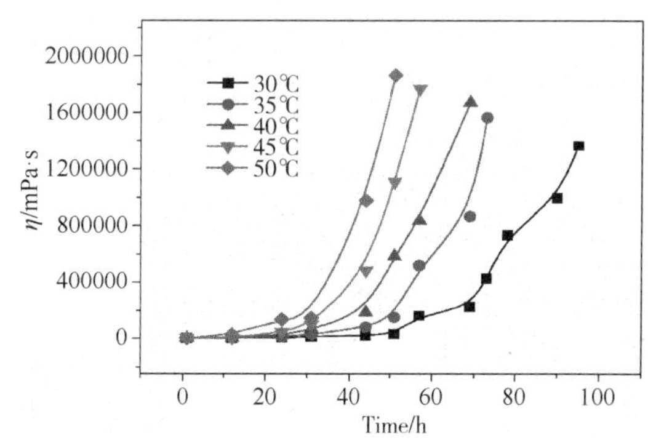

图 2　凝胶在不同温度下黏度随时间的变化曲线

从图 2 和 3 中可以看出，温度越高，胶体成胶时间越短，最终凝胶强度都能达到刚性凝胶(I)级别。这是因为凝胶交联反应是主剂分子和交联剂分子的无序热运动时，其上的有效基团发生随机碰撞进而发生反应交联而成，温度越高，分子的热运动越剧烈，分子间的有效碰撞几率越大，发生交联反应的几率也就越大，反应也更充分，体系的成胶时间也越短，其中温度与成胶时间的关系可描述为 $T_g = 8.34(1/T)^{15.76}$。

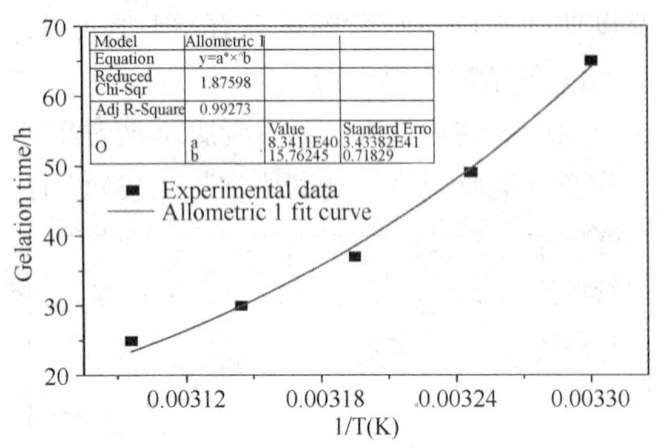

图 3　温度对成胶时间的影响

2.1.2　无机盐对凝胶性能的影响

在凝胶基液注入井筒后，井筒地层水可能侵入基液，地层水中含有大量的无机盐离子，这些无机盐离子的侵入可能会对凝胶性能产生影响，为此在该凝胶体系内分别引入 10000ppm 的 Ca^{2+}、Mg^{2+} 和 Na^{+}，测量其黏度曲线，观察金属离子对凝胶性能的影响，结果如图 4 所示。

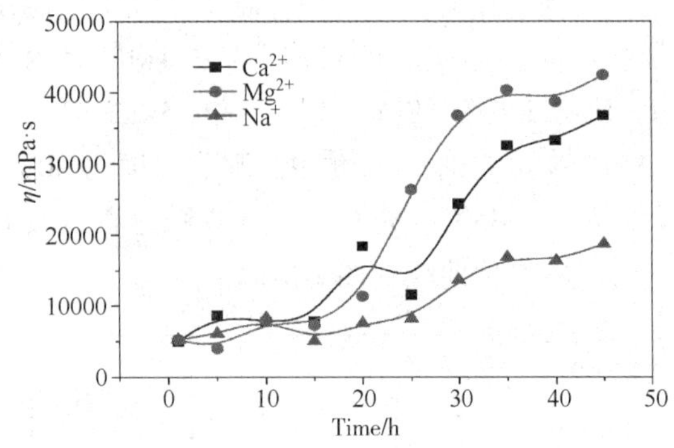

图 4　金属离子对凝胶性能的影响

对比图 1 和图 4 发现，添加无机盐后，凝胶基液的初始黏度明显降低，同时凝胶成胶后的最终强度减弱，从空白试验的 I 级降低到 G，且成胶时间延长。这是因为 HPAM 在水中的链舒展是由于分子中带负电荷的羧基间存在较大的静电斥力，当加入大量金属离子时，阳离子的引入使得聚合物分子间和分子内均产生了电荷屏蔽效应，静电斥力减弱，使聚合物长链更倾向于缠绕在一起，降低了 HPAM 与交联剂之间的有效碰撞几率，从使成胶时间延长。鉴于此，为避免地层水对凝胶的成胶性能造成一定的影响，我们团队在室内开发了一种与该凝胶体系配伍性较好的隔离液。

2.1.3　pH 值对凝胶性能的影响

考虑到我们所用的交联剂 CP7 分子中含有的大量伯胺、仲胺和叔胺基团均为 pH 敏感性基团，井下环境的酸碱性可能对交联反应产生影响，进而影响凝胶性能，因此，本文在弱酸性、中性、弱碱性和强碱性四种不同 pH 值环境下研究了其成胶情况，结果如图 5 所示。

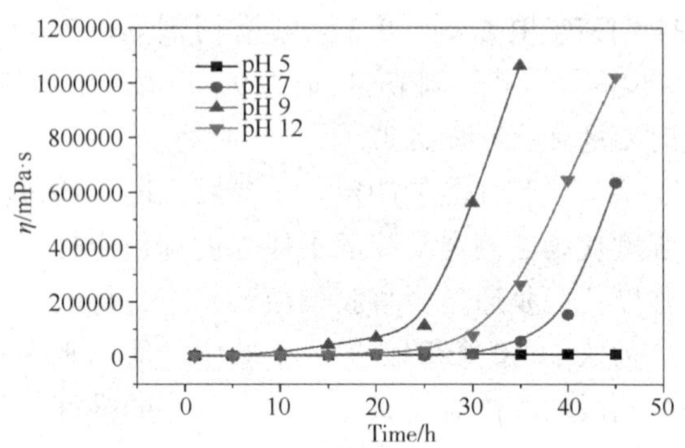

图 5　pH 值对凝胶性能的影响

由图 5 以看出，该凝胶在中性和碱性条件下均可成胶，但是在中性和强碱条件下成胶时间较弱碱性时长，而酸性条件下不能成胶，这可能是因为交联反应主要是 CP7 的伯胺基团和聚丙烯酰胺上的酰胺基团之间，在较低 pH 值条件下，伯胺基团被质子化，从而失去交联能力，随着 pH 值升高，OH^- 对氨基化合物 CP7 有去质子化作用，使其重新获得交联能力。当 pH 值过高时，一方面，OH^- 使 HPAM 的水解程度加大[13]，参与交联反应的酰胺基团数目减少，从而使凝胶的成胶时间延长[14-15]；另一方面，由于调节 pH 值时采用的是 NaOH 溶液，引入大量的 Na^+，由前面实验分析可知，该阳离子会使聚丙烯酰胺分子链间产生静电屏蔽作用，使凝胶成胶时间延长。另外，实验结果发现，无论是中性还是强碱性条件下都会使凝胶强度减弱，只能达到轻微形变不流动凝胶（H）级别。

2.2　抗油性物质浸污性能评价

由于在现场应用时，油管壁可能附着残余油或者其余油性物质浸入凝胶基液而影响凝胶性能。为考察油性物质对凝胶性能的影响，在凝胶基液中加入一定量的模拟油并测试其黏度变化，与空白样品做对照，观察其成胶规律，结果如图 6 示。

从图中可以看出，该凝胶体系在加入模拟油后仍然表现出较好的成胶性能，在考虑误差的情况下与空白样品的成胶情况基本相似，依然能在 25～30h 内黏度急剧上升，迅速成胶，并且不会

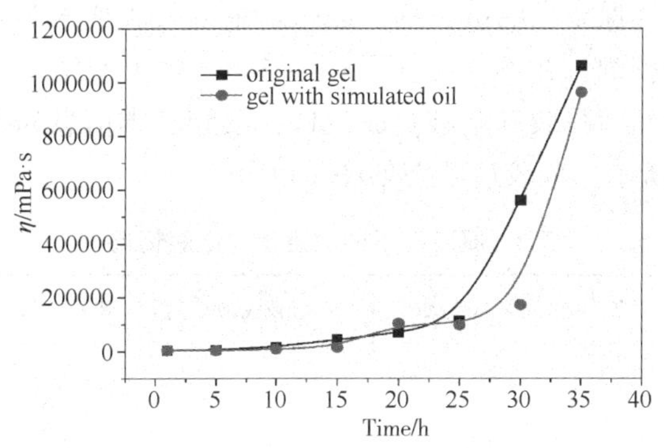

图 6　模拟油加量对成胶的影响

影响凝胶强度，可见该凝胶体系具有良好的抗油性物质浸污性能。

2.3　凝胶的稳定性评价

为了使不压井作业所需时间得到保障，需要凝胶在井下一定时间内保持其性能稳定，而凝胶体系的失稳性主要表现在黏度的持续下降，凝胶黏度下降的直观表现就是胶体强度的降低，因此可以通过定期测定胶体强度来监测胶体的稳定性。

在老化罐中在老化罐中配制好凝胶基础浆液，将其分别放置于 30℃、40℃和 50℃恒温箱中 6 天(6 天基本满足现场带压作业的时间需求)，观察凝胶的状态变化。如图 7 所示。

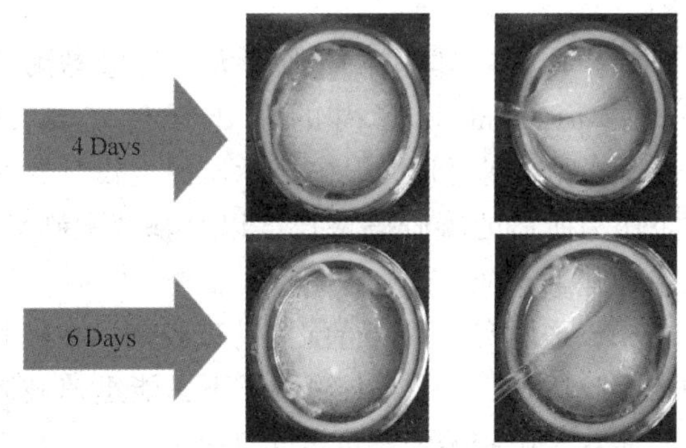

图 7　40℃凝胶的热稳定性评价

6 天后，凝胶的本体强度和黏壁性均保持良好，无明显变化，仍能保持刚性凝胶(Ⅰ)级别强度，可见该凝胶体系在 30℃、40℃和 50℃条件下均具有非常好的热稳定性。

2.4　凝胶微观结构表征

为进一步了解凝胶内部结构和性能之间的关系，采用场扫描电镜(ESEM)对凝胶的微观结构进行了表征。成胶后，首先采用液氮冷却，然后置于 VirTis wizard 2.0. US)真空冷冻干燥箱内干燥 48h，以最大程度得保证凝胶的内部网络结构不被破坏。干燥后，取少量样品在载物台上进行喷金处理，放置于场扫描电镜(FEI Quanta 650 ESEM. US)内进行观察，结果如图 8 所示。

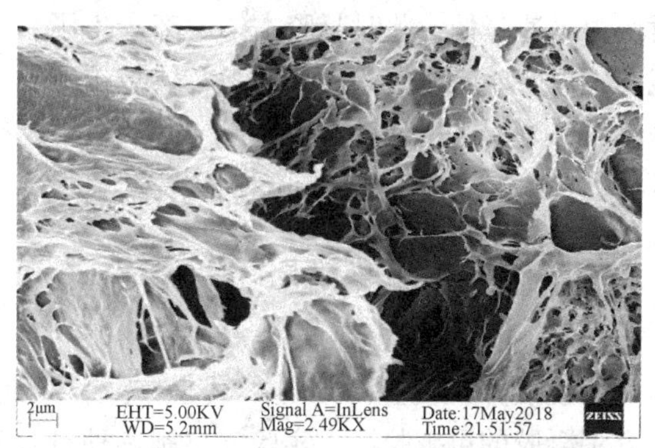

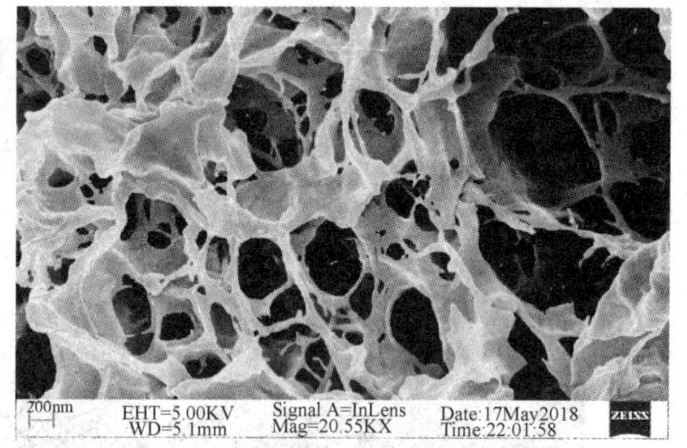

图 8　凝胶体系的 ESEM 图片

通过扫描电镜观察该凝胶的微观结构发现，凝胶内部形成了致密的三维互穿网络结构，增韧剂和纳米材料嵌套在三维网络中起到了骨架支撑作用，从而大大提高了该凝胶的强度和黏弹性。

2.5　凝胶的承压性能评价

在凝胶完全成胶发挥封堵作用后，井底气液压力会施加在凝胶段塞上，为保证井下施工安全，需了解该凝胶体系的承压强度。本文开展了中试模拟实验，在内径为 ϕ122mm 套管内注入 1m 长凝胶基液，在 40℃恒温水浴中 48h 侯凝成胶后，连接压力测试管线，在凝胶底部采用氮气泵缓慢给压，记录压力变化情况，结果如图 9 所示。

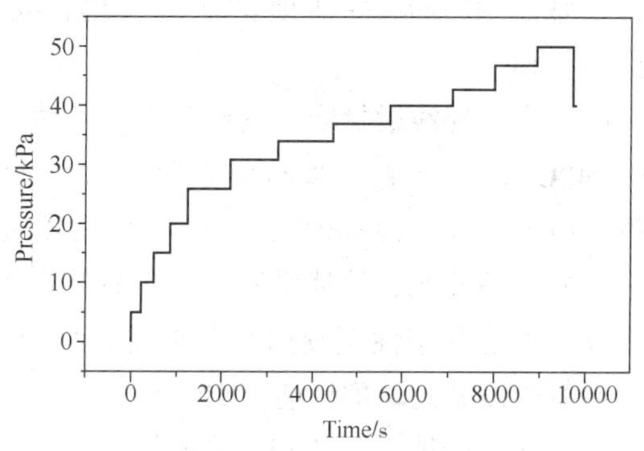

图 9　40℃条件下，凝胶段塞承压曲线图

从图中可以看出，随着气压缓慢增大，凝胶在套管内没有发生任何滑移，当压力到达 50kPa 时压力迅速降低，此时凝胶本体中部产生了一个气孔，说明凝胶在 50kPa 压力下本体被击穿，即该凝胶体系的承压强度为 50kPa/m，现场可依据该承压强度设计封堵井下压力所需的凝胶段塞长度。

2.6 凝胶的可破胶性评价

在井下施工结束后，需要凝胶能够顺利破胶返排，使油井恢复生产或进行其它作业，为此，探究了凝胶的可破胶性。实验室自制一种符合安全环保要求的破胶剂，取一定量的凝胶加入等量破胶剂，在不同温度下（30~50℃）恒温水浴一段时间后凝胶基本破胶成流体，破胶基本信息如表 2 所示，破胶后状态如图 10 所示。

表 2　凝胶在不同温度下的破胶情况

温度/℃	破胶剂质量分数/%	胶体与破胶液质量比	破胶时长/h
30	10	1：1	3.2
40	10		2.6
50	10		1.2

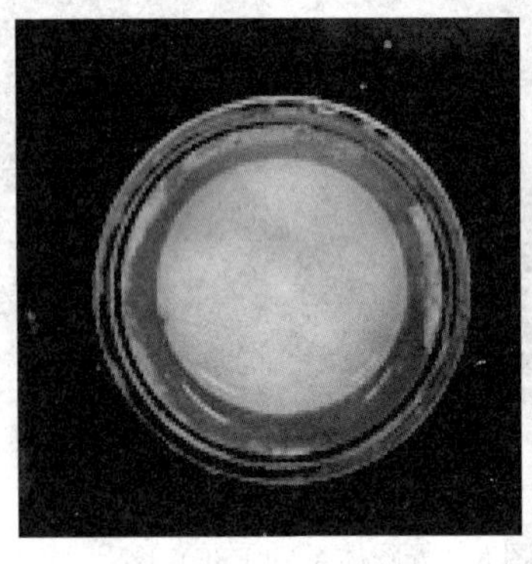

图 10　凝胶破胶后状态

从图表中可以看出，三种温度下均能快速破胶，并且温度越高，破胶速度越快，这是因为该凝胶体系破胶原理为破胶剂分解出游离氧和酸共同攻击聚合物主链，使其从高分子分解为低分子，因此破胶速率取决于破胶剂的分解速率[16-20]。温度越高，破胶剂活性越高，分解速率越快，破胶时间越短，且破胶后可由初始黏度 10^6降低低至 300mPa·s，易于返排.

3　结论

为有效保证地层压力、降低施工成本和施工难度、提高原油产量，采用带压作业进行井筒内封堵技术的研究具有很高的实际应用价值，本文结合现场应用开展基础理论研究，得出如下结论：

（1）为实现浅层封堵，设计合成了一种低温（30~50℃）凝胶体系，基本配方为 2.1wt%聚丙烯酰胺（HPAM）+0.18wt% CP-1+0.3wt%增韧剂 cp-2+1wt%填充剂，该体系制备工艺简单，本体强度高，可达到刚性凝胶（I）级别，满足不压井作业对凝胶段塞封堵的性能要求。

（2）该凝胶体系最佳 pH 环境为弱碱性，pH 值约为 9，可稳定成胶 6 天以上，通过调节 pH 值可达到成胶时间可控，扩宽了该凝胶的适用范围。

（3）该凝胶体系本体强度大，管壁黏附性好，在 ϕ122mm 套管内的承压强度可达 50 kPa/m，现场应用时可根据该承压强度设计封堵井下压力所需的凝胶段塞长度以及基液配制量，以保证施工安全。

（4）采用实验室自行配制的破胶剂，在破胶剂与凝胶质量比为 1：1 的情况下，能迅速破胶至流体状，破胶残液黏度低至 300mPa·s，易于返排，可满足现场施工需要。

（5）该凝胶体系可为带压条件下，低温修井作业提供一定的技术保障。

参 考 文 献

[1] 王子磊. 油水井带压作业技术组成与发展[J]. 化工管理，2017(20)：214.

[2] 杨峰，张梁，孙灵兰，刘洪应，唐廉宇. 带压作业装置技术发展及展望[J]. 化工管理，2017(08)：192.

[3] 张东平，张建，纪风杰. 带压作业装置技术发展[J]. 石油矿场机械，2016，45(08)：27-30.

[4] 刘德基，廖锐全，张慢来，张俊. 冻胶阀技术及应

用[J]. 钻采工艺, 2013, 36(02): 28-29+33+6-

[5] 刘德基, 尹玉川, 陈超, 孙忠杰, 王涛, 吴迪, 李晓辉, 祝洪爽. 冻胶阀[J]. 石油科技论坛, 2012, 31(04): 61-62+67+76-77.

[6] 鲁晓华, 程立, 廖锐全, 张慢来, 李振. 新型冻胶封隔材料的制备及性能[J]. 油田化学, 2017, 34(04): 576-580+609.

[7] 程立, 李振, 廖锐全, 张慢来, 刘德基. 不压井作业封堵用高强度冻胶体系的室内性能评价[J]. 油田化学, 2017, 34(03): 408-411.

[8] 高慧杰, 杨景中, 马健, 邱元瑞. 抗高温冻胶阀技术标准在南堡 23-平 2016 井的应用[J]. 中国石油和化工标准与质量, 2016, 36(11): 109-110.

[9] 李志勇, 马攀, 陶冶, 薛连云, 杨超, 陈帅, 韦火云, 李鸿飞. 用于欠平衡钻井的抗高温高强度冻胶阀及应用[J]. 东北石油大学学报, 2015, 39(05): 80-85+9-10.

[10] 沈园园, 王在明, 朱宽亮, 吴艳. 高温冻胶阀技术在南堡 23-平 2016 井中的实践[J]. 钻采工艺, 2015, 38(05): 6-9.

[11] 王在明, 朱宽亮, 冯京海, 吴艳, 沈园园. 高温冻胶阀的研制与现场试验[J]. 石油钻探技术, 2015, 43(04): 78-82.

[12] Jia H, Pu W F, Zhao J Z, et al. Research on the Gelation Performance of Low Toxic 氨基化合物 CP-1 Cross-Linking PHPAM Gel Systems as Water Shutoff Agents in Low Temperature Reservoirs[J]. Ind. eng. chem. res, 2010, 49(20): 9618-9624.

[13] 程立, 陈瞰瞰, 张慢来, 刘德基, 廖锐全, 谷溢. 氧化/交联双重改性淀粉冻胶[J]. 石油钻采工艺, 2015, 37(03): 106-109.

[14] 秦义, 石峥, 刘玉莉, 程立, 廖锐全. PAM/氨基化合物 CP-1 凝胶成胶时间影响因素分析[J]. 现代化工, 2017, 37(09): 95-98.

[15] Crespo F, Reddy B R, Lewis C A, et al. Recent Advances in Organically Crosslinked Conformance Polymer Systems[M]. Society of Petroleum Engineers, 2013.

[16] 吴锦平. 低温压裂液破胶技术对浅气层增产技术改造[J]. 钻采工艺, 2000(05): 81-83.

[17] 李健萍, 王稳桃, 王俊英, 张晓英, 赵保才. 低温压裂液及其破胶技术研究与应用[J]. 特种油气藏, 2009, 16(02): 72-75+108.

[18] Gao J, Lin T, Wang W, et al. Accelerated chemical degradation of polyacrylamide [J]. Macromolecular Symposia, 1999, 144(1): 179 - 185.

[19] Yi L, Li K Z, Liu D X. Degradation of Polyacrylamide: A Review[J]. Advanced Materials Research, 2013, 800: 411-416.

[20] Torabi F, Luo W, Xu S. Chemical Degradation of HPAM by Oxidization in Produced Water: Experimental Study[M]. Society of Petroleum Engineers, 2013.

高压盐膏层固井技术及应用

岳家平　王名春　耿亚楠　武治强

（中海油研究总院有限责任公司）

摘　要　针对海外某油田高压盐膏层固井面临的固井易漏失、界面胶结质量差、盐层蠕变易造成水泥环破坏等难题，从固井水泥浆体系及固井工艺角度开展研究。采用高效前置液体系解决了钻井液与水泥浆的污染问题，提高了井壁清洁和界面胶结质量。通过外加剂优选形成了一套抗盐性能和沉降稳定性好、稠化时间可调、早期强度高的高密度抗盐水泥浆体系。并形成了井眼准备、顶替效率优化等现场配套固井工艺技术。在X1井的成功应用表明，该技术可有效保证该油田高压盐膏层固井安全和质量，为该油田的盐下水平井开发策略提供了技术支撑。

关键词　固井；水泥浆；定向井；盐膏层；固井质量

海外某油田埋深3000m左右，高压盐水层压力系数达2.2以上，盐层厚度800m以上。钻井过程中主要面临着盐层间和盐下地层均存在薄弱地层，易发生溢流或井漏，井壁稳定性差，盐膏层蠕变性强弯曲井段水泥环和套管易发生挤毁及盐膏层固井等难题。[1-3] 为了加快油田开发，越来越多的采用水平井开发方式，采用12-1/4"定向井段穿越盐膏层，并下9-5/8"套管固井。厚盐膏层、定向井段、封固段长、窄安全密度窗口、高压盐水层等多因素叠加进一步增加了盐膏层固井的难度，一旦发生固井事故或固井质量不合格，将直接影响整口井的完整性甚至井眼报废。因此，亟需从固井水泥浆体系及固井工艺方面开展高压盐膏层固井技术研究，形成一套切实可行的固井技术，以保证固井作业安全，提高固井质量，从而为该油田的高效安全开发提供技术支撑。

1　固井作业面临的问题

该油田上部地层以盐膏层为主，12¼"定向井段穿越巨厚盐膏层，9⅝"套管固井为典型的盐膏层固井。根据油田特点，高压盐膏层井段固井主要面临以下问题：

（1）压力窗口窄，固井易漏失。12¼"井段钻井液密度为2.26~2.32g/cm^3，地层破裂压力为2.46~2.52g/cm^3，安全密度窗口窄，固井过程中易发生漏失，从而影响固井安全和质量；

（2）存在盐膏层及高压盐水层，封固段长，需要使用高密度盐水水泥浆体系固井，由于加入了大量的加重剂和缓凝剂，水泥浆组分密度差异大，胶凝组分含量低，水泥浆的沉降稳定性及抗压强度等性能设计难度大[4-5]；

（3）盐膏层井段容易出现井眼缩径和失稳引起井眼不规则，泥浆滤饼清除困难，从而影响顶替效率及水泥浆与界面的胶结质量；

（4）高压盐膏层蠕变易引起套管、水泥环挤毁。高压盐膏层井段存在塑性流动和蠕变，若水泥环的胶结质量和抗压强度不能够抵抗地层蠕变则会引起套管挤毁。

2　固井关键技术

由于高压盐膏层井段的安全密度窗口窄，因此，面临的首要问题就是如何保证固井施工安全，既要压稳地层又要防止井下漏失。根据固井过程中井底ECD（当量循环密度）模拟计算，单级固井过程中最大的井底ECD大于地层破裂压力，容易发生漏失，而采用双级固井方式，可明显降低了固井ECD，防止固井漏失，保障固井施工安全。

结合固井方式特点，开展了前置液体系、固井水泥浆体系及固井工艺研究，形成了一套有效的高压盐膏层固井技术。

2.1　前置液体系

在高压盐膏层固井前泵入高效前置液可有效

【作者简介】岳家平（1986—），男，工程师，2012年毕业于西南石油大学油气井工程专业，主要从事钻井工艺技术研究工作。E-mail：yuejp@ cnooc. com. cn

改善井壁的冲洗效果，提高界面胶结质量。前置液应具有良好的稳定性、携岩能力、抗温抗盐能力，同时与钻井液和水泥浆具有良好的配伍性，从而有效隔离钻井液和水泥浆，减少污染，保障固井作业安全，提高固井质量。

2.1.1　抗污染能力

实验评价了现场钻井液与水泥浆的相容性，实验结果如图1所示。可知钻井液与水泥浆混合后流变性变差，将直接影响水泥浆的安全泵送。通过在钻井液与水泥浆混合流体中加入10%的前置液，有效的解决了钻井液和水泥浆的接触污染问题，混合后的浆体流变性良好，能够保证水泥浆的安全，如图2所示。

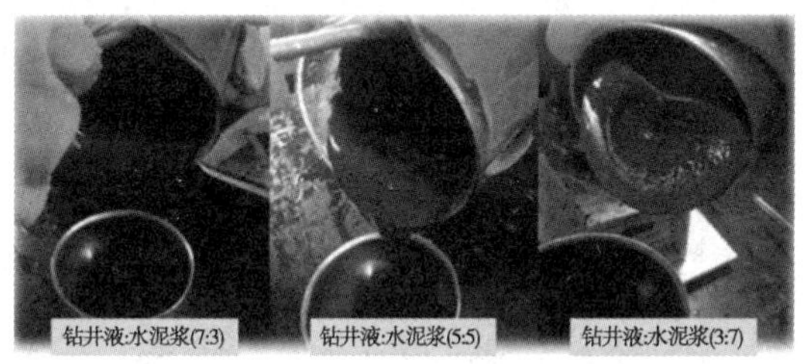

图1　钻井液与水泥浆混合后流变性变差

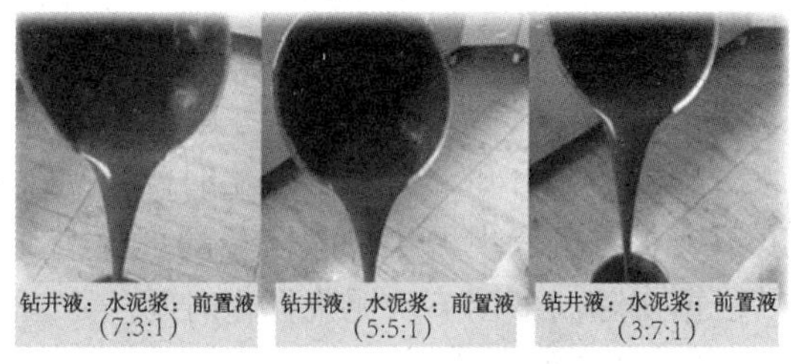

图2　前置液改善钻井液与水泥浆的相容性

进一步通过流变性、稠化时间和抗压强度实验，考察了前置液与水泥浆的配伍性，实验结果如表1所示。

表1　前置液与水泥浆配伍性实验结果

水泥浆：前置液	稠化时间/min	48h抗压强度/MPa	ϕ300
纯水泥浆	262	27.5	243
9：1	427min未稠化	15.6	210
7：3	387min未稠化	10.8	207
5：5	360min未稠化	7.5	180

通过实验结果可知，前置液与水泥浆具有良好的配伍性，三种混配比例条件下，浆体流变性良好，稠化时间比纯水泥浆延长100min以上，48h抗压强度均大于3.5MPa，能够满足固井安全泵送和水泥石抗压强度要求。

2.1.2　冲洗性能

表2　前置液对滤饼的冲刷试验

水泥浆密度/(g/cm^3)	温度/℃	ρ上/ρ下/(g/cm^3)	$\Delta\rho$/(g/cm^3)	自由液/ml
2.00	30	2.00/2.00	0.00	0
	60	1.99/2.00	0.01	0
	90	1.99/2.00	0.01	0
2.10	30	2.10/2.10	0.00	0
	60	2.09/2.10	0.01	0
	90	2.09/2.11	0.01	0
2.20	30	2.20/2.20	0.00	0
	60	2.19/2.21	0.02	0
	90	2.19/2.21	0.02	0

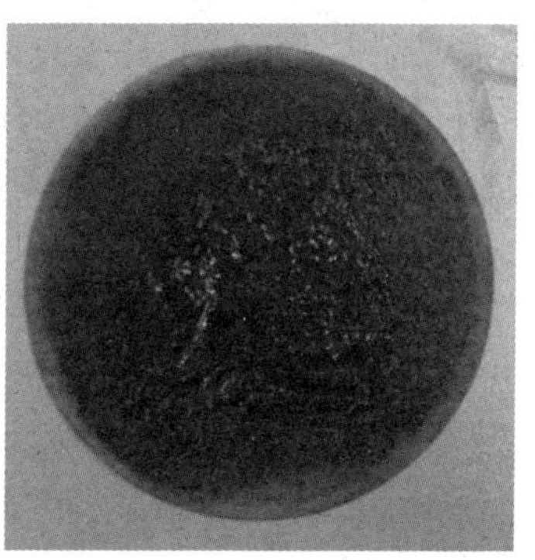

图3　冲刷3min

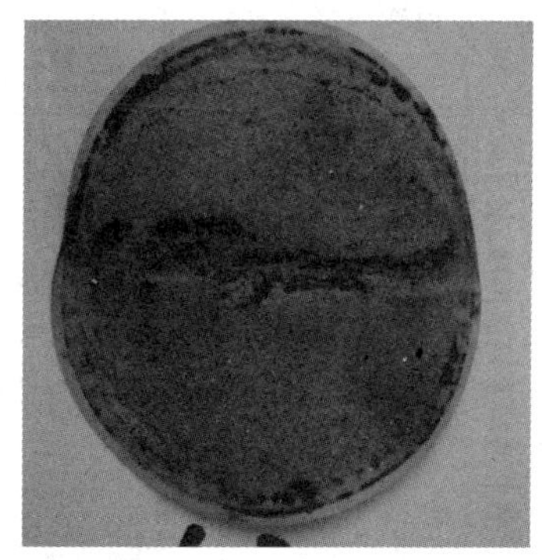

图4　冲刷10min

实验中使用的新型前置液，在0.5m/s的上返速度冲洗10 min后的冲洗效率最佳，能够很好地解决井壁的水润湿情况，提高水泥浆的顶替效率和固井质量。

2.2　盐膏层固井水泥浆体系

针对米桑油田盐膏层定向井段固井技术的难点进行分析，巨厚盐膏层固井的水泥浆体系应具有以下四方面性能：①能够抑制盐层的溶解，保持井壁稳定；②高密度、高强度、有韧性，能够抵抗盐层蠕变产生的外挤力；③水泥浆具有良好的稳定性能，强度发展迅速，减少盐岩的影响[6-8]；④水泥浆具有低失水，防盐水上窜的特性，保证封盐岩层的固水泥质量。

通过在抗盐高密度水泥浆中添加抗盐降失水剂、加重剂、增韧剂、增强剂、防窜剂及纤维等形成了一套盐膏层固井水泥浆体系。在一级固井过程中，为了提高套管鞋附近盐膏层定向井段的固井质量，采用双凝水泥浆体系固井，从而缩短尾浆凝固时间，提高整个水泥浆体系的防气窜性能和固井质量。

领浆水泥浆配方：G 级水泥+20%稳定剂 ZW+110%加重剂+10%降失水剂 ZF+4%分散剂 ZD+0.8% 缓凝剂 ZR+0.5%悬浮剂 ZP+ 9%NaCl

尾浆水泥浆配方：G 级水泥+20%稳定剂 ZW+110%加重剂+10%降失水剂 ZF+4%分散剂 ZD+0.5%缓凝剂 ZR+0.5%悬浮剂 ZP+9%NaCl。

2.2.1　水泥浆常规性能

通过实验测试水泥石的常规性能，结果如表 3 和图 5、图 6 所示。该套高密度盐膏层固井水泥浆体系滤失量低、沉降稳定性良好，能够满足高压盐膏层对水泥浆性能的要求。

表 3　水泥浆常规性能

水泥浆	密度/g/cm³	井底温度/℃	API 滤失量/mL	上下密度差/(g/cm³)
领浆	2.35	94	84	0.02
尾浆	2.35	94	50	0.02

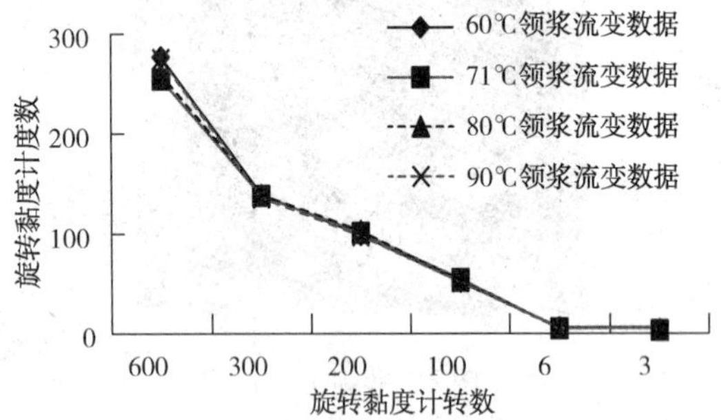

图 5　领浆流变性实验结果

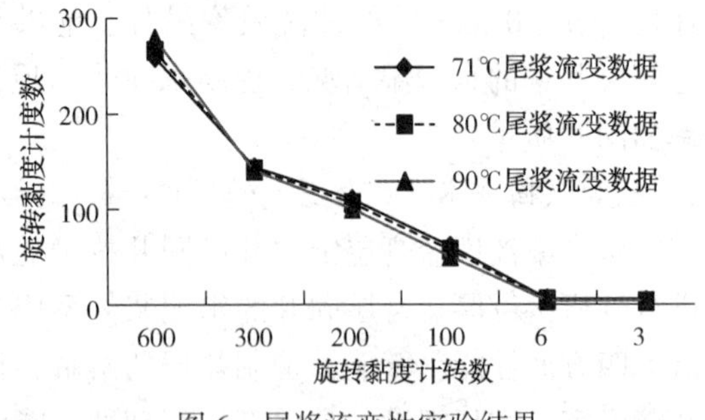

图 6　尾浆流变性实验结果

由图可知，在 60~90℃温度范围内，养护温度升高对水泥浆流变性能影响相对较小，水泥浆体系的 ϕ_{300} 以及 ϕ_3 变化相对变化均较小，说明水泥浆的流变性和稳定性能均较好。

2.2.2　水泥浆稠化性能

实验考察了水泥浆体系稠化时间对温度的变化，结果如表 4 和表 5 所示。

表 4　实验温度对水泥浆稠化时间影响

温度/℃	领浆稠化时间/min	尾浆稠化时间/min
71	432	235
75	410	176
80	328	144
90	178	134

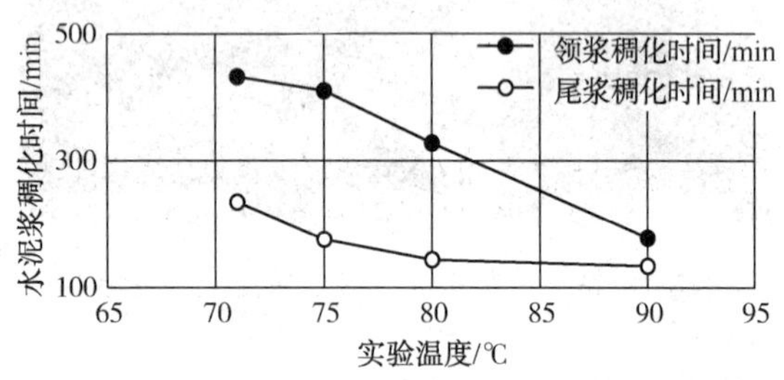

图 7　实验温度对水泥浆稠化时间影响

由实验结果可知，水泥浆稠化时间可调，对温度不敏感，也未现稠化时间反转的现象，现场可以根据实际温度调节水泥浆稠化时间。

2.2.3　水泥石力学性能

盐膏层定向井段应定量分析地应力对水泥环的挤压应力，把长期水泥石强度作为评价水泥浆性能的重要指标。

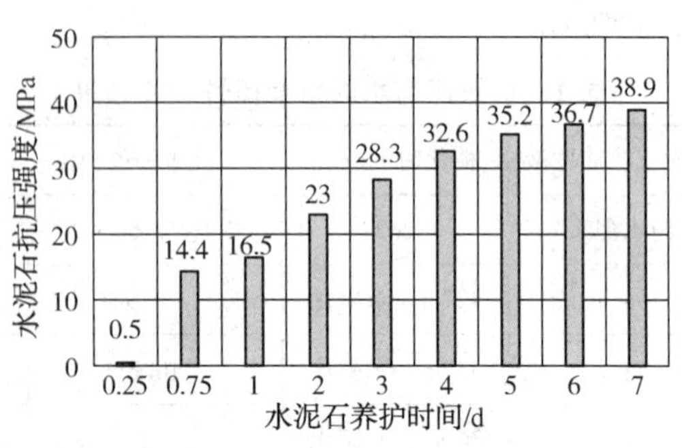

图 8　水泥石抗压强度发展

盐膏层定向井推荐水泥浆配方，水泥石 85℃养护 6h 强度 0.5MPa，18h 强度 14.4MPa，养护 7 天 38.9MPa，随着养护时间延长水泥石的抗压强度逐渐增大。

表 5　水泥石在不同围压下的各参数值（85℃×21MPa×48 小时）

围压大小/MPa	抗压强度/MPa	弹性模量/GPa	泊松比
0	23	7.8	0.173
10	32	9.7	0.204
20	40	10.7	0.191
30	57	11.5	0.212
40	78	12.3	0.202

由实验结果可知：随着三轴实验围压的增大，2.35g/cm^{3}水泥石的抗压强度、弹性模量以及泊松比都存在增大的趋势，其中水泥石的抗压强度增大最为明显。

2.3　固井工艺

2.3.1　井眼准备

为了确保盐膏层定向井段的固井质量，下套管和固井前应做好相应的井眼准备工作，以提高井眼清洁，为固井作业创造良好的井筒条件，以保证固井施工安全和质量。主要包括以下几点：

（1）下套管前采用原钻具通井，通井过程中若遇阻卡应划眼，逐步提高循环排量，以保证井眼通畅；

（2）循环过程中调整钻井液性能，使钻井液黏度小于 75s、动切力 YP 小于 12Pa；

（3）固井前密切监测钻井液密度，保证进出口钻井液密度一致；

（4）套管到位后，以 0.4~0.6m^3/min 的排量循环 0.5h，若循环过程中无漏失发生，逐步提高排量至 1.9~2.1m^3/min，并循环 2 周以清除井筒虚泥饼，提高井筒清洁程度；

（5）固井前若发生井漏，应先进行堵漏作业，提高地层承压能力后方可进行固井作业。

2.3.2　顶替效率优化

套管居中在盐膏层定向井段固井中至关重要。由于盐膏层容易出现缩径和井眼扩大等情况，若居中度差则会直接影响水泥浆顶替效率和固井质量。因此，在直井段中每 3 根套管安放 1 只弹性扶正器，斜井段刚性和弹性扶正器交互安放，确保套管居中度大于 67%。在保证井底 ECD 小于漏失压力的条件下，采用较高的顶替排量，以提高顶替效率和固井质量。

通过模拟计算，可采取以下措施提高固井顶替效率：

（1）固井前调整钻井液的动切力，使之小于 12Pa，最好能够控制在 9Pa 左右；

（2）设计合理的浆柱结构，保证泥浆密度<前置液密度<水泥浆密度，在不压漏地层的条件下，两相邻流体的密度差尽量控制在 0.05g/cm^3 以上；

（3）优化水泥浆顶替排量，在不压漏地层且设备允许的条件下，尽量采用大排量顶替泥浆，建议水泥浆的顶替排量控制在 2.0m^3/min 以上。

3　现场应用

X1 井 12-1/4" 井段为高压盐膏层定向井段，斜深为 2813m，井斜为 35°，9-5/8" 套管下深为 2810m，定向井段长约 400m，钻井液密度为 2.28g/cm^3。为了降低固井漏失风险，采用双级固井方式。一级固井为高压盐膏层定向井段固井，分级箍下入深度为 1600m。采用 2.35g/cm^3 的双凝水泥浆体系，尾浆返至高压盐水层顶部，缓凝领浆返至分级箍。

固井过程中采用如下施工技术措施，保障固井安全和质量。

（1）固井前做好前置液、水泥浆及相容性复核实验，确保现场水泥浆性能与设计一致；

（2）在水泥浆中加入堵漏纤维等防漏堵漏材料，降低漏失风险；

（3）固井过程中监测水泥浆密度，保证入井水泥浆密度与设计密度差值在 ±0.02g/cm^3 范围内；

一级固井过程中泵入 15m^3 前置液，2.35g/cm^{3}的领浆 28.5m^3、尾浆 17.6m^3，泵送排量为 0.5 ~ 0.9m^3/min，顶替排量为 1.8~2.0m^3/min。整个固井作业过程安全顺利，水泥浆混配容易，密度控制均匀，未发生漏失。固井后无井口带压和井底溢流，固井质量评价结果合格。盐膏层段封固质量相对较好，CBL 幅值平均在15%~20%。

4　结论与建议

（1）采用双级固井方式可有效降低固井过程的井底 ECD，降低盐膏层定向井段面临的固井漏失风险；

（2）高效前置液体系的应用可有效降低钻井液和水泥浆的相容性问题，更好清洁井壁，防止水泥浆快速凝固带来的固井作业风险，提高水泥浆顶替效率和界面胶结质量；

（3）固井前应做好通井、循环、钻井液性能调整等井眼准备工作，为盐膏层固井创造有利的井筒条件；

（4）固井施工作业过程中，应严格复核现场水泥浆性能，保证泵入水泥浆密度，合理控制泵注排量；

（5）高压盐膏层固井难度较大，只有在实践过程中充分结合地层情况，综合应用固井前置液、高密度盐水水泥浆及固井施工技术措施，不断积累经验，才能更好的解决该技术难题。

参 考 文 献

[1] 刘崇健，黄柏宗，徐同台，等．油气井注水泥理论与应用[M]．北京：石油工业出版社，2001.166-170.

[2] 梅文博，王超 海外某油田盐膏层固井难点与针对性措施石油工业技术监督 2018，2(2)：21-23.

[3] 林志辉，王志宏，李志斌，等．超高密度抗盐水泥浆体系的研究[J]．钻井液与完井液，2005，22(S0)：59-62.

[4] 岳家平，徐翔，李早元，等．高温大温差固井水泥浆体系研究[J]．钻井液与完井液，2012，29(2)：59-62.

[5] 许前富，罗宇维，冯克满，等．一种高密度盐膏层固井水泥浆的研究及应用[J]．钻井液与完井液，2014，31(1)：68-71.

[6] 聂臻，许岱文，邹建龙，等．HFY 油田高压盐膏层固井技术[J]．石油钻采工艺，2015，37(6)：39-43.

[7] Catalin Teodoriu，PeterAsamba，AdonisIchim，well integrity estimation of salt cements with application to long term underground Storage Systems [J]．SPE 180073-MS.

[8] 张兴国，刘崇建，杨远光．水泥浆体系稳定性对水泥浆失重的重要影响[J]．西南石油学院学报，2004，26(3)：68-70.